PHYSIOLOGISCHE CHEMIE

EIN LEHR- UND HANDBUCH FÜR ÄRZTE
BIOLOGEN UND CHEMIKER

HERVORGEGANGEN AUS DEM
LEHRBUCH DER PHYSIOLOGISCHEN CHEMIE
VON OLOF HAMMARSTEN

ZWEITER BAND

ERSTER TEIL

BANDTEIL a

HERAUSGEGEBEN VON

B. FLASCHENTRÄGER
ALEXANDRIA

UND

E. LEHNARTZ
MÜNSTER/WESTF.

Springer-Verlag Berlin Heidelberg GmbH

DER STOFFWECHSEL

ERSTER TEIL

BEARBEITET VON

H. W. BERENDT · F. L. BREUSCH · K. FELIX · B. FLASCHENTRÄGER
K. HINSBERG · F. HOLTZ · E. JORPES · F. W. KRZYWANEK †
K. LANG · F. LEUTHARDT · C. MARTIUS · H. NETTER
E. SCHÜTTE · G. SIEBERT · W. SIEDEL · Z. STARY
HJ. STAUDINGER · G. STOECK · E. STRACK
O. WISS · K. ZIPF

MIT 62 TEXTABBILDUNGEN

BANDTEIL a

Springer-Verlag Berlin Heidelberg GmbH

ISBN 978-3-642-86169-7 ISBN 978-3-642-86168-0 (eBook)
DOI 10.1007/978-3-642-86168-0

Ursprünglich erschienen bei Springer-Verlag OHG. Berlin, Göttingen and Heidelberg 1954.
Softcover reprint of the hardcover 1st edition 1954

Inhaltsverzeichnis.

Der Stoffwechsel. Erster Teil.

Bandteil a.

Seite

Bandteil b.

Teil 2 wird enthalten:

3. Stoffwechsel der Phosphatide.

Von Z. Stary.

Inhaltsverzeichnis.

a) Die Phosphatide der Nahrung und ihr Abbau im Darm.

Die Phosphatide der Nahrung. Phosphatide sind in den meisten Nahrungsmitteln enthalten. Besonders reich an Phosphatiden sind Eigelb (8—10%), Gehirn (4—6%), Knochenmark (4,5—5%). Phosphatidreich sind auch die inneren Organe (Lunge, Leber 1,5—3,5%) und Muskelfleisch (etwa 0,5—1%). Bloor[1] fand in den frischen Organen von Rindern die folgenden Phosphatidmengen: Gehirn 4,58 %, Leber 3,06%, Lunge 1,25%, Kaumuskulatur 1,06%, Zwerchfell 0,76%, Nackenmuskel 0,63%. Milch enthält 0,03—0,05%, Sahne 0,169% und Butter 0,20—0,31% Phosphatide[2, 3]. Durch Ausschmelzen hergestellte Fette (Schmalz, Butterfett usw.) enthalten meist weniger als 0,1%[4]. Margarine enthält nennenswerte Mengen von Phosphatiden, da bei der Margarineerzeugung Phos-

[1] Bloor, W. R.: J. biol. Ch. **68**, 33 (1926); **72**, 327 (1927); **80**, 443 (1928). — [2] Mohr, W., u. J. Moos: Milchwirtsch. Forsch. **13**, 442 (1932). — [3] Kaufmann, H. P., J. Baltes u. B. Sibbel: Fette u. Seifen **52**, 600 (1950). — [4] Nähere Zahlenangaben bei: Jäckle, H.: Z. Unters. Nahrungsm. **5**, 1062 (1902).

phatide aus Eigelb, Sojabohnen, Rapssaat u. a. zugesetzt werden, um die Emulgierung des Fettes zu erleichtern.

Von Nahrungsmitteln pflanzlicher Herkunft sind insbesondere Leguminosensamen phosphatidreich (1—2%). In Getreidesamen (Gerste, Weizen, Hafer usw.) sind etwa 0,12—0,16% Phosphatide enthalten[1]. Pflanzliche Nahrungsmittel (insbesondere grüne Gemüse, aber auch Karotten und Getreidesamen) enthalten neben Phosphatiden auch Phosphatidsäuren[2, 3].

Die Verdauung der Nahrungsphosphatide. Die mit der Nahrung aufgenommenen Phosphatide werden, zumindest ihrer Hauptmenge nach, im Darmkanal fermentativ aufgespalten[4—7]. Der Abbau der Phosphatide im Darmkanal ist vor allem an die Wirkung des Pankreassaftes gebunden. Während Darmsaft Phosphatide nicht angreift[4], werden sie durch Pankreassaft zunächst in Lysophosphatide umgewandelt[8—10], von diesen wird sodann in einer weiteren Reaktion auch der zweite Fettsäurerest abgespalten[4, 11]. Das phosphatidspaltende Pankreasferment ist von der Pankreaslipase verschieden und wurde als Lecitholipase bezeichnet[4]. Das Cholinglycerophosphat, das durch die Wirkung dieses Fermentes auf Lecithin entsteht, kann durch Phosphatasen in anorganisches Phosphat, Cholin und Glycerin aufgespalten werden[4].

b) Die Resorption der Nahrungsphosphatide und die Phosphatidbildung im Dünndarm.

Die Hauptmenge der Nahrungsphosphatide wird erst nach ihrer Aufspaltung durch die Verdauungsfermente resorbiert. Ein Teil der in der Nahrung enthaltenen Phosphatide kann aber auch direkt, d. h. ohne vorher völlig aufgespalten zu werden, von der Darmwand aufgenommen werden[12]. Dies ergibt sich vor allem aus dem Befund, daß ^{32}P, in Form ^{32}P-enthaltender Phosphatide in den Magendarmkanal von Ratten eingebracht, in größerer Menge ins Blutplasma übergeht, als nach Verabreichung einer äquivalenten Menge von anorganischem ^{32}P-Phosphat[12].

Es ist jedoch auch auf die Möglichkeit hingewiesen worden, daß an der Oberfläche des Darmepithels Phosphatide aus den durch die Verdauungsfermente freigesetzten Bausteinen neu gebildet und resorbiert werden[13]. Im Inneren der Darmwandzellen findet eine solche Synthese zweifellos in großem Umfang statt. In zahlreichen Untersuchungen und mit verschiedenen Methoden konnte gezeigt werden, daß der Dünndarm zu den Organen gehört, in denen ein besonders rascher Aufbau und Abbau von Phosphatiden erfolgt. Per os verabreichte Elaidinsäure[14], jodierte Fettsäuren[15] und Fettsäuren mit konjugierten Doppelbindungen[16] erscheinen nach kurzer Zeit in den Phosphatiden der Darmwand. VERZÁR u. Mitarb.[17] konnten zeigen, daß Gifte, wie Jodacetat oder Phlorrhizin die Neubildung von Phosphatiden in den Darmwandzellen hemmen. Die ge-

[1] DIEMAIR, W., B. BLEYER u. W. SCHMIDT: B. Z. **294**, 353 (1937). — [2] CHIBNALL, A. C., and H. J. CHANNON: Biochem. J. **21**, 225, 470, 1112 (1927); **23**, 176 (1929).— [3] CHANNON, H. J., and C. A. M. FOSTER: Biochem. J. **28**, 853 (1934). — [4] SCHMIDT, G., B. HERSHMAN and S. J. THANNHAUSER: J. biol. Ch. **161**, 523 (1945). — [5] KAHANE, E., et J. LÉVY: Bull. Soc. Chim. biol. **27**, 558 (1946). — [6] KING, E. J., and M. ALOISI: Biochem. J. **39**, 470 (1945). — [7] BARNES, R. H., A. N. WICK, E. S. MILLER and E. M. MCKAY: Proc. Soc. exp. Biol. Med. **40**, 651 (1939). — [8] NIKUNI, Z.: Proc. Imp. Acad., Tokyo **8**, 300 (1932). — [9] BELFANTI, S., e C. ARNAUDI: Arch. ital. Biol. **88**, 157 (1933). — [10] HANAHAN, D. J.: J. biol. Ch. **195**, 199 (1952). — [11] LE BRETON, E., et J. PANTALEON: Arch. Sci. physiol. **1**, 63 (1947). — [12] ARTOM, C., and M. A. SWANSON: J. biol. Ch. **175**, 871 (1948). — [13] FAVARGER, P., R. A. COLLET et P. VERAGUTH: Bull. Soc. Chim. biol. **31**, 384 (1949). — [14] SINCLAIR, R. G., and C. SMITH: J. biol. Ch. **121**, 361 (1937). — [15] ARTOM, C., et G. PERETTI: Arch. int. Physiol. **36**, 351 (1934); **42**, 61 (1935). — [16] BARNES, R. H., E. S. MILLER and G. O. BURR: J. biol. Ch. **140**, 233 (1941). — [17] VERZÁR, F., and E. J. MCDOUGALL: Absorption from the Intestine. London 1936. — VERZÁR, F., u. L. LASZT: Schweiz. med. Wschr. **64**, 1178 (1934). B. Z. **276**, 11; **278**, 396 (1935); **288**, 356 (1936).

nannten Gifte hemmen in gleichem Ausmaß aber auch die Resorption der Fettsäuren. Auch Adrenektomie hat nach VERZÁR auf beide Vorgänge eine analoge hemmende Wirkung. Ferner wurde gefunden, daß die Fettresorption durch gleichzeitige Verabreichung von Phosphat oder Glycerinphosphat gesteigert wird[1]. Diese Befunde wurden so gedeutet, daß die resorbierten Fettsäuren in der Darmwand zunächst mit Glycerin und Cholinphosphorsäure zu Phosphatiden vereinigt werden. Von dem entstandenen Phosphatid wird sodann das Diglycerid abgespalten und mit einer weiteren Fettsäure zu Triglycerid verknüpft, das in die Darmlymphe übergeht[2]. Das in der Darmwandzelle verbleibende Cholinphosphat könnte auf diese Weise immer wieder neue Glycerin- und Fettsäuremoleküle binden und in Neutralfett umwandeln.

Gegen die oben berichteten Befunde ist jedoch eingewendet worden, daß Monojodessigsäure und Phlorrhizin im Dünndarm so schwere pathologische Veränderungen verursachen, daß eine gleichzeitige Störung verschiedener Funktionen der Darmwandzellen durchaus verständlich erscheint[3]. STILLMAN fand ferner, daß die Aufnahme von ^{32}P in die Phosphatide des Dünndarms bei adrenektomierten Ratten nicht herabgesetzt ist[4]. Ältere Beobachtungen, daß der mit ^{32}P gemessene Phosphatidumsatz des Dünndarms in der postresorptiven Phase gesteigert sei[5, 6], konnten in neueren Versuchen nicht bestätigt werden[7]. Auch beim hungernden Tier findet eine intensive Neubildung von Phosphatiden im Dünndarm statt[6, 7] und auch die Menge des in der Dünndarmmucosa enthaltenen Gesamtphosphatids wird durch die Verfütterung von Fett nicht gesteigert[8]. In Versuchen, in denen Fett einmal mit und einmal ohne Zusatz von Phosphatiden in den abgebundenen Rattendarm eingebracht wurde, konnte kein Unterschied in der Geschwindigkeit der Fettresorption nachgewiesen werden[9]. Die Beziehungen zwischen Fettresorption und Phosphatidbildung erscheinen somit derzeit noch ungeklärt. Nähere Angaben hierüber finden sich S. 237 u. 795ff.

Der Phosphatidgehalt der Darmlymphe. Der Phosphatidgehalt der Darmlymphe schwankte bei einem fettarm ernährten Patienten mit einer Fistel des Ductus thoracicus zwischen 60 und 90 mg%[10]. Im Tierversuch führte Verabreichung größerer Mengen von Phosphatiden per os zu einer Vermehrung des Phosphatidgehalts der Darmlymphe[11–13]. Aber auch wenn Fettsäuren oder reine Triglyceride verfüttert werden, steigt der Phosphatidgehalt der Darmlymphe auf ein Mehrfaches an[14, 15]. Gleichwohl tritt die Hauptmenge der resorbierten Fettsäuren nicht in Form von Phosphatiden, sondern in Form von Neutralfetten in die Darmlymphe über. Nach Verfütterung von ^{14}C-1-Palmitinsäure war nur 4% der in der Darmlymphe nachweisbaren Menge dieser Fettsäure in den Phosphatiden vorhanden[16]. Es scheint also, daß die Dünndarmzellen auf eine ge-

[1] VERZÁR, F., u. L. LASZT: B. Z. **270**, 24 (1934). — CERA, B., e L. BELLINI: Path., Genova **32**, 375 (1940). — [2] BLOOR, W. R.: Biochemistry of the Fatty Acids and their Compounds, the Lipids. New York 1943. — [3] KLINGHOFFER, K. A.: J. biol. Ch. **126**, 201 (1938). — [4] STILLMAN, N., C. ENTENHAN, E. ANDERSON and I. L. CHAIKOFF: Endocrinology **31**, 481 (1942). — [5] SCHMIDT-NIELSEN, K.: Acta physiol. scand. **12**, Suppl. **37** (1946). — [6] FRIES, B. A., S. RUBEN, I. PERLMAN and I. L. CHAIKOFF: J. biol. Ch. **123**, 587 (1938). — [7] ZILVERSMIT, D. B., I. L. CHAIKOFF and C. ENTENMAN: J. biol. Ch. **172**, 637 (1948). — [8] CHAIKOFF, I. L.: Physiol. Rev. **22**, 291 (1942). — [9] SHOSHKES, M., R. P. GEYER and F. J. STARE: Proc. Soc. exp. Biol. Med. **75**, 680 (1950). J. Lab. clin. Med. **35**, 968 (1950). — [10] REISER, R.: J. biol. Ch. **120**, 625 (1937). — Ältere Analysen bei PATON, D. N.: J. Physiol., London **11**, 109 (1890). — HAMILL, J. M.: J. Physiol., London **35**, 151 (1906). — [11] SLOWTZOFF, B.: Hofmeisters Beitr. **7**, 508 (1906). — [12] ECKSTEIN, H. C.: J. biol. Ch. **62**, 737 (1924/25). — [13] SÜLLMANN, H., u. W. WILBRANDT: B. Z. **270**, 52 (1934). — [14] BOLLMAN, J. L., E. V. FLOCK, J. C. CAIN and J. H. GRINDLAY: Amer. J. Physiol. **163**, 41 (1950). — [15] FLOCK, E. V., J. C. CAIN, J. H. GRINDLAY and J. L. BOLLMAN: Fed. Proc. **6**, 252 (1947). — [16] BLOOM, B., I. L. CHAIKOFF, W. O. REINHARDT and W. G. DAUBEN: J. biol. Ch. **189**, 261 (1951).

steigerte Fettresorption mit einer gesteigerten Abgabe bereits vorher gebildeter Phosphatide reagieren. Durch diese Phosphatide wird die eiweißarme Darmlymphe befähigt, große Mengen von Fett in Form einer feinen Fettemulsion aufzunehmen. Gemeinsam mit dem resorbierten Fett gelangen auch diese Phosphatide in den Blutkreislauf und damit in die Leber und die übrigen Gewebe.

c) Die Verteilung der Phosphatide im Organismus.

Sowohl die Menge als auch die Zusammensetzung der in den verschiedenen Organen enthaltenen Phosphatide ist sehr verschieden. In Tab. 295 ist die Menge des in verschiedenen Organen enthaltenen Lipoidphosphors und seine Verteilung auf Monoamino-phosphatide und Sphingomyeline ersichtlich[1] (s. a. Bd. **1**, S. 374).

Tabelle 295. Der Gehalt verschiedener Gewebe an Monoamino-phosphatiden und Sphingomyelinen.

Spezies	Gewebe	Gesamtlipoid-P in mg % des frischen Gewebes	Sphingomyelin-P in % des Gesamt-lipoidphosphors	Monoamino-phosphatid-P in % des Gesamt-lipoidphosphors
Mensch . . .	Plasma	10,1	14,2	85,8
Rind	Pankreas.	106,7	3,8	96,2
	Gehirn, graue Substanz. . . .	170,0	7,6	92,4
	Gehirn, weiße Substanz. . . .	388,0	31,2	68,8
Katze . . .	Gehirn.	228,0	24,4	75,6
	N. ischiadicus . .	326,0	46,3	53,7
Ratte . . .	Gehirn.	234,0	5,0	35,0
	N. ischiadicus. . .	329,0	21,7	78,3
	Leber	147,1	1,2	98,8
	Niere	139,0	14,3	85,7
	Lunge	88,7	13,8	86,2
	Herz	92,4	5,2	94,8
	Milz	94,8	14,2	85,8

In allen Organen ist also der Gehalt an Monoamino-phosphatiden höher als der an Sphingomyelinen. Verhältnismäßig reich an Sphingomyelinen ist die weiße Substanz und die Substanz der peripheren Nerven; auch in Lunge und Niere und Milz übersteigt der Sphingomyelin-Phosphor 10% des Gesamt-lipoid-phosphors. Die Phosphatide der Leber sind hingegen praktisch frei von Sphingomyelinen.

Tabelle 296. Kephalin-, Lecithin- und Sphingomyelingehalt in menschlichen Organen (in % der Trockensubstanz).

	Gesamt-phospholipoid	Sphingomyelin	Kephalin	Lecithin
Gehirn	30,90	5,66	20,42	4,81
Lunge	6,65	1,45	2,00	3,85
Milz	8,56	0,86	4,16	3,54
Niere	8,00	0,72	3,26	5,10
Leber.	9,80	0,38	4,62	4,81
Herz	6,87	0,34	2,06	4,47

[1] SCHMIDT, G., J. BENOTTI, B. HERSHMAN and S. J. THANNHAUSER: J. biol. Ch. **166**, 505 (1946).

Getrennte Bestimmungen der Kephalin- und der Lecithinfraktion sind an Organen von Menschen durchgeführt worden[1]. Sie ergaben, daß die Kephalinfraktion weitaus die größte Phosphatidfraktion der Gehirnsubstanz bildet, während die in den anderen Organen enthaltenen Mengen von Lecithin und Kephalin nur wenig voneinander abweichen.

Die Kephalinfraktion enthält bei dieser Art der Bestimmung sowohl colamin- als auch serinhaltige Phosphatide. Getrennte Bestimmungen dieser beiden Unterfraktionen der Phosphatide sind von ARTOM[2] bei Ratten durchgeführt worden. Die Spalte „Cholinphosphatide" in der Tab. 297 umfaßt hingegen sowohl Lecithin als auch die Sphingomyeline.

Tabelle 297. Gehalt verschiedener Organe an cholin-, serin- und colaminhaltigen Phosphatiden bei Ratten[2]. (Werte in Mikromol pro 1 g frisches Organ.)

	Gesamt-phosphatide	Cholin-phosphatide	Colamin-phosphatide	Serin-phosphatide
Gehirn	65,0	23,5	33,4	19,0
Leber	39,1	23,4	11,3	3,7
Niere	32,7	17,4	15,1	8,0
Lunge	22,4	13,6	10,5	2,2
Herz	20,5	5,9	4,9	1,4
Milz	16,2	6,7	7,1	3,2
Testis	16,1	8,4	5,5	2,1
Skeletmuskel	12,6	6,0	4,9	1,4
Menschliches Plasma	1,97	1,31	0,42	0,13

Das in den Phosphatiden enthaltene Fettsäuregemisch enthält meist erhebliche Mengen der mehrfach ungesättigten essentiellen Fettsäuren. Ein Vergleich zwischen Phosphatiden und Neutralfett aus Muskel und Leber von Tauben ergibt die folgenden Zahlen[3,4]:

Tabelle 298. Gehalt an ungesättigten Fettsäuren in Neutralfetten und Phosphatiden in Muskel und Leber (in mg %).

mg %	Ölsäure	Linolsäure	Linolensäure	Arachidonsäure
Leber, Neutralfett	1045	16	5,5	3,9
Phosphatid	1320	146	42	36,4
Muskel, Neutralfett	1000	24,8	9,5	5,1
Phosphatid	943	208	34,4	50,5

Hinsichtlich der Zusammensetzung des in den verschiedenen Geweben enthaltenen Phosphatidgemisches bestehen zwischen Nervengewebe, den muskulären Organen und den Organen mit vorwiegend chemischen Stoffwechselfunktionen charakteristische Unterschiede.

Die Phosphatide des Nervengewebes (s. a. Bd. 2/2, Gehirn und Nerven) sind vor allem durch ihren hohen Gehalt an Colamin- und Serinphosphatiden gekennzeichnet, daneben sind (in der weißen Substanz reichlicher, in der grauen Substanz nur in geringer Menge) Sphingomyeline vorhanden. Lecithin ist das in der Gehirnsubstanz in geringster Menge vorhandene Phosphatid. Auch in den muskulären Organen (Skeletmuskel, Herz) und in der Milz sind colaminhaltige

[1] THANNHAUSER, S. J., J. BENOTTI, A. WALCOTT and H. REINSTEIN: J. biol. Ch. **129**, 717 (1939). — [2] ARTOM, C.: J. biol. Ch. **157**, 595 (1945). — [3] MATSUBARA, K.: J. Biochem. **36**, 17 (1944). — [4] BRUCE, L. W., and F. B. SHORLAND: Nature **167**, 236 (1951). — SHORLAND, F. B.: Nature **165**, 766 (1950).

Phosphatide besonders reichlich vorhanden. In Leber und Blutplasma herrscht Lecithin vor, das meist auch in der Lunge, in der Niere und im Hoden die größte Phosphatidfraktion bildet.

Bindegewebe enthält nur geringe Mengen von Phosphatiden[1]. In der Haut sind Phosphatide vor allem in den unteren, stoffwechselaktiven Schichten des Epithels, nicht aber in den oberen verhornenden Epithelzellen, und nur in geringer Menge im Corium vorhanden[2, 3]. Auch der Umsatz der Phosphatide, gemessen mit ^{32}P, ist im Binde- und Fettgewebe nur minimal[4].

Die *Acetalphosphatide*[5–7] (s. Bd. **1**, S. 378), die sich in allen Geweben und auch im Blutserum in kleiner Menge vorfinden, sind besonders in den Organen, die auf Reize mit großer Geschwindigkeit reagieren, also vor allem im neuromuskulären Apparat, in großer Menge vorhanden. Der Aldehydgehalt der Phosphatide beträgt in der Muskulatur 10 bis 12%, im Gehirn 8 bis 9%, in Leber 1% und im Eidotter 0,1%. Ein Hühnerei enthält im Dotter 6 bis 10 mg Acetalphosphatid, nach 11 tägiger Bebrütung wurden dagegen 25 mg gefunden. Analog steigt der Acetalphosphatidgehalt von Pflanzensamen bei der Keimung an (z. B. bei der Sojabohne von 80 auf 400 γ).

In einzelnen Geweben sind phosphatidartige Substanzen vorhanden, die in ihrem Bau wesentlich von dem gewohnten Schema der Phosphatide abweichen. So ist in Rinderherzen eine *Cardiolipin*[8] genannte Substanz aufgefunden worden, deren kettenartig gebautes Molekül aus alternierenden Glycerin- und Phosphorsäureresten besteht. An die sekundären Alkoholgruppen der Glycerinreste sind ungesättigte Fettsäuren (Linolsäure und Ölsäure) gebunden[8]. — In der Lunge ist ein zwei Palmitinsäurereste enthaltendes Lecithin (Hydrolecithin) nachgewiesen worden[9]. Über die funktionelle Bedeutung dieser Stoffe ist nichts bekannt.

Tabelle 299. Zunahme des Phosphatidgehalts der Organe junger Ratten während des Wachstums (in % der Trockensubstanz).

	Gesamtphosphatid	Kephalin	Lecithin	Sphingomyelin
Alter der Tiere (Tage)	15 70	15 70	15 70	15 70
Hirn	21 → 27	10 → 18	7 → 5	4 → 4
Herz	13 → 15	6 → 9	6 → 6	1 → 0,4
Niere	12 → 15	6 → 7	5 → 6	1 → 2
Lunge	11 → 14	4 → 5	5 → 7	2 → 2
Testis	10 → 15	3 → 8	6 → 6	1 → 1
Leber	12 → 14	5 → 8	6 → 6	0,4 → 0,4
Thymus	10 → 11	5 → 7	4 → 3	0,9 → 0,7
Milz	7 → 11	1 → 6	5 → 3	0,5 → 1
Skeletmuskel	6 → 9	1 → 5	4 → 4	0,2 → 0,2

In den einzelnen Kolonnen zeigt die erste Zahl den durchschnittlichen Phosphatidgehalt des Organs bei 15 Tage alten Ratten, die zweite Zahl bei Ratten im Alter von 70 Tagen.

[1] Boyd, E. M.: J. biol. Ch. **111**, 667 (1935). — [2] Koppenhoefer, R. M.: J. biol. Ch. **116**, 321 (1936). — [3] Kooyman, D. J.: Arch. Derm., Chicago **29**, 342 (1934). — Engman, M. F., and D. J. Kooyman: Arch. Derm., Chicago **29**, 12 (1934). — [4] Fries, B. A., H. Schachner and I. L. Chaikoff: J. biol. Ch. **144**, 59 (1942) u. zw. 63. — [5] Feulgen, R., u. M. Behrens: H. **256**, 15 (1938). — Feulgen, R., u. H. Grünberg: H. **257**, 161 (1939). — Feulgen, R., u. T. Bersin: H. **260**, 217 (1939). — Feulgen, R., P. Feller u. G. Andresen: Ber. oberhess. Ges. Naturwiss. u. Heilkde., naturw. Abt. **24**, 270 (1949). — Feulgen, R., W. Boguth u. G. Andresen: H. **287**, 90 (1951). — [6] Klenk, E., u. E. Schumann: H. **281**, 25 (1944); **282**, 18 (1947). — [7] Thannhauser, S. J., N. F. Boncoddo and G. Schmidt: J. biol. Ch. **188**, 423, 427 (1951). — [8] Pangborn, M. C.: J. biol. Ch. **143**, 247 (1942); **153**, 343 (1944); **168**, 351 (1947). Proc. Soc. exp. Biol. Med. **48**, 484 (1941). Fed. Proc. **5**, 149 (1946). — [9] Thannhauser, S. J., J. Benotti and N. F. Boncoddo: J. biol. Ch. **166**, 669 (1946).

Da während des extrauterinen Wachstums die relativ phosphatidarme Muskulatur und das Knochensystem rascher an Gewicht zunehmen als das phosphatidreiche Nervengewebe und die inneren Organe, zeigt der prozentuelle Phosphatidgehalt des Gesamtorganismus während des Wachstums eine relative Abnahme[1]. Der Phosphatidgehalt der einzelnen Gewebe nimmt hingegen während des Wachstums zu. Diese Zunahme ist vor allem auf eine Vermehrung der Kephalinfraktion (Colamin- und Serinphosphatide) zurückzuführen. Die abgerundeten Mittelwerte von Bestimmungen, die von WILLIAMS u. Mitarb.[2] an mehr als 1000 Ratten verschiedenen Alters durchgeführt worden sind, zeigt die Tab. 299.

d) Die Phosphatidsynthese in den Geweben.

Isotopenmethoden bei der Untersuchung des Phosphatidumsatzes. Man kann den Phosphatidumsatz des Gesamtorganismus, einzelner Organe und überlebender Gewebsschnitte durch Zufuhr von Phosphat verfolgen, das mit dem radioaktiven Phosphorisotop ^{32}P markiert ist. Weiterhin können die nach Zufuhr von radioaktivem Phosphat im Organismus eines Versuchstiers gebildeten radioaktiven Phosphatide einem zweiten Versuchstier parenteral zugeführt, ihre Aufnahme in die verschiedenen Organe gemessen und ihre Abbaugeschwindigkeit kontrolliert werden. Die in den Phosphatiden enthaltenen Aminoverbindungen und ihre biologischen Vorstufen können durch Einbau des Isotops ^{15}N oder auch durch schwere C- oder H-Atome markiert und ihr Stoffwechselweg auf diese Weise verfolgt werden. Schließlich können auch Fettsäuren, die mit schweren Kohlenstoffisotopen oder mit Deuterium markiert sind, verabreicht und die Geschwindigkeit gemessen werden, mit der sie in die Phosphatide der verschiedenen Organe eingebaut werden. Auch einzelne unnatürliche Fettsäuren, z. B. Elaidinsäure, werden im Stoffwechsel in Phosphatide eingebaut und können zur Kontrolle des Phosphatidumsatzes verwendet werden.

Die Phosphatidsynthese in der Leber. Alle lebenden Zellen scheinen befähigt zu sein, Phosphatide zu bilden. Am raschesten geht die Phosphatidsynthese in den Leberzellen vor sich [3–6]. Wird einem Versuchstier ^{32}P-Phosphat verabreicht, so wird ein Teil des ^{32}P sehr rasch in die Leberphosphatide des Tieres aufgenommen[3]. Auch überlebende Leberschnitte bilden, wenn sie in Ringerlösung, die ^{32}P-Phosphat enthält, suspendiert werden, innerhalb kurzer Zeit nachweisbare Mengen von ^{32}P-Phosphatiden. Gleichzeitig sinkt aber der Gesamtphosphatidgehalt der Leberschnitte, woraus hervorgeht, daß gleichzeitig mit der Bildung auch der Abbau von Phosphatiden erfolgt[7, 8]. In Leberhomogenaten konnte eine Phosphatidbildung nicht beobachtet werden[8].

Die Leber bildet nicht nur Phosphatide für den eigenen Bedarf, sondern gibt einen Teil der gebildeten Phosphatide an das Blutplasma ab. Dies ergibt sich vor allem daraus, daß nach Verabreichung von ^{32}P-Phosphat Leberphosphatide und Plasmaphosphatide zunächst den gleichen ^{32}P-Gehalt aufweisen, erst später steigt auch der Gehalt der übrigen Organe an ^{32}P-Phosphatiden[6].

---

[1] WILLIAMS, H. H., H. GALBRAITH, M. KAUCHER and I. G. MACY: J. biol. Ch. **161**, 463 (1945). — [2] WILLIAMS, H. H., H. GALBRAITH, M. KAUCHER, E. Z. MOYER, A. J. RICHARDS and I. G. MACY: J. biol. Ch. **161**, 475 (1945). — [3] PERLMAN, I., S. RUBEN and I. L. CHAIKOFF: J. biol. Ch. **122**, 169 (1937). Nature **141**, 119 (1938). — [4] FRIES, B. A., S. RUBEN, I. PERLMAN and I. L. CHAIKOFF: J. biol. Ch. **123**, 587 (1938). — [5] ARTOM, C., G. SARZANA, C. PERRIER, M. SANTANGELO and E. SEGRÈ: Nature **139**, 836, 1105 (1937). — [6] HEVESY, G., and L. HAHN: Kgl. danske Vid. Selsk. biol. Medd. **15**, Nr. 5 (1940). — [7] TAUROG, A., I. L. CHAIKOFF and I. PERLMAN: J. biol. Ch. **145**, 281 (1942). — [8] FISHLER, M. C., A. TAUROG, I. PERLMAN and I. L. CHAIKOFF: J. biol. Ch. **141**, 809 (1941).

Auch Versuche mit markierten Fettsäuren ergeben, daß die Synthese der Plasmaphosphatide vor allem in der Leber erfolgt. Wurde Tripalmitin, das an der COOH-Gruppe mit ^{14}C markierte Palmitinsäure enthielt, hepatektomierten Hunden injiziert, so fand sich das Palmitinsäure-1-^{14}C-Atom nur in sehr geringer Menge in den Plasmaphosphatiden vor. Dagegen waren signifikante Mengen der markierten Palmitinsäure in die Phosphatide des Dünndarms, des Herzens, der Muskulatur, der Lunge und der Niere aufgenommen worden. Die in diesen Organen gebildeten Phosphatide gingen aber nicht in das Blutplasma über[1]. In Übereinstimmung damit blieben in Versuchen, in denen die Bildungsgeschwindigkeit von ^{32}P-Phosphatiden beim entleberten Hund gemessen wurde, die Plasmaphosphatide frei von ^{32}P. Auch daraus geht hervor, daß die Plasma-Phospholipoide im wesentlichen in der Leber gebildet werden[2].

Die extrahepatische Phosphatidsynthese. Die Leber ist aber nicht die einzige Stätte der Phosphatidbildung im Organismus. Denn auch bei entleberten Hunden, bei denen nach Verabreichung von ^{32}P-Phosphat im Blutplasma keine ^{32}P-Phosphatide nachweisbar sind, wurden in Dünndarm und Niere ^{32}P-Phosphatide gefunden. Der ^{32}P-Gehalt der Nierenphosphatide war beim normalen und beim leberlosen Hund annähernd gleich[2]. Die Zellen der Niere nehmen also aus dem Blutplasma keine Phosphatide auf, sondern bilden ihre eigenen Phosphatide aus vom Blut her resorbiertem anorganischem Phosphat.

Nächst der Leber erwies sich in Isotopenversuchen am ganzen Tier der *Dünndarm* als das Organ mit dem größten Phosphatidumsatz. Geringer, aber immer noch sehr bedeutend, ist der Phosphatidumsatz in Niere, Milz, Lunge und Herz. In Muskel und Knochen werden die Phosphatide dagegen nur langsam neu gebildet. Der Phosphatidumsatz des Nervengewebes ist nur minimal[3]. In überlebenden Gewebsschnitten von Niere[4], Gehirn[5], Muskel[6] und Dünndarm[6], in Hirnbrei[5], nicht aber im Blutplasma, konnte die Bildung von ^{32}P-Phosphatid aus ^{32}P-Phosphat nachgewiesen werden.

Der Phosphatidumsatz malignen Gewebes ist zwar höher als der des normalen Gewebes, aus dem der Tumor stammt[7], ist jedoch meist geringer als der Phosphatidumsatz der Leber[8]. Im Phosphatidumsatz des Gesamtorganismus, im Sphingomyelingehalt von Leber und Milz[10] und in der Umsatzgeschwindigkeit der Plasmaphosphatide wurde zwischen Normaltieren und Tumorträgern kein signifikanter Unterschied gefunden.

Die Umsatzgeschwindigkeit der einzelnen Phosphatidfraktionen. Lecithine und Kephaline werden im Gesamtorganismus mit annähernd gleicher Geschwindigkeit gebildet, in Dünndarm und Leber ist jedoch die Lecithinbildung rascher[9, 11]. Die Sphingomyeline werden in der Leber nur langsam, in der Niere jedoch mit der gleichen Geschwindigkeit wie die anderen Phosphatidfraktionen erneuert[10].

---

[1] GOLDMAN, D. S., I. L. CHAIKOFF, W. O. REINHARDT, C. ENTENMAN and W. G. DAUBEN: J. biol. Ch. **184**, 727 (1950). — [2] FISHLER, M. C., C. ENTENMAN, M. L. MONTGOMERY and I. L. CHAIKOFF: J. biol. Ch. **150**, 47 (1943). — [3] HEVESY, G., and L. HAHN: Kgl. danske Vid. Selsk. biol. Medd. **15**, W. 5, 6, 7 (1940). — CHANGUS, G. W., I. L. CHAIKOFF and S. RUBEN: J. biol. Ch. **126**, 493 (1938). — FRIES, B. A., G. W. CHANGUS and I. L. CHAIKOFF: J. biol. Ch. **132**, 23 (1940). — FRIES, B. A., and I. L. CHAIKOFF: J. biol. Ch. **141**, 479 (1941). — [4] TAUROG, A., I. L. CHAIKOFF and I. PERLMAN: J. biol. Ch. **145**, 281 (1942). — [5] FRIES, B. A., H. SCHACHNER and I. L. CHAIKOFF: J. biol. Ch. **144**, 59 (1942). — [6] FRIEDLANDER, H. D., I. L. CHAIKOFF and C. ENTENMAN: J. biol. Ch. **158**, 231 (1945). — [7] LAWRENCE, J. H., and K. G. SCOTT: Proc. Soc. exp. Biol. Med. **40**, 694 (1939). — [8] ZILVERSMIT, D. B., C. ENTENMAN and M. C. FISHLER: J. gen. Physiol. **26**, 325 (1943). — [9] SINCLAIR R. G.: J. biol. Ch. **128**, XCII (1939); **134**, 71, 83 (1940). — [10] HUNTER, F. E., and S. R. LEVY: J. biol. Ch. **146**, 577 (1942). — [11] CHARGAFF, E.: J. biol. Ch. **128**, 587 (1939). — CHARGAFF, E., K. B. OLSON and P. F. PARTINGTON: J. biol. Ch. **134**, 505 (1940).

Der Mechanismus der biologischen Phosphatidsynthese. Die Bildung der Phosphatide aus ihren Bausteinen ist ein endothermer Prozeß und scheint energetisch an Oxydationsvorgänge gekoppelt zu sein[1, 2]. Unter anaeroben Bedingungen oder in Gegenwart von Stoffen, welche die Zellatmung hemmen (Cyanide, CO usw.), ist die Aufnahme von radioaktivem Phosphat in Phospholipoide verzögert oder aufgehoben[3]. Auch Sulfide und Azide (NaN_3) haben eine hemmende Wirkung auf die Phosphatidbildung[4].

Über welche Zwischenstufen die Bildung der Phosphatide in den verschiedenen Organen erfolgt, ist noch nicht völlig aufgeklärt. Versuche, in denen Ratten radioaktives anorganisches Phosphat injiziert wurde, ergaben, daß nur die alkoholfällbare, säurelösliche Phosphorfraktion als Vorstufe der Phosphatidbildung in Betracht kommt. Diese Fraktion erwies sich als ein Gemisch von α- und β-Glycerophosphat[5]. Damit stimmt überein, daß in Form von Colaminphosphat verabreichtes ^{32}P in der Leber nur in geringem Ausmaß in Kephalin, in weitaus größerem Verhältnis in Lecithin aufgenommen oder als anorganisches Phosphat ausgeschieden wird. Colaminphosphat als solches wird also nicht zur Bildung von Kephalin verwendet, sondern abgebaut. Aus dem so freigesetzten anorganischen Phosphat bilden sich neue Phosphatide und, da in der Leber die Lecithinbildung vorwiegt, vor allem Lecithin[6].

Zusammenfassend ergibt sich also aus diesen Versuchen, daß der erste Schritt der biologischen Phosphatidsynthese in der Bildung von Glycerinphosphorsäuren besteht; in welcher Reihenfolge die übrigen Bausteine des Phosphatidmoleküls gebunden werden, ist noch unbekannt.

Die Zusammensetzung der Phosphatide in Abhängigkeit von der Ernährung. Die Fettsäurezusammensetzung der Organphosphatide ist nicht konstant, sondern von der Ernährung abhängig. Fettfrei gefütterte Tiere bilden Phosphatide, die große Mengen gesättigte Fettsäuren enthalten. Zufuhr von Fetten, und zwar auch solcher Fette, die vorwiegend gesättigte Fettsäuren enthalten, vermehrt die Menge der ungesättigten Fettsäuren in den Phosphatidmolekülen aller Organe. Die Jodzahl der Organphosphatide steigt zwar am raschesten nach Zufuhr stark ungesättigter Fette (z. B. Fischlebertran), nimmt aber auch zu, wenn Fette mit geringer Jodzahl (z. B. Cocosöl) zugeführt werden. Die durch Zufuhr stark ungesättigter Fette erhöhte Jodzahl der Organphosphatide bleibt noch durch längere Zeit erhöht, auch wenn nachher fettfreie Nahrung gegeben oder nur gesättigte Fette verabreicht werden. Die Organphosphatide haben also die Neigung, die ungesättigten Fettsäuren der Nahrungsfette an sich zu ziehen und festzuhalten[7–10]; vgl. a. Tab. 298, S. 845).

Obwohl die Gewebsphosphatide normalerweise fast ausschließlich Fettsäuren mit Kettenlängen von 16 oder 18 C-Atomen enthalten, werden auch Fettsäuren mit kurzer Kette in die Phosphatide eingebaut, wenn sie mit der Nahrung im großen Überschuß aufgenommen werden. Nach Verabreichung von ^{14}C-1-Laurin- und ^{14}C-1-Myristinsäure wurde ein Teil dieser Säuren in den Phosphatiden wiedergefunden, ein anderer Teil des ^{14}C-Isotops war in den Phosphatiden in Form neugebildeter Palmitin- und Stearinsäure enthalten[11].

---

[1] Fries, B. A., H. Schachner and I. L. Chaikoff: J. biol. Ch. **144**, 59 (1942). — [2] Schachner, H., B. A. Fries and I. L. Chaikoff: J. biol. Ch. **146**, 95 (1942). — [3] Taurog, A., I. L. Chaikoff and I. Perlman: J. biol. Ch. **145**, 281 (1942). — [4] Artom, C., and W. E. Cornatzer: Fed. Proc. **7**, 145 (1948). J. biol. Ch. **176**, 949 (1948). — [5] Popják, G., and H. Muir: Biochem. J. **46**, 103 (1951). — [6] Chargaff, E., and A. S. Keston: J. biol. Ch. **134**, 515 (1940). — [7] Sinclair, R. G.: J. biol. Ch. **82**, 117 (1929); **86**, 579; **88**, 575 (1930). — [8] Sinclair, R. G.: J. biol. Ch. **92**, 245 (1931). — [9] Sinclair, R. G.: J. biol. Ch. **95**, 393; **96**, 103 (1932). — [10] Sinclair, R. G.: J. biol. Ch. **111**, 261, 275 (1935). — [11] Stevens, B. P., and I. L. Chaikoff: J. biol. Ch. **193**, 465 (1951).

Daß ein Teil des mit der Nahrung verabreichten Serins, Colamins und Cholins direkt in Phosphatide eingebaut wird, konnte mit Hilfe der Markierung mit ^{15}N nachgewiesen werden[1]. Schon eine einmalige Zufuhr von Colamin[2, 3], Monomethylcolamin oder Dimethylcolamin[2] steigerte bei proteinarm ernährten Ratten die Phosphatidbildung in Leber und Darm. In analoger Weise wird die Phosphatidbildung auch durch Cholin[4–8] und durch lipotrope Stoffe, wie Betain[9] und Methionin[10, 11], die durch ihren Gehalt an übertragbaren Methylgruppen die Cholinsynthese erleichtern, vermehrt. Anderseits hat alipotrope Ernährung nicht nur einen Anstieg des Fettgehalts, sondern auch eine Senkung des Phosphatidgehalts der Leber und Niere nicht aber des Muskels[12–14] zur Folge. Auch der Phosphatidumsatz von Leber und Niere, gemessen mit ^{32}P, wird durch alipotrope Diät herabgesetzt[15]. Sarkosin und Glutaminsäure hatten keine nachweisbare Wirkung auf die Phosphatidsynthese. Eine starke Steigerung der Phosphatidbildung wurde durch Zufuhr von L-Cystin und L-Cystein beobachtet[10, 16]. Cholesterin hat dagegen eine hemmende Wirkung[16]. Die Beziehungen zwischen Phosphatidumsatz und Leberverfettung werden an anderer Stelle (vgl. Bd. 2/2, Leberstoffwechsel) besprochen.

e) Der Abbau der Phosphatide im Stoffwechsel.

Durch Bestimmungen an Tieren, in deren Organismus nach Injektion von ^{32}P-Phosphat radioaktive Phosphate entstanden waren, konnte gezeigt werden, daß die Phosphatide in zahlreichen Geweben mit großer Geschwindigkeit hydrolytisch abgebaut werden[17]. Der Abbau erfolgt am raschesten in Darm und Leber, langsam in der Niere und in den übrigen Geweben. Auch in Leberschnitten von Ratten, die 6 Std nach intraperitonealer Injektion von radioaktivem Phosphat getötet worden waren, konnte der Abbau der Phosphatide verfolgt werden[18].

Auch bei der Autolyse werden die Leberphosphatide rasch abgebaut[19]. Artom[20] fand, daß bei 24stdger Bebrütung von Leberbrei von Hunden der Phosphatidgehalt um ein Drittel absank. Wird zu frischer Leber sofort Alkohol zugesetzt und die Leber erst dann zerkleinert, so erhält man etwa 50% mehr Phospholipoid, als wenn man Gewebe ohne Zusatz von Alkohol zerreibt. Bei der Extraktion von Geweben, die ohne sofortige Ausschaltung autolytischer Fermente verarbeitet worden sind, findet man regelmäßig freie Fettsäuren. Es ist wahrscheinlich, daß diese Fettsäuren erst postmortal durch die autolytische Zersetzung von Phosphatiden freigesetzt werden[21].

---

[1] Stetten, D. jr.: J. biol. Ch. **140**, 143 (1941); **144**, 501 (1942). — [2] Artom, C., and W. E. Cornatzer: Fed. Proc. **7**, 143 (1948). J. biol. Ch. **176**, 949 (1948). — [3] Platt, A. P., and R. R. Porter: Nature **160**, 905 (1947). — [4] Perlman, I., and I. L. Chaikoff: J. biol. Ch. **127**, 211 (1939). — [5] Artom, C., and W. E. Cornatzer: J. biol. Ch. **171**, 779 (1947). — [6] Boxer, G. E., and D. Stetten jr.: J. biol. Ch. **153**, 617 (1944). — [7] Pasargiklian, M., M. Baldini e E. Pasargiklian: Arch. Fisiol. **49**, 260 (1950). — [8] Friedlander, H. D., I. L. Chaikoff and C. Entenman: J. biol. Ch. **158**, 231 (1945). — [9] Perlman, I., and I. L. Chaikoff: J. biol. Ch. **130**, 593 (1939). — [10] Perlman, I., N. Stillman and I. L. Chaikoff: J. biol. Ch. **133**, 651 (1940). — [11] Horning, M. G., and H. C. Eckstein: J. biol. Ch. **166**, 711 (1946). — [12] Artom, C., and W. H. Fishman: J. biol. Ch. **148**, 405, 423 (1943). — [13] Fishman, W. H., and C. Artom: J. biol. Ch. **154**, 109, 117 (1944); **164**, 307 (1946). — [14] Patterson, J. M., and E. W. McHenry: J. biol. Ch. **145**, 207 (1942). — [15] Patterson, J. M., N. B. Keevil and E. W. McHenry: J. biol. Ch. **153**, 489 (1944). — [16] Perlman I., and I. L. Chaikoff: J. biol. Ch. **127**. 211; **128**, 735 (1939). — [17] Perlman, I., S. Ruben and I. L. Chaikoff: J. biol. Ch. **122**, 169 (1938). — [18] Fishler, M. C., A. Taurog, I. Perlman and I. L. Chaikoff: J. biol. Ch. **141**, 809 (1941). — [19] Sperry, W. M., F. C. Brand and W. M. Copenhaver: J. biol. Ch. **144**, 297 (1942). — [20] Artom, C.: Bull. Soc. Chim. biol. **7**, 1099 (1925). — [21] Fairbairn, D.: J. biol. Ch. **157**, 645 (1945).

Gleichwohl hatten die Versuche, Lecithin und Kephalin spaltende Fermente aus tierischen Geweben zu isolieren, bisher nur wenig Erfolg. Dagegen konnten in verschiedenen anderen biologischen Materialien Esterasen von starker und spezifischer Wirksamkeit gegen Phosphatide nachgewiesen werden. Schlangengifte (s. Bd. 1, S. 1250 f.) enthalten ein Ferment, das von Glycerinphosphatiden eine Fettsäure abspaltet und das zunächst als Lecithinase (oder Lecithase A, s. Bd. **1**, S. 1250) bezeichnet worden ist[1] und für das später, als auch seine Wirksamkeit am Kephalin nachgewiesen worden war[2], der Name *Phospholipase* vorgeschlagen wurde[3]. Das Ferment ist aus dem Gift der Cascavella (Crotalus terrificus) krystallisiert dargestellt worden[4]. Es ist auch im Gift von Bienen und Wespen vorhanden[5]. Ein unkrystallisiertes Präparat des Ferments ist aus Pankreas erhalten worden[3,6]. Es ist wahrscheinlich, daß es auch in anderen tierischen Geweben vorkommt[7]. Bei der Einwirkung von Phospholipase auf Glycerophosphatide werden nur ungesättigte Fettsäurereste abgespalten und Lysophosphatide gebildet[2].

Die durch die Abspaltung eines Fettsäurerestes aus den Phosphatiden entstehenden Lysophosphatide haben eine intensive lytische Wirkung auf viele Zellen, und ein Teil der destruktiven Wirkung des Schlangengiftes im Gewebe ist auf die Wirkung dieser Stoffe zurückzuführen. Die Lysophosphatide lösen auch die Membran der Erythrocyten, ihre hämolytische Wirkung kann daher zum Nachweis der Phospholipase verwendet werden. FAIRBAIRN, der die Phospholipase aus dem Gift der Wassermokassinschlange (Agkistrodon piscivorus L.) dargestellt hat[8], konnte zeigen, daß das Ferment nur auf Glycerinesterphosphatide wirkt, Sphingomyeline, Cerebroside und Acetalphosphatide werden von ihm nicht gespalten. Das p_H-Optimum der Phospholipase liegt bei 6,5 bis 7,5.

Die durch die Wirkung der Phospholipase (Lecithase A) entstandenen Lysophosphatide können durch eine Gruppe von Esterasen, die als *Lysophospholipasen* (oder Lecithasen B) bezeichnet werden, in Fettsäuren und in Cholinglycerophosphat (bzw. Colaminglycerophosphat) aufgespalten werden. Derartige Lysophospholipasen sind auch aus Reiskleie, Reiskeimlingen, Aspergillus oryzae und aus Wespengift dargestellt worden[1,9]. Alle diese Fermente spalten nicht nur Lysophosphatide, sondern auch Lecithine und Kephaline. Eine besonders stark wirksame und für Lysophosphatide spezifische Lysophospholipase wurde im Penicillium notatum aufgefunden[10,11]. Dieses Ferment erwies sich als völlig unwirksam gegen Lecithin und Kephalin, es wirkt auch nicht auf Cholinglycerophosphat und setzt keine Phosphorsäure frei[12]. Sein p_H-Optimum schwankte bei verschiedenen Präparaten zwischen 3,8 und 4,4.

Die nach Einwirkung der Lysophospholipase entstehende Cholinglycerophosphorsäure ist in frisch getrocknetem[13] und autolysiertem Pankreas[14], Dicholinglycerophosphat in getrocknetem Pankreas[14], Cholinphosphorsäure in frischer Leber[15], in Placenta[16] und im Sperma[17,18] aufgefunden worden. Colaminglycero-

---

[1] CONTARDI, A., u. A. ERCOLI: B. Z. **261**, 275 (1933). — [2] KYES, P.: B. Z. **4**, 99 (1907). — DELEZENNE, C., et E. FOURNEAU: Bull. Soc. chim. France **15**, 421 (1914). — LEVENE, P. A., I. P. ROLF and H. S. SIMMS: J. biol. Ch. **18**, 859 (1924). — [3] OGAWA, K.: J. Biochem. **24**, 389 (1936). — [4] SLOTTA, K. H., u. H. L. FRAENKEL-CONRAT: B. **71**, 1076 (1938). — [5] BELFANTI, S., et C. ARNAUDI: Soc. int. Microbiol., Bull. Sez. ital. **4**, 399 (1932). — [6] GRONCHI, V.: Sperimentale **90**, 223 (1936). — [7] FRANCIOLI, M.: Fermentforsch. **14**, 241 (1934). — [8] FAIRBAIRN, D.: J. biol. Ch. **157**, 633 (1945). — [9] FRANCIOLI, M.: Enzymologia **3**, 204 (1937). — [10] WINNICK, T., F. FRIEDBERG and D. M. GREENBERG: J. biol. Ch. **175**, 121 (1948). — [11] FAIRBAIRN, D.: J. biol. Ch. **173**, 705 (1948). — [12] BELFANTI, S., A. CONTARDI u. A. ERCOLI: Ergebn. Enzymforsch. **5**, 213 (1936). — [13] KING, E. J., and M. ALOISI: Biochem. J. **39**, 470 (1945). — [14] SCHMIDT, G., B. HERSHMAN and S. J. THANNHAUSER: J. biol. Ch. **161**, 523 (1945). — [15] INUKAI, F., and W. NAKAHARA: Proc. Imp. Acad., Tokyo **11**, 260 (1935). — [16] SMYTH, D. H.: Biochem. J. **29**, 2067 (1935). — [17] LEVY, J.: Cr. **202**, 2186 (1936). — [18] LUNDQUIST, F.: Nature **158**, 710 (1946).

phosphorsäure entsteht auch als Zwischenprodukt bei der Spaltung der Acetalphosphatide[1].

Cholin- und Colamin-glycerinphosphorsäuren werden im Stoffwechsel durch Phospho-diesterasen zerlegt. α- und β-Glycerinphosphorsäure können durch unspezifische Phosphatasen gespalten werden[2].

Es scheint, daß im malignen Tumor aus Colamin-glycerinphosphorsäure zuerst Glycerin abgespalten wird. Die hierdurch entstandene Colaminphosphorsäure findet sich im Gewebe maligner Tumoren in relativ großer Menge (im Durchschnitt 36 mg% der frischen Substanz) vor[3]. Colaminphosphat ist jedoch auch im normalen Dünndarmgewebe nachgewiesen worden[4]. Injiziertes Cholinphosphat wird rasch zu anorganischem Phosphat abgebaut[5]. In Form von Cholinphosphat verabreichtes ^{32}P verteilt sich auf die Gewebe so, als wäre es als anorganisches Phosphat verabreicht worden. Phosphatasen, die Cholinphosphat zu spalten vermögen, scheinen in vielen Geweben vorzukommen. So ist z. B. in Meerschweinchenleber eine Phosphatase nachgewiesen worden, die Cholinphosphat spaltet[6].

Zusammenfassend ergibt sich also, daß bei der Bildung der Esterphosphatide *im tierischen Organismus* die Fettsäuren als letzte Bausteine in das Phosphatidmolekül eingebaut und beim Abbau der Phosphatide als erstes Spaltstück wieder abgetrennt werden.

Dagegen erfolgt der Abbau der Phosphatide *in Pflanzenzellen* vor allem in der Weise, daß vom Phosphatidmolekül zunächst der N-haltige Baustein abgespalten wird. Pflanzen enthalten Fermente, die auf diese Weise aus Phosphatiden Phosphatidsäuren bilden. So werden z. B. die in frischen Kohlblättern enthaltenen Phosphatide durch dieses Ferment autolytisch zerlegt. Das Ferment ist relativ thermostabil und verträgt kurzes Erhitzen auf 100°. Sein p_H-Optimum[7,8] liegt zwischen 5,1 und 5,9. Ähnliche Fermente sind auch in Karotten nachgewiesen worden[9]. Das Vorkommen von Phosphatidsäuren in Blättern[10] und anderen Pflanzengeweben geht wahrscheinlich auf die Wirkung dieser Fermente zurück.

Auch *Bakterien* enthalten stark wirksame phosphatidspaltende Fermente. Das α-Toxin von Cl. welchii ist als eine spezifische Phosphatase identifiziert worden, die Lecithin in Diglycerid und Cholinphosphat aufspaltet[11]. Neben Lecithin spaltet das Ferment auch Sphingomyeline, nicht aber Colamin- und Serinphosphatide[12,13]. Das Ferment wirkt optimal bei p_H 7 bis 7,6 und wird von Ca-Ionen aktiviert, von NaF gehemmt.

Über die enzymatische Spaltung der *Sphingomyeline* im tierischen Organismus ist noch wenig bekannt. THANNHAUSER u. REICHEL[14] konnten Sphingomyeline durch ein phosphatasehaltiges, aus der Leber von Kälbern gewonnenes Fermentgemisch in Ceramid (Lignocerylsphingosin), Palmitinsäure, Phosphorsäure und Cholin aufspalten. Die Säureamidbindung des Sphingosins wird hierbei

[1] FEULGEN, R., u. T. BERSIN: H. **260**, 241 (1939). — [2] KARRER, P., u. R. FREULER: Tschirsch-Festschrift S. 421. 1926. — KAY, H. D.: Biochem. J. **20**, 791 (1926). — FLEURY, P., et Z. SUTU: Bull. Soc. chim. France (4) **39**, 1716 (1926). — [3] OUTHOUSE, E. L.: Trans. R. Soc. Canada (V) (3) **29**, 77 (1935). Biochem. J. **30**, 197 (1936); **31**, 1459 (1937). — [4] COLOWICK, S. P., and C. F. CORI: Proc. Soc. exp. Biol. Med. **40**, 586 (1939). — [5] RILEY, R. F.: J. biol. Ch. **153**, 535 (1944). — [6] FUCHS, H.: Z. Biol. **99**, 296 (1938). — [7] HANAHAN, D. J., and I. L. CHAIKOFF: J. biol. Ch. **172**, 191 (1948). — [8] ROSE, W. G.: Food Technol. **4**, 230 (1950). — [9] HANAHAN, D. J., and I. L. CHAIKOFF: J. biol. Ch. **168**, 233; **169**, 699 (1947). — [10] CHIBNALL, A. C., and H. J. CHANNON: Biochem. J. **21**, 233 (1927). — [11] MACFARLANE, M. G., and B. C. J. G. KNIGHT: Biochem. J. **35**, 884 (1941). — [12] MACFARLANE, M. G.: Biochem. J. **42**, 587 (1948). — [13] ZAMECNIK, P. C., L. E. BREWSTER and F. LIPMANN: J. exp. Med. **85**, 381 (1947). — [14] THANNHAUSER, S. J., and M. REICHEL: J. biol. Ch. **135**, 1 (1940).

also nicht gelöst. Durch Pankreaslipase wurde aus Sphingomyelinen nur Palmitinsäure abgespalten, in gleicher Weise wirkte auch milde Alkalihydrolyse. Sphingosinphosphorsäure-Cholinester wurde in Leber und Placenta[1], in der Niere und im Gehirn von Pferd und Rind[2] und im Pankreas[3] nachgewiesen.

Acetalspaltende Fermente sind von NEUBERG u. ZIFFER[4] in Hefe, Takadiastase und käuflichem Emulsin aufgefunden worden. Die Fermente, die Acetalphosphatide in tierischen Geweben spalten, sind bisher jedoch noch unbekannt.

f) Der Kreislauf der N-haltigen Bausteine der Phosphatide im Stoffwechsel.

Die Entstehung von Serin und Colamin. Die Biosynthese des in den Phosphatiden enthaltenen Serins, Colamins und Cholins ist durch Isotopenversuche weitgehend aufgeklärt worden. Das Serin wird beim Meerschweinchen teilweise durch β-Oxydation von Glutamin gebildet[5]. Bei anderen Tieren entsteht es in der Leber aus Glykokoll. Wurde zu Leberbrei Glykokoll hinzugefügt, dessen Methylengruppe ^{14}C enthielt, so wurde das ^{14}C in die Serinreste der Leberproteine aufgenommen[6]. Wurde Glykokoll, das ^{13}C in der Carboxylgruppe enthielt und gleichzeitig Formiat, das mit ^{14}C markiert war, verabreicht, so entstand Serin, das in der Carboxylgruppe ein ^{13}C-Atom und in β-Stellung ein ^{14}C-Atom enthielt[7]. Das β-C-Atom des Serins kann aber auch durch die Methylengruppe eines zweiten Glykokollmoleküls[8–10] oder eine der Methylgruppen des Cholins[8] geliefert werden. Da Serin im Stoffwechsel in Colamin und Cholin übergeht, ist Glykokoll auch die Muttersubstanz eines Teils des Cholin- und des Colaminmoleküls. Dies zeigen auch die Versuche von STETTEN, der nach Verabreichung von mit ^{15}N markiertem Glykokoll, das ^{15}N im Colamin und Cholin wiederfand[11]. Indirekt kann auch das Betain, soweit es nach Abgabe seiner Methylgruppen in Glykokoll übergeht, diesen Anteil des Colamin- oder des Cholinmoleküls liefern.

Das Colamin entsteht im Stoffwechsel durch Decarboxylierung des Serins. Verabreichtes ^{15}N-Serin wird in Colamin und in Cholin umgewandelt, das in großem Überschuß ^{15}N enthält[11]. Ob nur freies Serin oder auch in Phosphatiden gebundenes Serin in Colamin übergehen kann, ist nicht mit Sicherheit festgestellt.

Die Bildung von Cholin (s. a. S. 960 ff.). Auch der Beweis, daß Colamin im Stoffwechsel in Cholin übergeht, ist durch Isotopenversuche erbracht worden: mit ^{15}N markiertes Colamin wird bei der Ratte in ^{15}N-Cholin umgewandelt[11,12]. Die hierzu notwendigen Methylgruppen stammen, wie durch Verfütterung von D-markiertem Methionin gezeigt werden konnte, aus Methionin[13,14]. Auch verschiedene Mikroorganismen (Neurospora-Mutanten, Pneumokokken) können Colamin mit

---

[1] STRACK, E., E. NEUBAUR u. H. GEISSENDÖRFER: H. **220**, 217 (1933). — STRACK, E., H. GEISSENDÖRFER u. E. NEUBAUR: H. **229**, 25 (1934). — [2] BOOTH, F. J.: Biochem. J. **29**, 2071 (1935). — BOOTH, F. J., and T. H. MILROY: J. Physiol., London **84**, 32 P (1935). — [3] KING, E. J., and C. W. SMALL: Biochem. J. **33**, 1135 (1939). — [4] NEUBERG, C., u. R. ZIFFER: Enzymologia **5**, 389 (1938/39). — [5] LEUTHARDT, F.: H. **270**, 113 (1941). — LEUTHARDT, F., u. B. GLASSON: Helv. **25**, 245 (1942). — [6] SCHAFFNER, F., M. MEITUS, J. DE LA HUERGA, D. F. MAGEE, F. STEIGMANN and H. POPPER: Fed. Proc. **10**, 369 (1951). — [7] SAKAMI, W.: J. biol. Ch. **176**, 995 (1948). — [8] SAKAMI, W.: J. biol. Ch. **179**, 495 (1949). — [9] SAKAMI, W.: J. biol. Ch. **178**, 519 (1949). — [10] WINNICK, T., I. MORING-CLAESSON and D. M. GREENBERG: J. biol. Ch. **175**, 127 (1948). — [11] STETTEN, D. jr.: J. biol. Ch. **140**, 143 (1941); **144**, 501 (1942). — [12] STETTEN, D. jr.: J. biol. Ch. **142**, 629 (1942). — [13] VIGNEAUD, V. DU, J. P. CHANDLER, M. COHN and G. B. BROWN: J. biol. Ch. **134**, 787 (1940). — [14] VIGNEAUD, V. DU, M. COHN, J. P. CHANDLER, J. R. SCHENK and S. SIMMONDS: J. biol. Ch. **140**, 625 (1941).

Hilfe von Methionin methylieren[1–3]. Auch Betain kann bei der Cholinsynthese als Methyldonator verwendet werden[4]. Bei Küken kann hingegen Cholinzufuhr nicht durch Colaminzufuhr ersetzt werden, und zwar auch dann nicht, wenn Methionin oder Betain in großer Menge vorhanden sind[5]. Scheinbar ist bei diesen Tieren nur die Anlagerung der ersten Methylgruppe an das Colamin nicht möglich, denn Monomethyl- und Dimethylcolamin können das Cholin ersetzen[2, 3].

Eine direkte Reduktion von Betain zu Cholin findet im Stoffwechsel nicht statt[6]. Du Vigneaud verabreichte Betain, das ein ^{15}N-Atom enthielt und dessen Methylgruppen mit Deuterium markiert waren, an Ratten. Während das Deuteromethyl sich zu einem großen Prozentsatz in den Methylgruppen des Cholins der Versuchstiere wiederfand, war das ^{15}N im Cholin nur in relativ geringem Überschuß nachweisbar[4].

Es scheint, daß die Methylierung des Colamins stufenweise erfolgt und zunächst Monomethylcolamin, sodann Dimethylcolamin und daraus schließlich Cholin gebildet wird. Ratten, denen Methylcolamin, das in der Methylgruppe Deuterium enthielt, zugeführt wurde, bildeten Cholin, das in den Methylgruppen in signifikanter Menge Deuterium enthielt. In analoger Weise markiertes Dimethylcolamin wurde ebenfalls in Deuteromethyl-cholin übergeführt[7].

Die Methylierung des Colamins zu Mono- und Dimethylcolamin ist bei der Ratte ein irreversibeler Prozeß, die Bildung von Cholin aus Dimethylcolamin ist dagegen reversibel. Cholin kann im Stoffwechsel daher nur eine seiner Methylgruppen abgeben[8], Dimethylcolamin ist also kein Methyldonator[7, 9]. Bei der Methioninsynthese aus Homocystein kann das Cholin deshalb nicht durch Dimethylcolamin ersetzt werden.

Daher tritt eine Demethylierung von Cholin bis zum Colamin im Stoffwechsel nicht ein[10–12]. Nach Verabreichung von ^{15}N-Cholin war keine signifikante Menge von ^{15}N-Colamin nachweisbar[13]. Nur bei Hühnchen scheint eine Demethylierung auch des Dimethylcolamins möglich zu sein[14, 15]. Es scheint jedoch, daß bei den meisten anderen Tieren normalerweise der Demethylierung des Cholins seine Oxydation vorausgeht[11, 12, 19].

Die Oxydation des Cholins. Cholin wird in Schnitten von Rattenlebern zu Betainaldehyd oxydiert[16, 17]. In analoger Weise wird zugesetztes Arsenocholin in Arsenobetainaldehyd umgewandelt[18]. Das cholinoxydierende Fermentsystem enthält eine Dehydrogenase und das Cytochrom-Cytochromoxydase-System[18]. Betainaldehyd wird bei p_H 7,8 von Rattenleberbrei oxydiert[17]. Der Sauerstoffbedarf von Leberpräparaten steigt nach Zusatz von Betainaldehyd an[16]. Das Oxydationsprodukt des Betainaldehyds ist Betain[19].

---

[1] Horowitz, N. H., and G. W. Beadle: J. biol. Ch. **150**, 325 (1943). — [2] Jukes, T. H., J. J. Oleson and A. C. Dornbush: J. Nutrit. **30**, 219 (1945). — [3] Jukes, T. H., A. C. Dornbush and J. J. Oleson: Fed. Proc. **4**, 157 (1945). — Badger, E.: J. biol. Ch. **153**, 183 (1944). — [4] Vigneaud, V. du, S. Simmonds, J. P. Chandler and M. Cohn: J. biol. Ch. **165**, 639 (1946). — [5] Jukes, T. H.: J. Nutrit. **22**, 315 (1941). — [6] Stetten, D. jr.: J. biol. Ch. **138**, 437; **140**, 143 (1941). — [7] Vigneaud, V. du, J. P. Chandler, S. Simmonds, A. W. Moyer and M. Cohn: J. biol. Ch. **164**, 603 (1946). — [8] Jukes, T. H.: Ann. Rev. **16**, 193 (1947). — [9] Moyer, A. W., and V. du Vigneaud: J. biol. Ch. **143**, 373 (1942). — [10] Stetten, D. jr.: J. biol. Ch. **138**, 437; **140**, 143 (1941). — [11] Muntz, J. A.: J. biol. Ch. **182**, 489 (1950). — [12] Dubnoff, J. W.: Arch. Biochem. **24**, 251 (1949). — [13] Vigneaud, V. du, J. P. Chandler, M. Cohn and G. B. Brown: J. biol. Ch. **134**, 787 (1940). — [14] Jukes, T. H., J. J. Oleson and A. C. Dornbush: J. Nutrit. **30**, 219 (1945). — [15] Jukes, T. H., and J. J. Oleson: J. biol. Ch. **157**, 419 (1945). — [16] Mann, P. J. G., and J. H. Quastel: Biochem. J. **31**, 869 (1937). — [17] Bernheim, F., and M. L. C. Bernheim: Amer. J. Physiol. **121**, 55 (1938). — [18] Mann, P. J. G., H. E. Woodward and J. H. Quastel: Biochem. J. **32**, 1024 (1938). — [19] Dubnoff, J. W.: Fed. Proc. **8**, 195 (1949).

Die Entmethylierung des Betains. Das Betain wird im Stoffwechsel zu Glykokoll demethyliert. Ein Teil der für die Cholinsynthese verwendeten Methylgruppen kann also auf diesem Wege zurückgewonnen werden. Das Colamin kann dagegen nicht direkt zu Glykokoll oxydiert werden[1], es wird auf dem Wege über Cholin und Betain in Glykokoll umgewandelt.

Daß Betain im Stoffwechsel demethyliert wird, ergibt sich aus Ernährungsversuchen, in denen sich Betain bei methionin- und cholinfreier, homocysteinhaltiger Ernährung als wirksamer Wachstumsfaktor erwies[2]. Da Betain im Stoffwechsel demethyliert wird, führt Betainzufuhr per os nicht zu einer Vermehrung der Trimethylammoniumbasen im Harn[3]. Betain wird in Leberhomogenaten sowohl in aerobem als auch in anaerobem Milieu demethyliert, Cholin dagegen nur unter aeroben Bedingungen[4, 5]. Durch die Oxydation des Cholins zu Betain wird die Demethylierung also erleichtert[6]. Die Oxydation des Cholins ist irreversibel, nach Verabreichung von ^{15}N-Betain fand sich das ^{15}N nicht im Cholin, sondern im Glykokoll wieder[7]. Zufuhr von ^{15}N-Betain, das in den Methylgruppen Deuterium enthielt, führte ebenfalls zur Bildung von ^{15}N-Glykokoll, gleichzeitig aber auch zur Entstehung von Cholin, das kein ^{15}N, in den Methylgruppen jedoch Deuterium enthielt[8]. Auf welche Weise diese Demethylierung des Betains erfolgt, ist noch unbekannt. Sarkosin[9] und Dimethylglykokoll[9, 8] können im Stoffwechsel nicht als Methyldonatoren verwendet werden[8].

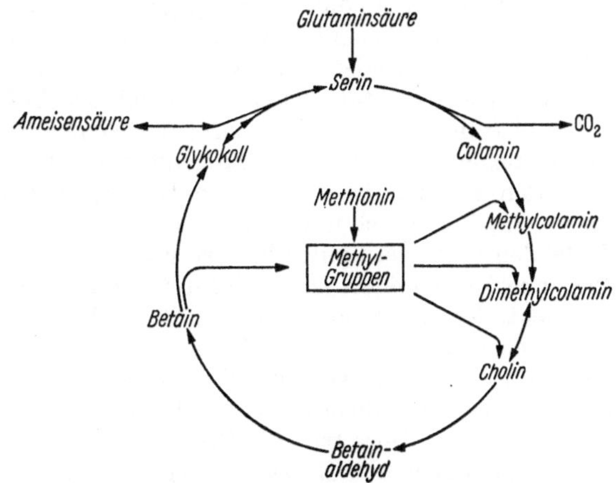

Abb. 50. Der Kreislauf des Cholins im Stoffwechsel.

Serin geht durch Decarboxylierung in Colamin über, aus dem durch schrittweise Methylierung Cholin entsteht. Cholin wird im Stoffwechsel zu Betainaldehyd und schließlich zu Betain oxydiert. Aus dem Betain werden die Methylgruppen abgespalten und dadurch Glykokoll gebildet. Aus Glykokoll kann durch Anlagerung von Formaldehyd Serin entstehen.

Sowohl das für die Cholinsynthese notwendige Glykokoll als auch die Methylgruppen werden also beim Abbau des Cholins im Stoffwechsel zumindest teilweise wiedergewonnen. Wie das beistehende Schema zeigt, besteht ein Kreislauf

[1] Stetten, D. jr.: J. biol. Ch. **138**, 437; **140**, 143 (1941). — [2] Vigneaud, V. du, J. P. Chandler, A. W. Moyer and D. M. Keppel: J. biol. Ch. **131**, 57 (1939). — [3] Lintzel, W.: B. Z. **273**, 243 (1934). — [4] Dubnoff, J. W.: Arch. Biochem. **24**, 251 (1949). — [5] Dubnoff, J. W.: Fed. Proc. **8**, 195 (1949). — [6] Muntz, J. A.: J. biol. Ch. **182**, 989 (1950). — [7] Stetten, D. jr.: J. biol. Ch. **140**, 143 (1941). — [8] Vigneaud, V. du, S. Simmonds, J. P. Chandler and M. Cohn: J. biol. Ch. **165**, 639 (1946). — [9] Moyer, A. W., and V. du Vigneaud: J. biol. Ch. **143**, 373 (1942).

dieser Substanzen im Organismus, der durch die Demethylierung des mit der Nahrung aufgenommenen Methionins und vielleicht auch durch die Neubildung von Serin aus Glutaminsäure dauernd gespeist wird.

g) Die Rolle der Phosphatide bei der Bildung und beim Abbau der Fettsäuren.

Zahlreiche experimentelle Befunde weisen darauf hin, daß die Phosphatide bei den Oxydationsvorgängen in der Zelle[1], und zwar insbesondere bei der Oxydation und der Synthese der Fettsäuren eine Rolle spielen. So fand man nach Zufuhr von ^{14}C-markierter Laurin- und Myristinsäure einen signifikanten Teil der ^{14}C-Atome in den Stearinsäure- und Palmitinsäureresten der Phosphatide wieder[2]. Ein Beweis dafür, daß bei der Bildung und beim Abbau der Fettsäuren die Fettsäuren selbst oder aus ihnen entstehende Zwischenprodukte intermediär an Phosphatide gebunden werden, liegt jedoch bisher nicht vor. Die Tatsache, daß Fettsäuren mit kurzer C-Kette im allgemeinen in den Phosphatiden nicht nachweisbar sind, wird damit erklärt, daß, wie durch Versuche mit ^{14}C erwiesen, die Aufspaltung der langen Fettsäureketten vom ersten bis zum letzten C-Atom in einem Zuge erfolgt[3], so daß Fettsäuremoleküle mit verkürzter C-Kette sich nicht stabilisieren können (s. a. S. 805).

Sowohl die isolierte Leber als auch die intakte Ratte bauen isotopenmarkiertes Acetat in größerer Menge in die Fettsäuren von Triglyceriden und Cholesterinestern ein als in die Fettsäuren von Phospholipoiden[4]. Hingegen wird das markierte Acetat in extrahepatischen Geweben rascher in Phospholipoide als in Neutralfette eingebaut und auch in der Leber findet sich, wenn man die Untersuchung sofort nach der Verabreichung von D-Acetat vornimmt, zunächst mehr Deuterium in den Fettsäuren der Phosphatide als in den Fettsäuren des Neutralfetts[5].

Bei Durchströmungsversuchen an normalen glykogenhaltigen Lebern führte der Zusatz von Phosphatiden zu einer beschleunigten Bildung von Acetessigsäure, zu einem gesteigerten O_2-Verbrauch und einem starken Abfall des respiratorischen Quotienten[6]. Bei den Fettlebern phlorrhizinvergifteter Tiere, bei denen die Ketonkörperbildung ohnehin gesteigert ist, beeinflußt der Phosphatidzusatz die Ketonkörperbildung nicht, doch steigt auch hier der O_2-Verbrauch, der respiratorische Quotient sinkt gleichzeitig ab, und die Zuckerbildung wird erheblich gesteigert[6]. Während in normalem Fettgewebe die Plasmalreaktion nicht nachweisbar ist, zeigt in Entwicklung befindliches Fettgewebe besonders im Anfang starke Plasmalreaktion. In analoger Weise tritt die Plasmalreaktion auch wieder auf, wenn das Fettgewebe abgebaut wird[7]. Es ist möglich, daß den Acetalphosphatiden bei der Umwandlung von Kohlenhydrat in Fett eine Aufgabe zufällt[8].

h) Phosphatide und Gewebsaktivität.

Bei vielen Organen sind Beziehungen zwischen dem Phosphatidgehalt und der spezifischen Aktivität des betreffenden Gewebes nachweisbar. So nimmt z. B. beim Corpus luteum der Phosphatidgehalt des sezernierenden Gewebes mit dem Einsetzen der Sekretionstätigkeit stark zu. Der Phosphatidgehalt des Corpus luteum bleibt gesteigert, solange die Sekretion anhält. Während der

---

[1] THUNBERG, T.: Skand. Arch. Physiol. **24**, 90 (1910). — WARBURG, O., u. O. MEYERHOF: H. **85**, 412 (1913). — MEYERHOF, O.: Pflügers Arch. **199**, 531 (1923). — HOPKINS, F. G.: Biochem. J. **19**, 787 (1925). — [2] STEVENS, B. P., and I. L. CHAIKOFF: J. biol. Ch. **193**, 465 (1951). — [3] WEINMAN, E. O., I. L. CHAIKOFF, W. G. DAUBEN, M. GEE and C. ENTENMAN: J. biol. Ch. **184**, 735 (1950). — [4] PIHL, A., and K. BLOCH: J. biol. Ch. **183**, 431 (1950). — [5] POPJÁK, G., and M.-L. BEECKMANS: Biochem. J. **47**, 233 (1950). — [6] JOST, H.: H. **197**, 90 (1931). — [7] MÖCKEL, G.: H. **277**, 135) 1943). — [8] FEULGEN, R., P. FELLER and G. ANDRESEN: Ber. oberhess. Ges. Natur- u. Heilkde., naturwiss. Abt. **24**, 270 (1949).

Inaktivierung werden die Phosphatide im Corpus luteum weitgehend durch Cholesterinester und Fett ersetzt[1]. Während der Sekretionstätigkeit ist der Phosphatidgehalt des Milchdrüsengewebes auf das Doppelte gesteigert[2]. Auch im Phosphatidgehalt des Muskelgewebes wurden ähnliche Zusammenhänge festgestellt (vgl. S. 862f.).

Beziehungen zwischen Gewebsaktivität und Phosphatidgehalt finden sich auch bei Tumoren. YASUDA u. BLOOR[3] fanden, daß der Phospholipoidgehalt maligner, schnell wachsender Tumoren 2- bis 3mal höher war als der von benignen Tumoren. Der Cholesteringehalt zeigte hierbei ähnliche, jedoch in quantitativer Hinsicht geringere Verschiebungen als der Phosphatidgehalt. In der obersten, besonders progredienten Schicht von Rattentumoren fand sich ein höherer Prozentgehalt an Phospholipiden als in den im Inneren des Tumors befindlichen schlecht ernährten, daher langsam wachsenden oder nekrotischen Anteilen des malignen Gewebes[4]. Im Innenanteil des Tumors waren an die Stelle der Phosphatide Cholesterinester getreten.

Auch bei den Leukocyten finden sich Differenzen im Phosphatidgehalt, die zu der spezifischen phagocytären Tätigkeit dieser Zellen in Beziehung gebracht werden können[4]. Bei schweren Infektionen wurden Beziehungen zwischen dem Phosphatidgehalt der Leukocyten und der Abwehrfähigkeit des Organismus gegen die Infektion festgestellt: je höher der Phosphatidgehalt der Leukocyten, desto größer ihre phagocytäre Aktivität[5].

Die Deutung dieser Beziehungen zwischen Gewebsaktivität und Phosphatidgehalt des Gewebes ergibt sich daraus, daß ein großer Teil des Phosphatidgehalts der Zellen in den Mitochondrien enthalten ist (vgl. S. 867 ff.). Die energieliefernden Stoffwechselprozesse der Zelle laufen in und an den Mitochondrien ab; eine Vermehrung des Energieumsatzes führt zu einer Vergrößerung der energieerzeugenden Apparatur der Zelle und dadurch zu einem vermehrten Einbau von Phosphatiden.

Es sind jedoch auch zahlreiche Ausnahmen von der Regel bekannt, daß erhöhte Gewebsaktivität von einer Vermehrung des Phosphatidgehalts begleitet ist. Durch teilweise Nierenexstirpation hervorgerufene Hypertrophie des restlichen Nierengewebes führte zu keiner Vermehrung des Prozentgehalts an Phosphatiden, und auch im hypertrophischen Herzmuskel ist der Phosphatidgehalt nicht höher als im normalen Herzen[6].

i) Die Phosphatide des Blutes.

Der Phosphatidgehalt von Erythrocyten und Blutplasma ist nicht nur in quantitativer, sondern auch in qualitativer Hinsicht sehr verschieden: Kephalin bildet die Hauptfraktion der in den Erythrocyten enthaltenen Phosphatide, während in den Phosphatiden des Plasmas Lecithin vorwiegt (s. a. S. 331 u. 441).

α) Die Phosphatide der Blutzellen (s. a. S. 441).

Erythrocyten vom Menschen enthalten im Durchschnitt etwa 200 mg% Phosphatide, etwa 60% hiervon sind Kephalin, etwa 16% entfallen auf Lecithin

[1] MIKULICZ-RADECKI, F. v.: Arch. Gynäk. **116**, 203 (1922). — MOMIGLIANO, E.: Zbl. Gynäk. **49**, 684 (1925). — EUFINGER, H., u. C. W. BADER: Arch. Gynäk. **124**, 483 (1925). — KAUFMANN, C.: Z. Geburtsh. **91**, 668 (1927). — KAUFMANN, C., u. K. RAETH: Arch. Gynäk. **130**, 128 (1927). — KAUFMANN, C., u. O. MÜHLBOCK: Arch. Gynäk. **136**, 478 (1929). — BLOOR, W. R., R. OKEY and G. W. CORNER: J. biol. Ch. **86**, 291 (1930). — [2] BLOOR, W. R., and R. H. SNIDER: J. biol. Ch. **107**, 459 (1934). — [3] YASUDA, M., and W. R. BLOOR: J. clin. Invest. **11**, 677 (1932). — [4] HAVEN, F. L.: Amer. J. Cancer **29**, 57 (1937). — [5] BOYD, E. M.: Surg., Gynec. Obstet. **60**, 205 (1935). J. Lab. clin. Med. **21**, 957 (1936). — [6] LUDEWIG, S., and A. CHANUTIN: J. biol. Ch. **115**, 327 (1936).

und 24% auf Sphingomyeline[1–6] (s. a. S. 441). Rattenerythrocyten enthalten 200 bis 300 mg% Phosphatide[6]. Bei der Entwicklung der Erythrocyten nimmt ihr Phosphatidgehalt ab — der Phosphatidgehalt der Reticulocyten ist viel höher als der reifer Erythrocyten[7]. Eine Steigerung des Phosphatidgehalts der Erythrocyten wurde bei hypochromen Anämien[8], Herabsetzung bei hämolytischem Ikterus[4] und bei der perniziösen Anämie beobachtet[4, 9, 10]. Erwähnt sei in diesem Zusammenhang, daß bei der perniziösen Anämie auch der Phosphatidgehalt des Plasmas absinkt[10]. Durch Leberbehandlung wird diese Senkung der Plasmaphosphatide wieder normalisiert[10].

Ein Austausch zwischen den Phosphatiden der Erythrocyten und denen des Plasmas findet nur in geringem Ausmaß statt. Wurden Kaninchenerythrocyten mit artgleichem Plasma, das radioaktive Phosphatide enthielt, geschüttelt, so wurden in 4 Std etwa 5% der Erythrocytenphosphatide durch Plasmaphosphatide ersetzt[11]. Die Neubildung von Phosphatiden in den Erythrocyten geht nur sehr langsam vor sich. Nach Verabreichung von radioaktivem Phosphat blieb der ^{32}P-Gehalt der Erythrocytenphosphatide weit hinter dem der Plasmaphosphatide zurück[11–13].

Leukocyten sind phosphatidreich (710 mg% Gesamtphosphatid beim Hund[14], s. a. S. 445ff.). Sie enthalten weniger Kephalin aber mehr Sphingomyelin als die Erythrocyten[15].

Blutplättchen enthalten erhebliche Mengen von Phosphatiden[16] (s. a. S. 472).

β) Die Phosphatide des Blutplasmas (s. a. S. 331).

1. Menge und Zusammensetzung[17–19].

Der Gesamtphosphatidgehalt menschlichen Blutplasmas beträgt etwa 150 bis 250 mg%[18, 20, 21], der Hauptanteil hiervon (100 bis 200 mg%) besteht aus Lecithinen[18, 20, 22]; Kephaline (0 bis 130 mg%)[18, 20–25] und Sphingomyeline (10 bis 30 mg%)[18, 20–22] sind in geringerer Menge vorhanden (s. a. S. 331).

---

[1] Kirk, E.: J. biol. Ch. **123**, 637 (1938). — [2] Bürger, M., u. H. Beumer: B. Z. **56**, 446 (1913). — [3] Haurowitz, F., u. J. Sládek: H. **173**, 268 (1928). — [4] Kirk, E.: Acta med. scand., Suppl. **89**, 198 (1937). Amer. J. med. Sci. **196**, 648 (1938). — [5] Erickson, B. N., H. H. Williams, F. C. Hummel and I. G. Macy: J. biol. Ch. **118**, 15 (1937). — [6] Weil, L., and M. A. Russell: J. biol. Ch. **144**, 307 (1942). — [7] Ruhenstroht-Bauer, G., u. G. Hermann: Z. Naturforsch. **5** b, 416 (1950). — [8] Erickson, B. N., H. H. Williams, F. C. Hummel and I. G. Macy: J. biol. Ch. **118**, 569 (1937). — [9] Feigl, J.: B. Z. **93**, 257 (1919). — Bloor, W. R., and D. J. MacPherson: J. biol. Ch. **31**, 79 (1917). — Muller, G. L.: Amer. J. med. Sci. **179**, 316 (1930). — [10] Williams, H. H., B. N. Erickson, S. Bernstein, F. C. Hummel and I. G. Macy: J. biol. Ch. **118**, 599 (1937). — [11] Hahn, L., and G. Hevesy: Nature **144**, 72 (1939). — [12] Hahn, L., and G. Hevesy: Nature **140**, 1059 (1937). — [13] Hevesy, G., and A. H. W. Aten jr.: Kgl. danske Vid. Selsk. biol. Medd. **14**, Nr. 5 (1939). — [14] Boyd, E. M.: J. biol. Ch. **91**, 1 (1931). — [15] Burt, N. S., and R. J. Rossiter: Biochem. J. **46**, 569 (1950). — [16] Chargaff, E., J. W. Bancroft and M. Stanley-Brown: J. biol. Ch. **116**, 237 (1936). — [17] Albrink, M. J.: J. clin. Invest. **29**, 46 (1950). — Artom, C.: J. biol. Ch. **139**, 65 (1941); **157**, 595 (1945). — Artom, C., and J. A. Freeman: J. biol. Ch. **135**, 59 (1940). — Blix, G.: B. Z. **305**, 129 (1940). — Brante, G.: B. Z. **305**, 136 (1940). — Cardini, C. E., and M. E. Serantes: An. Farmacia Bioquím., Buenos Aires **13**, 102 (1942). — Entenman, C., and I. L. Chaikoff: J. biol. Ch. **160**, 377 (1945). — Erickson, B. N., I. Avrin, D. M. Teague and H. H. Williams: J. biol. Ch. **135**, 671 (1940). — Hack, M. H.: J. biol. Ch. **169**, 137 (1947). — Hunter, F. E.: J. biol. Ch. **144**, 439 (1942). — Kirk, E.: J. biol. Ch. **123**, 637 (1938). — Marenzi, A. D., and C. E. Cardini: J. biol. Ch. **147**, 371 (1943). — Ranney, R. E., C. Entenman and I. L. Chaikoff: J. biol. Ch. **180**, 307 (1949). — Rubin, S. H.: J. biol. Ch. **131**, 691 (1939). — Schmidt, G., J. Benotti, B. Hershman and S. J. Thannhauser: J. biol. Ch. **166**, 505 (1946). — Sinclair, R. G.: J. biol. Ch. **174**, 343, 355 (1948). — Thannhauser, S. J., and P. Setz: J. biol. Ch. **116**, 533 (1936). — Williams, H. H., B. N. Erickson, I. Avrin, S. S. Bernstein and I. G. Macy: J. biol. Ch. **123**, 111 (1938). —

Bei Tieren bestehen in Menge und Zusammensetzung der Plasmaphosphatide große Artverschiedenheiten[1]. Zum Unterschied vom Säugetierblut enthält das Blutplasma von Vögeln (Huhn, Truthahn) große Mengen von Kephalin[2,3].

Die Bindung der Phosphatide an die Plasmaproteine (s. a. S. 287). Die im Blutplasma enthaltenen Phospholipoide sind mehr oder weniger fest an die Plasmaproteine gebunden. Komplexe zwischen Proteinen und Phospholipoiden sind in vitro dargestellt worden[4]. Ein derartiges Präparat enthielt 22% Phosphatide[5]. In vivo enthält die α- und insbesondere die β-Fraktion der Serumglobuline Lipoproteine, die neben anderen Lipoiden auch Phosphatide enthalten[6]. Im Pferdeserum sind 85% des vorhandenen Phosphatids an die Serumproteine, und zwar 60% an Albumin und 25% an Globulin gebunden[7]. Bei der systematischen Fraktionierung der Serumproteine nach COHN (s. S. 290ff.) mit verdünntem Alkohol und Salzlösungen bei niedriger Temperatur sind phosphatidhaltige Lipoproteide vor allem in der Fraktion IV-1 (α_1-Lipoproteid) und in der Fraktion III-0 (β_1-Lipoproteid) aufgefunden worden. ADAIR u. ADAIR konnten aus menschlichem Serum ein Lipoproteid darstellen, das neben anderen Lipoiden auch 8,5% Phosphatide enthielt[8].

Die Entstehung der Plasmaphosphatide (s. a. S. 334). Die Phosphatide des Blutes stammen, wie Versuche bei verschiedenen Tieren übereinstimmend ergeben haben, ihrer Hauptmenge nach aus der Leber[9]. Im Plasma selbst können Phosphatide nicht gebildet werden[10].

Während bei normalen Tieren nach Zufuhr von ^{32}P-Phosphat sehr erhebliche Mengen von radioaktiven Phosphatiden im Blutplasma auftreten, war im Blutplasma entleberter Hunde nach Zufuhr von ^{32}P-Phosphat keine nachweisbare Menge von ^{32}P-Phosphatiden vorhanden[11]. Der ^{32}P-Phosphatidgehalt der Niere und anderer Organe war jedoch bei leberlosen und bei normalen Hunden annähernd gleich. Daraus geht hervor, daß nur die Leberphosphatide ins Blut übergehen, nicht aber die in anderen Organen gebildeten Phosphatide[11]. Die in der Leber gebildeten Phosphatide gehen sehr rasch ins Blutplasma über. 6 Std nach intraperitonealer Injektion von markiertem Phosphat war bei Hunden nur der ^{32}P-Gehalt der Leberphosphatide erhöht, nach 18 Std war die Radioaktivität der Phosphatide im Blut und in der Leber annähernd gleich und

WILLIAMS, H. H., B. N. ERICKSON, E. F. BEACH, I. G. MACY, I. AVRIN, M. SHEPHERD, H. SOUDERS, D. M. TIGNE and O. HOFFMAN: J. Lab. clin. Med. **26**, 996 (1941). — ZILVERSMIT, D. B., C. ENTENMAN and I. L. CHAIKOFF: J. biol. Ch. **176**, 193 (1948). BOYD, E. M.: J. biol. Ch. **143**, 131 (1942). — [18] THANNHAUSER, S. J., J. BENOTTI and H. REINSTEIN: J. biol. Ch. **129**, 709 (1939). — [19] PETERSEN, V. P.: Scand. J. clin. Lab. Invest. **2**, 44 (1950). — [20] THANNHAUSER, S. J.: New Engl. J. Med. **237**, 515, 546 (1947). — [21] TAUROG, A., C. ENTENMAN and I. L. CHAIKOFF: J. biol. Ch. **156**, 385 (1944). — [22] SINCLAIR, R. G.: J. biol. Ch. **174**, 343 (1948). — [23] HECK, M. H.: J. biol. Ch. **169**, 137 (1947). — [24] FOLCH, J., H. A. SCHNEIDER and D. D. VAN SLYKE: J. biol. Ch. **133**, XXXIII (1940). — [25] SINCLAIR, R. G.: Fed. Proc. **6**, 291 (1947).

[1] TAYLOR, W. E., and J. M. MCKIBBIN: J. biol. Ch. **188**, 682 (1951). — [2] SINCLAIR, R. G.: Fed. Proc. **6**, 291 (1947). — [3] FLOCK, E. V., and J. L. BOLLMAN: J. biol. Ch. **144**, 571 (1942). — [4] CHARGAFF, E.: J. biol. Ch. **125**, 661 (1938). — LIEBERMANN, L.: Pflügers Arch. **54**, 573 (1893). — MAYER, A., et É.-F. TERROINE: C. R. Soc. Biol. **62**, 398 (1907). — GALEOTTI, G., e G. GIAMPALMO: Arch. Fisiol. **5**, 503 (1908). — PRZYŁĘCKI, S. J. v., u. E. HOFER: B. Z. **288**, 303 (1936). — PARSONS, T. R.: Biochem. J. **22**, 800 (1928). — [5] MACHEBOEUF, M. A., et L. DIZERBO: C. R. Soc. Biol. **132**, 268 (1939). — MACHEBOEUF, M., et J. DUBOY: C. R. Soc. Biol. **132**, 272 (1939). — [6] EDSALL, J. T.: Adv. Protein Chem. **3**, 406 (1947). — [7] FUKASAKO, T.: J. Biochem. **35**, 67 (1942). — [8] ADAIR, G. S., and M. E. ADAIR: J. Physiol., London **102**, 17 P (1944). — [9] HEVESY, G., and A. H. W. ATEN jr.: Kgl. danske Vid. Selsk. biol. Medd. **14**, Nr. 5 (1939). — [10] FRIEDLANDER, H. D., I. L. CHAIKOFF and C. ENTENMAN: J. biol. Ch. **158**, 231 (1945). — [11] FISHLER, M. C., C. ENTENMAN, M. L. MONTGOMERY and I. L. CHAIKOFF: J. biol. Ch. **150**, 47 (1943).

höher als die der anderen Organe, und erst nach 98 Std war der ^{32}P-Gehalt der Phosphatide von Dünndarm und Niere annähernd gleich dem von Leber und Blut[1].

2. Der Kreislauf der Plasmaphosphatide.

In das Blut injizierte radioaktive Phosphatide verschwinden rasch aus dem Plasma[2]. Ein erheblicher Anteil geht in die Leber über. Bei Tieren, deren Leber aus dem Kreislauf ausgeschaltet worden war, blieben daher die markierten Phosphatide 5- bis 8mal länger im Blutplasma als bei Normaltieren[3]. Ein anderer Teil der injizierten Phosphatide wurde in den Erythrocyten, weitere Anteile in Niere, Dünndarm, Milz und Muskel wiedergefunden[2, 4, 5].

Versuche mit doppelt markierten Phosphatiden zeigen, daß das Phosphatidmolekül von den Geweben als Ganzes aufgenommen wird. Wurde Phosphatid, das im Phosphorsäurerest mit ^{32}P, im Fettsäureanteil mit ^{14}C markiert war, Ratten intravenös injiziert, so verschwanden beide Isotopen mit gleicher Geschwindigkeit aus den Phosphatiden der Blutbahn[6].

Es scheint, daß die Plasmaphosphatide die Capillarwand, wenn auch langsam, so doch ohne Aufspaltung passieren können; sie gelangen mit dem Lymphstrom in die Gewebsspalten, von da in die Lymphe, mit der Lymphe wieder ins Blut und zur Leber zurück[7]. In das Blut eines Hundes injiziertes radioaktives Phosphatid war 37 min später bereits in der Lymphe des Ductus thoracicus nachweisbar[4]. Ein Teil der die Gewebe auf diesem Wege passierenden Plasmaphosphatide wird von den Gewebszellen aufgenommen, gespalten und die Bausteine zur Bildung zelleigener Phosphatide verwendet[8]. Gleichwohl ist der Phosphatidgehalt der extracellulären Gewebsflüssigkeit, entsprechend ihrem geringen Eiweißgehalt nur sehr gering. Der Phospholipoidgehalt von Transsudaten und Exsudaten geht ihrem Proteingehalt weitgehend parallel[9].

3. Änderungen des Plasmaphosphatidgehaltes.

Die Menge der Plasmaphosphatide bleibt, unter gleichen Bedingungen und beim gleichen Individuum untersucht, sehr konstant und ist unabhängig vom Menstruationszyklus und von der Jahreszeit[10]. Die Tagesschwankungen sind nur gering[11], unter normalen Umständen wird beim Menschen ein Minimum um 2 Uhr und ein Maximum um 14 Uhr beobachtet[12, 13]. Kastration beeinflußt den Phosphatidspiegel nicht, ebenso ist auch die Verabreichung androgener Stoffe[14] und massiver Insulindosen[15] ohne Wirkung. Durch Verabreichung östrogener Stoffe können dagegen bei Vögeln Steigerungen des Plasmaphosphatidgehalts bis auf das Zehnfache des Normalwertes hervorgerufen werden[16]. Der

[1] Fishler, M. C., C. Entenman, M. L. Montgomery and I. L. Chaikoff: J. biol. Ch. **150**, 47 (1943). — [2] Zilversmit, D. B., C. Entenman and M. C. Fishler: J. gen. Physiol. **26**, 325 (1943). — [3] Entenman, C., I. L. Chaikoff and D. B. Zilversmit: J. biol. Ch. **166**, 15 (1946). — [4] Reinhardt, W. O., M. C. Fishler and I. L. Chaikoff: J. biol. Ch. **152**, 79 (1944). — [5] Zilversmit, D. B., C. Entenman, M. C. Fishler and I. L. Chaikoff: J. gen. Physiol. **26**, 333 (1943). — [6] Weinman, E. O., I. L. Chaikoff, C. Entenman and W. G. Dauben: J. biol. Ch. **187**, 643 (1950). — [7] Bloor, W. R.: Physiol. Rev. **19**, 557 u. zw. 574 (1939). — [8] Cornatzer, W. E., and D. Cayer: J. clin. Invest. **29**, 542 (1950). — [9] Man, E. B., and J. P. Peters: J. clin. Invest. **12**, 1031 (1933); **13**, 237 (1934). — [10] Man, E. B., and E. F. Gildea: J. biol. Ch. **119**, 769 (1937). — [11] Boyd, E. M.: J. biol. Ch. **110**, 61 (1935). — [12] Halse, T.: Kli. Wo. **1945**, 121; **1946/47**, 220. — [13] Seckfort, H.: Kli. Wo. **1949**, 589. — [14] Kochakian, C. D., P. McLachlan and H. D. McEwen: J. biol. Ch. **122**, 433 (1938). — [15] McGhee, E. C., E. Papageorge, W. L. Bloom and G. T. Lewis: J. biol. Ch. **190**, 127 (1951). — [16] Zondek, B., and L. Marx: Nature **143**, 378 (1939). — Lorenz, F. W., I. L. Chaikoff and C. Entenman: J. biol. Ch. **126**, 763 (1938). — Entenman, C., F. W. Lorenz and I. L. Chaikoff: J. biol. Ch. **134**, 495 (1940). — Landauer, W., C. A. Pfeiffer, W. U. Gardner and E. B. Man: Proc. Soc. exp. Biol. Med. **41**, 80 (1939). — Flock, E. V., and J. L. Bollman: J. biol. Ch. **144**, 571 (1942).

Einfluß der Nebennierenhormone auf den Phosphatidspiegel ist noch wenig erforscht. Bei adrenektomierten Hunden, die mit Desoxycorticosteronacetat am Leben erhalten wurden, kam es zu einem markanten Abfall des Plasmaphosphatidgehalts[1]. Bei M. BASEDOW wird über Herabsetzung und beim Myxödem über Steigerung des Plasmaphosphatidgehalts berichtet[2]. Injektion von Acetylcholin verursachte eine Senkung, Injektion sympathicuserregender Substanzen eine vorübergehende Steigerung des Serumphosphatidspiegels[3].

Obwohl die Plasmaphosphatide in der Leber gebildet werden, sinkt der Phosphatidgehalt des Plasmas bei Ausschaltung der Leber aus dem Kreislauf nicht ab[4]. Die Leber erneuert die Plasmaphosphatide in der Weise, daß sie gleiche Mengen von Phosphatid ins Blut ausscheidet und rückresorbiert. Daher ist auch die Menge der Plasmaphosphatide bei Leber- und Gallenerkrankungen meist nicht herabgesetzt[5, 6]. Bei Cirrhosen und Hepatitiden wurden sogar Steigerungen des Plasmaphosphatidgehalts beobachtet[2, 7]. Bei Ratten kam es nach CCl_4-Vergiftung zu Erhöhung des Blutphosphatidspiegels[8]. Die Erneuerungsgeschwindigkeit der Plasmaphosphatide, gemessen mit Hilfe von ^{32}P-Phosphat, blieb bei Lebercirrhose in normalen Grenzen[9].

Schwere durch chronische Blutungen bedingte Anämien führen meist zu einer Vermehrung der Plasmaphosphatide, dagegen werden bei der perniziösen Anämie und hämolytischen Anämien oft unternormale Phosphatidwerte beobachtet (vgl. S. 858).

Eine besonders große Vermehrung des Plasmaphosphatidgehalts wird bei der NIEMANN-PICKschen Erkrankung beobachtet, bei der es zur Ansammlung großer Mengen von Sphingomyelinen in Leber, Milz und Lymphknoten kommt[10].

Der *Gargoylismus*, der bisher meist als eine der NIEMANN-PICKschen Erkrankung ähnliche Phosphatidspeicherkrankheit aufgefaßt wurde, scheint nicht durch eine Störung des Phosphatidstoffwechsels bedingt zu sein; im Phosphatidgehalt von Leber und Milz wurde keine Erhöhung beobachtet[11].

Plasmaphosphatide und Lipämie. Lipämien sind meist von einer Erhöhung des Plasmaphosphatidgehalts begleitet. Wird Fett vom normalen Organismus in größerer Menge resorbiert, so steigt zunächst nur der Fettgehalt des Blutes, kurze Zeit darauf aber auch sein Phosphatidgehalt an[12, 13]. Wenn auch nach der Resorption von Fett ein Teil der in den Dünndarmzellen gebildeten Phosphatide auf dem Wege über den Ductus thoracicus in das Blut des großen Kreislaufs gelangt, so stammt doch die Hauptmenge der während der Lipämie in vermehrter Menge ins Blutplasma ausgeschütteten Phosphatide aus der Leber[14]. Die Leber reagiert also auf eine alimentäre Lipämie mit gesteigerter Phosphatidbildung und -ausscheidung in das Blut[14].

---

[1] ZILVERSMIT, D. B., T. N. STERN and R. R. OVERMAN: Amer. J. Physiol. **164**, 31 (1951). — [2] NAVA, G.: Fisiol. e Med. **17**, 227 (1950). — [3] HALSE, T.: Kli. Wo. **1943**, 121; **1946/47**, 220. — [4] ENTENMAN, C., I. L. CHAIKOFF and D. B. ZILVERSMIT: J. biol. Ch. **166**, 15 (1946). — [5] ALBRINK, M. J.: J. clin. Invest. **29**, 46 (1950). — [6] SCHAFFNER, F., M. MEITUS, J. DE LA HUERGA, D. F. MAGEE, F. STEIGMANN and H. POPPER: Fed. Proc. **10**, 369 (1951). — [7] NAVA, G.: Rass. Fisiopat. **21**, 764 (1949). — [8] KOCH-WESER, D., E. FARBER and H. POPPER: A. M. A. Arch. Path. **51**, 498 (1951). — [9] CORNATZER, W. E., and D. CAYER: J. clin. Invest. **29**, 542 (1950). — [10] KLENK, E.: H. **229**, 151 (1934); **235**, 24 (1935). — SOBOTKA, H., D. GLICK, M. REINER and L. TUCHMAN: Biochem. J. **27**, 2031 (1933). — EPSTEIN, E., u. K. LORENZ: H. **192**, 145 (1930). — BRAHN, B., u. L. PICK: Kli. Wo. **1927 II**, 2367. — [11] HENDERSON, J. L., A. R. MCGREGOR, S. J. THANNHAUSER and R. HOLDEN: Arch. Dis. Childh. **27**, 230 (1952). — [12] LEITES, S.: B. Z. **184**, 273, 300 (1927). — [13] BLOOR, W. R.: J. biol. Ch. **24**, 447 (1916). — [14] HEVESY, G., and E. LUNDSGAARD: Nature **140**, 275 (1937).

In ähnlicher Weise folgt auch der Hungerlipämie und der Schwangerschaftslipämie eine Hyperphosphatidämie[1]. Bei der Eklampsie ist der Anstieg der Plasmaphosphatide besonders stark, gleichzeitig wurde bei der Eklampsie eine relative Senkung des Cholesterinspiegels beobachtet[2]. Ähnlich wie die Schwangerschaftslipämie geht auch die Lactationslipämie mit einer Vermehrung der Plasmaphosphatide einher. Lipämien, die als Begleiterscheinung verschiedener Stoffwechselkrankheiten (Diabetes mellitus, Nephrose usw.) auftreten, sind meist von einem sehr erheblichen Anstieg der Plasmaphosphatide begleitet[3]. Untersuchungen bei diabetischen Hunden ergaben, daß nicht nur die Menge, sondern auch die Erneuerungsgeschwindigkeit der Plasmaphosphatide stark erhöht war. Einen in analoger Weise erhöhten Phosphatidumsatz zeigt auch die Leber, während Dünndarm und Niere bei diesen Tieren nur geringe Steigerungen des mit ^{32}P gemessenen Phosphatidumsatzes aufwiesen und der Phosphatidumsatz von Hirn und Muskulatur normal blieb[4].

Phosphatid- und Fettgehalt des Plasmas gehen bei pathologischen Lipämien jedoch nicht parallel. Ein Anstieg des Fettgehalts im Blutplasma ist meist erst nach einiger Zeit von einer Vermehrung des Phosphatidgehalts gefolgt. Die Intensität der bei lipämischen Seren auftretenden, durch mikroskopische Fetttröpfchen verursachten Trübung ist nicht nur vom Fettgehalt, sondern auch von der Menge der im Blutplasma enthaltenen Phosphatide abhängig[5]. Auch sehr fettreiche Sera können klar erscheinen, wenn sie viel Phosphatide enthalten. Umgekehrt können Seren mit nur wenig erhöhtem Fettgehalt durch Ausfallen des Fettes opalescent erscheinen, wenn ihr Phosphatidgehalt gering ist. Man kann auch in einem fettarmen Blutserum eine lipämische Trübung hervorrufen, wenn man die im Plasma enthaltenen Phosphatide durch spezifische Lecithinasen zerstört[6]. Toxin von Cl. welchii, das eine spezifische Lecithinase enthält, ruft aus diesem Grunde im Serum eine Trübung hervor, eine Reaktion, die zur Titration des Antitoxins verwendet werden kann[7, 8]. Die nach Aufspaltung der Phosphatide im Serum auftretende Trübung geht dem Gesamtfettgehalt des Serums parallel. Wahrscheinlich beruht die emulgierende Wirkung der Serumphosphatide auf der Bildung wasserlöslicher Phosphatid-Protein-Komplexe (Cenapsen). Diese bedecken in Form hydrophiler Protein-Phosphatid-Filme die Oberfläche der kolloiden Fettpartikel und verhindern dadurch deren Entmischung[9]. Die feine Verteilung der Plasmalipoide, die durch die Phosphatide ermöglicht wird, erleichtert die Aufnahme und Verwertung des Neutralfettes durch die Zellen. Man hat die Plasmaphosphatide daher auch vielfach als die „Transporteure“ der Neutralfette bezeichnet.

k) Die Phosphatide des quergestreiften Muskels.

Der Phosphatidgehalt des quergestreiften Muskels beträgt etwa 800 bis 1000 mg% (entspr. 35 bis 43 mg% Lipoidphosphor)[10]. Eine Parallelität zwischen dem Grad, in dem der Muskel beansprucht wird und seinem Phosphatidgehalt ist in zahlreichen Arbeiten der BLOORschen Schule festgestellt worden[11–13]. So

[1] BOYD, E. M.: J. clin. Invest. **13**, 347 (1934). — [2] BOYD, E. M.: Amer. J. Obstet. Gynec. **32**, 937 (1936). — [3] POMERANZE, J., and H. G. KUNKEL: Proc. amer. Diabetes Ass. **10**, 217 (1950). — [4] ZILVERSMIT, D. B., and N. R. DILUZIO: J. biol. Ch. **194**, 673 (1952). — [5] BOYD, E. M.: Trans. R. Soc. Canada (V) (3) **31**, 11 (1937). — [6] AHRENS, E. H. jr., and H. G. KUNKEL: J. exp. Med. **90**, 409 (1949). — [7] NAGLER, F. P. O.: Brit. J. exp. Path. **20**, 473 (1939). — [8] MACFARLANE, M. G., and B. C. J. G. KNIGHT: Biochem. J. **35**, 884 (1941). — [9] MACHEBOEUF, M.: Les cénapses lipoprotéidiques. Expos. ann. Biochim. méd. **5**, 71 (1945). — [10] ARTOM, C.: J. biol. Ch. **139**, 953 (1941). — [11] BLOOR, W. R.: J. biol. Ch. **119**, 451 (1937). — [12] BLOOR, W. R.: J. biol. Ch. **132**, 77 (1940). — [13] BLOOR, W. R., and R. H. SNIDER: J. biol. Ch. **87**, 399 (1930); **107**, 459 (1934).

zeigen z. B. bei Laboratoriumskaninchen Herz, Kaumuskulatur und Zwerchfell einen höheren Phosphatidgehalt als die Muskulatur des Bewegungsapparats, bei wilden Kaninchen ist dagegen die Extremitätenmuskulatur ebenso phosphatidreich wie die Kau- und Atemmuskeln. Die wenig beanspruchten Flügelmuskeln des Huhns enthalten weniger Phosphatid als die Flugmuskulatur der Taube. Im Training steigt, wie bei Ratten nachgewiesen wurde, der Phosphatidgehalt der beanspruchten Muskeln stark an. Mit Muskelatrophie und -dystrophie einhergehende Stoffwechselstörungen setzen dagegen den Phosphatidgehalt des Muskels herab[1,2]. Doch hat man bei der durch Mangel an Vitamin E hervorgerufenen Muskeldystrophie eine Zunahme des Phosphatidgehalts festgestellt[3]. Auch im entnervten Muskel nimmt der Phosphatidgehalt nicht ab, sondern zu[4]. Diese Phosphatidvermehrung im entnervten Muskel ist jedoch nur eine Teilerscheinung einer allgemeinen, auf Kosten des Proteingehalts eintretenden Lipoidvermehrung; der Gesamtlipoidgehalt des entnervten Muskels steigt wesentlich stärker an als der Phosphatidgehalt[4]. Versuche mit radioaktivem Phosphor ergaben, daß auch die Erneuerungsgeschwindigkeit der Phosphatide im entnervten Muskel größer ist als in normaler Muskulatur und daß die im entnervten Muskel abgelagerten Phosphatide nicht im Muskel selbst entstehen, sondern in der Leber gebildet und mit dem Blutplasma in den Muskel transportiert werden[4].

Versuche mit dem schweren Phosphorisotop machen es wahrscheinlich, daß auch im normalen Muskel nur ein Teil des Gesamtphosphatidgehalts, und zwar vor allem die an dem Aufbau der Zellstrukturen beteiligten Phosphatide, im Muskelgewebe selbst gebildet werden; dieser Anteil der Phosphatide wird nur verhältnismäßig langsam erneuert. Ein anderer Teil der in der Muskulatur vorhandenen Phosphatide erneuert sich sehr rasch, dieser Anteil wird wahrscheinlich in der Leber gebildet und auf dem Blutwege in die Muskulatur gebracht, er steht mit der Fettsäureverbrennung im Muskel in funktionellem Zusammenhang[4].

Auffallend ist der hohe Gehalt der Phospholipoide des Muskels an Acetalphosphatiden. Die Menge der Acetalphosphatide erreicht 20 bis 25% des Gesamtphosphatidgehalts[5,6] (entsprechend einem Aldehydgehalt der Muskelphosphatide von 10 bis 12%).

l) Die Phosphatide der Nervensubstanz.

Der Phosphatidgehalt des Gehirns in toto beträgt beim Erwachsenen etwa 4 bis 5% der frischen Substanz (s. a. Bd. 2/2, Gehirn). Neben den Glycerinphosphatiden, die außer Cholin- und Colaminphosphatiden auch große Mengen von Serinphosphatiden enthalten[7], sind im Gehirn insbesondere Sphingomyeline und inosithaltige Phosphatide[7] reichlich vorhanden. Die weiße Substanz enthält mehr Lipoide und daher absolut genommen mehr Phosphatide als die graue Substanz[8–11]. Doch ist der Phosphatidgehalt des in der grauen Substanz enthaltenen Lipoidgemisches größer als der Phosphatidgehalt der in der weißen Substanz enthaltenen Lipoide, die sich als besonders reich an Cholesterin und Cerebrosiden erwiesen haben[8].

[1] Bloor, W. R.: J. biol. Ch. **119**, 451 (1937). — [2] Ciaccio, C.: Arch. Farmacol. sperim. **24**, 231 (1917). — [3] Morgulis, S., V. M. Wilder, H. C. Spencer and S. H. Eppstein: J. biol. Ch. **124**, 755 (1938). — [4] Artom, C.: J. biol. Ch. **139**, 953 (1941). — [5] Feulgen, R., K. Imhäuser u. M. Behrens: H. **180**, 161 (1929). — Feulgen, R., u. T. Bersin: H. **260**, 217 (1939). — [6] Bersin, T., H. G. Moldtmann, H. Nafziger, B. Marchand u. W. Leopold: H. **269**, 245 (1941). — [7] Folch, J.: J. biol. Ch. **146**, 35 (1942). — [8] Johnson, A. C., A. R. McNabb and R. J. Rossiter: Biochem. J. **43**, 573 (1948). — [9] Folch, J.: J. biol. Ch. **177**, 505 (1949). — [10] Randall, L. O.: J. biol. Ch. **124**, 481 (1938). — [11] Yasuda, M.: J. Biochem. **26**, 203 (1937).

Auch in der Zusammensetzung der Phosphatide bestehen zwischen grauer und weißer Substanz erhebliche Unterschiede: glycerinhaltige Phosphatide sind reichlicher in der grauen Substanz vorhanden[1, 2] und bilden vor allem einen Bestandteil des Neuroplasmas[3]. Die Phosphatide der grauen Substanz sind reich an ungesättigten Fettsäuren, die Jodzahl der Phosphatide ist in der grauen Substanz höher als in der weißen[4] (s. a. Bd. 2/2, Gehirn und Nerven). Sphingosinhaltige Phosphatide sind dagegen besonders reichlich in der weißen Substanz enthalten[1] und bilden den wichtigsten Phosphatidbaustein der Myelinschicht der markhaltigen Nervenfasern.

Röntgenspektrographische und polarisationsmikroskopische Untersuchungen ergaben, daß die Markscheide aus konzentrisch angeordneten, miteinander alternierenden Lipoidfilmen und Proteinfolien besteht[5, 6]. Wie in anderen Geweben (vgl. S. 868) bilden die Phosphatide auch hier die Mittler zwischen den hydrophoben Lipoidfilmen und den hydrophilen Proteinfolien. Die Fettsäureketten der Phosphatidmoleküle sind in den Lipoidfilmen zwischen die radial zur Achse des Nerven angeordneten Moleküle der anderen Lipoide eingereiht, während die hydrophilen Phosphorsäure- und Cholinreste die Bindung an die darüber und darunter liegenden Proteinfolien bewerkstelligen und dadurch diese beiden Bausteine der Markscheide miteinander verkitten.

Entsprechend der Entwicklung markhaltiger Nervenbahnen ist auch der Sphingomyelingehalt der weißen Substanz bei Erwachsenen höher als bei Neugeborenen[2]. In geringerem Grade steigt auch der Sphingomyelingehalt der grauen Substanz während des Wachstums an, gleichzeitig fällt der Lecithingehalt von weißer und grauer Substanz stark ab[2]. Prozentueller Phospholipoidgehalt und Gewichtszunahme des Gehirns gehen bei jungen Ratten weitgehend parallel; in den ersten 40 Tagen nach der Geburt nahm das Gehirngewicht bei Ratten von 0,2 auf 1,2 g zu, gleichzeitig stieg der Prozentgehalt an Phosphatid im Gehirngewebe von 1,4 auf 5,6%[7].

Das Gehirn des im Insulinschock getöteten Kaninchens zeigt den gleichen Phosphatidgehalt wie das Gehirn von Normaltieren[8]. Wiederholte massive Insulindosen senken jedoch den Phospholipoidgehalt des Gehirns bei Kaninchen[9], und zwar auch dann, wenn gleichzeitig Lecithin verabreicht oder das Eintreten der Hypoglykämie durch Glucose verhindert wird[10]. Bei Paralyse sowie bei kachektischen Individuen wurde eine Verminderung des Lecithingehalts des Gehirns festgestellt[11]. Während bei der Autolyse von Leberschnitten in vitro der Phosphatidgehalt des Gewebes rasch absinkt, wurde eine ähnliche Abnahme bei Gehirngewebe auch nach eintägiger Bebrütung nicht beobachtet[12].

Daß der Phosphatidumsatz im Gehirn nur sehr langsam abläuft, ist durch zahlreiche Untersuchungen belegt[13–17]. Während z. B. der ^{32}P-Gehalt der Leberphosphatide bei Ratten bereits 10 Std nach einer einmaligen Gabe von

[1] Johnson, A. C., A. R. McNabb and R. J. Rossiter: Biochem. J. **43**, 573 (1948. — [2] Johnson, A. C., A. R. McNabb and R. J. Rossiter: Biochem. J. **44**, 494 (1949). — [3] Johnson, A. C., A. R. McNabb and R. J. Rossiter: Biochem. J. **45**, 500 (1949). — [4] Randall, L. O.: J. biol. Ch. **124**, 481 (1938). — [5] Schmitt, F. O., and R. S. Baer: Biol. Reviews **14**, 27 (1939). — [6] Schmitt, F. O., R. S. Baer and K. J. Palmer: J. cellul. comp. Physiol. **18**, 31 (1941). — [7] Lang, A.: H. **246**, 219 (1937). — [8] Page, I. H., L. Pasternak u. M. L. Burt: B. Z. **231**, 113 (1931). — [9] Randall, L. O.: J. biol. Ch. **133**, 129 (1940). — [10] McGhee, E. C., E. Papageorge, W. L. Bloom and G. T. Lewis: J. biol. Ch. **190**, 127 1951). — [11] Singer, K.: B. Z. **198**, 340 (1928). — [12] Sperry, W. M., F. C. Brand and W. M. Copenhaver: J. biol. Ch. **144**, 297 (1942). — [13] Cavanagh, B., and H. S. Raper: Biochem. J. **33**, 17 (1939). — [14] Hevesy, G., and L. Hahn: Kgl. danske Vid. Selsk. biol. Medd. **15**, Nr. 5 (1940). — [15] Changus, G. W., I. L. Chaikoff and S. Ruben: J. biol. Ch. **126**, 493 (1938). — [16] Fries, B. A., and I. L. Chaikoff: J. biol. Ch. **141**, 479 (1941). — [17] Fries, B. A., S. Ruben, I. Perlman and I. L. Chaikoff: J. biol. Ch. **123**, 587 (1938).

^{32}P-Phosphat das Maximum erreicht und sodann rapid abfällt, steigt der ^{32}P-Gehalt der Gehirnphosphatide noch nach 20 Std weiter an[1]. Die nach Verabreichung von ^{32}P-Phosphat im Nervengewebe auftretenden radioaktiven Phosphatide[1–4] kommen nicht aus der Leber; sie werden vom Gehirngewebe nicht aus dem Blute übernommen, sondern in den Nervenzellen selbst gebildet. Auch in Schnitten von Nervengeweben und in Gehirnhomogenaten werden aus radioaktivem Phosphat Phospholipoide gebildet[5,6].

Die Ernährung hat auf Menge und Zusammensetzung der Phosphatide des Gehirns keinen Einfluß[7]. Das Hirn hungernder Tiere zeigte den gleichen Phosphatidumsatz wie das Hirn normal ernährter Tiere[1]. Auch cholinarme Ernährung zeigt keine meßbare Wirkung auf den Stoffwechsel der Gehirnphosphatide[8].

Daß im Gehirn junger Tiere der Phosphatidumsatz beschleunigt ist, wurde an jungen Ratten, denen ^{32}P als Phosphat injiziert worden war, gezeigt[1,9]. Auch Gehirnschnitte von jungen Tieren bilden, in ^{32}P-Phosphatlösung eingebracht, mehr radioaktives Phosphatid als die Gehirnschnitte von erwachsenen Tieren[10]. Da jedoch zahlreiche Untersuchungen gezeigt haben, daß anorganisches Phosphat vom Gehirn nur sehr langsam aufgenommen wird[3,11–15], ist es nicht klar, ob dieser Unterschied auf einem größeren Umsatz der Gehirnphosphatide an sich oder auf einem rascheren Eindringen des anorganischen Phosphates in die Zellen des jugendlichen Gehirns beruht.

Die Zusammensetzung des in den peripheren Nerven enthaltenen Phospholipoidgemisches ähnelt jener der Phospholipoide der weißen Substanz[16,17]. Ähnlich wie Gehirnschnitte zeigen auch Schnitte von peripheren Nerven einen geringen Phosphatidumsatz[10]. Bei der WALLERschen Degeneration der Nervenfasern werden neben anderen Lipoiden auch die in den Fasern enthaltenen Phosphatide abgebaut[15,18], am raschesten nimmt die Kephalinfraktion ab, die Sphingomyeline bleiben zunächst unverändert und werden dann sehr rasch abgebaut. Als letztes werden schließlich auch die Lecithine gespalten[19–21]. Ähnliche Veränderungen in der Zusammensetzung der Phosphatide wurden auch bei durch Druck geschädigten Nerven beobachtet[22]. Bei schwerem Diabetes und bei der Arteriosklerose kommt es in den peripheren Nerven zu einer Herabsetzung des Phospha-

[1] CHANGUS, G. W., I. L. CHAIKOFF and S. RUBEN: J. biol. Ch. **126**, 493 (1938). — [2] HEVESY, G., and L. HAHN: Kgl. danske Vid. Selsk. biol. Medd. **15**, Nr. 5 (1940). — [3] FRIES, B. A., and I. L. CHAIKOFF: J. biol. Ch. **141**, 479 (1941). — [4] FRIES, B. A., G. W. CHANGUS and I. L. CHAIKOFF: J. biol. Ch. **132**, 23 (1940). — [5] FRIES, B. A., H. SCHACHNER and I. L. CHAIKOFF: J. biol. Ch. **144**, 59 (1942). — [6] FISHLER, M. C., A. TAUROG, I. PERLMAN and I. L. CHAIKOFF: J. biol. Ch. **141**, 809 (1941). — [7] SINCLAIR, R. G.: J. biol. Ch. **86**, 579 (1930). — MCCONNELL, K. P., and R. G. SINCLAIR: J. biol. Ch. **118**, 131 (1937). — [8] FOÀ, P. P., H. R. WEINSTEIN and B. KLEPPEL: Arch. Biochem. **19**, 209 (1948). — [9] FRIES, B. A., and I. L. CHAIKOFF: J. biol. Ch. **141**, 479 (1941). — FRIES, B. A., G. W. CHANGUS and I. L. CHAIKOFF: J. biol. Ch. **132**, 23 (1939). — [10] FRIES, B. A., H. SCHACHNER and I. L. CHAIKOFF: J. biol. Ch. **144**, 59 (1942). — [11] HEVESY, G., and L. HAHN: Kgl. danske Vid. Selsk. biol. Medd. **15**, Nr. 7 (1940). — [12] COHN, W. E., and D. M. GREENBERG: J. biol. Ch. **123**, 185 (1938). — [13] MANERY, J. F., and W. F. BALE: Amer. J. Physiol. **132**, 215 (1941). — [14] JONES, H. B., I. L. CHAIKOFF and J. H. LAWRENCE: Amer. J. Cancer **40**, 235 (1940). — [15] SAMUELS, A. J., L. L. BOYARSKY, R. W. GERARD, B. LIBET and M. BRUST: Amer. J. Physiol. **164**, 1 (1951). — [16] JOHNSON, A. C., A. R. MCNABB and R. J. ROSSITER: Biochem. J. **43**, 578 (1948). — [17] SCHMIDT, G., J. BENOTTI, B. HERSHMAN and S. J. THANNHAUSER: J. biol. Ch. **166**, 505 (1946). — [18] MAY, R. M.: Bull. Soc. Chim. biol. **12**, 934 (1930). — [19] MCNABB, A. R., A. C. JOHNSON and R. J. ROSSITER: Fed. Proc. **8**, 223 (1949). — [20] JOHNSON, A. C., A. R. MCNABB and R. J. ROSSITER: Nature **164**, 108 (1949). — [21] JOHNSON, A. C., A. R. MCNABB and R. J. ROSSITER: Biochem. J. **45**, 500 (1949). — [22] MCNABB, A. R., and R. J. ROSSITER: Fed. Proc. **9**, 203 (1950).

tidgehalts, wobei die distalen Abschnitte des Nerven meist stärker betroffen sind als die proximalen[1].

Die im Zentralnervensystem, in sympathischen Ganglien und in peripheren Nerven in großer Menge enthaltenen Acetalphosphatide[2–6] sind histologisch sowohl im Neuroplasma als auch in den Markscheiden nachweisbar[7, 8].

m) Die Rolle der Phosphatide bei der Fortpflanzung.

Bei der Ernährung des Embryo spielen Phosphatide eine besonders wichtige Rolle. Der Phosphatidgehalt des in der Nabelschnurvene dem Embryo zufließenden Blutes ist bedeutend höher als der des Blutes, das in der Nabelschnurarterie vom Embryo zur Placenta zurückfließt. Der Embryo entnimmt dem Placentarblut weit mehr Phosphatide als Neutralfett oder Cholesterin[9]. Bei trächtigen Kaninchen absorbiert die Placenta ins Blut injizierte ^{32}P-Phosphatide rascher als die Leber der Mutter. Die von der Placenta aufgenommenen Phosphatide werden jedoch vorerst hydrolysiert und neugebildete Phosphatide an den Fetus weitergegeben. Auch Glycerinphosphat passiert die Placenta erst nach Hydrolyse[10]. In der Placenta findet daher eine lebhafte Phosphatidsynthese[11] statt. Der Phosphatidverbrauch des Foetus unmittelbar vor der Geburt ist auf 30 g täglich berechnet worden[9], was einem sehr erheblichen Teil seines Calorienbedarfes entspricht. Nach der Geburt wird die Phosphatidsynthese der Placenta durch die Phosphatidsynthese im Dünndarm abgelöst.

Ähnlich wie das Säugetier stellen auch Vögel für die Ernährung des Embryo große Mengen von Phosphatiden bereit. Etwa zwei Drittel des im Eidotter des Hühnereies enthaltenen Phosphors ist in Form von Phosphatiden vorhanden. Diese Phosphatide stammen aus der Leber der Henne; die Untersuchung des ^{32}P-Gehalts der Phosphatide in den Organen von Hennen, denen radioaktives Phosphat verabreicht worden war, ergab, daß diese Phosphatide auf dem Blutwege in das Ovarium der Henne gelangen und im Dotter abgelagert werden[12]. In der Leber der legenden Henne geht subcutan verabreichtes ^{32}P-Phosphat weit rascher in Phosphatide über, als in der Leber nicht legender Tiere[13]. Die Phosphatide des Blutplasmas enthalten bei diesen Hennen etwa viermal so viel radioaktiven Phosphor wie die Plasmaphosphatide nicht legender Kontrolltiere. Die gesteigerte Phosphatidausschüttung ins Blut wird hormonal ausgelöst. Wiederholte Injektion von Serum trächtiger Stuten verursachte bei jungen weiblichen Hühnchen einen starken Anstieg der Plasmaphosphatide und des Plasmafettgehalts[14]. (Vgl. a. S. 860.)

Phosphatidbestimmungen in bebrüteten Hühnereiern zeigten, daß während der Entwicklung des Embryo der Phosphatidvorrat des Eidotters rasch verbraucht wird. Das Mengenverhältnis zwischen Lecithin und Kephalin im Dotter,

---

[1] Jordan, W. R., L. O. Randall and W. R. Bloor: Arch. internal Med., Chicago **55**, 26 (1935). — Jordan, W. R., and L. O. Randall: Arch. internal Med., Chicago **57**, 414 (1936). — Randall, L. O.: J. biol. Ch. **125**, 723 (1938). — Woltman, H. W., and R. M. Wilder: Arch. internal Med., Chicago **44**, 576 (1929). — [2] Feulgen, R., u. M. Behrens: H. **256**, 15 (1938). — [3] Feulgen, R., u. H. Grünberg: H. **257**, 161 (1939). — [4] Feulgen, R., u. T. Bersin: H. **260**, 217 (1939). — [5] Thannhauser, S. J., N. F. Boncoddo and G. Schmidt: J. biol. Ch. **188**, 417, 423 (1951). — [6] Leupold, F.: H. **285**, 187 (1950). — [7] Imhäuser, K.: B. Z. **186**, 360 (1927). — [8] Wallraff, J.: Z. mikroskop.-anat. Forsch. **51**, 206 (1942). — [9] Boyd, E. M., and K. M. Wilson: J. clin. Invest. **14**, 7 (1935). — [10] Popják, G., and M.-L. Beeckmans: Biochem. J. **46**, 99 (1950). — [11] Popják, G., and M.-L. Beeckmans: 1. Int. Congr. Biochem. Cambridge 1949. S. 13. — [12] Hevesy, G.: Ann. Rev. **9**, 641 (1940). — [13] Hevesy, G., and L. Hahn: Kgl. danske Vid. Selsk. biol. Medd. **14**, Nr. 2 (1938). — [14] Entenman, C., F. W. Lorenz and I. L. Chaikoff: J. biol. Ch. **126**, 133 (1938).

das etwa 3:1 beträgt, bleibt während dieser Zeit jedoch konstant. Während im Embryo ein lebhafter Phosphatidumsatz herrscht, stellt das Phosphatid des Dotters selbst eine inerte Speichersubstanz dar. Wurde ^{32}P-Phosphat in die Eier injiziert und die Eier sodann durch 6, 11, 16 und 18 Tagen bebrütet, so zeigte sich, daß der Embryo große Mengen von radioaktiven Phosphatiden gebildet hatte. Die Phosphatide des Dotters zeigten jedoch keinen nachweisbaren Gehalt an radioaktivem Phosphat.

Nach Injektion von ^{32}P-Phosphat ins bebrütete Hühnerei wiesen alle Gruppen organischer Phosphorverbindungen im Körper des Embryo einschließlich der Phosphatide denselben Gehalt an ^{32}P auf. Der Embryo übernimmt aus dem Dotter also nicht die Phosphatide als solche; er spaltet sie zu Phosphat auf und baut seine eigenen Phosphatide selbständig aus anorganischem Phosphat auf[1]. Die Phosphatide des Eidotters stellen also eine unspezifische Phosphatreserve dar, die in gleichem Ausmaß für den Aufbau der Nucleoproteide und der Knochensubstanz des Hühnchens wie für die Bildung der Phosphatide verwendet wird[2].

Im Gegensatz zu den Phosphatiden des Eidotters werden die Phosphatide der Milch ihrer Hauptmenge nach nicht in der Leber des Muttertieres, sondern in der Milchdrüse selbst aus anorganischem Phosphat gebildet. Nach Verabreichung von radioaktivem Phosphat stieg der ^{32}P-Gehalt der Phosphatide in der Milchdrüse und in der ausgeschiedenen Milch viel rascher an als der ^{32}P-Gehalt der Phosphatide von Leber und Blutplasma[3].

n) Die Verteilung der Phosphatide in der Zelle.

Ein großer Teil der in der Zelle enthaltenen Phosphatide bildet einen Baustein von Membranen[4, 5]. Sowohl die Zelle als Ganzes als auch der Zellkern und die im Inneren des Protoplasmas enthaltenen Mikrostrukturen (Mitochondrien und Mikrosomen) sind von phosphatidhaltigen Membranen umhüllt.

Die Kernmembran ist der einzige Bestandteil des Zellkerns, der nennenswerte Mengen von Phosphatiden enthält. Im Inneren des Zellkerns sind dagegen nur sehr geringe Mengen von Phosphatiden vorhanden. Die Erneuerungsgeschwindigkeit der im Zellkern enthaltenen Phosphatide ist im Vergleich zu der Umsatzgeschwindigkeit der Phosphatide des Protoplasmas und insbesondere der Mitochondrien nur gering[6, 7], und es ist sogar die Vermutung ausgesprochen worden, daß die geringen Mengen von Lipoiden, die in der Chromatinsubstanz aufgefunden worden sind, nur aus Verunreinigungen stammen, und daß das Innere des ruhenden Zellkerns völlig frei von Phosphatiden ist[8]. Im Nucleolus sind hingegen relativ große Mengen von Phosphatiden vorhanden.

Ein großer Teil der in den Zellen vorhandenen Phosphatide bildet einen Bestandteil der Mitochondrien[9–12]. Etwa 25 bis 30% der Trockensubstanz der Mitochondrien besteht aus Lipoiden und mehr als $^2/_3$ davon[13] (also etwa 20% der Gesamttrockensubstanz der Mitochondrien) aus Phosphatiden.

---

[1] Popják, G.: Nature **160**, 841 (1947). — [2] Hevesy, G. C., H. B. Levi and O. H. Rebbe: Biochem. J. **32**, 2147 (1938). — [3] Aten, A. H. W. jr., and G. Hevesy: Nature **142**, 111 (1938). — [4] Nageotte, J.: Morphologie des Gels Lipoides. Actualités scientifiques et industrielles (No. 431—434). Paris 1937. — [5] Dervichian, D., et C. Magnant: Bull. Soc. Chim. biol. **28**, 419 (1946). — [6] Ada, G. L.: Biochem. J. **45**, 422 (1949). — [7] Hevesy, G., and J. Ottesen: Nature **156**, 534 (1945). — [8] Claude, A.: Adv. Protein Chem. **5**, 426 (1949). — [9] Mayer, A., F. Rathery et G. Schaeffer: J. Physiol. Path. gén. **16**, 581, 607 (1914). — [10] Mayer, A., et G. Schaeffer: J. Physiol. Path. gén. **16**, 325, 344 (1914). — [11] Bullard, H. H.: Amer. J. Anat. **19**, 1 (1916). — [12] Kakiuchi, S.: J. Biochem. **7**, 263 (1927). — [13] Swanson, M. A., and C. Artom: J. biol. Ch. **187**, 281 (1950).

Die Phosphatide bilden vor allem einen Bestandteil der die Mitochondrien umhüllenden, leicht quellbaren Membran. Doch kann der Phosphatidgehalt der Mitochondrien nicht ausschließlich auf die Mitochondrienmembran zurückgeführt werden. Werden die Mitochondrien mit destilliertem Wasser behandelt und ihre Membran dadurch zum Quellen und schließlich zum Aufplatzen gebracht, so bleibt ein Rest zurück, dessen Phospholipoidgehalt den der unbehandelten Mitochondrien erheblich übersteigt. Das Mengenverhältnis zwischen Phosphatiden und Ribonucleinsäuren ist in diesem Rest annähernd der gleiche wie in den Mikrosomen[1].

Es ist wahrscheinlich gemacht worden, daß zumindest ein Teil der in den Mitochondrien vorhandenen Fermente und Elektronenüberträger an Phosphatide gebunden ist[2]. Dies gilt vor allem für die in den Mitochondrien nachgewiesene Cytochromoxydase, das Cytochrom c und die Succinooxydase[3,4]. Da in den Mitochondrien die Cyclen der Endoxydation der Nahrungsstoffe und die fermentativen Atmungsvorgänge der Zelle ablaufen, bilden die in ihnen enthaltenen Phosphatide einen wesentlichen Bestandteil des energieliefernden Apparates der Zelle.

Noch phosphatidreicher als die Mitochondrien sind die Mikrosomen; ihr Lipoidgehalt beträgt etwa 40% ihrer Trockensubstanz, und auch hier werden ungefähr zwei Drittel des vorhandenen Gesamtlipoids von Phosphatiden gebildet. Etwa ein Zehntel des Phosphatidgehalts der Mikrosomen von Leberzellen entfällt auf Inositphosphatide (Lipositol)[2]. Während das Verhältnis P:N in den geformten Teilchen des Cytoplasmas 1:1 beträgt, sind in dem flüssigen Teil des Protoplasmas, der durch Zentrifugieren von den schwereren Strukturteilchen abgetrennt werden kann, auch Diaminophosphatide vorhanden[5].

Ähnlich wie die Phosphatide des Blutplasmas sind auch die intracellulären Phosphatide nicht in freier Form vorhanden, sondern an Eiweiß, vor allem an den Proteinanteil der Zellstrukturen und vielleicht auch an die Ribonucleinsäurekomplexe der Mitochondrien gebunden. Basische Zellproteine sind für die Bildung derartiger Protein-Phosphatidkomplexe besonders geeignet. Scharfes Trocknen, Behandlung mit Chloroform, Alkohol oder Aceton, stark saure (p_H unter 3) oder stark alkalische Reaktion (p_H über 12), wiederholtes Gefrieren und Auftauen führen zur Denaturierung des phosphatbindenden Proteins und setzen das Phosphatid frei[6,7]. Auch Temperaturen über 50° führen zu einer Desintegrierung der in den Geweben vorhandenen Protein-Phosphatid-Komplexe. Die Abtötungstemperatur isolierter Zellen stimmt vielfach mit der Temperatur überein, bei der Phosphatid-Ribonucleinsäure-Komplexe gespalten werden. Die erste mikroskopisch nachweisbare Veränderung zeigt sich hierbei an den Mitochondrien[8,9].

Die Bedeutung der Phosphatide als Bestandteil der intracellulären Stoffwechselorgane und als Baustein intracellulärer und pericellulärer Membranen steht in enger Beziehung zu den physikalisch-chemischen Eigenschaften dieser Stoffe. Dadurch, daß in den Phosphatiden hydrophobe Fettsäureketten mit hydrophilen Phosphorsäureresten und den polaren Amino- und Ammoniumgruppen der Aminoalkohole zu einem Molekül vereinigt sind, werden diese Sub-

[1] Claude, A.: Amer. Ass. Adv. Sci. Res. Conf. Cancer S. 223. 1944. — [2] Claude, A.: Adv. Protein Chem. **5**, 426, 432, 436 (1949). — s. a. S. 1130. — [3] Schneider, W. C., A. Claude and G. H. Hogeboom: J. biol. Ch. **172**, 451 (1948). — [4] Wainio, W. W., S. J. Cooperstein, S. Kollen and B. Eichel: J. biol. Ch. **173**, 145 (1948). — [5] Kretchmer, N., and C. P. Barnum: Arch. Biochem. **31**, 141 (1951). — [6] Claude, A.: J. exp. Med. **84**, 51, 61 (1946). — [7] Claude, A., and A. Rothen: J. exp. Med. **71**, 619 (1940). — [8] McCardle, R. C.: J. Morphol. **61**, 613 (1937). — [9] McCarty, M.: Bact. Rev. **10**, 63 (1946). — Claude, A. J.: J. exp. Med. **84**, 61 (1946).

stanzen zu Mittlern zwischen den hydrophoben und den hydrophilen Bestandteilen des Protoplasmas. Die apolaren Kohäsionskräfte zwischen den Fettsäureketten benachbarter Phosphatidmoleküle ermöglichen die Bildung von monomolekularen und dimolekularen Filmen. Selbst in ihrer einfachsten, im Modellversuch reproduzierbaren Form bilden derartige Phosphatidfilme Filter von selektiver Durchgängigkeit. In der lebenden Substanz bilden sie, kombiniert mit anderen Lipoiden, mit Proteinfolien und Ribonucleinsäuren einen integrierenden Baustein des Apparats, der die Stoffwechselprozesse der Zelle im Gange hält und reguliert.

4. Stoffwechsel des Cholesterins und der Steroidhormone.

Von HJ. STAUDINGER und G. STOECK.

Inhaltsverzeichnis.

a) Der Cholesterinstoffwechsel.

α) Allgemeines.

Die weite Verbreitung des Cholesterins im tierischen Organismus läßt den Schluß zu, daß ihm in der Zelle keine einzelne Funktion zukommt, sondern eine solche, die mit der Zellexistenz schlechtweg verknüpft ist. Soweit bestimmte Funktionen im Organismus bekannt sind, sind diese bereits in Bd. **1**, S. **396** dargestellt. Es soll hier lediglich noch einmal darauf hingewiesen werden, daß bei aller Wichtigkeit der einzelnen Funktionen des Cholesterins diese keine echte Erklärung sein können für seine eigentliche Aufgabe in der Zelle und im Organismus, sondern daß es sich hier wahrscheinlich um Funktionen handelt, die zusätzlich ausgeübt werden.

Cholesterin ist das typische und in seiner Art einzige Sterin der Wirbeltiere. Es ist als primärer Zellbestandteil anzusehen. Soweit daneben Cholestanol (Dihydrocholesterin) und Koprosterin auftreten, sind sie Stoffwechselprodukte des Cholesterins oder stellen die Ausscheidungsform dar. Auch in niederen Tieren ist das Cholesterin ein wesentlicher Zellbestandteil, so wurde es in verschiedenen Mollusken, Arthropoden, Würmern, Anthozoen[1], in der Weinbergschnecke[2], in der Miesmuschel[3], im Maikäfer[4], in Quallen[5] und sogar in Protozoen[6] gefunden. Geht man in der phylogenetischen Entwicklungsreihe zurück, so tritt neben das Cholesterin oft ein anderes Sterin, in den meisten Fällen ein Sitosteringemisch. So wurden aus dem Ei[7] und dem Öl[8] der Seidenraupe (Bombyx mori) ein Gemisch aus 85% Cholesterin und 15% Sitosterin isoliert. Schließlich besitzen niedriger organisierte Lebewesen kein Cholesterin mehr, sondern Sterine, die den Phytosterinen nahestehen, so die Auster Ostreasterin[9,10] und verschiedene Schwämme Chalinasterin, Neospongosterin, Poriferasterin und Clionasterin[11]. v. Behring[12] folgert daraus, daß „damit zugleich bewiesen ist, daß die Sterine keine fundamental wichtigen Stoffe sind, sondern erst im Laufe der phylogenetischen Entwicklung (allerdings schon früh, denn die Hefe enthält bereits Sterine) auftreten. Man könnte daraus schließen, daß die Sterine im Zusammenhang mit Funktionen stehen, die erst später erworben werden".

Im Gegensatz zu den tierischen Lebewesen konnte in der Pflanzenwelt kein Cholesterin gefunden werden. Die in den Pflanzen vorliegenden Sterine sind ebenfalls primäre Zellbestandteile.

Während im tierischen Organismus überwiegend Cholesterin als einziges Sterin vorkommt, liegt bei den Pflanzen fast immer ein Gemisch verschiedener Phytosterine vor (Bd. **1**, S. 400). Die Tatsache, daß ein wesentlicher Anteil der Tiere reine Pflanzenfresser sind, legt die Frage nahe, ob das tierische Cholesterin etwa durch Umformung aus den mit der Nahrung aufgenommenen Phytosterinen entsteht. Auf Grund zahlreicher Befunde muß diese Frage verneint werden.

---

[1] Dorée, C.: Biochem. J. **4**, 72 (1909). — [2] Leulier, A., et A. Charnot: C. R. Soc. Biol. **94**, 63 (1926). — [3] Daniel, R. J., and W. Doran: Biochem. J. **20**, 676 (1926). — [4] Ackermann, D.: Z. Biol. **71**, 193 (1920). — [5] Haurowitz, F., u. H. Waelsch: H. **161**, 300 (1926). — [6] Panzer, T.: H. **73**, 109 (1911); **86**, 33 (1913). — [7] Ongaro, D.: Ann. Chim. appl., Roma **23**, 567 (1933). — [8] Menozzi, A., e A. Moreschi: Atti R. Accad. Lincei (5) **17**/I, 91 (1908) [C. **1908 I**, 1377]; Atti R. Accad. Lincei (5) **19**/I, 126 (1910) [C. **1910 I**, 1494]. — [9] Bergmann, W.: J. biol. Ch. **104**, 317, 553 (1934). — [10] Bergmann, W., and E. M. Low: J. org. Chem. **12**, 67 (1947). — [11] Fieser, L. F., and M. Fieser: Natural Products Related to Phenanthrene. S. 296ff. New York 1949. — [12] s. Lettré, H., u. H. H. Inhoffen: Über Sterine, Gallensäuren und verwandte Naturstoffe. S. 138. Stuttgart 1936. (Neue Aufl. in Vorbereitung.)

Der Cholesteringehalt des Organismus ist die Resultante aus vier Prozessen, die sich möglicherweise gegenseitig beeinflussen: Resorption, Biosynthese, Ausscheidung und Abbau.

In Benutzung eines von SCHETTLER[1] gegebenen Bildes läßt sich das nachstehende Schema des Cholesterinstoffwechsels entwerfen:

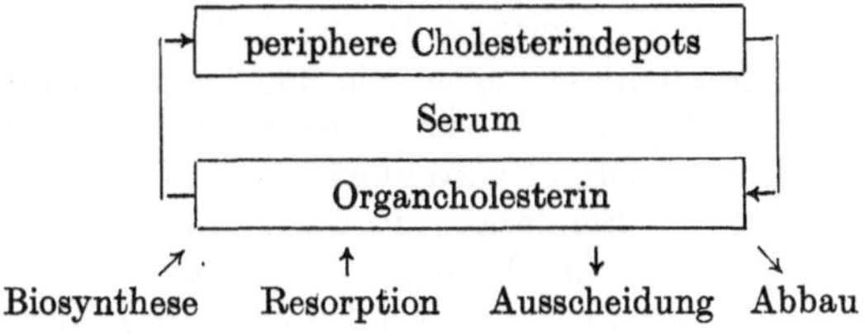

β) Resorption[2].

Die Resorption des Nahrungscholesterins ist ein begrenzter und zeitlich langsam verlaufender Prozeß, der über die Lymphgefäße des Darmes erfolgt[3,4]. Im Durchschnitt werden nicht mehr als 30% von zugeführtem Cholesterin aufgenommen[3,5]. Unter optimalen Bedingungen resorbiert die Ratte von 100 mg Cholesterin, die bei einer Mahlzeit zugeführt werden, 30 bis 50%, wozu mehrere Tage benötigt werden[3,6].

Der Betrag des resorbierten Cholesterins hängt nicht nur von der zugeführten Menge, sondern von verschiedenen Faktoren ab. So tritt bei Fettausfall in der Nahrung eine drastische Reduzierung der Cholesterinresorption ein[3,7]. Ein Überschuß von Gallensalzen im Darminhalt bewirkt eine erhöhte Resorption[8], während diese erniedrigt wird, wenn die Gallensalze fehlen[3,9]. Neben diesen Faktoren haben auch Bestandteile der Diät einen allerdings noch nicht voll geklärten Einfluß auf die Resorption[10–17]. Nicht bekannt ist bis jetzt das Verhältnis des von der Darmwand ausgeschiedenen zu dem aus der Diät resorbierten Cholesterin[9,18,19]. Schließlich hat die Motorik des Darmes selbst einen Einfluß auf die Resorption[20,21].

Die dem Menschen mit der Nahrung zugeführte Menge an Cholesterin beträgt täglich bei fettarmer Kost 0,04 bis 0,11 g, bei gemischter Kost 0,20 bis 0,36g und bei fettreicher Kost bis zu 1,4g Cholesterin. Dieses exogene Cholesterin wird, solange es nicht im Übermaß zugeführt wird, sehr wahrscheinlich ebenso wie das endogene Cholesterin verwertet. Bei steigender Zufuhr wird der Cholesterinspiegel im Blut erhöht[22,23]; dies führt bei weiterer Erhöhung zu Ablagerun-

[1] SCHETTLER, G.: D. m. W. **1953**, 989. — [2] s. a. S. 248 sowie Bd. **1**, S. 397. — [3] BIGGS, M. W., M. FRIEDMAN and S. O. BYERS: Proc. Soc. exp. Biol. Med. **78**, 641 (1951). — [4] CHAIKOFF, I. L., B. BLOOM, M. D. SIPERSTEIN, J. Y. KIYASU, W. O. REINHARDT, W. G. DAUBEN and J. F. EASTHAM: J. biol. Ch. **194**, 407 (1952). — [5] COOK, R. P., and R. O. THOMSON: Quart. J. exp. Physiol. **36**, 61 (1951). — [6] BIGGS, M. W., and D. KRITCHEVSKY: Circulation, N. Y. **4**, 39 (1951). — [7] FRIEDMAN, M., and S. O. BYERS: im Druck. — [8] BYERS, S. O., and M. FRIEDMAN: Amer. J. Physiol. **168**, 138 (1952). — [9] Peters-van Slyke 2. Aufl. Bd. 1, S. 397 (1946). — [10] HERRMANN, G. R.: Exp. Med. Surg. **5**, 149 (1947). — [11] ROFFO, A. H.: Yale J. Biol. Med. **18**, 25 (1945). — [12] ROFFO, A. H.: Bol. Inst. Med. exp. Cáncer, Buenos Aires **20**, 515 (1943). — [13] ALVES DE MORAES, P.: Rev. méd. brasil., Rio de Janeiro **8**, 451 (1940). — [14] KEESER, E.: A. e. P. P. **198**, 683 (1941). — [15] ROFFO, A. H.: Bol. Inst. Med. exp. Cáncer, Buenos Aires **20**, 65 (1943). — [16] SCHÖNHOLZER, G.: Schweiz. med. Wschr. **69**, 1288 (1939). — [17] BARSKIY, B. I.: Klin. Med., Moskau **23**, 51 (1945). — [18] ARRIGO, L., e T. MONTINI: Athena, Roma **17**, 155 (1951) [Chem. Abstr. **46**, 2640b (1952)]. — [19] FRIEDMAN, M., and S. O. BYERS: im Druck. — [20] ABELL, L. L., and F. E. KENDALL: Circulation, N. Y. **4**, 480 (1951). — [21] WALKER, A. R. P.: Nature **164**, 825 (1949). — [22] SCHÖNHEIMER, R.: B. Z. **147**, 258 (1924). — [23] GARDNER, J. A., and H. GAINSBOROUGH: Biochem. J. **22**, 1048 (1928).

gen[1–6]. Ob beim Menschen zwischen Diätcholesterin und Atherosklerose ein direkter Zusammenhang besteht, ist zur Zeit noch nicht geklärt[7,13]. Die Frage des Zusammenhanges zwischen exogenem Cholesterin, Abscheidung im Organismus und Beeinflussung durch die Diät ist speziell von amerikanischen Autoren eingehend bearbeitet worden. Nachdem bekannt ist, daß Cholesterin im Organismus aus kleinen Bausteinen aufgebaut wird, muß angenommen werden, daß der Verlauf dieser Synthese in der Leber für das Auftreten der Atherosklerose von größerer Bedeutung ist als das Diätcholesterin[8–10]. Soweit über eine reduzierte Cholesterinzufuhr Versuche vorliegen, kann das Folgende ausgesagt werden: im Hungerzustand wird zunächst der Cholesteringehalt durch Zellabbau aufrechterhalten[11]. Bei länger fortgesetzter fett- und lipoidarmer Kost sinkt der Cholesteringehalt im Organismus erheblich ab[12–16]. So ergaben vergleichende Untersuchungen über den Cholesteringehalt des Blutes in den Jahren 1942, 1946 und 1947 beim normalen Menschen einen Abfall des gesamten, des freien und des veresterten Cholesterins im Serum, während das in den roten Blutkörperchen ausschließlich vorhandene freie Cholesterin unverändert blieb[17]. Ob allerdings damit Aussagen über den Zusammenhang zwischen endogenem und durch Biosynthese entstandenem Cholesterin zu machen sind, scheint fraglich, da hier doch wohl mehr mit einer allgemeinen Störung des Zellstoffwechsels und damit der Cholesterinsynthese zu rechnen ist.

γ) Biosynthese.

Bereits 1929 konnte SCHÖNHEIMER[18] zeigen, daß die Pflanzensterine im Magendarmkanal des Tieres nicht resorbiert werden. Die Untersuchung der Frage der Ergosterinresorption, die besonders gut analytisch zu verfolgen ist, zeigte, daß auch dies Sterin nur unwesentlich resorbiert wird[19,20]. Die große Sterinselektivität des tierischen Organismus folgt weiter daraus, daß die Ratte Cholestanol und Koprosterin nicht resorbiert, obwohl beide Substanzen als Stoffwechselprodukte des Cholesterins im Darm auftreten. Danach ist als sehr wahrscheinlich anzunehmen, daß Cholesterin im Organismus synthetisiert wird. Der direkte Beweis ergibt sich aus Bilanzversuchen an verschiedenen Säugetieren und am Menschen[21–31] (Bd. 1, S. 396), da aus diesen Versuchen folgt, daß die Cholesterinausscheidung die Zufuhr übertrifft. Danach muß eine Synthese

---

[1] SCHÖNHEIMER, R.: B. Z. **147**, 258 (1924). — [2] LOEFFLER, K.: H. **178**, 186 (1928). — [3] HUMMEL, R.: H. **185**, 105 (1929). — [4] LEITES, S.: B. Z. **184**, 273, 300 (1927). — [5] HORIYE, Y.: B. Z. **202**, 403 (1928). — [6] ELLIS, G. W., and J. A. GARDNER: Proc. R. Soc. London (B) **84**, 461 (1912). — [7] Zusammenfassungen in Ann. Rev.: CHAIKOFF, I. L., and C. ENTENMAN: **17**, 265 (1948). — LEHNINGER, A. L.: **18**, 196 (1949). — FRAZER, A. C.: **21**, 259 (1952). — [8] KENNEDY, B., and R. OKEY: Amer. J. Physiol. **149**, 1 (1947). — [9] DUBACH, R., and R. M. HILL: J. biol. Ch. **165**, 521 (1946). — [10] ALTSCHUL, R.: Arch. Path., Chicago **44**, 282 (1947). — [11] DORÉE, C., and J. A. GARDNER: Proc. R. Soc. London (B) **81**, 109 (1909). — [12] ROSENTHAL, F., u. F. PATRZEK: Berlin. klin. Wschr. **1919**, 793. — [13] SCHETTLER, G.: D. m. W. **1953**, 989. — [14] SCHETTLER, G.: Kli. Wo. **1950**, 565. — [15] SCHETTLER, G.: Dtsch. Arch. klin. Med. **196**, 7 (1949/50). — [16] SCHETTLER, G.: Pflügers Arch. **251**, 398 (1949). — [17] SCHMIDT-THOMÉ, J., G. SCHETTLER u. H. GOEBEL: H, **283**, 63 (1948). — [18] SCHÖNHEIMER, R.: H. **180**, 1 (1929). — [19] SCHÖNHEIMER, R., H. v. BEHRING u. K. v. GOTTBERG: H. **208**, 77 (1932). — SCHÖNHEIMER, R., u. H. DAM: H. **211**, 241 (1932). — [20] MENSCHICK, W., u. I. H. PAGE: H. **211**, 246 (1932). — [21] GARDNER, J. A., and F. W. FOX: Proc. R. Soc. London (B) **92**, 358 (1921). — FOX, F. W., and J. A. GARDNER: Proc. R. Soc. London (B) **98**, 76 (1925). — [22] WACKER, L., u. K. F. BECK: Berlin. klin. Wschr. **1921**, 453. — [23] THANNHAUSER, S. J.: Dtsch. Arch. klin. Med. **141**, 290 (1923). — [24] BEUMER, H.: Z. ges. exp. Med. **35**, 328 (1923). — [25] BEUMER, H., u. F. LEHMANN: Z. ges. exp. Med. **37**, 274 (1923). — [26] THANNHAUSER, S. J., u. H. SCHABER: H. **127**, 278 (1923). — [27] DAM, H.: B. Z. **194**, 188 (1928). — [28] KUSUI, K.: H. **181**, 101 (1929). — [29] HANES, F. M.: J. exp. Med. **16**, 512 (1912). — [30] MÜLLER, J. K.: J. biol. Ch. **21**, 23 (1915). — [31] SCHÖNHEIMER, R.: H. **185**, 119 (1929).

von Cholesterin im tierischen Organismus stattfinden. Die Aufklärung dieser Synthese war erst mit Hilfe der Isotopentechnik und besonders der radioaktiven Substanzen möglich. Die Schwierigkeit dieser Stoffwechseluntersuchung liegt, wie heute bekannt ist, darin, daß sich das körpereigene Cholesterin in einem dynamischen Gleichgewicht befindet, das heißt, von dem vorliegenden Cholesterin wird soviel abgebaut, in andere Sterine überführt oder ausgeschieden, wie durch Synthese neu entsteht. Eine Methode, mit der dieser Vorgang schließlich aufgeklärt werden konnte, besteht darin, vermutliche Stufen der Cholesterinsynthese in markierter Form dem Organismus zuzuführen und dann den Isotopengehalt des Körpersterins zu bestimmen. Bei einer anderen Methode wird dem Organismus Deuteriumoxyd zugeführt und nach einiger Zeit der Isotopengehalt des Cholesterins bestimmt. Hierbei ist Voraussetzung die in vitro gemachte Beobachtung, daß bei einmal gebildetem Cholesterin H nicht gegen D ausgetauscht wird. So fanden SONDERHOFF u. THOMAS[1], daß bei Hefe, der als einzige Kohlenstoffquelle D-Natriumacetat zur Verfügung stand, im Gesamtfett 14,3 Mol-% D, im Unverseifbaren dagegen 31,0% D vorlagen. RITTENBERG u. SCHOENHEIMER[2] fanden bei Mäusen, deren Trinkwasser während 2 Monaten mit D_2O angereichert war, im Cholesterin 0,78% D_2, während die Körperflüssigkeit selbst 1,7% D_2 enthielt. Diese beiden Versuchsergebnisse führten zu dem wichtigen Schluß, daß das Cholesterinmolekül im Organismus aus einer Vielzahl von kleinen Molekülen durch Totalsynthese aufgebaut wird. Gleichzeitig ist der Gehalt an Deuterium im Körpercholesterin ein Maß für seine Bildungsgeschwindigkeit. Diese Geschwindigkeit ist bei den meisten Organen und Geweben relativ hoch. So kann angenommen werden, daß bei der Ratte das Lebercholesterin mit einer Halbwertszeit von weniger als 10 Tagen erneuert ist[3].

In konsequenter Verfolgung des Gedankens einer Totalsynthese konnte dann die Biosynthese des Cholesterins im wesentlichen von BLOCH u. Mitarb. bis auf den heutigen Stand abgeklärt werden. Bereits 1942 isolierten BLOCH u. RITTENBERG[4] nach Verfütterung von D-Natriumacetat an Ratte und Maus D-Cholesterin und erkannten die spezifische Rolle der Essigsäure als Kohlenstoff- und Wasserstoffquelle für die Cholesterinsynthese, die dann in späteren Arbeiten ihre Bestätigung fand[4–6]. Auch andere kurzkettige Fettsäuren, wie Buttersäure, Capronsäure, Caprylsäure und Isovaleriansäure und ebenso auch Brenztraubensäure, ergeben biosynthetisch Cholesterin[7–10]. Schließlich gilt dies auch für eine ganze Anzahl anderer Substanzen aus dem Eiweiß-, Fett- und Kohlenhydratstoffwechsel, aber es konnte in allen Fällen gezeigt werden, daß deren Überführung in Cholesterin indirekt ist und über Acetat oder andere C_2-Bausteine erfolgt[11]. Bei der Biosynthese von Cholesterin aus 1-^{13}C-, 2-^{14}C-Acetat konnte gezeigt werden, daß beide Kohlenstoffatome der Essigsäure Cholesterinbausteine sind[8]. Danach stammen 15 der 27 Kohlenstoffatome des Cholesterins aus der Methylgruppe und 12 aus der Carboxylgruppe der Essigsäure. Dieser Berechnung liegt die Annahme zugrunde, daß alle Kohlenstoffatome des Cholesterins aus der Essigsäure hervorgegangen sind. Ein Beweis hierfür liegt in der Tatsache, daß

[1] SONDERHOFF, R., u. H. THOMAS: A. **530**, 195 (1937). — [2] RITTENBERG, D., and R. SCHOENHEIMER: J. biol. Ch. **121**, 235 (1937). — [3] BLOCH, K.: Circulation, N. Y. **1**, 214 (1950). — [4] BLOCH, K., and D. RITTENBERG: J. biol. Ch. **145**, 625 (1942). — [5] BLOCH, K., and D. RITTENBERG: J. biol. Ch. **155**, 243, 255 (1944). — [6] BLOCH, K., E. BOREK and D. RITTENBERG: J. biol. Ch. **162**, 441 (1946). — [7] BRADY, R. O., and S. GURIN: J. biol. Ch. **189**, 371 (1951). — [8] LITTLE, H. N., and K. BLOCH: J. biol. Ch. **183**, 33 (1950). — [9] PIHL, A., K. BLOCH and H. S. ANKER: J. biol. Ch. **183**, 441 (1950). — [10] ZABIN, I., and K. BLOCH: J. biol. Ch. **185**, 131 (1950). — [11] BLOCH, K.: Recent Progr. Hormone Res. **6**, 111 (1951).

bei der thermischen Spaltung von markiertem Cholesterin das Ringskelet und das abgespaltene Isooctan die Isotopen in annähernd gleicher Konzentration enthalten; das bedeutet, daß die Essigsäure an der Bildung aller Cholesterinteilstücke gleichmäßig beteiligt ist. Weiter ergab die vollständige Isotopenbestimmung der Isooctylseitenkette, daß 5 Kohlenstoffatome aus der Methylgruppe des Acetats und 3 aus der Carboxylgruppe stammen[1].

Über den Reaktionsmechanismus, der von den C_2-Bausteinen zum Cholesterin führt, kann keine Aussage gemacht werden, da bisher Zwischenprodukte nicht isoliert werden konnten. In neuester Zeit wurde von BLOCH, in den Bemühungen, den Reaktionsmechanismus abzuklären, Squalen in die zunächst hypothetischen Betrachtungen einbezogen. Es konnte gezeigt werden, daß die Ratte Squalen relativ schnell aus Acetat aufbaut. Ein solches ^{14}C-Squalen ergab nach Fütterung bei der Maus ^{14}C-Cholesterin, wobei nachgewiesen werden konnte, daß mindestens 8% Squalen in kurzer Zeit in Cholesterin übergehen[2]. Verglichen mit Acetat ist Squalen damit als Vorstufe für die Cholesterinsynthese 10- bis 20mal wirksamer. Ob allerdings Squalen direkt in Cholesterin übergeht, oder noch andere Zwischenprodukte auftreten, ist nicht bekannt. Immerhin zeigte bei diesem Versuch das Gewebefett keinen wesentlichen Isotopenanteil. Damit ist ein vorhergehender Abbau von Squalen zu Acetat und eine sekundäre Cholesterinsynthese daraus unwahrscheinlich. Das bedeutet, daß Squalen ein mehr spezifisches Vorprodukt der Cholesterinsynthese ist als Acetat.

Die Biosynthese des Cholesterins ist in vitro und auch am intakten Tier eingehend studiert worden[3]. Die Voraussetzung ist die intakte Zelle. So konnte mit Hilfe von ^{14}C-Testsubstanzen gezeigt werden, daß im Leberpräparat nach Zerstörung der Zellen die Synthese mit weniger als ein Zehntausendstel der Geschwindigkeit verläuft als bei Leberschnitten. Die Synthese kann im Organismus und in vitro in fast allen Geweben stattfinden[4–11] mit der möglichen Ausnahme von Fettgewebe[12] und Hirngewebe des Erwachsenen[10]. Hirn und Nervensystem nehmen gegenüber dem sonstigen Organismus eine Sonderstellung ein. Einmal sind sie nicht imstande, die Cholesterinsynthese durchzuführen[13,14], zum anderen sind die hier eingelagerten Cholesterinmengen hinsichtlich des Stoffwechsels und des dynamischen Gleichgewichts inert. Während sonst das an einer Körperstelle entstehende Cholesterin sehr schnell auch an anderen Orten des Organismus gegen vorliegendes Cholesterin ausgetauscht wird, ist dies beim Cholesterin in Hirn und im Nervensystem nicht der Fall. Das bedeutet, daß den großen, hier vorliegenden Cholesterinmengen wahrscheinlich keine chemische Bedeutung zukommt, und es ist zu überlegen, ob ihre Aufgabe hier nicht in den physikalischen und strukturellen Eigenschaften des Moleküls begründet ist.

BYERS konnte neuerdings an der Ratte zeigen, daß das eigentliche Syntheseorgan des Plasmacholesterins die Leber ist, und daß nur diese imstande ist,

---

[1] WÜERSCH, J., R. L. HUANG and K. BLOCH: J. biol. Ch. **195**, 439 (1952). — [2] LANGDON, R. G., and K. BLOCH: Am. Soc. **74**, 1869 (1952). — [3] BLOCH, K., E. BOREK and D. RITTENBERG: J. biol. Ch. **162**, 441 (1946). — [4] BRADY, R. O., and S. GURIN: J. biol. Ch. **189**, 371 (1951). — [5] BYERS, S. O., and M. FRIEDMAN: Amer. J. Physiol. **168**, 297 (1952). — [6] POPJÁK, G., and M.-L. BEECKMANS: Biochem. J. **47**, 233 (1950). — [7] POPJÁK, G., and M.-L. BEECKMANS: Biochem. J. **46**, 547 (1950). — [8] SIPERSTEIN, M. D., I. L. CHAIKOFF and S. S. CHERNICK: Science, N. Y. **113**, 747 (1951). — [9] SRERE, P. A., I. L. CHAIKOFF and W. G. DAUBEN: J. biol. Ch. **176**, 829 (1948). — [10] SRERE, P. A., I. L. CHAIKOFF, S. S. TREITMAN and L. S. BURSTEIN: J. biol. Ch. **182**, 629 (1950). — [11] TOMKINS, G. M., and I. L. CHAIKOFF: J. biol. Ch. **196**, 569 (1952). — [12] FELLER, D. D.: Fed. Proc. **11**, 45 (1952). — [13] BLOCH, K., and D. RITTENBERG: im Druck. — [14] BLOCH, K., B. N. BERG and D. RITTENBERG: J. biol. Ch. **149**, 511 (1943).

geeignete Mengen abzugeben[1,2]. GOULD u. Mitarb.[3] bestätigen dieses Ergebnis am Hund. Über den Umfang der Cholesterinsynthese in der Leber wird in neuester Zeit von BYERS gearbeitet[4]. BORGSTRÖM[5] konnte an der Ratte zeigen, daß die spezifische Aktivität des Darmes nach Gaben von ^{14}C-Stearinsäure noch höher liegt als die der Leber.

Über die etwaige Beeinflußbarkeit der Cholesterinbiosynthese ist zu sagen, daß die normale Diät wenig Wirkung zeigt. Nach BLOCH[6] zeigt sich in vitro bei Rattenleber jedoch eine starke Abhängigkeit von Alter und Gewicht des Tieres. So differierte die Biosynthese für die beiden extremen Alters- und Gewichtsgruppen um mehr als das Zehnfache. Beim in vitro-Versuch läßt sich die Synthese nicht beschleunigen. Während die Fettsäuresynthese aus Acetat durch Zusatz von Salzen der Brenztraubensäure merklich stimuliert wird, wird die Cholesterinsynthese hierdurch gegensinnig beeinflußt. Umgekehrt wird durch Ausschaltung der Calciumionen die Fettsäuresynthese in der Leber gehemmt, während die Cholesterinsynthese kaum beeinflußt wird. Es ist auch dies ein Beweis, daß die höheren Fettsäuren nicht als Zwischenprodukte in der Cholesterinsynthese auftreten.

δ) Ausscheidung (s. a. Bd. 1, S. 397).

Der gesunde Organismus scheidet nur kleine Mengen unverändertes Cholesterin aus. Dabei ist der einzige wesentliche Weg der über die Darmausscheidung[7-11]. Dagegen ist die Ausscheidung im Harn bei intakter Niere zu vernachlässigen[12,13]. Größere Mengen wiederum werden durch die Haut ausgeschieden, täglich etwa 0,108–0,216 g. Die Tatsache, daß die Galle wesentliche Mengen Cholesterin enthält, wurde bislang als Erklärung für den Cholesteringehalt der Faeces angesehen und daraus der Ausscheidungsweg Galle—Darmtrakt abgeleitet. Dagegen kommt BYERS zu dem Schluß, daß es sich bei diesem Cholesterin mehr um ein sekretorisches als exkretorisches Leberprodukt handelt[14]. Danach resultiert das Faecescholesterin aus nicht resorbierter Substanz und dem Cholesterin, das von der Darmwand ausgeschieden wird[15]. Wahrscheinlich findet der größte Teil dieser Exkretion im Dünndarm statt[16]. Damit können auch die älteren Befunde erklärt werden, daß Tiere mit Gallenfistel in den Faeces Cholesterin ausscheiden[17-19]. Da sich das Cholesterin der Faeces und seine Umwandlungsprodukte aus dem nicht resorbierten Diätcholesterin und einem exkretorischen Anteil zusammensetzen, ist so auch verständlich, daß bei erhöhter Zufuhr die Gesamtexkretion ansteigt[20]. Wieweit der intermediäre Stoffwechsel des Cholesterins einen Einfluß auf die Exkretion hat, ist heute noch ziemlich offen. Gewisse Befunde deuten darauf hin, daß bei extrem hohem Plasmacholesterin oder erhöhter Synthese auch die faecale Exkretion von Cholesterin

---

[1] BYERS, S. O., M. FRIEDMAN and F. MICHAELIS: J. biol. Ch. **188**, 637 (1951). — [2] FRIEDMAN, M., S. O. BYERS and F. MICHAELIS: Amer. J. Physiol. **164**, 789 (1951). — [3] GOULD, G., D. J. CAMPBELL, C. B. TAYLOR, F. B. KELLY jr., I. WARNER and C. B. DAVIS jr.: Fed. Proc. **10**, 191 (1951). — [4] FRIEDMAN, M., and S. O. BYERS: im Druck. — [5] BORGSTRÖM, B.: Acta chem. scand. **5**, 1190 (1951). — [6] BLOCH, K., E. BOREK and D. RITTENBERG: J. biol. Ch. **162**, 441 (1946). — [7] ADLERSBERG, D., S. R. DRACHMAN, L. E. SCHAEFER and R. DRITCH: J. clin. Invest. **30**, 626 (1951). — [8] ARRIGO, L., e T. MONTINI: Athena, Roma **17**, 155 (1951). — [9] IMHÄUSER, K.: Kli. Wo. **1930 I**, 71. — [10] SPERRY, W. M.: J. biol. Ch. **96**, 759 (1932). — [11] s. Bd. **1**, S. 397. — [12] GARDNER, J. A., and H. GAINSBOROUGH: Biochem. J. **19**, 667 (1925). — [13] Peters-van Slyke 2. Aufl. Bd. 1, S. 406. — [14] BYERS, S. O., and M. FRIEDMAN: Amer. J. Physiol. **168**, 297 (1952). — [15] Peters-van Slyke 2. Aufl. Bd. 1, S. 404. — [16] SPERRY, W. M., and R. W. ANGEVINE: J. biol. Ch. **96**, 769 (1932). — [17] SPERRY, W. M.: J. biol. Ch. **68**, 357 (1926); **71**, 351 (1926/27). — [18] BEUMER, H., u. F. HEPNER: Z. ges. exp. Med. **64**, 787 (1929). — [19] BÜRGER, M., u. W. WINTERSEEL: H. **181**, 255 (1929). — [20] SCHOENHEIMER, R., D. RITTENBERG and M. GRAFF: J. biol. Ch. **111**, 183 (1935).

und Koprosterin ansteigt[1–3]. Dagegen ergab die i.v.-Injektion einer mäßigen Dosis Cholesterin bei der Ratte keine erhöhte faecale Exkretion.

Neben unverändertem Cholesterin werden in den Faeces auch kleine Mengen Cholestanol und wesentlichere Mengen Koprosterin und epi-Koprosterin ausgeschieden. Die Beobachtung, daß mit erhöhter Cholesterinzufuhr auch die Koprosterinausscheidung zunimmt[4], macht wahrscheinlich, daß dieses aus Cholesterin entsteht. Die Tatsache, daß bei den chemisch bekannten Hydrierungsverfahren aus Cholesterin immer Cholestanol und nicht Koprosterin erhalten wird, und das Vorkommen von epi-Koprosterin in den Faeces machen einen direkten Übergang von Cholesterin in Koprosterin unwahrscheinlich. Zur Erklärung der Entstehung der 3-epi-Verbindung muß als Zwischenprodukt eine Verbindung angenommen werden, die am Kohlenstoffatom 3 nicht unsymmetrisch gebaut ist. Unter diesen Gesichtspunkten postulierten SCHOENHEIMER[4] und ROSENHEIM[5] Cholestenon als Zwischenprodukt. Tatsächlich konnten dann in den Faeces von Ratte und Hund beträchtliche Mengen von Cholestenon nachgewiesen werden[6,7]. Dagegen konnte im Gewebe bislang kein Cholestenon gefunden werden. Schließlich wurde bei Mensch und Hund mit markiertem Cholestenon der Übergang in Koprosterin direkt nachgewiesen[4].

HO
Cholesterin

HO H
Koprosterin

O
Cholestenon

HO H
Cholestanol

HO H
epi-Koprosterin

Außer diesen liegt eine Anzahl von weiteren direkten und indirekten Beweisen vor, daß die gesättigten Steroide der Faeces nicht direkt aus Cholesterin entstehen, sondern über das Zwischenprodukt Cholestenon[6,8]. Über die in vivo-Oxydation von Cholesterin zu Cholestenon ist nichts bekannt. Aus neuen Versuchen von BLOCH[6] mit markiertem Cholestenon folgt, daß dieses vom Darm resorbiert wird. Es unterscheidet sich damit wesentlich von allen übrigen dem Cholesterin nahestehenden Steroiden. Die Überführung des Cholestenons in Cholestanol erfolgt im Gewebe[6], die Ausscheidung in den Faeces. Zur Entstehung des Koprosterins muß angenommen werden, daß die erste Stufe des

---

[1] BYERS, S. O., M. FRIEDMAN and F. MICHAELIS: J. biol. Ch. **184**, 71 (1950). — [2] GARDNER, J. A., and H. GAINSBOROUGH: Quart. J. Med. **23**, 465 (1930). — [3] BYERS, S. O., and M. FRIEDMAN: Amer. J. Physiol. **168**, 138 (1952). — [4] SCHOENHEIMER, R., D. RITTENBERG and M. GRAFF: J. biol. Ch. **111**, 183 (1935). — [5] ROSENHEIM, O., and T. A. WEBSTER: Nature **136**, 474 (1935). — [6] ANKER, H. S., and K. BLOCH: J. biol. Ch. **178**, 971 (1949). — [7] ROSENHEIM, O., and T. A. WEBSTER: Biochem. J. **37**, 513 (1943). — [8] ANCHEL, M., and R. SCHOENHEIMER: J. biol. Ch. **125**, 23 (1938).

Vorgangs, nämlich die Oxydation des Cholesterins zu Cholestenon, vor der Sekretion in den Darm erfolgt. Hier wird es dann durch Fäulnisbakterien zu Koprosterin und epi-Koprosterin hydriert, die beide nicht resorbiert, sondern ausgeschieden werden[1].

ε) Abbau.

Der tierische Organismus ist imstande, große Mengen Cholesterin, zum Teil ein Vielfaches des normalen Körpergehaltes, abzubauen[2,3]. Diese Ergebnisse wurden allerdings erhalten bei abnorm hoher Zufuhr von Cholesterin. Es scheint, daß hierbei der normale Mechanismus der Überführung von Cholesterin in Faecessteroide überlastet wird, und das überschüssige exogene Cholesterin einen anderen als den normalen Stoffwechselweg geht. Die Produkte dieses Cholesterinstoffwechsels sind chemisch nicht definiert; wieweit ein Abbau vorliegt, ist gleichfalls unbekannt, lediglich kann ausgesagt werden, daß Produkte entstehen, die mit Digitonin keine Fällung mehr ergeben, von denen unbekannt ist, ob sie noch den intakten Steroidkern enthalten.

Die bisher sicher nachgewiesenen *Stoffwechselprodukte des Cholesterins* sind Cholsäure, Progesteron, Fett, Glykogen und Kohlendioxyd (in der Exspirationsluft)[6]. Die vielfach angenommenen biochemischen Zusammenhänge zwischen dem Cholesterin und strukturell ähnlichen anderen körpereigenen Steroiden konnten von Bloch, Berg u. Rittenberg für den Übergang in Cholsäure[4] und von Bloch[5] für den Übergang in Progesteron direkt experimentell bestätigt werden. Beim Nachweis des Abbaues zu Cholsäure wurde einem Hund, bei dem zwischen Gallenblase und Niere operativ eine Verbindung hergestellt worden war, Deuteriumcholesterin intravenös injiziert. Die aus dem Harn isolierte Cholsäure hatte größenordnungsmäßig die gleiche Isotopenkonzentration wie das Blut- oder Gallencholesterin. Unter der Annahme, daß die Cholsäure ein unmittelbares Stoffwechselprodukt ist, hätten mindestens 60% aus Cholesterin entstanden sein können. Diese Befunde konnten kürzlich von Byers u. Biggs[6] an der Ratte bestätigt werden. Es ist heute als sicher anzusehen, daß dieser Übergang von Cholesterin in Cholsäure tatsächlich ein normaler Stoffwechselablauf ist. Die Tatsache, daß einige Beobachter bei erhöhter Cholesterinzufuhr die Gallensekretion nicht verändert fanden[7–10], spricht nicht dagegen. Mit hoher Wahrscheinlichkeit sind diese Befunde auf die Applikationsform des Cholesterins zurückzuführen. So führt die Injektion von Cholesterinsuspensionen fast immer zu einer deutlichen Abscheidung von Cholesterin in der Lunge[4,11–14], während bei physiologisch emulgiertem Cholesterin keine wesentlichen Ablagerungen entstehen. Die Befunde der Nichtbeeinflussung der Gallensekretion durch exogenes Cholesterin müssen danach so erklärt werden, daß durch eine unphysiologische Zufuhr das Cholesterin in den Geweben als inertes Material abgeschieden wird und dort über Tage und Wochen fixiert ist. Wird es dagegen in Form eines reichlich Cholesterin enthaltenden Serums injiziert und über

---

[1] Bills, C. E.: Physiol. Rev. **15**, 1 (1935). — [2] Schoenheimer, R., and F. Breusch: J. biol. Ch. **103**, 439 (1933). — [3] Page, I. H., and W. Menschick: J. biol. Ch. **97**, 359 (1932). — [4] Bloch, K., B. N. Berg and D. Rittenberg: J. biol. Ch. **149**, 511 (1943). — [5] Bloch, K.: J. biol. Ch. **157**, 661 (1945). — [6] Byers, S. O., and M. W. Biggs: Arch. Biochem. **39**, 301 (1952). — [7] Foster, M. G., C. W. Hooper and G. H. Whipple: J. biol. Ch. **38**, 421 (1919). — [8] Peters-van-Slyke 2. Aufl. Bd. 1, S. 522. — [9] Smith, H. P., and G. H. Whipple: J. biol. Ch. **80**, 671 (1928). — [10] Whipple, G. H.: Physiol. Rev. **2**, 440 (1922). — [11] Chamberlain, E. N.: J. Physiol., London **66**, 249 (1928). — [12] Cashin, M. F., and V. Moravek: Amer. J. Physiol. **82**, 294 (1927). — [13] Osborn, M., N. Womach, K. Daum and W. Kridelbaugh: Arch. Path., Chicago **52**, 546 (1951). — [14] Remesow, I., u. N. Tavaststyerna: Z. ges. exp. Med. **76**, 419 (1931).

72 Std die Galle gesammelt, so wurde eine Erhöhung beobachtet, die 60% des zugeführten Cholesterins entsprach[1].

Der *Übergang von Cholesterin in Progesteron* wurde bereits 1945 von BLOCH[2] nachgewiesen. Da der Nachweis der physiologisch normalen Mengen auch mit markierten Elementen schwierig ist, wurde die Tatsache benutzt, daß bei fortgeschrittener Schwangerschaft wesentliche Mengen Pregnan-3α, 20α-diol als Stoffwechselprodukt des Progesterons ausgeschieden werden, deren Isolierung als Natriumglucuronid möglich ist. Bei der Verabreichung von Deuterium-Cholesterin an eine schwangere Frau im 8. Monat wurde nunmehr Pregnandiol mit einem Deuteriumgehalt gefunden, der unter der Annahme eines direkten Überganges 60% der theoretisch möglichen Menge darstellte. Danach muß der Übergang des Cholesterins in Progesteron als ein normaler Prozeß angesehen werden. Von GOULD[3] wurde gefunden, daß nach der Verabfolgung von radioaktivem Cholesterin an Ratte und Maus das ausgeatmete Kohlendioxyd einen merklichen Gehalt an radioaktivem CO_2 aufweist. CHAIKOFF u. Mitarb.[4] fanden, daß Ratten, denen 0,5 bis 4 mg Cholesterin 26-^{14}C als Emulsion in die hintere Beinvene injiziert wurden, innerhalb 24 Std 31% des injizierten ^{14}C als $^{14}CO_2$ ausatmeten. Zur Klärung der Frage, ob bei diesem Abbau die Darmflora eine wesentliche Rolle spielt, wurden die Versuche auch mit Ratten durchgeführt, deren Gastrointestinaltrakt durch Gaben von Sulfasuxidin und Streptomycin praktisch bakterienfrei war. Die an diesen Ratten erhaltenen Ergebnisse sind die gleichen wie an denen mit intakter Darmflora. Daraus folgt, daß diese beim Cholesterinabbau, wenn überhaupt so nur eine untergeordnete Rolle spielt. Ob damit die Aussage gemacht werden darf, daß auch der Abbau des körpereigenen Cholesterins so erfolgt, ist offen. Es wurde bereits angeführt, daß die Applikationsform des Cholesterins entscheidend ist für eine etwaige Ablagerung in der Lunge. So ist damit zu rechnen, daß durch eine anormale Ablagerung in der Lunge in ihr ein Prozeß induziert wird, der sonst nur in der Leber stattfindet.

Neuerdings untersuchten KRITCHEVSKY, KIRK u. BIGGS[5] an der Ratte den Stoffwechsel von per os zugeführtem Cholesterin, das mit ^{14}C oder mit Tritium markiert war. Sowohl für Cholesterin-^{14}C als auch für Cholesterin-^{3}H wurde die Radioaktivität wiedergefunden im Harn, in den Fettsäuren, im Unverseifbaren der Faeces, Carcasse, Nebennieren und Leber. Bei der Verfütterung von Cholesterin-^{14}C wurde die Aktivität außerdem in der Atemluft, den Leberphospholipoiden und im Leberglykogen nachgewiesen.

Das Organ, in dem der Abbau des Cholesterins erfolgt, ist die Leber. So konnte BYERS[6] zeigen, daß nach der Injektion von physiologisch emulgiertem Cholesterin dieses innerhalb von 12 bis 24 Std aus dem Plasma verschwindet und hauptsächlich in der Leber gespeichert wird, um aus ihr nach einigen Tagen zu verschwinden. Die Eingeweide und Lunge zeigten nach einer solchen Injektion keinen erhöhten Cholesteringehalt. Dagegen war bei der hepatektomierten Ratte das Verschwinden des Cholesterins merklich verzögert[6]. Die Galle von Ratten, denen derartiges Cholesterin injiziert wurde, zeigte keine wesentliche Erhöhung des Cholesterins[7]. Es muß daraus geschlossen werden, daß die Leber das aus dem Plasma aufgenommene Cholesterin in andere Substanzen überführt und wahrscheinlich zum größten Teil als Cholsäure ausscheidet.

[1] FRIEDMAN, M., and S. O. BYERS: im Druck. — [2] BLOCH, K.: J. biol. Ch. **157**, 661 (1945). — [3] GOULD, R. G.: Circulation, N. Y. **2**, 467 (1950). — [4] CHAIKOFF, I. L., M. D. SIPERSTEIN, W. G. DAUBEN, H. L. BRADLOW, J. F. EASTHAM, G. M. TOMKINS, J. R. MEIER, R. W. CHEN, S. HOTTA and P. A. SRERE: J. biol. Ch. **194**, 413 (1952). — [5] KRITCHEVSKY, D., M. R. KIRK and M. W. BIGGS: Metabolism **1**, 254 (1952). — [6] FRIEDMAN, M., and S. O. BYERS: im Druck. — [7] BYERS, S. O., and M. FRIEDMAN: Amer. J. Physiol. **168**, 297 (1952).

Ein weiteres Produkt des Cholesterinstoffwechsels ist das Provitamin D_3. So wird nach GLOVER[1] vom Meerschweinchen oral in Fettsäuremethylestern zugeführtes Cholesterin in der Dünndarmwand dehydriert. Danach ist der tierische Organismus nicht auf die Zufuhr von Provitamin D_3 angewiesen, sondern kann dieses auf dem Wege über die Cholesterinsynthese mit anschließender Dehydrierung selbst aufbauen. Dieser Prozeß findet vorwiegend, aber nicht ausschließlich, im Dünndarm statt.

b) Der Stoffwechsel der Steroidhormone[2–4].

α) Einleitung.

Die Konstitution und die physiologische Bedeutung der Steroidhormone werden bei der Darstellung ihres Stoffwechsels als bekannt vorausgesetzt[4, 19]. Im wesentlichen werden hier die neueren Ergebnisse über den biologischen Aufbau (Biogenese) und Abbau der Steroidhormone besprochen. Die Steroidhormone und die ihnen verwandten Verbindungen des Organismus können in folgende Gruppen eingeteilt werden:

$$\left.\begin{matrix} C_{21} \\ C_{19} \\ C_{18} \end{matrix}\right\} \text{-Steroide}$$

Diese Einteilung ist nicht nur formal nach chemischen Gesichtspunkten getroffen; jede der drei Gruppen hat auch hinsichtlich des Stoffwechsels ihre Besonderheiten, die allerdings für die C_{21}- und die C_{19}-Steroide ähnlich sind, so daß sich hier gewisse Überschneidungen ergeben.

Unsere Kenntnisse über den Stoffwechsel der Steroide fußen hauptsächlich auf Anwendung folgender Methoden:

a) Isolierung und Identifizierung der Steroide aus Drüsen und Harn, unter Umständen auch aus anderen Quellen.

b) Bebrütung bekannter Steroide mit Schnitten oder Homogenaten verschiedener Gewebe (evtl. auch Perfusion ganzer Organe) und Isolierung der Reaktionsprodukte.

c) Anwendung markierter Steroide (Deuterium, ^{14}C), sowohl am Tier als auch am Menschen.

Zur Reinigung und Isolierung der Steroide bedient man sich auch heute noch der bereits klassisch gewordenen Verfahren, z. B. der Abtrennung der Ketone von Nichtketonen durch GIRARDS Reagens[5], oder der Trennung der 3α-Oxy- von den 3β-Oxysteroiden mit Digitonin, wobei die letzteren Niederschläge bilden. Daneben sind neue Verfahren entwickelt bzw. für dieses Gebiet entsprechend angepaßt worden. Hierzu gehören die Säulenchromatographie[6, 7], die Gegenstromverteilung[8], die Papierchromatographie[9–18] u. a. m. Zur Identi-

[1] GLOVER, M., J. GLOVER and R. A. MORTON: Biochem. J. **51**, 1 (1952). — [2] FIESER, L. F., and M. FIESER: Natural Products Related to Phenanthrene. 3. Aufl. New York 1949. — [3] Pincus-Thimann, Hormones Bd. 1 u. 2. — [4] s. Bd. **1**, S. 351ff. — [5] GIRARD, A., et G. SANDULESCO: Helv. **19**, 1095 (1936). — [6] DINGEMANSE, E., L. G. HUIS IN'T VELD and B. M. DE LAAT: J. clin. Endocrinol. **6**, 535 (1946). — [7] DOBRINER, K., S. LIEBERMAN and C. P. RHOADS: J. biol. Ch. **172**, 241 (1948). — [8] ENGEL, L. L.: Recent Progr. Hormone Res. **5**, 335 (1950). — [9] BURTON, R. B., A. ZAFFARONI and E. H. KEUTMANN: J. biol. Ch. **188**, 763 (1951). — [10] SHULL, G. M., J. L. SARDINAS and R. C. NUBEL: Arch. Biochem. **37**, 186 (1952). — [11] BUSH, I. E.: Nature **166**, 445 (1950). — [12] KRITCHEVSKY, T. H., and A. TISELIUS: Science, N. Y. **114**, 299 (1951). — [13] KRITCHEVSKY, D., and M. CALVIN: Am. Soc. **72**, 4330 (1950). — [14] NEHER, R., u. A. WETTSTEIN: Helv. **34**, 2278 (1951). — [15] NEHER, R., u. A. WETTSTEIN: Helv. **35**, 276 (1952). — [16] HOFMANN, H., u. HJ. STAUDINGER: B. Z. **322**, 230 (1951/52). — [17] SCHMIDT, H., u. HJ. STAUDINGER: B. Z. **324**, 128 (1953). — [18] HÜBENER, H. J., E. HOFFMANN u. F. BODE: H. **289**, 102 (1952). — [19] ABDERHALDEN, R.: Die Hormone. Berlin, Göttingen, Heidelberg (1952).

fizierung der Steroide und ihrer Metaboliten dient neben den klassischen Verfahren der organischen Chemie, wie Analyse, Abbau, Schmelzpunkt, Mischschmelzpunkt, Herstellen von Derivaten usw., auch das sog. Mischchromatogramm auf dem Papier. Besondere Bedeutung hat auch die Ultrarotspektroskopie erlangt[1–3].

Bevor mit der Besprechung des Stoffwechsels der genannten drei Steroidgruppen begonnen wird, soll zunächst noch auf einige wichtige Tatsachen hingewiesen werden, die für alle drei Gruppen gemeinsam gelten.

Der weit überwiegende Teil der Steroidmetaboliten wird nicht in freier Form mit dem Urin ausgeschieden. Die Steroide sind entweder mit Glucuronsäure β-glucosidisch oder mit Schwefelsäure esterartig gepaart. Ob noch andere Formen der Konjugation vorkommen, ist noch nicht geklärt. Es ist z. B. denkbar, daß sich im Serum die 3-Ketogruppe der Steroidhormone mit Cystein zu einem Thiazolidinderivat zusammenlagert[4].

Die Veresterung mit Schwefelsäure bzw. die β-glucosidische Verknüpfung mit Glucuronsäure erfolgt vorwiegend, wenn nicht ausschließlich, in der Leber.

Die Mehrzahl der Steroidmetaboliten wird erst durch die Konjugation wasserlöslich und damit harnfähig. Für die C_{18}-Steroide bedeutet die Paarung gleichzeitig eine der wichtigsten Möglichkeiten zur Inaktivierung der biologisch aktiven Steroidhormone. Die C_{21}- und C_{19}-Steroidhormone werden bereits vorher chemisch abgewandelt und damit inaktiviert.

Es scheint so, als ob bestimmte Steroide stets an Schwefelsäure, andere nur an Glucuronsäure gekoppelt werden. Bei vielen Steroidmetaboliten des Harns ist übrigens die Art ihrer Konjugation noch nicht geklärt. Bisweilen können aus der Stabilität der Conjugate gegen Säuren oder gegen spezifische Fermente, wie z. B. Glucuronidasen, Rückschlüsse auf die Art der Paarung gezogen werden.

Von den C_{18}-Steroiden ist das Oestron offenbar häufig mit Schwefelsäure verestert, während Oestradiol und Oestriol als Glucuronide ausgeschieden werden.

Für die C_{19}- (und die C_{21}?)-Steroide scheint zu gelten, daß alle Steroide, die die OH-Gruppe am C-Atom 3 in β-Konfiguration haben, wie z. B. Dehydroisoandrosteron, als Schwefelsäureester ausgeschieden werden, während die 3 α-OH-Steroide vorzugsweise, wenn auch nicht ausschließlich, in Form der Glucuronide im Harn erscheinen. Eine Ausnahme macht z. B. Androstan-3α-ol, 17-on, das auch als Schwefelsäureester ausgeschieden wird. Die C_{21}-Steroide des Harns liegen größtenteils als Glucuronide vor. Es ist aber, wie gesagt, noch nicht klar, ob Schwefelsäure und Glucuronsäure die einzig vorkommenden Paarlinge sind.

Bei der Isolierung der Steroide aus Harn und anderen Materialien müssen die Conjugate hydrolytisch gespalten werden. Das schließt stets die Gefahr einer sekundären Veränderung, besonders der empfindlichen Steroide, wie der Corticoide, oder der 3β-Oxysteroide mit ein. Schonende Hydrolysebedingungen oder fermentative Spaltungen, z. B. mit Glucuronidase, sind oft nicht quantitativ. Es gibt eine Vielzahl von Vorschlägen, wie die Hydrolyse durchzuführen sei. Die Bedingungen werden sich stets nach den Steroidgruppen richten, die es zu erfassen gilt[5–16].

---

[1] DOBRINER, K., S. LIEBERMAN, C. P. RHOADS, R. N. JONES, V. Z. WILLIAMS and R. B. BARNES: J. biol. Ch. **172**, 297 (1948). — [2] JONES, R. N., and K. DOBRINER: Vitamins & Hormones **7**, 293 (1949). — [3] JONES, R. N.: Recent Progr. Hormone Res. **2**, 3 (1948). — [4] LIEBERMAN, S., and K. DOBRINER: Recent Progr. Hormone Res. **3**, 71 (1948). — [5] DOBRINER, K., and S. LIEBERMAN: Ciba Found. Coll. Endocrinol. **2**, 208 (1952). — [6] JENSEN, C. C., and L. E. TÖTTERMAN: Acta endocrinol., København **10**, 221 (1952). — [7] JENSEN, C. C., and L. E. TÖTTERMAN: Acta endocrinol., København **11**, 33 (1952). — [8] COHEN, S. L.: J. biol. Ch. **192**, 147 (1951). — [9] BITMAN, J., and S. L. COHEN: J. biol. Ch. **191**, 351 (1951). — [10] BUEHLER, H. J., P. A. KATZMAN, P. L. DOISY and E. A. DOISY: Proc. Soc. exp. Biol. Med. **72**, 297 (1949). — [11] BUEHLER, H. J., P. A. KATZMAN and E. A. DOISY:

Es ist noch besonders darauf hinzuweisen, daß der Steroidstoffwechsel von Tierart zu Tierart qualitativ und quantitativ ganz verschieden verlaufen kann. Was hier ausgeführt und besprochen wird, sind allgemeine Grundzüge, meist mit besonderer Berücksichtigung der Verhältnisse beim Menschen.

β) Die C_{21}-Steroide.

1. Die C_{21}-Steroide der Nebennierenrinde[1,2].

a) Vorkommen und Sekretion. Aus der Nebenniere wurden 24 verschiedene Steroide mit 21 C-Atomen isoliert[3–8]. Sie gehören der allo-Pregnanreihe an; soweit sie ungesättigt sind, sind sie Δ^4-Pregnenderivate, während bisher keine Pregnanderivate gefunden worden sind. Soweit sie die für die Nebennierenrinde typische biologische Aktivität besitzen, werden sie häufig gemeinsam als ***Corticosteroide*** bezeichnet. Die sechs bekannten Corticosteroide sind Δ^4-Pregnen-21-ol-3, 20-dion-Derivate, die zusätzliche Sauerstoffunktionen an den C-Atomen 11 und 17 tragen können. Den anderen achtzehn bekannten Steroiden der Nebennierenrinde mit 21 C-Atomen fehlt entweder die α, β-ungesättigte Ketogruppe am C-Atom 3 oder die α-Ketolseitenkette am C-Atom 17; sie haben, soweit wir heute wissen, keine Cortinwirkung. Zu ihnen gehört auch das gestagene Progesteron und das 17-Oxyprogesteron, das auffallenderweise eine androgene Wirkung zeigt*. Die C_{21}-Steroide der Nebennierenrinde lassen sich zwanglos nach ihrem Sauerstoffgehalt ordnen.

Die Konzentration der aktiven Hormone in den Nebennieren ist sehr gering. In 100 g Drüsen findet man z. B. beim Schwein etwa 1 mg 17-Oxycorticosteron und 500 γ Corticosteron[9,10], andere Autoren geben noch geringere Werte an[11]. Das Verhältnis der Konzentrationen der einzelnen Corticosteroide ist bei verschiedenen Tierarten unterschiedlich, ebenso der normale Durchschnittsgehalt[12].

Um so erstaunlicher ist die große Sekretionsleistung dieses Organes. Versuche am Hund ergaben, daß pro min etwa das 10fache des Hormongehaltes der Drüse sezerniert wird. Nach Zugabe von adrenocorticotropem Hormon (ACTH), ferner auch von Kalium und Adenosintriphosphorsäure (ATP) zum Blut, das

* In Nebennierenextrakten wurde in neuerer Zeit eine weitere Verbindung nachgewiesen, die im Überlebenstest bzw. im Na-Retentionstest wirksamer als alle bisher bekannten Corticosteroide ist. Sie gehört wahrscheinlich zu den C_{21}-Steroiden mit 5 Sauerstoffatomen[13].

Proc. Soc. exp. Biol. Med. **78**, 3 (1951). — [12] Bayliss, R. I. S.: Biochem. J. **52**, 63 (1952). — [13] Cox, R. I., and G. F. Marrian: Biochem. J. **48**, XXXIII (1951). — [14] Marrian, G. F., and W. S. Bauld: Acta endocrinol., København **7**, 240 (1951). — [15] Venning, E. H.: J. clin. Endocrinol. **11**, 769 (1951). — [16] Corcoran, A. C., H. P. Dustan and I. H. Page: J. clin. Invest. **30**, 633 (1951). — Dustan, H. P., H. L. Mason and A. C. Corcoran: J. clin. Invest. **32**, 60 (1953).

[1] Heard, R. D. H.: Pincus-Thimann, Hormones Bd. 1, S. 549. — [2] Staudinger, Hj.: Biochemie der Nebennierenrindensteroide und des ACTH. In: Probleme des Hypophysen-Nebennierenrindensystems. 1. Freiburger Symposion. S. 1—39. Berlin, Göttingen, Heidelberg 1953. — [3] Wintersteiner, J., and J. J. Pfiffner: J. biol. Ch. **116**, 291 (1936). — [4] Kendall, E. C.: Proc. Staff Meet. Mayo Clinic **12**, 13 (1937). — [5] Kendall, E. C.: Endocrinology **30**, 853 (1942). — [6] Reichstein, T.: Ergebn. Vit.- u. Horm.-Forsch. **1**, 334 (1938). — [7] Reichstein, T., and C. W. Shoppee: Vitamins & Hormones **1**, 345 (1943). — [8] Reichstein, T.: Chimia, Aarau **4**, 21, 47 (1950). — [9] Hofmann, H., u. Hj. Staudinger: B. Z. **322**, 230 (1951/52). — [10] Schmidt, H. u. Hj. Staudinger: B. Z. i. Druck. — [11] Zaffaroni, A., and R. B. Burton: J. biol. Ch. **193**, 749 (1951). — [12] Kendall, E. C.: Adrenal Cortex. Trans. Conf. **1**, 12. (1950). — [13] Grundy, H. M., S. A. Simpson and J. F. Tait: Nature **169**, 795 (1952). — Grundy, H. M., S. A. Simpson, J. F. Tait and M. Woodford: Acta endocrinol., København **11**, 199 (1952).

Tabelle 300. C_{21}-Steroide der Nebennierenrinde[1].

$C_{21}O_5$	1. allo-Pregnan-3β, 11β, 17α, 20, 21-pentol	
	2. allo-Pregnan-3β, 11β, 17α, 21-tetrol-20-on	
	3. allo-Pregnan-3α, 11β, 17α, 21-tetrol-20-on	
	4. allo-Pregnan-3β, 17α, 21-triol-11, 20-dion	
	5. Δ^4-Pregnen-11β, 17α, 20, 21-tetrol-3-on	
	6. Δ^4-Pregnen-17α, 20, 21-triol-3, 11-dion	
	7. Δ^4-Pregnen-11β, 17α, 21-triol, 3, 20-dion	(17-Oxycorticosteron)
	8. Δ^4-Pregnen-17α, 21-diol, 3, 11, 20-trion	(17-Oxy-11-dehydrocorticosteron = Cortison)
$C_{21}O_4$	9. allo-Pregnan-3β, 17α, 20, 21-tetrol	
	10. allo-Pregnan-3β, 17α, 21-triol-20-on	
	11. Δ^4-Pregnen-17α, 21-diol-3, 20-dion	(17-Oxy-11-desoxycorticosteron)
	12. allo-Pregnan-3β, 11β, 21-triol-20-on	
	13. allo-Pregnan-3β, 21-diol-11, 20-dion	
	14. Δ^4-Pregnen-20, 21-diol-3,11-dion	
	15. Δ^4-Pregnen-11β, 21-diol-3, 20-dion	(Corticosteron)
	16. Δ^4-Pregnen-21-ol- 3,11,20-trion	(11-Dehydrocorticosteron)
	17. Δ^4-3-Ketosteroide unbekannter Konstitution	
$C_{21}O_3$	18. allo-Pregnan-3β, 17α, 20-triol	
	19. allo-Pregnan-3β, 17α, 20-triol	
	20. allo-Pregnan-3β, 17α-diol-20-on	
	21. Δ^4-Pregnen-17α-ol-3, 20-dion	(17-Oxyprogesteron)
	22. Δ^4-Pregnen-21-ol, 3, 20-dion	(Desoxycorticosteron)
$C_{21}O_2$	23. allo-Pregnan-3β-ol-20-on	
	24. Δ^4-Pregnen-3, 20-dion	(Progesteron)

die Nebennieren durchströmt, steigt der Hormongehalt im Nebennierenvenenblut an[2–5].

In Durchströmungsversuchen an *isolierten* Nebennieren haben PINCUS u. Mitarb. die Frage geprüft, welche Steroide der Nebennierenrinde sezerniert werden[6,7]. Die einzelnen Corticosteroide wurden papierchromatographisch identifiziert und bestimmt[8,9]. Diese Versuche ergaben, daß von der Nebenniere verschiedene Steroide sezerniert werden. Unter andern sind 5 der 6 bekannten Corticosteroide gefunden worden, nur 11-Desoxy-17-oxycorticosteron, das in Nebennierenrindenextrakten vorkommt, konnte in der Durchströmungsflüssigkeit nicht nachgewiesen werden. Nach Zugabe von ACTH steigt die Sekretionsleistung auch der isolierten Nebenniere deutlich an[6,10]. Corticosteron und 17-Oxycorticosteron werden in den Versuchen mit *Rindernebenniere* am reichlichsten sezerniert[6]. Diese beiden Steroide sind somit die wichtigsten Nebennierenrindenhormone. Der relative Anteil dieser beiden Corticosteroide wechselt von Tierart zu Tierart[11,12]; so findet man im Nebennierenvenenblut des

---

[1] HEARD, R. D. H.: Pincus-Thimann, Hormones Bd. 1, S. 548. — [2] VOGT, M.: Brit. med. J. **1950 II**, 1242. — [3] VOGT, M.: J. Physiol., London **102**, 341 (1943). — [4] VOGT, M.: J. Endocrinol. **5**, 57 (1948). — [5] VOGT, M.: J. Physiol., London **113**, 129 (1951). — [6] HECHTER, O., A. ZAFFARONI, R. P. JACOBSEN, H. LEVY, R. W. JEANLOZ, V. SCHENKER and G. PINCUS: Recent Progr. Hormone Res. **6**, 215 (1951). — [7] JACOBSEN, R. P., and G. PINCUS: Amer. J. Med. **10**, 531 (1951). — [8] BURTON, R. B., A. ZAFFARONI and E. H. KEUTMANN: J. biol. Ch. **188**, 763 (1951). — [9] ZAFFARONI, A.; Recent Progr. Hormone Res. **8**, 51 (1953). — [10] PINCUS, G., O. HECHTER and A. ZAFFARONI: 2. Clin. ACTH Conf. Bd. 1, S. 40 (1951). — [11] BUSH, I. E.: J. Physiol., London **112**, 101 (1950); **115**, 12P, (1951). — [12] BUSH, I. E.: J. Endocrinol. **9**, 95 (1953).

Kaninchens und der Ratte vorwiegend Corticosteron, bei Katze, Hund und Affe vorwiegend 17-Oxycorticosteron.

Auch beim Menschen wird von der Nebennierenrinde wahrscheinlich hauptsächlich 17-Oxycorticosteron sezerniert[1–3]. Die Sekretionsleistung der menschlichen Nebenniere läßt sich aus den Hormonmengen abschätzen, die man zur Substituierung bei völligem Nebennierenmangel braucht. Danach kann man annehmen, daß die normale menschliche Nebennierenrinde pro Tag etwa 40 bis 60 mg Corticosteroide sezerniert.

b) Biosynthese der Corticosteroide. Die eben geschilderte große Sekretionsleistung der Nebennierenrinde läßt die Frage nach der Art und Weise der Biogenese der Corticosteroide auftauchen. PINCUS u. Mitarb. haben an isolierten perfundierten Rindernebennieren gefunden, daß zur Durchströmungsflüssigkeit (Blut oder Plasma) zugesetztes Desoxycorticosteron in Corticosteron umgewandelt wird[4]. In der Nebenniere erfolgt somit die Einführung einer OH-Gruppe am C-Atom 11 in β-Stellung. Diese sog. 11-Oxylierung der Nebenniere ist nicht auf das Desoxycorticosteron beschränkt. Folgende 11-Oxylierungen wurden von PINCUS u. Mitarb. beobachtet[5–7]:

11-Desoxycorticosteron	→ Corticosteron
17-Oxy-11-desoxycorticosteron	→ 17-Oxycorticosteron
Δ^4-Androsten 3, 17-dion	→ Δ^4-Androsten-11β-ol-3, 17-dion
Androsteron	→ 11 β-Oxyandrosteron
Progesteron	→ 11 β-Oxyprogesteron

Weder aus Corticosteron noch aus Desoxycorticosteron entsteht aber in dieser Versuchsanordnung 17-Oxycorticosteron, das Hauptsekretionsprodukt der Nebenniere. Aus zugesetztem Progesteron hingegen wird bei der Durchströmung zuerst 17-Oxyprogesteron gebildet; dieses geht dann schnell in 17-Oxycorticosteron über, indem an C_{21} und C_{11} je eine Hydroxylgruppe eingeführt wird. Die 17-Oxygruppe kann somit in das Steroidmolekül nur eintreten, wenn an C_{21} noch keine Hydroxylgruppe vorhanden ist. Die Durchströmungsversuche haben weiter ergeben, daß auch Δ^5-Pregnen-3β-ol-20-on in die Corticosteroide überführt wird[7,8]. Die Nebenniere kann also neben der stufenweisen Einführung von Sauerstoff in die Positionen 11, 17 und 21 auch die 3β-OH-Gruppe zur 3-Ketogruppe dehydrieren, wobei die Doppelbindung aus der 5,6-Stellung in die 4,5-Stellung umklappt. Damit wird die für die Steroidhormone charakteristische α,β-ungesättigte Ketogruppe am C-Atom 3 hergestellt. (Nach SAMUELS kann *nur* eine β-ständige Hydroxylgruppe von der Nebenniere zur Δ^4-3-Ketogruppe umgewandelt werden[9]. Im Pregnenolon hätte man also möglicherweise das Steroid gefunden, das eine zentrale Stellung im Aufbau der Corticosteroide einnimmt, da aus ihm sowohl theoretisch als auch experimentell die aus der Nebenniere bzw. ihren Sekretionsprodukten isolierten C_{21}-Steroide abgeleitet werden können.

---

[1] REICH, H., D. H. NELSON and A. ZAFFARONI: J. biol. Ch. **187**, 411 (1950). — [2] NELSON, D. H., L. T. SAMUELS and H. REICH: 2. Clin. ACTH Conf. Bd. 1, S. 49 (1951). — [3] CONN, J. W., L. H. LOUIS and S. S. FAJANS: Science, N. Y. **113**, 713 (1951). — [4] HECHTER, O., R. P. JACOBSEN, R. JEANLOZ, H. LEVY, C. W. MARSHALL, G. PINCUS and V. SCHENKER: Am. Soc. **71**, 3261 (1949). — [5] HECHTER, O., A. ZAFFARONI, R. P. JACOBSEN, H. LEVY, R. W. JEANLOZ, V. SCHENKER and G. PINCUS: Recent Progr. Hormone Res. **6**, 215 (1951). — [6] HECHTER, O., R. P. JACOBSEN, R. JEANLOZ, H. LEVY, C. W. MARSHALL, G. PINCUS and V. SCHENKER: Arch. Biochem. **25**, 457 (1950). — [7] HECHTER, O., R. P. JACOBSEN, R. JEANLOZ, H. LEVY, G. PINCUS and V. SCHENKER: J. clin. Endocrinol. **10**, 827 (1950). — [8] HECHTER, O.: Adrenal Cortex. Trans. Conf. **3**, 115 (1951). — [9] SAMUELS, L. T.: Persönl. Mitteilung, Basel 1952.

Alle bisher beschriebenen Schritte der Corticoidbiosynthese verlaufen unabhängig vom ACTH[1,2]. Da dieses aber wie gesagt die Sekretionsleistung der Nebennierenrinde stark steigert, muß der die Sekretion limitierende, variierbare biochemische Prozeß *vor* der Pregnenolonbildung liegen[2]. Eine der auffallendsten Erscheinungen nach ACTH-Gaben ist die Abnahme des Cholesterins in der Nebenniere[3]*. Bei längerer ACTH-Behandlung sinkt auch der Cholesterinestergehalt des Serums[4]. Stets ist vermutet worden, daß das Cholesterin die Muttersubstanz der Steroidhormone sei. Tatsächlich haben PINCUS u. Mitarb. bei Durchströmungsversuchen mit ^{14}C-markiertem Cholesterin ^{14}C-haltige Corticosteroide erhalten[5]. Wie bereits im Abschnitt über die Cholesterinbiosynthese beschrieben wurde, entsteht Cholesterin in der Leber aus Acetat[6]. Dies trifft auch für die Nebenniere zu[7]. Andererseits geht sowohl in der durchströmten Nebenniere[5] als auch im überlebenden Nebennierenbrei[8] ^{14}C-Acetat in ^{14}C-Corticosteroide über. Es ist noch nicht sicher, ob die Biosynthese der Corticosteroide zwangsläufig vom Acetat über das Cholesterin verlaufen muß, oder ob die Cholesterinbildung nur ein Nebenweg, und das Cholesterin vielleicht eine leicht verfügbare Steroidreserve darstellt[2]. Zusammenfassend kann man für die Corticosteroidgenese folgenden Weg annehmen[1]:

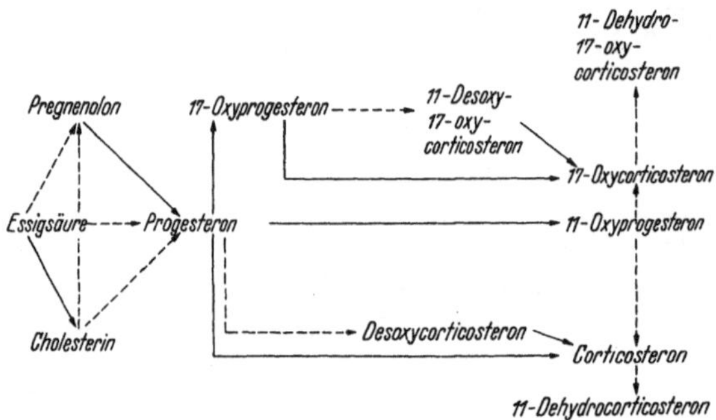

Dabei sind die noch nicht gesicherten Übergänge gestrichelt gezeichnet.

Man kann annehmen, daß die Einführung der Oxygruppen über eine Dehydrierung und sekundäre Wasseranlagerung erfolgt, so daß die Biosynthese der Corticosteroide aus einer Reihe aufeinanderfolgender Dehydrierungen besteht[9,10], z. B.

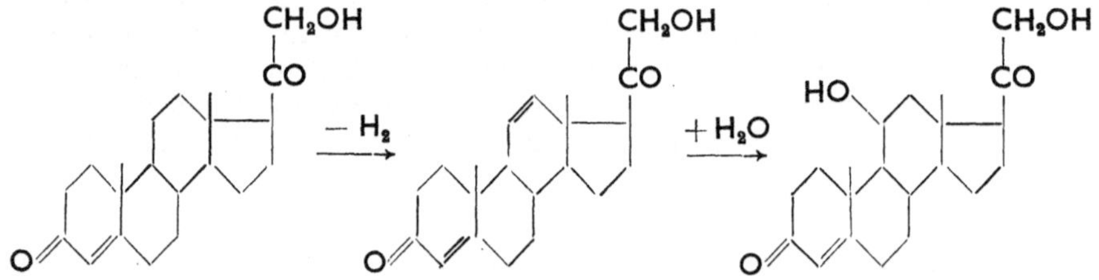

CH_2OH / CO $\xrightarrow{-H_2}$ CH_2OH / CO $\xrightarrow{+H_2O}$ CH_2OH / CO, HO

Desoxycorticosteron $\Delta^{4,11}$-Pregnandien-21-ol-3,20-dion Corticosteron

* Daneben ist eine Abnahme des Ascorbinsäuregehaltes[11] und eine Zunahme der Succinodehydrogenaseaktivität[12] zu beobachten.

[1] HECHTER, O., A. ZAFFARONI, R. P. JACOBSEN, H. LEVY, R. W. JEANLOZ, V. SCHENKER and G. PINCUS: Recent Progr. Hormone Res. **6**, 215 (1951). — [2] HECHTER, O.: Adrenal Cortex. Trans. Conf. **3**, 115 (1951). — [3] LONG, C. N. H.: Recent Progr. Hormone Res. **1**, 99 (1947). — [4] CONN, J. W., W. C. VOGEL, L. H. LOUIS and S. S. FAJANS: J. Lab. clin. Med. **35**, 504 (1950). — [5] ZAFFARONI, A., O. HECHTER and G. PINCUS: Am. Soc. **73**, 1390 (1951). —

Die Einführung der 11-Oxygruppe in Desoxycorticosteron bzw. 11-Desoxy-17-oxycorticosteron gelingt auch mit Nebennierenschnitten[1,2] bzw. Nebennierenbrei[3–8]. Darüber hinaus wurde gefunden, daß auch die Einführung einer Oxygruppe an C-Atom 17 und 21 des Progesterons[9–11], sowie die totale Biosynthese der Corticosteroide aus ^{14}C-Acetat[12–14] bzw. aus Cholesterin[14,15] in überlebendem Nebennierenbrei oder frischen Nebennierenrinden-Homogenaten möglich ist, und in Nebennierenschnitten durch ACTH gefördert wird[16–18].

Vielfach ist versucht worden, die *Fermentsysteme*, die in die Biogenese der Steroidhormone eingreifen, näher zu charakterisieren. Das die 11β-Oxylierung bewirkende Fermentsystem ist in der Mitochondrienfraktion eines fraktioniert-zentrifugierten Nebennierenhomogenates zu finden[7,19]. Fumarsäure und andere Glieder des Citronensäurezyklus, insbesondere die C_4-Dicarbonsäuren, aktivieren die 11β-Oxylierung[4,5] bzw. die totale Biosynthese[20,21]. Auch andere Faktoren der biologischen Oxydation, wie z. B. Nicotinsäureamid, Cytochrom u. a. m. sind wirksam[4,5,11,19,22]. Die aufeinanderfolgenden Dehydrierungen und Wasseranlagerungen, die von Pregnenolon zum 17-Oxycorticosteron führen, werden durch verschiedene Fermente gesteuert, die ihrerseits verschiedener Co-Faktoren bedürfen. So ist z. B. für die Dehydrierung der 3-Oxygruppe zur 3-Ketogruppe Diphosphopyridinnucleotid (DPN) erforderlich[23]*. Auch die

[6] BLOCH, K.: Recent Progr. Hormone Res. **6**, 111 (1951). — [7] SRERE, P. A., I. L. CHAIKOFF and W. G. DAUBEN: J. biol. Ch. **176**, 829 (1948). — [8] HAINES, W. J., E. D. NIELSON, N. A. DRAKE and O. R. WOODS: Arch. Biochem. **32**, 218 (1951). — [9] DORFMAN, R. I.: Ciba Found. Coll. Endocrinol. **2**, 291 (1952). — [10] WETTSTEIN, A.: Diskussionsbemerkung; Probleme des Hypophysen-Nebennierenrindensystems. 1. Freiburger Symposion. S. 33. Berlin, Göttingen, Heidelberg 1951. — [11] SAYERS, G., and M. A. SAYERS: Recent Progr. Hormone Res. **2**, 81 (1948). — [12] PERRY, W. F., and G. R. CUMMING: Endocrinology **50**, 385 (1952).

* Das Fermentsystem, das eine Δ^5-3β-Oxygruppe zu einer Δ^4-3-Ketogruppe dehydrieren kann, konnte von SAMUELS[23] außer in Nebennieren noch in Corpora lutea, Placenta und Testes ferner in endocrin aktiven Tumoren der genannten Drüsen[24] nachgewiesen werden, also dort, wo auch physiologisch die Steroidhormone mit der für sie typischen Gruppierung vorkommen. Bemerkenswerterweise gelingt diese Dehydrierung in allen genannten Organen nur mit 3β-Oxy-, nicht mit 3α-Oxysteroiden.

[1] HAYANO, M., R. I. DORFMAN and D. A. PRINS: Proc. Soc. exp. Biol. Med. **72**, 700 (1949). — [2] GRANATA, L.: Boll. Soc. ital. Biol. sperim. **27**, 228 (1951). — [3] SAVARD, K., A. A. GREEN and L. A. LEWIS: Endocrinology **47**, 418 (1950). — [4] HAYANO, M., R. I. DORFMAN and E. Y. YAMADA: J. biol. Ch. **193**, 175 (1951). — [5] KAHNT, F. W., u. A. WETTSTEIN: Helv. **34**, 1790 (1951). — [6] MCGINTY, D. A., G. N. SMITH, M. L. WILSON and C. S. WORREL: Science, N. Y. **112**, 506 (1950). — [7] SWEAT, M. L.: Am. Soc. **73**, 4056 (1951). — [8] NISSIM, J. A.: J. Endocrinol. **8**, 257 (1951/52). — [9] PLAGER, J. E., and L. T. SAMUELS: Fed. Proc. **11**, 383 (1952). — [10] PLAGER, J. E., and L. T. SAMUELS: Arch. Biochem. **42**, 477 (1953). — [11] HAYANO, M., and R. I. DORFMAN: Arch. Biochem. **36**, 237 (1952). — [12] HAINES, W. J., E. D. NIELSON, N. A. DRAKE and O. R. WOODS: Arch. Biochem. **32**, 218 (1951). — [13] NIELSON, E. D., N. A. DRAKE, W. J. HAINES and M. H. KUIZENGA: Fed. Proc. **10**, 228 (1951). — [14] HAINES, W. J.: Recent Progr. Hormone Res. **7**, 255 (1952). — [15] VESTLING, C. S., and G. F. LATA: Science, N. Y. **113**, 582 (1951). — [16] HAYNES, R., K. SAVARD and R. I. DORFMAN: Science, N. Y. **116**, 690 (1952). — [17] DESMARAIS, A., and J. LEBLANC: Fed. Proc. **11**, 33 (1952). Canad. J. med. Sci. **30**, 158 (1952). — [18] SAFFRAN, M., B. GRAD and M. J. BAYLISS: Endocrinology **50**, 639 (1952). — SAFFRAN, N. M., and M. J. BAYLISS: Endocrinology **52**, 140 (1953). — [19] HAYANO, M., and R. I. DORFMAN: Fed. Proc. **11**, 228 (1952). — [20] HOFMANN, H., E. KRAUSHAAR u. HJ. STAUDINGER: Verh. dtsch. path. Ges. **1952**, 158. — [21] KRAUSHAAR, E., u. HJ. STAUDINGER: B. Z. **324**, 165 (1953). — [22] KAHNT, F. W., C. MEYSTRE, R. NEHER, E. VISCHER u. A. WETTSTEIN: Exper. **8**, 422 (1952). — [23] SAMUELS, L. T., M. L. HELMREICH, M. B. LASATER and H. REICH: Science, N. Y. **113**, 490 (1951). — [24] SAMUELS, L. T., R. A. HUSEBY and M. L. HELMREICH: Proc. amer. Soc. Cancer Res. **1**, 7 (1953).

17- und 21-Oxygruppen werden in Gegenwart von DPN und ATP[1-4] beschleunigt eingeführt, während diese Faktoren für die 11β-Oxylierung weniger wirksam sind[5,14]. Die in der Nebenniere reichlich vorkommende Ascorbinsäure aktiviert einen bisher unbekannten Schritt in der Biogenese der Corticosteroide[7-9], wahrscheinlich nicht die 11β-Oxylierung[10,11].

Die 11 β-Oxylierung der Steroide scheint nicht allein auf die Nebenniere beschränkt zu sein, in gewissem Umfang kann auch in Leber- und Nierenhomogenaten eine 11 β-Oxylierung von zugesetztem Desoxycorticosteron erfolgen[6,12,13]. Neuerdings ist die 11-Oxylierung in guter Ausbeute mikrobiologisch gelungen. Bestimmte Rizopusstämme führen Progesteron und andere Steroide in 11 α-OH-Derivate über, die den natürlichen 11 β-OH-Corticosteroiden stereoisomer und biologisch unwirksam sind[14-16]. Mit bestimmten Streptomycesstämmen erhält man hingegen direkt die natürlichen 11 β-Oxysteroide[17]. Auch an anderen Stellen ($C_{(6), (7), (16)}$ u. a.) werden durch diese und andere Mikroorganismen Sauerstoffunktionen eingeführt[14,16,18,19].

Tabelle 301. Vorkommen von Progesteron und verwandten C_{21}-Steroiden im Organismus.

Organ	Tierart	Substanz
Corpus luteum	Schwein, Elefant	Progesteron[20-24,35]
	Wal	allo-Pregnan-3β-ol-20-on[23,36]
Follikel	Schwein, Rind	Progesteron[2,35]
Placenta	Mensch	Progesteron[25-27,29,33]
		allo-Pregnan-3β-ol-20-on[28,29]
		Pregnan-3α, 20-diol[28,29]
		allo-Pregnan-3β, 20α-diol[28,29]
		17-Oxycorticosteron[30,34]
		11-Dehydro-17-oxycorticosteron[30,34]
Testes	Hahn	Progesteron?[31]
	Schwein	allo-Pregnan-3α-ol-20-on[32]
		allo-Pregnan-3β-ol-20-on[32]
		Δ^5-Pregnen-3β-ol-20-on[32]

[1] HAYANO, M., and R. I. DORFMAN: Fed. Proc. **11**, 228 (1952). — [2] PLAGER, J. E., and L. T. SAMUELS: Arch. Biochem. **42**, 477 (1953). — [3] PLAGER, J. E., and L. T. SAMUELS: Fed. Proc. **11**, 383 (1952). — [4] PLAGER, I. E., and L. T. SAMUELS: Fed. Proc. **12**, 357 (1953). — [5] SWEAT, M. L.: Am. Soc. **73**, 4056 (1951). — [6] KAHNT, F. W., u. A. WETTSTEIN: Helv. **34**, 1790 (1951). — [7] HOFMANN, H., E. KRAUSHAAR u. HJ. STAUDINGER: Verh. dtsch. path. Ges. **1952**, 158. — [8] HOFMANN, H., u. HJ. STAUDINGER: Arzneim.-Forsch. **1**, 416 (1951). — [9] HOFMANN, H., E. KRAUSHAAR u. HJ. STAUDINGER: Angew. Chem. **64**, 612 (1952). — [10] DORFMANN, R. I., and M. HAYANO: Ciba Found. Coll. Endocrinol. **2**, 375 (1952). — [11] NISSIM, J. A.: J. Endocrinol. **8**, 257 (1951/52). — [12] SENECCA, H., E. ELLENBOGEN, E. HENDERSON, A. COLLINS and J. ROCKENBACH: Science, N. Y. **112**, 524 (1950). — [13] AMELUNG, D., H. J. HÜBENER, L. ROKA u. G. MEYERHEIM: Kli. Wo. **1953**, 386. — [14] KAHNT, F. W., C. MEYSTRE, R. NEHER, E. VISCHER u. A. WETTSTEIN: Exper. **8**, 422 (1952). — [15] PETERSON, D. H., and H. C. MURRAY: Am. Soc. **74**, 1871 (1952). — [16] PETERSON, D. H., H. C. MURRAY, S. H. EPPSTEIN, L. M. REINEKE, A. WEINTRAUB, P. D. MEISTER and H. M. LEIGH: Am. Soc. **74**, 5933 (1952); **75**, 55, 408, 412, 416, 419, 421 (1953). — [17] COLINGSWORTH, D. R., M. P. BRUNNER and W. J. HAINES: Am. Soc. **74**, 2381 (1952). — [18] PERLMAN, D., E. TITUS and J. FRIED: Am. Soc. **74**, 2126 (1952). — [19] FRIED, J., R. W. THOMA, J. R. GERKE, J. E. HERZ, M. N. DONIN and D. PERLMAN: Am. Soc. **74**, 3962 (1952). — [20] BUTENANDT, A.: Wien. klin. Wschr. **1934 II**, 934. — [21] SLOTTA, K. H., H. RUSCHIG u. E. FELS: B. **67**, 1270 (1934). — [22] WINTERSTEINER, O., and W. M. ALLEN: J. biol. Ch. **107**, 321 (1934). — [23] PRELOG, V., u. P. MEISTER: Helv. **32**, 2435

2. Andere C_{21}-Steroide des Organismus[1].

Progesteron, das wahrscheinlich einzige natürliche gestagene C_{21}-Steroid wird vorzugsweise im Gelbkörper, möglicherweise im Follikel, ferner in der Nebennierenrinde, in der Placenta und vielleicht in den Zwischenzellen des Hodens gebildet. In Testes und Placenta konnten noch andere C_{21}-Steroide gefunden werden (vgl. Tabelle 301).

Durch Schnitte von Corpora lutea, ferner durch Hodengewebe und auch durch Placenta kann in vitro Pregnenolon zu Progesteron dehydriert werden[2,3]. Sonst ist über den Weg der Biosynthese von Progesteron noch nicht viel bekannt. Auch hierbei sind offenbar Dehydrogenasen beteiligt, z. B. wurde gefunden, daß die Aktivität der Succinodehydrogenase im Corpus luteum von dessen Funktionszustand abhängt[4]. Es scheint, daß die Biosynthese des Progesterons ähnlich wie die der Corticosteroide verläuft. Nach Gaben von markiertem Cholesterin[5], aber auch von markiertem Acetat[6], findet man im Harn markiertes Pregnan-3α-ol-20-on und Pregnan-3α, 20α-diol; beides sind Stoffwechselprodukte des Progesterons. Pro Tag werden von einem reifen Corpus luteum graviditatis des Menschen schätzungsweise 20 mg Progesteron sezerniert[7].

3. Stoffwechsel der C_{21}-Steroide

Beim Stoffwechsel der Steroide findet man immer wiederkehrende Prinzipien verwirklicht. Es handelt sich im wesentlichen um die Reduktion von Ketogruppen und Doppelbindung. Dabei entstehen in einem Steroidmolekül mehrere neue Asymmetriezentren. Daraus ergibt sich eine Vielzahl von möglichen Metaboliten eines jeden Steroidhormones. Sehr viele der theoretisch möglichen Metaboliten sind auch aufgefunden worden.

Es ist verständlich, daß die Kombinationsmöglichkeiten der S. 888/889 dargestellten Abwandlungen sehr groß sind. Auch Sekundärreaktionen können eintreten, wie z. B. Abspaltung der 3-Oxygruppen und Bildung einer Δ^2-Bindung, oder die Einführung von weiteren Hydroxylgruppen in die Stellungen 6 und 16.

Es ist heute noch nicht zu sagen, welche der theoretisch möglichen Umsetzungen an den drei charakteristischen Stellen des Steroidmoleküls, die hier skizziert wurden, wirklich vorkommen. Je mehr man danach sucht, um so mehr Metaboliten werden gefunden. Die Stoffwechselprozesse verlaufen allerdings häufig bevorzugt in der einen von den verschiedenen als möglich angedeuteten Richtungen. So z. B. hat der überwiegende Teil der im Harn aufgefundenen C_{21}-Steroide die Oxygruppe an C_3 und C_{20} in der α-Konfiguration.

(1949). — [24] HARTMANN, M., u. A. WETTSTEIN: Helv. **17**, 878 (1934). — [25] SALHANICK, H. A., M. W. NOALL, M. X. ZARROW and L. T. SAMUELS: Science, N. Y. **115**, 708 (1952). — [26] DICZFALUSY, E.: Acta endocrinol., København **10**, 373 (1952). — [27] PEARLMAN, W. H., and E. CERCEO: J. biol. Ch. **198**, 79 (1952). — [28] PEARLMAN, W. H., and E. CERCEO: J. biol. Ch. **194**, 807 (1952). — [29] PEARLMAN, W. H., and E. CERCEO: J. clin. Endocrinol. **12**, 916 (1952). — [30] COURCY, C. DE, C. H. GRAY and J. B. LUNNON: Nature **170**, 494 (1952). — [31] TRAPS, R. M., C. W. HOOKER and T. R. FORBES: Science, N. Y. **109**, 493 (1949). — [32] PRELOG, V., E. TAGMANN, S. LIEBERMAN u. L. RUZICKA: Helv. **30**, 1080 (1947). — [33] NOALL, M. W., H. A. SALHANICK, G. M. NEHER and M. X. ZARROW: J. biol. Ch. **201**, 321 (1953). — [34] JOHNSON, R. H., and W. J. HAINES: Science, N. Y. **116**, 456 (1952). — [35] EDGAR, D. G.: Nature **170**, 543 (1952). — [36] BUTENANDT, A., u. L. MAMOLI: B. **67**, 1897 (1934).

[1] PEARLMAN, W. H.: Pincus-Thimann, Hormones Bd. 1, S. 407. — PEARLMAN, W. H.: Ciba Found. Coll. Endocrinol. **2**, 309 (1952). — [2] SAMUELS, L. T.: Ciba Found. Coll. Endocrinol. **2**, 236 (1952). — [3] NISSIM, J. A., and J. M. ROBSON: J. Physiol., London **114**, 12 P (1951). — [4] MEYER, R. K., S. W. SOUKUP, W. H. MCSHAN and C. BIDDULPH: Endocrinology **41**, 35 (1947). — [5] BLOCH, K.: J. biol. Ch. **157**, 661 (1945). — [6] HELLMAN, L., R. R. ROSENFELD, D. K. FUKUSHIMA, T. F. GALLAGHER and K. DOBRINER: J. clin. Endocrinol. **12**, 934 (1952). — [7] ZANDER, J.: Kli. Wo. **1952**, 312.

α) Reaktionsmöglichkeiten der Δ^4-3-Ketogruppe.

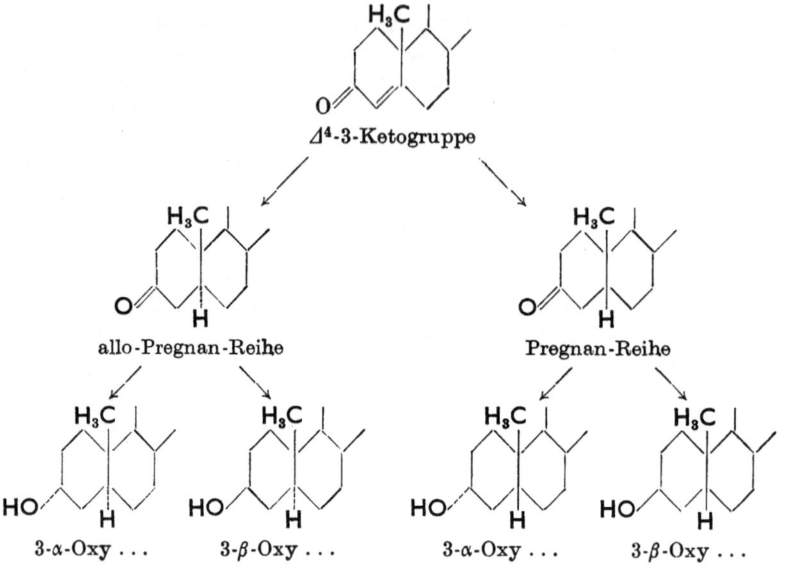

H₃C

O

Δ^4-3-Ketogruppe

H_3C O H allo-Pregnan-Reihe

H_3C O H Pregnan-Reihe

H_3C HO H 3-α-Oxy ...

H_3C HO H 3-β-Oxy ...

H_3C HO H 3-α-Oxy ...

H_3C HO H 3-β-Oxy ...

β) Reaktionsmöglichkeiten der α-Ketolseitenkette der Corticosteroide.

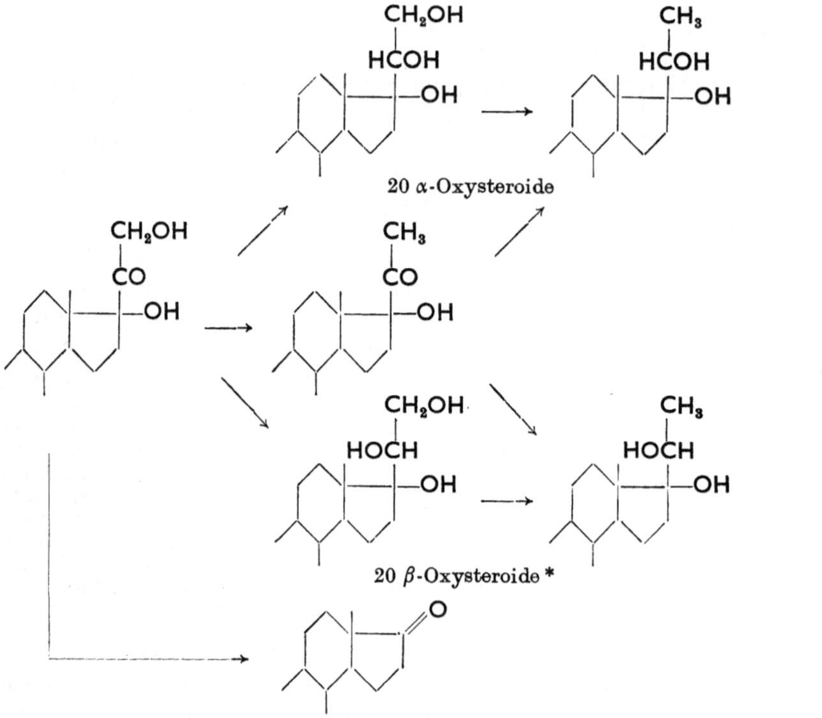

CH_2OH / HCOH / —OH → CH_3 / HCOH / —OH

20 α-Oxysteroide

CH_2OH / CO / —OH → CH_3 / CO / —OH

CH_2OH / HOCH / —OH → CH_3 / HOCH / —OH

20 β-Oxysteroide *

O

„17-Ketosteroide" (vgl. S. 902)

* Steroide mit der 20β-Oxy-Konfiguration sind bislang kaum gefunden worden; vgl. hierzu HIRSCHMANN, H., M. A. DAUS and F. B. HIRSCHMANN: J. biol. Ch. **192**, 115 (1951).

γ) Umwandlungsmöglichkeiten der 11β-Oxygruppe.

HO R ⇄ O R

11 β-Oxysteroide 11-Dehydrosteroide

R oder R ← HO R

Δ^9-Steroide Δ^{11}-Steroide 11 α-Oxysteroide

R

11-Desoxysteroide

Besonders gut ist, sowohl am Menschen als auch am Tier der Stoffwechsel des Progesteron erforscht[1–5].

Der auf S. 890 wiedergegebene Abbauweg ist gesichert.

Von den in dem Schema aufgeführten Zwischenprodukten sind inzwischen fast alle als Metaboliten des Progesterons auch wirklich isoliert worden[1,3,6]. Bei einzelnen ist die Konzentration so gering, daß der Nachweis lange nicht glückte. Das *Hauptstoffwechselprodukt des Progesterons ist das Pregnan-3α, 20α-diol*[7]. Dies entsteht andererseits auch aus Desoxycorticosteron[8,9]. Der Stoffwechsel des Progesterons ist bisher hauptsächlich in vivo, noch wenig in vitro untersucht worden. Der Abbau des Progesterons in vitro mit Leberbrei geht über die Stufe der Pregnandiole hinaus. Wird Pregnan-3α, 20α-diol mit Leberhomogenaten bebrütet, so läßt sich ein großer Teil des zugesetzten Steroids nicht mehr nachweisen[10]. Es ist bislang unbekannt, welche Produkte dabei entstehen. Dieser Pregnandiolabbau wird durch Cyanid nicht gehemmt, durch DPN aktiviert[11].

Versuche an Mäusen und Ratten, denen ^{14}C-Progesteron zugeführt wurde, haben ergeben, daß ein kleiner Teil des ^{14}C als $^{14}CO_2$ in der Atemluft erscheint; zum überwiegenden Teil fand sich das ^{14}C in Form unbekannter Abbauprodukte in der Galle bzw. in den Faeces wieder[12]. Nach Gallengangsligatur steigt die

[1] Pearlman, W. H.: Pincus-Thimann, Hormones Bd. 1, S. 407. — [2] Marrian, G. F.: Recent Progr. Hormone Res. **4**, 3 (1949). — [3] Kaufmann, C., U. Westphal u. J. Zander: Arch. Gynäk. **179**, 247 (1951). — [4] Pearlman, W. H.: Ciba Found. Coll. Endocrinol. **2**, 309 (1952). — [5] Venning, E. H.: Ciba Found. Coll. Endocrinol. **2**, 1 (1952). — [6] Ungar, F., R. I. Dorfman, R. M. Stecher and P. J. Vignos jr.: Endocrinology **49**, 440 (1951). — [7] Dorfman, R. I., E. Ross and R. A. Shipley: Endocrinology **42**, 77 (1948). — [8] Cuyler, W. K., C. Ashley and E. C. Hamblen: Endocrinology **27**, 177 (1940). — [9] Westphal, U.: H. **273**, 13 (1942). — [10] Grant, J. K.: Biochem. J. **51**, 358 (1952). — [11] Grant, J. K., and G. F. Marrian: Biochem. J. **47**, 497 (1950). — [12] Grady, H. J., E. H. Elliott, E. A. Doisy jr., B. C. Bocklage and E. A. Doisy: J. biol. Ch. **195**, 755 (1952).

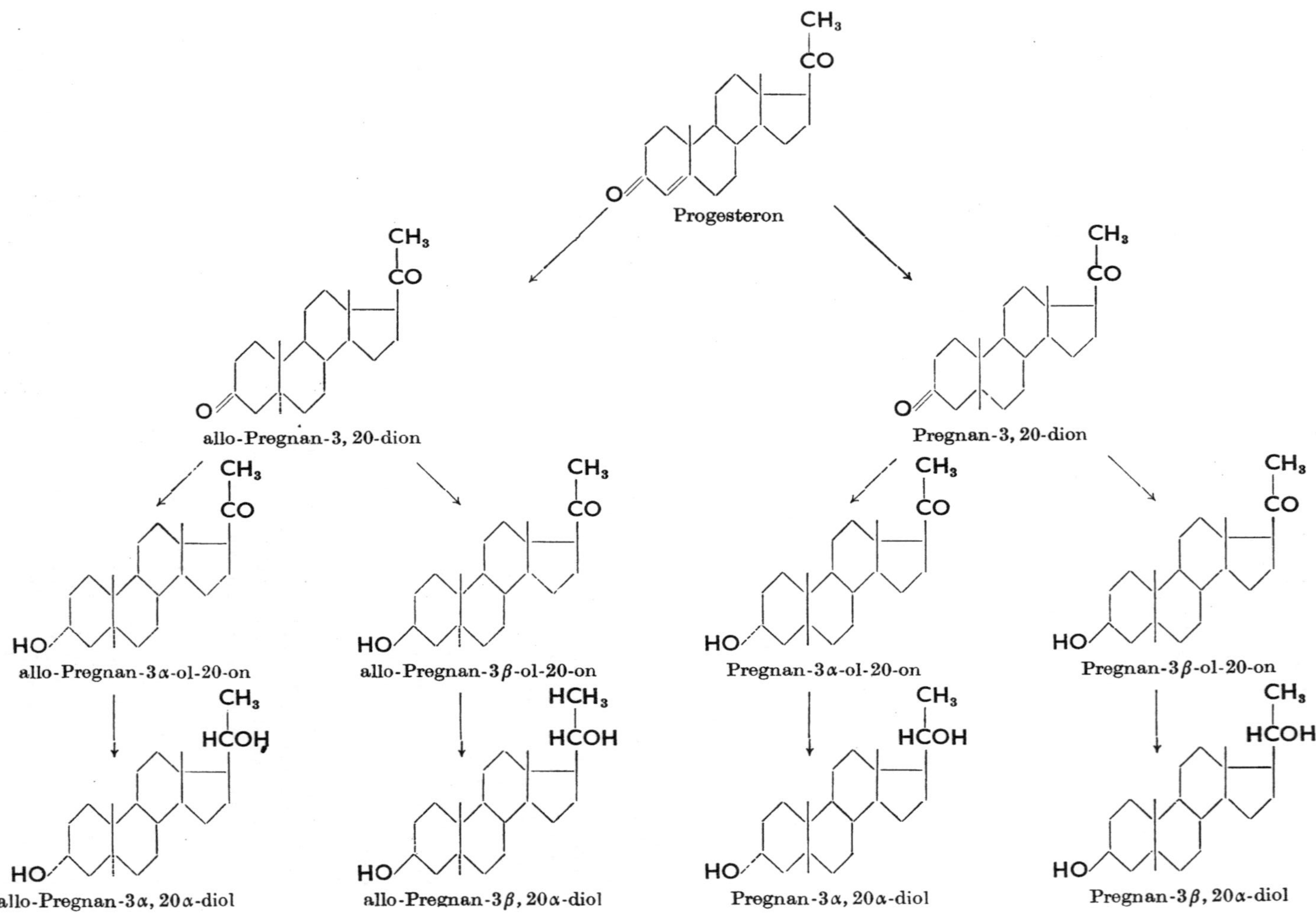
Progesteron
allo-Pregnan-3, 20-dion
Pregnan-3, 20-dion
allo-Pregnan-3α-ol-20-on
allo-Pregnan-3β-ol-20-on
Pregnan-3α-ol-20-on
Pregnan-3β-ol-20-on
allo-Pregnan-3α, 20α-diol
allo-Pregnan-3β, 20α-diol
Pregnan-3α, 20α-diol
Pregnan-3β, 20α-diol

sonst bei den Nagern geringe Ausscheidung der ^{14}C-haltigen Metaboliten im Harn an[1–3].

Die Δ^4-3-Ketogruppe des Progesterons und der Corticosteroide wird beim Bebrüten mit Leberhomogenaten, in geringem Umfang auch mit Nierenhomogenaten, schnell zur 3-α-Oxygruppe reduziert[4–6]. Besonders gut wurde von SAMUELS die Reduktion der Ketogruppe an C_3 untersucht. Ein Enzym, das diese Umwandlung bewirkt, kommt in der Leber und auch in der Niere vor. Beim Warmblüter ist die Gegenwart von DPN als Co-Ferment der Wasserstoffübertragung erforderlich. Das Ferment wird durch Citronensäure aktiviert. Da diese Reaktion besonders gut für die C_{19}-Steroide erforscht worden ist, wird dort näher auf sie eingegangen werden (s. S. 895).

Für die Corticosteroide ließe sich eine dem Abbauschema des Progesterons ähnliche systematische Zusammenstellung angeben, die wegen der größeren Anzahl der reagierenden Gruppen noch reichhaltiger wäre. Doch liegen hierfür noch nicht so genaue Untersuchungen vor.

Wird 11-Dehydro-17-oxycorticosteron (Cortison) mit Leberschnitten von der Ratte bebrütet[7] oder durch die isolierte Leber perfundiert[8], so wird in erster Linie die Δ^4-3-Ketogruppe reduziert, darüber hinaus aber auch die α-Ketolgruppe am C-Atom 17 schnell verändert. Die Reaktionsprodukte wurden bislang nicht identifiziert. Da im Urin des Menschen Pregnan-3α, 17α, 21-triol-11,20-dion (Tetrahydrocortison) neben anderen Metaboliten des Cortisons isoliert werden konnte, kann man annehmen, daß auch bei den in vitro-Versuchen dieses Reduktionsprodukt auftritt. Unter ähnlichen Versuchsbedingungen kann aber auch die 11-Ketogruppe zur 11-Oxygruppe reduziert werden, z. B. kann Cortison durch Leberhomogenate[9] oder bei der Leberdurchströmung[10] in 17-Oxycorticosteron umgewandelt werden. Im weiteren Verlauf der Bebrütung wird dann auch die α-Ketolseitenkette am C-Atom 17 verändert; auch hier wird man aus Analogiegründen zunächst an eine Reduktion der 20-Ketogruppe zur Oxygruppe, dann auch der 21-Oxygruppe zur Methylgruppe denken können, da auch solche Abbauprodukte im Harn vorkommen (SCHNEIDER[7]). Bei diesen in vitro-Versuchen erwies sich die Leber besonders aktiv, andere Gewebe, wie Niere, Muskel, Herz, Gehirn, zeigten nur eine geringe oder gar keine Aktivität[11–13]. Ganz ähnliche Ergebnisse wurden beim Bebrüten von 11-Desoxycorticosteron mit Schnitten von Rattenlebern erhalten. Dabei entstanden folgende Reduktionsprodukte des Desoxycorticosterons: allo-Pregnan-3-β, 21-diol, 20-on; allo-Pregnan-3-α, 21-diol-20-on; allo-Pregnan-21-ol-3, 20-dion und allo-Pregnan-3-β,20,21-triol[13,14]. Außer den genannten Umwandlungen ist auch ein oxydativer Abbau der Seitenkette beobachtet worden. Nach der Durchströmung einer Rattenleber mit Desoxycorticosteron konnte Δ^4-3-Keto-aetiocholensäure isoliert werden[15].

[1] GRADY, H. J., E. H. ELLIOTT, E. A. DOISY, jr., B. C. BOCKLAGE and E. A. DOISY: J. biol. Ch. **195**, 755 (1952). — [2] GALLAGHER, T. F., D. K. FUKUSHIMA, M. C. BARRY and K. DOBRINER: Recent Progr. Hormone Res. **6**, 131 (1951). — [3] RIEGEL, B., W. L. HARTOP jr. and G. W. KITTINGER: Endocrinology **47**, 311 (1950). — [4] SAMUELS, L. T.: Recent Progr. Hormone Res. **4**, 65 (1949). — [5] WISWELL, J. G.: J. clin. Endocrinol. **11**, 765 (1951). — [6] WISWELL, J. G., and L. T. SAMUELS: J. biol. Ch. **201**, 155 (1953). — [7] SCHNEIDER, J. J., and P. M. HORSTMANN: J. biol. Ch. **196**, 629 (1952). — [8] HECHTER, O., M. M. SOLOMON, I. A. MACCHI, E. CASPI and M. FEINSTEIN: J. clin. Endocrinol. **12**, 935 (1952). — [9] AMELUNG, D., H. J. HÜBENER, L. ROKA u. G. MEYERHEIM: Kli. Wo. **1953**, 386. — [10] FISH, C. A., M. HAYANO and G. PINCUS: Arch. Biochem. **42**, 480 (1953). — [11] LOUCHART, J., and J. W. JAILER: J. clin. Endocrinol. **11**, 771 (1951). — [12] LOUCHART, J., and J. W. JAILER: Proc. Soc. exp. Biol. Med. **79**, 393 (1952). — [13] SCHNEIDER, J. J., and P. M. HORSTMANN: J. biol. Ch. **191**, 327 (1951). — [14] SCHNEIDER, J. J.: J. biol. Ch. **199**, 235 (1952). — [15] PICHA, G. M., F. J. SAUNDERS and D. M. GREEN: Science, N. Y. **115**, 704 (1952).

4. Ausscheidung der C_{21}-Steroide.

Für den Steroidstoffwechsel ganz allgemein — besonders aber für die C_{21}-Steroide gilt, daß die Erfassung aller bekannten Metaboliten nach Zufuhr eines Steroidhormons nie eine 100%ige Bilanz ergibt[1]. Meist findet man nur 5 bis 50% des zugeführten Hormons als Steroidmetaboliten wieder. Man muß daraus schließen, daß die Veränderungen am Steroidmolekül so weitgehend sein können, daß das Stoffwechselprodukt nicht mehr als Steroid existiert, also kein Cyclopentenoperhydrophenanthrenderivat mehr ist. In welchem Umfang normalerweise ein Abbau der C_{21}-Steroide zu C_{19}-Steroiden, also ein Abbau der Seitenkette am C-Atom 17 vorkommt, ist noch nicht geklärt. Auf diese Frage wird bei der Besprechung der C_{19}-Metaboliten des Harnes eingegangen werden (s. S. 902).

Ein Teil der Fehlbilanz, die sich aus der alleinigen Steroidbestimmung im Harn ergibt, kann vielleicht durch eine Ausscheidung von Steroidmetaboliten auch über die Galle in den Darm erklärt werden[2]. Die Ausscheidungsgröße durch die Galle ist noch nicht exakt ermittelt. Sie variiert stark von Tierart zu Tierart. Bei den Nagern, z. B. bei der Maus und bei der Ratte, scheint sie eine größere Rolle zu spielen, wie die Versuche mit ^{14}C-Progesteron ergaben[3–5]. Doch ist in Galle und Faeces ein großer Teil der Metaboliten nicht mehr als Steroid identifizierbar. Folgende C_{21}-Steroide wurden in Rindergalle gefunden: Pregnan-3α, 20α-diol[6]; Pregnan-3α, 20β-diol[2]; Pregnan-3α-ol-20-on[2]; Pregnan-3β, 20β-diol[7]; allo-Pregnan-3β, 20β-diol[6] (Formeln s. S. 888/890). Es ist auffallend, daß in der Galle reichlich 3β-Oxyderivate gefunden werden, während im Harn die 3α-Oxyderivate vorherrschen.

Abgesehen von den durch Bebrüten mit Organbrei gewonnenen Einblicken, stammt, wie dies bereits ausgeführt wurde, die Kenntnis über den Stoffwechsel der C_{21}-Steroide aus der Isolierung und Identifizierung der C_{21}-Steroide im Harn nach Zufuhr eines bekannten Hormons, das evtl. mit Deuterium oder ^{14}C markiert war.

Im wesentlichen sind dabei die gleichen Erkenntnisse, wie aus den geschilderten in vitro-Versuchen gewonnen worden.

In der Tabelle 302 werden die bisher im Harn gefundenen C_{21}-Steroide aufgeführt, soweit sie als Metaboliten bekannten Hormonen zuzuordnen sind.

Es muß aber angenommen werden, daß noch weitere Stoffwechselprodukte vorkommen, die bisher noch nicht identifiziert wurden. Es ist auch wahrscheinlich, daß ein Teil der dem Progesteron zugeordneten Harnsteroide auch Umwandlungsprodukte der Corticosteroide sein können. Die meisten und mengenmäßig wichtigsten C_{21}-Steroidmetaboliten des Harnes sind 3α-Oxyderivate.

Im Harn treten daneben, wenn auch in geringer Menge, Δ^5-3β-Oxysteroide auf:

Δ^5-Pregnen-3β, 21-diol-20-on[8, 9]
Δ^5-Pregnen-3β, 20α-diol[9, 10, 15]
Δ^5-Pregnen-3β, 17α-diol-20-on[11]
Δ^5-Pregnen-3β, 17α, 20α-triol[12]
Δ^5-Pregnen-3β, 16α, 20α-triol[13]

Da diese Stoffgruppe besonders nach ACTH-Gaben[14] oder bei Tumoren bzw. Hyperplasien der Nebennierenrinde vermehrt auftritt, ist ihr Zusammenhang mit bisher unbekannten Steroiden (Δ^5-Pregnen-3-ol-20-on?) der Nebennierenrinde naheliegend.

[1] Sommerville, I. F., and G. F. Marrian: Biochem. J. **46**, 285 (1950). — [2] Pearlman, W. H.: 1. Int. Congr. Biochem. Cambridge (1949) S. 392. — [3] Grady, H. J., E. H. Elliott, E. A. Doisy jr., B. C. Bocklage and E. A. Doisy: J. biol. Ch. **195**, 755 (1952). — [4] Gallagher, T. F., D. K. Fukushima, M. C. Barry and K. Dobriner: Recent Progr. Hormone Res.

Tabelle 302. C_{21}-Metaboliten im Harn.

Hormon	Metabolit
Progesteron	Pregnan-3α, 20α-diol*[1, 2] allo-Pregnan-3α, 20α-diol[4, 5] allo-Pregnan-3β, 20α-diol[3] Pregnan-3α-ol-20-on[6] allo-Pregnan-3α-ol-20-on[8] allo-Pregnan-3β-ol-20-on[7] Pregnan-3, 20-dion[9] allo-Pregnan-3, 20-dion[9]
17-Oxycorticosteron und 11-Dehydro-17-oxycorticosteron**	Pregnan-17α, 21-diol-3, 11, 20-trion[10, 11] Pregnan-3α, 17α, 21-triol-11, 20-dion[10, 11, 13] Pregnan-3α, 11β, 17α, 21-tetrol-20-on[12] Pregnan-3α, 17α-diol-11, 20-dion[12]
Corticosteron 11-Dehydrocorticosteron	Pregnan-3α, 20α-diol-11-on[14, 15] Pregnan-3α-ol, 11, 20-dion[15]
Desoxycorticosteron	Pregnan-3α, 20α-diol[16, 17] Pregnan-3α-ol-20-on[18]

* Das Pregnan-3, 20-diol ist das wichtigste bekannte Stoffwechselprodukt des Progesteron; es wird z. B. in der Schwangerschaft stark vermehrt ausgeschieden; es wurde zuerst von BUTENANDT[1], sowie von MARRIAN[2] aus Schwangerenharn isoliert und identifiziert.

** Ein kleiner Teil dieser beiden Corticosteroide erscheint unverändert im Harn (normal 50—80 γ/l, nach Cortisongaben oder ACTH entsprechend mehr). Diese unveränderten Hormone sind biologisch aktiv, lassen sich so[19, 20] bestimmen oder auch papierchromatographisch nachweisen[21—23, 27]. Sie sind auch präparativ aus Harn isoliert und identifiziert worden[24—26, 11].

6, 131 (1951). — [5] RIEGEL, B. W., L. HARTOP jr. and G. W. KITTINGER: Endocrinology **47**, 311 (1950). — [6] PEARLMAN, W. H.: J. biol. Ch. **166**, 473 (1946). — [7] PEARLMAN, W. H., and E. CERCEO: J. biol. Ch. **176**, 847 (1948). — [8] SCHNEIDER, J. J.: Fed. Proc. **10**, 244 (1951). — [9] MILLER, A. M., and R. I. DORFMAN: Endocrinology **46**, 514 (1950). — [10] MARKER, R. E., and E. ROHRMANN: Am. Soc. **60**, 1565 (1938). — [11] HIRSCHMANN, H., and F. B. HIRSCHMANN: J. biol. Ch. **167**, 7 (1947). — [12] HIRSCHMANN, H., and F. B. HIRSCHMANN: J. biol. Ch. **187**, 137 (1950). — [13] HIRSCHMANN, H., and F. B. HIRSCHMANN: J. biol. Ch. **184**, 259 (1950). — [14] DOBRINER, K., S. LIEBERMAN, H. WILSON, B. EKMAN and C. P. RHOADS: Pituitary-Adrenal Function. S. 158. Washington 1951. — [15] HIRSCHMANN, H., and F. B. HIRSCHMANN: J. biol. Ch. **157**, 601 (1945).

[1] BUTENANDT, A.: B. **63**, 659 (1930). — BUTENANDT, A., F. HILDEBRANDT u. H. BRÜCHER: B. **64**, 2529 (1931). — [2] MARRIAN, G. F.: Biochem. J. **23**, 1090 (1929). — [3] MARKER, R. E., and E. ROHRMANN: Am. Soc. **60**, 1565 (1938). — [4] HARTMANN, M., and F. LOCHER: Helv. **18**, 160 (1935). — [5] KYLE, T. I., and G. F. MARRIAN: Biochem. J. **49**, 80 (1951). — [6] MARKER, R. E., and O. KAMM: Am. Soc. **59**, 1373 (1937). — [7] MARKER, R. E., O. KAMM and R. V. McGREW: Am. Soc. **59**, 616 (1937). — [8] PEARLMAN, W. H., G. PINCUS and N. T. WERTHESSEN: J. biol. Ch. **142**, 649 (1942). — [9] MARKER, R. E., E. J. LAWSON, E. L. WITTLE and H. M. CROOKS: Am. Soc. **60**, 1559 (1938). — [10] SCHNEIDER, J. J.: Fed. Proc. **10**, 244 (1951). — [11] SCHNEIDER, J. J.: J. biol. Ch. **194**, 337 (1952). — [12] LIEBERMAN, S., L. B. HARITON, M. B. STOKEM, P. E. STUDER and K. DOBRINER: Fed. Proc. **10**, 216 (1951). — [13] LIEBERMAN, S., L. B. HARITON and K. DOBRINER: Fed. Proc. **9**, 196 (1950). — [14] MASON, H. L.: J. biol. Ch. **172**, 783 (1948). — [15] LIEBERMAN, S., D. K. FUKUSHIMA and K. DOBRINER: J. biol. Ch. **182**, 299 (1950). — [16] CUYLER, W. K., C. ASHLEY and E. C. HAMBLEN: Endocrinology **27**, 177 (1940). — [17] WESTPHAL, U.: H. **273**, 13 (1942). — [18] PEARLMAN, W. H.: Ciba Found. Coll. Endocrinol. **2**, 309 (1952). — [19] VENNING, E. H., V. E. KAZMIN and J. C. BELL: Endocrinology **38**, 79 (1946). — [20] SPRECHLER, M.: Acta endocrinol., København **6**, 133 (1951). — [21] BURTON, R. B., A. ZAFFARONI and E. H. KEUTMANN: J. biol. Ch. **193**, 769 (1951). — [22] BURTON, R. B., C. WATERHOUSE and E. H. KEUTMANN: J. clin. Endocrinol. **11**, 771 (1951). — [23] MEYERHEIM, G., u. H. J. HÜBENER: Naturwiss. **39**, 482 (1952). — [24] SCHNEIDER, J. J.: Science, N. Y. **111**, 61 (1950). — [25] SCHNEIDER, J. J.: J. biol. Ch. **183**, 365 (1950). — [26] MASON, H. L.: J. biol. Ch. **182**, 131 (1950). — [27] HOFMANN, H., u. Hj. STAUDINGER: B. Z. **322**, 230 (1951).

Außer den bisher aufgeführten sind aus dem Harn noch andere C_{21}-Steroide isoliert worden, die zum Teil nicht regelmäßig, sondern nur in der Schwangerschaft oder bei bestimmten Erkrankungen, wie z. B. bei virilisierenden Nebennierentumoren der Frau, zum Teil nur bei der trächtigen Stute, gefunden wurden. Ihre Zuordnung zu definierten Vorläufern ist bis heute nicht oder nicht mit Sicherheit möglich. Hierzu gehören:

allo-Pregnan-3α, 6α-diol, 20-on	(schwangere Frau)[1, 2]
Pregnan-3α, 6α-diol-20-on	(schwangere Frau)[1, 2]
Pregnan-3α-ol	(schwangere Frau)[3]
Pregnan-3α, 17α, 20α-triol	(Virilismus der Frau)[4]
Pregnan-3α, 17α-diol-20-on	(Virilismus der Frau)[4, 5]
Δ^{16}-allo-Pregnen-3β-ol-20-on	(trächtige Stute)[6, 7]
allo-Pregnen-3β, 16α, 20β-triol	(trächtige Stute)[8]
„Uran"-3α, 11, 20-triol	(trächtige Stute)[9]
„Uran"-3β, 11-diol	(trächtige Stute)[10, 11]
„Uran"-11-ol-3-on	(trächtige Stute)[12]

Es sind noch einige weitere Harnsteroide beschrieben worden. Es handelt sich dabei vermutlich um Artefacte, die bei Aufarbeitung der Harne entstanden sind.

5. Bestimmung der C_{21}-Steroide des Harns.

Da die Harnsteroide großenteils definierte Hormonmetaboliten sind, ergibt sich prinzipiell die Möglichkeit, aus ihrer quantitativen Erfassung Rückschlüsse auf das betreffende endokrine System zu ziehen. Die praktische Schwierigkeit liegt in der Vielzahl der im Harn vorkommenden Steroide. Für klinisch-diagnostische Zwecke ist die Isolierung und Bestimmung der einzelnen Stoffe meist nicht möglich. Hingegen sind mehr oder minder handliche Gruppenbestimmungen entwickelt worden, die eine Vielzahl von Steroiden mit gleichen Gruppenmerkmalen gemeinsam erfassen. Folgende Gruppenbestimmungen sind für klinisch-diagnostische Zwecke mehr oder minder brauchbar (auf die Methode selbst kann nicht eingegangen werden, es wird deshalb auf entprechende zusammenfassende Arbeiten verwiesen):

a) *Corticoide*[13, 14]: Das sind die Metaboliten der Corticosteroide, die eine $-CO-CH_2OH$ oder $CHOH-CH_2OH$-Seitenkette am C-Atom 17 tragen. Durch Verteilen zwischen Wasser und Petroläther (Benzol) kann unter Umständen noch eine Unterscheidung in Steroide mit einer Sauerstoffreaktion an $C_{(11)}$ (leicht in Wasser lösliche Corticoide) und solche ohne diese Sauerstoffreaktion (petroläther-lösliche Steroide) getroffen werden. Diese Gruppe von Steroiden ist bei Überfunktion der Nebennierenrinde vermehrt, bei Unterfunktion vermindert im Harn zu finden.

b) *Pregnandiolähnliche Steroide:* Dazu gehören hauptsächlich Pregnan-3α, 20α-diol, aber auch andere Pregnan- bzw. allo-Pregnanderivate, die im wesentlichen Metaboliten des

[1] LIEBERMAN, S., D. K. FUKUSHIMA and K. DOBRINER: J. biol. Ch. **182**, 299 (1950). — [2] LIEBERMAN, S., K. DOBRINER, B. R. HILL, L. F. FIESER and C. P. RHOADS: J. biol. Ch. **172**, 263 (1948). — [3] MARKER, R. E., and E. J. LAWSON: Am. Soc. **60**, 2928 (1938). — [4] MILLER, A. M. and R. I. DORFMAN: Endocrinology **46**, 514 (1950). — [5] RUPPERT, F.: Z. klin. Med. **148**, 622 (1951). — [6] KLYNE, W., B. SCHACHTER and G. F. MARRIAN: Biochem. J. **43**, 231 (1948). — [7] KLYNE, W.: Biochem. J. **43**, 611 (1948). — [8] HIRSCHMANN, H., F. B. HIRSCHMANN and M. A. DAUS: J. biol. Ch. **178**, 751 (1949). — [9] MARKER, R. E., O. KAMM, H. M. CROOKS, T. S. OAKWOOD, E. L. WITTLE and E. J. LAWSON: Am. Soc. **60**, 210 (1938). — [10] MARKER, R. E., E. ROHRMANN and E. L. WITTLE: Am. Soc. **60**, 1561 (1938). — [11] KLYNE, W.: Nature **166**, 559 (1950). — [12] MARKER, R. E., E. J. LAWSON, E. L. WITTLE and H. M. CROOKS: Am. Soc. **60**, 1559 (1938). — [13] PFEFFER, K. H., u. HJ. STAUDINGER: Z. Vit.-, Horm.-Ferm.-Forsch. **5**, 50 (1952/53). — [14] SPRECHLER, M.: Acta endocrinol., København **4**, 205 (1950).

Progesterons sind[1]. So findet man sie vor allem in der Schwangerschaft vermehrt im Urin (vgl. a.: [2–4]).

c) *Alkoholische Steroide:* Dazu gehören die gesamten pregnandiolähnlichen Metaboliten, aber auch C_{21}-Steroide mit mehr Sauerstoffatomen, wie z. B. Pregnan-3α, 17α, 20α, 21-tetrol u. a., die wieder als Metaboliten der Corticosteroide aufzufassen sind[5–8].

Ferner können die Harnsteroide mit GIRARDS Reagens in Ketone und Nichtketone, mit Digitonin in 3α- und 3β-Oxysteroide getrennt, diese Gruppen dann wieder den genannten Gruppen a, b oder c zugeordnet werden. Es versteht sich von selbst, daß durch Anwendung und Entwicklung geeigneter Methoden auch andere Gruppen zusammengefaßt werden können.

Aus dieser Übersicht geht hervor, daß jede Gruppenbestimmung stets nur einen Teil der vorkommenden C_{21}-Steroide des Harnes erfaßt. Diese können dabei verschiedenen Ursprungs (Corpus luteum, Nebennierenrinde) sein. Abgesehen von methodischen Mängeln sind diese Gruppenbestimmungen also wesensmäßig bis zu einem gewissen Grad unspezifisch.

Bei der Bestimmung der Corticoide kommt noch erschwerend dazu, daß es bisher keine Methode gibt, die es erlaubt, Conjugate quantitativ und schonend zu spalten[9].

Die so erfaßbaren Harnmetaboliten repräsentieren — wie wiederholt betont — nur einen Bruchteil des sezernierten Hormones. Dieser Bruchteil kann je nach Reaktionslage des Organismus verschieden groß sein. Aus alldem ergibt sich, daß Rückschlüsse aus den Gruppenbestimmungen auf eine endokrine Funktion nur mit großer Vorsicht gezogen werden dürfen. Trotz dieser Einschränkungen haben die Methoden ihre Bedeutung für die Diagnostik.

γ) Die C_{19}-Steroide[10].

1. Vorkommen und Biosynthese.

Das Testosteron ist als das männliche Keimdrüsenhormon das wichtigste C_{19}-Steroid des Organismus. Es wird in den interstitiellen Zellen des Hodens gebildet. Über die Entstehung ist wenig bekannt. Nach Bebrütung von markiertem ^{14}C-Acetat mit Hodenschnitten (Schwein, Kaninchen, Mensch) kann markiertes Testosteron isoliert werden[11]. Nach Zusatz von gonadotropem Hormon (Choriongonadotropin) steigt in diesen in vitro-Versuchen die Ausbeute an markiertem Testosteron. Markiertes Cholesterin entsteht bei diesen Versuchen nur wenig, seine spezifische Aktivität wird durch das Gonadotropin nicht beeinflußt[11]. Danach scheint für die Testosteronbiosynthese das Cholesterin nicht die gleiche Rolle des evtl. Zwischenprodukts oder Reservesteroids zu spielen, wie für die Biosynthese der C_{21}-Steroide. Diese erst an Testesschnitten erhobenen Befunde konnten auch an dem isoliert perfundierten Hoden vom Mensch bestätigt werden. Aus der Perfusionsflüssigkeit konnte nach Zusatz von Acetat ($H_3C-{}^{14}COOH$) neben markiertem Testosteron auch Δ^4-Androsten-3, 17-dion isoliert werden[12]. Auch hier stieg die Ausbeute nach Gonadotropinzusatz[12]. Schon früher wurde das Vorkommen der beiden C_{19}-Steroide Testosteron und Δ^4-Androsten-3, 17-dion im Blut der Vena spermatica des Hengstes entdeckt[13].

Im Perfusat konnte hingegen kein Δ^5-Pregnen-3β-ol-20-on gefunden werden. Das Vorkommen dieses C_{21}-Steroids in den Testes (Schwein ist bereits erwähnt worden. Es ist unklar, welche Bedeutung es hat. Aus Schweinetestes ist in geringen

[1] KAUFMANN, C., U. WESTPHAL u. J. ZANDER: Arch. Gynäk. **179**, 247 (1951). — [2] ZANDER, J.: Kli. Wo. **1952**, 873. — [3] DIBBELT, L., K. HINSBERG u. H. ESSER: H. **289**, 153 (1952). — [4] COX, R. I.: Biochem. J. **52**, 339 (1952). — [5] ENGEL, L. L., H. R. PATTERSON, H. WILSON and M. SCHINKEL: J. biol. Ch. **183**, 47 (1950). — [6] ENGEL, L. L.: Recent Progr. Hormone Res. **5**, 335 (1950). — [7] TOMPSETT, S. L.: J. clin. Endocrinol. **11**, 61 (1951). — [8] TALBOT, N. B., and I. V. EITINGTON: J. biol. Ch. **154**, 605 (1944). — [9] STAUDINGER, HJ.: Probleme des Hypophysen-Nebennierenrindensystems. 1. Freiburger Symposion. S. 17., Berlin, Göttingen, Heidelberg 1953. — [10] DORFMAN, R. I.: Pincus-Thimann, Hormones Bd. 1, S. 467. — [11] BRADY, R. O.: J. biol. Ch. **193**, 145 (1951). — [12] SAVARD, K., R. I. DORFMAN and E. POUTASSE: J. clin. Endocrinol. **12**, 935 (1952). — [13] WEST, C. D., V. P. HOLLANDER, T. H. KRITCHEVSKY and K. DOBRINER: J. clin. Endocrinol. **12**, 915 (1952).

Mengen auch Δ^{16}-Androsten-3α-ol und Δ^{16}-Androsten-3β-ol isoliert worden (PRELOG[1]).

Von SAMUELS[2] konnte auch in Testesgewebe ein Ferment nachgewiesen werden, das wie in Nebennieren und Corpus luteum die Δ^5-3β-Oxygruppe von Steroiden zur Δ^4-3-Ketogruppe dehydrieren kann. So wird z. B. Dehydroisoandrosteron durch Testesgewebe in Gegenwart von DPN zu Δ^4-Androsten-3, 17-dion dehydriert[3].

Testosteron und Androstendion sind also die Sekretionsprodukte der männlichen Gonaden. Aus der Bestimmung ihrer Metaboliten im Harn läßt sich die normale tägliche Sekretion beim erwachsenen Mann auf etwa 20 bis 30 mg Testosteron und Androstendion schätzen.

Als weiterer Entstehungsort für die C_{19}-Steroide müssen neben den Testes auch die Nebennieren angesehen werden. Aus Nebennierenrindenextrakten wurden von REICHSTEIN folgende C_{19}-Steroide isoliert:

Δ^4-Androsten-3, 11, 17-trion (Adrenosteron)[4]
Androstan-3β, 11β-diol-17-on[5]
Δ^4-Androsten-3, 17-dion[5]

Das Androstendion kommt also sowohl in Testes als auch in der Nebennierenrinde vor! Man war bisweilen der Meinung, daß es sich bei den C_{19}-Steroiden der Nebennierenrinde nur um Artefacte handele, die durch chemischen Abbau von Corticosteroiden bei der Aufarbeitung entstanden seien. Jedoch konnten kürzlich androgenwirkende Hormone mit einer Ketogruppe am $C_{(17)}$ und einer α, β-ungesättigten Ketogruppe an $C_{(3)}$ aus Nebennierenvenenblut des Rindes nach ACTH-Gaben isoliert werden[6].

Die Bedeutung der Nebenniere als Quelle für androgene C_{19}-Steroide war von klinischer Seite stets anerkannt worden. Einerseits können im Harn von Frauen regelmäßig C_{19}-Steroide, auch solche mit androgener Wirkung isoliert werden. Bei Nebennierenzerstörung (Morbus ADDISON) fehlen diese; umgekehrt sind sie bei Tumoren der Nebennierenrinde stark vermehrt, dabei sind auch klinisch Zeichen der Wirkung von androgenen Hormonen deutlich. (Auf die C_{19}-Steroidmetaboliten adrenaler Herkunft wird noch eingegangen werden.) Die Deutung, daß in diesen Fällen Corticosteroide zu androgenen C_{19}-Steroiden abgebaut würden, konnte nicht befriedigen. Beim Mann entstammen etwa $^2/_3$, bei der Frau vermutlich fast 100% der im Harn ausgeschiedenen C_{19}-Steroide den Nebennieren. Die physiologische Bedeutung dieser bei beiden Geschlechtern vorkommenden „androgenen" Hormone ist noch nicht ganz geklärt. Sie haben vielleicht eine wichtige Funktion im Eiweißaufbau[7,8].

Auch das Ovar muß vielleicht als Bildungsstätte für C_{19}-Steroide angesehen werden. Über die Art und die Mengen der hier entstehenden C_{19}-Steroide weiß man wenig. Immerhin weisen Untersuchungen von DINGEMANSE[9] darauf hin, daß im Ovar Testosteron entstehen kann; jedenfalls finden sich die Metaboliten des Testosterons im Harn der Frauen in charakteristischer Abhängigkeit von der ovariellen Funktion[10]. Da die Metaboliten des Δ^4-Androstendions identisch mit denen des Testosterons sind, ist es auch möglich, daß dieses Steroid im Ovar entsteht.

2. Der Testosteronstoffwechsel[11].

Sowohl im Tierversuch[12] als auch beim Menschen[13] verschwindet parenteral appliziertes Testosteron sehr schnell aus der Blutbahn. Bereits nach 2 Std

[1] PRELOG, V., u. L. RUZICKA: Helv. **27**, 61 (1944). — [2] SAMUELS, L. T., M. L. HELMREICH, M. B. LASATER and H. REICH: Science, N. Y. **113**, 490 (1951). — [3] SAMUELS, L. T.: Ciba Found. Coll. Endocrinol. **2**, 236 (1952). — [4] REICHSTEIN, T.: Helv. **19**, 29, 223 (1936). — [5] EUW, J. v., u. T. REICHSTEIN: Helv. **24**, 879 (1941). — [6] GASSNER, F. X., D. H. NELSON, H. REICH, R. T. RAPALA and L. T. SAMUELS: Proc. Soc. exp. Biol. Med. **77**, 829 (1951). — [7] KOCHAKIAN, C. D.: Vitamins & Hormones **4**, 255 (1946). — [8] KOCHAKIAN, C. D.: Schweiz. med. Wschr. **81**, 985 (1951). — [9] DINGEMANSE, E., and L. G. HUIS IN'T VELD: Acta endocrinol., København **7**, 71 (1951). — [10] HUIS IN'T VELD, L. G., et E. DINGEMANSE: Sem. des Hôp. Paris **28**, 417 (1952). — [11] DORFMAN, R. I.: Recent Progr. Hormone Res. **2**, 179 (1948). — DORFMAN, R. I.: Ciba

sind in den Versuchen beim Menschen 30% des Testosterons in Form folgender Metaboliten im Harn nachweisbar[1,2].

Androstan-3α-ol-17-on (Androsteron)[3–5],
Aetiocholan-3α-ol-17-on[1,6] (Aetiocholanolon)

sowie geringer Mengen von

Androstan-3α, 17β-diol[6],
Aetiocholan-3α, 17β-diol[6].

Der Ort dieser Umwandlungen ist in erster Linie die Leber (auch die Niere); denn bei Leberschaden ist der Anstieg dieser C_{19}-Metaboliten im Harn nach Testosteron (17-Ketosteroide, s. S. 901) viel geringer[7–10]. Genaue Untersuchungen über den Testosteronstoffwechsel sind mit Leber- und Nierenschnitten und -homogenaten durchgeführt worden[11–14].

Die Oxydation der17β-Oxygruppe des Testosterons zur 17-Ketogruppe seiner Metaboliten ist ein aerober Prozeß. Die Oxydation der 17β-Oxygruppe des Testosterons verläuft sehr schnell; sie scheint die erste Stufe des Testosteronabbaues zu sein, das Reaktionsprodukt ist Δ^4-Androstendion[15]. Das diese Oxydation steuernde Ferment benötigt DPN als Co-Faktor[16]. Es kommt vor allem in der Leber, in geringerer Konzentration auch in der Niere vor[17], und zwar im Cytoplasma, nicht in der Mitochondrienfraktion. Es konnte gereinigt werden. Sein Mol-Gewicht[16] beträgt ~43000.

Die Reduktion der Δ^4-3-Ketogruppe zur 3α-Oxygruppe wird durch ein anderes Fermentsystem gesteuert. Auch dieses benötigt DPN als Co-Ferment[18]. Außerdem wird es aber durch Citronensäure aktiviert. Dieses Ferment kommt regelmäßig in der Leber der Warmblüter, beim Hund in geringen Mengen auch in der Niere vor[17]. Dieses durch Citronensäure aktivierte Fermentsystem wirkt im weiteren Verlauf des Testosteronstoffwechsels auch wieder reduzierend auf die 17-Ketogruppe, die erneut zur 17β-Oxygruppe reduziert werden kann[12,19]. Unter dem Einfluß des gleichen oder eines anderen durch Citrat aktivierten Fermentsystems werden die Steroide dann auch weiter zu bisher nicht identifizierten Metaboliten abgebaut[12]. Offenbar wird das Steroidskelet dabei verändert.

Mit anderen Gewebehomogenaten konnte kein Testosteronabbau beobachtet werden, auch nicht mit den für das Testosteron typischen Erfolgsorganen, wie Samenblasen usw.[11,12].

Diese genannten Fermentsysteme finden sich nur beim Warmblüter. Mit Fisch- und Amphibienleberbrei wird zwar das Testosteron auch inaktiviert;

Found. Coll. Endocrinol. **2**, 160 (1952). — [12] WEST, C. D.: Endocrinology **49**, 467 (1951). — [13] WEST, C. D., H. REICH and L. T. SAMUELS: J. biol. Ch. **193**, 219 (1951).

[1] WEST, C. D., H. REICH and L. T. SAMUELS: J. biol. Ch. **193**, 219 (1951). — [2] DORFMAN, R. I., J. E. WISE and R. A. SHIPLEY: Endocrinology **46**, 127 (1950). — [3] BUTENANDT, A., u. K. TSCHERNING: H. **229**, 167, 185 (1934). — [4] BUTENANDT, A., u. H. DANNENBAUM: H. **229**, 192 (1934). — BUTENANDT, A., H. DANNENBAUM, G. HANISCH u. K. KUDSZUS: H. **237**, 57 (1935). — [5] RUZICKA, L., M. W. GOLDBERG, J. MEYER, H. BRUNGGER u. E. EICHENBERGER: Helv. **17**, 1395 (1934). — [6] DOBRINER, K., and S. LIEBERMAN: Symposium on Steroid Hormones. S. 46. Madison, Wisc. 1950. — [7] WEST, C. D., F. H. TYLER, H. BROWN and L. T. SAMUELS: J. clin. Endocrinol. **11**, 897 (1951). — [8] RUPPEL, W., and L. WEISSBECKER: Acta endocrinol., København **10**, 29 (1952). — [9] BONGIOVANNI, A. M., and W. J. EISENMENGER: J. clin. Endocrinol. **11**, 152 (1951). — [10] HAMBURGER, C., and S. KAAE: Acta endocrinol., København **2**, 257 (1949). — [11] SAMUELS, L. T.: Recent Progr. Hormone Res. **4**, 65 (1949). — [12] SAMUELS, L. T.: Ciba Found. Coll. Endocrinol. **2**, 236 (1952). — [13] KOCHAKIAN, C. D., and H. V. APOSHIAN: Arch. Biochem. **37**, 442 (1952). — [14] KOCHAKIAN, C. D., J. GONGORA and N. PARENTE: J. biol. Ch. **196**, 243 (1952). — [15] LEVEDAHL, B. H., and L. T. SAMUELS: J. biol. Ch. **186**, 857 (1950). — [16] SWEAT, M. L., L. T. SAMUELS and R. LUMRY: J. biol. Ch. **185**, 75 (1950). — [17] WEST, C. D., and L. T. SAMUELS: J. biol. Ch. **190**, 827 (1951). — [18] SWEAT, M. L., and L. T. SAMUELS: J. biol. Ch. **173**, 433; **175**, 1 (1948). — [19] SCHNEIDER, J. J., and H. L. MASON: J. biol. Ch. **172**, 771; **175**, 231 (1948).

diese Inaktivierung geht aber viel langsamer und ist von DPN und Citronensäure unabhängig. Sie führt zu bislang nicht definierten Abbauprodukten[1]. Bei verschiedenen Säugetieren scheint die Leber hinsichtlich der 17-Ketosteroidbildung verschieden aktiv zu sein. Der über die 17-Ketosteroide hinausgehende weitere Steroidabbau ist besonders bei den Nagern (Ratte, Maus) sehr ausgeprägt. Versuche mit ^{14}C markiertem Testosteron ergaben, daß diese bisher nicht identifizierten ^{14}C-haltigen Metaboliten durch die Galle in den Darm ausgeschieden werden[2]. Im Harn hingegen erscheint kaum ^{14}C-haltiges Material. Entsprechende Versuche am Menschen ergaben das Gegenteil[2]. Alle diese Ergebnisse gestatten folgenden Abbauweg für das Testosteron zu entwerfen:

Fußnoten s. S. 899.

Die einzelnen Schritte sind durch gesonderte Stoffwechseluntersuchungen mit den als Intermediärprodukten angenommenen Steroiden gesichert worden. Eine zentrale Stellung nimmt im Testosteronstoffwechsel das Δ^4-Androsten-3, 17-dion ein[1].

Aus dem Schema ist ersichtlich, daß die vier theoretisch möglichen Endprodukte mit einer C_{17}-Ketogruppe sich durch das Auftreten zweier neuer Asymmetriezentren am C-Atom 3 und 5 ableiten lassen.

Das „cis"-Testosteron entsteht nur beim Bebrüten von Androstendion mit Schnitten von Kaninchenleber in Spuren[2,3]. Es konnte sonst bislang nirgends, auch nicht im Harn, gefunden werden.

Die mengenmäßig wichtigsten Testosteronmetaboliten sind, wie gesagt, das Androstan-3α-ol-17-on, sowie das Aetiocholan-3α-ol-17-on. Sie stellen über 90% der dem Testosteron zuzuordnenden 17-Ketosteroide des Harnes dar. Ihr relativer Anteil bzw. ihr Verhältnis zueinander schwankt von Mensch zu Mensch, scheint aber bei einem Individuum eine relativ konstante Größe zu sein[4].

Beim Menschen erscheinen nur etwa 30% des Testosterons als identifizierbare Steroide im Harn. Die als Zwischenprodukte angenommenen gesättigten Diketone sind in Spuren im Harn und bei den Bebrütungsversuchen aufgefunden worden[5,6]. Die entsprechenden 3β-Oxy-Isomeren entstehen nur in kleinen Mengen, das Aetiocholan-3β-ol-17-on konnte erst vor kurzem durch Ultrarotspektroskopie entdeckt werden[5,7]. Wie beim Stoffwechsel der C_{21}-Steroide entsteht also auch beim Testosteronabbau in der Leber vorzugsweise die 3α-Konfiguration[8–10].

Im weiteren Verlauf des Testosteronstoffwechsels wird, wie erwähnt, ein Teil der 17-Ketosteroide zu 17-Oxyderivaten reduziert, so daß noch folgende Steroidalkohole als Metaboliten des Testosterons gefunden wurden:

Androstan-3α, 17β-diol[5,11], Aetiocholan-3α, 17β-diol[5,9,12].

Ihr Anteil an den C_{19}-Steroiden des Harnes ist aber gering. Durch die Reduktion der Ketogruppe an C_{17} entsteht ein neues Asymmetriezentrum. Es wären theoretisch auch 17 α-Oxysteroide zu erwarten. Doch konnten diese bislang im Harn nicht gefunden werden.

3. Der Stoffwechsel des Dehydroisoandrosterons.

Das *Dehydroisoandrosteron* (Δ^5-Androsten-3β-ol-17-on) ist der wichtigste Vertreter unter den 17-Ketosteroiden des Harnes mit einer β-Konfiguration am C-Atom 3. Es wird als Schwefelsäureester, normalerweise etwa 1 bis 2 mg am Tag, im Harn ausgeschieden. Bei Tumoren der Nebennierenrinde tritt es stark vermehrt auf, nicht hingegen bei Nebennierenrinden-Hyperplasien. Diese Fest-

Literatur zu S. 898: [1] Samuels, L. T., M. L. Sweat, B. H. Levedahl, M. M. Pottner and M. L. Helmreich: J. biol. Ch. **183**, 231 (1950). — [2] Gallagher, T. F., D. K. Fukushima, C. M. Barry and K. Dobriner: Recent Progr. Hormone Res. **6**, 131 (1951).

[1] Dorfman, R. I.: Ciba Found. Coll. Endocrinol. **2**, 291 (1952). — [2] Clark, L. C. jr., and C. D. Kochakian: J. biol. Ch. **170**, 23 (1947). — [3] Clark, L. C. jr., C. D. Kochakian and J. Lobotsky: J. biol. Ch. **171**, 493 (1947). — [4] Gallagher, T. F., D. K. Fukushima, M. C. Barry and K. Dobriner: Recent Progr. Hormone Res. **6**, 131 (1951). — [5] Dobriner, K., and S. Lieberman: Ciba Found. Coll. Endocrinol. **2**, 381 (1952). — [6] Lieberman, S., K. Dobriner, B. R. Hill, L. F. Fieser and C. P. Rhoads: J. biol. Ch. **172**, 263 (1948). — [7] Dobriner, K., and S. Lieberman: Symposium on Steroid Hormones. S. 46. Madison, Wisc. 1950. — [8] Samuels, L. T.: Ciba Found. Coll. Endocrinol. **2**, 236 (1952). — [9] West, C. D., H. Reich and L. T. Samuels: J. biol. Ch. **193**, 219 (1951). — [10] Fukushima, D. K., K. Dobriner and T. F. Gallagher: Fed. Proc. **10**, 185 (1951). — [11] Schiller, S., R. I. Dorfman and M. Miller: Endocrinology **36**, 355 (1945). — [12] Miller, A. M., and R. I. Dorfman: Endocrinology **42**, 174 (1948).

stellung ist für die Differentialdiagnose bei Virilismus der Frau wichtig. Auch nach ACTH-Gaben findet man einen Anstieg der Dehydroisoandrosteronausscheidung[1].

Diese und eine Reihe anderer Hinweise lassen darauf schließen, daß das Dehydroisoandrosteron aus der Nebennierenrinde stammt. Es ist aber vollkommen ungeklärt, ob es als solches von der Nebenniere sezerniert wird oder als Metabolit eines unbekannten Vorläufers anzusehen ist.

Auch mit diesem Steroid wurden Untersuchungen über die Art seines Stoffwechsels durchgeführt.

Wird Dehydroisoandrosteron mit Leberschnitten von Kaninchen bebrütet, so geht es zum Teil in Δ^5-Androsten-3β, 17β-diol über[2]. Bei Männern, die wegen Morbus ADDISON oder einer Hypophyseninsuffizienz kaum endogen entstandene Steroide ausscheiden, konnten im Harn nach Gaben von Dehydroisoandrosteron folgende Metaboliten isoliert werden[3,4]:

Androsteron[3]
Aetiocholan-3α-ol-17-on[3]
Δ^5-Androsten-3β, 17β-diol[3]
Δ^5-Androsten-3β, 16β, 17α-triol[3].

Die normalen Metaboliten des Testosterons, das Androsteron und das Aetiocholanolon, stellten auch hier mengenmäßig den größten Anteil. Die gleiche Beobachtung konnte an einer Frau mit einem Nebennierentumor gemacht werden[5]. Obwohl diese Patientin große Mengen endogen entstandenes Dehydroisoandrosteron ausschied, wurde auch bei ihr zusätzlich zugeführtes Dehydroisoandrosteron vorwiegend als Androsteron und Aetiocholanolon ausgeschieden. Nach operativer Entfernung des Tumors sank die endogene Dehydroisoandrosteronausscheidung, die Umwandlung von zugeführtem Dehydroisoandrosteron war gleichgeblieben. Nach diesem Ergebnis muß man annehmen, daß das Dehydroisoandrosteron des Harnes nicht als solches im Organismus entsteht, sondern ein Umwandlungsprodukt eines unbekannten Vorläufers aus der Nebenniere ist[6].

Im Harn können normalerweise, vor allem aber bei Tumoren der Nebennieren neben dem Dehydroisoandrosteron noch folgende Δ^5-3β-Oxy-C_{19}-Steroide auftreten:

Δ^5-Androsten-3β, 17β-diol[3],
Δ^5-Androsten-3β, 16α, 17β-triol[7].

Dazu gehören ferner:

3β-Chlor-Δ^5-Androsten-17-on[8] und
$\Delta^{3,5}$-Androstandien-17-on[8],

die wahrscheinlich Artefacte darstellen, die bei der Spaltung des Dehydroisoandrosteronsulfates des Harnes mit Salzsäure durch Veresterung bzw. durch Wasserabspaltung entstanden sind[8].

Neuerdings hat DINGEMANSE begründet darauf hingewiesen, daß das Dehydroisoandrosteron möglicherweise als solches nicht im Harn ausgeschieden

[1] LANDAU, R. L., K. KNOWLTON, K. LUGIBIHL and A. T. KENYON: Endocrinology **48**, 489 (1951). — [2] SCHNEIDER, J. J., and H. L. MASON: J. biol. Ch. **172**, 771 (1948). — [3] MILLER, A. M., R. I. DORFMAN and M. MILLER: Endocrinology **46**, 105 (1950). — [4] MASON, H. L.: Recent Progr. Hormone Res. **3**, 103 (1948). — [5] MASON, H. L., E. J. KEPLER and J. J. SCHNEIDER: J. biol. Ch. **179**, 615 (1949). — [6] DINGEMANSE, E., and L. G. HUIS IN'T VELD: J. biol. Ch. **195**, 827 (1952). — [7] HIRSCHMANN, H.: J. biol. Ch. **150**, 363 (1943). — [8] LIEBERMAN, S., and K. DOBRINER: Recent Progr. Hormone Res. **3**, 71 (1948).

wird[1,2], daß es sich vielmehr um einen Artefact handele, das erst bei der sauren Verseifung der Steroidconjugate des Harnes entsteht. Das primär im Harn ausgeschiedene Steroid, aus dem das Dehydroisoandrosteron sekundär beim Behandeln mit Säure entsteht, ist iso-Androstan-6-ol-17-on[3–5].

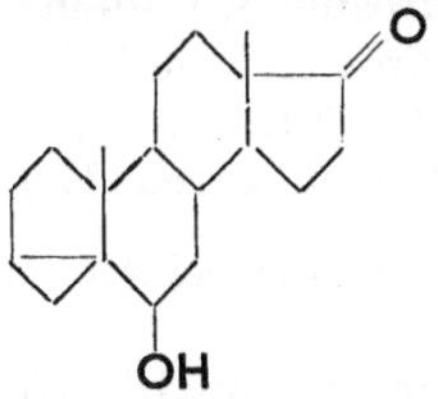

iso-Androstan-6-ol-17-on

4. Ausscheidung der C_{19}-Steroide[6].

Wie bei den C_{21}-Steroiden muß auch bei den C_{19}-Steroiden angenommen werden, daß ein Teil der in der Leber entstandenen Metaboliten mit der Galle in den Darm ausgeschieden wird[7,8]. Es wurde schon darauf hingewiesen, daß bei den Nagern (Maus und Ratte) die Ausscheidung nicht identifizierter Metaboliten des Testosterons in den Darm gegenüber der Exkretion von C_{19}-Steroiden im Harn weit überwiegt. Auch beim Rind konnten in der Galle C_{19}-Steroide nachgewiesen werden, beim Menschen konnten hingegen bislang keine Befunde erhoben werden, die für eine enterale Exkretion der C_{19}-Steroide sprechen.

Die bereits beschriebenen acht normalen im Harn aufgefundenen Metaboliten des Testosterons bzw. des Δ^4Androstendions sind hier nochmals zusammengestellt:

Androstan-3α-ol-17-on,	Aetiocholan-3α-ol-17-on,
Androstan-3, 17-dion,	Aetiocholan-3, 17-dion,
Androstan-3β-ol-17-on,	Aetiocholan-3β-ol-17-on,
Androstan-3α, 17 β-diol,	Aetiocholan-3α, 17β-diol.

Beim Mann besteht naturgemäß ein Zusammenhang zwischen der Menge dieser Harnmetaboliten und der Testikelfunktion. Bei der Frau wurde erst kürzlich eine Abhängigkeit von der Funktion des Ovars festgestellt[9,10]. Aus dieser Beobachtung wurde der Schluß gezogen, daß im Ovar Testosteron (bzw. Δ^4-Androstendion) gebildet wird. Bei beiden Geschlechtern besteht überdies ein deutlicher Zusammenhang zwischen der Ausscheidung dieser Harnsteroide und der Nebennierenfunktion. Nach ACTH-Gaben werden neben 11-Oxysteroiden auch Androsteron und Aetiocholanolon vermehrt ausgeschieden[11–13]. Da Δ^4-Androstendion in der Nebenniere vorkommt, liegt es nahe, es als die *adrenale* Muttersubstanz dieser beiden Harnsteroide anzusehen.

---

[1] DINGEMANSE, E., and L. G. HUIS IN'T VELD: Acta physiol. pharmacol. neerl. **2**, 229 (1951/52). — [2] DINGEMANSE, E.: Ciba Found. Coll. Endocrinol. **2**, 252 (1952). — [3] DINGEMANSE, E., L. G. HUIS IN'T VELD and S. L. HARTOGH-KATZ: Nature **162**, 492 (1948). — [4] DINGEMANSE, E., and L. G. HUIS IN 'T VELD: J. biol. Ch. **195**, 827 (1952). — [5] BARTON, D. H. R., and W. KLYNE: Nature **162**, 493 (1948). — [6] MASON, H. L., and W. W. ENGSTROM: Physiol. Rev. **30**, 321 (1950). — [7] PASCHKIS, K. E., and A. E. RAKOFF: Recent Progr. Hormone Res. **5**, 115 (1950). — [8] MARLOW, H. W.: Proc. Soc. exp. Biol. Med. **72**, 215 (1949). — [9] DINGEMANSE, E., and L. G. HUIS IN'T VELD: Acta endocrinol., København **7**, 71 (1951). — [10] HUIS IN'T VELD, L. G., et E. DINGEMANSE: Sem. des Hôp. Paris **28**, 417 (1952). — [11] FUKUSHIMA, D. K., K. DOBRINER and T. F. GALLAGHER: Fed. Proc. **10**, 185 (1951). — [12] LIEBERMAN, S., D. K. FUKUSHIMA and K. DOBRINER: J. biol. Ch. **182**, 299 (1950). — [13] DOBRINER, K., S. LIEBERMAN, H. WILSON, M. DUNHAM, J. F. SOMMERVILLE and C. P. RHOADS: 2. Clin. ACTH-Conf. **1**, 65 (1951).

Außer den genannten Testosteronmetaboliten sind im Harn einige C_{19}-Steroide gefunden worden, deren Zuordnung zu bestimmten Muttersubstanzen bisher nicht gesichert ist:

Androstan-3-on,
Δ^1-Androsten-3, 17-dion[1],
Δ^{16}-Androsten-3α-ol[2-4],
Androsten-3α, 16α, 17β-triol[5],
Aetiocholan-3α, 16α, 17β-triol[5],

sowie eine Anzahl von Artefacten, die bei der sauren Hydrolyse des Harns entstanden sind.

Neben diesen 11-Desoxysteroiden mit 19 C-Atomen kommen im Harn reichlich C_{19}-Steroide vor, die eine Sauerstoffunktion am C-Atom 11 besitzen. Sie sind sicher adrenalen Ursprungs; denn nur dort entstehen diese 11-Oxysteroide. Folgende Verbindungen dieser Art wurden bisher im Harn gefunden:

Androstan-3α, 11β-diol-17-on[6,7] (11β-Oxyandrosteron),
Aetiocholan-3α, 11β-diol-17-on[6,8,9],
Androstan-3α-ol-11, 17-dion[6] (11-Ketoandrosteron),
Aetiocholan-3α-ol-11, 17-dion[6].

Hierzu gehören die durch Wasserabspaltung bei der Aufarbeitung der Harne entstandenen Artefacte[6,10]:

Δ^{11}-Androsten-3α-ol-17-on[6],
Δ^9-Androsten-3α-ol-17-on[6,8],
Δ^9-Aetiocholan-3-ol-17-on[6].

Die Ausscheidung dieser C_{19}-Steroide mit einer Sauerstoffunktion an C_{11} steht in Zusammenhang mit der Funktion der Nebennierenrinde, z. B. steigt sie deutlich nach ACTH-Gaben[6]. Es herrschte lange Zeit keine Klarheit darüber, ob diese C_{19}-Steroide des Harnes nur Metaboliten von Adrenosteron und 11β-Oxyandrosteron sind, die beide in der Nebennierenrinde vorkommen, oder ob sie durch einen oxydativen Abbau der α-Ketolseitenkette der Corticosteroide entstehen.

Die 17-Ketosteroidausscheidung steigt beim ADDISON-Kranken nach Cortisongaben an[11]. Beim gesunden Menschen wird die endogene Bildung von 17-Ketosteroiden durch das Cortison gehemmt[11]. Aber auch beim gesunden Menschen kann nach Cortisongaben eine relative Vermehrung von 11-Ketoaetiocholanolon, 11β-Oxyandrosteron und 11β-Oxyaetiocholanolon im Harn beobachtet werden[12]. Ferner findet man beim gesunden Menschen einen Anstieg der 17-Ketosteroidausscheidung nach Gaben folgender 17-Oxypregnanderivate: Pregnan-17α, 21-diol-3, 11, 20-trion; Δ^5-Pregnen-17α, 20, 21-triol-3-on; 17α-Oxyprogesteron; 11-Desoxy-17-oxycorticosteron[13,14]. Nach Gaben von deuteriumhaltigen 17α-Oxyprogesteron wurde

---

[1] LIEBERMAN, S., and K. DOBRINER: Symposium on Steroid Hormones. S. 46. Madison, Wisc. 1950. — [2] BROOKSBANK, B. W. L., and G. A. D. HASLEWOOD: Biochem. J. **44**, III (1949). — [3] MASON, H. L., and J. J. SCHNEIDER: J. biol. Ch. **184**, 593 (1950). — [4] BROOKSBANK, B. W. L., and G. A. D. HASLEWOOD: Biochem. J. **51**, 286 (1952). — [5] LIEBERMAN, S., and K. DOBRINER: Abstr. amer. chem. Soc. **117**, 19 C (1950). — [6] LIEBERMAN, S., and K. DOBRINER: Recent Progr. Hormone Res. **3**, 71 (1948). — [7] MASON, H. L., and E. J. KEPLER: J. biol. Ch. **161**, 235 (1945). — [8] MILLER, A. M., and R. I. DORFMAN: Endocrinology **46**, 514 (1950). — [9] DINGEMANSE, E., and L. G. HUIS IN'T VELD: Nature **164**, 844 (1949). — [10] LIEBERMAN, S., L. B. HARITON, P. HUMPHRIES, C. P. RHOADS and K. DOBRINER: J. biol. Ch. **196**, 793 (1952). — [11] JACOBSEN, R. P., and G. PINCUS: Amer. J. Med. **10**, 531 (1951). — [12] LIEBERMAN, S., L. B. HARITON and K. DOBRINER: Fed. Proc. **9**, 196 (1950). — [13] POLLEY, H. F., and H. L. MASON: J. amer. med. Ass. **143**, 1474 (1950). — [14] GRECO, F. DEL, G. M. C. MASSON and A. C. CORCORAN: Proc. Soc. exp. Biol. Med. **80**, 354 (1952).

D-markiertes Androsteron und Aetiocholanolon isoliert[1]. Bei Menschen, denen aus therapeutischen Gründen sowohl die Nebennieren als auch die Gonaden operativ entfernt worden sind und die zur Substitution Cortison erhielten, fand man im Harn neben den „11-Oxycorticoiden" reichlich 11-Oxy-17-ketosteroide, bzw. die daraus entstandenen Δ^{9}- oder Δ^{11}-17-Ketosteroide[2,3].

Nach diesen Ergebnissen muß man annehmen, daß im menschlichen Organismus ein Abbau von 17-Oxypregnanderivaten, also normalerweise vor allem wohl von 17-Oxycorticosteron zu 17-Ketosteroiden erfolgen kann. Doch ist über das Ausmaß dieser Umwandlung noch nichts bekannt, ebensowenig darüber, ob auch C_{21}-Steroide ohne 17-Oxygruppe (Corticosteron) in dieser Weise abgebaut werden können.

5. Bestimmung der C_{19}-Steroide im Harn[4].

Die C_{19}-Steroide des Harnes, soweit sie eine Ketogruppe am C-Atom 17 tragen, lassen sich als sog. neutrale ***17-Ketosteroide*** relativ einfach mit einer viel geübten Gruppenbestimmung erfassen. Sie geben mit m-Dinitrobenzol in alkalischer Lösung einen Farbstoff, der photometriert werden kann. Diese von ZIMMERMANN[5,6] zuerst angegebene Methode ist vielfach variiert, gelegentlich vielleicht auch etwas verbessert worden. Folgende Normalwerte werden damit erhalten:

Mann: 10—18 mg/Tag*,
Frau: 5—12 mg/Tag*.

Bei Tumoren der Nebennierenrinde kann die Ausscheidung an 17-Ketosteroiden stark vermehrt sein, bei Zerstörung der Nebennierenrinde (Morbus ADDISON) ist sie stark vermindert. Inwieweit die Bestimmung der 17-Ketosteroidausscheidung Rückschlüsse auf die Nebennierenfunktion zuläßt, kann hier nicht erörtert werden. Im allgemeinen scheint eine gewisse Parallelität zu bestehen. Die oben gemachten Ausführungen lassen dies mit Einschränkungen erwarten.

Es ist vielfach versucht worden, die aus zahlreichen verschiedenen Steroiden zusammengesetzte Gruppe von 17-Ketosteroiden durch verschiedene Maßnahmen in chemisch besser charakterisierte Unterfraktionen zu zerlegen. So kann man beispielsweise mit Digitonin alle 3β-Oxysteroide abtrennen[7]. Das Dehydroisoandrosteron läßt sich außerdem durch eine Farbreaktion bestimmen[8,9]. Eine geeignete Methode zur Fraktionierung der 17-Ketosteroide stammt von DINGEMANSE[10,11]. Die neutralen 17-Ketosteroide des Harnes werden an einer Al_2O_3-Säule chromatographisch in 45 Fraktionen getrennt, der 17-Ketosteroidgehalt jeder Fraktion nach ZIMMERMANN bestimmt. Modelluntersuchungen mit reinen Hormonen lassen erkennen, in welcher Fraktion sich die einzelnen 17-Ketosteroide des Harnes finden. Mit dieser Methode konnten wichtige Untersuchungen über den Steroidstoffwechsel des gesunden und kranken Menschen durchgeführt werden (vgl. a. [12,13]).

* Die Werte gelten für die Altersgruppen von 20–40 Jahren.

[1] FUKUSHIMA, D. K., K. DOBRINER and T. F. GALLAGHER: Fed. Proc. **10**, 185 (1951). — [2] GEMZELL, C. A., G. BIRKE, J. HELLSTRÖM, C. FRANKSSON and L. O. PLANTIN: Acta endocrinol., København **12**, 1 (1953). — [3] STAUDINGER, HJ., u. W. WEISS: unveröffentlicht. — [4] ZIMMERMANN, W.: Z. Vit.-, Horm.-Ferm.-Forsch. **4**, 456 (1951). — [5] ZIMMERMANN, W.: H. **233**, 257 (1935). — [6] ZIMMERMANN, W.: H. **245**, 47 (1937). — [7] HASLAM, R. M., and W. KLYNE: Lancet **1952 I**, 285. — [8] DIRSCHERL, W., u. H. TRAUT: Kli. Wo. **1952**, 159. — [9] JENSEN, C. C.: Acta endocrinol., København **4**, 140 (1950). — [10] DINGEMANSE, E., L. G. HUIS IN'T VELD and B. M. DE LAAT: J. clin. Endocrinol. **6**, 535 (1946). — [11] DINGEMANSE, E., L. G. HUIS IN'T VELD and S. L. HARTOGH-KATZ: J. clin. Endocrinol. **12**, 66 (1952). — [12] ZYGMUNTOWICZ, A. S., M. WOOD, E. CHRISTO and N. B. TALBOT: J. clin. Endocrinol. **11**, 578 (1951). — [13] POND, M. H.: Lancet **1951 II**, 906.

Die C_{19}-Steroide ohne Ketonfunktion können als sog. alkoholische „Nicht"-Ketonsteroide im Harn bestimmt werden, nachdem man alle Ketone mit GIRARDS Reagens abgetrennt hat. Sie lassen sich dann z. B. durch Halbveresterung mit Dinitrophthalsäure erfassen[1].

Auch für die Gruppenbestimmungen der C_{19}-Steroide gilt, was bereits bei den C_{21}-Steroiden betont wurde: sie sind wesensmäßig unspezifisch, da sie zahlreiche verschiedene Steroide, die sich aus verschiedenen Hormonen herleiten, gemeinsam bestimmen. Andererseits repräsentieren auch diese Steroidmetaboliten des Harnes nur einen Bruchteil der sezernierten Muttersubstanzen.

δ) Die C_{18}-Steroide[2].

Diese Gruppe umfaßt die oestrogenen Hormone und ihre Metaboliten. Mindestens ein Kern des Steroidskeletes ist bei ihnen aromatisch. Die Hydroxylgruppe an diesem Kern ist somit phenolischer Natur. Die Bezeichnung „phenolische Steroide" ist deshalb auch geläufig.

1. Vorkommen im Körper.

β-Oestradiol* und Oestron werden im GRAAFschen Follikel gebildet. In den Nebennieren von männlichen und weiblichen Säugern wurde Oestron gefunden. Ferner kommen relativ große Mengen oestrogener Hormone im Hoden des Hengstes vor. Auch die Placenta muß als Entstehungsort von C_{18}-Steroiden angesehen werden. Nachfolgend sind die im Organismus aufgefundenen C_{18}-Steroide zusammengestellt.

β-Oestradiol*: Ovar (Schwein)[3], Placenta (Mensch)[4, 9], Hoden (Mensch und Hengst)[5],

Oestron: Ovar (Schwein)[6], Placenta (Mensch)[6, 9], Nebennieren (Rind)[7], Hoden (Hengst)[8],

Oestriol: Placenta (Mensch)[4, 9].

Über die Art der Entstehung der C_{18}-Steroide in diesen endokrinen Drüsen ist nichts Sicheres bekannt. Ebensowenig weiß man über die normalerweise sezernierten Mengen**.

2. Stoffwechsel der C_{18}-Steroide[10–12].

Auch der Stoffwechsel der phenolischen C_{18}-Steroide wurde an der perfundierten Leber oder an Gewebsschnitten von Ratten und Kaninchen untersucht.

* Oestradiol ist das aktivste natürliche Oestrogen des Ovars. Früher wurde es α-Oestradiol genannt. Die Hydroxylgruppe am C-Atom 17 ist aber β-ständig (FIESER, L. F., and M. FIESER: Natural Products Related to Phenanthren. 3. Aufl. S. 323ff. New York 1949).

** Wird markiertes Acetat durch isolierte Ovarien vom Schwein perfundiert, so können markiertes Oestron und β-Oestradiol aus dem Perfusat isoliert werden (WERTHESSEN, N. T., E. SCHWENK and C. BAKER: Science, N.Y. **117**, 380 (1953).

[1] ENGEL, L. L.: Recent Progr. Hormone Res. **5**, 335 (1950). — [2] PEARLMAN, W. H.: Pincus-Thimann, Hormones Bd. 1, 351. — HEARD, R. D. H.: Recent Progr. Hormone Res. **4**, 25 (1949). — HEARD, R. D. H., and J. C. SAFFRAN: Recent Progr. Hormone Res. **4**, 43 (1949). — [3] MACCORQUODALE, D. W., S. A. THAYER and E. A. DOISY: J. biol. Ch. **115**, 435 (1936). — [4] HUFFMAN, M. N., S. A. THAYER and E. A. DOISY: J. biol. Ch. **133**, 567 (1940). — [5] GOLDZIEHER, J. W., and I. S. ROBERTS: J. clin. Endocrinol. **12**, 143 (1952). — [6] WESTERFELD, W. W., S. A. THAYER, D. W. MACCORQUODALE and E. A. DOISY: J. biol. Ch. **126**, 181 (1938). — WESTERFELD, W. W., D. W. MACCORQUODALE, S. A. THAYER and E. A. DOISY: J. biol. Ch. **126**, 195 (1938). — [7] BEALL, D.: Nature **144**, 76 (1939). — [8] BEALL, D.: Biochem. J. **34**, 1293 (1940). — [9] DICZFALUSY, E.: Acta endocrinol., København, Suppl. **12** (1953). — [10] JAILER, J. W: J. clin. Endocrinol. **9**, 557 (1949). — [11] PASCHKIS, K. E., and A. E. RAKOFF: Recent Progr. Hormone Res. **5**, 115 (1950). — [12] SEGALOFF, A.: Recent Progr. Hormone Res. **4**, 85 (1949).

Wiederum zeigt sich, daß die Leber der wesentliche Ort des Steroidstoffwechsels ist[1–4, 9, 10]. Dieser Befund wird auch durch Versuche am ganzen Tier ergänzt[5]. Die Niere zeigt eine qualitativ gleiche, quantitativ bedeutend geringere Aktivität im C_{18}-Steroidstoffwechsel als die Leber. Die anderen Organe haben demgegenüber kaum eine Wirkung auf Umwandlung und Inaktivierung der C_{18}-Steroide. Nur die durch Progesteron vorbehandelte Uterusschleimhaut scheint nach Untersuchungen von Pincus oestrogene Hormone umwandeln zu können[6], doch konnte dieser Befund von anderen Autoren nicht bestätigt werden[7, 8]. Der Stoffwechsel der C_{18}-Steroide verläuft bei verschiedenen Tierarten verschieden[5].

Folgende Umwandlungen sind sowohl bei den in vitro-Versuchen als auch bei Versuchen am ganzen Tier und am Menschen beobachtet worden[5]:

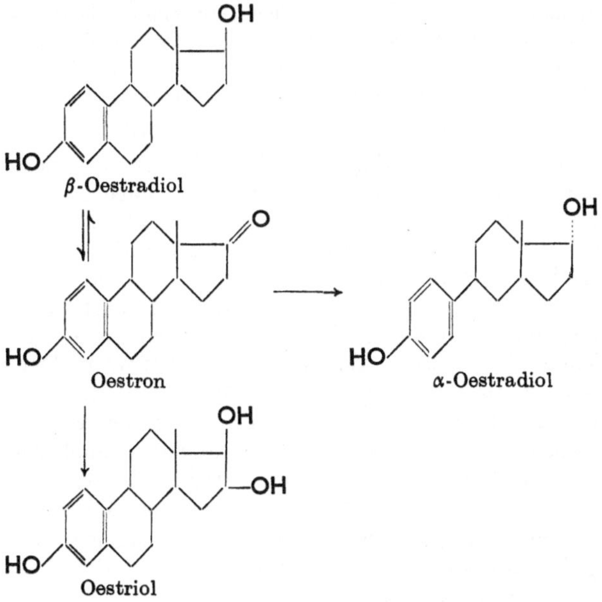

β-Oestradiol

Oestron

α-Oestradiol

Oestriol

Die Umwandlung des natürlichen β-Oestradiol in Oestron ist umkehrbar, der weitere Umbau zu Oestriol ist irreversibel[11]. Beim Kaninchen findet man α-Oestradiol als einziges Stoffwechselprodukt des β-Oestradiols und des Oestrons, das sonst nur in Spuren oder gar nicht vorkommt[11]. Diese Umwandlungen machen nur einen Teil des C_{18}-Steroidstoffwechsels aus. Ein erheblicher Teil, nämlich etwa 50 bis 80% der zugeführten Oestrogene, wird in bisher unbekannter Weise weiter abgebaut und ist nicht mehr als Steroid nachweisbar[3]. Dieser Abbau ist mit dem oxydativen Stoffwechsel der Leber verknüpft. Er ist durch Cyanid vergiftbar[12]; der Sauerstoff kann teilweise durch Methylenblau ersetzt

[1] Werthessen, N. T., C. F. Baker and N. S. Field: Amer. J. Physiol. **167**, 166 (1951). — [2] Ledogar, J. A., and H. W. Jones: Science, N. Y. **112**, 536 (1950). — [3] Lieberman, S., H. J. Tagnon and P. Schulman: J. clin. Invest. **31**, 341 (1952). — [4] Crépy, O.: Arch. Sci. physiol. **1**, 427 (1947). — [5] Heard, R. D. H.: Recent Progr. Hormone Res. **4**, 25 bes. 30 (1949). — [6] Pincus, G., and P. A. Zahl: J. gen. Physiol. **20**, 879 (1937). — [7] Heard, R. D. H., W. S. Bauld and M. M. Hofman: J. biol. Ch. **141**, 709 (1941). — [8] Heller, C. G.: Endocrinology **26**, 619 (1940). — [9] Singher, H. O., C. J. Kensler, H. C. Taylor jr., C. P. Rhoads and K. Unna: J. biol. Ch. **154**, 79 (1944). — [10] Twombly, G. H., and H. C. Taylor jr.: Cancer Res. **2**, 811 (1942). — [11] Heard, R. D. H.: Recent Progr. Hormone Res. **4**, 25 (1949). — Heard, R. D. H., and J. C. Saffran: Recent Progr. Hormone Res. **4**, 43 (1949). — [12] DeMeio, R. H., A. E. Rakoff, A. Cantarow and K. E. Paschkis: Endocrinology **43**, 97 (1948).

werden. DPN, ein Flavinenzym und Cytochrom c sind an diesem Abbau beteiligt[1,2]. Hingegen spielt Citrat beim Abbau von Oestradiol keine Rolle[3]. Versuche mit fraktionierten Homogenaten von Rattenlebern ergaben, daß keine einzelne Fraktion, sondern nur das gesamte Homogenat die oestrogenen Hormone inaktivieren kann[4].

Mit ^{131}J-markierten Oestrogenen wurden sowohl der Stoffwechsel als auch die Verteilung der C_{18}-Steroide im Organismus und auch deren Ausscheidung untersucht[5]. Im Gegensatz zu den Befunden, die mit ^{14}C-markierten C_{21}- bzw. C_{19}-Steroiden erhoben wurden, lassen sich diese Untersuchungen nicht ohne weiteres auf physiologische Verhältnisse übertragen, sind doch die Eigenschaften dieser halogenierten phenolischen Steroide von denen der natürlichen oestrogenen Hormone ganz verschieden. Immerhin ist bemerkenswert, daß sich auch hier herausstellte, daß die eigentlichen Erfolgsorgane der Hormone, wie Uterus, Vagina usw., die markierten Verbindungen in der gleichen großen Verdünnung wie andere Gewebe enthielten. Nur in der Leber, besonders aber in der Galle, im Darm und im Darminhalt kommen große Mengen von ^{131}J-haltigen Verbindungen vor. Außerdem wurde in den Mammae von Ratten eine etwas größere Konzentration an ^{131}J bestimmt[6].

3. Ausscheidung der C_{18}-Steroide.

Die C_{18}-Steroide werden offenbar bei allen Säugern zu einem erheblichen Teil durch die Galle und durch den Darm mit den Faeces ausgeschieden[6–8]. Durch die Darmflora erfahren die biliär ausgeschiedenen Steroide einen weiteren Abbau. Bei den Versuchen mit ^{131}J-markiertem Oestradiol war ein großer Teil der ^{131}J enthaltenden Verbindungen nicht mehr als Steroid identifizierbar. In Galle und Faeces kommen die C_{18}-Steroide in freier Form vor[9].

Im Harn hingegen werden die C_{18}-Steroide vorwiegend in konjugierter Form ausgeschieden, das Oestron als Sulfat[9] und Glucuronid[10], die anderen phenolischen Steroide als Glucuronide[9]. Der Mann und die nichtschwangere Frau scheiden normalerweise nur 10 bis 100 γ pro Tag an oestrogenen Hormonen aus. In der Schwangerschaft steigt die Ausscheidung an phenolischen C_{18}-Steroiden stark an. Da im Hoden des Hengstes relativ große Mengen C_{18}-Steroide gebildet werden, findet man dort im Harn entsprechende Mengen dieser phenolischen Steroide. Auch die trächtige Stute scheidet große Mengen C_{18}-Steroide aus.

Folgende C_{18}-Steroide konnten im Harn gefunden werden:

Tabelle 303. C_{18}-Steroide des Harnes.

Substanz	Vorkommen im Harn von
β-Oestradiol	schwangere Frau[11], trächtige Stute[12], Hengst[13].
α-Oestradiol	trächtige Stute[14], Kaninchen nach Oestrogengaben[3].
Oestron	Mann[15], schwangere Frau[16,17], Hengst[18], trächtige Stute[19].
Oestriol	schwangere Frau[20,21].
Equilin[22] Equilenin[22] $\Delta^{5,7,9}$-Oestratrienolon[23] 3-Desoxyequilenin[24]	trächtige Stute

[1] SEGALOFF, A.: Recent Progr. Hormone Res. **4**, 85 (1949). — [2] COPPEDGE, R. L., A. SEGALOFF and H. P. SARETT: J. biol. Ch. **182**, 181 (1950). — [3] HEARD, R. D. H.: Recent Progr. Hormone Res. **4**, 25 (1949). — HEARD, R. D. H., and J. C. SAFFRAN: Recent Progr. Hormone Res. **4**, 43 (1949). — [4] RIEGEL, I. L., and R. K. MEYER: Proc. Soc. exp. Biol. Med. **80**, 617 (1952). — [5] PEARLMAN, W. H., K. E. PASCHKIS, A. E. RAKOFF, A. CANTAROW, A. A. WALKLING and L. E. HANSEN: Endocrinology **36**, 284 (1945). — [6] LEBLOND, C. P.:

Ferner wurde ein Hydrierungsprodukt des β-Oestradiols im Harn schwangerer Frauen gefunden, das Oestrandiol[1].

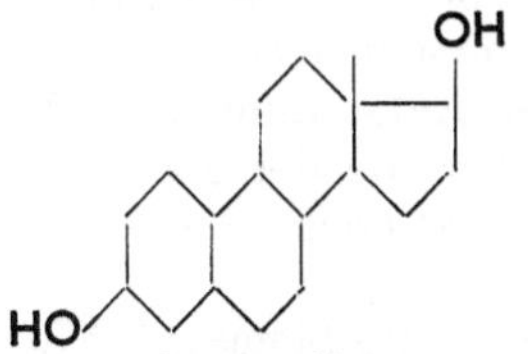

Oestrandiol

4. Bestimmung der phenolischen C_{18}-Steroide[2,3].

Auch diese Harnsteroide sind mehr oder minder spezifisch und quantitativ durch Gruppenreaktionen bestimmbar. Mit Schwefelsäure und β-Naphthol bzw. Phenol erhitzt, entsteht eine Rotfärbung (Reaktion nach Kober[4]). Beim Erhitzen der phenolischen Steroide mit Schwefelsäure oder Phosphorsäure entsteht eine Fluorescenz, die eine quantitative Bestimmung ermöglicht[5,6]. Auch andere Reaktionen sind vorgeschlagen worden[7,8].

Diese Nachweisreaktionen sind erst anwendbar, wenn die meist in geringer Konzentration vorliegenden C_{18}-Steroide zuvor angereichert und von unspezifischen störenden Begleitsubstanzen befreit worden sind. Solche Anreicherungsverfahren, die meist auch eine Trennung der einzelnen Oestrogene ermöglichen[7], beruhen auf einer Verteilung zwischen verschiedenen Lösungsmitteln[9] oder auf der Säulenchromatographie an Kautschuk[10]. Besonders geeignet zur Reinigung und Trennung der oestrogenen Hormone ist die Gegenstromverteilung[11—13]; auch die papierchromatographische Trennung und Bestimmung sind gelungen[14—16].

Ciba Found. Coll. Endocrinol. **2**, 150 (1952). — [7] Paschkis, K. E., and A. E. Rakoff: Recent Progr. Hormone Res. **5**, 115 (1950). — [8] Stimmel, B. F.: Fed. Proc. **10**, 254 (1951). — [9] Pearlman, W. H.: Pincus-Thimann, Hormones Bd. 1, S. 351. — [10] Oneson, I. B., and S. L. Cohen: Endocrinology **51**, 173 (1952). — [11] Smith, G. V., O. W. Smith, M. N. Huffman, S. A. Thayer, D. W. MacCorquodale and E. A. Doisy: J. biol. Ch. **130**, 431 (1939). — [12] Wintersteiner, O., E. Schwenk and B. Whitman: Proc. Soc. exp. Biol. Med. **32**, 1087 (1935). — [13] Levin, L.: J. biol. Ch. **158**, 725 (1945). — [14] Hirschmann, H., and O. Wintersteiner: J. biol. Ch. **122**, 303 (1938). — [15] Dingemanse, E., E. Laqueur and O. Mühlbock: Nature **141**, 927 (1938). — [16] Butenandt, A.: Naturwiss. **17**, 879 (1929). — [17] Doisy, E. A., C. D. Veler and S. Thayer: Amer. J. Physiol. **90**, 329 (1929). — [18] Häussler, E. P.: Helv. **17**, 531 (1934). — [19] Jongh, S. E. de, S. Kober u. E. Laqueur: B. Z. **240**, 247 (1931). — [20] Doisy, E. A., S. A. Thayer, L. Levin and J. M. Curtos: Proc. Soc. exp. Biol. Med. **28**, 88 (1930). — [21] Marrian, G. F.: J. Soc. chem. Ind. **49**, 515 (1930). — [22] Girard, A., G. Sandulesco, A. Fridenson, C. Gaudefroy et J-.J. Rutgers: Cr. **194**, 1020 (1932). — Girard, A., G. Sandulesco, A. Fridenson et J.-J. Rutgers: Cr. **195**, 981 (1932). — [23] Heard, R. D. H., and M. M. Hoffman: J. biol. Ch. **135**, 801 (1940); **138**, 651 (1941). — [24] Prelog, V., u. J. Führer: Helv. **28**, 583 (1945).

[1] Marker, R. E., E. Rohrmann, E. L. Wittle and E. J. Lawson: Am. Soc. **60**, 1512, (1938). — Marker, R. E., E. Rohrmann, E. J. Lawson and E. L. Wittle: Am. Soc. **60**, 1901 (1938). — [2] Engel, L. L.: Recent Progr. Hormone Res. **5**, 335 (1950). — [3] Engel, L. L., W. R. Slaunwhite jr., P. Carter, P. C. Olmsted and I. T. Nathanson: Ciba Found. Coll. Endocrinol. **2**, 104, 123 (1952). — [4] Kober, S.: B. Z. **239**, 209 (1931). — [5] Finkelstein, M.: Acta endocrinol., København **10**, 149 (1952). — [6] Bates, R. W., and H. Cohen: Endocrinology **47**, 166 (1950). — [7] Friedgood, H. B., and J. B. Garst: Recent Progr. Hormone Res. **2**, 31 (1948). — [8] Lieberman, S., H. J. Tagnon and P. Schulman: J. clin. Invest. **31**, 341 (1952). — [9] Cohen, S. L.: J. biol. Ch. **184**, 417 (1950). — [10] Nyc, J. F., D. M. Maron, J. B. Garst and H. B. Friedgood: Proc. Soc. exp. Biol. Med. **77**, 466 (1951). — [11] Engel, L. L.: Recent Progr. Hormone Res. **5**, 335 (1950). — [12] Engel, L. L., W. R. Slaunwhite jr., P. Carter and I. T. Nathanson: J. biol. Ch. **185**, 255 (1950). — [13] Slaunwhite, W. R. jr., G. Ekman, L. L. Engel, I. T. Nathanson, G. Pincus and J. Carlo: Acta endocrinol., København **7**, 321 (1951). — [14] Mitchell, F. L.: Nature **170**, 621 (1952). — [15] Heusghem, C.: Nature **171**, 42 (1953). — [16] Bitman, J., and J. F. Sykes: Science, N.Y. **117**, 356 (1953).

c) Schlußbemerkung.

Wie aus dieser Übersicht folgt, ist die Erforschung des Steroidstoffwechsels im vollen Fluß. Sie ist bei verschiedenen Steroiden unterschiedlich weit fortgeschritten. So ist man über Entstehung und Abbau der Corticosteroide eingehender unterrichtet als über die der oestrogenen Hormone. In kurzer Zeit wird über manche Frage, die jetzt noch offengelassen werden mußte, eine sichere Aussage möglich sein.

Auf zwei wichtige ungelöste Probleme, die für den gesamten Steroidstoffwechsel gelten, sei abschließend hingewiesen:

1. Wie immer wieder betont wurde, ist es bis heute bei keinem Steroidhormon möglich, eine 100%ige Bilanz aufzustellen. Alle aus Harn und Faeces isolierbaren und bestimmbaren Metaboliten stellen stets nur einen Bruchteil des sezernierten oder zugeführten Hormons dar. Es muß also neben dem bekannten und hier besprochenen Steroidabbau noch andere Wege des Steroidstoffwechsels geben, dessen Endprodukte nicht bekannt sind. Wahrscheinlich wird dabei das Steroidgerüst selbst abgebaut.

2. Der Ort des Steroidstoffwechsels scheint nur die Leber, vielleicht noch die Niere zu sein. Der Steroidab- und -umbau in der Leber ist offenbar im Hinblick auf die Hormonwirkung unspezifisch und dient nur der Inaktivierung und Ausscheidung der Steroidhormone. Man kann sich bislang kein Bild davon machen, ob es daneben auch noch einen „spezifischen Steroidstoffwechsel" gibt, der mit der Entfaltung der Hormonwirkung zusammenhängt. Merkwürdigerweise sind die Erfolgsorgane der Hormone, so z. B. die Genitalorgane, meist auffallend wenig aktiv im Steroidstoffwechsel. Alle Versuche mit markierten Hormonen (D, ^{14}C) haben bisher ergeben, daß die Steroidkonzentration in den Erfolgsorganen meist nicht höher, gelegentlich geringer ist als in indifferenten Geweben. Es ist bislang nicht geklärt, wie die Hormone in den Erfolgsorganen ihre spezifische Wirkung entfalten, und es ist unbekannt, ob sie dabei verändert oder abgebaut werden.

Eine im Hinblick auf die Regulation des endokrinen Systems bemerkenswerte Ausnahme von diesen Beobachtungen sei in diesem Zusammenhang noch erwähnt. Nach Gaben von $^{14}C_{(21)}$-Progesteron ist in der Hypophyse eine auffallende, die anderen Gewebe, mit Ausnahme der Leber, deutlich übersteigernde Aktivität zu finden[1].

Die Erforschung dieser beiden offenen Probleme wird eine wichtige Aufgabe der biochemischen Endokrinologie sein.

[1] Riegel, B., W. L. Hartop jr. and G. W. Kittinger: Endocrinology **47**, 311 (1950).

5. Stoffwechsel der Eiweißstoffe und Aminosäuren[1–18].

Von **O. Wiss.**

Inhaltsverzeichnis.

Zusammenfassende Arbeiten: 1—18. [1] Albanese, A. A.: The amino acid requirement of man. Adv. Protein Chem. **3**, 227 (1947). Protein and Amino Acid Requirement of Mammals. New York 1950. — [2] Bersin, T.: Amidasen und Proteasen. Handb. Enzymol. (Nord-Weidenhagen) Bd. 1, S. 573—632. — [3] The metabolism of proteins and amino acids. Ann. Rev.: Borsook, H., and J. W. Dubnoff: **12**, 183 (1943). — Berg, C. P.: **13**, 239 (1944). — Cohen, P. P.: **14**, 357 (1945). — Rittenberg, D., and D. Shemin: **15**, 247 (1946). — Cuthbertson, D. P.: **16**, 153 (1947). — Allison, J. B.: **17**, 275 (1948). — Neuberger, A.: **18**, 243 (1949). — Swanson, P. P., and H. E. Clark: **19**, 235 (1950). — Borsook, H., and C. L. Deasy: **20**, 209 (1951). — Tarver, H.: **21**, 301 (1952). — Christensen, H. N.: **22**, 233 (1953). — [4] Braunstein, A. E.: Transamination and the integrative functions of the dicarboxylic acids in nitrogen metabolism. Adv. Protein Chem. **3**, 1 (1947). — [5] Dakin, H D.: Oxidations and Reductions in the Animal Body. London 1922. — [6] Duncan, G. G.: Diseases of Metabolism. Philadelphia, London 1942. — [7] Edlbacher, S.: Ergebn. Enzymforsch. **9**, 131 (1943). — [8] Fromageot, C.: Oxidation of organic sulfur in animals. Adv. Enzymol. **7**, 369 (1947). — [9] Fromherz, K.: Das Verhalten körperfremder Substanzen im intermediären Stoffwechsel. Handb. Physiol. **5**, 996 (1928). — [10] Langstein, L.: Die Bildung von Kohlehydraten aus Eiweiß. Ergebn. Physiol. **1**/1, 63 (1902). Die Kohlehydratbildung aus Eiweiß. Ergebn. Physiol. **3**/1, 453 (1904). — [11] Neubauer, O.: Intermediärer Eiweißstoffwechsel. Handb. Physiol. **5**, 671 (1928). — [12] Neuberg, C.: Handb. Path. Stoffw. (v. Noorden) 2. Aufl. Bd. 2, S. 464. — [13] Raper, H. S.: Tyrosinase. Ergebn. Enzymforsch. **1**, 270 (1932). — [14] Rondoni, P.: Der Aufbau der Eiweißkörper im tierischen Organismus. Ergebn. Enzymforsch. **10**, 157 (1949). — [15] Schmidt, C. L. A.: Chemistry of the Amino Acids and Proteins. 2. Aufl. Springfield, Baltimore 1944. — [16] Schoenheimer, R.: The Dynamic State of Body Constituents. Cambridge, Mass. 1942. — [17] Vigneaud, V. du: Harvey Lect. **38**, 39 (1942/43). — [18] Zeller, E. A.: Diamin-oxidase. Adv. Enzymol. **2**, 93 (1942).

a) Der Eiweißstoffwechsel.

α) Der dynamische Zustand der Körpersubstanz.

Auf Grund der Tatsache, daß wesentliche Teile des tierischen Organismus aus Eiweiß bestehen, hat die Frage nach seiner Beziehung zum Nahrungseiweiß frühzeitige Beachtung gefunden. LIEBIG hat sich vorgestellt, daß das durch die Verdauung löslich gemachte Eiweiß in dieser Form resorbiert und am Aufbau des Protoplasmas teilnehmen würde. VOIT[1] unterschied im Organismus zwei voneinander unabhängige Eiweißarten; im Gegensatz zum zirkulierenden Eiweiß sollte das Gewebeeiweiß nicht oder nur in unbedeutendem Maße von der Eiweißzufuhr beeinflußt werden. Der von FOLIN[2] im Jahre 1905 bzw. 1912 entwickelten klassischen Theorie über den endogenen und exogenen Eiweißstoffwechsel lag eine ähnliche Zweiteilung zugrunde. Der endogene Anteil war nach FOLINs Auffassung durch die Abnützung des Körpereiweißes bedingt und stand somit mit der Eiweißzufuhr nur insofern im Zusammenhang, als die vor allem beim Erwachsenen geringe Abnützungsquote ersetzt werden mußte, was aus der konstanten Ausscheidung seiner Endprodukte, des Kreatins und des sog. Neutralschwefels hervorgehen sollte. Der exogene Eiweißstoffwechsel hingegen sollte in direkter Beziehung zum Nahrungseiweiß stehen; Harnstoff und Sulfat wären dessen Stoffwechselendprodukte. Obwohl von verschiedenen Forschern[3] Einwände gegen diese Theorie erhoben worden sind, hat sie bis vor einigen Jahren allgemeine Anerkennung gefunden.

BORSOOK u. KEIGHLEY[4] treten neuerdings im Gegensatz zu der FOLINschen Auffassung für einen kontinuierlichen Eiweißstoffwechsel ein. Nach ihrer Ansicht findet auch im Zustand des Stickstoffgleichgewichtes ein ständiger Abbau und Aufbau von intracellularem Eiweiß statt. Die Abbaugröße überschreitet bei weitem die sog. Abnützungsquote und steht in direktem Zusammenhang mit dem aufgenommenen Nahrungseiweiß. Diese Theorie wird nach BORSOOK u. Mitarb.[4] durch verschiedene Beobachtungen gestützt: im Zustand des Stickstoffgleichgewichtes, das durch Zufuhr eines Aminosäuregemisches aufrechterhalten wird, in welchem die schwefelhaltigen Aminosäuren aber fehlen, ist die Schwefelausscheidung viel höher als auf Grund des sog. endogenen Eiweißstoffwechsels zu erwarten wäre. Der Organismus hat in beschränktem Umfang die Fähigkeit, Eiweiß zu speichern. Bei Bedarf wird dieses zuerst aufgebraucht, bevor die eigentliche Körpersubstanz angegriffen wird[5]. Auch die

---

[1] VOIT, C.: Handbuch der Physiologie des Gesamt-Stoffwechsels und der Fortpflanzung. [Handb. Physiol. (NAGEL) Bd. 6/1] S. 300. Leipzig 1881. — [2] FOLIN, O: Amer. J. Physiol. **13**, 117 (1905). — FOLIN, O., and W. DENIS: J. biol. Ch. **11**, 87 (1912). — [3] McCOLLUM, E. V.: Amer. J. Physiol. **29**, 210 (1911/12). — McCOLLUM, E. V., N. SIMMONDS and W. PITZ: J. biol. Ch. **29**, 341 (1917). — OSBORNE, T. B., and L. B. MENDEL: J. biol. Ch. **17**, 325 (1914). — MITCHELL, H. H., W. B. NEVENS and F. E. KENDALL: J. biol. Ch. **52**, 417 (1922). — [4] BORSOOK, H., and G. L. KEIGHLEY: Proc. R. Soc. London (B) **118**, 488 (1935). — Zusammenfassende Darstellung: BORSOOK, H., and J. W. DUBNOFF: Ann. Rev. **12**, 183 (1943). — [5] DEUEL, H. J. jr., I. SANDIFORD, K. SANDIFORD and W. M. BOOTHBY: J. biol. Ch. **76**, 391 (1928). — MARTIN, C. J., and R. ROBISON: Biochem. J. **16**, 407 (1922). — ADDIS, T., D. D. LEE, W. LEW and L. J. POO: J. Nutrit. **19**, 199 (1940). — CHAMBERS, W. H., and A. T. MILHORAT: J. biol. Ch. **77**, 603 (1928). — s. a. S. 927.

Tatsache, daß nach Entfernung der Plasmaeiweißkörper in vivo (*Plasmapherese*) ein außerordentlich rascher Ersatz aus Leber und anderen Geweben erfolgt[1], zeigt, daß ein dynamisches Gleichgewicht zwischen den verschiedenen Eiweißkörpern des Organismus besteht. In diesem Zusammenhang müssen auch die weit zurückliegenden Untersuchungen von MIESCHER[2], KOSSEL[3] u. a.[4] über den Umbau des Körpereiweißes beim Rheinlachs erwähnt werden: Während der mehrmonatigen Wanderung vom Meer flußaufwärts nehmen die Fische keine Nahrung auf und bilden durch Einschmelzung der Rumpfmuskulatur ihre Generationsorgane, die aus Nucleinsäuren und Protaminen bestehen, also aus Eiweißkörpern ganz anderer Zusammensetzung als das Ausgangsmaterial.

Der Beweis für die allgemeine Gültigkeit des dynamischen Zustandes der Körpersubstanz wird durch Verfütterung von isotopenhaltigen Aminosäuren geliefert: SCHOENHEIMER u. Mitarb.[5,6] verabreichten mit schwerem Stickstoff markiertes Glycin, Leucin und Tyrosin an Ratten, die sich im Stickstoffgleichgewicht befanden, und konnten ungefähr die Hälfte des zugeführten Stickstoffes im Körpereiweiß nachweisen. Ein besonders hoher Gehalt findet sich im Eiweiß von Serum, Darm, Leber, Niere und Milz, während Muskel und Haut in geringem Ausmaß markierten Stickstoff aufgenommen haben. Auf Grund solcher Versuche läßt sich berechnen, daß der gesamte Stickstoff des Serums oder der Leber innerhalb weniger Wochen durch zugeführtes Eiweiß vollständig erneuert wird. Dieser überraschend rege Austausch zwischen Nahrungsbestandteilen und Körpersubstanz läßt die Vorstellung des sog. „metabolic pool“ entstehen[5]. SPRINSON u. RITTENBERG[7] definieren durch diesen Begriff eine Mischung von Stoffen, welche im intermediären Abbau entstanden sind mit solchen, welche mit der Nahrung zugeführt worden sind und welche das Tier (Organ oder Zelle) für die Synthese der Körperbausteine verwendet.

Analoge Untersuchungen am Menschen ergeben, daß die Umwandlung der inneren Organe und des Plasmas fast ebenso schnell erfolgt wie bei der Ratte. Vom Muskeleiweiß scheint nur ein kleiner Anteil von etwa 30% am Stickstoffaustausch beteiligt zu sein[7].

β) Die Resorption von Eiweiß[8].

1. Resorption als freie Aminosäuren.

Genaue Vorstellungen über die Resorption der Eiweißkörper waren erst möglich, nachdem die Abbauvorgänge im Magendarmkanal in wesentlichen Belangen erforscht waren.

Von großer Bedeutung war die Entdeckung COHNHEIMS[9], daß die Proteasen des Darmes Eiweißkörper bis zu den freien Aminosäuren aufzuspalten vermochten.

---

[1] MADDEN, S. C., and G. H. WHIPPLE: Physiol. Rev. **20**, 194 (1940). — [2] MIESCHER, F.: Die histochemischen und physiologischen Arbeiten. Bd. 1, S. 116, 192, 304, 359. Leipzig 1897. — [3] KOSSEL, A.: H. **40**, 311 (1903/04); **44**, 347 (1905). — KOSSEL, A., u. H. D. DAKIN: H. **40**, 565; **41**, 407 (1904). — WEISS, F.: H. **52**, 107 (1907). — [4] BANG, I.: H. **27**, 463 (1899). — EHRSTRÖM, R.: H. **32**, 350 (1901). — ABDERHALDEN, E.: H. **41**, 55 (1904). — STEUDEL, H., u. K. SUZUKI: H. **127**, 1 (1923). — [5] SCHOENHEIMER, R., S. RATNER and D. RITTENBERG: J. biol. Ch. **130**, 703 (1939). — [6] RATNER, S., D. RITTENBERG, A. S. KESTON and R. SCHOENHEIMER: J. biol. Ch. **134**, 665 (1940). — SCHOENHEIMER, R., S. RATNER and D. RITTENBERG: J. biol. Ch. **127**, 333 (1939). — SCHOENHEIMER, R., S. RATNER, D. RITTENBERG and M. HEIDELBERGER: J. biol. Ch. **144**, 545 (1942). — SCHOENHEIMER, R., S. RATNER and D. RITTENBERG: J. biol. Ch. **144**, 541 (1942). — SHEMIN, D., and D. RITTENBERG: J. biol. Ch. **153**, 401 (1944). — Zusammenfassende Darstellung: SCHOENHEIMER, R.: The Dynamic State of Body Constituents. Cambridge, Mass. [7] SPRINSON, D. B., and D. RITTENBERG: J. biol. Ch. **180**, 715 (1949). — [8] s. a. S. 224ff. — [9] COHNHEIM, O.: H. **33**, 9 (1901).

ABDERHALDEN u. Mitarb[1]. haben den Darminhalt von Fistelhunden nach Eiweißverfütterung näher untersucht und festgestellt, daß neben hochmolekularen Anteilen niedere Peptide und in geringem Umfang freie Aminosäuren darin enthalten waren. Eingeführte freie Aminosäuren verschwanden im Dünndarm rasch[2], Peptide wurden in Aminosäuren aufgespalten[3].

Es erscheint somit wahrscheinlich, daß die Resorption des Eiweißes in Form der freien Aminosäuren erfolgt. Diese Annahme wird sehr wesentlich gestützt durch den Nachweis der freien Aminosäuren im Blut. ABDERHALDEN[4] ist es gelungen, aus Blut eine größere Anzahl von Aminosäuren zu isolieren.

In gleichem Sinne sprechen Versuche über die Beeinflussung des Aminostickstoffes im Plasma durch Eiweißverabreichung. CATHCART u. LEATHES[5] finden nach Verabreichung von Eiweiß eine Vermehrung des nicht mit Eiweiß fällbaren Stickstoffes im Blut. DELAUNAY[6] vergleicht den Aminostickstoffgehalt von Portalvenenblut und arteriellem Blut und stellt eine ungefähr doppelt so hohe Konzentration im Pfortaderblut fest. In ausführlichen Arbeiten haben FOLIN u. DENIS[7] sowie VAN SLYKE u. MEYER[8] die Abhängigkeit des Aminostickstoffgehaltes des Blutes von der Eiweißzufuhr untersucht. Es ergibt sich beispielsweise, daß oral verabreichte Aminosäuren deutlich erhöhte Aminostickstoffwerte im Blut der Mesenterialvene zur Folge haben.

Aus Untersuchungen von ABEL, ROWNTREE u. TURNER[9] geht hervor, daß ganz erhebliche Mengen Aminosäuren ins Blut übertreten und von dort an die Gewebe abgegeben werden. Diese Ergebnisse werden mit folgender Versuchsanordnung gewonnen: Zwischen Arterie und Vene wird am lebenden Tier ein Dialysiergefäß eingeschaltet, so daß niedermolekulare Anteile diffundieren können. Nach Ablauf von etwa 100 Std können etwa 15 g Monoaminomonocarbonsäuren aus dem Blut abgetrennt werden.

Zahlreiche Untersuchungen[10] befassen sich mit den Resorptionsverhältnissen der einzelnen Aminosäuren (s. S. 227). Nach Angaben vieler Forscher werden Glycin und Alanin besonders schnell resorbiert. Im allgemeinen wird zu diesem Zweck die zu untersuchende Aminosäure verfüttert und die Beeinflussung des Nichteiweiß-Stickstoffes im Blut beurteilt. Genaue vergleichbare Werte für die verschiedenen Aminosäuren gehen aus den Arbeiten von WILSON[11], BERG[12], CHASE[13] und DOTY[14] hervor. Die genannten Forscher benützen die von CORI[15] für Untersuchung der Zuckerresorption angegebene Methode, die im wesentlichen folgen-

[1] ABDERHALDEN, E., K. v. KÖRÖSY u. E. S. LONDON: H. **53**, 148 (1907). — ABDERHALDEN, E.: H. **78**, 382 (1912). — [2] ABDERHALDEN, E., O. PRYM u. E. S. LONDON: H. **53**, 326 (1907). — [3] ABDERHALDEN, E., E. S. LONDON u. C. VOEGTLIN: H. **53**, 334 (1907). — [4] ABDERHALDEN, E.: H. **114**, 250 (1921). — [5] CATHCART, E. P., and J. B. LEATHES: J. Physiol., London **33**, 462 (1906). — [6] DELAUNAY, H.: Thèse Bordeaux (1910). — [7] FOLIN, O., and W. DENIS: J. biol. Ch. **11**, 87, 161 (1912). — [8] SLYKE, D. D. VAN, and G. M. MEYER: J. biol. Ch. **12**, 399 (1912). — [9] ABEL, J. J., L. G. ROWNTREE and B. B. TURNER: Trans. Ass. amer. Physicians **28**, 51 (1913). J. Pharmacol. exp. Therap. **5**, 275, 611 (1913/14). — [10] FOLIN, O., and W. DENIS: J. biol. Ch. **11**, 87; **12**, 141 (1912). — LEVENE, P. A., and P. A. KOBER: Amer. J. Physiol. **23**, 324 (1909). — LEVENE, P. A., and G. M. MEYER: Amer. J. Physiol. **25**, 214 (1909). — SETH, T. N., and J. M. LUCK: Biochem. J. **19**, 366 (1925). — JOHNSTON, M. W., and H. B. LEWIS: J. biol. Ch. **78**, 67 (1928). — KRATZER, F. H.: J. biol. Ch. **153**, 237 (1944). — LUCK, J. M.: J. biol. Ch. **77**, 13 (1928). — SHAMBAUGH, N. F., H. B. LEWIS and D. TOURTELLOTTE: J. biol. Ch. **92**, 499 (1931). — LEWIS, H. B., and B. H. BROWN: J. biol. Ch. **123**, LXXV (1938). — ANDREWS, J. C., and C. G. JOHNSTON: J. biol. Ch. **101**, 635 (1933). — STEARNS, G., and H. B. LEWIS: J. biol. Ch. **86**, 93 (1930). — LAWRIE, H. R.: Biochem. J. **26**, 435 (1932). — SARZANA, G.: Boll. Soc. ital. Biol. sperim. **8**, 384 (1933). — [11] WILSON, R. H., and H. B. LEWIS: J. biol. Ch. **84**, 511 (1929). — WILSON, R. H.: J. biol. Ch. **87**, 175 (1930); **97**, 497 (1932). — [12] BERG, C. P., and L. C. BAUGUESS: J. biol. Ch. **98**, 171 (1932). — [13] CHASE, B. W.: J. biol. Ch. **100**, XXVII (1933). — CHASE, B. W., and H. B. LEWIS: J. biol. Ch. **101**, 735 (1933); **106**, 315 (1934). — [14] DOTY, J. R., and A. G. EATON: J. biol. Ch. **122**, 139 (1937). — [15] CORI, C. F.: J. biol. Ch. **66**, 691 (1925).

dermaßen gehandhabt wird: Ratten werden längere Zeit auf gleiches Futter gesetzt, anschließend einige Zeit ohne Nahrungszufuhr gehalten; dann wird ihnen eine bestimmte Menge der zu untersuchenden Aminosäure verabreicht. Die Bestimmung der nach der gewählten Resorptionszeit noch im Darm vorhandenen Aminosäuren gestattet die Berechnung der resorbierten Menge.

KÚTHY[1] vergleicht das Verschwinden des Eiweißes im Darm und den Anstieg des Nichteiweiß-Stickstoffes im Blut und findet eine gute Übereinstimmung der Zeitkurven. Der gleichzeitig gemessene, erhöhte Sauerstoffverbrauch (spezifisch-dynamische Wirkung) verläuft ebenfalls parallel zur Resorptionskurve.

2. Resorption von Peptiden.

Von wesentlicher Bedeutung ist die Frage, ob neben den freien Aminosäuren auch ungespaltenes Eiweiß, Polypeptide oder Peptide im Verdauungstrakt zur Resorption gelangen (s. a. S. 225). TOBLER[2] stellt am Fistelhund, nachdem die Darmpassage durch Gummiballons verschlossen ist, eine Abnahme von 30% des zugeführten Eiweißes fest. Während LANG[3] und ZUNZ[4] im wesentlichen die Angaben von TOBLER bestätigen, findet LONDON[5] keine Abnahme des zugeführten Stickstoffes. Mit anderer Versuchstechnik, d. h. nach Verabreichung einer bestimmten gleichen Nahrungsmenge an verschiedene Tiere und nach Tötung in verschiedenen Zeitabständen, beobachteten GRIMMER und SCHEUNERT[6] beim Pferd im Magen eine Abnahme des zugeführten Eiweißes; bei Hunden hingegen findet GRIMMER[7] das gesamte zugeführte Eiweiß im Magen wieder vor. Offenbar ist die Abnahme des zugeführten Eiweißes im Magen dem operativen Eingriff und der daraus sich ergebenden Störung der Verdauungsvorgänge zuzuschreiben.

Auch über die Frage der *Resorption von hochmolekularen Eiweißabbauprodukten durch den Darm* herrscht nicht restlose Klarheit. ZUNZ[4] arbeitete in vitro am isolierten Darm und fand eine größere Abnahme des Stickstoffgehaltes nach Zugabe von WITTE-Pepton und Albumosen als nach Eiweißhydrolysaten. Analoge Ergebnisse erhielt NOLF[8], während ABDERHALDEN u. LONDON[9] mit der gleichen Versuchsanordnung hohe Resorptionswerte für vollständig hydrolysiertes Eiweiß feststellten. Nach Angaben von MESSERLI[10] auf Grund von Untersuchungen an THIERY-VELLA-Fistelhunden werden Peptone in weit größerem Ausmaß resorbiert als niedermolekulare Spaltprodukte des Eiweißes. Andere Forscher haben sich bemüht, höher molekulare Spaltprodukte des Eiweißes im Blut nachzuweisen und festzustellen, ob nach Eiweißzufuhr eine Anreicherung stattfindet. Nach EMBDEN u. KNOOP[11], LANGSTEIN[12], v. BERGMANN u. LANGSTEIN[13] und FREUND[14] lassen sich solche im Blut nachweisen. ABDERHALDEN u. OPPENHEIMER[15] sowie MORAWITZ u. DIETSCHY[16] können keinen eindeutigen Nachweis erbringen. Mit angiostomierten Hunden gelingt es jedoch LONDON u. KOTSCHNEFF[17] durch Vergleich der Biuretreaktion in der Pfortader und den Arterien,

[1] KÚTHY, A. v.: Pflügers Arch. **225**, 567 (1930). — [2] TOBLER, L.: H. **45**, 185 (1905). — [3] LANG, G.: B. Z. **2**, 225 (1907). — s. a. SALASKIN, S.: H. **51**, 167 (1907). — [4] ZUNZ. E.: Arch. int. Pharmacodyn. Thérap. **15**, 3, 4 (1908). — [5] LONDON, E. S., u. A. T. SULIMA: H. **46**, 209 (1905). — LONDON, E. S., u. W. W. POLOWZOWA: H. **49**, 328 (1906). — [6] GRIMMER, W.: B. Z. **2**, 118 (1907). — SCHEUNERT, A., u. W. GRIMMER: H. **47**. 88 (1906). — [7] GRIMMER. W.: B. Z. **3**, 389 (1907). — [8] NOLF, P.: J. Physiol. Pathol. gén. **1907**, 295. Bull. Acad. R. Méd. Belg. **1904**, 153. — [9] ABDERHALDEN, E., u. E. S. LONDON: H. **65**, 251 (1910). — [10] MESSERLI, H.: B. Z. **54**, 446 (1913). — [11] EMBDEN, G., u. F. KNOOP: Hofmeisters Beitr. **3**, 120 (1903). — [12] LANGSTEIN, L.: Hofmeisters Beitr. **3**, 373 (1903). — [13] BERGMANN, G. v., u. L. LANGSTEIN: Hofmeisters Beitr. **6**, 27 (1905). — [14] FREUND, E.: B. Z. **7**, 361 (1908). — [15] ABDERHALDEN, E., u. C. OPPENHEIMER: H. **42**, 153 (1904). — ABDERHALDEN, E.: B. Z. **8**, 360 (1908). — [16] MORAWITZ, P., u. R. DIETSCHY: A. e. P. P. **54**, 88 (1906). — [17] KOTSCHNEFF, N. P.: Pflügers Arch. **214**, 343 (1926); **218**, 635 (1928). — LONDON, E. S., u. N. KOTSCHNEFF: H. **228**, 235 (1934).

einen deutlichen Anstieg hochmolekularer Eiweißabbauprodukte nach Verabreichung von eiweißhaltiger Nahrung nachzuweisen. Diese Untersuchungen erfuhren durch MARTENS[1] eine Bestätigung. Die mitgeteilten Befunde lassen die Möglichkeit offen, daß die Anreicherung der Polypeptide im Blut nicht durch Resorption aus dem Darminhalt, sondern durch Neubildung aus resorbierten Aminosäuren in der Darmwand zustande kommt[2,3]; doch ist es später nie gelungen, sichere Anhaltspunkte für einen solchen Aufbau in der Darmwand zu finden[4].

Bei Berücksichtigung aller Versuchsergebnisse scheint die Annahme berechtigt, daß der *Hauptanteil des Eiweißes in Form freier Aminosäuren resorbiert* wird, wenn auch kaum bezweifelt werden kann, daß auch höhermolekulare Abbauprodukte aufgenommen werden können.

Die Resorption vollständig ungespaltener Eiweißkörper durch die Darmwand ist normalerweise mengenmäßig sicher nur gering; sie ist jedoch von Bedeutung, weil durch so aufgenommenes Eiweiß Überempfindlichkeitsreaktionen ausgelöst werden können (vgl. S. 224).

γ) Die Verteilung der Aminosäuren in den Geweben.

In ausführlichen Untersuchungen stellen VAN SLYKE u. Mitarb.[5] sowie CRAMER u. Mitarb.[6] fest, daß der α-Aminostickstoffgehalt im Plasma zwischen 3,4 bis 6,5 mg% schwankt; in den Erythrocyten sind die Werte 1,7- bis 2,2mal größer als im Plasma. Die Verteilung der einzelnen Aminosäuren ist ungleichmäßig; es findet sich vor allem erheblich mehr Glutathion in den Erythrocyten als im Plasma[7]. Ein beträchtlicher Anteil, d. h. 18 bis 25%, des Aminostickstoffgehaltes ist durch freies Glutamin bedingt; ein geringer Teil davon liegt in Form der Glutaminsäure vor[8] (s. a. S. 344).

Der Gehalt an freien Aminosäuren im Blut läßt sich durch Eiweiß- oder Aminosäureverabreichung nur in relativ geringem Maße beeinflussen. So steigt der Aminostickstoffgehalt z. B. auch nach oraler Zufuhr von 1 g Aminosäuregemisch pro kg Körpergewicht von etwa 3 mg% auf etwa 6 mg% an[9]. Die Ursache dieses geringen Anstieges beruht offenbar auf der raschen Abgabe der in die Blutbahn aufgenommenen Aminosäuren in die Gewebe. Sehr eindrucksvoll kommt dieses Verhalten in Untersuchungen von VAN SLYKE u. MEYER[10] zum Ausdruck. Nach intravenöser Injektion von 12 g Alanin an einen Hund waren nach 5 min nur noch 12,5%, nach 35 min nur noch 3,5% im Blut nachweisbar. Analoge Ergebnisse erhielten KING u. Mitarb.[11] mit parenteraler Zufuhr von

---

[1] MARTENS, M. R.: Bull. Soc. Chim. biol. **13**, 1187 (1931). — [2] ZUNZ, E.: Arch. int. Pharmacodyn. Thérap. **15**, 3, 4 (1908). — [3] ABDERHALDEN, E.: Synthese der Zellbausteine in Pflanze und Tier. Berlin 1912. — KÖRÖSY, K. v.: H. **86**, 356 (1913). — [4] ABDERHALDEN, E., u. E. S. LONDON: H. **65**, 251 (1910). Pflügers Arch. **212**, 735 (1926). — ABDERHALDEN, E., u. P. HIRSCH: H. **80**, 136 (1912). — RONA, P.: B. Z. **46**, 307 (1912). — GAYDA, T.: Arch. Fisiol. **13**, 83 (1914). — LONDON, E. S., u. N. KOTSCHNEFF: H. **228**, 235 (1934). — [5] HAMILTON, P. B., and D. D. VAN SLYKE: J. biol. Ch. **150**, 231 (1943). — [6] CRAMER, F. B. jr., and T. WINNICK: J. biol. Ch. **150**, 259 (1943). — [7] USSING, H. H.: Acta physiol. scand. **5**, 335 (1943). — CHRISTENSEN, H. N., and E. L. LYNCH: J. biol. Ch. **163**, 741 (1946). — GUTMAN, G. E., and B. ALEXANDER: J. biol. Ch. **168**, 527 (1947). — DUNN, M. S., H. F. SCHOTT, W. FRANKL and L. B. ROCKLAND: J. biol. Ch. **157**, 387 (1945). — CHRISTENSEN, H. N., P. F. COOPER jr., R. D. JOHNSON and E. L. LYNCH: J. biol. Ch. **168**, 191 (1947). — [8] HARRIS, M. M.: J. clin. Invest. **22**, 569 (1943). — HAMILTON, P. B., and R. R. TARR: J. biol. Ch. **158**, 375 (1945). — ARCHIBALD, R. M.: J. biol. Ch. **154**, 643 (1944). — ROPER, J. A., and H. MCILWAIN: Biochem. J. **42**, 485 (1948). — HARPER, H. A.: Arch. Biochem. **15**, 433 (1947). — PRESCOTT, B. A., and H. WAELSCH: J. biol. Ch. **167**, 855 (1947). — [9] VIOLLIER, G., u. W. GEISSBERGER: Helv. physiol. Acta **5**, C 58 (1947). — [10] SLYKE, D. D. VAN, and G. M. MEYER: J. biol. Ch. **12**, 399 (1912). — [11] KING, F. B., and D. RAPPORT: Amer. J. Physiol. **103**, 288 (1933). — KING, F. B., R. SIMONDS and M. AISNER: Amer. J. Physiol. **110**, 573 (1934/35).

Tyrosin. Da nur unbedeutende Mengen Aminosäuren in dieser Zeit ausgeschieden werden und die zusätzliche Mehrbildung von Harnstoff ebenfalls gering ist, ist auf Grund dieser Versuche zu erwarten, daß der Großteil in den Geweben zurückgehalten wird. Tatsächlich läßt sich in den Geweben, wie Leber, Niere, Darm, Muskel usw., eine sehr beträchtliche Anreicherung freier Aminosäuren feststellen[1]. Während die Leber die zusätzlich aufgenommenen Aminosäuren im Laufe der folgenden 2 bis 3 Std wieder abgibt und gleichzeitig der Harnstoff im Blut ansteigt, zeigt sich im Gehalt an freien Aminosäuren der Muskulatur keine wesentliche Änderung; Niere, Pankreas, Milz usw. geben die Aminosäuren viel langsamer ab als die Leber[2]. Diese Speicherfähigkeit ist für die inneren Organe beträchtlich groß und kann bis 150 mg% betragen; durchschnittlich ist der Gehalt 5 bis 10mal höher als im Blut. Die Aufnahmefähigkeit der Muskulatur ist bei etwa 75 bis 80 mg% begrenzt[1—3]. Auf natürliche Weise, d. h. als eiweißhaltiges Futter, zugeführte Aminosäuren haben jedoch keinen Einfluß auf den Aminostickstoffgehalt der Gewebe[4], so daß sich unter normalen Bedingungen die Zufuhr zu den Geweben und die Weiterverarbeitung die Waage halten.

Mit der Beurteilung des Gesamtaminosäuregehaltes ist jedoch die Frage nach der Verteilung nicht gelöst; es ist vorstellbar, daß die einzelnen Aminosäuren verschieden beeinflußt werden, ohne daß die Gesamtkonzentration aller Aminosäuren merklich davon betroffen würde. Systematische Untersuchungen über den Einfluß verschiedener Ernährung bei der Ratte zeigen, daß tatsächlich beträchtliche Verschiebungen im Gehalt der einzelnen Aminosäuren auftreten können[5]. In Blut und Leber sind bei Eiweißfütterung und im Hungerzustand die essentiellen Aminosäuren erheblich erhöht. Der Histidingehalt ist unabhängig von der Nahrungszufuhr; es läßt sich weder im Blut noch in der Leber eine Beeinflussung feststellen. Das Alanin ist in Blut und Leber bei kohlenhydratreichem Futter im Vergleich zu den übrigen Ernährungsformen ungefähr auf den doppelten Wert erhöht, während der Seringehalt bei Fettfütterung am höchsten ist.

Auch die Zufuhr einzelner Aminosäuren kann den Gehalt der übrigen beeinflussen[6]. Glycin[7] und eine größere Anzahl[8] anderer Aminosäuren erhöhen den Alaningehalt. Prolin bewirkt einen starken Anstieg von freiem Glycin[9].

δ) **Die Eiweißsynthese** (s. a. Bd. **1**, S. 1128).

Die Forschung, die sich mit dem Problem der biologischen Eiweißsynthese befaßt, steht einem sehr komplexen Problem gegenüber. Es ist zu bedenken, daß die Struktur der Eiweißstoffe vielgestaltig und in mancher Beziehung noch nicht endgültig geklärt ist. In den zahlreichen Untersuchungen über die biologische Eiweißsynthese steht die Frage nach dem Mechanismus der Knüpfung der Peptidbindung im Vordergrund.

1. Peptidsynthesen mit Hilfe von Proteasen.

Auf Grund der Umkehrbarkeit enzymatischer Reaktionen liegt die Annahme nahe, daß die proteolytisch wirkenden Enzyme bei der Peptidsynthese wirksam

---

[1] SLYKE, D. D. VAN, and G. M. MEYER: J. biol. Ch. **16**, 197 (1913). — [2] SLYKE, D. D. VAN, and G. M. MEYER: J. biol. Ch. **16**, 213 (1913). — [3] LUCK, J. M.: J. biol. Ch. **77**, 1, 13 (1928). — HAMILTON, P. B., and R. R. TARR: J. biol. Ch. **158**, 397 (1945). — [4] SLYKE, D. D. VAN, and G. M. MEYER: J. biol. Ch. **16**, 231 (1913). — [5] WISS, O.: Helv. **31**, 2148 (1948); **32**, 153 (1949). — WISS, O., u. R. KRUEGER: Helv. **32**, 527 (1949). — KRUEGER, R., u. O. WISS: Helv. **32**, 1341 (1949). — WISS, O.: Helv. **32**, 1344 (1949). — [6] HIER, S. W.: J. biol. Ch. **171**, 813 (1947). — [7] CHRISTENSEN, H. N., P. F. COOPER jr., R. D. JOHNSON and E. L. LYNCH: J. biol. Ch. **168**, 191 (1947). — [8] HATZ, F.: Helv. **32**, 251 (1949). — [9] CHRISTENSEN, H. N., J. A. STREICHER and R. L. ELBINGER: J. biol. Ch. **172**, 515 (1948).

sind. In Verdauungsgemischen, durch Wirkung von Pepsin oder Trypsin hergestellt, lassen sich neben Eiweißabbauprodukten sog. *Plasteine* isolieren, die von verschiedenen Forschern[1] als Produkte der synthetischen Wirkung der Verdauungsfermente aufgefaßt werden. FOLLEY hingegen ist der Ansicht, daß es sich um ein spezielles Spaltprodukt des Peptons handelt[2]. NORTHROP[3] isolierte aus einem Hydrolysat von Pepsin und Trypsin ein synthetisch entstandenes Produkt, das nicht mehr die Eigenschaften des ursprünglichen Eiweißkörpers aufwies. Auch ECKER[4] kommt auf Grund von Molekulargewichtsbestimmungen zur Auffassung, daß eine Synthese in beschränktem Umfang möglich ist, daß es sich aber um einen unspezifischen Aufbau handelt.

Von größerem Interesse sind Untersuchungen über die synthetische Fähigkeit der Gewebeproteasen, der Kathepsine. Die Ergebnisse sind jedoch nicht eindeutig; in älteren Arbeiten wurde eine Aufbauwirkung des Kathepsins beobachtet[5—7]. Diese Angaben werden von anderen Autoren nur zum Teil bestätigt[8]. In eingehenden Untersuchungen weisen vor allem LINDERSTRØM-LANG u. Mitarb.[9] im Hinblick auf die Versuchsanordnung von VOEGTLIN[6] darauf hin, daß das Einleiten von Sauerstoff chemische Veränderungen zur Folge haben kann, welche eine Peptidsynthese vortäuschen können.

VIRTANEN u. Mitarb.[10] ermittelten das Molekulargewicht von Proteinen, die mit Hilfe von Proteasen dargestellt worden waren. Sie fanden Werte von 2500 bis 10000 und sind der Auffassung, daß es sich um cyclische Peptide handelt. TAUBER[11] beobachtete, daß in einem Verdauungsgemisch nur Chymotrypsin, nicht aber Trypsin zur Plasteinsynthese befähigt ist. Der Durchschnitt der ermittelten Molekulargewichte lag bei 250000 bis 400000.

Von BERGMANN und seiner Schule[12] existieren eine große Anzahl grundlegender Arbeiten über die synthetisierende Wirkung von Proteasen auf Modellverbindungen. Deren Ergebnisse werden zweckmäßig im Hinblick auf die energetischen Verhältnisse beurteilt.

Das Gleichgewicht der Bildung von Hippursäureanilid (III) aus Anilin (II) und Hippursäure (I) liegt ganz zugunsten der Kondensation. Die dadurch freigesetzte Energie beträgt bei 37° ungefähr 5000 cal. Es ist deshalb nicht verwunderlich, daß die Synthese mit guter Ausbeute verläuft.

---

[1] WASTENEYS, H., and H. BORSOOK: J. biol. Ch. **62**, 17, 675 (1924/25). Physiol. Rev. **10**, 110 (1930). — RONA, P., u. H. A. OELKERS: B. Z. **203**, 298 (1928). — CUTHBERTSON, D. P., and S. L. TOMPSETT: Biochem. J. **25**, 2004 (1931). — BLAGOWESTSCHENSKI, A. W., and G. W. JEREMEJEW: B. Z. **270**, 66 (1934). — MENSOROV, I. G.: Bull. Biol. Med. exp. URSS **6**, 297 (1939). — GAWRILOW, N. I., A. I. PARADACHWILI et A. I. GOWOROW: Enzymologia **6**, 94 (1939). — MENSOROW, I. G.: Enzymologia **10**, 127 (1941/42). — [2] FOLLEY, S. J.: Biochem. J. **26**, 99 (1932). — [3] NORTHROP, J. H.: J. gen. Physiol. **30**, 377 (1947). — [4] ECKER, P. G.: J. gen. Physiol. **30**, 399 (1947). — [5] IWANOFF, N.: B. Z. **63**, 359 (1914); **120**, 1 (1921). — [6] VOEGTLIN, C., M. E. MAVER and J. M. JOHNSON: J. Pharmacol. exp. Therap. **48**, 241 (1933). — MAVER, M. E., J. M. JOHNSON and C. VOEGTLIN: Publ. Hlth. Rep. **48**, 42 (1933). — MAVER, M. E., and C. VOEGTLIN: Enzymologia **6**, 219 (1939). — [7] RONDONI, P., u. L. POZZI: H. **219**, 22 (1933). — [8] BLAGOWESTSCHENSKI, A. W., u. I. I. KORMAN: B. Z. **270**, 341 (1934). — BERSIN, T., u. H. KÖSTER: H. **233**, 59 (1935). — BERSIN, T., u. W. LOGEMANN: H. **220**, 209 (1933). — BERSIN, T.: H. **222**, 177 (1933). Zusammenfassende Darstellung: BERSIN, T.: Handb. Enzymol. (NORD-WEIDENHAGEN) **1**, S. 625f. — REIS, P.: C. R. Soc. Biol. **122**, 568 (1936). — BAILEY, B., S. BELFER, H. EDER and H. C. BRADLEY: J. biol. Ch. **143**, 721 (1942). — [9] STRAIN, H. H., and K. LINDERSTRØM-LANG: Enzymologia **5**, 86 (1938/39); **7**, 241 (1939). — LINDERSTRØM-LANG, K., and G. JOHANSEN: Enzymologia **7**, 239 (1939). — STRAIN, H. H.: Enzymologia **7**, 133 (1939). — [10] VIRTANEN, A. I., and H. KERKKONEN: Acta chem. scand. **1**, 140 (1947). Nature **161**, 888 (1948). — VIRTANEN, A. I., H. KERKKONEN, M. HAKALA u. T. LAAKSONEN: Naturwiss. **37**, 139 (1950). — VIRTANEN, A. I., H. KERKKONEN, T. LAAKSONEN and M. HAKALA: Acta chem. scand. **3**, 520 (1949). — [11] TAUBER, H.: Am. Soc. **71**, 2952 (1949). Fed. Proc. **9**, 237 (1950). Am. Soc. **73**, 1288, 4965 (1951). — [12] BERGMANN, M., and H. FRAENKEL-CONRAT: J. biol. Ch. **119**, 707 (1937).

$$\underset{(I)}{C_6H_5-CO-NH-CH_2-COOH} + \underset{(II)}{H_2N-C_6H_5} \rightarrow$$

$$\rightarrow \underset{(III)}{C_6H_5-CO-NH-CH_2-CO-NH-C_6H_5}.$$

In gleicher Weise sind zur Synthese geeignet Carbobenzoxyglycin, Acetyl-, Benzoyl- und Carbobenzoxyderivate von Alanin, Leucin und Phenylalanin mit Anilin und Phenylhydrazin[1].

In Erweiterung dieser Versuche wurde von WALDSCHMIDT-LEITZ u. KÜHN[2] festgestellt, daß Hippursäure nicht zur Kondensation mit Ammonium befähigt ist, und fernerhin, daß neben Anilin Toluidin, Aminophenole, Sulfanilamid, Phenyldiamin leicht mit Hippursäure in Gegenwart von Proteasen unter Ausbildung einer Peptidbindung kondensiert werden können.

Im Gegensatz zur Tatsache, daß die erwähnten Kondensationen thermodynamisch begünstigt sind, benötigt die Kondensation von zwei freien Aminosäuren zum Dipeptid oder die Bildung eines Amides einer Aminosäure aus Ammonium eine Energiezufuhr von ungefähr 3500 cal.

In einer zweiten Gruppe werden diejenigen Reaktionen zusammengefaßt, bei welchen die Kondensation im Vergleich zur Hydrolyse kaum oder nur wenig begünstigt ist, die aber dadurch zu einer Synthese führen, weil das Reaktionsprodukt schwer löslich ist und somit dauernd das Gleichgewicht verschoben wird. Ein Beispiel einer solchen Reaktion ist die Bildung von Benzoyl-leucyl-leucyl-anilid (VI) aus Benzoyl-leucin (IV) und Leucyl-anilid (V) mit Hilfe von Papain[1].

$$\underset{(IV)}{C_6H_5-CO-NH-CH(CH_2-CH(CH_3)_2)-COOH} + \underset{(V)}{H_2N-CH(CH_2-CH(CH_3)_2)-CO-NH-C_6H_5} \rightarrow$$

$$\rightarrow \underset{(VI)}{C_6H_5-CO-NH-CH(CH_2-CH(CH_3)_2)-CO-NH-CH(CH_2-CH(CH_3)_2)-CO-NH-C_6H_5}$$

In analoger Weise wird Benzoyl-phenylalanyl-leucyl-anilid aus Benzoyl-phenylalanin und Leucyl-anilid, Carbobenzoxy-phenylalanyl-glycyl-tyrosylamid aus Carbobenzoxy-phenylalanyl-glycin und Tyrosylamid durch Papain gebildet[3]. Durch Chymotrypsin wird Benzoyl-L-tyrosin und Glycylanilid zu Benzoyl-L-tyrosyl-glycylanilid vereinigt[4].

BORSOOK[5] glaubt, daß die Bildung der Plasteine mit einer solchen Kondensation zu vergleichen ist. Die Bildung höherer Peptide verläuft vermutlich ohne großen Energieaufwand. Durch die Schwerlöslichkeit des Kondensationsproduktes wird die Synthese begünstigt.

---

[1] BERGMANN, M., and H. FRAENKEL-CONRAT: J. biol. Ch. **124**, 1 (1938). — [2] WALDSCHMIDT-LEITZ, E., u. K. KÜHN: H. **285**, 23 (1950). — [3] BERGMANN, M., and J. S. FRUTON, Ann. N.Y. Acad. Sci. **45**, 409 (1940). — [4] BERGMANN, M., and J. S. FRUTON: J. biol. Ch. **124**, 321 (1938). — [5] BORSOOK, H.: Fortschr. Chem. org. Naturstoffe **9**, 328 (1952).

Nach LYNEN[1] ist die für die Knüpfung einer Peptidbindung aufzuwendende Energie die Differenz aus zwei Größen. Bei Aminosäuren, die als Zwitterion vorliegen, muß Energie aufgewendet werden, um ein Proton von der NH_3^+-Gruppe auf die COO^--Gruppe zu verschieben. Die eigentliche Kondensation durch Wasserabspaltung ist exotherm.

$$1.\quad {}^{+}H_3N{-}R_1{-}COO^- + {}^{+}H_3N{-}R_2{-}COO^- \rightarrow$$
$$\rightarrow {}^{+}H_3N{-}R_1{-}COOH + H_2N{-}R_2{-}COO^- \quad - x \text{ cal}$$

$$2.\quad {}^{+}H_3N{-}R_1{-}COOH + H_2N{-}R_2{-}COO^- \rightarrow$$
$$\rightarrow {}^{+}H_3N{-}R_1{-}CO{-}NH{-}R_2{-}COO^- + H_2O \quad + y \text{ cal.}$$

Neue Peptidbindungen können auf Grund einer Austauschreaktion geknüpft werden. Diese Transamidierung und Transpeptisationsreaktion wurde von BERGMANN u. Mitarb.[2] an folgendem Beispiel beschrieben. Wenn in Gegenwart von Anilin Hippursäureamid durch Papain gespalten wird, so bildet sich Hippursäureanilid. Es kann sich dabei nicht um eine einfache Bildung von Hippursäureanilid aus Anilin und freigesetzter Hippursäure handeln, weil die Kondensation zum Hippursäureanilid aus Anilin und Hippursäure langsamer verläuft. FRUTON u. Mitarb.[3], die sich eingehend mit der Transpeptisationsreaktion beschäftigt haben, stellten fest, daß die Austauschreaktion immer mit der Spaltung verknüpft ist, und daß diese den Austausch bei weitem überwiegt. Sie sind der Auffassung, daß der Spaltung, der Transamidierung und der Transpeptisation der gleiche Reaktionsmechanismus zugrunde liegt. Durch Aktivierung der Carbonylgruppe der Amidbindung wird Wasser angelagert, was zur Spaltung führt, Anlagerung von Ammoniak oder einer Aminosäure und anschließende Spaltung ergeben eine Austauschreaktion im Sinne einer Transamidierung oder Transpeptisation. Durch Verwendung von ^{15}N-markiertem Glycylamid (VII) und durch Austausch mit nichtmarkiertem in Benzoyl-tyrosyl-glycylamid (VIII) gebundenem ließ sich zeigen, daß auch gleiche Moleküle ausgetauscht werden[4].

$$C_6H_5{-}CO{-}NH{-}\underset{\underset{\displaystyle OH}{|}}{\underset{\displaystyle C_6H_4}{\underset{|}{CH}}}{-}CO{-}NH{-}CH_2{-}CO{-}NH_2 \;(\text{VIII}) + H_2{}^{15}N{-}CH_2{-}CO{-}NH_2 \;(\text{VII}) \rightarrow$$

$$\left[C_6H_5{-}CO{-}NH{-}\underset{\underset{\displaystyle OH}{|}}{\underset{\displaystyle C_6H_4}{\underset{|}{CH}}}{-}\overset{\overset{\displaystyle OH}{|}}{\underset{\underset{\displaystyle {}^{15}NH{-}CH_2{-}CO\cdot NH_2}{|}}{C}}{-}NH{-}CH_2{-}CO{-}NH_2 \right] \quad \text{hypothetisches Zwischenprodukt}$$

$$C_6H_5{-}CO{-}NH{-}\underset{\underset{\displaystyle OH}{|}}{\underset{\displaystyle C_6H_4}{\underset{|}{CH}}}{-}CO{-}{}^{15}NH{-}CH_2{-}CO{-}NH_2 + H_2N{-}CH_2{-}CO\cdot NH_2$$

Nach neueren Untersuchungen von FRUTON u. Mitarb.[5] scheint die Postulierung des formulierten Zwischenproduktes nicht notwendig. Die Austausch-

[1] LYNEN, F.: privat. Mitt. [WIELAND, T.: Angew. Chem. **63**, 13^{58} (1951)]. — [2] BERGMANN, M., and H. FRAENKEL-CONRAT: J. biol. Ch. **119**, 707 (1937). — [3] FRUTON, J. S.: Yale J. Biol. Med. **22**, 263 (1950). — JOHNSTON, R. B., M. J. MYCEK and J. S. FRUTON: J. biol. Ch. **185**, 629 (1950). — [4] JOHNSTON, R. B., M. J. MYCEK and J. S. FRUTON: J. biol. Ch. **187**, 205 (1950). — [5] DORBY, A., J. S. FRUTON and J. M. STURTEVANT: J. biol. Ch. **195**, 149 (1952).

reaktion kann auf Grund der ermittelten Gleichgewichtskonstante durch reine Massenwirkung erklärt werden. Austauschreaktionen wurden auch bei Verwendung von Dipeptidasen und Carboxypeptidasen beschrieben[1]. Im Glycylglycin läßt sich auf diese Weise der Glycinrest durch ^{15}N-Glycin ersetzen.

Von HANES u. Mitarb.[2] wurde in Schweinenieren ein Enzym gefunden, durch welches der Cysteinyl-glycinrest (XI) von Glutathion (IX) durch Leucin (X), Phenylalanin und Valin ersetzt werden kann. Im Gegensatz zur oben beschriebenen Transpeptisation findet der Austausch am γ-Kohlenstoff der Aminosäure statt. Mg^{++} wirkt als Aktivator.

$$\underset{\text{(IX)}}{HOOC{-}CH(NH_2){-}CH_2{-}CH_2{-}CO{-}NH{-}CH(CH_2{-}SH){-}CO{-}NH{-}CH_2{-}COOH} + \underset{\text{(X)}}{H_2N{-}CH(CH_2{-}CH(H_3C){-}CH_3){-}COOH} \rightarrow$$

$$HOOC{-}CH(NH_2){-}CH_2{-}CH_2{-}CO{-}NH{-}CH(CH_2{-}CH(H_3C){-}CH_3){-}CH{-}COOH + \underset{\text{(XI)}}{H_2N{-}CH(CH_2{-}SH){-}CO{-}NH{-}CH_2{-}COOH}$$

Dieses Enzym ist nicht identisch mit dem von JOHNSTON u. BLOCH[3] beschriebenen, welches in der Leber vorkommt und für die Synthese von Glutathion verantwortlich ist. Von KINOSHITA u. BALL[4] wurde aus Nierenextrakt ein Enzym gewonnen, das aus Glutathion und Arginin γ-Glutamyl-arginin liefert.

Mit Chymotrypsinpräparaten gelingt es nach BRENNER[5] Aminosäureester Peptidsynthesen zugänglich zu machen. Mit der Esterspaltung ist eine Knüpfung von Peptidbindungen gekoppelt. Die Reaktion ist insofern spezifisch, als nur natürliche Aminosäuren reagieren. So wurde z. B. aus DL-Isopropyl-methioninester (XII) L-Methionyl-L-methionin (XIII) erhalten.

$$2\ \underset{\text{(XII)}}{(H_3C)_2{>}CH{-}O{-}CO{-}CH((CH_2)_2{-}S{-}CH_3){-}NH_2} \rightarrow \underset{\text{(XIII)}}{H_2N{-}CH((CH_2)_2{-}S{-}CH_3){-}CO{-}NH{-}CH((CH_2)_2{-}S{-}CH_3){-}COOH} + (H_3C)_2{>}CH{-}OH$$

2. Glutamin-asparagin-Transferase.

WAELSCH u. Mitarb.[6] fanden in Mikroorganismen ein Enzym, welches die Amidgruppe von Glutamin und Asparagin gegen Ammoniak und Hydroxylamin austauscht. Unabhängig davon beschreiben STUMPF u. Mitarb.[7] ein Enzym der

---

[1] ZAMECNIK, P. C., and I. D. FRANTZ jr.: Cold Spring Harbor Symp. quant. Biol. **14**, 199 (1950). — FRANTZ, I. D. jr., and R. B. LOFTFIELD: Fed. Proc. **9**, 172 (1950). — [2] HANES, C. S., F. J. R. HIRD and F. A. ISHERWOOD: Nature **166**, 288 (1950). Biochem. J. **51**, 25 (1952). — [3] JOHNSTON, R. B., and K. BLOCH: J. biol. Ch. **188**, 221 (1951). — [4] KINOSHITA, J. H., and E. G. BALL: J. biol. Ch. **200**, 609 (1953). — [5] BRENNER, M., H. R. MÜLLER u. R. W. PFISTER: Helv. **33**, 568 (1950). — BRENNER, M., u. R. W. PFISTER: Helv. **34**, 2085 (1951). — BRENNER, M., E. SAILER u. K. RÜFENACHT: Helv. **34**, 2096 (1951). — [6] WAELSCH, H., E. BOREK, N. GROSSOWICZ and M. SCHOU: Fed. Proc. **9**, 242 (1950). — WAELSCH, H., P. OWADES, E. BOREK, N. GROSSOWICZ and M. SCHOU: Arch. Biochem. **27**, 237 (1950). — GROSSOWICZ, N., E. WAINFAN, E. BOREK and H. WAELSCH: J. biol. Ch. **187**, 111 (1950). — WAELSCH, H.: Fed. Proc. **10**, 266 (1951). — [7] STUMPF, P. K., and W. D. LOOMIS: Arch. Biochem. **25**, 451 (1950). — STUMPF, P. K., W. D. LOOMIS and C. MICHELSON: Arch. Biochem. **30**, 126 (1951). — DELWICHE, C. C., W. D. LOOMIS and P. K. STUMPF: Arch. Biochem. **33**, 333 (1951).

gleichen Wirksamkeit, welches sie aus Kürbiskernen gewonnen haben. Diese Glutamin-asparagin-Transferase ist von den beschriebenen Transpeptidasen verschieden. Zur Wirksamkeit sind ATP, ADP, Arsenat oder Phosphat einerseits und Mg^{++} andererseits notwendig. Das Enzym ist zur ausschließlichen Spaltung von Glutamin nicht befähigt und unterscheidet sich demnach von der Glutaminase. WAELSCH u. Mitarb.[1] ist es gelungen, eine Glutamin-Transferase-Wirkung in tierischen Organen wie Hirnrinde, Leber, Nebenniere (von Schafen und in Mäuseleber) nachzuweisen. Sie halten es für möglich, daß Aminosäuren in dieser Form gegen Ammoniak ausgetauscht werden, was zur Bildung von γ-Glutamyl-β-asparagyl-Peptiden führen würde[2].

3. Mit energieliefernden Reaktionen gekoppelte Peptidsynthesen.

Die Bildung von Hippursäure (XVI) aus Benzoesäure (XIV) und Glykokoll (XV) ist insofern für die Peptidsynthese von Interesse, als die dazu nötige Energie in beiden Fällen ungefähr gleich groß ist. Aus Untersuchungen von BORSOOK u. DUBNOFF[3] an Leberschnitten von Hunden, Meerschweinchen, Schwein, Kaninchen und Ratte geht hervor, daß 60 bis 75% von zugesetzten äquivalenten Mengen von Benzoesäure und Glykokoll zu Hippursäure kondensiert werden, obwohl das Gleichgewicht der Reaktion bei 1% gebildeter Hippursäure liegt. Es handelt sich um eine gekoppelte Reaktion. Oxydationsinhibitoren, wie z. B. Kaliumcyanid, hemmen die Synthese. Unter anaeroben Bedingungen ist sie herabgesetzt. ATP scheint für sie nötig zu sein. Phosphoryliertes Glykokoll und Benzoylphosphat zeigen eine geringere Aktivität als die einfachen Komponenten, so daß sie als Zwischenprodukte nicht in Frage kommen.

$$\underset{\text{(XIV)}}{C_6H_5\text{—}COOH} + \underset{\text{(XV)}}{H_2N\text{—}CH_2\text{—}COOH} \rightarrow \underset{\text{(XVI)}}{C_6H_5\text{—}CO\text{—}NH\text{—}CH_2\text{—}COOH}$$

$$\underset{\text{(XVII)}}{H_2N\text{—}C_6H_4\text{—}COOH} + \underset{\text{(XV)}}{H_2N\text{—}CH_2\text{—}COOH} \rightarrow \underset{\text{(XVIII)}}{H_2N\text{—}C_6H_4\text{—}CO\text{—}NH\text{—}CH_2\text{—}COOH}$$

Zu gleicher Zeit durchgeführte Untersuchungen über die Bildung der p-Aminohippursäure (XVIII) aus p-Aminobenzoesäure (XVII) und Glykokoll (XV) führten zu gleichen Ergebnissen[4]. ATP scheint wegen seiner energiereichen Phosphatbindung notwendig zu sein. Mit gereinigten Enzympräparaten gelingt die Synthese unter anaeroben Bedingungen nur in Gegenwart von ATP. Coenzym I und II, Cocarboxylase und Pyridoxalphosphat scheinen an der Synthese nicht beteiligt zu sein. N-acetyliertes Glykokoll erwies sich als unwirksam. Coenzym A ist notwendig[5]. Es wird vermutet, daß das Benzoyl-Coenzym A das reaktionsfähige Zwischenprodukt ist[6].

Für die Synthese der Aminoornithursäure (XIX) aus Benzoylornithin (XX) und p-Aminobenzoesäure (XXI) sind im wesentlichen die gleichen Voraussetzungen nötig wie für die Hippursäurebildung[7]. Das für die Knüpfung der Peptidbindung verantwortliche Enzym findet sich in Mitochondrien[8]. Dinitrophenol, welches als Entkoppler der oxydativen Phosphorylierung wirkt, hemmt die Synthese[9].

[1] SCHOU, M., N. GROSSOWICZ, A. LAJTHA and H. WAELSCH: Nature **167**, 818 (1951). — [2] SCHOU, M., N. GROSSOWICZ and H. WAELSCH: J. biol. Ch. **192**, 187 (1951). — [3] BORSOOK, H., and J. W. DUBNOFF: J. biol. Ch. **132**, 307 (1940); **168**, 367 (1947). — [4] COHEN, P. P., and R. W. MCGILVERY: J. biol. Ch. **166**, 261 1946); **169**, 119 (1947); **171**, 121 (1947). — [5] CHANTRENNE, H.: J. biol. Ch. **189**, 227 (1951). — [6] BARKER, H. A.: in MCELROY, W. D., and B. GLASS: Symposion on Phosphorus Metabolism. Bd. 1, S. 240. Baltimore 1951. — [7] MCGILVERY, R. W., and P. P. COHEN: J. biol. Ch. **183**, 179 (1950). — [8] KIELLEY, R. K., and W. C. SCHNEIDER: J. biol. Ch. **185**, 869 (1950). — [9] SARKAR, N., M. FULD and D. E. GREEN: Fed. Proc. **10**, 242 (1951).

$$H_2N-(CH_2)_2-\underset{\displaystyle COOH}{\underset{|}{CH}}-NH-CO-C_6H_5 + NH_2-C_6H_4-COOH \rightarrow$$

(XX) (XXI)

$$NH_2-C_6H_4-CO-NH-(CH_2)_2-\underset{\displaystyle COOH}{\underset{|}{CH}}-NH-CO-C_6H_5$$

(XIX)

Die Synthese von Glutamin (XXII) aus Glutaminsäure (XXIII) und Ammoniak wurde von SPECK[1] einerseits und ELLIOTT[2] andererseits untersucht. Auch zu dieser Reaktion wird ATP benötigt. AMP und ADP sind unwirksam.

$$HOOC-\underset{\displaystyle NH_2}{\underset{|}{CH}}-(CH_2)_2-COOH + NH_3 \rightarrow HOOC-\underset{\displaystyle NH_2}{\underset{|}{CH}}-(CH_2)_2-CO-NH_2 + H_2O$$

(XXIII) (XXII)

Über die enzymatische *Glutathionbildung* aus den Bausteinen Glutaminsäure, Cystein und Glycin liegen eingehende Untersuchungen von BLOCH u. Mitarb. vor. Sie verfolgten den Einbau von Glycin und Glutaminsäure nach Markierung mit Isotopen in das Glutathion an Taubenleberhomogenaten und Acetontrockenpulvern[3]. Die Synthese erfolgt in zwei Stufen[4]. Durch die Alkoholfällung gelang es, die eine Enzymkomponente zu zerstören, so daß die Bildung nur noch aus Glutamyl-cystein und Glycin möglich war. Es gelang durch Inkubation von Glutaminsäure und Cystein γ-Glutamyl-cystein zu isolieren[5]. Wenn alle drei Aminosäuren dem Enzympräparat zugegeben werden, findet die Synthese von Glutathion erst nach einer Induktionsperiode statt, was bei der Inkubation von Glutamyl-cystein und Glycin nicht der Fall ist. Das Enzym, das für die Knüpfung der Peptidbindung zwischen Glutamyl-cystein und Glycin verantwortlich ist, ließ sich in hochaktiver Form gewinnen[5]. Für beide Reaktionsschritte ist ATP zur Energielieferung notwendig[5,6].

1. L-Glutaminsäure + L-Cystein $\xrightarrow{ATP}$ L-γ-Glutamyl-L-cystein
2. L-γ-Glutamyl-L-cystein + Glycin $\xrightarrow{ATP}$ Glutathion.

Glutathion wird auf Grund seiner γ-Peptidbindung von den meisten Proteasen nicht gespalten. Es wird von Carboxypeptidasen angegriffen. Glutathionspaltende Enzyme finden sich in Leber, Niere und Darmwand. Sie wurden von BINKLEY[7] näher untersucht. In der Niere sind zwei Enzyme am Glutathionabbau beteiligt. Die *Glutathionase* spaltet Glutaminsäure ab. Zur Wirksamkeit wird Glutamin benötigt. Es wird folgender Reaktionsmechanismus in Erwägung gezogen:

1. Enzym-COONa + Glutamin $\rightarrow$ Enzym-CO—NH_2 + Na-Glutamat.
2. Enzym-CO—NH_2 + Glutathion $\rightarrow$ Enzym-COOH + Glutamin + Cysteinyl-glycin.

Das zweite Enzym, die *Cysteinglycinase*, spaltet Cysteinyl-glycin in Cystein und Glykokoll.

---

[1] SPECK, J. F.: J. biol. Ch. **168**, 403 (1947); **179**, 1387, 1405 (1949). — [2] ELLIOTT, W. H.: Nature **161**, 128 (1948). Biochem. J. **42**, V (1948). — [3] JOHNSTON, R. B., and K. BLOCH: J. biol. Ch. **188**, 221 (1951). — [4] SNOKE, J. E., and K. BLOCH: J. biol. Ch. **199**, 407 (1952). — YANARI, S., J. (E.) SNOKE and K. BLOCH: Fed. Proc. **11**, 315 (1952). — SNOKE, J. E., and F. ROTHMAN: Fed. Proc. **10**, 249 (1951). — [5] SNOKE, J. E., S. YANARI and K. BLOCH: J. biol. Ch. **201**, 573 (1953). — [6] YANARI, S., J. E. SNOKE and K. BLOCH: J. biol. Ch. **201**, 561 (1953). — [7] BINKLEY, F.: Nature **167**, 888 (1951).

Nach WAELSCH u. Mitarb.[1] wird die enzymatische Spaltung des Glutathions durch gereinigte Enzympräparate aus Nieren, Leber und Gehirn durch zugesetzte Peptide und Aminosäuren gesteigert. Es scheint, als ob diese Aminosäuren und Peptide als Akzeptoren des enzymatisch übertragenen Glutamylrestes dienen.

4. Neubildung von Eiweißstoffen im „in vivo"-Versuch.

Fütterungsversuche mit isotopenhaltigen Aminosäuren ermöglichen eine Beurteilung des Ausmaßes der Eiweißsynthese bei intaktem Organismus.

SCHOENHEIMER u. Mitarb.[2] verfütterten mit Stickstoff markierte Aminosäuren und bestimmten die Ausscheidung des Stickstoffes, den an andere Aminosäuren abgegebenen Stickstoff und den Anteil der Aminosäuren, der in unveränderter Form in das Körpereiweiß eingebaut wurde. So wurde für das Tyrosin z. B. festgestellt, daß innerhalb von 10 Tagen 50 bis 60% des zugeführten Stickstoffes ausgeschieden wird, 25% des Tyrosins wird zur Eiweißsynthese verwendet. Der Rest des Stickstoffes wird nach Übertragung auf andere Aminosäuren in das Körpereiweiß eingebaut. Andere als Eiweißbausteine vorkommende Aminosäuren verhalten sich ähnlich. Lysin[3] und Threonin[4] hingegen sind nicht befähigt, nach der Desaminierung die Aminogruppe wieder aufzubauen.

Durch Verfütterung von doppelt markierten Aminosäuren, z. B. von Leucin, das neben ^{15}N festgebundenes Deuterium enthält, läßt sich der Anteil der eingebauten Aminosäuren direkt bestimmen[5].

Auf Grund solcher Untersuchungen läßt sich errechnen, wie groß die Eiweißneubildung ist. Als Maß dient die sog. Halbwertszeit, d. h. diejenige Zeitspanne, in der die Hälfte der Aminosäuren des untersuchten Eiweißstoffes durch neue ersetzt wird. So wird von SHEMIN u. RITTENBERG[6] für Rattenlebereiweiß eine Halbwertszeit von 6 Tagen errechnet; die durchschnittliche Halbwertszeit des Gesamteiweißes der Ratte beträgt 17 Tage, diejenige des Menschen 80 Tage. Ein anderes Maß für die Eiweißneubildung ist die pro Zeiteinheit von einem Gramm Eiweiß aufgenommene Menge Aminosäuren[7].

In zahlreichen Versuchen[8] kommt zum Ausdruck, daß die verschiedenen Gewebe und Organe des Organismus sich hinsichtlich des Einbaues unterschiedlich verhalten. Besonders hohe Einbauaktivität findet sich im Darm, in den Plasmaeiweißstoffen, in Leber, Niere und Knochenmark. Haut und Muskulatur sind in viel geringerem Maße an dem Aminosäureaustausch beteiligt.

Mit Injektionsversuchen läßt sich zeigen, daß der Einbau von Aminosäuren sehr schnell erfolgt, und daß diese verhältnismäßig schnell wieder abgegeben werden. Solche Versuche können über die Verteilung der Aminosäuren in den

[1] FODOR, P. J., A. MILLER and H. WAELSCH: J. biol. Ch. **202**, 551 (1953). — [2] SCHOENHEIMER, R., S. RATNER and D. RITTENBERG: J. biol. Ch. **127**, 333 (1939). — [3] WEISSMAN, N., and R. SCHOENHEIMER: J. biol. Ch. **140**, 779 (1941). — [4] ELLIOTT, D. F., and A. NEUBERGER: Biochem. J. **46**, 207 (1950). — [5] SCHOENHEIMER, R., S. RATNER and D. RITTENBERG: J. biol. Ch. **130**, 703 (1939). — [6] SHEMIN, D., and D. RITTENBERG: J. biol. Ch. **153**, 401 (1944). — [7] SPRINSON, D. B., and D. RITTENBERG: J. biol. Ch. **180**, 715 (1949). — [8] SCHOENHEIMER, R., S. RATNER and D. RITTENBERG: J. biol. Ch. **130**, 703 (1949). — SCHOENHEIMER, R.: The Dynamic State of Body Constituents. Cambridge, Mass. 1942. — TARVER, H., and C. L. A. SCHMIDT: J. biol. Ch. **146**, 69 (1942). — TARVER, H., and W. O. REINHARDT: J. biol. Ch. **167**, 395 (1947). — WINNICK, T., F. FRIEDBERG and D. M. GREENBERG: Arch. Biochem. **15**, 160 (1947). — GREENBERG, D. M., and T. WINNICK: J. biol. Ch. **173**, 199 (1948). — SANADI, D. R., and D. M. GREENBERG: Proc. Soc. exp. Biol. Med. **69**, 162 (1948). — FRIEDBERG, F., H. TARVER and D. M. GREENBERG: J. biol. Ch. **173**, 355 (1948). — LEVINE, M., and H. TARVER: J. biol. Ch. **184**, 427 (1950). — WOODWARD, G. E.: J. Franklin Inst. **251**, 557 (1951).

verschiedenen Organen Aufschluß geben. So zeigt sich, daß die Eingeweide Aminosäuren schneller aufnehmen, aber auch schneller wieder abgeben als das Blutplasma[1].

Die Methode ist auch geeignet, die Aktivität der verschiedenen Zellbestandteile zu untersuchen. Nach Verabreichung von isotopenhaltigen Aminosäuren findet sich die höchste Einbauquote in den Mikrosomen[2].

5. Einbau von Aminosäuren in Eiweißstoffe im „in vitro"-Versuch.

Zur Untersuchung der Einbaufähigkeit von Aminosäuren in Eiweißstoffe werden Gewebsschnitte, Homogenate oder Zellbestandteile mit markierten Aminosäuren versetzt, und nach der Inkubation der Isotopengehalt im Eiweiß bestimmt. An Stelle von markierten Aminosäuren kann $^{14}CO_2$ verwendet werden, weil ein sehr schneller Einbau des isotopen Kohlenstoffes in Asparaginsäure und Glutaminsäure erfolgt[3–5].

Zwischen dem Einbau von Aminosäuren im „in vivo"- und „in vitro"-Versuch besteht im allgemeinen gute Übereinstimmung. Zellzerstörung hat eine Herabsetzung der Einbauaktivität zur Folge; so sind Homogenate geringer wirksam als Gewebeschnitte desselben Organes. In zahlreichen Arbeiten sind diese Verhältnisse an Leber[4, 6–8], Zwerchfell[9], Knochenmark[10], Reticulocyten[11] und Tumoren[4, 9, 10] untersucht worden.

Aus Untersuchungen an isolierten Zellfraktionen geht hervor, daß sowohl die Kerne, die Mitochondrien, die Mikrosomen, als auch das lösliche Eiweiß imstande sind, Aminosäuren in das Eiweißmolekül einzubauen. Vergleichende Untersuchungen über die Einbaugröße ergaben, daß sich das Lysin anders verhält als die übrigen Aminosäuren[2, 9]. α-Ketoglutarsäure oder Bernsteinsäure beschleunigen den Einbau von Alanin bei Inkubation mit einer Mischung von Mikrosomen und Mitochondrien, die aus Rattenleber gewonnen wurden[12].

Der Einbau von markierten Aminosäuren in Reticulocyteneiweiß wird durch Blutplasma beschleunigt. Die Beschleunigung ist einerseits durch die im Plasma vorhandenen Aminosäuren Histidin, Leucin, Phenylalanin und Valin, andererseits durch einen hitzestabilen Co-Faktor bedingt, der mit den bekannten Aminosäuren, Coenzymen und Vitaminen nicht identisch ist.

LIPMANN[13] hat als erster die Vermutung ausgesprochen, daß die Peptidsynthese mit Phosphorylierungsvorgängen verknüpft ist. Die Hemmung des

---

[1] BORSOOK, H., C. L. DEASY, A. J. HAAGEN-SMIT, G. KEIGHLEY and P. H. LOWY: J. biol. Ch. **187**, 839 (1950). — [2] BORSOOK, H., C. L. DEASY, A. J. HAAGEN-SMIT, G. KEIGHLEY and P. H. LOWY: J. biol. Ch. **184**, 529 (1950). — [3] ANFINSEN, C. B.: J. biol. Ch. **185**, 827 (1950). — [4] ANFINSEN, C. B., A. BELOFF, A. B. HASTINGS and A. K. SOLOMON: J. biol. Ch. **168**, 771 (1947). — [5] PETERS, T. jr., and C. B. ANFINSEN: J. biol. Ch. **182**, 171 (1950); **186**, 805 (1950). — [6] DAVIDSON, J. N.: Cold Spring Harbor Symp. quant. Biol. **12**, 50 (1947). — FRANTZ, I. D. jr., R. B. LOFTFIELD and W. W. MILLER: Science, N. Y. **106**, 544 (1947). — MELCHIOR, J. B., and H. TARVER: Arch. Biochem. **12**, 301 (1947). — [7] ZAMECNIK, P. C., I. D. FRANTZ jr., R. B. LOFTFIELD and M. L. STEPHENSON: J. biol. Ch. **175**, 299 (1948). — [8] WINNICK, T., E. A. PETERSON and D. M. GREENBERG: Arch. Biochem. **21**, 235 (1949). — WINNICK, T.: Arch. Biochem. **27**, 65 (1950). — TOTTER, J. R., B. KELLEY, P. L. DAY and R. R. EDWARDS: J. biol. Ch. **186**, 145 (1950). — PETERS, T. jr., and C. B. ANFINSEN: J. biol. Ch. **182**, 171 (1950); **186**, 805 (1950). — [9] BORSOOK, H., C. L. DEASY, A. J. HAAGEN-SMIT, G. KEIGHLEY and P. H. LOWY: J. biol. Ch. **179**, 689 (1949). — [10] BORSOOK, H., C. L. DEASY, A. J. HAAGEN-SMIT, G. KEIGHLEY and P. H. LOWY: J. biol. Ch. **186**, 297 (1950). — [11] BORSOOK, H., C. L. DEASY, A. J. HAAGEN-SMIT, G. KEIGHLEY and P. H. LOWY: J. biol. Ch. **196**, 669 (1952). — [12] SIEKEVITZ, P., and P. C. ZAMECNIK: Fed. Proc. **10**, 246 (1951). — [13] LIPMANN, F.: Adv. Enzymol. **1**, 99 (1941). Fed. Proc. **8**, 597 (1949).

Aminosäureeinbaues in das Knochenmarkeiweiß durch 2, 4-Dinitrophenol spricht im gleichen Sinne[1]. 2, 4-Dinitrophenol entkoppelt die oxydative Phosphorylierung. Über die Natur der unmittelbar an der Reaktion beteiligten energiereichen Phosphatbindung ist nichts Sicheres bekannt. SPIEGELMAN u. KAMEN[2] haben vermutet, daß Nucleinsäuren auf Grund energiereicher Phosphatbindungen die Eiweißsynthese begünstigten. In einer späteren Arbeit halten sie jedoch diese Annahme nicht mehr für zwingend[3].

Nach BORSOOK u. Mitarb. [1, 4–6] ist der Einbaumechanismus nicht für alle Aminosäuren der gleiche. Auf Grund von Untersuchungen verschiedener Inhibitoren auf den Einbau einzelner Aminosäuren ist es wahrscheinlich, daß sich Lysin anders verhält als die übrigen Aminosäuren.

Im allgemeinen wird bei Einbauversuchen darauf verzichtet, nachzuweisen, in welcher Bindung markierte Aminosäuren in das Eiweißmolekül eingefügt werden. Durch Abbauversuche wird nachgewiesen, daß die Annahme berechtigt ist, daß die Hauptmenge der eingebauten Aminosäuren in der Peptidkette gebunden ist[7]. Es läßt sich aber auch zeigen, daß ein Teil der Aminosäuren nicht als Peptide eingebaut wird[8].

6. Zum Problem des Aufbaues von Eiweißstoffen mit bestimmter Aminosäurezusammensetzung.

In den Eiweißstoffen sind viele Aminosäuren verschiedener Struktur zu langen Peptidketten vereinigt. Auch wenn die daraus sich ergebenden Kombinationsmöglichkeiten durch bestimmte Ordnungsprinzipien hinsichtlich der Anordnung der Aminosäuren eingeschränkt sein können, ist die Zahl der möglichen Formen immer noch ungeheuer groß. Es ist mit Sicherheit anzunehmen, daß die Zahl der im Organismus vorhandenen Eiweißstoffe im Vergleich zu der Anzahl der möglichen gering ist. Es stellt sich somit die Frage, auf Grund welcher Mechanismen der Organismus befähigt ist, neuzubildende Eiweißstoffe den vorhandenen nachzubilden. Die Tatsache, daß die Eiweißsynthese mit den Nucleinsäuren eng verknüpft ist, läßt vermuten, daß die Nucleinsäuren für die Ortsdeterminierung der einzelnen Aminosäuren innerhalb der Peptidkette von Bedeutung sind.

a) Die Beteiligung der Nucleinsäuren des Zellkernes an der Eiweißsynthese. CASPERSSON u. Mitarb.[9] gelang es, durch UV-Absorptionsmessungen in Riesenchromosomen von Insekten Nucleinsäuren und Eiweißstoffe zu lokalisieren und

---

[1] BORSOOK, H., C. L. DEASY, A. J. HAAGEN-SMIT, G. KEIGHLEY and P. H. LOWY: J. biol. Ch. **186**, 297 (1950). — [2] SPIEGELMAN, S., and M. D. KAMEN: Science, N. Y. **104**, 581 (1946). — [3] SPIEGELMAN, S., and M. D. KAMEN: Cold Spring Harbor Symp. quant. Biol. **12**, 211 (1947). — [4] BORSOOK, H., C. L. DEASY, A. J. HAAGEN-SMIT, G. KEIGHLEY and P. H. LOWY: J. biol. Ch. **179**, 689 (1949). — [5] BORSOOK, H., C. L. DEASY, A. J. HAAGEN-SMIT, G. KEIGHLEY and P. H. LOWY: J. biol. Ch. **184**, 529 (1950). — [6] SIEKEVITZ, P.: J. biol. Ch. **195**, 549 (1952). — BORSOOK, H., C. L. DEASY, A. J. HAAGEN-SMIT, G. KEIGHLEY and P. H. LOWY: J. biol. Ch. **186**, 309 (1950). — [7] WINNICK, T., E. A. PETERSON and D. M. GREENBERG: Arch. Biochem. **21**, 235 (1949). — ANFINSEN, C. B., and D. STEINBERG: J. biol. Ch. **189**, 739 (1951). — [8] MELCHIOR, J. B., and H. TARVER: Arch. Biochem. **12**, 301 (1947). — WINNICK, T., F. FRIEDBERG and D. M. GREENBERG: J. biol. Ch. **175**, 117 (1948). — WINNICK, T., E. A. PETERSON and D. M. GREENBERG: Arch. Biochem. **21**, 235 (1949). — WINNICK, T.: Arch. Biochem. **27**, 65 (1950). — LEVINE, M., and H. TARVER: J. biol. Ch. **184**, 427 (1950). —[9] CASPERSSON, T., E. HAMMARSTEN and H. HAMMARSTEN: Trans. Faraday Soc. **31**, 367 (1935). — CASPERSSON, T.: Naturwiss. **23**, 500, 527 (1935); **24**, 108 (1936); **29**, 33 (1941). Chromosoma, Berlin **1**, 147 (1939). — CASPERSSON, T., and J. SCHULTZ: Nature **142**, 294 (1938); **143**, 602 (1939). — SIGNER, R., T. CASPERSSON and E. HAMMARSTEN: Nature **141**, 122 (1938). — SCHULTZ, J., u. T. CASPERSSON: Arch. exp. Zellforsch. **22**, 650 (1939).

die Veränderungen der Zusammensetzung während verschiedener Teilungsphasen der Zelle zu beobachten. Diese Autoren sind der Auffassung, daß der Zellkern ein wichtiges Zentrum der Eiweißsynthese ist, und daß die Gegenwart der Nucleinsäuren dazu notwendig ist. Das gentragende Euchromatin produziert Eiweißstoffe, deren UV-Absorption derjenigen des Albumins und Globulins ähnlich ist. Das Heterochromatin enthält Eiweißstoffe vom Histontyp.

BRACHET u. Mitarb.[1] untersuchten mit chemischen Methoden das Verhalten der Nucleinsäuren während der embryonalen Entwicklung. Sie kommen im Prinzip zu den gleichen Ergebnissen wie CASPERSSON.

FRIEDRICH-FREKSA[2] hat anschauliche Vorstellungen über einen möglichen Vervielfältigungsmechanismus von Nucleinsäuren und Eiweißstoffen bei der Chromosomenkonjugation entwickelt. Als Grundlage dienten die Beobachtungen von CASPERSSON über den periodischen Aufbau der Chromosomen, wonach Eiweißstoffe über deren ganze Länge vorkommen, Nucleinsäuren dagegen nur an bestimmten Stellen angelagert sind und vermutlich durch salzartige Bindung an basischen Eiweißstoffen festgehalten werden. Dieser Aufbau bedingt, daß dort, wo Nucleinsäuren angelagert sind, Dipolmomente auftreten. Durch elektrostatische Kräfte können dort Eiweißbruchstücke gebunden werden, und damit kann ein ordnender Einfluß auf die neuzubildende Peptidkette ausgeübt werden. Die Nucleinsäureanordnung dient somit als Matrize für den aufzubauenden Eiweißstoff.

b) Beteiligung der Nucleinsäuren des Zellplasmas an der Eiweißsynthese. In einer großen Anzahl von Untersuchungen bei Säugern, Insekten und Bakterien kommt zum Ausdruck, daß Ribonucleinsäuren als Bestandteile des Zellplasmas mit der Eiweißsynthese im Zusammenhang stehen[3]. Es besteht eine Parallelität zwischen dem Nucleinsäuregehalt der Zellbestandteile und dem Einbau von markierten Aminosäuren in das Eiweißmolekül[4]. Eine strenge Korrelation zwischen Ribosenucleinsäuregehalt und Eiweißsynthese zeigt sich bei Untersuchungen an Reticulocyten[5] und an Staphylococcus aureus[6].

DOUNCE[7] diskutiert einen Vervielfältigungsmechanismus der Peptidkette, bei dem Nucleinsäuren nicht nur als Matrize, sondern auch als Donatoren von energiereichen Phosphatbindungen dienen, welche die Knüpfung der Peptidkette ermöglichen sollen. Durch Reaktion mit ATP soll Nucleinsäure in die Diphosphonucleinsäure übergeführt werden. Die energiereich gebundene Phosphorsäure könnte durch eine Aminosäure, die als Phosphoamid gebunden wird, ersetzt werden. Ein Austausch der Phosphoamid- durch Peptidbindungen würde zur Bildung einer Polypeptidkette führen.

[1] BRACHET, J.: Arch. Biol., Paris **51**, 151, 167 (1940); **53**, 207 (1942). — BRACHET, J., et R. JEENER: Enzymologia **11**, 196 (1944). Biochim. biophysica Acta, N. Y. **1**, 13 (1947). — [2] FRIEDRICH-FREKSA, H.: Naturwiss. **28**, 376 (1940). — [3] BRACHET, J.: Arch. Biol., Paris **44**, 519 (1933). Cold Spring Harbor Symp. quant. Biol. **12**, 18 (1947). — CASPERSSON, T., H. LANDSTRÖM-HYDÉN u. L. AQUILONIUS: Chromosoma, Berlin **2**, 111 (1941/44). — HYDÉN, H.: Acta physiol. scand. **6**, Suppl. **17** (1943). — COHEN, S. S.: Cold Spring Harbor Symp. quant. Biol. **12**, 35 (1947). — DAVIDSON, J. N.: Cold Spring Harbor Symp. quant. Biol. **12**, 50 (1947). — SCHNEIDER, W. C.: Cold Spring Harbor Symp. quant. Biol. **12**, 169 (1947). — SPIEGELMAN, S., and M. D. KAMEN: Cold Spring Harbor Symp. quant. Biol. **12**, 211 (1947). — THORELL, B.: Cold Spring Harbor Symp. quant. Biol. **12**, 247 (1947). — MALMGREN, B., and C.-G. HEDÉN: Acta path. microbiol. scand. **24**, 472 (1947). — CALDWELL, P. C., E. L. MACKOR and C. HINSHELWOOD: Soc. **1950**, 3151. — CALDWELL, P. C., and C. HINSHELWOOD: Soc. **1950**, 3156. — [4] BORSOOK, H., C. L. DEASY, A. J. HAAGEN-SMIT, G. KEIGHLEY and P. H. LOWY: J. biol. Ch. **187**, 839 (1950). — KELLER, E. B.: Fed. Proc. **10**, 206 (1951). — SCHNEIDER, W. C.: Cold Spring Harbor Symp. quant. Biol. **12**, 169 (1947). — [5] HOLLOWAY, B. W., and S. H. RIPLEY: J. biol. Ch. **196**, 695 (1952). — [6] GALE, E. F., and J. P. FOLKES: Biochem. J. **53**, 483 (1953). — [7] DOUNCE, A. L.: Enzymologia **15**, 251 (1952/53).

7. Sind Peptide Zwischenprodukte bei der Eiweißsynthese?

Es können folgende beiden Möglichkeiten einander gegenübergestellt werden. Die Synthese der Polypeptidkette erfolgt aus den freien Aminosäuren in einem Zuge an einem vorgebildeten Muster, oder es werden Peptide als Zwischenprodukte gebildet, die zu längeren Ketten zusammengebaut werden.

Eine Reihe von Beobachtungen spricht für die Annahme, daß Peptide als Vorstufen gebildet werden.

BORSOOK u. Mitarb.[1] isolierten aus Leber verschiedener Tiere eine einheitliche Peptidfraktion. Die Inkubation von Schweineleberhomogenat mit markierten Aminosäuren ergab eine Peptidfraktion, deren Gehalt an markierten Aminosäuren höher war als derjenigen der gleichzeitig isolierten Proteine.

ANFINSEN u. STEINBERG[2] inkubierten Eileiterschnitte mit ^{14}C-Aminosäuren. Das isolierte radioaktive Albumin wurde mit Bac. subtilis-Enzym[3] oder auf chemischem Wege abgebaut. Es ergab sich daraus, daß die Radioaktivität der einzelnen Aminosäuren an verschiedenen Stellen des Albuminmoleküls verschieden war. Wenn der Aufbau des Albumins aus den freien Aminosäuren in einem Zuge erfolgen würde, müßte erwartet werden, daß die Verteilung der markierten Aminosäure gleichmäßig wäre.

ε) Die Eiweißspeicherung.

Auf Grund von Stickstoffbilanzen bei erhöhter Eiweißzufuhr läßt sich zeigen, daß eine Eiweißspeicherung in größerem Ausmaß nicht möglich ist. Es kommt allerdings zu einer Stickstoffretention, die jedoch nach einigen Tagen wieder ausgeglichen ist[4].

Durch vergleichende Gesamtstickstoffbestimmungen in der Leber im Hungerzustand und nach reichlicher Eiweißzufuhr kann die Speicherung bei verschiedenen Tierarten direkt nachgewiesen werden[5]; denn aus gleichzeitig durchgeführten Phosphorbestimmungen geht hervor, daß die durch Eiweißverabreichung bedingte Stickstoffzunahme der Leber nicht auf einer Zellvermehrung beruhen kann. Auch andere Organe, wie Niere, Blut, Herz und Skeletmuskulatur, sollen in beschränktem Umfang Eiweiß speichern können[6]. Die Mobilisierung des im lymphoiden Gewebe enthaltenen Eiweißes wird von der Nebennierenrinde kontrolliert[7].

In zahlreichen Untersuchungen ist es BERG[8] u. a. bei verschiedenen Tieren und beim Menschen gelungen, auf histochemischem Wege die Eiweißspeicherung

[1] BORSOOK, H., C. L. DEASY, A. J. HAAGEN-SMIT, G. KEIGHLEY and P. H. LOWY: J. biol. Ch. **174**, 1041 (1948); **179**, 689, 705 (1949). — [2] ANFINSEN, C. B., and D. STEINBERG: J. biol. Ch. **189**, 739 (1951). — STEINBERG, D., and C. B. ANFINSEN: J. biol. Ch. **199**, 25 (1952). — s. a. PETERS, T. jr.: J. biol. Ch. **200**, 461 (1953). — [3] LINDERSTRØM-LANG, K., and M. OTTESEN: Nature **159**, 807 (1947). — [4] BISCHOFF, T. L. W., u. C. VOIT: Die Gesetze der Ernährung des Fleischfressers. Leipzig, Heidelberg 1860. — VOIT, C.: Handbuch der Physiologie des Gesamtstoffwechsels und der Fortpflanzung. [Handb. Physiol. (NAGEL) Bd. 6/1] S. 300. Leipzig 1881. — GRUBER, M.: Z. Biol. **42**, 407 (1901). — [5] MIESCHER, F.: Die histochemischen und physiologischen Arbeiten. Bd. 1. Leipzig 1897. — SEITZ, W.: Pflügers Arch. **111**, 309 (1906). — GRUND, G.: Z. Biol. **54**, 173 (1910). — TICHMENEFF, N.: B. Z. **59**, 326 (1914). — JUNKERSDORF, P.: Pflügers Arch. **186**, 254 (1921). — ROTHMANN, H.: Z. ges. exp. Med. **40**, 255 (1924). — [6] LUCK, J. M.: J. biol. Ch. **115**, 491 (1936). — ADDIS, T., D. D. LEE, W. LEW and L. J. POO: J. Nutrit. **19**, 199 (1940). — ADDIS, T., L. J. POO and W. LEW: J. biol. Ch. **115**, 111 (1936). — MARTIN, C. J., and R. ROBISON: Biochem. J. **16**, 407 (1922). — SEITZ, W.: Pflügers Arch. **111**, 309 (1906). — [7] DOUGHERTY, T. F., and A. WHITE: Anat. Rec. **91**, 7 Suppl. (1945). — [8] BERG, W.: Anat. Anz. **42**, 251 (1912). B. Z. **61**, 428 (1914). Arch. mikroskop. Anat. **94**, 518 (1920). Pflügers Arch. **195**, 543 (1922); **214**, 243 (1926). — BERG, W., u. C. CAHN-BRONNER: B. Z. **61**, 434 (1914). — CAHN-BRONNER, C. E.: B. Z. **66**, 289 (1914). — STÜBEL, H.: Pflügers Arch. **185**, 74 (1920). — NOËL, R.: C. R. Soc. Biol. **86**, 449 (1922). — LÖFFLER, L., u. M. NORDMANN: Virchows Arch. **257**, 119 (1925). — ESAKI, S.: Folia anat. jap. **3**, 138 (1925).

in der Leberzelle nachzuweisen. Durch spezielle Färbung können im Protoplasma der Leberzellen tropfenartige Gebilde sichtbar gemacht werden, die nur nach Eiweißfütterung, nicht aber nach Fett- und Kohlenhydratzufuhr auftreten. Aus der Tatsache, daß diese homogenen Tropfen eine positive Ninhydrinreaktion geben, wird geschlossen, daß sie wenigstens teilweise aus Eiweißabbauprodukten bestehen.

Die FOLINsche Auffassung[1] über eine Zweiteilung des Eiweißstoffwechsels in einen endogenen und einen exogenen Anteil, wonach zugeführtes Eiweiß entweder sofort abgebaut oder zu einem geringen Teil, als Ersatz der Abnützungsquote, für den Aufbau des Körpereiweißes Verwendung findet, steht im Widerspruch zur Annahme des Vorhandenseins einer Eiweißspeicherung. Wie oben erwähnt, muß auf Grund von Untersuchungen von BORSOOK, SCHOENHEIMER u. a. angenommen werden, daß ein reger Austausch zwischen Nahrungs- und Körpereiweiß stattfindet und so die Körpersubstanz in einem ständigen Umbau begriffen ist. Diese Vorstellung läßt das Vorhandensein einer gewissen Eiweißreserve, die je nach Bedarf des Organismus für verschiedene Zwecke zur Verfügung gestellt wird, als durchaus möglich erscheinen. Tatsächlich läßt sich eine Stufe im Abbau des Körpereiweißes feststellen, die offenbar dadurch bedingt ist, daß ein labiler Anteil des Proteins leichter angegriffen wird als das eigentliche Körpereiweiß[2]. Es können jedoch keine Anhaltspunkte gefunden werden, die darauf hinweisen, daß sich das sog. „labile“ vom „fixen“ Eiweiß durch verschiedene chemische Struktur unterscheidet[3]. Angaben über das Ausmaß der Eiweißreserve finden sich in Untersuchungen von MADDEN u. WHIPPLE[4]: Nach Entfernung der Plasmaeiweißkörper beim lebenden Hund (Plasmapherese) findet ein rascher Ersatz aus der Eiweißreserve statt. Auf Grund wiederholter Entnahme haben die erwähnten Autoren berechnet, daß der Hund 10 bis 60 g Eiweiß in dieser Weise zur Verfügung stellen kann.

b) Der Aminosäurestoffwechsel.

α) Allgemeine Abbaureaktionen der Aminosäuren.

Die ersten Untersuchungen über den Abbau der Aminosäuren im tierischen Organismus stehen im Zusammenhang mit den Arbeiten über den Fettsäureabbau[5]; Verfütterung von phenylsubstituierten Fettsäuren an Hunde hat eine Mehrausscheidung von Hippursäure bzw. Phenacetursäure zur Folge, je nachdem die Fettsäure eine gerade oder ungerade Anzahl von Kohlenstoffatomen aufweist (s. S. 802). Daraus ist zu schließen, daß Phenylfettsäuren durch Abspaltung von Bruchstücken von je 2 Kohlenstoffatomen bis zu Benzoe- bzw. zu Phenylessigsäure abgebaut werden, welche nach Kondensation mit Glykokoll als Hippursäure oder Phenacetursäure im Harn erscheinen. Analoge Ergebnisse wurden aus Leberdurchströmungsversuchen gewonnen[6]: Nur aus Fettsäuren mit gerader Kohlenstoffatomzahl entsteht Aceton, das aus Acetessigsäure als unmittelbarer Vorstufe gebildet wird. Aus Fettsäuren mit ungerader Kohlenstoffatomzahl entsteht Pro-

---

[1] FOLIN O.: Amer. J. Physiol. **13**, 117 (1905). — FOLIN, O., and W. DENIS: J. biol. Ch. **11**, 87 (1912). — [2] MARTIN, C. J., and R. ROBISON: Biochem. J. **16**, 407 (1922). — DEUEL, H. J. jr., I. SANDIFORD, K. SANDIFORD and W. M. BOOTHBY: J. biol. Ch. **76**, 391 (1928). — CHAMBERS, W. H., and A. T. MILHORAT: J. biol. Ch. **77**, 603 (1928). — [3] CAHN, T., et A. BONOT: Cr. **185**, 1212 (1927). — LEE, W. C., and H. B. LEWIS: J. biol. Ch. **107**, 649 (1934). — LUCK, J. M.: J. biol. Ch. **115**, 491 (1936). — [4] MADDEN, S. C., W. E. GEORGE, G. S. WARAICH and G. H. WHIPPLE: J. exp. Med. **67**, 675 (1938). — [5] KNOOP, F.: Hofmeisters Beitr. **6**, 150 (1905). — DAKIN, H. D.: J. biol. Ch. **6**, 203, 221 (1909). — [6] EMBDEN, G., u. A. MARX: Hofmeisters Beitr. **11**, 318 (1908). — EMBDEN, G.: Hofmeisters Beitr. **11**, 348 (1908).

pionsäure. Durchströmung[1] und Verfütterung[2] entsprechender α-Aminosäuren zeigt, daß sich die α-Aminosäuren verhalten wie Fettsäuren, die um ein Kohlenstoffatom ärmer sind. So geht beispielsweise aus Untersuchungen von EMBDEN hervor, daß Leucin wie Isovaleriansäure in Aceton bzw. Acetessigsäure übergehen, während Isobuttersäure kein Aceton liefert. KNOOP[3] konnte nach Verfütterung von γ-Phenyl-α-aminobuttersäure wohl Hippursäure, jedoch keine Phenacetursäure aus dem Harn isolieren.

1. Oxydative Desaminierung.

Aus älteren Untersuchungen ist bekannt, daß beim Abbau der Aminosäuren als erste Abbaustufe die Abspaltung der Aminogruppe erfolgt. SCHOTTEN[4] isolierte nach Verfütterung von Phenylaminoessigsäure Mandelsäure aus dem Harn. Er nimmt an, daß der Stickstoff in Form von NH_3 durch hydrolytische Desaminierung entfernt wird. Aus zahlreichen später durchgeführten Fütterungsversuchen geht jedoch eindeutig hervor, daß vor der Oxysäure die Ketosäure entsteht und somit die Abspaltung des Stickstoffes durch oxydative Desaminierung erfolgt[5]. NEUBAUER u. Mitarb.[5] erhielten aus Phenylaminoessigsäure Phenylglyoxylsäure. FLATOW[5] isolierte nach Verfütterung von m- und p-Chlorphenylalanin und o-Tyrosin die entsprechenden Ketosäuren. Auch die Tatsache, daß p-Oxyphenylbrenztraubensäure vom tierischen Organismus verwertet wird, während p-Oxyphenylmilchsäure ausgeschieden wird[6], zeigt, daß die Ketosäure das physiologische Abbauprodukt ist.

Genaue Kenntnisse über den Reaktionsmechanismus der oxydativen Desaminierung verdanken wir Untersuchungen von KREBS[7]. Er zeigte, daß α-Aminosäuren durch Gewebsschnitte und -extrakte unter Aufnahme von Sauerstoff und Abgabe von Ammoniak nach folgender Gleichung zerlegt werden:

$$\mathrm{R{-}\underset{\displaystyle NH_2}{\underset{|}{CH}}{-}COOH} + \tfrac{1}{2}\,\mathrm{O_2} \longrightarrow \mathrm{R{-}\underset{\displaystyle O}{\underset{\|}{C}}{-}COOH} + \mathrm{NH_3}$$

Es gelang ihm auch, nach Ablauf der Abbaureaktion die entsprechende Ketosäure zu isolieren; aus Alanin entsteht Brenztraubensäure, aus α-Aminobuttersäure α-Ketobuttersäure, aus Phenylalanin Phenylbrenztraubensäure, aus Leucin α-Ketoisocapronsäure, aus Norleucin α-Keto-n-capronsäure. Auch aus Asparaginsäure und Glutaminsäure lassen sich die entsprechenden Ketosäuren in Form von Oxalessigsäure und α-Ketoglutarsäure isolieren, allerdings erst nachdem durch Zusatz von arseniger Säure die weitere Oxydation dieser Ketosäuren verhindert worden ist. Von den zahlreichen untersuchten Geweben erweist sich neben der Leber die Niere als Hauptort der Desaminierung. Interessante Aspekte ergeben sich aus dem Vergleich der Desaminierungsgeschwindigkeit der natürlichen und unnatürlichen Aminosäuren. Es zeigt sich nämlich, daß die unnatürlichen D-Aminosäuren 10 bis 20mal schneller desaminiert werden als die natürlichen L-Formen. Rückblickend muß infolgedessen auch angenommen werden, daß die früheren Versuchsergebnisse aus Fütterungs- und Durchströmungsversuchen im wesentlichen die unnatürliche Komponente betrafen, da damals nur die racemischen Formen der Aminosäuren zur Untersuchung gelangten.

[1] EMBDEN, G., H. SALOMON u. F. SCHMIDT: Hofmeisters Beitr. **8**, 129 (1906). — [2] KNOOP, F., u. E. KERTESS: H. **71**, 252 (1911). — [3] KNOOP, F.: Hofmeisters Beitr. **6**, 150 (1905). — DAKIN, H. D.: J. biol. Ch. **6**, 203, 221 (1909). — [4] SCHOTTEN, C.: H. **8**, 66 (1883). — [5] NEUBAUER, O.: Dtsch. Arch. klin. Med. **95**, 211 (1909). — NEUBAUER, O., u. H. FISCHER: H. **67**, 230 (1910). — FLATOW, L.: H. **64**, 367 (1910). — FRIEDMANN, E., u. C. MAASE: B. Z. **27**, 97 (1910). — FROMHERZ, K.: H. **70**, 351 (1910/11). — [6] KOTAKE, Y.: H. **69**, 409 (1910). — [7] KREBS, H. A.: H. **217**, 191; **218**, 157 (1933). Biochem. J. **29**, 1620 (1935).

KREBS weist darauf hin, daß verschiedene Enzyme am Abbau der D- und L-Aminosäuren beteiligt sind; der Abbau der L-Aminosäuren läßt sich nämlich im Gegensatz zu demjenigen der unnatürlichen Formen mit Kaliumcyanid oder Octylalkohol hemmen. Aus Nierentrockenpulver kann ein Extrakt hergestellt werden, der nur noch die unnatürlichen Formen abzubauen vermag. Diese Annahme erfuhr durch die Arbeiten von WARBURG u. CHRISTIAN[1] und von NEGELEIN u. BRÖMEL[2] eine eindeutige Bestätigung. Aus Extrakt von Trockenpulver aus Hammelnieren läßt sich durch Dialyse das Coferment abtrennen. Alloxazinadenindinucleotid aus Hefe isoliert und gereinigtes Fermentprotein ergeben eine hochaktive D-Aminosäureoxydase, die nur die unnatürlichen D-Formen angreift.

Versuche mit Reinferment ermöglichen durch Beobachtung des Absorptionsspektrums den Wirkungsmechanismus zu ergründen. Die von KNOOP[3] auf Grund von Modellversuchen aufgestellte Hypothese ließ sich insofern bestätigen, als das Coferment 2 Wasserstoffatome aufnimmt; es entsteht dabei mit großer Wahrscheinlichkeit die Iminosäure, die nach Anlagerung von einer Molekel Wasser und Abspaltung von Ammoniak in die Ketosäure übergeht.

$$\begin{array}{c}R\\|\\CH(NH_2)\\|\\COOH\end{array} + Co \longrightarrow \begin{array}{c}R\\|\\C=NH\\|\\COOH\end{array} + Co\cdot H_2 \xrightarrow{+H_2O} \begin{array}{c}R\\|\\C=O\\|\\COOH\end{array} + NH_3$$

Der Vergleich der Abbaugrößen zeigt große Aktivitätsunterschiede für die einzelnen Aminosäuren[4]. Im Gegensatz zu KARRER u. FRANK[5] konnten EDLBACHER u. WISS[4] keine Anhaltspunkte für die Existenz verschiedener D-Aminosäureoxydasen finden. Die gereinigte D-Aminosäureoxydase läßt sich durch L-Aminosäuren unter geeigneten Bedingungen auf ein Mehrfaches der ursprünglichen Aktivität steigern[6]. Das L-Histidin hat eine besonders intensive aktivierende Wirkung und ist schon in Cofermentkonzentration wirksam.

Bilanzmäßig verläuft die oxydative Desaminierung der L-Aminosäuren analog dem D-Aminosäureabbau; unter Sauerstoffverbrauch werden Ammoniak und die entsprechende Ketosäure gebildet. Über die genaue Wirkungsweise und die Natur des Fermentes ist nichts bekannt. Offenbar handelt es sich nicht um ein einheitliches Ferment[7]. GREEN u. Mitarb.[8] ist es gelungen, ein Fermentprotein zu isolieren, welches imstande ist Leucin, Methionin, Norleucin, Norvalin, Phenylalanin, Tryptophan, Isoleucin, Tyrosin, Cystin, Valin, Histidin und Alanin zu spalten.

Die Tatsache, daß die unnatürlichen D-Aminosäuren im Enzymversuch intensiver abgebaut werden als die L-Aminosäuren, ist verschieden gedeutet worden. Im Zusammenhang mit den Arbeiten von KÖGL[9] über das Vorkommen von D-Aminosäuren im Tumorgeweben ist man geneigt anzunehmen, daß die

---

[1] WARBURG, O., u. W. CHRISTIAN: B. Z. **295**, 261; **298**, 150 (1938). — [2] NEGELEIN, E., u. H. BRÖMEL: B. Z. **300**, 225 (1938/39). — [3] KNOOP, F.: H. **67**, 489 (1910). — [4] EDLBACHER, S., u. O. WISS: Helv. **28**, 1111 (1945). — [5] KARRER, P., u. H. FRANK: Helv. **23**, 948 (1940). — [6] EDLBACHER, S., u. O. WISS: Helv. **28**, 797, 1111 (1945). — [7] BERNHEIM, F., and M. L. C. BERNHEIM: J. biol. Ch. **107**, 275 (1934). — BERNHEIM, F.: J. biol. Ch. **111**, 217 (1935). — FELIX, K., u. K. ZORN: H. **268**, 257 (1941). — EDLBACHER, S., u. H. GRAUER: Helv. **27**, 151, 928 (1944). — [8] GREEN, D. E., V. NOCITO and S. RATNER: J. biol. Ch. **148**, 461 (1943). — [9] KÖGL, F., u. H. ERXLEBEN: H. **258**, 57; **261**, 154 (1939); **264**, 108, 198 (1940). — KÖGL, F., H. ERXLEBEN u. A. M. AKKERMANN: H. **261**, 141 (1939). — KÖGL, F., H. ERXLEBEN u. H. HERKEN: H. **263**, 107 (1940). — KÖGL, F., H. HERKEN u. H. ERXLEBEN: H. **264**, 220 (1940). — KÖGL, F., H. ERXLEBEN u. G. J. VAN VEERSEN: H. **277**, 251 (1943). — ERXLEBEN, H., u. H. HERKEN: H. **264**, 240 (1940).

D-Aminosäureoxydase zur Aufrechterhaltung der optischen Reinheit der Körpersubstanz notwendig ist. Nachdem KÖGLS Hypothese sehr viel an Wahrscheinlichkeit eingebüßt hat[1], wird die Vermutung geäußert, daß bei Aminierung möglicherweise racemische Formen der Aminosäuren entstehen, und daß die D-Komponenten abgebaut werden, während die L-Formen zu anderen Zwecken Verwendung finden[2]. Allerdings lassen sich bisher keine sicheren Anhaltspunkte für eine intermediäre Bildung von D-Aminosäuren finden.

2. Primäre Decarboxylierung.

Aminosäuren können durch primäre Decarboxylierung in Amine übergeführt werden. Beim Vergleich mit der oxydativen Desaminierung kommt dieser Abbaureaktion im tierischen Organismus eine untergeordnete Bedeutung zu. Bakterien[3] besitzen hingegen oft stark wirksame Aminosäuredecarboxylasen, so daß bei der Beurteilung der Wirksamkeit in vivo beim Tier der Einfluß der Darmflora berücksichtigt werden muß. Für Histidin[4], Tyrosin[5], Dioxyphenylalanin[6] und Tryptophan[7] scheint der Abbau durch tierisches Gewebe sichergestellt zu sein, obwohl die eindeutige Charakterisierung der entstandenen Reaktionsprodukte (Histamin, Tyramin, Oxytyramin und Tryptamin) schwierig ist, da sie in sehr kleinen Konzentrationen entstehen. Nur die Decarboxylierung von Dioxyphenylalanin führt zu faßbaren größeren Mengen des Reaktionsproduktes. Als Abbauprodukte von Ornithin, Lysin und Arginin sind die Diamine Putrescin, Cadaverin und Agmatin bekannt. Es ist jedoch nicht geklärt, ob für die Umwandlung auch tierische Fermente oder ausschließlich die Darmflora verantwortlich ist. Nicht sicher geklärt ist auch die Frage, ob ein einziges Enzym den Abbau vollzieht oder ob mehrere spezifisch auf die einzelnen Aminosäuren eingestellte

---

[1] GRAFF, S., D. RITTENBERG and G. L. FORSTER: J. biol. Ch. **133**, 745 (1940). — RITTENBERG, D., and G. L. FORSTER: J. biol. Ch. **133**, 737 (1940). — WIELAND, T.: B. **75**, 1001 (1942). — CHIBNALL, A. C., M. W. REES, G. R. TRISTRAM, E. F. WILLIAMS and E. BOYLAND: Nature **144**, 71 (1939). — DITTMAR, C.: Z. Krebsforsch. **49**, 397, 441; **50**, 472 (1940). — JOHNSON, J. M.: J. biol. Ch. **132**, 781; **134**, 459 (1940). — KONIKOVA, A. S.: Nature **145**, 312 (1940). — LEUTHARDT, F.: B. Z. **306**, 399 (1940). — WOODWARD, G. E., F. E. REINHART and J. S. DOHAN: J. biol. Ch. **138**, 677 (1941). — BÜRGER, M., u. K. PLÖTNER: Kli. Wo. **1941**, 1209. — ABDERHALDEN, E.: H. **275**, 135 (1942). — KLINGMÜLLER, V.: H. **278**, 97 (1943). — [2] EDLBACHER, S., u. O. WISS: Helv. **28**, 797, 1111 (1945). — ABDERHALDEN, E.: Lehrbuch der physiologischen Chemie. 26. Aufl. S. 213. Basel 1948. — [3] ELLINGER, A.: B. **31**, 3183 (1898). H. **29**, 334 (1900). — ACKERMANN, D.: H. **56**, 305 (1908); **65**, 504; **69**, 273 (1910). Z. Biol. **56**, 88 (1911). — BARGER, G., and G. S. WALPOLE: J. Physiol., London **38**, 343 (1909). — ROSENHEIM, O.: J. Physiol., London **38**, 337 (1909). — [4] WERLE, E.: B. Z. **288**, 292 (1936). — WERLE, E., u. H. HERRMANN: B. Z. **291**, 105 (1937). — WERLE, E., u. K. KRAUTZUN: B. Z. **296**, 315 (1938). — WERLE, E., u. K. HEITZER: B. Z. **299**, 420 (1938). — WERLE, E.: B. Z. **304**, 201 (1940); **311**, 270 (1941/42). — HOLTZ, P., u. R. HEISE: A. e. P. P. **186**. 377 (1937). — HOLTZ, P.: Kli. Wo. **1937 II**, 1561. — BLOCH, W., u. H. PINÖSCH: H. **239**, 236 (1936). — MACKAY, M.: Austral. J. exp. Biol. med. Sci. **16**, 137 (1938). — HOLTZ, P., u. K. CREDNER: H. **280**, 1 (1944). — EDLBACHER, S., M. SIMON u. M. BECKER: Naturwiss. **28**, 411 (1940). — [5] EMERSON, R. L.: Hofmeisters Beitr. **1**, 501 (1902). — HEINSEN, H. A.: H. **245**, 1 (1937). — WOLF, H. J., u. H. A. HEINSEN: A. e. P. P. **179**, 15 (1935). — SCHULER, W., u. A. WIEDEMANN: H. **233**, 235 (1935). — SCHULER, W., H. BERNHARDT u. W. REINDEL: H. **243**, 90 (1936). — HOLTZ, P.: H. **251**, 226 (1938). Naturwiss. **27**, 724 (1939). — HOLTZ, P., K. CREDNER u. A. REINHOLD: A. e. P. P. **193**, 688 (1939). — HOLTZ, P.: Naturwiss. **25**, 457 (1937). — HOLTZ, P., u. H. JANISCH: A. e. P. P. **186**, 684 (1937). — WERLE, E., u. G. MENNICKEN: B. Z. **291**, 325 (1937). — [6] HOLTZ, P., R. HEISE u. K. LÜDTKE: A. e. P. P. **191**, 87 (1939). — BLASCHKO, H.: J. Physiol., London **96**, 50 P (1939). — HOLTZ, P., A. REINHOLD u. K. CREDNER: H. **261**, 278 (1939). A. e. P. P. **193**, 688 (1939). — HOLTZ, P., K. CREDNER u. H. WALTER: H. **262**, 111 (1939/40). — HOLTZ, P., u. K. CREDNER: A. e. P. P. **199**, 145 (1942). — BLASCHKO, H.: J. Physiol., London **101**, 337 (1942). — BING, R. J., and M. B. ZUCKER: Proc. Soc. exp. Biol. Med. **46**, 343 (1941). — [7] WERLE, E., u. G. MENNICKEN: B. Z. **291**, 325 (1937).

Enzyme wirksam sind. Von den Bakteriendecarboxylasen ist bekannt, daß das Pyridoxal-5-phosphat als Coferment wirksam ist[1].

Aus neueren Arbeiten[2] geht hervor, daß das Gehirn der Ratte eine Glutaminsäuredecarboxylase enthält, die vermutlich für den hohen Gehalt an α-Aminobuttersäure verantwortlich ist. Im Dünndarm von Meerschweinchen konnte eine Cysteinsäuredecarboxylase nachgewiesen werden, die sich durch Pyridoxalphosphat aktivieren läßt[3].

3. Oxydativer Abbau der Amine.

Die aus den Aminosäuren durch Decarboxylierung entstandenen Amine können oxydativ weiter abgebaut werden. Das von Best[4] beschriebene histaminabbauende Enzym *Histaminase* oxydiert auch andere Diamine, wie Putrescin, Cadaverin, Spermin, Agmatin usw.[5]. Das Enzym wird deshalb besser als *Diaminoxydase* (s. Bd. 1, 1209) bezeichnet[6]. Amine, die sich von Monoaminosäuren herleiten, werden durch die sog. *Monoaminoxydase* angegriffen[7]. Der Abbaumechanismus ist in beiden Fällen gleich; unter Aufnahme von Sauerstoff wird Ammoniak und der entsprechende Aldehyd gebildet[6,8].

$$R{-}CH_2{-}NH_2 + \tfrac{1}{2}O_2 \longrightarrow R{-}CHO + NH_3$$

Die verantwortlichen Enzyme finden sich vor allem in Niere, Leber und Darmschleimhaut und haben offenbar die Aufgabe, resorbierte oder intermediär gebildete Amine zu entgiften.

β) Bildung von Glucose und Acetonkörpern aus Aminosäuren.

Das Problem der Zucker- und Acetonkörperbildung aus Eiweiß ist vor allem im Hinblick auf den Diabetes mellitus schon frühzeitig erforscht worden[9]. Eine erfolgreiche Bearbeitung war jedoch erst möglich, als erkannt worden war, daß die Eiweißkörper aus Aminosäuren zusammengesetzt sind. Es stellte sich somit die Frage, welche Aminosäuren an der Zuckerbildung bzw. der Acetonkörperbildung beteiligt sind. Als Ergänzung zu den Beobachtungen am diabetischen Menschen sind eine Reihe tierexperimenteller Methoden zur Klärung dieser Frage entwickelt worden.

Normalen hungernden Tieren wird die zu untersuchende Aminosäure verabreicht und der Glykogengehalt der Leber gemessen. Bei pankreasektomierten Tieren wird die durch Aminosäurezufuhr hervorgerufene Glucose- oder Acetonkörperausscheidung beurteilt.

Phlorrhizin, ein pflanzliches Glykosid, verursacht durch Beeinträchtigung der Rückresorption von Glucose aus den Nierenkanälchen eine Glucosurie. Charakteristisch ist das

---

[1] Gunsalus, I. C., and W. D. Bellamy: J. biol. Ch. **155**, 357 (1944). — Gale, E. F., and H. M. R. Epps: Biochem. J. **38**, 232, 250 (1944). — Gunsalus, I. C., W. D. Bellamy and W. W. Umbreit: J. biol. Ch. **155**, 685 (1944). — Baddiley, J., and E. F. Gale: Nature **155**, 727 (1945). — Umbreit, W. W., and I. C. Gunsalus: J. biol. Ch. **159**, 333 (1945). — Bellamy, W. D., W. W. Umbreit and I. C. Gunsalus: J. biol. Ch. **160**, 461 (1945). —
[2] Roberts, E., and S. Frankel: J. biol. Ch. **187**, 55 (1950); **188**, 789; **190**, 505 (1951). — Wingo, W. J., and J. Awapara: J. biol. Ch. **187**, 267 (1950). — Roberts, E., F. Younger and S. Frankel: J. biol. Ch. **191**, **277** (1951). — [3] Werle, E., u. S. Brüninghaus: B. Z. **321**, 492 (1950/51). — Zusammenfassende Darstellung: Schales, O.: Sumner-Myrbäck **2**/1, 216. — [4] Best, C. H.: J. Physiol., London **67**, 256 (1929). — Best, C. H., and E. W. McHenry: J. Physiol., London **70**, 349 (1930). — McHenry, E. W., and G. Gavin: Biochem. J. **26**, 1365 (1932); **29**, 622 (1935). — [5] Zeller, E. A.: Naturwiss. **26**, 282 (1938). Helv. **21**, 880 (1938). — Felix, K., u. K. Zorn: H. **258**, 16 (1939). — [6] Zusammenfassende Darstellung: Zeller, E. A.: Diamin-oxydase. Adv. Enzymol. **2**, 93 (1942). — [7] Philpot, F. J.: Biochem. J. **31**, 856 (1937). — Kohn, H. I.: Biochem. J. **31**, 1693 (1937). — Blaschko, H., D. Richter and H. Schlossmann: Biochem. J. **31**, 2187 (1937). — [8] Pugh, C. E. M., and J. H. Quastel: Biochem. J. **31**, 286, 2306 (1937). — [9] Zusammenfassende Darstellung: Langstein, L.: Ergebn. Physiol. **1**/1, 63 (1902); **3**/1, 453 (1904).

Absinken des Blutzuckergehaltes. Verabreichung von zuckerbildenden Stoffen hat eine Erhöhung der Glucosurie bzw. Acetonurie zur Folge.

Isolierte, unter physiologischen Bedingungen gehaltene Lebern werden mit der zu untersuchenden Substanz durchströmt, anschließend im Organ und der Durchströmungsflüssigkeit die Reaktionsprodukte nachgewiesen.

Auch überlebende Gewebsschnitte oder Enzympräparate sind zu Untersuchungen über die Zucker- und Acetonkörperbildung aus Aminosäuren herangezogen worden.

Bei der Beurteilung der so gewonnenen Ergebnisse ist zu berücksichtigen, daß einzelne positive Befunde nicht als Beweis bewertet werden dürfen[1]. Deshalb ist für viele Aminosäuren nicht sicher zu entscheiden, ob sie an der Zucker- bzw. Acetonkörperbildung beteiligt sind. Eindeutige Informationen liegen für Alanin, Asparaginsäure, Glutaminsäure und Glycin bzw. Leucin und Phenylalanin vor. Die erstgenannten sind als sicher zuckerbildend erkannt worden, während letztere in Acetonkörper übergeführt werden können. Weitere Angaben über dieses Problem finden sich bei der Erörterung des Stoffwechsels der einzelnen Aminosäuren.

γ) Bildung von Aminosäuren.

1. Entbehrliche und unentbehrliche Aminosäuren.

Der tierische Organismus hat in beschränktem Umfange die Fähigkeit, die als Bausteine bzw. als Vorstufen für Wirkstoffe benötigten Aminosäuren selber aufzubauen. Zur Abklärung der Frage, wie sich die einzelnen Aminosäuren verhalten, erweisen sich die von OSBORNE eingeführten, anfänglich zur Prüfung von Eiweißkörpern verwendeten Fütterungsversuche als geeignet. So verfütterte ABDERHALDEN[2] an Stelle von Eiweiß dessen Hydrolysate und zeigte, daß der Organismus imstande ist, an Stelle von Eiweiß freie Aminosäuren zu verwerten, und daß einzelne davon für den Organismus unentbehrlich sind. ROSE[3] prüfte in systematischen Untersuchungen die einzelnen Aminosäuren auf ihre Unentbehrlichkeit. Zu diesem Zwecke wird wachsenden weißen Ratten an Stelle von Eiweiß eine Mischung von freien Aminosäuren verabreicht, wobei die zu untersuchende Aminosäure weggelassen wird. Aus der Wachstumskurve der so behandelten Tiere ist zu ersehen, ob der Organismus imstande ist, diese Aminosäure selber aufzubauen. Von den 22 als Eiweißbausteine aufgefundenen Aminosäuren haben sich auf Grund von Wachstumsversuchen an Ratten und Hunden 10 als unentbehrlich erwiesen:

entbehrlich	unentbehrlich
Glycin	Lysin
Alanin	Histidin
Serin	Tryptophan
Norleucin	Phenylalanin
Asparaginsäure	Leucin
Glutaminsäure	Isoleucin
Oxyglutaminsäure	Threonin
Prolin	Methionin
Oxyprolin	Valin
Citrullin	Arginin**
Tyrosin*	
Cystin*	

* Sind nur durch Phenylalanin bzw. Methionin ersetzbar.
** Kann teilweise, aber nur in ungenügendem Maße, synthetisiert werden.

[1] SOSKIN, S., and R. LEVINE: Carbohydrate Metabolism. 2. Aufl. S. 144. Chicago 1952. — [2] ABDERHALDEN, E.: H. **96**, 1 (1915/16). — [3] ROSE, W. C.: Science, N. Y. **86**, 298 (1937). Physiol. Rev. **18**, 109 (1938).

Eine weitere Möglichkeit der Prüfung ergibt sich aus der Beurteilung der Stickstoffbilanz. Tieren, die sich im Stickstoffgleichgewicht befinden, wird an Stelle von Eiweiß die zu untersuchende Aminosäuremischung verabreicht. Ein Mangel an essentiellen Aminosäuren zeigt sich in einer negativen Stickstoffbilanz, die sich durch Zugabe der fehlenden beheben läßt. Beide Methoden führen teilweise zu übereinstimmenden Ergebnissen[1].

Auch beim Menschen sind in beschränktem Umfang Aminosäuren in analoger Weise geprüft worden[2]. HOLT u. Mitarb.[3] fanden, daß das Stickstoffgleichgewicht nicht aufrechterhalten bleibt, wenn Tryptophan, Lysin, Methionin oder Cystin fehlen. Bei Mangel an Histidin bleibt der Organismus im Stickstoffgleichgewicht, es stellt sich jedoch Gewichtsabfall ein. Argininmangel beeinträchtigt das Stickstoffgleichgewicht nicht, hat aber eine Beeinträchtigung der Spermatozoenbildung zur Folge. Übereinstimmende Ergebnisse erhielten ROSE u. Mitarb.[4] bei Untersuchungen über die Entbehrlichkeit der Aminosäuren beim Menschen. Valin, Threonin, Methionin, Leucin, Isoleucin, Phenylalanin, Lysin und Tryptophan erwiesen sich als notwendig zur Aufrechterhaltung des Stickstoffgleichgewichtes, während Arginin und Histidin dazu nicht notwendig sind.

MITCHELL u. Mitarb.[5] unterscheiden zwischen dem Aminosäurebedarf zur Proteinsynthese, der im Wachstumsversuch zum Ausdruck kommt, und dem Bedarf zur Aufrechterhaltung des Stickstoffgleichgewichtes. Aus ihren Untersuchungen geht auch hervor, daß die bei Stickstoffbilanzuntersuchungen gewonnenen Ergebnisse auch insofern schwer zu beurteilen sind, als einzelne essentielle Aminosäuren für die Verwertung anderer notwendig sind[6].

2. Mechanismus der Aminosäurebildung.

Es wird zweckmäßig unterschieden zwischen der Fähigkeit des vollständigen Aufbaues des Kohlenstoffskelettes und der Einführung bzw. Übertragung der α-Aminogruppe. Weiterhin ist zu berücksichtigen, daß auch andere Molekülteile zwischen Aminosäuren ausgetauscht werden können. Die Fähigkeit der vollständigen Synthese ist beschränkt auf Glycin, Alanin, Serin, Asparaginsäure, Glutaminsäure, Prolin und Oxyprolin. Beim Cystin kann wohl das Kohlenstoffskelett aufgebaut werden, hingegen ist der Organismus auf die Zufuhr von Schwefel und der labilen Methylgruppe in Form des Methionins angewiesen. Tyrosin kann nur

---

[1] ROSE, W. C., and E. E. RICE: Science, N. Y. **90**, 186 (1939). — NIELSEN, E. K., and R. C. CORLEY: Amer. J. Physiol. **126**, 223 (1939). — WOLF, P. A., and R. C. CORLEY: Amer. J. Physiol. **127**, 589 (1939). — BAUER, C. D., and C. P. BERG: J. Nutrit. **26**, 51(1943). — [2] Zusammenfassende Darstellung: ALBANESE, A. A.: The amino acid requirement of man. Adv. Protein Chem. **3**, 227 (1947). — [3] HOLT, L. E. jr., A. A. ALBANESE, J. E. BRUMBACK jr., C. KAJDI and D. M. WANGERIN: Proc. Soc. exp. Biol. Med. **48**, 726 (1941). — ALBANESE, A. A., L. E. HOLT jr., J. E. BRUMBACK jr., M. HAYES, C. KAJDI and D. M. WANGERIN: Proc. Soc. exp. Biol. Med. **48**, 728 (1941). — ALBANESE, A. A., L. E. HOLT jr., J. E. BRUMBACK jr., C. KAJDI, J. E. FRANKSTON and D. M. WANGERIN: Proc. Soc. exp. Biol. Med. **52**, 18 (1943). — ALBANESE, A. A., L. E. HOLT jr., J. E. BRUMBACK jr., J. E. FRANKSTON and V. IRBY: Bull. Johns Hopkins Hosp. **74**, 308 (1944). — ALBANESE, A. A., L. E. HOLT jr., J. E. FRANKSTON and V. IRBY: Bull. Johns Hopkins Hosp. **74**, 251 (1944). — HOLT, L. E. jr., A. A. ALBANESE, L. B. SHETTLES, C. KAJDI and D. M. WANGERIN: Fed. Proc. **1**, 116 (1942). — [4] ROSE, W. C., W. J. HAINES and J. E. JOHNSON: J. biol. Ch. **146**, 683 (1942). — ROSE, W. C., W. J. HAINES, J. E. JOHNSON and D. T. WARNER: J. biol. Ch. **148**, 457 (1943). — BERG, C. P.: Ann. Rev. **13**, 239 (1944). — [5] MITCHELL, H. H., and T. S. HAMILTON: The Biochemistry of the Amino Acids. S. 612 (1929). (Amer. chem. Soc. Monogr. Ser. Nr. 48). — BURROUGHS, E. W., H. S. BURROUGHS and H. H. MITCHELL: J. Nutrit. **19**, 363 (1940). — [6] BURROUGHS, E. W., H. S. BURROUGHS and H. H. MITCHELL: J. Nutrit. **19**, 385 (1940).

aus Phenylalanin gebildet werden, so daß es den essentiellen Aminosäuren sehr nahesteht.

Die vielseitigen Stoffwechselbeziehungen der Aminosäuren zu anderen Metaboliten werden unten näher erörtert. In diesem Zusammenhang sollen noch einige Reaktionen allgemeiner Bedeutung erwähnt werden, welche die Bildung von Aminosäuren aus der entsprechenden Ketosäure ermöglichen.

Die ersten Untersuchungen über die Aminierung von Ketosäuren stammen von KNOOP[1]. Nach Verfütterung von β-Benzyl-brenztraubensäure an Hunde konnte er aus dem Harn acetyliertes β-Benzylalanin isolieren. Später bestätigten DU VIGNEAUD[2,3] u. Mitarb. die Befunde von KNOOP. Zu gleichen Ergebnissen gelangten EMBDEN u. SCHMITZ[4]. Sie konnten nachweisen, daß bei der Durchströmung von überlebenden Hundelebern mit den Ammoniumsalzen verschiedener α-Ketosäuren die entsprechenden Aminosäuren gebildet werden.

Aus den grundlegenden Arbeiten von SCHOENHEIMER, RITTENBERG u. Mitarb.[5] geht eindrücklich hervor, daß Einführung und Austausch von Aminogruppen eine Reaktion ist, die vermutlich alle Aminosäuren (außer Lysin) betrifft. Durch Verfütterung von Ammoniumsalzen, deren Stickstoff durch ^{15}N ersetzt ist, oder von Aminosäuren, die mit ^{15}N und Deuterium markiert sind, lassen sich die Umsetzungen sowohl der Aminogruppe als auch des Kohlenstoffskelettes verfolgen. So zeigt sich, daß der als Ammoniumsalz oder mit einer Aminosäure eingeführte Stickstoff in allen untersuchten Aminosäuren des Körpereiweißes mit Ausnahme des Lysins sich nachweisen läßt und daß bei Tieren, die sich im Stickstoffgleichgewicht befinden, nur ungefähr die Hälfte des zugeführten Stickstoffs auf direktem Wege in die Stoffwechselendprodukte übergeführt wird.

So aufschlußreich diese Versuche hinsichtlich der Verteilung und des endgültigen Schicksals des Stickstoffes sind, so wenig kann daraus auf den genauen Reaktionsmechanismus geschlossen werden.

a) Reduktive Aminierung. Die direkte Aminierung einer α-Ketosäure mit Ammoniumion zur entsprechenden Aminosäure ist für die Glutaminsäurebildung eindeutig nachgewiesen[6,7]; VON EULER[6] weist darauf hin, daß diese Reaktion auch für die Bildung anderer Aminosäuren von Bedeutung ist. Im Zusammenhang mit der *Umaminierung* ist die Möglichkeit gegeben, Ammoniumstickstoff über die Glutaminsäure auf andere Ketosäuren zu übertragen. Aus der Tatsache, daß verabreichte aryl-substituierte α-Ketosäuren als Acetylaminosäuren im Harn erscheinen, wird von KNOOP u. Mitarb. und auf Grund von Fütterungsversuchen mit markierten Aminosäuren von DU VIGNEAUD u. Mitarb. angenommen, daß andere

[1] KNOOP, F.: H. **67**, 489 (1910); **253**, 281 (1938). — VIGNEAUD, V. DU: H. **253**, 284 (1938). — KNOOP, F., u. E. KERTESS: H. **71**, 252 (1911). — KNOOP, F., u. J. G. BLANCO: H. **146**, 267 (1925). — KNOOP, F., u. H. OESTERLIN: H. **148**, 294 (1925); **170**, 186 (1927). —
[2] BINKLEY, F., J. L. WOOD and V. DU VIGNEAUD: J. biol. Ch. **153**, 495 (1944). — VIGNEAUD, V. DU, and C. E. MEYER: J. biol. Ch. **98**, 295 (1932). — VIGNEAUD, V. DU, R. R. SEALOCK and C. VAN ETTEN: J. biol. Ch. **98**, 565 (1932). — VIGNEAUD, V. DU, and O. J. IRISH: J. biol. Ch. **109**, XCIV (1935); **122**, 349 (1937). —
[3] VIGNEAUD, V. DU, J. L. WOOD and O. J. IRISH: J. biol. Ch. **129**, 171 (1939). — VIGNEAUD, V. DU, M. COHN, G. B. BROWN, O. J. IRISH, R. SCHOENHEIMER and D. RITTENBERG: J. biol. Ch. **131**, 273 (1939). —
[4] EMBDEN, G., u. E. SCHMITZ: B. Z. **29**, 423 (1910); **38**, 393 (1912). —
[5] RATNER, S., N. WEISSMAN and R. SCHOENHEIMER: J. biol. Ch. **147**, 549 (1943). — SHEMIN, D., and D. RITTENBERG: J. biol. Ch. **151**, 507 (1943). — SCHOENHEIMER, R., and S. RATNER: Ann. Rev. **10**, 197 (1941). — STETTEN, M. R., and R. SCHOENHEIMER: J. biol. Ch. **153**, 113 (1944). — Zusammenfassende Darstellung: SCHOENHEIMER, R.: The Dynamic State of Body Constituents. Cambridge, Mass. 1942. —
[6] EULER, H. v., E. ADLER, G. GÜNTHER u. N. B. DAS: H. **254**, 61 (1938). —
[7] KREBS, H. A., and P. P. COHEN: Biochem. J. **33**, 1895 (1939).

Ketosäuren unter Aufnahme von Ammonium aminiert werden können[1]. Es wird für diesen Zweck folgende Reaktionsfolge in Betracht gezogen:

$$\begin{array}{c} R \\ | \\ C=O \\ | \\ COOH \end{array} \xrightarrow[-H_2O]{+NH_3} \begin{array}{c} R \\ | \\ C=NH \\ | \\ COOH \end{array} \xrightarrow{+CH_3-CO-COOH} \begin{array}{c} R \quad\;\; CH_3 \\ | \qquad\;\; | \\ C=N-COH \\ | \qquad\;\; | \\ COOH\; COOH \end{array} \longrightarrow$$

$$\begin{array}{c} R \\ | \\ HC-NH-CO-CH_3 + CO_2 \\ | \\ COOH \end{array}$$

Brenztraubensäure dient als Wasserstoffdonator für die reduktive Aminierung. Andere Autoren weisen jedoch darauf hin, daß auch Acetat zur biologischen Acetylierung verwendet werden kann[2].

b) Umaminierung[3]. Die ersten Beobachtungen, die auf eine intermolekulare Verschiebung der Aminogruppe, auf eine *Umaminierung* oder Transaminierung, hindeuten, liegen in der Feststellung von MOYLE u. NEEDHAM[4] sowie von HOLMBERG[5], daß überlebendes Gewebe Glutaminsäure und Asparaginsäure abbaut, ohne daß Stickstoff in Freiheit gesetzt wird. NEEDHAM vermutete deshalb, daß der Aminostickstoff von Kohlenhydratabbauprodukten gebunden wird und so neue Aminosäuren entstehen. Später erbrachten BRAUNSTEIN u. KRITZMANN[6] den sicheren Nachweis, daß überlebendes Muskelgewebe befähigt ist, Aminostickstoff der Glutaminsäure auf Brenztraubensäure zu übertragen, so daß α-Ketoglutarsäure und α-Alanin gebildet werden. Es handelt sich um eine umkehrbare Reaktion; das Gleichgewicht ist erreicht, wenn etwa 50% der zugeführten Stoffe umgesetzt sind. In ausführlichen Untersuchungen wurde gezeigt, daß verschiedene Gewebe, wie Skeletmuskel, Herzmuskel, Niere, Leber, Gehirn, zur Umaminierung befähigt sind[7].

Über die Beteiligung weiterer Aminosäuren an der Umaminierungsreaktion herrscht noch keine vollständige Klarheit. Nach Angaben von BRAUNSTEIN u. KRITZMANN[8] sollte der Großteil der Aminosäuren daran teilnehmen, allerdings nur dann, wenn als Partner eine Monocarbonsäure und eine Dicarbonsäure ein-

---

[1] KNOOP, F.: H. **67**, 489 (1910). — KNOOP, F., u. J. G. BLANCO: H. **146**, 267 (1925). — VIGNEAUD, V. DU, and C. E. MEYER: J. biol. Ch. **98**, 295 (1932). — VIGNEAUD, V. DU, R. R. SEALOCK and C. VAN ETTEN: J. biol. Ch. **98**, 565 (1932). — VIGNEAUD, V. DU, and O. J. IRISH: J. biol. Ch. **109**, XCIV (1935); **122**, 349 (1937). — VIGNEAUD, V. DU, J. L. WOOD and O. J. IRISH: J. biol. Ch. **129**, 171 (1939). — VIGNEAUD, V. DU, M. COHN, G. B. BROWN, O. J. IRISH, R. SCHOENHEIMER and D. RITTENBERG: J. biol. Ch. **131**, 273 (1939). — [2] BERNHARD, K., u. H. STEINHAUSER: H. **273**, 31 (1942). — BLOCH, K., and D. RITTENBERG: J. biol. Ch. **159**, 45 (1945). — [3] Zusammenfassende Darstellung: BRAUNSTEIN, A. E.: Transamination and the integrative functions of the dicarboxylic acids in nitrogen metabolism. Adv. Protein Chem. **3**, 1 (1947). — [4] MOYLE, D., and J. NEEDHAM: Biochem. J. **18**, 351 (1924). — NEEDHAM, D. M.: Biochem. J. **21**, 739 (1927); **24**, 208 (1930). — [5] HOLMBERG, C. G.: Skand. Arch. Physiol. **68**, 1 (1934). — [6] BRAUNSTEIN, A. E., u. M. G. KRITZMANN: Enzymologia **2**, 129 (1937/38). — [7] BRAUNSTEIN, A. E., u. M. G. KRITZMANN: Biochimija, Moskau **2**, 242 (1937); **4**, 303 (1939). Nature **140**, 503 (1937). — BRAUNSTEIN, A. E.: Biochimija, Moskau **4**, 667 (1939). Nature **143**, 609 (1939). — BRAUNSTEIN, A. E., and R. M. AZARKH: Nature **144**, 669 (1939). Biochimija, Moskau **5**, 1 (1940). — BRAUNSTEIN, A. E., and S. M. BYCHKOV: Nature **144**, 751 (1939). Biochimija, Moskau **5**, 261 (1940). — BYCHKOV, S. M.: Biochimija, Moskau **4**, 189 (1939). — VYSHEPAN, E. D.: Biochimija, Moskau **5**, 271 (1940). — [8] BRAUNSTEIN, A. E., u. M. G. KRITZMANN: Biochimija, Moskau **3**, 590 (1938). — BRAUNSTEIN, A. E.: Enzymologia **7**, 25 (1939).

ander gegenüberstehen. COHEN u. Mitarb.[1] fanden, daß ein intensiver Austausch vor allem zwischen Glutaminsäure und Oxalessigsäure stattfindet und sind der Auffassung, daß die Umaminierung auf folgende Reaktionen beschränkt ist:

α-Ketoglutarsäure + Asparaginsäure ⇄ Glutaminsäure + Oxalessigsäure
α-Ketoglutarsäure + Alanin ⇄ Glutaminsäure + Brenztraubensäure
Cystein + α-Ketoglutarsäure ⇄ β-Thiolbrenztraubensäure + Glutamin
Cystein + Oxalessigsäure ⇄ β-Thiolbrenztraubensäure + Asparaginsäure

In Übereinstimmung mit den erwähnten Untersuchungen von BRAUNSTEIN u. KRITZMANN finden nun neuerdings auch CAMMARATA u. COHEN[2] u. a., daß neben Alanin und Asparaginsäure in Gegenwart von Herzmuskel, Leber und Nierenextrakten 22 weitere Aminosäuren mit α-Ketoglutarsäure- und Glutaminsäurebildung reagieren. Neben den als Eiweißbausteinen bekannten α-Aminosäuren erweisen sich auch Citrullin, Ornithin, Dijodtyrosin, Dioxyphenylalanin, α-Amino-n-buttersäure, α-Aminoisobuttersäure, Norleucin und Methyltyrosin als wirksam.

In Anlehnung an die Formulierung von HERBST u. ENGEL[3], die auf Grund nichtenzymatischer Modellversuche gegeben worden ist, postuliert BRAUNSTEIN[4] folgenden Reaktionsablauf:

$$\begin{array}{c}R_1\\|\\C{=}O\\|\\COOH\end{array} + \begin{array}{c}R_2\\|\\HC{-}NH_2\\|\\COOH\end{array} \underset{+H_2O}{\overset{-H_2O}{\rightleftharpoons}} \begin{array}{cc}R_1 & R_2\\| & |\\C{=}N{-} & CH\\| & |\\COOH & COOH\end{array} \rightleftharpoons \begin{array}{cc}R_1 & R_2\\| & |\\HC{-}N{=} & C\\| & |\\COOH & COOH\end{array} \underset{-H_2O}{\overset{+H_2O}{\rightleftharpoons}}$$

$$\begin{array}{c}R_1\\|\\HC{-}NH_2\\|\\COOH\end{array} + \begin{array}{c}R_2\\|\\C{=}O\\|\\COOH\end{array}$$

Diese Auffassung wird gestützt durch Untersuchungen von KNOOP u. MARTIUS[5], welche zeigten, daß durch katalytische Hydrierung Arginin und Brenztraubensäure in vitro zu Octopin vereinigt werden. Diese Verbindung ist schon vorher aus biologischem Material isoliert worden[6], und es ist wahrscheinlich, daß sie in analoger Weise auch dort entsteht.

$$\underset{\text{Arginin}}{H_2N{-}\underset{\underset{NH}{\|}}{C}{-}NH{-}(CH_2)_3{-}\underset{\underset{NH_2}{|}}{CH}{-}COOH} + \begin{array}{c}O\\\|\\H_3C{-}C{-}COOH\end{array} \xrightarrow{-H_2O} \begin{array}{c}R{-}CH{-}COOH\\|\\N\\\|\\H_3C{-}C{-}COOH\end{array} \longrightarrow \begin{array}{c}R{-}C{-}COOH\\\|\\N\\|\\H_3C{-}CH{-}COOH\end{array}$$

$$\downarrow +2H$$

$$\underset{\text{Octopin}}{H_2N{-}\underset{\underset{NH}{\|}}{C}{-}NH{-}(CH_2)_3{-}\begin{array}{c}CH{-}COOH\\|\\NH\\|\\H_3C{-}CH{-}COOH\end{array}}$$

---

[1] COHEN, P. P.: Biochem. J. **33**, 551, 1478 (1939). J. biol. Ch. **136**, 565, 585 (1940). — COHEN, P. P., and G. L. HEKHUIS: J. biol. Ch. **140**, 711 (1941). Cancer Res. **1**, 620 (1941). — COHEN, P. P., G. L. HEKHUIS and E. K. SOBER: Cancer Res. **2**, 405 (1942). — COHEN, P. P., and H. C. LICHSTEIN: J. biol. Ch. **159**, 367 (1945). — LICHSTEIN, H. C., and P. P. COHEN: J. biol. Ch. **157**, 85 (1945). — [2] TANENBAUM, S. W., and D. SHEMIN: Fed. Proc. **9**, 236 (1950) — WOOD, W. A., and I. C. GUNSALUS: Abstr. amer. chem. Soc. (Div. biol. Chem.) 35 C (1950). — CAMMARATA, P. S., and P. P. COHEN: J. biol. Ch. **187**, 439 (1950). — [3] HERBST, R. M., and L. L. ENGEL: J. biol. Ch. **107**, 505 (1934). — HERBST, R. M.: Am. Soc. **58**, 2239 (1936). Adv. Enzymol. **4**, 75 (1946). — HERBST, R. M., and D. RITTENBERG: J. org. Chem. **8**, 380 (1943). — HERBST, R. M., and D. SHEMIN: J. biol. Ch. **147**, 541 (1943). — [4] BRAUNSTEIN, A. E., u. M. G. KRITZMANN: Enzymologia **2**, 129 (1937/38). — [5] KNOOP, F., u. C. MARTIUS: H. **254**, I, (1938); **258**, 238 (1939). — [6] MORIZAWA, K.: Acta Scholae med. Kioto **9**, 285 (1927). — HENZE, M.: H. **70**, 253 (1910/11); **91**, 230 (1914). — MOORE, E., and D. W. WILSON: J. biol. Ch. **119**, 573 (1937).

Auch Beobachtungen über die Verteilung des Wasserstoffs nach Verabreichung von deuteriumhaltigem α-Alanin sprechen in gleichem Sinne[1].

Die beiden für die Umaminierung zwischen Glutaminsäure und Brenztraubensäure einerseits und zwischen Glutaminsäure und Oxalessigsäure anderseits verantwortlichen Enzyme sind von GREEN u. Mitarb.[2] in reiner Form gewonnen worden.

Zusatz von Vitamin B_6 in Form des Pyridoxal-5-phosphates hat nicht nur auf Bakterientransaminasen[3], sondern auch auf Fermente tierischer Herkunft[4] eine aktivierende Wirkung, so daß diese Verbindung als Coferment in Betracht kommt. Untersuchungen über die Wirksamkeit mit Enzympräparaten, aus B_6-avitaminotischen Ratten gewonnen, führten zu analogen Ergebnissen[5].

In neueren Untersuchungen werden weitere Beobachtungen beigebracht, welche beweisen, daß das Vitamin B_6 in Form des Pyridoxal- oder Pyridoxaminphosphats das Coenzym verschiedener Transaminasen tierischer und mikrobieller Herkunft ist[6]. Transaminasen lassen sich in zahlreichen Geweben der Ratte nachweisen[7]. Sie finden sich sowohl in strukturierten Teilen von Leberhomogenat als auch im löslichen Eiweiß[8]. Im Gegensatz zur früheren Auffassung kann neben α-Ketoglutarsäure auch Brenztraubensäure als Acceptor bei der Umaminierung mit verschiedenen Monoaminomonocarbonsäuren und basischen Aminosäuren wirken[8].

δ) Stoffwechsel einzelner Aminosäuren.

1. Glykokoll (Glycin), Sarkosin, Serin, Kreatin (s. a. Bd. 1, S. 522 u. 527).

Glykokoll (Glycin)	Sarkosin	Serin	Kreatin
			NH
			‖
			C—NH_2
			|
		H_2C—OH	N—CH_3
		|	|
H_2C—NH_2	H_2C—NH—CH_3	HC—NH_2	CH_2
|	|	|	|
COOH	COOH	COOH	COOH

Auf Grund vermehrter Hippursäureausscheidung im Anschluß an Benzoesäureverabreichung ist schon seit langem bekannt, daß der tierische Organismus zur Synthese des Glykokolls[9] befähigt ist.

$$C_6H_5\text{—COOH} + H_2N\text{—}CH_2\text{—COOH} \xrightarrow{-H_2O} C_6H_5\text{—CO—NH—}CH_2\text{—COOH}$$

Benzoesäure — Glycin — Hippursäure

[1] KONIKOVA, A. S., M. G. KRITZMANN and R. V. TEIS: Biochimija, Moskau 7, 86 (1942). — [2] GREEN, D. E., L. F. LELOIR and V. NOCITO: J. biol. Ch. 161, 559 (1945). — [3] LICHSTEIN, H. C., I. C. GUNSALUS and W. W. UMBREIT: J. biol. Ch. 161, 311 (1945). — [4] KRITZMANN, M. G.: Biochimija, Moskau 3, 603 (1938). — BRAUNSTEIN, A. E.: Biochimija, Moskau 4, 667 (1939). — COHEN, P. P.: J. biol. Ch. 136, 565 (1940). — LELOIR, L. F., and D. E. GREEN: Fed. Proc. 4, 96 (1945). — GREEN, D. E., L. F. LELOIR and V. NOCITO: J. biol. Ch. 161, 559 (1945). — CAMMARATA, P. S., and P. P. COHEN: J. biol. Ch. 187, 439 (1950). — [5] BRAUNSTEIN, A. E., and R. M. AZARKH: J. biol. Ch. 157, 421 (1945). — KRITZMANN, M. G.: Biochimija, Moskau 5, 281 (1940); 8, 85 (1945). — SCHLENK, F., and A. FISHER: Arch. Biochem. 8, 337 (1945). — SCHLENK, F., and E. E. SNELL: J. biol. Ch. 157, 425 (1945). — [6] QUASTEL, J. H., and R. WITTY: Nature 167, 556 (1951). — FELDMAN, L. I., and I. C. GUNSALUS: J. biol. Ch. 187, 821 (1950). — MEISTER, A., H. A. SOBER and E. A. PETERSON: Am. Soc. 74, 2385 (1952). — [7] AWAPARA, J., and B. SEALE: J. biol. Ch. 194, 497 (1952). — [8] ROWSELL, E. V.: Nature 168, 104 (1951). — [9] WIECHOWSKI, W.: Hofmeisters Beitr. 7, 204 (1906). — MAGNUS-LEVY, A.: B. Z. 6, 523 (1907). — EPSTEIN, A. A., and S. BOOKMAN: J. biol. Ch. 10, 353 (1911/12); 13, 117 (1912); 17, 455 (1914). — ABDERHALDEN, E., A. GIGON u. E. STRAUSS: H. 51, 311 (1907). — LEWINSKI, J.: A. e. P. P. 58, 397 (1908). — SHIPLE, G. J., and C. P. SHERWIN: Am. Soc. 44, 618 (1922). — TSUCHIYA, I.: Z. exp. Path. Therap. 5, 737 (1909). — RINGER, A. J.: J. biol. Ch. 10, 327 (1911/12).

In den letzten Jahren sind entscheidende Fortschritte in der Aufklärung weiterer Auf- und Abbaureaktionen erzielt worden. Besonders enge Stoffwechselbeziehungen bestehen zu Serin und Kreatin, so daß eine gemeinsame Erörterung dieser drei Verbindungen zweckmäßig erscheint.

a) Abbau von Glycin und Serin zu den Stoffwechselendprodukten. Untersuchungen mit markiertem ^{14}C-Glykokoll zeigten, daß ein intensiver Abbau zu Kohlendioxyd stattfindet[1]. Schwerer Stickstoff, in Form von Glykokoll zugeführt, kann zum großen Teil zur Synthese anderer Aminosäuren verwendet werden und findet sich auch in relativ großer Konzentration im ausgeschiedenen Harnstoff[2].

Im Gegensatz zu den Kenntnissen über das bilanzmäßige Verhalten stehen die spärlichen Befunde über den Abbaumechanismus. So kann BACH[3] weder in Versuchen mit durchströmten Organen noch mit Schnitten und Extrakten irgendwelche Anhaltspunkte über den Glykokollabbau finden. GREEN u. Mitarb.[4] wiesen in Leber und Niere verschiedener Tiere ein Enzym nach, das imstande ist, Glykokoll und Sarkosin unter Bildung von Glyoxylsäure und Ammoniak bzw. Methylamin abzubauen. Das Enzym besitzt als prosthetische Gruppe ein Flavin-adenindinucleotid. Die entstandene Glyoxylsäure kann in vitro zu Oxalsäure oxydiert werden.

Vom Abbau des Serins ist bekannt, daß es in Brenztraubensäure übergeführt werden kann, wie zuerst von CHARGAFF u. SPRINSON[5] an Bact. coli, später von BINKLEY[6] in tierischen Geweben nachgewiesen wird.

METZLER u. SNELL[7] finden in zellfreien Extrakten von E. coli eine Pyridoxalphosphat benötigende Dehydrogenase, welche D-Serin in Brenztraubenssäure überführt. Das Enzym ist spezifisch auf D-Serin eingestellt und kann von der L-Serindehydrogenase getrennt werden.

Zellfreie Extrakte von Neurospora enthalten eine Pyridoxalphosphat benötigende Desaminase für L-Serin und L-Threonin[8].

b) Reversible Umwandlung von Glycin in Serin. Da nach Verabreichung großer Mengen Benzoesäure bei glykokollfreier Ernährung mehr Glykokoll in Form von Hippursäure gebildet wird, als dem Gesamtgehalt der Versuchstiere entspricht, liegt die Annahme nahe, daß solches aus anderen Aminosäuren gebildet wird. Es wurden anfänglich, allerdings ohne sichere experimentelle Unterlage, eine Reihe verschiedener Aminosäuren, wie Leucin, Alanin, Glutaminsäure, Ornithin usw., als Vorstufen in Betracht gezogen[9]. Später haben LEUTHARDT u. Mitarb. nach Zusatz von Glutaminsäure[10] und Serin[11] in Versuchen an Gewebeschnitten eine deutliche Zunahme der Hippursäurebildung festgestellt. SHEMIN[12,13] prüfte in eingehenden Untersuchungen eine größere Anzahl von Aminosäuren, nämlich Glycin, L-Serin, D-Serin, L-Glutaminsäure, D-Glutaminsäure, DL-Glutamin-

---

[1] OLSEN, N. S., A. HEMINGWAY and A. O. NIER: J. biol. Ch. **148**, 611 (1943). — LORBER, V., and N. S. OLSEN: Proc. Soc. exp. Biol. Med. **61**, 227 (1946). — [2] RATNER, S., D. RITTENBERG, A. S. KESTON and R. SCHOENHEIMER: J. biol. Ch. **134**, 665 (1940). — [3] BACH, S. J.: Biochem. J. **33**, 90 (1939). — [4] RATNER, S., V. NOCITO and D. E. GREEN: J. biol. Ch. **152**, 119 (1944). — [5] CHARGAFF, E., and D. B. SPRINSON: J. biol. Ch. **148**, 249 (1943). — [6] BINKLEY, F.: J. biol. Ch. **150**, 261 (1943). — [7] METZLER, D. E., and E. E. SNELL: J. biol. Ch. **198**, 363 (1952). — [8] REISSIG, J. L.: Arch. Biochem. **36**, 236 (1952). — [9] Zusammenfassende Darstellung: NEUBAUER, O.: Handb. Physiol. Bd. 5, S. 764. — ABDERHALDEN, E., u. H. STRAUSS: H. **91**, 81 (1914). — WIENER, H.: A. e. P. P. **40**, 313 (1898). — COHN, R.: A. e. P. P. **48**, 177 (1902). — WIENER, H.: Prag. med. Wschr. **26**, Nr. 50/51 (1901); **27**, 290 (1902). — COHN, R.: Prag. med. Wschr. **27**, 269 (1902). — EPSTEIN, A. A., and S. BOOKMAN: J. biol. Ch. **13**, 117 (1912). — GRIFFITH, W. H., and H. B. LEWIS: J. biol. Ch. **57**, 1 (1923). — KNOOP, F.: H. **89**, 151 (1914). — MAGNUS-LEVY, A.: B. Z. **6**, 523, 541 (1907). — [10] LEUTHARDT, F.: H. **270**, 113 (1941). — [11] LEUTHARDT, F., u. B. GLASSON: Helv. **25**, 245 (1942). — [12] SHEMIN, D.: J. biol. Ch. **162**, 297 (1946). — [13] SHEMIN, D.: Cold Spring Harbor Symp. quant. Biol. **14**, 161 (1950).

säure, DL-Asparaginsäure, L-Alanin, DL-Prolin, L-Leucin, Äthanolamin und Ammoniak auf die Fähigkeit, Hippursäure zu bilden. Er verfütterte zu diesem Zwecke diese mit ^{15}N markierten Aminosäuren und stellt den Isotopengehalt der ausgeschiedenen Hippursäure fest. Im Hinblick auf die Tatsache, daß der Stickstoff, wie vor allem aus den Untersuchungen von SCHOENHEIMER und seiner Schule hervorgeht, einem sehr regen Austausch unterliegt, können auf Grund des qualitativen Nachweises von ^{15}N keine Schlüsse über die Teilnahme des Kohlenstoffskelettes der untersuchten Aminosäuren am Aufbau der Hippursäure gezogen werden. Die quantitative Bestimmung des prozentualen Anteils des isotopen Stickstoffes in der verabreichten Aminosäure und in der isolierten Hippursäure gestattet jedoch, Rückschlüsse auf die Verwertung des Kohlenstoffskelets zu ziehen. Zu diesem Zwecke werden $C°$ (prozentualer Anteil an ^{15}N der verabreichten Aminosäure) und C (prozentualer Anteil an N^{15} der isolierten Hippursäure) miteinander in Beziehung gesetzt. Der Verdünnungsfaktor, d. h. die Größe $C°:C$ darf, wenn die Beteiligung der gesamten Aminosäure in Betracht kommt, nicht kleiner sein als derjenige nach Glykokoll- und nicht größer als derjenige nach Ammoniumverfütterung. Die größte Wahrscheinlichkeit liegt dann vor, wenn $C°:C$ der entsprechenden Größe nach Glykokollverfütterung gleich ist. Aus den Arbeiten von SHEMIN[1, 2] geht nun hervor, daß diese Voraussetzung nur bei Serinverfütterung erfüllt ist, woraus somit geschlossen werden muß, daß Serin in Glycin übergeführt wird. Der Umwandlungsmechanismus wurde vom gleichen Autor[1] durch Verabreichung von doppeltmarkiertem Serin untersucht, welches ^{13}C in der Carboxylgruppe neben ^{15}N enthielt. Aus der Tatsache, daß das Verhältnis von $^{15}N : {}^{13}C$ im verfütterten Serin und in der isolierten Hippursäure gleich ist, muß geschlossen werden, daß Carboxyl- und α-Kohlenstoffatom des Serins vom Glykokoll übernommen werden, dagegen das β-Kohlenstoffatom eliminiert wird. Nach SAKAMI wird Serin zu Formylglycin oxydiert und anschließend hydrolytisch Ameisensäure abgespalten. Diese Annahme ist insofern begründet, als EHRENSVÄRD u. Mitarb.[3], WINNICK u. Mitarb.[4] und SAKAMI[5] den Nachweis des umgekehrten Vorganges, d. h. der Serinsynthese aus Glycin liefern konnten. SAKAMI verfütterte mit ^{14}C markierte Ameisensäure und Carboxyl-^{13}C-Glycin und fand die beiden Isotopen einerseits im β-, anderseits im Carboxyl-Kohlenstoff des Serins. Später zeigte sich allerdings, daß bei ausschließlicher Verabreichung von Glycin, dessen α-Kohlenstoffatom markiert ist, Serin mit isotopem Kohlenstoff in α- und β-Stellung gebildet wird[5]. Zur Erklärung dieses Befundes wird eine teilweise Oxydation des Glycins zu Ameisensäure und anschließende Kondensation mit dem restlichen Teil des Glycins angenommen[5, 6]. Somit wird der reversiblen Bildung von Glycin aus Serin folgender Reaktionsablauf zugeschrieben:

$$\underset{\displaystyle \mathrm{COOH}}{\mathrm{H_2C{-}NH_2}} + \mathrm{HCOOH} \underset{+\mathrm{H_2O}}{\overset{-\mathrm{H_2O}}{\rightleftharpoons}} \overset{\displaystyle \mathrm{O}}{\underset{\displaystyle \mathrm{H}}{\mathrm{C}}}{-}\underset{\displaystyle \mathrm{COOH}}{\mathrm{CH}}{-}\mathrm{NH_2} \underset{-2\,\mathrm{H}}{\overset{+2\,\mathrm{H}}{\rightleftharpoons}} \mathrm{HOH_2C}{-}\underset{\displaystyle \mathrm{COOH}}{\mathrm{CH}}{-}\mathrm{NH_2}$$

Auf Grund von Untersuchungen über die Beteiligung des Glycins bei der Synthese des Protoporphyrins werden neuerdings wieder Zweifel an der Beteiligung der Ameisensäure am Serinaufbau geäußert[2, 7].

[1] SHEMIN, D.: J. biol. Ch. **162**, 297 (1946). — [2] SHEMIN, D.: Cold Spring Harbor Symp. quant. Biol. **14**, 161 (1950). — [3] EHRENSVÄRD, G. C. H., E. SPERBER, E. SALUSTE, L. REIO and R. STJERNHOLM: J. biol. Ch. **169**, 759 (1947). — [4] WINNICK, T., I. MORING-CLAESSON and D. M. GREENBERG: J. biol. Ch. **175**, 127 (1948). — GOLDSWORTHY, P. D., T. WINNICK and D. M. GREENBERG: J. biol. Ch. **180**, 341 (1949). — [5] SAKAMI, W.: J. biol. Ch. **176**, 995 (1948); **178**, 519 (1949). — [6] SIEKEVITZ, P., and D. M. GREENBERG: J. biol. Ch. **180**, 845 (1949). — [7] s. S. 943.

SPRINSON u. Mitarb.[1] und PLAUT u. Mitarb.[2] prüften unabhängig voneinander den Einfluß von Folsäuremangel auf diesen Stoffwechselvorgang. Die ersteren stellten fest, daß die Glykokollbildung aus Serin beim Mangeltier herabgesetzt ist, während letztere eine Herabsetzung der Verwertung von Ameisensäure nachweisen können.

Neben Folsäure ist auch das Vitamin B_{12} an den erwähnten Reaktionen der Methylgruppe beteiligt[3].

Es ist noch nicht restlos geklärt, in welcher Form der β-Kohlenstoff des Serins eingebaut wird. Nach MITOMA u. GREENBERG[4] geht der Methylkohlenstoff von Sarkosin oder Glycin über Formaldehyd als β-Kohlenstoff in das Serin über. Er reagiert vermutlich in vivo in aktivierter Form. Diese aktivierte Verbindung steht dem Formaldehyd näher als die Ameisensäure. Diese Annahme wird durch frühere Arbeiten gestützt. Demethylierung von Sarkosin führt in vivo[5] und in vitro[6] zu Glycin und Formaldehyd[7]. Mit Rattenhomogenat gelang es, durch Einbau von Formaldehyd Glycin in Serin überzuführen[4]. Ameisensäure erwies sich in der gleichen Versuchsanordnung als unwirksam[8]. Ameisensäure kann durch Rattenleberschnitte nicht zu Formaldehyd reduziert werden[9]. Formaldehyd entsteht im tierischen Organismus aus labilen Methylgruppen[10].

c) Weitere Entstehungsmöglichkeiten von Glycin und Serin. Da sowohl Glycin als auch Serin für den tierischen Organismus entbehrliche Aminosäuren sind[11], muß angenommen werden, daß mindestens eine der beiden noch aus anderer Quelle den zum Aufbau nötigen Kohlenstoff beziehen kann. Auf Grund der von LEUTHARDT beobachteten Anreicherung von Hippursäure nach Zusatz von Glutamin zu Leberschnitten[12] unterziehen SHEMIN u. Mitarb.[13] die Glutaminsäure einer näheren Untersuchung. Aus Versuchen mit mehrfach markierten Verbindungen unter Berücksichtigung der Verdünnungsfaktoren für Stickstoff und Kohlenstoff geht einerseits hervor, daß Glutaminsäure und Alanin als unmittelbare Vorstufe für Glycin oder Serin nicht in Betracht kommen; anderseits läßt sich jedoch eine indirekte Beteiligung des Kohlenstoffes[13] dieser beiden Aminosäuren feststellen. Da ihre entsprechenden Ketosäuren, die α-Ketoglutarsäure und die Brenztraubensäure, durch den Citronensäurecyclus in vielseitiger Beziehung mit anderen Stoffwechselzwischenprodukten verknüpft sind, müssen verschiedene Möglichkeiten in Betracht gezogen werden. Auf Grund von Fütterungsversuchen mit carbonyl- und carboxyl-markierter Brenztraubensäure vermutete ANKER[14] eine Umwandlung der Brenztraubensäure in Serin, d. h. die Umkehr des von CHARGAFF u. Mitarb.[15] und von BINKLEY[16] beschriebenen Serinabbaues. Im

[1] ELWYN, D., and D. B. SPRINSON: J. biol. Ch. **184**, 475 (1950). — [2] PLAUT, G. W. E., J. J. BETHEIL and H. A. LARDY: J. biol. Ch. **184**, 795 (1950). — TOTTER, J. R., B. KELLEY, P. L. DAY and R. R. EDWARDS: J. biol. Ch. **186**, 145 (1950). — [3] BENNETT, M. A.: J. biol. Ch. **187**, 751 (1950). — STEKOL, J. A., and K. WEISS: J. biol. Ch. **186**, 343 (1950). — SCHAEFER, A. E., and J. L. KNOWLES: Proc. Soc. exp. Biol. Med. **77**, 655 (1951). — [4] MITOMA, C., and D. M. GREENBERG: J. biol. Ch. **196**, 599 (1952). — [5] ABBOTT, L. D. jr., and H. B. LEWIS: J. biol. Ch. **131**, 479 (1939). — BLOCH, K., and R. SCHOENHEIMER: J. biol. Ch. **135**, 99 (1940). — [6] HANDLER, P., M. L. C. BERNHEIM and J. R. KLEIN: J. biol. Ch. **138**, 211 (1941). — MACKENZIE, C. G., and V. DU VIGNEAUD: Fed. Proc. 8, 223 (1949). — [7] SIEGEL, I., and J. LAFAYE: Proc. Soc. exp. Biol. Med. **74**, 620 (1950). — [8] KRUHØFFER, P.: Biochem. J. **48**, 604 (1951). — [9] SIEKEVITZ, P.: Thesis, Univ. California (1949). — BERG, P.: J. biol. Ch. **190**, 31 (1951). — [10] MACKENZIE, C. G.: J. biol. Ch. **186**, 351 (1950). — SIEKEVITZ, P., and D. M. GREENBERG: J. biol. Ch. **186**, 275 (1950). — [11] McCOY, R. H., and W. C. ROSE: J. biol. Ch. **117**, 581 (1937). — [12] LEUTHARDT, F.: H. **270**, 113 (1941). — [13] SHEMIN, D., S. W. TANENBAUM and W. FRIEDMANN: [Cold Spring Harbor Symp. quant. Biol. **14**, 161 (1950)]. — [14] ANKER, H. S.: J. biol. Ch. **176**, 1337 (1948). — [15] CHARGAFF, E., and D. B. SPRINSON: J. biol. Ch. **148**, 249 (1943). — [16] BINKLEY, F.: J. biol. Ch. **150**, 261 (1943).

Gegensatz zu der oben wiedergegebenen[1] Abbaureaktion des Serins zu Glycin stehen Beobachtungen von ELWYN u. SPRINSON[2], welche den β-Kohlenstoff des Serins in α-Stellung beim Glycin wiedergefunden haben. Dieser Befund wird folgendermaßen erklärt: Serin wird über Brenztraubensäure, Oxalessigsäure, Äpfelsäure schließlich in Bernsteinsäure übergeführt. Die an beiden Methylenkohlenstoffen markierte Bernsteinsäure ergibt beim umgekehrten Vorgang Brenztraubensäure mit Isotopengehalt in α- und β-Stellung. Aus dieser Brenztraubensäure entstandenes Serin könnte α-C-signiertes Glycin bilden.

Den erwähnten Vorstellungen liegt die Auffassung zugrunde, daß das gesamte im Organismus gebildete Glycin aus dem Serin entsteht. Es gibt aber auch Beobachtungen, die auf eine direkte Entstehung des Glycins aus Kohlenhydratabbauprodukten hinweisen. So wurde festgestellt, daß der Gehalt an freiem Glykokoll der Leber nach Kohlenhydratfütterung bei der Ratte erheblich ansteigt, während der Seringehalt nicht beeinflußt wird[3]. Sowohl an Leberschnitten als auch mit einer modifizierten Durchströmungsmethode der Leber in vivo läßt sich durch Brenztraubensäurezufuhr ein Anstieg des Glykokolls nachweisen[4]. Auch hinsichtlich der Serinbildung ergeben sich neue Gesichtspunkte. In analoger Versuchsanordnung wird eine Zunahme des Serins nach Fettfütterung[3] bzw. Verabreichung von Acetessigsäure und β-Oxybuttersäure[5] festgestellt, während Brenztraubensäure keinen Einfluß hat.

d) Zuckerbildung aus Glycin und Serin. Über die Zuckerbildung aus Glycin[6] und Serin[7] liegen verschiedene ältere Untersuchungen vor, die allerdings nicht alle eindeutig positive Ergebnisse aufweisen. Später durchgeführte Fütterungsversuche mit carboxyl-markiertem Glykokoll ergaben, daß nur ein geringer Anteil des isotopen Kohlenstoffes in das Glykogenmolekül eingebaut, dagegen eine ganz beträchtliche Menge als CO_2 ausgeschieden wird[8]. Die Beteiligung des Serins am Aufbau des Glykogens untersuchte SAKAMI[9]. Er fütterte gleichzeitig Carboxyl-^{13}C-Glycin und ^{14}C-Ameisensäure und bestimmte den Isotopenanteil in Serin und Glykogen. Das Serin enthielt ^{13}C im Carboxyl-, ^{14}C im β-Kohlenstoffatom, während im Glykogen ^{13}C im dritten und vierten, ^{14}C vorwiegend im ersten und sechsten Kohlenstoffatom sich nachweisen lassen. Diese Verteilung kann durch Bildung von Brenztraubensäure aus zuerst entstandenem Serin und eine reversible Umwandlung der Brenztraubensäure über eine symmetrische C_4-Dicarbonsäure[10] erklärt werden. Doppelt markiertes Glycin gibt bedeutend mehr α-Kohlenstoff als Carboxylkohlenstoff an Glykogen ab[11]; dieser Befund steht in Übereinstimmung mit der von SAKAMI entwickelten Vorstellung der Glykogenbildung.

[1] SHEMIN, D.: J. biol. Ch. **162**, 297 (1946). — [2] ELWYN, D., and D. B. SPRINSON: [Cold Spring Harbor Symp. quant. Biol. **14**, 161 (1950)]. — [3] KRUEGER, R., u. O. WISS: Helv. **32**, 1341 (1949). — [4] KRUEGER, R.: Helv. **33**, 233 (1950). — [5] KRUEGER, R.: Helv. **33**, 2157 (1950). — [6] EMBDEN, G., u. H. SALOMON: Hofmeisters Beitr. **6**, 63 (1905). — RINGER, A. J., u. G. LUSK: H. **66**, 106 (1910). — CREMER, M.: Med. Klinik **1912 II**, 2050. — RINGER, A. J.: J. biol. Ch. **14**, 43 (1913). — PFLÜGER, E., u. P. JUNKERSDORF: Pflügers Arch. **131**, 201 (1910). — WILSON, R. H., and H. B. LEWIS: J. biol. Ch. **85**, 559 (1929/30). — BUTTS, J. S., M. S. DUNN and L. F. HALLMAN: J. biol. Ch. **112**, 263 (1935/36). — MCKAY, E. M., A. N. WICK and H. O. CARNE: J. biol. Ch. **132**, 613 (1940). — BACH, S. J.: Biochem. J. **33**, 90 (1939). — BACH, S. J., and E. G. HOLMES: Biochem. J. **31**, 89 (1937). — REID, C.: Biochem. J. **33**, 723 (1939). — [7] DAKIN, H. D.: J. biol. Ch. **14**, 321 (1914). — BARRENSCHEEN, H. K.: B. Z. **58**, 299 (1914). — PARNAS, J. (K.), u. J. BAER: B. Z. **41**, 386 (1912). — SANSUM, W. D., and R. T. WOODYATT: J. biol. Ch. **17**, 521 (1914). — RAPPORT, D.: Physiol. Rev. **10**, 349 (1930). — BUTTS, J. S., M. S. DUNN and L. F. HALLMAN: J. biol. Ch. **112**, 263 (1935/36). — [8] OLSEN, N. S., A. HEMINGWAY and A. O. NIER: J. biol. Ch. **148**, 611 (1943). — [9] SAKAMI, W.: J. biol. Ch. **176**, 995 (1948); **178**, 519 (1949). — [10] s. a. WOOD, H. G., N. LIFSON and V. LORBER: J. biol. Ch. **159**, 475 (1945). — [11] BARNET, H. N., and A. N. WICK: J. biol. Ch. **185**, 657 (1950).

e) Umwandlung von Glycin und Serin zu Colamin und Betain. Eine direkte Umwandlung des Serins in Colamin (Aminoäthanol) ist auf Grund von Verabreichung von ^{15}N-haltigem Serin wahrscheinlich gemacht worden. Die Vermutung liegt nahe, daß die Colaminbildung durch einfache Decarboxylierung zustande kommt[1]. Später wird dafür dadurch der Beweis erbracht, daß aus β-Kohlenstoff markiertem Serin isotopenhaltiges Colamin sich bildet[2]. Auf Grund der Tatsache, daß Serin und Glycin ineinander übergeführt werden können[3], wird für die Colaminbildung[4] aus Glycin folgender Reaktionsablauf vermutet[2]:

$$\begin{matrix} H_2C{-}NH_2 \\ | \\ COOH \end{matrix} \quad \underset{-HCOOH+{}^1/_2O_2}{\overset{+HCOOH-{}^1/_2O_2}{\rightleftarrows}} \quad \begin{matrix} H_2C{-}OH \\ | \\ HC{-}NH_2 \\ | \\ COOH \end{matrix} \quad \xrightarrow{-CO_2} \quad \begin{matrix} H_2C{-}OH \\ | \\ H_2C{-}NH_2 \end{matrix}$$

Die Annahme einer Stoffwechselbeziehung zwischen Glycin und Betain beruht einerseits auf der Tatsache, daß Betain an Transmethylierungsvorgängen beteiligt sein kann[5], und anderseits, daß in Form von Betain verabreichter isotoper Stickstoff sich in hoher Konzentration im Glycin nachweisen läßt[6].

f) Beteiligung von Glycin am Aufbau von Protoporphyrin- und Purinderivaten (s. a. S. 904 u. 1004). Es ist eine schon lange bekannte Tatsache, daß der Protoporphyrinring, die Grundsubstanz für das Hämin und seine Derivate, vom tierischen Organismus selber synthetisiert werden kann. Die ersten Angaben über den Mechanismus des Aufbaues werden von SHEMIN u. RITTENBERG im Jahre 1945 an Hand von Fütterungsversuchen mit ^{15}N-Glykokoll geliefert[7]. Als wesentliche Ergebnisse fanden sie, daß der Stickstoff des Glycins in viel größerem Maße am Aufbau des Protoporphyrins teilnimmt als derjenige anderer untersuchten Aminosäuren, wie beispielsweise der Glutaminsäure, des Prolins und des Leucins. Auch Ammoniumcitrat ist beinahe unwirksam, während Serin ungefähr die gleiche Aktivität besitzt wie das Glycin. Dieser letztere Befund kann nicht überraschen, nachdem bekannt ist, daß diese beiden Aminosäuren ineinander übergeführt werden können. Auch der zeitliche Verlauf der ^{15}N-Bindung im Häm des Hämoglobins — das Maximum des Isotopengehaltes wird nach wenigen Tagen erreicht und bleibt bis etwa zum 100. Tag bestehen — zeigt, daß es sich nicht um den von SCHOENHEIMER u. Mitarb.[8] beschriebenen allgemeinen Stickstoffaustausch handelt, sondern daß Glycin und Serin in spezifischer Form an der Hämsynthese teilnehmen. Den gleichen Autoren ist es auch gelungen, durch Verfütterung einer Mischung von ^{15}N-Glykokoll und Serin einerseits und ^{15}N-Serin und Glykokoll anderseits nachzuweisen, daß nur das Glycin als unmittelbare Vorstufe des Protoporphyrins in Betracht kommt[9]. Ein weiterer Fortschritt bedeutet der Nachweis, daß alle 4 Stickstoffatome des Porphinringes sich vom Glycin herleiten[10]. Die Beteiligung von Glykokollkohlenstoff an der Hämsynthese wurde durch Zusatz von Glycin mit ^{14}C-haltigem α-Kohlenstoff erkannt[11]; Carboxyl-

---

[1] STETTEN, D. jr.: J. biol. Ch. **144**, 501 (1942). — [2] LEVINE, M., and H. TARVER: J. biol. Ch. **184**, 427 (1950). — [3] s. S. 939. — [4] STETTEN, D. jr.: J. biol. Ch. **140**, 143 (1941). — [5] s. S. 960. — [6] GRIFFITH, W. H., and D. J. MULFORD: Am. Soc. **63**, 929 (1941). — VIGNEAUD, V. DU, S. SIMMONDS, J. P. CHANDLER and M. COHN: J. biol. Ch. **165**, 639 (1946). — [7] SHEMIN, D., and D. RITTENBERG: J. biol. Ch. **159**, 567 (1945); **166**, 621 (1946). — SHEMIN, D.: Cold Spring Harbor Symp. quant. Biol. **13**, 185 (1948). — [8] SCHOENHEIMER, R.: The Dynamic State of Body Constituents. Cambridge, Mass. 1942. — [9] SHEMIN, D., I. M. LONDON and D. RITTENBERG: J. biol. Ch. **173**, 799 (1948). — [10] WITTENBERG, J., and D. SHEMIN: J. biol. Ch. **178**, 47 (1949). — [11] ALTMAN, K. I., G. W. CASARETT, R. E. MASTERS, T. R. NOONAN and K. SALOMON: Fed. Proc. **7**, 2 (1948). — RADIN, N. S., D. RITTENBERG and D. SHEMIN: J. biol. Ch. **184**, 745 (1950).

kohlenstoff des Glycins läßt sich hingegen im Häm nicht auffinden[1, 2]. Für jedes Stickstoffatom werden 2 Atome α-Kohlenstoff gebunden, so daß von den insgesamt 20 Kohlenstoffatomen des Ringes 8 Kohlenstoffatome aus dem Glykokoll stammen[2]. Näheres über die Porphyrinsynthese s. S. 996.

Die Tatsache, daß die Sauropsiden den Stickstoff im wesentlichen als *Harnsäure* ausscheiden, ließ eine Reihe von Hypothesen über deren Bildung entstehen. Unter anderem wurden Histidin und Arginin als unmittelbare Vorstufe in Betracht gezogen[3]. Diese Auffassung konnte mit Hilfe von Isotopenversuchen nicht bestätigt werden[4]. Über die Beeinflussung der Harnsäureausscheidung durch andere Aminosäuren und deren Abbauprodukte liegen zum Teil widersprechende Beobachtungen vor. Alanin, Glycin, Asparaginsäure, Glutaminsäure und Brenztraubensäure bewirken eine Mehrausscheidung beim Menschen, während Milchsäure und Glykolsäure eine gegenteilige Wirkung zeigen[5]. Ein positiver Effekt kann durch Milchsäurezufuhr beim Vogel beobachtet werden[6]. Asparagin, Glutamin, Brenztraubensäure und Oxalessigsäure steigern die Hypoxanthinbildung in Taubenleberschnitten[7].

Es ist ein überraschendes Ergebnis der Isotopenforschung der letzten Jahre, daß die Purinkörper nicht nur beim Vogel, sondern auch beim Säuger aus kleinen Stoffwechselzwischenprodukten aufgebaut werden können. BUCHANAN u. SONNE[8] fanden, daß der Kohlenstoff der Harnsäure bei der Taube vom Glycin geliefert werden kann. SHEMIN u. RITTENBERG zeigten, daß der Glykokollstickstoff beim Menschen in das Harnsäuremolekül eingebaut wird[9]. Durch weitere Untersuchungen ist versucht worden, den genauen Aufbaumechanismus abzuklären, was allerdings bisher nicht in allen Einzelheiten gelungen ist. Neben Glycin kommen Serin, Milchsäure, Ameisensäure und Kohlendioxyd als Bausteine in Betracht, wobei sich Stickstoff und Kohlenstoff im wesentlichen folgendermaßen auf das Purinskelet verteilen (s. a. S. 1205f).

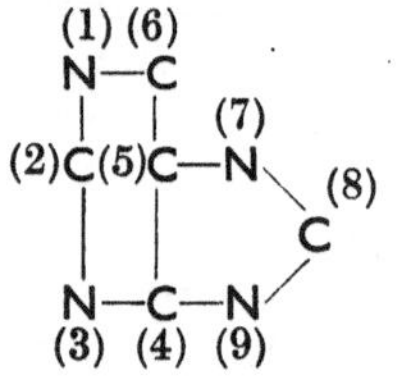

```
   (1) (6)
    N—C
    |  |  (7)
(2)C(5)C—N\   (8)
    |  |    C
    |  |   /
    N—C—N/
   (3) (4) (9)
```

Glycin-Carboxylkohlenstoff:	C(4)[10], wenig C(5) und C(6)[11]
Glycin-α-Kohlenstoff:	C(5)[10] (auch C(2), C(4) und C(8)[11]
Glycin-Stickstoff:	N(7)[12] (vermutlich auch N(9)[10]
Serin-β-Kohlenstoff:	C(2) und C(8), (wenig C(5)[13]
Serin-Stickstoff:	N(7)[13]
Milchsäure-Carboxylkohlenstoff:	C(4)[10]
Milchsäure-α- und β-Kohlenstoff:	C(2) und C(8)[14], C(5)[10]
Ameisensäure-Kohlenstoff:	C(2) und C(8)[14, 11]
Kohlensäure-Kohlenstoff:	C(6)[10, 11]

Die Verwertung der einzelnen Bausteine ist bei der Ratte die gleiche[15].

[1] GRINSTEIN, M., M. D. KAMEN and C. V. MOORE: J. biol. Ch. **174**, 767 (1948). — [2] RADIN, N. S., D. RITTENBERG and D. SHEMIN: J. biol. Ch. **184**, 745 (1950). — [3] ACKROYD, H., and F. G. HOPKINS: Biochem. J. **10**, 551 (1916). — [4] BARNES, F. W. jr., and R. SCHOENHEIMER: J. biol. Ch. **151**, 123 (1943). — BLOCH, K.: J. biol. Ch. **165**, 477 (1946). — [5] LEWIS, H. B., M. S. DUNN and E. A. DOISY: J. biol. Ch. **36**, 9 (1918). — CHRISTMAN, A. A., and E. C. MOSIER: J. biol. Ch. **83**, 11 (1929). — BORSOOK, H., and G. L. KEIGHLEY: Proc. R. Soc. London (B) **118**, 488 (1935). — QUICK, A. J.: J. biol. Ch. **98**, 157 (1932). — GIBSON, H. V., and E. A. DOISY: J. biol. Ch. **55**, 605 (1923). — [6] FISHER, R. B.: Biochem. J. **29**, 2198 (1935). — [7] ÖRSTRÖM, Å., M. ÖRSTRÖM and H. A. KREBS: Biochem. J. **33**, 990

Die Annahme[1], daß auch Essigsäure an der Purinsynthese beteiligt ist, bestätigt sich nicht[2], woraus im Hinblick auf den Glycinstoffwechsel geschlossen werden muß, daß diese Aminosäure nicht über Essigsäure aufgebaut wird.

Das Verhalten von Glycin und Serin bestätigt die oben (S. 939) wiedergegebene Auffassung von der reversiblen Umwandlung von Glycin in Serin unter Abspaltung von Ameisensäure. Der Stickstoff von Glycin und Serin wird an derselben Stelle eingebaut. Der β-Kohlenstoff des Serins verhält sich gleich wie der durch Ameisensäure zugeführte.

g) Vorkommen und Ausscheidung von Kreatin und Kreatinin. Das Kreatin wird schon im Jahre 1835 von CHEVREUL[3] im Ochsenfleisch entdeckt und von LIEBIG[4] aus Muskel verschiedener Säuger, Vögel, Amphibien, Fische als regelmäßiger Bestandteil isoliert. In den übrigen Geweben kommt das Kreatin auch vor, wenn auch in viel geringerem Ausmaß; etwa 98% des Gesamtkreatins des Organismus, d. h. etwa 112 g, finden sich in der quergestreiften Muskulatur[5]. Eine dem Kreatin verwandte Verbindung, das Kreatinin, wird im Jahre 1844 im Harn aufgefunden[6]. Obwohl die beiden Verbindungen in vitro leicht ineinander übergeführt werden können[7], besteht im tierischen Organismus eine ziemlich scharfe Trennung, indem in der Muskulatur fast ausschließlich Kreatin, im Harn Kreatinin sich vorfindet[8].

$$\begin{array}{c} NH_2 \\ | \\ H_3C-N-C{=}NH \\ | \\ H_2C-COOH \\ \text{Kreatin} \end{array} \quad \underset{+H_2O}{\overset{-H_2O}{\rightleftarrows}} \quad \begin{array}{c} \overset{\oplus}{N}H_3 \qquad\qquad \\ | \qquad\qquad \\ H_3C-N-C{=}NH \quad \overset{\ominus}{O} \\ | \qquad\qquad\quad / \\ H_2C\text{———}C{=}O \\ \text{Kreatinin} \end{array}$$

In der Muskulatur liegt das Kreatin fast ausschließlich in Form der säureamidartigen Verbindung mit Phosphorsäure als Kreatinphosphorsäure vor[9]:

$$\begin{array}{c} NH-PO_3H_2 \\ | \\ H_3C-N-C{=}NH \\ | \\ H_2C-COOH \end{array}$$

h) Kreatininstoffwechsel (s. a. Bd. 1, 523). Das Kreatinin des Harnes ist ein Stoffwechselendprodukt; denn zugeführtes Kreatinin wird beinahe quantitativ im Harn ausgeschieden[10–12]. Auch hat Kreatininverabreichung keine Mehr-

(1939). — [8] SONNE, J. C., J. M. BUCHANAN and A. M. DELLUVA: J. biol. Ch. **166**, 395 (1946). — BUCHANAN, J. M., and J. C. SONNE: J. biol. Ch. **166**, 781 (1946). — [9] SHEMIN, D., and D. RITTENBERG: J. biol. Ch. **166**, 627 (1946). — [10] BUCHANAN, J. M., J. C. SONNE and A. M. DELLUVA: J. biol. Ch. **173**, 81 (1948). — [11] KARLSSON, J. L., and H. A. BARKER: J. biol. Ch. **177**, 597 (1949). — [12] SHEMIN, D., and D. RITTENBERG: J. biol. Ch. **167**, 875 (1947). — [13] ELWYN, D., and D. B. SPRINSON: J. biol. Ch. **184**, 465 (1950). — [14] SONNE, J. C., J. M. BUCHANAN and A. M. DELLUVA: J. biol. Ch. **173**, 69 (1948). — [15] MILTON, R. H., and D. W. WILSON: J. biol. Ch. **186**, 447 (1950).

[1] SONNE, J. C., J. M. BUCHANAN and A. M. DELLUVA: J. biol. Ch. **173**, 69 (1948). — [2] ELWYN, D., and D. B. SPRINSON: J. biol. Ch. **184**, 465 (1950). — [3] CHEVREUL, M. E.: J. Pharmacie Chim. (2) **21**, 231 (1835). J. prakt. Chem. **6**, 120 (1835). — [4] LIEBIG, J.: Cr. **24**, 69, 195 (1847). J. prakt. Chem. **40**, 288 (1847). A. **62**, 257 (1847); **108**, 354 (1858). — s. a. Bd. **1**, S. 253. — [5] BÜRGER, M.: Z. ges. exp. Med. **9**, 262, 361 (1919). — [6] HEINTZ, W.: Ann. Physik **62**, 602 (1844); **70**, 466 (1847). — PETTENKOFER, M.: A. **52**, 97 (1844). — [7] HAHN, A., u. G. MEYER: Z. Biol. **78**, 91 (1923). — [8] MYERS, V. C., and M. S. FINE: Proc. Soc. exp. Biol. Med. **11**, 15 (1913). — [9] vgl. Bd. **2**/2, Muskel. — [10] HOOGENHUYZE, C. J. C. VAN, u. H. VERPLOEGH: H. **46**, 415 (1905); **57**, 161 (1908). — [11] FOLIN, O.: Festschr. O. HAMMARSTEN. S. 1. 1906. — [12] HAHN, A., u. L. SCHÄFER: Z. Biol. **80**, 195 (1924). — TOWLES, C., and C. VOEGTLIN: J. biol. Ch. **10**, 479 (1911/12).

ausscheidung von Harnstoff und Ammoniak zur Folge[1]. Die naheliegende Annahme, daß Kreatin im Organismus in Kreatinin umgewandelt wird, steht im Gegensatz zur anfänglichen Beobachtung über die Beeinflussung der Ausscheidung von Kreatinin nach Kreatininzufuhr. Dem Menschen und Kaninchen einmalig zugeführtes Kreatin wird zu einem relativ k einen Teil wieder ausgeschieden, ohne daß die Kreatinausscheidung sich merklich verändert[2,3]. Wird jedoch Kreatin über lange Zeit zugeführt, so wird es schließlich zu einem erheblichen Anteil in Form von Kreatinin ausgeschieden, woraus zu ersehen ist, daß die Umwandlung tatsächlich stattfindet[4]. Die verzögerte Ausscheidung findet ihre Erklärung durch die Tatsache, daß einzelne Organe imstande sind, Kreatin in erheblichem Ausmaß zu retinieren. Das Muskelgewebe[5] ist nur in geringem Ausmaß dazu befähigt, Leber und Niere können jedoch Kreatin auf das 4- bis 5fache ihres Normalgehaltes anreichern[6]. Beim Menschen kann die Gesamtretention ganz erhebliche Werte annehmen[7].

Es ist schon lange bekannt, daß Kreatin vom tierischen Organismus selber gebildet werden kann; denn bei kreatinfreier Ernährung wird solches regelmäßig im Harn als Kreatinin ausgeschieden[8]. Die Ausscheidung läßt sich durch verschiedene Ernährung kaum beeinflussen, es sei denn durch Zufuhr von kreatinhaltigen Stoffen[8]. Da außer dem Kreatin noch das Arginin als typischen Bestandteil das Guanidin enthält, liegt die Annahme nahe, daß dieses als Vorstufe in Betracht kommt[9], um so mehr, als bei phylogenetisch älteren Tierklassen die Argininphosphorsäure wenigstens teilweise an die Stelle der Kreatinphosphorsäure tritt[10]. Die Vorstellung der Umwandlung von Arginin in Kreatin bereitet keine Schwierigkeiten. Nach oxydativer Desaminierung und Decarboxylierung könnte aus Arginin durch β-Oxydation die Guanidinoessigsäure entstehen, die durch Anlagerung einer Methylgruppe Kreatin bilden würde[11]. Für diese Auffassung lassen sich jedoch keine eindeutigen Beweise finden. Wohl wird nach Zufuhr von Arginin eine Erhöhung des Kreatingehaltes der Muskulatur oder eine Vermehrung der Ausscheidung nachgewiesen[12]. Dieser Effekt ist jedoch oft nur geringfügig

---

[1] BLOCH, K., and R. SCHOENHEIMER: J. biol. Ch. **131**, 111 (1939). — [2] FOLIN, O.: Festschr. O. HAMMARSTEN. S. 1. 1906. — [3] KLERCKER, K. O. AF: Hofmeisters Beitr. **8**, 59 (1906). B. Z. **3**, 45 (1907). — WOLF, C. G. L., and P. A. SHAFFER: J. biol. Ch. **4**, 439 (1908). — LEFMANN, G.: H. **57**, 476 (1908). — MELLANBY, E.: J. Physiol., London **36**, 447 (1908). — HAHN, A., u. L. SCHÄFER: Z. Biol. **80**, 195 (1924). — Zusammenfassende Darstellung: HUNTER, A.: Physiol. Rev. **2**, 586 (1922). — HOOGENHUYZE, C. J. C. VAN, u. H. VERPLOEGH: H. **57**, 161 (1908). — PEKELHARING, C. A., u. C. J. C. VAN HOOGENHUYZE: H. **69**, 395 (1910). — MYERS, V. C., and M. S. FINE: J. biol. Ch. **16**, 169 (1913/14); **21**, 377 (1915). — ROSE, W. C., F. W. DIMMITT and P. N. CHEATHAM: J. biol. Ch. **26**, 331, 345 (1916). — [4] BENEDICT, S. R., and E. OSTERBERG: J. biol. Ch. **56**, 229 (1923). — CHANUTIN, A.: J. biol. Ch. **67**, 29 (1926). — [5] HOOGENHUYZE, C. J. C. VAN, u. H. VERPLOEGH: H. **46**, 415 (1905); **57**, 161 (1908). — MYERS, V. C., and M. S. FINE: J. biol. Ch. **16**, 169 (1913); **21**, 377 (1915). — [6] BODANSKY, M., V. B. DUFF and C. L. HERRMANN: J. biol. Ch. **115**, 641 (1936). — [7] KRÜGER, F. v.: Z. ges. exp. Med. **82**, 334 (1932). — ZICKELBEIN, U.: Z. ges. exp. Med. **87**, 112 (1933). — NITZESCU, I.-I., et I. GONTZEA: C. R. Soc. Biol. **125**, 77 (1937). — [8] FOLIN, O.: Amer. J. Physiol. **13**, 66 (1905). — KRAUSS, E.: Dtsch. Arch. klin. Med. **150**, 13 (1926). — [9] CZERNECKI, W.: H. **44**, 294 (1905). — [10] ACKERMANN, D., u. F. KUTSCHER: Z. Biol. **75**, 315 (1922). — HAUROWITZ, F.: H. **122**, 145 (1922). — MEYERHOF, O.: Arch. Sci. biol., Napoli **12**, 536 (1928). — BROUDE, L.: H. **217**, 56 (1933). — NEEDHAM, J., D. M. NEEDHAM, J. YUDKIN and E. BALDWIN: J. exp. Biol. **9**, 212 (1932). — GREENWALD, I.: **14**. Int. Congr. Physiol. Rom. S. 103. (1932). — RIESSER, O.: A. e. P. P. **120**, 282 (1927). — BALDWIN, E.: J. exp. Biol. **10**, 212 (1933). — [11] KNOOP, F.: H. **67**, 489 (1910). — [12] THOMPSON, W. H.: J. Physiol., London **51**, 111 (1917). — SHAPIRO, B. G., and H. ZWARENSTEIN: Biochem. J. **26**, 1880 (1932). — GROSS, E. G., and H. STEENBOCK: J. biol. Ch. **47**, 33, 45 (1921). — CROWDLE, J. H., and C. P. SHERWIN: J. biol. Ch. **55**, 365 (1923). — THOMPSON, W. H.: J. Physiol., London **51**, 347 (1917). Biochem. J. **11**, 307 (1917). — BEARD, H. H., and T. S. BOGGESS: J. biol. Ch. **114**, 771 (1936).

und nicht regelmäßig nachweisbar[1–3]. Argininreiches Eiweiß verursacht im Vergleich zu argininarmem keine erhöhten Kreatinwerte im Harn[2,4] oder Muskelgewebe[5]. Auch die Ergebnisse von Durchströmungsversuchen sprechen gegen eine direkte Umwandlung von Arginin in Kreatin. Nach γ-Guanidinobuttersäurezufuhr, einem hypothetischen Zwischenprodukt, wird Kreatin nicht in vermehrtem Maße ausgeschieden[6]. Die Methylguanidinobuttersäure erweist sich im Fütterungsversuch als unwirksam[7]. Eine Kreatinvermehrung aus Arginin wird bei Durchströmung des Magens[8] und am überlebenden Kaninchenherzen[9] beobachtet.

In zahlreichen Untersuchungen wurden andere Aminosäuren in gleicher oder ähnlicher Versuchsanordnung auf die Beteiligung an der Kreatinsynthese geprüft und für die meisten, wie für Histidin[2,10–17], Alanin[12,13,18], Cystin[19], Tyrosin[13], Serin[12], Valin[12] und Glutaminsäure[13,18] sowohl positive als auch negative Ergebnisse beschrieben, so daß die Entscheidung der Frage nach der Vorstufe des Kreatins auf Grund dieser Befunde nicht möglich ist.

Die beinahe regelmäßige Zunahme der Kreatinbildung nach Verabreichung von Glykokoll[12,13,20–24] läßt die Vermutung aufkommen, daß diese Aminosäure die unmittelbare Vorstufe für das Kreatin ist. So wird unter anderem angenommen, daß Guanidinoessigsäure durch Umguanidierung aus Glykokoll und Arginin entstehen könnte[25], diese Auffassung erscheint um so wahrscheinlicher, als die Umwandlung der Guanidinoessigsäure in Kreatin durch zahlreiche Beobachtungen wahrscheinlich gemacht worden ist[13,15,26].

BLOCH u. SCHOENHEIMER[27] bewiesen durch Verfütterung von ^{15}N-haltigem Arginin, daß tatsächlich der Amidinrest von Arginin auf Glykokoll unter Bildung von Glykocyamin übertragen wird. Diese Reaktion läßt sich auch mit Leberschnitten verwirklichen[28]. Die Bildung von Kreatin aus Guanidinoessigsäure

[1] BODANSKY, M.: J. biol. Ch. **112**, 615 (1935/36). — JAFFÉ, M.: H. **48**, 430 (1906). — [2] LIEBEN, F., u. D. LÁSZLO: B. Z. **176**, 403 (1926). — [3] BROWN, D. M., and J. M. LUCK: Proc. Soc. exp. Biol. Med. **29**, 723 (1932). — [4] HOOGENHUYZE, C. J. C. VAN, u. H. VERPLOEGH: H. **46**, 415 (1905). — HARDING, V. J., and E. G. YOUNG: J. biol. Ch. **41**, XXXVI (1920). — GIBSON, R. B., and F. T. MARTIN: J. biol. Ch. **49**, 319 (1921). — ROSE, W. C., and K. G. COOK: J. biol. Ch. **64**, 325 (1925). — [5] MYERS, V. C., and M. S. FINE: J. biol. Ch. **21**, 389 (1915). — [6] THOMAS, K., u. M. G. H. GOERNE: H. **104**, 73 (1919). — THOMAS, K.: Ber. Physiol. **2**, 170 (1920). — s. a. THOMAS, K., J. KAPFHAMMER u. B. FLASCHENTRÄGER: H. **124**, 75 (1923). — [7] THOMAS, K., u. M. H. G. GOERNE: H. **92**, 163 (1914). — [8] HONGO, Y.: J. Biochem. **21**, 279, 289, 295 (1935). — [9] FISHER, R. B., and A. E. WILHELMI: Biochem. J. **31**, 1131, 1136 (1937). — [10] ABDERHALDEN, E., u. S. BUADZE: Z. ges. exp. Med. **65**, 1 (1929). H. **189**, 65 (1930). — [11] BEARD, H. H., and B. O. BARNES: J. biol. Ch. **94**, 49 (1931/32). — [12] BEARD, H. H., and T. S. BOGGESS: J. biol. Ch. **114**, 771 (1936). — [13] SHAPIRO, B. G., and H. ZWARENSTEIN: Biochem. J. **26**, 1880 (1932). — [14] BAUMANN, L., and H. M. HINES: J. biol. Ch. **35**, 75 (1918). — [15] GIBSON, R. B., and F. T. MARTIN: J. biol. Ch. **49**, 319 (1921). — [16] STEUDEL, H., u. R. FREISE: H. **120**, 244 (1922). — [17] BODANSKY, M.: J. biol. Ch. **112**, 615 (1935/36). — [18] MCKAY, E. M., and R. H. BARNES: Proc. Soc. exp. Med. **32**, 1562 (1935). — [19] HARDING, V. J., and E. G. YOUNG: J. biol. Ch. **41**, XXXVI (1920). — GROSS, E. G., and H. STEENBOCK: J. biol. Ch. **47**, 33 (1921). — [20] BEARD, H. H., and T. S. BOGGESS: Amer. J. Physiol. **113**, 647 (1935). — [21] THOMAS, K., A. T. MILHORAT u. F. TECHNER: H. **205**, 93 (1932). — [22] MILHORAT, A. T., F. TECHNER and K. THOMAS: Proc. Soc. exp. Biol. Med. **29**, 609 (1932). — [23] SCHOO, A. G., u. J. BOER: Ned. T. Geneeskde. **1934 I**, 32 [Ber. Physiol. **77**, 594]. — [24] SULLIVAN, M. X., and W. C. HESS: J. biol. Ch. **105**, LXXXIX (1934). — [25] BERGMANN, M., u. L. ZERVAS: H. **172**, 277 (1927); **173**, 80 (1928). — [26] JAFFÉ, M.: H. **48**, 430 (1906). — DORNER, G.: H. **52**, 225 (1907). — BAUMANN, L., and H. M. HINES: J. biol. Ch. **31**, 549 (1917). — THOMPSON, W. H.: J. Physiol., London **51**, 111 (1917). — BODANSKY, M.: J. biol. Ch. **109**, XI (1935). — PALLADIN, A., et WALLENBURGER: C. R. Soc. Biol. **78**, 111 (1915). — [27] BLOCH, K., and R. SCHOENHEIMER: J. biol. Ch. **131**, 111 (1939); **133**, 633; **134**, 785 (1940). — [28] BORSOOK, H., and J. W. DUBNOFF: J. biol. Ch. **138**, 389 (1941).

erfolgt durch Transmethylierung, wobei das Methionin die Methylgruppe liefert[1]. Nach BORSOOK u. DUBNOFF[2] findet diese Reaktion in der Niere statt.

$$HN{=}C(NH_2){-}NH{-}(CH_2)_3{-}HC(NH_2){-}COOH + NH_2{-}CH_2{-}COOH \longrightarrow NH_2{-}(CH_2)_3{-}HC(NH_2){-}COOH + HN{=}C(NH_2){-}NH{-}CH_2{-}COOH$$

Arginin, Glycin, Ornithin, Glykocyamin

$$HN{=}C(NH_2){-}NH{-}CH_2{-}COOH + CH_3{-}S{-}CH_2{-}CH_2{-}HC(NH_2){-}COOH \longrightarrow HN{=}C(NH_2){-}N(CH_3){-}CH_2{-}COOH + HS{-}CH_2{-}CH_2{-}HC(NH_2){-}COOH$$

Glykocyamin, Methionin, Kreatin, Homocystein

2. Alanin, Asparaginsäure und Glutaminsäure (s. a. Bd. **1**, S. 525 u. 545f.).

$$CH_3{-}HC(NH_2){-}COOH \qquad HOOC{-}CH_2{-}HC(NH_2){-}COOH \qquad HOOC{-}CH_2{-}CH_2{-}HC(NH_2){-}COOH$$

Alanin, Asparaginsäure, Glutaminsäure

a) Zuckerbildung. Die gemeinsame Erörterung des Alanins mit den beiden Aminodicarbonsäuren ist dadurch gerechtfertigt, daß diese drei Aminosäuren in besonderem Maße mit dem Kohlenhydratstoffwechsel verknüpft sind.

Die glykogenetische Wirkung des *Alanins* kommt in vielen Untersuchungen zum Ausdruck. Am Kaninchen wurde nach Alaninzufuhr eine Steigerung des Glykogengehaltes festgestellt[3]. Der gleiche Befund wird später bei der Ratte erhoben[4]. Auch bei phlorrhizindiabetischen[5] und pankreaslosen[6] Tieren zeigt sich die glucoplastische Wirkung durch vermehrte Zuckerausscheidung nach Alaninverabreichung. Sowohl L- als auch D-Alanin können in Zucker übergeführt

[1] BLOCH, K., and R. SCHOENHEIMER: J. biol. Ch. **138**, 167 (1941). — COHEN, S.: J. biol. Ch. **193**, 851 (1951). — s. S. 960. — [2] BORSOOK, H., and J. W. DUBNOFF: J. biol. Ch. **138**, 389 (1941). — [3] NEUBERG, C., u. L. LANGSTEIN: Arch. Anat. Physiol. (B) **1903**, Suppl. 514. — [4] WILSON, R. H., and H. B. LEWIS: J. biol. Ch. **85**, 559 (1929/30). — BUTTS, J. S., M. S. DUNN and L. F. HALLMAN: J. biol. Ch. **112**, 263 (1935/36). — [5] KRAUS, F.: Berlin. klin. Wschr. **1904 I**, 4. — RINGER, A. J., u. G. LUSK: H. **66**, 106 (1910). — HÖCKENDORF, P.: B. Z. **23**, 281 (1910). — [6] EMBDEN, G., u. H. SALOMON: Hofmeisters Beitr. **5**, 507 (1904). — ALMAGIA, M., u. G. EMBDEN: Hofmeisters Beitr. **7**, 298 (1906).

werden[1]. Der Nachweis der Zuckerbildung aus Alanin ist auch in der durchströmten Leber erbracht worden[2]. Nicht eindeutige bzw. negative Ergebnisse werden beim menschlichen Diabetiker[3] und bei Leberdurchströmung von phlorrhizinvergifteten Hunden erhalten[4].

Die zuckerbildende Wirkung der *Asparaginsäure*[5, 6], des Asparagins und der *Glutaminsäure*[6, 7] wurde in analogen Untersuchungen nachgewiesen. Auch diese Aminosäuren bewirken Glykogenanreicherung in der Leber und erhöhte Glykosurie bei diabetischen Tieren.

Als Gegenstück zur Zuckerbildung aus Alanin, Asparaginsäure und Glutaminsäure liegen Beobachtungen vor, die darauf hinweisen, daß auch der umgekehrte Vorgang im Organismus verwirklicht ist. Vergleichende Untersuchungen über die Beeinflussung des Aminosäuregehaltes in Blut und Leber durch verschiedene Ernährung zeigen, daß der Alaningehalt in Blut und Leber durch kohlenhydratreiches Futter stark erhöht wird[8]. Einmalige Verabreichung von Glucose hat bei verschiedenen Tieren und beim Menschen dieselbe Wirkung[9]. Der Asparaginsäure- und der Glutaminsäuregehalt lassen sich durch Kohlenhydratfutter in analoger Weise beeinflussen[8, 10].

b) Abbau. Der Reaktionsmechanismus der Zuckerbildung steht in Zusammenhang mit den *Abbaureaktionen* der betreffenden Aminosäuren. Die oxydative Desaminierung von L- und D-Alanin führt zu Brenztraubensäure. Aus Asparaginsäure entsteht in entsprechender Weise die Oxalessigsäure. Während die D-Aminosäuren durch die D-Aminosäureoxydase angegriffen werden[11], existieren verschiedene Formen der L-Aminosäureoxydasen[12]. Die Glutaminsäure nimmt eine Sonderstellung ein. Sie kann unter anaeroben Bedingungen in vitro durch tierische und pflanzliche Extrakte dehydriert werden[13]. Als Wasserstoffacceptor dient die Codehydrogenase I (Pyridinadenindinucleotid)[14]; je nach Herkunft können Codehydrogenase I und Codehydrogenase II zusammen mit einem spezifischen Apoferment diese Funktion ausüben[15]. So entsteht aus Glutaminsäure α-Iminoglutarsäure. Diese zerfällt offenbar spontan unter Aufnahme von Wasser in α-Ketoglutarsäure und Ammoniak.

Als weitere Möglichkeit des Abbaues zu den Ketosäuren ist die Umaminierungsreaktion (vgl. S. 936) zu erwähnen, an welcher in erster Linie Alanin, Asparaginsäure und Glutaminsäure beteiligt sind.

Die Brenztraubensäure als Zwischenprodukt des glykolytischen Zuckerabbaues ist mit Sicherheit als unmittelbares Bindeglied dieser Gruppe von

---

[1] DAKIN, H. D., and H. W. DUDLEY: J. biol. Ch. **17**, 451 (1914). — CREMER, M.: Med. Klinik **1912 II**, 2050. — [2] EMBDEN, G., u. E. SCHMITZ: B. Z. **38**, 393 (1912). — [3] BAER, J., u. L. BLUM: Hofmeisters Beitr. **10**, 80 (1907). — [4] BARRENSCHEEN, H. K.: B. Z. **58**, 299 (1914). — [5] RINGER, A. J., u. G. LUSK: H. **66**, 106 (1910). — NEBELTHAU, E.: M. m. W. **1902**, 917. — KNOPF, L.: A. e. P. P. **49**, 123 (1903). — EMBDEN, G., u. H. SALOMON: Hofmeisters Beitr. **6**, 63 (1905). — [6] BUTTS, J. S., H. BLUNDEN and M. S. DUNN: J. biol. Ch. **119**, 247 (1937). — [7] LUSK, G.: Amer. J. Physiol. **22**, 174 (1908). — WILSON, R. H., and H. B. LEWIS: J. biol. Ch. **85**, 559 (1929/30). — [8] WISS, O.: Helv. **32**, 153 (1949). — [9] WISS, O., u. R. KRUEGER: Helv. **31**, 1774 (1948). — [10] WISS, O., u. R. KRUEGER: Helv. **32**, 527 (1949). — [11] KREBS, H. A.: H. **217**, 191; **218**, 157 (1933). — EDLBACHER, S., u. O. WISS: Helv. **28**, 1111 (1945). — [12] LANG, K., u. U. WESTPHAL: H. **276**, 179 (1942). — EDLBACHER, S., u. H. GRAUER: Helv. **27**, 151, 928 (1944). — GREEN, D. E., V. NOCITO and S. RATNER: J. biol. Ch. **148**, 461 (1943). — [13] THUNBERG, T.: Skand. Arch. Physiol. **40**, 1 (1920). — QUASTEL, J. H., and A. H. M. WHEATLEY: Biochem. J. **26**, 725 (1932). — [14] ANDERSSON, B.: H. **217**, 186 (1933). — HOLMBERG, C. G.: Skand. Arch. Physiol. **68**, 1 (1934). — [15] EULER, H. v., E. ADLER u. T. STEENHOFF ERIKSEN: H. **248**, 227 (1937). — EULER, H. v., u. E. ADLER: H. **238**, 233 (1936). — EULER, H. v., E. ADLER, G. GÜNTHER u. N. B. DAS: H. **254**, 61 (1938). — WARBURG, O., W. CHRISTIAN u. A. GRIESE: B. Z. **282**, 157 (1935).

Aminosäuren zu den Kohlenhydraten zu betrachten, denn einerseits kann die Oxalessigsäure als Desaminierungsprodukt der Asparaginsäure durch einfache Decarboxylierung in Brenztraubensäure übergehen, anderseits steht die Glutaminsäure über α-Ketoglutarsäure, Bernsteinsäure, Fumarsäure, Äpfelsäure mit der Oxalessigsäure in Beziehung (s. S. 1055, Citronensäurecyclus).

c) Bildung. Alanin, Asparaginsäure und Glutaminsäure gehören zur Gruppe der entbehrlichen Aminosäuren. Das Verständnis ihres Aufbaues bietet keine Schwierigkeiten, sind doch entsprechende Ketosäuren eindeutig nachgewiesene Zwischenprodukte im Kohlenhydratstoffwechsel. Nicht restlos geklärt ist die Frage, in welcher Form die Aminierung stattfindet. Für die Bildung der Glutaminsäure ist der Reaktionsablauf bekannt. VON EULER[1] konnte nachweisen, daß in Gegenwart von Ammoniumchlorid von der Codehydrogenase Wasserstoff auf die α-Ketoglutarsäure übertragen wird und sich somit Glutaminsäure bilden kann. BRAUNSTEIN u. KRITZMANN[2] sind der Auffassung, daß in analoger Weise auch Asparaginsäure aus Oxalessigsäure gebildet wird. Es ist aber auch vorstellbar, daß der von der α-Ketoglutarsäure aufgenommene Stickstoff über eine Umaminierungsreaktion in die Asparaginsäure gelangt. Das gleiche Problem stellt sich für die Bildung des Alanins. Obwohl im Leberdurchströmungsversuch und mit Leberschnitten eine Alaninbildung aus Brenztraubensäure und einem Ammoniumsalz nachgewiesen ist[3, 4], ist damit eine direkte Aminierung noch nicht bewiesen. KRITZMANN ist auf Grund von Versuchen mit Leberschnitten und Leberhomogenat der Auffassung, daß der Stickstoff von Oxalessigsäure, die durch CO_2-Fixation, aus Brenztraubensäure entstanden ist, aufgenommen wird und mit Hilfe der Umaminierung zwischen der so entstandenen Asparaginsäure und der Brenztraubensäure in das Alanin gelangt[4]. Dagegen spricht die Tatsache, daß im tierischen Organismus zwischen Asparaginsäure und Brenztraubensäure keine Stickstoffübertragung nachgewiesen werden kann. Zudem läßt sich zeigen, daß die Alaninbildung im Homogenat vom Sauerstoffverbrauch abhängig ist und weder von Erhöhung des Asparaginsäure- noch des Glutaminsäuregehaltes begleitet ist, was im Widerspruch zur Beteiligung der Dicarbonsäuren steht[5]. Alanin kann auch aus Brenztraubensäure durch gleichzeitigen Abbau des Histidins gebildet werden. Dabei wird vermutlich der Ringstickstoff zur Aminierung verwendet; im Gegensatz zur Bildung von Alanin aus Brenztraubensäure und Ammoniumion ist dieser Reaktionsablauf von Sauerstoff unabhängig[6].

d) Asparagin- und Glutaminbildung. Asparaginsäure und Glutaminsäure können unter Bindung von Ammoniak in die entsprechenden Säureamide, Asparagin und Glutamin, übergeführt werden.

$$\begin{array}{c}COOH\\|\\CH_2\\|\\HC{-}NH_2\\|\\COOH\end{array}\;\underset{+H_2O}{\overset{+NH_3}{\rightleftarrows}}\;\begin{array}{c}CO{-}NH_2\\|\\CH_2\\|\\HC{-}NH_2\\|\\COOH\\\text{Asparagin}\end{array}\qquad\begin{array}{c}COOH\\|\\CH_2\\|\\CH_2\\|\\HC{-}NH_2\\|\\COOH\end{array}\;\underset{+H_2O}{\overset{+NH_3}{\rightleftarrows}}\;\begin{array}{c}CO{-}NH_2\\|\\CH_2\\|\\CH_2\\|\\HC{-}NH_2\\|\\COOH\\\text{Glutamin}\end{array}$$

---

[1] EULER, H. v., E. ADLER, G. GÜNTHER u. N. B. DAS: H. **254**, 61 (1938). — [2] BRAUNSTEIN, A. E.: Adv. Protein Chem. **3**, 1 (1947). — [3] EMBDEN, G., u. E. SCHMITZ: B. Z. **29**, 423 (1910); **38**, 393 (1912). — [4] KRITZMANN, M. G.: J. biol. Ch. **167**, 77 (1947). — [5] WISS, O.: Helv. **31**, 1189 (1948). — [6] WISS, O.: Helv. **32**, 521 (1949).

Vergleichende Untersuchungen über die Verteilung von Glutamin und Glutaminsäure in Blut und Geweben zeigen, daß der Gehalt an Glutamin oft stark überwiegt[1]. Möglicherweise kommt dieser Reaktion die Aufgabe zu, intermediär entstandenes Ammonium zu speichern[2].

3. Valin, Leucin, Isoleucin (s. a. Bd. 1, S. 439 u. 528).

Valin	Leucin	Isoleucin
H_3C CH_3 \\/ CH | HC—NH_2 | COOH	H_3C CH_3 \\/ CH | CH_2 | HC—NH_2 | COOH	CH_3 | H_2C CH_3 \\/ CH | HC—NH_2 | COOH

Die klassischen Untersuchungen über Acetonbildung aus Aminosäuren an der durchströmten Leber zeigen, daß Valin und Leucin sich verhalten wie um ein Kohlenstoffatom ärmere Fettsäuren. So kommt es nach Zufuhr von Leucin bzw. von Isovaleriansäure zu Acetonbildung, während Valin kein Aceton liefert[3] (vgl. S. 928). Hinsichtlich der Zuckerbildung verhalten sich die beiden Aminosäuren umgekehrt. Leucin kann nicht in Zucker übergeführt werden[4], während dieser Nachweis im Gegensatz zu älteren Arbeiten[5] in neueren Untersuchungen[6] für das Valin gelungen ist. Es ist deshalb anzunehmen, daß diese beiden Aminosäuren zuerst oxydativ desaminiert und anschließend oxydativ decarboxyliert werden. In Übereinstimmung mit diesen älteren Beobachtungen stehen neuere Arbeiten. Bloch[7] stellte fest, daß deuteriumhaltiges Leucin bzw. die entsprechende Isovaleriansäure in vivo Essigsäure liefert, indem er so entstandenes Acetat als Bestandteil acetylierter Verbindungen nachwies. Genauere Angaben über den Leucinabbau stammen von Coon u. Gurin[8]. Sie verwendeten Leucin, das in α- und β-Stellung isotopen Kohlenstoff enthielt und fanden, daß aus Leucin Acetessigsäure gebildet wird. Auch die Angaben über den Abbau von Isovaleriansäure wurden bestätigt. Hingegen entsteht die Acetessigsäure durch Kondensation von abgespaltenen C_2-Bruchstücken und nicht, wie früher angenommen, nach Eliminierung einer Methylgruppe aus dem restlichen Teil.

Der durch β-Oxydation der Isovaleriansäure entstandene Isopropylrest kann vermutlich CO_2 fixieren, und so entsteht aus Leucin ein zweites Molekül Acetessigsäure[9]. Diese Annahme wird durch die Beobachtung gestützt, daß Aceton durch CO_2-Fixierung in Acetessigsäure übergehen kann[10].

---

[1] Harris, M. M.: J. clin. Invest. **22**, 569 (1943). — Archibald, R. M.: J. biol. Ch. **154**, 643 (1944). — Hamilton, P. B., and R. R. Tarr: J. biol. Ch. **158** 397 (1945). — Prescott, B. A., and H. Waelsch: J. biol. Ch. **167**, 855 (1947). — Krebs, H. A., L. V. Eggleston and R. Hems: B ochem. J. **44**, 159 (1949). — [2] Baldwin, E.: Dynamic Aspects of Biochemistry. S. 221 f. Cambridge 1947. — [3] Embden, G.: Hofmeisters Beitr. **11**, 348 (1908). — Ringer, A. J., E. M. Fränkel and L. Jonas: J. biol. Ch. **14**, 525 (1913). — [4] Simon, O.: H. **35**, 315 (1902). — Kraus, F.: Berlin. klin. Wschr. **1904**, 4. — Halsey, J. T.: Amer. J. Physiol. **10**, 229 (1904). — [5] Dakin, H. D.: J. biol. Ch. **14**, 321 (1913). — Barrenscheen, H. K.: B. Z. **58**, 299 (1914). — [6] Butts, J. S., and R. O. Sinnhuber: J. biol. Ch. **139**, 963 (1941). — Rose, W. C., J. E. Johnson and W. J. Haines: J. biol. Ch. **145**, 679 (1942). — Peterson, E. A., W. S. Fones and J. White: Arch. Biochem. **36**, 323 (1952). — Fones, W. S., and J. White: J. nat. Cancer Inst. **12**, 423 (1951). — [7] Bloch, K.: J. biol. Ch. **155**, 255 (1944). — [8] Coon, M. J., and S. Gurin: J. biol. Ch. **180**, 1159 (1949). — [9] Coon, M. J.: J. biol. Ch. **187**, 71 (1950). — Coon, M. J., and N. S. B. Abrahamsen: J. biol. Ch. **195**, 805 (1952). — [10] Plaut, G. W. E., and H. A. Lardy: J. biol. Ch. **186**, 705 (1950).

Für den Abbau des Isoleucins liegen widersprechende Befunde vor. So ist eine Acetessigsäurebildung an der durchströmten Leber nicht immer nachweisbar[1]. Auch Fütterungsversuche ergeben keine einheitlichen Befunde. DAKIN hat beim phlorrhizindiabetischen Hund aus Isoleucin weder Zucker noch Acetonbildung nachweisen können[2], während anderen Autoren bei normalen Ratten der Nachweis der Überführung in Zucker und Aceton gelungen ist[3]. Da auch das hypothetische Abbauprodukt des Isoleucins, die β-Methylbuttersäure, beim diabetischen Menschen[4] und im Durchströmungsversuch[3] sich nicht einheitlich verhält, wird vermutet, daß der aus Isoleucin entstandenen β-Methylbuttersäure verschiedene Abbauwege offenstehen. Durch Abspaltung der β-Methylgruppe würde Buttersäure und anschließend Aceton gebildet, durch Entfernung des Äthylrestes die Propionsäure, welche in Zucker übergeführt werden könnte.

$$\begin{array}{l} \quad\quad\quad\quad\times CH_3 \longrightarrow HOOC{-}CH_2{-}CH_3 \longrightarrow \text{Zucker} \\ HOOC{-}CH \\ \quad\quad\quad\quad\times CH_2{-}CH_3 \rightarrow HOOC{-}CH_2{-}CH_2{-}CH_3 \rightarrow \text{Aceton} \end{array}$$

4. Cystein, Cystin und Methionin (s. a. Bd. 1, S. 530ff.).

$$\begin{array}{l} H_2C{-}SH \\ \quad | \\ HC{-}NH_2 \\ \quad | \\ COOH \end{array} \qquad \begin{array}{l} H_2C{-}S{-}S{-}CH_2 \\ \quad | \qquad\quad | \\ HC{-}NH_2 \; HC{-}NH_2 \\ \quad | \qquad\quad | \\ COOH \quad COOH \end{array} \qquad \begin{array}{l} H_2C{-}S{-}CH_3 \\ \quad | \\ CH_2 \\ \quad | \\ HC{-}NH_2 \\ \quad | \\ COOH \end{array}$$

Cystein Cystin Methionin

a) Ausscheidung schwefelhaltiger Verbindungen im Harn. Der Schwefel wird dem tierischen Organismus im wesentlichen in Form der intraproteingebundenen, schwefelhaltigen Aminosäuren, Cystein, Cystin und Methionin, zugeführt. Seine Ausscheidung erfolgt zur Hauptsache im Harn, und zwar in Form von anorganischen Sulfaten, von Esterschwefelsäuren und von organisch gebundenem Schwefel.

Der *Sulfatanteil* ist der quantitativ größte; er beträgt etwa $^2/_3$ der Gesamtausscheidung. Mit steigender Eiweißzufuhr nimmt die Sulfatausscheidung zu, während die Ausscheidung der Esterschwefelsäuren und die des organisch gebundenen Schwefels kaum davon betroffen wird:

Tabelle 304[5].
Schwefelausscheidung beim Menschen (in g/Tag).

	N-reiche Kost g	N-arme (Stärke-Rahm) Kost g
N im Harn	16,1	3,8
Gesamt-S	3,33	0,74
Sulfat-S	3,03 = 91,2 %	0,42 = 56,7 %
Ester-S	0,18 = 5,4 %	0,09 = 12,2 %
Neutral-S	0,10 = 3,4 %	0,23 = 31,1 %

[1] WIRTH, J.: B. Z. **27**, 20 (1910). — [2] DAKIN, H. D.: Oxydations and Reductions in the Animal Body. S. 75, 77. London 1922. — [3] BUTTS, J. S., H. BLUNDEN and M. S. DUNN: J. biol. Ch. **120**, 289 (1937). — [4] BAER, J., u. L. BLUM: A. e. P. P. **55**, 89 (1906). — [5] FOLIN, O.: Amer. J. Physiol. **13**, 66 (1913).

Die Bildung der *Esterschwefelsäuren* steht in Beziehung zur Darmfäulnis. Infolge bakterieller Zersetzung von Aminosäuren im Darm gelangen ihre cyclischen Anteile (Phenol, Indoxyl usw.) zum Teil zur Resorption. Die Veresterung mit Schwefelsäure hat eine Entgiftung zur Folge. Ihre Ausscheidung ist bei gesteigerter Eiweißfäulnis erhöht[1]. Der Mechanismus dieser Reaktion ist noch unklar. Eine direkte Veresterung mit Sulfat ist deshalb unwahrscheinlich, weil Sulfatzufuhr bei gleichzeitiger Verabreichung von Phenol meist keine Zunahme der Phenolschwefelsäure bedingt[2-4]. Da Cystinzufuhr die Entgiftung stark beschleunigt[3], muß angenommen werden, daß ein Abbauprodukt des Cystins gebunden wird. Eine von HOPKINS aufgestellte Hypothese[5], nach welcher die *Mercaptursäuren*

$$\begin{array}{l} H_2C{-}S{-}C_6H_4{-}Br \\ \;| \\ HC{-}NH{-}OC{-}CH_3 \\ \;| \\ COOH \end{array}$$

Bromphenylmercaptursäure

als Zwischenprodukt bei der Esterschwefelsäurebildung auftreten, beruht auf der Beobachtung, daß Mercaptursäuren nach Verabreichung von Halogenbenzolen ausgeschieden werden[6] (s. a. Bd. 2/2, Niere und Harn).

Gegen eine solche Annahme spricht nicht nur die große Verschiedenheit der Struktur dieser beiden Verbindungen[7], sondern vor allem die Tatsache, daß Mercaptursäure nur nach Verabreichung körperfremder Substanzen festgestellt werden kann.

Aus Fütterungsversuchen mit ^{35}S in Form von Sulfat geht hervor, daß Sulfatschwefel unter geeigneten Versuchsbedingungen an der Bildung von Esterschwefelsäuren beteiligt sein kann[8]. Andere Ergebnisse sprechen für eine Beteiligung des Cystins[9]. Mit isotopem Schwefel markiertes Cystin wird nur zu einem Teil bei gleichzeitiger Verfütterung von Brombenzol zur Bildung der Mercaptursäure herangezogen[10].

Außer Sulfaten und Esterschwefelsäuren finden sich im Harn noch andere schwefelhaltige Verbindungen, die als „*Nicht-Sulfatschwefel*" bzw. „*Neutralschwefel*" in einer Gruppe zusammengefaßt werden[11]. Während der Sulfatanteil des Schwefels von der Ernährung abhängig ist, wird der Neutralschwefel nicht davon betroffen[12]. Zwischen den einzelnen Tierarten bestehen erhebliche Unterschiede[13]. Als Bestandteile dieser Stoffgruppe sind folgende Verbindungen

---

[1] BAUMANN, E., u. C. PREUSSE: H. **3**, 156 (1879). — MAGNUS-LEVY, A.: Handb. Path. Stoffw. (v. NOORDEN) 2. Aufl. Bd. 1, S. 148f. — VELDEN, R. VON DEN: Virchows Arch. **70**, 343 (1872). — MÜLLER, F.: Z. klin. Med. **12**, 63 (1887). — SALKOWSKI, E.: H. **12**, 222 (1888). — NOORDEN, C. v.: Z. klin. Med. **17**, 529 (1890). — FOLIN, O.: Amer. J. Physiol. **13**, 66 (1913). — [2] TAUBER, S.: A. e. P. P. **36**, 197 (1895). — [3] RHODE, H.: H. **124**, 15 (1923). — [4] SATO, T.: H. **63**, 378 (1909). — HELE, T. S.: Biochem. J. **18**, 110, 586 (1924). — [5] HOPKINS, J.: Guy's Hosp. Gaz. **19**, 426 (1907). — SHERWIN, C. P.: Physiol. Rev. **2**, 265 (1922). — [6] Zusammenfassende Darstellung: FROMHERZ, K.: Handb. Physiol. **5**, 996 (1928). — [7] HELE, T. S.: Biochem. J. **18**, 586 (1924). — [8] LAIDLAW, J. C., and L. YOUNG: Biochem. J. **42**, L (1948). — DZIEWIATKOWSKI, D. D.: J. biol. Ch. **178**, 389 (1949). — [9] BINKLEY, F.: J. biol. Ch. **178**, 821 (1949). — [10] GUTMANN, H. R., and J. L. WOOD: Cancer Res. **10**, 8 (1950). — [11] BISCHOFF, T. L. W., u. C. VOIT: Die Gesetze der Ernährung des Fleischfressers. Leipzig 1860. — SALKOWSKI, E.: Virchows Arch. **58**, 460 (1873). — GAWIŃSKI, W.: H. **58**, 465 (1908/09). — SALKOWSKI, E.: H. **89**, 485 (1914). — [12] BENEDICT, H.: Z. klin. Med. **36**, 281 (1899). — FOLIN, O.: Amer. J. Physiol. **13**, 66 (1933). — HEFFTER, A.: Pflügers Arch. **38**, 476 (1886). — LEHMANN, C., F. MUELLER, I. MUNK, H. SENATOR u. N. ZUNTZ: Virchows Arch. **131**, Suppl. 21 (1893). — HARNACK, E., u. F. K. KLEINE: Z. Biol. **37**, 417 (1899). — FREUND, E., u. O. FREUND: Wien. klin. Rdsch. **15**, 69 (1901). — MÜLLER, F.: Berlin. klin. Wschr. **1887**, 433. — [13] SALKOWSKI, E.: Virchows Arch. **58**, 460 (1873). — GOLDMANN, E.: H. **9**, 260 (1885). — KUNKEL, A.: Pflügers Arch. **14**, 344 (1877).

in Betracht zu ziehen: *Thiosulfate* werden bei verschiedenen Tieren[1], beim Menschen[2] jedoch nicht immer im Harn nachgewiesen. Das *Rhodanidion* wird beim Menschen in Speichel, Magensaft und Blut gefunden. Es ist deshalb nicht verwunderlich, daß es regelmäßig, wenn auch in geringen Mengen, im Harn erscheint[3]. Eine vermehrte Ausscheidung wird im Kaninchenharn nach Verabreichung von Aminosäuren (Glykokoll, Alanin, Leucin, Kreatin) beobachtet[4]. Normalerweise werden zusammen mit den übrigen Aminosäuren immer auch geringe Mengen von *Cystin*[5] und *Methionin*[6] ausgeschieden. Auch Taurin ist in Spuren im normalen Harn aufgefunden worden[7]. In sehr geringer Konzentration finden sich im Harn schwefelhaltige Wirkstoffe, wie z. B. Aneurin, Biotin.

b) Cystinurie. Die Cystinurie, eine lange bekannte[8] Stoffwechselstörung, die sich in einer vermehrten Ausscheidung von Cystin im Harn äußert[9–14]. Da Cystin eine sehr geringe Löslichkeit besitzt, kommt es leicht zu typischer Krystallbildung. Cystinurie ist ziemlich selten und hereditär[13, 15]; sie wird deshalb zu den sog. „Mißbildungen des Stoffwechsels" gezählt[10]. Hinsichtlich der Cystinausscheidung im Harn sind alle Übergänge zu Normalwerten vorhanden, so daß in Grenzfällen eine eindeutige Abgrenzung vom Normalzustand schwierig ist[16].

Relativ häufig erscheinen neben Cystin die Diamine *Cadaverin* und *Pudrescin* in vermehrtem Maße im Harn[15, 17–19]. Zufuhr von Lysin oder Arginin hat eine erhöhte Ausscheidung dieser Verbindungen zur Folge[18, 20]. Auch aus der Beobachtung, daß neben Cystin auch andere Aminosäuren im Harn angereichert sein können, geht hervor, daß es sich nicht um eine selektive Störung des Cystinstoffwechsels handelt[18, 21].

Zur Abklärung der Ursache dieser Stoffwechselanomalie wurde die Beeinflussung von Eiweißzufuhr und Cystinurie geprüft. Dabei ergaben sich anfänglich

---

[1] Schmiedeberg, O.: Arch. Heilkde. **8**, 422 (1867). — Meissner, G.: Z. ration. Med. **31**, 322 (1868). — Salkowski, E.: Virchows Arch. **58**, 476 (1873). Pflügers Arch. **39**, 209 (1886). H. **89**, 485; **92**, 89 (1914). — [2] Heffter, A.: Pflügers Arch. **38**, 476 (1886). — Presch, W.: Virchows Arch. **119**, 148 (1890). — Strümpell, A.: Arch. Heilkde. **17**, 93 (1876). — [3] Gscheidlen, R.: Pflügers Arch. **14**, 401 (1877). — [4] Nencki, M.: B. **28**, 10, 1318 (1895). — Willanen, K.: B. Z. **1**, 129 (1906). — [5] Goldmann, E., u. E. Baumann: H. **12**, 254 (1888). — [6] Looney, J. M., H. Berglund and R. C. Graves: J. biol. Ch. **57**, 515 (1923). — [7] Salkowski, E.: B. **6**, 744 (1873). — [8] Thaulow C. J.: A. **27**, 197 (1838). — [9] Zusammenfassende Darstellung: Magnus-Levy, A.: Handb. Path. Stoffw. (v. Noorden) 2. Aufl. Bd. 2, S. 464. — [10] Garrod, A. E.: Inborn Errors of Metabolism. 2. Aufl. London 1923. — [11] Neuberg, C.: Handb. Biochem. 1. Aufl. Bd. IV/2, S. 338. 1910. — [12] Fromherz, K.: Berlin. klin. Wschr. **1913 II,** 1618. — [13] Rosenfeld, G.: Ergebn. Physiol. **18**, 118 (1920). — [14] Gottschalk, A., and H. B. Lewis: Yale J. Biol. Med. **4**, 437 (1932). Ann. internal Med. **6**, 183 (1932). — [15] Cohn, J.: Berlin. klin. Wschr. **1899**, 503. — [16] Looney, J. M., H. Berglund and R. C. Graves: J. biol. Ch. **57**, 515 (1923). — [17] Udránszky, L. v., u. E. Baumann: H. **13**, 562 (1889). — Stadthagen, M., u. L. Brieger: Berlin. klin. Wschr. **1889**, 344. — Simon, C. E.: Amer J. med. Sci. **119**, 39 (1900). — Lewis, M. W., and C. E, Simon: Amer. J. med Sci. **123**, 838 (1902). — Cammidge, P. J., and A. E. Garrod: J. Path. Bacteriology **6**, 327 (1900). — [18] Garrod, A. E., and W. H. Hurtley: J. Physiol., London **34**, 217 (1906). — [19] Riegler, R.: Zbl. inn. Med. **25**, 1078 (1904). — [20] Bödtker, E.: H. **45**, 393 (1905). — Maniott, W. N. K., and C. G. L. Wolf: Amer. J. med. Sci. **131**, 197 (1906). — Magnus-Levy, A.: B. Z. **156**, 150 (1925). — Loewy, A., u. C. Neuberg: H. **43**, 338 (1904/05). B. Z. **2**, 438 (1907). — [21] Picchini, A., e L. Conti: Sperimentale **45**, 353 (1891). — Moreigne, H.: Arch. Méd. exp. Anat. path. **11**, 254 (1899). — Lewis, M. W., and C. E. Simon: Amer. J. med. Sci., **123**, 838 (1902). — Fischer, E., u. U. Suzuki: H. **45**, 405 (1905). — Abderhalden, E., u. A. Schittenhelm: H. **45**, 468 (1905). — Ellinger, A., u. O. Riesser: H. **62**, 271 (1909). — Ackermann, D., u. F. Kutscher: Z. Biol. **57**, 355 (1912). — Hoppe-Seyler, F. A.: Dtsch. Arch. klin. Med. **154**, 97 (1927). — Dent, C. E., and G. A. Rose: Quart. J. Med. **20**, 205 (1951). — Stein, W. H.: Proc. Soc. exp. Biol. Med. **78**, 705 (1951). — Dent, C. E., and H. Harris: Ann. Eugenics **16**, 60 (1951). — Cooper, A. M., R. D. Eckhardt, W. W. Faloon and C. S. Davidson: J. clin. Invest. **29**, 265 (1950). — Dent, C. E.: Schweiz. med. Wschr. **80**, 752 (1950).

schwer zu deutende Resultate. Bei Eiweißfütterung läßt sich im Vergleich zu eiweißfreier Ernährung eine stark vermehrte Cystinausscheidung feststellen[1–7]. Es gelingt jedoch nicht, durch eiweißfreie Kost die Cystinausscheidung vollständig zu unterdrücken, woraus hervorgeht, daß es sich nicht lediglich um eine Ausscheidungsstörung handelt[1, 2, 7–10]. Die Beobachtung, daß in freier Form zugeführtes Cystin nicht ausgeschieden wird, war anfänglich eine schwer erklärbare Tatsache, um so mehr, als sich nachweisen läßt, daß freies Cystin in Sulfat übergeführt wird[1, 2, 7–10]. Die Vermutung[1], daß in freier Form zugeführtes Cystin in anderer Weise resorbiert wird als im Eiweiß gebundenes, kann nicht befriedigen und steht auch im Gegensatz zu den Vorstellungen über den proteolytischen Abbau des Eiweißes im Magendarmkanal. Die Auffindung eines weiteren schwefelhaltigen Eiweißbausteines, des Methionins, vor allem aber die Ergebnisse über dessen Stoffwechselbeziehung (vgl. S. 965) zum Cystin geben die Voraussetzung für eine bessere Erklärung des unterschiedlichen Verhaltens von freiem und in Form von Eiweiß verabreichtem Cystin. Im Gegensatz zu freiem Cystin verursacht Verabreichung von freiem Methionin eine Mehrausscheidung von Cystin[11]. Die Stoffwechselstörung liegt also offenbar in der Umwandlung des Methionins zu Cystin. Es liegen allerdings auch Beobachtungen vor, die gegen eine solche Auffassung sprechen[12]. So läßt sich zeigen, daß unter geeigneten Versuchsbedingungen auch Cystinzufuhr die Cystinausscheidung erhöhen kann, während Methioninverabreichung keine Wirkung hat.

c) Reversible Umwandlung von Cystin zu Cystein. Die beiden Aminosäuren Cystin und Cystein können nach folgender Reaktion leicht ineinander übergeführt werden:

$$2\ \begin{array}{c} H_2C{-}SH \\ | \\ HC{-}NH_2 \\ | \\ COOH \end{array} \ \underset{+H_2}{\overset{-H_2}{\rightleftarrows}} \ \begin{array}{ccc} H_2C{-}S & {-}S{-} & CH_2 \\ | & & | \\ HC{-}NH_2 & & HC{-}NH_2 \\ | & & | \\ COOH & & COOH \end{array}$$

Cystein Cystin

Wie aus Untersuchungen von WARBURG[13] hervorgeht, bewirken Spuren von Eisen, Kupfer oder Magnesium in vitro Oxydation der Sulfhydrylform zur Disulfidverbindung. Im tierischen Gewebe übernimmt die Cytochromoxydase die Rolle des Oxydationskatalysators[14]. Daß diese Oxydation auch in vivo stattfindet, geht aus Versuchen von BRAND, CAHILL u. HARRIS[15] hervor. An einen Cystinuriker verabreichtes L-Cystein wird zu 70% in Form des L-Cystins ausgeschieden. Auch von MEDES wurde diese Umwandlung beobachtet[16]. Der um-

[1] ALSBERG, C., and O. FOLIN: Amer. J. Physiol. **14**, 54 (1905). — [2] WOLF, C. G. L., and P. A. SHAFFER: J. biol. Ch. **4**, 439 (1908). — [3] KLEMPERER, G., u. M. JACOBY: Therap. d. Gegenwart **55**, 101 (1914). — [4] KONDO, K.: Diss. med. München 1915. — [5] UMBER, (F.), u. M. BÜRGER: D. m. W. **1913 II**, 2337. — [6] MAGNUS-LEVY, A.: B. Z. **156**, 150 (1925). — [7] LOONEY, J. M., H. BERGLUND and R. C. GRAVES: J. biol. Ch. **57**, 515 (1923). — [8] THIELE, F. H.: J. Physiol., London **36**, 68 (1907). — [9] HELE, T. S.: J. Physiol., London **39**, 52 (1909). — [10] SMILLIE, W. G.: Arch. internal Med., Chicago **16**, 503 (1915). — [11] BRAND, E., G. F. CAHILL and M. M. HARRIS: Proc. Soc. exp. Biol. Med. **31**, 348 (1933). — LEWIS, H. B., B. H. BROWN and F. R. WHITE: J. biol. Ch. **114**, 171 (1936). — HESS, W. C., and M. X. SULLIVAN: J. biol. Ch. **142**, 3; **143**, 545 (1942). — [12] LOUGH, S. A., W. L. PERILSTEIN, H. J. HEINEN and L. W. CARTER: J. biol. Ch. **139**, 487 (1941). — HESS, W. C., and M. X. SULLIVAN: J. biol. Ch. **146**, 381 (1942); **149**, 543 (1943). — [13] WARBURG, O., u. S. SAKUMA: Pflügers Arch. **200**, 203 (1923). — HARRISON, D. C.: Biochem. J. **18**, 1009 (1924). — MEYERHOF, O.: Pflügers Arch. **200**, 1 (1923). — [14] KEILIN, D.: Proc. R. Soc. London (B) **106**, 418 (1930). — MEDES, G.: Biochem. J. **33**, 1559 (1939). — [15] BRAND, E., G. F. CAHILL and M. M. HARRIS: J. biol. Ch. **109**, 69 (1935). — [16] MEDES, G.: Biochem. J. **31**, 1330 (1937).

gekehrte Vorgang ist von LEWIS u. Mitarb.[1] nachgewiesen worden. Nach Verfütterung von Cystin, dessen Aminogruppe substituiert ist, kommt es zur Ausscheidung des entsprechenden Cysteinderivates. Die Frage nach dem Wasserstoffdonator wird verschieden beantwortet. Nach SMYTHE[2] könnte der Wasserstoff von intermediär entstandenem Schwefelwasserstoff geliefert werden. Von MEDES u. FLOYD[3] wird eine Hydrolyse mit folgendem Reaktionsablauf in Betracht gezogen:

$$R—S—S—R + HOH \rightleftharpoons R—SH + R—SOH$$

d) Abbau von Cystin und Cystein. Für den Abbau stehen dem Cystin und dem Cystein verschiedene Wege offen. Mit Sicherheit kann angenommen werden, daß als Stoffwechselendprodukt *anorganisches Sulfat* entstehen kann[4–12]; denn es liegen eine große Anzahl von Untersuchungen vor, die zeigen, daß sowohl die Verfütterung von Cystin[4–12] als auch von Cystein[5, 13, 14] beim Menschen und verschiedenen Tieren eine Anreicherung der Sulfatausscheidung im Harn zur Folge hat. Aus anderen Beobachtungen muß geschlossen werden, daß unter Umständen auch *Thiosulfat* gebildet wird[14–18]. Als eine weitere weitgehend gesicherte Abbaustufe des Cystins bzw. Cysteins kommt das *Taurin* in Betracht. Dieses kommt im wesentlichen nicht in freier Form, sondern an Cholsäure amidartig gebunden als sog. Taurocholsäure in der Galle vor. Wie BERGMANN am Hund[19, 20] und WOHLGEMUTH[16, 21] am Kaninchen zeigen konnten, bewirkt Cystinfütterung eine vermehrte Taurocholsäurebildung. Über Taurinbildung in vitro aus Cystin berichten FRIEDMANN[22] sowie WHITE u. Mitarb.[23].

α) Oxydation von Cystein zu anorganischem Sulfat. Untersuchungen von PIRIE[24] zeigen, daß Leber- und Nierenschnitte der Ratte Cystein zu anorganischem Sulfation oxydieren können. Von MEDES u. FLOYD[25, 27] wird das dafür verantwortliche Enzym, das auch im Leberbrei wirksam ist, als *Cysteinoxydase A* bezeichnet. Die *Cysteinoxydase B* ist nach den genannten Autoren am Abbau zur Cysteinsäure beteiligt. Im Hinblick auf die erhebliche chemische Verschiedenheit des Cysteins und der Abbauprodukte weist FROMAGEOT darauf hin, daß es sich nicht um ein einheitliches Ferment handeln kann, sondern um eine Gruppe von Enzymen, wobei die Einzelfermente den Abbau der Zwischenstufen katalysieren[26]. Über die Natur dieser Zwischenstufen sind allerdings gegenwärtig nur Vermutungen möglich. Nach MEDES[27] bildet sich zuerst eine R-S-OH-Verbindung (Sulfensäure, s. Bd. 1, S. 530), die nach spontaner Dismutation zweier solcher Molekeln

---

[1] LEWIS, H. B., H. UPDEGRAFF and D. A. MCGINTY: J. biol. Ch. **59**, 59 (1924). — LEWIS, H. B.: Physiol. Rev. **4**, 394 (1924). J. Nutrit. **10**, 99 (1935). Harvey Lect. **36**, 159 (1940/41). — [2] SMYTHE, C. V.: J. biol. Ch. **142**, 387 (1942). — [3] MEDES, G., and N. FLOYD: Biochem. J. **36**, 259 (1942). — PIRIE, N. W.: Biochem. J. **28**, 305 (1934). — [4] WOLF, C. G. L., u. E. ÖSTERBERG: B. Z. **40**, 193, 234; **41**, 111 (1912). — [5] HELE, T. S.: Biochem. J. **18**, 586 (1924). — [6] GOLDMANN, E.: H. **9**, 260 (1885). — [7] SCHMIDT, C. L. A., and G. W. CLARK: J. biol. Ch. **53**, 193 (1922). — [8] ABDERHALDEN, E., u. F. SAMUELY: H. **46**, 187 (1905). — [9] SIMON, C. E., and D. G. CAMPBELL: Bull. Johns Hopkins Hosp. **15**, 365 (1904). — [10] SALKOWSKI, E.: Virchows Arch. **58**, 460 (1877). — [11] STEARNS, G., and H. B. LEWIS: J. biol. Ch. **86**, 93 (1930). — [12] HELE, T. S., and N. W. PIRIE: Biochem. J. **25**, 1095 (1931). — [13] MEDES, G.: Biochem. J. **31**, 1330 (1937). — [14] FROMAGEOT, C.: Adv. Enzymol. **7**, 384 (1947). — [15] BLUM, L.: Hofmeisters Beitr. **5**, 1 (1904). — [16] WOHLGEMUTH, J.: H. **40**, 81 (1903/04); **43**, 469 (1904/05). — [17] ROTHERA, C. H.: J. Physiol., London **32**, 175 (1905). — [18] SPIEGEL, L.: Virchows Arch. **166**, 364 (1901). — [19] BERGMANN, G. v.: Hofmeisters Beitr. **4**, 192 (1904). — [20] FOSTER, M. G., C. W. HOOPER and G. H. WHIPPLE: J. biol. Ch. **38**, 393 (1919). — [21] FOSTER, M. G., C. W. HOOPER and G. H. WHIPPLE: J. biol. Ch. **38**, 379, 421 (1919). — VIRTUE, R. W., and M. E. DOSTER-VIRTUE: J. biol. Ch. **119**, 697 (1937). — [22] FRIEDMANN, E.: Hofmeisters Beitr. **3**, 1 (1903). — [23] WHITE, A., and J. B. FISHMAN: J. biol. Ch. **116**, 457 (1936). — [24] PIRIE, N. W.: Biochem. J. **28**, 305 (1934). — [25] MEDES, G.: Biochem. J. **33**, 1559 (1939). — [26] FROMAGEOT, C.: Adv. Enzymol. **7**, 386 (1947). — [27] MEDES, G., and N. FLOYD: Biochem. J. **36**, 259 (1942).

in R-SH + R-SOOH (Cysteinsulfinsäure) übergeführt wird. Tatsächlich kann aus dieser Verbindung durch Rattenleberbrei unter anaeroben Bedingungen anorganisches Sulfat abgespalten werden[1]. Als Zwischenprodukte dieser Reaktionsfolge werden Sulfoxylsäure, Disulfoxylsäure, Thioschwefelsäure, Pyroschwefelsäure[2] oder auch schweflige Säure[3] in Betracht gezogen. Für das Thiosulfat als intermediäre Stufe spricht die Tatsache, daß an Kaninchen subcutan verabreichte Sulfinsäure eine erhöhte Thiosulfatausscheidung bewirkt. FROMAGEOT u. Mitarb. haben in Rattenleber ein Enzym, die sog. „*Desulfinicase*", nachgewiesen, welche eine Abspaltung von schwefliger Säure aus Sulfinsäure ermöglicht[4].

β) Oxydation von Cystein zu Cysteinsäure. Von BERNHEIM u. BERNHEIM[5] wird festgestellt, daß Rattenleberextrakt Cystein unter Aufnahme von 3 Sauerstoffatomen oxydieren kann, so daß als wahrscheinliches Reaktionsprodukt Cysteinsäure entsteht.

$$\begin{array}{c} H_2C{-}SH \\ | \\ HC{-}NH_2 \\ | \\ COOH \end{array} \xrightarrow[{}^3/_2\,O_2]{} \begin{array}{c} H_2C{-}SO_3H \\ | \\ HC{-}NH_2 \\ | \\ COOH \end{array}$$

Diese Angabe wird von MEDES[1] u. Mitarb. bestätigt. Die Beobachtung, daß durch dasselbe Enzympräparat auch Cysteinsulfinsäure zu Cysteinsäure oxydiert wird, läßt vermuten, daß diese Verbindung als Zwischenprodukt entsteht. Von Bedeutung sind Untersuchungen, aus denen hervorgeht, daß Injektion von Cysteinsäure sowohl beim Hund[6] als auch beim Kaninchen[7] und ebenso beim Menschen[8, 9] keine vermehrte Sulfatausscheidung zur Folge hat. Sie bestätigen die Annahme, daß dem Cystein verschiedene oxydative Abbauwege zur Verfügung stehen.

γ) Decarboxylierung von Cysteinsäure zu Taurin. Aus den erwähnten Fütterungsversuchen geht hervor, daß Cystein in Taurin übergeführt wird. Es liegt nahe, anzunehmen, daß die Cysteinsäure die unmittelbare Vorstufe ist, aus welcher durch einfache Decarboxylierung Taurin entstehen könnte. Tatsächlich ist auch von BLASCHKO[10] ein Enzym mit entsprechender Wirksamkeit beschrieben worden.

$$\begin{array}{c} H_2C{-}SO_3H \\ | \\ HC{-}NH_2 \\ | \\ COOH \end{array} \xrightarrow[-CO_2]{} \begin{array}{c} H_2C{-}SO_3H \\ | \\ H_2C{-}NH_2 \end{array}$$

δ) Bildung von Sulfobrenztraubensäure aus Cysteinsäure. Die intermediäre Bildung von Sulfobrenztraubensäure wird von SCHMIDT u. CLARK wahrscheinlich gemacht[6]. Eine weitere Stütze dieser Annahme ist eine Beobachtung von COHEN[11]. Er konnte zeigen, daß Sulfobrenztraubensäure mit Glutaminsäure und Asparaginsäure umaminieren kann, so daß Sulfobrenztraubensäure auch durch Transaminierung von Cysteinsäure mit Oxalessigsäure oder α-Ketoglutarsäure gebildet werden kann.

---

[1] MEDES, G.: Biochem. J. **33**, 1559 (1939). — [2] MEDES, G., and N. FLOYD: Biochem. J. **36**, 259 (1942). — [3] PIRIE, N. W.: Biochem. J. **28**, 305 (1934). — [4] FROMAGEOT, C., et M. A. ROYANE: Helv. **29**, 1279 (1946). — FROMAGEOT, C., et F. CHATAGNER: Cr. **224**, 367 (1947). — BERGERET, B., et F. CHATAGNER: Biochim. biophysica Acta, N. Y. **9**, 141 (1952). — BERGERET, B., F. CHATAGNER et C. FROMAGEOT: Biochim. biophysica Acta, N. Y. **9**, 147 (1952). — [5] BERNHEIM, F., and M. L. C. BERNHEIM: J. biol. Ch. **127**, 695 (1939). — [6] SCHMIDT, C. L. A., and G. W. CLARK: J. biol. Ch. **53**, 193 (1922). — [7] WHITE, F. R., H. B. LEWIS and J. WHITE: J. biol. Ch. **117**, 663 (1937). — [8] MEDES, G.: Biochem. J. **31**, 1330 (1937). — [9] MEDES, G., and N. FLOYD: Biochem. J. **36**, 836 (1942). — [10] BLASCHKO, H.: Biochem. J. **36**, 571 (1942); **39**, 76 (1945). — [11] COHEN, P.: J. biol. Ch. **136**, 565 (1940).

ε) Abspaltung von Schwefelwasserstoff aus Cystein. Cystein kann, wie aus eingehenden Untersuchungen, die von SMYTHE u. Mitarb.[1, 4] und FROMAGEOT[2, 3] mit Enzympräparaten durchgeführt wurden, hervorgeht, Schwefelwasserstoff abspalten, wobei sich vermutlich α-Amino-acrylsäure bildet. Das dafür verantwortliche Enzym wird als *Desulfhydrase* bezeichnet. Weiterhin werden Brenztraubensäure und Ammoniak nachgewiesen[3, 4], so daß folgender Reaktionsablauf wahrscheinlich ist:

$$\begin{matrix} H_2C\text{—}SH \\ | \\ HC\text{—}NH_2 \\ | \\ COOH \end{matrix} \xrightarrow{-H_2S} \begin{matrix} CH_2 \\ \| \\ C\text{—}NH_2 \\ | \\ COOH \end{matrix} \longrightarrow \begin{matrix} CH_3 \\ | \\ C{=}NH \\ | \\ COOH \end{matrix} \xrightarrow{+H_2O} \begin{matrix} CH_3 \\ | \\ C{=}O \\ | \\ COOH \end{matrix} + NH_3$$

Bei einer anderen Versuchsanordnung bilden sich aus Cystein neben Aminoacrylsäure und Schwefelwasserstoff noch Alanin und Cystin[3]. Man kann dies folgendermaßen formulieren:

$$3\ \underset{\text{Cystein}}{\begin{matrix} H_2C\text{—}SH \\ | \\ HC\text{—}NH_2 \\ | \\ COOH \end{matrix}} \xrightarrow{-H_2S} \underset{\text{Aminoacrylsäure}}{\begin{matrix} CH_2 \\ \| \\ C\text{—}NH_2 \\ | \\ COOH \end{matrix}} \longrightarrow \underset{\text{Cystin}}{\begin{matrix} CH_2\text{—}S\text{—}S\text{—}CH_2 \\ | \qquad\qquad\quad | \\ HC\text{—}NH_2 \quad HC\text{—}NH_2 \\ | \qquad\qquad\quad | \\ COOH \qquad COOH \end{matrix}} + \underset{\text{Alanin}}{\begin{matrix} CH_3 \\ | \\ HC\text{—}NH_2 \\ | \\ COOH \end{matrix}}$$

Zwei Cysteinmoleküle dienen somit als Wasserstoffdonatoren zur Bildung des Alanins aus der Iminopropionsäure.

Schließlich kann auch Milchsäure entstehen, was folgendermaßen geschehen könnte:

$$2\ \begin{matrix} H_2C\text{—}SH \\ | \\ HC\text{—}NH_2 \\ | \\ COOH \end{matrix} + \begin{matrix} CH_3 \\ | \\ C{=}O \\ | \\ COOH \end{matrix} \longrightarrow \begin{matrix} CH_3 \\ | \\ HCOH \\ | \\ COOH \end{matrix} + \begin{matrix} H_2C\text{—}S\text{—}S\text{—}CH_2 \\ | \qquad\qquad\quad | \\ HC\text{—}NH_2 \quad HC\text{—}NH_2 \\ | \qquad\qquad\quad | \\ COOH \qquad COOH \end{matrix}$$

Bei der Desulfurierung von Cystein mit Hilfe von Bakterienenzym wirkt Pyridoxalphosphat vermutlich als Coenzym[5].

ζ) Bildung von β-Thiobrenztraubensäure. Durch die D-Aminosäureoxydase kann D-Cystein zu Thiobrenztraubensäure abgebaut werden. Es liegen jedoch keine Beobachtungen vor, die darauf hinweisen, daß die oxydative Desaminierung für die natürliche Form des Cysteins von wesentlicher Bedeutung wäre.

η) Oxydativer Abbau von Cystin. Auf Grund der Tatsache, daß Cystin im Organismus in Cystein übergeführt werden kann (vgl. S. 955), liegt die Annahme nahe, daß auch der weitere Abbau über diese Stufe erfolgt, vor allem auch im Hinblick auf die Tatsache, daß beide Aminosäuren hinsichtlich Sulfatausscheidung (vgl. S. 956) und Taurinbildung sich analog verhalten. Gegen diese Auffassung hat MEDES[6] verschiedene Einwände erhoben; unter anderem weist er darauf hin, daß nach BRAND u. Mitarb.[7] beim Cystinuriker Verabreichung von Cystin keine Mehrausscheidung bedingt, während nach Zufuhr von Cystein sich eine solche nachweisen läßt. Zudem geht aus den Arbeiten von MEDES[8] hervor,

[1] SMYTHE, C. V.: Ann. N. Y. Acad. Sci. **45**, 425 (1944). Adv. Enzymol. **5**, 237 (1945). — [2] FROMAGEOT, C., P. CHAIX et Y. THIBAUD: Bull. Soc. chim. France (5) **13**, 202 (1946). — [3] FROMAGEOT, C., E. WOOKEY et P. CHAIX: Bull. Soc. chim. France (5) **7**, 657 (1940). — [4] SMYTHE, C. V.: J. biol. Ch. **142**, 387 (1942). — [5] DELWICHE, E. A.: J. Bacteriology **62**, 717 (1951). — AZARKH, R. M., u. N. V. GLADKOVA: Dokl. Akad. Nauk **85**, 173 (1952). — [6] MEDES, G.: Biochem. J. **31**, 1330 (1937). — [7] BRAND, E., G. F. CAHILL and M. M. HARRIS: J. biol. Ch. **109**, 69 (1935). — [8] MEDES, G., and N. FLOYD: Biochem. J. **36**, 259 (1942). — GREENSTEIN, J. P., and F. M. LEUTHARDT: J. nat. Cancer Inst. **5**, 39 (1944).

daß in der Rattenleber Enzyme vorkommen, die Cystin direkt zu oxydieren vermögen. Dabei bildet sich Cystinsulfodioxyd. Dem Tier verabreichtes Cystinsulfodioxyd kann in verschiedener Weise verwertet werden. Es hat einerseits eine vermehrte Sulfatausscheidung zur Folge[1], anderseits kann es Cystin bei cystinfreier Ernährung ersetzen[1], so daß eine Reduktion des Cystinsulfodioxyds zu Cystin vermutet wird. Nach MEDES[2] kommt eine andere Deutung in Betracht. Cystinsulfodioxyd wird in zwei Stufen zu Cystein und Cysteinsulfinsäure dismutiert[3].

$$2\ \begin{matrix} H_2N{-}CH{-}COOH \\ | \\ H_2C{-}S \\ | \\ O \\ | \\ O \\ | \\ H_2C{-}S \\ | \\ H_2N{-}CH{-}COOH \end{matrix} \xrightarrow{+\,2\,H_2O} 2\ \begin{matrix} H_2N{-}CH{-}COOH \\ | \\ H_2C{-}S{-}OH \end{matrix} \quad 2\ \begin{matrix} H_2C{-}SOOH \\ | \\ H_2N{-}CH{-}COOH \end{matrix}$$

Cystinsulfodioxyd → Cysteinsulfensäure, Cysteinsulfinsäure

$$2\ \begin{matrix} H_2N{-}CH{-}COOH \\ | \\ H_2C{-}S{-}OH \end{matrix} \longrightarrow \begin{matrix} H_2N{-}CH{-}COOH \\ | \\ H_2C{-}SOOH \end{matrix} + \begin{matrix} H_2N{-}CH{-}COOH \\ | \\ H_2C{-}SH \end{matrix}$$

Cysteinsulfensäure → Cysteinsulfinsäure + Cystein

Das Taurin ist ein weiteres Abbauprodukt des Cystinsulfodioxyds, wie VIRTUE u. Mitarb. in Fütterungsversuchen an Hunden zeigen können[4]. Das Vorhandensein einer auf Cystinsulfodioxyd eingestellten Decarboxylase, die sich von der Cysteinsäuredecarboxylase unterscheidet[5], ist ein weiterer Hinweis, daß Cystein und Cystin in verschiedener Weise abgebaut werden können.

ϑ) Abspaltung von Schwefelwasserstoff aus Cystin. Nach GREENSTEIN u. LEUTHARDT[6] findet sich in Rattenleber neben der Cysteindesulfhydrase eine Cystindesulfhydrase, die neben freiem Cystin auch in Form von Peptiden gebundenes Cystin angreifen kann. Der Abbau eines cystinhaltigen Peptides soll in folgender Weise erfolgen: Das nach Abspaltung von Schwefelwasserstoff und Schwefel entstandene Dehydropeptid soll durch eine Dehydropeptidase in Aminoacrylsäure zerlegt werden, aus welcher unter Aufnahme von Wasser Brenztraubensäure und Ammoniak entstehen könnte. Die Cystindesulfhydrase soll in den meisten tierischen Geweben vorkommen, im Tumorgewebe jedoch ganz fehlen[7].

ι) Oxydation von Schwefelwasserstoff und freiem Schwefel. Es wurde oben auf die Möglichkeit der Entstehung von Schwefelwasserstoff hingewiesen. Intermediär entstandener Schwefelwasserstoff muß, da es sich um eine sehr toxische Verbindung handelt, schnell entfernt, abgebaut oder sonst umgewandelt werden. Zugeführter Schwefelwasserstoff kann in Sulfat übergeführt werden[8]. Diese mit Hilfe von Ausscheidungsversuchen festgestellte Tatsache ist durch Verfütterung von ^{35}S-haltigem Natriumsulfid bestätigt worden[9]. Es zeigt

[1] BENNETT, M. A.: J. biol. Ch. **119**, X (1937); **123**, VIII (1938). — [2] MEDES, G.: Biochem. J. **31**, 1330 (1937). — [3] LAVINE, T. F.: J. biol. Ch. **113**, 583 (1936). — [4] VIRTUE, R. W., and M. E. DOSTER-VIRTUE: J. biol. Ch. **127**, 431 (1939). — [5] MEDES, G., and N. FLOYD: Biochem. J. **36**, 259 (1942). — [6] GREENSTEIN, J. P., and F. M. LEUTHARDT: J. nat. Cancer Inst. **5**, 39 (1944). — [7] LEUTHARDT, F. M., and J. P. GREENSTEIN: Science, N. Y. **101**, 19 (1945). — [8] HAGGARD, H. W.: J. biol. Ch. **49**, 519 (1921). — DENIS, W., and L. REED: J. biol. Ch. **72**, 385 (1927). — [9] DZIEWIATKOWSKI, D. D.: J. biol. Ch. **161**, 723 (1945).

sich aber auch, daß ein Teil des so zugeführten Schwefels wieder in organischer Bindung in die Eiweißmolekel eingeführt werden kann. Auf Grund von Versuchen von SMYTHE u. HALLIDAY[1] ist das nicht verwunderlich; denn auch Desulfhydrasepräparate sind imstande, ^{35}S in Form von Na_2S zugegeben, im in vitro-Versuch in Cystin einzubauen. Freier Schwefel kann vom Organismus auch oxydiert werden und wird sehr schnell in Form von Sulfat ausgeschieden[2].

e) Zuckerbildung aus Cystin. Nach DAKIN[3] ist eine Glucosebildung aus Cystein und Cystin am phlorrhizindiabetischen Hund nachweisbar. BUTTS[4] hingegen gelang es nicht, bei der normalen Ratte eine Glykogenanreicherung nach Cystinzufuhr zu erzielen. Die Tatsache, daß Leberschnitte Cystin und Cystein in Brenztraubensäure überführen können, läßt die Zuckerbildung jedoch wahrscheinlich erscheinen[5].

f) Bildung von Cystin aus Methionin. Aus Fütterungsversuchen an wachsenden Ratten geht hervor, daß Methionin das Cystin in der Nahrung ersetzen kann[6]. Methioninverabreichung hat einen erhöhten Gehalt an Cystin im Blut zur Folge[7]. Im Gegensatz zu Angaben von KOTAKE[8] konnten BAUER u. BERG[9] die Ersetzbarkeit des Cystins durch Methionin auch bei Mäusen nachweisen. Im gleichen Sinn spricht die Beobachtung, daß Methioninzufuhr bei Cystinurie eine erhöhte Ausscheidung von Cystin bewirkt (vgl. S. 954). Arbeiten von ROSE u. Mitarb. ist zu entnehmen, daß diese Stoffwechselbeziehung einseitig ist, d. h. Cystin zeigt bei Methioninmangel keine Wachstumswirkung[10]. Es stellt sich somit die Frage, in welcher Form das Methionin am Aufbau des Cystins beteiligt ist.

g) Transmethylierung. Bei der Umwandlung von Methionin in Cystin ist die erste Abbaustufe die Abspaltung der Methylgruppe des Methionins unter Bildung von Homocystein[11]. Es handelt sich bei dieser Demethylierung nicht um einen auf das Methionin beschränkten Abbaumechanismus, sondern um eine Reaktion, der allgemeine Bedeutung zukommt. So läßt sich mit Fütterungsversuchen bei der Ratte zeigen, daß der tierische Organismus aus Homocystein und Methyldonatoren wie beispielsweise Cholin, Methionin aufbauen kann[12]. DU VIGNEAUD u. Mitarb.[13] wiesen durch Verabreichung von deuteriumhaltigem Methionin und Cholin nach, daß ein reversibler Austausch der Methylgruppe zwischen Methionin einerseits, Cholin und Kreatin anderseits stattfindet. Dimethylaminoäthanol kann vom Methionin eine Methylgruppe unter Bildung von Cholin übernehmen, ist jedoch nicht imstande, genügend schnell Methylgruppen zur Synthese von

---

[1] SMYTHE, C. V., and D. HALLIDAY: J. biol. Ch. **144**, 237 (1942). — [2] GREENGARD, H., and J. R. WOOLLEY: J. biol. Ch. **132**, 83 (1940). — [3] DAKIN, H. D.: J. biol. Ch. **14**, 321 (1914). — [4] BUTTS, J. S., H. BLUNDEN and M. S. DUNN: J. biol. Ch. **124**, 709 (1938). — [5] SMYTHE, C. V.: J. biol. Ch. **142**, 387 (1942). — [6] BEACH, E. F., and A. WHITE: J. biol. Ch. **127**, 87 (1939). — ROSE, W. C., and T. R. WOOD: J. biol. Ch. **141**, 381 (1941). — [7] BROWN, B. H., and H. B. LEWIS: J. biol. Ch. **138**, 705, 717 (1941). — [8] KOTAKE, Y., K. ICHIHARA u. H. NAKATA: H. **243**, 253 (1936). — [9] BAUER, C. D., and C. P. BERG: J. Nutrit. **25**, 497 (1943). — [10] ROSE, W. C., K. S. KEMMERER, M. WOMACK, E. T. MERTZ, J. K. GUNTHER, R. H. MCCOY and C. E. MEYER: J. biol. Ch. **114**, LXXXV (1936). — WOMACK, M., K. S. KEMMERER and W. C. ROSE: J. biol. Ch. **121**, 403 (1937). — [11] BUTZ, L. W., and V. DU VIGNEAUD: J. biol. Ch. **99**, 135 (1932/33). — [12] ROSE, W. C., and E. E. RICE: J. biol. Ch. **130**, 305 (1939). — VIGNEAUD, V. DU, J. P. CHANDLER, A. W. MOYER and D. M. KEPPEL: J. biol. Ch. **131**, 57 (1939). — [13] SIMMONDS, S., M. COHN, J. P. CHANDLER and V. DU VIGNEAUD: J. biol. Ch. **149**, 519 (1943). — VIGNEAUD, V. DU, J. P. CHANDLER, M. COHN and G. B. BROWN: J. biol. Ch. **134**, 787 (1940). — VIGNEAUD, V. DU, M. COHN, J. P. CHANDLER, J. R. SCHENCK and S. SIMMONDS: J. biol. Ch. **140**, 625 (1941). — SIMMONDS, S., and V. DU VIGNEAUD: J. biol. Ch. **146**, 685 (1942). — Zusammenfassende Darstellung: VIGNEAUD, V. DU: Harvey Lect. **38**, 39 (1942/43).

Methionin an Homocystein abzugeben[1]. Die Betainderivate, Dimethylglycin[2] und Sarkosin[3], können zusammen mit Homocystein bei methylfreier Diät Methionin nicht ersetzen. Es ließ sich auch nachweisen, daß das Cholin zur Verhinderung von Mangelsymptomen bei methylfreier Kost viel wirksamer ist als Betain[4], was darauf hindeutet, daß das Betain möglicherweise nur eine Methylgruppe abgeben kann. In gewissem Gegensatz zu dieser Annahme steht die Tatsache, daß Betain in Glycin übergehen kann[2,5]. MUNTZ hat sogar auf Grund von Isotopenversuchen vermutet, daß Cholin erst nach stattgefundener Umwandlung in Betain imstande ist, Methylgruppen auf Homocystein zu übertragen[6].

Von körperfremden Verbindungen hat sich das Homocholin[7] als unwirksam erwiesen, während Dimethylthetin $[(CH_3C)_2-\overset{\bullet +}{S}-CH_2-COO^-]$ und Dimethyl-β-propiothetin $[(CH_5C_2)_2-\overset{+}{S}-CH_2-COO^-]$ als Methyldonator wirken können[8].

Hinsichtlich der Verwertung der vom Methionin eingeführten Methylgruppe bestehen Unterschiede zwischen einzelnen Tierarten. Da bei Ratte, Maus und Hund[9] und vermutlich auch beim Menschen[10] das Methionin das Cholin vollständig ersetzen kann, ist anzunehmen, daß alle drei Methylgruppen des Cholins vom Methionin geliefert werden, während das Huhn[11] neben Methionin Methyl- oder Dimethylaminoäthanol zur Cholinsynthese benötigt.

Das Methionin kann seine Methylgruppe zur Bildung von Anserin aus Carnosin abgeben[12]. Im Überschuß zugeführte Nicotinsäure wird in Form des N^1-Methylderivates, des Trigonellins, ausgeschieden. Methionin oder Homocystein und Cholin können den so bedingten Mangel an labilen Methylgruppen beheben, während Cholin oder Betain allein dazu nicht imstande sind. Es scheint somit, daß für diesen Fall nur Methionin als Methyldonator in Frage kommt[13].

Auf Grund der bisherigen Kenntnisse ist das Methionin an folgenden Transmethylierungen beteiligt:

1.

$$3\ \begin{array}{c} S-CH_3 \\ | \\ CH_2 \\ | \\ CH_2 \\ | \\ HC-NH_2 \\ | \\ COOH \end{array} + \begin{array}{c} H_2C-\overset{+}{N}H_3 \\ | \\ CH_2OH \end{array} \rightleftarrows 3\ \begin{array}{c} SH \\ | \\ CH_2 \\ | \\ CH_2 \\ | \\ HC-NH_2 \\ | \\ COOH \end{array} + \begin{array}{c} H_2C-\overset{+}{N}(CH_3)_3 \\ | \\ CH_2OH \end{array}$$

Methionin Aminoäthanol Homocystein Cholin

[1] VIGNEAUD, V. DU: Harvey Lect. **38**, 39 (1942/43). — SIMMONDS, S., M. COHN, J. P. CHANDLER and V. DU VIGNEAUD: Abstr. amer. chem. Soc. (Div. biol. Chem.) 49 B (1944). — VIGNEAUD, V. DU, J. P. CHANDLER, S. SIMMONDS, A. W. MOYER and M. COHN: J. biol. Ch. **164**, 603 (1946). — [2] MOYER, A. W., and V. DU VIGNEAUD: J. biol. Ch. **143**, 373 (1942). — VIGNEAUD, V. DU, S. SIMMONDS, J. P. CHANDLER and M. COHN: J. biol. Ch. **165**, 639 (1946). — [3] VIGNEAUD, V. DU, S. SIMMONDS and M. COHN: J. biol. Ch. **166**, 47 (1946). — [4] GRIFFITH, W. H., and D. J. MULFORD: Am. Soc. **63**, 929 (1941). — [5] VIGNEAUD, V. DU, S. SIMMONDS, J. P. CHANDLER and M. COHN: J. biol. Ch. **165**, 639 (1946). — STETTEN, D. jr.: J. biol. Ch. **140**, 143 (1941). — [6] MUNTZ, J. A.: J. biol. Ch. **182**, 489 (1950). — [7] MOYER, A. W., and V. DU VIGNEAUD: J. biol. Ch. **143**, 373 (1942). — [8] VIGNEAUD, V. DU: Harvey Lect. **38**, 39 (1942/43). — MAW, G. A., and V. DU VIGNEAUD: J. biol. Ch. **174**, 381 (1948). — VIGNEAUD, V. DU, A. W. MOYER and J. P. CHANDLER: J. biol. Ch. **174**, 477 (1948). — [9] MCKIBBIN, J. M., S. THAYER and F. J. STARE: J. Lab. clin. Med. **29**, 1109 (1944). — CHAIKOFF, I. L., C. ENTENMAN and M. L. MONTGOMERY: J. biol. Ch. **160**, 489 (1945). — [10] SIMMONDS, S., and V. DU VIGNEAUD: J. biol. Ch. **146**, 685 (1942). — [11] JUKES, T. H.: J. Nutrit. **22**, 315 (1941). — [12] SCHENCK, J. R., S. SIMMONDS, M. COHN, C. M. STEVENS and V. DU VIGNEAUD: J. biol. Ch. **149**, 355 (1943). — [13] HUFF, J. W., and W. A. PERLZWEIG: J. biol. Ch. **150**, 395 (1943). — HANDLER, P., and W. J. DANN: J. biol. Ch. **146**, 357 (1942). — PERLZWEIG, W. A., M. L. C. BERNHEIM and F. BERNHEIM: J. biol. Ch. **150**, 401 (1943).

2.

$$\underset{\text{Methionin}}{\mathrm{CH_3S{-}CH_2{-}CH_2{-}CH(NH_2){-}COOH}} + \underset{\text{Dimethylglycin}}{\mathrm{H_2C(COO^-){-}\overset{+}{N}H(CH_3)_2}} \rightleftarrows \underset{\text{Homocystein}}{\mathrm{HS{-}CH_2{-}CH_2{-}CH(NH_2){-}COOH}} + \underset{\text{Betain}}{\mathrm{H_2C(COO^-){-}\overset{+}{N}(CH_3)_3}}$$

3.

$$\underset{\text{Methionin}}{\mathrm{CH_3S{-}CH_2{-}CH_2{-}CH(NH_2){-}COOH}} + \underset{\text{Glykocyamin}}{\mathrm{H_2N{-}C({=}NH){-}NH{-}CH_2{-}COOH}} \rightarrow \underset{\text{Homocystein}}{\mathrm{HS{-}CH_2{-}CH_2{-}CH(NH_2){-}COOH}} + \underset{\text{Kreatin}}{\mathrm{H_2N{-}C({=}NH){-}N(CH_3){-}CH_2{-}COOH}}$$

4.

$$\underset{\text{Carnosin}}{\mathrm{HC{=}C(CH_2{-}CH(COOH){-}HN{-}CO{-}CH_2{-}CH_2{-}NH_2){-}N{=}CH{-}NH}} + \underset{\text{Methionin}}{\mathrm{CH_3S{-}CH_2{-}CH_2{-}CH(NH_2){-}COOH}} \rightarrow$$

$$\rightarrow \underset{\text{Anserin}}{\mathrm{HC{=}C(CH_2{-}CH(COOH){-}HN{-}CO{-}CH_2{-}CH_2{-}NH_2){-}N{=}CH{-}N(CH_3)}} + \underset{\text{Homocystein}}{\mathrm{HS{-}CH_2{-}CH_2{-}CH(NH_2){-}COOH}}$$

5.

$$\underset{\text{Nicotinsäureamid}}{\mathrm{C_5H_4N{-}CO{-}NH_2}} + \underset{\text{Methionin}}{\mathrm{CH_3S{-}CH_2{-}CH_2{-}CH(NH_2){-}COOH}} \rightarrow \underset{\text{Trigonellinamid}}{\mathrm{C_5H_4\overset{+}{N}(CH_3){-}CO{-}NH_2}} + \underset{\text{Homocystein}}{\mathrm{HS{-}CH_2{-}CH_2{-}CH(NH_2){-}COOH}}$$

Nach Untersuchungen von BORSOOK u. DUBNOFF[1] sind an dieser Methylübertragung mindestens zwei Enzyme beteiligt. Die Methylierung von Guanidinoessigsäure und Nicotinsäureamid verläuft nur in Gegenwart von Sauerstoff,

[1] BORSOOK, H., and J. W. DUBNOFF: J. biol. Ch. **169**, 247; **171**, 363 (1947). — DUBNOFF, J. W., and H. BORSOOK: Fed. Proc. **7**, 152 (1948). J. biol. Ch. **176**, 789 (1948).

während die Bildung von Methionin aus Homocystein mit Cholin oder Betain als Methyldonator davon unabhängig ist.

h) Über die Herkunft der labilen Methylgruppen. Aus den oben erwähnten Fütterungsversuchen mit Methionin und cholinfreier Kost geht hervor, daß das Methionin in doppelter Hinsicht für den tierischen Organismus unentbehrlich ist. Er kann weder das Kohlenstoffskelet noch die endständige Methylgruppe des Methionins selber aufbauen. Solche labilen Methylgruppen finden sich allerdings auch in anderen körpereigenen Stoffen, wie beispielsweise in Kreatin, Betain, Anserin, Trigonellin, die jedoch normalerweise mit der Nahrung nicht oder nur in unbedeutenden Mengen zugeführt werden, so daß nach den gegenwärtigen Kenntnissen neben Cholin ausschließlich Methionin als Methyldonator in Betracht kommt. Die Auffassung der exogenen Herkunft des labilen Methyls wird vor allem auch durch folgende Beobachtungen gestützt: Die mit Deuterium signierte Methylgruppe von verfüttertem Methionin wird zu 85% wieder im Cholin und Kreatin gefunden[1]. Nach Verabreichung von Methionin, dessen Methylrest mit ^{14}C und Deuterium markiert ist, lassen sich isotoper Kohlenstoff und Deuterium in gleichem Verhältnis sowohl in der Methylgruppe des Cholins als auch in derjenigen des Kreatins nachweisen[2]. Cholinarm ernährte Ratten, denen 3 Wochen lang schweres Wasser verabreicht wird, zeigen nur einen unbedeutenden Deuteriumgehalt in den Methylgruppen[3]. Anderseits liegen jedoch auch Beobachtungen vor, die zeigen, daß labile Methylgruppen unter speziellen Bedingungen vom tierischen Organismus gebildet werden können. So wurde festgestellt, daß Ratten bei methioninfreiem Futter und bei gleichzeitiger Zufuhr von Homocystin wachsen können, auch wenn kein Methyldonator im Futter enthalten ist[4, 5]. BENNETT u. Mitarb.[5] konnten nachweisen, daß Leberextrakt das Wachstum in dieser Versuchsanordnung beschleunigt und daß vermutlich die Folsäure dafür verantwortlich ist. Bei Cholinmangelratten begünstigt Verabreichung von B_{12} vor allem bei gleichzeitiger Zufuhr von Homocystin das Wachstum[6]. Diese letzteren Befunde weisen darauf hin, daß Folsäure und B_{12} zur Methylsynthese notwendig sind. Aus Isotopenversuchen von SAKAMI u. Mitarb.[7] geht hervor, daß die Methylgruppen von Cholin und Methionin bei der Ratte sowohl aus Aceton als auch aus Ameisensäure entstehen können. Auch der β-Kohlenstoff des Serins kann von Aceton geliefert werden.

Über den *Angriffspunkt des Vitamins B_{12} und der Folsäure* herrscht noch nicht völlige Klarheit. STEKOL u. Mitarb.[8] beobachteten eine Erhöhung der Synthese von Cholin aus ^{14}C-Ameisensäure bei der Ratte durch Zugabe von

---

[1] VIGNEAUD, V. DU, M. COHN, J. P. CHANDLER, J. R. SCHENCK and S. SIMMONDS: J. biol. Ch. **140**, 625 (1941). — [2] KELLER, E. B., J. R. RACHELE and V. DU VIGNEAUD: J. biol. Ch. **177**, 733 (1949). — [3] VIGNEAUD, V. DU, S. SIMMONDS, J. P. CHANDLER and M. COHN: J. biol. Ch. **159**, 755 (1945). — [4] VIGNEAUD, V. DU, J. P. CHANDLER, A. W. MOYER and D. M. KEPPEL: J. biol. Ch. **128**, CVIII; **131**, 57 (1939). — BENNETT, M. A., G. MEDES and G. TOENNIES: Growth **8**, 59 (1944). — [5] BENNETT, M. A.: Fed. Proc. **4**, 83 (1945). J. biol. Ch. **163**, 247 (1946); **178**, 163 (1949). Science, N. Y. **110**, 589 (1949). — [6] SCHAEFER, A. E., W. D. SALMON and D. R. STRENGTH: Fed. Proc. **8**, 395 (1949). Proc. Soc. exp. Biol. Med. **71**, 193 (1949). — STEKOL, J. A., and K. WEISS: Abstr. amer. chem. Soc. **116**, 55C (1949). — J. biol. Ch. **186**, 343 (1950). — STEKOL, J. A., M. A. BENNETT, K. WEISS, P. HALPERN and S. WEISS: Fed. Proc. **9**, 234 (1950). — BENNETT, M. A.: J. biol. Ch. **187**, 751 (1950). — OGINSKY, E. L.: Arch. Biochem. **26**, 327 (1950). — VIGNEAUD, V. DU, C. RESSLER and J. R. RACHELE: Science, N. Y. **112**, 267 (1950). — s. a. WELCH, A. D., and W. SAKAMI: Fed. Proc. **9**, 245 (1950). — [7] SAKAMI, W.: Fed. Proc. **9**, 222 (1950). J. biol. Ch. **187**, 369 (1950). — SAKAMI, W., and A. D. WELCH: J. biol. Ch. **187**, 379 (1950). — WELCH, A. D., and W. SAKAMI: Fed. Proc. **9**, 245 (1950). — [8] STEKOL, J. A., S. WEISS and K. WEISS: Abstr. amer. chem. Soc. **120**, 21 C (1951). — STEKOL, J. A., and S. WEISS: Fed. Proc. **10**, 252 (1951).

B_{12} bei Mangeltieren, während ARNSTEIN u. NEUBERGER[1] dieser Nachweis nicht gelang. VERLY u. Mitarb.[2] fanden keine Anhaltspunkte dafür, daß Vitamin B_{12}-Mangel die Verwendung von ^{14}C-Methanol zur Cholinsynthese herabsetzt. Die Tatsache, daß Vitamin B_{12} für die Verwertung von Glycin zur Serinsynthese notwendig ist, scheint gesichert zu sein[1, 3, 4]. Die Übertragung des β-Kohlenstoffs des Serins auf die Methylgruppe des Cholins wird jedoch nicht durch Vitamin B_{12} beeinflußt[1]. Es ist deshalb zu vermuten, daß das Vitamin B_{12} an der Aktivierung des Glycinanteils beteiligt ist, welcher die Aufnahme von Ameisensäure ermöglicht. Nach DUBNOFF[5] wird Vitamin B_{12} für die Bildung von Sulfhydrylverbindungen aus der Disulfidform benötigt. Nach STEKOL[3] wird die Verwertung von Ameisensäure und Glycin zur Synthese von Cystin durch B_{12}- oder Folsäuremangel herabgesetzt. Diese Beobachtungen weisen darauf hin, daß eine Sulfhydrylverbindung zur Aktivierung des Glycins notwendig ist.

Aus Untersuchungen von ELWYN u. Mitarb.[6] geht hervor, daß der β-Kohlenstoff des Serins zusammen mit dem Wasserstoff zur Synthese der Methylgruppen des Cholins verwendet wird. Die Ameisensäure kann somit auf Grund dieser Beobachtung nicht als Zwischenprodukt in Betracht kommen. Demzufolge kann die Beteiligung der Folsäure nicht in der Bildung eines Formylderivates zu suchen sein. Es wird deshalb erwogen, ob die Bindung und Übertragung des aus dem Serin abgespaltenen l-Kohlenstoffbruchstückes auf der Oxydationsstufe des Formaldehyds geschieht und dieses in Form des $N_{(5)}$-Oxymethylderivates der Folsäure übertragen wird[7] (s. a. S. 941).

An der Übertragung der Methylgruppe von Methionin auf Cholin und andere Acceptoren scheint weder B_{12} noch Folsäure beteiligt zu sein. Von CANTONI[8] wird eine *Methylkinase* beschrieben. Sie findet sich in der Leber von Ratte, Schwein, Meerschweinchen und Hund, fehlt in der von Pferd, Schaf, Rind, Kaninchen und Taube. Sie fördert die Übertragung der Methylgruppe von Methionin auf Nicotinsäure in Gegenwart von ATP. Die Methylkinase soll unter Verwendung der energiereichen Phosphatbindung von ATP ein aktiviertes Methionin erzeugen, dessen Isolierung neuerdings gelungen ist[9, 10]. Es handelt sich um eine Adenosin-Methionin-Verbindung, deren Schwefel in der Sulfoniumform vorliegt. Im Gegensatz dazu vermuten BARRENSCHEEN u. Mitarb.[11] ein Methioninsulfoxyd als Zwischenprodukt der Transmethylierung.

An der Übertragung der Methylgruppe von Cholin und Betain auf Homocystein scheint die Folsäure beteiligt zu sein, da die Reaktion durch Aminopterin gehemmt wird[12]. Unter anaeroben Bedingungen ist das Cholin im Gegensatz zu Betain als Methyldonator unwirksam[13].

Aus zahlreichen Fütterungsversuchen ist im ganzen zu ersehen, daß sowohl die Ratte auch als das Huhn einen Teil des Bedarfes an labilen Methylgruppen

---

[1] ARNSTEIN, H. R. V., and A. NEUBERGER: Biochem. J. **48**, II (1951); **50**, XXXVIII (1952). — [2] VERLY, W. G., J. E. WILSON, J. M. KINNEY and J. R. RACHELE: Fed. Proc. **10**, 264 (1951). — [3] STEKOL, J. A., S. WEISS and K. WEISS: Abstr. amer. chem. Soc. **120**, 21 C (1951). — STEKOL, J. A., and S. WEISS: Fed. Proc. **10**, 252 (1951). — [4] MENGE, H., and G. F. COMBS: Proc. Soc. exp. Biol. Med. **75**, 139 (1950). — STERN, J. R., and J. McGINNIS: Proc. Soc. exp. Biol. Med. **76**, 233 (1951). — MACHLIN, L. J., C. A. DENTON and H. R. BIRD: Fed. Proc. **10**, 388 (1951). — [5] DUBNOFF, J. W.: Fed. Proc. **9**, 166 (1950); **10**, 178 (1951). Arch. Biochem. **27**, 466 (1950). — [6] ELWYN, D., A. WEISSBACH and D. B. SPRINSON: Am. Soc. **73**, 5509 (1951). — [7] WELCH, A. D., and C. A. NICHOL: Ann. Rev. **21**, 633 (1952). — [8] CANTONI, G. L.: J. biol. Ch. **189**, 203, 745 (1951). — [9] CANTONI G. L.: Am. Soc. **74**, 2942 (1952). — [10] BADDILEY J., G. L. CANTONI and G. A. JAMIESON: Soc. **1953**, 2662. — [11] BARRENSCHEEN, H. K., u. T. v. VALYI-NAGY: H. **283**, 91 (1948). — [12] WILLIAMS, J. N. jr.: Proc. Soc. exp. Biol. Med. **78**, 206 (1951). — [13] MUNTZ, J. A.: J. biol. Ch. **182**, 489 (1950). — WILLIAMS, J. N. jr: Proc. Soc. exp. Biol. Med. **78**, 202 (1951).

in Gegenwart von Folsäure und Vitamin B_{12} synthetisieren kann. Offensichtlich genügt aber die Synthese nicht, um den vollen Bedarf zu decken[1].

i) Austausch von Sulfhydryl- und Hydroxylgruppe zwischen Homocystein und Serin. Im Anschluß an die Demethylierung des Methionins zu Homocystein führt die Übertragung der Sulfhydrylgruppe vom Homocystein auf das Serin zum Cystein. Folgende Untersuchungen beweisen diesen Reaktionsablauf: TARVER u. SCHMIDT[2] sowie DU VIGNEAUD u. Mitarb.[3] konnten zeigen, daß isotoper Schwefel in Form von Methionin verabreicht, sich im Cystin des Körpereiweißes finden läßt. Nach Verabreichung von mehrfach signiertem Methionin, welches neben isotopem Schwefel an zwei Stellen der Kohlenstoffkette ^{14}C enthält, kann im Cystin ausschließlich isotoper Schwefel nachgewiesen werden, womit der eindeutige Beweis geliefert ist, daß das Kohlenstoffskelet am Aufbau des Cystins nicht teilnimmt[3].

Die Beteiligung des Serins an der Bildung des Cysteins geht aus Leberschnittversuchen hervor[4]. Zusatz von Homocystein und Serin bewirken eine starke Zunahme des Cysteins; Brenztraubensäure und Ammoniak an Stelle von Serin zugesetzt, ergeben keine Vermehrung des Cysteins. Da anzunehmen ist, daß diese beiden Verbindungen mit der Aminoacrylsäure im Gleichgewicht stehen, konnte die Annahme von NICOLET[5] nicht bestätigt werden, die besagt, daß das Cystein aus Aminoacrylsäure und Schwefelwasserstoff entstände. Zum gleichen Ergebnis führen Fütterungsversuche mit ^{15}N-haltigem Serin, es zeigte sich nämlich, daß aus Körpereiweiß isoliertes Cystin einen besonders hohen Isotopengehalt aufweist[6]. Der Austausch des Schwefels zwischen Homocystein und Serin erfolgt vermutlich über ein Kondensationsprodukt, das sog. *Cystathionin.*

$$\underset{\text{Homocystein}}{\begin{array}{c}H_2C{-}SH\\|\\CH_2\\|\\HC{-}NH_2\\|\\COOH\end{array}} + \underset{\text{Serin}}{\begin{array}{c}HO{-}CH_2\\|\\HC{-}NH_2\\|\\COOH\end{array}} \xrightarrow{-H_2O} \underset{\text{Cystathionin}}{\begin{array}{ccc}H_2C & {-}S{-} & CH_2\\|&&|\\CH_2&&HC{-}NH_2\\|&&|\\HC{-}NH_2&&COOH\\|&&\\COOH&&\end{array}}$$

Cystathionin kann nach DU VIGNEAUD u. Mitarb.[7] im Fütterungsversuch das Cystin ersetzen; es läßt sich auch ein Enzym darstellen, das imstande ist, aus Cystathionin Cystein abzuspalten. Diese Enzymwirkung ist an die Gegenwart von Zink- oder Magnesiumionen und von Adenosintriphosphorsäure gebunden. Aus neueren Versuchen geht hervor, daß kein ATP zur Spaltung benötigt wird[8]. Es entsteht α-Ketobuttersäure[9].

[1] JUKES, T. H., E. L. R. STOKSTAD and H. P. BROQUIST: Arch. Biochem. **25**, 453 (1950). — JUKES, T. H., and E. L. R. STOKSTAD: J. Nutrit. **43**, 459 (1951). — GILLIS, M. B., and L. C. NORRIS: J. biol. Ch. **179**, 487 (1949). Poultry Sci. **28** 749 (1949). J. Nutrit. **43**, 295 (1951). Proc. Soc. exp. Biol. Med. **77**, 13 (1951). — HALE, O. M., and A. E. SCHAEFER: Proc. Soc. exp. Biol. Med. **77**, 633 (1951). — STRENGTH, D. R., E. A. SCHAEFER and W. D. SALMON: J. Nutrit. **45**, 329 (1951). — SCHAEFER, A. E. and J. L. KNOWLES: Proc. Soc. exp. Biol. Med. **77**, 655 (1951). — SCHAEFER, A. E., D. H. COPELAND and W. D. SALMON: J. Nutrit. **43**, 201 (1951). — SCHAEFER, A. E., W. D. SALMON and D. R. STRENGTH: J. Nutrit. **44**, 305 (1951). — [2] TARVER, H., and C. L. A. SCHMIDT: J. biol. Ch. **130**, 67 (1939). — [3] VIGNEAUD, V. DU, G. W. KILMER, J. R. RACHELE and M. COHN: J. biol. Ch. **155**, 645 (1944). — [4] BINKLEY, F., and V. DU VIGNEAUD: J. biol. Ch. **144**, 507 (1942). — [5] NICOLET, B. H.: J. Washington Acad. Sci. **28**, 84 (1938). — [6] STETTEN, D. jr.: J. biol. Ch. **144**, 501 (1942). — [7] VIGNEAUD, V. DU, G. B. BROWN and J. P. CHANDLER: J. biol. Ch. **143**, 59 (1942). — BINKLEY, F., W. P. ANSLOW jr. and V. DU VIGNEAUD: J. biol. Ch. **143**, 559 (1942). — BINKLEY, F.: J. biol. Ch. **155**, 39 (1944). — [8] BINKLEY, F., and D. OKESON: J. biol. Ch. **182**, 273 (1950). — BINKLEY, F.: J. biol. Ch. **186**, 287 (1950); **192**, 209 (1951). — [9] CARROLL, W. R., G. W. STACY and V. DU VIGNEAUD: J. biol. Ch. **180**, 375 (1949).

Pyridoxalphosphat scheint sowohl an der Bildung als auch an der Spaltung des Cystathionin beteiligt zu sein[1].

k) Oxydativer Abbau von Methionin. In Form von Methionin zugeführter Schwefel kann im tierischen Organismus wie derjenige des Cystins zur Bildung von Sulfat[2], Thiosulfat[3] oder Taurin[4] Verwendung finden. Auf Grund der gegenwärtigen Kenntnisse muß angenommen werden, daß der in Form von Methionin zugeführte Schwefel zur Hauptsache nicht direkt, sondern erst nach Übertragung auf das Cystin oxydiert wird. Methioninsulfoxyd, ein mögliches Zwischenprodukt der Methioninoxydation, wird schlechter verwertet als Methionin selber, hingegen scheint Methioninsulfoxyd als Vorstufe von Taurin in Betracht zu kommen[5]. Methioninsulfon, ein anderes Oxydationsprodukt des Methionins, kann das Methionin im Fütterungsversuch nicht ersetzen[6].

Sowohl D- als auch L-Methionin können ohne vorherige Umwandlung oxydativ desaminiert werden. Es ist auch gelungen, die entstandene α-Keto-γ-methylthiobuttersäure als Phenylhydrazon zu isolieren[7]:

$$H_3C{-}S{-}CH_2{-}CH_2{-}CH(NH_2){-}COOH + H_2O + \tfrac{1}{2}O_2 \longrightarrow$$
$$H_3C{-}S{-}CH_2{-}CH_2{-}CO{-}COOH + NH_3 + H_2O_2$$

Für den Abbau von D-Methionin ist die von KREBS[8] sowie von WARBURG u. CHRISTIAN[9] aufgefundene D-Aminosäureoxydase verantwortlich[10]. Die von GREEN u. Mitarb.[11] isolierte L-Aminosäureoxydase oxydiert L-Methionin in gleicher Weise unter Bildung der entsprechenden Ketosäure.

l) Oxydation von Homocystein zu Homocystin. Über die Möglichkeit einer reversiblen Umwandlung von Homocystein in Homocystin liegen keine Beobachtungen vor. Aus Untersuchungen von BRAND u. Mitarb.[12] geht im Gegenteil hervor, daß die beiden Verbindungen sich im Stoffwechsel unterschiedlich verhalten können. So wird der Homocystinschwefel bei Cystinurie vollständig zu Sulfat oxydiert, während derjenige von Homocystein zu 50% als Cystin ausgeschieden wird. Die von MEDES u. FLOYD[13] aufgefundene Cysteinoxydase B kann in vitro Homocystein zu Homocysteinsäure oxydieren. Über den genauen Reaktionsmechanismus und die Bedeutung dieser Oxydation ist nichts Näheres bekannt. Die für den Homocysteinabbau verantwortliche Desulfhydrase kann von derjenigen, die das Cystein angreift, unterschieden werden[14].

m) Entgiftung durch Paarung mit Cystein. Es ist schon lange bekannt, daß Verabreichung von Halogenbenzolen zur Ausscheidung von Mercaptursäure führt[15]. Die Bindung erfolgt zwischen dem Schwefel und dem Benzolrest.

---

[1] AZARKH, R. M., and N. V. GLADKOVA: Dokl. Akad. Nauk **85**, 173 (1952). — BINKLEY, F., G. M. CHRISTENSEN and W. N. JENSEN: J. biol. Ch. **194**, 109 (1952). — GORYACHENKOVA, E. V.: Dokl. Akad. Nauk **85**, 603 (1952). — [2] MUELLER, J. H.: J. biol. Ch. **58**, 373 1923/24). — MEDES, G.: Biochem. J. **31**, 1330 (1937). — PIRIE, N. W.: Biochem. J. **26**, 2041 (1932). — VIRTUE, R. W., and H. B. LEWIS: J. biol. Ch. **104**, 59 (1934). — [3] FROMAGEOT, C.: Adv. Enzymol. **7**, 372 (1947). — [4] VIRTUE, R. W., and M. E. DOSTER-VIRTUE: J. biol. Ch. **119**, 697 (1937). — TARVER, H., and C. L. A. SCHMIDT: J. biol. Ch. **146**, 69 (1942). — VIRTUE, R. W., and H. B. LEWIS: J. biol. Ch. **104**, 59 (1934). — [5] VIRTUE, R. W., and M. E. DOSTER-VIRTUE: J. biol. Ch. **137**, 227 (1941). — [6] BENNETT, M. A.: J. biol. Ch. **141**, 573 (1941). — [7] BERNHEIM, F., M. L. C. BERNHEIM and A. G. GILLASPIE: J. biol. Ch. **114**, 657 (1936). — [8] KREBS, H. A.: H. **217**, 191; **218**, 157 (1933). Biochem. J. **29**, 1620 (1935). — [9] WARBURG, O., u. W. CHRISTIAN: B. Z. **298**, 150 (1938). — s. a. Bd. **1**, S. 1204. — [10] BERNHEIM, F., and M. L. C. BERNHEIM: J. biol. Ch. **109**, 131 (1935). — [11] BLANCHARD, M., D. E. GREEN, V. NOCITO and S. RATNER: J. biol. Ch. **155**, 421 (1944); **161**, 583 (1945). — GREEN, D. E., D. H. MOORE, V. NOCITO and S. RATNER: J. biol. Ch. **156**, 383 (1944). — [12] BRAND, E., G. F. CAHILL and R. J. BLOCK: J. biol. Ch. **110**, 399 (1935). — [13] MEDES, G., and N. FLOYD: Biochem. J. **36**, 259 (1942). — [14] FROMAGEOT, C., et P. DESNUELLE: Bull. Soc. Chim. biol. (zône Sud) **24**, 1259 (1942). — DESNUELLE, P.: Bull. Soc. Chim. biol. (zône Sud) **25**, 1001 (1943). — [15] BAUMANN, E., u. C. PREUSSE: B. **12**, 806 (1879). H. **5**, 309 (1881). — JAFFÉ, M.: B. **12**, 1092 (1879). — BAUMANN, E., u. P. SCHMITZ: H. **20**, 586 (1895).

$$C_6H_5\text{—}Br + HS\text{—}CH_2\text{—}CH(NH_2)\text{—}COOH \longrightarrow C_6H_5\text{—}S\text{—}CH_2\text{—}CH(NH\text{—}CO\text{—}CH_3)\text{—}COOH$$

Nach THOMAS[1] u. a. ist das so ausgeschiedene Cystin exogener Natur. HELE[2] glaubt, daß ein Teil des in der Mercaptursäure gebundenen Cystins vom Organismus selber geliefert wird. WHITE u. LEWIS[3] haben jedoch auch eine deutliche Beeinflussung der Mercaptursäureausscheidung durch Cystin und cystinhaltige Eiweißkörper feststellen können. In neueren Arbeiten wird bewiesen, daß nur ein unbedeutender Anteil des als Mercaptursäure ausgeschiedenen Cysteins aus der Nahrung stammt[4]. Aus Arbeiten von WHITE u. Mitarb.[5] geht hervor, daß Cystin bzw. Cystein oder Methionin auch an der Entgiftung anderer Substanzen, wie Methylcholanthren, Benzpyren und Jodessigsäure beteiligt sind.

5. Lysin (s. a. Bd. 1, S. 550).

Das Lysin, die α, ε-Diaminocapronsäure, ist der einzige Eiweißbaustein, der neben der α-Aminogruppe eine zweite endständige Aminogruppe besitzt.

$$H_2N\text{—}CH_2\text{—}CH_2\text{—}CH_2\text{—}CH_2\text{—}CH(COOH)\text{—}NH_2$$

Diese Aminosäure kann vom tierischen Organismus nicht gebildet werden, was schon frühzeitig erkannt worden ist. WILLCOCK u. HOPKINS[6] machten die Beobachtung, daß Mäuse, denen als Eiweißquelle das Maiseiweiß Zein verabreicht wird, nicht normal gedeihen und an Körpergewicht verlieren. Im Maiseiweiß fehlen als wesentliche Bestandteile Lysin und Tryptophan. Zusatz von Tryptophan vermag tatsächlich eine Wachstumsförderung zu bewirken, hat jedoch nicht eine vollständige Normalisierung zur Folge. OSBORNE u. MENDEL[7] zeigten eindrücklich die Unentbehrlichkeit des Lysins durch Fütterungsversuche an Ratten.

Die ausgeprägte Unentbehrlichkeit dieser Aminosäure steht in Übereinstimmung mit der Tatsache, daß sie nur in untergeordnetem Maße am allgemeinen Stickstoffaustausch beteiligt ist. SCHOENHEIMER u. Mitarb.[8] stellten nämlich fest, daß nach Zufuhr von markiertem L-Leucin bzw. eines mit ^{15}N angereicherten Ammoniumsalzes das Lysin des Körpereiweißes im Gegensatz zu allen anderen untersuchten Aminosäuren keinen isotopen Stickstoff aufnimmt. Zu gleichen Ergebnissen führten Fütterungsversuche mit markiertem L-Lysin. Schwerer Stickstoff und Deuterium lassen sich im Lysin des Körpereiweißes im gleichen Verhältnis wie in der verabreichten Aminosäure nachweisen, woraus zu ersehen ist, daß kein Austausch der Aminogruppe mit anderen Aminosäuren stattfindet[9]. Auch hier zeigt sich somit ein grundsätzlich anderes Verhalten als es nach Verfütterung anderer markierter Aminosäuren wie Leucin oder Glykokoll beobachtet

---

[1] THOMAS, K.: Arch. Physiol. **1909**, 219; **1910**, Suppl. 249. — KAPFHAMMER, J.: H. **116**, 302 (1921). — MULDOON, J. A., G. J. SHIPLE and C. P. SHERWIN: Proc. Soc. exp. Biol. Med. **20**, 46 (1922). J. biol. Ch. **59**, 675 (1924). — RHODE, H.: H. **124**, 15 (1923). — [2] HELE, T. S.: Biochem. J. **18**, 586 (1924). — [3] WHITE, A., and H. B. LEWIS: J. biol. Ch. **98**, 607 (1932). — [4] STEKOL, J. A.: J. biol. Ch. **118**, 155 (1937). — GUTMAN, H. R., and J. L. WOOD: Cancer Res. **10**, 8 (1950). — [5] WHITE, J., and A. WHITE: J. biol. Ch. **131**, 149 (1939). — STEVENSON, E. S., and A. WHITE: J. biol. Ch. **134**, 709 (1940). — [6] WILLCOCK, E. G., and F. G. HOPKINS: J. Physiol., London **35**, 88 (1906/07). — [7] OSBORNE, T. B., and L. B. MENDEL: J. biol. Ch. **17**, 325 (1914). — [8] FOSTER, G. L., R. SCHOENHEIMER and D. RITTENBERG: J. biol. Ch. **127**, 319 (1939). — SCHOENHEIMER, R., S. RATNER and D. RITTENBERG: J. biol. Ch. **130**, 703 (1939). — [9] WEISSMANN, N., and R. SCHOENHEIMER: J. biol. Ch. **140**, 799 (1941).

werden kann. Ein Teil des zugeführten Lysins wird abgebaut. Sein Stickstoff und auch ein Teil des eingebauten Deuteriums lassen sich sowohl in Harnbestandteilen als auch in anderen Aminosäuren des Körpereiweißes nachweisen. Lysin kann weder in Glucose noch in Ketonkörper übergeführt werden[1]. In Versuchen an Gewebsschnitten wird es weder von Leber oder Niere noch von Hirn- oder Herzmuskelgewebe in nennbarem Ausmaß umgesetzt[2]. Das Lysin ist somit wohl die einzige Aminosäure, deren Verhalten der FOLINschen Vorstellung über das Schicksal des zugeführten Eiweißes entspricht[3].

Über die Bildung des Lysins liegen Untersuchungen an Neurospora und E. coli vor. α-Aminoadipinsäure wurde als Vorstufe des Lysins bei Neurospora[4], Diaminopimelinsäure bei E. coli[5] erkannt. Auch in Choleravibrionen[6] und in Mycobakterien[7] wurde Diaminopimelinsäure aufgefunden. E. coli enthält eine Decarboxylase, welche Diaminopimelinsäure in Lysin umwandelt[8].

6. Arginin und Ornithin (s. a. Bd. 1, S. 548 u. 550).

a) Argininspaltung zu Harnstoff und Ornithin. Arginin und Ornithin sind im Stoffwechsel durch die von KOSSEL u. DAKIN[9] beschriebene Argininspaltung verknüpft. Durch hydrolytische Aufspaltung mit Hilfe der Arginase entstehen Ornithin und Harnstoff aus Arginin (s. S. 970).

$$
\begin{array}{llll}
H_2N{-}C{=}NH + OH & & H_2N{-}\overset{\overset{\large O}{\|}}{C}{-}NH_2 & \text{Harnstoff} \\
\quad\;\; NH \qquad\quad H & & \quad\;\; NH_2 & \\
\quad\;\; CH_2 & & \quad\;\; CH_2 & \\
\quad\;\; CH_2 & \longrightarrow & \quad\;\; CH_2 & \\
\quad\;\; CH_2 & & \quad\;\; CH_2 & \\
\quad HC{-}NH_2 & & \quad HC{-}NH_2 & \\
\quad\;\; COOH \;\; \text{Arginin} & & \quad\;\; COOH & \text{Ornithin}
\end{array}
$$

In ausführlichen Untersuchungen wurde dieses Enzym von verschiedenen Autoren näher charakterisiert[10] (s. a. Bd. 1, S. 1102f.).

b) Reversible Umwandlung von Ornithin zu Prolin und Glutaminsäure. Aus Untersuchungen von KREBS u. Mitarb. geht hervor, daß aus D-Ornithin und aus D-Prolin durch die Wirksamkeit der D-Aminosäureoxydase α-Keto-δ-aminovaleriansäure gebildet wird[11].

Eine weitere Stoffwechselbeziehung besteht zur Glutaminsäure; Nierenschnitte können aus Prolin α-Ketoglutarsäure bilden[12]. Diese Befunde werden durch in vivo-Versuche bestätigt. Nach Verfütterung von deuteriumhaltigem Ornithin läßt sich aus dem Körpereiweiß markiertes Prolin isolieren; auch die

[1] DAKIN, H. D.: Oxidations and Reductions in the Animal Body. S. 75. London 1922. — BUTTS, J. S., and R. O. SINNHUBER: J. biol. Ch. **140**, 597 (1941). — [2] NEUBERGER, A., and F. SANGER: Biochem. J. **38**, 119 (1944). — [3] s. S. 911. — [4] WINDSOR, E.: J. biol. Ch. **192**, 607 (1951). — [5] DAVIS, B. D.: Nature **169**, 534 (1952). — [6] BLASS, J., O. LECOMTE et M. MACHEBOEUF: Bull. Soc. Chim. biol. **33**, 1552 (1952). — [7] GENDRE, T., et E. LEDERER: Biochim. biophysica Acta, N. Y. **8**, 49 (1952). — [8] DEWEY, D. L., and E. WORK: Nature **169**, 533 (1952). — [9] KOSSEL, A., u. H. D. DAKIN: H. **41**, 321; **42**, 181 (1904). — [10] EDLBACHER, S., u. P. BONEM: H. **145**, 69 (1925). — MIHARA, S.: H. **75**, 443 (1911). — CLEMENTI, A.: R. C. R. Accad. Lincei **23**, 517, 612 (1914). — FELIX, K., u. K. MORINAKA: H. **132**, 152 (1924). — RIESSER, O.: H. **49**, 210 (1906). — [11] KREBS, H. A.: Enzymologia **7**, 53 (1939). — [12] WEIL-MALHERBE, H., and H. A. KREBS: Biochem. J. **29**, 2077 (1935).

Glutaminsäure enthält Deuterium[1]. Daß auch der umgekehrte Vorgang, d. h. die Bildung von Ornithin aus Prolin möglich ist, geht aus Fütterungsversuchen mit deuteriumhaltigem Prolin hervor; es läßt sich nämlich im Ornithinanteil von isoliertem Arginin Deuterium nachweisen[2].

Über die Umwandlung von Glutaminsäure in Prolin und Arginin bei der Ratte berichten SALLACH u. Mitarb.[3].

c) Argininbildung. Aus dieser Versuchsreihe zusammen mit Ergebnissen über die Harnstoffbildung[4] ist ersichtlich, daß die Voraussetzungen zur vollständigen Synthese von Arginin gegeben sind. In Übereinstimmung damit hat sich das Arginin in zahlreich durchgeführten Wachstumsversuchen bei der Ratte als entbehrlich erwiesen[5]. Wachsende Tiere hingegen benötigen für optimales Gedeihen Argininzufuhr, was offenbar dadurch zu erklären ist, daß der erhöhte Bedarf durch die Synthese nicht gedeckt werden kann[6]. Bei argininfrei ernährten wachsenden Tieren hat Zusatz von Prolin oder Glutaminsäure eine gewisse Gewichtszunahme zur Folge. Erst nach Argininverabreichung kommt jedoch optimales Wachstum zustande[7].

d) Kreatinbildung aus Arginin. Das Arginin ist wesentlich an der Kreatinbildung beteiligt[8]. In diesem Zusammenhang sei nur erwähnt, daß der Amidinteil von Arginin geliefert wird, wobei aus dem Rest des Moleküls Ornithin entsteht (vgl. S. 947).

e) Zuckerbildung. In verschiedenen Untersuchungen ist aus Arginin bzw. Ornithin Zuckerbildung beobachtet worden[9]. Es ist früher vermutet worden, daß die Umwandlung über Ornithin verlaufe, das nach oxydativer Desaminierung schließlich in Bernsteinsäure übergeführt würde[10]. Die neuen Ergebnisse über die Stoffwechselbeziehung des Ornithins zur Glutaminsäure machen eine Umwandlung über α-Ketoglutarsäure und Brenztraubensäure wahrscheinlich.

f) Entgiftung durch Ornithin. Ornithin kann ähnlich wie Glycin an Entgiftungsreaktionen teilnehmen; bei Vögeln wird Benzoesäure in Form der Ornithursäure ausgeschieden.

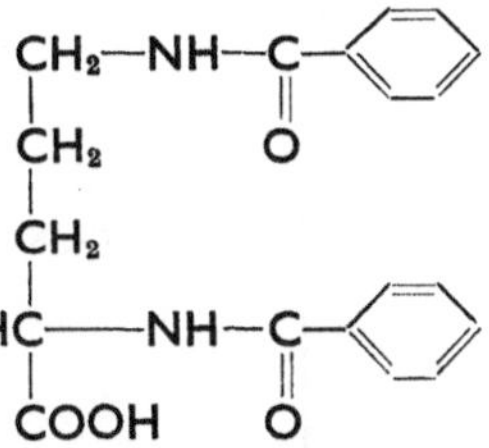

```
CH2—NH—C—C6H5
|       ||
CH2     O
|
CH2
|
HC——NH—C—C6H5
|      ||
COOH   O
```

Neuerdings beobachteten ELLINGER u. Mitarb.[11] Nicotinsäurebildung aus Ornithin bei Bact. coli.

[1] ROLOFF, M., S. RATNER and R. SCHOENHEIMER: J. biol. Ch. **136**, 561 (1940). — [2] STETTEN, M. R., and R. SCHOENHEIMER: J. biol. Ch. **153**, 113 (1944). — [3] SALLACH, H. J., R. E. KOEPPE and W. C. ROSE: Am. Soc. **73**, 4500 (1951). — [4] s. S. 970. — [5] ACKROYD, H., and F. G. HOPKINS: Biochem. J. **10**, 551 (1916). — ROSE, W. C., and G. J. COX: J. biol. Ch. **61**, 747 (1924); **68**, 217 (1926). — BUNNEY, W. E., and W. C. ROSE: J. biol. Ch. **76**, 521 (1928). — SCULL, C. W., and W. C. ROSE: J. biol. Ch. **89**, 109 (1930). — ROSE, W. C.: Physiol. Rev. **18**, 109 (1938). — [6] BURROUGHS, E. W., H. S. BURROUGHS and H. H. MITCHELL: J. Nutrit. **19**, 363 (1940). — WOMACK, M., and W. C. ROSE: J. biol. Ch. **141**, 375 (1941). — ROSE, W. C., and T. R. WOOD: J. biol. Ch. **141**, 381 (1941). — KLOSE, A. A., E. L. R. STOKSTAD and H. J. ALMQUIST: J. biol. Ch. **123**, 691 (1938). — [7] BORMAN, A., T. R. WOOD, H. C. BLACK, E. G. ANDERSON, M. J. OESTERLING, M. WOMACK and W. C. ROSE: J. biol. Ch. **166**, 585 (1946). — WOMACK, M., and W. C. ROSE: J. biol. Ch. **171**, 37 (1947). — [8] s. S. 947. — [9] DAKIN, H. D.: J. biol. Ch. **14**, 321 (1913). — BUTTS, J. S., H. BLUNDEN and M. S. DUNN: J. biol. Ch. **119**, 247 (1937). — [10] RINGER, A. J., E. M. FRANKEL and L. JONAS: J. biol. Ch. **14**, 539 (1913). — [11] ELLINGER, P., and M. M. ABDEL KADER: Biochem. J. **44**, 285, 506 (1949). Nature **163**, 799 (1949).

7. Harnstoffsynthese.

Der Harnstoff wurde 1773 von ROUELLE im Harn des Säugers entdeckt. Später wurde erkannt, daß dem Organismus verabreichte Ammoniumsalze in Harnstoff übergeführt werden[1]. Auch der im Eiweiß enthaltene Stickstoff wird zum größten Teil im Körper in Harnstoff umgewandelt und im Harn ausgeschieden. Es stellt sich somit die Frage nach dem Bildungsmechanismus dieser Verbindung. Verschiedene Hypothesen[2], denen z. B. die WÖHLERsche Harnstoffsynthese zugrunde lag, oder diejenige, welche das Ammoniumcyanat als Muttersubstanz betrachteten, erwiesen sich als unrichtig. Die Argininspaltung in Harnstoff und Ornithin nach KOSSEL u. DAKIN[3] wurde anfänglich nur für denjenigen Teil des Harnstoffes verantwortlich gemacht, der durch Spaltung des dem Organismus zugeführten Arginins entsteht. Ein entscheidender Fortschritt bedeutete die Beobachtung von KREBS u. HENSELEIT[4] über die aktivierende Wirkung von Ornithin auf die Harnstoffsynthese in Versuchen an Leberschnitten. Sie schlossen aus ihren Untersuchungen, daß die Harnstoffbildung durch Anlagerung von Kohlensäure und Ammoniak an Ornithin unter Bildung von Citrullin erfolgte. An Citrullin wird unter Wasseraustritt ein weiteres Molekül Ammoniak angelagert, wobei Arginin entsteht. Arginin zerfällt spontan unter Wirkung der Arginase in Ornithin und Harnstoff. Es handelt sich somit um einen cyclischen Reaktionsablauf, wobei Citrullin, Arginin, Ornithin immer wieder neu gebildet werden.

Ornithin: $NH_2-CH_2-CH_2-CH_2-CH(NH_2)-COOH$ $+ NH_3 + CO_2$ $- H_2O$ → Citrullin: $H_2N-C(=O)-NH-CH_2-CH_2-CH_2-CH(NH_2)-COOH$ $+ NH_3$ $- H_2O$ → Arginin: $H_2N-C(=NH)-NH-CH_2-CH_2-CH_2-CH(NH_2)-COOH$

Arginin $+ H_2O$ → $NH_2-C(=O)-NH_2$ + Ornithin

Die Beobachtungen von KREBS wurden in verschiedenen Nachprüfungen bestätigt[5]. Auch aus den Untersuchungen von LONDON u. Mitarb.[6] am angiosto-

[1] KNIERIEM, W. v.: Z. Biol. **10**, 263 (1874). — SALKOWSKI, E.: H. **1**, 1 (1877/78). — [2] Zusammenfassende Darstellung: NEUBAUER, O.: Handb. Physiol. **5**, 808 (1928). — [3] KOSSEL, A., u. H. D. DAKIN: H. **41**, 321; **42**, 181 (1904). — [4] KREBS, H. A., u. K. HENSELEIT: H. **210**, 33 (1932). — [5] BORSOOK, H., and G. KEIGHLEY: Proc. nat. Acad. Sci. USA **19**, 626, 720 (1933). — NEBER, M.: H. **234**, 83 (1935). — GORTER, A.: Acta brev. neerl. Physiol. **7**, 44 (1937). — GORNALL, A. G., and A. HUNTER: J. biol. Ch. **147**, 593 (1943). — TROWELL, O. A.: J. Physiol., London **100**, 432 (1942). — [6] LONDON, E. S., A. K. ALEXANDRI u. S. W. NEDSWEDSKI: H. **227**, 233 (1934).

mierten Hund geht nach KREBS[1] eine Förderung der Harnstoffbildung durch Ornithin hervor. Weitere Beweise wurden durch Isotopenversuche geliefert. Nach Verfütterung von ^{15}N-haltigem Ammoniumcitrat ließ sich im Arginin der Leber isotoper Stickstoff nachweisen[2]. Analoge Resultate ergab die Verfütterung von markiertem L-Leucin[3]. Die genauere Analyse zeigte, daß der so verfütterte isotope Stickstoff im Amidinteil des Argininmoleküls sich vorfindet, der Ornithinteil hingegen keinen solchen enthält. Auch diese Beobachtungen stimmen mit dem von KREBS postulierten Bildungsmechanismus überein. Ein direkter Beweis wurde von SCHOENHEIMER, RITTENBERG u. Mitarb.[4] durch Verfütterung von deuteriumhaltigem Ornithin erbracht; denn aus Leber isoliertes Arginin ist auch deuteriumhaltig. Schließlich wurde durch Verwendung von radioaktivem CO_2 in Versuchen an Gewebsschnitten nachgewiesen, daß CO_2 in das Harnstoffmolekül aufgenommen wird[5].

a) Zur Bildung von Citrullin aus Ornithin. Der von KREBS entwickelte Ornithincyclus ist insofern unvollständig, als nicht ersichtlich ist, wie Citrullin aus Ornithin und wie Arginin aus Citrullin entsteht[6]. Es ist auch aus dem bisher Gesagten nicht ersichtlich, weshalb die Harnstoffbildung vom Sauerstoffverbrauch abhängig ist.

Der Mechanismus der intermediären Citrullinbildung aus Ornithin ist weiter geklärt worden. Auf Grund der aktivierenden Wirkung von Brenztraubensäure[7] und Oxalessigsäure[8] wird von LEUTHARDT[8] die Möglichkeit erwogen, daß Brenztraubensäure durch Anlagerung von Kohlendioxyd[9] in Oxalessigsäure übergeführt wird, und durch Anlagerung von Ammoniak sich das Halbamid der Oxalessigsäure bildet. Der Amidinrest könnte auf Ornithin unter Bildung von Citrullin übertragen werden, wobei die Brenztraubensäure zurückgebildet wird. In eingehenden Untersuchungen bearbeiteten COHEN u. Mitarb.[10] dasselbe Problem. Das für die Citrullinbildung verantwortliche Enzym ist strukturgebunden. Mg-Ionen, Adenosinmonophosphorsäure oder Adenosintriphosphorsäure aktivieren die Synthese von Citrullin aus Glutaminsäure und Kohlendioxyd. Zugesetzte Carbamylglutaminsäure ist wirksamer als Kohlendioxyd und Glutaminsäure. Es wird vermutet, daß die Anlagerung von Kohlendioxyd über diese Zwischenstufe erfolgt. Zur Citrullinbildung sind weiterhin freies Ammonium und Sauerstoff notwendig.

In neueren Untersuchungen bewiesen GRISOLIA u. COHEN[11], daß es sich um eine zweistufige Reaktion handelt. Carbamylglutaminsäure (CG) wirkt als Katalysator.

$$\text{I.}\quad \text{CG} + CO_2 + NH_3 \xrightarrow[\text{ATP}]{\text{Enzym; } Mg^{++}} \text{Zwischenprodukt}$$

$$\text{II.}\quad \text{Zwischenprodukt} + \text{Ornithin} \xrightarrow{\text{Enzym}} \text{Citrullin} + \text{CG}.$$

Über die Natur des Zwischenproduktes ist nichts bekannt.

---

[1] KREBS, H. A.: H. **230**, 278 (1934). — [2] FOSTER, G. L., R. SCHOENHEIMER and D. RITTENBERG: J. biol. Ch. **127**, 319 (1939). — [3] SCHOENHEIMER, R., S. RATNER and D. RITTENBERG: J. biol. Ch. **127**, 333 (1939). — [4] CLUTTON, R. F., R. SCHOENHEIMER and D. RITTENBERG: J. biol. Ch. **132**, 227 (1940). — [5] EVANS, E. A. jr., and L. SLOTIN: J. biol. Ch. **136**, 805 (1940). — RITTENBERG, D., and H. WAELSCH: J. biol. Ch. **136**, 799 (1940). — [6] BORSOOK, H., and J. W. DUBNOFF: Ann. Rev. **12**, 183 (1943). — [7] KREBS, H. A., u. K. HENSELEIT: H. **210**, 33 (1932). — [8] LEUTHARDT, F., u. B. GLASSON: Helv. **25**, 630 (1942). — [9] KREBS, H. A., and L. V. EGGLESTON: Biochem. J. **34**, 1383 (1940). — [10] COHEN, P. P., and M. HAYANO: J. biol. Ch. **166**, 239, 251 (1946); **170**, 687 (1947); **172**, 405 (1948). — COHEN, P. P., and S. GRISOLIA: Fed. Proc. **7**, 150 (1948). J. biol. Ch. **174**, 389 (1948); **182**, 747 (1950). — [11] GRISOLIA, S., and P. P. COHEN: J. biol. Ch. **191**, 189 (1951); **198**, 561 (1952). Fed. Proc. **10**, 193 (1951).

b) Zur Bildung von Arginin aus Citrullin. Die Harnstoffbildung ist gesteigert, wenn an Stelle einer Ammoniumverbindung Glutamin zu Leberschnitten zugesetzt wird[1]. LEUTHARDT vermutet deshalb, daß Ammoniak über diese gebundene Form durch Umamidierung in den Harnstoff gelangt. Die Auffassung wird durch die Tatsache gestützt, daß etwa 20% des freien Aminostickstoffs im Plasma in Form von Glutamin vorliegen[2].

Aus Versuchen von COHEN u. Mitarb.[3] mit Leberhomogenat über die Bildung von Arginin aus Citrullin geht hervor, daß die Glutaminsäure als Aminodonator in Frage kommt. Die Argininsynthese wird außerdem durch Mg^{++}-Ionen und Adenosintriphosphat gesteigert. Die gleiche Reaktion wurde schon vorher von BORSOOK u. DUBNOFF[4] bei Verwendung von Nierenschnitten beschrieben. Während jedoch in der Niere Glutaminsäure und Asparaginsäure gleich wirksam sind, ist bei Verwendung von Leberhomogenat Glutaminsäure etwa 4mal wirksamer als Asparaginsäure. COHEN[5] vermutet deshalb, daß die Glutaminsäure der spezifische Aminodonator ist. Als Übertragungsmechanismus kommt die „Transiminierung“ in Frage, nachdem die Glutaminsäure zu Iminoglutarsäure dehydriert worden ist. Es würde somit α-Ketoglutarsäure neben Arginin gebildet. RATNER[6] befaßte sich ebenfalls in ausgedehnten Untersuchungen mit der Argininbildung aus Citrullin und gelangte zu teilweise anderer Auffassung: Citrullin wird durch ein gereinigtes Ferment in Gegenwart von Asparaginsäure, Mg^{++}-Ionen und Adenosintriphosphorsäure in Arginin übergeführt; aus der Asparaginsäure entsteht Äpfelsäure, deren Nachweis durch Isolierung gelingt. Die Reaktion erfolgt unter anaeroben Bedingungen und wird von RATNER folgendermaßen formuliert:

$$\underset{\text{Citrullin}}{\begin{matrix} R & NH & \\ | & \| & \\ N & -C- & OH \\ | & & \\ H & & \end{matrix}} + \underset{\text{Asparaginsäure}}{\begin{matrix} H & COOH \\ | & | \\ HN & -CH \\ & | \\ & H_2C-COOH \end{matrix}} + ATP \rightarrow \begin{matrix} R & NH & H & COOH \\ | & \| & | & | \\ N- & C- & N- & CH \\ | & & & | \\ H & & & H_2C-COOH \end{matrix} + [ADP] + H_3PO_4$$

$$\begin{matrix} R & NH & H & COOH \\ | & \| & | & | \\ N- & C- & N- & CH \\ | & & & | \\ H & & & H_2C-COOH \end{matrix} + H_2O \longrightarrow \underset{\text{Arginin}}{\begin{matrix} R & NH & \\ | & \| & \\ N- & C- & NH_2 \\ | & & \\ H & & \end{matrix}} + \underset{\text{Äpfelsäure}}{\begin{matrix} & COOH & \\ & | & \\ HO- & C & -H \\ & | & \\ & H_2C-COOH & \end{matrix}}$$

Die Glutaminsäure ist als NH_2-Donator bei gereinigtem Ferment unwirksam. Dieser Befund steht im Gegensatz zu Beobachtungen von COHEN u. HAYANO[5] sowie von KREBS u. EGGLESTON[7]. Nach RATNER[6] läßt sich diese Diskrepanz folgendermaßen erklären: Unter den von COHEN u. KREBS gewählten Versuchsbedingungen kann die Glutaminsäure nach ihrer Dehydrierung zu α-Ketoglutarsäure mit Hilfe des Citronensäurecyclus in Oxalessigsäure übergeführt werden. Oxalessigsäure kann mit der restlichen Glutaminsäure umaminieren, so daß Asparaginsäure gebildet wird. Die durch Oxydation der α-Ketoglutarsäure möglicherweise stattfindende Anreicherung von Adenosintriphosphorsäure würde zur Aktivierung der Argininbildung beitragen. Auch

[1] LEUTHARDT, F.: H. **252**, 238 (1938). — LEUTHARDT, F., u. B. GLASSON: Helv. physiol. Acta **1**, 221 (1943). — [2] HAMILTON, P. B., and R. R. TARR: J. biol. Ch. **158**, 397 (1945). — [3] COHEN, P. P., and M. HAYANO: J. biol. Ch. **166**, 239, 251 (1946). — [4] BORSOOK, H., and J. W. DUBNOFF: J. biol. Ch. **141**, 717 (1941). — [5] COHEN, P. P., and M. HAYANO: J. biol. Ch. **166**, 239, 251 (1946). — [6] RATNER, S.: J. biol. Ch. **170**, 761 (1947). Fed. Proc. **8**, 603 (1949). — RATNER, S., and A. PAPPAS: J. biol. Ch. **179**, 1183, 1199 (1949). — [7] KREBS, H. A., and L. V. EGGLESTON: Biochim. biophysica Acta, N. Y. **2**, 319 (1948).

andere Beobachtungen wie Hemmung der Argininbildung durch Brenztraubensäure und α-Ketoglutarsäure[1] und deren Aufhebung durch Zusatz von Ammonium[2] sowie die Hemmung durch Malonsäure[3] stehen nach RATNER nicht im Widerspruch zur in der Formulierung wiedergegebenen Argininbildung aus Citrullin und Asparaginsäure.

RATNER u. Mitarb.[4] ist es neuerdings gelungen, das Kondensationsprodukt aus Citrullin und Asparaginsäure, die sog. *Argininbernsteinsäure*, zu isolieren. Es wird ihr Formel I zugeschrieben. Sie wird unter den Bedingungen der Isolierung zum Ring geschlossen und konnte so in krystalliner Form gefaßt werden (II und III).

```
                                      N   COOH
                                    //  \ |
                            HN——————C    CH
                            |       |     |
                            (CH2)3  NH   CH2        II
     NH       COOH       ↗  |        \   /
     ||       |             HC—NH2    C
HN—C—NH—CH                  |         ||
 |            |             COOH      O
(CH2)3       CH2
 |            |               HN——————C=O
HC—NH2       COOH             |       |
 |                        ↘  HN—C      CH
COOH                          |   \\   /|
                              |     N   |
      I                      (CH2)3    CH2         III
                              |         |
                             HC—NH2    COOH
                              |
                             COOH
```

Aus Rattenleber läßt sich ein Enzym gewinnen, das die Argininbernsteinsäure (IV) in Arginin (V) und Fumarsäure (VI) aufspaltet[5].

```
     NH      COOH          NH
     ||      |             ||             COOH
HN—C—NH—CH             HN—C—NH2           |
 |           |          |                 CH
(CH2)3      CH2   ⇄   (CH2)3       +     ||
 |           |          |                 CH
HC—NH2      COOH       HC—NH2             |
 |                      |                 COOH
COOH                   COOH
    IV                    V                 VI
```

Die früher als Spaltprodukt gefundene Äpfelsäure entsteht sekundär durch die Wirksamkeit der Fumarase (s. oben).

Obwohl die Harnstoffsynthese erst spät in der phylogenetischen Entwicklung der Tiere auftritt, findet sie sich auch bei Mikroorganismen. SRB u. HOROWITZ[6] weisen an Hand von künstlich erzeugten Mutanten nach, daß bei Neuro-

---

[1] COHEN, P. P., and M. HAYANO: J. biol. Ch. **166**, 251 (1946). — BORSOOK, H., and J. W. DUBNOFF: J. biol. Ch. **141**, 717 (1941). — [2] FAHRLÄNDER, H., H. NIELSEN u. F. LEUTHARDT: Helv. **31**, 957 (1948). — [3] COHEN, P. P., and M. HAYANO: J. biol. Ch. **166**, 239, 251 (1946). — FAHRLÄNDER, H., P. FAVARGER u. F. LEUTHARDT: Helv. **31**, 942 (1948). — KREBS, H. A., and L. V. EGGLESTON: Biochim. biophysica Acta, N. Y. **2**, 319 (1948). — [4] RATNER, S., and B. PETRACK: J. biol. Ch. **191**, 693 (1951); **200**, 161, 175 (1953). — RATNER, S., B. PETRACK and O. ROCHOVANSKY: J. biol. Ch. **204**, 95 (1953). — [5] RATNER, S., W. P. ANSLOW jr. and B. PETRACK: J. biol. Ch. **204**, 115 (1953). — [6] SRB, A. M., and N. H. HOROWITZ: J. biol. Ch. **154**, 129 (1944).

spora Harnstoff über den Krebscyclus gebildet wird. Bei anderen Organismen, wie Clostridien und Chlorella wird Arginin über Citrullin und Ornithin abgebaut, was somit einer Umkehrung der Argininsynthese entspricht[1].

8. Histidin (s. a. Bd. 1, S. 551).

```
HC—NH
‖    \
‖     CH
‖    //
C——N
|
CH2
|
HC—NH2
|
COOH
```

Kossel[2] weist im Zusammenhang mit seinen Untersuchungen über die Protamine und Histone auf die große biologische Bedeutung der Hexonbasen Arginin, Lysin und Histidin hin. Das Histidin ist, wie die beiden anderen Hexonbasen, ein weit verbreiteter Eiweißbaustein; es findet sich in besonders großer Menge in einzelnen Protaminen und Histonen und vor allem im Globin, dem Eiweißanteil des Hämoglobins. Die Unentbehrlichkeit dieser Aminosäure ist offenbar dadurch bedingt, daß der tierische Organismus nicht imstande ist, den Imidazolring aufzubauen. Aus älteren Untersuchungen scheint hervorzugehen, daß Histidin und Arginin einander im Wachstumsversuch ersetzen können[3]. Auf Grund späterer eingehender Untersuchungen muß jedoch angenommen werden, daß das Histidin vollständig unentbehrlich ist und das Arginin nicht an seine Stelle treten kann[4].

a) Zur Frage der Zuckerbildung. Gewisse Unklarheit besteht über die Beziehung des Histidins zum Zuckerstoffwechsel und zur Acetonkörperbildung. Dakin[5] konnte im Leberdurchströmungsversuch wohl eine geringe Acetonvermehrung finden. Dieser Befund läßt sich jedoch am phlorrhizindiabetischen Hund nicht bestätigen[6]. Obwohl die Überführung in Glucose auch nicht als bewiesen erachtet werden darf, so liegen doch verschiedene Beobachtungen vor, die diese Stoffwechselbeziehung wahrscheinlich machen[6, 7].

b) Abbau zu den Stoffwechselendprodukten. Verabreicht man Histidin in mäßigen Mengen, so wird es vollständig zu den Stoffwechselendprodukten abgebaut; es lassen sich nämlich unter diesen Bedingungen keine oder nur unbedeutende Mengen Imidazolkörper im Harn nachweisen[8, 9]. Histidin wird in vitro

---

[1] Schmidt, G. C., M. A. Logan and A. A. Tytell: J. biol. Ch. **198**, 771 (1952). — Oginsky, E. L., and R. F. Gehrig: J. biol. Ch. **198**, 791 (1952). — Slade, H. D., and W. C. Slamp: J. Bacteriology **64**, 455 (1952). — Walker, J. B.: Proc. nat. Acad. Sci. USA **38**, 561 (1952). — [2] Kossel, A.: Protamine und Histone. (Einzeldarstellungen aus dem Gesamtgebiete der Biochemie. Bd. 2.) Wien 1929. — [3] Ackroyd, H., and F. G. Hopkins: Biochem. J. **10**, 551 (1916). — [4] Rose, W. C., and G. J. Cox: J. biol. Ch. **61**, 747 (1924); **68**, 217 (1926). — [5] Dakin, H. D.: J. biol. Ch. **14**, 321 (1913). — Dakin, H. D., and A. J. Wakeman: J. biol. Ch. **10**, 499 (1911/12). — [6] Dakin, H. D.: Oxidations and Reductions in the Animal Body. S. 75. London 1922. — [7] Steudel, H., u. R. Freise: H. **120**, 244 (1922). — Remmert, L. F., and J. S. Butts: J. biol. Ch. **144**, 41 (1942). — Featherstone, R. M., and C. P. Berg: J. biol. Ch. **146**, 131 (1942). — [8] Abderhalden, E., u. H. Einbeck: H. **62**, 322 (1909). — Abderhalden, E., H. Einbeck u. J. Schmid: H. **68**, 395 (1910). — Kowalevsky, K.: B. Z. **23**, 1 (1910). — Engeland, R.: H. **57**, 49 (1908). — [9] Leiter, L.: J. biol. Ch. **64**, 125 (1925).

nach Untersuchungen von KREBS[1] durch Nierenschnitte oxydativ zu der entsprechenden Ketosäure desaminiert. Aus Untersuchungen von JACKSON u. CHANDLER[2] geht hervor, daß diese Reaktion in vivo auch im umgekehrten Sinne verläuft; denn sowohl Imidazylbrenztraubensäure als auch Imidazylmilchsäure sind imstande, Histidin im Wachstumsversuch zu ersetzen. Die Tatsache, daß Imidazylmilchsäure nach Verfütterung im Vergleich zu Histidin nur in geringem Ausmaß vollständig abgebaut wird[3], deutet darauf hin, daß noch andere Abbauwege möglich sind.

Schon JAFFÉ[4] wies darauf hin, daß im Hundeharn unter Umständen ein Imidazolderivat, die sog. *Urocaninsäure* (Formel s. S. 976), ausgeschieden wird. Diese wurde später als Imidazylacrylsäure identifiziert[5]. KOTAKE u. Mitarb.[6] fanden Urocaninsäure als regelmäßigen Harnbestandteil, wenn Tieren in großen Mengen L-Histidin zugeführt wurde. D-Histidin wird zu den Stoffwechselendprodukten abgebaut[7]. Für das Vorkommen der Urocaninsäure als normalem Zwischenprodukt spricht auch die Tatsache, daß dem Tier verabreichte Urocaninsäure zum großen Teil in Harnstoff übergeführt wird[8]. HARROW u. SHERWIN[9] sind ebenfalls der Auffassung, daß die Imidazylacrylsäure beim Abbau des Histidins entsteht. Die Urocaninsäurebildung aus Histidin wurde von RAISTRICK[10] bei Bac. paratyphosus nachgewiesen. Durch diese Versuche wird die Vermutung gestützt, daß die beim Tier beobachtete Umwandlung auf die Wirksamkeit der Darmbakterien zurückzuführen ist[11]. Die Tatsache, daß auch subcutan zugeführtes Histidin umgewandelt wird und daß die Fähigkeit, aus Histidin Imidazylacrylsäure zu bilden, auf Bac. paratyphosus beschränkt ist, spricht gegen diese Auffassung[12]. In einer kritischen Arbeit konnte jedoch DARBY u. LEWIS[13] die Urocaninsäurebildung im Anschluß an subcutane Verabreichung von Histidin nicht bestätigen und fanden nach oraler Applikation nur bei solchen Tieren eine Urocaninsäureausscheidung, die durch die Histidinzufuhr geschädigt waren. Nach Verabreichung von synthetischer Urocaninsäure wird ein beträchtlicher Teil davon im Harn wieder aufgefunden. Die genannten Autoren kamen deshalb zum Schluß, daß Urocaninsäure als Abbauprodukt des Histidins im Organismus nur in untergeordnetem Ausmaß entsteht. Die weitere Umwandlung der Urocaninsäure wird vermutlich durch ein von KOTAKE im Leberextrakt aufgefundenes Enzym, die sog. *Urocaninase*, ermöglicht[14].

Als weitere Möglichkeit des Histidinabbaues steht dem tierischen Organismus ein von EDLBACHER[15] einerseits, von GYÖRGY u. RÖTHLER[16] anderseits beschriebener Abbauweg zur Verfügung. Durch die Wirksamkeit eines Leberenzyms, der *Histidase*, die von EDLBACHER u. Mitarb.[17] in eingehenden Untersuchungen genauer charakterisiert wurde, wurde der Imidazolring ohne vorherige Desaminierung der α-Aminogruppe unter Ammoniakbildung aufgespalten. Über die dabei entstehenden Abbauprodukte herrscht noch Unklarheit; immerhin konnte wahrscheinlich gemacht werden, daß letzten Endes über verschiedene Zwischenstufen

[1] KREBS, H. A.: Kli. Wo. **1932 II**, 1744. H. **217**, 191 (1933). — [2] JACKSON, R. W., and J. P. CHANDLER: Ann. Rev. **8**, 249 (1939). — [3] LEITER, L.: J. biol. Ch. **64**, 125 (1925). — [4] JAFFÉ, M.: B. **7**, 1669 (1874); **8**, 811 (1875). — [5] HUNTER, A.: J. biol. Ch. **11**, 537 (1912). — [6] KOTAKE, Y., u. M. KONISHI: H. **122**, 230 (1922). — KIYOKAWA, M.: H. **214**, 38 (1933). — [7] KONISHI, M.: H. **143**, 189 (1925). — [8] KONISHI, M.: H. **143**, 181 (1925). — [9] HARROW, B., and C. P. SHERWIN: J. biol. Ch. **70**, 683 (1926). — [10] RAISTRICK, H.: Biochem. J. **11**, 71 (1917). — [11] HUNTER, A.: J. biol. Ch. **11**, 537 (1912). — MITCHELL, H. H., and T. S. HAMILTON: Biochemistry of the Amino Acids. (Amer. chem. Soc. Monogr. Ser. Nr. 48). New York 1929. — [12] RAISTRICK, H.: Biochem. J. **13**, 446 (1919). — [13] DARBY, W. J., and H. B. LEWIS: J. biol. Ch. **146**, 225 (1942). — [14] SERA, K., u. S. YADA: Mitt. med. Ges. Osaka **38**, I (1939). — [15] EDLBACHER, S.: H. **157**, 106 (1926). — [16] GYÖRGY, P., u. H. RÖTHLER: B. Z. **173**, 334 (1926). — [17] Zusammenfassende Darstellung: EDLBACHER, S.: Ergebn. Enzymforsch. **9**, 131 (1943).

Glutaminsäure entsteht[1]. In ähnlicher Weise soll aus Urocaninsäure Isoglutamin gebildet werden[2]. Nach EDLBACHER kommen die nachstehenden Abbaufolgen in Frage:

Histidin: HC—NH, CH, C—N (Imidazolring) — CH_2 — HC—NH_2 — COOH

$\xrightarrow[\text{(Histidase)}]{+\,2\,H_2O}$ HC—NH—C(H)=O, HOC — CH_2 — HC—NH_2 — COOH

$\xrightarrow{+\,NH_3}$ Formylglutamin: O=C—NH—C(H)=O — CH_2 — CH_2 — HC—NH_2 — COOH

↓

Glutamin: O=C—NH_2 — CH_2 — CH_2 — HC—NH_2 — COOH + HCOOH

← Glutaminsäure: COOH — CH_2 — CH_2 — HC—NH_2 — COOH

Histidin ↓ (ι.-Desaminierung)

Urocaninsäure: HC—NH, CH, C—N (Imidazolring) — CH = CH — COOH

$\xrightarrow{\text{(Urocaninase)}}$ Formylisoglutamin: O=C—NH—C(H)=O — CH—NH_2 — CH_2 — CH_2 — COOH

⟶ Isoglutamin: O=C—NH_2 — CH—NH_2 — CH_2 — CH_2 — COOH + HCOOH

(Isoglutamin → Glutaminsäure ↑)

WALKER u. SCHMIDT[3], die mit gereinigten Fermentlösungen arbeiteten, sind der Auffassung, daß es auf Grund der heutigen Kenntnisse nicht möglich ist zu entscheiden, in welcher Form die erste Stufe der Histidinspaltung erfolgt.

Auf Grund vermehrter Allantoinausscheidung nach Verabreichung von Arginin und Histidin wird von ACKROYD u. HOPKINS[4] vermutet, daß diese beiden Aminosäuren an der Purinsynthese beteiligt sind. Ihre Befunde konnten von anderen Autoren jedoch nicht bestätigt werden[5]. Auch bei der Durchströmung von Katzenleber mit Arginin und Histidin ist keine Allantoinbildung zu beobachten[6]. Die endgültige Entscheidung dieses Problems erfolgte durch Verfütterung von mit Isotopen markierten Aminosäuren. SCHOENHEIMER u. Mitarb.[7] konnten

[1] EDLBACHER, S., u. J. KRAUS: H. **195**, 267 (1931). — [2] KOTAKE, Y.: H. **270**, 38 (1941). — [3] WALKER, A. C., and C. L. A. SCHMIDT: Arch. Biochem. **5**, 445 (1944). — [4] ACKROYD, H., and F. G. HOPKINS: Biochem. J. **10**, 551 (1916). — [5] ABDERHALDEN, E., u. H. EINBECK: H. **62**, 322 (1909). — KOWALEVSKY, K.: B. Z. **23**, 1 (1910). — [6] STEWART, C. P.: Biochem. J. **19**, 266 (1925). — [7] BARNES, F. W. jr., and R. SCHOENHEIMER: J. biol. Ch. **151**, 123 (1943).

damit eine Beteiligung des Stickstoffs von Histidin und Arginin an der Purinbildung ausschließen. Der $C_{(2)}$ des Imidazolkerns wird bei der Ratte zur Purinsynthese verwendet. Er wird als $C_{(2)}$ und $C_{(8)}$ in den Ring eingebaut, verhält sich also gleich wie die Ameisensäure[1, 2]. Es besteht somit Übereinstimmung zwischen den in vitro-Versuchen[3] und den Fütterungsversuchen. Verfütterung von Histidin mit markiertem $C_{(2)}$ an Ratten ergibt Cholin mit radioaktiver Methylgruppe[2, 4]. Auch dieser Befund läßt sich durch intermediäre Ameisensäurebildung erklären. Nach ECKSTEIN[5] kann dieser letzten Reaktion keine wesentliche Bedeutung zukommen; denn Histidin hat im Tierversuch im Gegensatz zu Methionin keine lipotrope Wirkung. Neben der Methylgruppe kann $C_{(2)}$ des Histidins auch am Aufbau des Äthanolrestes des Cholinmoleküls und des β-C des Serins beteiligt sein[2].

Neben Ameisensäure wurde von EDLBACHER u. Mitarb.[6, 7] Glutaminsäure als Spaltprodukt von enzymatisch abgebautem Histidin nachgewiesen. Auch dieses Ergebnis wurde durch Isotopenversuche an Kaninchen, Meerschweinchen und Ratten bestätigt[8, 9]. Die negativen Versuchsergebnisse von D'IORIO[10] erscheinen wegen ungeeigneter Versuchsanordnung nicht stichhaltig.

Durch Arbeiten, welche die Aufklärung der primären Spaltprodukte bezwecken, wird der von japanischen Forschern[7] vorgeschlagene Abbauweg des Histidins gesichert. SERA[11] berichtet über die Isolierung von D,L-Formylisoglutamin und D,L-Glutaminsäure als Spaltprodukten des enzymatischen Histidinabbaues mit Katzen- und Kaninchenlebern. Er hat zwei Enzyme voneinander getrennt, von welchen das eine Histidin in Urocaninsäure, das andere Urocaninsäure in enol-Formyl-isoglutamin umwandelt. HALL[12] beschreibt eine Histidin-α-desaminase in der Katzenleber, welche Histidin in Urocaninsäure überführt. Aus Untersuchungen von TABOR u. Mitarb.[13] an Pseudomonas fluorescens geht hervor, daß Histidin über die Urocaninsäure in Glutaminsäure umgewandelt wird. Es gelingt, die Urocaninsäure zu isolieren. Die Verteilung des isotopen Stickstoffs in der Glutaminsäure, die aus Histidin entstanden ist, welches entweder am α- oder am γ-Stickstoff markiert war, zeigt, daß eine α-Desaminierung stattfindet. In gleichem Sinne sprechen Versuche von ABRAMS u. BORSOOK[8]. Verabreichung von Carboxyl-^{14}C-Histidin an Kaninchen führt zur Ausscheidung von markierter Glutaminsäure, deren α-Carboxylgruppe keine Aktivität zeigt. Außerdem gelang die Isolierung eines radioaktiven Zwischenproduktes, welches Eigenschaften des Isoglutamins besitzt.

Über die Biosynthese des Histidins liegen Beobachtungen von LEVY u. COON vor[14]. Von Hefe wird Ameisensäure zum Aufbau verwendet, sie findet sich im Histidin als $C_{(2)}$ des Imidazolanteiles[14].

---

[1] REID, J. C., and M. O. LANDEFELD: Arch. Biochem. **34**, 219 (1951). — [2] SPRINSON, D. B., and D. RITTENBERG: J. biol. Ch. **198**, 655 (1952). — [3] EDLBACHER, S., u. J. KRAUS: H. **191**, 225 (1930). — [4] REID, J. C., M. O. LANDEFELD and J. L. SIMPSON: J. nat. Cancer Inst. **12**, 929 (1952). — TOPOREK, M.: Fed. Proc. **11**, 299 (1952). — TOPOREK, M., L. L. MILLER and W. F. BALE: J. biol. Ch. **198**, 839 (1952). — [5] ECKSTEIN, H. C.: J. biol. Ch. **195**, 167 (1952). — [6] EDLBACHER, S., u. M. NEBER: H. **224**, 261 (1934). — [7] s. a. SERA, K., u. S. YADA: J. Osaka med. Soc. **38**, 1107 (1939). — SERA, K., u. D. AIHARA: J. Osaka med. Soc. **41**, 745 (1942). — TAKEUCHI, M.: J. Biochem. **34**, 1 (1941). — OYAMADA, Y.: J. Biochem. **36**, 227 (1944). — [8] ABRAMS, A., and H. BORSOOK: J. biol. Ch. **198**, 205 (1952). — [9] FOURNIER, J. P., and L. P. BOUTHILLIER: Am. Soc. **74**, 5210 (1952). — [10] D'IORIO, A., and L. P. BOUTHILLIER: Rev. canad. Biol. **9**, 388 (1950). — [11] SERA, Y.: Osaka Daigaku Igaku Zassi **4**, 1 (1951) [Chem. Abstr. **46**, 3591]. — s. a. UCHIDA, M., S. ITAGAKI and T. WACHI: Sympos. Enzyme Chem. (Japan) **7**, 86 (1952) [Chem. Abstr. **46**, 9637]. — [12] HALL, A. D.: Biochem. J. **48**, VIII (1951); **51**, 499 (1952). — [13] TABOR, H., A. H. MEHLER, O. HAYAISHI and J. WHITE: J. biol. Ch. **196**, 121 (1952). — TABOR, H., and O. HAYAISHI: J. biol. Ch. **194**, 171 (1952). — [14] LEVY, L., and M. J. COON: J. biol. Ch. **192**, 807 (1951).

c) Histaminbildung (s. a. Bd. 1, S. 792). Bakterien können Aminosäuren durch einfache Decarboxylierung in die entsprechenden Amine überführen[1]. Durch die Einwirkung der Darmbakterien entsteht so aus dem Histidin das Histamin.

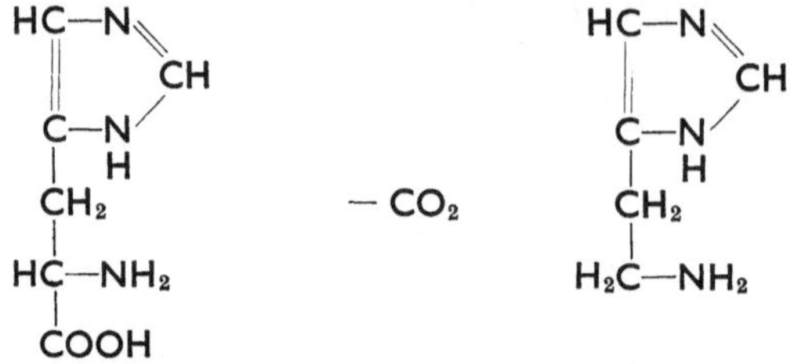

```
HC—N                     HC—N
‖    ⟍                   ‖    ⟍
‖     CH                 ‖     CH
‖    ⟋                   ‖    ⟋
C—N                      C—N
|  H                     |  H
CH2          — CO2       CH2
|                        |
HC—NH2                   H2C—NH2
|
COOH
Histidin                 Histamin
```

Neben der bakteriellen Histaminbildung ist auch eine Histaminbildung durch tierisches Gewebe feststellbar[2]. Parenterale Verabreichung von Histidin hat nach HOLTZ u. CREDNER eine Histaminausscheidung zur Folge[3]. Andere Autoren berichten über eine Histaminanreicherung in der Lunge nach Histidinzufuhr[4].

Ein im tierischen Organismus und in Bakterien weitverbreitetes Enzym, die *Histaminase*, ist imstande, Histamin oxydativ durch Abspaltung der endständigen Aminogruppe abzubauen, wobei als erstes Reaktionsprodukt vermutlich der Aldehyd entsteht[5].

d) Andere Histidinderivate. In der Muskulatur finden sich als normale Bestandteile zwei peptidartige Verbindungen des Histidins: β-Alanylhistidin = *Carnosin*[6] und β-Alanyl-methylhistidin = *Anserin*[7] (s. Bd. 1, S. 788).

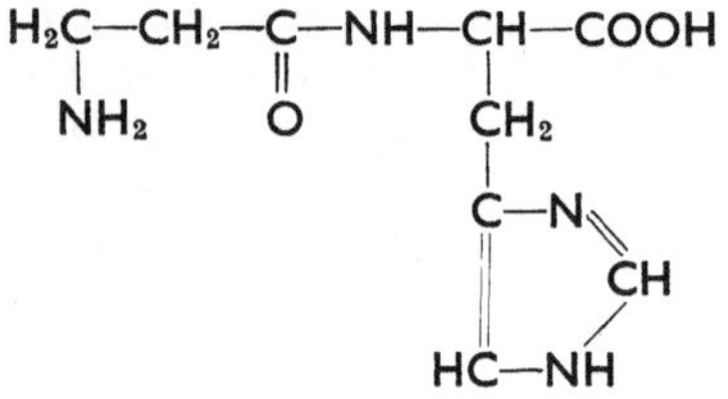

```
H2C—CH2—C—NH—CH—COOH        H2C—CH2—C—NH—CH—COOH
|       ‖    |               |       ‖    |
NH2     O    CH2             NH2     O    CH2
             |                            |
             C—N                          C—N
             ‖   ⟍                        ‖   ⟍
             ‖    CH                      ‖    CH
             ‖   ⟋                        ‖   ⟋
             HC—NH                        HC—N
                                               ⟍
                                                CH3
Carnosin                     Anserin
```

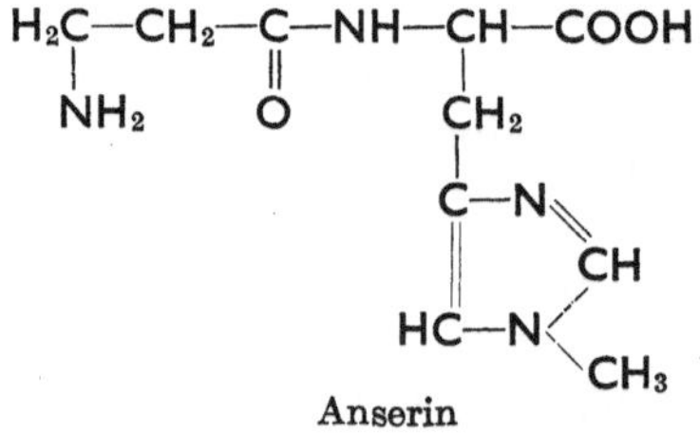

Über die Entstehungsweise ist nichts Sicheres bekannt. Die Annahme lag nahe, daß sie durch Decarboxylierung von Asparagyl-histidin bzw. Asparagyl-methylhistidin entstehen[8]. WILLIAMS u. KREHL wiesen jedoch neuerdings nach, daß Rattenleberschnitte imstande sind, aus Histidin und β-Alanin Carnosin zu bilden[9]. Carnosin ist teilweise an Eiweiß gebunden und deshalb nicht dialysierbar[10]. Neuerdings wird in der Muskulatur auf eine spezifisch auf

[1] s. S. 931. — [2] WERLE, E., u. H. HERRMANN: B. Z. **291**, 105 (1937). — WERLE, E., u. K. KRAUTZUN: B. Z. **296**, 315 (1938). — WERLE, E., u. K. HEITZER: B. Z. **299**, 420 (1938). — [3] HOLTZ, P., u. K. CREDNER: H. **280**, 1 (1944). — [4] BLOCH, W., u. H. PINÖSCH: H. **239**, 236 (1936). — [5] BEST, C. H.: J. Physiol., London **67**, 256 (1929). — BEST, C. H., and E. W. MCHENRY: J. Physiol., London **70**, 349 (1930). — MCHENRY, E. W., and G. GAVIN: Biochem. J. **26**, 1365 (1932); **29**, 622 (1935). — [6] GULEWITSCH, W., u. S. AMIRADŽIBI: B. **33**, 1902 (1900). H. **30**, 565 (1900). — GULEWITSCH, W.: H. **50**, 204 (1906/07). — KRIMBERG, R.: H. **48**, 412 (1906). — CLIFFORD, W. M.: Biochem. J. **15**, 725 (1921). — FÜRTH, O. v., u. T. HRYNTSCHAK: B. Z. **64**, 172 (1914). — ENGELAND, R., u. W. BIEHLER: H. **123**, 290 (1922). — SMORODINZEW, I. A.: H. **123**, 127 (1922); **132**, 328 (1924). — HUNTER, G.: Biochem. J. **18**, 408 (1924). — KUEN, F. M.: B. Z. **189**, 60 (1927). — CLIFFORD, W. M., and V. H. MOTTRAM: Biochem. J. **22**, 1246 (1928). — [7] ACKERMANN, D., O. TIMPE u. K. POLLER: H. **183**, 1 (1929). — LINNEWEH, W., A. W. KEIL u. F. A. HOPPE-SEYLER: H. **183**, 11 (1929). — [8] KAPLANSKY, S.: H. **158**, 19 (1926). — [9] WILLIAMS, H. M., and W. A. KREHL: J. biol. Ch. **196**, 443 (1952). — [10] SEVERIN, S. E., V. H. TYUNIN u. O. A. SHISHOVA: Biochimija, Moskau **6**, 447 (1941).

Carnosin eingestellte Peptidase (*Carnosinase*) hingewiesen[1]. Aus synthetisiertem Phosphocarnosin wird durch die Muskulatur rasch Phosphorsäure abgespalten[2]. Es werden charakteristische Unterschiede in der Verteilung von Carnosin und Anserin bei männlichen und weiblichen Tieren festgestellt[3]. Im Hungerzustand zeigt sich eine rasche Abnahme des Carnosin- und Anseringehaltes der Muskulatur[4].

Rote Blutkörperchen enthalten *Ergothionein*[5], das Trimethylbetain des Thiolhistidins, eine Verbindung, die auch als Bestandteil des Mutterkornes bekannt ist (s. Bd. **1**, S. 553 u. 788).

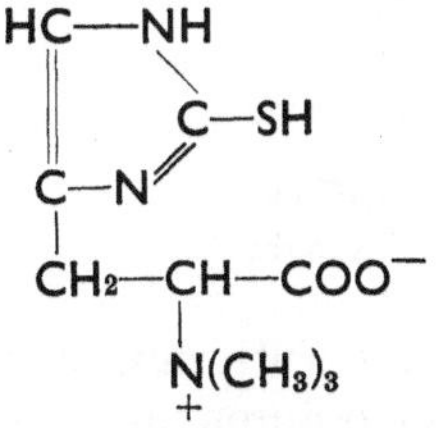

HC—NH
C—SH
C—N
CH_2—CH—COO^-
$\overset{+}{N}(CH_3)_3$

Ergothionein

Es läßt sich zeigen, daß Ergothionein aus dem Blut verschwindet, wenn als Eiweißquelle ausschließlich Casein verabreicht wird. Nach Maisfütterung kann es wieder nachgewiesen werden[6]. Im übrigen ist über Auf- und Abbau und Funktion dieser Verbindung nichts bekannt.

e) Histidinausscheidung bei Gravidität. Während der Schwangerschaft, bei Frauen ungefähr nach der 5. Woche, wird im Harn in vermehrtem Maße Histidin ausgeschieden[7]. Nach der Geburt des Kindes verschwindet die Mehrausscheidung. Von KAPELLER-ADLER[8] wird weiterhin auf interessante Zusammenhänge zwischen Histidinausscheidung und Schwangerschaftstoxikose hingewiesen. Während TSCHOPP u. TSCHOPP[9] in einer großen Untersuchungsreihe nicht nur bei Schwangeren, sondern auch bei anderen gesunden und kranken Individuen eine Histidinurie beobachtet haben, kommt LANGLEY[10] auf Grund ausführlicher Untersuchungen zum Schluß, daß die Histidinurie, wenn auch kein eindeutiger Schwangerschaftsnachweis, so doch ein wertvolles Hilfsmittel bei der Feststellung der Schwangerschaft sein kann.

9. Phenylalanin und Tyrosin (s. a. Bd. 1, S. 534ff.).

Der tierische Organismus ist nur in beschränktem Umfang befähigt, cyclische Verbindungen vollständig aufzubauen. Während das Phenylalanin als eindeutig essentielle Aminosäure dem Organismus in unveränderter Form zugeführt werden muß[11], kann der Organismus sich insofern an der Synthese von Tyrosin beteiligen,

[1] HANSON, H. T., and E. L. SMITH: J. biol. Ch. **179**, 789 (1949). — [2] SEVERIN, S. E., E. F. GEORGIEVSKAYA u. V. I. IVANOV: Biochimija, Moskau **12**, 35 (1947). — [3] SEVERIN, S. E., V. I. IVANOV, N. P. KARUZINA and R. Y. YUDELOVICH: Biochimija, Moskau **13**, 158 (1948). — [4] TYDMAN-CHETVERIKOVA, E. K.: Biochimija, Moskau **13**, 258 (1948). — [5] EAGLES, B. A., and T. B. JOHNSON: Am. Soc. **49**, 575 (1927). — NEWTON, E. B., S. R. BENEDICT and H. D. DAKIN: J. biol. Ch. **72**, 367 (1927). — HUNTER, G.: Biochem. J. **22**, 4 (1928). — [6] EAGLES, B. A., and H. M. VARS: J. biol. Ch. **80**, 615 (1928). — [7] VOGE, C. I. B.: Brit. med. J. **1929 II**, 829. — KAPELLER-ADLER, R.: B. Z. **264**, 131 (1933). — KAPELLER-ADLER, R., u. F. HAAS: B. Z. **280**, 232 (1935). — [8] KAPELLER-ADLER, R.: J. Obstet. Gynec. **48**, 141, 155 (1941). Biochem. J. **35**, 213 (1941). — [9] TSCHOPP, W., u. H. TSCHOPP: B. Z. **298**, 206 (1938). — [10] LANGLEY, W. D.: J. biol. Ch. **137**, 255 (1941). — [11] WOMACK, M., and W. C. ROSE: J. biol. Ch. **107**, 449 (1934).

als Phenylalanin von der Ratte in Tyrosin umgewandelt werden kann[1]. Auch Leberschnitte von Ratten können Phenylalanin in Tyrosin überführen[2,3]. Nach UDENFRIEND u. COOPER[3] ist ein lösliches Enzym dafür verantwortlich; es benötigt DPN und Sauerstoff.

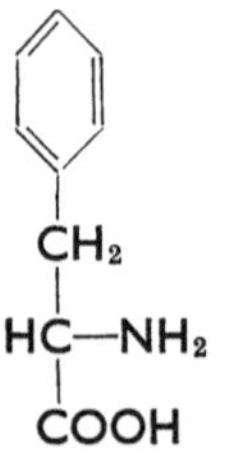

Phenylalanin 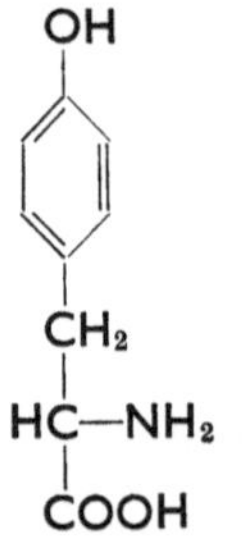 Tyrosin 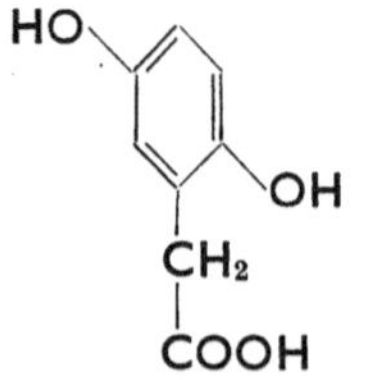 Homogentisinsäure

a) Oxydative Desaminierung. Aus Fütterungsversuchen von KNOOP geht hervor, daß phenylsubstituierte Aminosäuren als entsprechende Fettsäuren ausgeschieden werden, deren Seitenketten um ein Kohlenstoffatom kürzer sind als die ursprüngliche Aminosäure (vgl. S. 928). Die Beweiskraft dieser Befunde ist jedoch insofern beschränkt, als nur in der Natur nicht vorkommende Aminosäuren so untersucht werden können. Entsprechende Abbauprodukte von Phenylalanin und Tyrosin können offenbar deshalb nicht erfaßt werden, weil der Abbau bis zu den Endprodukten verläuft. Mit anderen Versuchsanordnungen[4] gelang es später, bei Verfütterung von Tyrosin bzw. Phenylalanin die entsprechende α-Ketosäure aus dem Harn zu isolieren. KOTAKE[5] fand nach Zufuhr von L-Tyrosin im Kaninchenharn die Oxyphenylbrenztraubensäure. Andere Autoren[6] konnten diese Angabe nicht bestätigen, isolierten jedoch nach Verabreichung von D,L-Phenylalanin die Phenylbrenztraubensäure und stellten zudem fest, daß die unnatürliche Form dieser Aminosäure eine größere Ausscheidung bedingt als der natürliche Antipode. Es kommt somit auch in diesen Versuchen zum Ausdruck, daß in erster Linie die unnatürlichen Formen der Aminosäuren oxydativ desaminiert werden (vgl. S. 929). Es existieren jedoch auch Beobachtungen, die zeigen, daß auch die natürlichen Formen der cyclischen Aminosäuren ebenso abgebaut werden. So wird beim Menschen über eine spontane Ausscheidung von p-Oxyphenylbrenztraubensäure berichtet. Verabreichung von Phenylalanin verursacht eine Mehrausscheidung von Tyrosin und p-Oxyphenylbrenztraubensäure[7].

FÖLLING[8] beobachtete eine erhebliche Ausscheidung von Phenylbrenztraubensäure bei Oligophrenen. Dieser Befund wurde mehrfach bestätigt[9]. Andere Untersuchungen ergaben, daß Zufuhr von Phenylalanin, Phenylbrenztraubensäure und Phenylmilchsäure bei solchen Individuen die Ausscheidung von Phenylbrenztraubensäure steigert[10]. Tyrosin und andere Aminosäuren haben hingegen keinen

[1] TOTANI, G.: Biochem. J. **10**, 382 (1916). — LIGHTBODY, H. D., and M. B. KENYON: J. biol. Ch. **80**, 149 (1928). — ALCOCK, R. S.: Biochem. J. **28**, 1174 (1934). — [2] BERNHEIM, M. L. C., and F. BERNHEIM: J. biol. Ch. **152**, 481 (1944). — [3] UDENFRIEND, S., and J. R. COOPER: J. biol. Ch. **194**, 503 (1952). — [4] EMBDEN, G., u. K. BALDES: B. Z. **55**, 301 (1913). — ROSE, W. C.: Physiol. Rev. **18**, 109 (1938). — MOSS, A. R., and R. SCHOENHEIMER: J. biol. Ch. **135**, 415 (1940). — [5] KOTAKE, Y., Z. MATSUOKA u. M. OKAGAWA: H. **122**, 166 (1922). — [6] SHAMBAUGH, N. F., H. B. LEWIS and D. TOURTELLOTTE: J. biol. Ch. **92**, 499 (1931). — CHANDLER, J. P., and H. B. LEWIS: J. biol. Ch. **96**, 619 (1932). — [7] MEDES, G.: Biochem. J. **26**, 917 (1932). — [8] FÖLLING, A.: H. **227**, 169 (1934). — [9] PENROSE, L. S.: Lancet **1935 I**, 23. — JERVIS, G. A.: Arch. Neurol. Psychiatr. **38**, 944 (1937). — [10] JERVIS, G. A.: J. biol. Ch. **126**, 305 (1938).

Einfluß. Die Desaminierung von Phenylalanin und Tyrosin scheint somit unabhängig voneinander zu verlaufen. Die Konzentration von Phenylbrenztraubensäure in Blut und Liquor cerebrospinalis ist nicht, die an Phenylalanin hingegen deutlich erhöht, besonders nach Verabreichung von Eiweiß und Phenylalanin. Es wird deshalb vermutet, daß die Ursache der Störung bei der mangelnden Verwertung des Phenylalanins, nicht beim Abbau der Phenylbrenztraubensäure liegt[1] (s. a. Bd. 2/2, Gehirn u. Nerven).

In neueren Arbeiten wird auf interessante Zusammenhänge zwischen Vitamin C-Avitaminose und dem Phenylalanin- und Tyrosinabbau hingewiesen. Verabreicht man Meerschweinchen, die an Vitamin C-Mangel leiden, Phenylalanin oder Tyrosin, so wird p-Oxyphenylbrenztraubensäure und p-Oxyphenylmilchsäure ausgeschieden[2,3]. Es kann auch unter Umständen eine Ausscheidung von Homogentisinsäure (vgl. u.) beobachtet werden[3]. Zusatz von Vitamin C ermöglicht eine normale Verwertung dieser beiden Aminosäuren. In Übereinstimmung mit diesen Beobachtungen sind Leberschnitte von skorbutischen Meerschweinchen im Gegensatz zu solchen normaler Tiere nicht imstande, Tyrosin oxydativ abzubauen. Durch Zusatz von Vitamin C kann bei Schnitten von Mangeltieren die Tyrosinoxydation ermöglicht werden[4]. Analoge Beobachtungen werden an menschlichen Frühgeburten gemacht. Bei eiweißreicher, vitamin C-armer Diät kommt es zu Ausscheidung von p-Phenylmilchsäure und p-Oxyphenylbrenztraubensäure. Nach zusätzlicher Verabreichung von Phenylalanin oder Tyrosin werden diese Verbindungen in vermehrtem Maße ausgeschieden. Auch in diesen Fällen hat Vitamin C-Zufuhr die Normalisierung zur Folge[5].

Ascorbinsäuremangel kommt jedoch als alleinige Ursache für die gestörte Verwertung von Phenylalanin und Tyrosin nicht in Frage; denn Vitamin C bleibt ohne Einfluß bei der Alkaptonurie und bei der genannten Imbecillitas phenylpyruvica (Fölling)[6].

b) Abbau zur Homogentisinsäure. Bei einer seltenen Stoffwechselstörung, der sog. Alkaptonurie, kommt es zu einer spontanen, dunklen Verfärbung von frisch entleertem Harn, die durch Zusatz von Alkali beschleunigt wird[7]. Solche Harne haben stark reduzierende Eigenschaften, die sich mit der Trommerschen, Fehlingschen oder Nylanderschen Reaktion leicht nachweisen lassen. Ammoniakalische Silberlösung wird schon in der Kälte reduziert. Von zuckerhaltigem Harn ist Alkaptonharn durch negativen Ausfall der Gärprobe zu unterscheiden. Die Alkaptonurie beruht auf der Anreicherung von 2, 5-Dioxyphenylessigsäure[8], der sog. Homogentisinsäure, im Harn, die nach der Oxydation zur entsprechenden chinoiden Form in einen dunklen, in seiner Struktur noch nicht aufgeklärten Farbstoff umgewandelt wird. Die gleiche Stoffwechselstörung liegt offenbar der sog. *Ochronose* zugrunde[9]. Es handelt sich um eine zuerst von Virchow[10] beschriebene dunkle Verfärbung der Knorpel, insbesondere des Ohres und der Gelenke, oft

[1] Jervis, G. A., R. J. Block, D. Bolling and E. Kanze: J. biol. Ch. **134**, 105 (1940). — [2] Sealock, R. R., and H. E. Silberstein: J. biol. Ch. **135**, 251 (1940). — Sealock, R. R., J. D. Perkinson jr. and D. H. Basinski: J. biol. Ch. **140**, 153 (1941). — [3] Sealock, R. R. and H. E. Silberstein: Science, N. Y. **90**, 517 (1939). — [4] Lan, T. H., and R. R. Sealock: J. biol. Ch. **155**, 483 (1944). — s. a. Rienits, K. G.: J. biol. Ch. **182**, 11 (1950). — [5] Levine, S. Z., E. Marples and H. H. Gordon: J. clin. Invest. **20**, 199, 209 (1941). — Levine, S. Z., M. Dann and E. Marples: J. clin. Invest. **22**, 551 (1943). — [6] Fölling, A.: H. **227**, 169 (1934). — Dann, M., E. Marples, and S. Z. Levine: J. clin. Invest. **22**, 78 (1943). — [7] Boedeker, C.: Z. ration. Med. (3) **7**, 130 (1859). A. **117**, 98 (1861). — [8] Wolkow, M., u. E. Baumann: H. **15**, 228 (1891). — [9] Albrecht, H., u. E. Zdarek: Z. Heilkde. **23** (N. F. 3), 366, 379 (1902). — Osler, W.: Lancet **1904 I**, 10. — Clemens, P.: Verh. Kongr. inn. Med. **24**, 249 (1907). — Allard, E., u. O. Gross: Mitt. Grenzgeb. Med. Chir. **19**, 24 (1909). — Gross, O. u. E. Allard: Z. klin. Med. **64**, 359 (1907). — [10] Virchow, R.: Virchows Arch. **37**, 212 (1866).

begleitet von arthritischen Veränderungen der Gelenke. Obwohl Alkaptonurie und Ochronose sehr oft gemeinsam auftreten, wurden sie auch unabhängig voneinander beobachtet[1, 2]. Letztere tritt nur in schweren Fällen von Alkaptonurie in Erscheinung[3], kann sich aber auch auf Grund anderer Störungen entwickeln[1].

Die Tatsache, daß bei eiweißreicher Kost die Ausscheidung der Homogentisinsäure vermehrt ist, ließ vermuten, daß der Abbau der cyclischen Aminosäuren damit in Zusammenhang steht[4]. Tatsächlich führt Verabreichung von Tyrosin[5] und Phenylalanin[6] zu einer Mehrausscheidung. Tryptophan hingegen kommt als Vorstufe der Homogentisinsäure nicht in Betracht[7].

Vitamin B_{12} beeinflußt die Homogentisinsäurebildung nicht[8].

Die Umwandlung von Phenylalanin und Tyrosin in Homogentisinsäure verläuft vermutlich über folgende Abbaustufen:

α) Oxydation zum Dioxybenzolderivat. Während die Oxydation des Phenylalanins zum entsprechenden 2, 5-Dioxyphenylderivat leicht möglich erscheint, ist bei der Oxydation des Tyrosins zu berücksichtigen, daß die Homogentisinsäure die Hydroxylgruppen im Gegensatz zum Tyrosin in Ortho- und Meta-Stellung enthält. Da die Reduktion des Tyrosins zu Phenylalanin außer Betracht fällt (vgl. S. 979), bleibt als weitere Möglichkeit nur noch die Verschiebung der in Para-Stellung sich befindenden Hydroxylgruppe[9]. Neuerdings ist es gelungen, 2, 5-Dioxyphenylalanin als Zwischenprodukt nachzuweisen[10].

β) Desaminierung und Decarboxylierung. Die Abspaltung des Stickstoffs erfolgt wahrscheinlich durch oxydative Desaminierung; denn sowohl Verabreichung von Phenylbrenztraubensäure als auch von p-Oxyphenylbrenztraubensäure bewirken beim Alkaptonuriker eine vermehrte Homogentisinsäureausscheidung[11, 12]. Neben Phenyl- und p-Oxyphenylmilchsäure erweisen sich eine große Anzahl anderer Phenylderivate als wirkungslos (Phenylpropionsäure, Zimtsäure, Phenyl-β-milchsäure, Phenylglycerinsäure usw.)[11, 13]. Die entstandene 2,5-Dioxyphenylbrenztraubensäure kann durch oxydative Decarboxylierung, eine Reaktion, die auch am Abbau anderer Aminosäuren beteiligt ist (vgl. S. 928), in die Homogentisinsäure übergeführt werden.

c) Die Bedeutung der Homogentisinsäure als normales Stoffwechselzwischenprodukt. Viele Beobachtungen weisen darauf hin, daß die Homogentisinsäure normalerweise als Zwischenprodukt des Phenylalanin- und Tyrosinabbaues auftritt, so daß angenommen werden muß, daß es sich bei der Alkaptonurie lediglich um eine Abbaustörung der Homogentisinsäure handelt. So konnte in zahlreichen Untersuchungen gezeigt werden, daß der normale Organismus imstande ist, auch größere Mengen zugeführter Homogentisinsäure zu verwerten. Der Alkaptonuriker hingegen scheidet den Großteil verabreichter Homogentisinsäure unverändert im Harn aus[14]. Phenylalanin, Tyrosin und Homogentisin-

---

[1] POULSEN, V.: M. m. W. **1912 I**, 364. — [2] OPPENHEIMER, B. S., and B. S. KLINE: Arch. internal Med., Chicago **29**, 732 (1921). — [3] FÜRBRINGER, P.: Berlin. klin. Wschr. **1875**, 313, 330. — MORACZEWSKI, W. v.: Zbl. inn. Med. **17**, 177 (1896). — UMBER, F., u. M. BÜRGER: D. m. W. **1913 II**, 2337. — [4] OGDEN, H. V.: H. **20**, 280 (1895). — STANGE, P.: Virchows Arch. **146**, 86 (1896). — [5] WOLKOW, M., u. E. BAUMANN: H. **15**, 228 (1891). — [6] FALTA, W., u. L. LANGSTEIN: H. **37**, 513 (1902/03). — [7] GARROD, A. E.: Inborn Errors of Metabolism. 2. Aufl. London 1923. — NEUBAUER, O.: Dtsch. Arch. klin. Med. **95**, 211 (1909). — [8] FLASCHENTRÄGER, B., A. HALAWANI u. J. NABEH: Kli. Wo. **1954**, 131. — [9] MEYER, E.: Dtsch. Arch. klin. Med. **70**, 443 (1901). — FRIEDMANN, E.: Hofmeisters Beitr. **11**, 304 (1908). — [10] NEUBERGER, A., C. RIMINGTON and J. M. G. WILSON: Biochem. J. **41**, 438 (1947). — [11] NEUBAUER, O., u. W. FALTA: H. **42**, 81 (1904). — [12] NEUBAUER, O.: Dtsch. Arch. klin. Med. **95**, 211 (1909). — [13] EMBDEN, H.: H. **18**, 304 (1894). — KOTAKE, Y., Z. MATSUOKA u. M. OKAGAWA: H. **122**, 166 (1922). — [14] EMBDEN, H.: H. **18**, 304 (1894). — FALTA, W.: Dtsch. Arch. klin. Med. **81**, 231 (1904). — NEUBAUER, O.: Dtsch. Arch. klin. Med. **95**, 211 (1909). — FROMHERZ, K., u. L. HERMANNS: H. **91**, 194 (1914).

säure liefern insofern dieselben Abbauprodukte, als alle drei Substanzen in der durchströmten Leber Aceton bilden[1] (vgl. u.). DAKIN[2] weist jedoch darauf hin, daß der tierische Organismus imstande ist, unter Umständen aromatische Verbindungen direkt zu spalten, wie beispielsweise p-Methylphenylalanin und p-Methoxyphenylalanin. Diese Beobachtung kann nicht als Gegenbeweis gelten, sondern sie zeigt, daß möglicherweise noch andere physiologische Abbauwege bestehen.

d) Bildung von Acetonkörpern. Phenylalanin und Tyrosin gehören in die Gruppe der sog. ketoplastischen Aminosäuren. Am phlorrhizindiabetischen Hund[3], im Leberdurchströmungsversuch[1] und in Versuchen[4] an Gewebsschnitten liefern beide Aceton. Bei der phlorrhizindiabetischen Ratte kommt es nach Verabreichung von Phenylalanin zur Ausscheidung von Acetessigsäure[5]. Für ihre Bildung kommen verschiedene Möglichkeiten in Betracht.

EMBDEN u. Mitarb.[1] vermuteten auf Grund der β-Oxydation eine oxydative Abspaltung der Seitenkette der intermediär entstehenden Homogentisinsäure und die nachfolgende oxydative Sprengung des Benzolringes. Als Stütze dieser Annahme kann die Tatsache angeführt werden, daß einerseits aus Benzol bei Hunden und Kaninchen Muconsäure entsteht[6], anderseits die überlebende Leber Muconsäure in Aceton überführt[7].

$$\text{Benzol} \longrightarrow \underset{\text{Muconsäure}}{\text{HOOC—CH=CH—CH=CH—COOH}} \longrightarrow \text{Acetonkörper}$$

Nach NEUBERG[8] erfolgt die Ringspaltung ohne vorherige Abspaltung der Seitenkette, so daß aus einem Molekül Homogentisinsäure 2 C_4-Bruchstücke entstehen würden.

Nach FELIX, ZORN u. Mitarb. kann L-Tyrosin ohne vorherige Desaminierung in Acetessigäure übergeführt werden[9]. Später wiesen sie nach, daß beim oxydativen Abbau von Tyrosin durch Leberbrei Alanin angereichert wird[10].

Untersuchungen mit Phenylalanin, das im Ring und in der Seitenkette isotopen Kohlenstoff enthält, zeigen jedoch, daß auch der Alaninrest an der Acetessigsäurebildung teilnimmt. Es wurde auch wahrscheinlich gemacht, daß der Carboxylkohlenstoff abgespalten wird[5,11]. Die Ergebnisse stehen somit in Übereinstimmung mit dem von NEUBERG[8] postulierten Abbaumechanismus.

Aus Isotopenversuchen geht hervor, daß Tyrosin sich auch am Aufbau der Glucose beteiligen kann. Nach Verfütterung von β-^{14}C-Tyrosin an phlorrhizindiabetischen Ratten ließ sich aus dem Harn radioaktive Glucose isolieren[12]. Bei der Hefe kann Glucose zum Aufbau des Tyrosins verwendet werden. Als Zwischenprodukt wird eine Triose gebildet[13].

---

[1] EMBDEN, G., H. SALOMON, u. F. SCHMIDT: Hofmeisters Beitr. 8, 129 (1906). — THANNHAUSER, S. J., u. W. MARKOWICZ: Kli. Wo. **1925 II**, 2093. — NEUBAUER, O., u. W. GROSS: H. **67**, 219 (1910). — SCHMITZ, E.: B. Z. **28**, 117 (1910). — EMBDEN, G., u. K. BALDES: B. Z. **55**, 301 (1913). — [2] DAKIN, H. D.: J. biol. Ch. **8**, 11 (1910). — [3] RINGER, A. J., u. G. LUSK: H. **66**, 106 (1910). — DAKIN, H. D.: J. biol. Ch. **14**, 321 (1913). — [4] EDSON, N. L.: Biochem. J. **29**, 2498 (1935). — [5] SCHEPARTZ, B., and S. GURIN: J. biol. Ch. **180**, 663 (1949). — [6] JAFFÉ, M.: H. **62**, 58 (1909). — [7] HENSEL, M., u. O. RIESSER: H. **88**, 38 (1913). — [8] NEUBERG, C.: Handb. Biochem. 1. Aufl. **4**/2, 370 (1910). — [9] FELIX, K., K. ZORN u. H. DIRR-KALTENBACH: H. **247**, 141 (1937). — ZORN, K.: H. **266**, 239 (1940). — [10] FELIX, K., u. K. ZORN: H. **268**, 257 (1941). — [11] s. a. LERNER, A. B.: J. biol. Ch. **181**, 281 (1949). — [12] SANADI, D. R., and D. M. GREENBERG: Arch. Biochem. **25**, 257 (1950). — [13] GILVARG, C., and K. BLOCH: J. biol. Ch. **193**, 339 (1951); **199**, 689 (1952).

Über die am Tyrosinabbau beteiligten Enzyme liegen neuere Untersuchungen vor. Es erscheint als gesichert, daß der Spaltung des Tyrosins eine Desaminierung durch Umaminierung vorausgeht[1, 2]. α-Ketoglutarsäure wirkt als Aminoacceptor. Für den vollständigen Abbau eines Tyrosinmoleküls werden 4 Sauerstoffatome benötigt[2]. Das Enzym findet sich im löslichen Lebereiweiß. p-Oxyphenylbrenztraubensäure und Homogentisinsäure werden vom gleichen Enzympräparat oxydativ abgebaut[2]. Als weiteres Zwischenprodukt kommt p-Oxyphenylessigsäure in Frage[3]. Ein den Ring der Homogentisinsäure spaltendes Enzympräparat wird aus löslichem Rattenlebereiweiß gewonnen[4]. Durch Alkoholfraktionierung läßt es sich in zwei Komponenten auftrennen. Die eine spaltet Homogentisinsäure zu 4-Fumarylacetessigsäure. Die andere zerlegt sie in Fumarsäure und Acetessigsäure[4]. Japanische Autoren berichten über ein tyrosinspaltendes Ferment, welches Phosphat und Eisen benötigt[5].

Die Beteiligung der Ascorbinsäure am Abbau des Tyrosins kommt auch in Enzymversuchen zum Ausdruck[5–7] (vgl. S. 981). Es ist noch ungeklärt, in welcher Form sie beteiligt ist[8]. Die Annahme von SEALOCK, daß Ascorbinsäure als Coenzym wirkt, scheint noch nicht erwiesen[7].

Am Tyrosinabbau scheinen, allerdings in noch völlig ungeklärter Form, Folsäure[9], Vitamin B_{12}[10] und ACTH[11] beteiligt zu sein.

e) Adrenalinbildung (s. a. Bd. 1, S. 538). Verschiedene Brenzkatechinderivate können im tierischen Organismus vollständig abgebaut werden[12]. Schon diese Beobachtung weist darauf hin, daß möglicherweise solche Verbindungen intermediär gebildet werden. Es gelingt in vitro Tyrosin in Dioxyphenylalanin[13] und Adrenalin[14] überzuführen. Letztere Beobachtung wird von anderen Autoren angezweifelt[15], wird jedoch auf Grund von Isotopenversuchen neuerdings bestätigt. Phenylalanin mit markiertem Carboxyl- und α-Kohlenstoff wird in vivo bei der Ratte in Adrenalin umgewandelt, wobei ausschließlich der endständige Kohlenstoff des entstandenen Adrenalins einen Isotopengehalt aufweist, woraus zu schließen ist, daß der Carboxylkohlenstoff des Phenylalanins abgespalten wird[16]. Es ist deshalb anzunehmen, daß Tyrosin über 3, 4-Dioxyphenylalanin durch Decarboxylierung, Methylierung und Hydrierung in Adrenalin übergeführt wird. Über die Reihenfolge dieser Einzelreaktionen ist allerdings nichts Sicheres bekannt.

---

[1] HIRD, F. J. R., and E. V. ROWSELL: Nature **166**, 517 (1950). — SCHEPARTZ, B.: J. biol. Ch. **193**, 293 (1951). — LE MAY-KNOX, M.: Biochem. J. **48**, XXII (1951). — LA DU BERT, N. jr.: Fed. Proc. **11**, 244 (1952). — [2] LA DU BERT, N. jr., and D. M. GREENBERG: J. biol. Ch. **190**, 245 (1951). — KNOX, W. E., and M. LE MAY-KNOX: Biochem. J. **49**, 686 (1951). — [3] ROKA, L.: 2. Int. Congr. Biochem. Paris S. 302, 1952. — KIRBERGER, E., u. T. BÜCHER: Biochim. biophysica Acta, N. Y. **8**, 294 (1952). — [4] RAVDIN, R, G., and D. I. CRANDALL: J. biol. Ch. **189**, 137 (1951). — [5] SUDA, M., and Y. TAKEDA: J. Biochem. **37**, 381 (1950). — SUDA, M., Y. TAKEDA, K. SUJISHI and T. TANAKA: J. Biochem. **37**, 461 (1950). — [6] KNOX, W. E., and M. LE MAY-KNOX: Biochem. J. **49**, 686 (1951). — [7] SEALOCK, R. R., R. L. GOODLAND, W. N. SUMERWELL and J. M. BRIERLY: J. biol. Ch. **196**, 761 (1952). — [8] SUDA, M., Y. TAKEDA, K. SUJISHI and T. TANAKA: Med. J. Osaka Univ. **2**, 79 (1951). — UDENFRIEND, S., C. T. CLARK, J. AXELROD and B. B. BRODIE: Fed. Proc. **11**, 300 (1952). — AXELROD, J., B. B. BRODIE and S. UDENFRIEND: Fed. Proc. **11**, 319 (1952). — [9] WOODRUFF, C. W., M. E. CHERRINGTON, A. K. STOCKELL and W. J. DARBY: J. biol. Ch. **178**, 861 (1949). — [10] GOVAN, C. D. jr., and H. H. GORDON: Science, N. Y. **109**, 332 (1949). — [11] LEVINE, S. Z., H. L. BARNETT, C. W. BIERMAN and H. MCNAMARA: Science, N. Y. **113**, 311 (1951). — [12] FROMHERZ, K., u. L. HERMANNS: H. **89**, 113; **91**, 194 (1914). — [13] RAPER, H. S., and A. WORMALL: Biochem. J. **17**, 454 (1923); **19**, 84 (1925). — [14] HALLE, W. L.: Hofmeisters Beitr. **8**, 276 (1906). — [15] EWINS, A. J., and P. P. LAIDLAW: J. Physiol., London **40**, 275 (1910). — [16] GURIN, S., and A. M. DELLUVA: J. biol. Ch. **170**, 545 (1947).

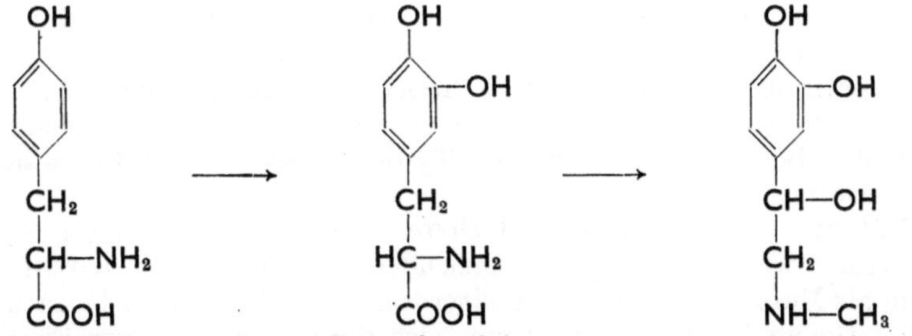

Tyrosin → Dioxyphenylalanin → Adrenalin

f) Melaninbildung. Obwohl es bis heute nicht eindeutig gelungen ist, zu beweisen, daß das Melanin sich von Phenylalanin und Tyrosin herleitet, liegen doch verschiedene Hinweise vor, welche diese Stoffwechselbeziehung wahrscheinlich machen. In vitro verursacht Tyrosinase Bildung von dunklem Pigment aus Tyrosin. Das Enzym wurde in pflanzlichem Material entdeckt[1] und später auch in tierischen Geweben aufgefunden[2]. Der Mechanismus dieser Umwandlung wurde vor allem durch RAPER[3] klargestellt. Er konnte zeigen, daß, wie schon von BLOCH[4] vermutet worden ist, als erstes Abbauprodukt 3, 4-Dioxyphenylalanin („Dopa") entsteht. Das entsprechende Chinon ist die nächste Abbaustufe. Durch Ringschluß und anschließende Oxydation kommt es zur Bildung eines Indolderivates, vermutlich des 5, 6-Chinons der Dioxy-dihydro-indolcarbonsäure. Sowohl die durch Umlagerung entstandene 5, 6-Dioxyindolcarbonsäure als auch das 5, 6-Dihydroxyindol geben in alkalischem Milieu Melanin.

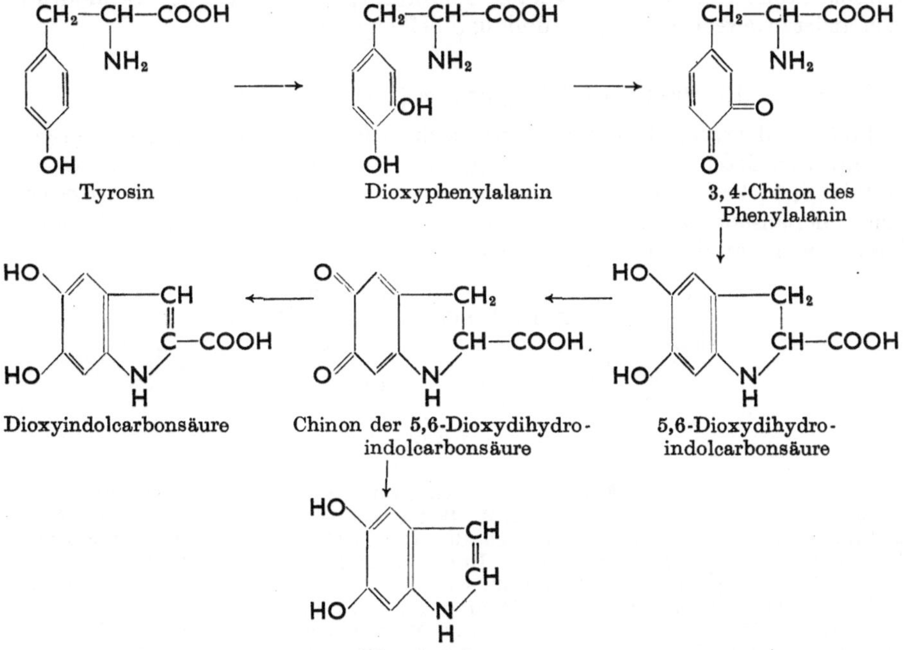

Tyrosin → Dioxyphenylalanin → 3, 4-Chinon des Phenylalanin → 5,6-Dioxydihydro-indolcarbonsäure → Chinon der 5,6-Dioxydihydro-indolcarbonsäure → Dioxyindolcarbonsäure; Chinon der 5,6-Dioxydihydro-indolcarbonsäure → Dioxyindol

[1] BERTRAND, G.: Cr. **122**, 1215 (1896). — [2] Zusammenfassende Darstellung: RAPER, H. S.: Ergebn. Enzymforsch. **1**, 270 (1932). — [3] RAPER, H. S., and A. WORMALL: Biochem. J. **17**, 454 (1923); **19**, 84 (1925). — HAPPOLD, F. C., and H. S. RAPER: Biochem. J. **19**, 92 (1925). — RAPER, H. S., and H. B. SPEAKMAN: Biochem. J. **20**, 69 (1926). — RAPER, H. S.: Biochem. J. **20**, 735 (1926); **21**, 89 (1927). — [4] BLOCH, B.: H. **98**, 226 (1916/17).

Für die Beteiligung der Tyrosinase an der Melaninbildung in vivo spricht die Tatsache, daß bei fehlender Pigmentbildung (Albinos und Viteligo) auch keine Tyrosinasewirkung vorhanden ist, während bei pathologischer Pigmentbildung (Melanome) im allgemeinen eine solche sich nachweisen läßt[1]. In gleichem Sinne spricht die Beobachtung, daß der Tyrosingehalt des Blutes während der Lichteinwirkung abnimmt[2].

g) Bildung von Dijodtyrosin und Thyroxin (s. a. Bd. **1**, S. 536 u. 609). Schon HARINGTON[3] wies auf Grund eingehender Untersuchungen darauf hin, daß Tyrosin als Muttersubstanz für Dijodtyrosin bzw. Thyroxin in Betracht kommt. Als Bestätigung dieser Annahme lassen sich durch Jodierung von Eiweißkörpern Stoffe gewinnen, welche Thyroxinwirkung besitzen[4].

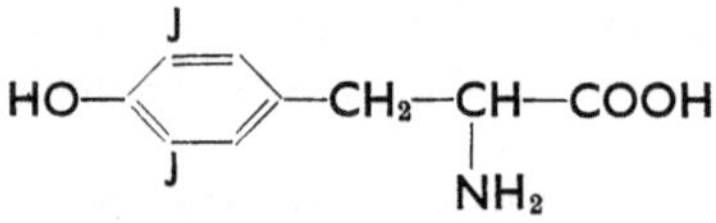

$$HO-C_6H_2J_2-CH_2-CH(NH_2)-COOH \qquad HO-C_6H_2J_2-O-C_6H_2J_2-CH_2-CH(NH_2)-COOH$$

Dijodtyrosin 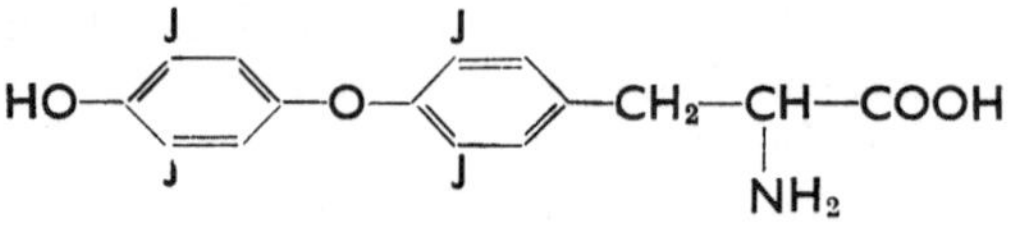 Thyroxin

Nach Hydrolyse der so behandelten Eiweißkörper kann aus dem Hydrolysat Thyroxin isoliert werden. In solchen Modellversuchen ist es auch möglich, unter milden Bedingungen freies Tyrosin oder Dijodtyrosin in Thyroxin überzuführen[5]. Sowohl in Versuchen an Gewebsschnitten als auch nach intraperitonealer Injektion kann die Bindung von radioaktivem anorganischem Jod an Thyroxin bei der Ratte nachgewiesen werden[6]. Diese Synthese gelingt auch bei thyreoidektomierten Ratten, woraus hervorgeht, daß neben der Schilddrüse auch andere Gewebe zur Thyroxinbildung befähigt sind[7].

10. Prolin und Oxyprolin (s. a. Bd. 1, S. 553).

Prolin und Oxyprolin unterscheiden sich in ihrem Aufbau von den übrigen Aminosäuren dadurch, daß sie keine primäre Aminogruppe besitzen. Trotzdem wird das D(+)-Prolin von der D-Aminosäureoxydase unter Bildung der α-Keto-δ-aminovaleriansäure abgebaut[8]. Es entsteht somit dieselbe Ketosäure, die auch durch den Abbau des D-Ornithins sich bildet.

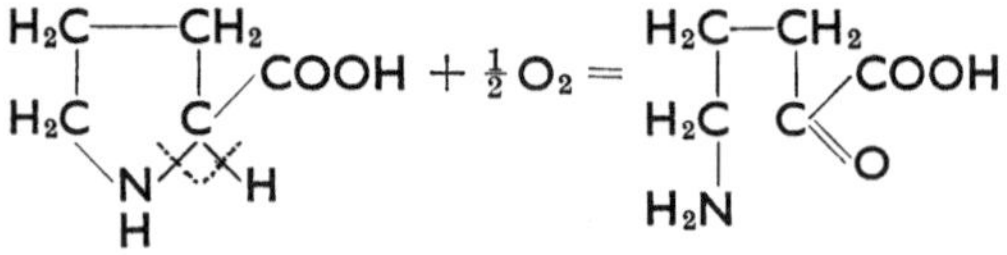

$$\text{Prolin} + \tfrac{1}{2}O_2 = H_2N-CH_2-CH_2-CH_2-CO-COOH$$

Prolin α-Keto-δ-aminovaleriansäure

[1] NIKLAS, F.: M. m. W. **1914 I**, 1332. — GESSARD, C.: C. R. Soc. Biol. **54**, 1304 (1902). Cr. **136**, 1086 (1903). — GROSS, O.: D. m. W. **1919 I**, 488. — NEUBERG, C.: Virchows Arch. **192**, 514 (1908). — ALSBERG, C. L.: J. med. Res. **16**, 117 (1907). — CSÁKI, L.: Z. ges. exp. Med. **29**, 273 (1922). — OBERNDORFER, S.: Ergebn. Path. **19**, 2. Abt., 57 (1921). — [2] ROTHMAN, S.: Z. ges. exp. Med. **36**, 398 (1923). Kli. Wo. **1923 I**, 881. — [3] HARINGTON, C. R.: Biochem. J. **20**, 293, 300 (1926). — HARINGTON, C. R., and W. MCCARTNEY: Biochem. J. **21**, 852 (1927). — [4] LUDWIG, W., u. P. v. MUTZENBECHER: H. **258**, 195 (1939). — LERMAN, J., and W. T. SALTER: Endocrinology **25**, 712 (1939). — [5] HARINGTON, C. R., and R. V. P. RIVERS: Nature **144**, 205 (1939). Biochem. J. **39**, 157 (1945). — BLOCK, P. jr.: J. biol. Ch. **135**, 51 (1940). — [6] MORTON, M. E., and I. L. CHAIKOFF: J. biol. Ch. **147**, 1 (1943). — PERLMAN, I., M. E. MORTON and I. L. CHAIKOFF: Endocrinology **30**, 487 (1942). — [7] MORTON, M. E., I. L. CHAIKOFF, W. O. REINHARDT and E. ANDERSON: J. biol. Ch. **147**, 757 (1943). — [8] STRAUB, F. B.: Nature **141**, 603 (1938). — KREBS, H. A.: Enzymologia **7**, 53 (1939).

Die natürliche Form des Prolins wird von Hirnschnitten je nach Versuchsbedingungen in α-Ketoglutarsäure, Glutaminsäure oder Glutamin umgewandelt. WEIL-MALHERBE und KREBS[1] vermuten folgende Reaktionsfolge:

$$\text{Prolin} + O_2 \rightarrow \text{Glutaminsäure} \begin{cases} + NH_3 \rightarrow \text{Glutamin} \\ + \frac{1}{2}O_2 \rightarrow \alpha\text{-Ketoglutarsäure} + NH_3 \end{cases}$$

Verfütterung von mit Deuterium und ^{15}N markiertem Prolin hat diese Befunde insofern bestätigt, als sich aus dem Körpereiweiß isotopenhaltige Glutaminsäure isolieren läßt[2]. TAGGART u. KRAKAUR[3] vermuten Pyrrolincarbonsäure und Glutamin-γ-halbaldehyd als Zwischenstufen. VOGEL u. DAVIS[4] konnten bei einer Mutanten von E. coli zeigen, daß beim umgekehrten Vorgang der Umwandlung von Glutaminsäure in Prolin Δ^3-Pyrrolin-5-carbonsäure entsteht.

Das Oxyprolin kann aus Prolin gebildet werden, was einerseits durch Verfütterung von markiertem Prolin[2], anderseits im Ausscheidungsversuch[5] an der Ratte nachgewiesen worden ist. Der umgekehrte Vorgang ist offenbar nicht möglich. Auch ist das Oxyprolin kein Zwischenprodukt bei der Glutaminsäurebildung aus Prolin[1].

Die Umwandlung von Prolin in Glutaminsäure steht in Übereinstimmung mit der Beobachtung, daß Prolin in Glucose übergehen kann[6,7]. Auch aus Oxyprolin soll Zucker entstehen[7]. In Versuchen an Leberschnitten wurde die Bildung von Ketonkörpern aus Oxyprolin beobachtet[8].

Im Gegensatz zum Prolin hat das Oxyprolin als Eiweißbaustein nur untergeordnete Bedeutung. Beide Aminosäuren gehören zu den entbehrlichen Aminosäuren[9], was auch auf Grund ihrer Stoffwechselbeziehung zu Glutaminsäure und Ornithin zu erklären ist.

11. Tryptophan (s. Bd. 1, S. 540).

(Strukturformel: Indol-3-yl—CH_2—CH(NH_2)—COOH)

Schon HOPKINS u. Mitarb.[10] erkannten das Tryptophan als essentielle Aminosäure, deren Fehlen bei der Ratte ausgeprägte Mangelerscheinungen hervorruft. Diese Beobachtung wurde in zahlreichen Nachprüfungen bestätigt[11]. Tryptophan kann weder in Aceton noch in erheblichem Ausmaß[12] in Glucose übergeführt werden[13].

a) Abbau zu Kynurensäure und Xanthurensäure (s. a. Bd. 1, S. 544). Die ersten Anhaltspunkte über den Stoffwechsel des Tryptophans ergeben sich aus der Beobachtung, daß im Hundeharn und demjenigen des südamerikanischen Steppenwolfes sog. Kynurensäure (γ-Oxychinolin-α-carbonsäure) ausgeschieden

[1] WEIL-MALHERBE, H., and H. A. KREBS: Biochem. J. **29**, 2077 (1935). — [2] STETTEN, M. R., and R. SCHOENHEIMER: J. biol. Ch. **153**, 113 (1944). — [3] TAGGART, J. V., and R. B. KRAKAUR: J. biol. Ch. **177**, 641 (1949). — [4] VOGEL, H. J., and B. D. DAVIS: Am. Soc. **74**, 109 (1952). — [5] WISS, O.: Helv. **32**, 149 (1949). — [6] DAKIN, H. D.: Oxidations and Reductions in the Animal Body. S. 75. London 1922. — [7] KAPFHAMMER, J., u. C. BISCHOFF: H. **172**, 251 (1927). — [8] EDSON, N. L.: Biochem. J. **29**, 2498 (1935). — [9] ST. JULIAN, R. R., and W. C. ROSE: J. biol. Ch. **98**, 445 (1932). — ROSE, W. C.: Physiol. Rev. **18**, 109 (1938). — [10] WILLCOCK, E. G., and F. G. HOPKINS: J. Physiol., London **35**, 88 (1906/07). — [11] ABDERHALDEN, E.: H. **77**, 22 (1912); **83**, 444 (1913); **96**, 1 (1915/16). — [12] s. a. S. 932. — [13] DAKIN, H. D.: J. biol. Ch. **14**, 321 (1913). — BORCHERS, R., C. P. BERG and N. E. WHITMAN: J. biol. Ch. **145**, 657 (1942).

wird[1]. Die Ausscheidung erwies sich als von der Fleischzufuhr abhängig[2,3]. Eiweiß mit unvollständiger Aminosäurezusammensetzung hat keine Erhöhung zur Folge[2]. ELLINGER[4] machte die wichtige Beobachtung, daß subcutan zugeführtes Tryptophan beim Hund eine Mehrausscheidung von Kynurensäure zur Folge hat. Auch beim Kaninchen und anderen Tierarten kann als Folge subcutaner Tryptophanverabreichung Kynurensäure im Harn nachgewiesen werden, obwohl diese Tiere sie normalerweise nicht ausscheiden[5]. Es liegt somit die Annahme nahe, daß diese Verbindung als Abbauprodukt des Tryptophans im Organismus entsteht. Eine große Anzahl von Untersuchungen beschäftigen sich mit der Frage, ob die Kynurensäure ein Endprodukt des Tryptophanabbaues ist oder ob sie als intermediäre Abbaustufe weiter umgesetzt wird[6]. Versuche mit Verabreichung von Kynurensäure ergaben beim Hund[7] keine eindeutigen Befunde, während das Kaninchen[7] und der Mensch[8] den Großteil der zugeführten Kynurensäure weiter abzubauen imstande sind.

Die Tatsache, daß Verfütterung von Indolbrenztraubensäure auch eine Kynurensäureausscheidung zur Folge hat, veranlaßt ELLINGER u. Mitarb.[9] anzunehmen, daß der Abbau des Tryptophans über diese Zwischenstufe führt; durch Ringspaltung sollte aus Indolbrenztraubensäure o-Amino-benzoyl-brenztraubensäure gebildet werden. Diese Annahme konnte nicht bestätigt werden, da sich das sog. Kynurenin als primäres Abbauprodukt des Tryptophans nachweisen ließ. Diese Verbindung wird nach parenteraler Tryptophanverabreichung aus Kaninchenharn isoliert[10]. KOTAKE u. Mitarb.[11] vermuten deshalb, daß die Kynurensäurebildung aus Tryptophan nicht durch oxydative Desaminierung unter Entstehung von Indolbrenztraubensäure eingeleitet wird. Die oben erwähnte Beobachtung, daß Indolbrenztraubensäureverfütterung auch zur Kynurensäurebildung führt, steht mit dieser Annahme nicht im Widerspruch; denn sowohl Indolbrenztraubensäure als auch Indolmilchsäure können im Wachstumsversuch das Tryptophan ersetzen, woraus hervorgeht, daß eine Aminierung zu Tryptophan möglich ist[12].

Die Bildung des Kynurenins aus Tryptophan erfolgt nach KOTAKE[11] über das Oxytryptophan; durch Dehydrierung entsteht das sog. Prokynurenin, welches durch Ringspaltung mit Hilfe der sog. Tryptophanpyrrolase[13] in o-Amino-phenacyl-aminoessigsäure (Kynurenin) übergeführt wird. Die Vorstellung über

---

[1] LIEBIG, J.: A. **86**, 125 (1853). — HOMER, A.: J. biol. Ch. **17**, 507 (1914). — [2] ECKHARD, G.: A. **97**, 358 (1856). — [3] SCHMIDT, A.: Diss. med. Königsberg 1884. — [4] ELLINGER, A.: H. **43**, 325 (1904/05). — [5] MATSUOKA, Z., u. N. YOSHIMATSU: H. **143**, 206 (1925). — MATSUOKA, Z., S. TAKEMURA u. N. YOSHIMATSU: H. **143**, 199 (1925). — ICHIHARA, K., u. S. GOTO: H. **243**, 256 (1936). — [6] FÜRTH, O., u. F. LIEBEN: B. Z. **122**, 58 (1921). — FÜRTH, O.: Ergebn. Physiol. **24**, 52 (1925). — MENDEL, L. B., and H. C. JACKSON: Amer. J. Physiol. **2**, 1 (1898). — MENDEL, L. B., and E. C. SCHNEIDER: Amer. J. Physiol. **5**, 427 (1901). — [7] HAUSER, A.: A. e. P. P. **36**, 1 (1895). — SOLOMIN, P.: H. **23**, 497 (1897). — HOMER, A.: J. biol. Ch. **22**, 391 (1915). — [8] HAUSER, A.: A. e. P. P. **36**, 1 (1895). — FÜRTH, O., u. F. LIEBEN: B. Z. **122**, 58 (1921). — [9] ELLINGER, A., u. Z. MATSUOKA: H. **109**, 259 (1920). — s. a. MATSUOKA, Z., and S. TAKEMURA: J. Biochem. **1**, 175 (1922). — [10] MATSUOKA, Z., u. N. YOSHIMATSU: H. **143** 206 (1925). — [11] KOTAKE, Y., u. J. IWAO: H. **195**, 139 (1931). — KOTAKE, Y, u. M. KIYOKAWA: H. **195**, 147 (1931). — KOTAKE. Y., u. G. SHICHIRI: H. **195**, 152 (1931). — KOTAKE, Y.: H. **195**, 158 (1931). Ergebn. Physiol. **37**, 245 (1935). — SHICHIRI, G., u. M. KIYOKAWA: H. **195**, 166 (1931). — KOTAKE, Y., u. K. ICHIHARA: **195**, 171 (1931). — ICHIHARA, K., S. OTANI u. J. TSUJIMOTO: H. **195**, 179 (1931). — KOTAKE, Y., u. H. SAKATA: H. **195**, 184 (1931). — OKAGAWA, Y., u. M. TATSUI: H. **195**, 192 (1931). — ICHIHARA, K., u. N. IWAKURA: H. **195**, 202 (1931). — MATSUOKA, Z., u. T. NAKAO: H. **195**, 208 (1931). — KOTAKE, Y., u. T. MASAYAMA: H. **243**, 237 (1936). — [12] JACKSON, R. W., and J. P. CHANDLER: Ann. Rev. 8, 249 (1939). — [13] ITAGAKI, C., u. Y. NAKAYAMA: H. **270**, 83 (1941).

diese Abbaufolge vereinfachte sich bedeutend, nachdem es BUTENANDT[1] gelang, durch Synthese dem Kynurenin die richtige Formel zuzuerteilen. Es handelt sich um o-Amino-benzoyl-aminopropionsäure. Auch BUTENANDT[1] nimmt an, daß als erstes Abbauprodukt α-Oxytryptophan, das von WIELAND u. WITKOP[2] aus Knollenblätterpilzgift isoliert wird, entsteht. Die Umwandlung des Kynurenins in Kynurensäure wird auf Grund dieser Ergebnisse folgendermaßen formuliert:

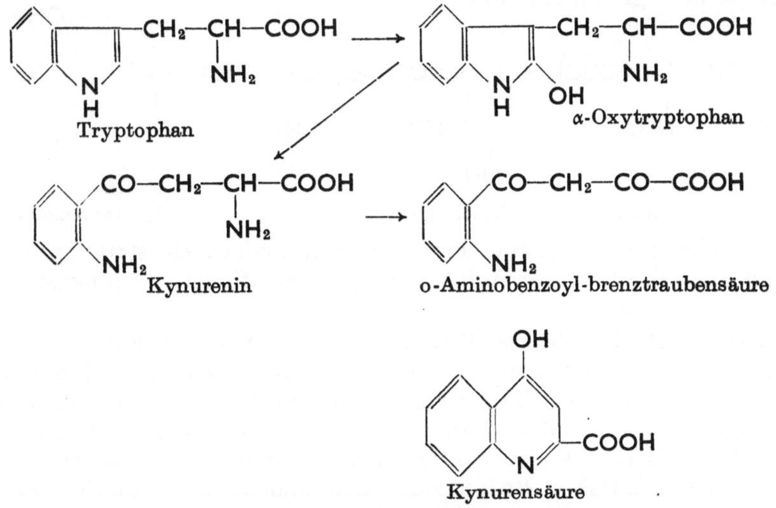

Tryptophan → α-Oxytryptophan

Kynurenin → o-Aminobenzoyl-brenztraubensäure

Kynurensäure

In neuester Zeit beschäftigten sich KNOX u. MEHLER[3] eingehend mit dem Spaltungsmechanismus des Tryptophans zu Kynurenin; sie nehmen an, daß, wie aus folgendem Schema hervorgeht, verschiedene Enzyme an der Umwandlung beteiligt sind und Formylkynurenin als Zwischenprodukt entsteht.

$$\text{Tryptophan} + H_2O_2 \xrightarrow{\text{Peroxydase}} [\text{Tryptophan } O_x] \xrightarrow[\text{Oxydase}]{O_2} \text{Formylkynurenin} + H_2O.$$

α-Oxytryptophan scheint nicht als primäres Oxydationsprodukt zu entstehen; denn dieses wird von den Tryptophan oxydierenden Fermenten nicht angegriffen und liefert im Tierversuch nicht die typischen Tryptophanabbauprodukte[4]. In Übereinstimmung damit stehen neue Beobachtungen von BUTENANDT an Insekten (vgl. S. 994) sowie von SAKAN u. HAYAISHI[5] an Pseudomonas.

Obwohl es bisher nicht gelungen ist, die o-Aminobenzoylbrenztraubensäure als Zwischenprodukt zu fassen, kann mit großer Wahrscheinlichkeit angenommen werden, daß sie intermediär durch Umaminierung entsteht. Mit Enzympräparaten, die aus Leber und Niere gewonnen wurden, läßt sich zeigen, daß die Kynurensäurebildung aus Kynurenin an die Gegenwart von Brenztraubensäure oder α-Ketoglutarsäure gebunden ist[6]. Pyridoxal-5-phosphat wirkt als Coenzym dieser Transaminase[7].

Der Abbau des Tryptophans zu Kynurensäure über Kynurenin wurde durch Isotopenversuche bestätigt. Markierter β-Kohlenstoff des Tryptophans läßt sich

[1] BUTENANDT, A., W. WEIDEL, R. WEICHERT u. W. v. DERJUGIN: H. 279, 27 (1943). — BUTENANDT, A., W. WEIDEL u. W. v. DERJUGIN: Naturwiss. 30, 51 (1942). — [2] WIELAND, H., u. B. WITKOP: A. 543, 171 (1940). — [3] KNOX, W. E., and A. H. MEHLER: J. biol. Ch. 187, 419 (1950). — MEHLER, A. H., and W. E. KNOX: J. biol. Ch. 187, 431 (1950). — [4] DALGLIESH, C. E., W. E. KNOX and A. NEUBERGER: Nature 168, 20 (1951). — MASON, M., and C. P. BERG: J. biol. Ch. 188, 783 (1951). — [5] SAKAN, T., and O. HAYAISHI: J. biol. Ch. 186, 177 (1950). — [6] WISS, O.: Z. Naturforsch. 7b, 133 (1952). — [7] WISS, O.: H. 293, 106 (1953).

nach Verfütterung dieser Verbindung als β-Kohlenstoff des Kynurenins und als Bestandteil der Kynurensäure nachweisen[1]. ^{15}N des Indolringes findet sich im Kynurenin, in der Kynurensäure und in der sog. Xanthurensäure[2] (vgl. S. 994).

Neben der Kynurensäure kann, wie aus Ausscheidungsversuchen hervorgeht, aus Tryptophan auch *Xanthurensäure* gebildet werden[3]: sie entsteht analog der Kynurensäure aus Oxykynurenin[9], das von BUTENANDT aus Insektenlarven isoliert worden ist (vgl. Bd. **1**, S. 544).

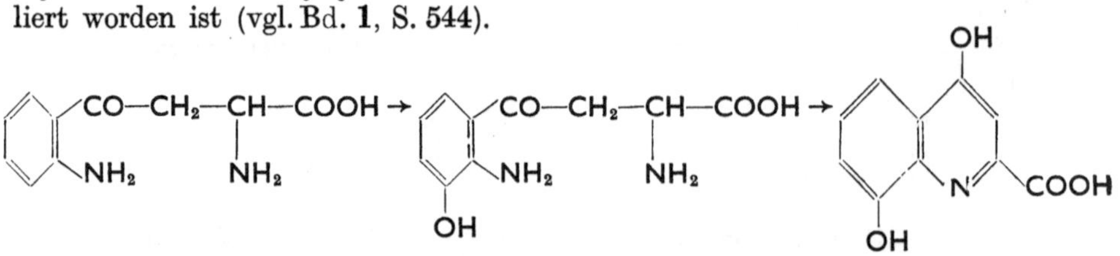

CO—CH_2—CH—COOH, NH_2, NH_2 → CO—CH_2—CH—COOH, NH_2, NH_2, OH → OH, N, COOH, OH

Kynurenin Oxykynurenin Xanthurensäure

Eine Umwandlung in Pyrrol bzw. Protoporphyrin findet nicht statt; Indol wird kaum gespalten, der Indolstickstoff des Tryptophans findet sich hingegen auch in anderen Aminosäuren[2].

b) Abbau zu Anthranilsäure. KOTAKE u. Mitarb.[4] beschrieben als weiteres Abbauprodukt nach Verfütterung von Tryptophan an Katzen die Anthranilsäure. Im Leberbrei läßt sich nach Zusatz von Kynurenin Anthranilsäure nachweisen. Es wird angenommen, daß diese Verbindung über o-Aminobenzoylbrenztraubensäure durch oxydativen Abbau der Seitenkette entsteht. Unabhängig voneinander beschrieben WISS[5] u. BRAUNSTEIN[6] eine andere Abbaureaktion. Es läßt sich zeigen, daß neben der Anthranilsäure aus Kynurenin eine äquivalente Menge Alanin entsteht, so daß folgender Spaltungsmechanismus sich daraus ergibt:

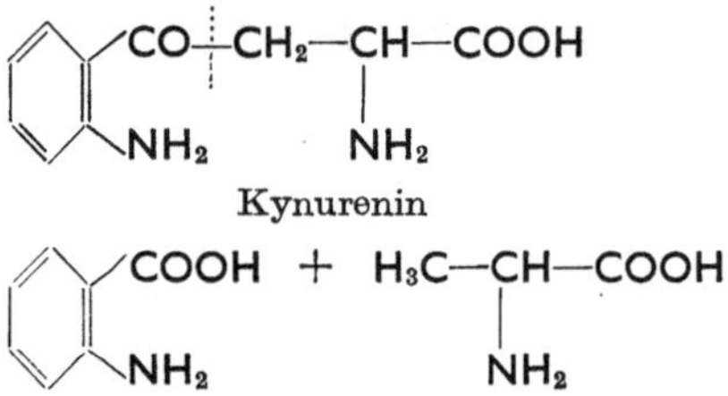

CO⋮CH_2—CH—COOH, NH_2, NH_2

Kynurenin

COOH, NH_2 + H_3C—CH—COOH, NH_2

Anthranilsäure Alanin

Das für die Spaltung verantwortliche Enzym findet sich hauptsächlich in der Leber; es ist wasserlöslich und spezifisch auf die L-Form des Kynurenins eingestellt. Die Spaltung erfolgt auch unter anaeroben Bedingungen und ist von der Gegenwart von Phosphationen abhängig[7].

DALGLIESH u. Mitarb.[8] vermuten, daß der Alaninabspaltung aus Kynurenin eine cyclische Transaminierung zugrunde liegt. Nach der Desaminierung des

[1] HEIDELBERGER, C., M. E. GULLBERG, A. F. MORGAN and S. LEPKOVSKY: J. biol. Ch. **175**, 471 (1948). — [2] SCHAYER, R. W.: J. biol. Ch. **187**, 777 (1950). — [3] MUSAJO, L.: Atti Accad. naz. Lincei (6) **21**, 368 (1935). — MUSAJO, L., u. M. MINCHILLI: B. **74** (B), 1839 (1941). — MUSAJO, L., e F. M. CHIANCONE: Atti Accad. naz. Lincei (6) **21**, 468 (1935). Gazz. chim. ital. **67**, 218 (1937). — [4] KOTAKE, Y., u. S. ŌTANI: H. **214**, 1 (1933). — KOTAKE, Y., T. YORITAKA u. S. ŌTANI: H. **270**, 68 (1941). — KOTAKE, Y., u. Y. NAKAYAMA: H. **270**, 76 (1941). — ITAGAKI, C., u. Y. NAKAYAMA: H. **270**, 83 (1941). — [5] WISS, O., u. F. HATZ: Helv. **32**, 532 (1949). — WISS, O., F. HATZ u. G. VIOLLIER: Helv. physiol. Acta **7**, C 29 (1949). — [6] BRAUNSTEIN, A. E., E. V. GORYACHENKOVA u. T. S. PASKHINA: Biochimija, Moskau **14**, 163 (1949). — [7] WISS, O.: Helv. **32**, 1694 (1949). — [8] DALGLIESH, C. E., W. E. KNOX and A. NEUBERGER: Nature **168**, 20 (1951). — [9] WISS, O.: Z. Naturforsch. **7**b, 133 (1952).

Kynurenins zur α-Ketosäure soll unter Abspaltung von Brenztraubensäure Anthranilsäure entstehen. Durch Umaminierung der Brenztraubensäure mit Kynurenin würde Alanin gebildet. Durch präparative Trennung des Kynurenin spaltenden vom umaminierten Enzym wurde durch WISS[1] nachgewiesen, daß Alanin durch direkte Abspaltung der Kynureninseitenkette gebildet wird. In Übereinstimmung damit finden STANIER u. Mitarb.[2], daß bei Pseudomonas fluorescens die Anthranilsäure unabhängig von der Kynurensäure gebildet wird.

c) Abbau zu Nicotinsäure. Die ersten Anhaltspunkte für diese Stoffwechselbeziehungen ergeben sich aus Untersuchungen über die Ätiologie der Pellagra (s. Bd. 2/2, Vitamine). Nachdem ELVEHJEM u. Mitarb.[3] den Nicotinsäuremangel als wesentliche Ursache der experimentellen Pellagra erkannt hatten, ist es seinem Arbeitskreis[4] einige Jahre später gelungen, nachzuweisen, daß neben Nicotinsäure auch Tryptophan das Auftreten von Mangelerscheinungen im Tierversuch verhindern kann. In zahlreichen Untersuchungen wurde diese Beobachtung an Hand von Ausscheidungsversuchen bestätigt. Es läßt sich nämlich nach Verfütterung von Tryptophan bei verschiedenen Tierarten und auch beim Menschen eine erhöhte Ausscheidung von $N_{(1)}$-Methylnicotinsäure-amid, von sog. Trigonellinamid bzw. von Nicotinsäureamid feststellen[5]. Im Überschuß zugeführte Nicotinsäure führt zu den gleichen Ausscheidungsprodukten[6]. Schließlich wird auch der direkte Beweis für die Umwandlung von Tryptophan in Nicotinsäure durch Verfütterung von mit ^{14}C markiertem Tryptophan erbracht. Das $C_{(3)}$ des Indolringes wird als Carboxylkohlenstoff in der ausgeschiedenen Nicotinsäure wiedergefunden[7] (s. a. Bd. 2/2 sowie Bd. 1, S. 544).

Die erhebliche strukturelle Verschiedenheit von Tryptophan und Nicotinsäure läßt vermuten, daß die Umwandlung in mehreren Stufen erfolgt.

Untersuchungen von BEADLE u. Mitarb. über Wachstumsfaktoren von Neurospora-Mutanten trugen wesentlich zur Lösung dieses Problems bei. Im Gegensatz zur wilden Form von Neurospora crassa, die auf einfachen Glucose-Salz-Nährböden gedeiht, benötigen durch Röntgen- oder UV-Bestrahlung erzeugte Mutanten

---

[1] WISS, O.: Z. Naturforsch. 7b, 133 (1952). H. **293**, 106 (1953). — [2] STANIER, R. Y., and O. HAYAISHI: Science, N. Y. **114**, 326 (1951). — [3] ELVEHJEM, C. A., R. J. MADDEN, F. M. STRONG and D. W. WOOLLEY: J. biol. Ch. **123**, 137 (1938). — [4] KREHL, W. A., L. J. TEPLY, P. S. SARMA and C. A. ELVEHJEM: Science, N. Y. **101**, 489 (1945). — KREHL, W. A., P. S. SARMA and C. A. ELVEHJEM: J. biol. Ch. **162**, 403 (1946). — KREHL, W. A., J. DE LA HUERGA and C. A. ELVEHJEM: J. biol. Ch. **164**, 551 (1946). — KREHL, W. A., P. S. SARMA, L. J. TEPLY and C. A. ELVEHJEM: J. Nutrit. **31**, 85 (1946). — s. a. SINGAL, S. A., V. P. SYDENSTRICKER and J. M. LITTLEJOHN: J. biol. Ch. **176**, 1051 (1948). — SCHWEIGERT, B. S., and P. B. PEARSON: J. biol. Ch. **172**, 485 (1948). — SALMON, W. D.: J. Nutrit. **33**, 155 (1947). — HUNDLEY, J. M.: J. Nutrit. **34**, 253 (1947). — WISS, O., G. VIOLLIER u. M. MÜLLER: Helv. **33**, 771 (1950). — [5] ROSEN, F., J. W. HUFF and W. A. PERLZWEIG: J. biol. Ch. **163**, 343 (1946). — PERLZWEIG, W. A., F. ROSEN, N. LEVITAS and J. ROBINSON: J. biol. Ch. **167**, 511 (1947). — ROSEN, F., and W. A. PERLZWEIG: J. biol. Ch. **177**, 163 (1949). — SINGAL, S. A., A. P. BRIGGS, V. P. SYDENSTRICKER and J. M. LITTLEJOHN: J. biol. Ch. **166**, 573 (1946). — SCHWEIGERT, B. S., P. B. PEARSON and W. C. WILKENING: Arch. Biochem. **12**, 139 (1947). — SCHWEIGERT, B. S., and P. B. PEARSON: J. biol. Ch. **168**, 555 (1947). — SPECTOR, H.: J. biol. Ch. **173**, 659 (1948). — HUNDLEY, J. M., and H. W. BOND: J. biol. Ch. **173**, 513 (1948). Arch. Biochem. **21**, 313 (1949). — KALLIO, R. E., and C. P. BERG: J. biol. Ch. **181**, 333 (1949). — GEIGER, E., E. B. HAGERTY and H. D. GATCHELL: Arch. Biochem. **23**, 315 (1949). — SNYDERMAN, S. E., K. C. KETRON, R. CARRETERO and L. E. HOLT jr.: Proc. Soc. exp. Biol. Med. **70**, 569 (1949). — [6] HUFF, J. W., W. A. PERLZWEIG, R. FORTH and F. SPILMAN: J. biol. Ch. **142**, 401 (1942). — HUFF, J. W., and W. A. PERLZWEIG: J. biol. Ch. **150**, 395 (1943). — JOHNSON, B. C., T. S. HAMILTON and H. H. MITCHELL: J. biol. Ch. **159**, 231 (1945). — [7] HEIDELBERGER, C., M. E. GULLBERG, A. F. MORGAN and S. LEPKOVSKY: J. biol. Ch. **175**, 471 (1948); **179**, 143 (1949). — HEIDELBERGER, C., E. P. ABRAHAM and S. LEPKOVSKY: J. biol. Ch. **176**, 1461 (1948); **179**, 151 (1949).

Nicotinsäure oder Tryptophan als Wachstumsfaktoren[1]. Es zeigt sich nun, daß auch Kynurenin[2] und 3-Oxyanthranilsäure[3] die Nicotinsäure ersetzen können, so daß angenommen werden muß, daß die Umwandlung über diese Zwischenstufen erfolgt. Es gelang auch, Kynurenin und 3-Oxyanthranilsäure als Abbauprodukte des Tryptophans zu isolieren[4,5].

Während die 3-Oxyanthranilsäure sich in analog durchgeführten Tierversuchen als Ersatz für Nicotinsäure als geeignet erwies[6], sind entsprechende Untersuchungen mit Kynurenin anfänglich negativ verlaufen[7]. Es konnte jedoch bei nicotinsäurefrei ernährten Ratten eine eindeutige Wachstumswirkung nachgewiesen werden, wenn das Kynurenin im Gegensatz zu den ersten Untersuchungen täglich verabreicht wird[8]. Eine weitere Schwierigkeit ergibt sich aus der Beobachtung, daß die Anthranilsäure unwirksam ist[9], so daß der oben beschriebene Abbau[10] des Kynurenins zu Anthranilsäure und Alanin als Teilreaktion der Umwandlung des Tryptophans in Nicotinsäure nicht in Betracht kommt. Weitere Untersuchungen über die Spezifität der „Kynureninase" ergeben jedoch, daß nicht nur Kynurenin, sondern auch andere α-Amino-γ-ketosäuren, vor allem aber das von BUTENANDT[11] aus biologischem Material isolierte 3-Oxykynurenin, in analoger Weise gespalten werden[12], so daß vermutlich vor der Abspaltung von Alanin das Kynurenin zu Oxykynurenin oxydiert wird und so die 3-Oxyanthranilsäure entsteht. Ergebnisse von Fütterungsversuchen mit markiertem Tryptophan stehen in Übereinstimmung mit der Annahme der Alaninabspaltung; es zeigt sich nämlich, daß sowohl das β-[13] als auch das Carboxylkohlenstoffatom[14] des Tryptophans sich in der ausgeschiedenen Nicotinsäure nicht mehr vorfinden. ^{14}C in Form von β-Kohlenstoff des Tryptophans verabreicht, findet sich in der Glucose, in den Amino-dicarbonsäuren, in Serin und Alanin[15]. Diese Befunde decken sich mit der Annahme einer intermediären Bildung von Alanin. In Unkenntnis der Untersuchungen über den enzymatischen Abbau des Oxykynurenins in Oxyanthranilsäure und Alanin[12] vermutete GREENBERG einen Abbau über die o-Amino-m-oxybenzoyl-brenztraubensäure und o-Amino-m-oxy-benzoylessigsäure[15].

Der Umwandlungsmechanismus der 3-Oxyanthranilsäure in Nicotinsäure ist noch weitgehend unklar. Die Tatsache, daß an Ratten verabreichte Chinolinsäure eine Mehrausscheidung von $N_{(1)}$-Methylnicotinsäureamid zur Folge[16] hat, daß Tryptophanzufuhr beim Tier zur Ausscheidung von Chinolinsäure führt[17] und daß diese Verbindung auch in Rattenleberschnitten aus 3-Oxyanthranilsäure

[1] BEADLE, G. W., and E. L. TATUM: Amer. J. Bot. **32**, 678 (1945). — BONNER, D., and G. W. BEADLE: Arch. Biochem. **11**, 319 (1946). — [2] BEADLE, G. W., H. K. MITCHELL and J. F. NYC: Proc. nat. Acad. Sci. USA **33**, 155 (1947). — [3] MITCHELL, H. K., and J. F. NYC: Proc. nat. Acad. Sci. USA **34**, 1 (1948). — [4] BONNER, D.: Proc. nat. Acad. Sci. USA **34**, 5 (1948). — [5] YANOFSKY, C., and D. BONNER: Proc. nat. Acad. Sci. USA **36**, 167 (1950). — [6] MITCHELL, H. K., J. F. NYC and R. D. OWEN: J. biol. Ch. **175**, 433 (1948). — [7] ROSEN, F., J. W. HUFF and W. A. PERLZWEIG: J. Nutrit. **33**, 561 (1947). — KREHL, W. A., and D. BONNER: Unveröff. Versuche [KREHL, W. A.: Vitamins & Hormones **7**, 140 (1949)]. — [8] WISS, O., G. VIOLLIER u. M. MÜLLER: Helv. **33**, 771 (1950). — [9] KREHL, W. A., L. M. HENDERSON, J. DE LA HUERGA and C. A. ELVEHJEM: J. biol. Ch. **166**, 531 (1946). — [10] WISS, O., u. F. HATZ: Helv. **32**, 532 (1949). — WISS, O., F. HATZ u. G. VIOLLIER: Helv. physiol. Acta **7**, C 29 (1949). — BRAUNSTEIN, A. E., E. V. GORYACHENKOVA u. T. S. PASKHINA: Biochimija, Moskau **14**, 163 (1949). — [11] BUTENANDT, A., W. WEIDEL u. H. SCHLOSSBERGER: Z. Naturforsch. 4b, 242 (1949). — [12] WISS, O., u. H. FUCHS: Helv. **32**, 2553 (1949). Exper. **6**, 472 (1950). — [13] HEIDELBERGER, C., M. E. GULLBERG, A. F. MORGAN and S. LEPKOVSKY: J. biol. Ch. **175**, 471 (1948). — [14] HUNDLEY, J. M., and H. W. BOND: Arch. Biochem. **21**, 313 (1949). — [15] SANADI, D. R., and D. M. GREENBERG: Arch. Biochem. **25**, 323 (1950). — [16] ELLINGER, P., G. FRAENKEL and M. M. ABDEL KADER: Biochem. J. **41**, 559 (1947). — [17] HENDERSON, L. M., G. B. RAMASARMA and B. C. JOHNSON: J. biol. Ch. **181**, 731 (1949). — s. a. SCHAYER, R. W., and L. M. HENDERSON: J. biol. Ch. **195**, 657 (1952). — HENDERSON, L. M., and H. M. HIRSCH: J. biol. Ch. **181**, 667 (1949).

entsteht[1], scheint dafür zu sprechen, daß Chinolinsäure ein Zwischenprodukt ist. Sie hat jedoch bei Nicotinsäuremangeltieren einen viel geringeren Wachstumseffekt als 3-Oxyanthranilsäure und Tryptophan[2], so daß ihre Bedeutung für den tierischen Organismus vorläufig nicht abgeklärt ist[3]. Bei Neurosporamutanten erwies sich die Chinolinsäure als Nicotinsäureersatz unwirksam[4]. Andere Neurospora-Mutanten können jedoch die Chinolinsäure an Stelle der Nicotinsäure verwerten[5]. Die Umwandlung von Tryptophan in Nicotinsäure kann somit zusammenfassend wie folgt dargestellt werden (s. a. Bd. 1, S. 544):

Tryptophan ($-CH_2-CH(NH_2)-COOH$; Ring-NH) → Formylkynurenin ($-CO-CH_2-CH(NH_2)-COOH$; $-NH-CHO$) → Kynurenin ($-CO-CH_2-CH(NH_2)-COOH$; $-NH_2$)

Kynurenin ↓ 3-Oxykynurenin ($-CO-CH_2-CH(NH_2)-COOH$; $-NH_2$; $-OH$) ← 3-Oxyanthranilsäure ($-COOH$; $-NH_2$; $-OH$) ← Zwischenprodukt? ← Nicotinsäure ($-COOH$; N)

3-Oxyanthranilsäure ↓ Chinolinsäure ($-COOH$; $-COOH$; N) ·········→ Nicotinsäure

d) **Vitamin B_6 und Nicotinsäurebildung.** Verschiedene Beobachtungen weisen darauf hin, daß die Umwandlung von Tryptophan in Nicotinsäure mit dem Vitamin B_6 in Zusammenhang steht. So wurde in zahlreichen Untersuchungen festgestellt, daß bei B_6-Mangelratten einerseits die Kynurenin- bzw. die Xanthurensäureausscheidung erhöht[6], anderseits die Ausscheidung der Nicotinsäure bzw. ihrer Derivate nach Tryptophanbelastung gegenüber dem Normaltier verringert war[7]. Weniger eindeutige Befunde ergaben Untersuchungen mit Tryptophanbelastung beim Menschen[8]. Aus vergleichenden Untersuchungen über die

[1] Schweigert, B. S., and M. M. Marquette: J. biol. Ch. **181**, 199 (1949). — Henderson, L. M., and G. B. Ramasarma: J. biol. Ch. **181**, 687 (1949). — s. a. Bokman, A. H., and B. S. Schweigert: J. biol. Ch. **186**, 153 (1950). Arch. Biochem. **33**, 270 (1951). — [2] Henderson, L. M.: J. biol. Ch. **181**, 677 (1949). — [3] Krehl, W. A., D. Bonner and C. Yanofsky: J. Nutrit. **41**, 159 (1950). — [4] Bonner, D. M., and C. Yanofsky: Proc. nat. Acad. Sci. USA **35**, 576 (1949). — [5] Yanofsky, C. and D. M. Bonner: J. biol. Ch. **190**, 211 (1951). — [6] Lepkovsky, S., E. Roboz and A. J. Haagen-Smit: J. biol. Ch. **149**, 195 (1943). — Cartwright, G. E., M. M. Wintrobe, P. Jones, M. Lauritsen and S. Humphreys: Bull. Johns Hopkins Hosp. **75**, 35 (1944). — Miller, E. C., and C. A. Baumann: J. biol. Ch. **159**, 173 (1945). — Axelrod, H. E., A. F. Morgan and S. Lepkovsky: J. biol. Ch. **160**, 155 (1945). — Porter, C. C., I. Clark and R. H. Silber: J. biol. Ch. **167**, 573 (1947). Arch. Biochem. **18**, 339 (1948). — Greenberg, L. D., D. F. Bohr, H. McGrath and J. F. Rinehart: Arch. Biochem. **21**, 237 (1949). — [7] Rosen, E., J. W. Huff and W. A. Perlzweig: J. Nutrit. **33**, 561 (1947). — Schweigert, B. S., and P. B. Pearson: J. biol. Ch. **168**, 555 (1947). — Bell, G. H., B. T. Scheer and H. J. Deuel jr.: J. Nutrit. **35**, 239 (1948). — Ling, C.-T., D. M. Hegsted and F. J. Stare: J. biol. Ch. **174**, 803 (1948). — [8] Sarett, H. P., and G. A. Goldsmith: J. biol. Ch. **177**, 461 (1949); **182**, 679 (1950). — Sarett, H. P.: J. biol. Ch. **182**, 659, 671, 691 (1950).

Wirksamkeit des kynureninspaltenden Enzyms, gewonnen einerseits aus Leber von Vitamin B_6-Mangelratten, anderseits aus solchen von normalen Tieren, geht hervor, daß bei Vitamin B_6-Mangel die Enzymwirksamkeit herabgesetzt ist. Zusatz von Vitamin B_6 vor allem in Form des Pyridoxalphosphats zu Fermentlösungen, gewonnen aus Mangelratten, hat eine Reaktivierung zur Folge[1]. Mit Enzympräparaten aus der Leber normaler Tiere wurde der Nachweis erbracht, daß das Pyridoxal-5-phosphat das Coferment des Kynurenin und Oxykynurenin spaltenden Fermentes ist[2]. Durch wiederholte Ammoniumsulfatfällungen und erschöpfende Dialyse wird die vollständige Inaktivierung erreicht, die durch Zusatz geringer Mengen Pyridoxal-5-phosphat aufgehoben werden kann. Pyridoxal-3-phosphat erwies sich als unwirksam. Die erwähnten Befunde über vermehrte Xanthurensäure- und Kynureninausscheidung und verminderte Nicotinsäurebildung bei Vitamin B_6-Mangel lassen sich auf Grund dieser Beobachtungen folgendermaßen erklären: Durch die herabgesetzte Wirksamkeit der Kynureninase ist die Oxyanthranilsäure- und damit auch die Nicotinsäurebildung verringert, es wird Kynurenin bzw. Oxykynurenin im Organismus angereichert, und es kann aus Oxykynurenin in vermehrtem Maße Xanthurensäure gebildet werden.

e) Die Beteiligung der Darmflora an der Nicotinsäuresynthese (s. a. S. 194). In eingehenden Untersuchungen wiesen ELLINGER u. Mitarb.[3] nach, daß die Darmflora Nicotinsäure bilden kann. Viele Beobachtungen[4] weisen auch darauf hin, daß so gebildete Nicotinsäure dem tierischen Organismus zugänglich ist; so konnte z. B. ELLINGER[4] feststellen, daß nach Inaktivierung der Darmflora durch Succinylsulfothiazol die N^1-Methylnicotinamidausscheidung im Harn durch Tryptophanzufuhr hervorgerufen, auf einen Bruchteil des Normalwertes absinkt. Die Tatsache, daß auch parenteral verabreichtes Tryptophan oder dessen Abbauprodukte die Nicotinsäure ersetzen können, zeigt jedoch, daß auch ohne Einfluß der Darmflora die Umwandlung stattfindet[5].

f) Pigmentbildung aus Tryptophanabbauprodukten bei Insekten (s. a. Bd. 1, S. 544). Der Tryptophanabbau findet durch Untersuchungen über die „genabhängige" Pigmentbildung bei Insekten[6] neuartiges Interesse. Es gelang nämlich BUTENANDT u. Mitarb.[7] nachzuweisen, daß Kynurenin imstande ist, bei einer helläugigen Rasse von Drosophila melanogaster und einer rotäugigen Rasse der Mehlmotte Ephestia Kühniella Pigmentbildung auszulösen. Außer Kynurenin[7] könnte auch 3-Oxykynurenin (cn^+-Stoff)[8] als Substrat für die Pigmentbildung dienen. Auch TATUM, BEADLE u. HAAGEN-SMIT[9] riefen mit Tryptophanabbau-

---

[1] WISS, O., u. H. THOELEN: Helv. physiol. Acta **8**, C 42 (1950). — BRAUNSTEIN, A. E., E. V. GORYACHENKOVA u. T. S. PASKHINA: Biochimija, Moskau **14**, 163 (1949). — [2] WISS, O.: Z. Naturforsch. **7**b, 133 (1952). H. **293**, 106 (1953). — [3] ELLINGER, P., R. A. COULSON and R. BENESCH: Nature **154**, 270 (1944). — ELLINGER, P., R. BENESCH and W. W. KAY: Lancet **248**, 432 (1945). — [4] ELLINGER, P., and M. M. ABDEL KADER: Nature **160**, 675 (1947). — ELLINGER, P.: Biochem. J. **41**, 308 (1947). — NAJJAR, V. A., L. E. HOLT jr., G. A. JOHNS, G. C. MEDAIRY and G. FLEISCHMANN: Proc. Soc. exp. Biol. Med. **61**, 371 (1946).— TEPLY, L. J., W. A. KREHL and C. A. ELVEHJEM: Amer. J. Physiol. **148**, 91 (1947). — [5] MITCHELL, H. K., J. F. NYC and R. D. OWEN: J. biol. Ch. **175**, 433 (1948). — ROSEN, F., and W. A. PERLZWEIG: J. biol. Ch. **177**, 163 (1949). — WISS, O., G. VIOLLIER u. M. MÜLLER: Helv. **33**, 771 (1950). — [6] Zusammenfassende Darstellung: BECKER, E.: Naturwiss. **26**, 433 (1938). — KÜHN, A.: Nachr. Akad. Wiss. Göttingen, math.-physikal. Kl. **1941**, 231. — [7] BUTENANDT, A., W. WEIDEL u. E. BECKER: Naturwiss. **28**, 63 (1940). (Neuerdings hat sich ergeben, daß α-Oxytryptophan keine Wirksamkeit besitzt. Die früheren positiven Befunde sind darauf zurückzuführen, daß α-Oxytryptophan sich spontan zu Kynurenin zersetzt.) — BUTENANDT, A., H. HELLMANN u. G. HANSER: H. **289**, 225 (1952). — BUTENANDT, A., W. WEIDEL, R. WEICHERT u. W. v. DERJUGIN: H. **279**, 27 (1943). — [8] BUTENANDT, A., W. WEIDEL u. H. SCHLOSSBERGER: Z. Naturforsch. **4**b, 242 (1949). — [9] TATUM, E. L.: Proc. nat. Acad. Sci. USA **25**, 486 (1939). — TATUM, E. L., and G. W. BEADLE: Science, N. Y. **91**, 458 (1940). — TATUM, E. L., and A. J. HAAGEN-SMIT: J. biol. Ch. **140**, 575 (1941).

produkten Pigmentbildungen hervor und sind mit BUTENANDT der Auffassung, daß Kynurenin der wirksame Bestandteil ist. Nach BUTENANDT lassen sich die bisherigen Kenntnisse über diese Abbaufolge des Tryptophans folgendermaßen zusammenfassen:

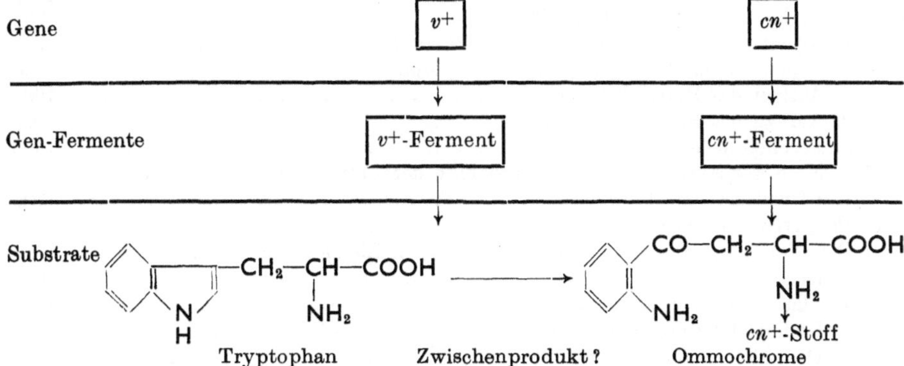

Neuere Untersuchungen von BUTENANDT u. Mitarb.[1] machen es wahrscheinlich, daß es sich bei den Ommochromen um Verbindungen vom Phenyl-chinonimin-Typus handelt.

g) Tryptophanstoffwechsel bei Mikroorganismen. Der Stoffwechsel der Mikroorganismen gewinnt im Hinblick auf den Stoffwechsel des Säugers immer mehr an Bedeutung. Es zeigt sich immer mehr, daß oft eine gute Übereinstimmung besteht, so daß häufig Beobachtungen, die an Mikroorganismen gewonnen wurden, in unveränderter Form sich auf den Säugerorganismus übertragen lassen. Es existieren aber auch Abbaufolgen, die für einzelne Mikroorganismen charakteristisch sind.

Im Jahre 1875 beobachtete KÜHNE[2], daß aus Eiweißstoffen durch bakterielle Zersetzung Indol gebildet wird. Später wurde erkannt, daß Indol aus Tryptophan entsteht[3]. Ausführliche Untersuchungen wurden mit E. coli durchgeführt[4]. Durch HAPPOLD u. Mitarb.[5] sowie WOOD u. Mitarb.[6] wurde der Reaktionsmechanismus geklärt. Tryptophan wird in einem Reaktionsschritt auf anaerobem Wege in Indol, Brenztraubensäure und Ammoniak gespalten. Pyridoxal-5-phosphat wirkt als Coferment.

Eingehende Untersuchungen liegen über den Tryptophanstoffwechsel bei Neurospora crassa vor. Sie haben wesentlich dazu beigetragen, den Tryptophanabbau im tierischen Organismus zu ergründen. Tryptophan wird über Kynurenin, 3-Oxykynurenin, 3-Oxyanthranilsäure in Nicotinsäure umgewandelt (vgl. S. 993, sowie Bd. **1**, S. 544).

Neurospora ist im Gegensatz zum Säugetierorganismus zur Synthese des Tryptophans befähigt. Sie verläuft über Anthranilsäure[7] und Indol[8]. Indol und Serin werden mit Hilfe von Pyridoxal-5-phosphat zu Tryptophan kondensiert[8].

[1] BUTENANDT, A.: Angew. Chem. **65**, 519 (1953). — [2] KÜHNE, W.: B. **8**, 206 (1875). — [3] HOPKINS, F. G., and S. W. COLE: J. Physiol., London **29**, 451 (1903). — [4] WOODS, D. D.: Biochem. J. **29**, 640, 649 (1935). — [5] HAPPOLD, F. C., and L. HOYLE: Biochem. J. **29**, 1918 (1935). — BAKER, J. W., and F. C. HAPPOLD: Biochem. J. **34**, 657 (1940). — DAWES, E. A., J. DAWSON and F. C. HAPPOLD: Biochem. J. **41**, 426 (1947). Nature **159**, 645 (1947). — DAWES, E. A., and F. C. HAPPOLD: Biochem. J. **44**, 349 (1949). — [6] WOOD, W. A., I. C. GUNSALUS and W. W. UMBREIT: J. biol. Ch. **170**, 313 (1947). — [7] NYC, J. F., H. K. MITCHELL, E. LEIFER and W. H. LANGHAM: J. biol. Ch. **179**, 783 (1949). — PARTRIDGE, C. W. H., D. M. BONNER and C. YANOFSKY: J. biol. Ch. **194**, 269 (1952). — [8] TATUM, E. L., and D. M. BONNER: J. biol. Ch. **151**, 349 (1943). — MITCHELL, H. K., and J. LEIN: J. biol. Ch. **175**, 481 (1948). — UMBREIT, W. W., W. A. WOOD and I. C. GUNSALUS: J. biol. Ch. **165**, 731 (1946).

6. Der Stoffwechsel der Porphyrine.

Von W. SIEDEL.

Inhaltsverzeichnis.

In Bd. **1** (S. 845—946) des vorliegenden Werkes ist die Chemie der Porphyrine und ihrer Abkömmlinge, der Gallenfarbstoffe, eingehend dargelegt worden. Insbesondere wurde auch das Vorkommen der verschiedenen physiologisch und pathologisch so bedeutsamen Pyrrolfarbstoffe geschildert und auch schon auf den Porphyrinstoffwechsel Bezug genommen (s. Bd. **1**, S. 900—904). Auch die neueren Ergebnisse über den Abbau des Blutfarbstoffes wurden geschildert.

Hier sollen, da der Bd. **1** im wesentlichen schon 1949/50 abgeschlossen war, ergänzend neuere Ergebnisse auf dem Gebiete der Porphyrinchemie gebracht werden. Insbesondere soll der Stoffwechsel der Porphyrine, vor allem auf Grund der neuesten Untersuchungen über die Biosynthese des Blutfarbstoffes, dargestellt werden.

a) Biosynthese des Blutfarbstoffes.

α) Isotopenversuche und Analyse des Protoporphyrins.

Die Biosynthese der Porphyrine hat schon seit langer Zeit das Interesse der Chemiker und Physiologen erweckt, und dementsprechend sind auch zahlreiche Hypothesen[1] zu diesem Thema aufgestellt worden. Sie haben aber alle nur noch

---

[1] BENTLEY, H. R.: Ann. Rep. Chem. Soc. **45**, 239 (1948). — MAITLAND, P.: Quart. Rev. chem. Soc. **4**, 45 (1950). — LEMBERG, R., and J. W. LEGGE: Hematin Compounds and Bile Pigments. S. 632. New York 1949.

historisches Interesse; denn stichhaltige experimentelle Beweise für den Chemismus der Porphyrinentstehung sind erst in den letzten sieben Jahren, sowohl von amerikanischer Seite (SHEMIN, RITTENBERG, WITTENBERG u. Mitarb.) wie von englischer (GRAY, NEUBERGER u. MUIR) erarbeitet worden.

Die Versuchsreihe wurde 1945 durch BLOCH, RITTENBERG u. PONTICORVO[1] eröffnet, die Deuteroacetat an Ratten oral verabreicht haben und in der Lage waren, Deuterium im Hämin nachzuweisen, das aus dem Blut der Versuchstiere dargestellt worden war.

Im Hinblick auf die bekannte biologische Umsetzung von Acetat zu Acetessigsäure[2] und auf die Rolle des Acetessigesters bei der Pyrrolsynthese nach KNORR glaubten sie damals, eine ähnliche Bildungsweise der Pyrrole in der Natur annehmen zu können.

Diese Ansicht wurde aber bald wieder aufgegeben, und zwar auf Grund der Befunde von SHEMIN u. RITTENBERG[3,4], die ^{15}N-markiertes Glycin sowohl an Menschen als auch an Ratten verabreichten und dann nachweisen konnten, daß der markierte Glycinstickstoff (^{15}N) im Protoporphyrin des Hämoglobins sowohl des Menschen als auch der Ratten eingebaut worden war. Der Vorgang verlief beim Menschen sogar sehr schnell[5]. Auch markierte Glutaminsäure, Prolin, Leucin und Ammoniak als Ammoniumcitrat wurden an Ratten verfüttert, da diese Substanzen entweder ebenfalls Pyrrolstruktur haben oder wie die Glutaminsäure durch Dehydratation in das Pyrrolringsystem übergeführt werden können. Schließlich wurden auch Acetylglycin und Serin zu diesen Versuchen benutzt. Wie die Tab. 305 zeigt, ist die Ausnutzung der Substanzen eine recht verschiedene. Der

Tabelle 305: ^{15}N-Konzentration im Hämin nach Fütterung von ^{15}N-Isotopenverbindungen an Ratten[6].

Verfütterte Verbindung	^{15}N Konz. im Hämin (Atom %-Überschuß)
Glycin	1,4
Ammoniumcitrat	0,09
Glutaminsäure	0,17
Prolin	0,16
Leucin	0,07
Acetylglycin	1,3
Serin	1,4

Einbau von Ammoniak, Glutaminsäure, Prolin und Leucin tritt gegenüber dem von Glycin (und auch von Acetylglycin und Serin) weit zurück, und man darf annehmen, daß diese Verbindungen keine biologischen Ausgangsmaterialien für die Porphyrinsynthese darstellen. Auffällig ist, daß Serin, das für gewöhnlich im Säugetierorganismus nicht in Glycin umgewandelt wird, in der Lage ist, bei der Protoporphyrinsynthese Glycin zu ersetzen. Schließlich wurde gefunden[7], daß Brenztraubensäure, nicht aber Aceton oder CO_2 für die Protoporphyrinsynthese verwendet wird. Tryptophan[8] und Asparaginsäure[9] erwiesen sich nicht als direkte Bausteine des Häms.

[1] BLOCH, K., and D. RITTENBERG: J. biol. Ch. **159**, 45 (1945). — PONTICORVO, L., D. RITTENBERG and K. BLOCH: J. biol. Ch. **179**, 839 (1949). — [2] s. z. B.: STOTZ, E.: Adv. Enzymol. **5**, 149 (1945). — [3] SHEMIN, D., and D. RITTENBERG: J. biol. Ch. **159**, 567 (1945); **166**, 621, 627 (1946). — [4] s. a. LEDERER, E.: Ann. Rev. **17**, 495 (1948). — [5] LONDON, I. M., D. SHEMIN, R. WEST and D. RITTENBERG: J. biol. Ch. **179**, 463 (1949). — [6] SHEMIN, D., and D. RITTENBERG: J. biol. Ch. **166**, 621 (1946). — [7] RADIN, N. S., D. RITTENBERG and D. SHEMIN: J. biol. Ch. **184**, 755 (1950). — [8] SCHAYER, R. W., G. L. FOSTER and D. SHEMIN: Fed. Proc. **8**, 248 (1949). — [9] WU, H., and D. RITTENBERG: J. biol. Ch. **179**, 847 (1949).

Weitere Befunde an Patienten mit Sichelzellenanämie sowie an isoliertem Entenblut[1] und Hundeblut[2] bestätigten die Ergebnisse mit dem ^{15}N-markierten Glycin. Dabei erwies sich das Entenblut für Versuche in vitro als bestes biologisches Medium[3] für das Studium der Hämentstehung, da die Hämbildung sich auch in dem isolierten Blut noch eine geraume Zeit vollzieht, wenn die nötigen Bausteine — in diesem Fall Glycin (und Acetate) — zugesetzt werden. Das Blut des Menschen ist zu einer in vitro-Hämbildung nur bei Sichelzellenanämie befähigt[4].

Vom ^{15}N-markierten Glycin ging man schließlich zum ^{14}C-markierten Glycin, und zwar zuerst zum $H_2N—^{14}CH_2—COOH$. Die Versuche von ALTMAN u. Mitarb.[5], die Ratten mit diesem Glycin fütterten, sprachen dafür, daß die CH_2-Gruppe des Glycins in das Häm eingebaut wird. Die Carboxylgruppe, deren Schicksal von GRINSTEIN u. Mitarb.[6] an Ratten und Hunden mit dem Glycin $H_2N—CH_2—^{14}COOH$ verfolgt wurde, erscheint nicht mit ihrem C-Atom im natürlichen Protoporphyrin. Die Carboxylgruppe des Glycins wird somit nicht für die Porphyrinbildung verwendet.

Daneben ergaben Versuche mit ^{14}C-markierter Essigsäure (bzw. Acetat), daß die Methylgruppen des Protoporphyrins und die β-C-Atome der CH_3-Gruppen tragenden Pyrrolringe von der Methylgruppe der Essigsäure abstammen, und daß die beiden Carboxylgruppen des Porphyrins von der Carboxylgruppe des Acetats abgeleitet werden können[7].

Aus diesen und weiteren ähnlichen Versuchen wurde schließlich eine vollständige Aufklärung[8] der Biosynthese des Protoporphyrins gewonnen. Der dabei beschrittene Weg ist folgender: Heparinisiertes Entenblut wird mit zweifach markiertem Glykokoll (Glycin) $^{15}NH_2—^{14}CH_2COOH$ 24 Std bei 37° bebrütet. Dabei wird von den Erythrocyten das markierte Glycin aufgenommen und zur Synthese von Protoporphyrin und Häm verwandt. Dieses wird dann als Hämin isoliert. Um für den folgenden Abbau[9] genügend Substanz einsetzen zu können, wird dieses markierte Hämin mit einer bestimmten Menge nichtmarkierten Hämins versetzt. Hierauf wird mit Eisen-Ameisensäure das Hämingemisch zum Protoporphyrin enteisent und letzteres katalytisch zum Mesoporphyrin hydriert, das nunmehr mit Chromsäure (vgl. Schema *I* und *II*, S. 999, 1000) zu Methyl-äthyl-maleinimid (Ringe *A* und *B*) und Hämatinsäure (Ringe *C* und *D*) oxydiert wird. Die Messungen an den weiteren Abbauprodukten zeigen, daß die Radioaktivität des ^{14}C allein auf die Carboxylgruppe der α-Ketobuttersäure und auf das Kohlendioxyd beschränkt ist, das sich bei der oxydativen Zerlegung des Porphyringerüstes von den die Ringe verbindenden Methingruppen ableitet. Nachdem die Aktivität der am Ende des Abbaus erhaltenen CO_2 nur 50% der gesamten Aktivität des Porphyrins beträgt, ist zu schließen, daß auch die Methinbrücken, die beim Abbau im allgemeinen nicht erfaßt werden, radioaktiv sind. Aus diesen Untersuchungen ergibt sich, daß die durch die Punkte (•) markierten 8 C-Atome des Protoporphyrins (Schema *II*) aus dem Glycin entstammen und weiter sämtliche vier N-Atome. — In weiteren analogen Untersuchungen ausgehend von Entenblut,

[1] LONDON, I. M., D. SHEMIN and D. RITTENBERG: J. biol. Ch. **173**, 797 (1948). — [2] GRINSTEIN, M., M. D. KAMEN and C. V. MOORE: J. Lab. clin. Med. **33**, 1478 (1948). — [3] SHEMIN, D., I. M. LONDON and D. RITTENBERG: J. biol. Ch. **183**, 757 (1950). — [4] LONDON, I. M., D. SHEMIN and D. RITTENBERG: J. biol. Ch. **183**, 749 (1950). — [5] ALTMAN, K. I., G. W. CASARETT, R. E. MASTERS, T. R. NOONAN and K. SALOMON: Fed. Proc. **7**, 2 (1948). J. biol. Ch. **176**, 319 (1948). — vgl. a. ALTMAN, K. I., K. SALOMON and T. R. NOONAN: J. biol. Ch. **177**, 489 (1949). — [6] GRINSTEIN, M., M. D. KAMEN and C. V. MOORE: J. biol. Ch. **174**, 767 (1948); **179**, 359 (1949). — [7] RADIN, N. S., D. RITTENBERG and D. SHEMIN: J. biol. Ch. **184**, 755 (1950). — [8] RADIN, N. S., D. RITTENBERG and D. SHEMIN: J. biol. Ch. **184**, 745 (1950). — [9] SHEMIN, D. and J. WITTENBERG: J. biol. Ch. **192**, 315 (1951).

das mit den Acetaten $H_3{}^{14}C$—COONa und H_3C—$^{14}COONa$ inkubiert worden war[1], und von Hämin aus dem Blute von Kaninchen und Ratten, die mit diesen Acetaten und mit den beiden isotop markierten Glycinen gefüttert worden waren[2], wurde gemäß dem Schema *II* der oxydative Abbau vorgenommen, und zwar in diesem Fall so, daß jedes einzelne C-Atom des Methyl-äthyl-maleinimids und der Hämatin-

Schema I

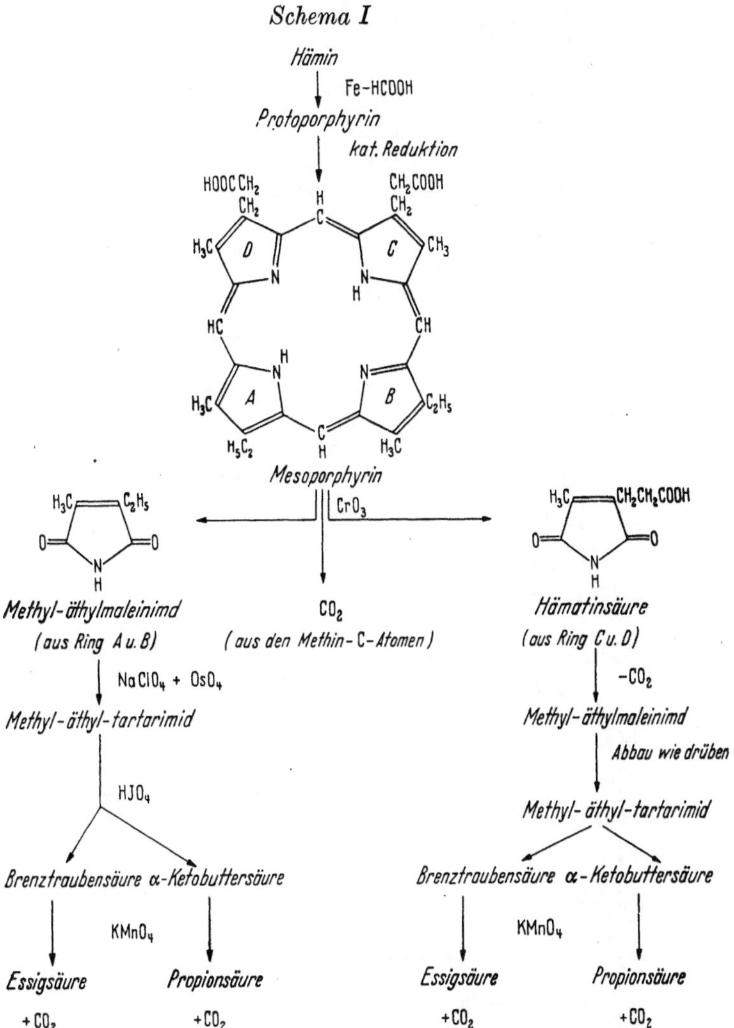

säure durch totalen Abbau der Substanzen bis zu CO_2 individuell getestet werden konnte. Dabei konnte bewiesen werden, daß alle C-Atome des Protoporphyrins, ausgenommen die acht, die sich vom Glycin ableiten (vgl. Schema *I*) aus dem Acetat entstammen. Die Methylgruppe der Essigsäure stellt mehr C-Atome für die Synthese als die Carboxylgruppe. Die Methylgruppe liefert die C-Atome 4, 6, 8, 9 in allen vier Ringen. Die C-Atome 3 und 5 in allen vier Ringen werden

[1] Shemin, D., and J. Wittenberg: J. biol. Ch. **192**, 315 (1951). — [2] Muir, H. M., and A. Neuberger: Biochem. J. **45**, 163 (1949); **47**, 97 (1950).

teils von der Methyl-, teils von der Carboxylgruppe des Acetats geliefert, ebenso die C-Atome C 10 und D 10 der Carboxylgruppe des Protoporphyrins.

Schema II

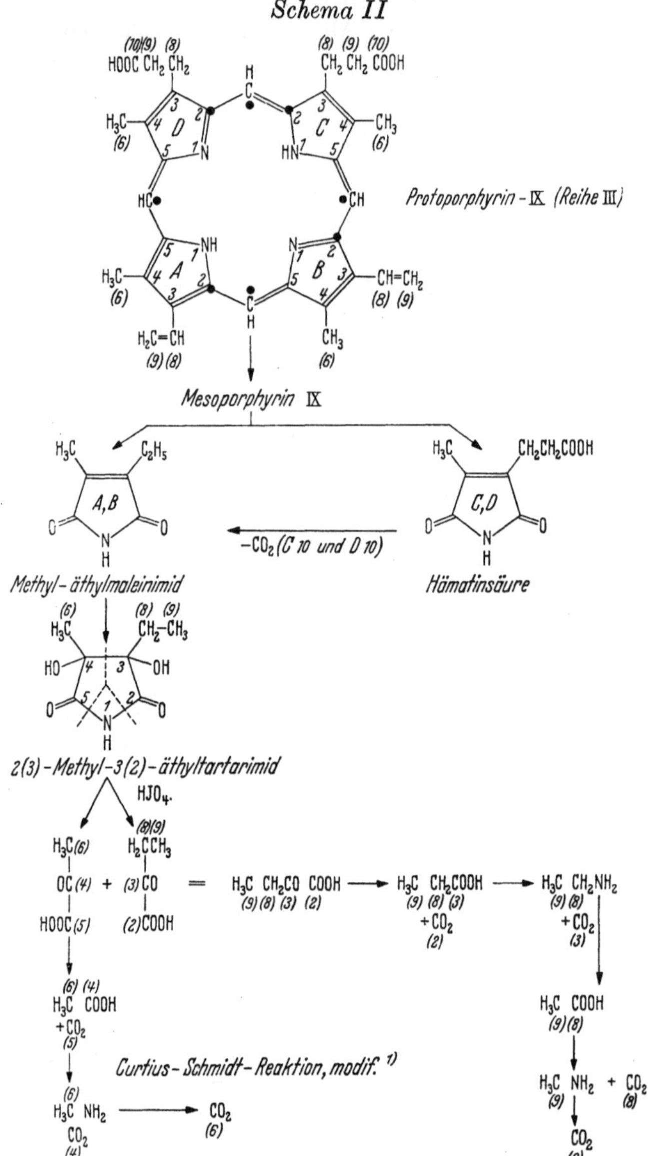

β) Mechanismus der Biosynthese des Protoporphyrins.

1. Aufbau des Pyrrol-Bausteins.

Aus den vorgenannten Untersuchungen geht hervor, daß bei der Biosynthese des Protoporphyrins ein Pyrrolmolekül gebildet werden muß, das als allgemeiner Baustein für beide Fünfringtypen, also sowohl der Ringe mit den Propionsäureresten als auch der mit den Vinylgruppen, verwendet wird. Diese Annahme war

[1] SCHUERCH, C. jr., and E. H. HUNTRESS: Am. Soc. **71**, 2233 (1949).

schon von TURNER[1] gemacht worden, ohne daß damals ein Beweis möglich war. Heute ist der Schluß aus den Aktivitäten der C-Atome zwingend.

Wie die Formeln 1a und 1b zeigen, sind die Aktivitäten in beiden Ringen gleich bei den C-Atomen 3 und 5, 4 und 8 sowie 6 und 9. Daraus folgt, daß die Seite der Pyrrolringe, welche die Methylgruppe als Seitenkette trägt, aus derselben Verbindung hervorgegangen sein muß, wie die Seite des Pyrrolringes mit dem Propionsäurerest (bzw. der Vinylgruppe) als Seitenkette.

$H_3{}^{14}C—COOH$ als Ausgangsmaterial | $H_3{}^{14}C—COOH$ als Ausgangsmaterial

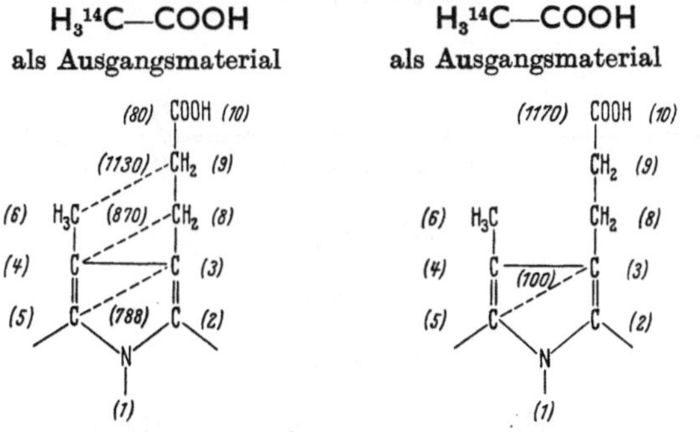

Formel 1a | *Formel 1b*

Die Verteilung der Aktivitäten auf die einzelnen C-Atome des Bausteins macht es wahrscheinlich, daß die Verwertung der Acetate bzw. der Essigsäure bei der Biosynthese des Protoporphyrins intermediär über eine Substanz mit vier C-Atomen verläuft. Während LEMBERG u. LEGGE[2] angenommen haben, daß sich zwei Moleküle α-Ketoglutarsäure mit Glycin zu einem Pyrrol mit einem Essigsäure- und einem Propionsäurerest als β-Seitenketten kondensieren, vermuteten MUIR u. NEUBERGER[3] an Stelle der α-Ketoglutarsäure die Oxy-asparaginsäure.

SHEMIN u. WITTENBERG[4] halten diese Annahmen aber als unvereinbar mit der Verteilung der α-C-Atome des Glycins im Porphyrin und nehmen im Sinne der Formel an, daß ein Abkömmling der Essigsäure, wahrscheinlich ein Succinyl-Co-Enzymkomplex als Grundbaustein des Pyrrols vorliegt, der auf dem Wege über den Citronensäurecyclus[5] entsteht:

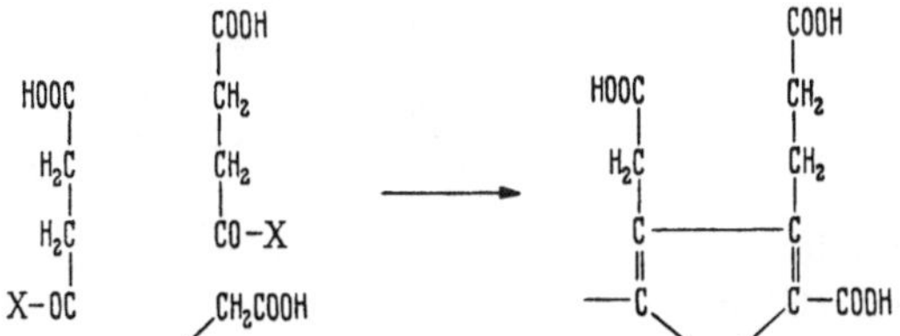

Formel 2 | *Formel 3*

Daß im Citronensäurecyclus auch die Wege *C* und *F* entsprechend dem Schema *III* beschritten werden können und somit die Bildung des Succinylzwischenproduktes von beiden Seiten des Cyclus her möglich ist, wurde in

[1] TURNER, W. J.: J. Lab. clin. Med. **26**, 323 (1940/41). — [2] LEMBERG, R., and J. W. LEGGE: Hematin Compounds and Bile Pigments. S. 637. New York 1949. — [3] MUIR, H. M., and A. NEUBERGER: Biochem. J. **47**, 97 (1950). — [4] SHEMIN, D., and J. WITTENBERG: J. biol. Ch. **192**, 331 (1951). — [5] vgl. S. 1055 sowie Bd. **1**, S. 513 u. 1203.

neueren Untersuchungen[1] bewiesen. Damit verläuft mit größter Wahrscheinlichkeit der Prozeß der Pyrrolsynthese entsprechend den Formeln 2 und 3. Neuerdings wird von NEUBERGER u. SCOTT[2] sowie SHEMIN u. RUSSELL[2] die δ-Aminolävulinsäure als Grundbaustein betrachtet.

Schema III

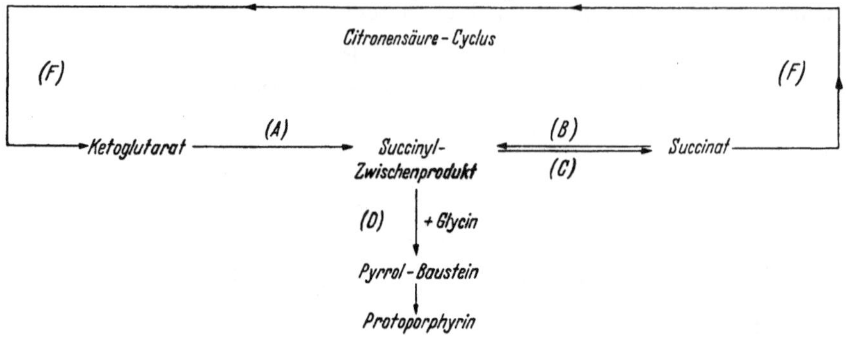

Citronensäure-Cyclus

(F) (F)

Ketoglutarat —(A)→ Succinyl-Zwischenprodukt ⇄ (B)/(C) Succinat

(D) ↓ + Glycin

Pyrrol-Baustein

↓

Protoporphyrin

2. Aufbau des Porphyringerüstes.

Der Schritt der Porphyrinbildung aus den vier Pyrrolringen vollzieht sich nunmehr unter Abspaltung der vier Carboxylgruppen und unter vierfacher Addition einer Verbindung, die aus dem α-C-Atom des Glycins auf noch ungeklärtem Wege[3] entsteht und die Pyrrolkerne in Form der Methingruppen miteinander zum Porphyrin verknüpft.

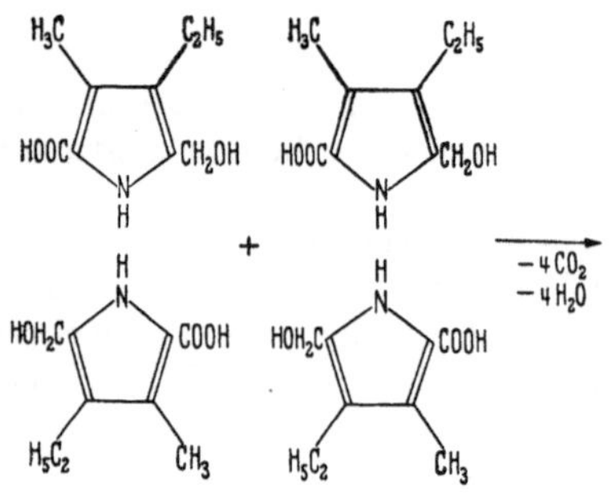

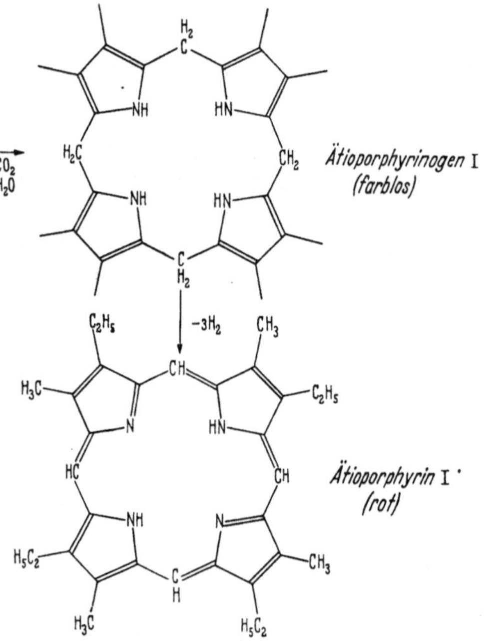

Schema IV

H_3C, C_2H_5, HOOC, CH_2OH, N, H; HOH_2C, COOH, H_5C_2, CH_3

$-4\,CO_2$
$-4\,H_2O$

Ätioporphyrinogen I (farblos)

$-3H_2$

Ätioporphyrin I (rot)

[1] SHEMIN, D., and S. KUMIN: J. biol. Ch. **198**, 827 (1952). — vgl. a. KAUFMAN, S.: in McELROY, W. D. and B. GLASS: Phosphorus Metabolism. Bd. 1 S. 370. Baltimore 1951. — SANADI, D. R., and J. W. LITTLEFIELD: J. biol. Ch. **193**, 683 (1951). Fed. Proc. **11**, 280 (1952). — [2] NEUBERGER, A., and J. J. SCOTT: Nature **172**, 1093 (1953). — SHEMIN, D., and C. S. RUSSELL: Am. Soc. **75**, 4873 (1953). — [3] WITTENBERG, J., and D. SHEMIN: J. biol. Ch. **185**, 103 (1950).

Einen gewissen Hinweis auf den Vorgang der Ringverknüpfung dürften Untersuchungen von SIEDEL u. WINKLER[1] geben, nach denen in Ausbeuten bis zu 40% Pyrrole mit α-Carboxylgruppen und α-Methylolgruppen spontan durch Selbstkondensation unter Abspaltung von Kohlendioxyd und Wasser in Porphyrinogene und dann in Porphyrine übergeführt werden (Schema *IV*). Es erscheint durchaus möglich, daß auch die Biosynthese der Porphyrine über ein Porphyrinogen verläuft, denn diese Verbindungen sind äußerst unstabil und werden beispielsweise schon bei der Berührung mit dem Luftsauerstoff sofort zu den Porphyrinen dehydriert. Diese synthetischen Versuche stellen somit ein Bindeglied in dem wahrscheinlichen Verlauf der Porphyrinbildung dar und zeigen, daß der angenommene Chemismus der Biosynthese durchaus möglich ist.

Der Konstitution der Pyrrolvorstufe entsprechend muß das erste Porphyrin der Biosynthese ein Uroporphyrin sein, und zwar der III-Reihe, also Uroporphyrin III. Es ist anzunehmen, daß durch Decarboxylierung der vier Essigsäure-Seitenketten daraus das Koproporphyrin III gebildet wird, das seinerseits durch Decarboxylierung zweier Propionsäure-Seitenketten und Dehydrierung der resultierenden Äthylgruppen zu Vinylgruppen das Protoporphyrin IX liefert (Schema *V*).

Schema V

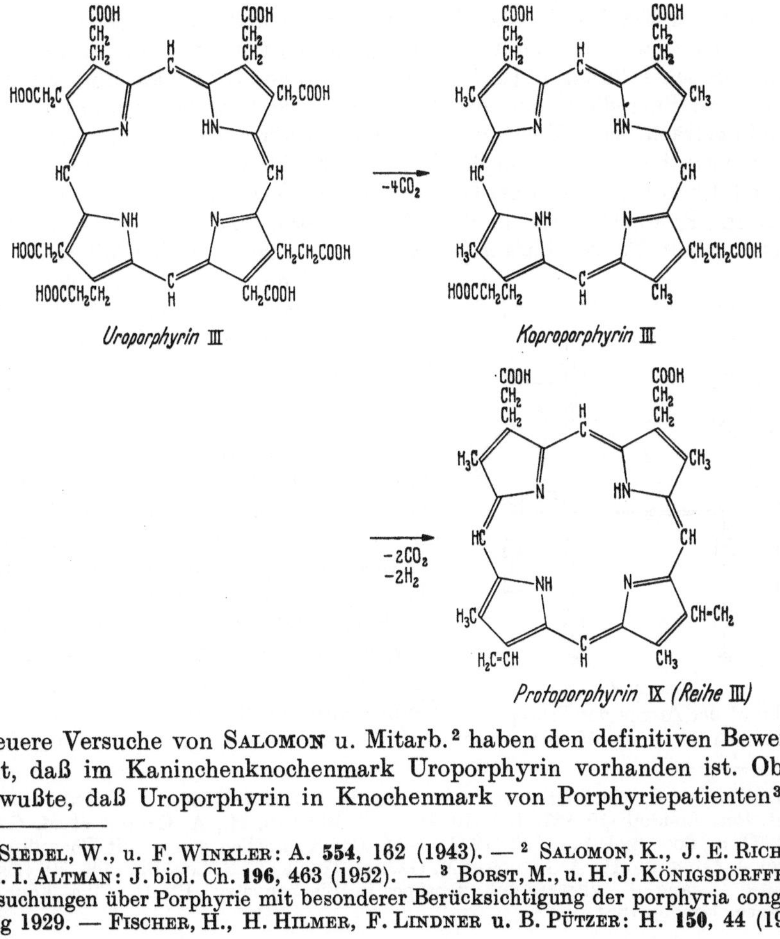

Uroporphyrin III

$\xrightarrow{-4CO_2}$

Koproporphyrin III

$\xrightarrow{-2CO_2,\ -2H_2}$

Protoporphyrin IX (Reihe III)

Neuere Versuche von SALOMON u. Mitarb.[2] haben den definitiven Beweis erbracht, daß im Kaninchenknochenmark Uroporphyrin vorhanden ist. Obwohl man wußte, daß Uroporphyrin in Knochenmark von Porphyriepatienten[3] und

[1] SIEDEL, W., u. F. WINKLER: A. **554**, 162 (1943). — [2] SALOMON, K., J. E. RICHMOND and K. I. ALTMAN: J. biol. Ch. **196**, 463 (1952). — [3] BORST, M., u. H. J. KÖNIGSDÖRFFER jr.: Untersuchungen über Porphyrie mit besonderer Berücksichtigung der porphyria congenita. Leipzig 1929. — FISCHER, H., H. HILMER, F. LINDNER u. B. PÜTZER: H. **150**, 44 (1925).

von Rindern mit Ochronose[1] vorhanden ist, lag noch kein Beweis für die Existenz von Uroporphyrin im nichtpathologischen Knochenmark vor. SALOMON u. Mitarb. haben ^{14}C-markiertes Glycin Kaninchen intraperitoneal injiziert und dann aus dem Knochenmark dieser Kaninchen markiertes Uroporphyrin III isoliert. Dieses — vermischt mit nichtmarkiertem Uroporphyrin aus Turacusfedern[2] — wurde mit einer Suspension von intaktem Knochenmarkzellen in einer Ringerlösung (+ Acetat, Streptomycin und Penicillin) 20 Std inkubiert. Aus dieser Mischung konnte schließlich radioaktives Protoporphyrin IX isoliert werden. Da das wiedergewonnene Uroporphyrin III keine wesentliche Aktivität mehr aufwies, wurde angenommen, daß das markierte in das Protoporphyrin übergegangen ist.

Damit ist im Prinzip die Biosynthese des Protoporphyrins geklärt, zugleich auch die Tatsache, daß die Seitenketten aller natürlich vorkommenden Porphyrine von den β-Carboxymethyl- und β-Carboxyäthylgruppen abgeleitet werden können. Ungeklärt ist noch das Problem der Verzweigung der Biosynthese in zwei Richtungen: a) der Porphyrine der Reihe III und b) der Reihe I. Weiteres hierüber vgl. S. 1006.

In neuester Zeit sind diese Ergebnisse von BÉNARD u. Mitarb.[3] mit Versuchen an Kaninchen-[4] und Hühnerblut bestätigt worden. Bei Inkubationsversuchen mit Glycin wurde das Erscheinen von Uroporphyrin in den roten Blutkörperchen festgestellt und die Erhöhung des Gehalts an Koproporphyrin und Protoporphyrin. Der Gehalt der Erythrocyten an Koproporphyrin sinkt nach einer gewissen Zeit der Inkubation, während der Protoporphyringehalt weiter steigt. Versuche[5] mit einer anaeroben Inkubation (in N_2-Atmosphäre) von Glycin am Blut von Kaninchen, die mit Phenylhydrazin vergiftet waren, ergaben, daß sich das Koproporphyrin in beträchtlicher Menge in den roten Blutkörperchen ansammelt, während die Konzentration an Protoporphyrin gering bleibt. Umgekehrt beobachtet man in sauerstoffhaltigem Milieu bei Gegenwart von Natriumfluorid eine Speicherung von freiem Protoporphyrin in den Erythrocyten und einen niederen Koproporphyringehalt. Es wird daraus geschlossen, daß im anaeroben Milieu der Übergang von Kopro- zu Protoporphyrin nicht möglich ist (also in erster Linie die Bildung der Vinylgruppe) und daß das Natriumfluorid das enzymatische System inhibiert, das die Überführung von Protoporphyrin in Hämin katalysiert.

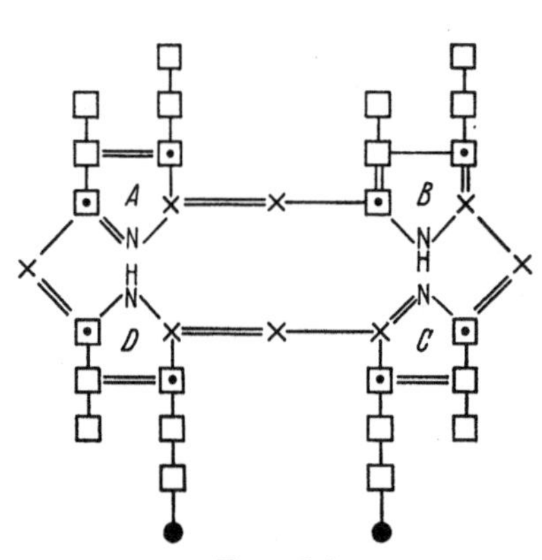

Formel 4.
Herkunft der Atome des Protoporphyrins nach SHEMIN u. WITTENBERG[6].

Was den Pyrrolbaustein bei der Biosynthese des Uroporphyrins betrifft, so ist hier auch das Porphobilinogen zu erwähnen, das im nächsten Abschnitt beschrieben wird.

Das Gesamtergebnis der Isotopenversuche über die biologische Synthese des Protoporphyrins läßt sich nunmehr durch die Formel *4* von SHEMIN u. WITTENBERG[6] veranschaulichen, bei der durch unterschiedliche Kennzeichnung die Herkunft der Kohlenstoffatome zum Ausdruck gebracht wird.

[1] RIMINGTON, C.: Onderstepoort J. veterin. Res. **7**, 567 (1936). — [2] RIMINGTON, C.: Proc. R. Soc. London (B) **127**, 106 (1939). — [3] BÉNARD, H., A. GAJDOS et M. GAJDOS-TÖRÖK: C. R. Soc. Biol. **146**, 699 (1952). — [4] Die Kaninchen waren mit Phenylhydrazin vergiftet. — [5] BÉNARD, H., A. GAJDOS et M. GAJDOS-TÖRÖK: C. R. Soc. Biol. **146**, 701 (1952). — [6] SHEMIN, D., and J. WITTENBERG: Isotopes in Biochemistry. Pt. II. Ciba Foundation Conference. London 1951.

Die C-Atome □ entstammen der CH_3-Gruppe des Acetats,
⊡ „ größtenteils der CH_3-Gruppe des Acetats, zum Teil auch der COOH-Gruppe der Essigsäure,
● „ alle der COOH-Gruppe der Essigsäure,
× „ der CH_2-Gruppe des Glycins.
Die N-Atome entstammen alle der NH_2-Gruppe des Glycins.

3. Porphobilinogen.

Eine eigenartige Substanz, die auf den ersten Augenschein eine Bedeutung bei der Biosynthese des Protoporphyrins haben könnte, ist das Porphobilinogen, dessen wesentliche Eigenschaften bereits Bd. 1, S. 902 beschrieben worden sind. Bemerkenswert ist vor allem, daß das Porphobilinogen sowohl in Uroporphyrin als auch in Porphobilin, eine urobilinartige Substanz, übergehen kann.

Aus neuerer Zeit liegen mehrere Untersuchungen über das Porphobilinogenproblem vor, die aber in ihren Schlußfolgerungen stark voneinander divergieren. Während die amerikanischen Bearbeiter[1] glauben beweisen zu können, daß das Porphobilinogen überhaupt nicht in Porphyrin, sondern nur in Porphobilin überführbar ist, dafür aber eine zweite porphyrinbildende Vorstufe existiert, die vom Porphobilinogen abgetrennt werden kann, halten die englischen Bearbeiter das Porphobilinogen nach wie vor für die Vorstufe des Uroporphyrins[2–4].

Von WESTALL[3] ist das Porphobilinogen, das sich nur im Harn bei akuter Porphyrie findet, neuerdings durch Fällung mit Mercuriacetat und Freilegung aus der Fällung mit Schwefelwasserstoff isoliert worden. Nach Reinigung an Ionenaustauschern ist es aus essigsaurer Lösung bei p_H 4 in Form der freien Base zur Krystallisation gebracht worden. Es bildet hellrosa derbe Prismen, die beim Erhitzen auf 120 bis 130° dunkel werden und sich bei 175 bis 180° unter Gasentwicklung zersetzen. Die Bruttozusammensetzung ist $C_{10}H_{16}O_4N_2$, bzw. $C_{10}H_{14}O_4N_2$. Die Hälfte des Stickstoffs liegt als Aminostickstoff vor. Die Substanz ist in kaltem Wasser und in den üblichen organischen Lösungsmitteln unlöslich, dagegen leicht löslich in verdünntem Ammoniak. Beim Lösen in Alkalien tritt Dunkelfärbung ein. Porphobilinogen bildet ein leicht krystallisierendes Hydrochlorid, das in Wasser löslich ist; F 165 bis 170°. Es zeigt eine positive EHRLICHsche Aldehydreaktion.

Lösungen von Porphobilinogen in anorganischer Pufferlösung dunkeln beim Stehen im Licht bei Raumtemperatur unter Bildung eines purpurroten Pigments, das bei Erreichung einer gewissen Konzentration als schwarzer Niederschlag ausfällt. Dieses Material zeigt die typischen Absorptionsbanden des Porphobilins, eine positive Biuretreaktion und eine negative EHRLICHsche Reaktion. Dabei entsteht keine Spur von Uroporphyrin. — Wird jedoch die Porphobilinogenlösung mit oder ohne Puffer bei einem p_H zwischen 1 und 8 zum Sieden erhitzt, so wird Uroporphyrin gebildet. Die maximale Ausbeute wird beim Erhitzen in Gegenwart von 0,3 bis 0,5 n HCl erhalten[5]. Die höchste Ausbeute an Uroporphyrin beträgt bisher 39%, berechnet auf Porphobilinogen. Wie kolorimetrische Untersuchungen zeigen, steht die Intensität der EHRLICHschen Aldehydreaktion des Porphobilinogens durchaus in Parallele zur Ultraviolettfluoreszenz des aus den verschiedenen Porphobilinogenen gewonnenen Uroporphyrins. Dieser Befund vor allem hat zu dem Schluß geführt, daß das mit EHRLICHs Reagenz positiv reagierende Porphobilinogen allein die Vorstufe des Uroporphyrins ist. — Uroporphyrinvorstufe bei drei Fällen von idiopathischer Porphyrie; vgl. HERBERT[5].

---

[1] LOWRY, P. T., R. SCHMID, V. E. HAWKINSON, S. SCHWARTZ and C. J. WATSON: Bull. Univ. Minnesota Hosp. **22**, 97 (1950). — HAWKINSON, V. E., and C. J. WATSON: Science, N. Y. **115**, 496 (1952). — [2] PRUNTY, F. T. G.: Biochem. J. **39**, 446 (1945). — GRAY, C. H.: Biochem. J. **48**, LIV (1951). — BROCKMAN, P. E., and C. H. GRAY: Biochem. J. **49**, LXXI (1951). — [3] WESTALL, R. G.: Nature **170**, 614 (1952). — [4] NICHOLAS, R. E. H., and C. RIMINGTON: Scand. J. clin. Lab. Invest. **1**, 12 (1949). — WATSON, C. J., R. P. DE MELLO, S. SCHWARTZ, V. E. HAWKINSON and I. BOSSENMEIER: J. Lab. clin. Med. **37**, 835 (1951). — [5] HERBERT, F. K.: Biochem. J. **52**, XII (1952).

Auf Grund der Bruttozusammensetzung und der röntgenographischen Bestimmung des Molekulargewichtes[1] ist das Porphobilinogen ein einkerniges Pyrrolderivat, dem von COOKSON und RIMINGTON[2] die Strukturformel zuerteilt wird:

$HOOCH_2C$ CH_2CH_2COOH
H_2NH_2C N H
H

Aus ihm kann man sich zwanglos die Bildung von Uroporphyrin I, im Verein mit seinem α-Isomeren die Bildung von Uroporphyrin III im Sinne der Synthese von SIEDEL und WINKLER S. 1003 erklären. Das Pyrrolderivat würde sich somit in das Schema der Protoporphyrinbiosynthese einordnen lassen. Vgl. S. 1002[2].

Abschließend sei noch eine Untersuchung von RAINE[3] über eine ätherlösliche Vorstufe von Koproporphyrin im normalen menschlichen Harn erwähnt. Diese Vorstufe hat den Charakter eines Porphyrinogens.

4. Neue Porphyrine als Zwischenprodukte der Protoporphyrinbiosynthese.

In neuerer Zeit wurde zur Untersuchung von Porphyringemischen neben der bisher üblichen chromatographischen Adsorptionsanalyse auch die Methode der Papierchromatographie angewandt[4,5]. Es wurde dabei festgestellt, daß die Steighöhe der Porphyrine von der Anzahl der in ihnen enthaltenen Carboxylgruppen abhängt. Je mehr Carboxylgruppen, um so geringer ist die Steighöhe der Porphyrine. (Die Ester können nicht getrennt werden, ihr R_F-Wert ist immer gleich dem des Ätioporphyrins.) Es gelingt, noch 2 bis 3 γ Porphyrin auf diesem Wege nachzuweisen und in den R_F-Werten festzulegen.

Besonders interessant im Hinblick auf die Biosynthese des Blutfarbstoffes sind die papierchromatographischen Untersuchungen, die NICHOLAS u. RIMINGTON[4] an Porphyrinen im Meconium verschiedener Tierarten vorgenommen haben, sowie an Porphyrinen aus dem Harn bei Porphyrie und industrieller und experimenteller Bleivergiftung. Dabei wurde das Vorkommen von bisher unbekannten und nicht identifizierten Porphyrinen festgestellt, die entsprechend ihrem Verhalten im Papierchromatogramm 3, 5, 6 oder 7 Carboxylgruppen enthalten. Das Pentacarboxyporphyrin wurde isoliert und durch Decarboxylierung mit Salzsäure bei 180° in Koproporphyrin I übergeführt. Diese Versuche zeigen, daß unter besonderen Umständen auch die Zwischenprodukte beim Übergang des 8 Carboxylgruppen tragenden Uroporphyrins in das 2 Carboxylgruppen besitzende Protoporphyrin vorhanden sind und abgefangen werden können[6].

γ) Der Dualismus der Porphyrine.

Während bis vor kurzem unentschieden war, ob die Porphyrine der beiden in der Natur vorkommenden Reihen I und III Umbauprodukte des Protoporphyrins sind oder Nebenprodukte der Biosynthese des Protoporphyrins, ist heute, wie im Vorhergehenden dargelegt, die Frage dahingehend geklärt, daß die Porphyrine der Reihe III als Zwischenprodukte bei der Biosynthese des Protoporphyrins zu

[1] KENNARD, O.: Nature **171**, 876 (1953). — [2] COOKSON, G. H. and C. RIMINGTON: Nature **171**, 875 (1953). — [3] RAINE, D. M.: Biochem. J. **47**, XIV (1950). — [4] NICHOLAS, R. E. H., and A. COMFORT: Biochem. J. **45**, 208 (1949). — NICHOLAS, R. E. H. and C. RIMINGTON: Biochem. J. **48**, 306 (1951). — [5] KEHL, R., u. W. STICH: H. **289**, 6; **290**, 151 (1952). — [6] FALK, J. E., and A. BENSON: Biochem. J. **53**, XXXII (1953). — CHU, T. C., A. A. GREEN and E. J.-H. CHU: J. biol. Chem. **190**, 643 (1951).

betrachten sind[1]. Daß übereinstimmend damit das Koproporphyrin III zur gleichen Zeit erscheint wie das neugebildete Protoporphyrin im Hämoglobin, ist bei einem Fall von kongenitaler Porphyrie[2] und bei Kaninchen, die mit Blei vergiftet waren[3], nachgewiesen worden. Die selbständige Existenz des Uroporphyrins III, die häufig angezweifelt worden ist, ist durch die Isolierung dieses Porphyrins aus den Turacusfedern bewiesen worden[4].

Die einzige Schwierigkeit bietet noch die Erklärung des Zustandekommens der Porphyrine der Reihe I neben denen der Reihe III. NEUBERGER, MUIR u. GRAY[1] zeigen jedoch ein Schema auf, das die Entstehung der beiden isomeren Reihen I und III, dabei das Vorherrschen der Reihe III erkennen läßt und die Bildung der Typen II und IV ausschließt. Es wird dabei angenommen (Schema *VI*), daß die Pyrrolvorstufe mit den beiden unsubstituierten α-Stellen (Stellen 2 und 5)

Schema VI

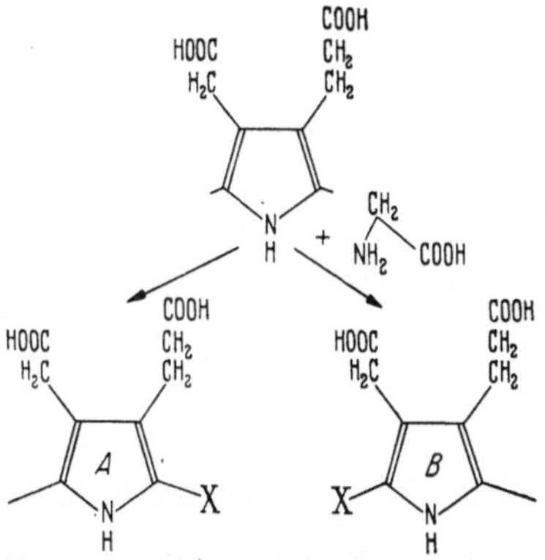

mit dem Glycin so reagiert, daß die intermediären Verbindungen A und B entstehen: Dabei wird angenommen, daß die Einheiten A und B nur reagieren können, wenn die Gruppe X ($X = -H_2CNH_2$, vgl. S. 1006) durch ein Enzym aktiviert wird. Infolge des verschiedenen Standes der Gruppe X zu den β-Substituenten soll eine unterschiedliche Aktivierung von A und B erzielt werden, so daß zwei Mol A nicht miteinander reagieren können. Nur das Molekül B soll zu einer Umsetzung mit einem zweiten Molekül B oder einem Molekül A befähigt sein.

Die Selbstkondensation der Pyrrole vom Typ B führt zu dem Uroporphyrin I. Wird jedoch ein Pyrrol A mit in die Reaktion eingeschlossen, so entsteht das Uroporphyrin III. Wenn die Reihe III begünstigt sein soll, ist dann noch anzunehmen, daß die Reaktion von A mit B schneller verläuft als die Reaktion von B mit B.

Ob das Koproporphyrin I durch Decarboxylierung von Uroporphyrin I entsteht wie das Koproporphyrin III aus dem Uroporphyrin III, ist noch unentschieden[5] aber sehr wahrscheinlich. Bemerkenswert ist, daß sich vom Uroporphyrin I kein Protoporphyrin I ableitet. Wahrscheinlich sind die entsprechenden Enzyme spezifisch auf die Reihe III eingestellt. Da die Porphyrine der Reihe I

[1] Vgl. S. 1003 sowie NEUBERGER, A., H. M. MUIR and C. H. GRAY: Nature **165**, 948 (1950). — [2] GRINSTEIN, M., R. A. ALDRICH, V. HAWKINSON, P. LOWRY and C. J. WATSON: Blood **6**, 699 (1951). — [3] CHU, E. J.-H., and C. J. WATSON: Proc. Soc. exp. Biol. Med. **66**, 569 (1947.) — [4] NICHOLAS, R. E. H., and C. RIMINGTON: Biochem. J. **49**, XXXIII (1951). — [5] GRAY, C. H., and A. NEUBERGER: Biochem. J. **47**, 81 (1950). — LONDON, I. M., R. WEST, D. SHEMIN and D. RITTENBERG: J. biol. Ch. **184**, 365 (1950).

normalerweise unverändert ausgeschieden werden, muß man annehmen, daß der Organismus unfähig ist, diese Porphyrine in Gallenfarbstoffe aufzuspalten und abzubauen.

Schema VII

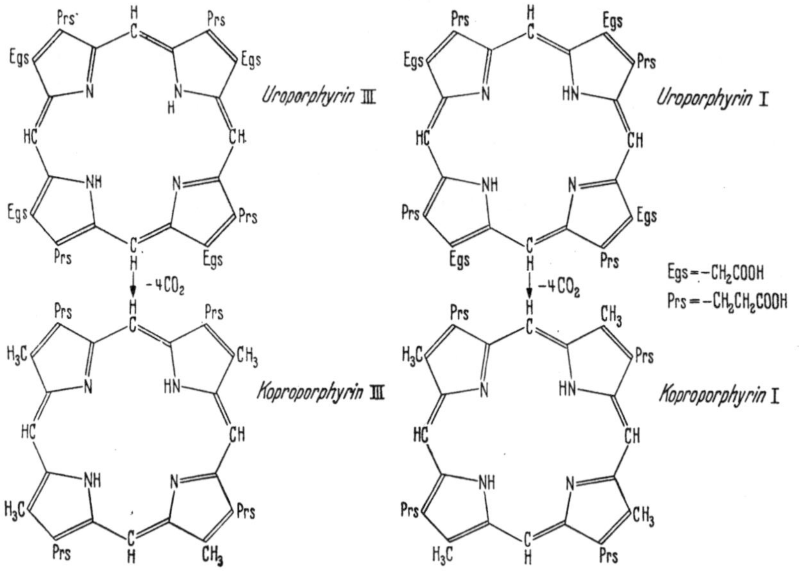

Uroporphyrin III *Uroporphyrin I*

$-4\,CO_2$

Koproporphyrin III *Koproporphyrin I*

Egs = $-CH_2COOH$
Prs = $-CH_2CH_2COOH$

δ) Porphyrine im Erythrocyten (s. a. S. 439).

Während der größte Teil des Protoporphyrins in Hämoglobin verwandelt wird, bleibt immer eine kleine, wechselnde Menge im Erythrocyten vorhanden. Die normalen Werte für das freie Protoporphyrin im Erythrocyten variieren zwischen 13 und 92 γ pro 100 g roter Blutkörperchen[1] beim Manne und 17 bis 139 γ pro 100 g bei der Frau[1]. Der Durchschnittswert ist etwa 43 γ pro 100 g Erythrocyten. WATSON[2] betrachtet allerdings Werte über 60 schon als anormal. Erhöhte Protoporphyrinmengen gehen fast immer parallel mit einer verringerten Hämoglobinbildung und weisen damit hin auf Eisenmangel oder auf Inhibierung der Hämoglobinbildung durch Intoxikationen (z. B. durch Blei)[3]. Bedeutend erhöhte Werte treten auf bei perniziöser Anämie während der Phase der Reticulocytose (bei Behandlung mit Vitamin B_{12})[1]. Normale Werte werden gefunden bei mechanischem Ikterus und bei parenchymatösen Lebererkrankungen, bei aplastischer Anämie, chronischer Porphyrie, Myelosklerose, akuter Leukämie und Myxödem[1].

Bei Inkubation der Erythrocyten des Menschen und des Kaninchens in vitro mit Glycin und Acetaten wächst die Menge des freien Protoporphyrins in den Blutkörperchen[4]. Alle Substanzen, die den Citronensäurecyclus fördern, sowie alle hämatopoetischen Agenzien, wie Folsäure und Vitamin B_{12}, erhöhen auch die Menge des freien Protoporphyrins bei den Inkubationsversuchen[5].

---

[1] WARD, E., and H. L. MASON: J. clin. Invest. **29**, 905 (1950). — WATSON, C. J.: Arch. internal Med., Chicago **86**, 797 (1950). — [2] GRINSTEIN, M., and C. J. WATSON: J. biol. Ch. **147**, 675 (1943). — [3] GRINSTEIN, M., H. M. WIKOFF, R. P. DE MELLO and C. J. WATSON: J. biol. Ch. **182**, 723 (1950). — SCHMID, R., S. SCHWARTZ and C. J. WATSON: Proc. Soc. exp. Biol. Med. **75**, 705 (1951). — [4] WATSON, C. J., M. GRINSTEIN and V. HAWKINSON: J. clin. Invest. **23**, 69 (1944). — [5] BÉNARD, H., A. GAJDOS et M. GAJDOS-TÖRÖK: C. R. Soc. Biol. **145**, 538 (1951).

Neben dem Protoporphyrin findet sich auch regelmäßig eine kleine Menge Koproporphyrin III in den Erythrocyten. Die unreifen Zellen des Knochenmarks enthalten viel Koproporphyrin III und weniger Protoporphyrin. Bei der Reifung nimmt der Gehalt an Protoporphyrin zu, der an Koproporphyrin ab. Bei Anämien (besonders bei experimentellen mit Phenylhydrazin[1]) wie bei Bleivergiftungen[2] ist die Menge an Koproporphyrin III in den Erythrocyten ebenfalls erhöht.

ε) Der Einbau des Eisens in das Protoporphyrin. Eisenstoffwechsel.

Der Schritt vom Protoporphyrin zum Häm ist charakterisiert durch den Einbau des Eisenatoms in das Porphyringerüst. Dabei ist der Lieferant des Eisens das *Ferritin* (vgl. a. Bd. 1, S. 747), ein Fe-Proteid mit dem Molekulargewicht 460000 und einem Fe-Gehalt von 17 bis 23%. Das Ferritin findet sich in der Darmwand und reguliert mit seiner Fe-freien Vorstufe, dem *Apoferritin*, die Resorption des Eisens aus der Nahrung (s. a. S. 658ff.). Wie GRANICK[3] gezeigt hat, nimmt das Ferritin, wenn es nicht mit Fe gesättigt ist (Apoferritin), Fe auf. Dabei nimmt der Gehalt der Darmschleimhaut an Fe ab. Der Transport des Eisens im Blut geschieht durch β_1-Globulin[4]. Die entstehende Verbindung wird als *Siderophilin*[5] oder auch als *Transferrin*[6] bezeichnet. Das Blut enthält 0,25% dieses Globulins, das sind insgesamt etwa 7,5 g, die ihrerseits 9 mg Fe (entsprechend einem Fe-Gehalt des Blutes von 315 γ%) binden können. Da der normale Fe-Gehalt des Blutes nur 100 γ% beträgt, ist das Siderophilin nur zu $^1/_3$ mit Fe gesättigt, woraus sich berechnen läßt, daß 3 mg Fe im Blut auf dem Transport befindlich sind.

Tabelle 306. Eisenbestand des Menschen (nach DRABKIN[7]).

	Bestand in g	Fe g	Fe in % des Gesamt-Fe
Hämoglobin	900	3,1	73
Myoglobin	4,0	0,14	3,3
Cytochrom	0,8	0,0034	0,08
Katalase	5,0	0,0045	0,11
Siderophilin	7,5	0,003	0,07
Ferritin	3,0	0,69	16,4
Nicht erfaßt	—	0,30	7,1

Das Fe des Ferritins entstammt zwei Quellen: a) der Nahrung und b) den zerstörten Erythrocyten. Das im letzteren Fall aus dem Abbau des Hämoglobins freiwerdende Eisen wird in erster Linie zur Bildung von neuem Hämoglobin verwendet. Die Fähigkeit zur direkten Fe-Ausscheidung ist sehr gering. Beim Aufbau und Abbau von etwa 8 g Hämoglobin täglich beträgt der Umsatz 27 mg Eisen. Die direkte Messung der Abbaurate des Plasma-Fe mit ^{59}Fe ergab den damit gut übereinstimmenden Wert von 0,35 mg pro kg Körpergewicht und Tag beim Menschen, also von 24,5 mg bei 70 kg Gewicht[8]. — Bei der Polycytaemia vera und bei der perniziösen Anämie ist die Fe-Umsatzrate bedeutend erhöht. Die „Halbwertszeit" des Plasma-Fe beträgt bei Ratten 95 bis 138 min[9]. Die Ver-

[1] SCHWARTZ, S., and H. M. WIKOFF: J. biol. Ch. **194**, 563 (1952). — [2] GRINSTEIN, M., H. M. WIKOFF, R. P. DE MELLO and C. J. WATSON: J. biol. Ch. **182**, 732 (1950). — SCHMID, R., S. SCHWARTZ and C. J. WATSON: Proc. Soc. exp. Biol. Med. **75**, 705 (1951). — [3] GRANICK, S.: Physiol. Rev. **31**, 489 (1951). — [4] COHN, E. J.: Ann. internal Med. **26**, 341 (1947). — WOLFF, H.: B. Z. **322**, 340 (1951/52). — HORST, W., u. K. H. SCHÄFER: Kli. Wo. **1953**, 791. — [5] SCHADE, A. L., and L. CAROLINE: Science, N. Y. **104**, 340 (1946). — [6] HOLMBERG, C. G., and C. B. LAURELL: Acta chem. scand. **1**, 944 (1947). — [7] DRABKIN, D. L.: Physiol. Rev. **31**, 345 (1951). — s. a. S. 656. — [8] HUFF, R. L., T. G. HENNESSY, R. E. AUSTIN, J. F. GARCIA, B. M. ROBERTS and J. H. LAWRENCE: J. clin. Invest. **29**, 1041 (1950). — [9] BERLIN, N. I., R. L. HUFF and T. G. HENNESSY: J. biol. Ch. **188**, 445 (1951).

suche mit radioaktivem Eisen haben ergeben, daß bei Hunden Ferritin-Fe, das zum Aufbau dient, in der Leber gespeichert ist, dasjenige, das aus dem Hämoglobin stammt, sowohl in der Leber als auch in der Milz[1,2].

Über den Mechanismus des Fe-Einbaues in das Protoporphyringerüst ist nichts bekannt. Augenscheinlich wird nur eine kleine Menge des resorbierten Fe für die Hämoglobinsynthese verwandt, ein größerer Teil wird gespeichert[3]. Die Bedingungen, unter denen das gespeicherte Fe zum Zweck der Hämopoese an das Knochenmark abgegeben wird, und die Verwandlungen, die es vor seinem Einbau in das Porphyrin durchmacht, sind nicht geklärt. Nach Versuchen von GREENBERG u. WINTROBE[4] mit ^{59}Fe ist ein Vorrat von etwa 130 mg Fe beim Erwachsenen für die Hämoglobinsynthese verfügbar.

Was die Geschwindigkeit der Eiseneinlagerung in das Protoporphyrin betrifft, so wurde mittels radioaktiven Eisens festgestellt[5], daß normalerweise 6 bis 8 Tage nach der Injektion radioaktives Hämoglobin nachweisbar ist. Bei Anämie ist diese Zeit auf 3 bis 4 Tage verkürzt. Dagegen scheint die Bildung von Myoglobin und Cytochrom mindestens 3 bis 4 Wochen zu erfordern. Die Versuche haben auch ergeben, daß allein das Knochenmark die Stätte der Hämoglobinsynthese ist.

ζ) Hämoglobine.

1. Allgemeines[6]. Erythropoese.

Nach der Bildung des Protoporphyrins und der Fe-Einführung zum Häm folgt die letzte Stufe des Aufbaues des roten Blutfarbstoffes, nämlich die Addition des Globins unter Bildung des Hämoglobins. (Hämoglobin vgl. Bd. **1**, **741** u. 853ff.) Über die Zusammensetzung und Bildung der Globinkomponente vgl. Bd. **1**, S. 708 sowie die unten angegebenen Zusammenfassungen über Hämoglobin[6]. Hier sei nur mitgeteilt, daß die Isotopenversuche[7] ergeben haben, daß bei Gabe von markiertem Glycin im Globin auch das Carbonylkohlenstoffatom eingebaut wird, während zur Protoporphyrinsynthese nur das den Stickstoff tragende C-Atom verwendet wird.

Für das Gelingen des Hämoglobinaufbaues im Knochenmark sind aber nicht nur Protoporphyrin, Eisen und Globin nötig, sondern noch eine ganze Anzahl von Vitaminen und vitaminähnlichen Substanzen sowie Schwermetalle. Im einzelnen sind hier zu nennen: Vitamin B-Gruppe mit Aneurin, Lactoflavin (Riboflavin), Pantothensäure, Pyridoxin (Adermin), Adenylsäure, Antiperniciosafaktor (= Vitamin B_{12}), Folsäure, weiter Inosit, Cholin, Biotin, p-Aminobenzoesäure, Nicotinsäure, an Metallen Kupfer und Kobalt (letzteres im Vitamin B_{12}), bei Ratten auch Mangan. Dem Kupfer wird eine spezifische Katalysatorwirkung bei der Bildung des Protoporphyrins zugeschrieben.

Untersuchungen von STICH[8] an Hefe (Saccharomyces anamensis) haben gezeigt, welche Bedeutung das Lactoflavin bei der Hämoglobinsynthese hat. Bei Lactoflavinzusatz zu Hefekulturen, selbst noch bei einer Verdünnung von

---

[1] HAHN, P. F., S. GRANICK, W. F. BALE and L. MICHAELIS: J. biol. Ch. **150**, 407 (1943). — [2] Vgl. weitere Zusammenfassungen: DRABKIN, D. L.: Proc. Soc. exp. Biol. Med. **76**, 527 (1951). — HAHN, P. F.: Adv. biol. med. Physics **1**, 287 (1948). — [3] REIMANN, F., F. FRITSCH u. K. SCHICK: Z. klin. Med. **131**, 1 (1936). — FOWLER, W. M., and A. P. BARER: Amer. J. med. Sci. **201**, 642 (1941). — [4] GREENBERG, G. R., and M. M. WINTROBE: J. biol. Ch. **165**, 397 (1946). — [5] VANNOTTI, A.: Exper. **4**, 133 (1948). Schweiz. med. Wschr. **78**, 1252 (1948). — [6] Zusammenfassungen: ROUGHTON, F. J. W., and J. C. KENDREW: Haemoglobin. London 1949. — WYMAN, J. jr.: Heme Proteins. Adv. Protein Chem. **4**, 407 (1948). — LEMBERG, R., and J. W. LEGGE: Hematin Compounds and Bile Pigments. New York 1949. — BRUGSCH, J.: Hämoglobin, der rote Blutfarbstoff. Leipzig 1950. — [7] MUIR, H. M., A. NEUBERGER and J. C. PERRONE: Biochem. J. **52**, 87 (1952). — [8] STICH, W.: D. m. W. **1950**, 1217.

1 : 500000, bildet die Hefe nur das Häm der Reihe III und keine Spur von Koproporphyrin I. Ohne Lactoflavinzusatz — jedoch bei Anwesenheit von Pantothensäure — entsteht dagegen Koproporphyrin I in erhöhtem Maße. Da das Lactoflavin auch die Fe-Einlagerung in das Protoporphyrin katalysiert, wird angenommen, daß das Lactoflavin ganz allgemein die Bedingung für einen regelrechten Aufbau der Hämproteide der Zelle schafft, und daß als Ursache für eine vermehrte Koproporphyrinbildung Störungen im Bereich der Lactoflavinfunktion anzusehen sind.

Normalerweise werden in das Blut nur solche Erythrocyten abgegeben, deren Hämoglobinsynthese beendet ist. Die frühere Annahme, daß die Erythrocyten zur Hämoglobinsynthese nur befähigt seien, wenn sie noch den Zellkern besitzen, ist durch die Isotopenversuche überholt. In den reifen, normalen Erythrocyten des Menschen und der Säugetiere findet allerdings kein wesentlicher Einbau von ^{15}N-Glycin bei in vitro-Versuchen statt, zum Zeichen, daß die Hämoglobinbildung beendet ist. Dagegen kann gezeigt werden, daß bei gewissen pathologischen Umständen (Sichelzellanämie, Aderlässe), wenn kernfreie junge Erythrocyten (Reticulocyten) in größerer Menge im Blute vorkommen, noch Hämoglobin gebildet wird[1]. Auch bei den Vogelerythrocyten, die ja in vitro zu einer erheblichen Hämoglobinsynthese befähigt sind, ist dabei nicht der Zellkern ausschlaggebend, sondern die große Zahl junger Erythrocyten, die in diesem Blut immer vorhanden sind.

Neuere Methoden zur Darstellung krystallisierter Hämoglobine des Menschen und der Tiere s. [2,3].

Die vollständige Strukturanalyse des Hämoglobins wurde an krystallisiertem Pferdemethämoglobin in mühevoller Arbeit von PERUTZ[4] unter Anwendung der Vektormethode nach PATTERSON aus den Röntgen-Interferenzbildern erschlossen.

2. Hämoglobine des Menschen.

In neuerer Zeit wurde elektrophoretisch festgestellt, daß das menschliche Hämoglobin in mehreren Typen existiert, und zwar sind heute zehn verschiedene Bedingungen bekannt, die durch die Hämoglobinkompositionen in den Erythrocyten charakterisiert werden können.

Im einzelnen werden unterschieden[5]:

Fetales Hämoglobin = Hämoglobin f. Es zeichnet sich durch eine Resistenz gegen wäßrige Alkalien aus und stellt die vorherrschende Hämoglobinform des Lebens vor der Geburt dar; 55 bis 98% des kindlichen Hämoglobins bei der Geburt sind fetales Hämoglobin. Es ist jedoch nicht länger als während des ersten Lebensjahres im kindlichen Organismus vorhanden, ausgenommen bei chronischen Anämien.

Erwachsenenhämoglobine (s. a. Bd. 1, S. 745) *a) Normales Erwachsenenhämoglobin* = ***Hämoglobin a***: Dieses erscheint im fetalen Blut früh im pränatalen Leben. Bei einem 20 Wochen alten Fetus bestanden schon 6% aus dieser Form. Später stellt es die Hauptform des Hämoglobins dar.

b) Anormale Hämoglobine: Sie werden erst nach der Geburt gebildet und werden eingeteilt in: *Sichelzellhämoglobin b, anormales Hämoglobin c* und *anormales Hämoglobin d.*

[1] LONDON, I. M., D. SHEMIN and D. RITTENBERG: J. biol. Ch. **173**, 797 (1948); **183**, 749 (1950). — [2] DRABKIN, D. L.: Arch. Biochem. **21**, 224 (1949). — [3] KUBOWITZ, F.: Z. ges. inn. Med. **3**, 501 (1948). — [4] PERUTZ, M. F.: Research **2**, 52 (1949). Proc. R. Soc. London (A) **195**, 474 (1949). — PERUTZ, M. F., and J. M. MITCHISON: Nature **166**, 677 (1950). — PERUTZ, M. F., A. M. LIQUORI and F. EIRICH: Nature **167**, 929 (1951). — BRAGG, W. L., and M. F. PERUTZ: Acta crystallogr. London **5**, 136, 277, 323 (1952). — [5] ITANO, H. A.: Science, N. Y. **117**, 89 (1953).

Die genannten Hämoglobine sind sich in manchen Eigenschaften sehr ähnlich, unterscheiden sich jedoch in ihrem elektrophoretischen Verhalten.

Tabelle 307. Elektrophoretische Eigenschaften der Hämoglobine des Menschen.

Bezeichnung	Symbol	Isoelektrischer Punkt	Beweglichkeit bei p_H 6,5	Relative Beweglichkeit in 0,1 m Na_2HPO_4
Normal, Erwachsener	a	6,87	$2{,}4 \cdot 10^{-5}$	1
Normal, Fetal	f	—	—	2
Sichelzellhämoglobin	b	7,09	$2{,}9 \cdot 10^{-5}$	3
2. Anormales Hämoglobin	c	—	$3{,}2 \cdot 10^{-5}$	4
3. Anormales Hämoglobin	d	7,09	$2{,}9 \cdot 10^{-5}$	3

Über die Bedingungen, unter denen die verschiedenen Hämoglobine im menschlichen Blut gefunden werden, gibt die Tab. 308 Auskunft.

Tabelle 308. Vorkommen der verschiedenen Hämoglobine.

Bedingungen	Hämoglobinart				
	a normaler Erwachsener	b Sichelzellen	c	d	f normales fetales
Normal, Erwachsener	+	—	—	—	—
Normal, Neugeborenes	+	—	—	—	+
Sichelzellen, Vorkommen	+	+	—	—	—
Sichelzellenanämie	—	+	—	—	+
Hämoglobin c-Charakter	+	—	+	—	—
Sichelzellhämoglobin c-Erkrankung	—	+	+	—	+ —
Hämoglobin d-Charakter	+	—	—	+	—
Sichelzellhämoglobin d-Erkrankung	—	+	—	+	+
Thalassämie minor	+	—	—	—	+ —
Thalassämie major	+	—	—	—	+
Sichelzellthalassämie	+	+	—	—	+
Einige erworbene Anämien	+	—	—	—	+

3. Das Hämoglobin im Erythrocyten.

Bekanntlich kommt das Hämoglobin normalerweise im Blut nicht frei, sondern nur in den Erythrocyten vor. Es wurde festgestellt[1], daß die „Packung" der Oxyhämoglobinmoleküle in den Erythrocyten einen Zustand darstellt, der zwischen dem einer Flüssigkeit und dem eines Krystalls liegt. Dies geschieht aus Gründen der Zweckmäßigkeit für den Organismus. Der Sauerstoffbedarf des Säugetiergewebes ist so hoch, daß zu seiner Deckung das Blut 16% Hämoglobin enthalten muß, eine Forderung, die durch frei gelöstes Hämoglobin im Blutplasma nicht erfüllt werden könnte[2]. In der Blutbahn frei gelöstes Hämoglobin verschwindet rasch daraus, und zwar wird es entweder von der Niere ausgeschieden (Hämoglobinurie) oder erleidet Abbau im Plasma.

Der Stoffwechsel der roten Blutkörperchen ist in einer Übersicht von GRANICK[3] eingehend beschrieben worden.

Von den Häminproteiden kommt in den Erythrocyten außer dem Hämoglobin nur noch die Katalase vor. Das Fehlen der Cytochromoxydase (infolge des Fehlens der Mitochondrien) in den Erythrocyten schützt das Hämoglobin

[1] DERVICHIAN, D. G., G. FOURNET et A. GUINIER: Cr. **224**, 1848 (1947). — [2] PERUTZ, M. F.: Nature **161**, 204 (1948). — [3] GRANICK, S.: Blood **4**, 404 (1949).

vor rascher Oxydation zu Methämoglobin (= Hämiglobin), das zwar ständig, aber immer nur in kleiner Menge gebildet wird. Im allgemeinen enthält der menschliche Erythrocyt 0,7% seines Hämoglobinbestandes an Hämiglobin. Zur Beseitigung des Hämiglobins, also dessen Reduktion zum Hämoglobin, steht dem Erythrocyten die hydrierte Codehydrogenase I (= Cozymase) zur Verfügung, die bei dem für den Erythrocyten charakteristischen Prozeß der Glykolyse durch Dehydrierung von Triosephosphat anfällt. Ein Mol Glucose kann vier Moleküle Hämiglobin reduzieren. Jodacetat, das die Dehydrierung von Triosephosphat hemmt, verhindert auch die Hydrierung von Hämi- zu Hämoglobin im Erythrocyten. Da die hydrierte Co-Zymase mit dem Hämiglobin nicht direkt reagieren kann, ist noch ein gelbes Ferment (wahrscheinlich ein Flavoprotein) dazwischengeschaltet. KIESE[1], der die Bedeutung des DPN- (Diphosphopyridin-nucleotid-) Systems für die Reduktion im normalen Erythrocyten erkannt hat, formuliert die Vorgänge folgendermaßen:

$$\text{Triosephosphat} + \text{DPN} \rightarrow \text{Phosphoglycerinsäure} + \text{DPN-}H_2$$
$$\text{DPN-}H_2 + \text{Flavinproteid} \rightarrow \text{DPN} + \text{Flavinproteid-}H_2$$
$$\underset{}{\text{Flavinproteid-}H_2} + \underset{\text{(Hämiglobin)}}{2\,Fe^{III}} \rightarrow \text{Flavinproteid} + \underset{\text{(Hämoglobin)}}{2\,Fe^{II}}$$

Nichtenzymatisch können auch Ascorbinsäure oder SH-Glutathion die Reduktion des Hämiglobins bewirken.

4. Myoglobin (vgl. Bd. 1, S. 746).

Da das Myoglobin als prosthetische Gruppe das gleiche Häm enthält wie das Hämoglobin, dürfte für seine Biosynthese im wesentlichen das gelten, was für das Hämoglobin festgestellt worden ist. Versuche mit ^{59}Fe haben gezeigt[2], daß das Myoglobin nur langsam erneuert wird, also eine längere Lebensdauer besitzt als Hämoglobin.

5. Leghämoglobin.

Im Jahre 1939 ist von KUBO[3] festgestellt worden, daß der Farbstoff der braunroten Wurzelknöllchen der Leguminosen den Charakter eines Hämproteins hat. VIRTANEN[4] bestätigte die Hämoglobinnatur des Farbstoffes und fand, daß seine Anwesenheit für die Stickstoffbindung in den Leguminosen unerläßlich ist. Er führte die Bezeichnung Leghämoglobin für dieses pflanzliche Hämoglobin ein.

Das Pigment geht leicht aus losgelösten Wurzelknöllchen in Wasser über. Mit Ammoniumsulfat gefällt, erhält man zwischen 65 bis 75% Sättigungsgrad ein Präparat, dessen Eisengehalt etwa 0,27% beträgt. Bei der Elektrophorese zerfällt es in zwei Komponenten, wobei die raschere den isoelektrischen Punkt von 4,4, die trägere denjenigen von 4,7 hat[5]. Die erstere ist das reine Leghämoglobin mit demselben Fe-Gehalt wie das Bluthämoglobin, also von etwa 0,34%, aber einem Molekulargewicht[6] von etwa 17000, dem gleichen wie Myoglobin. Die Hämgruppe ist identisch mit der des Bluthämoglobins, jedoch weicht die Zusammensetzung der Aminosäuren von der des Hämoglobins und des Myoglobins ab. So sind an Histidin nur etwa 3% enthalten an Stelle von 12%

---

[1] KIESE, M.: Kli.Wo. **1946**, 81. — KIESE, M., u. W. SCHWARTZKOPF: A. e. P. P. **204**, 267 (1947). — KIESE, M.: A. e. P. P. **204**, 288 (1947). — [2] THEORELL, H., M. BÉZNAK, R. BONNICHSEN, K.-G. PAUL and Å. ÅKESON: Acta chem. scand. **5**, 445 (1951). — [3] KUBO, H.: Acta phytochim., Tokyo **11**, 195 (1939). — [4] VIRTANEN, A. I.: Nature **155**, 747 (1945). — VIRTANEN, A. I., J. ERKAMA and H. LINKOLA: Acta chem. scand. **1**, 861 (1947). — [5] ELLFOLK, N., and A. I. VIRTANEN: Acta chem. scand. **4**, 1014 (1950). — [6] ELLFOLK, N., and A. I. VIRTANEN: Acta chem. scand. **6**, 411 (1952).

bei Hämoglobin bzw. Myoglobin. Der pk-Wert des Fe(III)-Leghämoglobins weicht von dem des Fe(III)-Myoglobins mehr ab als von dem des Fe(III)-Hämoglobins des Blutes. Zweiwertiges Eisen wird im Leghämoglobin leichter als im Hämoglobin des Blutes autoxydiert. Die relative Affinität des Leghämoglobins zu Sauerstoff und Kohlenmonoxyd ist von gleicher Größenordnung wie die des Myoglobins, aber wesentlich verschieden von der des Bluthämoglobins. Der Verteilungskoeffizient $k \frac{(HbCO)\,pO_2}{(HbO_2)\,pCO}$ ist beim Leghämoglobin und Myoglobin etwa 30, beim Bluthämoglobin der Vertebraten 125 bis 550[1].

Das Leghämoglobin wird weder in den Leguminosenbakterien noch in der Wirtspflanze selbst gebildet. Es entsteht ausschließlich in den Wurzelknöllchen als das Ergebnis der Symbiose zwischen Pflanze und Bacterium, wobei anzunehmen ist, daß die Pflanze auf Grund ihres Vermögens, den Porphyrinring zu synthetisieren, die Hämgruppe bildet, während die Bakterien das Globin aufbauen.

Die Aufgabe des Leghämoglobins in den Wurzelknöllchen ist noch ungeklärt. Ohne Zweifel dient es der Sauerstoffversorgung der Bakterien in den Knöllchen und der Aufrechterhaltung der oxydativen Prozesse in den Bakterien. In Lösung kann das Leghämoglobin durch Evakuieren leicht von seinem Sauerstoff befreit werden, beim Schütteln mit Luft nimmt es den Sauerstoff ebenso leicht wieder auf, in völliger Übereinstimmung mit dem tierischen Hämoglobin. Nach Versuchen von SMITH[2] jedoch käme dem Leghämoglobin allerdings keine Bedeutung als Sauerstoffüberträger in den Wurzelknöllchen zu. — Von VIRTANEN[3] dagegen wird vermutet, daß das Leghämoglobin unmittelbar an der Stickstoffbindung beteiligt sein könnte, etwa dadurch, daß das Leghämoglobin-Fe sich mit Stickstoff vereinigt zu LHb-Fe—N_2, wodurch der Stickstoff aktiviert wird, oder daß es etwa durch Valenzänderung die Reduktion des Hydroxylamins bewirkte. Die Enzymwirkung des Hämoglobins bei der Dismutation von Hydroxylamin zu Ammoniak und Stickstoff wurde von COLTER u. QUASTEL[4] bewiesen. In Gegenwart von Ascorbinsäure oder Cystein wird bei diesem Vorgang praktisch (auch mit freiem Hämin) nur Ammoniak gebildet, weil beide Verbindungen Eisen(III)-hämoglobin energischer zu Eisen(II)-hämoglobin reduzieren als Hydroxylamin.

$$NH_2OH + 2Fe^{II+} + H_2O \rightarrow 2Fe^{III+} + NH_3 + 2OH^-$$
$$2NH_2OH + 2Fe^{III+} \rightarrow 2Fe^{II+} + 2H_2O + N_2 + 2H^+$$

Da das Leghämoglobin in den N_2-bindenden, durch eigenartige Mikroorganismen hervorgerufenen Wurzelknöllchen der Erle fehlt, muß man annehmen, daß es kein universeller Faktor bei der symbiotischen N_2-Bindung ist. Immerhin ist der Hämingehalt in den Wurzelknöllchen der Erle nach EGLE u. MUNDING[5] 5- bis 10mal höher als in den Wurzeln selbst, was darauf hindeutet, daß auch hier die Hämverbindung eine spezifische Funktion zu erfüllen hat. In welcher Form das Hämin in diesen Knöllchen vorliegt, ist noch unbekannt.

Wird eine im vollen Wachstum begriffene Erbsenpflanze 2 bis 3 Tage dem Licht entzogen, so verwandelt sich das Leghämoglobin in einen grünen Farbstoff[6–8]. Dasselbe geschieht auch bei Licht nach abgeschlossenem Blühen und

[1] KEILIN, D., and Y. L. WANG: Biochem. J. **40**, 855 (1946). — [2] SMITH, J. D.: Biochem. J. **44**, 591 (1949). — [3] VIRTANEN, A. I.: Angew. Chem. **65**, 1 (1953). — [4] COLTER, J. S., and J. H. QUASTEL: Arch. Biochem. **27**, 368 (1950). — [5] EGLE, K., u. H. MUNDING: Naturwiss. **38**, 548 (1951). — [6] VIRTANEN, A. I.: Nature **155**, 747 (1945). — [7] VIRTANEN, A. I., J. ERKAMA and H. LINKOLA: Acta chem. scand. **1**, 861 (1947). — [8] VIRTANEN, A. I., and T. LAINE: Nature **157**, 25 (1946).

beim Aufhören der Stickstoffbindung. Bei einjährigen Pflanzen (Sojabohne, Erbse) werden die ganzen Wurzelknöllchen dabei grün, bei mehrjährigen Leguminosen (Großer Erbsenstrauch, Caragana arborescens) wächst jährlich die Spitze des Knöllchens zu einem neuen hämoglobinhaltigen und damit wirksamen Teil aus. — Die Konstitution des grünen Farbstoffes wurde als die des Verdoglobins erkannt[1]. Damit ist bewiesen, daß der Abbau des Leghämoglobins in der Pflanze ähnlich dem des Hämoglobins im Tierorganismus verläuft. Bei der Bildung des Leghämoglobins ist neben Eisen auch Kupfer unerläßlich, wie VIRTANEN u. ERKAMA festgestellt haben[2], in vollständiger Parallele zur Bildung des Hämoglobins im Tierorganismus.

η) Synthese der respiratorischen Enzyme.

Da den respiratorischen Enzymen und den Cytochromen das Protoporphyrin oder Protohämin zugrunde liegt, kann man auch für diese Substanzen annehmen, daß ihre Biosynthese über das Uroporphyrin verläuft. Protoporphyrin ist das einzige Porphyrin, in welches der Organismus Eisen einzulagern befähigt ist. Demzufolge muß man die Bildung aller respiratorischen Enzyme, da sie alle Eisen enthalten, auf das Protoporphyrin zurückführen. Tatsächlich ist mit ^{15}N-Glycin und Essigsäure für die Cytochrom c-Synthese von DRABKIN[3] der gleiche Chemismus bewiesen worden wie für die Hämoglobinsynthese.

Alle Faktoren, die die Hämopoese hemmen, wirken sich auch auf die Synthese der respiratorischen Enzyme aus[4], z. B. auf den Cytochrom c-Gehalt des Skeletmuskels wie des Herzmuskels. Eisenmangel vermindert den Katalasegehalt der Säugetierorgane (mit Ausnahme des Herzens[5]). Bei Deckung des Fe-Bedarfs wird die Katalase schneller gebildet als das Hämoglobin. Der Cytochromoxydasegehalt der Säugetierorgane wird bei Fe-Mangel jedoch nicht vermindert. Bakterien enthalten bei Eisenmangel weniger Katalase, Peroxydase, Hydrogenase, Cytochrome und Cytochromoxydase, wobei letztere allerdings weniger vermindert ist als die anderen und augenscheinlich vorzugsweise synthetisiert wird. Eisenmangel vermindert die Bildung von Katalase in Hefe[6] und von Hydrogenase im Clostridium welchii[7].

Scheinbar wird auch Kupfer für die Synthese des Cytochroms a und der Cytochromoxydase in der Hefe, in der Leber und im Knochenmark benötigt[8]. Es ist sehr wahrscheinlich, daß Kupfer eine Rolle bei der Oxydation der Vinylseitenkette des Protohämatins spielt. Darüber hinaus wird es aber wohl auch für die Synthese der Katalase[5] und des Hämoglobins benötigt. Es ist nicht ausgeschlossen, daß auch Cytochromoxydase für die Synthese der Hämoproteide notwendig ist und daß die Inhibierung der Hämoproteidsynthese durch Kupfermangel indirekt durch ein Fehlen der Cytochromoxydase verursacht ist.

Der Umbau von Cytochrom c zu Stercobilin ist gegenüber dem des Hämoglobins stark beschleunigt, 12% des Bestandes werden täglich erneuert, beim Hämoglobin nur 0,8 bis 1,0%.

[1] VIRTANEN, A. I., and J. K. MIETTINEN: Acta chem. scand. **3**, 17 (1949). — [2] VIRTANEN, A. I., J. ERKAMA and H. LINKOLA: Acta chem. scand. **1**, 861 (1947). — [3] DRABKIN, D. L.: Proc. Soc. exp. Biol. Med. **76**, 527 (1951). J. biol. Ch. **182**, 317 (1950). — [4] BENKÖ, S.: Magyar Orv. Arch. **44**, 293 (1943) [C. **1944 II**, 767]. — [5] SCHULTZE, M. O., and K. A. KUIKEN: J. biol. Ch. **137**, 727 (1940/41). — [6] YOSHIKAWA, H.: J. Biochem. **25**, 627 (1937). — [7] PAPPENHEIMER, A. M. jr., and E. SHASKAN: J. biol. Ch. **155**, 265 (1944).— [8] COHEN, E., and C. A. ELVEHJEM: J. biol. Ch. **107**, 97 (1934). — SCHULTZE, M. O.: J. biol. Ch. **129**, 729 (1939); **138**, 219 (1941).

b) Biologischer Abbau des Hämoglobins[1].

α) Lebensdauer der Erythrocyten.

Wie bereits in Bd. 1, S. 946ff. dargelegt, hat der Erythrocyt nur eine beschränkte Lebensdauer. Man hat sie neuerdings mittels der Isotopentechnik, und zwar mit ^{59}Fe, ^{14}C und ^{15}N gemessen und festgestellt, daß sie beim Menschen etwa 100 bis 120 Tage beträgt[2]. Dieser Wert entspricht dem täglichen Auf- und Abbau von 8 g Hämoglobin bzw. 0,32 g Häm. Die Hundeerythrocyten haben ungefähr die gleiche Lebensdauer[2], die der Kaninchen beträgt 60 bis 65 Tage[3] und die der Ratten 100[4] bzw. 68[5] Tage. Bei den kernhaltigen Erythrocyten der Vögel ist die Lebensdauer wesentlich geringer und beträgt z. B. beim Huhn nur 28 Tage[6] (vgl. a. S. 1020/21).

Die Frage nach der Ursache des Erythrocytentodes ist noch unbeantwortet. LEMBERG u. LEGGE[7] stellen zur Diskussion, ob nicht der physiologische Abbau der Erythrocyten dadurch bedingt sein könnte, daß durch den, wenn auch nur im geringen Umfange erfolgenden Wechsel Hämoglobin ⇌ Hämiglobin, also durch die dauernde Oxydoreduktion, die reduzierenden Systeme des Erythrocyten allmählich erschöpft würden. Es soll dadurch die Hämolyse und der Untergang der roten Blutkörperchen eingeleitet werden. Es läßt sich zeigen, daß z. B. eine Oxydation des SH-Glutathions zu S—S-Glutathion in den Erythrocyten innerhalb weniger Stunden Hämolyse bewirkt[8]. Es scheint, daß mit der Katalase die roten Blutkörperchen eine Substanz enthalten, die dem oxydativen Abbau des Hämoglobins entgegenwirkt. Bei der Einwirkung von Acsorbinsäure + Hydroperoxyd auf hämolysierte Erythrocyten entsteht wesentlich langsamer Verdoglobin (Choleglobin) als aus reinen Hämoglobinlösungen[7].

β) Mechanismus des Hämoglobinabbaues.

In Bd. 1, S. 921ff. u. 942ff. ist der Chemismus des Hämoglobinabbaues bereits im wesentlichen dargelegt worden. Der Abbauprozeß besteht darin, daß das Hämoglobin der „überalterten" Erythrocyten im reticuloendothelialen System hepatisch und anhepatisch in Bilirubin übergeführt wird, also unter Aufspaltung des Porphyrinringes zu einem offenkettigen Gerüst von vier Pyrrolringen. Das Bilirubin erleidet dann in der Gallenblase und im Darm die Umwandlungen zu Gallenfarbstoffen, die in *Schema VIII* dargestellt sind.

Über die Wege der Ausscheidung der Gallenfarbstoffe aus dem Organismus unterrichtet das *Schema LXV* in Bd. 1, S. 945. Ergänzend zu diesem Schema ist in der Zwischenzeit von BAUMGÄRTEL[9] festgestellt worden, daß Mesobilirubin mitunter in der Normalgalle vorkommt, und daß es in vitro aus dem Bilirubin fermentativ mit Leberbrei und ebenso auch bakteriell erhalten werden kann[10]. Was die Verteilung der verschiedenen oben angeführten Abbaustoffe des Hämoglobinstoffwechsels im Darm und Harn betrifft, so sei auf die neueren Unter-

[1] GRAY, C. H.: The Bile Pigments. London 1953. — [2] LONDON, I. M., D. SHEMIN, R. WEST and D. RITTENBERG: J. biol. Ch. **179**, 463 (1949). — [3] NIVEN, J. S. F., and A. NEUBERGER: Biochem. J. **45**, IV (1949). — [4] PONTICORVO, L., D. RITTENBERG and K. BLOCH: J. biol. Ch. **179**, 839 (1949). — [5] BERLIN, N. I., L. M. MEYER and M. LAZARUS: Amer. J. Physiol. **165**, 565 (1951). — [6] OTTESEN, J.: Nature **162**, 730 (1948). — SHEMIN, D.: Cold Spring Harbour Symp. quant. Biol. **13**, 185 (1948). — [7] LEMBERG, R., and J. W. LEGGE: Hematin Compounds and Bile Pigments. S. 531. New York 1949. — LEMBERG, R., J. W. LEGGE and W. H. LOCKWOOD: Biochem. J. **35**, 339 (1941). — [8] KEILIN, D., and E. F. HARTREE: J. biol. Ch. **157**, 210 (1945). — [9] BAUMGÄRTEL, T.: Physiologie und Pathologie des Bilirubinstoffwechsels als Grundlagen der Ikterusforschung. S. 136. Stuttgart 1950. — BAUMGÄRTEL, T., u. D. ZAHN: Kli. Wo. **1952**, 44. — [10] BAUMGÄRTEL, T., u. D. ZAHN: Dtsch. Z. Verd.- u. Stoffw.-Krankh. **11**, 257 (1951).

Schema VIII

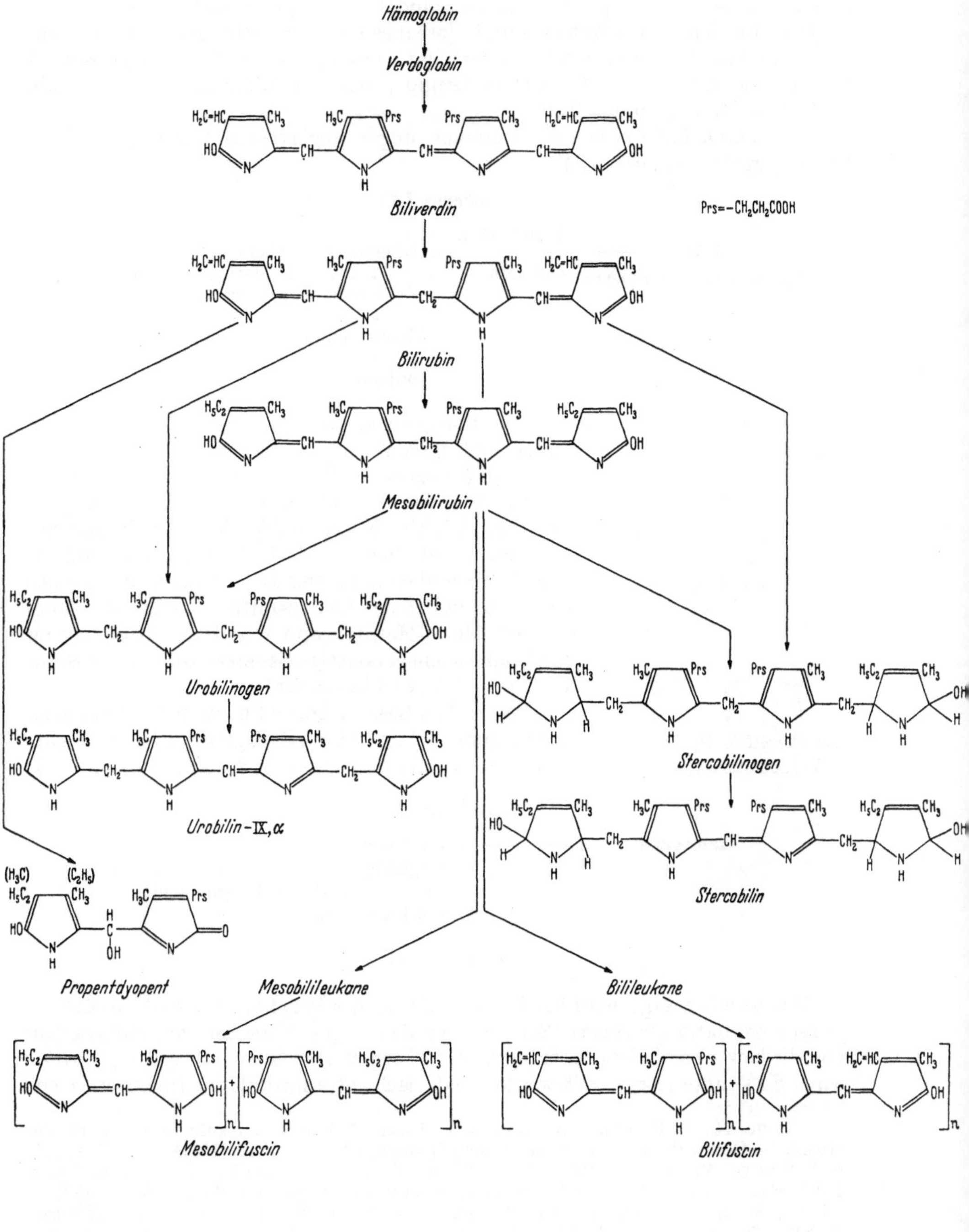

Hämoglobin

↓

Verdoglobin

↓

Biliverdin

Prs = $-CH_2CH_2COOH$

↓

Bilirubin

↓

Mesobilirubin

Urobilinogen

↓

Urobilin-IX, α

Stercobilinogen

↓

Stercobilin

Propentdyopent

Mesobilileukane

Bilileukane

Mesobilifuscin

Bilifuscin

suchungen von GOHR[1] verwiesen. Von GOHR wurden auch die älteren und neueren Gallenfarbstoff-Nachweisreaktionen einer kritischen Sichtung und Prüfung unterworfen[2], da die Erkennung der Gallenfarbstoffe klinisch-diagnostisch[3] von großer Bedeutung ist. Über Papierchromatographie der Gallenfarbstoffe vgl.[4]

Der Chemismus des Abbaues und Umbaues des roten Blutfarbstoffes ist von mehreren Arbeitskreisen in vitro untersucht worden, und zwar ausgehend sowohl von der globinfreien prosthetischen Gruppe, dem Pyridinhämochromogen, als auch dem Hämoglobin selbst[5].

Im ersteren Falle haben die Untersuchungen folgenden Ablauf der einzelnen Phasen ergeben (*Schema IX*):

Schema IX

Häm (Pyridinhämochromogen) ⟶ Pseudohäm → oxydiertes Pseudohäm; Oxyhäm → oxydiertes Pseudohäm
↓ . . . oxydative Ringsprengung
Verdohäm = („grünes" Hämin")
↓
[Biliverdinhäm]
↓
Biliverdin

Bis zum Verdohäm sind Oxydationsprozesse für den Ablauf der Reaktion maßgebend, vom Verdohäm ab wird der Abbau durch Reduktionsprozesse vollendet. Während FISCHER u. Mitarb. für das Verdohäm (Verdohämochromogen) noch das intakte Kohlenstoffgerüst des Porphyrins annehmen, lediglich oxydativ verändert (s. Bd. 1, S. 923), formulieren LEMBERG u. Mitarb. die gleiche Phase so, daß eine Kohlenstoffbrücke herausgenommen ist (die α-Methingruppe) und der Ring wieder durch eine semiacetalartige Sauerstoffbrücke im Sinne der Formel 5 geschlossen ist[6].

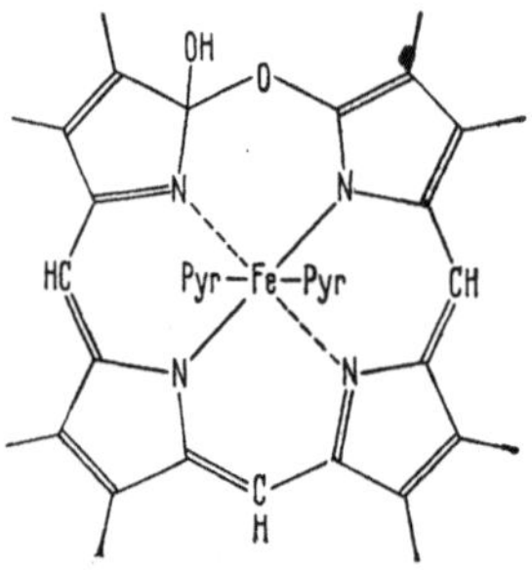

Formel 5. Pyridin-Verdohämochromogen.

Diesen eben beschriebenen Phasen beim Porphyrinabbau entsprechen beim Hämoglobin die im folgenden Schema (X) aufgezeigten Stufenfolgen[7]:

Schema X

Hämoglobin ⟶ Verdoglobin (Choleglobin)
↓ . . . oxydative Ringsprengung
Verdohämochromogen
↓
Biliverdin

Wie bereits gesagt, wird bei der Aufspaltung des Porphyrinringes die α-Methingruppe oxydativ eliminiert. Seit neuerer Zeit liegen Versuche von SJÖSTRAND[8] vor, die beweisen, daß die Methingruppe in Form von Kohlenmonoxyd abgespalten wird. So konnte festgestellt werden, daß nach intramuskulären Injektionen von

[1] GOHR, H., A. FINCKE u. A. MEERBECK: Dtsch. Z. Verd.- u. Stoffw.-Krankh. **12**, 287 (1952). — GOHR, H., u. T. GÖRGES: Dtsch. Gesundh.-Wes. **6**, 1245 (1951). — [2] GOHR, H., u. A. FINCKE: Medizinische **1953**, 305. — [3] GOHR, H., u. T. GÖRGES: Dtsch. Gesundh.-Wes. **6**, 181 (1951). — GOHR, H., T. GÖRGES u. H. FELDMANN: Z. ges. inn. Med. **7**, 926 (1952). — [4] KEHL, R., u. W. STICH: H. **290**, 151 (1952). — STICH, W., R. KEHL u. H. R. WALTER: H. **292**, 178 (1953). — [5] Vgl. Bd. 1, S. 921ff. — [6] LEMBERG, R., and J. W. LEGGE: Hematin Compounds and Bile Pigments. S. 465. New York 1949. — [7] Vgl. Bd. 1, S. 923—924, dort auch weitere Literatur. — [8] SJÖSTRAND, T.: Acta physiol. scand. **26**, 328, 334, 338 (1952).

hämolysiertem Blut und Hämoglobinlösungen bei Hunden der CO-Gehalt der Alveolarluft und der exhalierten Luft steigt. Auch beim oxydo-reduktiven Abbau von Myoglobin wird Kohlenmonoxyd gebildet.

Während man früher annahm[1], daß in vivo nur intaktes Hämoglobin abgebaut werden kann, ist neuerdings von LONDON[2] gezeigt worden, daß innerhalb von neun Tagen nach intravenöser Injektion von 800 mg ^{15}N-Hämin bei einem Hunde 8% der ^{15}N-Dosis als Stercobilin im Kot ausgeschieden werden. Dies beweist, daß die Proteinbindung im Hämoglobin für die Ringsprengung nicht spezifisch ist. Auch Hämatin ist in vitro in wäßriger Lösung bei p_H 8 mit Ascorbinsäure-O_2 direkt zu Gallenfarbstoffen aufgespalten worden[3].

In die zeitlichen Verhältnisse beim Abbau des Hämoglobins konnten mit Hilfe der Isotopentechnik neuerdings bemerkenswerte Einblicke gewonnen werden[4]. Dabei hat sich gezeigt, daß eines der wichtigsten der ausgeschiedenen Abbauprodukte des Hämoglobins, das *Stercobilin*, nur zum Teil durch den Abbau der gealterten roten Blutkörperchen entsteht. So wurde beobachtet, daß bei oraler und intravenöser Verabreichung von ^{15}N-Glycin an gesunde Personen nicht erst nach 100 bis 120 Tagen (Lebensdauer der Erythrocyten) markiertes Stercobilin im Stuhl erscheint, sondern die Ausscheidung des ^{15}N-Stercobilins bereits in den ersten 2 oder 3 Tagen ein Maximum erreicht, dann wieder stark abfällt, um bis zum 80. Tage etwa konstant zu bleiben. Hierauf erfolgt ein neuer starker Anstieg der Ausscheidung mit dem Höhepunkt zwischen dem 120. und 140. Tag nach Versuchsbeginn. Dieses Ergebnis wird so gedeutet, daß ein beträchtlicher Teil (etwa 15 bis 20%) des normalen Stercobilins entsprechend dem ersten Maximum anderen Ursprungs sein muß als jenes aus den normalen reifen Erythrocyten, das in der Hauptsache zwischen dem 120. und 140. Tage ausgeschieden wird (Abb. 51, S. 1021). Man nimmt an, daß entweder Hämverbindungen gebildet werden, die einen sehr schnellen Abbau erleiden, oder daß die Synthese und der Abbau von Protoporphyrin im Knochenmark nebeneinander herlaufen, bzw. eine große Zahl von potentiellen Erythrocyten niemals in den Kreislauf gelangen und sofort wieder zerstört werden. Schließlich wird auch eine direkte Synthese von urobilinoiden Verbindungen aus derselben Vorstufe erwogen, die das Protoporphyrin liefert. Weiteres vgl. Porphyrien S. 1020.

c) Pathologischer Stoffwechsel der Porphyrine.

α) Porphyrien, Einteilung[5].

Wie schon S. 1004 angeführt, leitet sich der größte Teil der natürlichen Porphyrine vom Uroporphyrin III ab, ein kleinerer Teil vom Uroporphyrin I. Diese letzteren werden unter bestimmten pathologischen Umständen gebildet und ausgeschieden, und zwar bei den sog. Porphyrien, die ihrerseits von den Porphyrinurien unterschieden werden müssen. Bei letzteren handelt es sich lediglich um eine erhöhte Ausscheidung der normalen Porphyrine der III-Reihe in Verbindung mit bestimmten Erkrankungen, wie hämolytischer Icterus, perniziöser Anämie, Bleivergiftungen, Leberschäden und Poliomyelitis.

Die Porphyrien selbst werden eingeteilt in: a) akute Porphyrie, b) kongenitale Porphyrie, c) chronische Porphyrie. WATSON benennt sie mit a) akute intermittierende Porphyrie, b) lichtsensitive Porphyrie und c) gemischte Porphyrie.

---

[1] DUESBERG, R.: A. e. P. P. **174**, 305 (1934). — [2] LONDON, I. M.: J. biol. Ch. **184**, 373 (1950). — [3] KENCH, J. E., C. GARDIKAS and J. F. WILKINSON: Biochem. J. **47**, 129 (1950). — [4] LONDON, I. M., R. WEST, D. SHEMIN and D. RITTENBERG: J. biol. Ch. **184**, 351 (1950). — LONDON, I. M., and R. WEST: J. biol. Ch. **184**, 359 (1950). — GRAY, C. H., A. NEUBERGER and P. H. A. SNEATH: Biochem. J. **47**, 87 (1950). — [5] Vgl. Bd. **1**, 891 u. 900ff. — BRUGSCH, J.: Porphyrine. Leipzig 1952.

a) **Die akute (intermittierende) Porphyrie** ist gekennzeichnet durch schweren abdominalen Schmerz und Konstipationen zusammen mit Schäden im Nervensystem, die eine abnorme Mentalität verursachen, oft auch periphere Neuritis und progressive Paralyse. Nach WATSON[1] liegt bei dieser Erkrankung eine komplexe Mischung von Porphyrinen und deren Vorstufen vor.

b) **Die kongenitale (lichtsensitive) Porphyrie** ist von a) völlig verschieden. Bei ihr liegt eine angeborene außerordentliche Lichtsensitivität (Photosensibilität) vor, die zu schweren Deformationen und Nekrosen führt. Dabei werden bedeutende Mengen von Porphyrinen in den Zähnen, in den Knochen und in der Haut abgelagert. Uroporphyrin I und Koproporphyrin I werden in großen Mengen im Harn und in den Faeces ausgeschieden, das Uroporphyrin I mitunter auch als farbloses Reduktionsprodukt, einem Porphyrinogen, das leicht zu Uroporphyrin I reoxydiert werden kann (s. a. Bd. **1**, S. 899).

c) **Die chronische oder gemischte Porphyrie** vereinigt die Merkmale von a) und b) in gemilderter Form und ist oft von Gelbsucht begleitet.

β) Isotopenstudien bei der kongenitalen Porphyrie.

Das Wesen der Porphyrie besteht, wie oben beschrieben, darin, daß die Relationen in den Bildungsmechanismen der beiden Porphyrinreihen I und III verändert sind. Wie der Dualismus der Porphyrine allgemein zustande kommen könnte, ist S. 1007 dargelegt. Es muß angenommen werden, daß eine bestimmte Anormalität des für die Hämopoese verantwortlichen Enzymsystems zu der erhöhten Bildung der Porphyrin-I-Typen führt, die vom Organismus als Porphyrine ausgeschieden werden, da eine Überführung in Gallenfarbstoffe wie bei den III-Typen nicht erfolgt.

Was die zeitlichen Verhältnisse bei der Entstehung der Porphyrin I-Reihe betrifft, so ist auch hier die Isotopentechnik von verschiedenen Arbeitskreisen[2–4] mit Erfolg angewandt worden. So zeigten die Versuche mit Verabreichung von ^{15}N-Glycin an Patienten mit kongenitaler Porphyrie, daß das Glycin auch für die Synthese der Porphyrine der I-Reihe verwertet wird. Dabei wird, während der Hämoglobinstoffwechsel in den üblichen normalen Zeiten abläuft, das ^{15}N-Koproporphyrin I der Faeces bereits in der 2. bis 6. Tagesperiode, das ^{15}N-Uroporphyrin I des Harnes in der 2. bis 4. Tagesperiode in der Hauptsache ausgeschieden. Daß der Porphyrin I-Typ im Harn eher erscheint als in den Faeces, beruht lediglich auf der rascheren Ausscheidung durch die Niere und der langsameren durch den Darm. Durch eine unterschiedliche Speicherung der Porphyrine wird Harn-Uroporphyrin I noch zwischen dem 70. und 135. Tag nach der ^{15}N-Glycingabe ausgeschieden.

Bei diesen Isotopenversuchen wurde auch die Stercobilinausscheidung verfolgt, und zwar über 180 Tage hinweg. Dabei zeigte sich, daß der ^{15}N-Gehalt des Stercobilins der Faeces zwei Maxima aufweist, und zwar ein hohes in den ersten 2 bis 3 Wochen des Versuches und ein wesentlich niedrigeres etwa um den

[1] MERTENS, E.: H. **250**, 57 (1937). — WATSON, C. J., S. SCHWARTZ and V. HAWKINSON: J. biol. Ch. **157**, 345 (1945). — McSWINEY, R. R., R. E. H. NICHOLAS and F. T. G. PRUNTY: Biochem. J. **46**, 147 (1950). — GIBSON, Q. H., and D. C. HARRISON: Biochem. J. **46**, 154 (1950). — WATSON, C. H.: Lancet **260**, 539 (1951). — DUESBERG, R.: Dtsch. Arch. klin. Med. **195**, 371 (1949). — MC CORD, C. P.: Industr. Med., Chicago **20**, 185 (1951). — BÉNARD, H., A. GAJDOS, M. GAJDOS-TÖRÖK et M. TISSIER: Sem. des Hôp. **26**, 3857 (1950) [C. **1951 I**, 483]. — [2] GRAY, C. H., and A. NEUBERGER: Biochem. J. **47**, 81 (1950). — GRAY, C. H., A. NEUBERGER and P. H. A. SNEATH: Biochem. J. **47**, 87 (1950). — NEUBERGER, A., H. M. MUIR and C. H. GRAY: Nature **165**, 948 (1950). — [3] GRINSTEIN, M., R. A. ALDRICH, V. HAWKINSON, P. LOWRY and C. J. WATSON: Blood **6**, 699 (1951). — [4] LONDON, I. M., R. WEST, D. SHEMIN and D. RITTENBERG: J. biol. Ch. **184**, 365 (1950).

120. Tag (Abb. 52). Während im Normalfall etwa 80 bis 85% des ^{15}N-Stercobilins am Ende der Lebensspanne der Erythrocyten ausgeschieden werden (Abb. 51), werden bei der kongenitalen Porphyrie 80 bis 85% am Anfang des Versuches zur Ausscheidung gebracht. Diese dürften herrühren von vorzeitig zugrunde gegangenen Erythrocyten oder vielleicht von einer Diskrepanz zwischen den Mengen synthetisierten Globins und Häms und dem Abbau des überschüssigen Häms.

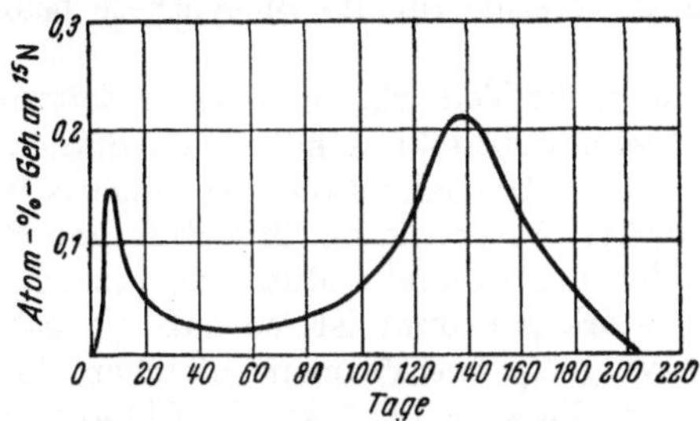

Abb. 51. Stercobilin-Ausscheidung beim normalen Menschen; Konzentration von ^{15}N in Stercobilin-hydrochlorid nach Verabreichung von ^{15}N-Glycin.

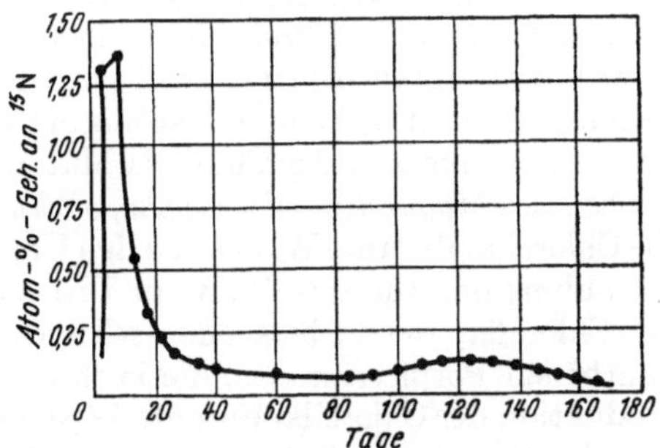

Abb. 52. Stercobilin-Ausscheidung bei kongenitaler Porphyrie; Konzentration von ^{15}N in Stercobilin-hydrochlorid nach Verabreichung von ^{15}N-Glycin.

γ) Trennung und Bestimmung der Harn- und Stuhlporphyrine.

Im Hinblick auf die diagnostische Bedeutung der Porphyrine im Harn und in den Faeces sind auch in neuerer Zeit die Probleme der Trennung, Identifizierung und quantitativen Bestimmung dieser Porphyrine intensiv bearbeitet worden. Da die Beschreibung der Verfahren den Rahmen dieser Abhandlung überschreiten würde, sei hier nur auf die neuere Literatur verwiesen, in der neben den allgemeinen chemischen Methoden[1] auch die Papierchromatographie[2], die Verfahren der Ultrarotabsorptionsanalyse[3] und der Gegenstromverteilung[4] beschrieben werden.

[1] Brugsch, J.: Z. ges. inn. Med. **4**, 253 (1949); **6**, 483, 765 (1951); **7**, 321 (1952). — Oliver, I. T., and W. A. Rawlinson: Biochem. J. **49**, 157 (1951). — Falk, J. E., and A. Benson: Biochem. J. **53**, XXXII (1953). — Comfort, A., and M. Weatherall: Biochem. J. **53**, XXVII (1953). — Brachvogel, C.: Z. ges. inn. Med. **5**, 308 (1950). — Growe, M. O. L., and A. Walker: Brit. J. exp. Path. **32**, 1 (1951). — Lucas, J., and J. M. Orten: J. biol. Ch. **191**, 287 (1951). —
[2] Chu, T. C., A. A. Green and E. J.-H. Chu: J. biol. Ch. **190**, 643 (1951). — Nicholas, R. E. H., and A. Comfort: Biochem. J. **45**, 208 (1949). — McSwiney, R. R., R. E. H. Nicholas and F. T. G. Prunty: Biochem. J. **46**, 147 (1950). — Nicholas, R. E. H., and C. Rimington: Biochem. J. **48**, 306 (1951); **50**, 194 (1952). — Kench, J. E., R. E. Lane and H. Varley: Brit. J. industr. Med. **9**, 133 (1952). — Kehl, R., u. W. Stich: H. **289**, 6; **290**, 151 (1952). —
[3] Falk, J. E., and J. B. Willis: Austral. J. sci. Res. (A) **4**, 579 (1951). — Crawen, C. W., K. R. Reissmann and H. J. Chin: Analyt. Chem., Washington **24**, 1214 (1952). —
[4] Granick, S., and L. Bogorad: J. biol. Ch. **202**, 781 (1953).

d) Biosynthese des Chlorophylls.

α) Versuche mit Chlorella-Mutanten.

Bei der konstitutionellen Verwandtschaft der Moleküle von Häm und Chlorophyll, die schon von HOPPE-SEYLER[1], MARCHLEWSKI[2] und anderen erkannt war und durch die Arbeiten von NENCKI, PILOTY, KÜSTER, WILLSTÄTTER und insbesondere von FISCHER und seiner Schule klargelegt wurde[3], war es naheliegend, eine gemeinsame Vorstufe für die Biosynthese beider Farbstoffe anzunehmen.

Auch hier führten nunmehr Versuche in neuester Zeit zu weitgehender Aufklärung. GRANICK und sein Arbeitskreis haben als Standardobjekt bei diesen Untersuchungen die einzellige Grünalge Chlorella vulgaris verwendet, die leicht in Massenkulturen gezüchtet werden kann. Mit Hilfe von Röntgenstrahlen und UV-Licht können verschiedene Chlorella-Mutanten erzeugt werden, bei denen die Chlorophyllbildung stark gehemmt ist, so daß oft nahezu farblose, sowie ganz wenig gefärbte bzw. gelbgrüne Formen entstehen. Es war dabei zu vermuten, daß in diesen Fällen Zwischenprodukte der Chlorophyllsynthese zu fassen oder zu beobachten seien. Diese Annahme hat sich als richtig erwiesen, und so konnte GRANICK[4,5] aus der Röntgenstrahlenmutante W_5 Brown (= W_5B) der Chlorella als erstes faßbares Pigment das *Protoporphyrin IX* identifizieren, dasselbe Porphyrin also, das dem roten Blutfarbstoff zugrunde liegt. Aus der Chlorella-Mutante 60 konnte weiter als Vorläufer des Chlorophylls das Magnesiumprotoporphyrin isoliert werden[5] und aus der Chlorella-Mutante 31a eine Verbindung mit den Eigenschaften des *Magnesium-Vinylphäoporphyrins* a_5[6]. In neuerer Zeit wurde nun noch die Chlorella-Mutante W_5B-17 zu den Untersuchungen herangezogen, die durch Bestrahlung der Mutante W_5B mit Ultraviolettlicht entsteht. Die W_5B-17-Zellen der Chlorella, die farblos oder schwach braun erscheinen, scheiden auf festen Nährböden Porphyrine aus, die leichter löslich sind als das Protoporphyrin. Die Produktion der Chlorella-Mutante W_5B-17 in größerem Maßstabe und die Isolierung der Porphyrine haben ergeben, daß eine Mischung von Porphyrinen vorliegt, die 2, 3, 4, 5 und möglicherweise 8 Carboxylgruppen enthalten. Dabei wurde auch ein Porphyrin mit zwei Carboxylgruppen und einer Vinylgruppe gefunden[7].

Diese Versuche beweisen, daß der Aufbau des Chlorophylls in der Natur bis zum Protoporphyrin den gleichen Weg geht, wie der des Blutfarbstoffes und daß dann entsprechend dem Schema XI Magnesium in das Molekül zum Mg-Protoporphyrin eingelagert wird.

Vom Mg-Protoporphyrin zum Mg-Vinylphäoporphyrin a_5 darf man nach rein chemischen Gesichtspunkten in der Reaktionsfolge etwa vier Stufen annehmen: **1.** Reduktion der einen Vinylgruppe zur Äthylgruppe, 2. Oxydation der einen Propionsäureseitenkette, 3. Veresterung mit Methanol und 4. Cyclisierung zum Cyclopentanonring. Nach der Veresterung mit Phytol zum Protochlorophyll (s. Bd. **1**, S. 971) ist dann als letzter Schritt zum Chlorophyll a nur noch die Reduktion des Kernes IV nötig. Neueste Versuche mit markiertem Glycin und markierter Essigsäure bei Chlorella vulgaris[8]. Hämatoporphyrin als Vorstufe des Protoporphyrins bei der Synthese des Chlorophylls[9].

[1] HOPPE-SEYLER, F.: H. **4**, 193 (1880). — [2] MARCHLEWSKI, L.: Chemie der Chlorophylle und ihre Beziehung zur Chemie des Blutfarbstoffs. Braunschweig 1909. — [3] Vgl. Bd. **1**, S. 946ff. — [4] GRANICK, S.: J. biol. Ch. **172**, 717 (1948). — [5] GRANICK, S.: J. biol. Ch. **175**, 333 (1948). — [6] GRANICK, S.: J. biol. Ch. **183**, 713 (1950). — [7] BOGORAD, L., and S. GRANICK: Nature **170**, 321 (1952). — [8] Vgl. DELLA ROSA, R. J., K. I. ALTMAN and K. SALOMON: J. biol. Ch. **202**, 771 (1953). — [9] Vgl.: GRANICK, S., L. BOGORAD and H. JAFFE: J. biol. Ch. **202**, 801 (1953).

Die Versuche mit Chlorellakulturen haben weiter gezeigt, daß das Mg-Vinylphäoporphyrin a_5 im Licht zerstört wird, wenn es nicht mit Phytol verestert ist, also nicht als Protochlorophyll vorliegt. Dies weist darauf hin, daß einige Teil-

Schema XI

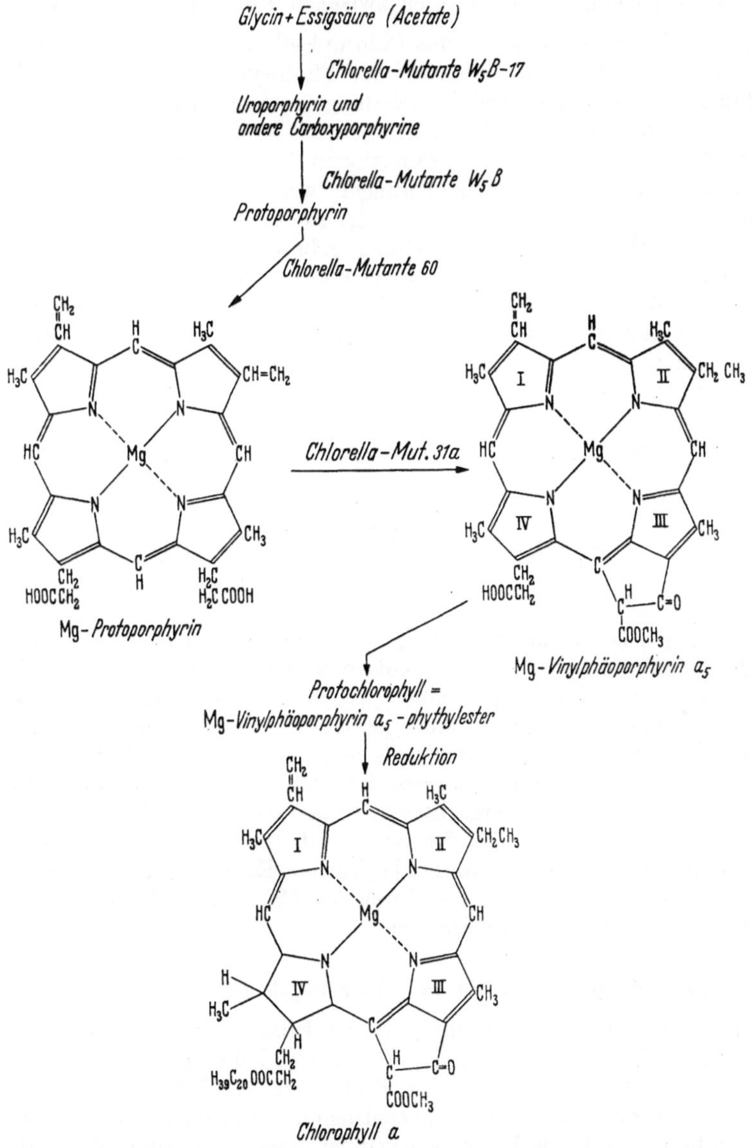

Glycin + Essigsäure (Acetate)

↓ Chlorella-Mutante W_5B-17

Uroporphyrin und andere Carboxyporphyrine

↓ Chlorella-Mutante W_5B

Protoporphyrin

↓ Chlorella-Mutante 60

Mg-Protoporphyrin

→ Chlorella-Mut. 31a

Mg-Vinylphäoporphyrin a_5

↓

Protochlorophyll = Mg-Vinylphäoporphyrin a_5-phythylester

↓ Reduktion

Chlorophyll a

prozesse bei der Biosynthese des Chlorophylls im Dunkeln ablaufen. Bei längerer Belichtung verschwindet das Protochlorophyll der Chlorella-Mutanten vollständig und wird wohl völlig in das Chlorophyll umgewandelt. Die Chlorella-Mutanten benötigen also für die letzte Phase der Chlorophyllsynthese — der Reduktion des Protochlorophylls — wie alle höheren Pflanzen die Lichtenergie. — Es gibt jedoch auch wild vorkommende Chlorellaformen, welche in spezifischen Nährlösungen (Agar + Traubenzucker) Chlorophyll im Dunkeln wie im Licht zu bilden vermögen. Die Reduktion des Protochlorophylls verläuft also hier als ein rein enzymatischer Prozeß in völliger Dunkelheit, ein Vorgang, der sich auch beim Ergrünen der Koniferenkeimlinge im Dunkeln abspielen dürfte.

β) Funktionelle Beziehungen zwischen Häm und Chlorophyll.

Während die Hauptfunktion des Chlorophylls in der Energiegewinnung für die Reduktion des Kohlendioxyds bei der Photosynthese besteht, ist das Häm bzw. Hämoglobin an der reversiblen Bindung des Sauerstoffes und am Transport der Kohlensäure im menschlichen und tierischen Organismus beteiligt. Zwischen diesen beiden grundverschiedenen Funktionen des Hämoglobins und des Chlorophylls bestehen keine direkten Beziehungen, wohl aber kann die Funktion einer Reihe anderer eisenhaltiger Porphyrine, der sog. Zellhämine (Bd. 1, S. 866—890) mit der des Chlorophylls in Beziehung gebracht werden. Diese Zellhämine (Cytochromoxydase = sauerstoffübertragendes Ferment der Atmung, Cytochrome, Peroxydasen, Katalasen) steuern den Atmungsstoffwechsel der lebenden Zelle. Ihre Wirkung besteht in der Bildung von Wasser aus dem vom WARBURGschen Atmungsferment reduzierten Sauerstoff und dem von anderen Fermenten der Zelle in reaktionsfähiger Form abgeschiedenen Wasserstoff unter Freisetzung von Energie.

GRANICK veranschaulicht das Wirkungsprinzip in folgendem Schema:

Schema XII

$$O_2 + 4H^+ + 4(e) \underset{\text{Chlorophyll }(nh\nu)}{\overset{\text{Zellhämine }(-\Delta H)}{\rightleftharpoons}} 2H_2O$$

Da die neuen Isotopenuntersuchungen zur Photosynthese zeigen, daß der bei der CO_2-Assimilation gebildete molekulare Sauerstoff aus dem in den lebenden Zellen vorhandenen Wasser und nicht, wie man früher angenommen hatte, aus dem aufgenommenen CO_2 in Freiheit gesetzt wird, muß man die Wirkungsprinzipien von Chlorophyll und Zellhämin als genau entgegengesetzte bzw. zueinander rückläufige bezeichnen. In dem *Schema XII* von GRANICK repräsentieren: (e) die primär in der Struktur des organischen Substrats enthaltenen Elektronen von hoher potentieller Energie, ΔH die bei der durch die Zellhämine katalysierte Oxydation (H_2O-Bildung) frei werdende Wärme (Energie), $nh\nu$ die Zahl der aufgenommenen Lichtquanten bei der durch das Chlorophyll katalysierten Photosynthese, also die gespeicherte Energie.

γ) Biologischer Abbau des Chlorophylls im Intestinaltrakt.

Über den Abbau des Chlorophylls in der Pflanze, etwa bei der herbstlichen Verfärbung des Laubblattes, ist nichts Definitives bekannt. Von NOACK[1] wird angenommen, daß beim Vergilben des Blattes der Chlorophyllabbau zuerst zu Bruchstücken führt, die dann im wesentlichen durch eine oxydative Katalyse, deren oxydierendes Agens Hydroperoxyd ist, zerstört werden. Als Katalysator soll dabei 3-wertiges Eisen aus den Chloroplasten dienen.

Umfangreiche Versuche liegen dagegen über den Chlorophyllabbau im Verdauungstrakt des Menschen und der Tiere vor[2]. Ganz allgemein finden

---

[1] NOACK, K.: B. Z. **316**, 166 (1944). — [2] Vgl. Bd. **1**, S. 964. — BRUGSCH, J.: Z. ges. inn. Med. **2**, 71 (1947). — BRUGSCH, J., R. BRAUN, D. SCHMIDT, J. WEGNER u. KÜHNEL: Z. ges. inn. Med. **4**, 538 (1949).

sich bei den Herbivoren größere Mengen an Phylloerythrin im Kot und in der Galle, niemals im Harn. Bei den Carnivoren (z. B. Hund) wie beim Menschen wird das Phylloerythrin völlig vermißt. Im 3. und 4. Magen der Wiederkäuer wurden auch Purpurin 18, Rhodo- und Pyrroporphyrin festgestellt[1]. Größere Mengen Chlorophyll passieren den menschlichen Intestinaltrakt fast völlig unverändert. In kleinen Mengen wird jedoch von der Galle (vgl. BRUGSCH[2]) eine Substanz vom Chlorintyp ausgeschieden, die für den menschlichen Stoffwechsel charakteristisch ist.

Ein umstrittenes Chlorophyllabbauprodukt ist das *Phylloerythrinogen*, das nach BAUMGÄRTEL[3] in der Galle entstehen, vom Dickdarm resorbiert und im Harn ausgeschieden werden soll. Es soll eine farblose Substanz sein, die sekundär zum roten Phylloerythrin reoxydierbar ist. Von BRUGSCH[4] konnten diese Befunde nicht bestätigt werden. Er findet beim Menschen folgende Chlorophyllabbauprodukte: 1. Einen Chromogentyp, Chlororubinogen, der durch Oxydation in den Farbstoff Chlororubin übergeht. Dieser ähnelt dem Urobilinogen bzw. Urobilin. Die Substanz kommt hauptsächlich im Harn vor, anscheinend aber auch in Galle und Stuhl. — 2. Substanz vom Chlorintyp (10% HCl-Fraktion) in Galle und Stuhl. — 3. Stercophorbide (25% HCl-Fraktion) im Stuhl. — 4. Phäophytine (37% HCl-Fraktion) im Stuhl. — Eine neuere Untersuchung über das Chlororubinogen und das Chlororubin liegt von GOHR u. Mitarb.[5] vor.

7. Der oxydative Endabbau.

Von C. MARTIUS.

Inhaltsverzeichnis.

[1] ROTHEMUND, P., and O. L. INMAN: Am. Soc. **54**, 4702 (1932). — ROTHEMUND, P., R. R. MCNARY and O. L. INMAN: Am. Soc. **56**, 2400 (1934). — [2] s. [2] S. 1024. — [3] BAUMGÄRTEL, T.: Kli. Wo. **1948**, 22. — [4] BRUGSCH, J., R. BRAUN, D. SCHMIDT, J. WEGNER u. KÜHNEL: Z. ges. inn. Med. **4**, 538 (1949). — [5] GOHR, H., T. GÖRGES u. J. THIESEN: Dtsch. Z. Verd.- u. Stoffw.-Krankh. **12**, 129 (1952).

a) Einleitung.

α) Das Problem und seine Bedeutung.

Der der Energiegewinnung dienende Abbau der Nährstoffe im Tierkörper vollzieht sich in zwei wohl voneinander zu unterscheidenden Stufen. Beginnend mit der vorbereitenden hydrolytischen Spaltung führt die erste, nur teilweise aerobe Phase des Abbaus, bei allen Nährstoffen über eine Vielzahl von Zwischenprodukten schließlich zu den gleichen niedermolekularen Bruchstücken mit 2 oder 3 Kohlenstoffatomen, an denen dann der sehr viel einfachere, ausschließlich aerobe Endabbau einsetzt. Während der Verlauf der ersten Phase in seinen Grundzügen zum Teil schon seit Jahrzehnten bekannt ist, hat die Aufklärung des Ablaufes der zweiten Phase größere Schwierigkeiten verursacht und erst die Forschung der letzten $1^1/_2$ Jahrzehnte hat Licht in ihr Dunkel gebracht. Wie es scheint, ist man sich damit auch der Bedeutung des Endabbaus eigentlich erst recht klar geworden.

Diese liegt einmal auf rein energetischem Gebiet. Wird doch während der Glykolyse nur etwa $^1/_{20}$ der Gesamtenergie eines Glucosemoleküls in Freiheit gesetzt, bei der Bildung von 9 Molekülen Essigsäure (bzw. Acetyl-Coenzym A) aus einem Stearinsäuremolekül nur erst etwa 30% des in einem solchen gespeicherten Energievorrates. Der Rest wird erst bei der anschließenden vollständigen Verbrennung gewonnen, so daß deren Anteil an der Gesamtenergiebilanz 70% oder mehr betragen dürfte. Von noch größerer Bedeutung als diese sich aus calorischen Daten errechnenden Zahlen sind die experimentell ermittelten Angaben über die Anzahl der in „energiereiche" Bindung übergeführten Phosphorsäuremoleküle. Deren Zahl beträgt beim Übergang eines Moleküls Glucose in zwei Moleküle Milchsäure bekanntlich nur zwei, während bei der vollständigen Verbrennung von einem Molekül Milchsäure etwa 18 Moleküle Phosphat in energiereiche Bindung übergeführt werden können[1] (s. S. 1053, s. a. Abb. 47, S. 791).

[1] OCHOA, S.: J. biol. Ch. **151**, 493 (1943). — Etwas abweichende Berechnungen: OGSTON, A. G., and O. SMITHIES: Physiol. Rev. **28**, 283 (1948). —

Auch die Bedeutung der Intermediärprodukte des Endabbaus für die gegenseitige Umwandlung der Nährstoffe und den Aufbau der Körpersubstanz ist erst in der letzten Zeit vor allem dank der modernen Isotopentechnik ganz klar erkenntlich geworden. Denn die beim Endabbau auftretenden niedermolekularen Zwischenprodukte (Essigsäure, Brenztraubensäure, α-Ketoglutarsäure u. a.) vermitteln andererseits wieder den Aufbau komplizierter großer Moleküle (Fette, Sterine, Eiweiß usw.).

In rein chemischer Hinsicht unterscheiden sich die beiden Phasen des Abbaus dadurch, daß während der ersten Phase nur wenig Kohlensäure entbunden wird, wohingegen die zweite durch die Häufigkeit α- und β- carboxylatischer Spaltungen entsprechender Ketosäuren gekennzeichnet ist.

Auch bezüglich der Lokalisierung beider Abbauprozesse bestehen Unterschiede. Die Mannigfaltigkeit der chemischen Umsetzungen und die daraus folgende große Kompliziertheit des Enzymapparates, die den Charakter der ersten Phase bestimmt, bedingt es, daß beim höher entwickelten Organismus nicht jede Zelle den gesamten dafür nötigen Apparat besitzt, sondern daß eine ganze Reihe von Umsetzungen besonders im Eiweiß- und Fettabbau in einzelnen Organen bevorzugt wenn nicht ausschließlich stattfindet (Leber, Niere). Dagegen wurde der für die Endoxydation notwendige enzymatische Apparat nahezu in allen tierischen Geweben nachgewiesen — besonders reich daran sind die Mitochondrien —, außerdem in der Pflanzenzelle und in vielen Mikroorganismen.

β) Ältere Theorien und Ansichten über den Endabbau.

Das Problem des Endabbaus mußte sich auf dem Gebiete des *Fett*stoffwechsels zuerst aufdrängen, da hier durch die Arbeiten von F. KNOOP die Folge der chemischen Umsetzungen bis zur Endoxydation hin in den Grundzügen zuerst bekannt war. Wohl allgemein galt die Essigsäure als dasjenige Produkt, das bei der sukzessiven Verkürzung der Fettsäureketten durch Spaltung intermediär gebildeter β-Ketosäuren entstehen sollte, obwohl der eindeutige experimentelle Nachweis ihrer Bildung nie geführt worden ist. Viel Kopfzerbrechen hat die Überlegung nach dem Modus ihres Verschwindens verursacht. Da sie als Spaltprodukt nicht aufgefunden werden konnte, mußte angenommen werden, daß sie sehr schnell durch Oxydation oder auf andere Weise wieder zum Verschwinden gebracht wird. Damit stand freilich im Widerspruch, daß tierische Organe Essigsäure keineswegs besonders leicht abzubauen vermögen. So wurde bei den Untersuchungen H. WIELANDS[1] ein Acetatabbau größeren Umfangs eigentlich nur in der Niere beobachtet. In Entfärbungsversuchen nach THUNBERG zeigte Essigsäure ebenso wie andere Fettsäuren nur mäßige Wirksamkeit als H-Donator[2].

Was den Abbau der Essigsäure anbetrifft, so hat man neben anderen Vorstellungen noch bis in die neueste Zeit an der Möglichkeit einer direkten Verbrennung zu CO_2 und H_2O festgehalten. Eine solche müßte, da sie zweifellos nur stufenweise erfolgen könnte, vermutlich über die Zwischenglieder Glykolsäure, Glyoxylsäure, Oxalsäure erfolgen. Die Vorstellung, daß dabei täglich Hunderte von Grammen Oxalsäure intermediär gebildet werden müßten, erschiene in Anbetracht der Tatsache, daß Intermediärprodukte meist nur in sehr geringer Menge aufzutreten pflegen, noch annehmbar (Citronensäure ist ein ähnliches wenn auch schwächeres Gift als die Oxalsäure!), das häufige Vorkommen von Oxalsäure in Konkrementen und die regelmäßige Ausscheidung von etwa 20 bis 30 mg/Tag im Harn schien diese Theorie sogar zu stützen[3]. Doch bildete die Tat-

[1] WIELAND, H., u. R. G. JENNEN: A. **548**, 255 (1941). — [2] Euler, Enzyme Bd. II/3, S. 501. — [3] FLASCHENTRÄGER, B., u. P. B. MÜLLER: H. **251**, 52 (1938).

sache, daß Oxalsäure vom Tierkörper nur sehr schwer angegriffen werden kann[1], das entscheidende Gegenargument. Überdies hat KLEINZELLER[2] in neuerer Zeit zeigen können, daß in Meerschweinchenniere, die Acetat glatt verbrennt, Glykolsäure überhaupt nicht angegriffen, Glyoxylsäure langsam zu einem Gemisch von Glykolsäure und Oxalsäure dismutiert wird. Zum gleichen Ergebnis führten Versuche mit markierten Säuren in vivo[3].

Das erwähnte Vorkommen von Oxalsäure im Tierkörper läßt sich, soweit letztere nicht aus pflanzlicher Nahrung stammt, vielleicht als von einem Abbau von Glycin herrührend erklären[4]. Schließlich kann, wie LYNEN[5] gezeigt hat, Oxalsäure auch noch durch Säurespaltung aus Oxalessigsäure und Oxalbernsteinsäure entstehen, und so könnte ihr häufiges Vorkommen in Pflanzen und Mikroorganismen erklärt werden.

Den Verhältnissen der Zelle sehr viel gerechter wurde eine Theorie, die man als „Bernsteinsäurecyclustheorie" bezeichnen könnte. Sie geht auf THUNBERG[6] zurück, der 1920 die Ansicht äußerte, daß aus zwei Molekülen Essigsäure durch „Zusammendehydrierung" ein Molekül Bernsteinsäure entstehen solle, das dann über Fumar-, Äpfel- und Oxalessigsäure weiter abgebaut werden sollte. Ein Hinweis auf die Möglichkeit einer solchen Reaktionsfolge im Tierkörper wurde darin erblickt, daß Pilze[7] sowie Hefe mit Essigsäure als einziger Kohlenstoffquelle in beträchtlichem Umfange Bernsteinsäure zu bilden vermögen. Der Nachweis, daß auch der Tierkörper zu einer solchen Bernsteinsäuresynthese befähigt ist, konnte indessen nie geführt werden. Trotzdem galt dieses weiterhin auch von WIELAND[8] und KNOOP[9] vertretene Schema lange Zeit als der wahrscheinlichste Ausdruck der Verhältnisse beim Endabbau der Fettsäuren und Kohlenhydrate und spielt als Teilprozeß des Citronensäurecyclus dort noch heute eine bedeutsame Rolle. Die Bildung von Bernsteinsäure durch eine — modellmäßig schwer vorstellbare — Zusammendehydrierung von 2 Molekülen Essigsäure, wobei aus jedem Molekül Essigsäure ein einziges Wasserstoffatom herausgelöst werden müßte, wird indessen auch in neuester Zeit noch für bestimmte Mikroorganismen ernsthaft diskutiert, wozu Isotopenversuche den Anlaß boten[10]. Bedeutung für die Theorie des tierischen Zellstoffwechsels dürften diese Befunde indessen kaum haben, auch wenn die daraus gezogenen Folgerungen, den Mechanismus dieser Bernsteinsäurebildung betreffend, sich bestätigen sollten.

Bei der Betrachtung des oxydativen Abbaus der *Kohlenhydrate* begegnen dieselben Probleme wie beim Endabbau der Fettsäuren, da die Frage des Pyruvatabbaus der des Acetatabbaus nahe verwandt ist. Zunächst aber muß auf die viel diskutierte Frage eingegangen werden, ob die Oxydation der Kohlenhydrate ausschließlich so erfolgt, daß zunächst aller Zucker in Milchsäure/Brenztraubensäure übergeht und diese anschließend verbrannt wird, oder ob nicht ein mehr oder weniger großer Teil der Zucker auch auf einem direkteren Wege oxydativ abgebaut werden kann.

Es liegen Versuche vor, in denen gezeigt werden konnte[11], daß durch Jodessigsäure bestimmter Konzentration, die ausreicht, um die Glykolyse vollständig zu hemmen, die Atmung von Muskel nicht ganz unterdrückt werden kann. Da der

---

[1] Euler, Enzyme Bd. II/3, S. 87. — [2] KLEINZELLER, A.: Biochem. J. **37**, 674 (1943). — [3] WEINHOUSE, S., and B. FRIEDMANN: J. biol. Ch. **191**, 707 (1951). — [4] RATNER, S., V. NOCITO and D. E. GREEN: J. biol. Ch. **152**, 119 (1943). — [5] LYNEN F., u. F(rieda) LYNEN: A. **560**, 149 (1948). — [6] s. Bd. **1**, S. 1232. — [7] BUTKEWITSCH, W. S., u. T. FEDOROFF: B. Z. **207**, 302 (1929). — [8] WIELAND, H.: Hand. Biochem. Bd. 2, S. 252. — [9] KNOOP, F., u. M. GEHRKE: H. **146**, 63 (1925). — [10] WEINHOUSE, S., and R. H. MILLINGTON: Am. Soc. **69**, 3089 (1947). — FORSTER, J. W., S. F. CARSON and D. S. ANTONY: Proc. nat. Acad. Sci. USA **35**, Nr. 12 (1949). — AJL, S. J, and M. D. KAMEN: Fed. Proc. **9**, 143 (1950). — [11] BARKER, S. B., E. SHORR and M. MALAM: J. biol. Ch. **129**, 33 (1939).

R.Q. in diesen Versuchen nahe bei 1 liegend gefunden wurde, muß Kohlenhydrat verbrannt worden sein, aber auf einem anderen Wege als über Triosephosphat. Es kommt für einen solchen direkten oxydativen Zuckerabbau wohl nur ein Abbauweg in Frage, der in seinen Einzelheiten bisher hauptsächlich an Hefe und Bakterien studiert worden ist: der Weg über Glucose-6-phosphat → 6-Phosphogluconsäure (s. S. 1061). Über das Ausmaß, in welchem ein solcher Abbau im Tierkörper stattfindet, lassen sich zur Zeit erst vermutungsweise Angaben machen[1].

Es soll im folgenden zunächst nur der weitere Abbau der Brenztraubensäure als dem eigentlichen Intermediärprodukt des Zuckerstoffwechsels Berücksichtigung finden.

Für diesen sind eine ganze Reihe von Wegen diskutiert worden. Zunächst ist an die Möglichkeit eines Übergangs in Fettsäuren zu denken. Ein solcher findet, wie schon aus zahlreichen älteren Untersuchungen hervorgeht, zum Teil in beträchtlichem Ausmaße statt; genauere Aussagen über den Umfang dieser Umwandlung können heute mit Hilfe der Isotopentechnik gemacht werden. Sie hat ergeben[2], daß bei Ratten etwa 30% des in die Leber gelangenden Zuckers in Fett umgewandelt werden.

Gewisse Anhaltspunkte, welche Richtung im Stoffwechsel der Gewebe bevorzugt wird, lassen sich aus der Eigenschaft isolierter Organe entnehmen, von den als Ausgangsstoff für die Citronensäurebildung in Frage kommenden Substraten Acetessigsäure bzw. Brenztraubensäure die eine oder die andere zu bevorzugen[3]. So scheint die Niere allgemein stärker auf Fett als auf Kohlenhydrat eingestellt zu sein, die Muskulatur des Kaltblüters ebenfalls, während der Organismus größerer Säugetiere und vor allem der Herzmuskel Kohlenhydrat zu bevorzugen scheint.

Im übrigen erfährt das Problem der Endoxydation durch den Übergang von Zucker in Fett natürlich nur eine Verlagerung. Was den Mechanismus dieser Fettbildung betrifft, so sind alle älteren Theorien — man hat sowohl an eine direkte Kondensation von Brenztraubensäuremolekülen gedacht[4] mit anschließender Decarboxylierung oder aber primär eine Decarboxylierung zu Acetaldehyd angenommen mit anschließender Aldolkondensation zu Oxyfettaldehydketten — heute überholt (vgl. S. 1048). Auch die früher viel diskutierte Frage der Bildung von Acetaldehyd aus Brenztraubensäure im Tierkörper[5], die Frage also, ob die tierische Zelle eine richtige Carboxylase enthält, gilt heute als im negativen Sinne entschieden (vgl. S. 1040). Auch eine Variante des THUNBERGschen Bernsteinsäurecyclus, die von TOENNISSEN u. BRINKMANN[6] postulierte „Zusammendehydrierung" von 2 Molekülen Brenztraubensäure zu einer α, α'-Diketoadipinsäure und anschließende Abspaltung von 2 Mol Ameisensäure aus derselben unter Bildung von Bernsteinsäure, ist längst experimentell widerlegt worden[7].

Es erscheint nicht überflüssig, an dieser Stelle auch nochmals auf die Theorien von A. v. SZENT-GYÖRGYI betr. einer Katalyse der tierischen Gewebsatmung durch die C_4-Dicarbonsäuren hinzuweisen (vgl. Bd. 1, S. 1237). Es muß betont werden, daß das eigentliche Problem des Endabbaus, die Frage nach dem Schicksal der Kohlenstoffatome, in diesen Theorien gar nicht berührt wird, da sie sich ja nur mit dem Wasserstofftransport vom Substrat zum Cytochromsystem befassen. Die Bedeutung dieser Theorien ist heute vielmehr darin zu sehen, daß sie experimentell die Wichtigkeit der C_4-Dicarbonsäuren für die Gewebs-

[1] BLOOM, B., M. R. STETTEN and D. STETTEN jr.: J. biol. Ch. **204**, 681 (1953). — [2] SALCEDO, J. jr., and D. STETTEN jr.: J. biol. Ch. **151**, 413 (1943). — BOXER, G. E., and D. STETTEN jr.: J. biol. Ch. **153**, 607; **156**, 271 (1944). — [3] HALLMAN, N.: Acta physiol. scand. **2**, Suppl. **4** (1940). — MARTIUS, C.: Unveröffentlichte Beobachtungen. — [4] SMEDLEY-MCLEAN, I.: Ergebn. Enzymforsch. **5**, 285 (1936). — [5] WIELAND, H., u. A. WINGLER: A. **436**, **229** (1924). — MEYERHOF, O., K. LOHMANN u. R. MEIER: B. Z. **157**, 459 (1925). — NEUBERG, C., u. A. GOTTSCHALK: Kli. Wo. **1923 II**, 1458. B. Z. **151**, 175 (1924). — GORR, G., u. J. WAGNER: B. Z. **254**, 5 (1932). — GORR, G.: B. Z. **254**, 12 (1932). — [6] TOENNIESSEN, E., u. E. BRINKMANN: H. **187**, 137 (1930). — [7] WILLE, F.: A. **538**, 237 (1939).

atmung aufgezeigt haben, wenn auch die richtige Deutung dieser Befunde erst die Theorie des Citronensäurecyclus gebracht hat. Eine zur Zeit noch durchaus offene Frage ist es, ob darüber hinaus das System Bernsteinsäure/Fumarsäure im Sinne von SZENT-GYÖRGYI eine Wasserstofftransportfunktion und damit im Zusammenhang eine Rolle bei der oxydativen Phosphorylierung zu spielen hat[1]. Untersuchungen über die Zusammensetzung der Succinodehydrogenase werden darüber vielleicht weitere Aufklärung bringen können.

Somit ist aber von allen älteren Theorien über den Endabbau der Nährstoffe nicht allzuviel übriggeblieben. An ihre Stelle ist heute die Theorie des *Citronensäurecyclus* getreten. In ihr werden auch viele älteren Beobachtungen und im Ansatz teilweise richtige Theorien erklärt und zusammengefaßt.

Ihr wesentlicher Inhalt besteht darin, daß die aus Fettsäuren, Kohlenhydraten und desaminierten Aminosäuren gebildeten letzten Abbauprodukte sich mit Oxalessigsäure unter Bildung von Citronensäure vereinigen. Der Abbau der Citronensäure führt unter Oxydation eines Teiles des Kohlenstoffgerüstes zu CO_2 schließlich wieder zu Oxalessigsäure, womit der Cyclus einmal durchlaufen ist. (Vgl. das Schema S. 1055 und Bd. **1**, S. 1238.)

Bei der Betrachtung des Gesamtproblems zeichnen sich 3 Fragenkomplexe ab: der des Citratabbaus, die Frage nach dem Mechanismus der Citronensäurebildung und schließlich die Fragen nach dem Umfang und der Bedeutung des Cyclus für das gesamte Stoffwechselgeschehen, seiner Steuerung und Verknüpfung mit anderen wichtigen Vorgängen in der Zelle. Die zentrale Rolle, die hierbei das Coenzym A und seine Acylverbindungen spielen, fordert und rechtfertigt schließlich eine Darstellung in einem besonderen Kapitel.

b) Der Citronensäurecyclus.

α) Die Bildung der Citronensäure.

Lange bevor die große Bedeutung der Citronensäure für den intermediären Stoffwechsel des Tierkörpers erkannt worden war, hat man sich Vorstellungen über deren Bildung in der Pflanze und in Pilzen (technische Bedeutung der Citronensäuregärung von Schimmelpilzen!) gebildet[2]. Sie waren rein spekulativer Natur und können übergangen werden. Auch die experimentelle Bearbeitung dieses Problems, die im Jahre 1936 begann, hat manchen Irrweg beschritten. Indessen erscheint es angezeigt — und nicht nur aus historischen Gründen — im folgenden den Linien einer Entwicklung nachzugehen, die der biochemischen Forschung Gebiete grundlegender Bedeutung erschlossen hat.

Die Konzeption einer einheitlichen Theorie der Citronensäurebildung aus Produkten des intermediären Stoffwechsels, über die wir heute verfügen, bildete, wie so häufig, auch hier erst den Abschluß einer längeren Entwicklung. Bei ihrem Beginn bestimmte die Verschiedenartigkeit der Ausgangsmaterialien — Kohlenhydrate bzw. Fett — Arbeitshypothesen und Richtung der Forschung.

1. Die Citronensäurebildung aus Kohlenhydraten.

Für die Theorie der Citronensäurebildung aus Abbauprodukten der Kohlenhydrate und damit für die Cyclustheorie überhaupt war die Beobachtung[3], daß sich unter sozusagen physiologischen Bedingungen, d. h. in schwach alkalischem Milieu aus Oxalessigsäure und Brenztraubensäure in guter Ausbeute eine Verbindung, Oxalcitramalsäure, bildet, die durch milde Oxydation weiter in Citronensäure übergeführt werden kann, von großem heuristischem Wert.

---

[1] OGSTON, A. G., and O. SMITHIES: Physiol. Rev. **28**, 283 (1948). — [2] Literatur vgl. BERNHAUER, K.: Die oxydativen Gärungen. Berlin 1932. Ergebn. Enzymforsch. **3**, 185 (1934). — [3] KNOOP, F., u. C. MARTIUS: H. **242**, I (1936).

$$\begin{array}{l} CH_3\text{—CO—COONa} \\ \quad + \\ \text{CO—COONa} \\ | \\ CH_2\text{—COONa} \end{array} \longrightarrow \begin{array}{l} CH_2\text{—CO—COONa} \\ | \\ \text{HO—C—COONa} \\ | \\ CH_2\text{—COONa} \end{array} \xrightarrow{+\,^1/_2 O_2} \begin{array}{l} CH_2\text{—COONa} \\ | \\ \text{HO—C—COONa} \\ | \\ CH_2\text{—COONa} \end{array} + CO_2$$

Damit schien der Weg gezeigt, den die Citronensäuresynthese in der Zelle einschlägt, und war zusammen mit den Ergebnissen der Aufklärung des Citratabbaus[1] der Grund für die Citronensäurecyclustheorie bereitet.

Krebs[2], der die Bedeutung der Citronensäurecyclustheorie als erster klar erkannte, hat keine bestimmten Annahmen über den Mechanismus der enzymatischen Citronensäuresynthese aus Kohlenhydrat gemacht. Hallman fand in einer ausführlichen Untersuchung[3] über die Citronensäurebildung in tierischem Gewebe in Oxalessigsäure den einen, in Brenztraubensäure (und auch bereits in β-Oxybuttersäure) den anderen Partner der Kondensationsreaktion. Noch in den ersten Erörterungen[4], die in der cis-Aconitsäure und nicht der Citronensäure das erste Reaktionsprodukt der Synthese sahen (vgl. S. 1055), wurde an der Vorstellung festgehalten, daß sich das Molekül der Brenztraubensäure als Ganzes mit Oxalessigsäure zu einem 7 C-Körper vereinigt. Schwer in Einklang zu bringen war die Theorie einer direkten Kondensation der Brenztraubensäure allerdings von vornherein mit der Tatsache, daß in Pilzen sowie in Hefe aus Essigsäure Citronensäure gebildet werden kann. Insbesondere die Versuche von Sonderhoff u. Thomas[5] hatten den eindeutigen Nachweis einer solchen Synthese mit Hilfe trideuterierter Essigsäure, aus der eine Citronensäure mit hohem Deuteriumgehalt gebildet wurde, erbracht. Die Feststellung, daß Oxalcitramalsäure durch tierisches Gewebe nicht in Citronensäure übergeführt wird[6], entzog dieser ersten Theorie der Citronensäurebildung dann endgültig den Boden.

Es wurde gleichzeitig klar, daß das Problem der Bildung von Citronensäure aus Kohlenhydraten mit dem des Mechanismus der Pyruvatdehydrierung aufs engste verknüpft ist.

Wie Lipmann 1937 zeigte[7], vermögen Trockenpräparate von *Bacterium delbrückii* Pyruvat unter Entwicklung von CO_2 umzusetzen. Der Reaktionsverlauf ist jedoch ein anderer als bei der carboxylatischen Spaltung der Brenztraubensäure in der Hefe; denn es entwickelt sich nur dann CO_2, wenn das Substrat gleichzeitig dehydriert werden kann. Acceptor für den dabei frei werdenden Wasserstoff ist vorzugsweise Sauerstoff; bei Gegenwart von Riboflavin als „carrier" kann der Wasserstoff aber auch auf ein zweites Molekül Brenztraubensäure übertragen werden, das dabei zu Milchsäure reduziert wird (Dismutation):

Oxydation:

$$CH_3\text{—CO—COOH} + \tfrac{1}{2} O_2 = CH_3\text{—COOH} + CO_2$$

Dismutation:

$$2\,CH_3\text{—CO—COOH} = CH_3\text{—COOH} + CH_3\text{—CHOH—COOH} + CO_2$$

Beide Reaktionen erforderten die Anwesenheit von anorganischem Phosphat, das dabei in energiereiche Bindung übergeführt wurde (Bildung von Adenosintriphosphat aus Adenylsäure), außerdem von Mg^{++}, Mn^{++} oder Co^{++}. Als prosthetische Gruppe dieser Pyruvodehydrogenase wurde Aneurinpyrophosphat festgestellt.

Im Falle der Bakteriendehydrogenase führte die Oxydation der Brenztraubensäure unter Aufnahme von nur einem Atom Sauerstoff zu Essigsäure. Peters u.

---

[1] Martius, C., u. F. Knoop: H. **246**, I (1937). — Martius, C.: H. **247**, 104 (1937). — [2] Krebs, H. A., and W. A. Johnson: Enzymologia **4**, 148 (1937). — [3] Hallman, N.: Acta physiol. scand. **2**, Suppl. **4** (1940). — [4] vgl. Krebs, H. A.: Biochem. J. **36**, IX (1942). — [5] Sonderhoff, R., u. F. Thomas: A. **530**, 195 (1937). — [6] Martius, C.: H. **279**, 96 (1943). — [7] Lipmann, F.: Enzymologia **4**, 65 (1937).

LONG[1], die ein wenig später die Oxydation der Brenztraubensäure durch Gehirnbrei untersuchten, stellten hierbei fest, daß nur wenig Essigsäure dabei gebildet wird, die Brenztraubensäure vielmehr zum größten Teile vollständig zu CO_2 und H_2O verbrannt wird. Bei der α-Ketobuttersäure dagegen, die durch Gehirnbrei fast ebenso schnell abgebaut wird, bleibt der Abbau auf der Stufe der Propionsäure stehen. Die Brenztraubensäuredehydrogenase aus Taubenhirn erfordert dieselben dialysablen Hilfsstoffe wie das Bakterienenzym, außerdem noch C_4-Dicarbonsäuren, wenn die Oxydation über die Stufe der Essigsäure hinausgehen soll. Versuche mit Herzmuskel ergaben nun[2], daß die Citronensäurebildung aus Pyruvat und Oxalacetat durch α-Ketobuttersäure kompetitiv gehemmt wird. Da Brenztraubensäure und α-Ketobuttersäure durch dasselbe Enzym oxydativ abgebaut werden, war es naheliegend anzunehmen, daß die kompetitive Hemmung an der Ketosäuredehydrogenase angreift, und damit ein Zusammenhang zwischen Brenztraubensäuredehydrierung und Citronensäuresynthese aufgezeigt. Daß das dabei aus Pyruvat entstehende intermediäre Abbauprodukt ganz besondere Eigenschaften haben müsse, zeigten weitere Versuche, bei denen eine Hemmung der Citratbildung durch zugesetzten Acetaldehyd beobachtet werden konnte. Die Hemmung beruht in diesem Falle möglicherweise darauf, daß der Aldehyd mit der Oxalessigsäure um das bei der Dehydrierung des Pyruvats entstehende Zwischenprodukt konkurriert, wobei Acetoin entsteht.

Es wurde deshalb aus diesen Versuchen der Schluß gezogen, daß beim Abbau der Brenztraubensäure im Tierkörper ein sehr reaktionsfähiges Zwischenprodukt entstehen müsse, welches sich an seinem Methyl-C-Atom mit Oxalessigsäure zu Citronensäure kondensieren könne, an seinem Carboxyl C Atom dagegen zu Diacetyl; Stabilisierung zu gewöhnlicher Essigsäure, Acetylierungen sollten weitere Umsetzungen dieser besonderen „aktiven“ Form einer Essigsäure sein[2].

2. Die Citronensäurebildung aus Fettsäuren.

WIELAND u. ROSENTHAL[3] sowie BREUSCH[4] entdeckten **1943** unabhängig voneinander, daß bei der Bebrütung eines Gemisches von Oxalacetat und Acetacetat mit Nieren-, Herzmuskel-, Skeletmuskel- oder Gehirnbrei unter aeroben Bedingungen in beträchtlichem Ausmaße Citronensäure gebildet wird. Auch höhere β-Ketofettsäuren lieferten, wenn auch zu einem geringeren Betrage, Citrat. Arbeiten mit isotop markierter Acetessigsäure brachten bald die Bestätigung dieser Befunde (s. S. 1057).

Für die Aufklärung des Mechanismus dieser Reaktion waren folgende Tatsachen von Bedeutung: Die Ausbeute an Citronensäure erreicht unter optimalen Bedingungen, wenn der weitere Abbau des Citrates durch Zusatz von Ba- oder Mg-Ionen hintangehalten wird, 80% der eingesetzten Acetessigsäure, wobei beide Acetylgruppen in Reaktion treten; Essigsäure wird unter den Reaktionsprodukten nicht gefunden[3]. Unter den gleichen Bedingungen liefert Essigsäure keine oder nur verschwindende[5] Mengen Citronensäure. Obwohl die Bildung von Citronensäure aus Acetessigsäure und Oxalessigsäure rein stöchiometrisch-formelmäßig keinen Sauerstoff benötigen sollte, erfolgt die Citratbildung nur unter aeroben Bedingungen, unter O_2 besser als unter Luft.

Der zunächst gemachte Versuch, die Bildung der Citronensäure durch eine Aldolkondensation[3] zwischen Acetessigsäure und Oxalessigsäure und anschließender Spaltung des Kon-

---

[1] LONG, C., and R. A. PETERS: Biochem. J. **33**, 759 (1939). — BANGA, I., S. OCHOA and R. A. PETERS: Biochem. J. **33**, 1109 (1939). — [2] MARTIUS, C.: H. **279**, 96 (1943). — [3] WIELAND, H., u. C. ROSENTHAL: A. **554**, 241 (1943). — [4] BREUSCH, F. L.: Science, N. Y. **97**, 490 (1943). Enzymologia **11**, 169 (1943/45). — BREUSCH, F. L., u. H. KESKIN: Enzymologia **11**, 243 (1943/45). — [5] HALLMAN, N.: Acta physiol. scand. **2**, Suppl. **4** (1940).

densationsproduktes zu erklären, vermochte auch hier nicht zu befriedigen. Um die hohen Ausbeuten an Citronensäure zu erklären, hätte man entweder die — recht unwahrscheinliche — Annahme der Bildung eines Kondensationsproduktes aus 2 Mol Oxalessigsäure und einem Mol Acetessigsäure machen müssen oder annehmen, daß bei einer Kondensationsreaktion im Molverhältnis 1:1 abgespaltene Essigsäure sich sofort wieder zu Acetessigsäure rekombiniert.

Für die weitere Forschung von Wichtigkeit war, daß, wie LYNEN[1] zeigen konnte, der oxydative Abbau der Essigsäure in Hefe über den Citronensäurecyclus erfolgt, sowie, daß das gleiche auch für den Tierkörper nachgewiesen werden konnte. Nachdem von verschiedenen Autoren ein oxydativer Acetatabbau in Niere, Leber und anderen Organen beobachtet worden war[2], erbrachten Versuche mit durch ^{13}C markierter Essigsäure den Beweis[4], daß deren Abbau ebenfalls über den Cyclus erfolgt. Aus dem Isotopengehalt der im Harn nach Verfütterung von mit ^{13}C markierter Essigsäure erscheinenden Acetylverbindungen ließ sich berechnen, daß im Säugetierorganismus pro 100 g Körpergewicht täglich immerhin 0,8 bis 1,2 g Essigsäure gebildet werden[3] (vom Erwachsenen 56–84 g).

Für den Mechanismus der Citratbildung aus Fettsäuren und ihren Abbauprodukten ergaben sich somit folgende drei Möglichkeiten:

1. Die Citronensäurebildung erfolgt ausschließlich, indem Acetessigsäure als solche mit Oxalessigsäure reagiert. Essigsäure und die höheren β-Ketofettsäuren müßten also zunächst in Acetessigsäure übergehen, um Citronensäure bilden zu können.

2. Acetessigsäure sowie die höheren Ketofettsäuren werden zunächst unter Bildung freier Essigsäure gespalten, diese reagiert ihrerseits dann mit Oxalessigsäure.

3. Aus Acetessigsäure sowie den höheren β-Ketofettsäuren bzw. aus Essigsäure entsteht auf verschiedenen Wegen ein identisches reaktionsfähiges Zwischenprodukt, dessen Kondensation mit Oxalessigsäure Citronensäure liefert.

Die erste Möglichkeit wird durch die alten Versuche von EMBDEN u. LOEB[5], Bildung von Acetessigsäure aus Essigsäure bei der Durchströmung überlebender Leber sowie entsprechende neuere nahegelegt.

Isotopenversuche haben nun gezeigt[6], daß in Leber und Niere tatsächlich der Acetatabbau über Acetessigsäure erfolgt. Wie aber die genaue Isotopenanalyse ergab, jedoch nur zum Teil, der Rest wurde direkt verbrannt. Daß Acetessigsäure nicht obligates Zwischenprodukt des Acetatabbaus sein kann, bewiesen unter anderem Isotopenversuche von BUCHANAN u. Mitarb.[7], in welchen aus einer entweder in $C_{(1)}$ *oder* in $C_{(3)}$ isotop markierten Acetessigsäure bei ihrem Umsatz nicht eine in $C_{(1)}$ *und* $C_{(3)}$ markierte Acetessigsäure entstand. Das hätte der Fall sein müssen, wenn abgespaltene Essigsäurereste vor ihrer weiteren Umsetzung erst wieder zu Acetacetat hätten zusammentreten müssen*. Die Acetessigsäure liegt demnach nicht auf dem *direkten* Wege des Acetatabbaus, sondern stellt einen freilich viel begangenen Umweg dar[8]. Die Verhältnisse dürften so liegen, daß, wenn ausreichend Oxalessigsäure

* Eine endgültige Klärung der etwas kompliziert gelagerten Verhältnisse beim Abbau isotop markierter Fettsäuren und Acetessigsäure haben erst die Arbeiten der letzten Zeit über den feineren Mechanismus des Fettsäureabbaus gebracht (vgl. S. 1047).

[1] LYNEN, F.: A. **539**, 1 (1939); **552**, 270 (1942); **558**, 47 (1947). — LYNEN, F., u. N. NECIULLAH: A. **541**, 203 (1939). — LYNEN, F., u. W. FRANKE: H. **270**, 271 (1941). — [2] ELLIOTT, K. A. C., and E. F. SCHROEDER: Biochem. J. **28**, 1920 (1934). — ELLIOTT, K. A. C., M. P. BENOY and Z. BAKER: Biochem. J. **29**, 1937 (1935). — ELLIOTT, K. A. C., M. E. GREIG and M. P. BENOY: Biochem. J. **31**, 1003 (1937). — BENOY, M. P., and K. A. C. ELLIOTT: Biochem. J. **31**, 1268 (1937). — GOROWITSCH, E. A.: Bull. Biol. Méd. exp. URSS **3**, 225 (1937). — MEDES, G., N. F. FLOYD and S. WEINHOUSE: J. biol. Ch. **162**, 1 (1946). — [3] BLOCH, K., and D. RITTENBERG: J. biol. Ch. **155**, 243 (1944). — [4] BUCHANAN, J. M., W. SAKAMI, S. GURIN and D. W. WILSON: J. biol. Ch. **157**, 747; **159**, 695 (1945). — [5] EMBDEN, G., u. A. LOEB: H. **88**, 246 (1913). — [6] WEINHOUSE, S., G. MEDES, N. F. FLOYD, M. CAMMAROTI, L. NODA and R. WILSON: J. biol. Ch. **158**, 411 (1945). — MEDES, G., N. F. FLOYD and S. WEINHOUSE: J. biol. Ch. **162**, 1 (1946). — [7] BUCHANAN, J. M., W. SAKAMI and S. GURIN: J. biol. Ch. **169**, 411 (1947). — [8] vgl. BLOCH, K.: Physiol. Rev. **27**, 574 (1947).

zur Verfügung steht zur weiteren vollständigen Verbrennung über den Cyclus, die Essigsäure direkt verbrennt, im anderen Falle aber sich zwei Acetylreste nach ihrer „Aktivierung“ (s. weiter unten!) zu Acetessigsäure vereinigen[1].

Die zweite Alternative wurde durch die schon erwähnte Tatsache widerlegt, daß in vitro die Citronensäurebildung aus Acetessigsäure außerordentlich viel leichter erfolgt als aus Essigsäure. Weiterhin bewiesen es Isotopenversuche. Damit nicht im Widerspruch steht die Tatsache, daß eine Aufspaltung von Acetessigsäure in gewöhnliche Essigsäure unter Umständen beobachtet werden kann[2].

Die dritte Möglichkeit, die Annahme einer besonderen „aktivierten“ Form der Essigsäure, in welcher der früher oft gebrauchte Begriff einer Essigsäure (oder auch eines Acetaldehyds) „in statu nascendi“ wieder auflebte, konnte sich schon vor der Entdeckung der Acetylverbindung des Coenzyms A auf eine große Zahl von Indizien stützen.

So fand die schon erwähnte Beobachtung, daß die Citronensäuresynthese aus Acetessigsäure nur unter aeroben Bedingungen stattfindet, ihre Erklärung darin, daß der Ketosäure zunächst noch Energie zugeführt werden muß zwecks Bildung des zur Kondensation fähigen, energiereichen Zwischenproduktes. Eine gekoppelte[3] Reaktion zwischen einem Energie liefernden Oxydationsprozeß und der Aktivierungsreaktion ist also zur Einleitung und Durchführung der Citratsynthese nötig. Bei Gegenwart eines geeigneten Wasserstoffacceptors bzw. einer Energie liefernden Dismutation kann die ganze Reaktionsfolge sogar anaerob ablaufen[3].

Entsprechende Vorstellungen waren für den Fall der Citratbildung aus Essigsäure in Hefezellen schon von LYNEN[4] entwickelt worden. Auch hier erfolgt die Verbrennung der Essigsäure über den Citronensäurecyclus nur, wenn gleichzeitig Energie liefernde Prozesse ablaufen. Im stationären Zustand der Oxydation kommen die Reaktionen des Cyclus selbst für diese Aktivierung auf, zu Beginn müssen, um die in verarmter Hefe sonst auftretende lange Induktionsperiode[5] abzukürzen, andere leicht oxydable Substrate (Alkohole, Aldehyde) zugegeben werden.

Schließlich konnte gezeigt werden, daß es auch angängig ist, diese Aktivierungsenergie in sozusagen reiner Form, d. h. als Adenosintriphosphat, zuzugeben (vgl. S. 1045).

Es war naheliegend, dieses einheitliche Schema der Citronensäurebildung schließlich auch auf die Brenztraubensäure als Reaktionspartner auszudehnen. Die Annahme, daß das bei der Dehydrierung von Pyruvat entstehende, reaktionsfähige Zwischenprodukt mit dem „aktiven“ 2 C-Fragment des Acetat- und Fettsäureabbaus identisch ist, und es so möglich sei, das gesamte Tatsachenmaterial des oxydativen Endabbaus und darüber hinaus noch weitere wichtige Stoffwechselvorgänge unter einem einheitlichen Gesichtspunkt zusammenzufassen, drängte sich als fast zwangsläufige Folgerung auf[6]. Die Aufklärung der Rolle des Coenzyms A und seiner Acylverbindungen hat dann ja auch die überraschend einfache Lösung des ganzen Problemkreises gebracht.

3. „Aktivierte Essigsäure“; Acetylphosphat.

Die Suche nach dem „aktivierten“ Acetat war lange Zeit von der Vorstellung beeinflußt, daß es sich dabei um eine besondere Form einer energiereichen Essigsäure-Phosphorsäureverbindung handeln müsse. Darauf wiesen Versuche hin,

---

[1] LEHNINGER, A. L.: J. biol. Ch. **164**, 291 (1946). — [2] LEHNINGER, A. L.: J. biol. Ch. **140**, LXXVI (1941); **143**, 147 (1942). — [3] HUNTER, F. E., and L. F. LELOIR: J. biol. Ch. **159**, 295 (1945). — [4] LYNEN, F.: A. **552**, 270 (1942). — [5] WIELAND, H., O. PROBST u. M. CRAWFORD: A. **536**, 51 (1938). — [6] MARTIUS, C., u. F. LYNEN: Adv. Enzymol. **10**, 167 ff. (1950).

aus denen sich die Notwendigkeit der Gegenwart von anorganischem Phosphat für die Dehydrierung der Brenztraubensäure in Bakterien[1] wie in tierischem Gewebe[2] zu ergeben schien. Sie fanden ihre Entsprechung in Beobachtungen, aus denen sich eine Beteiligung von Phosphorylierungsprozessen beim Abbau der Essigsäure[3] und der Fettsäuren im Tierkörper ergeben hatte. Dabei wird, wie schon erwähnt, einerseits energiereich gebundene Phosphorsäure (ATP) zur Aktivierung der Essigsäure oder der β-Ketofettsäuren benötigt, andererseits durch die nach diesem Zündungsprozeß ablaufenden Oxydationsvorgänge anorganische Phosphorsäure in energiereiche Bindung übergeführt.

Nun war schon seit 1944 durch die Arbeiten von LIPMANN[4] eine solche energiereiche Essigsäure-Phosphorsäureverbindung bekannt, das bei der Dehydrierung von Brenztraubensäure durch Bakterien bei Gegenwart von anorganischer Phosphorsäure sich bildende *Acetylphosphat*: $H_3C{-}COO{-}PO_3H_2$. Die bei der Dehydrierung der Brenztraubensäure frei werdende Energie wird unter diesen Versuchsbedingungen zum Aufbau dieser energiereichen Verbindung verwertet, bei deren enzymatisch oder rein chemisch-hydrolytisch leicht erfolgenden Spaltung 13000 bis 15000 cal/Mol frei werden[5].

Acetylphosphat ist synthetisch leicht zugänglich. Erste Reindarstellung durch LYNEN[6] aus Acetylchlorid und dem Silbersalz der Di-benzylphosphorsäure mit anschließender Abspaltung der Benzylreste durch katalytische Hydrierung. Weitere Darstellungsmethoden: Umsetzung von prim. Silberphosphat mit Acetylchlorid[7] oder von Keten mit Phosphorsäure in Äther[8]. Acylphosphate können nach LIPMANN u. TUTTLE[9] leicht colorimetrisch bestimmt werden, indem man sie mit Hydroxylamin umsetzt und die entstandenen Hydroxamsäuren in Form ihrer farbigen Eisen(III)-komplexe mißt. Die gleiche Reaktion wird auch von den Acyl-Coenzym A-Verbindungen geliefert[10], auch Carbonylverbindungen reagieren ähnlich. Hydroxylamin kann auch zum Abfangen intermediär sich bildenden Acylphosphates bzw. Acyl-Coenzyms A benutzt werden.

So fruchtbar sich die Entdeckung des Acetylphosphates schließlich auch ausgewirkt hat, hat sie doch zunächst einige Verwirrung geschaffen. Einerseits schien das Acetylphosphat im Stoffwechsel von Bakterien ganz die Rolle der postulierten „aktivierten“ Essigsäure zu spielen (vgl. LIPMANNs Zusammenfassung[5]. Diese konnte es aber wiederum nicht sein; denn zur Bildung von Citronensäure und auch zu anderen Umsetzungen war sie zusammen mit Enzymsystemen aus tierischem Gewebsmaterial *nicht* befähigt. Diese Widersprüche klärten sich erst auf, als man erkannte, daß durch ein nur in Bakterien vorkommendes Enzym Acetylphosphat reversibel in ein anderes, energiereiches Essigsäurederivat übergeführt werden kann, das eigentliche „aktivierte“ Acetat, dessen intermediäre Bildung die scheinbare Reaktionsfähigkeit des Acetylphosphates in diesen Systemen erklärt. (Näheres s. S. 1042: Phosphotransacetylase.) Die endgültige Lösung des ganzen Problems kam schließlich mit der Aufklärung der Rolle des Coenzyms A.

---

[1] LIPMANN, F.: Enzymologia **4**, 65 (1937). Cold Spring Harbor Symp. quant. Biol. **7**, 248 (1939). — [2] COLOWICK, S. P., H. M. KALCKAR and C. F. CORI: J. biol. Ch. **137**, 343 (1941). — BELITZER, V. A., and E. T. ZYBAKOWA: Biochimija, Moskau **4**, 516 (1939). — OCHOA, S.: J. biol. Ch. **151**, 493 (1943). — BANGA, I., S. OCHOA and R. A. PETERS: Biochem. J. **33**, 1109 (1939). — [3] LYNEN, F.: A. **546**, 120 (1941). — CROSS, R. J., J. V. TAGGART, G. A. COVO and D. E. GREEN: J. biol. Ch. **177**, 655 (1949). — LEHNINGER, A. L., and E. P. KENNEDY: J. biol. Ch. **173**, 753 (1948). — [4] LIPMANN, F.: J. biol. Ch. **155**, 55 (1944). — [5] Nähere Angaben über die chemischen und enzymatischen Umsetzungen des Acetylphosphates enthält die Zusammenfassung von LIPMANN, F.: Adv. Enzymol. **6**, 231ff. (1946). Allerdings muß in dieser Acetylphosphat nach unserer heutigen Kenntnis zumeist durch Acetyl-CoA ersetzt werden. — [6] LYNEN, F.: B. **73**, 367 (1940). — [7] LIPMANN, F., and L. C. TUTTLE: J. biol. Ch. **153**, 571 (1944). — [8] BENTLEY, R.: Am. Soc. **70**, 2183 (1948). — [9] LIPMANN, F., and L. C. TUTTLE: J. biol. Ch. **158**, 505; **159**, 21 (1945). — [10] CHOU, T. C., and F. LIPMANN: J. biol. Ch. **196**, 89 (1952).

4. Die Rolle des Coenzyms A im intermediären Stoffwechsel.

Die Entdeckung dieses wichtigen Cofermentes, die für die ganze Lehre vom intermediären Stoffwechsel von weittragender Bedeutung geworden ist, geht auf die Beobachtung von LIPMANN[1-3] zurück, daß bei Gegenwart spezifischer Proteinfraktionen aus acetongetrockneter Taubenleber sich durch Essigsäure und ATP eine Acetylierung von Sulfanilamid erzielen läßt, die Aktivität solcher Enzymansätze durch Dialyse oder Autolyse abnimmt, aber durch Zusatz von Kochsaft aus Leber wiederhergestellt werden kann. Das so in seiner Existenz und Wirkung nachgewiesene Coenzym A, wie der Cofaktor genannt wurde, erwies sich auch bei der Acetylierung von Cholin mit Essigsäure und ATP als notwendig und identisch mit einem Cofaktor der Cholinacetylierung, den unabhängig voneinander NACHMANSOHN u. BERMAN[4] sowie FELDBERG u. MANN[5] aufgefunden hatten. Es folgte dann die wichtige Feststellung, daß Coenzym A Pantothensäure enthält[6]. Das gab neue Hinweise auf die Bedeutung des Cofaktors, denn es war schon länger bekannt, daß Pantothensäure von Bakterien beim oxydativen Abbau der Brenztraubensäure benötigt wird[7]. Weitere Untersuchungen ergaben, daß Coenzym A bei der Synthese der Acetessigsäure in Taubenleberextrakten eine Rolle spielt[8], bei der Citronensäuresynthese im gleichen System, in Hefe und in E. coli[9-11] sowie bei der Citronensäuresynthese mittels des „condensing enzyme" aus Herzmuskel. Die Erkenntnis, daß praktisch alle Umsetzungen der Essigsäure coenzym A-abhängig sind, mußte schließlich mit Notwendigkeit dazu führen, eine Verbindung des Acetylrestes mit dem Coenzym anzunehmen[12] und in einer solchen die eigentliche „aktivierte" Essigsäure zu sehen. Das Wesen der Phosphotransacetylasereaktion (S. 1042) wurde klar und damit die Rolle des Acetylphosphates auf die diesem zukommende Bedeutung reduziert. Den Abschluß der ganzen, sich über mehr als ein Jahrzehnt erstreckenden Forschungsarbeiten bildete schließlich die Isolierung des Acetyl-Coenzyms A und die Entdeckung eines bisher unbekannten Typs energiereicher Bindungen, der Thioesterbindung: *Acetyl-Coenzym A ist ein Acetylderivat des Coenzyms, in dem die Essigsäure an die* SH-*Gruppe von Thioäthanolamin gebunden ist*[13].

a) Die Struktur des Coenzyms A. Dank den Arbeiten von LIPMANN[14] und seiner Mitarbeiter sowie von SNELL u. Mitarb.[15] kann das Problem der Zusammensetzung des Coenzyms A und seiner Strukturformel heute als gelöst gelten. In seinem

---

[1] LIPMANN, F.: J. biol. Ch. **160**, 173 (1945). — [2] LIPMANN, F., and N. O. KAPLAN: J. biol. Ch. **162**, 743 (1946). — [3] LIPMANN, F.: Harvey Lect. **44**, 99 (1950). — [4] NACHMANSOHN, D., and M. BERMAN: J. biol Ch. **165**, 551 (1946). — [5] FELDBERG, W., and T. MANN: J. Physiol., London **104**, 411 (1946). — [6] LIPMANN, F., N. O. KAPLAN, G. D. NOVELLI, L. C. TUTTLE and B. M. GUIRARD: J. biol. Ch. **167**, 869 (1947). — [7] DORFMAN, A., S. BERKMAN and S. A. KOSER: J. biol. Ch. **144**, 393 (1942). — [8] SOODAK, M., and F. LIPMANN: J. biol. Ch. **175**, 999 (1948). — [9] NOVELLI, G. D., and F. LIPMANN: J. biol. Ch. **182**, 213 (1950). — [10] STERN, J. R., and S. OCHOA: J. biol. Ch. **179**, 491 (1949). — [11] STERN, J. R., B. SHAPIRO and S. OCHOA: Nature **166**, 403 (1950). — [12] STADTMAN, E. R., G. D. NOVELLI and F. LIPMANN: J. biol. Ch. **191**, 365 (1951). — STADTMAN, E. R., and H. A. BARKER: J. biol. Ch. **174**, 1039 (1948). — [13] LYNEN, F., u. E. REICHERT: Angew. Chem. **63**, 47 (1951). — LYNEN, F., E. REICHERT u. L. RUEFF: A. **574**, 1 (1951). — Zusammenfassung: LYNEN, F.: Fed. Proc. **12**, 683 (1953). — [14] LIPMANN, F., N. O. KAPLAN, G. D. NOVELLI, L. C. TUTTLE and B. M. GUIRARD: J. biol. Ch. **186**, 235 (1950). — VRIES, W. H. DE, W. M. GOVIER, J. S. EVANS, J. D. GREGORY, G. D. NOVELLI, M. SOODAK and F. LIPMANN: Am. Soc. **72**, 4838 (1950). — NOVELLI, G. D., N. O. KAPLAN and F. LIPMANN: Fed. Proc. **9**, 209 (1950). — [15] BROWN, G. M., J. A. CRAIG and E. E. SNELL: Arch. Biochem. **27**, 473 (1950). — SNELL, E. E., G. M. BROWN, V. J. PETERS, J. A. CRAIG, E. L. WITTLE, J. A. MOORE, V. MCGLOHON and O. D. BIRD: Am. Soc. **72**, 5349 (1950). — NOVELLI, G. D.: in: MCELROY, W. D., and B. GLASS: Phosphorus Metabolism. Bd. 1, S. 414. Baltimore 1951. — NOVELLI, G. D.: J. cellul. comp. Physiol. **41**, Suppl. **1**, 67 (1953). — MAAS, W. K., and G. D. NOVELLI: Arch. Biochem. **43**, 236 (1953). — LIPMANN, F.: Bact. Reviews **17**, 1 (1953).

Aufbau entspricht das Coenzym A dem anderer Cofermente vom Adenosindinucleotidtyp. Die Analyse stimmt zu einer Verbindung aus 1 Pantothensäure, 1 Adenosin, 1 Thioäthanolamin („Cysteamin"), 3 Phosphorsäuren (davon eine in Monophosphorsäureesterbindung minus 5 Mol H_2O. Mol.-Gew.: 767. Aus dieser Analyse und aus verschiedenen weiteren Untersuchungen über die Art und den Ort der Phosphorsäurebindungen wird folgende Formel abgeleitet:

```
        CH3  OH
         |   |        O
H2C—C——CH—C<    CH2—CH2—SH
 |   |          N<
 O   CH3          H
 |
 |  └──────────────────────┘
 |           Pantethein
O=P—O⁻
 |
 O
 |
O=P—O⁻
 |
 O
 |
H2C—CH——CH——CH—CH—— Adenin
     |    |    |    |
     |    O    OH   |
     |    |         |
     | O=P—O⁻       |
     |    |         |
     |    O⁻        |
     |              |
     └──────O───────┘
```

Die im Coenzym A enthaltene Verbindung von Pantothensäure und Thioäthanolamin — Pantethein genannt — stellt einen Wuchsstoff für Mikroorganismen dar (Lactobacillus bulgaricus-Faktor), ein anderes phosphorsäurehaltiges Abbauprodukt des Coenzyms noch unbekannter Konstitution scheint eine ähnliche Rolle zu spielen (Acetobacter stimulatory factor [ASF])[1].

Welche Bedeutung der Pantothensäure für die Coenzymfunktion des Gesamtmoleküles zukommt, ist noch gänzlich; unklar fest steht dafür die funktionelle Bedeutung des Thioäthanolamins, dessen SH-Gruppe mit Essigsäure unter Bildung einer reaktionsfähigen Thioesterbindung reagieren kann:

$$R—NH—CH_2—CH_2—S—CO—CH_3$$

b) Acetyl-Coenzym A. Darstellung und chemisches Verhalten. Zur Darstellung von Acetyl-Coenzym A gehen LYNEN u. Mitarb.[2] von einem Hefekochsaft aus Bäckerhefe aus, die vorher einige Zeit mit Zucker oder Alkohol unter aeroben Bedingungen vorbehandelt wurde. Diese Vorbehandlung hat den Zweck, die Hefe zur Synthese von Coenzym A und dessen Acetylprodukt zu veranlassen, denn der Gehalt der Hefe an Coenzym A hängt von dem Ausmaß des aeroben Stoffwechsels ab — offenbar derart, daß in wenig atmender Hefe Coenzym in inaktive Spaltstücke gespalten wird, die sich aber wieder zum aktiven Molekül vereinigen können. Der Isolierungs- und Anreicherungsprozeß durchläuft folgende Stufen: Extraktion mit Phenol, Fällung als Ba-Salz, Adsorption an Kohle, Elution mit Pyridin und Fällung mit Aceton. Reines Acetylcoenzym A kann auf papierchromatographischem Wege gewonnen werden. Es ist auch möglich, durch Acetylierung von Coenzym A, und zwar entweder enzymatisch mit Phosphotransacetylase und Acetylphosphat (s. S. 1042) wie

[1] LIPMANN, F.: Symposium sur le Cycle Tricarboxylique. 2. Int. Congr. Biochem. Paris. S. 55 (1952). — BADDILEY, J., E. M. THAIN, G. D. NOVELLI and F. LIPMANN: Nature **171**, 76 (1953). — [2] LYNEN, F., E. REICHERT u. L. RUEFF: A. **574**, 2 (1951).

auch rein chemisch mit Thioessigsäure[1] oder Acetanhydrid Acetyl-Coenzym A darzustellen, desgleichen auch andere CoA-Derivate.

Im Gegensatz zu vielen anderen energiereichen Verbindungen (über die Berechnung des Energieinhaltes der $-S-CO-CH_3$-Bindung s. S. 1043 und 1047) ist Acetyl-Coenzym A unter physiologischen p_H- und Temperaturbedingungen außerordentlich stabil, dasselbe gilt auch für das saure p_H-Gebiet, und nur im Alkalischen wird es rasch gespalten. Charakteristisch für Acetyl-Coenzym A ist die schnelle Spaltung durch Hg^{++}. Wegen der allmählichen Spaltung in schwach alkalischer Lösung beobachtet man eine verzögerte Nitroprussidreaktion. Zur quantitativen Bestimmung eignet sich der Sulfanilamidtest (vgl. S. 1044).

c) Die enzymatischen Umsetzungen des Coenzyms A. Die Zahl der enzymatischen Umsetzungen des Acetyl-Coenzyms A und der daran beteiligten Enzyme ist sehr groß. Sie lassen sich nach LIPMANN[2] in zwei Gruppen einteilen: in Acetyl-Spendersysteme und Acetyl-Empfängersysteme nach den Substraten und in Transacetylasen und Acetokinasen nach den beteiligten Enzymen. In den ersteren laufen die Reaktionen nach dem allgemeinen Schema 1 ab, in den letzteren nach 2:

1. Acetyl-R + CoA—SH $\rightleftarrows$ CoA—S-Acetyl + RH,

2. CoA—S—Acetyl + Acceptor $\rightarrow$ Acetyl-Acceptor + CoA—S—H.

Die Einteilung besitzt aber keine strenge Gültigkeit, da viele dieser Reaktionen reversibel sind und ein Acceptorsystem auch zum Spendersystem werden kann. Die in Abb. 53 wiedergegebene Übersicht (nach LIPMANN) enthält die zur Zeit bekannten und näher untersuchten Systeme beider Arten.

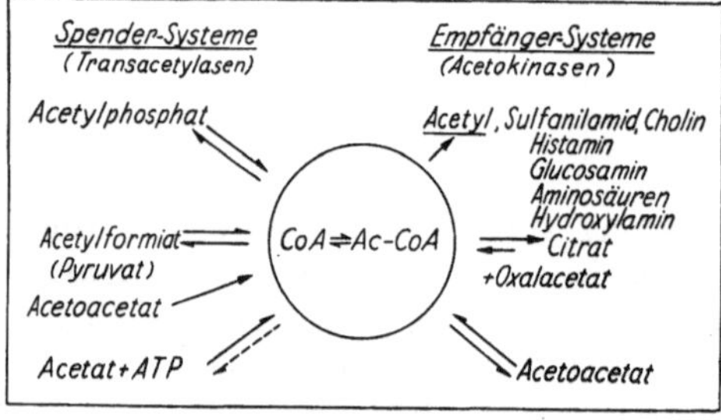

Abb. 53. Reaktionsschema für die Umsetzungen des Coenzyms A.

Diese Zusammenstellung ist bestimmt nicht vollständig; sie berücksichtigt nur die genauer bekannten und untersuchten Reaktionen. Darüber hinaus kann die Beteiligung des Acetyl-Coenzyms A bei der Synthese der Sterine, Porphyrine, Carotinoide und sicherlich noch vieler anderer Klassen von Naturstoffen als gesichert gelten.

Das Coenzym A ist indessen nicht nur für die „Aktivierung" der Essigsäure nötig, sondern spielt eine entsprechende Rolle bei der „Aktivierung" anderer Acylreste. (Bernsteinsäure, vgl. S. 1053; Benzoesäure, vgl. S. 1044; Stearinsäure bei der Synthese von Phospholipiden[3]; Abbau und Synthese der Fettsäuren, vgl. S. 1048).

α) Acetyl-Spendersysteme. *A. Die Bildung von Acetyl-Coenzym A aus Pyruvat.* Dieses ist die wichtigste der Bildungsweisen des Acetyl-CoA, da seine Bildung aus β-Ketofettsäuren ja nur eine Umkehr der Bildung der letzteren aus Acetyl-Co A darstellt. Das damit angeschnittene Problem ist zugleich das des aeroben Pyruvatabbaus. Die Bildung von Acetyl-CoA aus Pyruvat verläuft in mehreren Stufen und bedingt die Anwesenheit mehrerer Coenzyme und wahrscheinlich mindestens zweier spezifischer Proteine. Zwei derartige Enzyme — A und B genannt — konnten von OCHOA u. Mitarb.[4] aus getrockenten E. coli-Zellen gewonnen werden.

[1] WILSON, I. B.: Am. Soc. **74**, 3205 (1952). — [2] LIPMANN, F.: Symposium sur le Cycle Tricarboxylique. 2. Int. Congr. Biochem. Paris. S. 55 (1952). — [3] KORNBERG, A., and W. E. PRICER jr.: Fed. Proc. **11**, 242 (1952). — [4] KORKES, S., A. DEL CAMPILLO, I. C. GUNSALUS and S. OCHOA: J. biol. Ch. **193**, 721 (1951).

Während die Frage nach den am aeroben Pyruvatabbau beteiligten spezifischen Proteinen, besonders was die Verhältnisse in der tierischen Zelle angeht, noch nicht restlos geklärt ist, kann das Problem der beteiligten Cofermente und damit des Reaktionsmechanismus als gelöst betrachtet werden.

Der oxydative Pyruvatabbau und darüber hinaus der oxydative Abbau vermutlich aller α-Ketosäuren, insbesondere auch der α-Ketoglutarsäure, verlangt nach den Untersuchungen, an denen mehrere Forschergruppen beteiligt waren, die Mitwirkung folgender vier Coenzyme:

1. Diphosphopyridinnucleotid; 2. Aneurinpyrophosphat; 3. Coenzym A; 4. α-lipoic acid (thioctic acid, Protogen A), einen erst in letzter Zeit bekanntgewordenen, wichtigen Cofaktor.

α-lipoic acid[1]. Diese Substanz wurde beim Studium der Wachstumsfaktoren gewisser Milchsäurebakterien und anderer Mikroorganismen entdeckt, die in synthetischen Nährmedien, welche an Stelle von Acetat Pyruvat enthalten, nur dann wachsen, wenn ein bis dahin unbekannter Faktor der Nährlösung zugefügt wird. Dieser wird von ihnen also benötigt, um Pyruvat in Acetat umzuwandeln, da Zufuhr von Acetat den Wachstumsfaktor entbehrlich macht. Nach gelungener Isolierung ergab die Konstitutionsaufklärung, daß die α-lipoic acid genannte Verbindung ein cyclisches Disulfid der Caprylsäure (oder verwandter gradkettiger Fettsäuren) darstellt:

$$\begin{array}{l} \qquad\qquad\quad H \\ H_2C—(CH_2)_2—C—(CH_2)_3—COOH \\ \;|\qquad\qquad\quad\;\; | \\ S————S \end{array}$$

(Die Stellung des sekundär gebundenen Schwefelatoms kann etwas variieren, wie überhaupt dieses Coenzym gegen Veränderungen seines Moleküls relativ unempfindlich zu sein scheint). Es ist möglich, daß die lipoic acid nicht in freier Form, sondern als Conjugat mit Aneurinpyrophosphat wirkt (Lipothiamid), wobei sie durch eine Säureamidbindung mit der NH_2-Gruppe des Aneurins verknüpft ist[2].

$$H_3C—CO—COO^- \;+\; \begin{array}{l} H_2C—(CH_2)_2—CH—(CH_2)_3—COO^- \\ \;|\qquad\qquad\quad\;\; | \\ S————S \end{array}$$

DPNH₂ ↗ — DPN — III. ; ↘ I.

$$\begin{array}{l} H_2C—(CH_2)_2—CH—(CH_2)_3—COO^- \\ \;|\qquad\qquad\quad\;\; | \\ S\qquad\qquad\quad\; S \\ H\qquad\qquad\quad\; H \end{array} \xleftarrow[+\ CoA—SH]{II.} \begin{array}{l} H_2—C—(CH_2)_2—CH—(CH_2)_3—COO^- \\ \quad\;|\qquad\qquad\quad\; | \\ \quad\;S\qquad\qquad\quad S \\ \quad\;|\qquad\qquad\quad\; | \\ \quad C{=}O\qquad\qquad COO^- \\ \quad\;| \\ \quad CH_3 \end{array}$$

$$+\ H_3C—CO—S—CoA\ +\ CO_2$$

Die oxydative Decarboxylierung der Brenztraubensäure erfolgt in drei Stufen[3,4]: I. Unter der Wirkung des Aneurinpyrophosphates und der lipoic acid als prosthetischer Gruppen spezifischer Fermente wird das Pyruvation gespalten und die Spaltstücke COO^- und $H_3C—CO—$ von den beiden Schwefelatomen des sich öffnenden Disulfidringes der lipoic acid gebunden. II. Dieses Intermediärprodukt wird nun durch Coenzym A zerlegt. Es bildet sich Acetyl-

[1] O'Kane, D. J. O., and I. C. Gunsalus: J. Bacteriology **56**, 499 (1948). — Reed, L. J., B. G. DeBusk, I. C. Gunsalus and C. S. Hornberger jr.: Science, N. Y. **114**, 93 (1951). — Reed, L. J., B. G. DeBusk, I. C. Gunsalus and G. H. F. Schnakenberg: Am. Soc. **73**, 5920 (1951). — [2] Reed, L. J., and B. G. DeBusk: Am. Soc. **74**, 3457, 3964, 4727 (1952). — [3] Hager, L. P., J. D. Fortney and I. C. Gunsalus: Fed. Proc. **12**, 213 (1953). — [4] Reed, L. J., and B. C. DeBusk: Am. Soc. **75**, 1261 (1953).

Coenzym A, CO_2 und die reduzierte Form der lipoic acid. III. Diese wird schließlich durch DPN dehydriert und der Disulfidring wieder geschlossen.

Protein A aus E. coli ist offenbar der spezifische Katalysator der Reaktion I. Diese ist zu einem gewissen Grade reversibel, denn bei Inkubation von Pyruvat mit $^{14}CO_2$ bei Gegenwart von Enzym A konnte ein Austausch des Kohlenstoffatoms der Carboxylgruppe mit dem isotopen $^{14}CO_2$ beobachtet werden[1]. Ob dieser Reaktion eine Bedeutung bei der ebenso oft behaupteten wie bestrittenen Synthese von Kohlenhydrat aus Fett im Tierkörper zukommt, kann zur Zeit wohl noch nicht gesagt werden. Freier Acetaldehyd wird von dem Enzymsystem aus E. coli nicht angegriffen. Dagegen sind aus Clostridium kluyveri Extrakte gewonnen worden[2], welche Acetaldehyd bei Gegenwart von DPN und CoA in Acetyl-CoA überführen und Protein B in obigem Enzymsystem zu ersetzen vermögen. Dem Protein B kommt offenbar die Funktion einer Lipoic-Dehydrogenase zu (Reaktion III)[3].

Eine noch offene Frage ist es schließlich auch, wieweit sich die oben angeführten aus Beobachtungen an Enzymsystemen aus Bakterien abgeleiteten Schlüsse auf den Pyruvatabbau in tierischem Gewebe übertragen lassen. Es liegen bereits Versuchsergebnisse vor[4], nach denen lösliche Enzympräparate aus Schweineherz bei Gegenwart von DPN und Coenzym A in einer Dismutationsreaktion aus 2 Mol Pyruvat Milchsäure, CO_2 und Citrat (bei Zugabe von Oxalacetat und condensing enzyme) bzw. von Acetylphosphat (bei Ergänzung durch Phosphotransacetylase und anorganischem Phosphat) bilden. Eine Auftrennung dieser tierischen Pyruvatoxydase in Fraktionen, die den Enzymen A und B aus E. coli entsprechen würden, ist bisher noch nicht gelungen, doch scheinen ähnliche Verhältnisse auch hier vorzuliegen (vgl. dagegen[5]).

Schließlich ist hier auch der Ort, zu erwähnen, daß die Triosephosphatdehydrogenase, die eine Schlüsselstellung im System der glykolytischen Enzyme einnimmt, imstande ist, auch Acetaldehyd zu dehydrieren[6]. Bei Gegenwart von DPN und Coenzym A wird so Acetyl-CoA gebildet, allerdings ist die Aktivität des Fermentes gegenüber Acetaldehyd als Substrat schwach verglichen mit der gegenüber Phosphoglycerinaldehyd. Die Triosephosphat-dehydrogenase zeigt übrigens auch Eigenschaften der Phosphotransacetylase.

$$\text{Acetaldehyd} + \text{DPN} + \text{CoA} \rightarrow \text{Acetyl-CoA} + \text{DPN}\cdot\text{H} + \text{H}^+$$

Die Bildung von Acetyl-Co A aus Pyruvat durch „thioklastische" Spaltung in Bakterien ist auf S. 1041 abgehandelt.

B. Der Mechanismus der Bildung von Acetyl-Coenzym A aus Acetat und ATP. Während die Bildung von Acetyl-CoA aus Pyruvat sich ohne Zufuhr von Energie vollzieht, da die Dehydrierung von Pyruvat bzw. Acetaldehyd einen exergonischen Prozeß darstellt, dessen Energie ausreicht, um für die Bildung der energiereichen Thioesterbindung aufzukommen, ist für die Bildung von Acetyl-CoA aus Essigsäure die Kopplung mit einem parallel laufenden, Energie liefernden Prozeß nötig.

Schon vor der Entdeckung des Coenzyms A war eine „Aktivierung" gewöhnlicher Essigsäure durch Adenosintriphosphat beobachtet worden[7], so daß an der

[1] OCHOA, S.: Symposium sur le Cycle Tricarboxylique. 2. Int. Congr. Biochem. Paris. S. 79 (1952). — [2] STADTMAN, E. R., and H. A. BARKER: J. biol. Ch. **180**, 1095 (1949). — BURTON, R. M.: Fed. Proc. **11**, 193 (1952). — [3] HAGER, L. P., and I. C. GUNSALUS: Am. Soc. **75**, 5767 (1953). — [4] KORKES, S., A. DEL CAMPILLO and S. OCHOA: J. biol. Ch. **195**, 541 (1952). — [5] JAGANNATHAN, V., and R. S. SCHWEET: J. biol. Ch. **196**, 551 (1952). — SCHWEET, R. S., B. KATCHMAN, R. M. BOCK and V. JAGANNATHAN: J. biol. Ch. **196**, 563 (1952). — [6] HARTING, J.: Fed. Proc. **10**, 195 (1951). — HARTING, J., and S. VELICK: Fed. Proc. **11**, 226 (1952). — [7] NACHMANSOHN, D., and A. L. MACHADO: J. Neurophysiol. **6**, 397 (1943). — NACHMANSOHN, D., and H. M. JOHN: Proc. Soc. exp. Biol. Med. **57**, 361 (1944). J. biol. Ch. **158**, 157 (1945).

Beteiligung von ATP bei der Bildung des Acetyl-Coenzym A kaum ein Zweifel sein konnte. LIPMANN fand dann, daß ATP hierbei in Pyrophosphat und Adenylsäure gespalten wird[1]. Wie aus Versuchen mit isotop markiertem Pyrophosphat (PP) und Acetat hervorgeht[2], vollzieht sich die Aktivierungsreaktion in drei aufeinanderfolgenden Schritten:

$$\begin{array}{ll} \text{a)} & \text{ATP} + \text{Enzym} \rightleftharpoons \text{AMP-Enzym} + \text{PP} \\ \text{b)} & \text{AMP-Enzym} + \text{CoA} \rightleftharpoons \text{CoA-Enzym} + \text{AMP} \\ \text{c)} & \text{CoA-Enzym} + \text{Acetat} \rightleftharpoons \text{Acetyl-CoA} + \text{Enzym} \\ \hline & \text{Acetat} + \text{CoA} + \text{ATP} \rightleftharpoons \text{Acetyl-CoA} + \text{AMP} + \text{PP} \end{array}$$

Es kommt somit zur intermediären Bildung einer energiereichen Adenylsäure-Enzymverbindung, die durch Coenzym A in eine energiereiche CoA-Enzymverbindung übergeführt wird, welch letztere dann mit Acetat Acetyl-CoA liefert.

Ein Essigsäure aktivierendes Enzym ist aus Hefe, Leber und Herzmuskel isoliert worden[1–3]. Ein weiteres Enzym, welches die Fettsäuren von C_4—C_{12} in die entsprechenden CoA-Verbindungen nach dem gleichen Schema, wie es oben für Essigsäure angegeben ist, überführt, wurde aus Rinderleber dargestellt[4]. In dem gleichen Organ wurde schließlich auch ein auf die höheren Fettsäuren (vermutlich C_{14}—C_{18}) eingestelltes Enzym nachgewiesen[5,9]. In entsprechender Weise wie die Fettsäuren können auch α, β-ungesättigte Säuren und β-Oxyfettsäuren in die CoA-Verbindungen übergeführt werden[5–7].

Coenzym A-Derivate höherer Fettsäuren können schließlich auch auf indirektem Wege durch die Wirkung von ***CoA-Transpherasen*** gebildet werden[8]:

$$H_3C{-}CO{-}S{-}CoA + H_3C{-}(CH_2)_n{-}COOH \rightleftharpoons H_3C{-}COOH + H_3C{-}(CH_2)_n{-}CO{-}S{-}CoA$$

C. Die reversible „thioklastische“ Spaltung von Pyruvat durch Bakterienenzyme. Wie schon länger bekannt ist, vermögen gewisse Bakterien (z. B. E. coli) Brenztraubensäure unter Bildung von Essigsäure und Ameisensäure zu spalten, wobei aus letzterer evtl. weiterhin H_2 und CO_2 gebildet werden können[10, 11]. Man nahm zunächst an, daß hier der Fall einer hydroklastischen Spaltungsreaktion vorläge, bis man in Versuchen mit isolierten Enzymsystemen erkannte, daß die Spaltung an die Gegenwart von anorganischem Phosphat gebunden war. Dabei wird mit Extrakten aus E. coli Acetylphosphat gebildet neben Formiat; Extrakte aus Clostridium butylicum liefern Acetylphosphat und Kohlensäure plus Wasserstoff:

$$H_3C{-}CO{-}COO^- + HO{-}PO_3^{--} \begin{cases} \nearrow H_3C{-}COO{-}PO_3^{--} + H{-}COO^- \quad \text{(E. coli)}^{11} \\ \searrow H_3C{-}COO{-}PO_3^{--} + CO_2 + H_2 \quad \text{(Cl. butylicum)}^{10} \end{cases}$$

Nachdem die Rolle des Coenzyms A bei den Reaktionen der „aktivierten“ Essigsäure klar geworden war, ergab eine neuerliche Untersuchung dieser Spaltungsreaktion[12], daß tatsächlich auch hierbei eine „thioklastische“ Spaltung

[1] LIPMANN, F., M. E. JONES, S. BLACK and R. M. FLYNN: Am. Soc. **74**, 2384 (1952). — [2] JONES, M. E., F. LIPMANN, H. HILZ and F. LYNEN: Am. Soc. **75**, 3285 (1953). — [3] GREEN, D. E.: Science, N. Y. **115**, 661 (1952). — HALE, M. P.: Fed. Proc. **12**, 216 (1953). — [4] WAKIL, S., and H. R. MAHLER: Fed. Proc. **12**, 285 (1953). — [5] KORNBERG, A., and W. E. PRICER jr.: Am. Soc. **74**, 1617 (1952). — [6] LEHNINGER, A. L., and G. D. GREVILLE: Am. Soc. **75**, 1515 (1953). — [7] STERN, J. (R.), and A. DEL CAMPILLO: Am. Soc. **75**, 2277 (1953). — [8] STADTMAN, E. R.: Fed. Proc **11**, 291 (1952). — [9] KORNBERG, A., and W. E. PRICER jr.: J. biol. Ch. **204**, 329 (1953). — [10] KOEPSELL, H. J., and M. J. JOHNSON: J. biol. Ch. **145**, 379 (1942). — [11] KALNITSKY, G., and C. H. WERKMAN: Arch. Biochem. **2**, 113 (1943). — [12] CHANTRENNE, H., and F. LIPMANN: J. biol. Ch. **187**, 757 (1950).

stattfindet unter Beteiligung der aktiven SH-Gruppe des Coenzyms A nach folgendem Schema:

$$H_3C{-}CO{-}COO^- + CoA{-}SH = H_3C{-}CO{-}S{-}CoA + H{-}COO^-$$
$$H_3C{-}CO{-}S{-}CoA + HOPO_3^{--} = H_3C{-}COO{-}PO_3^{--} + CoA{-}SH$$

$$\text{Summe: } H_3C{-}CO{-}COO^- + HOPO_3^{--} = H_3C{-}COO{-}PO_3^{--} + H{-}COO^- \quad [+ CoA]$$

Es wird also zunächst Acetyl-Coenzym A gebildet, welches bei Gegenwart von anorganischem Phosphat durch die in den Bakterienextrakten vorhandene Phosphotransacetylase in Acetylphosphat und freies Coenzym A aufgespalten wird. Letzteres vermag also in katalytischen Mengen zu wirken, wenn es durch Phosphationen immer wieder „entladen" wird. In intakten Bakterienzellen, in denen offenbar auch das Acetylphosphat schnell weiter gespalten wird — oder das Acetyl-Coenzym A in anderer Weise „entladen" wird —, verläuft die Gesamtreaktion unter dem Bilde einer primären hydroklastischen Spaltung. Wie von UTTER, LIPMANN u. WERKMAN[1] zuerst beobachtet wurde, findet in E. coli-Extrakten ein schneller Austausch zwischen der Carboxylgruppe der Brenztraubensäure und zugesetztem, mit ^{13}C markiertem Formiat statt:

$$H_3C{-}CO{-}COO^- + H{-}^{13}COO^- \rightleftharpoons H_3C{-}CO{-}^{13}COO^- + H{-}COO^-$$

Dieser Befund ließ auf eine Umkehrbarkeit der Spaltungsreaktion schließen. Versuche mit markierter Essigsäure, die mit E. coli-Extrakten bei Gegenwart von ATP markierte Brenztraubensäure lieferten, bestätigten weiterhin diese Annahme.

Eine Betrachtung der Energiebilanz der Spaltungsreaktion[2] macht die Leichtigkeit verständlich, mit der sie in umgekehrter Richtung verläuft. Noch unter der Annahme der primären Bildung von Acetylphosphat ist von LIPMANN folgende Berechnung aufgestellt worden:

			$\triangle F_0$
$H_3C{-}CO{-}COO^- + HOPO_3^{--}$	$= H_3C{-}CO{-}O{-}PO_3^{--}$	$+ H{-}COO^-$	— 2,5 kcal
$H_3C{-}COOPO_3^{--} + H_2O$	$= H_3C{-}COO^-$	$+ HOPO_3^{--} + H^+$	— 15 kcal
$H_3C{-}CO{-}COO^- + H_2O$	$= H_3C{-}COO^-$	$+ H{-}COO^- + H^+$	— 17,5 kcal

Diese Berechnung, in der das energiereiche Acetylphosphat durch das energetisch fast gleichwertige Acetyl-CoA zu ersetzen wäre, zeigt, warum eine „thioklastische" oder „thioklastisch-phosphoroklastische" Spaltung reversibel ist im Gegensatz zur einfachen hydrolytischen Spaltung, die unter Verlust von 17,5 kcal verläuft.

D. Die Phosphotransacetylase-Reaktion. Bei dieser Reaktion stellt ein spezifisches, bisher nur in Bakterien nachgewiesenes Enzym, *Phosphotransacetylase,* folgende Gleichgewichtsreaktion ein[3,4]:

$$CoA{-}S{-}CO{-}CH_3 + HO{-}PO_3^{--} \rightleftharpoons CoA{-}S{-}H + H_3C{-}COO{-}PO_3^{--} \quad (1)$$

Es wird also die energiereiche Thioesterbindung der Essigsäure im Acetyl-CoA in die etwa ebenso energiereiche Essigsäure-Phosphorsäure-Bindung des Acetylphosphates übergeführt. Das Enzym ist besonders von STADTMAN studiert worden, der es aus Extrakten von Clostridium kluyveri angereichert hat[4]. Für die Gleichgewichtskonstante der Reaktion (*1*) $K = \frac{(\text{Acetyl-CoA}) \cdot (\text{P anorg.})}{(\text{Acetylphosphat}) \cdot (\text{CoA})}$ wurde ein mitt-

[1] UTTER, M. F., F. LIPMANN and C. H. WERKMAN: J. biol. Ch. **158**, 521 (1945). — [2] LIPMANN, F.: Adv. Enzymol. **6**, 231 (1946). — [3] STADTMAN, E. R., G. D. NOVELLI and F. LIPMANN: J. biol. Ch. **191**, 365 (1951). — [4] STADTMAN, E. R.: J. biol. Ch. **196**, 527 (1952).

lerer Wert von 60 gefunden, woraus sich für die Reaktion *1* ein ΔF-Wert von etwa −3000 cal/Mol und ein Energieinhalt von 10000 bis 12000 cal/Mol für die Essigsäure-Coenzym A-Bindung errechnet. Letzterer steht in guter Übereinstimmung mit dem von STERN, OCHOA u. LYNEN[1] aus dem Gleichgewicht der Citronensäurebildungsreaktion errechneten Wert von 12000 bis 13000 cal/Mol.

Das Enzym und die von ihm katalysierte Gleichgewichtsreaktion sind von großer Bedeutung geworden für die Erforschung der coenzym A-abhängigen Reaktionen. Durch Ergänzung mit dem Bakterienenzym ist es möglich, in Enzymsystemen aus tierischem Material, denen Phosphotransacetylase ja fehlt, das schwer zugängliche Acetyl-CoA durch das synthetisch leicht erhältliche Acetylphosphat zu ersetzen[2–4]. Hierbei sind nur kleine, katalytische Mengen Coenzym A erforderlich; Acetyl-CoA wird dabei ständig aus dem Acetylphosphat regeneriert.

Die biologische Rolle des Enzyms erscheint demgegenüber nicht ganz eindeutig. Acetylphosphat besitzt als solches keinerlei spezifisches Reaktionsvermögen, außer daß es leicht hydrolytisch gespalten wird. Da im Gegensatz dazu Acetyl-CoA sehr stabil ist, könnte der Phosphotransacetylase-Reaktion die Bedeutung zukommen, für die „Entladung" (Entacetylierung) von gebildetem Acetyl-CoA zu sorgen. In diesem Falle ginge allerdings die Energie der Thioesterbindung ungenutzt verloren. Man könnte auch daran denken, daß das Acetylphosphat im System der energiereichen Acetylverbindungen eine ähnliche Rolle spielt wie das Kreatinphosphat im System der energiereichen Phosphate — als Acetylpuffer hoher Kapazität. Dann hätte auch die Rückreaktion: Acetylphosphat → Acetyl-CoA ihren Sinn. Da eine primäre Bildung von Acetylphosphat offenbar nirgends statthat, müßte diese Reaktion sonst völlig sinnlos erscheinen*.

Schließlich sind noch zwei Austauschreaktionen zu erwähnen, die von der Phosphotransacetylase katalysiert werden[5,6]. In ihrer Gegenwart tauscht Acetylphosphat den Phosphatrest gegen anorganisches Phosphat aus, was mit Hilfe von $^{32}PO_4^{---}$ leicht gezeigt werden kann.

Eine ganz analoge Austauschreaktion findet auch mit Arsenationen statt, nur ist das Acetylarseniat, das in diesem Falle als zunächst entstanden zu denken wäre, so instabil, daß es spontan in Essigsäure und Arsensäure hydrolysiert wird (*Arsenolyse*). Für diese Reaktionen sind neben Coenzym A Kalium- oder Ammoniumionen erforderlich. Bei diesen Austauschreaktionen wird in beiden Fällen zunächst im Sinne der Gl. (*1*), die hierbei von rechts nach links abläuft, aus Acetylphosphat und Coenzym A Acetyl-CoA gebildet. Dieses reagiert dann im umgekehrten Sinne mit isotop markiertem Phosphat wieder zu Acetylphosphat zurück, das auf diese Weise isotopen Phosphor aufnimmt. Bei der zweiten Reaktion setzt sich intermediär gebildetes Acetyl-CoA mit Arsenationen zu Acetylarsenat um, welches im Gegensatz zur Phosphorsäureverbindung so instabil ist, daß es spontan in Coenzym A und Arsenat zerfällt.

$$H_3C{-}CO{-}S{-}CoA + HO{-}AsO_3^{--} \rightleftharpoons H_3C{-}C{\cdot}OO{-}AsO_3^{--} + CoA{-}SH$$

$$H_3C{-}COO{-}AsO_3^{--} + H_2O \rightarrow H_3C{-}COOH + HO{-}AsO_3^{--}$$

* Da Acetylphosphat mit Adenosindiphosphat in reversibler Reaktion Essigsäure und ATP liefert [LIPMANN, F.: J. biol. Ch. **155**, 55 (1944)] bietet die Existenz der Phosphotransacetylase die Möglichkeit, den Energiegehalt der Acyl-Mercaptan-Bindung im Acetyl-CoA unter Aufnahme von *Phosphat* zur Bildung von ATP nutzbar zu machen, was in der tierischen Zelle nur bei Vorhandensein von *Pyrophosphat* möglich ist; vgl. S. 1041.

[1] STERN, J. (R.), S. OCHOA and F. LYNEN: J. biol. Ch. **198**, 313 (1952). — [2] CHOU, T. C., G. D. NOVELLI, E. R. STADTMAN and F. LIPMANN: Fed. Proc. **9**, 160 (1950). — [3] STERN, J. R., B. SHAPIRO and S. OCHOA: Nature **166**, 403 (1950). — [4] STERN, J. R., B. SHAPIRO, E. R. STADTMAN and S. OCHOA: J. biol. Ch. **193**, 703 (1951). — [5] STADTMAN, E. R., G. D. NOVELLI and F. LIPMANN: J. biol. Ch. **191**, 365 (1951). — [6] STADTMAN, E. R.: J. biol. Ch. **196**, 527 (1952).

β) Acetyl-Acceptorsysteme. *A. Die Acetylierung körperfremder Amine.* LIPMANN machte 1945 die wichtige Beobachtung[1], daß Extrakte aus Taubenleber unter aeroben Bedingungen körperfremde Amine, wie Sulfanilamid, p-Aminobenzoesäure u. a., in vitro zu acetylieren vermögen. Als Acetyldonator war Essigsäure am wirksamsten, danach Acetessigsäure, Pyruvat und in geringem Maße auch Acetoin. Durch Zugabe von ATP konnte auch unter anaeroben Bedingungen eine Acetylierung gleichen Ausmaßes erreicht werden. Diese Acetylierungsreaktion erwies sich weiterhin als abhängig von der Gegenwart eines thermostabilen, dialysablen Aktivators, der beim Altern der Leberextrakte allmählich zerstört wurde. Wie schon S. 1036 erwähnt, führte die Untersuchung dieses Aktivierungseffektes dann zur Auffindung des Coenzyms A, dessen Acetylverbindung hierbei das eigentliche acylierende Agens darstellt.

Die Reaktion verläuft nach dem Schema:

$$H_3C{-}CO{-}S{-}CoA + H_2N{-}R \longrightarrow H_3C{-}CO{-}NH{-}R + HS{-}CoA$$

und stellt somit ein vollkommenes Analogon der Reaktion von Aminen mit Säureestern dar. (Thioessigsäure selbst ist schon ein wirksames Acetylierungsmittel).

Diese Acetylierungsreaktion[2] eignet sich im besonderen Maße zum Nachweis von irgendwie gebildetem Acetyl-CoA, wenn man als Amin Sulfanilamid verwendet, dessen nichtacetylierter Anteil nach der Reaktion durch Kuppelung und Farbstoffbildung leicht bestimmt werden kann[3].

Als Acetylacceptor können die verschiedensten körperfremden Amine und Aminosäuren fungieren. Nachgewiesen wurde bisher die Acetylierung von Sulfanilamid[1], p-Aminobenzoesäure[1, 6], Histamin[4], Glucosamin[5], doch ist die Zahl der möglichen Acetylacceptoren zweifellos weit größer. Auch natürliche Aminosäuren dürften unter Umständen dazu zu rechnen sein[7].

Im Acceptorsystem wirksame Fermentproteine sind aus Taubenleberextrakten[5] gewonnen worden.

Die biologische Bedeutung der coenzym A-abhängigen Acetylierungsreaktion ist in der durch die Acetylierung bewirkten Entgiftung körperfremder oder schädlicher Amine zu suchen. Es besteht indessen Veranlassung, anzunehmen, daß diesem Reaktionsschema — etwas allgemeiner gefaßt — eine sehr viel umfassendere Bedeutung zukommt, und zwar bei der Synthese von Peptiden und Proteinen[8]. In diesem Falle würden Coenzym A-Verbindungen von Aminosäuren als Acyldonatoren, natürliche Aminosäuren bzw. Peptide als Acylacceptoren zu fungieren haben (Gl. 1). Als Hinweis auf die Wahrscheinlichkeit einer solchen

$$H_2N{-}\underset{\displaystyle R}{\underset{|}{CH}}{-}CO{-}S{-}CoA + H_2N{-}\underset{\displaystyle R'}{\underset{|}{CH}}{-}CO{-}HN{-}\underset{\displaystyle R''}{\underset{|}{CH}}{-}CO{-}HN{-}\underset{\displaystyle R'''}{\underset{|}{CH}}{-}CO{-}\text{ usw.} \longrightarrow$$

$$H_2N{-}\underset{\displaystyle R}{\underset{|}{CH}}{-}CO{-}HN{-}\underset{\displaystyle R'}{\underset{|}{CH}}{-}CO{-}HN{-}\underset{\displaystyle R''}{\underset{|}{CH}}{-}CO{-}HN{-}\underset{\displaystyle R'''}{\underset{|}{CH}}{-}CO \cdots \text{ usw.} + CoA{-}SH$$

Hypothese sei hier die Beobachtung von CHANTRENNE[9] angeführt, wonach bei der Bildung von Hippursäure aus Benzoesäure und Glykokoll neben ATP auch Coenzym A unentbehrlich ist.

[1] LIPMANN, F.: J. biol. Ch. **160**, 173 (1945). — [2] CHOU, T. C., G. D. NOVELLI, E. R. STADTMAN and F. LIPMANN: Fed. Proc. **9**, 160 (1950). — [3] BRATTON, A. C., and E. K. MARSHALL jr.: J. biol. Ch. **128**, 537 (1939). — [4] MILLICAN, R. C., S. M. ROSENTHAL and H. TABOR: J. Pharmacol. exp. Therap. **97**, 4 (1949). — [5] CHOU, T. C., and M. SOODAK: J. biol. Ch. **196**, 105 (1952). — [6] ANKER, H. S.: J. biol. Ch. **187**, 167 (1950). — [7] vgl. SANADI, D. R., M. P. SCHULMAN and D. M. GREENBERG: Proc. Soc. exp. Biol. Med. **72**, 242 (1949). — [8] LYNEN, F., E. REICHERT u. L. RUEFF: A. **574**, 1 (1951). — [9] CHANTRENNE, H.: J. biol. Ch. **189**, 227 (1951).

B. Die Bildung von Acetylcholin (*Cholinacetylase*)[1]. Diese Reaktion stellt einen Umesterungsvorgang dar, bei welchem der Acetylrest des Acetyl-CoA auf Cholin übertragen wird:

$$\mathrm{CoA{-}S{-}CO{-}CH_3 + HOH_2C{-}CH_2{-}\overset{+}{N}(CH_3)_3}$$
$$\mathrm{= CoA{-}SH + H_3C{-}COO{-}CH_2{-}CH_2{-}\overset{+}{N}(CH_3)_3}$$

Die Beteiligung des Coenzyms A an dieser Reaktion wurde, wie schon erwähnt (vgl. S. 1036), unabhängig voneinander von NACHMANSOHN und von FELDBERG nachgewiesen. Schon vorher hatte NACHMANSOHN eine Acetylcholinsynthese aus Cholin, Essigsäure und Adenosintriphosphat bei Gegenwart von Fluorid und Physostigmin mit Hilfe von zellfreien Extrakten aus Gehirn durchgeführt und damit erstmals den Beweis erbracht, daß die energiereiche Phosphatbindung in der ATP zur Aktivierung gewöhnlichen Acetates herangezogen werden kann[2, 3].

Das den Acetylrest von Acetyl-CoA auf Cholin übertragende Enzym Cholinacetylase (nach der LIPMANNschen Nomenklatur: „Cholin-acetokinase") findet sich im Nervengewebe, und zwar nach NACHMANSOHN u. Mitarb. sowohl in motorischen als auch sensorischen Nerven (Literatur s. [1]). Ein besonders reiches Ausgangsmaterial bietet sich in Tintenfischganglien an[4]. Das Enzym besitzt eine ziemlich ausgesprochene Spezifität, da außer Cholin nur noch Dimethylaminoäthanol acetyliert wird, nicht dagegen Äthanolamin, Monomethyläthanolamin oder Diäthyläthanolamin[4].

Die Bedeutung dieser speziellen Transacetylierungsreaktion bedarf keiner besonderen Erklärung. Es ist indessen wahrscheinlich[5], daß dieser Reaktionstyp eine viel weiterreichende Bedeutung besitzt dadurch, daß er auch anderen Estersynthesen zugrunde liegt. So liegt es nahe, anzunehmen, daß auch die Bildung der Nahrungsfette, Phosphatide usw. nach dem gleichen Schema verläuft, wobei an Stelle des Cholins Glycerin oder Glycerophosphat[6, 7], an die des Acetyl-CoA entsprechende Acyl-CoA-Verbindungen höherer Fettsäuren zu treten hätten.

$$\begin{array}{lll}
\mathrm{H_2C{-}OH + CoA{-}S{-}CO{-}R} & & \mathrm{H_2{-}C{-}OOC{-}R} \\
\mathrm{H\,C{-}OH + CoA{-}S{-}CO{-}R'} & \longrightarrow & \mathrm{H\,{-}C{-}OOC{-}R' + 3\,CoA{-}SH} \\
\mathrm{H_2C{-}OH + CoA{-}S{-}CO{-}R''} & & \mathrm{H_2{-}C{-}OOC{-}R''}
\end{array}$$

C. Kondensationen. Synthese der Citronensäure aus Acetyl-Coenzym A und Oxalessigsäure. Durch die Thioesterbindung der Essigsäure im Acetyl-CoA wird nicht nur ihre Carboxylgruppe zu den vorstehend beschriebenen Umsetzungen befähigt, sondern die Aktivierung erstreckt sich auch auf die Methylgruppe, deren Wasserstoffatome so gelockert werden, daß sie Kondensationsreaktionen vom Typ der Aldol- oder Esterkondensation eingehen können. Es besteht somit eine fast vollkommene Parallele zwischen den Methoden, die die lebende Zelle für ihre synthetischen Zwecke verwendet, und denen der präparativen Chemie, die sich zur Erreichung des gleichen Zieles der Ester und Anhydride bedient. In allen Fällen dürfte der Grund für die erhöhte Reaktionsfähigkeit der gebundenen gegenüber der freien Essigsäure darin zu suchen sein, daß von der ersteren die H-Atome der Methylgruppe leichter abdissoziieren können als von

[1] Über Cholinacetylase: AUGUSTINSSON, K.-B.: Sumner-Myrbäck Bd. 2/2, S. 906. — [2] NACHMANSOHN, D., and A. L. MACHADO: J. Neurophysiol. **6**, 397 (1943). — [3] NACHMANSOHN, D., and H. M. JOHN: Proc. Soc. exp. Biol. Med. **57**, 361 (1944). J. biol. Ch. **158**, 157 (1945). — [4] KOREY, S. R., B. DE BRAGANZA and D. NACHMANSOHN: J. biol. Ch. **189**, 705 (1951). — [5] LYNEN, F., E. REICHERT u. L. RUEFF: A. **574**, 1 (1951). — [6] KORNBERG, A., and W. E. PRICER jr.: Fed. Proc. **11**, 242 (1952). — [7] KORNBERG, A., and W. E. PRICER jr.: J. biol. Ch. **204**, 345 (1953).

den negativ geladenen Acetationen. Ob auch noch Besonderheiten der Molekülstruktur des Coenzyms A bei den Kondensationsreaktionen mitwirken, dürfte schwer zu beurteilen sein. Daß der hohe Energieinhalt der Thioesterbindung des Acetyl-Coenzym A bei der Kondensation zum großen Teil verlorengeht, ist von Bedeutung für den Ablauf der Reaktion, da dadurch die Rückreaktion erschwert wird. Die Reaktion verläuft nach folgendem Schema:

$$\text{CoA—S—CO—CH}_3 + \underset{\displaystyle \text{COO}^-}{\text{OC}}\text{—CH}_2\text{—COO}^- \rightarrow \left[\text{CoA—S—CO—CH}_2\text{—}\underset{\displaystyle \text{COO}^-}{\text{C(OH)}}\text{—CH}_2\text{—COO}^-\right] ? +$$

$$+ \text{H}_2\text{O} \rightleftharpoons \text{CoA—SH} + {}^-\text{OOC—CH}_2\text{—}\underset{\displaystyle \text{COO}^-}{\text{C(OH)}}\text{—CH}_2\text{—COO}^- + \text{H}^+$$

Die Frage, ob bei dieser Synthese intermediär ein Citroyl-Coenzym A entsteht oder ob Kondensation und Abspaltung von CoA gleichzeitig verlaufende Vorgänge sind, kann zur Zeit noch nicht beantwortet werden[1].

Nachdem schon vorher der Nachweis erbracht worden war[2], daß das Coenzym A für die Citronensäuresynthese notwendig ist, konnte bald nach der Isolierung von Acetyl-CoA durch LYNEN die Richtigkeit des obigen Schemas experimentell bewiesen werden. Ein spezifisches, diese Kondensation katalysierendes, lösliches Protein findet sich weitverbreitet. Es ist von OCHOA u. Mitarb. in krystallisierter Form dargestellt worden („condensing enzyme“)[3].

Zur Darstellung wurde von Phosphatpufferextrakten aus Schweineherz ausgegangen, die Reinigung erfolgte durch Fällung im isoelektrischen Punkt (p_H 5,5), Adsorption an Calciumphosphat-gel, Fällung mit Äthanol bei niederen Temperaturen und fraktionierte Fällung mit Ammonsulfat. Das Enzym krystallisiert in feinen, dünnen Nadeln; es besitzt eine Wirksamkeit von 330 Einheiten pro mg, wobei unter einer Enzymeinheit diejenige Enzymmenge verstanden wird, die unter standardisierten Versuchsbedingungen[3] in 10 min bei 25° 1 μMol Citrat synthetisiert. Die folgendeTabelle 309 gibt eine Übersicht über den Gehalt verschiedener Ausgangsmaterialien an „condensing enzyme“ in Einheiten/mg Protein.

Tabelle 309. „Condensing enzyme“ in Geweben.

Gewebsart	Rind	Schwein	Kaninchen	Ratte	Taube	Mikroorganismen	
Leber	0,06	0	0,03	0,01	0,05	P. vulgaris	0,79
Niere	0,16		0,20	0,07	0	P. fluorescens	0,56
Gehirn	0,38		0,26	0,14	0,13	A. agile	0,26
Skeletmuskel			0,14	0,09	1,9	M. tuberculosis	0,06
Herzmuskel		0,9	2,2		2,9	C. butylicum	0
Tumor (FLEXNER-JOBLING Sarkom)				0,06		Bäckerhefe I	0,97
						Bäckerhefe II	1,12

Die Bildung der Citronensäure nach dem obenstehenden Schema stellt einen reversiblen Prozeß[4] dar, wenn auch das Gleichgewicht der Reaktion sehr stark nach der rechten Seite verschoben ist. Zwischen Oxalessigsäure und Citronensäure findet bei Gegenwart von Coenzym A und condensing enzyme ein allmählicher Austausch des Oxalessigsäureteiles der Citronensäure mit zugesetztem Oxalacetat statt, wie durch Versuche mit ^{14}C-markierter Citronensäure

[1] OCHOA, S.: Persönliche Mitteilung. — [2] STERN, J. R., and S. OCHOA: J. biol. Ch. **179**, 491 (1949). — NOVELLI, G. D., and F. LIPMANN: J. biol. Ch. **182**, 213 (1950). — [3] STERN, J. R., and S. OCHOA: J. biol. Ch. **191**, 161; **193**, 691 (1951). — [4] STERN, J. R., B. SHAPIRO, E. R. STADTMAN and S. OCHOA: J. biol. Ch. **193**, 703 (1951). — STERN, J. R., OCHOA and F. LYNEN: J. biol. Ch. **198**, 313 (1952).

gezeigt werden konnte[1]. Die auf biologischem Wege zu diesem Zwecke dargestellte Citronensäure war in der einen primären und in der tertiären Carboxylgruppe isotop markiert.

$$\mathrm{HOOC{-}CH_2{-}\underset{\substack{|*\\ COOH}}{C}(OH){-}CH_2{-}\overset{*}{C}OOH} + \mathrm{O\underset{\substack{|\\ COOH}}{C}{-}CH_2{-}COOH} \xrightleftharpoons[\text{condensing enzyme}]{\text{Coenzym A} +}$$

$$\mathrm{HOOC{-}CH_2{-}\underset{\substack{|\\ COOH}}{C}(OH){-}CH_2{-}COOH} + \mathrm{O\underset{\substack{|*\\ COOH}}{C}{-}CH_2{-}\overset{*}{C}OOH}$$

Die Spaltung von Citronensäure in Oxalessigsäure und Acetyl-CoA konnte demonstriert werden durch Übertragung des Essigsäurerestes auf Acceptoren wie Cholin oder Sulfanilamid bei Gegenwart von condensing enzyme, Coenzym A und den spezifischen Acetylasen. So fand eine schon früher von BARRON geäußerte Vermutung[2], daß Citronensäure zur Bildung von Acetylcholin dienen kann, ihre experimentelle Bestätigung.

Die Gleichgewichtslage des vom condensing enzyme eingestellten Gleichgewichtes konnte von OCHOA auf indirektem Wege bestimmt werden. In dem kombinierten enzymatischen System: condensing enzyme/Malicodehydrogenase läßt sich das sich dort einstellende Gleichgewicht leicht bestimmen durch spektrophotometrische Messung der Konzentration an reduzierter Codehydrogenase I. Die Gleichgewichtskonstanten K und K_2 sind somit bestimmbar:

$$K = \frac{(\text{Citrat}) \cdot (\text{CoA}) \cdot (\text{DPN} \cdot \text{H}_2)}{(\text{Acetyl-CoA}) \cdot (\text{L-Malat}) \cdot (\text{DPN})} \qquad K_2 = \frac{(\text{L-Malat}) \cdot (\text{DPN})}{(\text{Oxalacetat}) \cdot (\text{DPN} \cdot \text{H}_2)}$$

$$K_1 = \frac{(\text{Citrat}) \cdot (\text{CoA})}{(\text{Acetyl-CoA}) \cdot (\text{Oxalacetat})}$$

$$K \simeq 5,\ K_2 \simeq 10^5,\ \text{somit ist } K_1 = KK_2 \simeq 5 \times 10^5$$

Bildung und Spaltung der Acetessigsäure. Eine Kombination der beiden im Acetyl-CoA gegebenen Reaktionsmöglichkeiten ist verwirklicht bei der umkehrbaren enzymatischen Bildung von Acetessigsäure[3,4] aus zwei Mol Acetyl-CoA. Wie im Falle der Citronensäuresynthese wurde auch diese Reaktion zunächst nicht mit fertigem Acetyl-CoA durchgeführt, sondern mit dem leichter zugänglichen Acetylphosphat bei Gegenwart von Coenzym A und Bakterienphosphotransacetylase. Durch Verwendung von markiertem Acetat bzw. Acetylphosphat konnte bewiesen werden[5], daß die Reaktion nur zwischen zwei „aktivierten" Essigsäuremolekülen stattfindet und nicht zwischen einem solchen und gewöhnlichem Acetat:

$$2\ \mathrm{H_3C{-}CO{-}S{-}CoA} \rightleftharpoons \mathrm{H_3C{-}CO{-}CH_2{-}CO{-}S{-}CoA} + \mathrm{CoA{-}SH} \quad \text{(s. S. 1049)}$$

Die Aufspaltung der Acetessigsäure in zwei Mol Acetyl-CoA erfordert nach diesem Schema also zunächst Zufuhr von Energie, um die Säure an das Coenzym zu binden:

$$\mathrm{H_3C{-}CO{-}CH_2{-}COOH} + \mathrm{CoA{-}SH} + \mathrm{ATP}$$
$$\rightleftharpoons \mathrm{H_3C{-}CO{-}CH_2{-}CO{-}S{-}CoA} + \mathrm{AMP} + \mathrm{PP}$$

Die so gebildete CoA-Verbindung kann dann durch ein zweites Molekül „thioklastisch" gespalten werden.

Diese Befunde geben nun eine einleuchtende Erklärung für die Beobachtungen (vgl. S. 1032), daß die Citronensäuresynthese aus Acetessigsäure nur unter aeroben

---

[1] STERN, J. R., B. SHAPIRO and S. OCHOA: Nature **166**, 403 (1950). — [2] LIPTON, M. A., and E. S. G. BARRON: J. biol. Ch. **166**, 367 (1946). — [3] SOODAK, M., and F. LIPMANN: J. biol. Ch. **175**, 999 (1948). — [4] STERN, J. R., M. J. COON and A. DEL CAMPILLO: Am. Soc. **75**, 1517 (1953). — [5] STADTMAN, E. R., M. DOUDOROFF and F. LIPMANN: J. biol. Ch. **191**, 377 (1951).

Verhältnissen, also bei Energiezufuhr, mit maximaler Ausbeute verläuft und ein Mol Acetoacetat mit zwei Mol Oxalacetat reagiert.

Rolle des Coenzyms A beim Abbau und Aufbau höherer Fettsäuren. Wie Untersuchungen verschiedener Laboratorien in der letzten Zeit gezeigt haben, vollzieht sich sowohl der Aufbau wie der Abbau der höheren Fettsäuren unter Beteiligung des Coenzym A. Die Tatsache, daß nicht die freien Fettsäuren, sondern ihre CoA-Derivate hierbei in Reaktion treten, erklärt, daß alle in früherer Zeit unternommenen Versuche, den Fettsäureabbau enzymatisch in vitro durchzuführen, scheitern mußten, weil man die Coenzym A-Abhängigkeit dieses Prozesses nicht kannte. Folgendes Schema zeigt den Ablauf des Fettsäureabbaus und die Beteiligung des Coenzyms A hieran[1, 2]:

$$H_3C{-}(CH_2)_n{-}COOH + CoA{-}SH + \sim ph \longrightarrow H_3C{-}(CH_2)_n{-}CO{-}S{-}CoA + H_2O$$

$$\downarrow + O_2$$

$$H_3C{-}(CH_2)_{n-2}{-}CO{-}CH_2{-}CO{-}S{-}CoA \xrightarrow{+\,CoA-SH} H_3C{-}(CH_2)_{n-2}{-}CO{-}S{-}CoA + \text{Acetyl-CoA}$$

$$\downarrow + O_2$$

$$H_3C{-}(CH_2)_{n-4}{-}CO{-}CH_2{-}CO{-}S{-}CoA \xrightarrow{+\,CoA-SH} H_3C{-}(CH_2)_{n-4}{-}CO{-}S{-}CoA + \text{Acetyl-CoA}$$

usw.

Der Fettsäureabbau bedarf also zunächst einer „Initialzündung" durch Coenzym A und $\sim$ph (energiereiches Phosphat), vgl. S. 1041. Die gebildete Fettsäure-CoA-Verbindung unterliegt dann der Oxydation, und die entstehenden β-Ketofettsäuren werden „thioklastisch" durch Coenzym A gespalten. Neben Acetyl-CoA entsteht dabei die CoA-Verbindung der um 2 C-Atome kürzeren Fettsäure, die gleich weiter oxydiert wird usw. Nach diesem Schema ist es leicht verständlich, daß die mittleren Fettsäuren im Körper schwerer verbrennen als die höheren und die niederen und zu Diacidurie Veranlassung geben. Denn beim Abbau der höheren Fettsäuren würden nach obigem Schema mittlere Fettsäuren in freier Form überhaupt niemals auftreten, und zur Synthese der CoA-Verbindungen derselben ist der Körper offenbar nicht so eingerichtet wie für die der höheren oder niederen Säuren, auf die er ja in den Nahrungsfetten stößt und auf deren Abbau er offenbar vorzugsweise eingestellt ist.

Der feinere Mechanismus der hintereinander ablaufenden enzymatischen Teilreaktionen sowie die Natur der daran beteiligten Fermente wurde vor allem im System der Säuren mit 4 Kohlenstoffatomen studiert. Beim Abbau der Buttersäure-CoA-Verbindung wirken nacheinander die folgenden Enzyme: Äthylenreduktase, Crotonase, β-Ketoreduktase und β-Ketothiolase[1].

1. *Äthylenreduktase.* Das erste der genannten Enzyme katalysiert die Reaktion:

$$H_3C{-}CH_2{-}CH_2{-}CO{-}S{-}CoA \rightleftharpoons H_3C{-}CH{=}CH{-}CO{-}S{-}CoA + 2H \quad (1)$$

Das Enzym wurde aus Leberextrakten gewonnen und enthält Flavin-adenindinucleotid als Wirkgruppe[3]. Der Nachweis eines entsprechenden auf CoA-Derivate höherer Fettsäuren eingestellten Enzymes analoger Zusammensetzung und Wirkungsweise wurde ebenfalls bereits erbracht[1, 4].

[1] Zusammenfassende Darstellung: LYNEN, F., and S. OCHOA: Biochim. biophysica Acta, N.Y. **12**, 299 (1953). — [2] LYNEN, F., L. WESSELY, O. WIELAND u. L. RUEFF: Angew. Chem. N.Y. **64**, 687 (1952). — [3] SEUBERT, W., and F. LYNEN: Am. Soc. **75**, 2787 (1953). — [4] GREEN, D. E., and S. MII: Fed. Proc. **12**, 211 (1953).

2. *Crotonase.* Dieses Enzym katalysiert die folgende Reaktion:

$$H_3C—CH=CH—CO—S—CoA + H_2O \rightleftharpoons H_3C—CH(OH)—CH_2—CO—S—CoA \quad (2)$$

Es wurde in Herzmuskel und Leber nachgewiesen und konnte krystallisiert werden[1]. Das Ferment ist verschieden von Fumarase. Über den Spezifitätsbereich liegen zur Zeit noch keine Angaben vor. Interessant ist, daß durch das gleiche Enzym auch Vinylessigsäure in β-Oxybuttersäure übergeführt wird. Die Wirkung der Crotonase kann in einem optischen Test verfolgt werden, wobei das Verschwinden einer Bande bei 265 mμ gemessen wird, die für Crotonyl-CoA charakteristisch ist.

3. *β-Ketoreduktase*[2]. Dieses Enzym katalysiert die folgende Reaktion:

$$H_3C—CO—CH_2—CO—S—CoA + DPN \cdot H + H^+ \rightleftharpoons$$
$$\rightleftharpoons H_3C—CH(OH)—CH_2—CO—S—CoA + DPN^+ \quad (3)$$

Das Gleichgewicht dieser Reaktion liegt weitgehend zugunsten der rechten Seite der Gleichung. Unter Verwendung des Thioäthanolaminderivates der Acetessigsäure, welches gleichartig, jedoch etwas langsamer reagiert als die CoA-Verbindung, wurde bei p_H 7,0 die Gleichgewichtskonstante (K'_{eq} = [S-β-Oxybutyrylverb.] · [DPN$^+$]/[S-Acetacetylverb.] · [DPN · H]) zu 5,2 · 10^2 bestimmt[3].

4. *β-Ketothiolase*[1]. Das letzte der vier Enzyme vermittelt die „thioklastische" Spaltung von Acetacetyl-CoA durch Coenzym A:

$$H_3C—CO—CH_2—CO—S—CoA + CoA—SH \rightleftharpoons 2\,H_3C—CO—S—CoA \quad (4)$$

Das Enzym konnte aus Phosphatextrakten von Schafsleber[2] oder Schweineherz[3] durch fraktionierte Fällungen auf das 300fache angereichert werden. Das Verschwinden einer für die CoA-Verbindung der Acetessigsäure charakteristischen Absorptionsbande bei 305 mμ (p_H 8,1) beim Ablauf dieser Reaktion von links nach rechts gibt die Grundlage eines optischen Testes für die Verfolgung der Spaltung. Das Gleichgewicht der Thiolasereaktion liegt weit zugunsten der rechten Seite[2,4]. Bei p_H 8,1 wurde K'_{eq} (Acetyl-S-CoA)^2/(Acetoacetyl-CoA) · (CoA-SH) zu annähernd 5 · 10^4 gefunden.

Während das gereinigte Enzym recht spezifisch auf Acetacetyl-CoA eingestellt ist, zeigten die Rohextrakte einen breiteren Spezifitätsbereich. Hieraus kann auf die Existenz weiterer, auf längerkettige β-Ketosäuren eingestellte Thiolasen geschlossen werden[3].

Da die Thiolase durch Jodessigsäure oder Arsenoxyd gehemmt wird, ist anzunehmen, daß SH-Gruppen für die Enzymwirkung wesentlich sind. Folgender Mechanismus wird für wahrscheinlich gehalten[3]:

a) $R—CH_2—CO—CH_2—CO—S—CoA + HS\text{-}Enzym \rightleftharpoons$
$\rightleftharpoons R—CH_2—S\text{-}Enzym + H_3C—CO—S—CoA$

b) $R—CH_2—CO—S\text{-}Enzym + HS—CoA \rightleftharpoons R—CH_2—CO—S—CoA + HS\text{-}Enzym$

Ein solcher Mechanismus wird auch durch Austauschversuche mit isotop markiertem Coenzym A wahrscheinlich gemacht. Er gibt schließlich auch eine Erklärung für die bis dahin unverständliche Tatsache, daß beim Abbau isotop

[1] Ochoa, S.: Persönliche Mitteilung. — [2] Lynen, F., L. Wessely, O. Wieland u. L. Rueff: Angew. Chem. **64**, 687 (1952). — [3] Lynen, F., and S. Ochoa: Biochim. biophysica Acta, N.Y. **12**, 299 (1953). — [4] Stern, J. R., and A. del Campillo: Am. Soc. **75**, 2277 (1953). — Mahler, H. R., in: McElroy, W. D., and B. Glass: Phosphorus Metabolism. Bd. 2, S. 286. Baltimore 1952.

markierter Fettsäuren eine ungleichmäßige Verteilung der Isotopen in der dabei gebildeten Acetessigsäure gefunden wurde[1]. (Acetessigsäure kann hierbei aus zwei verschieden „aktivierten“ Acetylresten, nämlich Acetyl-CoA und Acetyl-S-Enzym gebildet werden.

Die beim Fettsäureabbau entstehenden Acetyl-CoA-Moleküle können durch Reaktion mit Oxalessigsäure unter Bildung von Citronensäure „entladen“ und damit weiter oxydiert werden oder aber bei Mangel an Oxalessigsäure sich zu Acetessigsäure kondensieren. Dieser Reaktion kommt eine hohe physiologische Bedeutung zu insofern, als man in der Acetessigsäure die „Transportform“ der Fettsäuren zu sehen berechtigt ist, vergleichbar etwa der Milchsäure oder Glucose im Blut.

Da die Gleichungen 1 bis 4 sämtlich umkehrbar sind, können unter Beteiligung der gleichen Enzyme aus Acetyl-CoA Buttersäure und auf entsprechende Weise auch höhere Fettsäuren gebildet werden. Folgendes von LYNEN[2] gegebene Schema des „Fettsäurecyclus“ zeigt die Reaktionsmöglichkeiten in beiden Richtungen:

$$-CH_2-CH_2-CH_2-CO-S-CoA \underset{+2H}{\overset{-2H}{\rightleftharpoons}} -CH_2-CH{=}CH-CO-S-CoA \quad (1)$$

$$-H_2O \; \rightleftharpoons \; +H_2O \quad (2)$$

$$-CH_2-CH(OH)-CH_2-CO-S-CoA$$

$$+2H \; \rightleftharpoons \; -2H \quad (3)$$

$$\begin{matrix} -CH_2-CO-S-CoA \\ CH_3-CO-S-CoA \end{matrix} \underset{+HS-CoA}{\overset{-HS-CoA}{\rightleftharpoons}} -CH_2-CO-CH_2-CO-S-CoA \quad (4)$$

β) Der Abbau der Citronensäure.

1. Die Enzyme des Citronensäureabbaus.

Das am Abbau der Citronensäure beteiligte Enzymsystem gehört zu den verbreitetsten und wirkungsvollsten, die der Tierkörper besitzt. Vermißt wird es lediglich im Blut, gering ist seine Wirkung in einigen Organen (vgl. Tabelle 311, S. 1060). Sein Vorkommen und seine Bedeutung ist im übrigen nicht auf den Organismus der höheren Tiere beschränkt, da es in der Pflanzenzelle und einer großen Zahl von Mikroorganismen eine ähnliche Rolle wie dort zu spielen hat; handelt es sich beim Citronensäurecyclus doch um einen ganz fundamentalen Lebensprozeß.

Folgerungen, die aus der Nichtausnutzbarkeit von als Kohlenstoffquelle dargebotenem Citrat durch eine Reihe von Bakterien gezogen worden sind[3], berücksichtigen häufig nicht genügend die Permeabilitätsverhältnisse der Zellmembranen, die für mehrwertige Ionen oft kaum durchlässig sind.

a) Aconitase. Das erste auf die Citronensäure nach ihrer Bildung einwirkende Enzym ist die *Aconitase*, ein zur Gruppe der Hydratasen gehörendes Enzym[4,5], das durch Abspaltung und Wiederanlagerung von Wasser ein Gleichgewicht zwischen den drei Tricarbonsäuren, Citronensäure, Isocitronensäure und cis-Aconitsäure einstellt.

---

[1] BEINERT, H., and P. G. STANSLY: J. biol.Ch. **204**, 67 (1953). — [2] LYNEN, F., L. WESSELY, O. WIELAND u. L. RUEFF: Angew. Chem. **64**, 687 (1952). — [3] RIPPEL, A., K. NABEL u. W. KÖHLER: Arch. Mikrobiol., Paris **10**, 359 (1939); **12**, 285 (1941). — REINHARDT, K.: Arch. Mikrobiol., Paris **13**, 393 (1944). — [4] MARTIUS, C.: H. **257**, 29 (1939). — [5] JACOBSOHN, K. P., M. SOARES et J. TAPADINHAS: Bull. Soc. Chim. biol. **22**, 48 (1940).

$$\underset{\text{Citronensäure}}{HOOC-CH_2-\underset{COOH}{\overset{OH}{C}}-CH_2-COOH} \underset{+H_2O}{\overset{-H_2O}{\rightleftharpoons}} \underset{\text{cis-Aconitsäure}}{HOOC-CH_2-\underset{COOH}{C}=CH-COOH} \underset{-H_2O}{\overset{+H_2O}{\rightleftharpoons}}$$

$$\underset{\text{iso-Citronensäure}}{HOOC-CH_2-\underset{COOH}{\overset{H}{C}}-\overset{H}{C}(OH)-COOH}$$

Nach den übereinstimmenden Messungen von MARTIUS u. LEONHARDT[1] bzw. KREBS u. EGGLESTON liegt dieses bei 89,2 (89,5)% Citrat, 3,1(4,3)% cis-Aconitat und 7,7(6,3)% Isocitrat.

Die Frage, ob es sich bei der Aconitase um ein einziges oder zwei assoziierte Enzyme (α- und β-Aconitase[2,3]; Citrase und Isocitrase)[4] handelt, ist noch nicht endgültig entschieden, doch sprechen alle Beobachtungen der letzten Zeit für ein einziges Enzym. Eine Reindarstellung desselben, die diese Frage lösen würde, ist bisher noch nicht gelungen, was offenbar daran liegt, daß die Stabilität des Enzyms mit zunehmender Reinigung stark abnimmt[5]. Auch über den Modus der Enzymwirkung, über eine evtl. prosthetische Gruppe, ist noch wenig bekannt. Eisen(II)-ionen scheinen für die Wirksamkeit des Fermentes nötig zu sein[6]. Besonders bemerkenswert ist dieses Ferment in reaktionskinetischer Beziehung, da drei chemisch verschiedene Stoffe miteinander in ein Gleichgewicht gebracht werden. Geht man von cis-Aconitsäure bzw. Isocitronensäure aus und verfolgt die Bildung von Isocitronensäure bzw. cis-Aconitsäure aus diesen, so beobachtet man ausgesprochene Maxima, die durchschritten werden, bevor der Endzustand erreicht wird[7].

b) Isocitronensäuredehydrogenase. Oxalbernsteinsäurecarboxylase. OCHOA-Reaktion. Der auf die Umlagerung der Citronensäure folgende nächste Schritt, die Dehydrierung der gebildeten Isocitronensäure[8], wird durch eine Isocitricodehydrogenase bewirkt. Nach den Untersuchungen von ADLER, v. EULER u. Mitarb.[9] arbeitet dieses Enzym ausschließlich mit Codehydrogenase II (Triphosphopyridinnucleotid) zusammen. Über die Existenz einer DPN-spezifischen Isocitronensäuredehydrogenase[5,10]. Die zuerst geäußerte Vermutung[8], daß das Dehydrierungsprodukt der Isocitronensäure die Oxalbernsteinsäure[11] auf Grund seiner großen Zersetzlichkeit spontan weiter in CO_2 -und α-Ketoglutarsäure zerfalle, hat sich nicht bewahrheitet. Die Geschwindigkeit des spontanen Zerfalles, der überdies bei den Salzen der β-Ketosäuren sehr viel langsamer ist als bei den freien Säuren, wäre für den notwendig raschen Ablauf des Citronensäurecyclus offenbar viel zu langsam. Es findet sich daher, eng vergesellschaftet mit der Dehydrogenase, ein weiteres, von OCHOA[12] sowie LYNEN[11] entdecktes Enzym, das die Decarboxylierung der Oxalbernsteinsäure katalysiert.

[1] MARTIUS, C., u. H. LEONHARDT: H. **278**, 208 (1943). — KREBS, H. A., and L. V. EGGLESTON: Biochem. J. **38**, 426 (1944). — KREBS, H. A.: Biochem. J. **54**, 78 (1953). — [2] JACOBSOHN, K. P., M. SOARES et J. TAPADINHAS: Bull. Soc. Chim. biol. **22**, 48 (1940). — [3] JACOBSOHN, K. P., u. J. TAPADINHAS: Enzymologia **5**, 388 (1938/39). — [4] RACKER, E.: Biochim. biophysica Acta, N. Y. **4**, 211 (1950). — [5] BUCHANAN, J. M., and C. B. ANFINSEN: J. biol. Ch. **180**, 47 (1949). — [6] DICKMANN, S. R., and A. A. CLOUTIER: J. biol. Ch. **188**, 379 (1951). — [7] MARTIUS, C.: H. **257**, 29 (1938). — MARTIUS, C., and F. LYNEN: Adv. Enzymol. **10**, 194ff. (1950). — [8] MARTIUS, C.: H. **247**, 104 (1937). — [9] ADLER, E., H. v. EULER, G. GÜNTHER and M. PLASS: Biochem. J. **33**, 1028 (1939). — [10] PLAUT, G. W., and S.-C. SUNG: J. biol. Ch. **207**, 305 (1954). — [11] Darstellung: LYNEN, F., u. H. SCHERER: A. **560**, 163 (1948). — [12] OCHOA, S., and E. WEISZ-TABORI: J. biol. Ch. **159**, 245 (1945); **174**, 123 (1948).

Das Enzym, das sich aus den an Citronensäure abbauenden Fermenten reichen Organen (Herz, Taubenbrustmuskel) gewinnen läßt[1], stellt ein Protein dar, das durch Manganionen aktiviert wird. Seine Wirkung erstreckt sich ganz spezifisch nur auf Oxalbernsteinsäure und erfolgt über die Bildung eines ternären Komplexes [Protein, Substrat, Manganionen], dessen Bildung spektroskopisch nachgewiesen werden konnte[1].

Besonders bemerkenswert ist, daß diese Decarboxylierung einen reversiblen Prozeß darstellt. Schon HALLMAN[2] hatte bei seiner Untersuchung über die Bildung der Citronensäure beobachtet, daß man mit α-Ketoglutarsäure als alleinigem Ausgangsmaterial hohe Ausbeuten an Citronensäure erhalten kann und daß der Verlauf dieser Synthese offenbar ein anderer ist als der aus Oxalacetat und Pyruvat. Wie OCHOA[3] fand, stellt die Decarboxylierung der Oxalbernsteinsäure einen umkehrbaren Prozeß dar. Das sich einstellende Gleichgewicht:

$$\text{Oxalsuccinat} \underset{(\text{Oxalbernsteinsäuredecarboxylase} + Mn^{++})}{\rightleftharpoons} \alpha\text{-Ketoglutarat} + CO_2;\ (k = 0{,}5 \cdot 10^{-3}) \quad (1)$$

ist an sich stark nach der rechten Seite im Sinne der Spaltung verschoben. Durch die zweite Reaktion:

$$\text{Isocitrat} + TPN_{ox}^{*} \rightleftharpoons \text{Oxalsuccinat} + TPN_{red}^{*};\ (k = 0{,}3), \quad (2)$$

die mit der ersten durch das gemeinsame Glied Oxalbernsteinsäure gekoppelt ist, läßt sich nun auch das Gleichgewicht der ersten Reaktion nach links verschieben, wenn durch einen Wasserstoff liefernden Prozeß, wie die Dehydrierung von Glucose-6-phosphat durch die entsprechende Dehydrogenase, das Coenzym ständig in der reduzierten Form gehalten wird. Durch Addition der beiden Gleichungen ergibt sich die Gesamtumsatzgleichung:

$$\text{Isocitrat} + TPN_{ox} \rightleftharpoons \alpha\text{-Ketoglutarat} + CO_2 + TPN_{red};\ (k = 1{,}3 \times 10^{-4}) \quad (3)$$

Ob dieser Reaktion, die ein Analogon zur WOOD-WERKMAN-Reaktion (S. 1053) darstellt, im Tierkörper eine physiologische Bedeutung zukommt, ist gänzlich unklar.

2. Der oxydative Abbau der α-Ketoglutarsäure.

Die im Cyclus sich nun anschließende oxydative Decarboxylierung der α-Ketoglutarsäure zu Bernsteinsäure konnte in ihrem Verlauf durch sich ergänzende und bestätigende Untersuchungen der Arbeitskreise von OCHOA und GREEN[4–7] in den letzten Jahren weitgehend aufgeklärt werden. Der Abbaumechanismus gleicht dem der Brenztraubensäure zu Essigsäure. Wie in dem Falle der Brenztraubensäure war auch hier der entscheidende Schritt die Gewinnung wirksamer Enzympräparate in löslicher Form. Solche konnten aus Schweineherz gewonnen werden. Beim Abbau der α-Ketoglutarsäure sind mindestens 4 Coenzyme beteiligt: 1. Diphosphothiamin (Aneurinpyrophosphat),

---

* (TPN_{ox} = oxydierte, TPN_{red} = reduzierte Form des Triphosphopyridinnucleotids [Codehydrogenase II]).

[1] KORNBERG, A., S. OCHOA and A. H. MEHLER: J. biol. Ch. **174**, 159 (1948). — [2] HALLMAN, N.: Acta physiol. scand. **2**, Suppl. **4** (1940). — [3] OCHOA, S.: J. biol. Ch. **159**, 243 (1945); **174**, 133 (1948). — s. a.: CEITHAML, J., and B. VENNESLAND: J. biol. Ch. **178**, 133 (1949). — GRISIOLA, S., and B. VENNESLAND: J. biol. Ch. **170**, 461 (1947). — [4] KAUFMAN, S., in: MCELROY, W. D., and B. GLASS: Phosphorus Metabolism. Bd. 1, S. 370. Baltimore 1951. — [5] SANADI, D. R., and J. W. LITTLEFIELD: J. biol. Ch. **193**, 683 (1951). Fed. Proc. **11**, 280 (1952). — [6] GREEN, D. E., and H. BEINERT, in: MCELROY, W. D., and B. GLASS: Phosphorus Metabolism. Bd. 1, S. 330. Baltimore 1951. — [7] Zusammenfassende Darstellungen von GREEN, D. E., sowie OCHOA, S., in: Symposium sur le Cycle Tricarboxylique. 2. Int. Congr. Biochem. Paris. S. 5 u. 73. 1952. — KAUFMAN, S., C. GILVARG, O. CORI and S. OCHOA: J. biol. Ch. **203**, 869 (1953).

welches für die Decarboxylierung benötigt wird. 2. Diphosphopyridinnucleotid (DPN), welches den Wasserstoff bei der Dehydrierungsreaktion übernimmt und weitergibt. 3. Coenzym A, welches den gebildeten Succinylrest bindet. 4. Auch hier wieder lipoic acid (s. S. 1039), die wie beim Pyruvatabbau zwischen die Teilreaktionen eingeschaltet ist. Die Reaktion verläuft nach folgendem summarischen Schema:

$$\alpha\text{-Ketoglutarat} + DPN^+ + CoA = \text{Succinyl-CoA} + DPNH + CO_2 + H^+$$

Das gebildete Succinyl-Coenzym A kann nun entweder hydrolytisch in Bernsteinsäure und Coenzym A gespalten werden oder mit Adenosindiphosphorsäure und anorganischem Phosphat unter Bildung von Adenosintriphosphat und Bernsteinsäure reagieren. Im letzteren Falle entsteht möglicherweise intermediär ein Coenzym-mono-phosphorsäureester:

$$^-OOC—CH_2—CH_2—CO—S—CoA + HO—PO_3^{--} \rightleftharpoons {}^-OOC—CH_2—CH_2—COO^- + \\ + CoA—S—PO_3^{--}$$

$$CoAP + ADP \rightleftharpoons CoA + ATP$$

Die oxydative Decarboxylierung der α-Ketoglutarsäure liefert somit — und zwar als einzige Reaktion des Citronensäurecyclus *direkt* — eine energiereiche Phosphatbindung. Alle übrigen energiereichen Phosphatbindungen — beim einmaligen Durchlaufen des Cyclus können theoretisch 11 solcher Bindungen gebildet werden — entstehen durch die „Atmungskettenphosphorylierung“, die mit der Verbrennung der während des Abbaus der Citronensäure zu Oxalessigsäure abgelösten 8 Wasserstoffatome gekoppelt ist (s. a. S. 1026):

$$C_6H_8O_7 + 2\,O_2 + 12\,ph = C_4H_4O_5 + 2\,CO_2 + 2\,H_2O + 12 \sim ph \quad (=11+1)$$

Die intermediäre Bildung von Succinyl-Coenzym A beim Abbau der Ketoglutarsäure ist nicht nur aus der Coenzym A-Abhängigkeit des Oxydasesystems gefolgert worden, sondern konnte noch auf direkterem Wege bewiesen werden. Hierzu wurde das Ketoglutarat-oxydasesystem aus Schweineherz oder Taubenbrustmuskel noch durch acylübertragende Extrakte aus Taubenleber ergänzt und Sulfanilamid als Acceptor für den Succinylrest hinzugefügt. Aus diesem Ansatz konnte dann Succinylsulfanilamid in reiner Form isoliert werden[1].

3. Die reversible Decarboxylierung der Oxalessigsäure.

Oxalessigsäure unterliegt wie alle β-Ketosäuren in Lösung einer allmählichen Zersetzung in CO_2 und Brenztraubensäure. Bei Gegenwart von tierischem und pflanzlichem Gewebe findet eine gesteigerte Decarboxylierung statt[2]; dieser Effekt ist nicht rein enzymatisch; denn auch nach dem Aufkochen behält Leberbrei diese katalytische Wirkung[3]. Da im Tierkörper somit ein ständiger Zerfall von Oxalessigsäure stattfindet, würde deren Menge nach kurzer Zeit nicht mehr ausreichen, um Fette und Kohlenhydrate über den Citronensäurecyclus zu verbrennen. Es ist zuerst mit Hilfe von Bakterien gelungen, den Nachweis zu führen, daß diese Decarboxylierung einen reversiblen Prozeß darstellt, später dann, daß auch der Tierkörper anorganische Kohlensäure zu assimilieren vermag.

Bei der Untersuchung des Stoffwechsels von Propionsäurebakterien, die Glycerin als Kohlenstoffquelle zur Verfügung hatten, beobachteten Wood u. Werkman[4] als erste, daß die Bakterien CO_2 aus der Nährlösung aufnahmen und zur Synthese von Bernsteinsäure verwenden, wobei pro Mol gebildeter Bernsteinsäure ein Mol CO_2 aufgenommen wird. Unter Verwendung von isotopem Kohlenstoff gelang es, dieses Ergebnis einwandfrei sicherzustellen[5].

---

[1] Sanadi, D. R., and J. W. Littlefield: J. biol. Ch. **193**, 683 (1951). Fed. Proc. **11**, 280 (1952). — [2] Wieland, H., u. A. Wingler: A. **436**, 235 (1924). — Mayer, P.: B. Z. **62**, 462 (1914). — [3] Breusch, F. L.: Biochem. J. **33**, 1757 (1939). — [4] Wood, H. G., and C. H. Werkman: Biochem. J. **32**, 1262 (1938); **34**, 7 (1940). — [5] Krampitz, L. O., H. G. Wood and C. H. Werkman: J. biol. Ch. **147**, 243 (1943).

Nachdem sich Anhaltspunkte ergeben hatten[1], daß auch im Tierkörper entsprechende Reaktionen ablaufen können, brachte auch hier die Anwendung der Isotopentechnik den sicheren Beweis für die Assimilation in vivo[2] und in vitro[3]. Dabei stellte sich heraus, daß nicht jedes Gewebe den hierzu nötigen enzymatischen Apparat besitzt, dieser vielmehr in erster Linie in der Leber lokalisiert ist.

Die Untersuchung des Reaktionsmechanismus der Carboxylierung von Brenztraubensäure durch verschiedene Forschergruppen hat zu Ergebnissen geführt, die nicht ohne weiteres zu vereinen sind. Die schon länger vertretene Meinung[4], daß Oxalessigsäure auf zwei ganz verschiedenen Wegen[5] aus Pyruvat und CO_2 synthetisiert werden könne, ist neuerdings bestätigt worden.

Im folgenden soll zunächst die von OCHOA[6] entdeckte Fixierungsreaktion besprochen werden.

Nach der Entdeckung der Bildung von Isocitrat aus α-Ketoglutarat und CO_2 durch OCHOA und der Aufklärung des Mechanismus dieser Reaktion wurde ein analoger Verlauf auch für die Bildung von Oxalessigsäure aus Pyruvat wahrscheinlich gemacht[4]. Der Gesamtverlauf dieser Umsetzung, den Gl. (a) wiedergibt:

a) $HOOC{-}CH_2{-}CHOH{-}COOH + TPN_{ox} \rightleftharpoons CH_3{-}CO{-}COOH + CO_2 + TPN_{red}$

ergibt sich hiernach durch Kombination der beiden Gleichungen

b) $HOOC{-}CH_2{-}CHOH{-}COOH + TPN_{ox} \rightleftharpoons HOOC{-}CH_2{-}CO{-}COOH + TPN_{red}$

c) $HOOC{-}CH_2{-}CO{-}COOH \rightleftharpoons CH_3{-}CO{-}COOH{-} + CO_2.$

Das Bemerkenswerte an dieser Reaktion ist, daß hierbei eine Äpfelsäuredehydrase „malic enzyme" beteiligt ist, die codehydrogenase II-spezifisch ist. Mit der gewöhnlichen codehydrogenase I-spezifischen Malicodehydrase sowie einer Oxalessigsäurecarboxylase aus Micrococcus lysodeicticus läßt sich die Wirkung des Enzymsystemes von OCHOA, das aus Taubenleber isoliert wurde, nicht erzielen.

Das Gleichgewicht der Decarboxylierungsreaktion liegt stark zugunsten der Spaltung verschoben. Die Umkehrung wird nach OCHOA durch Hydrierung gebildeter Oxalessigsäure zu Äpfelsäure erzwungen.

Es haben sich Anhaltspunkte dafür ergeben, daß bei dieser Fixierungsreaktion Biotin die Rolle eines Cofermentes spielt, und zwar sowohl in Bakterien als auch im Tierkörper[7].

Der zweite Mechanismus der Oxalacetatspaltung vollzieht sich unter Beteiligung von ATP oder ITP (Inosintriphosphat) und führt in reversibler Reaktion zu Phosphoenolbrenztraubensäure und ADP bzw. IDP[8]:

$$\text{Oxalacetat} + \text{ATP (ITP)} \rightleftharpoons \text{Phosphoenolpyruvat} + \text{ADP (IDP)} + CO_2$$

Die Einstellung des Gleichgewichtes der Fixierungsreaktionen vollzieht sich mit nicht zu unterschätzender Geschwindigkeit, die insbesondere bei allen Versuchen mit Isotopen berücksichtigt werden muß. Versuche, bei denen ein Gemisch von Isocitrat und Ketoglutarat bei Gegenwart entsprechender Enzyme und Coenzyme mit $NaH^{14}CO_3$ bebrütet wurde, ergaben, daß innerhalb von 2 Stun-

---

[1] KREBS, H. A., and L. V. EGGLESTON: Biochem. J. **34**, 1383 (1940). — [2] SOLOMON, A. K., B. VENNESLAND, F. W. KLEMPERER, J. M. BUCHANAN and A. B. HASTINGS: J. biol. Ch. **140**, 171 (1941). — [3] EVANS, E. A. jr., B. VENNESLAND and L. SLOTIN: J. biol. Ch. **147**, 771 (1943). — WOOD, H. G., B. VENNESLAND and E. A. EVANS jr.: J. biol. Ch. **159**, 153 (1945). — [4] LIPMANN, F., and N. O. KAPLAN: Ann. Rev. **18**, 274 (1949). — [5] UTTER, M. F., and H. G. WOOD: J. biol. Ch. **160**, 375 (1945). — VENNESLAND, B., E. A. EVANS jr. and K. I. ALTMAN: J. biol. Ch. **171**, 675 (1947). — [6] OCHOA, S., A. (H.) MEHLER and A. KORNBERG: J. biol. Ch. **167**, 871 (1947); **174**, 979 (1948). — [7] OCHOA, S., A. (H.) MEHLER, M. L. BLANCHARD, T. H. JUKES, C. E. HOFFMANN and M. REGAN: J. biol. Ch. **170**, 413 (1947). — KALTENBACH, J. P., and G. KALNITSKY: J. biol. Ch. **192**, 641 (1951). — [8] UTTER, M. F., and K. KURAHASHI: Am. Soc. **75**, 758 (1953).

den ein 70%er Isotopenaustausch stattgefunden hatte, obwohl das System von Beginn an im Gleichgewicht war und während des Versuches auch blieb[1].

Das folgende Schema gibt eine Übersicht über die am Ablauf des Citronensäurecyclus beteiligten Reaktionen:

Schema I. Citronensäurecyclus.

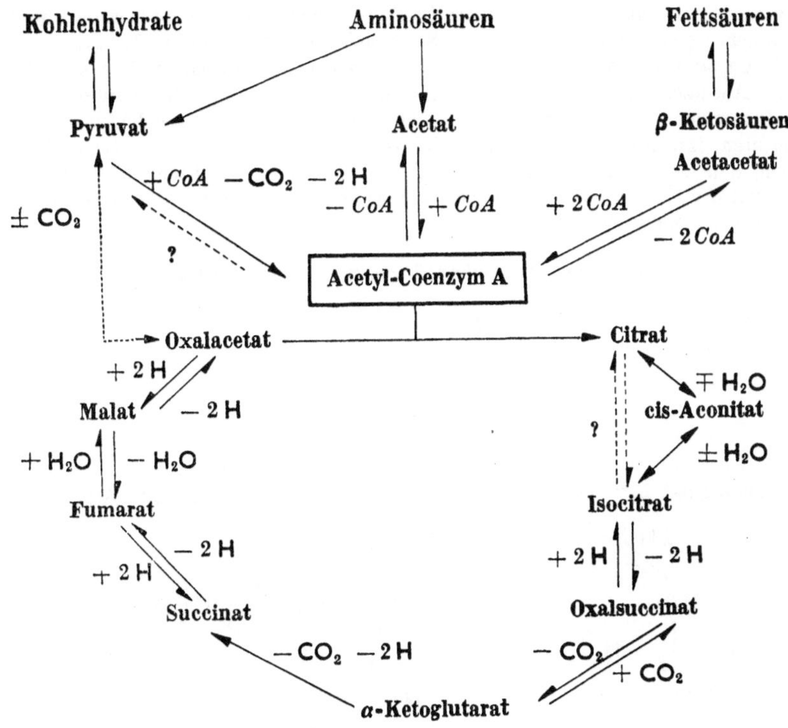

4. Die Tricarbonsäurecyclustheorie.

Die bisherige Darstellung berücksichtigte nicht die sog. *Tricarbonsäurecyclustheorie*, nach welcher bei der Primärreaktion zwischen Oxalessigsäure und dem „aktiven" 2 C-Fragment nicht Citronensäure, sondern cis-Aconitsäure entstehen sollte. Versuche mit Isotopen, die unternommen worden waren, um die Rolle des Citronensäurecyclus zu untersuchen, hatten zu ihrer Aufstellung geführt.

Man kann dabei den isotopen Kohlenstoff zur Markierung jedes der beiden Partner verwenden und hat in beiden Fällen übereinstimmende Resultate erhalten. Die Einführung in das Molekül der Oxalessigsäure gestaltet sich insofern sehr einfach, als isotop markiertes Hydrogencarbonat nach dem Schema der WOOD-WERKMAN-Reaktion (vgl. S. 1053) in Brenztraubensäure eingebaut wird unter Bildung von markierter Oxalessigsäure. Diese setzt sich mit überschüssiger Brenztraubensäure unter Bildung der Säuren des Cyclus um. Von diesen ist α-Ketoglutarsäure als schwer lösliches Dinitrophenylhydrazon am leichtesten zu isolieren. Die Isotopenanalyse ergab nun sowohl bei den mit ^{11}C als auch mit ^{13}C durchgeführten Versuchen in dem Ketoglutarsäurehydrazon die Anwesenheit der Markierungsatome. Dagegen enthielt die durch chemischen Abbau daraus hergestellte Bernsteinsäure praktisch nur noch

[1] CEITHAML, J., and B. VENNESLAND: J. biol. Ch. **178**, 133 (1949). — GRISIOLA, S. and B. VENNESLAND: **170**, 461 (1947).

^{12}C. Die eine Forschergruppe (EVANS u. SLOTIN[1]) zog hieraus den Schluß, daß die in ihrem Versuch isolierte Ketoglutarsäure nicht über den Citronensäurecyclus entstanden sein könnte, da bei einem Abbau der symmetrisch gebauten Citronensäure die Verteilung der in eine der primären Carboxylgruppen der Citronensäure eingetretenen Markierungsatome in der Weise hätte erfolgen müssen, daß das α- und das γ-ständige Carboxyl der Ketosäure je zur Hälfte den Gehalt der in das Molekül der Citronensäure eingetretenen Isotopen hätte aufweisen müssen. Sie nahmen daher einen prinzipiell anderen, unbekannten Bildungsmechanismus an. WOOD, WERKMAN, HEMINGWAY u. NIER[2] gelangten mit Hilfe des Isotopen ^{13}C zum gleichen experimentellen Ergebnis. Da die Fixierung des $^{13}CO_2$ jedoch, wie aus weiteren Versuchen hervorging, zweifellos nach dem Schema der WOOD-WERKMAN-Reaktion erfolgte, da nur die Carboxylgruppen der C_4-Dicarbonsäuren markiert waren, und in mit Malonat vergifteten Ansätzen nicht markierte Bernsteinsäure erhalten wurde, glaubten sie, den Citronensäurecyclus für die Bildung der α-Ketoglutarsäure nicht ausschließen zu können. Sie versuchten, ihn mit den Ergebnissen der Isotopenversuche in der Weise in Einklang zu bringen, daß sie einen modifizierten Cyclus in Vorschlag brachten, in welchem nicht die symmetrische Citronensäure, sondern die asymmetrische cis-Aconitsäure das erste Glied des Cyclus bilden sollte.

Schema II. Tricarbonsäurecyclus nach KREBS.

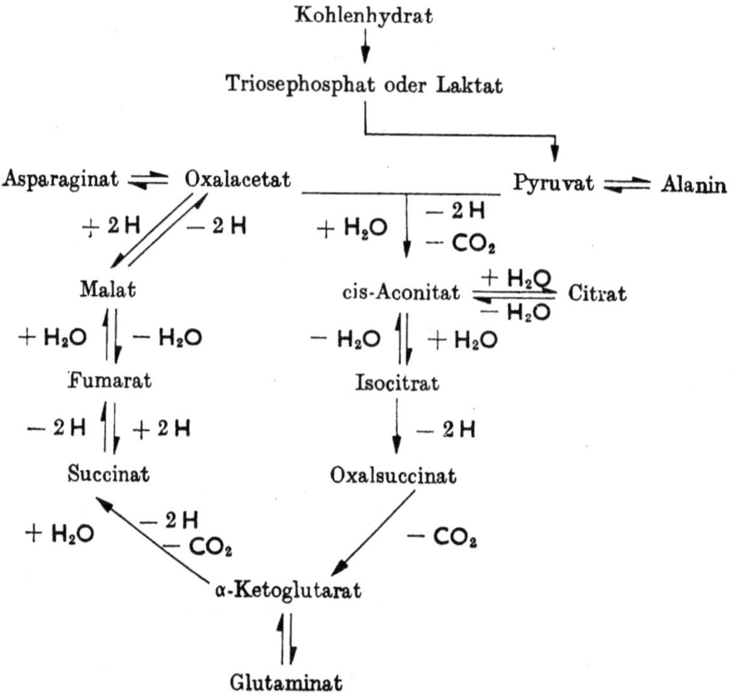

Nach der Entdeckung der Citronensäurebildung aus Acetessigsäure wurden entsprechende Versuche mit markiertem Acetoacetat angestellt, um die Ergebnisse nachzuprüfen. BUCHANAN, SAKAMI, GURIN u. WILSON[3] fanden, als sie mit ^{13}C in der Carboxylgruppe markierte Acetessigsäure einsetzten, das Markierungsatom ausschließlich in der γ-ständigen Carboxylgruppe der aus den Ansätzen isolierten Ketoglutarsäure. Die Verteilung des Isotopen war

[1] EVANS, E. A. jr., and L. SLOTIN: J. biol. Ch. **136**, 301 (1940); **141**, 439 (1941). — [2] WOOD, H. G., C. H. WERKMAN, A. HEMINGWAY and A. O. NIER: J. biol. Ch. **139**, 483; **142**, 31 (1941). — [3] BUCHANAN, J. M., W. SAKAMI, S. GURIN and D. W. WILSON: J. biol. Ch. **157**, 747; **159**, 695 (1945).

also genau umgekehrt wie in den Versuchen mit markierter Oxalessigsäure. Schließlich wiesen WEINHOUSE, MEDES u. FLOYD[1] den ^{13}C, mit dem sowohl die Carboxyl- als auch die Carbonylgruppe der Acetessigsäure markiert worden war, in den primären Carboxylen der in substantia isolierten Citronensäure nach.

Diesen mit tierischem Gewebe erhaltenen Ergebnissen konnten schließlich auch noch die etwas älteren Beobachtungen von SONDERHOFF u. THOMAS zur Seite gestellt werden[2,3]. Diese hatten aus Ansätzen, in denen Trideuteroessigsäure mit verarmter Hefe unter Sauerstoff geschüttelt worden war, deuterierte Citronensäure und Bernsteinsäure isoliert. Die Tatsache, daß die Bernsteinsäure annähernd den gleichen Gehalt an fest gebundenem Deuterium aufwies wie die Citronensäure, erschien zunächst unverständlich, da man die Bildung der Bernsteinsäure nach dem THUNBERGschen Schema erklären wollte. Die Schwierigkeiten verschwanden, als die Annahme eines asymmetrisch nach der „Oxalessigsäureseite" hin erfolgenden Abbaus der Citronen- bzw. Aconitsäure die Möglichkeit bot, den Deuteriumgehalt der beiden Säuren und ihre Bildung nach einem modifizierten Citronensäurecyclusschema zu erklären[4].

Der Weg isotoper Atome durch den Citronensäurecyclus.

(Die Formelreihe zeigt zusammengefaßt die drei verschiedenen Möglichkeiten der Markierung.)

$$^{13}COOH{-}CD_3 + OC(COOH){-}CH_2{-}{}^{11}COOH \rightarrow HO{-}C(COOH)(CD_2{-}{}^{13}COOH)(CH_2{-}{}^{11}COOH) \underset{+H_2O}{\overset{-H_2O}{\rightleftharpoons}} {}^{13}COOH{-}CD_2{-}C(COOH){=}CH{-}{}^{11}COOH \underset{-H_2O}{\overset{+H_2O}{\rightleftharpoons}} {}^{13}COOH{-}CD_2{-}HC(COOH){-}HC(OH){-}{}^{11}COOH \underset{+2H}{\overset{-2H}{\rightleftharpoons}}$$

$$\rightarrow {}^{13}COOH{-}CD_2{-}HC(COOH){-}CO{-}{}^{11}COOH \underset{-CO_2}{\overset{+CO_2}{\rightleftharpoons}} {}^{13}COOH{-}CD_2{-}CH_2{-}CO{-}{}^{11}COOH \xrightarrow{-2H,\ +H_2O} {}^{13}COOH{-}CD_2{-}CH_2{-}COOH + {}^{11}CO_2$$

$$OC(COOH){-}CH_2{-}{}^{11}COOH \leftarrow OC(COOH){-}CH_3 + {}^{11}CO_2$$

Die OGSTONsche Betrachtung, der für die Theorie der Bildung optisch aktiver Stoffe bei enzymatischen Prozessen allgemeine Bedeutung zukommt, geht von der Tatsache aus, daß eine symmetrische Verbindung vom Typ der Citronensäure [allgemein von der Formel C $(X)_2YZ$], wenn sie an drei Punkten von der Oberfläche eines Enzyms festgehalten wird — den drei Carboxylgruppen der Citronensäure entsprechen drei räumlich zugeordnete basische Haftstellen des Enzyms —, dann nur in einer einzigen und nicht vertauschbaren Lage gebunden werden kann (Abb. 54). Als weitere Voraussetzung neben der

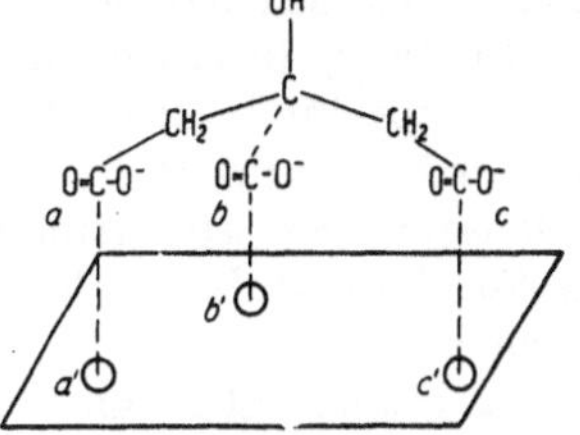

Abb. 54. Die „Dreipunktbindung" der Citronensäure an der Fermentoberfläche.

[1] WEINHOUSE, S., G. MEDES and N. F. FLOYD: J. biol. Ch. **166**, 691 (1946). — [2] SONDERHOFF, R., u. H. THOMAS: A. **530**, 195 (1937). — [3] LYNEN, F.: A. **554**, 40 (1943). — [4] OGSTON, A. G.: Nature **162**, 963 (1948).

„Dreipunktbindung" muß nun angenommen werden, daß sich die spezifische enzymatische Reaktion — im Falle der Citronensäure also die Wasserabspaltung — nur in dem Bereich der einen Hälfte des symmetrischen Substrates, d. h. also etwa nur zwischen a' und b' nicht auch zwischen b' und c', abspielen kann, d. h. daß das Enzym asymmetrisch gebaut ist. Unter diesen Voraussetzungen muß sogar eine symmetrisch gebaute Verbindung vom Typ der Citronensäure asymmetrisch abgebaut werden. Ein weiteres Beispiel hierfür bildet die enzymatische Decarboxylierung der durch Oxydation von Serin entstandenen Aminomalonsäure zu Aminoessigsäure[1].

Enzymatische Abbauversuche an asymmetrisch isotop substituierten Citronensäuren brachten den experimentellen Beweis für die OGSTONsche Theorie. Sowohl eine auf enzymatischem Wege gewonnene, mit ^{14}C in der einen primären Carboxylgruppe markierte Citronensäure[2], als auch die beiden rein chemisch-synthetisch gewonnenen, stereoisomeren und optisch aktiven Di-deuterocitronensäuren[3]

$$HOOC—CH_2—\underset{\displaystyle COOH}{\overset{\displaystyle OH}{C}}—CD_2—COOH \quad \text{und} \quad HOOC—CD_2—\underset{\displaystyle COOH}{\overset{\displaystyle OH}{C}}—CH_2—COOH$$

wurden streng asymmetrisch abgebaut.

Diese Untersuchungen haben somit einen interessanten Beitrag zur Stereochemie enzymatischer Umsetzungen geliefert sowie den Beweis geführt, daß die Ergebnisse der Isotopenversuche mit dem Befund einer primären Bildung von Citronensäure wohl zu vereinen sind.

γ) Die Citronensäure im Gewebsstoffwechsel.

Die Begründung der dem Citronensäurecyclus zugewiesenen zentralen Rolle im Stoffwechselgeschehen kann sich auf drei verschiedene Tatsachen stützen: Auf die bereits erwähnten Isotopenversuche (S. 1033), auf die Wirkung zweier spezifisch den Citronensäurecyclus und die Gewebsatmung beeinflussenden Enzymgifte (Malonsäure und Fluoressigsäure) und schließlich auf eine große Zahl analytischer Bestimmungen speziell der Citronensäure in tierischen Geweben und Körperflüssigkeiten.

1. Inhibitoren des Citronensäurecyclus.

Die hemmende Wirkung der Malonsäure — nach QUASTEL ist sie ein spezifisches Gift für die Succinodehydrogenase — auf die Hauptatmung tierischer Gewebe hat SZENT-GYÖRGYI in seinen Untersuchungen (vgl. S. 1029) gefunden und untersucht. Die Deutung, die er seinen Befunden im Rahmen seiner Theorie des Wasserstofftransportes durch die C_4-Dicarbonsäuren gab, hat indessen niemals recht befriedigen können, da er für die Beobachtung, daß durch Fumarsäure eine durch Malonsäure gesetzte Atmungshemmung aufgehoben werden kann, wobei unter *aeroben* Verhältnissen Bernsteinsäure entsteht, keine überzeugende Erklärung geben konnte.

Das gelang erst KREBS[4], der darauf hinwies, daß nach der Theorie des Citronensäurecyclus Fumarsäure über Äpfelsäure/Oxalessigsäure ungestört in die Reaktionenfolge des Cyclus eintreten kann und bei Vergiftung mit Malonsäure infolge der dadurch gesetzten Hemmung der Succinatdehydrierung erst nachdem der

[1] SHEMIN, D.: J. biol. Ch. **162**, 297 (1946). — [2] POTTER, V. R., and C. HEIDELBERGER: Nature **164**, 180 (1949). — [3] MARTIUS, C., u. G. SCHORRE: A. **570**, 140, 143 (1950). — [4] KREBS, H. A.: Biochem. J. **34**, 460 (1940).

ganze Cyclus durchlaufen ist, aerob Bernsteinsäure sich anhäufen *muß*. Dieses Argument sprach überzeugend für den Citronensäurecyclus. Auch bei der Untersuchung der Acetatverbrennung in Hefe hat sich Malonsäure in ähnlicher Weise bewährt[1].

Später konnte der Malonsäure in der Fluoressigsäure ein weiterer Hemmstoff an die Seite gestellt werden, der noch spezifischer auf die eigentlichen Umsetzungen der Citronensäure einwirkt. BARTLETT u. BARRON hatten als erste[2] die Wirkung der hochtoxischen[3] Fluoressigsäure und verwandter Verbindungen untersucht und sowohl bei Hefe und einigen Bakterien als auch in tierischen Geweben eine starke Hemmung der Atmung und speziell des Acetatabbaus feststellen können. Sie nahmen an, daß die Fluoressigsäure kompetitiv den Abbau der Essigsäure hemme, und erblickten darin ein Argument gegen die Rolle des Citronensäurecyclus beim Abbau der Essigsäure. Wie MARTIUS[4] sowie LIÉBECQ u. PETERS[5] unabhängig voneinander zeigen konnten, verläuft der Abbau der Essigsäure bzw. ihrer Vorstufen Brenztraubensäure oder Fettsäuren bis zur Bildung der Citronensäure ungestört, jedoch ist der Abbau der Citronensäure unterbrochen, so daß sich diese in vitro[4] und in vivo[5] anhäuft. Durch diese Blokkierung des Citronensäurecyclus kommt es schließlich zum nahezu vollständigen Aufhören der Gewebsatmung. Der Mechanismus der Giftwirkung ist völlig verschieden von dem der anderen Halogenessigsäuren, er beruht auf der Bildung einer Fluorcitronensäure, die ihrerseits kompetitiv die Aconitase blockiert[6].

Die Folgen einer Vergiftung mit diesen beiden spezifischen Enzymgiften demonstrieren somit in eindringlicher Weise die vitale Rolle der Citronensäure im Stoffwechselgeschehen.

Sehr viel unspezifischer ist die Wirkung anderer bekannter Zellgifte, die, wie die Arsenige Säure, die Citronensäuresynthese vollständig hemmen. Auch Calciumionen sind von stark hemmender Wirkung auf die Synthese der Citronensäure, worauf wohl auch ihre Wirkung auf die Atmung von Gewebe in vitro teilweise zurückzuführen sein dürfte.

2. Der Citronensäurestoffwechsel im Gewebe[7–9].

Der Umstand, daß die Citronensäure in höherer Konzentration als die anderen Säuren des Cyclus im Tierkörper vorkommt und sich leicht quantitativ bestimmen läßt, ermöglicht es, Angaben über ihren Umsatz zusammenzustellen.

Zur ***Bestimmung*** kleiner Mengen Citronensäure, wie sie im Gewebe vorkommen, stehen zwei Methoden zur Verfügung. Die eine von THUNBERG und seiner Schule entwickelte enzymatische Mikromethode bedient sich des Entfärbungsvermögens von Gurkensamenextrakten gegenüber Methylenblau bei Anwesenheit sehr geringer Mengen Citronensäure[10]. Diese Methode hat große historische Bedeutung, da mit ihrer Hilfe zum ersten Male der Nachweis des ubiquitären Vorkommens der Citronensäure im Tierkörper geführt werden konnte.

---

[1] LYNEN, F.: A. **554**, 40 (1943). — [2] BARTLETT, G. R., and E. S. G. BARRON: J. biol. Ch. **170**, 67 (1947). — KALNITSKI, G., and E. S. G. BARRON: J. biol. Ch. **170**, 83 (1947). Arch. Biochem. **19**, 75 (1948). — s. a. SAUNDERS, B. C.: Nature **160**, 179 (1947). — [3] GRYSZKIEWICZ-TROCHIMOWSKI, E., A. SPORZYŃSKI et J. WNUK: Recu. Trav. chim. Pays-Bas **66**, 413 (1947). — [4] MARTIUS, C.: A. **561**, 227 (1949). — [5] LIÉBECQ, C., and R. A. PETERS: Biochim. biophysica Acta, N. Y. **3**, 215 (1949). — BUFFA, P., and R. A. PETERS: Nature **163**, 914 (1949). — PETERS, R. A.: Nature **164**, 393 (1949). — [6] LOTSPEICH, W. D., R. A. PETERS and T. H. WILSON: Biochem. J. **51**, 20 (1952). — PETERS, R. A., and T. H. WILSON: Biochim. biophysica Acta, N. Y. **9**, 310 (1952).

Zusammenfassende Darstellungen: 7–9. [7] ÖSTBERG, O.: Skand. Arch. Physiol. **62**, 81 (1931). — [8] KRUSIUS, F.-E.: Acta physiol. scand. **2**, Suppl. **3** (1940). — [9] DICKENS, F.: Biochem. J. **35**, 1011 (1941).

[10] THUNBERG, T.: B. Z. **206**, 109 (1929).

Diese für Routinebestimmungen aber etwas diffizile Methode ist heute ersetzt worden durch rein chemische Mikromethoden[1], die alle auf der Überführung der Citronensäure in Pentabromaceton beruhen, das entweder colorimetrisch oder titrimetrisch bestimmt werden kann. Empfindlichkeit bis herunter zu 5 γ.

Eine einfache Berechnung zeigt, welche Mengen an Citronensäure ständig im menschlichen Körper umgesetzt werden. Nimmt man an, daß die Fett- und Kohlenhydratverbrennung vollständig über den Cyclus erfolgt, so würde eine Kost mit 2400 kcal, die 500 g Kohlenhydrat und 60 g Fett enthält (das auch zur Citronensäurebildung beitragende Eiweiß bleibe unberücksichtigt), einem Umsatz von etwa 2 kg Citronensäure pro Tag im Körper entsprechen, da ein Mol Glucose 2 Mol Citronensäure, 1 Mol Stearinsäure 9 Mol davon liefert (zusammen mit der entsprechenden Menge Oxalessigsäure, die ja aber immer wieder regeneriert wird). Die in den Geweben anzutreffenden Mengen an Citrat sind dabei stets gering (s. u.), ihr Umsatz dagegen, d. h. die Umlaufgeschwindigkeit des Cyclus ist sehr groß.

Anhaltspunkte über die Beteiligung der einzelnen Organe des Körpers an diesem Umsatz geben die Bestimmungen des Citronensäurebildungs- und Abbauvermögens in vitro.

Die einer Untersuchung von HALLMAN[2] entnommenen Werte über die in verschiedenen Geweben in bestimmter Zeit gebildeten Mengen Citronensäure stellen nur Verhältniszahlen dar, wobei noch zu berücksichtigen ist, daß nur der Überschuß der gebildeten über die in derselben Zeit abgebaute Menge Citronensäure erfaßt wird. Dadurch wird besonders die Stellung der Leber in diesem Zusammenhang sehr zweifelhaft, da diese ein besonders hohes Abbauvermögen für Citrat zeigt. Ersetzt man in diesen Versuchen die Brenztraubensäure durch Acetessigsäure, so ändert sich die Reihenfolge; an die erste Stelle treten dann die Nieren.

Tabelle 310. Die Bildung von Citronensäure im Gewebe.

Herzmuskel	20,1 mg	Thymus	5,3 mg
Nieren	11,8 „	Lungen	3,8 „
Skeletmuskel	8,6 „	Leber	1,5 „
Nebennieren	8,3 „	Milz	1,5 „
Testes	8,1 „	Schilddrüse	0 „
Gehirn	5,5 „	Blut	0 „

Die Angaben in der Tabelle 310 geben die Mengen Citronensäure in mg an, die während 30 min aus Brenztraubensäure und C_4-Dicarbonsäuren (beides 0,01 m) bei Bebrütung mit 20 g Brei der verschiedenen Organe (Rind) aerob erhalten wurden (HALLMAN[2]).

Tabelle 311. Der Abbau von Citronensäure im Gewebe.

Leber	66 mg	Testes	20 mg
Herzmuskel	43 „	Schilddrüse	12 „
Nieren	38 „	Nebenniere	13 „
Skeletmuskel	28 „	Milz	10 „
Lunge	24 „	Thymus	7 „
Gehirn			

[1] PUCHER, G. W., C. C. SHERMAN and H. B. VICKERY: J. biol. Ch. **113**, 235 (1936). — PERLMAN, D., H. A. LARDY and M. J. JOHNSON: Industr. engng. Chem., analyt. Ed. **16**, 515 (1944). — GOLDBERG, A. S., and A. R. BERNHEIM: J. biol. Ch. **156**, 33 (1944). — TAUSSKY, H. H., and E. SHORR: J. biol. Ch. **169**, 103 (1947). — NATELSON, S., J. K. LUGOVOY and J. B. PINCUS: J. biol. Ch. **170**, 597 (1947). — NATELSON, S., J. B. PINCUS and J. K. LUGOVOY: J. biol. Ch. **175**, 745 (1948). — s. a. Hinsberg-Lang 2. Aufl. S. 125. — [2] HALLMAN, N.: Acta physiol. scand. **2**, Suppl. **4** (1940).

Die Werte der Tabelle 311 geben in mg die Mengen Citronensäure an, die durch die verschiedenen Organbreie (Rind) während 75 min aerob abgebaut wurden. Die Ansätze enthielten 20 g Brei und 100 mg Citronensäure (HALLMAN).

Ein Vergleich der Zahlen für das Bildungs- und Abbauvermögen zeigt, daß die Werte einander weitgehend entsprechen, außerdem bestehen natürlich Parallelen zu den Q_{O_2}-Werten der einzelnen Gewebe.

Das besonders hohe Vermögen der Leber, Citronensäure abzubauen, deutet auf eine spezifische Funktion der Leber hin, die nur in der Aufgabe bestehen kann, den Citratspiegel des Blutes konstant zu halten. Da Citronensäure Calciumionen durch Bildung von Komplexverbindungen zu „entionisieren" vermag[1], kommt dieser „Entgiftungsfunktion" der Leber vermutlich beträchtliche Bedeutung zu für die Aufrechterhaltung eines normalen Ionenmilieus. Der Citratspiegel des Blutes ist in der Regel sehr konstant und liegt beim Menschen bei 2,0 mg% im Serum. Abweichungen nach oben oder unten kommen bei verschiedenen Krankheiten vor (Hypercitricämie vor allem bei Erkrankungen der Leber und bei Diabetes, Hypocitricämie bei entzündlichen Krankheiten und postoperativen Zuständen).

Der normale Gehalt der Gewebe und anderer Körperflüssigkeiten ist etwa von der Größenordnung des Serums[2, 3]. Ein besonders hoher Gehalt an Citronensäure wurde in der Milchdrüse, der Schilddrüse sowie den Geschlechtsdrüsen und ihren Sekreten festgestellt. Den höchsten Gehalt weist jedoch das Skelet[4] auf, was zu Vermutungen über eine Beteiligung der Citronensäure bei dem Verkalkungsprozeß der Knochen geführt hat[5]. Die letzte Tabelle (nach DICKENS[4]) zeigt die prozentuale Verteilung der in der gesamten Maus nachgewiesenen Citronensäure auf die verschiedenen Organsysteme.

Tabelle 312. Verteilung der Citronensäure in der Maus.
Lebendgewicht 31,2 g nach 18 Std Fasten.

	Gewicht g	mg	Citronensäure % des Gesamtgehaltes der Maus
Skelet	8,2	3,75	69
Muskeln	6,8	0,19	3,5
Haut mit Fell	4,3	0,37	6,8
Samenblasen, Testes und Prostata	0,6	0,71	13,1
Leber, Milz, Gehirn, Herz, Lungen, Nieren	9,0	0,41	7,5
	28,9	5,43	99,9

c) Die direkte Oxydation von Zuckerphosphaten.

Wie schon auf S. 1029 erwähnt wurde, können Zucker auch ohne vorherige Glykolyse direkt oxydiert werden. Der Weg führt über Glucose-6-phosphat zu Pentose-5-phosphaten, die vermutlich dann in Triosephosphat und Glykolaldehyd gespalten werden. Der Abbau beginnt mit der Oxydation von Glucose-6-phosphat zu 6-Phosphogluconsäure durch die von WARBURG[6] in Pferdeerythro-

[1] HASTINGS, B., F. C. McCLEAN, L. EICHELBERGER, J. L. BALL and E. DA COSTA: J. biol. Ch. **107**, 351 (1934). — [2] SJÖSTRÖM, P.: Acta chir. scand. **79**, Suppl. **49** (1937). Hier auch eine Zusammenstellung der umfangreichen Literatur über Untersuchungen betr. Citronensäure der THUNBERGschen Schule. — [3] HALLMAN, N.: Acta physiol. scand. **2**, Suppl. **4** (1940). — [4] DICKENS, F.: Biochem. J. **35**, 1011 (1941). — [5] ROMINGER, H.: Arch. Kinderhlkde. **131**, 53 (1944); dort auch Angaben über die ältere Literatur. — [6] WARBURG, O., u. W. CHRISTIAN: B. Z. **242**, 206 (1931). — WARBURG, O., W. CHRISTIAN u. A. GRIESE: B. Z. **282**, 157 (1935).

cyten entdeckte ROBISON-Esterdehydrogenase. Nach CORI u. LIPMANN[1] vollzieht sich diese Dehydrierung unter Bildung von 6-Phosphogluconsäurelacton, das anschließend zu 6-Phosphogluconsäure aufgespalten wird:

$$\begin{array}{ccccccc}
HC{=}O & & HC{=}O & & C{=}O\ \urcorner & & COOH \\
HCOH & & HCOH & & HCOH\ | & & HCOH \\
HOCH & \xrightarrow{+ATP} & HOCH & \xrightarrow{-2H} & HOCH\ | & \xrightarrow{+H_2O} & HOCH \\
HCOH & & HCOH & & HCOH\ | & & HCOH \\
HCOH & & HCOH & & HCO{-}\lrcorner & & HCOH \\
H_2COH & & H_2CO{-}PO_3^{--} & & H_2CO{-}PO_3^{--} & & H_2CO{-}PO_3^{--}
\end{array}$$

Ältere Vorstellungen[2] über den weiteren Abbau des Phosphogluconates sind in modifizierter Form bestätigt worden. Auf Grund der Arbeiten von COHEN[3] sowie HORECKER[4, 5] und ihrer Mitarbeiter gilt das folgende Abbauschema zur Zeit als das wahrscheinlichste:

$$\begin{array}{ccccccc}
COOH & & COOH & & H & & \\
HCOH & & HCOH & & HCOH & & HC{=}O \\
HOCH & \xrightarrow{-2H} & C{=}O & \xrightarrow{-CO_2} & C{=}O & \rightleftharpoons & HCOH \\
HCOH & & HCOH & & HCOH & & HCOH \\
HCOH & & HCOH & & HCOH & & HCOH \\
H_2CO{-}PO_3^{--} & & H_2CO{-}PO_3^{--} & & H_2CO{-}PO_3^{--} & & H_2CO{-}PO_3^{--}
\end{array}$$

6-Phosphogluconat — 3-Keto-6-phosphogluconat — Ribulose-5-phosphat — Ribose-5-phosphat

Bei der 6-Phosphogluconsäuredehydrogenase handelt es sich ebenso wie bei der ROBISON-Esterdehydrogenase um ein TPN (codehydrogenase II)-spezifisches Ferment. Daß sie am β-ständigen Hydroxyl der Gluconsäure angreift, ist wegen der primären Bildung von Ribulosephosphat zwar sehr wahrscheinlich, indessen noch nicht streng bewiesen. Die anschließende Umwandlung in Ribosephosphat wird durch eine Pentosephosphat-isomerase bewirkt. Mit Enzympräparaten aus E. coli wurde auch eine Umwandlung in Arabinosephosphat beobachtet.

Der Abbau der 6-Phosphogluconsäure ist bemerkenswerterweise reversibel, wie mit Hilfe von $^{14}CO_2$ gezeigt werden konnte[6]. Die CO_2-Fixierungsreaktion nimmt hier einen ganz analogen Verlauf wie im Falle der Systeme α-Ketoglutarsäure/Isocitronensäure und Brenztraubensäure/Äpfelsäure:

$$\text{Ribulose-5-phosphat} + CO_2 + \text{TPN}\cdot H + H^+ \rightleftharpoons \text{6-Phosphogluconat} + \text{TPN}.$$

Es erscheint möglich, daß dieser Reaktion bei der Assimilation der Kohlensäure in Pflanzen eine Rolle zukommt (s. Bd. 2/2, vgl. physiol. chem. Pflanzen).

Die weiteren Umsetzungen der Pentosephosphate sind ziemlich kompliziert. Aus Rattenleber, Spinatblättern sowie Hefe wurde ein Ferment isoliert[7, 8]

[1] CORI, O., and F. LIPMANN: J. biol. Ch. **194**, 417 (1952). — [2] LIPMANN, F.: Nature **138**, 588 (1936). — WARBURG, O., u. W. CHRISTIAN: B. Z. **287**, 440 (1936). — DICKENS, F.: Biochem. J. **32**, 1626 (1938). — [3] COHEN, S. S., and D. B. M. SCOTT: Science, N. Y. **111**, 543 (1950). — SCOTT, D. B. M., and S. S. COHEN: J. biol. Ch. **188**, 509 (1951). — [4] HORECKER, B. L., and P. Z. SMYRNIOTIS: J. biol. Ch. **193**, 371 (1951). — HORECKER, B. L., P. Z. SMYRNIOTIS and J. E. SEEGMILLER: J. biol. Ch. **193**, 383 (1951). — [5] SEEGMILLER, J. E., and B. L. HORECKER: J. biol. Ch. **194**, 261 (1952). — DICKENS, F., and G. E. GLOCK: Biochem. J. **50**, 81 (1951). — [6] HORECKER, B. L., and P. Z. SMYRNIOTIS: J. biol. Ch. **196**, 135 (1952). — [7] RACKER, E., G. DE LA HABA and I. C. LEDERER: Am. Soc. **75**, 1010 (1953). — [8] HORECKER, B. L., P. Z. SMYRNIOTIS and H. KLENOW: J. biol. Ch. **205**, 661 (1953).

„Transketolase“, welches Aneurinpyrophosphat (APP) als prosthetische Gruppe enthält. Es spaltet Ribulosephosphat in Glycerinaldehyd-3-phosphat und einen C_2-Körper, „aktiven Glykolaldehyd“, d. h. Glykolaldehyd in Bindung an Aneurinpyrophosphat. Dieser kann sich dann mit Ribose-5-phosphat zu Sedoheptulose-7-phosphat kondensieren. Dieser Zucker kann mit Hilfe der gleichen Transketolase auch aus L-Erythrulose und Glycerinaldehyd-3-phosphat entstehen oder — vermutlich in Form des 1-Phosphats — aus D-Erythrose und Dioxyacetonphosphat unter der Einwirkung von Aldolase gebildet werden. Da alle diese Kondensationsreaktionen reversibel sind, können die beteiligten Zucker und alle weiterhin mit ihnen zusammenhängenden ineinander umgewandelt werden. Die Formulierung eines Reaktionscyclus, in dessen Ablauf Glucose-6-phosphat vollständig abgebaut wird, erscheint auf diese Weise möglich[1]. Von noch wesentlich größerer Bedeutung sind diese Reaktionsketten aber vielleicht für den Chemismus der Kohlensäureassimilation[2].

$$H_2COH{-}C{=}O{-}HCOH{-}HCOH{-}H_2CO{-}PO_3^{--} \rightleftharpoons H_2COH{-}HC{=}O\cdots[APP] + HC{=}O{-}HCOH{-}H_2CO{-}PO_3^{--}$$

Ribulose-5-phosphat „aktiver Glykolaldehyd“ Glycerinaldehyd-3-phosphat

$$HC{=}O{-}HCOH{-}HCOH{-}HCOH{-}H_2CO{-}PO_3^{--} + H_2COH{-}HC{=}O\cdots[APP] \rightleftharpoons H_2COH{-}C{=}O{-}HOCH{-}HCOH{-}HCOH{-}HCOH{-}H_2CO{-}PO_3^{--}$$

Ribose-5-phosphat „aktiver Glykolaldehyd“ Sedoheptulose-7-phosphat

Die Umsatzgeschwindigkeit der Glucose-6-phosphatdehydrogenase der Leber soll genügend groß sein, um diesem enzymatischen System eine physiologische Bedeutung zu sichern[3]. Nach Versuchen mit isotop markierter Glucose und Milchsäure scheint im ganzen Tier jedoch der oxydative Abbau der Glucose den Weg über die Glykolyse und den Citronensäurecyclus zu nehmen[4].

[1] Horecker, B. L., P. Z. Smyrniotis and H. Klenow: Fed. Proc. **12**, 219 (1953). — [2] Buchanan, J. G., J. A. Bassham, A. A. Benson, D. F. Bradley, M. Calvin, L. L. Daus, M. Goodman, F. M. Hayes, V. H. Lynch, L. T. Norris and A. T. Wilson, in: McElroy, W. D., and B. Glass: Phosphorus Metabolism. Bd. 2, S. 440. Baltimore 1952. — [3] Glock, G. E., and P. McLean: Nature **170**, 119 (1952). — [4] Bloom, B., M. R. Stetten and D. Stetten jr.: J. biol. Ch. **204**, 681 (1953).

8. Die chemischen Leistungen der morphologischen Zellelemente[1–15].

Von K. Lang und G. Siebert.

Inhaltsverzeichnis.

a) Einleitung und Methodisches.

Die Anwendung der von Linderstrøm-Lang und Holter[16] entwickelten Mikromethoden zum cytochemischen Studium der einzelnen Zellelemente bietet Vorteile und Nachteile: Das Untersuchungsgut ist histologisch einheitlich, besteht also z. B. bei Geweben mit mehreren Zellarten nur aus einer dieser Formen; daher können genaue Beziehungen zwischen histologischem Erscheinungsbild und mikrochemischem Befund aufgestellt werden (s. z. B. die klassischen Untersuchungen über die Bildungsstätte der Salzsäure in den Belegzellen der Magenschleimhaut, S. 36). Da aber stets nur sehr geringe Mengen Untersuchungsgut erhältlich sind, lassen sich im allgemeinen nur Stoffwechselprozesse messend erfassen, die mit hoher Intensität ablaufen. Für die Verfolgung kleinerer Umsätze reichen die Gewebemengen meist nicht aus. Obwohl also der Wert dieser Methoden unbestritten ist, ist die Anwendbarkeit häufig nur begrenzt.

Die histochemischen Untersuchungsverfahren[17] stellen prinzipiell eine Weiterentwicklung histologischer Methoden dar. Die theoretischen Grundlagen solcher Verfahren werden daher durch zahlreiche Faktoren, wie Konservierung und Fixierung des Gewebes, sowie Diffusions- und Adsorptionserscheinungen der angewandten Chemikalien beeinflußt, im Falle der Ausbildung von Niederschlägen (etwa bei der Phosphatase-Methode nach Gomori[16]) auch von den Löslichkeitsbedingungen im biologischen Milieu. Daher ist die Diskussion über diese Ver-

Zusammenfassende Literatur: 1–15. [1] Mikroskopische und chemische Organisation der Zelle. 2. Colloquium der deutschen Gesellschaft für Physiologische Chemie. Berlin, Göttingen, Heidelberg 1952. — [2] The Chemistry and Physiology of the Nucleus. Exp. Cell Res., Suppl. **2**, 1952. — [3] Bradfield, J. R. G.: Biol. Reviews **25**, 113 (1950). — [4] Burian, R.: Ergebn. Physiol. **3/1**, 48 (1904); **5**, 768 (1906). — [5] Caspersson, T. O.: Cell Growth and Cell Function. New York 1950. — [6] Claude, A.: Adv. Protein Chem. **5**, 423 (1949). — [7] Dounce, A. L.: Cytochemical foundations of enzyme chemistry. Sumner-Myrbäck **1/1**, 187 (1950). J. cellul. comp. Physiol. **39**, Suppl. **2**, 43 (1952). — [8] Duve, C. de: Expos. ann. Biochim. méd. **14**, 47 (1952). — [9] Frey-Wyssling, A.: Submicroscopic Morphology of Protoplasma. 2. Aufl. Amsterdam, Houston, London, New York 1953. — [10] Green, D. E.: J. cellul. comp. Physiol. **39**, Suppl. **2**, 75 (1952). — [11] Hogeboom, G. H.: Fed. Proc. **10**, 640 (1951). — [12] Holter, H.: Adv. Enzymol. **13**, 1 (1952). — [13] Mazia, D.: Physiology of the cell nucleus. Modern Trends in Physiology and Biochemistry. S. 77. New York 1952. — [14] Milovidov, P. F.: Physik und Chemie des Zellkerns. 1. Tl. Protoplasma-Monogr. **20**. Berlin 1949. — [15] Runnström, J.: The cytoplasm, its structure and role in metabolism, growth and differentiation. Modern Trends in Physiology and Biochemistry. S. 47. New York 1952.

[16] Duspiva, F.: Enzymatische Histochemie. H.-Th. 10. Aufl. Bd. II. Im Druck. — [17] Glick, D.: Techniques of Histo- and Cytochemistry. New York, London 1949.

fahren trotz ihrer häufigen Anwendung noch nicht abgeschlossen. Eine quantitative Auswertung histochemisch gewonnener Versuchsergebnisse begegnet zur Zeit noch großen Schwierigkeiten. Dies muß bei dem großen Vorteil der Histochemie, Beobachtungen an einer einzelnen Zelle zu ermöglichen, stets bedacht werden.

Die meisten Untersuchungen analytischer Art sowie zur Erfassung von Stoffwechselprozessen setzen die Gewinnung einzelner Zellbestandteile in größerem Maßstab voraus. Naturgemäß können dabei Unterschiede zwischen den verschiedenen Zellarten, wie sie etwa in der Leber und der Niere vorkommen, nicht mehr berücksichtigt werden. Darüber hinaus sind aber die an den einzelnen Zellbestandteilen, Zellkernen, Mitochondrien, Mikrosomen und Cytoplasma gewonnenen Untersuchungsergebnisse außerordentlich stark von der zur Zellfraktionierung angewandten Methode abhängig. Ohne deren Kenntnis sind Deutung und Beurteilung vorliegender Befunde kaum möglich. Einzelheiten der zur Zellfraktionierung angewandten Verfahren werden an anderer Stelle ausführlich dargestellt[1]; hier soll nur insoweit darauf eingegangen werden, wie es zum Verständnis der Ausführungen dieses Beitrages notwendig erscheint.

Die in diesem Beitrag verwendeten Bezeichnungen für Zellelemente sind in der biochemischen Literatur gebräuchlich, decken sich aber nicht immer mit denen des morphologischen Schrifttums. Die Diskrepanzen betreffen insbesondere die Fraktion der Mitochondrien und Mikrosomen; sie beruhen auf den für den Morphologen und den Biochemiker verschiedenen Untersuchungsmethoden. Die vom Biochemiker verwendeten Bezeichnungen sind bei der Besprechung der Darstellung, S. 1066, sowie am Beginn der einzelnen Kapitel näher erläutert.

Zellzerstörung. Jede Fraktionierung von Zellbestandteilen in größerem Maßstab gliedert sich in 2 Arbeitsgänge: Zerkleinerung der Zelle sowie Abtrennung der einzelnen Komponenten. Die Zerstörung der Zelle kann durch chemische oder durch mechanische Einwirkung erfolgen. Chemische Methoden spielen im wesentlichen eine Rolle bei der Gewinnung von Zellkernen. Die ältesten Verfahren sind wohl die Anwendung von Salzsäure und Pepsin[2] und einfache Plasmolysen bzw. Hämolysen an Spermatozoen bzw. kernhaltigen Erythrocyten[2,3]. Später wurde Citronensäure statt Salzsäure verwendet[4–6]; solche Verfahren haben große Verbreitung gefunden. Handelt es sich um die Verarbeitung kompakter Organe statt frei vorliegender Zellen, so muß auch bei der Verwendung von Citronensäure mechanisch zerkleinert werden.

Andere chemische Agentien, die vor allem bei freien Zellen wie Erythrocyten von Vögeln verwendbar sind, sind Saponin, Digitonin, Natriumoleat, Gallensäuren oder Lysolecithin. Es ergibt sich bereits aus der chemischen Natur der aufgezählten Substanzen, daß man mit sehr erheblichen Veränderungen der so gewonnenen Zellkerne rechnen muß, wie Proteindenaturierung, Lipoidverlust, Entfernung niedermolekularer Inhaltsstoffe u. a. m. Instruktive Beispiele hierfür finden sich bei DOUNCE[7,8], v. EULER[9] sowie ALLFREY u. Mitarb.[10] Zahlreiche Widersprüche in der Literatur sind mit aller Wahrscheinlichkeit der Verwendung von Citronensäure zur Last zu legen.

Die Zellkernisolierung auf mechanischem Wege wurde zuerst von WARBURG[11] bei Gänse-Erythrocyten durch ein Gefrier-Tau-Verfahren erreicht.

---

[1] LANG, K., u. G. SIEBERT: H.-Th. 10. Aufl. Bd. II. Im Druck. — [2] MIESCHER, F. (nach Aufzeichnungen von O. SCHMIEDEBERG): A. e. P. P. **37**, 100 (1896). — [3] ACKERMANN, D.: H. **43**, 299 (1904/05). — [4] CROSSMON, G.: Science, N. Y. **85**, 250 (1937). — [5] STONEBURG, C. A.: J. biol. Ch. **129**, 189 (1939). — [6] DOUNCE, A. L.: J. biol. Ch. **147**, 685 (1943). — [7] DOUNCE, A. L.: J. biol. Ch. **151**, 221 (1943). — [8] DOUNCE, A. L., G. H. TISHKOFF, S. R. BARNETT and R. M. FREER: J. gen. Physiol. **33**, 629 (1950). — [9] EULER, H. v., u. I. FISCHER: Ark. Kemi, Mineral. Geol. **22** A, Nr. 4 (1946). — [10] ALLFREY, V., H. STERN, A. E. MIRSKY and H. SAETREN: J. gen. Physiol. **35**, 529 (1952). — [11] WARBURG, O.: H. **70**, 413 (1910/11).

Spermatozoenkerne wurden durch Ultraschall gewonnen[1]. Die erste brauchbare Methode für Organe stammt von FEULGEN u. BEHRENS[2]; eine neuere Modifikation s.[3]. Durch die vorangehende Gefriertrocknung wird der chemische Zustand der zu untersuchenden Gewebe weitgehend fixiert. Wegen der weiterhin erforderlichen Anwendung von organischen Lösungsmitteln eignen sich derart gewonnene Zellkerne allerdings mehr für analytische als für fermentchemische Untersuchungen.

Stoffwechseluntersuchungen an Zellkernen wie auch an allen anderen, gleichzeitig anfallenden Zellelementen bedingen die Verwendung lebensfrischen Gewebes. Sowohl die günstigste Zerkleinerungsmethode als auch das optimale Suspensionsmedium sind noch Gegenstand von Diskussionen. Frische Zellkerne vertragen nur sehr schonende mechanische Behandlung; auf diesem Prinzip beruht die „Kernmühle" von LANG u. SIEBERT[4]. Mit anderen Geräten wie dem POTTER-ELVEHJEMschen Homogenisator, dem Waring-Blendor und zahlreichen Modifikationen läßt sich kein einheitlicher Zerkleinerungsgrad der Zellen erreichen; nach umfangreichen eigenen Erfahrungen bereitet die saubere Abtrennung intakter Zellkerne aus einem Gemisch mit Zellkernbruchstücken und nicht zerstörten Zellen fast unüberwindliche Schwierigkeiten. Der einheitliche Zerkleinerungsgrad ist also Voraussetzung für eine einwandfreie Isolierung. Aus diesem Grund wird jene die Zellkerne neben anderen Bestandteilen enthaltende Fraktion, insbesondere von amerikanischen Autoren, häufig als „nuclear fraction" bezeichnet. Stoffwechseldaten für solche Fraktionen sind daher mit einer gewissen Zurückhaltung zu beurteilen.

Einfaches Hindurchpressen vorsichtig zerkleinerten Gewebes durch Filterseide[5,6] führt zu nur geringen Ausbeuten an Zellkernen, so daß feinere Untersuchungen, die größere Gewebemengen erfordern, unmöglich werden.

Bei der Gewinnung von Mitochondrien und Mikrosomen liegen die Schwierigkeiten nicht so sehr darin, einen einheitlichen Zerkleinerungsgrad zu erreichen, wie in der Gefahr sekundärer Schädigungen der außerordentlich empfindlichen Zellstrukturen. Im gebräuchlichen Homogenisator, insbesondere aber in Mixern, kommt es zu sehr intensiver Durchmischung mit Luftsauerstoff; im Verein mit den starken Scherkräften kann dies eine fast völlige Inaktivierung empfindlicher Fermentsysteme bedingen[7–9]. Hierzu genügen manchmal bereits wenige Sekunden. Übermäßige Zerkleinerung kann auch die Aktivität der DPN-Nucleosidase in unerwünschtem Ausmaß steigern[10]. Zur Diskussion s. a. [11].

Abtrennung der einzelnen Zellbestandteile. Sie erfolgt stets durch differenzierendes Zentrifugieren. Für organische Lösungsmittel stammen sehr gut durchgearbeitete Verfahren von BEHRENS[12]; Trennmethoden in wäßrigem Medium gehen im wesentlichen auf BENSLEY[13] und CLAUDE[14] zurück. Die anzuwendende Beschleunigungskraft hängt von der Dichte des Mediums und den Daten der zur Verfügung stehenden Zentrifuge ab. Zellkerne sedimentieren im allgemeinen bei Beschleunigungen zwischen 400 und 600 $\times\ g$, Mitochondrien zwischen 2500 und

---

[1] ZITTLE, C. A., and B. ZITIN: J. biol. Ch. **144**, 99 (1942). — [2] FEULGEN, R., u. M. BEHRENS: H. **231**, 85 (1935). — [3] ALLFREY, V., H. STERN, A. E. MIRSKY and H. SAETREN: J. gen. Physiol. **35**, 529 (1952). — [4] LANG, K., u. G. SIEBERT: B. Z. **322**, 360 (1951/52). — [5] LAZAROW, A.: J. biol. Ch. **140**, LXXV (1941). — [6] WILBUR, K. M., and N. G. ANDERSON: Exp. Cell Res. **2**, 47 (1951). — [7] QUINLAN-WATSON, T. A. F., and D. W. DEWEY: Austral. J. sci. Res. (B) **1**, 139 (1948). — [8] STERN, R., and L. H. BIRD: Biochem. J. **44**, 635 (1949). — [9] MARQUETTE, M. M., and B. S. SCHWEIGERT: Proc. Soc. exp. Biol. Med. **74**, 860 (1950). — [10] LARNER, J., B. J. JANDORF and W. H. SUMMERSON: J. biol. Ch. **178**, 373 (1949). — [11] POTTER, V. R., R. O. RECKNAGEL and R. B. HURLBERT: Fed. Proc. **10**, 646 (1951). — [12] BEHRENS, M.: H. **209**, 59 (1932); **258**, 27 (1939). — [13] BENSLEY, R. R., and N. L. HOERR: Anat. Rec. **60**, 449 (1934). — [14] CLAUDE, A.: J. exp. Med. **84**, 51, 61 (1946).

$15000 \times g$; Mikrosomen erfordern Beschleunigungskräfte von mehr als $40000 \times g$ bis herauf zu $100000 \times g$. Eine chromatographische Methode zur Mitochondriengewinnung s. [1].

Die verwendeten Suspensionsflüssigkeiten reichen von destilliertem Wasser über isotonische Salzlösungen und Pufferlösungen von bekanntem p_H bis zu mehr oder weniger hypertonischen Lösungen nicht ionogener Stoffe, wie Rohrzucker und Mannit, die auch wiederum gepuffert sein oder geringe Salzmengen enthalten können. Da selbst innerhalb der Zelle mit qualitativen und quantitativen Unterschieden der Salzkonzentrationen zu rechnen ist (s. S. 1129), dürfte die Zusammenstellung einer „intracellulär-isotonischen" Lösung problematisch sein. Wesentlich ist die Vermeidung von Verklumpungen, da sonst die Zellkerne sicher Mitochondrien mitreißen; Zusammenballungen dürften auch ein Zeichen von Schädigung der betreffenden Zellelemente sein. Zur Zellkerngewinnung ist z. Z. Rohrzucker das Mittel der Wahl; auch DOUNCE scheint neuerdings Citronensäure nicht mehr zu verwenden[2]. Den Einfluß verschiedener Salze auf isolierte Zellkerne haben ANDERSON u. WILBUR[3] eingehend studiert. Zum Einfluß des Suspensionsmediums auf Mitochondrienpräparationen s. a. S. 1129.

Die Reinheitskriterien für gewonnene Zellkerne basieren auf mikroskopischer Beobachtung, die gröbere Verunreinigungen mit Cytoplasmabestandteilen unschwer erkennen läßt; auch völliges Fehlen der Bernsteinsäuredehydrogenase eignet sich zur Reinheitsprüfung[4]. Zur Charakterisierung von Mitochondrien und Mikrosomen genügt es im allgemeinen, sich im Ausstrichpräparat von der vorherigen Entfernung schwererer Zellbestandteile zu überzeugen, dann bei definierter Beschleunigungskraft die gewünschte Fraktion abzuzentrifugieren und auszuwaschen. Eine scharfe Grenze zwischen Mitochondrien und Mikrosomen läßt sich auf Grund ihres Verhaltens bei Zentrifugierungen einstweilen nicht ziehen (s. hierzu a. S. 1150).

Im vorliegenden Beitrag werden im wesentlichen Befunde berücksichtigt, die an Organen und Zellen des Menschen und der Säugetiere gewonnen wurden. Wegen der ganz abweichenden Stoffwechselverhältnisse in der Pflanzenzelle und ihrer sehr viel schwierigeren Zerstörbarkeit kann auf die Frage der Chloroplasten und anderer pflanzlicher Zellelemente nicht eingegangen werden. Desgleichen sollen die an Hefen und anderen Einzellern durchgeführten Untersuchungen über intracelluläre Granula nur insoweit berücksichtigt werden, wie ihnen eine allgemeinere Bedeutung zukommt.

b) Chemische Zusammensetzung der Zellelemente.

Die Kenntnis der chemischen Zusammensetzung der einzelnen Zellbestandteile ist die Grundlage für das Verständnis ihrer Funktion in der Zelle und ihrer Stoffwechseleigentümlichkeiten. In den Tab. 313 bis 319 sind daher Analysendaten zusammengestellt, die an mehr als einer Fraktion der Zelle gewonnen wurden und häufig auch einen Vergleich mit dem nicht fraktionierten Gewebe, dem Homogenat, zulassen.

Bei der Beurteilung der wiedergegebenen Zahlen werden die großen Unterschiede im methodischen Vorgehen der einzelnen Untersucher zu berücksichtigen sein; es gilt dies besonders für die Zellkerne. Daten, die ausschließlich den Zellkern oder eine andere Zellfraktion betreffen, sind in die allgemeinen Tabellen nicht mit aufgenommen; sie werden bei den einzelnen Zellelementen abgehandelt. Dort werden auch die nachfolgenden Tabellen besprochen.

[1] RILEY, V. T., M. L. HESSELBACH, S. FIALA, M. W. WOODS and D. BURK: Science, N. Y. **109**, 361 (1949). — [2] DOUNCE, A. L.: Sumner-Myrbäck **1**/1, S. 187. — [3] ANDERSON, N. G., and K. M. WILBUR: J. gen. Physiol. **35**, 781 (1952). — [4] DOUNCE, A. L.: Ann. N. Y. Acad. Sci. **50**, 982 (1950).

Tabelle 313. Intracelluläre Verteilung von Proteinen, Nucleinsäuren, N, P und S.

Substanz	Tierart *, Gewebe	Homogenat	Zellkerne	Mitochondrien	Mikrosomen	Cytoplasma	Dimension	Lit.[1]
Eiweiß	A, b	123—141	16—30	34—35	15—18	50—57	mg/g Frischgewebe	2
	A, c	131	27	38	14	52	mg/g Frischgewebe	3
	A, c	154; 159	28,6; 29,6	31,8; 23,6	60,2; 64,0	22,8; 27,0	mg/g Leber; 1. Zahl normal, 2. Zahl bei enzymatischer Adaptation	38
	A, d	126	23	31	16	56	mg/g Frischgewebe	2
	A, f			60,2	50,4		% vom Trockengewicht	1
	C, c	123	42	14	13	51	mg/g Frischgewebe	3
	V, c	100		12	33 (Mikrosomen + Cytoplasma)		% vom Homogenat	35
	V, l	100		9	5	24	% vom Homogenat	35
	W, c	3,56; 3,05	1,03; 1,01	0,38; 0,30	0,54; 0,45	1,62; 1,56	mg/20 mg Organ; 1. Zahl Normaltier, 2. Zahl Kastraten	36
Restprotein nach SCHNEIDER	A, b	2300		324	273	1230	mg% N vom Frischgewicht	4
	A, c	29,78	4,54	5,14	7,95	12,95	mg/g Leber	31
	S, c	24,02	4,56	3,99	9,22	11,17	mg/g Leber	31
Stickstoff	A, b			12,1	10,3	13,3	% vom Trockengewicht	6
	A, b	3,19	0,570	0,749	0,734	1,20	mg/100 mg Frischgewebe	7
	A, b			11,0 (I), 6,21 (II), 3,1 (III), 3,51 (IV), 0,98 (V)			mg/mg RNS**	8
	A, c	100	13,3—14,6	24,9—26,9	17,1—18,8	36,6—41,3	% des Homogenats	9,10
	A, c	100	17	27	18	36	% des Homogenats	30
	A, c				8,95		% vom Trockengewicht	11
	A, c			24,5	12,5	48,6	% des zellkernfreien Homogenats	12
	A, c	30,77	6,55	5,51	6,71	12,64	mg/g Leber	13
	A, c	23,00	6,32	3,23	4,42	9,99	mg/g Leber bei Eiweißmangel	13
	A, c	28,6; 26,8	4,84; 5,34	5,62; 4,06	10,68; 10,32	6,34; 5,70	mg/g Leber; 1. Zahl normal, 2. Zahl bei enzymatischer Adaptation	38
	A, c	2,37	0,301	0,914	1,16 (Mikrosomen + Cytoplasma)		mg/100 mg Frischgewebe	15
	A, c	10,62		12,12			% vom Trockengewicht	26
	A, e				9,15		% vom Trockengewicht	11
	A, f	2,58	0,57	0,27	0,37	1,26	mg/100 mg Frischgewebe	14
	A, f			10,6—11,4			% vom Trockengewicht	28
	C, b	2,30	0,524	0,300	0,450	1,06	mg/100 mg Frischgewebe	7
	E, b	30,40-33,20	19,76-20,58	0,73—0,84	0,63—1,08	5,88—9,61	mg/g Gewebe	17
	E, b	26,2	12,2	1,7	2,0	7,5	mg N/10 cm^3 eines 10% igen Homogenats	33

	F, b	26,86–31,04	17,70–19,87	0,56—0,70	0,48—0,65	5,63—7,32	mg/g Gewebe	17
	G, a			6,8	6,5	13,9	% vom Trockengewicht	5
	G, h		13,8	7,0	8,0	14,8	% vom Trockengewicht	16
	H, g	14	14,5	14	14	13	% vom Trockengewicht	18
	H, h	12	14,5	13	13	10,5	% vom Trockengewicht	18
	I, a			9,2	8,7	14,7	% vom Trockengewicht	5
	I, a	12,55	11,16	9,48	10,96		% vom Trockengewicht	39
	K, c	1,50	0,56	0,12	0,13	0,76	mg/100 mg Frischgewebe	14
	L			11,28	9,44		% vom Trockengewicht	19
	M, b	1780	440	350	820		γ/100 mg Frischgewebe	25
	N, b	1740	470	280	880		γ/100 mg Frischgewebe	25
	O, i				8,60		% vom Trockengewicht	27
	P, b				8,00—9,26		% vom Trockengewicht	27
	R, b				8,54		% vom Trockengewicht	27
	R, i				8,22		% vom Trockengewicht	27
	T, c			9,21			% vom Trockengewicht	32
	T, f			10,06-11,15			% vom Trockengewicht	32
	U, k	100; 100		14; 13,5	54,4; 55		% vom Homogenat; 1. Zahl aktives Tier, 2. Zahl im Winterrchlaf	34
Rest-Stickstoff.	A, b	179		9,8	8,5	1,75	mg-% vom Frischgewicht	4
Ribonucleinsäure (RNS) . .	A, b			3,7	9,1	8,9	% vom Trockengewicht	6
	A, b			81	303	178	mg-% vom Frischgewicht	4
	A, b			91,1 (I), 161 (II), 320 (III), 285 (IV), 1025 (V)			γ/mg N**	8
	A, b	5,55—7,37	0,43—0,91	1,48—1,81	1,48—2,00	1,95—2,21	mg/g Frischgewebe	2
	A, b			0,16	0,41		mg/mg N	20
	A, b			0,16	0,57		mg/mg N bei Leukämie	20
	A, c	100	15	28	38	14	% vom Homogenat	30
	A, c	8,39	1,13	0,43	4,16	3,04	mg/g Leber	31
	A, c	5,22	0,82	1,54	1,20	1,47	mg/g Frischgewebe	3
	A, c	7,43	1,15	0,60	3,75	2,57	mg/g Frischgewebe	13
	A, c	7,03	1,34	0,58	2,84	3,12	mg/g Frischgewebe	13
	A, c			44			mg-% vom Frischgewicht	21

* A = Leber, B = Leberkapselmastzellen, C = Hepatom, D = Niere, E = Milz, F = leukämische Milz, G = Lunge, H = Schilddrüse, I = Placenta, K = FLEXNER-JOBLING-Carcinom, L = Lymphosarkom, M = Gehirn, graue Substanz, N = Gehirn, weiße Substanz, O = Tumor, P = Sarkom, R = Embryo, S = Leber bei Eiweißmangelnahrung, T = Muskel, U = Hepatopankreas, V = Herz, W = Hypophysenvorderlappen. — a = Mensch, b = Maus, c = Ratte, d = Hamster, e = Meerschweinchen, f = Kaninchen, g = Schwein, h = Rind, i = Huhn, k = Helix pomatia, l = Katze. ** I = Sediment nach 30 min bei 1460 × g, II = Sediment nach 6 min bei 5700 × g, III = Sediment nach 60 min bei 5700 × g, IV = Sediment nach 6 min bei 101000 × g, V = Sediment nach 60 min bei 101000 × g.

[1] s. S. 1072.

Tabelle 313. (Fortsetzung.)

Substanz	Tierart*, Gewebe	Homogenat	Zellkerne	Mito-chondrien	Mikrosomen	Cytoplasma	Dimension	Lit.[1]
Ribonucleinsäure (RNS) . .	A, c	6,54	0,684	0,810	4,68	0,080	mg/g Leber	38
	A, d	4,47	1,19	1,03	1,42	0,89	mg/g Frischgewebe	2
	A, f			2,7	2,6		% vom Trockengewicht	1
	C, c	6,91	1,74	0,69	1,23	3,07	mg/g Frischgewebe	3
	D, b			0,07	0,26		mg/mg N	20
	D, b			0,04	0,17		mg/mg N bei Leukämie	20
	E, b	5,06—7,16	1,34—1,38	0,14—0,21	0,33—0,42	2,60—2,98	mg/g Gewebe	17
	E, b			0,21—0,36	0,30		mg/mg N	20
	F, b	10,70-13,59	2,99—6,62	0,11—0,20	0,20—0,33	3,74—5,04	mg/g Gewebe	17
	F, b			0,26—0,34	0,62		mg/mg N	20
	H, g		1,56	4,54	2,68	1,69	% vom Trockengewicht	22
	S, c	8,03	0,96	0,56	3,49	3,78	mg/g Leber	31
	W, c	343; 369				155,8; 150,0	mg-%; 1. Zahl Normaltier, 2. Zahl Kastraten	36
RNS-Phosphor	A, b	92,9	10,2	15,6	48,7	15,3	γ/100 mg Frischgewebe	23
	A, c	100	13,8	7,2	52,6	23,2	% des Homogenats	10
	A, c	56,5	7,7	26,0			γ/100 mg Frischgewebe	15
	A, f	47,7	13,1	4,6	15,2	14,8	γ/100 mg Frischgewebe	14
	C, b	97,5	16,0	10,3	38,8	25,7	γ/100 mg Frischgewebe	23
	E, b	810	290	54	200	180	γ P/10 cm³ eines 10%igen Homogenats	33
	K, c	55,2	20,9	5,8	9,4	17,6	γ/100 mg Frischgewebe	14
	M, b	21	7	3	10		γ/100 mg Frischgewebe	25
	M, c+N	12,7		1,27	1,59	3,2	γ/100 mg Frischgewebe	29
	N, b	20	8	3	10		γ/100 mg Frischgewebe	25
Phosphor	A, b			1,11	1,87	1,31	% vom Trockengewicht	6
	A, c				1,74		% vom Trockengewicht	11
	A, c			1,38			% vom Trockengewicht	26
	A, c	3,34	0,54	0,40	1,18	1,56	mg/g Leber	31
	A, e				1,51		% vom Trockengewicht	11
	A, f			1,1—1,3			% vom Trockengewicht	28
	G, a			0,9	1,3	0	% vom Trockengewicht	5
	G, h		1,5	2,0	1,7	0,2	% vom Trockengewicht	16
	H, g	0,8	1,8	1,0	1,0	0,3	% vom Trockengewicht	18

	H, h	1,0	2,8	1,7	1,0	0,5	% vom Trockengewicht	18
	I, a			1,1	1,4	0,2	% vom Trockengewicht	5
	I, a	0,855	1,12	0,350	0,350		% vom Trockengewicht	39
	L			1,67	2,20		% vom Trockengewicht	19
	O, i				1,54		% vom Trockengewicht	27
	P, b				1,52—1,88		% vom Trockengewicht	27
	R, b				2,07		% vom Trockengewicht	27
	R, i				2,10		% vom Trockengewicht	27
	S, c	3,13	0,55	0,36	0,90	1,63	mg/g Leber	31
	T, c			0,58			% vom Trockengewicht	32
	T, f			0,98-1,24			% vom Trockengewicht	32
Phosphor, anorganischer . .	A, b	26,7		1,7		43	mg-% vom Frischgewicht	4
Phosphor, säurelöslicher . .	A, b	80,5		4,7	2,6	72	mg-% vom Frischgewicht	4
	A, c			0,18			% vom Trockengewicht	26
Gesamt-Adenosin	V, c; V, g			0,031-0,048			μMole/mg Sarkosomen-Protein	37
Energiereiches Phosphat . .	V, c; V, g			0,018-0,027			μMole/mg Sarkosomen-Protein	37
Hexosemonophosphat . . .	V, c; V, g			0,026			μMole/mg Sarkosomen-Protein	37
Hexosediphosphat	V, c; V, g			0,002			μMole/mg Sarkosomen-Protein	37
Heparin.	B, h	100		6	10	82	% vom Homogenat	24
Kohlenstoff	L			55,50	54,97		% vom Homogenat	19
	O, i; R, i				59,54—59,96		% vom Homogenat	27
Wasserstoff	L			7,78	8,04		% vom Homogenat	19
	O, i; R, i				8,65—8,99		% vom Homogenat	27
Schwefel	A, e			0,82—1,16	0,75		% vom Homogenat	11
	A, f			0,6			% vom Homogenat	28
Ausbeute	G, a			0,80	0,95	22,8	g/kg Frischgewebe	5
	G, h		1,96	0,73	1,12	10,5	g/kg Frischgewebe	16
	I, a			0,74	1,08	19,4	g/kg Frischgewebe	5

* A = Leber, B = Leberkapselmastzellen, C = Hepatom, D = **N**iere, E = Milz, F = leukämische Milz, G = Lunge, H = Schilddrüse, I = Placenta, K = Flexner-Jobling-Carcinom, L = Lymphosarkom, M = Gehirn, graue Substanz, **N** = Gehirn, weiße Substanz, O = Tumor, P = Sarkom, R = Embryo, S = Leber bei Eiweißmangelnahrung, T = Muskel, U = Hepatopankreas, V = Herz, W = Hypophysenvorderlappen. — a = Mensch, b = Maus, c = Ratte, d = Hamster, e = Meerschweinchen, f = Kaninchen, g = Schwein, **h** = Rind, i = Huhn, k = Helix pomatia, l = Katze.

[1] s. S. 1072.

Tabelle 314. Intracelluläre Verteilung freier Aminosäuren in der Rattenleber (in γ/100 mg Frischgewebe)[1].

Aminosäure	Mitochondrien in Salzlösung isoliert	Mitochondrien in Rohrzuckerlösung isoliert	Mikrosomen + Cytoplasma
Alanin	1,4	1,6	6,5
Arginin	1,4	0,4	1,2
Asparaginsäure	4,2	1,3	4,1
Glutaminsäure	13,6	2,6	38,9
Glykokoll	5,0	4,7	10,0
Isoleucin	2,2		2,0
Leucin	2,8	6,4	2,4
Lysin	2,1	1,3	3,0
Phenylalanin	1,2	2,4	1,0
Prolin	1,7	3,1	1,5
Tryptophan	0	0,2	0,3
Tyrosin	0,7	2,2	1,1
Valin	2,5	3,3	2,0

Literatur zu Tabelle 313:

[1] ADA, G. L.: Biochem. J. **45**, 422 (1949). — [2] PRICE, J. M., J. A. MILLER and E. C. MILLER: Cancer Res. **11**, 523 (1951). — [3] PRICE, J. M., J. A. MILLER, E. C. MILLER and G. M. WEBER: Cancer Res. **9**, 96 (1949). — [4] HUSEBY, R. A., and C. P. BARNUM: Arch. Biochem. **26**, 187 (1950). — [5] CHARGAFF, E.: J. biol. Ch. **161**, 389 (1945). — [6] BARNUM, C. P., and R. A. HUSEBY: Arch. Biochem. **19**, 17 (1948). — [7] SCHNEIDER, W. C., and G. H. HOGEBOOM: J. nat. Cancer Inst. **10**, 969 (1950). — [8] CHANTRENNE, H.: Biochim. biophysica Acta, N. Y. **1**, 437 (1947). — [9] LUDEWIG, S., and A. CHANUTIN: Arch. Biochem. **29**, 441 (1950). — [10] SCHNEIDER, W. C.: J. biol. Ch. **176**, 259 (1948). — [11] CLAUDE, A.: J. exp. Med. **84**, 61 (1946). — [12] PALADE, G. E.: Arch. Biochem. **30**, 144 (1951). — [13] SEIFTER, S., E. MUNTWYLER and D. M. HARKNESS: Proc. Soc. exp. Biol. Med. **75**, 46 (1950). — [14] LE PAGE, G. A., and W. C. SCHNEIDER: J. biol. Ch. **176**, 1021 (1948). — [15] HOGEBOOM, G. H., W. C. SCHNEIDER and M. J. STRIEBICH: J. biol. Ch. **196**, 111 (1952). — [16] CHARGAFF, E.: J. biol. Ch. **160**, 351 (1945). — [17] PETERMANN, M. L., R. B. ALFIN-SLATER and A. M. LARACK: Cancer, N. Y. **2**, 510 (1949). — [18] GRAFFI, A., u. W. HEBEKERL: Arch. Geschwulstforsch. **4**, 349 (1952). — [19] CLAUDE, A.: J. exp. Med. **80**, 19 (1944). — [20] ALFIN-SLATER, R. B., A. M. LARACK and M. L. PETERMANN: Cancer Res. **9**, 215 (1949). — [21] VENDRELY, C., et R. VENDRELY: Cr. **230**, 333 (1950). — [22] RERABEK, J.: Biochim. biophysica Acta, N. Y. **8**, 389 (1952). — [23] SCHNEIDER, W. C., G. H. HOGEBOOM and H. E. ROSS: J. nat. Cancer Inst. **10**, 977 (1950). — [24] JULÉN, C., O. SNELLMAN and B. SYLVÉN: Acta physiol. scand. **19**, 289 (1950). — [25] ABOOD, L. G., R. W. GERARD, J. BANKS and R. D. TSCHIRGI: Amer. J. Physiol. **168**, 728 (1952). — [26] SWANSON, M. A., and C. ARTOM: J. biol. Ch. **187**, 281 (1950). — [27] CLAUDE, A.: Science, N. Y. **91**, 77 (1940). — [28] CHARGAFF, E.: J. biol. Ch. **142**, 491 (1942). — [29] BRODY, T. M., and J. A. BAIN: J. biol. Ch. **195**, 685 (1952). — [30] NOVIKOFF, A. B., L. HECHT, E. PODBER and J. RYAN: J. biol. Ch. **194**, 153 (1952). — [31] MUNTWYLER, E., S. SEIFTER and D. M. HARKNESS: J. biol. Ch. **184**, 181 (1950). — [32] PERRY, S. V.: Biochim. biophysica Acta, N. Y. **8**, 499 (1952). — [33] MAXWELL, E., and G. ASHWELL: Arch. Biochem. **43**, 389 (1953). — [34] REES, K. R.: Biochem. J. **55**, 478 (1953). — [35] CLELAND, K. W., and E. C. SLATER: Biochem. J. **53**, 547 (1953). — [36] McSHAN, W. H., R. ROZICH and R. K. MEYER: Endocrinology **52**, 215 (1953). — [37] SLATER, E. C., and F. A. HOLTON: Biochem. J. **55**, 530 (1953). — [38] LEE, N. D., and R. H. WILLIAMS: J. biol. Ch. **204**, 477 (1953). — [39] SIEBERT, G., u. G. STARK: Kli. Wo. im Druck.

[1] GREENBERG, D. M., L. A. MILLER and R. A. SILLS: Proc. Soc. exp. Biol. Med. **82**, 206 (1953).

Tabelle 315. Intracelluläre Verteilung von Fetten und Lipoiden.

Substanz	Tierart *, Gewebe	Homogenat	Zellkerne	Mito-chondrien	Mikrosomen	Cytoplasma	Dimension	Lit.[1]
Gesamtlipide	A, b			27,4	35,1	16,8	% vom Trockengewicht	1
	A, b			27,4	35,1	12,0	% vom Trockengewicht	2
	A, c	15,22	18,13				% vom Trockengewicht	3
	A, c	19,3	10,9	13,7	29,1	13,5	% vom Trockengewicht	4
	A, c	1,38		1,44	1,57	1,12	N-Gehalt in %	4
	A, c	2,80	3,09	2,86	2,80	2,35	P-Gehalt in %	4
	A, c			25,3	41,5		% vom Trockengewicht	24
	A, c	14,3		22,5			% vom Trockengewicht	15
	A, c			34,3			% vom Trockengewicht	21
	A, c			24,6—33,6			% vom Trockengewicht	22
	A, d			33			% vom Trockengewicht	20
	A, d	18,0		29,6	43,4		% vom Trockengewicht	5
	A, e	17,18	16,54				% vom Trockengewicht	3
	A, i			35,3			% vom Trockengewicht	18
	B, c	22,73	14,67				% vom Trockengewicht	3
	E, f	18	21	24	39	6	% vom Trockengewicht	7
	E, g	16	8	23	33	2	% vom Trockengewicht	7
	G			27,2	36,6		% vom Trockengewicht	6
	I, h				51,0		% vom Trockengewicht	16
	K, c			10,2—34,1			% vom Trockengewicht	22
	K, h				36,5		% vom Trockengewicht	16
	I, b; L, b				42,4—49,1		% vom Trockengewicht	16
	O, c			43,0			% vom Trockengewicht	21
	O, d			30—35			% vom Trockengewicht	23
	P, c			37,8			% vom Trockengewicht	21
Neutralfett	A, c	4,13	4,18				% vom Trockengewicht	3
	A, c			17,5			% vom Trockengewicht	21
	A, e	6,92	4,60				% vom Trockengewicht	3
	A, i			28,9			% vom Trockengewicht	18
	B, c	11,66	4,41				% vom Trockengewicht	3
	O, c			34,5			% vom Trockengewicht	21
	P, c			19,0			% vom Trockengewicht	21
Fettsäuren	A, b			59,0	49,1	51,5	% der Gesamtlipide	2
	A, b			105	72	77	Jodzahl der Gesamtfettsäuren	2

* s. S. 1075. [1] s. S. 1077.

Tabelle 315 (Fortsetzung).

Substanz	Tierart*, Gewebe	Homogenat	Zellkerne	Mitochondrien	Mikrosomen	Cytoplasma	Dimension	Lit.
Fettsäuren, gesättigte . . .	A, b			52,6	66,2	53,2	% der Gesamtfettsäuren	2
Fettsäuren, 1fach ungesättigt	A, b			12,6	9,0	23,6	% der Gesamtfettsäuren	2
Fettsäuren, 2fach ungesättigt	A, b			14,5	12,1	13,9	% der Gesamtfettsäuren	2
Fettsäuren, 3fach ungesättigt	A, b			0	0	0	—	2
Fettsäuren, 4fach ungesättigt	A, b			20,2	12,7	9,3	% der Gesamtfettsäuren	2
Fettsäuren	A, c	96,5	75	122	111	76,5	Jodzahl der Glycerid- und Cholesterin-Fettsäuren	8
	A, c	2,43	0,038	0,12	0,24	0,87	Glycerid- und Cholesterin-Fettsäuren, % vom Frischgewicht	8
	A, c	66,2		64,7			% der Gesamtlipide	15
	A, c			119—126			Jodzahl der Gesamtfettsäuren	15
	A, c			100			Jodzahl der Gesamtfettsäuren	21
	A, i			142			Jodzahl der Gesamtfettsäuren	18
	M, a	5,46—5,86	2,63—5,70				% vom Trockengewicht	17
	O, c			33			Jodzahl der Gesamtfettsäuren	21
	P, c			80			Jodzahl der Gesamtfettsäuren	21
Cholesterin, freies	A, c	0,37	0,36				% vom Trockengewicht	3
	A, c	0,26	0,001	0,023	0,055	0,11	% vom Frischgewicht	8
	A, c	1,067–1,836	0,061–0,203	0,078–0,269	0,782–1,125	0,033-0,150	mg/4 cm³ Homogenat; in Fettschicht 0,039–0,068	25
	A, c	2,26–2,50	0,81–0,198	0,230–0,338	0,829–1,430	0,040–0,052	mg/4 cm³ Homogenat nach Cholesterinfütterung; in Fettschicht 0,207–1,770	25
	A, c			2,42			% der Gesamtlipide	15
	A, e	0,12	0,18				% vom Trockengewicht	3
	B, c	1,14	0,64				% vom Trockengewicht	3
Cholesterin, verestert . . .	A, c	2,01	1,14				% vom Trockengewicht	3
	A, c	0,035	0,001	0,0005	0,001	0,0035	% vom Frischgewicht	8
	A, c	0,302–0,497	0–0,013	0–0,032	0,026–0,074	0,012–0,040	mg/4 cm³ Homogenat; in Fettschicht 0,125–0,277	25
	A, c	1,86-6,78	0,078–0,107	0,048–0,080	0,250–0,283	0,034–0,065	mg/4 cm³ Homogenat nach Cholesterinfütterung; in Fettschicht 1,78–8,63	25
	A, e	0,95	1,02				% vom Trockengewicht	3
	B, c	1,15	2,04				% vom Trockengewicht	3
	M. a	0.31—0.70	0.09—0.32				% vom Trockengewicht	17

Cholesterin, gesamt	A, c	4,6		4,4			% der Gesamtlipide	15
	A, c			2,8			% vom Trockengewicht	21
	A, i			2,3			% vom Trockengewicht	18
	C, a	5,3	4,1				% vom Trockengewicht	9
	M, a	0,98—1,65	0,32—1,39				% vom Trockengewicht	17
	O, c			1,7			% vom Trockengewicht	21
	P, c			5,1			% vom Trockengewicht	21
Unverseifbares	A, b			12,6	14,5	23,0	% der Gesamtlipide	2
	A, c	0,91	0,021	0,096	0,19	0,34	% vom Frischgewicht	8
Phosphatide, gesamt	A, b			56,6	62,7	16,7	% der Gesamtlipide	2
	A, b	139		23	40	12	mg-% P vom Frischgewicht	10
	A, b			42 (I), 43 (II), 69 (III), 41 (IV), 17 (V)			γ/mg N	11
	A, b			56,6	62,7		% der Gesamtlipide	1
	A, b			0,99	1,01	1,31	N/P-Verhältnis	2
	A, c	66,5		78,7			% der Gesamtlipide	15
	A, c			16,75	27,0		% vom Trockengewicht	24
	A, c	8,38	12,45				% vom Trockengewicht	3
	A, c			13,2			% vom Trockengewicht	21
	A, d	13,6		17,5	31,2		% vom Trockengewicht	5
	A, e	9,19	10,74				% vom Trockengewicht	3
	B, c	8,06	7,29				% vom Trockengewicht	3
	C, a	19,7	13,0				% vom Trockengewicht	9
	F	9,6	9,7				% vom Trockengewicht	12
	O, c			6,2			% vom Trockengewicht	21
	P, c			13,2			% vom Trockengewicht	21
Lipoidphosphor	A, d			7,1			γ/100 mg Gesamtstickstoff	19
	C, c	180	40	87	28		γ/100 mg Frischgewebe	14
	C, d; L, d			15,0			γ/100 mg Gesamtstickstoff	19
	H, c	340	106	160	34		γ/100 mg Frischgewebe	14
	M, a	0,259—0,291	0,103—0,309				% vom Trockengewicht	17
	N, d			7,0			γ/100 mg Gesamtstickstoff	19
	O, d			16,8			γ/100 mg Gesamtstickstoff	19
Phosphatid-Fettsäuren	A, c	2,37	0,01	0,45	0,55	0,92	% vom Frischgewicht	8
	A, c	129	95	96	116	130	Jodzahl	8

* A = Leber, B = Hepatom, C = Hirnrinde, D = Lunge, E = Schilddrüse, F = Carcinosarkom 256, G = Lymphosarkom, H = Hirn, weiße Substanz, I = Embryo, K = Tumor, L = Sarkom, M = Leukocyten, N = Pankreas, O = Muskel, P = Jensen-Sarkom. — a = Mensch, b = Maus, c = Ratte, d = Kaninchen, e = Hund, f = Schwein, g = Rind, h = Huhn, i = Meerschweinchen. — I = Sediment nach 3 min bei 1460 × g, II = Sediment nach 6 min bei 5700 × g, III = Sediment nach 60 min bei 5700 × g, IV = Sediment nach 6 min bei 101000 × g, V = Sediment nach 60 min bei 101000 × g.

Tabelle 315 (Fortsetzung).

Substanz	Tierart *, Gewebe	Homogenat	Zellkerne	Mitochondrien	Mikrosomen	Cytoplasma	Dimension	Lit.
Lecithin	A, c	5,80	8,71				% vom Trockengewicht	3
	A, c	50		45			% der Phospholipoide	15
	A, e	5,29	7,37				% vom Trockengewicht	3
	B, c	4,23	4,43				% vom Trockengewicht	3
	C, a	5,2	4,4				% vom Trockengewicht	9
Cholinphosphatide	A, b			38,2	54,5	84,0	% der Gesamtphosphatide	2
	A, c	0,45		0,49	0,55	0,64	Mole Cholin/Mol **N** vor Hydrolyse	4
	A, c	0,50	0,55	0,64	0,73	0,67	Mole Cholin/Mol **P** nach Hydrolyse	4
	A, c	57		53			% der Phospholipoide	15
	F	8,2	9,6				% der Phosphatide	12
	F	0,52	0,61				Mole Cholin/Mol **P**	12
Kephalin	A, c	2,15	3,38				% vom Trockengewicht	3
	A, e	3,47	2,87				% vom Trockengewicht	3
	B, c	3,34	2,28				% vom Trockengewicht	3
	C, a	11,6	6,5				% vom Trockengewicht	9
Äthanolamin	A, c	0,29		0,39	0,35	0,27	Mole/Mol **N** vor Hydrolyse	4
	A, c	0,32	0,55	0,51	0,46	0,28	Mole/Mol **P** nach Hydrolyse	4
	A, c	23		27			Colaminphosphatid in % der Phospholipoide	15
Serin	A, c	0,07		0,08	0,05	0,06	Mole Serin/Mol **N** vor Hydrolyse	4
	A, c	0,08	0,10	0,11	0,07	0,06	Mole Serin/Mol **P** nach Hydrolyse	4
	A, c	7		0—3			Serinphosphatid in % der Phospholipoide	15
Monoamino-phosphatide	A, i			4,2			% vom Trockengewicht	18
	C, a	16,8	10,9				% vom Trockengewicht	9
Sphingomyelin	A, c	0,43	0,36				% vom Trockengewicht	3
	A, c	7		8			% der Phospholipoide	15
	A, e	0,43	0,50				% vom Trockengewicht	3
	B, c	0,49	0,58				% vom Trockengewicht	3
	C, a	2,9	2,1				% vom Trockengewicht	9
Cerebroside	A, c	0,33	0				% vom Trockengewicht	3
	A, e	0	0					3
	B, c	0,72	0,29				% vom Trockengewicht	3
	C, a	4,8	10,0				% vom Trockengewicht	9
Acetalphosphatide	D, g		—	+	+	—	Nachweis nach FEULGEN-GRÜNBERG	13

* s. S. 1075.

Tabelle 316. Zusammensetzung der Ribonucleinsäuren aus Mitochondrien und Mikrosomen der Rattenleber

(Pu = Purin, Py = Pyrimidin, G = Guanin, A = Adenin, C = Cytidylsäure, U = Uridylsäure)[1].

Präparat	Pu/Py	G	A	C	U
Mitochondrien					
Perchlorsäureextrakt .	0,92—1,33	0,86—1,31	0,59—0,92	1	0,54—0,66
Kochsalzextrakt . . .	1,5 —1,6	1,24—1,28	1,13—1,16	1	0,55—0,57
Harnstoffextrakt . . .	1,15—1,57	1,20—1,37	0,91—1,05	1	0,55—0,83
Mikrosomen					
Perchlorsäureextrakt .	0,98—1,13	1,11—1,33	0,51—0,63	1	0,66—0,75

Tabelle 317.

Intracelluläre Verteilung von Mineralstoffen und Spurenelementen.

Element	Tierart, Gewebe	Homogenat	Zellkerne	Mitochondrien	Mikrosomen	Cytoplasma	Dimension	Lit.
Fe	A, a			0,02—0,04	0,02—0,04		% vom Trockengewicht	2
Cu	A, a			0,02—0,035	0,01—0,02		% vom Trockengewicht	2
J	B, b	0,10	etwa 0	0,20	0,07	0,25	% vom Trockengewicht	3
J	B, c	0,12	etwa 0	0,17	0,09	0,22	% vom Trockengewicht	3
Na	A, d	1,41	0,044	0,040	0,66 (Mikrosomen + Cytoplasma)		mg/g Frischgewicht	4
K	A, d	4,33	0,21	0,22	3,04 (Mikrosomen + Cytoplasma)		mg/g Frischgewicht	4

a = Meerschweinchen, b = Schwein, c = Rind, d = Ratte; A = Leber, B = Schilddrüse.

Literatur zu Tabelle 315:

[1] Barnum, C. P., and R. A. Huseby: Arch. Biochem. **19**, 17 (1948). — [2] Kretchmer, N., and C. P. Barnum: Arch. Biochem. **31**, 141 (1951). — [3] Williams, H. H., M. Kaucher, A. J. Richards, E. Z. Moyer and G. R. Sharpless: J. biol. Ch. **160**, 227 (1945). — [4] Levine, C., and E. Chargaff: Exp. Cell Res. **3**, 154 (1952). — [5] Ada, G. L.: Biochem. J. **45**, 422 (1949). — [6] Claude, A.: J. exp. Med. **80**, 19 (1944). — [7] Graffi, A., u. W. Hebekerl: Arch. Geschwulstforsch. **4**, 349 (1952). — [8] Chauveau, J., G. Clément, J. Clément-Champougny et E. Le Breton: Arch. Sci. physiol. **5**, 305 (1951). — [9] Tyrrell, L. W., and D. Richter: Biochem. J. **49**, LI (1951). — [10] Huseby, R. A., and C. P. Barnum: Arch. Biochem. **26**, 187 (1950). — [11] Chantrenne, H.: Biochim. biophysica Acta, N. Y. **1**, 437 (1947). — [12] Haven, F. L., and S. R. Levy: Cancer Res. **2**, 797 (1942). — [13] Chargaff, E.: J. biol. Ch. **160**, 351 (1945). — [14] Abood, L. G., R. W. Gerard, J. Banks and R. D. Tschirgi: Amer. J. Physiol. **168**, 728 (1952). — [15] Swanson, M. A., and C. Artom: J. biol. Ch. **187**, 281 (1950). — [16] Claude, A.: Science, N. Y. **91**, 77 (1940). — [17] Polli, E., u. G. Ratti: B. Z. **323**, 546 (1952/53). — [18] Bensley, R. R.: Anat. Rec. **69**, 341 (1937). — [19] Brachet, J., et R. Jeener: Enzymologia **11**, 196 (1943/45). — [20] Chargaff, E.: J. biol. Ch. **142**, 491 (1942). — [21] Dittmar, C.: Z. Krebsforsch. **52**, 46 (1942). — [22] Goerner, A., and M. M. Goerner: J. biol. Ch. **123**, 57 (1938). — [23] Perry, S. V.: Biochim. biophysica Acta, N. Y. **8**, 499 (1952). — [24] Leuthardt, F., u. B. Exer: Helv. **36**, 500 (1953). — [25] Schotz, M. C., L. I. Rice and R. B. Alfin-Slater: J. biol. Ch. **204**, 19 (1953).

[1] Leuthardt, F., u. B. Exer: Helv. **36**, 500 (1953). — [2] Claude, A.: J. exp. Med. **84**, 61 (1946). — [3] Graffi, A., u. W. Hebekerl: Arch. Geschwulstforsch. **4**, 349 (1952). — [4] Macfarlane, M. G., and A. G. Spencer: Biochem. J. **54**, 569 (1953).

Tabelle 318. Intracelluläre

Ferment	Tierart, Gewebe	Homogenat	Zellkerne	Mitochondrien
Cytochromoxydase	viele			Hauptmenge
	A, g	4,15	0,33	10,1
	A, g	27,2		127,0
	A, h	100	19,8	78,6
	E, h	100	12,8	63,4
	F, g	100; 590		49; 1656
	G, g		17	81
	G, g	24,0		139,0
	H, g		15	78
	R, f			367
	T, g	100		44
	T, l	100		66
		100		43
Cytochrom c	A, g	100	6; 10	52; 51
				Hauptmenge
DPN-Cytochrom c-Reductase	A, g			3,5
	A, g	2,90		3,65
	A, g	4,40		1,15
	α, g; β, g	6,54; 2,50		2,01; 0,57
	A, h	100	9,1	28,3
	A, h	2,14	1,10	2,56
	E, h	100	14,8	27,3
	E, h	3,82	2,54	7,48
	G, g	100	10	54
	G, g	0,223		0,629
	H, g	100	8	62
TPN-Cytochrom c-Reductase	A, c			Hauptmenge
	A, h	0,25	0,17	0,58
Katalase	A, f	100	6,9	3,7
	A, g		4,5	44,7
	A, g	52,5		10,5
	A, g	100	18,6	61,0
	A, o	100	1,2	3,7
	D, g	9,25—50,0		3,4—10,0
Succinoxydase	viele	100		100
	A, g	770	630	2120
	A, g	22,5	4,2	14,3
	A, g	20,6; 28,8	4,5; 3,2	12,8; 22,1
	A, g	100		92

A = Leber, B = Leber, junges Tier, C = Leber, regenerierend, D = Leber, Sarkomtier, K = Pankreas, L = Lunge, M = Milz, N = Uterus, O = Hoden, P = Thymus, R = Brust-X = Tumor, Y = Magen, Z = Schilddrüse, α = Leber nach Fütterung von 2-Methyl-4-dimethylaminoazobenzol (stark cancerogen). — a = Mensch, b = Rind, c = Schwein, k = Kalb, l = Katze, m = Huhn, n = Taube, o = Pferd.

Verteilung von Fermenten.

Mikrosomen	Mikrosomen u. Cytoplasma	Cytoplasma	Dimension	Lit.[1]
				1—4
	0,13		μMole oxyd. Cytochrom c/min/mg N	6
21,2		1,0	Abnahme log [Fe^{II}-Cyt.c]/min/mg N	86
4,1		0	% vom Homogenat	5
16,3		0	% vom Homogenat	5
			% vom Homogenat; mm³ O_2/10 min/ mg N	124
	1		% vom Homogenat	7
22,0		0,15	Abnahme log [Fe^{II}-Cyt.c]/min/mg N	86
	5		% vom Homogenat	7
			Q_{O_2}	91
	12		% vom Homogenat	95
13		6	% vom Homogenat	95
	32		% vom Homogenat; Hepatopankreas der Weinbergschnecke	106
7; 2			% vom Homogenat; 1. Zahl in 0,25 m, 2. Zahl in 0,88 m Rohrzucker	84
				89
9,2		0,4	μMole red. Cytochrom c/min/mg N	10
7,30		2,30	μMole Cytochrom c red./min/mg N	86
			μMole red. Cytochrom c/10 min/100 mg Frischleber	145
			μMole red. Cytochrom c/10 min/100 mg Frischleber	145
59,3		3,5	% vom Homogenat	8
5,49		0,19	μMole red. Cytochrom c/min/mg N	8
51,8		7,8	% vom Homogenat	8
9,22		0,65	μMole red. Cytochrom c/min/mg N	8
	35		% vom Homogenat	7
0,287		0,155	μMole Cytochrom c red./min/mg N	86
	29		% vom Homogenat	7
				88
0,49		0,053	μMole Cytochrom c red./min/100 mg Frischgewebe	11
	73,0		% vom Homogenat	140
6,7		48,6	% vom Homogenat	12
	38		kat. f/g Leber	13
3,7		35,2	% vom Homogenat	140
0,3		83,7	% vom Homogenat	140
	4,15—33,3		kat. f/g Leber	13
			% vom Homogenat	1, 2, 15—17
<100		30	mm³ O_2/Std/mg N	14
	2,0		mm³ O_2/mg Frischgewicht/Std.	111
	1,8; 2,4		mm³ O_2/mg Frischgewicht/Std; 1. Zahl nach Thyreoidektomie, 2. Zahl zusätzlich nach Thyroxin	111
1,3; 0,3		0	% vom Homogenat, große und kleine Mikrosomen unterschieden	96

E = Hepatom, F = Niere, G = Gehirnrinde, H = Gehirn, weiße Substanz, I = Darm, drüse, S = Hypophyse, T = Herz, U = Mammatumor, V = Muskel, W = Nebenniere, methylaminoazobenzol (nicht cancerogen), β = Leber nach Fütterung von 3′-Methyl-4-di- d = Hund, e = Kaninchen, f = Meerschweinchen, g = Ratte, h = Maus, i = Melanom,

[1] s. S. 1090f.

Tabelle 318

Ferment	Tierart, Gewebe	Homogenat	Zellkerne	Mitochondrien
Succinoxydase (Succinodehydrogenase)	A, g	449; 311		278; 198
	α, g; β, g	664; 247		474; 132
	A, h	100	19,8	56,5
	A, h	100		89
	E, h	100	17,0	58,9
	F, g	100; 220		43; 497
	G, g		16	78
	H, g		10	82
	M, h	120; 130	40; 40	1290; 650
	R, f			71,2
	R, h	100		57
	R, h	100		60
	S, g	16,3; 14,5	3,9; 2,7	4,2; 6,5
	T, g			19,0
	U, h	100		56
		100		69
	U, h	100		55
α-Ketoglutarsäureoxydase.	T, g	100		28
	T, l	100		55
Fettsäureoxydase	A, g	100	2,8	81
	A, g			34,7; 26,5
	α, g; β, g			27,0; 6,1
Fettsäuredehydrogenase.	A, g	100		100
Fettsäuren aktivierendes Enzym .	A, b			
Oxalessigsäureoxydase	A, g	100	10,5	44,5
	F, g	100	8,6	24,4
Sorbinsäure-Oxydation	A, g			1,2
Cholinoxydase	A, g	100	9	78
	A, g	150	24	97
Betainaldehydoxydase	A, g	100; 100	17; 21	47; 71
Aminoxydase	A, g	100		65 und mehr
Histaminase.	A, g			Hauptmenge
Tyrosinase	i			
Tyrosin-Oxydation	A, c; A, g	100		
	A, f; A, g	100		

(Fortsetzung).

Mikrosomen	Mikrosomen u. Cytoplasma	Cytoplasma	Dimension	Lit.
			mm³ O_2/10 min/100 mg Frischleber; 2 verschiedene Futterformen	145
			mm³ O_2/10 min/100 mg Frischleber	145
	4,3		% vom Homogenat	5
2; 0,5		0	% vom Homogenat; große und kleine Mikrosomen unterschieden	96
	7,7		% vom Homogenat	5
			% vom Homogenat; mm³ O_2/10 min/mg N	124
	5		% vom Homogenat	7
	7		% vom Homogenat	7
45; 69		13; 11	$Q_{O_2}(N)$; 1. Zahl normal, 2. Zahl nach Bestrahlung	129
			Q_{O_2}	91
12; 5			% vom Homogenat; große und kleine Mikrosomen unterschieden; Tumorstamm	96
8; 5			% vom Homogenat; große und kleine Mikrosomen unterschieden; Nicht-Tumorstamm	96
5,4; 1,8		0,23; 0,50	mm³ O_2/20 mg Frischgewicht/10 min.; 1. Zahl Normaltiere, 2. Zahl Kastraten	93
	1,9		Spezifische Aktivitäten	95
8; 3		0	% vom Homogenat; große und kleine Mikrosomen unterschieden; Nichttumorstamm	96
	4		% vom Homogenat; Hepatopankreas der Weinbergschnecke	106
9; 3		0	% vom Homogenat; große und kleine Mikrosomen unterschieden; Tumorstamm	96
			% vom Homogenat	95
	8		% vom Homogenat	95
0		16	% vom Homogenat (Octansäure)	18
			mm³ O_2/10 min/100 mg Frischleber	145
			mm³ O_2/10 min/100 mg Frischleber	145
			% vom Homogenat	92
			Hauptmenge in Mitochondrien + Mikrosomen	127
0		5,0	% vom Homogenat	19
0		0	% vom Homogenat	19
			μMole abgebaut/10 min/9,6 mg Trockengewicht/30°	117
	13		% vom Homogenat	20
14		5	relative Zahlen, O_2-Verbrauch	21
12; 12		19; 31	relative Werte; 1. Zahl ohne, 2. Zahl mit $3 \cdot 10^{-4}$ m DPN	22
35			% vom Homogenat	23, 24
				25
Hauptmenge			(Dopa-Abbau)	26
		100	% vom Homogenat	132
		100	% vom Homogenat	46, 116

Tabelle 318

Ferment	Tierart, Gewebe	Homogenat	Zellkerne	Mitochondrien
Phenylalanin-Oxydation zu Tyrosin	A, g	100		
Glutamisnäuredehydrogenase . . .	A, h	100	30	70
Glykolsäureoxydase	A, g	100		
Uricase	A, g	100	6,3	65,2
	A, g	100		75
	A, g	0,097; 0,069		0,044; 0,042
	α, g; β, g	0,076; 0,044		0,038; 0,022
	A, h	100	2,9	55,2
Chininoxydase	A, g	100		
Glucosedehydrogenase	A, g	100		
Glucose-6-phosphat-dehydrogenase .	A, g			
	A, g	100		
6-Phosphogluconsäure-dehydrogenase	A, g	100		
Sorbitdehydrogenase	A, g	93		12
Milchsäuredehydrogenase	A, g; F, g	100	25	53
Alkoholdehydrogenase	A, g	100	15	22
	A, g	100	19,0	14,3
	A, o	100	6,2	1,2
α-Glycerophosphat-dehydrogenase .	A, g	100	17	60
Isocitronensäuredehydrogenase. . .	A, h	0,82	0,16	0,40
Äpfelsäuredehydrogenase	G, g		4	79
	H, g		4	86
Glutaminsäuredehydrogenase . . .	A, h	100	30	70
D-β-Oxybuttersäuredehydrogenase .	A, g; F, g			vorhanden
Testosteron-Dehydrierung	A, b			
Cortisonumwandlung zu 17-Oxy-corticosteron	A, g	100		
	A, g			
Progesteron-Oxydation	W, b	100		
11β-Hydroxylase	W, b			Hauptmenge
Oestrogenabbau	A, g	100		
Glykolyse	G, g		12	10
	H, g		9	13
	S, g	25,0; 21,3	7,0; 5,9	2,6; 3,1
Aldolase	A, g			
	G, g		10	8
	H, g		4	10
Hexokinase	A, g	100		35
	F, g	100		47
	G, g	168		146
	G, k	76–93		74–87
	I, g	100		73
	T, g	100		52
	Y, g	100		36
Phosphoglucomutase	A, f	100		
	A, g	100		

(Fortsetzung).

Mikrosomen	Mikrosomen u. Cytoplasma	Cytoplasma	Dimension	Lit.
		100	% vom Homogenat	27
			% vom Homogenat	101
		100	% vom Homogenat	28
32,3		2,4	% vom Homogenat	29
			% vom Homogenat	30
			μMole Harnsäure zerstört/min/100 mg Frischleber; 2 verschiedene Futterformen	145
			μMole Harnsäure zerstört/min/100 mg Frischleber	145
	38,4		% vom Homogenat	29
	100		% vom Homogenat	47
		100	% vom Homogenat	31
		Hauptmenge		32, 33
		100	% vom Homogenat	100
		100	% vom Homogenat	100
	29		mm³ O_2-Verbrauch	34
		22	% vom Homogenat	35
		63	% vom Homogenat	31
0		95,2	% vom Homogenat	140
8,2		78,3	% vom Homogenat	140
		23	% vom Homogenat	36
0,031		1,82	μMole red. TPN/min/mg N	11
	16		% vom Homogenat	7
	8		% vom Homogenat	7
			% vom Homogenat	101
				102
		Hauptmenge		37
		100	% vom Homogenat	98
Hauptmenge				133
		100	% vom Homogenat; Oxydation an C(17) und C(21)	105
			Desoxycorticosteron → Corticosteron	109, 114
		100	% vom Homogenat, wenn Cytoplasma mit Mikrosomen vereinigt wird; Oestron und Oestradiol als Substrat	131
	76		% vom Homogenat	7
	78		% vom Homogenat	7
1,4; 2,1		9,5; 9,8	mm³ CO_2/20 mg Frischgewicht/10 min; 1. Zahl Normaltiere, 2. Zahl Kastraten	93
		Hauptmenge		38
	83		% vom Homogenat	7
	86		% vom Homogenat	7
	65		% vom Homogenat	138
	53		% vom Homogenat	138
	20		Einheiten/g Frischgewebe	138
	1–3		Einheiten/g Frischgewebe	138
	27		% vom Homogenat	138
	48		% vom Homogenat	138
	64		% vom Homogenat	138
		108	% vom Homogenat	39
		100	% vom Homogenat	39

Tabelle 318

Ferment	Tierart, Gewebe	Homogenat	Zellkerne	Mitochondrien
Glutathionreductase	A, g	296	6	6
Esterase	A, g		6,5	16,6
	A, h	100	17	17
Monobutyrase	A, g	105	4,5	18,2
Acetylcholinesterase	A, g	1,84		1,42
	G, a	125—870	51—326	
Cholinesterase (Acetyl-β-methylcholin)	A, g	0,34		0,59
Cholinesterase (Benzoylcholin)	A, g	0,93		1,34
Vitamin A-Esterase	A, g	100		
Fumarase	A, h	100	9	55
Kathepsin	A, g	100	31,2	45,6
	A, g	0,304; 0,368	0,016; 0,164	
	E, g	100	16,0	18,7
	E, g	0,387; 0,524	0,179; 0,121	
	F, g	100	25,9	48,0
	M, g	0,852	0,269	
	M, g	100	26,4	16,9
	X, g	0,402; 1,49	0,191; 0,034	
Fibrinolysokinase	L, d		1,4—2,6	6,0—8,0
	L, g	15		30
	N, d		2,2	1,2—2,6
Protease für Fructose-1,6-diphosphatase-Aktivierung	A, e			Hauptmenge
Arginase	A, g	100	33,6	14,8
	A, g	100	36	31
Kynureninase	A, c; A, g			
Glutaminase I	A, g	100	10,3	73,6
	A, g; F, g	100		etwa
Glutaminase II	A, g	100		
Benzoylargininamidamidase	A, g	100		46—51
	E, g	100		47
	M, g	100		11—12
L-Leucinamidase	A, g	100	3,6	15,6
	E, g	100	5,9	7,9
	F, g	100	6,2	19,4
	M, g	100	14,2	17,6
Peptidase (Glycyl-L-alanin)	A, F, L, K } g	100		10—20
D-Peptidase (Glycyl-D-alanin)	G, H, O, M } g	100		80—90
Aminopeptidase	F, c			Hauptmenge
Dehydropeptidase				
(Chloracetyl-D,L-alanin)	F, c	100		
(Chloracetyl-D,L-alanylglycin)	F, c	100		etwa 100
(Chloracetyldehydroalanin)	F, c	100		
(Glycyldehydroalanin)	F, c	100		etwa 100
Dehydropeptidase I	A, b; A, g	100		
	F, b; F, g	100		

* Ähnliche Verhältnisse in zahlreichen anderen Organen.

(Fortsetzung).

Mikrosomen	Mikrosomen u. Cytoplasma	Cytoplasma	Dimension	Lit.
	574		μMole GSH · 22,4/Std/mg N entstanden	40
58,1		19,8	% vom Homogenat	12
47		14	% vom Homogenat	41
	73,0		cm^3 0,045 n NaOH/Std/g Leber	42
1,80—6,10		3,38—9,10	μ^3 CO_2/Std/mg Trockengewicht	44
			μMole gespaltenes Acetylcholin/Std/mg Trockengewebe	43
	0		μ^3 CO_2/Std/mg Trockengewicht	44
	0,89		μ^3 CO_2/Std/mg Trockengewicht	44
100			% vom Homogenat	99
27		9	% vom Homogenat	146
16,1		7,5	% vom Homogenat	45
			mg Rest-N/Std/mg N; 1. Zahl normal, 2. Zahl 48 Std nach part. Hepatektomie	128
1,8		61,4	% vom Homogenat	45
			mg Rest-N/Std/mg N; 1. Zahl Hepatom 3683, 2. Zahl Hepatom N	128
17,0		8,1	% vom Homogenat	45
			mg Rest-N/Std/mg N	128
15,6		40,9	% vom Homogenat	45
			mg Rest-N/Std/mg N; 1. Zahl Adenocarcinom 3924 C, 2. Zahl MURPHY-Lymphosarkom	128
3,4—8,8		0—0,8	Einheiten/cm^3 *	48
11		120	min bis Auflösung einer Fibrinflocke	49
1,0—1,8		0—1,0	Einheiten/cm^3	48
				144
27,0		8,1	% vom Homogenat	12
15		12	% vom Homogenat	50
		Hauptmenge		94
	7,2		% vom Homogenat	51
100			% vom Homogenat	52
		100	% vom Homogenat	52
		24—31	% vom Homogenat	45
		60—82	% vom Homogenat	45
		73—80	% vom Homogenat	45
11,1		73,9	% vom Homogenat	45
5,8		79,6	% vom Homogenat	45
5,2		69,1	% vom Homogenat	45
5,1		62,9	% vom Homogenat	45
	80—90		% vom Homogenat	53
	10—20		% vom Homogenat **	53
				120
	etwa 100		% vom Homogenat	54
			% vom Homogenat	54
		etwa 100	% vom Homogenat	54
			% vom Homogenat	54
		etwa 100	% vom Homogenat	55
85			% vom Homogenat	55

** Keine D-Peptidase im Gehirn.

Tabelle 318

Ferment	Tierart, Gewebe	Homogenat	Zellkerne	Mitochondrien
Dehydropeptidase II	F, b	100		
Transaminasen (zahlreiche)	A, g			Hauptmenge
Transaminase	S, g	162,0; 149,4		
Glutaminsäure-Oxalessigsäure-Transaminase	A, g	30		73
Kynurenin-Transaminase	A, c; A, g			Hauptmenge
β- und γ-Transaminasen für α-Ketoglutarsäure	A, h			9,0; 6,9
	G, h			5,5; 5,2
γ-Transaminase	A, g			0,22
	G, e	0,37		0,58
	G, g	0,66		0,61
	G, k	0,32		0,19
β-Glucuronidase	A, h	3580	510	1100
	B, h	5100	750	1310
	C, h	4480	550	1360
Hyaluronidase	O, h	21		3
Sulfatase	A, b			Hauptmenge
Arylsulfatase	A, g	100	15	50
	A, g	100	12,3–15,3	8,7–12,3
Alkalische Phosphatase	A, g	100	40,1	12,9
	A, g	100	10–18	17–20
	A, h	100	10,4	9,3
	C, h	100	20,7	9,5
	F, e	100	21	
	F, f	100	14	
	F, h	100		
	G, a	4,1–13,7	10,4–68,5	
	G, g		14	72
	H, g		17	70
	I, b			
	I, b; I, e			
	I, e	100	15,5	
	I, f	100	8,5	
Saure Phosphatase	A, g	100	4,8	37,8
	A, g	100	5–10	35–40
	A, h	100	7,0	19,1
	G, a	6,7–15,5	5,8–18,0	
Glucose-6-phosphat-phosphatase	A, e	100	0	18
	A, f	100	5–6	
	A, g	100	5–25	5–17

(Fortsetzung).

Mikrosomen	Mikrosomen u. Cytoplasma	Cytoplasma	Dimension	Lit.
		etwa 100	% vom Homogenat	55
				56—58
		116,0; 125,4	mm³ CO_2/20 mg Frischgewicht/ 10 min.; 1. Zahl Normaltiere, 2. Zahl Kastraten	93
	50		μMole Glutaminsäure entstanden/ 40 min/mg N	59
				94
			μMole L-Glutaminsäure entstanden; 1. Zahl mit γ-Aminobuttersäure, 2. Zahl mit β-Alanin	142
			μMole L-Glutaminsäure entstanden; 1. Zahl mit γ-Aminobuttersäure, 2. Zahl mit β-Alanin	142
			μMole Glutaminsäure entstanden/ 150 mg Gewebe	143
			μMole Glutaminsäure entstanden/ 150 mg Gewebe	143
			μMole Glutaminsäure entstanden/ 150 mg Gewebe	143
			μMole Glutaminsäure entstanden/ 150 mg Gewebe	143
1430		470	γ Phenolphthalein/Std/g Leber	60
2000		950	γ Phenolphthalein/Std/g Leber	60
1820		820	γ Phenolphthalein/Std/g Leber	60
3		21	Koeffizient der Tusche-Ausbreitung in der Haut	61
				62
12		14	% vom Homogenat	9
60,5—63,9		2,2—2,6	% vom Homogenat; isotonische Rohrzuckerlösung	97
26,0		21,4	% vom Homogenat	12
0—10		55—80	% vom Homogenat	64
5,6		81,2	% vom Homogenat	66
12,0		58,6	% vom Homogenat	66
85		18	% vom Homogenat	39
49		25	% vom Homogenat	39
etwa 50			% vom Homogenat	65
			KING-ARMSTRONG-E./mg Trockengew.	43
	15		% vom Homogenat	7
	12		% vom Homogenat	7
Hauptmenge				121
Hauptmenge				63
97		3,5	% vom Homogenat	39
83		6,5	% vom Homogenat	39
21,3		23,6	% vom Homogenat	67
5—10		35—50	% vom Homogenat	64
18,4		29,3	% vom Homogenat	66
			KING-ARMSTRONG-E./mg Trockengew.	43
85		3	% vom Homogenat	39
77—87		6—10	% vom Homogenat	39
47—88		4—11	% vom Homogenat	39

Tabelle 318

Ferment	Tierart, Gewebe	Homogenat	Zellkerne	Mitochondrien
Glucose-6-phosphat-phosphatase . .	A, g	900	26	158
	F, e	100	20	
	F, f	100	20	
Hexosediphosphatase	A, g	100	8	1
Adenylsäurephosphatase	A, g	100	40—45	40—45
	G, f; H, f	4,0—7,4	3,9—8,7	
Adenosintriphosphatase	A, g	100	10—20	70—75
	A, g			1,69
	A, g	100		50
	A, g		18,7	56,1
	A, g		10	33
	A, g	1,03	0,71	0,12
	A, h	100	31,3	50,0
	A, h			10,5; 114
	A, m	2,30	0,68	0,81
	C, g		12,5	29
	C, g		37,6; 22,2	32,3; 38,1
	E, h	100	37,8	12,9
	G, g		20	68
	H, g		12	72
	M, h	120; 347	18; 41	16,6; 54
	T, f			100
	T, g	100; 144		16; 190
	T, g; T, l			60—423
	V, e	100		51
	V, f			163
	V, n		3,79; 11000	5,38; 21000
Myokinase	A, g			vorhanden
	A, g			7,5; 9,3; 14,2
	A, g			
	Tc, ; T, g			0,25—0,84
	T, g	100; 37		1: 6,6
	T, l	100		1,2; 2,5
Pyrophosphatase	A, g	100		
	A, g			0,30
	G, f; H, f	1,5—8,5	0—2,1	
Phosphorylase	A, f	100	14	
	A, g	100		
Nucleosidphosphorylase	A, h	100		

(Fortsetzung.)

Mikrosomen	Mikrosomen u. Cytoplasma	Cytoplasma	Dimension	Lit.
	630		γ P/100 mg Leber/30 min	90
75		9	% vom Homogenat	39
58		16	% vom Homogenat	39
2		80	% vom Homogenat	39
5—10		10—15	% vom Homogenat	64
	2,4—4,9		μMole P/mg/Std	87
2—4		0—1	% vom Homogenat	64
			μMole Orthophosphat/10 min/30°/ Mitochondrien aus 160 mg Leber	118
			% vom Homogenat	139
		19,4	% vom Homogenat	134
7—8		5	γ P/Std/mg Frischgewebe	130
0,46		0,27	μMole P/0,2 mg N/10 min/25°	125
15,2		5,1	% vom Homogenat	68
			μMole P/mg N/5 min/28°; 1. Zahl Mitochondrien, 2. Zahl kleinste Partikel aus zerstörten Mitochondrien	119
			μMole P/20 min/200 mg Frischgewebe oder Fraktion	122
3,5—5		3	γ P/Std/mg Frischgewebe	130
		25,0; 29,6	% vom Homogenat	134
35,2		13,8	% vom Homogenat	68
	18		% vom Homogenat	7
	15		% vom Homogenat	7
50; 160		9,5; 22	γ P/15 min/10 mg Frischgewicht oder entsprechende Fraktion	129
			γ P/mg N/30 min	103
	50; 220		1. Zahl % vom Homogenat, 2. Zahl Q_P/mg N	95
			Q_P/mg N	107
			% vom Homogenat	139
			γ P/mg N/30 min	103
			γ P/15 min/37°; Q_P/mg N	123
				70
			μMole AMP entstanden/mg N/15 min/ 30°; 1. Zahl normal, 2. Zahl regenerierende Leber, 3. Zahl nach 27 Std Hunger	113
	vorhanden			71
			μMole Hexosephosphat (via Hexokinase)/mg Protein/Std.	107
	95; 149		1. Zahl % vom Homogenat, 2. Zahl Q_P/mg N	95
0,5; 1,8		97; 61	1. Zahl % vom Homogenat, 2. Zahl Q_P/mg N	95
	90—95		% vom Homogenat	69
			μMole Orthophosphat/10 min/30°/ Mitochondrien aus 160 mg Leber	118
	5,8—10,7		μMole P/mg/Std	87
4		16	% vom Homogenat	39
		80—90	% vom Homogenat	39
		93	% vom Homogenat	29

Tabelle 318.

Ferment	Tierart, Gewebe	Homogenat	Zellkerne	Mitochondrien
Aneurinphosphorylierung	A, g			
DPN-Synthese	A, h	1,0; 0,43	0,78; 2,0	0,03; 0,06
DPN-Nucleosidase	A, g	100	37	4
Desoxyribonuclease	viele Arten	100	10—110	
	A, g	5,99; 7,61		3,57; 4,60
	A, g; P, k; X, h	100		100
	α, g; β, g	7,25; 24,0		4,95; 9,27
	A, h	100	10,3	73,0
	K, viele Arten	100; 100	15; 1	
	P, k	100	37	12
Ribonuclease	A, f	100	11—28	16—35
	A, g	47,9; 35,6		28,9; 17,6
	α, g; β, g	26,5; 91,6		18,1; 20,1
	A, h	100	10,2	58,0
	P, k	100	49	23
Adenosindesaminase	A, h	100		
	V, n		11800	814
3,5-Diketohexanatspaltung	F, g	100		
Lactonase	F, g	100	19	7
Homogentisinsäureabbau (zu 4-Fumarylacetessigsäure)	A, g	100		
Nicotinsäureamid-Methylkinase	A, g			
Kohlensäureanhydratase	G, a	29,8—146	19,7—57,1	
Acetylierung	A, n	100		
Erythrulose-phosphat-Bildung	A, g	100		
Rhodanese	A, f	103	97	438
	A, g		15,4	62,2
	T, k	100	44	2
Arginin-Synthese	A, g; F, g			
Kreatinsynthese	A, f; A, g	100		
Buttergelbspaltung (Azobrücke)	A, g	47	19	14
Diäthylstilboestrol-Abbau	A, g	100		
Glyoxalase				
Methylgruppen-Oxydation	A, g			Hauptmenge
Methanol-Oxydation	A, g	100		
Formaldehyd-Pyruvat-Carboligase				vorhanden
	A, viele Arten			Hauptmenge
α-Oxysäuren-Racemase	A, e; F, e	100		
Jodierendes Enzym	Z, b	3,4; 1,3	24,1; 4,3	55,3; 9,7

[1] SCHNEIDER, W. C.: J. biol. Ch. **165**, 585 (1946). — [2] HOGEBOOM, G. H., A. CLAUDE and R. D. HOTCHKISS: J. biol. Ch. **165**, 615 (1946). — [3] RECKNAGEL, R. O.: J. cellul. comp. Physiol. **35**, 111 (1950). — [4] SCHNEIDER, W. C.: Cold Spring Harbor Symp. quant. Biol.

(Fortsetzung.)

Mikrosomen	Mikrosomen u. Cytoplasma	Cytoplasma	Dimension	Lit.
	vorhanden			72
	0,3; 0,2		1. Zahl: μMole DPN/Std; 2. Zahl: μMole DPN/Std/mg N	73
53		42	% vom Homogenat	74
			% vom Homogenat	135
			E_{260}/30 min/100 mg Frischleber; 2 verschiedene Futterformen	145
			% vom Homogenat	115
			E_{260}/30 min/100 mg Frischleber	145
	20,9		% vom Homogenat	75
			% vom Homogenat; 1. Zahl „saures“ 2. Zahl „sekretorisches“ Enzym	135
	27		% vom Homogenat	76
17		34	% vom Homogenat	77
			E_{260}/30 min/100 mg Frischleber; 2 verschiedene Futterformen	145
			E_{260}/30 min/100 mg Frischleber	145
12,3		4,9	% vom Homogenat	75
	29		% vom Homogenat	76
		90	% vom Homogenat	29
			Q_{NH_3}/mg N	123
		85	% vom Homogenat	78
70		10	% vom Homogenat	78
		100	% vom Homogenat	79
		Hauptmenge		80
			μMole CO_2 ionisiert/sec/mg Trockengewicht	43
		100	% vom Homogenat	137
		100	% vom Homogenat	136
	86		μÄqu. CNS/g Eiweiß	81
1,5		5,1	% vom Homogenat	12
	56		% vom Homogenat; Zellkerne plus Myofibrillen	104
		Hauptmenge		126
		100	% vom Homogenat	108
33		1	γ Farbstoff zerst./30 min/50g Leber	32
		100	% vom Homogenat	131
		100	% vom Homogenat	82
			Sarkosin u. Dimethylglykokoll als Substrate	112
		100	% vom Homogenat	112
				83
			α-Keto-γ-oxybuttersäurebildung	110
		100	% vom Homogenat	85
1,6; 1,0			^{131}J eingebaut in % vom Angebot; 1. Zahl in Dijodtyrosin, 2. Zahl in Thyroxin	141

12, 169 (1947). — [5] SCHNEIDER, W. C., and G. H. HOGEBOOM: J. nat. Cancer Inst. **10**, 969 (1950). — [6] HOGEBOOM, G. H., W. C. SCHNEIDER and M. J. STRIEBICH: J. biol. Ch. **196**, 111 (1952). — [7] ABOOD, L. G., R. W. GERARD, J. BANKS and R. D. TSCHIRGI: Amer. J. Physiol.

In den vorangehenden Tabellen wie auch in den nachfolgenden Abschnitten ist eine größere Zahl von Daten vereint, die an pathologisch verändertem Gewebe gewonnen wurden. In diesem Zusammenhang hat sich das Hauptaugenmerk auf bösartige Geschwülste, Organveränderungen bei tumortragenden Tieren und Wirkungen cancerogener Agentien gerichtet. Auch der Einfluß einer qualitativ oder quantitativ unzureichenden Ernährung wurde schon verschiedentlich untersucht. Es unterliegt keinem Zweifel, daß den Krankheiten Ver-

---

168, 728 (1952). — [8] HOGEBOOM, G. H., and W. C. SCHNEIDER: J. nat. Cancer Inst. **10**, 983 (1950). — [9] ROY, A. B.: Biochim. biophysica Acta, N. Y. **14**, 149 (1954). — [10] HOGEBOOM, G. H.: J. biol. Ch. **177**, 847 (1949). — [11] HOGEBOOM, G. H., and W. C. SCHNEIDER: J. biol. Ch. **186**, 417 (1950). — [12] LUDEWIG, S., and A. CHANUTIN: Arch. Biochem. **29**, 441 (1950). — [13] EULER, H. v., u. L. HELLER: Z. Krebsforsch. **56**, 393 (1949). — [14] HOGEBOOM, G. H., W. C. SCHNEIDER and G. E. PALADE: J. biol. Ch. **172**, 619 (1948). — [15] KENNEDY, E. P., and A. L. LEHNINGER: J. biol. Ch. **172**, 847 (1948). — [16] SCHNEIDER, W. C., and G. H. HOGEBOOM: J. biol. Ch. **183**, 123 (1950). — [17] KUN, E.: J. biol. Ch. **187**, 289 (1950). — [18] SCHNEIDER, W. C.: J. biol. Ch. **176**, 259 (1948). — [19] SCHNEIDER, W. C., and V. R. POTTER: J. biol. Ch. **177**, 893 (1949). — [20] KENSLER, C. J., and H. LANGEMANN: J. biol. Ch. **192**, 551 (1951). — [21] WILLIAMS, J. N. jr.: J. biol. Ch. **194**, 139 (1952). — [22] WILLIAMS, J. N. jr.: J. biol. Ch. **195**, 37 (1952). — [23] HAWKINS, J.: Biochem. J. **50**, 577 (1952). — [24] COTZIAS, G. C., and V. P. DOLE: Proc. Soc. exp. Biol. Med. **78**, 157 (1951). — [25] COTZIAS, G. C., and V. P. DOLE: J. biol. Ch. **196**, 235 (1952). — [26] LERNER, A. B., T. B. FITZPATRICK, E. CALKINS and W. H. SUMMERSON: J. biol. Ch. **178**, 185 (1949). — [27] UDENFRIEND, S., and J. R. COOPER: J. biol. Ch. **194**, 503 (1952). — [28] KUN, E.: J. biol. Ch. **194**, 603 (1952). — [29] SCHNEIDER, W. C., and G. H. HOGEBOOM: J. biol. Ch. **195**, 161 (1952). — [30] SCHEIN, A. H., E. PODBER and A. B. NOVIKOFF: J. biol. Ch. **190**, 331 (1951). — [31] DIANZANI, M. U.: Arch. Fisiol. **50**, 175 (1951). — [32] MUELLER, G. C., and J. A. MILLER: J. biol. Ch. **180**, 1125 (1949). — [33] GLOCK, G. E., and P. McLEAN: Nature **170**, 119 (1952). — [34] BLAKLEY, R. L.: Biochem. J. **49**, 257 (1951). — [35] DIANZANI, M. U.: Arch. Fisiol. **50**, 181 (1951). — [36] DIANZANI, M. U.: Arch. Fisiol. **50**, 187 (1951). — [37] SWEAT, M. L., L. T. SAMUELS and R. LUMRY: J. biol. Ch. **185**, 75 (1950). — [38] KENNEDY, E. P., and A. L. LEHNINGER: J. biol. Ch. **179**, 957 (1949). — [39] HERS, H. G., J. BERTHET, L. BERTHET et C. DE DUVE: Bull. Soc. Chim. biol. **33**, 21 (1951). — [40] RALL, T. W., and A. L. LEHNINGER: J. biol. Ch. **194**, 119 (1952). — [41] OMACHI, A., C. P. BARNUM and D. GLICK: Proc. Soc. exp. Biol. Med. **67**, 133 (1948). — [42] HELLER, L., u. N. BARGONI: Ark. Kemi **1**, 447 (1949). — [43] RICHTER, D., and R. P. HULLIN: Biochem. J. **48**, 406 (1951). — [44] ZACKS, S. I., and J. H. WELSH: Amer. J. Physiol. **165**, 620 (1951). — [45] MAVER, M. E., and A. E. GRECO: J. nat. Cancer Inst. **12**, 37 (1951). — [46] RIENITS, K. G.: J. biol. Ch. **182**, 11 (1950). — [47] LANG, K., u. H. KEUER: Unveröffentlicht. — [48] LEWIS, J. H., and J. H. FERGUSON: J. clin. Invest. **29**, 1059 (1950). — [49] TAGNON, H. J., and G. E. PALADE: J. clin. Invest. **29**, 317 (1950). — [50] SCHEIN, A. H., and E. YOUNG: Exp. Cell Res. **3**, 383 (1952). — [51] SHEPHERD, J. H., and G. KALNITSKY: J. biol. Ch. **192**, 1 (1951). — [52] ERRERA, M.: J. biol. Ch. **178**, 483 (1949). — ERRERA, M., and J. P. GREENSTEIN: J. biol. Ch. **178**, 495 (1949). — [53] PRICE, V. E., A. MEISTER, J. B. GILBERT and J. P. GREENSTEIN: J. biol.Ch. **181**, 535 (1949). — [54] FODOR, P. J., and J. P. GREENSTEIN: J. biol. Ch. **181**, 549 (1949). — [55] SHACK, J.: J. biol. Ch. **180**, 411 (1949). — [56] HIRD, F. J. R., and E. V. ROWSELL: Nature **166**, 517 (1950). — [57] ROWSELL, E. V.: Nature **168**, 104 (1951). — [58] NAKADA, H. I., and S. WEINHOUSE: J. biol. Ch. **187**, 663 (1950). — [59] MÜLLER, A. F., u. F. LEUTHARDT: Helv. **33**, 268 (1950). — [60] WALKER, P. G.: Biochem. J. **51**, 223 (1952). — [61] ARNESEN, K., L. BUXTON and A. D. DULANEY: Proc. Soc. exp. Biol. Med. **71**, 264 (1949). — [62] ROY, A. B.: Biochem. J. **53**, 12 (1953). — [63] HARRIS, E. S., W. R. BERGREN, L. A. BAVETTA and J. W. MEHL: Proc. Soc. exp. Biol. Med. **81**, 593 (1952). — [64] NOVIKOFF, A. B., E. PODBER and J. RYAN: Fed. Proc. **9**, 210 (1950). — NOVIKOFF, A. B., L. HECHT, E. PODBER and J. RYAN: J. biol. Ch. **194**, 153 (1952). — [65] KABAT, E. A.: Science, N. Y. **93**, 43 (1941). — [66] TSUBOI, K. K.: Biochim. biophysica Acta, N. Y. **8**, 173 (1952). — [67] PALADE, G. E.: Arch. Biochem. **30**, 144 (1951). — [68] SCHNEIDER, W. C., G. H. HOGEBOOM and H. E. ROSS: J. nat. Cancer Inst. **10**, 977 (1950). — [69] SWANSON, M. A.: J. biol. Ch. **194**, 685 (1952). — [70] BARKULIS, S. S., and A. L. LEHNINGER: J. biol. Ch. **190**, 339 (1951). — [71] LEUTHARDT, F., et H. BRUTTIN: Helv. **35**, 464 (1952). — [72] LEUTHARDT, F., et H. NIELSEN: Helv. **35**, 1196 (1952). — [73] HOGEBOOM, G. H., and W. C. SCHNEIDER: J. biol. Ch. **197**, 611 (1952). — [74] SUNG, S.-C., and J. N. WILLIAMS jr.: J. biol. Ch. **197**, 175 (1952). — [75] SCHNEIDER, W. C., and G. H. HOGEBOOM: J. biol. Ch. **198**, 155 (1952). — [76] BROWN, K. D., G. JACOBS and M. LASKOWSKI: J. biol. Ch. **194**, 445 (1952). — [77] PIROTTE, M., et V. DESREUX: Bull. Soc. chim. Belg. **61**, 167 (1952). — [78] MEISTER, A.: J. biol. Ch. **178**, 577 (1949). Science, N. Y. **115**, 521 (1952). —

änderungen der Zellfunktion zugrunde liegen müssen; experimentelle Unterlagen über die Beteiligung der einzelnen Zellelemente liegen aber praktisch noch nicht vor.

Wie insbesondere Tab. 318 zeigt, lassen sich die altbekannten Befunde über Veränderungen der Enzymausstattung bei Krebsentstehung[1] an isolierten Zellelementen aus malignem Gewebe erhärten. Die Abnahme der Enzymaktivitäten ist auch dann eine echte, wenn die in Geschwülsten stark verminderte Mitochon-

[79] RAVDIN, R. G.: J. biol. Ch. **189**, 137 (1951). — [80] CANTONI, G. L.: J. biol. Ch. **189**, 203 (1951). — [81] SÖRBO, B. H.: Acta chem. scand. **5**, 724 (1951). — [82] KUN, E.: Euclides, Madrid **10**, 251 (1950) [C. **1951 II**, 2471]. — [83] HIFT, H., and H. R. MAHLER: J. biol. Ch. **198**, 901 (1952). — [84] SCHNEIDER, W. C., and G. H. HOGEBOOM: J. biol. Ch. **183**, 123 (1950). — [85] HUENNEKENS, F. M., H. R. MAHLER and J. NORDMANN: Arch. Biochem. **30**, 77 (1951). — [86] BRODY, T. M., R. I. H. WANG and J. A. BAIN: J. biol. Ch. **198**, 821 (1952). — [87] GORE, M. B. R.: Biochem. J. **50**, 18 (1952). — [88] HORECKER, B. L.: J. biol. Ch. **183**, 593 (1950). — [89] BEINERT, H.: J. biol. Ch. **190**, 287 (1951). — [90] SWANSON, M. A.: J. biol. Ch. **184**, 647 (1950). — [91] MOORE, R. O., and W. L. NELSON: Arch. Biochem. **36**, 178 (1952). — [92] BLAKLEY, R. L.: Biochem. J. **52**, 269 (1952). — [93] McSHAN, W. H., R. ROZICH and R. K. MEYER: Endocrinology **52**, 215 (1953). — [94] WISS, O.: H. **293**, 106 (1953). — [95] CLELAND, K. W., and E. C. SLATER: Biochem. J. **53**, 547 (1953). — [96] DMOCHOWSKI, L., and L. H. STICKLAND: Brit. J. Cancer **7**, 250 (1953). — [97] DODGSON, K. S., B. SPENCER and J. THOMAS: Biochem. J. **56**, 177 (1954). — [98] FISH, C. A., M. HAYANO and G. PINCUS: Arch. Biochem. **42**, 480 (1953). — [99] GANGULY, J., and H. J. DEUEL jr.: Nature **172**, 120 (1953). — [100] GLOCK, G. E., and P. McLEAN: Biochem. J. **55**, 400 (1953). — [101] HOGEBOOM, G. H., and W. C. SCHNEIDER: J. biol. Ch. **204**, 233 (1953). — [102] LEHNINGER, A. L., and G. D. GREVILLE: Biochim. biophysica Acta, N. Y. **12**, 188 (1953). — [103] MOR, M. A.: Exper. **9**, 342 (1953). — [104] MOYLE, J. M.: Nature **172**, 508 (1953). — [105] PLAGER, J. E., and L. T. SAMUELS: Arch. Biochem. **42**, 477 (1953). — [106] REES, K. R.: Biochem. J. **55**, 478 (1953). — [107] SLATER, E. C.: Biochem. J. **53**, 521 (1953). — [108] COHEN, S.: J. biol. Ch. **201**, 93 (1953). — [109] HAYANO, M., and R. I. DORFMAN: J. biol. Ch. **201**, 175 (1953). — [110] HIFT, H., and H. R. MAHLER: J. biol. Ch. **198**, 901 (1952). — [111] LIPNER, H. J., and S. B. BARKER: Endocrinology **52**, 367 (1953). — [112] MACKENZIE, C. G., J. M. JOHNSTON and W. R. FRISELL: J. biol. Ch. **203**, 743 (1953). — [113] SIEKEVITZ, P., and V. R. POTTER: J. biol. Ch. **200**, 187 (1953). — [114] SWEAT, M. L.: Am. Soc. **73**, 4056 (1951). — [115] WEBB, M.: Exp. Cell Res. **5**, 16 (1953). — [116] WILLIAMS, J. N. jr., and A. SREENIVASAN: J. biol. Ch. **203**, 109, 605, 613 (1953). — [117] WITTER, R. F., E. H. NEWCOMB and E. STOTZ: J. biol. Ch. **200**, 703 (1953). — [118] WITTER, R. F., E. H. NEWCOMB and E. STOTZ: J. biol. Ch. **202**, 291 (1953). — [119] KIELLEY, W. W., and R. K. KIELLEY: J. biol. Ch. **200**, 213 (1953). — [120] ROBINSON, D. S., S. M. BIRNBAUM and J. P. GREENSTEIN: J. biol. Ch. **202**, 1 (1953). — [121] HARRIS, E. S., W. R. BERGREN, L. A. BAVETTA and J. W. MEHL: Proc. Soc. exp. Biol. Med. **81**, 593 (1952). — [122] JOHNSON, R. B., and W. W. ACKERMANN: J. biol. Ch. **200**, 263 (1953). — [123] KITIYAKARA, A., and J. W. HARMAN: J. exp. Med. **97**, 553 (1953). — [124] KRETCHMER, N., and H. W. DICKERMAN: Proc. Soc. exp. Biol. Med. **82**, 241 (1953). — [125] LARDY, H. A., and H. WELLMAN: J. biol. Ch. **201**, 357 (1953). — [126] LEUTHARDT, F., u. M. STAEHELIN: Helv. physiol. Acta **11**, 30 (1953). — [127] MAHLER, H. R., S. J. WAKIL and R. M. BOCK: J. biol. Ch. **204**, 453 (1953). — [128] MAVER, M. E., A. E. GRECO, E. LØVTRUP and A. J. DALTON: J. nat. Cancer Inst. **13**, 687 (1953). — [129] MAXWELL, E., and G. ASHWELL: Arch. Biochem. **43**, 389 (1953). — [130] NOVIKOFF, A. B., E. PODBER and J. RYAN: J. biol. Ch. **203**, 665 (1953). — [131] RIEGEL, I. L., and R. K. MEYER: Proc. Soc. exp. Biol. Med. **80**, 617 (1952). — [132] FELIX, K., E. G. BOCK, D. GERATZ, I. v. GLASENAPP, L. ROKA u. K. WEISENBERGER: H. **292**, 157 (1953). — [133] AMELUNG, D., H. J. HÜBENER, L. ROKA u. G. MEYERHEIM: Kli. Wo. **1953**, 386. — [134] ALLARD, C., and A. CANTERO: Canad. J. med. Sci. **30**, 295 (1952). — [135] ALLFREY, V., and A. E. MIRSKY: J. gen. Physiol. **36**, 227 (1952). — [136] CHARALAMPOUS, F. C., and G. C. MUELLER: J. biol. Ch. **201**, 161 (1953). — [137] CHAUVEAU, J., et LE-VAN-HUNG: Cr. **235**, 1248 (1952). — [138] CRANE, R. K., and A. SOLS: J. biol. Ch. **203**, 273 (1953). — [139] PERRY, S. V.: Biochim. biophysica Acta, N. Y. **8**, 499 (1952). — [140] NYBERG, A., J. SCHUBERTH u. L. ÄNGÅRD: Acta chem. scand. **7**, 1170 (1953). — [141] WEISS, B.: J. biol. Ch. **201**, 31 (1953). — [142] ROBERTS, E., and H. M. BREGOFF: J. biol. Ch. **201**, 393 (1953). — [143] BESSMAN, S. P., J. ROSSEN and E. C. LAYNE: J. biol. Ch. **201**, 385 (1953). — [144] POGELL, B. M., and R. W. McGILVERY: J. biol. Ch. **197**, 293 (1952). — [145] SCHNEIDER, W. C., G. H. HOGEBOOM, E. SHELTON and M. J. STRIEBICH: Cancer Res. **13**, 285 (1953). — [146] KUFF, E. L.: J. biol. Ch. **207**, 361 (1954).

[1] GREENSTEIN, J. P., and A. MEISTER: Sumner-Myrbäck **2**/2, 1131.

Tabelle 319. Intracelluläre Verteilung von

Substanz	Tierart*, Gewebe	Homogenat	Zellkerne	Mitochondrien
Vitamin A	A, b		7,0	41
	A, b			1000—6800
	A, b	187	29	35
	A, b	625	137	118
	D, b			0
Vitamin A-ester	A, b	100	0,9—6,9	0,2—4,0
Vitamin A-alkohol	A. b	100	0—8,8	0—11,4
Aneurin	D, a	0,09	0,74	
	E, e	3,2	9,0	
Cocarboxylase	A, b	11,3—12,8	1,3—2,0	3,5—3,8
	H, f	0,16—0,19	3,22—3,82	
α-Lipoinsäure	A, b	100	15	70
Lactoflavin	A, a	17,5	3,8	8,7
	A, b	26,93	2,89	10,47
	A, c	15,6	2,9	6,3
	B, b	5,5	0,6	2,6
	C, b	4,0	0,8	1,2
	D, a	0,83	0,70	
	E, e	3,4	13	
	I, b	17,06	2,21	7,40
Nicotinsäure	D, a	13	9,5	
	E ,e	32	90	
Pyridoxin	A, a	6,0	0,5	2,0
	A, b	6,4	0,3	2,6
	C, b	1,5	0,2	0,5
	D, a	0,087	0,09	
	E, e	0,44	0,42	
Pantothensäure	A, b	1,9	0,2	0,3
	C, b	4,8—5,2	0,8—1,4	0,8—1,0
	D, a	6,0	4,3	
	E, e	7,5	27	
Coenzym A	A, b	166—174	39—40	82—95
	C, b	15—30	2,9—4,2	4,4—9,4
Inosit	D, a	45	40	
	E, e	760	200	
Folsäure	A, b	2464		192
	D, a	1,7	1,3	
	E, e	0,11	0,39	
Folininsäure	A, a	1,837	0,142	0,725
	A, b	156		11,1
Biotin	D, a	0,035	0,027	
	E, e	0,052	0,025	
Vitamin B_{12}	A, a	510	42	275
	A, d	300	40	
Antidiuretisches Hormon	G, e	1,0	1,7	0,4

* A = Leber, B = Leber nach Buttergelbfütterung, C = Hepatom nach Buttergelb, I = Leber bei Eiweißmangelnahrung, K = Nebenniere, L = Placenta. — a = Maus,

Vitaminen, Cofermenten und Hormonen.

Mikrosomen	Cytoplasma	Dimension	Lit.**
0,8	156	γ/l Leber (Zellkerne nicht rein)	1
		Einheiten/100 mg Mitochondrienlipide	16
116		γ/g Frischgewicht bei Stallfutter	18
323		γ/g Frischgewicht nach 7000 IE per os 2 Wochen lang	18
			16
0,9—9,3	0,8—11,4	% vom Homogenat; 80—95 % in partikelfreier Fettschicht	19
10,3—27,3	13,2—31,8	% vom Homogenat; 40—65 % in partikelfreier Fettschicht	19
		mg% vom Trockengewicht (Zellkerne nach BEHRENS)	2
		mg% vom Trockengewicht (Zellkerne nach BEHRENS)	2
0,2—0,5	5,0—5,2	γ/g Leber bzw. Leberfraktion	13
		γ/100 cm³ Hühnerblut	3
15		% vom Homogenat	12
2,0	3,6	γ/g Frischgewicht	4
7,62	6,98	γ/g Frischgewicht	15
1,5	3,3	γ/g Frischgewicht	4
0,9	1,4	γ/g Frischgewicht	5
0,6	1,7	γ/g Frischgewicht	5
		mg% vom Trockengewicht	2
		mg% vom Trockengewicht	2
4,28	5,92	γ/g Frischgewicht	15
		mg% vom Trockengewicht	2
		mg% vom Trockengewicht	2
0,3	3,0	γ/g Frischgewebe	6
0,4	3,1	γ/g Frischgewebe	6
0,2	0,9	γ/g Frischgewebe	6
		mg% vom Trockengewicht	2
		mg% vom Trockengewicht	2
0,1	0,5	γ/g Frischgewebe	7
0—0,4	0,9—2,1	γ/g Frischgewebe	7
		mg% vom Trockengewicht	2
		mg% vom Trockengewicht	2
3,8—8,6	33—57	LIPMANN-Einheiten/g Frischgewebe	7
0—0,3	6,3—12	LIPMANN-Einheiten/g Frischgewebe	7
		mg % vom Trockengewicht	2
		mg % vom Trockengewicht	2
		mγ/g Leber	22
		mg% vom Trockengewicht	2
		mg % vom Trockengewicht	2
0,011	1,067	γ/g Frischgewebe bzw. Fraktion daraus	8
		mγ/g Leber	22
		mg % vom Trockengewicht	2
		mg % vom Trockengewicht	2
24	150	mγ/g Frischgewebe	8
		γ%	9
1,8	4,4	in 180 min nach 5 cm³ H_2O per os ausgeschiedene cm³ Harn bei Ratten	10

D = Krebsgewebe, E = Herz, F = Schilddrüse, G = Hypophyse, H = Erythrocyten, b = Ratte, c = Hamster, d = Schwein, e = Rind, f = Huhn, g = Mensch. ** s. S. 1096.

Tabelle 319.

Substanz	Tierart* Gewebe	Homogenat	Zellkerne	Mitochondrien
Gonadotropes Hormon	G	100		100
	G, b	32		
	G, b	201	35	36
Choriongonadotropin	L, g	1,3	2,7	1,7
Thyroxin	F, d		47,16	33,55
^{131}J-Thyroxin	A, b	100	20	25
Dijodtyrosin	F, d		93,83	66,30
Adrenalin	K, e	100		65

* s. S. 1094.

drienzahl berücksichtigt wird[1]. Zwischen Zellteilung und Mitochondrien-„Vermehrung" besteht kein zahlenmäßiger Zusammenhang[2], sondern sie erfolgen unabhängig voneinander.

In neuester Zeit ist der Mitochondrienzählung besondere Aufmerksamkeit geschenkt worden. Unter verschiedensten experimentellen Bedingungen wie Leberregeneration oder chemischer Krebsauslösung, kommt es zur Erniedrigung der Mitochondrienzahl pro Zelle, gelegentlich, z. B. nach Verfütterung eines nicht cancerogenen Azofarbstoffes, auch zur Vermehrung[3, 4]. Bei der Leberregeneration finden sich ferner starke Verschiebungen der Konzentration kleinster Cytoplasmapartikel, die bisher nur durch ihr Sedimentationsverhalten charakterisiert werden können, weil sie noch wesentlich kleiner als Mikrosomen sind[5]; im Verlauf der Regeneration nehmen die kleineren dieser „Makromoleküle" von 38 und 27 S auf Kosten der größeren mit 72 und 49 S erheblich zu. Daß

Literatur zu Tabelle 319:
[1] Collins, F. D.: Biochem. J. **51**, XXXVIII (1952). — [2] Isbell, E. R., H. K. Mitchell, A. Taylor and R. J. Williams: Univ. Texas Publ. **4237**, 81 (1942). — [3] Smits, G., and E. Florijn: Biochim. biophysica Acta, N. Y. **5**, 297 (1950). — [4] Price, J. M., J. A. Miller and E. C. Miller: Cancer Res. **11**, 523 (1951). — [5] Price, J. M., J. A. Miller, E. C. Miller and G. M. Weber: Cancer Res. **9**, 96 (1949). — [6] Price, J. M., E. C. Miller and J. A. Miller: Proc. Soc. exp. Biol. Med. **71**, 575 (1949). — [7] Higgins, H., J. A. Miller, J. M. Price and F. M. Strong: Proc. Soc. exp. Biol. Med. **75**, 462 (1950). — [8] Swendseid, M. E., F. H. Bethell and W. W. Ackermann: J. biol. Ch. **190**, 791 (1951). — [9] Siebert, G., K. Lang u. H. Lang: B. Z. **321**, 543 (1950/51). — [10] Graffi, A.: Arch. Geschwulstforsch. **3**, 222 (1951). — [11] Rerabek, J.: Biochim. biophysica Acta, N. Y. **8**, 389 (1952). — [12] Reed, L. J., and M. J. Cormier: Proc. Soc. exp. Biol. Med. **77**, 724 (1951). — [13] Goethart, G.: Biochim. biophysica Acta, N. Y. **8**, 479 (1952). — [14] Catchpole, H. R.: Fed. Proc. **7**, 19 (1948). — [15] Muntwyler, E., S. Seifter and D. M. Harkness: J. biol. Ch. **184**, 181 (1950). — [16] Goerner, A., and M. M. Goerner: J. biol. Ch. **123**, 57 (1938). — [17] Lipner, H. J., S. B. Barker and T. Winnick: Endocrinology **51**, 406 (1952). — [18] Powell, L. T., and R. F. Krause: Arch. Biochem. **44**, 102 (1953). — [19] Krinsky, N. I., and J. Ganguly: J. biol. Ch. **202**, 227 (1953). — [20] Blaschko, H., and A. D. Welch: A. e. P. P. **219**, 17 (1953). — [21] McShan, W. H., R. Rozich and R. K. Meyer: Endocrinology **52**, 215 (1953). — [22] Williams, J. N. jr., A. Sreenivasan, S.-C. Sung and C. A. Elvehjem: J. biol. Ch. **202**, 233 (1953). — [23] Hagen, P.: J. Physiol., London **123**, 53 P (1954). — [24] Siebert, G., u. G. Stark: Klin. Wo. **1954**, 732.

[1] Bertrand, I., J. Nordmann et R. Nordmann: Presse méd. **1952**, 409. — Nordmann, J., et R. Nordmann: Bull. Acad. nat. Méd. Paris **1952**, 402. — [2] Potter, V. R., J. M. Price, E. C. Miller and J. A. Miller: Cancer Res. **10**, 28 (1950). — [3] Allard, C., G. de Lamirande and A. Cantero: Cancer Res. **12**, 580 (1952). Canad. J. med. Sci. **30**, 543 (1952); **31**, 103 (1953). — [4] Shelton, E., W. C. Schneider and M. J. Striebich: Anat. Rec. **112**, 388 (1952). Exp. Cell Res. **4**, 32 (1953). — Striebich, M. J., E. Shelton and W. C. Schneider: Cancer Res. **13**, 279 (1953). — Schneider, W. C., G. H. Hogeboom, E. Shelton and M. J. Striebich: Cancer Res. **13**, 285 (1953). — [5] Petermann, M. L., N. A. Mizen and M. G. Hamilton: Cancer Res. **13**, 372 (1953).

(Fortsetzung.)

<table>
<tr><th>Mikrosomen</th><th>Cytoplasma</th><th>Dimension</th><th>Lit.</th></tr>
<tr><td></td><td></td><td>% vom Homogenat</td><td>14</td></tr>
<tr><td>25</td><td></td><td>Aktivität als mg Ovargewicht, normal</td><td>21</td></tr>
<tr><td>159</td><td>55</td><td>Aktivität als mg Ovargewicht, kastriert</td><td>21</td></tr>
<tr><td colspan="2">1,4</td><td>Int. Einheiten/mg N . . . .</td><td>24</td></tr>
<tr><td>42,98</td><td>163,4</td><td>mg% vom Trockengewicht</td><td>11</td></tr>
<tr><td colspan="2">55</td><td>% vom Homogenat, Speicherung nach Zufuhr</td><td>17</td></tr>
<tr><td></td><td>183,0</td><td>mg% vom Trockengewicht</td><td>11</td></tr>
<tr><td></td><td></td><td>% vom Homogenat</td><td>20, 23</td></tr>
</table>

solche Veränderungen in den meisten Fällen alle morphologischen Zellelemente betreffen, zeigen z. B. Arbeiten über den Einfluß der Ernährung[1], der Leberregeneration[2], der Stickstofflostanwendung bei Leberregeneration[3], der 2-Acetylaminofluorenverfütterung[4] oder eines traumatischen Schocks[5] auf die Zusammensetzung der Leberzelle und ihrer Fraktionen.

c) Der Zellkern.

α) Chemischer Aufbau.

Der Zellkern ist durch die Zellkernmembran von der übrigen Zelle abgetrennt; über die chemische Zusammensetzung dieser Membran ist noch nichts bekannt. Wahrscheinlich erfüllt sie aber sehr wesentliche Funktionen im Stoffwechselgeschehen des Zellkerns. Einige allgemeine Zahlenangaben über Zellkerne s. Tab. 320 bis 335 (S. 1098—1101).

Die wesentlichen Strukturelemente des Zellkerns sind die *Chromosomen* und der *Nucleolus*. Die Chromosomen sind der Sitz der Gene und damit des Vererbungsgeschehens; der Nucleolus ist vermutlich der stoffwechselmäßig aktivste Ort des Zellkerns. Nur während der Zellteilung sind im allgemeinen die Chromosomen deutlich formiert und damit der morphologischen Beobachtung zugänglich. Verschiedentlich ist aus Zellkernen oder auch Geweben fädiges Material isoliert und als Chromosomen bezeichnet worden; ob dies tatsächlich zutrifft, dürfte noch nicht ganz schlüssig entschieden sein. Auf diese Untersuchungen[6—11] soll deshalb hier nicht näher eingegangen werden. Erste Versuche zur Isolierung und Untersuchung tierischer Nucleoli s.[12].

Der Zellkern enthält, in der Hauptsache wohl an den Chromosomen, zwei für ihn charakteristische, in der übrigen Zelle nicht vorkommende Bausteine: Desoxyribonucleinsäure (DNS) und ein basisches Protein (Protamin bei niederen Tieren, Histon bei Säugetieren), die in salzartiger Bindung als Desoxyribonucleoproteide vorliegen. Der Gehalt des einzelnen Zellkerns an DNS ist bemerkenswert konstant, wie Tab. 327 zeigt. Angaben, die lediglich willkürliche Einheiten

[1] Harrison, M. F.: Biochem. J. **55**, 204 (1953). — [2] Fukuda, M., and A. Shibatani: J. Biochem. **40**, 95 (1953). — [3] Ultmann, J. E., E. Hirschberg and A. Gellhorn: Cancer Res. **13**, 14 (1953). — [4] Laird, A. K., and E. C. Miller: Cancer Res. **13**, 464 (1953). — [5] Gavosto, F., et F. Moyson: Exper. **9**, 263 (1953). — [6] Claude, A.: Trans. N. Y. Acad. Sci. (2) **4**, 79 (1942). — [7] Claude, A., and J. S. Potter: J. exp. Med. **77**, 345 (1943). — [8] Mirsky, A. E.: Cold Spring Harbor Symp. quant. Biol. **12**, 143 (1947). — Mirsky, A. E., and H. Ris: J. gen. Physiol. **34**, 451, 475 (1951). — [9] Polli, E. E.: Exper. **7**, 138 (1951). — [10] Yasuzumi, G., and G. Miyao: Science, N. Y. **114**, 38 (1951). Exp. Cell Res. **2**, 153 (1951). — [11] Yasuzumi, G., T. Yamanaka, S. Morita, Y. Yamamoto u. J. Yokoyama: Exper. **8**, 218 (1952). — [12] Litt, M., K. J. Monty and A. L. Dounce: Cancer Res. **12**, 279 (1952).

Tabelle 320. Allgemeine Zahlenangaben für den Zellkern.

Tierart und Gewebe	Eigenschaft		Lit.
Rattenleber	Zellzahl je g $133 \cdot 10^6$		1
Regenerierende Rattenleber	Zellzahl je g $123 \cdot 10^6$		
Rattenleber mit Hepatom	Zellzahl je g $92 \cdot 10^6$		
Hepatom	Zellzahl je g $554 \cdot 10^6$		
Rattenleber	Plasma-Kern-Relation	5,85	2
Hepatom	Plasma-Kern-Relation	3,04	
Rinderherz	Prozentualer Gehalt des Gewebes an Zellkernen (aus DNS-Analysen)	5	3
Kalbsherz		6	
Kalbsleber		13	
Kalbsniere		20	
Kalb, Nierenrinde		17	
Kalbsthymus		61	
Kalb, Knochenmark		13	
Rinderpankreas		9	
Pferdepankreas		15	
Pferdeleber		9	
Hühnerniere		15	
Hühnererythrocyten		14	
Rattenleber	Zellkernzahl $\cdot 10^6$ je g Frischgewebe	137—165	4
Rattenleber nach Fütterung von Buttergelbderivaten		126—435	
Rattenherz	Durchmesser des Zellkerns	2—4 μ	5
Rattenleber	Durchmesser der Zelle	25—30 μ	6
Rattenleber	Volumen des Zellkerns	220—230 μ^3	7
Rattenleber	Volumen des Zellkerns	330 μ^3	8
Rattenleber, 10 Std nach partieller Hepatektomie		120 μ^3	8
Mensch, Cervixepithel	Volumen des Zellkerns	335 μ^3	19
Mensch, Cervix-Carcinom	Volumen des Zellkerns	769 μ^3	19
Kaninchen, Vorderhornzelle	Zellvolumen $18{,}5—53 \cdot 10^3\,\mu^3$		20
	RNS-Gehalt im Mittel 0,67 %		20
Kaninchenleber	Volumen des Zellkerns und N-Gehalt	6% d. Zelle	9
Erythrocyten	Volumen des Zellkerns	10% d. Zelle	10
Uterus	Volumen des Zellkerns	80 μ^3	11
Kalbsthymus	Trockengewicht des Zellkerns in 10^{-12} g	28,2	12
Kaninchenleber		44,4	
Rattenleber		79,4	
Rattenleber nach 72 Std Hunger		66,5	
Hühnerleber (Tumortier)		16,5	
Hühnererythrocyt		11,1	
Hühnererythrocyt (Tumortier)		9,9	
Hühnertumor GRCH 15		217	

[1] ALLARD, C., R. MATHIEU, G. DE LAMIRANDE and A. CANTERO: Cancer Res. **12**, 407 (1952). — [2] SCHNEIDER, W. C.: Cancer Res. **5**, 717 (1945). — [3] ALLFREY, V., H. STERN, A. E. MIRSKY and H. SAETREN: J. gen. Physiol. **35**, 529 (1952). — [4] PRICE, J. M., E. C. MILLER, J. A. MILLER and G. M. WEBER: Cancer Res. **10**, 18 (1950). — [5] HORT, W.: Virchows Arch. **320**, 197 (1951). — [6] WINNICK, T., F. FRIEDBERG and D. M. GREENBERG: J. biol. Ch. **175**, 117 (1948). — [7] LECOMTE, C., et A. DE SMUL: Cr. **234**, 1400 (1952). — [8] HARKNESS, R. D.: J. Physiol., London **117**, 267 (1952). — [9] MARSHAK, A.: J. gen. Physiol. **25**, 275 (1941). — [10] PONDER, E.: Haemolysis and Related Phenomena. New York 1948. — [11] ALFERT, M., and H. A. BERN: Proc. nat. Acad. Sci. USA **37**, 202 (1951). — [12] MCINDOE, W. M., and J. N. DAVIDSON: Brit. J. Cancer **6**, 200 (1952). — [13] ENGSTRÖM, A., and B. LINDSTRÖM: Nature **163**, 563 (1949). — [14] SOLOWIEWA, M.: Acta cancrol., Budapest **2**,

Tabelle 320. (Fortsetzung.)

Tierart und Gewebe	Eigenschaft		Lit.
Hund, Magenschleimhaut	Trockensubstanz der Hauptzellen $0{,}4-0{,}5 \cdot 10^{-12}\ g/\mu^3$		21
	Trockensubstanz der Belegzellen $0{,}15-0{,}3 \cdot 10^{-12}\ g/\mu^3$		21
Nervengewebe	Trockensubstanz in γ/μ^2 $0{,}9 \cdot 10^{-6}$ Zellkern; $1{,}6 \cdot 10^{-6}$ Nucleolus		13
Normale Gewebe	Isoelektrischer Punkt des Zellkerns	3,6—4,0	14
Krebsgewebe		3,2—4,0	14
Schweineniere		3,5—4,0	15
Hühnererythrocyten		3,1—3,2	16
Froschei (Nucleolus)		3,6—4,4	17
Seeigelei	Dichteunterschied zwischen Zellkern und Nucleolus	0,1	18

Tabelle 321. Analysen von Schweinenieren-Zellkernen (prozentuale Verteilung von Gesamt-N und Gesamt-P auf „Fraktionen" nach SCHNEIDER)[1].

Gesamt-N : Gesamt-P 7,93.

	P	N
Säurelösliche Fraktion	7,5	7,2
Gesamt-Lipide	8,0	4,8
Nucleinsäuren	57,5	22,6
Restfraktion	27,0	65,4

Tabelle 322. Phosphorfraktionen in Erythrocyten-Zellkernen vom Huhn (mg P, Analyse nach SCHMIDT-THANNHAUSER)[2].

	I	II	III	IV
Gesamt-P	124,0	132,5	132,7	130,6
Anorganischer P	1,27	2,23	1,96	1,23
Säurelöslicher P	7,96	3,93	4,35	10,38
Lipoid-P		16,9	12,8	13,4
RNS-P		4,8	4,1	3,0
Phosphoproteid-P		1,6	0,4	1,6
DNS-P			112,0	102,2

I—IV: 4 Parallel-Untersuchungen

321 (1936). — [15] LANG, K., u. G. SIEBERT: Unveröffentlicht. — [16] LASKOWSKI, M., and D. L. RYERSON: Arch. Biochem. **3**, 227 (1944). — [17] GERSCH, M.: Z. Zellforsch. (A) **30**, 483 (1939/40). — [18] HARDING, C. V.: Proc. Soc. exp. Biol. Med. **70**, 705 (1949). — [19] MELLORS, R. C., J. F. KEANE jr. and G. N. PAPANICOLAOU: Science, N. Y. **116**, 265 (1952). — [20] EDSTRÖM, J.: Biochim. biophysica Acta, N. Y. **11**, 300 (1953). — [21] ENGSTRÖM, A., and B. MALMSTROM: Acta physiol. scand. **27**, 91 (1953).

[1] SIEBERT, G., K. LANG, S. LUCIUS u. G. ROSSMÜLLER: B. Z. **324**, 311 (1953). — [2] ENGBRING, V. K., and M. LASKOWSKI: Biochim. biophysica Acta, N. Y. **11**, 244 (1953).

Tabelle 323. Stickstoff- und Phosphorverbindungen in Zellkernen.

Substanz	Tierart und Gewebe	Menge	Lit.
Stickstoff	Kalb, Thymus	17 % vom Trockengewicht	1
	Fisch, Spermatozoen	19,8% vom Trockengewicht	2
	Maus, Milz	$3{,}5 \cdot 10^{-6}\,\gamma$ je Zellkern	3
	Maus, leukämische Milz	$6{,}0 \cdot 10^{-6}\,\gamma$ je Zellkern	3
	Rind, Lunge	13,8% vom Trockengewicht	4
Rest-N	Schwein, Niere	0,3 % vom Frischgewicht	6
Carboxyl-N	Schwein, Niere	0,06% vom Frischgewicht	6
Peptid-N	Schwein, Niere	0,12% vom Frischgewicht	6
Eiweiß	Kalb, Thymus	74 % vom lipidfreien Trockengewicht	4
	Rind, Herz	83,5% vom lipidfreien Trockengewicht	4
	Kalb, Herz	80 % vom lipidfreien Trockengewicht	4
	Kalb, Niere	79 % vom lipidfreien Trockengewicht	4
	Kalb, Leber	85 % vom lipidfreien Trockengewicht	4
	Kalb, Knochenmark	76,5% vom lipidfreien Trockengewicht	4
	Rind, Pankreas	81,5% vom lipidfreien Trockengewicht	4
	Pferd, Pankreas	76 % vom lipidfreien Trockengewicht	4
	Pferd, Leber	88 % vom lipidfreien Trockengewicht	4
	Huhn, Erythrocyten	74,5% vom lipidfreien Trockengewicht	4
	Maus, Leber	66 % vom Trockengewicht	5
Arginin	Fisch, Spermatozoen	30,4% vom Trockengewicht	2
Hexosamin	verschiedene	0,3—0,8% vom Trockengewicht	8
Phosphor	Kalb, Thymus	3,1% vom Trockengewicht	1
	Fisch, Spermatozoen	5,8% vom Trockengewicht	2
Phosphatide	Maus, Leber	3,4% vom Trockengewicht	5
Nucleoproteide	Hühnerembryo, Muskel	25—44 % vom Trockengewicht	7
Desoxyribonucleinsäure	Maus, Leber	27 % vom Trockengewicht	5
	Kalb, Thymus	30—33 % vom Trockengewicht	1
Ribonucleinsäure	Maus, Leber	3,4% vom Trockengewicht	5
RNS : DNS	Hühnerembryo, Muskel	0,1—0,2	7

Tabelle 324. Lipide im Zellkern (bezogen auf Trockengewicht)[1].

Tierart und Gewebe	Neutralfett-Fettsäuren		Cholesterin	Phospholipoide	Phosphatid-Fettsäuren	
	%	Jodzahl	%	%	%	Jodzahl
Rind, Herz	6,5	126	3,6	15,7	9,8	70
Kaninchen, Muskel	1,8	80	3,6	4,0	3,0	70
Ratte, Carcinosarkom 256	18		4,6	10,5	7,5	30
Mensch, Empyem-Eiterzellen	26		2,5		12,0	27

Literatur zu Tabelle 322:

[1] Euler, H. v., I. Fischer, H. Hasselquist u. M. Jaarma: Ark. Kemi, Mineral. Geol. **21** A, Nr. 12 (1945). — [2] Felix. K.: Exper. **8**, 312 (1952). — [3] Schneider, R. M., and M. L. Petermann: Cancer Res. **10**, 751 (1950). — Petermann, M. L., and R. M. Schneider: Cancer Res. **11**, 485 (1951). — [4] Allfrey, V., H. Stern, A. E. Mirsky and H. Saetren: J. gen. Physiol. **35**, 529 (1952). — [5] Barnum, C. P., C. W. Nash, E. Jennings, O. Nygaard and H. Vermund: Arch. Biochem. **25**, 376 (1950). — [6] Siebert, G., K. Lang, L. Müller, S. Lucius, E. Müller u. E. Kühle: B. Z. **323**, 532 (1952/53). — [7] Robinson, D. S.: Biochem. J. **52**, 628 (1952). — [8] Byčkov, S. M., I. B. Zbarskij, A. I. Chazanova u. V. A. Fomina: Dokl. Akad. Nauk SSSR (N. S.) **78**, 99 (1951) [Ber. Physiol. **153**, 14].

[1] Stoneburg, C. A.: J. biol. Ch. **129**, 189 (1939).

Tabelle 325. Phospholipoide im Zellkern[1].

Tierart und Gewebe	mg % vom Trockengewicht	$\gamma \cdot 10^{-6}$ je Zellkern
Kaninchen, Leber	59	0,70
Ratte, Leber	49	2,14
Kalb, Thymus	30	0,21
Huhn, Erythrocyten	101	0,40

Tabelle 326.
Mineralstoffe und Spurenelemente in Zellkernen (bezogen auf Trockengewicht).

Element	Tierart und Gewebe	Menge	Lit.
Ca	Kalb, Thymus	1,35 %	2
Mg	Kalb, Thymus	0,07 %	2
Fe	Rind, Herz	0,0098 %	3
	Gans, Erythrocyten	0,08 %	3
	Huhn, Erythrocyten	0,104 %	3
Nichthämin-Fe	Rind, Herz	0,010 %	3
	Gans, Erythrocyten	0,034 %	3
	Huhn, Erythrocyten	0,0353 %	3
Mo	Schweineniere	0,14 —0,43 mg %	4
	Schweineleber	0,21 —0,59 mg %	4
Cr	Schweineniere	0,75 —0,84 mg %	4
	Schweineleber	0,60 —0,65 mg %	4
Co	Schweineniere	0,027—0,08 mg %	4
	Schweineleber	0,013—0,035 mg %	4
Zn	Schweineniere	0,72 —1,00 mg %	4
	Schweineleber	0,56 —0,83 mg %	4
Cu	Schweineniere	1,32 —3,40 mg %	4
	Schweineleber	0,51 —0,90 mg %	4
Sn	Schweineniere	0	4
	Schweineleber	0	4
Ni	Schweineniere	1,2 —1,7 mg %	4
	Schweineleber	0,65 —0,90 mg %	4
Mn	Schweineniere	0	4
	Schweineleber	0,045—0,15 mg %	4

Tabelle 327. Nucleinsäuregehalt von Zellkernen (in $\gamma \cdot 10^{-6}$ je Zellkern; DNS = Desoxyribonucleinsäure, RNS = Ribonucleinsäure).

Tierart* und Gewebe	DNS	RNS	Lit.	Tierart* und Gewebe	DNS	RNS	Lit.
A, a	8,8		5	A, g	5,0—5,5		4
A, a	5,8—6,3		4	A, h	7,23	0,70	7
A, b	5,8		4	A, h	6,5	1,1	16
A, c	6,5	0,3—0,5	1	A, h	5,3		4
A, c	6,4	0,3	2–4	A, i	5,9	0,9	3, 4
A, d	6,5		6	A, k	10,8—11,0		8
A, e	5,0	1,5	3, 4	A, k	9,3	2,7	16
A, f	5,4—6,1		4	A, k	5,6—6,4		9

[1] McIndoe, W. M., and J. N. Davidson: Brit. J. Cancer **6**, 200 (1952). — [2] Williamson, M. B., and A. Gulick: J. cellul. comp. Physiol. **23**, 77 (1944). — [3] Stern, H., V. Allfrey, A. E. Mirsky and H. Saetren: J. gen. Physiol. **35**, 559 (1952). — [4] Lang, K., G. Siebert u. H. J. Eichhoff: Unveröffentlicht.

* s. s. 1102.

Tabelle 327. (Fortsetzung.)

Tierart* und Gewebe	DNS	RNS	Lit.	Tierart* und Gewebe	DNS	RNS	Lit.
A, k	7,5—8,1		20	F, k	5,7	0,48—1,44	17
A, k	7,9	0,90—2,05	17	F, l	6,5	0,3—0,5	11
A, k	8,6		2	F, l	6,6		21
A, k	6,0**		2	G, l	7,3—7,5		21
A, k	10,5**		2	G, l	9,0	1,0—1,6	11
A, k	19,5**		2	H, a	6,7—6,9		12
A, k	10,4		23	H, a	6,2		5
V, k	14,2		23	H, c	6,7—6,9		12
W, k	12 6		23	H, e	6,7—6,9		12
A, l	6,0		4	H, f	6,7—6,9		12
A, m	2,4		6, 19	H, g	6,7—6,9		12
A, m	2,7	0,5	16	H, k	5,7		17
A, n	2,1		4	H, l	6,8		14
A, o	2,0		6	H, m	2,5		12
A, p	2,8—3,2		4	H, n	2,5		12
A, p	3,3		6	I, a	7,7		5
A, q	15,7		6	K, a	6,2—9,7		5
A, r	5,1		6	K, k	5,9		17
B, k	6,0—8,1		9	L, k	5,9		9
C, a	7,3		5	M, l	12,5		14
C, c	6,5	0,3—0,5	1	N, m	5,0	6,3	16
C, c	5,9	0,5	3, 4	O, a	2,77		5
C, e	5,2	0,7	3, 4	O, c	3,4		1
C, g	5,3		4	O, c	3,3	0,1	2, 3
C, k	6,5		10	O, p	1,6		18
C, k	5,8	0,77—1,86	17	O, s	1,0		15
C, k	7,2		22	O, t	0,87		18
C, l	5,0		4	P, s	25		15
D, c	6,5	0,3—0,5	1	Q, m	2,62	0,09	7
D, c	6,9	1,4	3, 4	Q, m	2,3	0,2	16
D, k	6,3		17	Q, n	2,0—2,3		4, 13
E, d	6,5	0,3—0,5	1	Q, p	3,3		18
E, d	6,4	0,5	2, 3	Q, t	1,7		18
E, d	6,6		4	R, k	5,9	0,27—2,30	17
E, d	6,90—7,30	0,4	16	S, k	5,8		17
E, k	6,3		9	T, k	6,5	1,20—1,68	17
E, k	6,2	0,40—1,12	17	U, k	6,2	0,93—2,28	17
F, c	6,8		18	Escheri-			1, 3
F, k	6,5		9	chia coli	0,01		1, 3

* A = Leber, B = Lebertumor, C = Niere, D = Pankreas, E = Thymus, F = Milz, G = Milz mit Leukämie, H = Leukocyten, I = Prostata, K = Knochenmark, L = Hautkrebs, M = Ascitestumor, N = Tumor GRCH 15, O = Spermatozoen, P = Ei, Q = Erythrocyten, R = Lunge, S = Herz, T = Dünndarm, U = Speicheldrüse, V = regenerierende Leber, 36 Std nach Operation, W = regenerierende Leber, 60 Std nach Operation. — a = Mensch, b = Pferd, c = Rind, d = Kalb, e = Schwein, f = Hammel, g = Hund, h = Kaninchen, i = Meerschweinchen, k = Ratte, l = Maus, m = Huhn, n = Ente, o = Fisch, p = Karpfen, q = Ochsenfrosch, r = Schildkröte, s = Seeigel, t = Hecht.

** 3 Größenklassen auf Grund cytochemischer Messungen; der darüber genannte Wert von 8,6 ist das chemisch gefundene Mittel.

Literatur zu Tabelle 327:

[1] BOIVIN, A., R. VENDRELY et C. VENDRELY: Cr. **226**, 1061 (1948). — [2] LEUCHTENBERGER, C., R. LEUCHTENBERGER, C. VENDRELY and R. VENDRELY: Exp. Cell Res. **3**, 240 (1952). — [3] VENDRELY, R., et C. VENDRELY: Exper. **4**, 434 (1948). — [4] VENDRELY, R., et C. VENDRELY: Exper. **5**, 327 (1949). — [5] DAVIDSON, J. N., I. LESLIE and J. C. WHITE: Lancet **1951 I**, 1287. — [6] RIS, H., and A. E. MIRSKY: J. gen. Physiol. **33**, 125 (1949). —

nach Absorptionsmessungen am Gewebsschnitt betreffen[1,2], sind nicht mit berücksichtigt. Aus den Daten der Tab. 327 lassen sich zwei sehr wesentliche Folgerungen ableiten: Die Konstanz sowohl des Erbgutes als auch der Chromosomenzahl, welche für jede Species charakteristisch ist, drückt sich auch in dem speciesspezifischen DNS-Gehalt der betreffenden Zellkerne aus. Haploide, der Fortpflanzung dienende Zellen enthalten nur die Hälfte der normalen DNS-Menge. Abweichungen von diesen Zahlen, wie sie besonders in der Rattenleber vorkommen, machen mit einiger Regelmäßigkeit stets ein Vielfaches des Normalen aus; die Beobachtung heteroploider Zellkerne (triploid, tetraploid) findet darin eine Bestätigung. Zur entwicklungsgeschichtlichen Bedeutung s. [3].

Bei Hefen läßt sich das Ausmaß der Polyploidie direkt aus DNS-Analysen ersehen; andere Zellbestandteile zeigen keine so strenge Abhängigkeit[4].

Die cytologische Beobachtung einzelner Zellkerne dagegen lehrt, daß die — mit chemischen Analysen nicht faßbare — DNS-Synthese im Verlauf eines Zellteilungscyclus während der Interphase stattfindet[5–7].

Wegen dieser Konstanz des DNS-Gehaltes pro Zellkern ist durch eine Bestimmung des DNS-Gehaltes in Geweben eine ganz vorzügliche Bezugsbasis gegeben für alle Fragestellungen und Messungen, bei denen, wenn klare Antworten erhalten werden sollen, die gefundenen Werte auf die Zahl der Zellen bezogen werden müssen[8,9]. Nicht wenige Befunde der älteren Zeit über Veränderungen der Organzusammensetzung infolge Krebsentstehung oder äußeren Einflüssen (z. B. Ernährung) sollten auf Grund dieser Berechnungsmöglichkeiten einer Überprüfung unterzogen werden[10].

Durchschnittswerte für den einzelnen Zellkern verschiedener Gewebe derselben Tierart sind nach VENDRELY[11] in Tab. 328 zusammengestellt.

Bei einfach aufgebauten Zellkernen, wie z. B. aus Fischspermatozoen, entspricht einem Mol P ungefähr ein Mol Arginin[12]; ein konstantes DNS : Arginin-Verhältnis findet sich jedoch nicht bei allen Fischspermien, hingegen bei allen untersuchten Fischerythrocyten; es beträgt hier 5,0 bis 5,4[13].

[7] DAVIDSON, J. N., and W. M. MCINDOE: Biochem. J. **45**, XVI (1949). — [8] CAMPBELL, R. M., and H. W. KOSTERLITZ: Science, N. Y. **115**, 84 (1952). — [9] CUNNINGHAM, L., A. C. GRIFFIN and J. M. LUCK: J. gen. Physiol. **34**, 59 (1950). — [10] LEUCHTENBERGER, C., R. VENDRELY and C. VENDRELY: Proc. nat. Acad. Sci. USA **37**, 33 (1951). — [11] SCHNEIDER, R. M., and M. L. PETERMANN: Cancer Res. **10**, 751 (1950). — PETERMANN, M. L., and R. M. SCHNEIDER: Cancer Res. **11**, 485 (1951). — [12] MANDEL, P., P. MÉTAIS et S. CUNY: Cr. **231**, 1172 (1950). — [13] VENDRELY, R., et C. VENDRELY: Cr. **228**, 1256 (1949). — [14] GOLDBERG, L., E. KLEIN and G. KLEIN: Exp. Cell Res. **1**, 543 (1950). — [15] ELSON, D., and E. CHARGAFF: Exper. **8**, 143 (1952). — [16] MCINDOE, W. M., and J. N. DAVIDSON: Brit. J. Cancer **6**, 200 (1952). — [17] THOMSON, R. Y., F. C. HEAGY, W. C. HUTCHISON and J. N. DAVIDSON: Biochem. J. **53**, 460 (1953). — [18] VENDRELY, C.: Bull. biol. France Belg. **86**, 1 (1952). — [19] PHILLIPS, W. E. J., W. A. MAW and R. H. COMMON: Canad. J. Zool. **31**, 167 (1953). — [20] ALBERT, S., R. M. JOHNSON and R. R. WAGSHAL: Science, N. Y. **117**, 551 (1953). — [21] MIZEN, N. A., and M. L. PETERMANN: Cancer Res. **12**, 727 (1952). — [22] KURNICK, N. B.: J. exp. Med. **94**, 373 (1951). — [23] ULTMANN, J. E., E. HIRSCHBERG and A. GELLHORN: Cancer Res. **13**, 14 (1953).

[1] RIS, H., and A. E. MIRSKY: J. gen. Physiol. **33**, 125 (1949). — [2] POLLISTER, A. W., M. HIMES and L. ORNSTEIN: Fed. Proc. **10**, 629 (1951). — [3] MIRSKY, A. E., and H. RIS: J. gen. Physiol. **34**, 451 (1951). — [4] OGUR, M., S. MINCKLER, G. LINDEGREN and C. C. LINDEGREN: Arch. Biochem. **40**, 175 (1952). — [5] WALKER, P. M. B., and H. B. YATES: Proc. R. Soc. London (B) **140**, 274 (1952/53). — [6] FAUTREZ, J., and N. FAUTREZ-FIRLEFYN: Nature **172**, 119 (1953). — [7] STEVENS, C. E., R. DAOUST and C. P. LEBLOND: Canad. J. med. Sci. **31**, 263 (1953). — [8] DAVIDSON, J. N., and I. LESLIE: Nature **165**, 49 (1950). Cancer Res. **10**, 587 (1950). — [9] THOMSON, R. Y., F. C. HEAGY, W. C. HUTCHISON and J. N. DAVIDSON: Biochem. J. **53**, 460 (1953). — [10] SIEBERT, G.: 2. Freiburger Symposium. S. 82. Berlin, Göttingen, Heidelberg 1954. — [11] VENDRELY, C.: Bull. biol. France Belg. **86**, 1 (1952). — [12] FELIX, K., H. FISCHER, A. KREKELS u. R. MOHR: H. **287**, 224 (1951). — FELIX, K., u. A. KREKELS: H. **293**, 284 (1953). — [13] VENDRELY, R., et C. VENDRELY: Nature **172**, 30 (1953).

Tabelle 328. DNS-Gehalt je Zellkern
(für die einzelnen Species charakteristischer Mittelwert aus verschiedenen Organen in $\gamma \cdot 10^{-6}$)[1].

Mensch	6,0	Schleie	1,8
Rind	6,4	Aal	1,9
Schwein	5,1	Hecht	1,7
Meerschweinchen	5,9	Alse	2,0
Hund	5,3	Ente	2,2
Kaninchen	5,3	Huhn	2,2
Pferd	5,8	Taube	2,0
Schaf	5,7	Gans	1,9
Ratte	5,7	Pute	1,9
Maus	5,0	Fasan	1,7
Karpfen	3,2	Sperling	1.9
Forelle	4,8		

Die Auszählung der isolierten Zellkerne erfolgt im allgemeinen in der Erythrocyten-Zählkammer[2]; eine am histologischen Schnitt anwendbare Methode s.[3]. Der prozentuale DNS-Gehalt von isolierten Zellkernen geht aus den Tab. 328 u. 329 hervor.

Tabelle 329. DNS-Gehalt lipoidfreier Zellkerne
(in Prozenten des Trockengewichts)[4].

Kalbsthymus	26	Kalbsknochenmark	23.5
Rinderherz	16,5	Rinderpankreas	17
Kalbsherz	19	Pferdepankreas	22
Kalbsniere	17	Pferdeleber	12
Kalbsleber	15	Hühnererythrocyten	25.5

Tabelle 330. Gesamt-Nucleinsäure- und Ribonucleinsäuregehalt isolierter Zellkerne (in % des durch Säureanwendung erhaltenen Materials)[5].

	Gesamt-NS	RNS
Kalbsleber	29,3	1,4
Kalbsthymus	35,4	0,9
Kalbsmilz	33,2	0,9
Kaninchenleber	26,2	2,0
Kaninchenniere	26,0	1,2
Hühnererythrocyten	35,7	0,8
Hühnerleber	30,3	2,1
Hühnerthymus	34,2	1,4
Kabeljausperma	30,3	0,3
Heringsperma	45,8	0,2
Salmsperma	60,2	0,1
Rattenleber normal	26,7	3,7
Rattenleber regenerierend	26,0	4,8

Die im Zellkern vorkommende Ribonucleinsäure (RNS) ist im Kernkörperchen gelegen, wie viele Untersucher gezeigt haben. Das Verhältnis RNS : DNS schwankt zwischen 1 : 3 und 1 : 30, wie Tab. 327 u. 330 lehren. Beziehungen zwischen

[1] VENDRELY, C.: Bull. biol. France Belg. **86**, 1 (1952). — [2] ALBERT, S., R. M. JOHNSON and R. R. WAGSHAL: Science, N. Y. **117**, 551 (1953). — [3] HORT, W.: Virchows Arch. **320**, 197 (1951). — [4] ALLFREY, V., H. STERN, A. E. MIRSKY and H. SAETREN: J. gen. Physiol. **35**, 529 (1952). — [5] MAURITZEN, C. M., A. B. ROY and E. STEDMAN: Proc. R. Soc. London (B) **140**, 18 (1952/53).

Stoffwechselaktivität der betreffenden Zelle und RNS-Gehalt im Zellkern können auf Grund dieser Zahlen und der Umsatzgeschwindigkeit von ^{32}P in der Zellkern-RNS (s. S. 1120) angenommen werden.

Der chemische Aufbau von DNS und RNS ist an anderer Stelle dieses Werkes behandelt (s. Bd. 1, S. 822). Ergänzend sollen hier einige neuere Ergebnisse mitgeteilt werden, die insbesondere die Zusammensetzung der Nucleinsäuren aus den einzelnen Mononucleotiden betreffen (Tab. 331 bis 334). Es ergibt sich daraus eine anscheinend weitgehende Spezifität des Feinbaues der Nucleinsäuren bei verschiedenen Tierarten, deren biologische Bedeutung noch nicht voll zu übersehen ist. Je geringer die systematische Verwandtschaft, desto größer sind anscheinend die Unterschiede. DNS ist asymmetrisch aufgebaut, da durch Desoxyribonuclease-Einwirkung vorwiegend Pyrimidine enthaltende Bruchstücke freigesetzt werden und schließlich ein gegen dieses Enzym resistenter „Kern“[1] zurückbleibt (identische Verhältnisse finden sich auch bei RNS). Das Verhalten gegen spezifische Enzyme und die Zusammensetzung aus den einzelnen Basen zeigen, daß in DNS ganz sicher keine Tetranucleotidstruktur vorliegen kann.

In neuerer Zeit ist außerdem in einzelnen DNS als 5. Base 5-Methylcytosin (s. a. Tab. 331) nachgewiesen worden[2–4]. Bei Coli-Bakteriophagen mit gerader T-Zahl (T_2, T_4 usw.) fand sich ferner 5-Oxymethyl-cytosin[5].

Von den Proteinen des Zellkerns ist das *basische Protein* (Protamin oder Histon) am längsten bekannt. Im Gegensatz zu den recht einfach aufgebauten Spermatozoen von Fischen[6] (welche zudem nur eine engbegrenzte Funktion zu erfüllen haben) finden sich in Zellkernen aus Säugetiergeweben noch weitere Proteine. Das nach Histonextraktion zurückbleibende sogenannte *Chromosomin* wird als Basis der Chromosomenstruktur aufgefaßt, auf welches das aus DNS und Histon bestehende Nucleoproteid aufgelagert ist. Elektrophoretisch lassen sich in Säugetierzellkernen mindestens 3 verschiedene Proteinfraktionen nachweisen[7]. Canadische Autoren fanden insgesamt 5 verschiedene Fraktionen in Rattenleber-Zellkernen, deren Zusammensetzung nach partieller Hepatektomie bzw. nach Buttergelbfütterung zum Teil verändert ist[8]. In Anbetracht der zahlreichen, in Zellkernen aufgefundenen Fermente ist die Vielzahl der Eiweißkörper nicht verwunderlich; Berechnungsmöglichkeiten, welchen Anteil die Fermente am Gesamtprotein des Zellkerns haben, bestehen zur Zeit noch nicht. Zur elektrophoretischen Untersuchung von Hühnererythrocyten-Zellkernen s. [9], von Lipoproteiden mit einem isoelektrischen Punkt von p_H 4,65 bis 4,85 s. [10].

Wenn man annimmt, daß der Proteinanteil der die Gene aufbauenden Nucleoproteide für deren spezifische Funktion mitverantwortlich ist, muß mit einer ganz außerordentlichen Vielzahl irgendwie unterschiedlicher Eiweißkörper im Zellkern gerechnet werden, ohne daß man diese Feinheiten des Aufbaues einstweilen mit chemischen Methoden erfassen kann. Bekanntlich rechnet man für den Menschen mit rund 1000 verschiedenen Genen.

Histonfraktionen werden im allgemeinen durch Extraktion der Gewebe mit verdünnter Salzsäure oder Schwefelsäure gewonnen; eindeutig definiert sind sie

[1] s. z. B. LALAND, S. G., W. G. OVEREND and M. WEBB: Acta chem. scand. **6**, 1545 (1952). — [2] COHN, W. E.: Am. Soc. **73**, 1539 (1951). — [3] DEKKER, C. A., and D. T. ELMORE: Soc. **1951**, 2864. — [4] WYATT, G. R.: Nature **166**, 237 (1950). Biochem. J. **48**, 581 (1951). — [5] WYATT, G. R., and S. S. COHEN: Nature **170**, 1072 (1952). — [6] FELIX, K.: Exper. **8**, 312 (1952). — [7] LANG, K., G. SIEBERT u. W. D. WEINMANN: Unveröffentlicht. — [8] LAMIRANDE, G. DE, C. ALLARD and A. CANTERO: Cancer, N. Y. **6**, 179 (1953). — [9] JEENER, R.: C. R. Soc. Biol. **140**, 1103, 1138 (1946). — ENGBRING, V. K., and M. LASKOWSKI: Biochim. biophysica Acta, N. Y. **11**, 244 (1953). — [10] CARVER, M. J., and L. E. THOMAS: Arch. Biochem. **40**, 342 (1952).

Tabelle 331. Zusammensetzung von Desoxyribonucleinsäuren aus den einzelnen Basen (in Mol Base je Mol P).

Tierart	Organ	Adenin	Guanin	Thymin	Cytosin	Methyl-cytosin	Lit.
Mensch	Spermatozoen	1,08—1,16	0,68—0,72	1,20—1,22	0,72		9
	Thymus	1,12	0,76	1,12	0,68		9
	Milz	1,13	0,81	1,14	0,79		10
Kalb	Thymus	1,1	0,86	1,15	0,89	0,052	1
		1,13	0,86	1,11	0,85	0,052	5
		1,05	0,89	1,08	0,84	0,044	10
		1,06—1,12	0,87—0,94	1,12—1,14	0,79—0,81		7
		1,06—1,15	0,76—0,95	0,94—1,03	0,66—0,72		8
	Leber	1,05	0,87	1,08	0,84		10
	Pankreas	1,10	0,85	1,12	0,85		10
	Milz	1,08	0,87	1,12	0,86		10
	Niere	1,09	0,87	1,09	0,81		7
Ratte	Knochenmark	1,15	0,86	1,14	0,82	0,044	5
	Epitheliom	1,00	0,80	1,28	0,88		11
	Hoden	1,20	0,88	1,08	0,80		11
Rind	Milz	1,12	0,86	1,16	0,86	0,052	1
		1,13	0,85	1,13	0,84	0,054	5
		0,98—1,04	0,79—0,82	0,94—0,97	0,61—0,69		8
Pferd	Milz	1,13	0,88	1,05	0,77		7
Schaf	Milz	1,04	0,83	1,07	0,78		7
Stier	Sperma	1,15	0,89	1,09	0,83	0,052	5
		1,04	0,88	1,07	0,86		10
Widder	Sperma	1,15	0,88	1,09	0,84	0,039	5
		1,14	0,89	1,11	0,86	0,042	1
Huhn	Erythrocyt	1,08	0,77	1,10	0,81		7
		1,10	0,86	1,11	0,84		10
Taube	Erythrocyt	1,20	0,91	1,17	0,89		7
Hering	Sperma	1,1	0,91	1,16	0,86	0,073	1
		1,11	0,89	1,10	0,83	0,075	5
Salm	Sperma	1,12	0,79	1,10	0,77		2, 4
Forelle	Sperma	1,18	0,89	1,09	0,80		7
Alse	Hoden	1,06	0,81	1,09	0,76		7
Heuschrecke . .		1,15	0,82	1,18	0,86	<0,01	1
Echin. esculentus	Sperma	1,24	0,78	1,18	0,74	0,071	5
Seeigel	Spermatozoen	1,13—1,21	0,64—0,70	1,15—1,24	0,64—0,72		3
		1,07	0,73	1,23	0,72		7
Weizenkeime .		1,10	1,00	1,16	0,74	0,23	1
		1,08	0,88	1,08	0,64	0,24	2
		1,06	0,94	1,08	0,69	0,23	5
		1,10	0,95	1,08	0,66		7
		1,08	0,92	1,12	0,66	0,21	10
Pneumococcus, Typ III . . .		1,10	0,76	1,17	0,67		7
Mykobacterium tuberculosis .		0,70	1,16	0,78	1,36	0	1
		0,71—0,72	1,14—1,17	0,76—0,80	1,34—1,35		6
Escherichia coli		0,92	0,81	1,2	1,06	0	1
Escherichia coli, Mutante B/r .		0,90—0,93	0,94—0,98	1,09—1,10	1,02—1,03		6
Escherichia coli, Stamm K_{12} .		0,62	0,59	0,60	0,57		13
Escherichia coli, Stamm UQ.		0,60	0,59	0,60	0,56		13
Escherichia coli, Stamm 11117 ATCC (thyminbedürftig) . .		0,57	0,54	0,57	0,55		13
Bakteriophage T_2 von E. coli .		1,33	0,73	1,44	0,505		6
Bakteriophage T_5 von E. coli .		1,34—1,36	0,82—0,85	1,37—1,44	0,41—0,43		6

Tabelle 331. (Fortsetzung.)

Virusart	Adenin	Guanin	Thymin	Cytosin	Methyl-cytosin	Lit.
„Gipsy-moth"-Polyeder-Virus	0,86	1,20	0,81—0,92	1,02—1,12		1, 6
Polyeder-Virus bei Porthretia dispar	0,90	1,22	0,82	1,13		12
Polyeder-Virus bei Lymantria monacha	0,98	1,08	0,96	0,99		12
Polyeder-Virus bei Choristoneura fumiferana	0,99	1,07	0,96	0,98		12
Polyeder-Virus bei Ptychopoda seriata	1,07	0,97	1,04	0,93		12
Polyeder-Virus bei Malacosoma americanum	1,17	0,90	1,12	0,81		12
Polyeder-Virus bei Malacosoma disstria	1,17	0,88	1,14	0,81		12
Polyeder-Virus bei Bombyx mori	1,17	0,90	1,12	0,81		12
Polyeder-Virus bei Colias philodice eurytheme	1,20	0,90	1,10	0,80		12
Polyeder-Virus bei Neodiprion sertifer	1,30	0,78	1,21	0,72		12
Kapsel-Virus bei Cacoecia murinana	1,29	0,78	1,22	0,72		12
Kapsel-Virus bei Choristoneura fumiferana	1,31	0,73	1,30	0,66		12

Tabelle 332.

Molares Verhältnis der Basen aus Ribonucleinsäuren von Zellkernen
(A = Adenin, G = Guanin, C = Cytosin, U = Uracil).

Tierart	Organ	A/G	A/C	A/U	Purin/Pyrimidin	Lit.
Kalb	Thymus	0,88	0,09	0,17	11,1	1
		2,29	1,07	1,90	1,11	2
Kalb	Niere	0,92	0,25	0,59	2,3	1
Kalb	Herz	0,92	0,19	0,29	4,0	1
Kalb	Leber	1,00	0,39	0,45	2,4	1
Kaninchen	Leber	1,36	1,31	1,40	0,87	2
Ratte	Leber	1,48	1,43	1,29	0,91	2
Hahn	Leber	2,70	1,46	1,44	1,28	2
Hahn, tumortragend	Leber	2,23	1,77	1,39	1,02	2
Hühnertumor GRCH 15	—	2,87	1,54	1,43	1,30	2

Literatur zu Tabelle 331.

[1] Wyatt, G. R.: Biochem. J. **47**, VII (1950). — [2] Chargaff, E.: Fed. Proc. **10**, 654 (1951). — [3] Chargaff, E., R. Lipshitz and C. Green: J. biol. Ch. **195**, 155 (1952). — [4] Chargaff, E., R. Lipshitz, C. Green and M. E. Hodes: J. biol. Ch. **192**, 223 (1951). — [5] Wyatt, G. R.: Biochem. J. **48**, 584 (1951). — [6] Smith, J. D., and G. R. Wyatt: Biochem. J. **49**, 144 (1951). — [7] Daly, M. M., V. G. Allfrey and A. E. Mirsky: J. gen. Physiol. **33**, 497 (1950). — [8] Chargaff, E., E. Vischer, R. Doniger, C. Green and F. Misani: J. biol. Ch. **177**, 405 (1949). — [9] Chargaff, E., S. Zamenhof and C. Green: Nature **165**, 756 (1950). — [10] Hurst, R. O., A. M. Marko and G. C. Butler: J. biol. Ch. **204**, 847 (1953). — [11] Khouvine, Y., et J. Grégoire: Bull. Soc. Chim. biol. **35**, 603 (1953). — [12] Wyatt, G. R.: J. gen. Physiol. **36**, 201 (1952). — [13] Gandelman, B., S. Zamenhof and E. Chargaff: Biochim. biophysica Acta, N. Y. **9**, 399 (1952).

Literatur zu Tabelle 332.

[1] Marshak, A.: J. biol. Ch. **189**, 607 (1951). — [2] McIndoe, W. M., and J. N. Davidson: Brit. J. Cancer **6**, 200 (1952).

Tabelle 333.
Molares Verhältnis der Basen aus Desoxyribonucleinsäuren (A = Adenin, G = Guanin, C = Cytosin, T = Thymin).

Tierart	Organ	G/C	A/G	A/T	T/C	A/C	Purin/Pyrimidin	Lit.
Mensch	—	1,00	1,56	1,00	1,75		1,0	1
Rind	—	1,00	1,29	1,04	1,43		1,1	1
Rind	Milz	1,01			1,37	1,38	0,99	4
Kalb	Leber		0,89	1,04		0,85	1,0	2
Kalb	Thymus		0,89	0,99		0,79	1,1	2
Kalb	Thymus	1,01			1,31	1,30	0,96	4
Kalb	Niere		0,79	1,00		0,78	1,0	2
Kalb	Herz		0,82	1,01		0,82	1,00	2
Maus	Sarkom	0,96			0,85	1,57	1,05	4
Huhn	—	0,91	1,45	1,06	1,29		0,99	1
Salm	—	1,02	1,43	1,02	1,43		1,02	1
Hering	Sperma	0,90			1,31	1,29	0,89	4
Weizen*		0,97	1,22	1,00	1,18		0,99	1
Weizen		1,03			1,40	1,38	0,88	4
Hefe		1,20	1,67	1,03	1,92		1,0	1
Haemophilus influenzae, Typ C		0,91	1,74	1,07	1,54		1,0	1
Escherichia coli, Stamm K-12		0,99	1,05	1,09	0,95		1,0	1
Mykobacterium tuberculosis		0,81			0,50	0,55	0,91	4
Mykobacterium phlei		0,91			0,45	0,52	0,98	4
Bacillus der Vogeltuberkulose		1,08	0,4	1,09	0,4		1,1	1
Serratia marcescens		0,86	0,7	0,95	0,7		0,9	1, 3
Bacillus Schatz		0,89	0,7	1,12	0,6		1,0	1, 3

* Summe von Cytosin und Methylcytosin.

Tabelle 334.
Zusammensetzung von Ribonucleinsäuren aus Cytoplasmafraktionen aus den einzelnen Basen (molare Verhältnisse, Adenin gleich 10 gesetzt; A = Adenin, G = Guanin, C = Cytosin, U = Uracil).[1]

Tierart	Organ	Zellfraktion	A	G	C	U
Ratte	Leber	Zellkerne	10	9,0	11,5	11,1
		Mitochondrien	10	16,9	15,1	11,0
		Mikrosomen	10	16,9	14,7	10,3
		Cytoplasma	10	16,9	14,6	11,3
Ratte	Leber, regenerierend	Mitochondrien	10	17,0	14,2	10,3
		Mikrosomen	10	16,7	15,1	10,4
		Cytoplasma	10	17,2	14,7	10,2
Kaninchen, trächtig	Leber	Mitochondrien	10	15,9	15,6	10,3
		Mikrosomen	10	15,6	15,3	10,2
		Cytoplasma	10	15,4	15,2	10,2
Kaninchen, fetal	Leber	Mitochondrien	10	15,4	15,5	10,4
		Mikrosomen	10	16,1	15,5	10,4
		Cytoplasma	10	15,4	15,3	9,8

Literatur zu Tabelle 333.
[1] CHARGAFF, E.: Fed. Proc. **10**, 654 (1951). — [2] MARSHAK, A.: J. biol. Ch. **189**, 607 (1951). — [3] CHARGAFF, E., S. ZAMENHOF, G. BRAWERMAN and L. KERIN: Am. Soc. **72**, 3825 (1950). — ZAMENHOF, S., G. BRAWERMAN and E. CHARGAFF: Biochim. biophysica Acta, N.Y. **9**, 402 (1952). — [4] LALAND, S. G., W. G. OVEREND and M. WEBB: Soc. **1952**, 3224.

Literatur zu Tabelle 334.
[1] CROSBIE, G. W., R. M. S. SMELLIE and J. N. DAVIDSON: Biochem. J. **54**, 287 (1953).

naturgemäß durch solche Verfahren nicht[1], sobald mehr als ein Protein im Zellkern vorliegt. Auch das von verschiedenen Seiten (Tab. 335) beschriebene *saure Protein* ist einstweilen nur schlecht definiert. Widersprüche in der Literatur dürften vor allem auch auf die häufig geübte Verwendung von Citronensäure zur Zellkerndarstellung (s. S. 1065) zurückzuführen sein, die unkontrollierbare Verluste und Veränderungen bedingen kann. Aus nach BEHRENS dargestellten Zellkernen wurde ein saures Protein abgetrennt und vor allem durch seinen Schwefelgehalt charakterisiert: 0,6 bis 1,4% S gleich 25% des Schwefelgehaltes des Zellkerns; es macht 10 bis 20% des Gewichts des Zellkerns und 14% des Stickstoffgehaltes des Zellkerns aus[2].

Einen isoelektrischen Punkt bei p_H 4,8 bis 5,5 hat auch ein von KIRKHAM u. THOMAS[3] beschriebenes Globulin aus BEHRENS-Zellkernen von Kalbsthymus und Kalbsleber; es zeigt keine MOLISCH-Reaktion, keine für Nucleinsäuren typische UV-Absorption und ist durch 50%ige Ammoniumsulfatsättigung vollständig fällbar. Nach Umfällung bei p_H 3,3 ist dieses Globulin elektrophoretisch einheitlich. THOMAS u. Mitarb.[4] beschreiben ferner ein Lipoproteid, das ebenfalls den isoelektrischen Punkt bei p_H 4,8 hat. Es enthält 8 bis 9% in heißem Alkohol lösliches Material, 14,5% N, 0,07% P, 5,7% Arginin, 3,2% Tyrosin und 2,9% Tryptophan.

Über die Aminosäurezusammensetzung der Eiweißfraktionen aus Zellkernen unterrichtet Tab. 335. Nicht mit aufgenommen in diese Tabelle sind Unterfraktionen von Histonen, die von STEDMAN u. STEDMAN[5] beschrieben wurden und die sich vor allem im Arginingehalt voneinander unterscheiden: 25 bis 30% Arginin-N vom Gesamt-N für die Hauptfraktion, 11,5 bis 20% für die Nebenfraktion.

Zahlreiche Fermente sind in isolierten Zellkernen mit chemischen Methoden nachgewiesen worden. Eine ganze Reihe von Faktoren kann aber Nachweis und Bestimmung von Fermenten in den Zellkernen beeinflussen: Extraktion von Enzymen, insbesondere in verdünnten Salzlösungen oder durch Zertrümmerung von Zellkernen bei der Zerkleinerung der Zelle; Denaturierung empfindlicher Fermentproteine, vor allem durch Citronensäure, organische Lösungsmittel (Methode nach BEHRENS) oder übermäßige mechanische Lädierung; Adsorption von im Cytoplasma gelösten Enzymen; salzartige Bindung von Methylenblau bei Versuchen mit der Methodik nach THUNBERG, so daß mit Extrakten gearbeitet werden muß (nicht alle Zellkernenzyme sind leicht extrahierbar); Permeabilität der intakten Zellkernmembran für hochmolekulare Substrate. Eine Zusammenstellung der in Zellkernen nachgewiesenen bzw. fehlenden Fermente gibt Tab. 336; weitere Daten über den Fermentgehalt von Zellkernen s. a. Tab. 318, S. 1078 bis 1091. Zur Diskussion dieser Befunde s. S. 1126f.

Bei p_H 3,7 binden mittels Citronensäure dargestellte Thymus-Zellkerne die saure Prostataphosphatase aus Harn unter fast völliger Inaktivierung[6]. Verschiedene Proteine vermögen diese Bindung unter Reaktivierung des Fermentes wieder zu lösen; möglicherweise spielen solche Phänomene bei der Regulierung der Enzymaktivität in der Zelle eine Rolle. Als ein Mechanismus der Aktivitätsregulierung ist vermutlich auch die Tatsache aufzufassen, daß die neutrale Desoxyribonuclease des Zellkerns praktisch inaktiv vorliegt und erst durch Zusatz von Mg-Ionen

[1] GRÉGOIRE, JEAN, JANA GRÉGOIRE et J. REYNAUD: Cr. **236**, 1922 (1953). — [2] MAYER, D. T., and A. GULICK: J. biol. Ch. **146**, 433 (1943). — [3] KIRKHAM, W. R., and L. E. THOMAS: J. biol. Ch. **200**, 53 (1953). — [4] CARVER, M. J., and L. E. THOMAS: Arch. Biochem. **40**, 342 (1952). — WANG, T. Y., D.T. MAYER and L. E. THOMAS: Exp. Cell Res. **4**, 102 (1953). — [5] STEDMAN, EDGAR, and ELLEN STEDMAN: Philos. Trans. R. Soc. London (B) **235**, 565 (1951). — [6] OHLMEYER, P., H. BRILMAYER, H. KRUPP, U. OLPP u. L. D. MEHMKE: Z. Naturforsch. **4**b, 263 (1949).

Tabelle 335. Aminosäurezusammensetzung

Protein	Literatur	Alanin	Ammoniak	Arginin	Asparaginsäure	Cystin	Glutaminsäure	Glykokoll	Histidin
Gesamt-Zellkern-Protein, Leber, Mensch, % vom Protein	1			6,35–8,06	6,54–6,95	1,07–1,47	10,2–12,3		3,01–4,01
Gesamt-Protein, Lebermetastasen, Mensch, % vom Protein	1			7,14	6,75	1,82	12,1		
Gesamtprotein, Kalbsthymus, Aminosäure-N in % vom Eiweiß-N	15	5,6	4,1	25,4	4,2	+	6,6	5,8	4,6
Histon, Leber, Mensch, HCl-Extrakt aus Zellkernen, % vom Protein	1			7,96–8,52	5,69	1,17	11,9–13,7		4,02–4,63
Histon, Leber, Mensch, 2mal umgefällt aus Nucleoproteid, % vom Protein	1			11,4			16,4		5,60
Histon, Leber, Ratte, % vom Protein	2	8,11	1,05	15,93	7,02		10,44	5,81	2,94
Histon, Leber, Ratte; Thymus, Kalb; Erythrocyten, Huhn	3	+		+	+	Spur	+	0	
Histon, Thymus, % vom Gesamt-N	4	3,46	6,46	25,17			0,53	0,50	1,79
Histonfraktionen, Kalbsthymus, Aminosäure-N in % vom Eiweiß-N	15	6,4–6,6	2,6–4,0	28,9 30,9	3,0–3,6	0,02	6,1–6,4	5,8–6,1	4,0
Histon, „Hauptfraktion", zahlreiche Wirbeltiere	5	+		+	+		+	+	+
Histon, „Nebenfraktion", Thymus, Kalb	5	+		+	+		+	+	
Histon, Epitheliom, Ratte, Aminosäure-N in % vom Eiweiß-N	6	5,5–9,5	5,5–10,5	15,1–25,7	3,6–9,6	0,1–0,3	3,7–6,1	6,1–6,3	3,7–6,4
Histon, Hühnererythrocyten, % vom Eiweiß	16	15,5–19,0		10,8–11,5	4,8–5,2	0	7,6–10,0	3,3–4,8	2,0–2,5
„Chromosomin", Leber, Ratte; Thymus, Kalb; Erythrocyten, Huhn	3	+		+	+	Spur	+	+	
Nicht-Histonfraktionen, Kalbsthymus, Aminosäure-N in % vom Eiweiß-N	15	5,2–6,0	3,2–7,8	20,0–23,5	5,1–5,7	+	7,2–8,8	6,1–8,4	4,0–4,2
Saures Protein, Leber, Mensch u. Ratte, % vom Protein	7			7,49	7,55	1,80	14,4		2,82
Saures Protein, Krebsgewebe, % vom Protein	7			7,23–8,21	7,53–8,97	1,33–2,08	13,4–17,5		2,34–3,81
Saures Protein, Spermatozoen, Eber	8	+		10%	+	+	+	+	+
Nicht-Histon-Protein, Ratten-Epitheliom, Aminosäure-N in % vom Eiweiß-N	13	4,0–4,8		22,5	8,7	0,6	5,4	8,6–9,4	3,1–3,6
Protein aus Thymus, Kalb, % vom Eiweiß-N	9	6,0	4,8	30,7	3,3		2,25	5,2	4,0
Protein aus Thymus, Kalb, % vom Eiweiß	1			6,95–7,40	5,49–5,74	1,08	9,29–10,7		2,22
Protein aus Sarkom, Ratte, % vom Eiweiß-N	9	4,7	5,1	29,1	3,9		1,75	6,9	3,4
Protein aus Sarkom „M-1", Ratte, % vom Eiweiß	1			7,80	6,47		9,26		
Restprotein, Thymus, Kalb, % vom Protein	7			8,54	6,7	0,35	13,3		0,98

von Proteinen des Zellkerns.

Isoleucin	Leucin	Lysin	Methionin	Phenylalanin	Prolin	Serin	Threonin	Tryptophan	Tyrosin	Valin	N-Gehalt in %	Mol.-Gewicht	Bemerkungen
		7,20–9,49	2,46–2,76	5,34				1,73–1,96	4,60		14,48–15,06		0,99—1,17 % P
		10,9	2,67	5,65				2,01			15,38		0,70 % P
	9,8	10,2	+	2,1	2,7	3,5	4,0	+	2,3	5,3	9,8		0,48 % P
		11,5	2,74					1,66–1,74	4,54–4,86		14,83–15,47		0,35 % P; Citronensäure-Kerne
		12,4						0	5,67		16,30		0,11 % P
5,70	10,08	11,54	1,61	2,83	2,70	5,39	6,47		5,36	6,43	17,2	17600	Citronensäure-Kerne
+	+	+		+	+	+		0	+	+			mehr Serin und Lysin als „Chromosomin"
	11,8	8,04		2,20	1,46				5,20				
	9,7–10,4	10,4–11,7	0,63	1,1–2,0	2,5–3,0	2,8–3,2	4,0	0,14	1,4–1,8	4,2–5,2	17,0		0,20 % P
+	+	+	?	+	+	+	+		+	+			
eine der beiden		+	+		+	+	+			+			
zusammen 10,2–12,6		10,6–15,0	0,3	1,3–1,5	1,9–3,7	0,8–4,3	1,1–3,3		1,6–3,5	4,1–7,6			Schwankungen der Werte durch verschiedene Darstellungsverfahren
5,3–6,7	5,0–6,5	14,4–16,0	0,8–0,9	1,6–2,1	3,9–4,6	3,2–5,7	4,1–6,2	0	2,7–3,6	4,0–5,0	16,01–17,01		11,55–14,47 % α-Amino-N
+	+			+	+	+		0,76–1,20%	+	+			
	9,7–10,0	7,5–8,5	1,1	2,2	3,2–3,7	4,0	4,2	0,65–1,0	2,1–2,3	5,4	13,9–15,6		0,78–5,2 % P
		7,50	3,25					2,56	5,70		14,39		0,37 % P
		8,20–8,80	2,89–3,30					2,56–3,30	4,93–6,63		14,18–15,02		0,09—0,21 % P
eine der beiden		+	+	+	+	+	+	+	+	+			mit HCl fällbar bei p_H 6,0
zusammen 5,8–6,4		10,1	0	6,5	0,9–2,0	2,0–2,5	6,2–6,7	0,3–0,5	1,9	6,5–7,7	13,8–14,1		0,4–1,4 % P
12,0	3,05	10,8		1,9	2,7	3,45	3,1		1,4	4,9		etwa 15000	Histonextraktion aus Gewebe
		8,03	1,87–2,14					1,02–1,20	3,76		15,23–15,50		2,28—2,59 % P
10,3	3,0	12,5		2,4	2,4	3,9	4,4		1,1	5,1		etwa 15000	Histonextraktion aus Gewebe
		8,00	3,32					1,80			15,61		
		4,18	0,59					0	0,85		13,93		0,03 % P

Tabelle 335.

Protein	Literatur	Alanin	Ammoniak	Arginin	Asparaginsäure	Cystin	Glutaminsäure	Glykokoll	Histidin
In n NaOH unlösliches Material, Spermatozoen, Eber	8	+		etwa 25 %	+	+	+	+	Spur
Gesamt-Protein, Erythrocyten, Huhn, % vom Trockengewicht	10			5,2					0,9
Gallin (Hahnsperma), Mol-Verhältnisse (außer Arginin)	14	5		70,0 %	0		1	1	0
Protamin aus Regenbogenforelle, Mol-Verhältnisse	11	2		50			0	2	0
Protamin aus Bachforelle, Mol-Verhältnisse	11	2		50			0	2	0
Protamin aus Saibling, Mol-Verhältnisse	11	2		50			0	2	0
Protamin aus Hering, Mol-Verhältnisse	11	4		53			0	0	0
Protamin aus Lachs, Mol-Verhältnisse	11	2		55			0	3	0
Protamin aus Stör, Mol-Verhältnisse	11	5		35			1	2	7
Protein aus Patella vulgata (Moll.), % vom Gesamt-N	12	6,1		49,3	0	0	0	4,7	0,93
Protein aus Patella coerulea (Moll.), % vom Gesamt-N	12	2,4		82,9	0	0	0	4,0	0
Protein aus Arbacia lixula (Echin.), % vom Gesamt-N	12	14,8		27,8	0	0	0	10,8	1,52
Protein aus Brissopsis lyrifera (Echin.), % vom Gesamt-N	12	13,0		28,6	0	0	0	13,3	1,83
Protein aus Echinocardium cordatum (Echin.), % vom Gesamt-N	12	13,7		31,0	0	0	0	11,7	1,30

wirksam wird[1]. Der Zellkern ist so in vivo möglicherweise vor Selbstandauung geschützt (obwohl praktisch alle Desoxyribonuclease der Zelle in ihm enthalten ist), weil dieses Enzym die Schlüsselstellung für alle nachfolgenden Abbaureaktionen an Desoxyribonucleinsäure innehat.

In Schweinenieren-Zellkernen findet sich ferner eine neue Protease, deren Vorkommen in Nierengewebe bisher noch nicht beschrieben ist; dieses Ferment ist im Zellkern um ein Mehrfaches aktiver als im Cytoplasma, außerordentlich

[1] ZBARSKIJ, I. B., u. K. A. PEREVOŠČIKOVA: Biochimija, Moskau **16**, 112 (1951). — [2] BRUNISH, R., D. FAIRLEY and J. M. LUCK: Nature **168**, 82 (1951). — [3] DAVIDSON, J. N., and R. A. LAWRIE: Biochem. J. **43**, XXIX (1948). — [4] KOSSEL, A.: H. **22**, 176 (1896/97). — [5] STEDMAN, EDGAR, and ELLEN STEDMAN: Philos. Trans. R. Soc. London (B) **235**, 565 (1951). — [6] KHOUVINE, Y., et F. BARON: Bull. Soc. Chim. biol. **33**, 229 (1951). — [7] ZBARSKIJ, I. B., u. S. S. DEBOV: Biochimija, Moskau **16**, 390 (1951). — [8] THOMAS, L. E., and D. T. MAYER: Science, N. Y. **110**, 393 (1949). — [9] HAMER, D.: Brit. J. Cancer **5**, 130 (1951). — [10] MELAMPY, R. M.: J. biol. Ch. **175**, 589 (1948). — [11] FELIX, K.: Exper. **8**, 312 (1952). — [12] HULTIN, T., and R. HERNE: Ark. Kemi, Mineral. Geol. **26A**, Nr. 20 (1949). — [13] KHOUVINE, Y., J. GRÉGOIRE et J. P. ZALTA: Bull. Soc. Chim. biol. **35**, 244 (1953). — [14] FISCHER, H., u. L. KREUZER: H. **293**, 176 (1953). — [15] HAMER, D.: Brit. J. Cancer **7**, 151 (1953). — [16] HARPER, H. A., and M. D. MORRIS: Arch. Biochem. **42**, 61 (1953).

[1] SIEBERT, G., K. LANG, S. LANG-LUCIUS, L. HERKERT, G. STARK, G. ROSSMÜLLER u. H. JÖCKEL: H. **295**, 229 (1953).

(Fortsetzung.)

Isoleucin	Leucin	Lysin	Methionin	Phenylalanin	Prolin	Serin	Threonin	Tryptophan	Tyrosin	Valin	N-Gehalt in %	Mol.-Gewicht	Bemerkungen
eine der beiden		Spur	Spur	+	+	+	+	+		+			liegt vermutlich als Nucleoproteid vor
2,6	3,8	4,4	0,9	1,2			1,9	0,2	1,7	2,5			Kerndarstellung mit Saponin
1					5	5	2		0	3	25,6 (Chlorid)		
1		2			5	3	0			4			
0		0			5	3	0			5			
0		0			5	3	0			5			
1		0			5	6	2			4			
0		0			5	5	0			4			
2		9			0	3	1			0			
0,59	1,75	19,6	0	0	4,8	4,6	2,1	0	0	2,2	18,3	20800	
0,26	1,6	7,6	0	0	1,7	5,7	0,94	0	0	1,6	21,2	21900	
2,0	2,4	28,6	0	0	6,1	4,3	1,39	0	0	1,45	14,8 } im Sulfat	15500 } berechnet	
2,4	3,0	26,6	0	0	5,0	11,7	2,8	0	0	2,8	16,1	14700	
1,95	1,36	28,7	0	0	5,6	4,7	2,3	0	0	2,3	16,9	16600	

schwermetallempfindlich, hat ein p_H-Optimum bei p_H 8,2 und läßt sich aus Zellkernextrakten durch Ammoniumsulfatfällung anreichern[1]; es spaltet eine größere Anzahl von Proteinen und synthetischen Substraten.

Wenn man isolierte Zellkerne verschiedener Gewebe mit basischen Farbstoffen, z. B. Malachitgrün, anfärbt und den nicht aufgenommenen Farbstoff wieder auswäscht, so erweisen sich alle bisher von LANG u. SIEBERT untersuchten Enzyme des Zellkerns, mit Ausnahme derjenigen der Glykolyse, als weitgehend gehemmt[2]. Ähnlich wie in Mitochondrien (s. S. 1130f.) sind also auch in Zellkernen die Fermente strukturgebunden; ob dies nur im Sinne eines Multienzymsystems mit geordnetem Reaktionsablauf bedeutungsvoll ist oder auch mit der Fermentsynthese im Zellkern zusammenhängt, läßt sich noch nicht übersehen.

β) Stoffwechselleistungen.

Der Zellkern enthält keine Oxydationsfermente und ist außerhalb der Stellen gelegen, an denen sich die biologische Oxydation und die Gewinnung von Energie in den Zellen vollziehen. Angaben der Tab. 336 über Oxydationsenzyme in Zellkernen betreffen stets nur wenige Prozente der Gesamtaktivität des Homo-

[1] SIEBERT, G., K. LANG u. F. FISCHER: Unveröffentlicht. — [2] LANG, K., u. G. SIEBERT: Unveröffentlicht.

Tabelle 336. In isolierten Zellkernen

Ferment	Leber	Niere
Atmungsfermente		
Cytochromoxydase	I + [1,2]	
	K + §	
Cytochrom c	I + §	
DPN-Cytochrom c-Reductase	K + §	
TPN-Cytochrom c-Reductase	K + §	
Katalase	B, M, I + [1,3]	I + [1]
	H, I, M + §	B, L — [3]
Succinoxydase (in Hypophyse: I + §)	F, I, K — [1,5]	
	K, I + §	
Oxalessigsäureoxydase	I + §	I + §
Cholinoxydase	I — [1,19]	
	I + §	
Betainaldehydoxydase	I + §	
Uricase	I, M + [1–3,10]	B — [3]
	B — [3]	
	I, K + §	
Xanthinoxydase	I — [11]	D — [11]
L-Aminosäureoxydase	I — [11]	D — [11]
D-Aminosäureoxydase	I + [12]	D — [11]
	I — [11]	
L-Prolinoxydase	I — [11]	D — [11]
Citronensäuredehydrogenase		D — [13]
Äpfelsäuredehydrogenase		D — [13]
Milchsäuredehydrogenase	I + [1]	D + [13]
	I + §	
α-Glycerophosphatdehydrogenase	I + §	
Triosephosphatdehydrogenase		D + [13]
Alkoholdehydrogenase	I, M + §	
Glutaminsäuredehydrogenase	I + [14]	D + [14]
	K + §	
Glykolyse (in Hypophyse: I + §)	I + [13]	
Enolase	I + [1]	
Aldolase	I + [1]	I + [1]
Glutathionreductase	I + §	
Esterase	B, I, M + [1,3,26]	B, D + [3,26]
	I, K + §	
Lipase	I, G + [16,15]	D + [15]
Monobutyrase	I + §	
Acetylcholinesterase		
Kathepsin (in Milz: I + §)	D + [18]	D + [18,19]
	I + §	
Trypsin		
Arginase	B, G, M, L + [3,16]	B, L + [3]
	I + [21]§	I, L — [1]
	L — [1]	
Glutaminase	I + §	
L-Leucinamidase (in Milz: I + §)	I + §	I + §
Histidase	D, G, I — [14]	
Peptidasen	I + [14]	D + [14]
D-Peptidase		D + [14,27]

§: Quantitative Angaben für die mit diesem Zeichen versehenen Fermente findet man
A = Mensch, B = Kalb, C = Rind, D = Schwein, E = Hammel, F = Hund, G = Ka-

nachgewiesene Fermente.

Pankreas	Thymus	Erythrocyten	Darmschleimhaut	Herz	Hepatom	Gehirn
		N, L + [6–9]				
					K + §	I + §
					K + §	I + §
	B − [4]					
					K + §	I + §
						I + §
	B + [4]					
		L + [6]				
						I + §
B, C, D + [1, 3, 14, 26]	B + [3]		B + [3]	B + [3]		
C, D, M + [1, 3, 15]						
						A + [17]
D + [20]						
					I + §	
D + [20]						
					I + §	

in der Tab. 318, S. 1078ff.
ninchen, H = Meerschweinchen, I = Ratte, K = Maus, L = Huhn, M = Pferd, N = Gans.

Tabelle 336.

Ferment	Leber	Niere
Glutathionase		D, E + [22]
Folsäureconjugase	D, I — [14]	D, E — [14]
Transaminasen		D + [14]
β-Glucuronidase	B, M + [3] K + §	B + [3]
Arylsulfatase	I + §	
Hyaluronidase		D + [15]
Alkalische Phosphatase	B, I, M + [1, 3] K, I + §	B, D + [3, 18]
Saure Phosphatase	I, K + §	D + [18]
Glucose-6-phosphat-phosphatase	I + §	
Hexosediphosphatase	I + §	
5-Nucleotidase	B + [3]	
Adenosintriphosphatase	B, D, I + [3, 13] I, K + §	B — [3] D, I + [13]
Phosphorylase	I + [1] H + §	D + [23]
Nucleosidphosphorylase	B, M + [3]	B + [3]
Uridyltransferase	I + [28]	
DPN-Synthese	K + §	
DPN-Nucleosidase	I + §	
Desoxyribonuclease	I + §	F, I, B, D + [19, 24]
Ribonuclease	H, K + §	
Adenosindesaminase	B + [3]	D + [18]
Guanase	M + [3]	
Amylase		
Lactonase		I + §
Kohlensäureanhydratase		
Rhodanese	I + [15] H, I + §	D + [15]

genats und beruhen nach eigenen und fremden Erfahrungen wohl stets auf Verunreinigung der Zellkernfraktion durch Cytoplasmabestandteile. In den Zellkernen laufen jedoch manche synthetische, endergonische Prozesse ab, wie

[1] Dounce, A. L.: Sumner-Myrbäck, Enzymes **1**/1, 187 (1950). — [2] Hogeboom, G. H., W. C. Schneider and M. J. Striebich: J. biol. Ch. **196**, 111 (1952). — [3] Stern, H., V. Allfrey, A. E. Mirsky and H. Saetren: J. gen. Physiol. **35**, 559 (1952). — [4] Behrens, M.: H. **258**, 27 (1939). — [5] Graffi, A., u. K. Junkmann: Kli. Wo. **1946/47**, 78. — [6] Hunter, F. R., and W. G. Banfield: J. cellul. comp. Physiol. **22**, 279 (1943). — [7] Laskowski, M.: Proc. Soc. exp. Biol. Med. **49**, 354 (1942). — [8] Warburg, O.: H. **70**, 413 (1910/11). — [9] Back, A., and L. Bloch-Frankenthal: Proc. Soc. exp. Biol. Med. **66**, 366 (1947). — [10] Lang, K., u. G. Siebert: B. Z. **322**, 360 (1951/52). — [11] Lang, K., u. G. Siebert: B. Z. **320**, 402 (1949/50). — [12] Lan, T. H.: J. biol. Ch. **151**, 171 (1943). — [13] Lang, K., u. G. Siebert: B. Z. **322**, 196 (1951/52). — [14] Siebert, G., K. Lang, L. Müller, S. Lucius, E. Müller u. E. Kühle: B. Z. **323**, 532 (1952/53). — [15] Lang, K., u. G. Siebert: Unveröffentlicht. — [16] Euler, H. v., I. Fischer, H. Hasselquist u. M. Jaarma: Ark. Kemi, Mineral. Geol. **21** A, Nr. 12 (1945). — [17] Richter, D., and R. P. Hullin: Biochem. J. **48**, 406 (1951). — [18] Siebert, G.: med. Hab.-Schr. Mainz 1950. — [19] Lang, K., G. Siebert, I. Baldus u. A. Corbet: Exper. **6**, 59 (1950). — [20] Lang, K., G. Siebert u. F. Fischer: B. Z. **324**, 1 (1953). — [21] Lang, K., G. Siebert, S. Lucius u. H. Lang: B. Z. **321**, 538 (1950/51). — [22] Lang, K., G. Siebert u. L. Müller: Naturwiss. **38**, 528 (1951). — [23] Siebert, G., K. Lang, S. Lucius u. G. Rossmüller: B. Z. **324**, 311 (1953). — [24] Siebert, G., K. Lang, S. Lang-Lucius, L. Herkert, G. Stark, G. Rossmüller u. H. Jöckel: H. **295**, 229 (1953). — [25] Miller, Z. B., and L. M. Kozloff: J. biol. Ch. **170**, 105 (1947). — [26] Siebert, G., u. K. Lang: Unveröffentlicht. — [27] Siebert, G., K. Lang u. L. Müller: Naturwiss. **38**, 529 (1951). — [28] Smith, E. E. B., and A. Munch-Petersen: Nature **172**, 1038 (1953).

(Fortsetzung.)

Pankreas	Thymus	Erythrocyten	Darmschleimhaut	Herz	Hepatom	Gehirn
D —[14]						
	B +[3]		B +[3]			
	B +[3]		B +[3]			A +[17]
						I + §
		L +[1]				A +[17]
	B +[3]		B +[3]			
D +[13]	B +[3]		B —[3]		K + §	I + §
B +[3]	B +[3]		B +[3]	B +[3]		
Viele + §	B + §					
		L +[25]				
B +[3]	B +[3]		B +[3]	B +[3]		
C, D, M +[3, 26]						
						A +[17]
				B + §		

Knüpfung von Peptidbindungen, Bildung von Nucleotiden und Lipoiden. Da es sich hierbei um Bildung von Peptidbindungen, Esterbindungen, energiearmen Phosphatbindungen handelt, sind die aufzubringenden Energiebeträge nicht sehr hoch. Unter den ungünstigsten Annahmen durchgeführte Berechnungen (LANG u. SIEBERT)[1] haben gezeigt, daß eine Verdoppelung der Kernsubstanz einer Zelle, wie sie letzten Endes bei einer Mitose auftritt, nur einen verschwindenden Bruchteil — weniger als 2%, vermutlich noch sehr viel weniger — der in derselben Zeit von der Zelle gewonnenen Energie verlangt. In derselben Größenordnung sind die Energiebeträge gelegen, die für die Proteinsynthese im Kern von Eiweiß sezernierenden Zellen (z. B. Pankreaszellen) benötigt werden. In der Tat haben auch direkte Messungen des Sauerstoffverbrauchs sich teilender Zellen ergeben, daß die Sauerstoffaufnahme praktisch kaum vermehrt ist. Dies ist dadurch bedingt, daß die Bereitstellung des Materials, das für die Reduplikationsvorgänge bei der Teilung benötigt wird, während der Interphase erfolgt. Bei der Mitose selbst werden nur vorgebildete Bausteine zu Makromolekülen verknüpft, Prozesse, die, wie schon erwähnt, nur die Knüpfung energiearmer Bindungen, im Mittel etwa 3000 cal pro Bindung, verlangen. Die Energie wird vor der Mitose in Form einer leicht verfügbaren Form, nämlich als energiereiches Phosphat angehäuft. Die Mitose setzt erst ein, wenn genügend Energie gespeichert ist. Die Gewinnung dieses energiereichen Phosphats

[1] LANG, K., u. G. SIEBERT: B. Z. **322**, 196 (1951/52).

kann durch Substratphosphorylierung oder Atmungskettenphosphorylierung erfolgen. Daher setzt die Mitose entweder eine Glykolyse oder eine Atmung der Zellen voraus. Manche Zellen, wie z. B. die sich entwickelnden Eier von Echinodermen, die Epithelzellen der Säugetierhaut oder die Zellen der tierischen Organe, können sich nur in Anwesenheit von Sauerstoff teilen. Blockierung der biologischen Oxydation durch Hemmung des Cytochrom-Cytochromoxydase-Systems mittels Cyanid oder Kohlenoxyd, ferner Entkopplung von Atmung und Phosphorylierung lassen bei diesen Zellen sofort jede Fähigkeit zur Teilung erlöschen. Andere Zellen wiederum, wie z. B. in vitro gezüchtete Fibroblasten oder Zellen von Hühnerembryonen, teilen sich auch unter anaeroben Bedingungen. Die Mitosen werden jedoch bei ihnen unterdrückt, wenn man die Glykolyse, also die Substratphosphorylierung, durch Jodacetat oder Fluorid unterbricht. In der regenerierenden Leber fällt das Maximum der Mitoserate mit einem hohen Gehalt der Zellkerne an ATPase zusammen. Während dieser Zeit findet man in Cytoplasma und in den Mitochondrien auffallend niedere ATPase-Werte (Allard u. Cantero)[1]. Im Hunger nimmt die Zahl der Mitosen ab (Bullough)[2]. Bezüglich weiterer Einzelheiten über den Zusammenhang zwischen der Mitose und energieliefernden Reaktionen sei auf das Sammelreferat von Bullough[3] verwiesen.

Die für die synthetischen Leistungen des Zellkerns benötigte Energie wird ihm in Form von ATP zur Verfügung gestellt, die hauptsächlich in den Mitochondrien gewonnen wurde. Voraussetzung hierfür ist es, daß ATP durch die Kernmembran passieren kann. Nach den Untersuchungen von Goldstein u. Harding[4] ist die Kernmembran von Oocyten sogar für Makromoleküle, wie z. B. Proteine, frei permeabel. Von morphologischer Seite wurde selbst der Transport von mikroskopisch sichtbaren Partikelchen durch die Kernmembran beschrieben. Man ist daher zu der Annahme berechtigt, daß die Kernmembran auch für ATP durchlässig ist. Daß Zellkerne in großem Umfange zur Spaltung von ATP befähigt sind, wurde in verschiedenen Laboratorien festgestellt. Lang u. Siebert[5] zeigten, daß die in 1 g Leber enthaltenen Zellkerne (rund 130 Millionen) in der Stunde etwa 13 bis 28 mg ATP spalten können, was einem Energiegewinn von 0,4 bis 0,9 cal entspricht.

Die Verwertung von energiereichem Phosphat, eventuell auch von anderen energiereichen Verbindungen ist die einzige Energiequelle für den Zellkern. Oxydative Prozesse laufen im Zellkern überhaupt nicht ab. Dagegen sind Zellkerne zu einer geringfügigen anaeroben Glykolyse befähigt, wenn man ihnen Hexosediphosphat zur Verfügung stellt. Zu einer Phosphorylierung von Glucose oder Glucosemonophosphat sind die Zellkerne jedoch nicht in der Lage. Der von Lang u. Siebert[5] gemessene $Q_{M}^{N_2}$ der Zellkerne lag bei 0,03 bis 0,04. Bei einem Sauerstoffdruck von 25 mm Hg, wie er etwa normalerweise in den Zellen der Säugetierorgane zu erwarten ist, läßt sich jedoch in den Zellkernen keine Glykolyse nachweisen. Die Glykolyse fällt daher als Energiequelle für den Zellkern tierischer Zellen weg.

Zellkerne enthalten eine Phosphorylase, die aus Rohrzucker Glucose-1-phosphat bildet. Das entstandene Glucose-1-phosphat wird jedoch nicht weiter umgesetzt[6].

Die ***Biosynthese der Polynucleotide*** ist ein interessantes Problem des Zellstoffwechsels. In den letzten Jahren sind von verschiedenen Autoren Unter-

[1] Allard, C., and A. Cantero: Canad. J. med. Sci. **30**, 295 (1952). — [2] Bullough, W. S.: Brit. J. Cancer **3**, 275 (1949). — [3] Bullough, W. S.: Biol. Reviews **27**, 133 (1952). — [4] Goldstein, L., and C. V. Harding: Fed. Proc. **9**, 48 (1950). — [5] Lang, K., u. G. Siebert: B. Z. **322**, 196 (1951/52). — [6] Siebert, G., K. Lang, S. Lucius u. G. Rossmüller: B. Z. **324**, 311 (1953).

suchungen mit Hilfe von markierten Substanzen durchgeführt worden, die zeigen, daß die Zelle sowohl Ribonucleotide als auch Desoxyribonucleotide synthetisieren kann. Bei solchen Untersuchungen ergaben sich jedoch bemerkenswerte Diskrepanzen bezüglich der Geschwindigkeit, mit welcher sich die Biosynthese der beiden Arten von Polynucleotiden vollzieht. Untersucher, welche mit ^{32}P oder mit markierten Purinbasen (Adenin, Guanin) gearbeitet haben, fanden, daß in ruhenden Geweben (z. B. Leber) der Umsatz der Ribonucleotide wesentlich rascher erfolgt als der der Desoxyribonucleotide. Das Verhältnis Umsatz RNS : Umsatz DNS lag bei etwa 60 : 1. Einen ganz außerordentlich geringen Einbau von ^{32}P in die Desoxyribonucleotide von Leberzellkernen fanden McINDOE u. DAVIDSON[1]. Nach diesen Versuchen war anzunehmen, daß die Desoxyribonucleotide einen sehr langsamen Stoffwechsel haben, daß ihre Erneuerungsgeschwindigkeit etwa der Mitosenrate entsprechen würde. Auf Grund solcher Versuchsergebnisse wurde auch schon wiederholt die Auffassung vertreten, daß Desoxyribonucleotide überhaupt nur während der Mitose gebildet würden, daß die Desoxyribonucleotide im Interesse der Erhaltung des Erbguts im allgemeinen dem Stoffwechsel entzogen seien und sich nicht mit ihren Bausteinen in einem dynamischen Gleichgewicht befänden. Versuche jedoch, in denen mit markiertem Glykokoll, Formiat oder Ammoniak gearbeitet wurde (s. Tab. 337), zeitigten ein ganz anderes Ergebnis. Das Verhältnis der Einbaugeschwindigkeiten dieser Substanzen in die Ribonucleotide und Desoxyribonucleotide lag bei der ruhenden Leber etwa bei 2 bis 4 : 1. Wenn auch die Ribonucleotide hier wesentlich schneller umgesetzt wurden, so war doch die Umsatzgeschwindigkeit der Desoxyribonucleotide nicht unbeträchtlich. Man muß daher annehmen, daß sich auch die Desoxyribonucleotide in einem dynamischen Gleichgewicht mit ihren Bausteinen befinden.

Diese Diskrepanz zwischen den Versuchsergebnissen mit Phosphat bzw. Purinbasen auf der einen Seite und mit Glykokoll, Formiat und Ammoniak auf der anderen Seite läßt sich verschieden deuten. BENDICH[2] nimmt an, es gäbe zwei Arten von Desoxyribonucleotiden, stabile und instabile, und führt auch Untersuchungen an, in denen er die beiden Typen getrennt und ihre Aktivitäten nach Verabreichung von ^{14}C-Formiat verschieden gefunden hat. Weiterhin stützt er sich auf die Angaben von ZAMENHOF u. CHARGAFF[3], die bei Untersuchungen über die enzymatische Aufspaltbarkeit der Desoxyribonucleinsäure gefunden hatten, daß nur ein Teil gespalten wird und ein unangreifbarer „Kern“ übrigbleibt. Eine andere Erklärungsmöglichkeit ist folgende: Mit den beiden Versuchsanordnungen werden ganz verschiedene Dinge gemessen. Im Falle der Verabreichung von Glykokoll, Formiat oder Ammoniak erfaßt man die Neusynthese von Purinmaterial, im Falle der Verabreichung von Phosphat oder Purinbasen verfolgt man die Verknüpfung von schon vorgebildeten Bausteinen. Es ist durchaus denkbar, daß dem Aufbau von Polynucleotiden gleichzeitig Totalsynthesen von Purinmaterial parallel laufen und daß mehr auf dieses neu gebildete Material zurückgegriffen wird als auf schon vorgebildete Purine oder Pyrimidine. Man kann um so mehr daran denken, als nachgewiesen worden ist, daß der Ringschluß bei der Purinsynthese auf der Nucleotidstufe und nicht auf der Stufe der freien Purine erfolgt. Weiterhin ist noch zu beachten, daß nahezu alle Versuche in vivo durchgeführt wurden, das heißt also durch Injektion der markierten Substanzen, so daß in das Versuchsergebnis auch noch die Permeabilität der Zellen für die injizierten Substanzen eingeht.

---

[1] McINDOE, W. M., and J. N. DAVIDSON: Brit. J. Cancer **6**, 200 (1952). — [2] BENDICH, A.: Exp. Cell Res. Suppl. **2**, 181 (1952). — [3] ZAMENHOF, S., and E. CHARGAFF: J. biol. Ch. **178**, 531 (1949).

Tabelle 337. Verhältnis der Umsatzgeschwindigkeit von Ribonucleotiden und Desoxyribonucleotiden.

Verwendete Substanz	Organ	Turnover Ratio RNS:DNS
^{32}P	Rattenleber	33[1]
^{32}P	Rattenleber	40—100[2]
^{32}P	Rattenleber	5[3,4]
^{32}P	Rattenmilz	2[1]
^{32}P	Gesamte Ratte	1,6[1]
^{32}P	Rattenleber	16,3[5]
^{32}P	Nierenzellkerne (Schwein)	25[15]
^{32}P	Leberzellkerne (Ratte)	170[16]
^{15}N-Adenin	Rattenleber	73[3]
^{13}C-Adenin	Rattendarm	1,4—1,7[6]
^{14}C-Adenin	Knochenmark (Kaninchen)	3[7]
^{14}C-Adenin	Rattenleber	25[5]
^{14}C-Adenin	Rattenleber	50—60[8]
^{14}C-Guanin	Rattendarm	1,4—1,7[6]
^{14}C-Guanin	Knochenmark (Kaninchen)	4[7]
^{15}N-Glykokoll	Rattenleber	4[9,10]
^{15}N-Glykokoll	Rattenleber	8[6]
^{15}N-Glykokoll	Rattenleber	3[8]
^{15}N-Glykokoll	Rattendarm	2[6]
^{14}C-Glykokoll	Knochenmark (Kaninchen)	4—6[11]
^{14}C-Glykokoll	Rattenleber	2,2[14]
^{15}N-Ammoniak	Rattendarm	2[6]
^{14}C-Formiat	Ratte, Küken (Gesamttier)	2—6[12]
^{14}C-Formiat	Knochenmark (Kaninchen)	1—2[7]
^{14}C-Formiat	Rattenleber	5,1[5]
^{14}C-Formiat	Rattenleber	2—5[17]
^{14}C-Orotsäure	Rattenleber	60[13]

In jungen oder in Regeneration befindlichen Geweben oder auch in Gewebskulturen, also immer dann, wenn häufig Mitosen stattfinden, ist der Umsatz der Desoxyribonucleotide größer als in ruhenden Geweben[18-21]. Die Tab. 338 bringt hierfür ein Beispiel. Auch der Umsatz der RNS ist schneller.

[1] Hammarsten, E., and G. Hevesy: Acta physiol. scand. **11**, 355 (1946). — [2] Barnum, C. P., and R. A. Huseby: Arch. Biochem. **29**, 7 (1950). — [3] Furst, S. S., P. M. Roll and G. B. Brown: J. biol. Ch. **183**, 251 (1950). — [4] Brues, A. M., M. M. Tracy and W. E. Cohn: J. biol. Ch. **155**, 619 (1944). — [5] Payne, A. H., L. S. Kelly and H. B. Jones: Cancer Res. **12**, 666 (1952). — [6] Abrams, R.: Arch. Biochem. **33**, 436 (1951). — [7] Abrams, R., and J. M. Goldinger: Arch. Biochem. **35**, 243 (1952). — [8] Furst, S. S., and G. B. Brown: J. biol. Ch. **191**, 239 (1951). — [9] Bergstrand, A., N. A. Eliasson, E. Hammarsten, B. Norberg, P. Reichard and H. v. Ubisch: Cold Spring Harbor Symp. quant. Biol. **13**, 22 (1948). — [10] Reichard, P.: On the Turnover of Purines and Pyrimidines from Polynucleotides in the Rat Determined with N^{15}. Stockholm 1949. — [11] Abrams, R., and J. M. Goldinger: Arch. Biochem. **30**, 261 (1951). — [12] Totter, J. R., E. Volkin and C. E. Carter: Am. Soc. **73**, 1521 (1951). — [13] Hurlbert, R. B., and V. R. Potter: J. biol. Ch. **195**, 257 (1952). — [14] LePage, G. A., and C. Heidelberger: J. biol. Ch. **188**, 593 (1951). — [15] Siebert, G., K. Lang, S. Lucius u. G. Rossmüller: B. Z. **324**, 311 (1953). — [16] Anderson, E. P., and S. E. G. Åqvist: J. biol. Ch. **202**, 513 (1953). — [17] Smellie, R. M. S., W. M. McIndoe and J. N. Davidson: Biochim. biophysica Acta, N. Y. **11**, 559 (1953). — [18] Furst, S. S., P. M. Roll and G. B. Brown: J. biol. Ch. **183**, 251 (1950). — [19] Furst, S. S., and G. B. Brown: J. biol. Ch. **191**, 239 (1951). — [20] Gerarde, H. W., M. Jones and T. Winnick: J. biol. Ch. **196**, 69 (1952). — [21] Stevens, K. M.: Cancer Res. **12**, 62 (1952).

In Geweben, in denen keine Mitosen stattfinden, wird nach OSGOOD u. Mitarb.[1] kein ^{32}P in die Desoxyribonucleotide eingebaut.

In der Leber werden täglich 0,71% der vorhandenen Zellen, in der Darmschleimhaut rund 43% durch neue ersetzt. Mit Hilfe von ^{32}P wurde in der Leber eine tägliche Neubildung von 1,24% des Bestandes an DNS, in der Darmschleimhaut eine von 114,5% nachgewiesen. Daraus folgt, daß die Synthese von DNS rund doppelt so hoch ist, wie es zur Mitose notwendig wäre[2]. Dasselbe ist in der Lunge der Fall.

Tabelle 338. Einbau von ^{15}N-Adenin in DNS und RNS der Rattenleber[3]. (Alle Werte in % des verfütterten Adenin-^{15}N.)

Versuchsanordnung	Desoxyribonucleotide			Ribonucleotide		
	Gesamtpurine	Adenin	Guanin	Gesamtpurine	Adenin	Guanin
Ruhende Leber	0,17	0,29	—	—	21,2	8,7
Regenerierende Leber 5 Tage nach Hepatektomie	8,7	16,3	0,15	11,8	22,7	8,1
26 Tage nach Hepatektomie . .	6,5	—	—	1,8	2,7	1,7

Auch das Verhältnis der Umsatzgeschwindigkeiten von Ribonucleotiden zu Desoxyribonucleotiden ist in den Zellkernen stoffwechselaktiver Gewebe anders als in den Kernen ruhender Gewebe. Unterlagen findet man in der Tab. 338, in welcher der Einbau von ^{15}N-Glykokoll in Zellkernbestandteile wiedergegeben ist. Während der Quotient RNS : DNS im Pankreas zwischen 1 und 2,8 gelegen ist, beträgt er für die Leber 5,4 bis 11 und für die Niere 17.

Versuche in vivo, bei denen Tieren ^{32}P injiziert worden war, nach Tötung der Tiere die einzelnen Zellfraktionen gewonnen und die aus ihnen isolierte Ribonucleinsäure auf ihre Aktivität untersucht wurden, haben übereinstimmend ergeben, daß stets die größte Aktivität in den Zellkernen zu finden war[4–6]. Ein Beispiel eines solchen Versuchs ist in der Tab. 339 wiedergegeben. Die Aktivitäten

Tabelle 339. Biosynthese von Ribonucleotiden in den einzelnen Zellelementen*[7]. Impulse/min/100 γ P.

	Zellkerne	Mitochondrien	Mikrosomen	Cytoplasma
Cytidylsäure.	2900	204	65	375
Uridylsäure	2600	325	120	314
Adenylsäure.	3300	215	128	260
Guanylsäure.	1925	188	33	135

* Ratten erhielten ^{32}P injiziert. Dann wurde die Ribonucleinsäure der Zellelemente der Leber isoliert und hydrolysiert. Die Aktivität der gewonnenen Mononucleotide wurde gemessen.

in Mitochondrien, Mikrosomen und im Cytoplasma lagen um ein bis zwei Zehnerpotenzen niedriger als in den Zellkernen. Bemerkenswerterweise zeigte die Aktivität der Ribonucleotide in den Zellkernen ein Maximum zwischen der

[1] OSGOOD, E. E., J. G. LI, H. TIVEY, M. L. DUERST and A. J. SEAMAN: Science, N. Y. **114**, 95 (1951). — [2] STEVENS, C. E., R. DAOUST and C. P. LEBLOND: J. biol. Ch. **202**, 177 (1953). — [3] FURST, S. S., P. M. ROLL and G. B. BROWN: J. biol. Ch. **183**, 251 (1950). — [4] JEENER, R., and D. SZAFARZ: Arch. Biochem. **26**, 54 (1950). — [5] BARNUM, C. P., and R. A. HUSEBY: Arch. Biochem. **29**, 7 (1950). — [6] McINDOE, W. M., and J. N. DAVIDSON: Brit. J. Cancer **6**, 200 (1952). — [7] DAVIDSON, J. N., W. M. McINDOE and R. M. S. SMELLIE: Biochem. J. **49**, XXXVI (1951).

zweiten und der dritten Stunde nach der Applikation des ^{32}P (Abb. 55). Nach ANDERSON u. ÅQVIST[1] wird in der Rattenleber ^{32}P 25mal schneller in die Ribonucleotide der Zellkerne eingebaut als in die des Cytoplasmas. ^{32}P wird rascher eingebaut als ^{15}N-Orotsäure. Da die Aktivität der Ribonucleotide im Cytoplasma immer höher als in den Mikrosomen ist, wurde die Vermutung ausgesprochen, daß die gesamte Ribonucleinsäure der Zelle im Zellkern synthetisiert und von ihm an das Cytoplasma abgegeben wird, aus dem es dann die Partikelchen aufnehmen. Auch bei der Verfolgung der Biosynthese der Ribonucleotide nach Verabreichung von ^{14}C-Orotsäure wurde die höchste Aktivität in der Zellkernfraktion gefunden; weiterhin lag die Aktivität des Cytoplasmas deutlich höher als die der Mitochondrien (HURLBERT u. POTTER[3]; BENNETT[4]). Dasselbe Ergebnis wurde auch in Versuchen mit ^{15}N-Glykokoll und ^{14}C-Formiat erhalten[5].

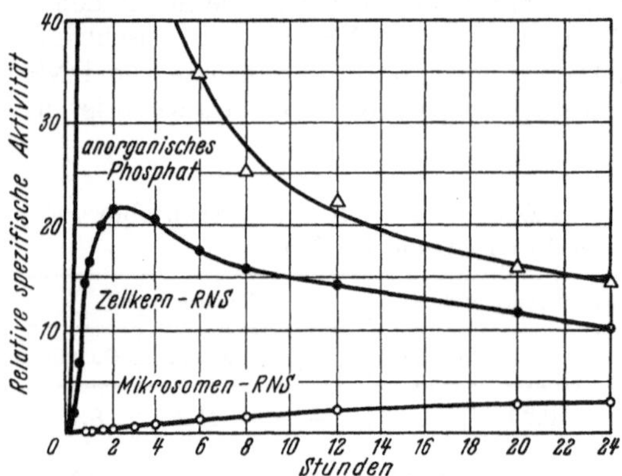

Abb. 55. Relative spezifische Aktivitäten von anorganischem Phosphat, Zellkern-RNS und Mikrosomen-RNS aus Mäuselebern[2].

Im Gegensatz zu diesen Befunden stehen Versuchsergebnisse von REICHARD[6], der Ratten nach partieller Hepatektomie ^{15}N-Glykokoll injizierte. Wie aus der Tab. 340 zu ersehen ist, fand REICHARD keine Unterschiede im ^{15}N-Gehalt der Purine und Pyrimidine der Ribonucleotide der einzelnen Zellfraktionen.

Tabelle 340. Einbau von ^{15}N aus ^{15}N-Glykokoll in die Ribonucleotide der Leberzellfraktionen*[6].

^{15}N-Atomprozente Überschuß.

	Mitochondrien	Mikrosomen	Cytoplasma
Adenin	0,224	0,224	0,234
Guanin	0,486	0,504	0,490
Cytosin	0,135	0,161	0,161
Uracil	—	0,176	0,185

* Ratten erhielten nach partieller Hepatektomie ^{15}N-Glykokoll injiziert. Tötung der Tiere 2 Std nach der Injektion. Isolierung der Purine und Pyrimidine aus der Ribonucleinsäure der Leberzellfraktionen.

Die Geschwindigkeit der Biosynthese der Nucleotide, gemessen am Einbau von markierten Substanzen, ist von der Art der Ernährung abhängig. Unter günstigen Ernährungsbedingungen (eiweiß- und calorienreiche Kost) ist sie größer als unter ungünstigen, und zwar bei allen Zellfraktionen. Die Unterschiede sind jedoch beim Cytoplasma geringer als bei den anderen Zellfraktionen[7].

Die Tätigkeit des Zellkerns bei der Synthese von Polynucleotiden beschränkt sich aber nicht nur auf die Verknüpfung der einzelnen Bausteine. Versuche von

[1] ANDERSON, E. P., and S. E. G. ÅQVIST: J. biol. Ch. **202**, 513 (1953). — [2] BARNUM, C. P., and R. A. HUSEBY: Arch. Biochem. **29**, 7 (1950). — [3] HURLBERT, R. B., and V. R. POTTER: J. biol. Ch. **195**, 257 (1952). — [4] BENNETT, E. L.: Biochim. biophysica Acta, N. Y. **11**, 487 (1953). — [5] SMELLIE, R. M. S., W. M. MCINDOE and J. N. DAVIDSON: Biochim. biophysica Acta, N. Y. **11**, 559 (1953). — [6] REICHARD, P.: Acta chem. scand. **4**, 861 (1950). — [7] WIKRAMANAYAKE, T. W., F. C. HEAGY and H. N. MUNRO: Biochim. biophysica Acta, N. Y. **11**, 566 (1953).

LANG u. Mitarb.[1] haben gezeigt, daß der Zellkern auch zur Totalsynthese von Purinmaterial befähigt ist. Bei der Inkubation von isolierten Zellkernen mit 2-^{14}C-Glykokoll wurde ^{14}C in die Nucleotide aufgenommen.

Zellkerne bauen in vitro ^{32}P in die Phosphatide ein[2]. Verschiedentlich wurde schon die Vermutung ausgesprochen, daß Phosphatide im Zellkern als Phosphatdonatoren wirken könnten. LANG u. Mitarb.[3] zeigten jedoch, daß isolierte Zellkerne kein Phosphat aus ^{32}P-Phosphatiden auf Nucleinsäuren oder andere phosphorsäurehaltige Verbindungen übertragen.

Die Überführung von Orthophosphat in organische Bindung verläuft in den Zellkernen nicht über energiereiches Phosphat. Auch die Beteiligung einer Phosphorylase konnte experimentell ausgeschlossen werden[2]. Ob eine Nucleosidphosphorylase mitwirkt, ist noch nicht geklärt.

Untersuchungen in vivo und in vitro haben gezeigt, daß Zellkerne markierte Aminosäuren in Proteine einbauen, also ohne Zweifel zur *Proteinsynthese* bzw. zur Knüpfung von Peptidbindungen befähigt sind. Zahlenmäßige Unterlagen findet man in den Tab. 351—353, S. 1145f. Das hierbei beteiligte Enzymsystem ist jedoch äußerst labil und verliert leicht seine Aktivität. Die Zellkerne der tierischen Organzellen enthalten neben Histon noch andere Proteine. Über die Zusammensetzung der Zellkernproteine findet man Angaben in der Tab. 335, S. 1110. BRUNISH u. LUCK[4] haben gezeigt, daß Zellkerne radioaktive Aminosäuren in das Histon langsamer einbauen als in die anderen Proteine. Aus ihren in vivo durchgeführten Versuchen ergab sich eine Halbwertszeit der anderen Zellkernproteine von rund 6,5 Tagen gegenüber einer von 8 Tagen bei den Histonen. Auch die Versuche von DALY, ALLFREY u. MIRSKY[5] sowie von SMELLIE u. Mitarb.[6] über den Einbau von ^{15}N-Glykokoll in vivo haben ergeben, daß das Zellkernhiston wesentlich langsamer umgesetzt wird als das übrige Kerneiweiß (Tab. 341). Interessanterweise war die Relation von anderweitigem Protein : Histon bei allen untersuchten Zellarten (Leber, Pankreas, Niere, Vogelerythrocyten) etwa dieselbe. Sie ist also offensichtlich von dem Funktionszustand der Zelle unabhängig.

Tabelle 341. Aufnahme von ^{15}N-Glykokoll in Zellkernbestandteile*[5].

	DNS	RNS	Histon	Residual-protein	Cytoplasma-protein
Pankreas					
Hungertiere	0,018	0,020	0,124	0,234	0,423
vorher gefüttert	0,023	0,063	0,076		0,735
ständig gefüttert	0,031	0,062	0,104	0,281	0,330
Leber					
Hungertiere	0,019	0,102	0,177	0,348	0,347
vorher gefüttert	0,022	0,189	0,112		0,304
ständig gefüttert	0,020	0,216	0,110	0,341	0,308
Niere					
vorher gefüttert	0,007	0,120	0,073	0,182	0,218

* ^{15}N-Glykokoll war Mäusen injiziert worden. Alle Zahlen Atomprozente ^{15}N-Überschuß.

[1] LANG, K., H. LANG, G. SIEBERT u. S. LUCIUS: B. Z. **324**, 217 (1953). — [2] SIEBERT, G., K. LANG, S. LUCIUS u. G. ROSSMÜLLER: B. Z. **324**, 311 (1953). — [3] LANG, K., G. SIEBERT u. G. ROSSMÜLLER: Naturwiss. **40**, 293 (1953). — [4] BRUNISH, R., and J. M. LUCK: J. biol. Ch. **198**, 621 (1952). — [5] DALY, M. M., V. G. ALLFREY and A. E. MIRSKY: J. gen. Physiol. **36**, 173 (1952). — [6] SMELLIE, R. M. S., W. M. MCINDOE and J. N. DAVIDSON: Biochim. biophysica Acta, N. Y. **11**, 559 (1953).

Der Einbau von Aminosäuren in die Proteine des Zellkerns und der anderen Zellfraktionen ist durch exogene Faktoren beeinflußbar. Durch Verabreichung einer eiweißarmen Diät und Verfütterung von Buttergelb wird es stark beschleunigt. Auch die regenerierende Leber baut Aminosäuren vermehrt in ihre Zellkernproteine ein. Die Verabreichung von Wachstumshormon ist ohne Einfluß. Nähere Daten findet man in der Tab. 353, S. 1146.

Zellkerne und die anderen Strukturelemente der Zellen enthalten in ihrer Proteinfraktion ein Phosphoproteid, über dessen Natur jedoch nichts Näheres bekannt ist. Versuche in vivo[1] und in vitro[2] haben ergeben, daß in diese Fraktion lebhaft ^{32}P eingebaut wird, wobei die Einbaugeschwindigkeit bei den Zellkernen weitaus am größten ist.

Es ist anzunehmen, daß manche *Enzyme im Zellkern gebildet* werden. Dies erscheint vor allem dann wahrscheinlich, wenn die Enzyme in den Zellkernen in einer hohen Konzentration angetroffen werden, dort keine nachweisbare Funktion haben und womöglich im Zellkern in einer mehr oder minder inaktiven Form vorliegen. Dies trifft z. B. für die Arginase in der Leber zu, die in Leberzellkernen regelmäßig in hoher Konzentration angetroffen wird, jedoch wegen der dort herrschenden geringen Mangankonzentration wenig aktiv sein kann. Untersuchungen mit radioaktiven Schwermetallen haben ergeben, daß Mangan, Kobalt, Zink und Kupfer nur in geringem Umfange von Zellkernen aufgenommen werden und dort nur Konzentrationen erreichen, die eine bis drei Zehnerpotenzen niedriger liegen als im Cytoplasma der Zellen[3-5]. Da die Harnstoffsynthese in der Leberzelle in den Mitochondrien lokalisiert ist, läßt sich für die im Zellkern in hoher Konzentration vorliegende Arginase kaum eine Funktion erkennen. Man wird daher wohl nicht fehlgehen, wenn man annimmt, dies Enzym werde im Zellkern gebildet. Ähnlich liegen die Verhältnisse für das Trypsin im Pankreas. Auch hier findet sich das Enzym im Zellkern in einer hohen, die im Cytoplasma um das Fünffache und mehr übersteigenden Konzentration (Abb. 56) und ist infolge der durch Enterokinase aufspaltbaren Bindung mit dem Inhibitor praktisch inaktiv (LANG, SIEBERT u. FISCHER)[6]. Da auch morphologische Gründe dafür sprechen, daß das Trypsin im Zellkern des Pankreas gebildet wird (ALTMANN

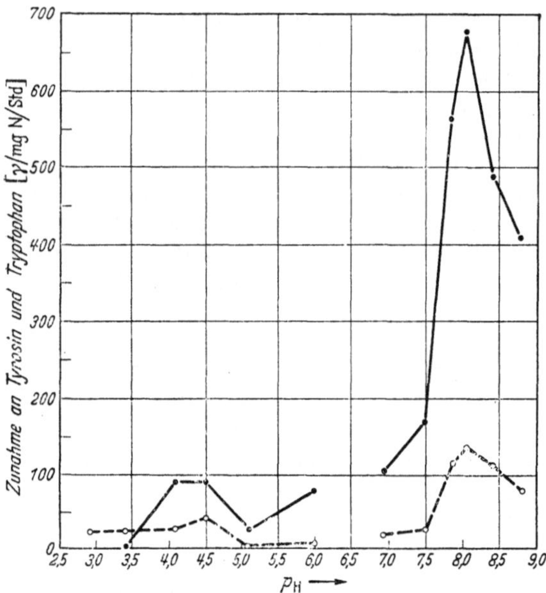

Abb. 56. p_H-Aktivitätskurve der Proteinasewirkung von Zellkernen (———) und Cytoplasma (– – –) aus Schweinepankreas[6].

[1] JOHNSON, R. M., and S. ALBERT: J. biol. Ch. **200**, 335 (1953). — [2] SIEBERT, G., K. LANG, S. LUCIUS u. G. ROSSMÜLLER: B. Z. **324**, 311 (1953). — [3] LANG, K., G. SIEBERT, S. LUCIUS u. H. LANG: B. Z. **321**, 538 (1950/51). — [4] SIEBERT, G., K. LANG u. H. LANG: B. Z. **321**, 543 (1950/51). — [5] ROSENFELD, I., and C. A. TOBIAS: J. biol. Ch. **191**, 339 (1951). — [6] LANG, K., G. SIEBERT u. F. FISCHER: B. Z. **324**, 1 (1953).

u. MENY[1]), ist kaum daran zu zweifeln, daß die Biosynthese des Enzyms im Zellkern lokalisiert ist. Dasselbe gilt wahrscheinlich nicht für die Pankreasamylase, die im Zellkern in einer dem Cytoplasma gleichkommenden Konzentration enthalten ist (LANG u. SIEBERT)[2]. Vermutlich werden einzelne Enzyme in den Verdauungsdrüsen des Verdauungstraktes jeweils in den Zellkernen gebildet.

Der Zellkern ist keineswegs die einzige Stätte der Enzymbildung in der Zelle. Unsere Kenntnisse sind jedoch gegenwärtig noch so beschränkt, daß sich Umfang und Bedeutung der Eiweißsynthese, insbesondere die Enzymsynthese in den einzelnen Strukturelementen der Zelle nicht übersehen lassen. Die Annahme, daß sich die Eiweißsynthese an den Ribonucleotiden vollzieht, steht mit den experimentellen Befunden in guter Übereinstimmung. Cytochemische Untersuchungen haben gezeigt, daß die Zellen immer dann, wenn eine Proteinsynthese größeren Umfanges in ihnen abläuft, besonders reich an Ribonucleotiden sind (CASPERSSON[3]; BRACHET[4]). In regenerierenden Geweben, z. B. in der nach partieller Hepatektomie regenerierenden Leber, geht das Maximum der Ribonucleotidsynthese immer der Neubildung von Eiweiß voraus[5,6]. Reticulocyten bauen um so mehr ^{14}C-Aminosäuren in ihr Protein ein, je höher ihr Gehalt an Ribonucleotiden ist[7].

Für eine größere Beteiligung des Zellkerns an der Proteinsynthese der Zelle spricht seine reichliche Ausstattung mit Proteasen. Kathepsin wird im Zellkern in einer wesentlich höheren Konzentration angetroffen als im Cytoplasma (LANG u. Mitarb.[8]; MAVER u. GRECO[9]). Weiterhin enthält der Zellkern in großem Umfange Peptidasen, wobei auffallenderweise seine Fähigkeit, D-Peptide zu spalten, nur sehr gering ist (SIEBERT, LANG u. MÜLLER)[10]. Über die Beteiligung von Transpeptidierungen bei der Proteinsynthese im Zellkern s. SIEBERT u. Mitarb.[11]. Nierenzellkerne enthalten Glutathionase[11]. Die letzterwähnten Autoren wiesen noch nach, daß der Zellkern bei der Proteinsynthese nicht nur auf vorgebildete Aminosäuren zurückgreift, sondern durch Transaminierung neue Aminosäuren zu bilden in der Lage ist. In diesem Zusammenhange ist es interessant, daß in den Zellkernen der Leber und der Niere Glutaminsäuredehydrogenase nachgewiesen wurde[11]. Auch der Befund von LANG u. Mitarb.[12], daß ^{14}C aus Glykokoll in den Zellkernlipoiden erscheint, weist auf Umsetzungen im Bereich der Aminosäuren hin, etwa der Bildung von Serin aus Glykokoll bzw. der Decarboxylierung von Serin zu Aminoäthanol.

Eine weitere synthetische Leistung des Zellkerns besteht in der *Bildung von DPN* aus Nicotinsäureamidmononucleotid und ATP (HOGEBOOM u. SCHNEIDER)[13]. In Leberzellen findet diese Synthese fast ausschließlich im Zellkern statt. Durch die Bildung dieses wichtigen Coenzyms hat der Zellkern die Möglichkeit, weitgehend die Stoffwechselintensität in den anderen Strukturelementen der Zelle und im Cytoplasma zu regulieren.

Versuche mit ^{32}P haben gezeigt, daß in den Zellkernen ein *Aufbau von Phosphatiden* aus ihren Bausteinen stattfindet. Die Intensität der Lipoidumsätze ist

---

[1] ALTMANN, H. W., u. R. MENY: Naturwiss. **39**, 138 (1952). — [2] LANG, K., u. G. SIEBERT: Unveröffentlichte Versuche. — [3] CASPERSSON, T. O.: Cell Growth and Cell Function. New York 1950. — [4] BRACHET, J.: Enzymologia **10**, 87 (1941/42). — [5] PRICE, J. M., and A. K. LAIRD: Cancer Res. **10**, 650 (1950). — [6] ELIASSON, N. A., E. HAMMARSTEN, P. REICHARD, S. ÅQVIST, B. THORELL and G. EHRENSVÄRD: Acta chem. scand. **5**, 431 (1951). — [7] HOLLOWAY, B. W., and S. H. RIPLEY: J. biol. Ch. **196**, 695 (1952). — [8] LANG, K., G. SIEBERT, I. BALDUS u. A. CORBET: Exper. **6**, 59 (1950). — [9] MAVER, M. E., and A. E. GRECO: J. nat. Cancer Inst. **12**, 37 (1951). — [10] SIEBERT, G., K. LANG u. L. MÜLLER: Naturwiss. **38**, 529 (1951). — [11] SIEBERT, G., K. LANG, L. MÜLLER, S. LUCIUS, E. MÜLLER u. E. KÜHLE: B. Z. **323**, 532 (1952/53). — [12] LANG, K., H. LANG, G. SIEBERT u. S. LUCIUS: B. Z. **324**, 217 (1953). — [13] HOGEBOOM, G. H., and W. C. SCHNEIDER: J. biol. Ch. **197**, 611 (1952).

jedoch in den Zellkernen kleiner als in den anderen Zellelementen (s. S. 1144). Auch die Versuche von LANG u. Mitarb.[1] mit ^{14}C-Glykokoll erweisen eine Lipoidsynthese im Zellkern.

Eine Zusammenstellung der im Zellkern aufgefundenen Enzyme findet man in der Tab. 336, S. 1114. Der Zellkern ist reichlich mit all den Fermenten ausgestattet, welche zur Synthese und zur Aufspaltung seiner Bausteine (Eiweiß, Nucleotide, Lipoide) benötigt werden, dagegen ist er völlig frei von allen Enzymen der biologischen Oxydation. Ältere diesbezügliche Angaben haben sich als durch methodische Unzulänglichkeiten bedingte Irrtümer herausgestellt.

Die Verteilung der Enzyme auf die verschiedenen Strukturen der Zelle zeigt bei den einzelnen Species mitunter Differenzen, über deren biologische Bedeutung sich heute noch keine Aussagen machen lassen. Die Enzymaktivitäten im Zellkern ein und derselben Tierart sind überdies nicht konstant, sondern variieren mit dem Alter der Zellen und lassen sich zum Teil auch durch äußere Einflüsse verändern. Über den Einfluß von Hunger und Alter auf die Enzymaktivitäten im Zellkern und im Cytoplasma findet man Angaben in den Tab. 342 u. 343.

Tabelle 342. Einfluß von Hunger auf die intracelluläre Verteilung von Enzymen in der Pferdeleber[2].

Relative Werte bezogen auf die Enzymaktivitäten im Cytoplasma der normalen Leber = 100. Die Werte sind für die Proteinverluste im Hunger korrigiert und daher direkt miteinander vergleichbar.

	Cytoplasma	Zellkern
Nucleosidphosphorylase, normal	100	274
im Hunger	150	203
Esterase, normal	100	82
im Hunger	124	21
Arginase, normal	100	60
im Hunger	132	21
Uricase, normal	100	6
im Hunger	139	3
β-Glucuronidase, normal	100	17
im Hunger	122	16
Katalase, normal	100	73
im Hunger	12	0
Alkalische Phosphatase, normal	100	28
im Hunger	113	13

Tabelle 343. Einfluß des Alters auf die intracelluläre Verteilung von Enzymen in der Darmschleimhaut von Rindern[2].

Aktivitäten in Einheiten pro mg.

	Cytoplasma		Zellkern	
	fetal	erwachsen	fetal	erwachsen
Adenosindesaminase	3	127	2	24
Alkalische Phosphatase	117	344	5	12
Esterase	0,4	336	0,07	0,03
Nucleosidphosphorylase	7	19	6,3	4,5
β-Glucuronidase	0,3	0,4	0,09	0,1

[1] LANG, K., H. LANG, G. SIEBERT u. S. LUCIUS: B. Z. **324**, 217 (1953). — [2] STERN, H., V. ALLFREY, A. E. MIRSKY and H. SAETREN: J. gen. Physiol. **35**, 559 (1952).

Weiterhin ergaben die Untersuchungen von STERN u. Mitarb.[1], daß die in den Pankreaszellen erwachsener Tiere in großem Umfange vorkommenden Fermente Amylase und Lipase im fetalen Pankreas praktisch vollkommen fehlen.

ALLFREY u. Mitarb.[2] teilen die Enzyme des Zellkerns in zwei Klassen ein:

1. In Spezialenzyme bestimmter Organe wie z. B. Arginase der Leber, Uricase und Katalase der Leber und der Nieren, Lipase und Amylase des Pankreas, alkalische Phosphatase der Darmschleimhaut.

2. In Enzyme, die in den Kernen aller Zellen zu finden sind. Hierher gehören ATPase, alkalische Phosphatase, Adenosinphosphatasen, Esterasen, Glucuronidase, Adenosindesaminase, Guanase, Nucleosidphosphorylase.

Hier kann man die folgenden Untergruppen unterscheiden:

a) Enzyme mit einer relativ niederen Konzentration im Zellkern: alkalische Phosphatase, ATPase, Glucuronidase.

b) Enzyme mit einer von Gewebe zu Gewebe wechselnden Konzentration: Esterase.

c) Enzyme mit einer hohen Konzentration im Zellkern: Nucleosidphosphorylase, Adenosindesaminase.

Die von ALLFREY u. Mitarb.[1] mitgeteilten Befunde bezüglich der Enzymverteilung in den Zellkernen decken sich jedoch nicht völlig mit den Erfahrungen anderer Autoren.

d) Die Mitochondrien. Eigenschaften und Leistungen.

Mitochondrien sind mikroskopisch sichtbare Partikelchen („große Granula") mit einem Durchmesser von 0,5 bis 2,0 μ. Ihre Gestalt kann kugelförmig bis fadenförmig sein. Eine Leberzelle (Ratte) enthält in der Norm etwa 2500 Mitochondrien[3]. In einem Gramm Frischleber beträgt die Zahl der Mitochondrien etwa $33 \cdot 10^{10}$. Das Trockengewicht eines Mitochondrions ist bei 1,6 bis $2,3 \cdot 10^{-10}$ mg gelegen, der Stickstoffgehalt beträgt etwa $1,7 \cdot 10^{-9}\,\gamma$. Nach Verfütterung von Buttergelb nimmt die Zahl der Mitochondrien der Leberzellen ab, desgleichen in der regenerierenden Leber. Tumorzellen der Leber enthalten nur etwa 1400 Mitochondrien. Nach Verfütterung des nicht carcinogenen 2-Methyl-4-dimethylaminoazobenzols wurde eine beträchtliche Vermehrung der Mitochondrienzahl beobachtet[4].

Die Gestalt isolierter Mitochondrien hängt von dem Darstellungsverfahren ab[5]. Die stabförmigen Mitochondrien der Leberzellen, Nierenzellen und Herzzellen behalten ihre Gestalt, wenn man die Zellen in einer 17- bis 30%igen Rohrzuckerlösung homogenisiert, nehmen aber eine sphärische Gestalt an, wenn das Medium nur 8,5% Zucker und 0,9% KCl enthält. Die Veränderung der äußeren Form geht mit inneren Strukturveränderungen einher. In vitro zeigen die sphärisch gewordenen Mitochondrien, gemessen am Sauerstoffverbrauch, eine größere Stoffwechselaktivität als die stabförmigen. Über die Trennung der Mitochondrien in mehrere morphologisch („große" und „kleine" Mitochondrien) und biochemisch verschiedene Typen s. [6—8].

---

[1] STERN, H., V. ALLFREY, A. E. MIRSKY and H. SAETREN: J. gen. Physiol. **35**, 559 (1952). — [2] ALLFREY, V., H. STERN and A. E. MIRSKY: Nature **169**, 128 (1952). — [3] ALLARD, C., G. DE LAMIRANDE and A. CANTERO: Cancer Res. **12**, 580 (1952). Canad. J. med. Sci. **30**, 543 (1952). — [4] SCHNEIDER, W. C., G. H. HOGEBOOM, E. SHELTON and M. J. STRIEBICH: Cancer Res. **13**, 285 (1953). — [5] HARMAN, J. W.: Exp. Cell Res. **1**, 394 (1950). — [6] LAIRD, A. K., O. NYGAARD, H. RIS and A. D. BARTON: Exp. Cell Res. **5**, 147 (1953). — [7] KUFF, E. L., and W. C. SCHNEIDER: J. biol. Ch. **206**, 677 (1954). — [8] PAIGEN, K.: J. biol. Ch. **206**, 945 (1954).

Mitochondrien werden selektiv durch Janusgrün B gefärbt. Nach neueren Untersuchungen[1] beruht die Färbung darauf, daß der Farbstoff zuerst an das Protein der Mitochondrien gebunden und dann durch DPN-Dehydrogenasen (z. B. Milchsäuredehydrogenase oder Glucosedehydrogenase) zu Diäthylsafranin und Diäthylleukosafranin hydriert wird. Unter Vermittlung eines gelben Fermentes kann das System Cytochrom c/Cytochromoxydase die Leukoverbindung wieder oxydieren.

$(C_2H_5)_2N$ … $N{=}N$ … $N(CH_3)_2$; C_6H_5

Janusgrün B

$-4\,H \uparrow \downarrow +4\,H$

$(C_2H_5)_2N$ … NH_2; C_6H_5 + H_2N … $N(CH_3)_2$

Diäthylsafranin

$-2\,H \uparrow \downarrow +2\,H$

$(C_2H_5)_2N$ … NH_2; H; C_6H_5

Leukodiäthylsafranin

Die Mitochondrien quellen in verdünnten Salzlösungen. Sie sind von einer Membran umgeben. Auf Grund elektronenmikroskopischer Untersuchungen läßt sich die Dicke der Membran auf 20 mμ schätzen (MÜHLETHALER u. Mitarb.)[2]. Die Quellung isolierter Mitochondrien bei Stoffwechselversuchen tritt besonders stark in Erscheinung, wenn dem System kein Substrat oder keine ATP zugesetzt wurden. Mit zunehmender Quellung nimmt die Stoffwechselleistung der Mitochondrienpräparationen, z. B. die Fähigkeit, Glieder des Citronensäurecyclus zu oxydieren, immer mehr ab[3]. Das Maximum der Schwellung wird nach etwa 90 min erreicht. Fehlt ATP, sind die Mitochondrien schon nach 30 min maximal geschwollen. Unter den Substraten macht Succinat eine Ausnahme, insofern es von geschwollenen Mitochondrien sogar noch besser oxydiert wird als von nicht geschwollenen. Vermutlich beruht die Verminderung des Oxydationsvermögens durch Schwellung (außer beim Succinat) darauf, daß vorher gebundene Coenzyme oder andere Cofaktoren löslich werden und herausdiffundieren. Über die Ursache der schwellungsverhindernden Eigenschaft der ATP ist nichts bekannt. Die durch Hypotonie des umgebenden Mediums bedingte Schwellung der Mitochondrien, die eintritt, wenn bei Nichtelektrolyten der

---

[1] LAZAROW, A., and S. J. COOPERSTEIN: Exp. Cell Res. **5**, 56 (1953). — COOPERSTEIN, S. J., A. LAZAROW and J. W. PATTERSON jr.: Exp. Cell Res. **5**, 69 (1953). — COOPERSTEIN, S. J., and A. LAZAROW: Exp. Cell Res. **5**, 82 (1953). — [2] MÜHLETHALER, K., A. F. MÜLLER u. H. U. ZOLLINGER: Exper. **6**, 16 (1950). — [3] RAAFLAUB, J.: Helv. physiol. Acta **10**, C 22 (1952); **11**, 142, 157 (1953).

osmotische Druck auf etwa die Hälfte reduziert wird, läßt sich durch Zusatz von ATP nicht verhüten[1]. Ob die Membran der Mitochondrien semipermeable Eigenschaften besitzt und für osmotische Phänomene in den Mitochondrien verantwortlich zu machen ist, ist noch Gegenstand von Diskussionen. Gegen eine Membran mit semipermeablen Eigenschaften spricht der Befund von HARMAN[2], daß keine selektive Aufnahme von ^{24}Na und ^{42}K in die Mitochondrien nachzuweisen ist. Quellung und Entquellung der Mitochondrien lassen sich nach HARMAN auch ohne Annahme einer semipermeablen Membran erklären. Dagegen sprechen Untersuchungen von DIANZANI[3] über die Enzymaktivitäten und die Abgabe von Nucleotiden durch Mitochondrien in Medien verschiedenen osmotischen Druckes dafür, daß die Mitochondrien eine semipermeable Membran besitzen. Suspendierung in destilliertem Wasser fördert die Aktivität der Succinoxydase, hemmt aber die D-Aminosäureoyxdase und die Milchsäureoxydase. Der Unterschied im Verhalten der einzelnen Enzyme ist vielleicht dadurch zu erklären, daß es sich in dem einen Fall (D-Aminosäureoxydase und Milchsäuredehydrogenase) um stark dissoziierte Enzyme handelt. Die Aktivität des α-Ketoglutarsäureoxydase-Systems in den Sarkosomen des Herzens ist in hypotonischen Medien größer als in isotonischen oder gar hypertonischen[4]. BARTLEY u. DAVIES[5] konnten zeigen, daß Mitochondrien, wenn sie ein Substrat kräftig oxydieren, anorganische Ionen und organische Stoffe in ihrem Inneren konzentrieren, also osmotische Arbeit leisten. Diese Fähigkeit erlischt bei den geringsten Schädigungen, z. B. in der Kälte. Rattenlebermitochondrien, die mit L-Glutaminsäure, Mg, PO_4 und Adenylsäure inkubiert werden, reichern Na^+ auf das 1,5 bis 2fache, K^+ auf das 2- bis 3fache aus der Suspensionsflüssigkeit in ihrem Inneren an, ohne zu schwellen. Fehlt Adenylsäure, so werden Na^+ und K^+ nicht angereichert, der Wassergehalt steigt von 80 auf 90% an und die Mitochondrien agglutinieren leicht[6]. Vergiftung mit Dinitrophenol gibt zu keiner Schwellung Anlaß. Wegen der Gründe, die für eine selektive Permeabilität der Mitochondrien sprechen, z. B. das Unvermögen des Eindringens von Glycerophosphat, sei auf die Arbeit von DE DUVE u. Mitarb.[7] verwiesen.

Schon CLAUDE[8] war die Empfindlichkeit der Mitochondrien gegen osmotische Veränderungen des Suspensionsmilieus aufgefallen. Die Stoffwechselaktivität von Mitochondrienpräparationen hängt außer bei den erwähnten Ausnahmen weitgehend davon ab, daß der osmotische Druck etwa dem im Organismus herrschenden entspricht. Dies ist insbesondere bezüglich der Fähigkeit, Fettsäuren zu oxydieren, der Fall (KENNEDY u. LEHNINGER)[9].

Bei schonender Aufarbeitung liegt die saure Phosphatase der Rattenlebermitochondrien weitgehend inaktiv vor; physikalische Eingriffe, Alterung und andere Maßnahmen „aktivieren“[10]. Rohrzucker und Glycerophosphat im Suspensionsmedium schützen vor „Aktivierung“, Glycerin und reines Wasser nicht[11]. Auch die Ribonuclease der Meerschweinchenleber ist in den Mitochondrien praktisch inaktiv[12].

---

[1] RAAFLAUB, J.: Helv. physiol. Acta **10**, C 22 (1952); **11**, 142, 157 (1953). — [2] HARMAN, J. W.: Exp. Cell Res. **1**, 394 (1950). — [3] DIANZANI, M. U.: Biochim. biophysica Acta, N. Y. **11**, 353 (1953). — [4] SLATER, E. C., and K. W. CLELAND: Biochem. J. **53**, 557 (1953). — [5] BARTLEY, W., and R. E. DAVIES: Biochem. J. **52**, XX (1952). — [6] MACFARLANE, M. G., and A. G. SPENCER: Biochem. J. **54**, 569 (1953). — [7] DUVE, C. DE, J. BERTHET, L. BERTHET and F. APPELMANS: Nature **167**, 389 (1951). — [8] CLAUDE, A.: J. exp. Med. **84**, 51, 61 (1946). — [9] KENNEDY, E. P., and A. L. LEHNINGER: J. biol. Ch. **179**, 957 (1949). — [10] BERTHET, J., and C. DE DUVE: Biochem. J. **50**, 174 (1951). — [11] BERTHET, J., L. BERTHET, F. APPELMANS and C. DE DUVE: Biochem. J. **50**, 182 (1951). — [12] PIROTTE, M., et V. DESREUX: Bull. Soc. chim. Belg. **61**, 167 (1952.)

Bezüglich der Zusammensetzung der Mitochondrien sei auf die Tab. 313 bis 319, S. 1068—1096 verwiesen.

Durch Behandeln der Mitochondrien mit Ultraschall oder mit hohen Drucken werden etwa 60% des N löslich. In der Ultrazentrifuge lassen sich nach Druckbehandlung 4 Proteinfraktionen mit den Sedimentationskonstanten 3,8, 5,1, 7,5 und 10 bis 11 unterscheiden. In Hepatommitochondrien fehlt die zweite Komponente. Nach Einwirkung von Ultraschall[1] zeigen normale Mitochondrien 3 Komponenten mit den Sedimentationskonstanten 3,7, 6,3 und 11 bis 13; in Hepatommitochondrien sind die Sedimentationskonstanten 3,8, 8,0 und 12 bis 13. Soweit sich heute übersehen läßt, ist die Aminosäurezusammensetzung der Mitochondrienproteine der verschiedenen Zellarten (Leber, Pankreas, Brustdrüse, Mammacarcinom und Hepatom) annähernd dieselbe[2].

Die Mitochondrien sind ein geordnetes Multienzymsystem. In ihnen sind die Enzyme des Endabbaus der Nährstoffe lokalisiert, und zwar in erster Linie die Enzymsysteme des Citronensäurecyclus und der biologischen Oxydation. Die Mitochondrien vermögen daher die Glieder des Citronensäurecyclus und diejenigen Substanzen, die durch die in den Mitochondrien enthaltenen Enzyme in Glieder des Citronensäurecyclus verwandelt werden können, zu CO_2 und H_2O zu oxydieren. Eine Übersicht über die wichtigsten von den Mitochondrien durchführbaren Reaktionen findet man in der Tab. 347, S. 1136. Nähere Angaben über die Enzymverteilung sind in der Tab. 318, S. 1078ff., enthalten.

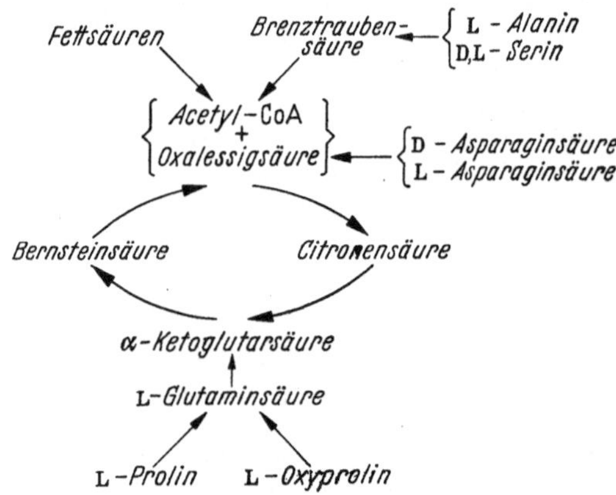

Abb. 57. Schema der wichtigsten Stoffwechselleistungen der Mitochondrien.

In unbefruchteten oder frisch befruchteten Seeigeleiern ist die Oxydation durch das Cytochrom-Cytochromoxydase-System in den Mikrosomen und im Cytoplasma lokalisiert[3]. Je weiter die Entwicklung fortschreitet, desto größer wird der Gehalt der Mitochondrien an diesem Enzymsystem.

Die Enzyme sind in den Mitochondrien strukturgebunden. Diese jenseits der mikroskopischen Sichtbarkeit gelegene Struktur dürfte aus Ribonucleotiden und Lipoiden bestehen. Vor allem ist hierbei an die Phosphatide zu denken, da sie in ihrem Molekül gleichzeitig hydrophile und hydrophobe Gruppen haben. Näheres hierüber s. bei CLAUDE[4]. Durch die Einwirkung von krystallisierter Schlangengiftlecithinase auf Lebermitochondrien kann man die Bernsteinsäureoxydation vollständig hemmen, ohne daß dabei die Aktivität eines der

[1] HOGEBOOM, G. H., and W. C. SCHNEIDER: Science, N. Y. **113**, 355 (1951). — [2] LI, C., and E. ROBERTS: Science, N. Y. **110**, 559 (1949). — [3] KRAHL, M. E.: Biol. Bull. **98**, 176 (1950). — [4] CLAUDE, A.: Adv. Protein Chem. **5**, 423 (1949).

Teilenzyme (Bernsteinsäuredehydrogenase, DPN-Cytochrom c-Reductase) beeinflußt wird[1]. Der gegen Lecithinase empfindliche Faktor liegt vermutlich zwischen Cytochrom b und Cytochrom c. Er ist wahrscheinlich ein Phosphatid, das bei der Struktur der Mitochondrien und bei der Bindung von Enzymen an die Struktur beteiligt ist. Die einzelnen Enzyme sind in den Mitochondrien räumlich so angeordnet, daß sich alle Umsetzungen in der richtigen Reihenfolge abspielen und die Substrate die geringstmöglichen Wege zurücklegen müssen. Daher werden lange Reaktionsketten rasch durchlaufen. Die einzelnen Enzyme sind in den Mitochondrien verschieden fest gebunden. Es gibt Enzyme, die sich leicht abtrennen und in Lösung bringen lassen. Zu ihnen gehören Milchsäuredehydrogenase[2], Glycerophosphatdehydrogenase[3] sowie Ribonuclease und Desoxyribonuclease[4] (s. a. S. 1129). Andere Enzyme lassen sich überhaupt nicht, oder nur unter den größten Schwierigkeiten von den Partikelchen trennen wie die Bernsteinsäureoxydase, die Cytochrome a und b sowie die Cytochromoxydase. Die Abtrennung der Enzyme von den Mitochondrien kann durch verschiedene Maßnahmen bewirkt werden: Altern, osmotische Störungen, Einfrieren und Wiederauftauen, Belichtung, Behandlung mit Aceton, Caprylalkohol und ähnlichen Lösungsmitteln, Versetzen mit Gallensäuren, sowie durch Einwirken von Druck oder Ultraschall.

Bei der Einwirkung von Ultraschall auf Mitochondrien werden Proteine löslich. Außerdem werden kleinere und kleinste Partikelchen erhalten, die sich in der Ultrazentrifuge sedimentieren lassen und in denen neben denaturierten Enzymen sich solche Enzyme angereichert finden, die durch Ultraschall nicht inaktiviert werden. Hogeboom u. Schneider[5] erhielten nach einstündigem Zentrifugieren bei 150000 g Fraktionen, in denen Cytochromoxydase und DPN-Cytochrom c-Reductase stark angereichert waren. Ihre Versuche weisen darauf hin, daß in den Mitochondrien Bernsteinsäureoxydase und Cytochrom c nahe zusammen gelagert sind. Offensichtlich sind funktionell miteinander verknüpfte Enzyme auch räumlich nahe zusammen gelegen.

In den Mitochondrien sind nicht nur die Enzymproteine, sondern auch die Coenzyme fest gebunden. Daher weisen die aus den Mitochondrien herausgelösten Enzyme teilweise andere Eigenschaften auf, als sie sie im Verband der Mitochondrien gebunden besitzen. Als Beispiel ist in der Tab. 344 das Verhalten der Äpfelsäuredehydrogenase wiedergegeben. Freie Äpfelsäuredehydrogenase benötigt DPN, in den Mitochondrien gebundene dagegen nicht, weil Mitochondrien genügend DPN strukturgebunden enthalten. Freie Äpfelsäuredehydrogenase wird durch die Anhäufung ihres Reaktionsproduktes Oxalessigsäure gehemmt. In den Mitochondrien kann sich keine größere Menge Oxalessigsäure anhäufen,

Tabelle 344. Verhalten der Äpfelsäuredehydrogenase in den Mitochondrien und nach Abtrennung aus ihnen[6].

	In den Mitochondrien	Frei
Bedarf an DPN	—	+
Hemmung durch Oxalessigsäure	—	+
Hemmung durch Dinitrophenol	+	—
p_H-Optimum	7—8	9,5

[1] Nygaard, A. P., and J. B. Sumner: J. biol. Ch. **200**, 723 (1953). — Nygaard, A. P.: J. biol. Ch. **204**, 655 (1953). — [2] Jagannathan, V., and R. S. Schweet: J. biol. Ch. **196**, 551 (1952). — [3] Still, J. L., and E. H. Kaplan: Exp. Cell Res. **1**, 403 (1950). — [4] Schneider, W. C., and G. H. Hogeboom: J. biol. Ch. **198**, 155 (1952). — [5] Hogeboom, G. H., and W. C. Schneider: J. biol. Ch. **194**, 513 (1952). — [6] Huennekens, F. M.: Exp. Cell Res. **2**, 115 (1950).

weil sie laufend durch Oxydation beseitigt wird. Ähnliche Verhältnisse wurden bezüglich der Milchsäuredehydrogenase beobachtet[1], ferner bei der Aconitase.

D. E. GREEN[2] hat mit seinen Mitarbeitern ein Enzymsystem beschrieben, das sie ***Cyclophorasesystem*** nannten, und das ein Mitochondrienpräparat darstellt. Während isolierte Mitochondrien an und für sich aus einzelnen Partikelchen bestehen, ist das Cyclophorasesystem ein Gel, das durch eine Verklumpung der Mitochondrien durch Nucleotidmaterial (vermutlich aus den Zellkernen) entsteht. Die Q_{O_2}-Werte des Cyclophorasesystems aller Organe liegen für die meisten Substrate (z. B. Glieder des Citronensäurecyclus) bei −20 bis −40. Die Enzymausstattung des Cyclophorasesystems entspricht völlig der der isolierten Mitochondrien. Die Mitochondrienzahl einer Zelle verläuft der Aktivität des Cyclophorasesystems streng parallel[3]. In einem frisch dargestellten Cyclophorasepräparat sind alle Coenzyme in ausreichender Konzentration enthalten. Durch Zusatz von DPN oder TPN lassen sich daher die Umsätze durch die im System enthaltenen Dehydrogenasen (Milchsäuredehydrogenase, Äpfelsäuredehydrogenase, Isocitronensäuredehydrogenase, β-Oxybuttersäuredehydrogenase, Glutaminsäuredehydrogenase) nicht steigern[4]. Im Cyclophorasesystem der Kaninchenleber wurden von den erwähnten Autoren 1,6 mg DPN pro g Trockengewicht, in dem aus Niere 3,7 mg DPN in gebundener Form nachgewiesen. Die Bindung der Coenzyme ist so fest, daß sie auch durch mehrfaches Auswaschen des Präparates nicht in merkenswertem Umfange gelockert wird. Außer DPN und TPN wurden im Cyclophorasesystem auch noch Flavinadenindinucleotid, Pyridoxalphosphat, Cocarboxylase, Coenzym A und ATP gebunden nachgewiesen. Diese Coenzyme lassen sich in Trichloressigsäurefiltraten oder Kochsäften der Mitochondrien erfassen. Einige Daten sind in der Tab. 345 zusammengestellt.

Tabelle 345.
Konzentration an B-Vitaminen in gebundener Form im Cyclophorasesystem[2].

Vitamin	γ pro g Trockensubstanz	
	Leber	Niere
Lactoflavin	120	110
Nicotinsäureamid	330	275
Pyridoxin	33	22
Pantothensäure	225	175
Biotin	0,7	0,9
Pteroylglutaminsäure	50	40

Bei Folsäuremangel nimmt der Gehalt der Mitochondrien an Folsäure und Folininsäure bis zu 90% ab[5]. Verabreichung von Aminopterin hat keinen Einfluß auf den Folsäuregehalt der Mitochondrien, bewirkt aber eine Senkung des Gehalts an Folininsäure.

Beim Altern des Cyclophorasesystems nimmt sein Gehalt an Coenzymen infolge einer enzymatischen Aufspaltung derselben rasch ab. Man kann daher die Umsätze in einem gealterten Cyclophorasesystem im Gegensatz zu einem frischen durch Zusatz von Coenzymen steigern[6,7].

[1] MAHLER, R. H., A. TOMISEK and F. M. HUENNEKENS: Exp. Cell Res. **4**, 208 (1953). — [2] GREEN, D. E.: Biol. Reviews **26**, 410 (1951). — [3] HARMAN, J. W.: Exp. Cell Res. **1**, 382 (1950). — [4] HUENNEKENS, F. M., and D. E. GREEN: Arch. Biochem. **27**, 418 (1950). — [5] WILLIAMS, J. N. jr., A. SREENIVASAN, S.-C. SUNG and C. A. ELVEHJEM: J. biol. Ch. **202**, 233 (1953). — [6] HUENNEKENS, F. M., and D. E. GREEN: Arch. Biochem. **27**, 428 (1950). — [7] ELLIOTT, W. B., and G. KALNITSKY: J. biol. Ch. **186**, 477 (1950).

Inkubation von Mitochondrien mit Cytoplasma oder Trypsin bzw. Papain führt zu einer Inaktivierung der Succinoxydase[1].

Mitochondrien enthalten auch viel gebundene K^+, etwa 0,3% der Trockensubstanz. Nach PRESSMAN u. LARDY[2] bewirkt Zugabe von K^+ eine Vergrößerung der Sauerstoffaufnahme atmender Mitochondrien. Das Optimum der K-Ionenkonzentration ist bei 0,025 m gelegen. Noch höhere Konzentrationen in dem Reaktionsmilieu hemmen die Atmung. Na^+ wirken in wesentlich geringerem Umfange atmungsfördernd als K^+. Über die Aufnahme von Na^+ und K^+ durch die Mitochondrien s. S. 1129

Mitochondrien bzw. das Cyclophorasesystem sind außerordentlich empfindlich gegen allerlei Schädigungen. Jede Schädigung der Struktur bedingt ein sofortiges Absinken der Umsätze z. B. bezüglich der Bernsteinsäureoxydase[3,4] oder der Cytochromoxydase[5,6]. Die Ursache dürfte in einer Desorientierung der Enzyme zu suchen sein, die dadurch zustande kommt, daß die Nucleotid- oder Lipoidstruktur, an welcher die Enzyme in der richtigen Reihenfolge gebunden sind, eine Desintegration erleidet. Schädigungen der Struktur führen sofort zu einem Absinken des Quotienten P : O bei der oxydativen Phosphorylierung. Die oxydative Phosphorylierung ihrerseits bedingt eine Erhaltung der Struktur[7]. Das durch die oxydative Phosphorylierung gewonnene energiereiche Phosphat wird zum Teil zur Aufrechterhaltung der Struktur benötigt. Die Strukturelemente der Mitochondrien, aber auch der Zellkerne und der Mikrosomen (Nucleotide, Phosphatide und vielleicht auch Phosphoproteide) enthalten alle Phosphatgruppen, die vielleicht durch Transphosphorylierungen eingebaut werden. Die Synthesen der erwähnten Substanzen aus ihren Bausteinen sind endergonische Prozesse und bedürfen daher der Zufuhr von Energie.

Nach osmotischen oder anderweitigen Schädigungen der Mitochondrien erlischt ihre Fähigkeit, längere Reaktionsketten durchzuführen, z. B. Substrate völlig zu CO_2 und H_2O zu oxydieren. Dagegen bleibt häufig das Vermögen, Teilreaktionen durchzuführen, erhalten. So oxydieren gründlich mit Wasser gewaschene Mitochondrien L-Prolin nicht mehr zu CO_2 und H_2O, da der Enzymapparat des Citronensäurecyclus und der biologischen Oxydation zerstört ist. Die Prolinoxydase bleibt aber erhalten, so daß sich bei der Inkubation eines osmotisch geschädigten Cyclophorasesystems mit L-Prolin Glutaminsäurehalbaldehyd[8], bei Inkubation mit L-Oxyprolin γ-Oxyglutaminsäurehalbaldehyd[9] anhäufen. Geschädigte Mitochondrien führen Brenztraubensäure in Essigsäure über[10], während das intakte Cyclophorasesystem Brenztraubensäure völlig oxydiert. Diese Beispiele zeigen, daß man unter Umständen durch das Arbeiten mit einem geschädigten Cyclophorasesystem die Möglichkeit hat, Zwischenprodukte zu fassen und längere Reaktionsketten in Teilreaktionen zu zerlegen. Das intakte Cyclophorasesystem oxydiert ein angegriffenes Substratmolekül sofort vollständig zu Ende. Bei der Oxydation etwa einer Fettsäure oder Dicarbonsäure lassen sich Zwischenprodukte nicht nachweisen. Die Produktion an CO_2 entspricht immer dem für eine vollständige Oxydation benötigten Sauerstoffverbrauch.

---

[1] DIANZANI, M. U.: Exper. **9**, 298, 343 (1953). — [2] PRESSMAN, B. C., and H. A. LARDY: J. biol. Ch. **197**, 547 (1952). — [3] BALL, E. G., and O. COOPER: J. biol. Ch. **180**, 113 (1949). — [4] MACFARLANE, M. G.: Biochem. J. **47**, XXIX (1950). — [5] KEILIN, D., and E. F. HARTREE: Biochem. J. **44**, 205 (1949). — [6] SLATER. E. C.: Biochem. J. **45**, 1 (1949). — [7] HARMAN, J. W., and M. FEIGELSON: Exp. Cell Res. **3**, 47, 58, 509 (1952). — [8] LANG, K., u. G. SCHMID: B. Z. **322**, 1 (1951/52). — [9] LANG, K., u. U. MAYER: B. Z. **324**, 237 (1953). — [10] FULD, M., and M. H. PAUL: Proc. Soc. exp. Biol. Med. **79**, 355 (1952).

GREEN u. Mitarb.[1] ist es gelungen, die durch das Cyclophorasesystem bewirkten Umsetzungen durch ein „künstliches“ Cyclophorasesystem nachzuahmen. Der lösliche Teil des Homogenats von Herzmuskel ließ sich durch Ansäuern auf p_H 5,4 in eine Fällung und eine lösliche Fraktion zerlegen. Die Fällung besteht aus Partikelchen, die Mikrosomen sein dürften. Nach Vereinigung dieser Fällung mit der durch Ammoniumsulfatfällung gereinigten löslichen Fraktion und Zusatz von Coenzymkonzentraten wurde ein System erhalten, das gleich dem Cyclophorasesystem Glieder des Citronensäurecyclus und Fettsäuren zu CO_2 und H_2O oxydiert, wobei eine oxydative Phosphorylierung stattfindet. Allerdings ist der Quotient P : O dabei sehr niedrig. Er beträgt etwa 0,5, während er beim Arbeiten mit dem intakten Cyclophorasesystem 2 bis 3 beträgt (s. S. 1137). Die lösliche Fraktion enthält die folgenden Enzyme: DPN-Cytochrom c-Reductase, Milchsäuredehydrogenase, α-Ketoglutarsäureoxydase, Äpfelsäuredehydrogenase, Isocitronensäuredehydrogenase, Aconitase, ferner die bei der β-Oxydation der Fettsäuren beteiligten Enzyme sowie das Acetyl-CoA desacylierende Enzym. Die bei p_H 5,4 gefällten Partikelchen enthalten die Bernsteinsäureoxydase und die bei der biologischen Oxydation beteiligten Häminproteide.

Die Hauptaufgabe der Mitochondrien ist die Durchführung der Endoxydation der Nährstoffe und die Gewinnung von energiereichem Phosphat. Daher findet man eine Korrelation zwischen der Aktivität des Cyclophorasesystems eines Organs und seiner funktionellen Beanspruchung. Ein gutes Beispiel hierfür bietet die Milchdrüse. In der Ruhe enthält sie nur wenig Cytochromoxydase und Bernsteinsäureoxydase. Während der Lactation beträgt die Aktivität beider Enzyme das Vielfache des Wertes während der Ruhe[2]. Kurz vor der Geburt des Kindes steigt die Aktivität beider Enzyme in der Milchdrüse steil an und sinkt nach der nach der Entwöhnung einsetzenden Involution des Organs wieder rasch ab (Abb. 58). PAUL u. SPERLING[3] haben gezeigt, daß wenig beanspruchte Muskeln eine nur geringe Aktivität des Cyclophorasesystems aufweisen und auch nur wenige Mitochondrien enthalten. Dagegen zeigen stark beanspruchte Muskeln eine hohe Aktivität des Cyclophorasesystems und enthalten viel Mitochondrien (Tab. 346). Aktivität des Cyclophorasesystems und Mitochondrienzahl laufen einander parallel. Generell sind Aktivität des Cyclophorasesystems und Zahl der Mitochondrien in den Zellen von Organen mit einem lebhaften Stoffwechsel wie Herzmuskel, Leber, Niere größer als in den Organen mit einem weniger intensiven Stoffwechsel wie Gehirn oder Lunge Bei der Verfütterung der nicht carcinogenen Substanz 2-Methyl-4-dimethylaminoazobenzol nimmt die Zahl der Mitochondrien in den Leberzellen zu. Entsprechend erhöht

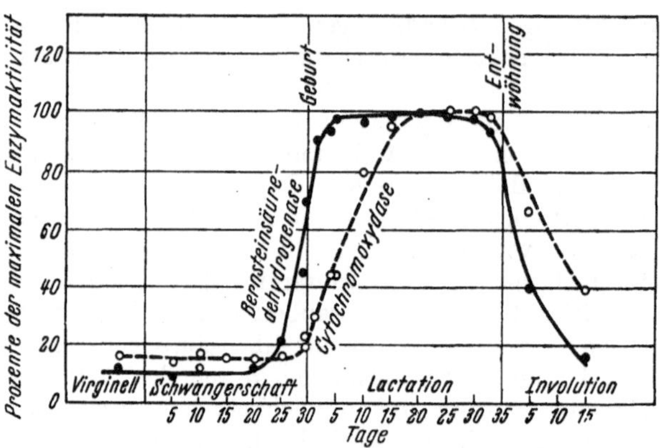

Abb. 58.
Aktivität von Bernsteinsäuredehydrogenase und Cytochromoxydase der Milchdrüse während Schwangerschaft, Lactation und Involution[2].

[1] GREEN, D. E., H. BEINERT, M. FULD, D. GOLDMAN, M. H. PAUL and N. K. SARKAR: Exp. Cell Res. **4**, 422 (1953). — [2] MOORE, R. O., and W. L. NELSON: Arch. Biochem. **36**, 178 (1952). — [3] PAUL, M. H., and E. SPERLING: Proc. Soc. exp. Biol. Med. **79**, 352 (1952).

sich auch die Aktivität des Lebergewebes an Succinoxydase und DPN-Cytochrom c-Reductase. Dagegen nimmt die Aktivität anderer Enzyme (Uricase, Enzyme der Fettsäureoxydation) im Lebergewebe nicht zu[1]. Die Deutung dieses Befundes ist schwierig und in der Richtung zu suchen, daß bei rascher Neubildung von Mitochondrien zunächst solche mit abweichenden Eigenschaften gebildet werden.

Bei sich entwickelnden Seeigeleiern nimmt der Einbau von ^{15}N-Alanin im Blastulastadium steil zu, was auf eine jetzt einsetzende rasche Neubildung von Mitochondrienpopulationen zurückzuführen ist[2].

Man kann in vitro durch elektrische Reizung die Sauerstoffaufnahme der Mitochondrien auf das Doppelte und mehr steigern. Bei Gehirnmitochondrien erfolgt dabei eine Entkopplung zwischen Atmung und Phosphorylierung. Dies ist bei Lebermitochondrien aber nicht der Fall[3]. Die Angriffspunkte sind vermutlich Grenzflächen an den Strukturen. Lösliche Enzymsysteme, wie z. B. das der Glykolyse, werden durch elektrische Reizung nicht beeinflußt.

Tabelle 346. Korrelation zwischen Mitochondriengehalt und Stoffwechselbeanspruchung von Geweben[4].

Muskel bzw. Organ	Q_{O_2} der Bernsteinsäureoxydation	Mitochondriensuspension. Trübung
Rückenmuskel (Kaninchen)	1,1	0
Brustmuskel (Huhn)	1,5	0
Gastrocnemius (Kaninchen)	2,7	0
Soleus (Kaninchen)	4,7	+
Beinmuskel (Ratte)	6,7	+
Zwerchfell (Kaninchen)	25	++
Herzmuskel (Kaninchen)	56,7	++++
Brustmuskel (Taube)	33	++++
Niere (Kaninchen)	40	++++

Das Gewicht eines Mitochondrions beträgt $4{,}8 \cdot 10^{-7}\,\gamma$. Daraus und aus seinen Dimensionen läßt sich berechnen, daß es etwa 1 Million Eiweißmoleküle von einem Molekulargewicht von 35000 enthalten kann[5]. Nach ALLARD (s. S. 1127) ist das Gewicht eines Mitochondrions sogar noch geringer, nämlich 1,6 bis $2{,}3 \cdot 10^{-7}\,\gamma$. In Anbetracht der großen Stoffwechselleistung ist dies wenig. Diese Diskrepanz hat zu Diskussionen darüber geführt, ob es verschiedenerlei Mitochondrien mit unterschiedlichen Stoffwechselleistungen gibt. Eine experimentelle Klärung dieser Frage ist gegenwärtig nicht möglich.

Beim Vergleich der Stoffwechselleistungen der Mitochondrien verschiedener Organe (s. Tab. 347) ergibt sich, daß die Mitochondrien aller Organe und auch die von Tumorzellen und Pflanzenzellen[6] grundsätzlich dieselbe Enzymausrüstung besitzen. Sie sind alle zur Oxydation der Glieder des Citronensäurecyclus befähigt und enthalten daher die Enzyme des Citronensäurecyclus und die für den Elektronentransport benötigten. Kleinere Unterschiede ergeben sich dadurch, daß in manchen Organen „Zubringerenzyme" zu Substanzen des Citronensäurecyclus fehlen. So können z. B. Gehirnmitochondrien kein L-Alanin oxydieren, vermutlich deswegen, weil sie die Aminosäure nicht zu Brenztraubensäure zu desaminieren imstande

[1] SCHNEIDER, W. C., G. H. HOGEBOOM, E. SHELTON and M. J. STRIEBICH: Cancer Res. **13**, 285 (1953). — [2] HULTIN, T.: Ark. Kemi **5**, 559 (1953). — [3] ABOOD, L. G., R. W. GERARD and S. OCHS: Amer. J. Physiol. **171**, 134 (1952). — ABOOD, L. G.: Amer. J. Physiol. **176**, 247 (1954). — [4] PAUL, M. H.. and E. SPERLING: Proc. Soc. exp. Biol. Med. **79**, 352 (1952). — [5] CLAUDE, A.: Adv. Protein Chem. **5**, 423 (1949). — [6] BONNER, J., and A. MILLERD: Arch. Biochem. **42**, 135 (1953). — MILLERD, A.: Arch. Biochem. **42**, 149 (1953).

Tabelle 347. Stoffwechselleistungen der Mitochondrien verschiedener Organe.

Substrat oxydiert	Leber	Niere	Muskel	Herz	Gehirn	Milchdrüse	Mäuse Acites-Tumor	Samenblasen
Glieder des Citronensäurecyclus	+[5,13,29]	+[5]	+[5,39]	+[5,18,32,36]	+[1]	+[22]	+[34]	+[40]
Brenztraubensäure	+[3,14]	+[14]		+[23]	+[30]		+[34]	
L-Glutaminsäure	+[7,29]	+[7]		+[18]	+[1]			
L-Alanin		+[7]			−[1]			
D-Asparaginsäure	+[8]	+[8]			−[1]			
L-Asparaginsäure	+[28]							
L-Prolin u. L-Oxyprolin	+[6,29,38]	+[6]						
Fettsäuren	+[13,15,23,25,33]	+[5,15,26]		+[18]	−[1]	+[22]		
Propionsäure	+[15,27,33,37]	−[15,16], +[37]		−[18]				
D(−)-Milchsäure	+[27,35]	+[27]						
Dicarbonsäuren	−[31]	+[31]	−[31]	−[31]	−[31]			
Phosphatide	+[24]							
Andere Stoffwechselreaktionen.								
Glykolyse	−[13]	−[20]			−[1,30]			
Synthese von Hippursäure u. p-Aminohippursäure	+[2,10,11,12]	+[2]			−[1,30]			
Synthese von Citrullin	+[9,19]							
Synthese von Phosphatiden	+[4]							
Bildung von Serin aus Glykokoll oder Sarkosin	+[2,17]							
DPN+ATP⇌TPN+ADP	+[21]	+[21]						

[1] Brody, T. M., and J. A. Bain: J. biol. Ch. **195**, 685 (1952). — [2] Sarkar, N. K., H. Beinert, M. Fuld and D. E. Green: Arch. Biochem. **37**, 140 (1952). — [3] Leuthardt, F., et J. Mauron: Helv. physiol. Acta **8**, 386 (1950). — [4] Kennedy, E. P.: Fed. Proc. **11**, 239 (1952). — [5] Green, D. E.: Biol. Reviews **26**, 410 (1951). — [6] Taggart, J. V., and R. B. Krakaur: J. biol. Ch. **177**, 641 (1949). — [7] Still, J. L., M. V. Buell and D. E. Green: Arch. Biochem. **26**, 406, 413 (1950). — [8] Still, J. L., M. V. Buell, W. E. Knox and D. E. Green: J. biol. Ch. **179**, 831 (1949). — [9] Leuthardt, F., u. A. F. Müller: Exper. **4**, 478 (1948). — [10] Leuthardt, F., et H. Nielsen: Helv. **34**, 1618 (1951). — [11] Cohen, P. P., and R. W. McGilvery: J. biol. Ch. **171**, 121 (1947). — [12] Kielley, R. K., and W. C. Schneider: J. biol. Ch. **185**, 869 (1950). — [13] Kennedy, E. P., and A. L. Lehninger: J. biol. Ch. **179**, 957 (1949). — [14] Green, D. E., W. F. Loomis and V. H. Auerbach: J. biol. Ch. **172**, 389 (1948). — [15] Grafflin, A. L., and D. E. Green: J. biol. Ch. **176**, 95 (1948). — [16] Atchley, W. A.: J. biol. Ch. **176**, 123 (1948). — [17] Mitoma, C., and D. M. Greenberg: J. biol. Ch. **196**, 599 (1952). — [18] Paul, M. H., M. Fuld and E. Sperling: Proc. Soc. exp. Biol. Med. **79**, 349 (1952). — [19] Grisolia, S., S. B. Koritz and P. P. Cohen: J. biol. Ch. **191**, 181 (1951). — [20] Kaplan, E. H., J. L. Still and H. R. Mahler: Arch. Biochem. **34**, 16 (1951). — [21] Katchman, B., J. J. Betheil, A. I. Schepartz and D. R. Sanadi: Arch. Biochem. **34**, 437 (1951). — [22] Moore, R. O., and W. L. Nelson: Arch. Biochem. **36**, 178 (1952). — [23] Kennedy, E. P., and A. L. Lehninger: J. biol. Ch. **185**, 275 (1950). — [24] O'Connell, P. W., and E. Stotz: Proc. Soc. exp. Biol. Med. **70**, 675 (1949). — [25] Witter, R. F., E. H. Newcomb and E. Stotz: J. biol. Ch. **185**, 537 (1950). — [26] Elliott, W. B., and G. Kalnitsky: J. biol. Ch. **186**, 477 (1950). — [27] Huennekens, F. M., H. R. Mahler and J. Nordmann: Arch. Biochem. **30**, 66, 77 (1951). — [28] Nakada, H. I., and S. Weinhouse: J. biol. Ch. **187**, 663 (1950). — [29] Lardy, H. A., and H. Wellman: J. biol. Ch. **195**, 215 (1952). — [30] Abood, L. G., R. W. Gerard, J. Banks and R. D. Tschirgi: Amer. J. Physiol. **168**, 728 (1952). — [31] Lang, K., u. K. H. Bässler: B. Z. **323**, 456 (1952/53). — Bässler, K. H., u. K. Lang: B. Z. **324**, 204 (1952/53). — [32] Plaut, G. W. E., and K. A. Plaut: J. biol. Ch. **199**, 141 (1952). — [33] Cheldelin, V. H., and H. Beinert: Biochim. biophysica Acta, N. Y. **9**, 661 (1952). — [34] Lindberg, O., M. Ljunggren, L. Ernster and L. Révész: Exp. Cell Res. **4**, 243 (1953). — [35] Mahler, H. R., A. Tomisek and F. M. Huennekens: Exp. Cell Res. **4**, 208 (1953). — [36] Cleland, K. W., and E. C. Slater: Biochem. J. **53**, 547 (1953). — [37] Lang, K., u. K. H. Bässler: B. Z. **324**, 401 (1953). — [38] Lang, K., u. G. Schmid: B. Z. **322**, 1 (1951/52). — Lang, K., u.

sind. Rattengehirnmitochondrien sind außerordentlich labil und verlieren rasch ihre Aktivität. Sie unterscheiden sich auch noch dadurch von den Mitochondrien anderer Organe, daß sie Kobalt benötigen[1]. Über die Art der Kobaltwirkung ist noch nichts bekannt. Die Sarkosomen (Mitochondrien) der Insektenmuskeln besitzen dieselbe Enzymausstattung wie die der Muskeln der Säugetiere und der Vögel[2]. Pflanzliche Mitochondrien enthalten auch Hexokinase und können daher direkt Glucose verwerten.

Zwischen den Eigenschaften der Mitochondrien aus Tumoren (die meisten Angaben beziehen sich auf das durch Buttergelb erzeugte Hepatom) und aus gewöhnlichen Körperzellen, insbesondere Leberzellen, sind einige Unterschiede festgestellt worden. Die Tumormitochondrien sind labiler infolge einer größeren Spaltung (oder Diffusion aus den Mitochondrien) von DPN und werden daher durch zugesetztes DPN stärker aktiviert als normale Mitochondrien[3, 4]. Die Aktivität der Succinoxydase beträgt in Hepatommitochondrien nur rund $^2/_3$ derjenigen der Leberzellen[4]. Tumorzellen haben eine herabgesetzte Fähigkeit zur Fettsäureoxydation[5].

In den Mitochondrien ist die *Atmungskettenphosphorylierung* lokalisiert. Von zahlreichen Autoren wurde nachgewiesen, daß die Oxydation der vom Cyclophorasesystem verwertbaren Substrate mit einer Phosphorylierung verknüpft ist, und daß pro verbrauchtes Sauerstoffatom 2 bis 3 Mole Phosphat gebunden werden[6–23]. Die oxydative Phosphorylierung ist mit dem Elektronentransport von der hydrierten Cozymase bis zum Cytochrom-Cytochromoxydase-System verknüpft. Es entsteht zunächst eine äußerst labile, energiereiche Phosphatverbindung („Gel-P"), welche dann ihre Phosphatgruppe auf ADP unter Bildung von ATP transphosphoryliert. Der Gesamtvorgang läßt sich also in 3 Teilphasen zerlegen:

1. Schaffung einer energiereichen Phosphatbindung, 2. Übertragung derselben auf einen geeigneten Acceptor, im allgemeinen ADP, 3. Verwertung der durch die zweite Reaktion in Form von ATP aufgestapelten Energie. —

Über die erste Phase, die Vorgänge, die zur Bildung von energiereichem Phosphat führen, ist man nur äußerst mangelhaft unterrichtet. Die primär entstandene Verbindung (Gel-P) steht in einem sich sehr rasch einstellenden Gleichgewicht mit dem anorganischen P des Mediums[24]. Die maximale Konzentration

U. Mayer: B. Z. **324**, 237 (1953). — [39] Chappell, J. B., and S. V. Perry: Biochem. J. **55**, 586 (1953). — [40] Humphrey, G. F., and M. Robertson: Austral. J. exp. Biol. med. Sci. **31**, 131, 141 (1953).

[1] Christie, G. S., J. D. Judah and K. R. Rees: Proc. R. Soc. London (B) **141**, 523 (1953). — [2] Sacktor, B.: Arch. Biochem. **45**, 419 (1953). J. gen. Physiol. **36**, 371 (1953). — [3] Wenner, C. E., and S. Weinhouse: Cancer Res. **13**, 21 (1953). — [4] Kielley, R. K.: Cancer Res. **12**, 124 (1952). — [5] Baker, C. G., and A. Meister: J. nat. Cancer Inst. **10**, 1191 (1950). — [6] Cross, R. J., J. V. Taggart, G. A. Covo and D. E. Green: J. biol. Ch. **177**, 655 (1949). — [7] Friedkin, M., and A. L. Lehninger: J. biol. Ch. **178**, 611 (1949). — [8] Lehninger, A. L.: J. biol. Ch. **178**, 625 (1949). — [9] Lehninger, A. L., and S. W. Smith: J. biol. Ch. **181**, 415 (1949). — [10] Johnson, R. B., and H. A. Lardy: J. biol. Ch. **184**, 235 (1950). — [11] Slater, E. C.: Nature **166**, 982 (1950). — [12] Barkulis, S. S., and A. L. Lehninger: J. biol. Ch. **190**, 339; **193**, 597 (1951). — [13] Lehninger, A. L.: J. biol. Ch. **190**, 345 (1951.) — [14] Kennedy, E. P., and A. L. Lehninger: J. biol. Ch. **190**, 361 (1951). — [15] Potter, V. R., G. G. Lyle and W. C. Schneider: J. biol. Ch. **190**, 293 (1951). — [16] Judah, J. D., and H. G. Williams-Ashman: Biochem. J. **48**, 33 (1951). — [17] Kielley, W. W., and R. K. Kielley: J. biol. Ch. **191**, 485 (1951). — [18] Novikoff, A. B., L. Hecht, E. Podber and J. Ryan: J. biol. Ch. **194**, 153 (1952). — [19] Copenhaver, J. H. jr., and H. A. Lardy: J. biol. Ch. **195**, 225 (1952). — [20] Brody, T. M., and J. A. Bain: J. biol. Ch. **195**, 685 (1952). — [21] Lardy, H. A., and H. Wellman: J. biol. Ch. **195**, 215 (1952). — [22] Lindberg, O., and L. Ernster: Exp. Cell Res. **3**, 209 (1952). — [23] Harman, J. W., and M. Feigelson: Exp. Cell Res. **3**, 509 (1952). — [24] Green, D. E., W. A. Atchley, J. Nordmann and J. L. Teply: Arch. Biochem. **24**, 359 (1949).

an Gel-P, die erreicht wird, beträgt etwa 1 Mikromol pro mg Trockensubstanz. Bei P-Bestimmungen wird der Gel-P so rasch aufgespalten, daß er wie anorganischer P reagiert. Stoffe wie 2,4-Dinitrophenol fördern eine Aufspaltung des Gel-P, verschieben also das Gleichgewicht der Reaktion

$$\text{Anorg. P} \underset{\text{Spaltung}}{\overset{\text{Oxydation}}{\rightleftharpoons}} \text{Gel-P}$$

nach links[1]. Nach den Anschauungen von TEPLY wirkt also Dinitrophenol nicht nur so, wie es LOOMIS u. LIPMANN[2] nachgewiesen haben, also durch eine Entkopplung zwischen Oxydation und Phosphorylierung. 2, 4-Dinitrophenol fördert die Abspaltung von anorganischem P aus ATP und aus Pyrophosphat in den Mitochondrien[3, 4]. Bei den Mitochondrien besteht zwischen P-Abspaltung und Dinitrophenolkonzentration bis herab zu $6 \cdot 10^{-5}$ m Proportionalität. Diese Wirkung des Dinitrophenols steht mit seiner zweiten, der Aufhebung der Kopplung zwischen Atmung und Phosphorylierung, in keinem Zusammenhang. Beim Altern des Cyclophorasesystems nimmt der Gehalt an Gel-P stark ab.

Bei praktisch allen Umsätzen, die mit einer oxydativen Phosphorylierung einhergehen, entsteht die ATP durch Anlagerung von Phosphat an ADP, jedoch ist auch der Austausch der zweiten (mittleren) Phosphatgruppe der ATP nicht unbeträchtlich. Dies ist auf die Wirkung der in den Mitochondrien enthaltenen Adenylsäurekinase (Myokinase) zurückzuführen, einem Enzym, das die folgende Reaktion katalysiert[5]:

$$\text{ATP} + \text{AMP} \rightleftharpoons 2\,\text{ADP}.$$

Die Aktivität der Adenylsäurekinase ist in Leber und Niere größer als im Muskel[6]. Zwischen den Austauschgeschwindigkeiten der terminalen und der mittleren PO_4-Gruppe der ATP bestehen daher organspezifische Unterschiede. Da der Adenylsäurekinasegehalt des Muskels relativ gering ist, ist in ihm auch die Austauschgeschwindigkeit der terminalen PO_4-Gruppe wesentlich größer als die der mittleren[7].

Eine Phosphorylierung der Adenylsäure ist daher als sekundärer Prozeß aufzufassen, der erst später unter Mitwirkung der Adenylsäurekinase zustande kommt. Im Muskel macht die Phosphorylierung der AMP weniger als 1% von derjenigen der ADP aus[8]. Da Lebermitochondrien, wie schon erwähnt, mehr Adenylsäurekinase enthalten als der Muskel, wird von ihnen Adenylsäure besser phosphoryliert als von den Sarkosomen. Lebermitochondrien gefütterter Ratten setzen pro mg N und min bei 30° 7,5 Mikromole AMP um, solche von fastenden Ratten 14,2. In den Mitochondrien der regenerierenden Leber beträgt der Umsatz 9,3 Mikromol[9]. Mitochondrien vermögen den ATP-P quantitativ abzuspalten. Näheres über die ATPase der Mitochondrien s. [10, 11]. Dies wird durch ein Zusammenwirken von ATPase, Adenylsäurekinase und Dephosphorylierung der Adenylsäure bewirkt. Für das Vorkommen einer Apyrase in den Mitochondrien hat sich bisher kein Anhaltspunkt ergeben[12]. Ein frisch dar-

---

[1] TEPLY, L. J.: Arch. Biochem. **24**, 383 (1949). — [2] LOOMIS, W. F., and F. LIPMANN: J. biol. Ch. **179**, 503 (1949). — [3] LARDY, H. A., and H. WELLMAN: J. biol. Ch. **201**, 357 (1953). — [4] WITTER, R. F., E. H. NEWCOMB and E. STOTZ: J. biol. Ch. **202**, 291 (1953). — [5] BARKULIS, S. S., and A. L. LEHNINGER: J. biol. Ch. **190**, 339 (1950). — [6] COBEY, F. A., and P. HANDLER: J. biol. Ch. **204**, 283 (1953). — [7] KREBS, H. A., A. RUFFO, M. JOHNSON, L. V. EGGLESTON and R. HEMS: Biochem. J. **54**, 107 (1953). — [8] SLATER, E. C., and F. A. HOLTON: Biochem. J. **55**, 540 (1953). — [9] SIEKEVITZ, P., and V. R. POTTER: J. biol. Ch. **200**, 187 (1953). — [10] KIELLEY, W. W., and R. K. KIELLEY: J. biol. Ch. **200**, 213 (1953). — [11] POTTER, V. R., P. SIEKEVITZ and H. C. SIMONSON: J. biol. Ch. **205**, 893 (1953). — [12] NOVIKOFF, A. B., L. HECHT, E. PODBER and J. RYAN: J. biol. Ch. **194**, 153 (1952).

gestelltes Cyclophorasesystem enthält genügend ADP und ATP, um arbeitsfähig zu sein. Beim Altern werden jedoch diese und andere phosphathaltige Verbindungen aufgespalten und anorganischer P nach außen abgegeben, so daß die oxydative Phosphorylierung teils aus Mangel an Phosphat, teils aus Mangel an dem Phosphatacceptor ADP zum Erliegen kommt. Läßt man das Cyclophorasesystem ohne Zusatz von anorganischem P arbeiten, so fällt der Umsatz bald stark ab (auf etwa 20 bis 30% der Ausgangshöhe), erreicht aber keineswegs die Größe Null. Dies ist dadurch bedingt, daß die üblichen Präparationen anorganischen P und Substanzen enthalten, die zu anorganischem P aufgespalten werden. Einen Teil dieser Phosphat liefernden Substanzen wie z. B. den Gel-P, kann man durch Vorbehandlung mit Dinitrophenol entfernen. Aber dann bleiben noch Phosphatdonatoren wie Nucleotide und Phosphatide übrig, die einen, wenn auch stark herabgesetzten Betrieb des Cyclophorasesystems ermöglichen. Es ist daher praktisch unmöglich, innerhalb einer tragbaren Versuchszeit die Tätigkeit des Cyclophorasesystems durch einen reinen Phosphatmangel völlig zum Erliegen zu bringen.

Die oxydative Phosphorylierung ist nicht in allen Fällen gegen Dinitrophenol empfindlich. Nach BARKULIS u. LEHNINGER[1] wird bei der Oxydation von α-Ketoglutarsäure durch Mitochondrien nur ein Teil der Phosphatveresterung durch Vergiftung mit Dinitrophenol unterdrückt. Hier ist offensichtlich die oxydative Phosphorylierung nur teilweise mit dem Elektronentransport verknüpft und zum Teil durch eine direkte Reaktion zwischen Substrat und Orthophosphat bedingt. Die sich bei der Oxydation von Ketoglutarat vollziehende Phosphorylierung entspricht der Summenformel:

$$\text{Succinyl-CoA} + \mathsf{P} + \text{ADP} \rightleftharpoons \text{Succinat} + \text{CoA} + \text{ATP}.$$

Die Reaktion ist also umkehrbar. Das bei der Phosphorylierung beteiligte Enzymsystem („phosphorylierendes Enzym") wurde von HIFT u. Mitarb.[2] aus Schweineherz extrahiert und gereinigt. Es besteht vermutlich aus zwei Komponenten.

Bei der Verfolgung der oxydativen Phosphorylierung durch Mitochondrien hat COHN[3] unter Verwendung von ^{18}O-Phosphat festgestellt, daß der ^{18}O des anorganischen Phosphats rasch (90% des ^{18}O in der Std) gegen ^{16}O ausgetauscht wird. Dieser Austausch erfolgt nur, wenn die oxydative Phosphorylierung abläuft. Zusatz von Dinitrophenol oder Fortlassen von Mg^{++} in den Ansätzen unterdrückt diesen Effekt. Der Mechanismus der Austauschreaktion ist noch ungeklärt.

Die oxydative Phosphorylierung verläuft in Tumormitochondrien prinzipiell gleich wie in Mitochondrien normaler Körperzellen[4]. Ein Unterschied gegenüber normalen Zellen ergab sich in der viel größeren Unbeständigkeit des Tumorcyclophorasesystems. Eine der Hauptursachen hierfür sind die viel größeren Verluste an DPN.

Der Nutzeffekt der oxydativen Phosphorylierung beträgt etwa 80%[5].

In einem System, das keinen Phosphatacceptor (z. B. Glucose) enthält, wird ein stationärer Zustand erreicht, bei dem die Konzentrationen an ATP und anorganischem Phosphat konstant bleiben[6]. Der Quotient P : O ist derselbe, ganz gleich, ob ein Phosphatacceptor zugegen ist oder nicht, und Dinitrophenol hat denselben Effekt bei An- oder Abwesenheit eines Phosphatacceptors.

---

[1] BARKULIS, S. S., and A. L. LEHNINGER: J. biol. Ch. **193**, 597 (1951). — [2] HIFT, H., L. OUELLET, J. W. LITTLEFIELD and D. R. SANADI: J. biol. Ch. **204**, 565 (1953). — [3] COHN, M.: J. biol. Ch. **201**, 735 (1953). — [4] KIELLEY, R. K.: Cancer Res. **12**, 124 (1952). — [5] KREBS, H. A., A. RUFFO, M. JOHNSON, L. V. EGGLESTON and R. HEMS: Biochem. J. **54**, 107 (1953). — [6] LEE, K.-H., and J. J. EILER: J. biol. Ch. **203**, 705, 719 (1953).

Läßt man das Cyclophorasesystem arbeiten, ohne für eine Verwertung der anfallenden ATP zu sorgen, so häuft sich anorganisches Pyrophosphat an[1,2]. Es entsteht durch eine Reaktion der ATP mit Nicotinsäureamidmononucleotid bzw. Flavinmononucleotid[3,4]:

$$\text{Nicotinsäureamidmononucleotid} + \text{ATP} \rightleftharpoons \text{DPN} + \text{Pyrophosphat}$$

$$\text{Flavinmononucleotid} + \text{ATP} \rightleftharpoons \text{Flavinadenindinucleotid} + \text{Pyrophosphat}.$$

Die oxydative Phosphorylierung wird in den Sarkosomen durch Ca^{++} gehemmt[5]. Daher erhält man den höchsten Quotienten P : O in Gegenwart von Äthylendiamintetraessigsäure (0,001 m), die Ca^{++} als Komplexsalz bindet[6]. Auch As hemmt die oxydative Phosphorylierung. Das Ausmaß der Hemmung hängt von dem Verhältnis As : P ab. Die Hemmung wird deutlich, wenn 3 bis 4 As auf 1 P kommen[7].

Im Muskel sind die Prozesse der oxydativen Phosphorylierung nur in den Sarkosomen (Mitochondrien) lokalisiert. Die Myofibrillen sind in dieser Beziehung völlig inaktiv[6].

Die von mehreren Autoren[8] beschriebene Entkopplung von Atmung und oxydativer Phosphorylierung durch Thyroxin wurde von MALEY u. LARDY[9] einer näheren Untersuchung unterzogen. Trijodthyronin wirkt wie Thyroxin. Interessanterweise ließ sich eine Anregung der Atmung von Leber- und Nierenmitochondrien durch die beiden Substanzen nicht nachweisen. Der Abfall der Oxydation und der oxydativen Phosphorylierung, der immer eintritt, wenn man Mitochondrien ein Substrat längere Zeit hindurch veratmen läßt, wird durch Zusatz von Thyroxin oder Trijodthyronin verhütet[9].

Das Cyclophorasesystem oxydiert Fettsäuren zu CO_2 und H_2O, und zwar sowohl die Säuren mit einer geraden als auch die mit einer ungeraden Anzahl von C-Atomen. Auch Fettsäuren mit einem verzweigten Kohlenstoffatomskelet werden oxydiert. Die früher als Zwischenprodukte der β-Oxydation diskutierten Substanzen wie die in 2,3-Stellung ungesättigten Fettsäuren, die β-Oxysäuren und β-Ketosäuren, werden von dem Cyclophorasesystem gleichfalls umgesetzt[10]. Dabei ergeben sich jedoch einige interessante Unterschiede gegenüber den Verhältnissen im intakten Organismus. Während in vivo zwischen den cis- und den trans-Formen der ungesättigten Fettsäuren unterschieden, z. B. bei der Dehydrierung der Stearinsäure immer nur Ölsäure (cis-Δ^9-Octadecensäure) und nie Elaidinsäure (trans-Δ^9-Octadecensäure) gebildet wird und Elaidinsäure sich im Stoffwechsel wie eine körperfremde Substanz verhält, macht das Cyclophorasesystem z. B. zwischen cis-Δ^2-Hexensäure und trans-Δ^2-Hexensäure keinen Unterschied und oxydiert sie beide in gleicher Weise zu CO_2 und H_2O. Auch Ölsäure und Elaidinsäure werden in gleicher Weise durch Mitochondrien angegriffen[11]. Ein weiterer Unterschied betrifft die β-Oxysäuren, von denen im intakten Organismus immer nur der eine der beiden optischen Antipoden (z. B. bei der β-Oxybuttersäure die linksdrehende Form) umgesetzt wird. Das Cyclophorasesystem

[1] CROSS, R. J., J. V. TAGGART, G. A. COVO and D. E. GREEN: J. biol. Ch. **177**, 655 (1949). — [2] LINDBERG, O., and L. ERNSTER: Exp. Cell Res. **3**, 209 (1952). — [3] KORNBERG, A.: J. biol. Ch. **182**, 779 (1950). — [4] KORNBERG, A., and W. E. PRICER jr.: J. biol. Ch. **191**, 535 (1951). — [5] SLATER, E. C., and K. W. CLELAND: Nature **170**, 118 (1952). Biochem. J. **55**, 566 (1953). — [6] CHAPPELL, J. B., and S. V. PERRY: Biochem. J. **55**, 586 (1953). — [7] CRANE, R. K., and F. LIPMANN: J. biol. Ch. **201**, 235 (1953). — [8] FELDOTT, G., and H. A. LARDY: Fed. Proc. **10**, 182 (1951). — NIEMEYER, H., R. K. CRANE, E. P. KENNEDY and F. LIPMANN: Fed. Proc. **10**, 229 (1951). — MARTIUS, C., and B. HESS: Arch. Biochem. **33**, 486 (1951). — [9] MALEY, G. F., and H. A. LARDY: J. biol. Ch. **204**, 435 (1953). — [10] GRAFFLIN, A. L., and D. E. GREEN: J. biol. Ch. **176**, 95 (1948). — [11] KENNEDY, E. P., and A. L. LEHNINGER: J. biol. Ch. **185**, 275 (1950).

oxydiert aber beide Antipoden. Die Leber- und Nierenmitochondrien oxydieren L- und D-β-Oxybuttersäure auf verschiedenen Wegen. Die L-Form wird durch die bekannte β-Oxybuttersäuredehydrogenase zu Acetessigsäure dehydriert. Die D-Form wird dagegen in Anwesenheit von ATP und Mg^{++} mit CoA zu D-β-Oxybutyryl-Coenzym A kondensiert, das durch eine spezifische, mit DPN arbeitende Dehydrogenase dehydriert wird[1]. Die Endoxydation der freien Acetessigsäure und der an das Coenzym A gebundenen erfolgt dann in üblicher Weise über den Citronensäurecyclus. Auch die sonst im Stoffwechsel praktisch völlig inerten essentiellen Fettsäuren (Linolsäure, Arachidonsäure) werden vom Cyclophorasesystem oxydiert[2]. Worauf diese Unterschiede zwischen dem Cyclophorasesystem und den Befunden in vivo beruhen, ist ungeklärt. Vermutlich handelt es sich hierbei um Probleme der Permeabilität von Membranen. Im intakten Organismus dürften die „unphysiologischen" Formen der erwähnten Substanzen gar nicht bis zum Ort ihrer Oxydation in den Mitochondrien vordringen.

Die Oxydation von Fettsäuren in den Mitochondrien läuft erst ab, wenn man dem System kleine, katalytisch wirkende Mengen eines leicht oxydablen Substrates, etwa eine Säure des Citronensäurecyclus zusetzt[3]. Experimentelle Daten sind aus der Tab. 348 zu ersehen. Vermutlich beruht die die Fettsäureoxydation initiierende Wirkung solcher Substanzen darauf, daß genügend Oxalessigsäure zur Kondensation mit dem Acetyl-CoA geschaffen wird. Ein ungenügend ausgewaschenes Cyclophorasesystem pflegt immer etwas Brenztraubensäure zu enthalten. Versetzt man ein solches System mit einer Fettsäure und etwas CO_2 in Form von Hydrogencarbonat, so kommt die Fettsäureoxydation gleichfalls in Gang, da durch die Carboxylierung der Brenztraubensäure Oxalessigsäure gebildet wird. In einem gut ausgewaschenen und von allen Spuren an Brenztraubensäure befreiten Cyclophorasesystem bleibt die Zugabe von Hydrogencarbonat ohne Effekt.

Tabelle 348. Wirkung des Zusatzes von Fumarat auf die Fettsäureoxydation durch das Cyclophorasesystem der Niere[3].

Substrat	mm^3 Sauerstoffverbrauch in 15 min		
	ohne Fumarat	mit 0,5 μMol Fumarat	mit 3 μMol Fumarat
Butyrat 30 μMol	25	218	347
Octanat 20 μMol	13	24	174
Acetat 30 μMol	20	28	151
Acetoacetat 30 μMol	17	28	83
Ohne Fettsäure	15	18	60

Die Anregung der Fettsäureoxydation durch Zusatz von Fumarat oder anderen ähnlichen Substanzen könnte auch eine andere Ursache haben, etwa im Sinne einer Anregung der Oxydation durch die gleichzeitige Oxydation einer leicht oxydablen Substanz; denn von dem zugesetzten Fumarat (bzw. einem anderen Initiator) wird ein Teil ebenfalls oxydiert. Während der Oxydation von 1 Mol Citronensäure werden 10 bis 15 Mole Capronsäure oxydiert. GREEN[4] sieht eine Stütze für diese Vorstellung in dem Umstand, daß die eine Oxydation von Fettsäuren anregende Wirkung von Fumarat durch Zugabe von Dinitrophenol oder Gramicidin vollkommen unterdrückt wird. Bekanntlich sind beide Sub-

[1] LEHNINGER, A. L., and G. D. GREVILLE: Biochim. biophysica Acta, N. Y. **12**, 188 (1953). — [2] KENNEDY, E. P., and A. L. LEHNINGER: J. biol. Ch. **185**, 275 (1950). — [3] KNOX, W. E., B. N. NOYCE and V. H. AUERBACH: J. biol. Ch. **176**, 117 (1948). — [4] GREEN, D. E.: Biol. Reviews **26**, 410 (1951).

stanzen in entsprechenden Konzentrationen ohne jeden Einfluß auf die Reaktionen im Citronensäurecyclus und heben nur die Kopplung zwischen Oxydation und Phosphorylierung auf. Die Wirkungsweise der die Fettsäureoxydation initiierenden Substanz bestünde demnach in einer Schaffung von energiereichem Phosphat, das zum ersten Angriff auf die Fettsäure, etwa zur Herstellung der energiereichen Acyl-Coenzym A-Verbindung, die etwa 12000 cal erfordert, benötigt wird. ATP allein bringt aber die Fettsäureoxydation nicht immer in Gang[1]. In dieser Beziehung bestehen anscheinend Unterschiede zwischen den einzelnen Organen und Tierspecies[2]. Dagegen ist hydrierte Cozymase stets wirksam. Da die oxydative Phosphorylierung an einen Elektronentransport von der hydrierten Cozymase zum Cytochrom- Cytochromoxydase-System gebunden ist, kann man vermuten, daß das Ingangsetzen der Fettsäureoxydation damit zusammenhängt. Bei der Initiierung der Fettsäureoxydation durch DPN-H_2 entsteht Acetessigsäure, während Zugabe von Bernsteinsäure zur Bildung von nur wenig Acetessigsäure und zu einer weitgehenden Oxydation zu CO_2 und H_2O Anlaß gibt.

Zwischen dem Cyclophorasesystem der Leber und dem der Niere bestehen bezüglich der Fettsäureoxydation kleine Unterschiede. Das Cyclophorasesystem der Leber oxydiert auch Fettsäuren mit einer ungeraden Anzahl von C-Atomen, unter anderem Propionsäure, zu CO_2 und H_2O. In Ansätzen vom Nierencyclophorasesystem häuft sich jedoch nach Zusatz von Fettsäuren mit einer ungeraden C-Atomzahl Propionsäure an, und zugesetzte Propionsäure wird nicht ohne weiteres umgesetzt. Ferner findet man häufig, daß die Acetatoxydation durch Lebermitochondrien auf Schwierigkeiten stößt, während die Substanz durch Nierenmitochondrien mühelos verbrannt wird. Dies beruht vermutlich darauf, daß einige für die Acetatoxydation benötigte Enzyme oder Coenzyme in den Lebermitochondrien weniger stark an die Struktur gebunden sind als in den Nierenmitochondrien und daher beim Auswaschen der Präparate leichter entfernt werden. Zusatz von etwas Organextrakt pflegt die Fähigkeit der Lebermitochondrien, Acetat zu oxydieren, wiederherzustellen. Das Acetat aktivierende Enzym wurde von HELE[3] aus Herzmitochondrien rein dargestellt. Ein weiterer Unterschied zwischen den Mitochondrien der Leber und der Niere betrifft den Abbau der Acetessigsäure. Schon aus Versuchen an überlebenden Organen ist bekannt, daß sich beim Fettsäureabbau in der Leber leicht Acetessigsäure anhäuft und daß zu anderen Organen, etwa Nieren oder Muskel, zugesetzte Acetessigsäure rasch und vollständig zu CO_2 und H_2O oxydiert wird. Der Umfang der Acetessigsäurebildung durch Lebermitochondrien hängt stark von der Länge der C-Atomkette ab (Tab. 349).

Tabelle 349. Einfluß der C-Atomzahl auf die Oxydation von Fettsäuren durch Lebermitochondrien[4] (Werte in Mikromol).

Fettsäure	O_2-Aufnahme	Acetessigsäure entstanden	CO_2 entstanden	$\frac{CO_2}{O_2}$
Hexansäure	9,1	3,1	0,5	0,06
Octansäure	7,4	3,1	0,9	0,12
Decansäure	4,5	2,3	1,1	0,24
Myristinsäure	4,3	0,76	3,0	0,70

Dem Arbeiten mit den höheren Fettsäuren stellen sich größere experimentelle Schwierigkeiten in den Weg, die in der Zunahme der Schwerlöslichkeit und der

[1] KENNEDY, E. P., and A. L. LEHNINGER: J. biol. Ch. **190**, 361 (1951). — [2] JUDAH, J. D., and K. R. REES: Biochem. J. **55**, 664 (1953). — [3] HELE, P.: J. biol. Ch. **206**, 671 (1954). — [4] KENNEDY, E. P., and A. L. LEHNINGER: J. biol. Ch. **185**, 275 (1950).

Oberflächenaktivität und daher Giftwirkung der Säuren zu suchen sind. Durch höhere Konzentrationen an Fettsäuren wird der Citronensäurecyclus gehemmt. Die eben nicht mehr hemmenden Grenzkonzentrationen betragen für Buttersäure 10 bis 20 Mikromol pro cm^3 Ansatz, für Decansäure 0,5, für Laurinsäure 0,25, für Myristinsäure 0,12 und für Stearinsäure 0,04. Die Oxydation von Fettsäuren wird durch phenylierte Säuren (Benzoesäure, Phenylessigsäure, Zimtsäure) gehemmt[1].

Über den Mechanismus des Abbaus der Fettsäuren s. S. 801ff. u. S. 1048ff.

Aus Acetontrockenpulvern von Rattenlebermitochondrien läßt sich ein lösliches Enzymsystem extrahieren, das Fettsäuren mit Dichlorphenolindophenol als Elektronenacceptor zu Acetessigsäure oxydiert, wenn man ATP zusetzt. Ein Glied des Citronensäurecyclus als „sparker" wird nicht benötigt. In Gegenwart von Hydroxylamin erhält man Hydroxamsäuren. Bei Zusatz von Oxalessigsäure wird Citronensäure gebildet[2].

β,δ-Diketohexansäure (Triessigsäure) wird von den Mitochondrien nicht angegriffen, dagegen von einem Gesamthomogenat der Leber umgesetzt. Das Cytoplasma enthält ein Enzym, das die Diketosäure in Acetessigsäure und Essigsäure spaltet[3]. α,β-Dioxyhexansäure wird gleichfalls von Mitochondrien nicht oxydiert.

Wie schon erwähnt, setzen Nierenmitochondrien Essigsäure leicht um. Schon ein geringes Altern des Cyclophorasesystems bringt diese Fähigkeit zum Erlöschen[4]. Zugabe von Pantothensäure oder Coenzym A bringt dann die Acetatoxydation wieder in Gang. Zusatz beider Substanzen zu einem frischen Cyclophorasesystem hat keinen Effekt.

Lebermitochondrien, die an und für sich Propionsäure oxydieren können, versagen jedoch manchmal in dieser Beziehung und verbrennen Propionsäure erst nach Zusatz eines im Cytoplasma vorkommenden Enzyms, der Milchsäureracemase. Die Endoxydation der Propionsäure soll sich nach HUENNEKENS u. Mitarb[5]. auf dem folgenden Wege vollziehen:

$$\begin{array}{ccccc} \text{Propionsäure} & \rightarrow & \text{Acrylsäure} & \rightarrow & \text{L}(+)\text{-Milchsäure} \\ & & & & \downarrow \\ \text{Citronensäurecyclus} & \leftarrow & \text{Brenztraubensäure} & \leftarrow & \text{D}(-)\text{-Milchsäure} \end{array}$$

Neuerdings haben jedoch CHELDELIN u. BEINERT[6] berichtet, daß sie mit einem Cyclophorasesystem aus Kaninchenleber regelmäßig ohne weiteren Zusatz eine praktisch vollkommene Oxydation von Fettsäuren mit einer ungeradzahligen C-Atomzahl erreichen konnten. Die Diskrepanzen der Literaturangaben wurden von LANG u. BÄSSLER[7] aufgeklärt. Sie beruhen darauf, daß es lediglich auf das Verhältnis „sparker" zu Propionsäure ankommt, ob Propionsäure durch das Cyclophorasesystem der Leber oder Niere oxydiert wird oder nicht. Zusatz von Cytoplasma ist nicht notwendig. Die Milchsäureracemase ist also offensichtlich bei der Oxydation der Propionsäure durch das Cyclophorasesystem nicht beteiligt, und das Reaktionsschema von HUENNEKENS erscheint experimentell schlecht gestützt. Propionsäure hemmt schon in geringen Konzentrationen die Acetessigsäurebildung aus Acetat durch Lebermitochondrien[7]. Nähere Einzelheiten s. S. 1142.

---

[1] WITTER, R. F., E. H. NEWCOMB and E. STOTZ: J. biol. Ch. **185**, 537 (1950). — [2] DRYSDALE, G. R., and H. A. LARDY: J. biol. Ch. **202**, 119 (1953). — [3] CONNORS, W. M., and E. STOTZ: J. biol. Ch. **178**, 881 (1949). — [4] ELLIOTT, W. B., and G. KALNITSKY: J. biol. Ch. **186**, 477 (1950). — [5] HUENNEKENS, F. M., H. R. MAHLER and J. NORDMANN: Arch. Biochem. **30**, 66 (1951). — MAHLER, H. R., and F. M. HUENNEKENS: Biochim. biophysica Acta, N. Y. **11**, 575 (1953). — [6] CHELDELIN, V. H., and H. BEINERT: Biochim. biophysica Acta, N. Y. **9**, 661 (1952). — [7] LANG, K., u. K. H. BÄSSLER: B. Z. **324**, 401 (1953).

BLAKLEY[1] hat eine an den Mitochondrien lokalisierte Fettsäuredehydrogenase nachgewiesen, welche von dem Enzym von LANG verschieden ist und auch niedere Fettsäuren (ab C_5) dehydriert. Im Gegensatz zu der anderen Fettsäuredehydrogenase werden durch das Enzym von BLAKLEY auch ungesättigte Fettsäuren (Undecylensäure, Ölsäure) angegriffen. Das Enzym hat ATP als einzigen Cofaktor.

Das Cyclophorasesystem der Niere oxydiert außer den üblichen Fettsäuren auch Dicarbonsäuren[2] zu CO_2 und H_2O. Bei den Dicarbonsäuren nimmt die Affinität des Systems mit zunehmender C-Atomzahl rasch ab (Tab. 350). Mitochondrien anderer Organe sind zur Oxydation von Dicarbonsäuren nicht befähigt. Ein einmal angegriffenes Molekül wird sofort vollständig oxydiert. Die CO_2-Produktion entspricht genau derjenigen, die sich aus dem Sauerstoffverbrauch errechnen läßt.

Tabelle 350.
Der Abbau von Dicarbonsäuren durch das Nierencyclophorasesystem*[2].

Substanz	Sauerstoffaufnahme in mm³	
	gefunden	Theorie
Glutarsäure (5)	100—405	560
Adipinsäure (12)	100—440	728
Pimelinsäure (3)	60—315	896
Korksäure (7)	70—260	1064
Azelainsäure (3)	12—170	1232
Sebacinsäure (3)	0—300	1400

* Die Ansätze enthielten je 5 Mikromol Dicarbonsäure. Zahlen in Klammern bedeuten die Anzahl der Versuche. Versuchsdauer 120 min.

Nach Versuchen in vivo ist die Umsatzgeschwindigkeit der Phosphatide der Leberzellen am größten in den Mitochondrien. In fallender Reihe folgen Mikrosomen, Cytoplasma und Zellkerne[3]. Jedes der Strukturelemente der Zellen baut seine eigenen Phosphatide auf und übernimmt nicht etwa fertige Phosphatide von einem anderen. Die Phosphatidsynthese kann in den Mitochondrien nur dann ablaufen, wenn gleichzeitig eine Atmungskettenphosphorylierung erfolgt[4]. Die Phosphatidsynthese wird daher durch Dinitrophenol gehemmt. Die erwähnten Untersuchungen wurden mit Hilfe von ^{32}P durchgeführt. Ihre Wiederholung mit ^{14}C-Myristinsäure ergab grundsätzlich dieselben Resultate[4]. Die Phosphatidsynthese in den Mitochondrien wird ergiebiger, wenn man ihnen fertiges Glycerin zur Verfügung stellt. Von den in den Lebermitochondrien gebildeten Lipoiden wird ein Teil, zumeist 25 bis 30%, an das Plasma abgegeben[3].

Der hohe Lipoidgehalt der Zellstrukturen, insbesondere auch der Mitochondrien, legt die Vermutung nahe, daß diese Substanzen in irgendeiner Weise funktionell mit der Tätigkeit dieser Strukturen verknüpft sein könnten. Wie schon erwähnt, wurde unter anderem diskutiert, ob nicht die Lipoide bei der Fixierung der Enzyme an den Strukturen beteiligt seien, etwa durch Bildung von Lipoproteiden. Durch Einwirkung des α-Toxins aus Clostridium welchii (Lecithinase) werden aus Lebermitochondrien 50% des Lipoidphosphors freigesetzt; dabei geht die Succinoxydaseaktivität vollkommen verloren[5].

Von solchen Vorstellungen ausgehend, wurden Untersuchungen darüber angestellt, ob sich die mangelnde Zufuhr an essentiellen Fettsäuren auf den Enzym-

[1] BLAKLEY, E. R.: Biochem. J. **52**, 269 (1952). — [2] LANG, K., u. K. H. BÄSSLER: B.Z. **323**, 456 (1953). — BÄSSLER, K. H., u. K. LANG: B. Z. **324**, 204 (1953). — [3] ADA, G. L.: Biochem. J. **45**, 422 (1949). — [4] KENNEDY, E. P.: Fed. Proc. **11**, 239 (1952). J. biol. Ch. **201**, 399 (1953). — [5] MACFARLANE, M. G.: Biochem. J. **47**, XXIX (1950).

gehalt der Zelle und ihrer morphologischen Strukturen auswirkt. Nach TULPULE u. PATWARDHAN[1] setzt Mangel an essentiellen Fettsäuren den Gehalt der Lebermitochondrien an Bernsteinsäureoxydase und Glutaminsäuredehydrogenase deutlich herab. Anscheinend besteht eine Korrelation zwischen den Aktivitäten mancher Leberenzyme und der Jodzahl der Leberlipide. KUNKEL u. WILLIAMS[2] fanden bei Fettmangelratten den Gehalt der Leber an Cytochromoxydase und Cholinoxydase erhöht. Die Cholinoxydase, die zum allergrößten Teil in den Mitochondrien lokalisiert ist, verliert beim Altern oder bei der Lädierung der Mitochondrien rasch an Aktivität. Zusatz von ATP und Mg^{++} wirkt dann aktivitätssteigernd[3]. Auch die Betainaldehyddehydrogenase ist in den Mitochondrien lokalisiert.

Mitochondrien haben die Fähigkeit zur Knüpfung von Peptidbindungen. In ihnen ist praktisch ausschließlich die Synthese der Hippursäure bzw. von substituierten Hippursäuren durch die Leber lokalisiert (Tab. 347). Sie beteiligen sich aber auch an der Biosynthese von Eiweiß. Dies geht aus Versuchen in vivo und in vitro hervor. Zahlenmäßige Unterlagen findet man in den Tab. 340 u. 351—353. Übereinstimmend ergibt sich aus den Versuchen in vivo, daß der Umfang der Proteinsynthese in den Mitochondrien nicht besonders groß ist. Zellkerne weisen eine mindestens ebenso umfangreiche Proteinsynthese auf. Am aktivsten erscheint die Mikrosomenfraktion. Dieselbe Gesetzmäßigkeit ergibt sich auch aus den Untersuchungen in vitro, in denen der Einbau markierter Aminosäuren durch isolierte Mitochondrien verfolgt wurde[4—7] (s. a. Tab. 352). Auch diese Versuche zeigen, daß sich die Mitochondrien nicht durch einen besonders lebhaften Eiweißstoffwechsel auszeichnen. Wie auch bei den anderen Strukturen ist das Aminosäuren in die Proteine einbauende Enzymsystem außerordentlich labil. Selbst bei einer Temperatur von 0° geht die Fähigkeit, Aminosäuren einzubauen, rasch verloren. Voraussetzungen für die Proteinsynthese bzw. Aminosäureeinbau durch die Mitochondrien sind ein isotonisches Milieu, Gegenwart aller Aminosäuren und Anwesenheit von Sauerstoff. Zum maximalen Einbau werden außerdem noch Mg^{++}, ATP und die gleichzeitige Oxydation eines leicht oxydablen Substrates (etwa einer Substanz aus dem Citronensäurecyclus) benötigt. Offensichtlich ist energiereiches Phosphat zur Schaffung „aktivierter“ Aminosäuren Voraussetzung für die Knüpfung von Peptidbindungen.

Tabelle 351. Verteilung von ^{35}S-Cystin auf die Proteine der Zellstrukturen[8].
Analyse der Rattenleber 8 Std nach der Injektion von ^{35}S-D, L-Cystin.

	Spez. Aktivität
Lebergewebe	3,5 ± 0,14
Leberproteine	1,18 ± 0,04
Zellkerne	1,29 ± 0,13
Mitochondrienprotein	1,08 ± 0,05
Mikrosomenprotein	1,53 ± 0,04
Cytoplasmaprotein	1,14 ± 0,08

[1] TULPULE, P. G., and V. N. PATWARDHAN: Arch. Biochem. **39**, 450 (1952). — [2] KUNKEL, H. O., and J. N. WILLIAMS jr.: J. biol. Ch. **189**, 755 (1951). — [3] WILLIAMS, J. N. jr.: J. biol. Ch. **197**, 709; **198**, 579 (1952). — [4] BORSOOK, H., C. L. DEASY, A. J. HAAGEN-SMIT, G. KEIGHLEY and P. H. LOWY: J. biol. Ch. **187**, 839 (1950). — [5] PETERSON, E. A., and D. M. GREENBERG: J. biol. Ch. **194**, 359 (1952). — [6] KIT, S., and D. M. GREENBERG: J. biol. Ch. **194**, 377 (1952). — [7] SIEKEVITZ, P.: J. biol. Ch. **195**, 549 (1952). — [8] LEE, N. D., J. T. ANDERSON, R. MILLER and R. H. WILLIAMS: J. biol. Ch. **192**, 733 (1951).

Tabelle 352. Einbau von markierten Aminosäuren in die Zellfraktionen der Meerschweinchenleber[1].

Bei dem Versuch in vivo hatten die Tiere 16 mg Aminosäure je kg Körpergewicht erhalten. Versuchsdauer 30 min. Alle Werte sind als μMol Aminosäure je g Eiweiß und Std angegeben.

Aminosäure	Zellkerne	Mitochondrien	Mikrosomen	Zellplasma
Glykokoll				
in vivo	0,56	0,60	1,20	0,69
in vitro	0,52	0,40	0,075	0,00
Histidin				
in vivo	1,5	1,2	3,1	1,2
in vitro	0,32	0,15	1,5	3,7
Leucin				
in vivo	2,3	1,1	4,3	1,8
in vitro	0,61	—	0,00	0,00
Lysin				
in vivo	1,3	1,6	2,9	1,6
in vitro	4,1	3,2	0,9	3,2

Tabelle 353. Einbau von ^{35}S-Cystin in die Proteine der Strukturelemente von Rattenleberzellen unter verschiedenen Bedingungen (LEE u. WILLIAMS[2]).

Versuche in vivo. Alle Werte als Impulse/min/M kromol S.

	Gesamt-leber	Zellkerne	Mitochon-drien	Mikroso-men	Cytoplas-ma
Normal	1,18	1,29	1,08	1,53	1,14
7 Tage geringe Eiweißzufuhr	6,16	3,90	3,78	6,50	4,41
7 Tage hohe Eiweißzufuhr	0,85	0,89	1,54	0,71	0,35
16 Tage Buttergelbfütterung	4,24	1,85	4 07	4,69	2,68
24 Wochen Buttergelbfütterung	2,39	2,89	2,72	3,28	2,77
Regenerierende Leber	2,46	1,85	2,53	3,12	2,34

Die Geschwindigkeit, mit der markierte Aminosäuren in die Proteine der Mitochondrien und der anderen Strukturen der Leberzellen eingebaut werden, läßt sich durch exogene Einflüsse verändern. Verfütterung von eiweißarmen Diätformen und Verabreichung von Buttergelb führen zu einem beschleunigten Einbau. Auch in der regenerierenden Leber ist die Einbaugeschwindigkeit erhöht. Umgekehrt bewirkt Gabe von viel Eiweiß eine Verlangsamung des Aminosäureeinbaus. Verabfolgung von Wachstumshormon blieb ohne Einfluß. Unterlagen findet man in der Tab. 353.

Die Mitochondrien sind offensichtlich bei Immunitätsreaktionen stark beteiligt. Injizierte Antigene werden in den Mitochondrien erheblich angereichert[3,4] (Tab. 354). Dies gilt auch für ganz schwach jodierte Proteine, die sich serologisch nicht vom nativen Protein unterscheiden[5]; antigen unwirksame, z. B. homologe Proteine, werden dagegen nicht gespeichert, sondern verteilen sich gleichmäßig über alle Zellbestandteile. Nach passiver Immunisierung ist die Antigenspeicherung in den Mitochondrien um das 10fache erhöht[6].

[1] BORSOOK, H., C. L. DEASY, A. J. HAAGEN-SMIT, G. KEIGHLEY and P. H. LOWY: J. biol. Ch. **187**, 839 (1950). — [2] LEE, N. D., and R. H. WILLIAMS: J. biol. Ch. **200**, **451** (1953). — [3] CRAMPTON, C. F., and F. HAUROWITZ: J. Immunol. **69**, 457 (1952). — [4] INGRAHAM, J. S.: J. infect. Dis. **89**, 117 (1951). — [5] HAUROWITZ, F., C. F. CRAMPTON and H. H. RELLER: A. e. P. P. **219**, 11 (1953). — [6] FIELDS, M., and R. L. LIBBY: J. Immunol. **69**, 581 (1952).

Tabelle 354.

Speicherung von mit ^{131}J jodiertem Ovalbumin in den Zellfraktionen[1].

Kaninchen erhielten das Antigen i. v. injiziert. Die Aufarbeitung erfolgte 24 Std nach der Injektion.

	Relative Aktivität (Gesamthomogenat = 1)	
	Leber	Milz
Zellkerne	1,85	1,03
Mitochondrien	2,69	3,1
Mikrosomen	0,54	1,0
Cytoplasma	0,27	0,24

Auch in Zellkernen aus Mäuseorganen ist eine Antigenspeicherung beschrieben worden[2].

Andererseits sind Mitochondrien von allen Zellstrukturelementen die kräftigsten Antigene[3,4], während Zellkerne kaum eine Antikörperbildung bewirken[5,6]. Die durch Mitochondrien bzw. Mikrosomen aus Milz, Leber und Niere normaler und leukämischer Mäuse an Kaninchen erzeugten Antikörper sind spezifisch hinsichtlich der Tierart, des Mäuseorgans und der Zellfraktion; Mitochondrienantikörper unterscheiden sich also von Mikrosomenantikörpern[4,7]. In Hepatomen nach Buttergelbfütterung fehlt an Mitochondrien und Mikrosomen das spezifische Leberantigen; statt dessen tritt ein in normaler Leber nicht nachweisbares Tumorantigen auf[8]. An den Lebermitochondrien erwachsener Meerschweinchen findet sich ein Hämolysin-Inhibitor, der in fetalen Meerschweinchenlebern fehlt und das im partikelfreien Cytoplasma lokalisierte Hämolysin hemmt, wie Tab. 355 zeigt[9].

Tabelle 355.

Hämolysin und Inhibitor in der Leber von Meerschweinchen[9].

Hämolyse mit	Fetus	Ausgewachsenes Tier
Homogenat	+++	0
Mitochondrien	+	0
Mikrosomen	++	0
Cytoplasma	+++	+++

Die intracelluläre Lokalisation von Viren scheint je nach Virusart verschieden zu sein; das Poliomyelitisvirus findet sich im Mäusehirn in Zellkern und Cytoplasma, im Zellkern meist in geringerer Menge; wenn Lähmungen auftreten, enthält stets auch der Zellkern Viren[10]. Das Lansing-Virus findet sich im Gehirn-Zellkern der Baumwollratte nur mit höchstens 10% der im Cytoplasma vorhandenen Menge[11]. Das Herpesvirus schließlich liegt in der Leber embryonaler Hühner vorwiegend im Cytoplasma, zu 10% jedoch in den Mitochondrien vor[12].

In den Mitochondrien sind auch einige Umsetzungen von Aminosäuren nachgewiesen worden. Neben einer Totaloxydation solcher Aminosäuren, die wie

[1] Crampton, C. F., and F. Haurowitz: J. Immunol. **69**, 457 (1952). — [2] Coons, A. H., E. H. Leduc, M. H. Kaplan and J. M. Connolly: J. exp. Med. **93**, 173 (1951). — [3] Henle, W., L. A. Chambers and V. Groupe: J. exp. Med. **74**, 495 (1941). — [4] Dulaney, A. D., Y. Goldsmith, K. Arnesen and L. A. Buxton: Cancer Res. **9**, 217 (1949). — [5] Arnesen, K., Y. Goldsmith and A. D. Dulaney: Cancer Res. **9**, 669 (1949). — [6] Euler, H. v.: Ark. Kemi, Mineral. Geol. **21** B, Nr. 6 (1945). — [7] Furth, J., and E. A. Kabat: J. exp. Med. **74**, 247 (1941). — [8] Weiler, E.: Z. Naturforsch. **7**b, 324 (1952). — [9] Tyler, D. B.: Amer. J. Physiol. **164**, 467 (1951). — [10] Kaplan, A. S., and J. L. Melnick: J. exp. Med. **97**, 91 (1953). — [11] Schwerdt, C. E., and A. B. Pardee: J. exp. Med. **96**, 121 (1952). — [12] Ackermann, W. W., and T. Francis jr.: Fed. Proc. **11**, 461 (1952).

Alanin, Asparaginsäure, Glutaminsäure, Prolin und Oxyprolin mehr oder minder direkt zu Substanzen des Citronensäurecyclus in Beziehung stehen, findet man noch gegenseitige Umwandlungen mancher Aminosäuren. So wurde anläßlich von Untersuchungen über die Hippursäuresynthese festgestellt, daß Mitochondrien Serin und Sarkosin in Glykokoll überführen[1,2]. Umgekehrt vermögen Mitochondrien aus Glykokoll und Formiat Serin zu bilden. Das Sarkosin und Dimethylglykokoll zu Formaldehyd oxydierende Enzymsystem der Leber ist ausschließlich in den Mitochondrien enthalten[3].

Im Cyclophorasesystem der Leber und der Niere wurde D-Asparaginsäureoxydase nachgewiesen, die spezifisch für D-Asparaginsäure und nicht mit der allgemeinen D-Aminosäureoxydase identisch ist. Sie enthält kein abdissoziierbares Coenzym und desaminiert D-Asparaginsäure zu Oxalessigsäure und Ammoniak. Die entstandene Oxalessigsäure wird dann von dem Cyclophorasesystem sofort zu CO_2 und H_2O weiter oxydiert. Die D-Asparaginsäureoxydase läßt sich leicht aus dem Cyclophorasesystem auswaschen. Bei der Einwirkung des Enzyms entsteht H_2O_2. Man kann daher den Umsatz durch Zugabe von Äthanol erheblich steigern. Denn die Mitochondrien enthalten Katalase, welche das Hydroperoxyd laufend beseitigt. Hierbei spielen sich die folgenden Prozesse ab:

$$\text{D-Asparaginsäure} + O_2 \xrightarrow{\text{Asparaginsäureoxydase}} \text{Oxalessigsäure} + H_2O_2 + NH_3$$

$$\text{Äthanol} + H_2O_2 \xrightarrow{\text{Katalase}} \text{Acetaldehyd} + 2\,H_2O.$$

Umgekehrt läßt sich bei der Inkubation von Nierencyclophorasesystem mit Oxalessigsäure und Ammoniak eine Bildung von D-Asparaginsäure nachweisen[4].

Das Cyclophorasesystem der Rattenleber oxydiert nur L-Asparaginsäure (NAKADA u. WEINHOUSE)[5], ihm fehlt die D-Asparaginsäureoxydase, welche in der Kaninchenleber nachgewiesen wurde. Die Oxydation von L-Asparaginsäure durch die Lebermitochondrien ist keine Leistung einer spezifischen L-Asparaginsäureoxydase. Sie kommt durch das Zusammenwirken der in den Mitochondrien enthaltenen Asparaginsäure-Ketoglutarsäuretransaminase, Glutaminsäuredehydrogenase und der Oxydation der Oxalessigsäure durch den Citronensäurecyclus zustande:

$$\text{Asparaginsäure} + \alpha\text{-Ketoglutarsäure} \rightarrow \text{Oxalessigsäure} + \text{Glutaminsäure}$$

$$\text{Oxalessigsäure} + 5\,O \rightarrow 4\,CO_2 + 2\,H_2O$$

$$\text{Glutaminsäure} + O \rightarrow \alpha\text{-Ketoglutarsäure} + NH_3$$

$$\text{Bilanz:} \quad \text{Asparaginsäure} + 6\,O \rightarrow 4\,CO_2 + NH_3 + 2\,H_2O$$

Mitochondrien oxydieren L-Prolin und L-Oxyprolin zu CO_2, H_2O und NH_3. Von verwandten Substanzen wird noch die α-Picolinsäure angegriffen[6]. Mitochondrien enthalten Prolinoxydase, ein von der L-Aminosäureoxydase und der D-Aminosäureoxydase verschiedenes Enzym, das L-Prolin zu Glutaminsäurehalbaldehyd und D-Prolin zu α-Keto-δ-aminovaleriansäure oxydiert[7]. L-Oxyprolin liefert den Halbaldehyd der Oxyglutaminsäure[8]. Diese Zwischenprodukte lassen sich isolieren, wenn man ihren weiteren Abbau durch osmotische Schädigung des Cyclophorasesystems verhindert.

[1] LEUTHARDT, F., et H. NIELSEN: Helv. **34**, 1618 (1951). — [2] SARKAR, N. K., H. BEINERT, M. FULD and D. E. GREEN: Arch. Biochem. **37**, 140 (1952). — [3] MACKENZIE, C. G., J. M. JOHNSTON and W. R. FRISELL: J. biol. Ch. **203**, 743 (1953). — [4] STILL, J. L., M. V. BUELL, W. E. KNOX and D. E. GREEN: J. biol. Ch. **179**, 831 (1949). — [5] NAKADA, H. I., and S. WEINHOUSE: J. biol. Ch. **187**, 663 (1950). — [6] TAGGART, J. V., and R. B. KRAKAUR: J. biol. Ch. **177**, 641 (1949). — [7] LANG, K., u. G. SCHMID: B. Z. **322**, 1 (1951/52). — [8] LANG, K., u. U. MAYER: B. Z. **324**, 237 (1953).

Eine Bildung von Methylmercaptan aus D, L-Methionin durch Rattenlebermitochondrien wurde beschrieben[1].

Bei der Harnstoffsynthese in der Leber wirken offensichtlich verschiedene Strukturen zusammen. Die Bildung des Citrullins erfolgt in den Mitochondrien[2], dagegen die Umwandlung des Citrullins in Arginin[3] im Cytoplasma.

Mitochondrien enthalten Ribonucleotide. Ihre Umsatzgeschwindigkeit ist in den Mitochondrien aber im Vergleich zu der in den anderen Zellelementen außerordentlich gering (s. Tab. 339 u. 340, S. 1121f). Sie ist auch geringer als die im Cytoplasma, so daß schon diskutiert wurde, ob nicht die in den Mitochondrien enthaltenen Ribonucleotide aus dem Zellkern stammen und über das Cytoplasma in die Mitochondrien gelangen.

In den Mitochondrien wurden drei verschiedene Milchsäuredehydrogenasen nachgewiesen[4]. Das intakte Cyclophorasesystem der Rattenleber oxydiert nur die „unphysiologische" D-Milchsäure:

$$\text{D-Milchsäure} + \text{DPN} \rightleftharpoons \text{Brenztraubensäure} + \text{DPN-H}_2.$$

In Leberhomogenaten ist eine andere Milchsäuredehydrogenase (B) nachweisbar, die für L-Milchsäure spezifisch ist, sich aber in ihren Eigenschaften von der altbekannten, löslichen Milchsäuredehydrogenase (C) unterscheidet. Man erhält das Enzym B auch durch Homogenisieren des Cyclophorasesystems. Das Enzym A findet sich dann im Sediment. In den intakten Mitochondrien liegt die gewöhnliche Milchsäuredehydrogenase (C) offensichtlich in maskierter Form vor. Ihre Wirkung wird erst nach Zerstören der Mitochondrienstruktur erkennbar. In diesem Zusammenhang sei darauf hingewiesen, daß im Cytoplasma eine Racemase vorkommt, welche D-Milchsäure in L-Milchsäure verwandelt (s. S. 1153).

Tabelle 356. Eigenschaften der drei im Cyclophorasesystem der Leber nachgewiesenen Milchsäuredehydrogenasen[4].

	Milchsäuredehydrogenase		
	A	B	C
Substrat Milchsäure	D-	L-	L-
Bedarf an DPN	—	+	+
p_H-Optimum	7—8	8—9	7,5—8,5
Hemmung durch Pyruvat	—	+	+

Weitere ganz oder vorwiegend in den Mitochondrien lokalisierte Stoffwechselprozesse sind in der Tab. 357 zusammengestellt.

Durch Methylenblau, Janusgrün und andere Farbstoffe wird der Stoffwechsel von Mitochondrien stark beeinflußt. Hierbei überlagern sich zwei verschiedene Effekte des Farbstoffs[5]. Zunächst erfolgt eine Atmungssteigerung, die darauf zurückzuführen ist, daß Methylenblau die Oxydation gelber Fermente durch Sauerstoff katalysiert. Die zweite Wirkung des Farbstoffs besteht in einer Atmungshemmung, die vermutlich komplexer Natur ist. In Gegenwart eines Farbstoffs werden Mitochondrien, denen man kein oxydierbares Substrat zugesetzt hat, äußerst rasch inaktiviert. Vielleicht beruht die Wirkung dieser Redoxfarbstoffe darauf, daß die Oxydation reaktiver Gruppen in den Mitochondrien (etwa von SH-Gruppen) durch sie katalytisch beschleunigt wird.

---

[1] CANELLAKIS, E. S., and H. TARVER: Arch. Biochem. 42, 387 (1953). — [2] MÜLLER, A. F., u. F. LEUTHARDT: Helv. 32, 2289, 2349 (1949). — [3] LEUTHARDT, F., u. M. STAEHELIN: Helv. physiol. Acta 11, 30 (1953). — [4] MAHLER, H. R., A. TOMISEK and F. M. HUENNEKENS: Exp. Cell Res. 4, 208 (1953). — [5] LEUTHARDT, F., u. B. EXER: Helv. 36, 519 (1953).

Tabelle 357. Weitere ganz oder vorwiegend in den Mitochondrien lokalisierte Stoffwechselprozesse.

Jodierung von Thyreoglobulin in der Schilddrüse[1]
Oxydation von Aldehyden zu Säuren[2]
Oxydation von Cholin zu Betain[3,4]
Oxydative Desaminierung von Aminen[5]
Bildung von Allantoin aus Harnsäure[6,7]
Oxydation von Rutin und Quercetin[8]
Rhodanbildung[9]
Transaminierung Kynurenin $\rightleftharpoons$ α-Ketoglutarsäure[10]
Oxydation von Desoxycorticosteron zu Corticosteron[11]

e) Die Mikrosomen.

Unter Mikrosomen versteht man kleine, submikroskopische Partikelchen mit einem Durchmesser von etwa 50 bis 150 mμ. Über ihre Natur und ihre Funktion ist wenig Sicheres bekannt. Insbesondere ist die Frage nicht entschieden, ob die Mikrosomen Partikelchen sui generis, Trümmer von Mitochondrien oder gar nur Kunstprodukte sind. Bei langem Zentrifugieren von Zellen reichern sich Ribonucleotide am unteren Pol der Zellen an[12–14]. Es besteht daher durchaus die Möglichkeit, daß sich bei der Darstellung der Mikrosomenfraktion, bei der lange und mit großen Beschleunigungen zentrifugiert wird, Verschiebungen von Substanzen ergeben. Manche Autoren fassen die Mikrosomen als Artefakte auf, die dadurch zustande kommen, daß feinste, bei der Aufarbeitung der Zellen erhaltene Ribonucleotidpartikelchen Eiweiß, insbesondere Enzyme oder Lipoproteide, adsorptiv oder salzartig binden.

Chantrenne[15] hat durch fraktioniertes Zentrifugieren von Homogenaten außer den großen Partikelchen (Mitochondrien) und kleinen Partikelchen (Mikrosomen) 5 verschiedene Fraktionen von Partikelchen erhalten, die in ihrer Größe zwischen den Mitochondrien und den Mikrosomen stehen, sich von ihnen aber durch Zusammensetzung und Enzymausstattung (untersucht wurden die alkalische Phosphatase und die ATPase) unterscheiden. Der Enzymgehalt dieser Partikelchen nahm mit fallender Teilchengröße ab, während sich der Ribonucleotidgehalt umgekehrt verhielt und in den kleinsten Partikelchen am größten war. Auch andere Autoren[16–19] haben in der Mikrosomenfraktion Partikelchen verschiedener Größe festgestellt. Die Mikrosomen sind also schon allein morphologisch wesentlich schlechter definiert als die anderen Zellelemente.

Jeener[20] stellte fest, daß Mitochondrien in stärkeren Salzlösungen in kleinere Partikelchen zerbrechen, die reicher an Ribonucleotiden, aber ärmer an Enzymen als die Mitochondrien sind.

---

[1] Weiss, B.: J. biol. Ch. **201**, 31 (1953). — [2] Walkenstein, S. S., and S. Weinhouse: J. biol. Ch. **200**, 515 (1953). — [3] Kensler, C. J., and H. Langemann: J. biol. Ch. **192**, 551 (1951). — [4] Williams, J. N. jr.: J. biol. Ch. **197**, 709 (1952). — [5] Cotzias, G. C., and V. P. Dole: Proc. Soc. exp. Biol. Med. **78**, 157 (1951). — [6] Schein, A. H., E. Podber and A. B. Novikoff: J. biol. Ch. **190**, 331 (1951). — [7] Schneider, W. C., and G. H. Hogeboom: J. biol. Ch. **195**, 161 (1952). — [8] Lang, K., u. H. Weiland: Unveröffentlicht. — [9] Ludewig, S., and A. Chanutin: Arch. Biochem. **29**, 441 (1950). — [10] Wiss, O.: H. **293**, 106 (1953). — [11] Hayano, M., and R. I. Dorfman: J. biol. Ch. **201**, 175 (1953). — [12] Brachet, J., et R. Jeener: Enzymologia **11**, 196 (1943/45). — [13] Claude, A.: Biol. Symp. **11**, 213 (1943). — [14] Chantrenne, H.: Enzymologia **11**, 213 (1943/45). — [15] Chantrenne, H.: Biochim. biophysica Acta, N. Y. **1**, 437 (1947). — [16] Barnum, C. P., and R. A. Huseby: Arch. Biochem. **19**, 17 (1948). — [17] Keller, E. B.: Fed. Proc. **10**, 206 (1951). — [18] Hoster, M. S., B. J. McBee, H. A. Rolnick, Q. van Winkle and H. A. Hoster: Cancer Res. **10**, 530 (1950). — [19] Petermann, M. L., and M. G. Hamilton: Cancer Res. **12**, 373 (1952). — [20] Jeener, R.: Biochim. biophysica Acta, N. Y. **2**, 633 (1948).

Mikrosomen sind von keiner Membran umgeben und schwellen in einem hypotonischen Milieu[1].

Als Hinweis, daß die Mikrosomen Partikelchen sind, die sich in der Zelle präformiert vorfinden und dort eine spezielle Funktion ausüben, wird angeführt, daß sie sich chemisch (z. B. durch den wesentlich höheren Gehalt an Ribonucleotiden und Lipoiden) und auch bezüglich ihrer Enzymausstattung von den Mitochondrien unterscheiden. Nähere Angaben über die chemische Zusammensetzung der Mikrosomen findet man in den Tab. 313—319 (S. 1068—1099), über ihre Enzymausstattung in der Tab. 318 (S. 1078—1091).

Die Mikrosomen sind zu erheblichen synthetischen Leistungen befähigt. Bezüglich der Knüpfung von Peptidbindungen sind sie von allen Zellelementen am aktivsten [s. die Tab. 351—353 (S. 1145/46)].

Nahezu ausschließlich sind in den Mikrosomen die folgenden Enzyme lokalisiert: DPN-Cytochromreductase, Lactonase (Spaltung von Triessigsäurelacton), Glucose-6-phosphatase in Leber, Niere und Gehirn, sowie in der Darmwand die alkalische Phosphatase. Weiterhin sind praktisch ausschließlich in den Mikrosomen lokalisiert: das Leberenzym, das Cortison zu 17-Oxycorticosteron hydriert[2] und die Vitamin A-Esterase[3].

Aus verschiedenen Organen von Mensch und Rind, besonders aber aus der Lunge, wurde von CHARGAFF u. Mitarb.[4] die Gewebsthrombokinase angereichert und praktisch ausschließlich in den Mikrosomen gefunden. Noch 0,008 γ dieses

Tabelle 358. Eigenschaften der an Mikrosomen gebundenen Thrombokinase („Thromboplastisches Protein") aus Lunge[4].

Molekulargewicht	167000000
Spezifisches Teilchen-Volumen V_{27}	0,87
Sedimentationskonstante S_{20}	330 S
Diffusionskonstante D_{20}	$0{,}38 \cdot 10^{-7}$
Achsenverhältnis	1 : 8
Durchmesser (elektronenmikroskopisch)	80—120 mμ
Stickstoffgehalt	7,50—8,94%
Phosphorgehalt	1,29—1,47%
Alkalische Phosphatase	nachgewiesen
Ausbeute je kg Lunge	440—535 mg
Lipidgehalt	38,8%
Lipoid-Phosphor	2,52%
Lipoid-Stickstoff	1,35%
N : P	1,19
Lipoid-Amino-N	0,17%
Lipoid-Amino-N nach Hydrolyse	0,54%
Gesamtcholesterin	19,1%
Cholesterinester	fehlen
Acetalposphatide (als Palmitinaldehyd)	0,8%
Eiweißanteil nach Entfettung	
Stickstoffgehalt	12,3—13,4%
Phosphorgehalt	0,38—0,44%
Glucosamin	0,99%
Reduzierende Zucker nach Hydrolyse	13,3%

[1] CLAUDE, A.: Adv. Protein Chem. **5**, 423 (1949). — [2] AMELUNG, D., H. J. HÜBENER, L. ROKA u. G. MEYERHEIM: Kli. Wo. **1953**, 386. — FISH, C. A., M. HAYANO and G. PINCUS: Arch. Biochem. **42**, 480 (1953). — [3] GANGULY, J., and H. J. DEUEL jr.: Nature **172**, 120 (1953). — [4] COHEN, S. S., and E. CHARGAFF: J. biol. Ch. **136**, **243** (1940); **139**, 741 (1941). — CHARGAFF, E., D. H. MOORE and A. BENDICH: J. biol. Ch. **145**, 593 (1942). — CHARGAFF, E., A. BENDICH and S. S. COHEN: J. biol. Ch. **156**, 161 (1944).

Materials vermögen 0,1 cm^3 Hahn-Plasma innerhalb von 30 min zur Gerinnung zu bringen (normale Gerinnungsdauer 90 min). Die näheren Eigenschaften dieser sehr gut untersuchten Mikrosomen sind in Tab. 358 zusammengestellt. Das Vorkommen der Thrombokinase in den Mikrosomen wurde später mehrfach bestätigt[1,2].

f) Das Cytoplasma.

Das Cytoplasma oder „Überstehende" ist die Fraktion, die nach Abzentrifugieren aller Partikelchen erhalten wird. Manche Autoren nennen das Cytoplasma auf Grund seiner optischen Eigenschaften Hyaloplasma. Mit Hilfe des Polarisationsmikroskops läßt sich feststellen, daß es eine fibrilläre Struktur hat, während es im gewöhnlichen Licht optisch leer erscheint[3]. Das Cytoplasma besteht aus löslichen Anteilen, Fettkügelchen, die sich auf Grund ihres niedrigen spezifischen Gewichtes bei den vorhergehenden Zentrifugierungen nicht sedimentiert haben, sowie aus so kleinen Partikelchen, daß ihre Sedimentierung mit den heute zur Verfügung stehenden Zentrifugen unmöglich ist. Bei den gegenwärtig üblichen Zentrifugierungsverfahren bleiben Partikelchen mit einem Durchmesser, der kleiner als 50 mμ ist, in der Cytoplasmafraktion. Diese Fraktion umfaßt bei Leber und Niere der üblichen Laboratoriumstiere (Mäuse, Ratten, Meerschweinchen, Kaninchen) etwa 30 bis 50% des Gesamt-N und rund 30% des Ribonucleotidbestandes der Zelle (s. Tab. 313, S. 1068f.). SZAFARZ[4] fand bei Polytomella das gesamte Ribonucleotid des Cytoplasmas durch stabile Bindungen an Protein gebunden. SOROF[5] wies im Cytoplasma elektrophoretisch 4 Proteinfraktionen nach. Eine Komponente, welche die Beweglichkeit des Serumalbumins hatte, machte 4% der gesamten Proteine aus. GJESSING u. Mitarb.[6] haben Rattenlebercytoplasma durch Behandeln mit Salzlösungen verschiedener Ionenstärke und mit Äthanol fraktioniert und 8 verschiedene Fraktionen elektrophoretisch nachgewiesen. Die meisten Proteine zeigten eine dem α_1-, α_2-Globulin des Blutplasmas entsprechende Wanderungsgeschwindigkeit. Die Cytoplasmaproteine verändern sich rasch an der Luft[6]. Durch Zugabe von Cystein oder anderen SH-Gruppen enthaltenden Substanzen lassen sich diese Veränderungen wieder rückgängig machen[7]. Andere Reduktionsmittel, wie z. B. Ascorbinsäure, sind in dieser Beziehung wirkungslos. Nähere Angaben über die chemische Zusammensetzung des Cytoplasmas findet man in den Tab. 313—319 (S. 1068—1096).

Die Lipidfraktion des Cytoplasmas hat eine wesentlich andere Zusammensetzung als die der übrigen morphologischen Zellelemente. Während die letzteren vorwiegend Phosphatide enthalten, trifft man im Cytoplasma zu 90% und mehr Neutralfett einer relativ niederen Jodzahl von 70 an[8].

Im Cytoplasma sind die Enzyme nicht strukturgebunden. Das Cytoplasma ist daher im Gegensatz zu den Zellkernen und den Mitochondrien ein ungeordnetes Multienzymsystem. Die abdissoziierbaren Coenzyme sind abdissoziiert. Substrate und Coenzyme legen im Cytoplasma weite Wegstrecken zurück. Auf diese Weise kommt der Stofftransport in der lebenden Zelle zustande, insbesondere zu den Strukturelementen wie Mitochondrien und Zellkernen, welche die Stoffwechselprodukte des Cytoplasmas weiterverarbeiten.

Über die Enzymausstattung des Cytoplasmas findet man Angaben in der Tab. 318. Die wichtigsten Stoffwechselleistungen des Cytoplasmas sind in der

---

[1] SHINOWARA, G. Y.: J. Lab. clin. Med. **38**, 11 (1951). — [2] BRAUNSTEINER, H., u. O. KARNER: Wien. Z. inn. Med. **32**, 11 (1951). — [3] MONNÉ, L.: Adv. Enzymol. **8**, 1 (1948). — [4] SZAFARZ, D.: Biochim. biophysica Acta, N. Y. **6**, 562 (1950/51). — [5] SOROF, S., and P. P. COHEN: Fed. Proc. **8**, 254 (1949). — [6] GJESSING, E. C., C. S. FLOYD and A. CHANUTIN: J. biol. Ch. **188**, 155 (1951). — [7] SOROF, S.: Fed. Proc. **8**, 254 (1949). — [8] CHAUVEAU, J., G. CLÉMENT, J. CLÉMENT CHAMPOUGNY et E. LE BRETON: Cr. **232**, 2261 (1951).

Tabelle 359. Vorwiegend im Cytoplasma lokalisierte Stoffwechselprozesse.

Glykolyse
Oxydation von L-Tryptophan zu Kynurenin[1]
Bildung von Anthranilsäure aus Kynurenin[2]
Bildung von Tyrosin aus Phenylalanin[3]
Oxydation von Tyrosin zu Acetessigsäure[4, 28, 31]
Oxydation von Homogentisinsäure zu Acetessigsäure[5]
Methylierung von Nicotinsäureamid in der Leber[6]
Umwandlung von Testosteron in Androstendion in der Leber[7]
Oxydation von Glykolsäure zu Glyoxylsäure[8]
Umwandlung von L(+)-Milchsäure in D(−)-Milchsäure[9]
Phosphorylierung von Aneurin[10]
Veresterung von Phenolen mit Schwefelsäure[11, 22]
Oxydation von Chinin durch Chininoxydase[12]
Reduktion von Glutathion[13]
Dehydrierung von Glucose-6-phosphat[14, 15, 24]
Spaltung von Glutamin[16]
Spaltung von Dehydropeptiden[17, 18]
Milchsäurebildung aus Methylglyoxal[19]
Synthese von Purinen[20]
Purinbildung aus Aminoimidazolcarbonsäureamid[21]
Abbau von Cortison zu 17-Oxycorticosteron[23]
Dehydrierung von 6-Phosphogluconsäure[24]
Oxydation von Progesteron[25]
Synthese von Kreatin[26]
Oxydation von Methanol[27]
Synthese von Arginin[29]
Abbau von Oestradiol, Oestron und Diäthylstilboestrol[30]
Bildung von Erythrulose-phosphat[32]
Acetylierungen[33]
Spaltung von Kynurenin durch Kynureninase[34]

---

[1] Knox, W.E., and A. H. Mehler: J. biol. Ch. **187**, 419 (1950). — [2] Mason, M., and C. P. Berg: J. biol. Ch. **195**, 515 (1952). — [3] Udenfriend, S., and J. R. Cooper: J. biol. Ch. **194**, 503 (1952). — [4] Sealock, R. R., and R. L. Goodland: J. biol. Ch. **178**, 939 (1949). — [5] Ravdin, R. G., and D. I. Crandall: J. biol. Ch. **189**, 137 (1951). — [6] Cantoni, G. L.: J. biol. Ch. **189**, 203 (1951). — [7] Sweat, M. L., L. T. Samuels and R. Lumry: J. biol. Ch. **185**, 75 (1950). — [8] Kun, E.: J. biol. Ch. **194**, 603 (1952). — [9] Huennekens, F. M., H. R. Mahler and J. Nordmann: Arch. Biochem. **30**, 77 (1951). — [10] Nielsen, H., et F. Leuthardt: Helv. physiol. Acta **8**, C 32 (1950). — [11] Bernstein, S., and R. W. McGilvery: J. biol. Ch. **198**, 195 (1952). — [12] Lang, K., u. H. Keuer: Unveröff. — [13] Rall, T. W., and A. L. Lehninger: J. biol. Ch. **194**, 119 (1952). — [14] Mueller, G. C., and J. A. Miller: J. biol. Ch. **180**, 1125 (1949). — [15] Glock, G. E., and P. McLean: Nature **170**, 119 (1952). — [16] Errera, M.: J. biol. Ch. **178**, 483 (1949). — Errera, M., and J. P. Greenstein: J. biol. Ch. **178**, 495 (1949). — [17] Fodor, P. J., and J. P. Greenstein: J. biol. Ch. **181**, 549 (1949). — [18] Shack, J.: J. biol. Ch. **180**, 411 (1949). — [19] Kun, E.: Euclides, Madrid **10**, 251 (1950) [C. **1951 II**, 2471]. — [20] Schulman, M. P., J. C. Sonne and J. M. Buchanan: J. biol. Ch. **196**, 499 (1952). — [21] Schulman, M P., and J. M. Buchanan: J. biol. Ch. **196**, 513 (1952). — [22] DeMeio, R. H., M. Wizerkaniuk and E. Fabiani: J. biol. Ch. **203**, 257 (1953). — [23] Fish, C. A., M. Hayano and G. Pincus: Arch. Biochem, **42**, 480 (1953). — [24] Glock, G. E., and P. McLean: Biochem. J. **55**, 400 (1953). — [25] Plager, J. E., and L. T. Samuels: Arch. Biochem. **42**, 477 (1953). — [26] Cohen, S.: J. biol. Ch. **201**, 93 (1953). — [27] Mackenzie, C. G., J. M. Johnston and W. R. Frisell: J. biol. Ch. **203**, 743 (1953). — [28] Williams, J. N. jr., and A. Sreenivasan: J. biol. Ch. **203**, 109, 605, 613 (1953). — [29] Leuthardt, F., u. M. Staehelin: Helv. physiol. Acta **11**, 30 (1953). — [30] Riegel, I. L., and R. K. Meyer: Proc. Soc. exp. Biol. Med. **80**, 617 (1952). — [31] Felix, K., E. G. Bock, D. Geratz, I. v. Glasenapp, L. Roka u. K. Weisenberger: H. **292**, 157 (1953). — [32] Charalampous, F. C., and G. C. Mueller: J. biol. Ch. **201**, 161 (1953). — [33] Chauveau, J., et Le-Van-Hung: Cr. **235**, 1248 (1952). Arch. Sci. physiol. **7**, 325 (1953). — [34] Wiss, O.: H. **293**, 106 (1953).

Tab. 359 zusammengefaßt. Im Cytoplasma ist vor allem die Glykolyse lokalisiert. Die dabei anfallende Brenztraubensäure wird dann von den Mitochondrien im Cyclophorasesystem verbrannt. Durch die im Cytoplasma ablaufende Glykolyse findet dort in geringerem Umfang die Gewinnung von energiereichem Phosphat infolge der Substratphosphorylierung statt. Das Cytoplasma weist eine nur sehr geringe ATPase-Aktivität auf. Dagegen ist es reicher an Adenylsäurekinase (Myokinase)[1].

Wie schon erwähnt, findet die Hauptsynthese von Ribonucleotiden im Zellkern statt. Da noch Versuche in vitro ausstehen, ist es heute noch nicht entschieden, ob auch das Cytoplasma zu einer Ribonucleotidsynthese befähigt ist, oder ob die in Versuchen in vivo im Cytoplasma nachgewiesenen Aktivitäten nach der Injektion von radioaktiven Substanzen darauf zu beziehen sind, daß die Zellkerne fertiges Ribonucleotid abgeben. Sicher bewiesen ist, daß im Cytoplasma eine Synthese des Purinringes möglich ist. SCHULMAN u. Mitarb.[2] haben gezeigt, daß die Bildung von Hypoxanthin bzw. von Harnsäure in der Taubenleber zu einem großen Teil, wenn nicht ausschließlich im Cytoplasma stattfindet.

Die Fähigkeit von Lebergewebe, im Futter zugeführtes p-Dimethylaminoazobenzol (Buttergelb) durch Bindung an Eiweiß zu „speichern“, ist im Cytoplasma am größten (Tab. 360).

Tabelle 360. Speicherung von Buttergelb in Zellfraktionen der Rattenleber[3].

Zellfraktion	μMol Farbstoff · 10^2/ g Frischleber	μMol Farbstoff/ g Eiweiß
Homogenat	2,40—3,41	2,28—3,22
Zellkerne	0,31	1,82—1,90
Mitochondrien	0,38—0,49	1,42—1,67
Mikrosomen	0,32—0,62	2,76—3,92
Cytoplasma	1,67—1,88	3,76—4,57

Auch 2-Acetylaminofluoren wird vorwiegend im Cytoplasma von Leber und Niere gespeichert, wie Untersuchungen mit dem 9-^{14}C-markierten Cancerogen zeigen (Tab. 361)[4]. Cancerogene Kohlenwasserstoffe dagegen (9, 10-^{14}C-1, 2, 5, 6-Dibenzanthracen) werden anscheinend bevorzugt von den Nucleoproteiden der Mitochondrien gebunden[5]; s. a.[6].

Tabelle 361. Speicherung von 9-^{14}C-2-Acetylaminofluoren in Zellfraktionen der Rattenleber und Rattenniere.

Zellfraktion	Leber		Niere	
	%	Imp./min/ mg N	%	Imp./min/ mg N
Homogenat	100	2420	100	3210
Zellkerne	12,8	1520	8,4	962
Mitochondrien	13,5	2640	3,2	1930
Mikrosomen	2,0	3200	7,0	2560
Cytoplasma	37,5	4280	47,8	6210
Waschflüssigkeiten	19,4	2470	22,7	4200

In den Zellen der Nebennieren ist die Ascorbinsäure praktisch ausschließlich in dem Cytoplasma lokalisiert[7].

[1] NOVIKOFF, A. B., L. HECHT, E. PODBER and J. RYAN: J. biol. Ch. **194**, 153 (1952). — [2] SCHULMAN, M. P., J. C. SONNE and J. M. BUCHANAN: J. biol. Ch. **196**, 499 (1952). — [3] PRICE, J. M., E. C. MILLER, J. A. MILLER and G. M. WEBER: Cancer Res. **9**, 398 (1949). — [4] WEISBURGER, E. K., J. H. WEISBURGER and H. P. MORRIS: Arch. Biochem. **43**, 474 (1953). — [5] WIEST, W. G., and C. HEIDELBERGER: Cancer Res. **13**, 246, 250, 255 (1953). — [6] CALCUTT, G., and S. PAYNE: Brit. J. Cancer **7**, 279 (1953). — [7] HAGEN, P.: Biochem. J. **56**, 44 (1954).

g) Gegenseitige Beziehungen der Strukturelemente der Zelle.

Keines der einzelnen Strukturelemente der Zelle ist für sich allein lebensfähig. Der Zellstoffwechsel kommt durch das Zusammenwirken der Stoffwechselleistungen der Zellelemente zusammen. Betrachtet man den Sauerstoffverbrauch der Zelle, so läßt sich feststellen, daß ein laufender Sauerstoffverbrauch die folgenden Voraussetzungen hat:

1. Umformung von Nährsubstraten durch das Cytoplasma in Verbindungen, die die Mitochondrien in den Citronensäurecyclus einfädeln und somit der Endoxydation zuführen können. Mitochondrien allein oxydieren keine Glucose. Sie muß erst durch das Cytoplasma in Brenztraubensäure übergeführt werden. Mischt man daher Mitochondrien mit Cytoplasma, so erhält man ein System, das Glucose zu CO_2 und H_2O oxydieren kann[1].

2. Anwesenheit von Systemen, die energiereiches Phosphat verbrauchen. Der Sauerstoffverbrauch von Mitochondrienpräparationen, denen man ein geeignetes Substrat (etwa Brenztraubensäure oder ein Glied des Citronensäurecyclus) zur Oxydation zur Verfügung stellt, nimmt bald ab, kann jedoch auf das Vielfache gesteigert werden, wenn man ihnen wenig Zellkerne oder Cytoplasma beimischt. Die Mitochondrien bilden nämlich so viel ATP, daß sie an anorganischem Phosphat verarmen. Durch den Zusatz von Systemen, die energiereiches Phosphat verbrauchen, etwa Zellkernen, Cytoplasma, Mikrosomen oder Adenylsäure bzw. ADP, oder Hexokinase + Glucose oder Kreatin wird ATP verbraucht, so daß die Phosphorylierung und damit die Oxydation wieder in Gang kommen[2–4]. Dasselbe ist der Fall, wenn man den Mitochondrien eine ausgedehnte Citrullinsynthese ermöglicht[5]. Steigerung des Sauerstoffverbrauchs und Citrullinbildung gehen dann bei einem stationären Verhältnis ATP : ADP vor sich. In den Mitochondrien ist der Umfang der Oxydationen durch den Verbrauch an energiereichem Phosphat begrenzt. Man kann dieses Verhalten mit dem HARDEN-YOUNG-Effekt bei der alkoholischen Gärung in Parallele setzen. In zellfreien Hefeextrakten kommt die Gärung infolge der Anhäufung von Hexosediphosphat mit der Zeit zum Erliegen, da wegen Mangel an ATP-spaltenden Enzymen ADP als Phosphatacceptor fehlt. Zusatz von ATPase stellt sofort die Gärung wieder her, und das angehäufte Hexosediphosphat verschwindet. Eine konstante Zellatmung setzt voraus, daß Aufbau und Abbau von energiereichem Phosphat gegeneinander ausbalanciert sind.

Da das Adenylsäuresystem der Zelle nur in begrenztem Umfang zur Verfügung steht, ist es ein wichtiger Faktor für die Regulation des Stoffwechsels. Bei geringem Verbrauch an ATP wird der Kohlenhydratabbau automatisch gebremst, da er an den laufenden Anfall von ADP und Phosphat durch ATP-Spaltung gekoppelt ist. Umgekehrt wird der Kohlenhydratabbau beschleunigt, wenn viel ATP verbraucht wird.

Für das Zusammenwirken der Zellbestandteile sind noch weitere konkrete Beispiele bekanntgeworden. Die Atmungsförderung der Mitochondrien durch K^+ (s. S. 1133) wird durch einen hitzestabilen Faktor aus Mikrosomen noch verstärkt[6].

Mitochondrien vermögen keine Triessigsäure (β, δ-Diketohexansäure) zu oxydieren. Mischt man sie jedoch mit Cytoplasma, so setzt sofort eine Oxydation

[1] KAPLAN, E. H., J. L. STILL and H. R. MAHLER: Arch. Biochem. **34**, 16 (1951). — [2] POTTER, V. R., G. G. LYLE and W. C. SCHNEIDER: J. biol. Ch. **190**, 293 (1951). — [3] LARDY, H. A., and H. WELLMAN: J. biol. Ch. **195**, 215 (1952). — [4] JOHNSON, R. B., and W. W. ACKERMANN: J. biol. Ch. **200**, 263 (1953). — [5] SIEKEVITZ, P., and V. R. POTTER: J. biol. Ch. **201**, 1 (1953). — [6] PRESSMAN, B. C., and H. A. LARDY: J. biol. Ch. **197**, 547 (1952).

der Substanz ein. Das Cytoplasma enthält nämlich ein Enzym, das Triessigsäure zu Acetessigsäure und Essigsäure spaltet[1,2].

Weder Mitochondrien, noch Zellkerne, Mikrosomen oder Cytoplasma der Leberzellen vermögen allein Oestrogene (Oestron, Oestradiol, Diäthylstilboestrol) zu inaktivieren. Dagegen erwies sich eine Kombination von Mikrosomen mit Cytoplasma als genau so wirksam wie das Gesamthomogenat der Leber. Interessanterweise läßt sich in diesem System das Cytoplasma der Leber durch Cytoplasma anderer Zellen (Niere, Speicheldrüsen) ersetzen[3].

In vielen Fällen ergibt die Addition der in den einzelnen Strukturelementen gemessenen Enzymaktivitäten eine höhere oder geringere Aktivität, als sie das Gesamthomogenat oder Schnitte des betreffenden Organs aufweisen. Man muß bei der Betrachtung der Enzymaktivitäten der einzelnen Strukturelemente zwei Dinge auseinanderhalten:

1. Die gesteuerte Enzymaktivität in der intakten Zelle.

2. Die potentielle Enzymaktivität in den isolierten Zellbestandteilen. Hier kann man ganz abweichende Verhältnisse finden, und zwar aus verschiedenen Ursachen, z. B. weil sie Effektoren oder Inhibitoren der Enzymwirkung in kleinerer oder größerer Konzentration enthalten als die gesamte Zelle. Weiterhin ist zu beachten, daß man bei der Bestimmung von Enzymaktivitäten in den isolierten Zellbestandteilen unter optimalen Bedingungen zu messen pflegt, während in der intakten Zelle die Stoffwechselaktivitäten durch den Zustrom von Substraten, Gegenwart von Coenzymen, Gegenwart von Phosphatacceptoren und dergleichen Momente stark beeinflußt werden. Auf diese Verhältnisse haben insbesondere POTTER[4] u. Mitarb. mit Nachdruck hingewiesen.

Frühere Angaben über eine cytoplasmatische, nucleoproteidartige, wachstumsfördernde Substanz aus Thymus[5] sind kürzlich bestätigt worden. Sowohl Zellkerne als auch Cytoplasma der Mäuseleber vermögen den DNS-Umsatz in Leber und Milz nach Injektion an andere Mäuse zu steigern und zugleich gegen die den DNS-Umsatz senkende Wirkung einer Bestrahlung zu schützen[6]. In Präparationen der Mäusemilz wird ein Bestrahlungsschutzstoff praktisch ausschließlich in der Zellkernfraktion gefunden[7].

9. Die Reaktion der Zellen und Gewebe.

Von H. NETTER u. F. LEUTHARDT.

Inhaltsverzeichnis.

[1] CONNORS, W. M., and E. STOTZ: J. biol. Ch. **178**, 881 (1949). — [2] WITTER, R. F., E. H. NEWCOMB and E. STOTZ: J. biol. Ch. **185**, 537 (1950). — [3] RIEGEL, I. L., and R. K. MEYER: Proc. Soc. exp. Biol. Med. **80**, 617 (1952). — [4] POTTER, V. R., R. O. RECKNAGEL and R. B. HURLBERT: Fed. Proc. **10**, 646 (1951). — [5] ROBERTS, S., and A. WHITE: J. biol. Ch. **178**, 151 (1949). — [6] KELLY, L. S., and H. B. JONES: Amer. J. Physiol. **172**, 575 (1953). — [7] COLE, L. J., M. C. FISHLER and V. P. BOND: Proc. nat. Acad. Sci. USA **39**, 759 (1953).

Während in den Körperflüssigkeiten und Exkreten eine einwandfreie p_H-Bestimmung fast immer möglich ist, ergeben sich Schwierigkeiten technischer und prinzipieller Art, wenn man die geläufigen Methoden auf die Gewebe übertragen will.

a) Kritisches zur „Reaktion" der Zellen und Gewebe.

Jede einzelne Zelle des Tierkörpers steht mit der Blutflüssigkeit in Kontakt, entweder durch Vermittlung der interstitiellen Flüssigkeit oder durch benachbarte Zellen. Blut und Gewebslymphe bilden das „milieu intérieur", von dessen Zusammensetzung die Zellfunktionen weitgehend abhängig sind. Eine der wichtigsten Aufgaben des „milieu intérieur" besteht in der Aufrechterhaltung einer für die Zellen optimalen Reaktion. Da die Zelloberflächen für Wasserstoffionen durchlässig sind, entspricht offenbar jeder p_H-Änderung in der die Zellen umspülenden Flüssigkeit auch eine Änderung des Wasserstoffionengleichgewichtes mit dem Protoplasma der Zellen. Wir werden damit auf die Frage geführt, ob es grundsätzlich möglich ist, auch für das Innere eine Wasserstoffionenaktivität, d. h. einen p_H-Wert, zu definieren. Ganz abgesehen von der technischen Schwierigkeit, mit einer Elektrode in das Zellinnere zu gelangen, darf man nämlich angesichts der komplizierten Struktur der Zelle nicht ohne weiteres damit rechnen, daß sich der p_H-Begriff in einfacher Weise auf ein derartiges System anwenden läßt. Denn Zellen und Gewebe sind im Gegensatz zum Blutplasma oder der Lymphe an sich schon 1. recht kleine Gebilde und 2. noch weitgehend durchkonstruierte, also mikroheterogene, d. h. mehrphasische Systeme. Die Angabe eines p_H-Wertes kann daher nur sinnvoll sein, wenn man weiß, auf welche der verschiedenen Phasen dieser Wert sich beziehen soll.

b) p_H-Definition, Feinbau und Funktion der Zellen und Gewebe.

Die Untersuchung der Möglichkeit, überhaupt exakte p_H-Werte für die Gewebe anzugeben, hat von ihrem Feinbau auszugehen. Hier ist der Einfluß der geringen Größe der Zellen und ihres mikroheterogenen Baues zu diskutieren.

α) Einfluß der Zellgröße.

Um die Bedeutung der Zellgröße zu prüfen, sei eine Zellart von praktisch homogenem Innenbau betrachtet, also z. B. reife Erythrocyten. Da 1 mm^3 aus 10^7 Zellen besteht, nimmt der einzelne Erythrocyt einen Raum von etwa 10^{-7} mm^3 bzw. $10^{-13}\,l$ ein. Er enthalte $3{,}5 \cdot 10^{-8} \cdot 6{,}06 \cdot 10^{23} = 2 \cdot 10^{16}$ H-Ionen/l, entsprechend einem Zell-p_H von 7,48; das sind 2000 H^+ pro rote Zelle. Bei p_H 8,48 wären es 200, bei 9,5 nur 20 und bei p_H 10,8 noch 1 Wasserstoffion im Raum von der Größe einer Einzelzelle. Nach den Regeln der Wahrscheinlichkeit könnten jene Zahlen aber nur mit einer Fehlerbreite von $\pm 2{,}2\%$, $\pm 22\%$ und $\pm 100\%$, bezogen auf die jeweils von 2000 bis 1 fallenden Werte, angegeben werden, wenn man nur die Zahl der H-Ionen in der Einzelzelle berücksichtigt[1]. Diese ist nun aber keine selbständige Größe, sondern über den Wert des Ionenproduktes K_W unabänderlich mit der OH-Ionenkonzentration verbunden. In dem Maße, wie die Möglichkeit fällt, jene genau anzugeben, wächst sie für die OH-Ionen. Beim Ionenminimum, d. h. der Neutralreaktion, ist sie am geringsten und betrüge für den Raum des Erythrocyten 1,3%. Das gleiche für die Theorie der intracellulären p_H-Messung wichtige Ergebnis erhält man, wenn korrekterweise nicht die auf die Ionenkonzentration umgerechneten Werte als Basis genommen werden, sondern die entscheidenden, durch elektrometrische Messung gewonnenen oder auf sie bezogenen Ionenaktivitätsgrößen (pa_H). Praktisch

[1] NETTER, H.: Biologische Physikochemie. S. 189. Potsdam 1951.

können nun aber die Blutzellen in einer Zellsuspension wie makroskopische Räume betrachtet werden. Denn sie stellen ein Kollektiv aus sehr einheitlich aufgebauten Individuen dar, so daß sich bei ihrer sehr großen Zahl alle Schwankungen nicht nur für eine Messung des p_H, sondern auch vor allem im Hinblick auf seine physikalisch-chemische und biologische Bedeutung längst vollkommen herausheben. Die Gesetze des chemischen Gleichgewichtes, die ja rein statistischen Charakter tragen, sind gerade am System der roten Blutzellen mit hervorragender Exaktheit zu verifizieren (HENDERSON)[1].

In den meisten Fällen scheint aber die Individualität vieler einzelner Organzellen oder besonderer Zellabschnitte eine derartige zusammenfassende Betrachtungsweise nicht zu erlauben. Eine spezielle Untersuchung hätte zunächst festzulegen, aus welchem Grunde und wieweit der p_H in einzelnen Zell- oder Gewebsteilen verschieden sein müßte.

Die Wabentheorie BÜTSCHLIS oder HOFMEISTERS Auffassung von der räumlichen Abschirmung vieler funktionell voneinander verschiedener Zellteile ist in der von den Autoren gedachten Form heute nicht mehr aufrechtzuerhalten. Nach ihr wären kleine Räume von etwa $^1/_{100}$ bis $^1/_{1000}$ der Größe des Blutkörperchenvolumens anzunehmen. Dementsprechend wäre nach obigem Beispiel die Angabe eines p_H-Wertes für sie prinzipiell ungenau. Außerdem würde seine experimentelle Ermittlung auch mit modernster Methodik nicht möglich sein.

Tatsächlich ist nun aber das Protoplasma als eine sol- oder gelartige Flüssigkeit aufzufassen, welche ein mehr oder weniger eng strukturiertes dreidimensionales netzartiges Gerüst aus Fadenmolekeln durchtränkt. Die mikroskopische oder ultramikroskopische Struktur wird dementsprechend zur Hauptsache nicht durch festschließende Wände, sondern im wesentlichen durch Molekülstränge erzeugt. Zwischen ihnen befindet sich eine wäßrige Elektrolytlösung, welche wie jede intercelluläre Flüssigkeit grundsätzlich durch ihren p_H-Wert charakterisierbar sein muß; wenn man daher den p_H-Begriff auf das Protoplasma anwenden will, muß man sich also auf die Zustände im freien Lösungsmittel der Zelle beschränken. (Integrales Zell-p_H nach BETHE[2]). Diese Zustände werden durch die strukturellen Verhältnisse, d. h. im wesentlichen die elektrochemischen Eigenschaften der Strukturträger und durch die chemischen Vorgänge bestimmt, welche sich an ihnen vollziehen oder mit ihnen in Wechselwirkung stehen.

β) Einfluß der Zellstruktur.

Die mikroskopisch sichtbaren Zellbestandteile: Kern, Mitochondrien, Vakuolen, Fetttropfen, Glykogenreserven, sind zum Teil durch auswählend durchlässige Grenzflächen gegen das Plasma abgetrennt. Mindestens aber sind die sie aufbauenden Molekeln gegenüber den gelösten niedrig molekularen Elektrolyten örtlich fixiert. Das trifft für die Phosphorsäurereste der Nucleinsäure ebenso zu wie für die Carboxylreste des Eiweißes und die basischen Gruppen in Proteinen oder Phosphatiden. Damit ist aber zugleich die Voraussetzung für die Ausbildung eines DONNAN-Gleichgewichtes[3] gegeben. Es muß also eine ungleiche Elektrolytverteilung zwischen verschieden dicht durchstrukturierten und verschieden geladenen Bestandteilen des Plasmas resultieren. Wie die übrigen Kationen und umgekehrt wie die Anionen verteilen sich dann auch die H-Ionen: der p_H muß daher gewisse Verschiedenheiten im Bereich der Zellstruktur aufweisen[4]. Bei der Verwendung geeigneter Farbindikatoren zeigen

[1] HENDERSON, L. J.: Blut. Dresden, Leipzig 1932. — [2] BETHE, A.: Allgemeine Physiologie. Berlin, Göttingen, Heidelberg 1952. — [3] s. z. B. Bd. I, S. 137. — [4] Nach DANIELLI, J. F. [Proc. R. Soc. London (B) 122, 155 (1937)] kann die Oberflächenreaktion so bis zu 2 p_H-Einheiten von derjenigen der Flüssigkeit abweichen.

z. B. Kern und Plasma in der Tat ungleiche Färbung, die für einen niedrigeren p_H des Kernes spricht. Allgemein ist für verschiedene Zellabschnitte und Gewebsbestandteile ein unterschiedlicher p_H zu erwarten und mit geeigneter Methodik auch nachweisbar. (Regionales Zell-p_H nach BETHE[1].)

Bei dieser Darstellung ist nicht auf die Reaktion in den festen oder lipoiden Phasen Rücksicht genommen. Zum Teil läßt auch sie sich nach den Regeln des DONNAN-Gleichgewichtes übersehen, denn sie braucht nur derjenigen in einem Gel gleichgesetzt zu werden, welches im Gleichgewicht mit der wäßrigen Außenphase steht. Eine solche Berechnung setzt allerdings die Kenntnis der strukturfixierten Ladungen und der Aktivitätsfaktoren für diese Ionen in der 2. Phase voraus. Nur in dünnen Gelen dürften sie denjenigen in rein wäßriger Phase gleich sein, im allgemeinen müssen sie niedriger angesetzt werden. Um wieviel sie zu erniedrigen sind, hängt von der Ionenstärke im Gel ab, welch letztere ihrerseits eine Funktion der wirksamen Wertigkeit der Eiweiße und daher auch der Reaktion der Lösung ist. Die Bestimmung der letzteren macht zur Zeit vor allem deswegen noch Schwierigkeiten, weil der Anteil der dissoziierten Gruppen im polyvalenten Eiweiß an der Erzeugung der in die DEBYE-HÜCKEL-Theorie eingehenden Coulomb-Kräfte nicht übersehen werden kann[2]. Für kleine Einschlußhohlräume bestimmter Größe tritt als weiterer Faktor noch eine besondere Wirkung der in dem Raum herrschenden Elektronendichte hinzu (vgl. S. 1170).

Die soeben betonte Heterogenität würde zunächst die Angabe eines einheitlichen p_H-Wertes für Zellen und Gewebe verbieten. Nun ist aber praktisch ein durchgehender cellulärer Flüssigkeitsraum vorhanden. Sein Inhalt stößt jedoch an Grenzflächen mit verschiedenen DONNAN-Verteilungen und verhält sich so wie eine Flüssigkeit mit Säumen von verschiedenem p_H. Solche Schichten von ungleichem p_H gleichen sich nicht durch die Flüssigkeit aus; sie sind statische Erscheinungen. Allerdings können sie sich in sehr engen, d. h. stark mit Kolloid gefüllten Räumen nahekommen, da die Dicke der Störungsschicht (diffuse Doppelschicht) beim durchschnittlichen Elektrolytgehalt biologischer Gebilde etwa 10 Å beträgt. Eine p_H-Ermittlung muß nun entweder von diesen Randschichten abstrahieren oder bei ihrem Überwiegen infolge feiner Unterteilung mit einem Mittelwert für die Flüssigkeit rechnen. Eine ideale Meßeinrichtung hätte diesen Wert festzustellen. Man würde mit ihr daher praktisch die *Reaktion im Filtrat der Zellflüssigkeit messen, welche dem durchschnittlichen p_H im freien Lösungsraum der Zelle nahekommt.*

γ) Einfluß der Funktion.

Eine lebende Zelle ist nun aber mehr als eine durchstrukturierte Flüssigkeit. Ihre Struktur muß dynamisch betrachtet werden, d. h. an den Flüssigkeitssäumen und in ihrem Raum werden durch die Stoffwechseltätigkeit Ungleichgewichte erzeugt, erhalten oder verändert. Dementsprechend kann auch die H^+-Konzentration in der Flüssigkeit nur einem dynamischen Gleichgewicht zwischen säurebildenden und säurebindenden, also alkalisierenden Reaktionen entsprechen. Dazu kommt der in den kleinen Dimensionen sehr bedeutende Einfluß der Diffusion von Stoffen, welche zum Elektrolytsystem Beziehungen haben. Auf diese Weise kommen zeitlich und örtlich verschiedene p_H-Werte zustande.

Es gibt aber besonders zwei Faktoren, welche hierbei nivellierend wirken: die *gute Löslichkeit der Kohlensäure* und die Pufferungsfähigkeit der Zellen. Unterschiede in der Zelltätigkeit müßten sich über die verschieden intensive Bildung

[1] BETHE, A.: Allgemeine Physiologie. S. 123. Berlin, Göttingen, Heidelberg 1952. — [2] NETTER, H., u. W. NÜRNBERG: In Vorbereitung.

von CO_2 auf die lokalen p_H-Werte auswirken. Tatsächlich sind aber meßbare Unterschiede in der CO_2-Spannung kaum nachweisbar, da sich die Kohlensäure wegen ihrer guten Löslichkeit sehr schnell verteilen kann. Die Normalspannung von 40 mm entspricht etwa einer Konzentration an gelöster H_2CO_3 von 1 mMol/*l* (0,001 m). Lediglich vom Gesamtgewebe zum capillaren Blut besteht das für die Abführung der CO_2 notwendige, aber geringe Gefälle.

Und so wird es verständlich, daß Durchblutungsstörungen zu einer verschlechterten CO_2-Abgabe führen und damit auch eine Säuerung durch CO_2-Stauung hervorrufen können. Wenn eine lokal gesteigerte Säurebildung wie bei der Entzündung oder Anoxybiose die Kohlensäure aus Hydrogencarbonat in Freiheit setzt und der Kreislaufapparat diese nicht genügend abführen kann, geschieht das gleiche. Dasselbe tritt auch bei verminderter Aufnahmefähigkeit des Blutes für CO_2 ein. (Verminderte Alkalireserve, verkleinerter O_2-Effekt bei Anämie oder O_2-Vergiftung.)

Wegen ihrer allgemeinen Gegenwart und der gewöhnlich um den neutralen Bereich liegenden Reaktion biologischer Gebilde hat die Kohlensäure zweitens immer als wesentlicher Partner Anteil am *Pufferungssystem* der Zellen und Gewebe. Dieses ist insofern dem des Blutes ähnlich, als seine Hauptbestandteile außer der freien Kohlensäure das Hydrogencarbonat und die Proteinate sind. Hierzu kommen aber in den Zellen organisch gebundene und auch freie Phosphate. Von ihrem Gehalt und der Eiweißkonzentration und -wertigkeit hängt die Pufferungskapazität in erster Linie ab.

Die Aktivität des Hydrogencarbonats entspricht in den Körpersäften etwa einer Konzentration von 0,02 m bis 0,025 m. Im Gewebe ist sie meist kleiner, gelegentlich viel kleiner als in der Blutflüssigkeit. Bei der fast gleichen CO_2-Spannung ist dann die $[H^+]$ entsprechend höher. Denn es muß immer der Gleichung Genüge getan werden:

$$[H^+] = K_1' \frac{[H_2CO_3]}{[HCO_3^-]}. \qquad (1)$$

Der Gehalt an *Eiweiß* ist je nach dem Organbau recht verschieden; außerdem ist er vom Alter und in gewissen Grenzen auch vom Ernährungszustand abhängig. Natürlich müssen hier auch pathologische Vorgänge und Zustände berücksichtigt werden, welche den Eiweißgehalt der Zellen und — wohl meistens allerdings über die schon veränderte Reaktion — ihren Quellungszustand beeinflussen[1]. Abgesehen aber davon ist auch die Pufferung durch die einzelnen Proteine verschieden groß; z. B. bindet die gleiche Menge Hämoglobin etwa 3 mal mehr H-Ionen, als es die Serumeiweißkörper bei der gleichen p_H-Änderung zu tun vermögen.

Die *Phosphate* bilden das wichtigste Pufferungssystem der Zelle. Unter gewöhnlichen Umständen kommt hier der Pufferungsbereich nur einer Dissoziationskonstanten in Betracht; es ist diejenige des Dihydrogenphosphates:

$$[H^+] = K_2' \frac{[H_2PO_4^-]}{[HPO_4^{--}]}. \qquad (2)$$

Die Konzentration des Phosphates ist hier mit rund 100 mMol/*l* etwa hundertmal höher als in den Körperflüssigkeiten. $p_{K_2'}$ beträgt bei physiologischer Ionenstärke (0,167) rd. 6,66. K_2' hat damit rund $^1/_3$ des Wertes von K_1' für die CO_2 unter gleichen Bedingungen.

[1] SCHADE, H.: Physikalische Chemie in der inneren Medizin. S. 380 ff. Dresden, Leipzig 1923. — NETTER, H.: Verh. dtsch. path. Ges. **33**, 8 (1949). — JUCKER, P.: Z. Zellforschg. **25**, 769 (1937).

Das *Zellphosphat* ist nun in der Ruhe zur Hauptsache als Anhydrid, Ester oder Guanidinophosphat organisch gebunden. Durch diese Bindung wird die zweite Dissoziationskonstante (K_2), welche für die Pufferung bei biologischen Reaktionen allein in Frage kommt, merklich vergrößert; eine Freimachung aus dieser Bindung muß daher unter sonst gleichen Umständen mit einer entsprechend geringen Alkalisierung einhergehen. Ist allerdings der frei gemachte Partner selbst eine Base wie das aus der Kreatinphosphorsäure stammende Kreatin, dann muß hier die Verschiebung in das Alkalische beträchtlich werden.

Bei der Spaltung der ATP ergibt sich das Gegenteil: die Abspaltung je einer Phosphorsäuremolekel führt zum Neuauftreten einer Säuregruppe mit dem Wert der 2. Dissoziationskonstanten der H_3PO_4:

$$\cdots CH_2{-}O{-}\overset{\overset{\displaystyle O}{\|}}{\underset{\underset{\displaystyle O^-}{|}}{P}}{-}O{-}\overset{\overset{\displaystyle O}{\|}}{\underset{\underset{\displaystyle O^-}{|}}{P}}{-}O{-}\overset{\overset{\displaystyle O}{\|}}{\underset{\underset{\displaystyle O^-}{|}}{P}}{-}O^- \xrightarrow{+\,OH^-}$$

$$\cdots CH_2{-}O{-}\overset{\overset{\displaystyle O}{\|}}{\underset{\underset{\displaystyle O^-}{|}}{P}}{-}O{-}\overset{\overset{\displaystyle O}{\|}}{\underset{\underset{\displaystyle O^-}{|}}{P}}{-}O^- + HO{-}\overset{\overset{\displaystyle O}{\|}}{\underset{\underset{\displaystyle O^-}{|}}{P}}{-}O^-$$

Die dazugehörigen p_H-Änderungen ergeben sich mit den Werten der Dissoziationskonstanten und der Konzentration der Partner unter Berücksichtigung des Ausgangs-p_H-Wertes und der Ionenstärke. Im übrigen sind sie praktisch leicht aus den entsprechenden Elektrotitrationskurven zu ersehen (LOHMANN[1]). Über die Pufferungsfähigkeit der Gewebe lassen sich wegen des Hineinspielens derartiger Spaltungs- und anderer Stoffwechselreaktionen nicht so leicht präzise Angaben wie für das Blut machen. Da — wie erwähnt — die Konzentration der gebundenen Kohlensäure (Hydrogencarbonat) bei gleicher CO_2-Spannung im allgemeinen geringer als im Blut ist, steht dem Gewebe sicher weniger Alkali zur Bindung der CO_2 zur Verfügung. So ist also auch zweifellos die H-Ionenkonzentration gegenüber gleichen Schwankungen der CO_2-Spannung im Gewebe etwas empfindlicher als im Blut, wie aus Gl. (1) leicht zu entnehmen ist. Andererseits ist aber auch die Menge des Alkalis — in der Hauptsache Kalium —, welches den puffernden Phosphatgruppen und den Gewebseiweißen gegenübersteht, groß. Allerdings kommt jenes hierbei nicht in Frage, welches den primären Phosphatgruppen und dem Chlorid äquivalent ist. Die Konzentration des letzteren läßt sich für das Zellinnere übersehen. Bei der Muskelfaser liegt sie nur in der Größenordnung von 1 bis 2 mMol/*l*. Diejenige der primären Phosphatgruppen, sowohl des freien wie des gebundenen Phosphates, dürfte stärkeren Schwankungen unterliegen und kann nur grob mit etwa 50 bis 70 mMol/*l* abgeschätzt werden, da die Polyphosphate die Verhältnisse komplizieren.

Wenn man von ihnen absieht, läßt sich mit Hilfe der Gleichungen (1) und (2) unter Benutzung der analytischen Daten eine theoretische CO_2- bzw. Säurebindungskurve für das Gewebe zeichnen. Wäre P die Molarität des puffernden Phosphates, A die des Gesamtalkali und sei $2\,P - A = S$, dann ist

$$[HCO_3^-] = -\frac{B+S}{2} \pm \sqrt{\frac{(B+S)^2}{4} + B\,(P-S)} \qquad (3\text{a})$$

und

$$[H_2PO_4^-] = \frac{B\,P}{B + [HCO_3^-]} = [HCO_3^-] + S\,. \qquad (3\text{b})$$

[1] LOHMANN, K.: B. Z. **282**, 120 (1935).

B ergibt sich hier folgendermaßen: $C = \frac{K_1}{K_2}$ gibt das Verhältnis der ersten Dissoziationskonstanten der Kohlensäure zur 2. des Phosphates unter Zellbedingungen. Es wäre für ungebundenes Phosphat etwa 3; für organisch gebundenes mag angenähert 1 gesetzt werden, obwohl dieser Wert sehr von der stofflichen Zusammensetzung der Verbindungen abhängt. B sei das Produkt aus C und der jeweiligen durch die CO_2-Spannung bestimmten H_2CO_3-Konzentration in mMol/l. $B = C \cdot [H_2CO_3]$.

Die Kurven (Abb. 59) liegen etwas tiefer als die des Gesamtblutes, sie decken sich aber etwa mit denen, welche LEUTHARDT[1] an Leber und Muskel fand. Beim Blut stellen die Proteinate das Alkali bereit, im Gewebe hauptsächlich die Phosphatgruppen; jedoch müssen auch hier die im Schema nicht berücksichtigten Eiweißkörper herangezogen werden. Die Lieferung von Alkali aus dem Blutfarbstoff ist nun schon um p_H 6,5, der isoelektrischen Zone des Hb, erschöpft. Stärker saure Reaktionen sind auch durch Steigerung der CO_2-Spannung unter experimentellen Bedingungen kaum zu erreichen, wohl aber durch nicht flüchtige Säuren. Ihre Bindung erfolgt dann im Blutkörperchen unter Bildung von Hb-Kationen. Die Eiweißstoffe der Gewebe besitzen im allgemeinen einen mehr im Sauren gelegenen IP, so daß sie zunächst noch gleichzeitig mit den Phosphatgruppen Alkali abgeben und erst nach Überschreitung ihres IP ebenfalls unter Kationenbildung H^+-Ionen binden.

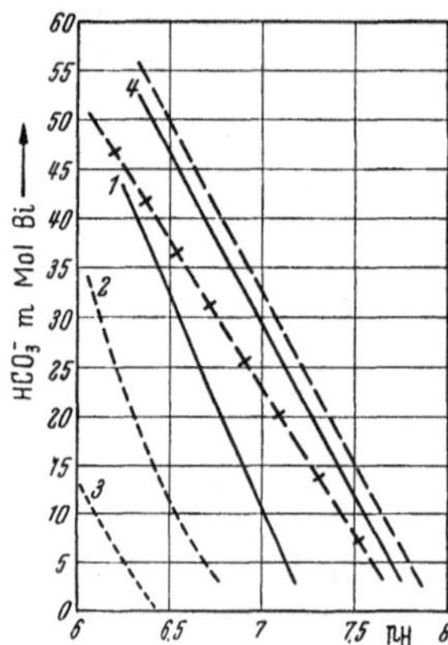

Abb. 59. Pufferungskurven; HCO_3^- und p_H bei variierter CO_2-Spannung.
——— Blut nach HENDERSON[2]);
—+— Leber nach LEUTHARDT[1]).
1—4 theoretiche Kurven für Phosphat-H_2CO_3-Systeme mit A = 150 mMol; P = 70 mMol (1); P = 80 mMol (2—4); C = 3 für 1 und 4; C = 1 für 2; C = $^1/_2$ für 3. Für H_2CO_3 ist $p_{K_1} = 6{,}10$[3].

Den *interstitiellen Gewebeflüssigkeiten*, der Lymphe, dem Liquor usw., stehen kaum Phosphate und Eiweiße zur Pufferung zur Verfügung. Bei ihnen wird die Reaktion also praktisch durch die vorgegebene HCO_3^--Konzentration und die herrschende CO_2-Spannung bestimmt.

Von den hier dargestellten Verhältnissen weichen zahlreiche Zellen und Gewebe, namentlich des Pflanzenreiches in quantitativer Beziehung erheblich ab. Dennoch muß auch ihre meist bedeutend geringere Pufferungsfähigkeit nach den gleichen Grundsätzen analysiert werden. Quantitativ kommt beim Zellsaft der Pflanzen besonders das Vorkommen von mittelstarken organischen Säuren in Frage. Ihr Pufferungsbereich ist dementsprechend auch bei niedrigeren p_H-Werten gelegen.

Unter besonderen Umständen wird die Pufferung der Gewebe stark beansprucht, so bei der Entzündung, der Muskeltätigkeit u. a. Hierbei kommt es in der Regel zu verstärkter Säurebildung. Die Menge der bei solchen, namentlich pathologischen Vorgängen gebildeten Säuren könnte die statischen Pufferungseinrichtungen gelegentlich durchaus überspielen, d. h. extreme Reaktionsänderungen veranlassen, wenn nicht weitere Einrichtungen dem entgegenwirken würden. Auf sie kann hier nur zusammenfassend hingewiesen werden. Dabei erscheint es zweckmäßig, die Faktoren in den betroffenen Zellen und Geweben von denjenigen zu trennen, welche indirekt von anderen Teilen des Organismus aus Einfluß auf sie nehmen. Grundsätzlich muß bereits für jede Zelle ein *aktives Eingreifen des Stoffwechsels* in die Säure-Basen-Verhältnisse diskutiert werden.

[1] LEUTHARDT, F.: B. Z. **306**, 399 (1940). — [2] Henderson, Blut S. 52. — [3] DANIELSON, I. S., H. I. CHU and A. B. HASTINGS: J. biol. Ch. **131**, 243 (1939).

Schon MEYERHOF beschrieb die Selbsthemmung der Milchsäurebildung im Muskel, welche er auf erhöhte Säuerung zurückführte[1]. Er nahm sicherlich mit Recht an, daß allein auf Grund der Reversibilität der Reaktionen ein Sistieren der Säurebildung durch Massenwirkung zustande käme. So dürfte die Milchsäurebildung ebenfalls von der CO_2-Spannung abhängig sein.

In ähnlicher Weise kann auch die Selbsthemmung der Hefegärung angesehen werden, und es ist kein Zweifel, daß nach den gleichen Gesetzen eine größere Zahl von reaktionsstörenden chemischen Vorgängen zum Stillstand kommt. Jedoch trifft das keineswegs in allen Fällen zu. Bei der Autolyse z. B. liegen kompliziertere Verhältnisse vor. Der O_2-Mangel, welcher einerseits Ursache gesteigerter Hydrierung der Brenztraubensäure und damit vermehrter Milchsäurebildung ist, bewirkt andererseits durch Aktivierung des Kathepsins eine fortschreitende Proteolyse. Außerdem bedingt er eine erhebliche Abspaltung von Phosphorsäure aus ATP bis zu deren vollständiger Erschöpfung. Durch die Eiweißspaltung werden neue polare Gruppen freigesetzt, welche zu einer Steigerung der Pufferkapazität beitragen, so daß bei gleich starker Säurebildung die Reaktion weniger stark als ohne Proteolyse verschoben wird. Die Selbsthemmung der Milchsäurebildung würde also jetzt erst später eintreten. Stärker saure Werte als p_H 5,8 werden bei der Gewebsautolyse allerdings kaum beobachtet[2].

Da so gut wie jede Stoffwechselreaktion zur Bildung oder Beseitigung von Substanzen mit andersartigen Dissoziationskonstanten führt, ist sie auch grundsätzlich — wie oben erwähnt — von Einfluß auf den p_H-Wert. Hingewiesen sei in diesem Zusammenhang jedoch nur auf einen Vorgang, den der Beseitigung von NH_4^+. Sie geschieht durch die Harnstoffbildung und kommt bruttomäßig einer Eliminierung von Basenäquivalenten gleich; bis zu 1,5 Mol NH_3 verschwinden beim Menschen auf diese Weise pro Tag. Die Hälfte dieser Menge bindet gleichzeitig Kohlensäure der ersten Dissoziationsstufe, so daß die wahre Baseneliminierung 0,75 Mol beträgt. Man beachte, daß die an Eiweiß und H_2CO_3 gebundene Basenmenge des Blutes/*l* nur wenig über 50 mMol ausmacht[3].

Daß umgekehrt bei Acidosezuständen Ammoniak in der Niere aus Glutamin bereitgestellt wird, um die ausgeschiedenen Säuren zu neutralisieren, ist seit langem bekannt. Ebenso geläufig ist die Erzeugung einer Acidose durch grammweise Gabe von NH_4Cl. Da die Entfernung des NH_3 in Form von Harnstoff zur Schaffung saurer Äquivalente führen muß, wird hier besonders leicht das Zurückbleiben der HCl erklärt. Erklärt wird so aber nicht das Auftreten echter Acetonkörper nach NH_4Cl-Gabe. Diese kann jedoch durch Ablenkung von Ketoglutarsäure und Äpfelsäure aus dem Citronensäurecyclus verstanden werden, wie vor kurzem von POTTER[4] gezeigt wurde. Beide Säuren werden vorübergehend als Glutaminsäure und Asparaginsäure zur Harnstoffbildung gebraucht[5]. Erfolgt dann ihre Nachbildung nicht genügend rasch, so resultiert wegen der nun verringerten Durchgangsfrequenz des Cyclus auch eine verminderte Essigsäure- bzw. Acetessigsäureoxydation. Letzten Endes würde dann hier derselbe Mechanismus vorliegen wie beim Zustandekommen der diabetischen bzw. Kohlenhydratmangelacidose: jetzt bleiben die geradzahligen Säuren liegen, weil nicht mehr genügend Brenztraubensäure zur Erhaltung der Oxalessigsäure zur Verfügung steht.

---

[1] MEYERHOF, O.: Pflügers Arch. **188**, 114 (1921). — vgl. F. LAQUER: H. **93**, 60 (1914/15). — [2] GRÄFF, S., u. A. E. RAPPOPORT: Ergebn. Path. **33**, 181 (1937). — [3] Über NH_3-Schicksal und Glutaminsäure-Decarboxylierung im Gehirn vgl. WEIL-MALHERBE, H.: Naturwiss. **40**, 545 (1953). — vgl. a. Bd. **2**/2. — [4] RECKNAGEL, R. O., and V. R. POTTER: J. biol. Ch. **191**, 263 (1951). — [5] LEUTHARDT, F.: Symposium sur le Cycle Tricarboxylique. 2. Int. Congr. Biochem. Paris S. 89. 1952.

Die genannten Vorgänge sind nun teilweise schon auf bestimmte Organe beschränkt, so die Bildung von NH_3 zur Neutralisierung von Säuren auf die Niere oder die Citrullinsynthese auf die Lebermitochondrien, während die des Arginins aus Citrullin weiter verbreitet ist, z. B. auch in der Niere vorkommt. Vom Standpunkt der Reaktionsbeeinflussung sind vor allem Lunge und Niere, dann der Darm und die Verdauungsdrüsen von Bedeutung. Sie alle geben Flüssigkeiten ab, deren p_H von dem des Blutes verschieden ist, und deren Gehalt an eliminierten Säuren oder Basen durch physikalisch-chemische, humorale oder nervöse Mechanismen verändert werden kann. Es handelt sich also um die geregelte Ausscheidung reaktionsstörender Valenzen. Das Zusammenwirken dieser Organe schafft im Gesamtbereich des Organismus ein gleichbleibendes p_H für das milieu intérieur. In diesem Zusammenhang kann man sie — wie z. B. das Atemzentrum — als aktive Regulatoren den passiven — Puffern — gegenüberstellen. Aktiv sind sie insofern, als die Organe, Atemzentrum, Niere usw. zu ihrer hier betrachteten Leistung Energie benötigen.

Obwohl hier nicht der Ort ist, das Zusammenspiel der Vorgänge und Zustände, welches man als „Reaktionsregulation" bezeichnet hat, im einzelnen zu erörtern, muß zu der Wirkungsweise der genannten aktiven und passiven Puffer noch ein Hinweis gegeben werden: sie ist abhängig von dem *Membransystem* der Zellen. Es wurde schon erwähnt, daß die Zellen generell für H-Ionen durchlässig sind, obwohl die Geschwindigkeit ihres Durchtritts klein sein dürfte. Man weiß seit langem (Warburg[1], Bethe[2]), daß einige Zellarten aus ungepufferter und sehr verdünnter Säure- (p_H 5) oder Laugenlösung (p_H 10) H-Ionen offenbar nur sehr langsam aufnehmen oder abgeben; sie werden innen gepuffert und veranlassen außerdem hier mannigfache Reaktionen, u. a. gesteigerte CO_2-Bildung. Der Durchtritt wird hierbei außer durch ihren Verbrauch durch die Ionenpermeabilität der Zelle geregelt. Ist sie für K^+ wesentlich besser als für Cl^- durchgängig, dann wird der H^+-Ionenaustausch gegen K^+ durch die Geschwindigkeit dieser letzteren bestimmt. Ist die Membran bevorzugt für Cl permeabel, dann wird sich der Übertritt von HCl nach dem des Cl richten. Wenn aber eine schwache Säure wie CO_2 oder eine schwache Base wie NH_3 zugesetzt wird, richtet sich die Geschwindigkeit nach dem Übertritt des undissoziierten Anteils, welcher sich hier sehr schnell bis zum Gleichgewicht auf beide Lösungen verteilt. Der Dissoziationszustand des übergetretenen Stoffes aber hängt von der Reaktion, also auch der Pufferkapazität des Inneren ab, d. h. die Alkalireserve der Zelle wird bei gegebener Konzentration der undissoziierten Säure den p_H bestimmen. Da die Konzentration der Säure unter Umständen recht groß sein kann, werden auf diese Weise größere Mengen von H-Ionen in das Zellinnere gelangen. Für das Übertreten von im Stoffwechsel gebildeten Säuren gelten die gleichen Gesetzmäßigkeiten. Auf diesem Wege vermögen schwache Elektrolyte beachtliche Änderungen des Zell-p_H hervorzubringen.

Auffällige p_H-Differenzen zwischen Zellen und Umgebung lassen sich nun häufig nicht mit Hilfe einfacher Annahmen oder unserer Kenntnisse von den passiven Durchlässigkeitseigenschaften erklären. Die säureproduzierenden Drüsen, z. B. des Magens, oder der saure Zellsaft der Pflanzen mögen hier als Beispiele genannt werden. Die Erzeugung und Aufrechterhaltung der hohen p_H-Unterschiede erfolgt hier durch besondere energieverzehrende Mechanismen.

c) Methodisches.

Pufferung, Stoffwechsel, Ionenverteilung und Membrandurchlässigkeit für reaktionsbestimmende Stoffe spielen zusammen. Ihre Eigenschaften und ihr

[1] Warburg, O.: B. Z. **29**, 414 (1910). — [2] Bethe, A.: Pflügers Arch. **127**, 219 (1909).

Verhalten wirken sich zu jedem Zeitpunkt auf eine allen diesen Systemen gemeinsame summarische Größe aus, den p_H. Die Beurteilung einer Angabe über den p_H von Zellen oder Geweben muß daher die Kenntnis ihres Funktionszustandes und des Weges zu seiner Gewinnung berücksichtigen. Jene Werte können durch *direkte p_H-Messung* gewonnen werden, oder man erhält sie *indirekt* durch Rückschlüsse auf Grund bekannter Daten und feststehender Gesetzmäßigkeiten. Bei der Schwierigkeit der direkten Messung ist das zuletzt genannte Vorgehen häufig empfehlenswert, jedoch sind die gegebenen Möglichkeiten auch hierbei von recht unterschiedlichem Wert.

α) Indirekte Methoden.

Verhältnismäßig zuverlässig ist das *gasanalytische* Verfahren, welches den Wert der H-Ionenkonzentration nach Gleichung (1) aus dem Verhältnis der freien zur gebundenen Kohlensäure entnimmt[1]. Der p_H wird aus der logarithmischen Form von (1), der HENDERSON-HASSELBALCH-*Gleichung*, gewonnen:

$$p_H = p_{K'} + \log \frac{[HCO_3^-]}{[H_2CO_3]}. \qquad (1a)$$

Notwendig ist die Saturierung mit einem Gasgemisch von bekannter CO_2-Spannung und die gasanalytische Bestimmung der durch Säuren austreibbaren CO_2. Der letzte Wert, vermindert um die bei der Saturierungsspannung gelöste H_2CO_3 ergibt die Konzentration an Hydrogencarbonat. Dieser Weg, welcher für das Serum und die Körpersäfte einwandfrei und gut kontrollierbar ist, hat bei der Anwendung auf Gewebe mit drei Unsicherheitsfaktoren zu rechnen. Erstens muß der BUNSENsche Absorptionskoeffizient für CO_2 genügend gut für das Gewebe bekannt sein. Für Hb-Lösungen und Erythrocyten sind die entsprechenden Zahlen von VAN SLYKE[2] gewonnen worden. Sie haben sich für die Berechnung des p_H der roten Zellen bewährt. Eine Übertragung auf andere Gewebe ist nicht ohne weiteres statthaft, da wechselnder Eiweiß- und Lipoidgehalt die Löslichkeit für CO_2 merklich beeinflussen, so daß auf diese Weise leicht Fehler von 0,1 bis 0,2 p_H entstehen können. Zweitens ist $p_{K'}$ vom Ionenmilieu, d. h. der Ionenstärke (μ) im Zellinnern abhängig. Bei physiologischen Ionenstärken ist der einfache Ansatz $p_{K'} = p_K - 0{,}522\sqrt{\mu}$ (38°) praktisch noch zutreffend. Dagegen kann μ im allgemeinen für das Gewebe nur angenähert angegeben werden. Eine noch größere Komplikation entsteht durch die Existenz von Carbaminoverbindungen. Zweifellos muß auf der alkalischen Seite des IP von Eiweißen, sicher nachgewiesen beim Hb, mit der Bildung von Carbamaten und Carbamationen gerechnet werden.

$$\text{Alb—NH}_2 + CO_2 \rightleftharpoons \text{Alb—NHCOOH} \rightleftharpoons \text{Alb—NHCOO}^- + H^+. \qquad (4)$$

Sie entstehen durch Reaktion der freien, nicht dissoziierten Aminogruppen mit CO_2. Durch Ansäuerung werden sie wie die Hydrogencarbonate aus ihrer Bindung als CO_2 ausgetrieben. Auf diese Weise würde bei ihrer Existenz anscheinend zuviel gebundenes CO_2 gefunden und daher nach Gl. (1a) ein zu hoher p_H-Wert gewonnen. Dieser Effekt muß bei Anwendung der Methode zur Bestimmung des p_H der Erythrocyten berücksichtigt werden. Er ist nach anderen Daten in seiner Größe zu übersehen[3].

Bei anderen Geweben ist die Rolle der Carbaminoverbindungen nicht bekannt. Für den Muskel ist ihre Existenz mehrfach diskutiert worden (NETTER[4]),

---

[1] PETERS, J. P., and D. D. VAN SLYKE: Handb. biol. Arb.-Meth. Abt. V, Teil 10/1, S. 203 (1938). — Peters-van Slyke Bd. 2, S. 309. — [2] SLYKE, D. D. VAN, J. SENDROY jr., A. B. HASTINGS and J. M. NEILL: J. biol. Ch. **78**, 765 (1928). — SLYKE, D. D. VAN: J. biol. Ch. **130**, 545 (1939). — [3] GROSCURTH, G., u. R. HAVEMANN: B. Z. **279**, 300 (1935). — [4] NETTER, H.: Pflügers Arch. **234**, 680 (1934).

zuletzt von CONWAY[1], welcher glaubt, daß hier ein sehr beträchtlicher Teil des gebundenen CO_2 in dieser Form vorläge. Man würde dann eine wesentlich saurere Binnenreaktion anzunehmen haben und damit eine Forderung erfüllt sehen, welche sich aus der Anwendung des DONNAN-Gleichgewichtes auf die Ionenverteilung an der Muskelmembran ergibt. NETTER hatte 1928 die Annahme geäußert[2], daß sich hier wie an einer selektiv kationendurchlässigen Membran das Gleichgewicht

$$\frac{H_i}{H_a} = \frac{K_i}{K_a} \tag{5}$$

einstellen müsse. Da die Binnenkonzentration an K die äußere um das 20- bis 40fache übersteigt, ist für die H^+-Konzentration auch dasselbe Verhältnis, also etwa p_H 6 innen, zu erwarten. Dieselbe Forderung muß nach CONWAY[3] erhoben werden, wenn, wie nunmehr bewiesen ist[4], sich die Cl-Ionen am Gleichgewicht beteiligen, d. h. sich umgekehrt wie die permeablen Kationen verteilen. Mit der Indikatorenmethode fand ROUS[5] einen Wert von 5,9 für den ruhenden Muskel, während SCHMIDTMANN[6] 6,5 angab[7].

Diese Methode, auf Grund der Verteilung der Kationen oder der einwertigen Anionen auf die der H^+ bzw. OH^- zu schließen, benötigt wiederum zwei Voraussetzungen. Erstens müssen die betreffenden Ionen frei und ihre Aktivität bzw. ihr Aktivitätsfaktor bekannt sein. Für das Kalium des Muskels und der Erythrocyten kann diese Forderung praktisch als erfüllt angesehen werden[8]. Die zweite Bedingung ist, daß die Gleichgewichte sich auch in bezug auf die H-Ionen wirklich eingestellt haben.

Zur Prüfung dieser Fragen verfolgte NETTER[9] die Verteilung geringer Mengen von NH_3 auf Muskel und Perfusionslösung. Er fand wie FENN[10] ein Verhältnis NH_4^+ innen zu außen wie etwa 6 zu 1, in einigen Fällen ein noch höheres. Er hielt daher einen p_H von 6,7 für wahrscheinlich. CONWAY[11] benutzte die gleiche Methode und berichtete bei Verwendung sehr kleiner Mengen von NH_3 über ein Verhältnis, welches sich dem der Verteilung des K^+ annähert. Ob aus diesen Ergebnissen geschlossen werden kann, daß auch die H-Ionen sich nach den Forderungen des Gleichgewichtes einstellen, ist nicht mit Sicherheit zu sagen, da sekundäre Reaktionen mit dem NH_3 nicht auszuschließen sind. Grundsätzlich wird man für die H-Ionen wegen ihrer Beteiligung am Stoffwechselgeschehen einen steady state annehmen können, in dem die Forderungen des Membrangleichgewichtes nicht voll erfüllt sind. Dieser Einwand läßt die Methode der NH_3-Zugabe auch nicht als vollwertig zur Ermittlung des H-Ionenquotienten erscheinen. Vielleicht machen ihre Ergebnisse nur die passive Natur der K^+-Verteilung wahrscheinlich. Nach allem ist aber die Forderung der Membrangleichgewichte nicht zu übersehen; die Binnenreaktion mindestens der Muskelzellen muß dementsprechend saurer sein als im allgemeinen angenommen wird.

Die eben genannte Methode muß die Verteilung des undissoziierten Anteils, hier des NH_3, bis zur gleichen Konzentration im Außen- und Innenraum voraussetzen. Diese Forderung kann für schwache Elektrolyte als realisierbar angesehen

[1] CONWAY, E. J., and P. T. MOORE: Nature **156**, 270 (1945). — [2] NETTER, H.: Pflügers Arch. **220**, 107 (1928). — [3] BOYLE, P. J., and E. J. CONWAY: J. Physiol., London **100**, 1 (1941/42). — [4] KÜSEL, H., u. H. NETTER: B. Z. **323**, 39 (1952). — [5] ROUS, P.: J. exp. Med. **41**, 399 (1925). — [6] SCHMIDTMANN, M.: B. Z. **150**, 253 (1924). — [7] Dagegen: WALLACE, W. M., and A. B. HASTINGS: J. biol. Ch. **144**, 637 (1942) finden p_H 6,9 mit gasanalyt. Methode. — DANIELSON, I. S., and A. B. HASTINGS: J. biol. Ch. **130**, 349 (1939). — [8] LUKOWSKY, G., u. H. NETTER: B. Z. **323**, 53 (1952). — [9] NETTER, H.: Pflügers Arch. **234**, 680 (1934). — [10] FENN, W. O., L. F. HAEGE, E. SHERIDAN and J. B. FLICK: J. gen. Physiol. **28**, 53 (1944). — [11] CONWAY, E. J., and P. T. MOORE: Nature **156**, 270 (1945).

werden. CONWAY[1] machte neuerdings im Rahmen einer Methode zur Messung des Binnen-p_H der Hefe von ihr Gebrauch. Er verfolgte dabei die celluläre Aufnahme von Essigsäure aus dünnen Konzentrationen von Acetatpuffern mit bekanntem Außen-p_H. Bei der folgenden Ableitung soll der Einfluß des nichtlösenden Raumes, welcher die Konzentration der undissoziierten Essigsäure innen (HA_i) steigert, unberücksichtigt bleiben. Die Konzentration des undissoziierten Anteils außen (HA_a) ergibt sich aus der Gesamtkonzentration außen (G_a) und der H-Ionenkonzentration außen (H_a). Für die entsprechenden Binnenwerte gelten die Bezeichnungen G_i und H_i. Aus der Formel für den Dissoziationsrest[2]

$$\varrho = \frac{HA}{G} = \frac{1}{1 + \frac{K}{H}}$$

folgt dann jeweils:

$$G_a = HA_a \left(1 + \frac{K_a}{H_a}\right) \tag{6a}$$

$$G_i = HA_i \left(1 + \frac{K_i}{H_i}\right) \tag{6b}$$

Unter der Bedingung, daß der undissoziierte Anteil beiderseits gleich konzentriert sei, daß also $HA_a = HA_i$ ist, erhält man dann für die Binnenreaktion:

$$H_i = \frac{G_a\, K_i}{G_i \left(1 + \frac{K_i}{H_a}\right) - G_a}. \tag{7}$$

Die Dissoziationskonstante des Zellinnern (K_i) läßt sich mit Hilfe der annähernd bekannten cellulären Ionenstärke angeben; für die Außenlösung ist sie bekannt (K_a). Diese Methode ist sinngemäß auch für andere geeignete Säuren anwendbar. Nur muß stets ausgeschlossen werden, daß diese sich in nennenswertem Maße im Stoffwechsel umsetzen oder durch spezifische Löslichkeit oder Adsorption aus dem wäßrigen Lösungsraum der Zelle verschwinden. Es gelang CONWAY zu zeigen, daß Glycerinsäure sich nur auf eine äußere Schicht der Hefe verteilt, die auch mit anderen Methoden abgrenzbar ist und etwa 10 bis 12% des Zellvolumens beträgt. Setzt man dieses Volumen als konstant voraus, dann ist man in der Lage, aus der Aufnahme von Glycerinsäure in diese Region auch den p_H in diesem Raum zu errechnen. Bei nicht gärender Hefe stimmt der p_H in beiden Raumteilen überein, während er bei gärender außen saurer, innen alkalischer wird. Die generelle Brauchbarkeit dieser Methode ergibt sich daraus, daß sowohl die gasanalytische als auch die direkte Messung im Lysat nach Gefrierenlassen und Wiederauftauen mit ihr übereinstimmende Werte liefern.

Obwohl hier grundsätzlich von der Reaktion der Zellen gesprochen wird, dürfte gelegentlich auch der p_H *an der Zellaußenfläche* (p_{H_0}) von Interesse sein. Seine direkte Bestimmung ist zur Zeit noch nicht möglich. Immerhin kann er auf Grund des DONNAN-Gleichgewichtes dann errechnet werden, wenn die Zahl der Ladungen pro Flächeneinheit und die ionale Zusammensetzung der wäßrigen Außenphase bekannt sind[3]. Außerdem haben HARTLEY u. ROE[4] 1940 ein Näherungsverfahren begründet, welches außer dem p_H der Außenlösung (p_{H_a}) das elektrokinetische Potential (ζ) oder die Wanderungsgeschwindigkeit freier Zellen im elektrischen Einheitsfeld (u als μ/sec bei 25°) benötigt. Die Beziehung lautet:

$$p_{H_s} - p_{H_a} = \zeta/60 = 0{,}325\,u\,. \tag{8}$$

---

[1] CONWAY, E. J., and M. DOWNEY: Biochem. J. **47**, 355 (1950). — [2] MICHAELIS, L.: Die Wasserstoffionenkonzentration. 2. Aufl. S. 45. Berlin 1922. — NETTER, H.: Biologische Physikochemie. S. 68. Potsdam 1951. — [3] DANIELLI, J. F.: J. exp. Biol. **20**, 167 (1944). — [4] HARTLEY, G. S., and J. W. ROE: Trans. Faraday Soc. **36**, 101 (1944).

Für große Partikel ist der Zahlenfaktor kleiner. Es sei darauf hingewiesen, daß die Differenz beider p_H-Werte dem Logarithmus des Quotienten der Konzentration einwertiger Kationen in der Flüssigkeit und der Grenzschicht numerisch gleich ist, weil hier mit der völligen Einstellung des DONNAN-Gleichgewichtes gerechnet werden kann[1].

β) Direkte Methoden.

Es ist zu erwarten, daß die *direkten* Meßverfahren im Vergleich zu den indirekten Methoden im Vorteil seien, da die Voraussetzungen für die Anwendung der letzteren meistens nur angenähert erfüllt sind. Leider stellen sich aber auch den direkten Messungen technische Schwierigkeiten entgegen, welche für die elektrometrischen und die colorimetrischen recht verschiedener Natur sind.

1) Elektrometrische Methoden[2].

Sie benötigen in allen Fällen Spezialelektroden, bei deren Konstruktion auf zwei Forderungen Rücksicht zu nehmen ist. Sie müssen zunächst genügend klein und dabei wenig empfindlich sein[3]. Sowohl für die Wasserstoff- als auch für die Glaselektrode können beide Gesichtspunkte nur selten voll befriedigend berücksichtigt werden. Glaselektroden werden in Form dünner Röhrchen als Nadelelektroden hergestellt[4]; immerhin wird ihr Durchmesser 0,5 mm selten unterschreiten können und damit die zur Verfügung stehende Fläche immer noch relativ groß bleiben. Für die Messung der Gewebsreaktion hat sich auch eine verkleinerte Elektrode nach MACINNES u. DOLE[5] bewährt[6], bei der eine dünne Glasmembran an den Rand eines engen Glasröhrchens angesetzt wird (FRUNDER[7], THORN u. OPITZ[8]). Um die mechanische Festigkeit zu steigern, füllt FRUNDER das Röhrchen mit einer Agar-Gallerte, welche von der inneren Pufferlösung durchtränkt ist. Einfach aufgeblasene Glaskugeln — eine sonst angenehme Elektrodenform — sind für diese Zwecke nicht geeignet. Für die Anwendung von Glaselektroden spricht die Tatsache, daß keine H_2-Gas-Atmosphäre benötigt wird; dagegen besteht die Notwendigkeit, statt einfacher Potentiometer hochempfindliche Röhrenvoltmeter mit Verstärkungseinrichtungen anzuwenden. Gerade die kleinflächigen Elektroden haben besonders hohen Widerstand und damit natürlich auch eine hohe Störungsempfindlichkeit. Der erstgenannte Vorteil überwiegt aber so sehr, daß man die Glaselektroden heute in erster Linie auch für Zwecke der Gewebs-p_H-Messung heranziehen wird. Wasserstoffelektroden müssen in einer Atmosphäre von H_2 benutzt werden. Ihre für die Messung empfindlichen Stellen lassen sich dagegen auf das kleine Areal einer dünnen Pt-Spitze beschränken. Der Pt-Draht selbst muß wie bei den Subcutanelektroden von SCHADE[9] durch ein weiteres, das H_2-Gas enthaltende Führungsrohr getragen werden. Die Wasserstoffatmosphäre wird bei Benutzung der Chinhydronelektrode vermieden (Bd. **1**, S. 121). Notwendig ist hier blankes Pt statt des platinierten und die Zugabe von Chinhydron in Krystallform. Dieser Stoff ist aber wegen

[1] DANIELLI, J. F.: Proc. R. Soc. London (B) **122**, 155 (1937). — [2] Bd. **1**, S. 121. — FUHRMANN, F.: Elektrometrische p_H-Messung mit kleinen Lösungsmengen. Berlin 1941. — KORDATZKI, W.: Taschenbuch der praktischen p_H-Messung. München 1949. — KRATZ, W.: Die Glaselektrode und ihre Anwendung. Frankfurt a. M. 1950. — [3] CLAFF, C. L., and O. SWENSON: J. biol. Ch. **152**, 519 (1944). — MAISON, G. L., O. S. ORTH and K. E. LEMMER: Amer. J. Physiol. **121**, 311 (1938). — PICKFORD, G. E.: Proc. Soc. exp. Biol. Med. **36**, 154 (1937). — SISCO, R. C., B. CUNNINGHAM and P. L. KIRK: J. biol. Ch. **139**, 1 (1941). — [4] VOEGTLIN, C., H. KAHLER u. R. H. FITCH: Handb. biol. Arb.-Meth. Abt. V, Teil 10/1, S. 667 (1935). — [5] MACINNES, D. A., u. M. DOLE: J. gen. Physiol. **12**, 805 (1929). — [6] JANZEN, R., u. H. NETTER: Pflügers Arch. **232**, 349 (1933) (Erythrocyten-Lysat). — [7] FRUNDER, H.: Die Wasserstoffionenkonzentration im Gewebe lebender Tiere. Jena 1951. — [8] OPITZ, E.: 3. Mosbacher Coll. S. 85. 1952. — [9] SCHADE, H., P. NEUKIRCH u. A. HALPERT: Z. ges. exp. Med. **24**, 11 (1921).

seiner Redoxeigenschaften durchaus nicht indifferent; z. B. hemmt er die Glykolyse[1]. Man benutzt dieses Verfahren daher heute nicht mehr. Allerdings scheint es für die p_H-Messung auf der Haut weiterhin brauchbar zu sein[2].

Bei der Messung mit Elektroden ist zweitens besonders darauf zu achten, daß die Zerstörung des Gewebes und seine Veränderungen möglichst klein gehalten werden. Die mit ihrer Einführung verknüpfte Zell- und Gewebsschädigung führt immer zu einer Vermischung der Zellbestandteile, die weitgehend unkontrollierbar ist. Im Organbrei oder in Extrakten erhält man einen Zwischenwert, der sich hauptsächlich aus den Pufferungseigenschaften der vermischten Gewebsbestandteile ergibt. Er wird dem p_H derjenigen Abschnitte am nächsten kommen, deren Mengenanteil und Pufferkapazität am größten ist. Am ehesten wird er in plasmareichen parenchymatösen Geweben dem ursprünglichen Wert des Protoplasmas entsprechen.

Wäßrige Extrakte von Gewebebrei, wie sie MICHAELIS[3] zuerst benutzte, können nur zur ganz groben Orientierung dienen. Ihre Messung sagt nicht viel mehr aus, als daß die H-Ionenkonzentration in den Geweben wenig, aber deutlich größer als im Blut ist.

Besonders wichtig ist es, bei allen Phasen des Meßvorganges die normale Gasspannung der Gewebe aufrechtzuerhalten, wenn die Normalwerte der Zellen gewonnen werden sollen. Das ist bei Benutzung der Glaskette leichter durchführbar als bei der Gaskette. Um hier für die Aufrechterhaltung des CO_2-Gehaltes zu sorgen, muß dieses Gas dem Wasserstoff beigemischt werden. Dann ist aber bei der Berechnung der p_H-Werte die Verminderung der H_2-Spannung in Rechnung zu stellen, d. h. es muß zum gemessenen ein Zusatzpotential der Größe

$$\Pi = \frac{RT}{2F} \ln \frac{p_1}{p_2} \tag{9}$$

addiert werden. Hier bedeutet p_1 den Normaldruck bei T° und p_2 den Partialdruck des H_2.

Der Einfluß eines Verlustes von CO_2 aus den Organen ist deshalb kaum quantitativ zu übersehen, weil sich dabei zwei Vorgänge in entgegengesetzter Richtung auf den p_H auswirken.

a) Der Verlust führt zu einer Alkalisierung. Sie tritt immer ein, stärker bei ungepufferten Geweben und solchen mit niedrigem Ausgangs-p_H.

b) Er führt fast stets — und bei gleichzeitigem O_2-Mangel verstärkt — zu einer gesteigerten Glykolyse und damit zur Säurebildung. *Der Stoffwechsel und damit die Wasserstoffzahl von Geweben, welche nicht unter der Normal-CO_2-Spannung stehen, muß grundsätzlich als stark gestört angesehen werden* (vgl. Säurehemmung, S. 1163)[4].

Sekundäre chemische Reaktionen wie Autolyse und postmortale Säuerung lassen sich auch unter CO_2-Normalspannung nicht auf die Dauer verhindern. Man hat versucht, sie durch Hemmung oder Zerstörung der Fermente aufzuhalten. Aber alle benutzten Mittel, wie kurzzeitige Hitzedenaturierung[5], Fluorid-, Chinhydron-[6], Fe^{+++}-Gabe[7], greifen so einschneidend in den Stoffwechsel ein,

[1] MEYERHOF, O., u. K. LOHMANN: B. Z. **168**, 128 (1926). — [2] KORDATZKI, W., u. C. SCHIRREN: Kli. Wo. **1952**, 840. — SCHADE, H., u. A. MARCHIONINI: Arch. Derm. Syph., Berlin **154**, 690 (1928). — SCHMIDT, P. W.: Arch. Derm. Syph., Berlin **182**, 102 (1941). — MARCHIONINI, A., u. R. SCHMIDT: Kli. Wo. **1938 I**, 773; **1939 I**, 461. — [3] MICHAELIS, L., u. A. KRAMSZTYK: B. Z. **62**, 180 (1914). — [4] Nach SCHADE, H.: Arch. exp. Zellforsch. **14**, 631 (1933), wachsen Gewebekulturen unter 40 mm CO_2-Spannung ohne Zusatz von Embryonalextrakt. Nach eigener Erfahrung bestätigt: vgl. KNÖLL, E. J.: Arch. exp. Zellforsch. **20**, 198 (1937). — [5] PECHSTEIN, H.: B. Z. **68**, 140 (1915). — LEUTHARDT, F.: B. Z. **306**, 399 (1940). — [6] MEYERHOF, O., u. K. LOHMANN: B. Z. **168**, 128 (1926). — [7] DANIELSON, I. S., H. I. CHU and A. B. HASTINGS: J. biol. Ch. **131**, 243 (1939).

daß bei der dynamischen Natur auch der normalen Wasserstoffzahl die unter derartigen Bedingungen gewonnenen Werte wenig Bedeutung besitzen.

Trotz aller Schwierigkeiten ist es möglich, in einigen Fällen einwandfreie, in anderen annähernd plausible Werte zu erhalten. Besonders einfach ist die Messung des Zellsaftes großer pflanzlicher Vakuolen, z. B. bei den Algen Chara, Valonia oder Nitella. Aber hierbei handelt es sich um Spezialfälle. Ebenso bei den subcutan oder intramuskulär eingeführten nadelförmigen Elektroden: sie messen im allgemeinen die Reaktion im Interstitium eines mehr oder weniger normal gebliebenen Gewebes.

Der Zell-p_H kann nicht direkt elektrometrisch gemessen werden. Doch erhält man mit Lysaten von stoffwechselträgen Zellen, wie den Erythrocyten, Werte, welche mit den theoretisch geforderten völlig übereinstimmen (NETTER[1]). Zum Beispiel ist bei ihnen nach dem DONNAN-Gleichgewicht zu erwarten, daß der Binnen-p_H von Körperchen in Lösungen mit abnehmendem Gehalt an diffusiblen Anionen (Cl) im Verhältnis zu außen alkalischer wird. Bei höherer Cl-Außenkonzentration ist er wie in der Norm innen kleiner als außen. Es gilt:

$$\frac{Cl_i}{Cl_a} = \frac{OH_i}{OH_a} = \frac{H_a}{H_i}. \tag{10}$$

Die Messung im unverdünnten Hämolysat, welche nach Gefrieren und Auftauen erfolgt, ist hier sicherlich einwandfrei und empfehlenswert. Je intensiver jedoch die Stoffwechselprozesse ablaufen, um so weniger sicher kann man den normalen Zell-p_H auf diese Weise erfahren. Dennoch gelang es CONWAY auch an Hefen, nach Wiederauftauen befriedigende Werte zu erhalten[2].

2. Colorimetrische Methoden.

Am wenigsten eingreifend sind vitalfärberische Verfahren mit Indikatoren[3]. Die durch sie hervorgerufenen Einflüsse auf Stoffwechselvorgänge können in erster Annäherung vernachlässigt werden. Trotzdem sind auch ihre Ergebnisse kritisch auszuwerten, da andere Fehlerquellen berücksichtigt werden müssen. Der Einfluß wechselnder Ionenstärke auf Farbton und Umschlagsbereich des Indikators, der sog. Salzfehler, ist in Vergleichsversuchen ausschaltbar und für die Deutung der Versuche nicht schwerwiegend. Wenig gut übersehbar ist der Einfluß des „Eiweißfehlers". Der p_H im Netzwerk einer Eiweißmicelle ist nach dem DONNAN-Gleichgewicht aus demjenigen der Lösung berechenbar. Nach DANIELLI[4] paßt aber der Farbton adsorbierter Indikatoren nicht zu jenem Wert. Im allgemeinen wird nach ihm im Zusammenhang mit dem Adsorptionsvorgang die p_H-Abweichung von der des Dispersionsmittels vergrößert; dabei ist vorausgesetzt, daß man aus dem Farbton auf die Reaktion an der Oberfläche des dispersen Teilchens schließt. Der Einfluß der die Adsorption des Farbstoffes bedingenden Kräfte auf seinen Färbungs- und Dissoziationszustand kann bis heute noch nicht genau in Rechnung gestellt werden. Ebensowenig kann die Abhängigkeit seiner optischen Eigenschaften von der Speicherung in lipoiden Phasen quantitativ übersehen werden.

Auf einen andersartigen Effekt stieß CRAMER[5]. Molekeln mit Einschlußhohlräumen, welche Indikatoren aufnehmen, verändern deren Ansprechbarkeit auf p_H-Änderungen entscheidend. So bleibt Methylorange auch in stark saurer β-Dextrinlösung gelb. Die hohe Elektronendichte des Käfigs führt zu einer

[1] NETTER, H.: Pflügers Arch. **222**, 724 (1929). — [2] CONWAY, E. J., and M. DOWNEY: Biochem. J. **47**, 355 (1950). — [3] Bd. **1**, S. 122. — [4] DANIELLI, J. F.: Biochem. J. **35**, 470 (1941). — [5] CRAMER, F.: Angew. Chem. **64**, 437 (1952). — LAUTSCH, W., W. BROSER, W. BIEDERMANN u. H. GNICHTEL: Angew. Chem. **66**, 123 (1954).

Lockerung der Elektronen der eingeschlossenen Molekeln, welche sich auch in einer Veränderung der Spektren äußert. CRAMER glaubt z. B., die blaue Farbe der Kornblume, welche durch das rote Cyanin hervorgerufen wird, auf derartige Einschlußverbindungen mit Eiweiß zurückführen zu können, während WILLSTÄTTER eine alkalische Reaktion zur Erklärung der blauen Farbe jenes Indikators heranzog. Da Cyanin aber in alkalischem Milieu unbeständig ist, verdient die erste Annahme den Vorzug.

Vielleicht durch Bildung solcher Verbindungen, mehr durch Adsorption, teilweise auch durch Anreicherung in Lipoiden, werden die Indikatoren in den Zellen gespeichert, und nur gespeicherte, nicht diffus verteilte Farbstoffe sind sichtbar. Mit dieser Feststellung ist die Problematik der colorimetrischen Methode gegeben. Die Farben sagen zwar etwas über den p_H an den Grenzflächen aus. Aber außerdem sprechen sie — bis heute unkontrollierbar in der Stärke des Einflusses — auf die dort herrschenden Adsorptionskräfte an. Da man über die letztere Beziehung allzuwenig weiß, ist es verständlich, daß man einfach — obschon es inkorrekt ist — vom p_H dieser und jener Plasmateilchen spricht. Das Farbbild entspricht jenem Ton, den der Farbstoff bei dem entsprechenden p_H in homogener Lösung besitzen würde. Trotz dieser Einschränkungen sind zahlreiche Beobachtungen an den geformten Zellteilchen von hoher allgemeinphysiologischer Bedeutung[1].

SPEK weist besonders auf zwei Arten der Zelldifferenzierung hin, die sich durch die granuläre Färbung mit Indikatoren zu erkennen geben. Viele Zellen, besonders Eizellen, zeigen eine konzentrische Anordnung, d. h. sie deuten ein „radiales“ p_H-Gefälle an. Dagegen geben Eier in den ersten Entwicklungsstadien häufig eine bipolare Färbung, also einen „axialen p_H-Gradienten“. Die Bedeutung solcher Beobachtungen mag darin liegen, daß man Umschichtungen von Stoffen während der Differenzierung erkennen kann. Wahrscheinlich handelt es sich dabei mindestens zum Teil um Wanderungen geladener Zellbestandteile im bioelektrischen Potentialgefälle; dieses besitzt in der Plasmahaut ja eine beachtliche Feldstärke. Der beobachtete p_H-Wert ist als Oberflächen-p_H durch DONNAN-Effekt bedingt und wegen des annähernd gleichmäßigen Binnenmilieus kaum mehr als ein Ausdruck der Ladungsstärke der Teilchen. Insofern könnte eine Anordnung nach der Ladungsgröße in jenem Felde verstanden werden, welches die Plasmahaut erzeugt. Bei gleichmäßigem Bau der Membran an der gesamten Zelloberfläche müßte dann die konzentrische Anordnung resultieren.

Der p_H im freien Lösungsmittel der Zelle — der einzig definierbare Zell-p_H überhaupt — ist demnach durch einfache Vitalfärbung nicht zu erfassen, da die Konzentration des Farbstoffes dort zu niedrig ist. Es gelang im allgemeinen nicht, seinen Gehalt durch Steigerung der Außenkonzentration genügend zu heben. Bei besonderen Objekten — z. B. roten Blutzellen — hat sich allerdings eine klare Gesetzmäßigkeit der Verteilung von Farbstoffen auf die beiden Flüssigkeitsräume ergeben. Der gelöste Anteil verteilt sich bei Farbanionen umgekehrt, und bei Farbkationen direkt wie die H-Ionen (vgl. Abb. 60)[2]. Eine Methode zur p_H-Messung an Einzelzellen läßt sich aber aus dieser Gesetzmäßigkeit kaum ableiten.

CHAMBERS[3] u. a. haben die Farbstoffe mit geeigneten Mikropipetten in das Protoplasma injiziert, um ihre Konzentration im Dispersionsmittel genügend zu heben. Bei Verwendung entsprechender Indikatoren (z. B. nach CLARK u. LUBS) gelingt es so, auch den p_H im Lösungsmittel der Zelle zu erfassen. Man würde ihn ausschließlich erhalten, wenn keine granuläre Speicherung erfolgte. Sie ist bei den genannten Indikatoren auch tatsächlich sehr gering. Bei kritischer An-

---

[1] SPEK, J.: Das p_H in der lebenden Zelle. Ergebn. Enzymforsch. **6**, 1 (1937). — [2] BRUCH, H., u. H. NETTER: Pflügers Arch. **225**, 403 (1930). — [3] SPEK, J., u. R. CHAMBERS: Protoplasma, Berlin **20**, 376 (1933).

wendung dieser Methode werden Resultate gewonnen, welche im Vergleich mit anderen Verfahren und den theoretischen Erfahrungen als befriedigend anzusprechen sind.

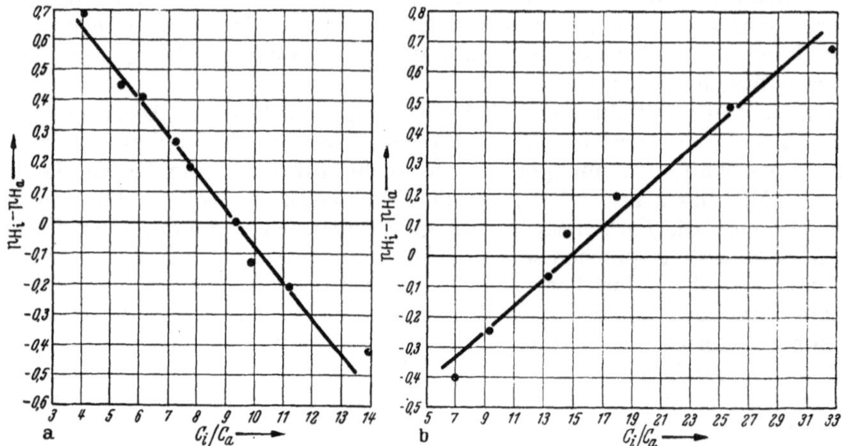

Abb. 60. Verteilung eines basischen (a) und eines sauren (b) Farbstoffes auf Blutkörperchen (C_i) und Lösung (C_a) bei verschiedener p_H-Differenz zwischen innen (p_{H_i}) und außen (p_{H_a}). Bei wachsender Ordinate, d. h. im Vergleich zu außen alkalischer werdender Binnenreaktion, werden weniger Farbkationen (Toluidinblau) und mehr Farbanionen (Orange R) aufgenommen. Alkalisierung des Zellinneren durch steigende Zugabe isotonischer Glucoselösung (vgl. S. 1170)[1].

d) Ergebnisse und Probleme.

Die dargestellten Methoden ergeben trotz der erwähnten Schwierigkeiten einwandfrei einige allgemein gültige Feststellungen über den Zell-p_H[2].

Beim *pflanzlichen und tierischen Protoplasma entfernt sich die Reaktion selten* und dann auch *nur in geringem Maße von der Neutralreaktion.* Ausnahmen (saure Blutzellen der Ascidien) finden sich bei voll lebensfähigen Zellen kaum. Die Reaktion von Muskeln, vielleicht auch einigen Parenchymzellen, ist mit etwa p_H 6,5 noch nicht als solche zu bezeichnen. Nach SCHMIDTMANN[3] sind die epithelialen Zellen etwas alkalischer als die bindegewebigen, die Pankreasinseln deutlich saurer als das drüsige Parenchym. Auch bei Pflanzenzellen zeigt das Plasma entsprechende Werte, obwohl der Zellsaft der Vakuolen oft ausgesprochen sauer ist (z. B. p_H 5,6 bei Nitella, p_H 5 für Blütenblätter der Tulpe, p_H 4 für Rhabarber usw.[4]). Pflanzliche Farbstoffe, welche häufig auch Indikatoren sind (Rotkohl = Blaukraut!), liegen stets im Zellsaft. Auch zugeführte Indikatoren können hier konzentriert werden[5–8].

Die Bevorzugung der neutralen Reaktionszone ist bemerkenswert. Sie ist physikalisch-chemisch für ein System mit einem dynamischen Gleichgewicht zwischen reaktionsstörenden und reaktionserhaltenden chemischen Vorgängen nicht zwingend begründbar. Aber sie kann teleologisch mit dem Hinweis auf die annähernd neutrale und nur wenig in das Alkalische spielende Reaktion des

[1] BRUCH, H., u. H. NETTER: Pflügers Arch. **225**, 403 (1930). — [2] BETHE, A.: Allgemeine Physiologie. S. 122 ff. Berlin, Göttingen, Heidelberg 1952. — [3] SCHMIDTMANN, M.: B. Z. **150**, 253 (1924). — [4] BETHE, A.: Allgemeine Physiologie. S. 125. Berlin, Göttingen, Heidelberg 1952. — [5] p_H-Werte biologisch wichtiger Flüssigkeiten s. Bd. **1**, S. 122. — Der p_H in den Embryonalflüssigkeiten während der Hühnchenentwicklung: WALKER, P. A.: J. gen. Physiol. **26**, 503 (1943). — [6] GRÄFF, S., u. A. E. RAPPOPORT: Ergebn. Path. **33**, 181 (1937). — [7] SMALL, J.: Hydrogen-ion Concentration in Plant Cells and Tissues. (Protoplasma-Monogr. 2) Berlin 1929. — [8] HEILBRUNN, L. V.: An Outline of General Physiology. 2. Aufl. S. 47—55 u. S. 473—477. Philadelphia 1949.

Tabelle 362. p_H-Werte von Zellen und Geweben.

Bakterien: Staphylo- und Streptokokken,	6,1—6,3	(K)	GUTSTEIN[1]
Coli, Ruhr, Typhus, FRIEDLÄNDER	7,2—7,6	(K)	GUTSTEIN[1]
Hefen	7,2—7,6	(K)	GUTSTEIN[1]
	6,8	(I)	CONWAY
Amöben a	7,3	(K)	SPEK u. CHAMBERS
b	6,8—6,9	(K)	CHAMBERS u. Mitarb.[2] 1927—32
Pflanzliche Wurzelhaare	6,8—6,9		CHAMBERS u. Mitarb.[2] 1927—32
Frosch, Magenepithelzellen	6,8—6,9		CHAMBERS u. Mitarb.[2] 1927—32
Nervenzellen, Fische	6,8—6,9		CHAMBERS u. Mitarb.[2] 1927—32
Hühnerniere, Fischeier	6,8—6,9		CHAMBERS u. Mitarb.[2] 1927—32
Carcinomzellen, Kultur	6,8—6,9		CHAMBERS u. Mitarb.[2] 1927—32
Zellkerne	>7,2		CHAMBERS u. Mitarb.[2] 1927—32
Chara, Nitella, Valonia	5,4—5,6	(K, E)	COLLA; IRWIN; HOAGLAND u. DAVIS; BROOKS[3]
Froscheier, veget.-animal. Pol	5,6 6,2	(E)	DORFMAN[4]
Elodea	5,5—6,2	(K)	TAYLOR u. WHITACKER[5]
Seeigeleier	5,1—5,8	(K)	VLÈS u. Mitarb.[6]
	5,6	(K)	REISS[7]
	6,2	(K)	Zentrifug. granulafreie Zone, WIERCINSKI[8]
Seestern-Ascidieneier	6,6	(K)	NEEDHAM[9]
	6,6	(K)	NEEDHAM[9]
Blutzellen der Ascidien	4	(K)	HENZE[10, 15]
Bindegewebe	7,2	(K)	ROUS
		(E)	FRUNDER[11]
		(K)	SCHMIDTMANN
Niere	>6,6	(K)	ROUS[12]
Muskel	5,6—6,6	(K)	ROUS
	6,6	(I)	NETTER
	6,9	(I)	FENN u. MAURER
	5,9	(I)	CONWAY
	7,2	(I)	MEYERHOF[13]
	7,2	(E)	MARGARIA[14], VOIGTLIN

(E) elektromotorische, (K) kolorimetrische, (I) indirekte Methoden.

milieu intérieur verstanden werden. Denn bei fehlender Differenz im p_H bedarf es auch keiner kontinuierlichen Säure- oder Basenbildung zu ihrer Aufrechterhaltung. Nun erfordert aber die Erhaltung der übrigen Ungleichgewichte in der Zelle Energie. Ihre Bereitstellung geht mit der Bildung von Säuren, schließlich der Kohlensäure einher, welche fortlaufend abgeführt werden muß. Das setzt ein Gefälle für die CO_2-Spannung voraus. Es wäre bei gleicher Bildungsgeschwindigkeit um so größer, je weniger Alkalien zu ihrer Bindung innen zur Verfügung stehen und je geringer die CO_2-Spannung des Milieus ist. Wenn nun

[1] GUTSTEIN, M.: Protoplasma, Berlin **17**, 454 (1932). — [2] CHAMBERS, R., and H. POLLACK: J. gen. Physiol. **10**, 739 (1927). — CHAMBERS, R., and G. CAMERON: J. cellul. comp. Physiol. **2**, 99 (1932). — [3] COLLA, S.: Protoplasma, Berlin **5**, 179 (1928). — HOAGLAND, D. R., and A. R. DAVIS: J. gen. Physiol. **5**, 629 (1923). — BROOKS, M. M.: Publ. Hlth. Rep. **38**, 2074 (1923). — [4] DORFMAN, W. A.: Protoplasma, Berlin **25**, 427, 465 (1936). — [5] TAYLOR, C. N., u. D. M. WHITACKER: Protoplasma, Berlin **3**, 1 (1927). — [6] VLÈS, F.: Arch. Physique biol. **4**, 21 (1924). — [7] REISS, P.: Bull. Inst. océanogr., Monaco No. 526 (1928). — [8] WIERCINSKI, F. J.: Biol. Bull. **81**, 305 (1941). — [9] NEEDHAM, J., and D. M. NEEDHAM: Proc. R. Soc. London (B) **98**, 259 (1925); **99**, 173 (1926). — [10] HENZE, M.: H. **79**, 215 (1912). — [11] FRUNDER, H.: Pflügers Arch. **252**, 500, 509 (1949/50). — [12] ROUS, P.: J. exp. Med. **41**, 379, 399, 451 (1925). — [13] MEYERHOF, O., W. MÖHLE u. W. SCHULZ: B. Z. **246**, 283 (1932). — [14] MARGARIA, R.: Bull. Soc. ital. Biol. sperim. **7**, 557 (1932). — [15] BIELIG, H.-J., u. E. BAYER; CALIFANTE, L., u. L. WIRTH: Pubbl. Staz. zool., Napoli **25**, 26 (1953).

die Zellreakion annähernd neutral, also $\Delta\ p_H$ klein ist, dann muß bei geringer CO_2-Spannung außen diese innen ebenfalls niedrig sein. Denn der Spannungsunterschied bleibt wegen der guten Löslichkeit und Permeation der CO_2 immer gering. Unter diesen Umständen muß dann auch die Konzentration des Hydrogencarbonats, d. h. die Zellpufferung, klein sein. Ist umgekehrt bei Geweben mit hoher Umgebungsspannung — wie bei den höheren Tieren — der Binnen-p_H auch neutral, so ist das gleichzeitig ein Ausdruck für die entsprechend bessere Pufferung. Vielleicht sind einige besonders p_H-empfindliche Zellen oder Zellabschnitte verhältnismäßig arm an Phosphaten oder Alkaliproteinaten. Dann würden hier schon geringe Änderungen der CO_2-Spannung zu beachtlichen p_H-Schwankungen führen. Daß bei Störungen oder Belastungen in gut gepufferten Geweben auch stärkere p_H-Verschiebungen vorkommen, wurde erwähnt. So soll die Reaktion der Fasern bei starker Muskelaktion um 0,7 p_H saurer werden können[1].

Vorstehende Feststellung kann aber kaum als Ausnahme von einer zweiten Regel über den Zell-p_H angesehen werden: *die neutrale Reaktion* des Plasmas wird von der lebenden Zelle unter verschiedenen Umständen *weitgehend gegen Störungen gesichert*. Auch bei Indikatorversuchen an Einzelzellen (Amöben[2], Pflanzenzellen[3] und Gewebekulturen[4]), läßt sich diese Sicherung gegenüber beachtlichen Änderungen der Außenreaktion erhärten. Dementsprechend ist auch der mit dem Leben verträgliche p_H-Bereich bei manchen Lebewesen sehr groß. Euglena[5] wächst z. B. zwischen p_H 2,3 und 11. Bakterien zwischen p_H 3 und 13; einzelne über 6 bis 8 p_H-Einheiten, andere sehr eng begrenzt, z. B. Nitritbildner. Nach RUBINSTEIN[6] kann die Crustaceenart Chydorus zwischen p_H 3 bis 10 leben. Man vergleiche auch die Bedeutung des Boden-p_H für die Vegetation.

Die Fähigkeit, derartige p_H-Spannen zu ertragen, ist an das Leben, d. h. an chemische Regulatoren, gebunden und sie überschreitet die Leistungsfähigkeit der passiven Puffer beträchtlich. Ein Extrem bedeutet hier die HCl-Bildung in den Belegzellen der Magenschleimhaut: in ihren canaliculi herrscht ein p_H von 1, während der Zelleib neutrale bis schwach alkalische Reaktion besitzt bzw. im Zuge der HCl-Bereitung aufrechterhält. Denn es besteht kein Zweifel, daß eine der Säure äquivalente Menge an HCO_3^- gebildet und in die Blutbahn abgeführt wird[7]. Die Aufrechterhaltung einer beträchtlichen p_H-Differenz in einem energieverzehrenden dynamischen Gleichgewicht kann kaum besser demonstriert werden.

Die Konstanz des Zell-p_H kann aber nicht absolut sein; das würde nur für den Leerlauf bei völligem Gleichbleiben aller inneren und äußeren Bedingungen verstanden werden können. Wahrscheinlich würde aber auch in diesem biologisch seltenen Zustand ein innerer Arbeitsrhythmus, d. h. zeitlich abwechselnde Intervalle der Vorgänge in Zellen oder Organen gegeben sein. Geschwindigkeitsänderungen einzelner Reaktionen im biochemischen Geschehen müssen aber zu vermehrter oder verminderter Bildung dissoziabeler Gruppen und damit auch zu p_H-Änderungen führen. Die Abhängigkeit der Fermenttätigkeit von dieser Größe ist sehr entscheidend, aber zugleich auch so oft besprochen, daß dieser Hinweis auf sie hier genügen möge. Auch die physikochemischen Mechanismen, welche an die Strukturen gebunden sind, unterliegen ihrem Einfluß. Weiterhin

---

[1] GARDNER, L. I., E. A. MAC LACHLAN and H. BERMAN: J. gen. Physiol. **36**, 153 (1952) finden gasanalytisch nach K-freier Ernährung an Ratten p_H 6,4 statt 6,9. — [2] CHAMBERS, R.: Biol. Bull. **55**, 369 (1928). — [3] STRUGGER, S., nach: BETHE, A., Allgemeine Physiologie. S. 124. Berlin, Göttingen, Heidelberg 1952. — [4] FISCHER, A.: Gewebezüchtung. 3. Aufl. München 1930. — Explantate können z. T. zwischen p_H 6—9 wachsen! — [5] ALEXANDER, G.: Biol. Bull. **61**, 165 (1931). — [6] RUBINSTEIN, D. L.: Pflügers Arch. **216**, 82 (1927). — [7] DAVENPORT, H. W.: Physiol. Rev. **26**, 560 (1946). — CRANE, E. E., and R. E. DAVIES: Biochem. J. **49**, 169 (1951). — DAVIES, R. E.: Biol. Rev. **26**, 87 (1951). —

hängen Energielieferung und Energiebedarf chemischer Reaktionen in ihrer Größe dann vom p_H ab, wenn an ihnen dissoziierbare Gruppen teilnehmen. Hier mag an die ATP-Spaltung gedacht werden, bei der die Energielieferung z. B. von p_H 5 bis p_H 9 um etwa 5 kcal zunimmt, sofern die ADP- und Phosphatausgangskonzentrationen die gleichen sind[1]. Ebenso wird der Energiebedarf für die Peptidsynthese vom Dissoziationszustand der Partner bestimmt, zu deren Entionisierung um so mehr zusätzliche Energie erforderlich ist[2], je stärker die basischen und auch die sauren Gruppen sind.

Daß viele biologische *Vorgänge vom* p_H *der Spülflüssigkeit abhängen*, ist bekannt. Schon 1884 fand LEHMANN[3], daß die Stoffwechselintensität mit Gaben von Alkalien steigt und nach Säuregaben fällt. Eine ähnliche Abhängigkeit vom umgebenden Milieu fand WARBURG bei Atmungsmessungen an Seeigeleiern[4]. Nach v. GAZA und BRANDI lassen sich Schmerzen an entzündeten Stellen der Haut durch lokale Anwendung alkalischer Phosphatpuffer aufheben, durch saure steigern oder künstlich hervorrufen. Besondere Aufmerksamkeit hat man dem Verhalten des isolierten Herzens oder der Gefäße entgegengebracht[5]. Gerade sie sprechen zum Teil auf sehr geringe p_H-Änderungen an, und es ist wahrscheinlich, daß diese grundsätzlich durch Beeinflussung des Dissoziationsgrades bestimmter, zum Teil auch strukturfixierter Gruppen wirken. Modellversuche dazu kann man in der p_H-Abhängigkeit der Anfärbung mit Farbanionen oder -kationen erblicken[6]. Signifikante und greifbare p_H-*Verschiebungen im Gewebe* werden praktisch nur unter pathologischen oder besonderen experimentellen Bedingungen gefunden. Wohl alle Beobachter stimmen darin überein, daß sich die Reaktion beim Zelltod oder der Cytolyse von Eiern oder Infusorien zum Sauren verschiebt. CHAMBERS[7] fand z. B. Werte bis p_H 5,4. Die Ursache dürfte wie bei der Autolyse und der Muskelstarre in der Aufspaltung energiereicher Phosphate und der Milchsäurebildung liegen. Erstere tritt nach unseren heutigen Vorstellungen nur dann ein, wenn die energieliefernden Reaktionen oder die mit ihnen gekoppelten Phosphorylierungen gestört sind. Das ist besonders bei Störung der Oxydationen, sei es durch O_2-Mangel oder Fermentschädigung der Fall. Mit welcher Geschwindigkeit sich z. B. eine O_2-Drosselung auf den p_H der Gehirnoberfläche auswirkt, zeigt der in Abb. 61 wiedergegebene Versuch von THORN[8]. Wenn keine sekundären Schädigungen hinzutreten, sind diese Effekte gut reversibel.

Vielleicht weniger präzis, aber doch charakteristisch spricht das periphere Bindegewebe an, etwa das der Muskelfascien, welche FRUNDER untersuchte[9]. Vor allem streuen bei seiner Methodik die Ausgangswerte mehr, da sich entzündliche Reaktionen auf die als Fremdkörper wirkende Elektrode nicht vermeiden lassen.

Unter mannigfachen Bedingungen beobachtete FRUNDER zwei grundsätzlich verschiedene Reaktionsweisen des Gewebes. 1. Allerlei reversibel zu gestaltende Eingriffe verändern den p_H von etwa 7,3 in der Norm bis höchstens 6,0. Bei

[1] ALBERTY, R. A., R. M. SMITH and R. M. BOCK: J. biol. Ch. **193**, 425 (1951). — BÜCHER, T.: Adv. Enzymol. **14**, 1 (1953). — [2] LYNEN, F.: Angew. Chem. **61**, 437 (1949). — [3] LEHMANN, C.: Tagebl. Magdeburger Naturforschervers. 1884. — [4] WARBURG, O.: Ergebn. Physiol. **14**, 253 (1914). — LOEB, J.: Pflügers Arch. **104**, 325 (1904). Die chemische Entwicklungserregung des tierischen Eies. Berlin 1909. (Seeigel mit NaOH !). — Rhythmische Bewegung der Medusen wächst mit der C_H : BETHE, A.: Pflügers Arch. **127**, 219 (1909). — [5] ATZLER, E., u. G. LEHMANN: Pflügers Arch. **190**, 118 (1921). — FLEISCH, A.: Pflügers Arch. **171**, 86 (1918). — DALE, D., and C. R. A. THACKER: J. Physiol., London **47**, 493 (1914). — ANDRUS, E. C.: J. Physiol., London **59**, 361 (1924). — [6] BETHE, A.: Naturwiss. **37**, 177 (1950). — [7] CHAMBERS, R., and R. J. LUDFORD: Proc. R. Soc. London (B) **110**, 120 (1932). — [8] THORN, W.: Noch nicht publiziert. — [9] FRUNDER, H.: Die Wasserstoffionenkonzentration im Gewebe lebender Tiere. S. 51. Jena 1951.

kurzzeitiger Hypoxie, verursacht durch O_2-Mangel-Atmung, ergibt sich nach kurzer Alkalisierung um p_H 0,1 eine p_H-Abnahme von etwa 0,3. Die erste Phase beruht auf der schnell einsetzenden Hyperpnoe. Für die zweite wird die Gewebshypoxydose verantwortlich gemacht. Ähnliche Reaktionen wie die letztere

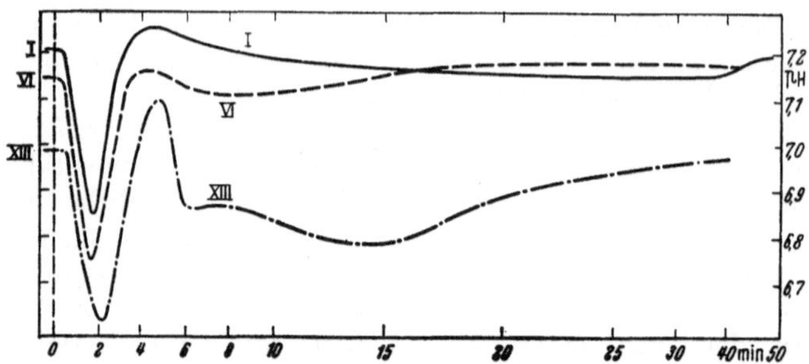

Abb. 61. p_H auf der Gehirnoberfläche narkotisierter Kaninchen bei plötzlicher Unterbrechung der Blutzufuhr zum Gehirn. Glaselektrode. Versuche von 90 sec Dauer am gleichen Tier im Abstand von 40—60 min. I—XIII = fortlaufende Nummern des Versuches. Bei XIII sekundärer p_H-Abfall infolge Kreislauf- und Atmungsstörungen[1].

beobachtet man bei CO-, HCN- und CO_2-Vergiftung[2]. Die Reaktion auf solche Einwirkungen wird als „physiologische Acidose" bezeichnet, und es wird vermutet, daß der unspezifische Reiz ein Mißverhältnis zwischen O_2-Bedarf und O_2-Versorgung herbeiführt, welches in der flüchtigen, lokalen Acidose seinen Ausdruck findet. Verarmt das Gewebe durch länger anhaltende Reizung an Glykogen, dann vermindert sich die Säuerungsreaktion. Dies kann auch durch Vorbehandlung der Tiere mit Dinitrophenol erreicht werden, welches durch Entkupplung von Atmung und energiebindender Phosphorylierung einen erhöhten oxydativen Kohlenhydratumsatz bewirkt. 2. Demgegenüber muß die entzündliche Acidose (SCHADE) als „Schädigungsacidose" angesehen werden. Ziemlich unabhängig von der Art der Infektionserreger werden p_H-Werte bis 5,3 erreicht. Dabei entsprechen bestimmte p_H-Stufen oft dem morphologischen Entzündungsbild (bis 7,0 vermehrte Zellteilung, bis 6,8 serös-zellige Entzündung, bis 6,6 stärkere leukocytäre Infiltration, von p_H 6,5 bis 5,3 Gewebezerfall mit Abscedierung). Im Gegensatz zur physiologischen Acidose wird die Entzündungsacidose durch Glucoseinjektionen verstärkt (Abb. 62), ebenso durch Adrenalin, während Insulin sie schwächt. Nach FRUNDER beruht die physiologische Acidose auf der Glyko-

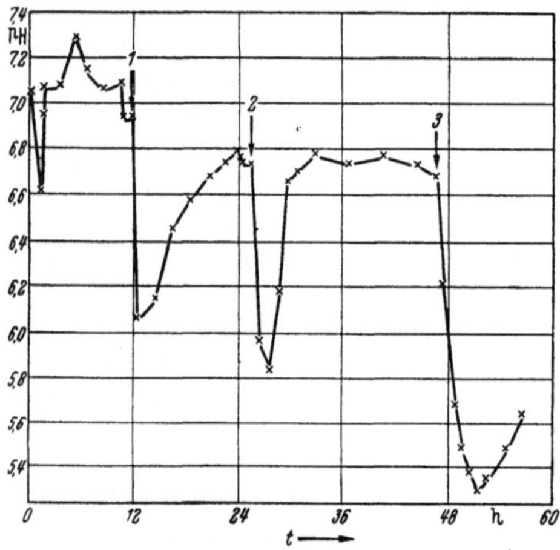

Abb. 62: Säuerungsreaktionen bei starker mechanischer Gewebeschädigung. Bei Pfeil *1*, *2* und *3* je eine subcutane Injektion von 15 cm³ 16%iger Traubenzuckerlösung entfernt von der Meßstelle[3].

[1] OPITZ, E.: 3. Mosbacher Coll. S. 85 (1952). — [2] Nach MALORNY, G.: A. e. P. P. **205**, 684 (1948) — findet unter CO_2 eine Aufnahme von Alkali in den Muskel statt. — vgl. HUDOFFSKY, B., G. MALORNY u. H. NETTER: Pflügers Arch. **243**, 388 (1940). — [3] FRUNDER, H.: Die Wasserstoffionenkonzentration im Gewebe lebender Tiere. S. 51. Jena 1951.

genolyse, die Schädigungsacidose auf gesteigerter Glykolyse bei geschädigter Atmung. Er macht sich damit die Anschauung zu eigen, welche BROCK, DRUCKREY u. HERKEN bei der Untersuchung von geschädigten oder gereizten Gewebeschnitten, namentlich der Speicheldrüsen, gewonnen haben[1]. Die p_H-Änderung ist danach Ausdruck der glykolytischen Stoffwechselreaktion.

Mit der gleichen Methode der fortlaufenden p_H-Registrierung konnten auch p_H-Änderungen bei der diabetischen Acidose und bei allergischen und immunisierenden Reaktionen verfolgt werden. Sie ergaben, daß trotz vorübergehender Störungen eine Angleichung an die normale Gewebsreaktion erfolgt.

Die allgemeinen und spezifischen Leistungen des Lebendigen wie Erregung, Sekretion usw. sind nicht von p_H-Änderungen zu trennen. Letztere sind zum Teil eine Folge der Vorgänge, aber sie beeinflussen ihrerseits wieder andere oder rufen sie erst hervor. Die Peripherie läßt dabei weitere Schwankungen um einen bestimmten Ausgangswert des p_H während der Ruhe oder der Tätigkeit zu. Sie teilen sich der Zwischengewebsflüssigkeit mit, welche praktisch keine Reservealkalien besitzt, dafür aber im geschwinden extracapillaren Flüssigkeitswechsel schnell durch die Capillarwand der venösen Strombahn in das hervorragend gepufferte Blut eintritt. Dieses ist der zunächst wirksame allgemeine Regulator, welcher zwar den Zellen über die Zwischenflüssigkeit eine gewisse Schwankungsbreite läßt, dafür aber als allgemeiner Puffer im p_H konstant erhalten wird. Darüber, daß das mit Präzision geschieht, wacht der wohl für p_H-Schwankungen empfindlichste Teil des Nervensystems, das Atemzentrum[2]. Sicher aber ist auch diese Leistung nur ein — wenn auch sehr charakteristischer — Ausdruck für das feine Wechselspiel zwischen Zentralnervensystem und Blut, welches zur Erhaltung von Höchstleistungen erforderlich ist. Denn alle neueren Erfahrungen deuten darauf hin, daß das Gehirn, wie BARCROFT[3] es schon formulierte, an die Konstanz des „milieu intérieur" die höchsten Anforderungen stellt.

10. Der Stoffwechsel der Purine und Pyrimidine[1—32].

Von K. ZIPF

Inhaltsverzeichnis.

---

[1] BROCK, N., H. DRUCKREY u. H. HERKEN: B. Z. **302**, 393 (1939). — [2] WINTERSTEIN, H.: Naturwiss. **40**, 427 (1953). — [3] BARCROFT, J.: Features in the Architecture of Physiological Function. S. 86. Cambridge 1934.

Zusammenfassende Darstellungen: 1—32. [1] WIENER, H.: Die Harnsäure. Ergebn. Physiol. **1**, 555—650 (1902); **2**, 377—432 (1903). — [2] BOCK, J.: Die Purinderivate. Handb. Heffter **2**/1, 508—598 (1920). — [3] FEULGEN, R.: Chemie und Physiologie der Nucleinstoffe. Berlin 1923. — [4] PINCUSSEN, L.: Nucleine. Handb. Biochem. **2**, 529—531 (1925). — [5] SCHITTENHELM, A., u. K. HARPUDER: Der Nucleinstoffwechsel. Handb. Biochem. **8**, 580—626 (1925). — [6] PINCUSSEN, L.: Purinkörper. Handb. Biochem. **5**, 535—557 (1925). — [7] FÜRTH, O.: Lehrbuch der physiologischen und pathologischen Chemie. 2. Aufl. Bd. 2. Physiologie des Purinstoffwechsels. S. 149—165; Pathologie des Purinstoffwechsels. S. 166 bis 183. Leipzig 1927. — [8] THANNHAUSER, S. J.: Die Nucleine und der Nucleinstoffwechsel. Handb. Physiol. **5**, 1047—1094 (1928). — [9] Thannhauser, Stoffw.-Krankh. Der Nucleinstoffwechsel. S. 151—242. — [10] Chrometzka, F.: Der Purinstoffwechsel des Menschen. Ergebn. inn. Med. **44**, 538—591 (1932). — [11] Lucke, H.: Das Harnsäureproblem und seine klinische Bedeutung. Ergebn. inn. Med. **44**, 499—537 (1932). — [12] Cerecedo, L. R.: The chemistry and metabolism of the nucleic acids, purines, and pyrimidines. Ann. Rev. **2**, 109—128 (1933); **4**, 169—182 (1935). — [13] Steudel, H., u. O. Flössner: Abbau der Nucleinsäuren. Handb. Biochem., Erg.-W. **1**/B, 948—950 (1933). — [14] Thannhauser, S. J.: Stoffwechsel-Probleme. Berlin 1934. — [15] Sturm, A.: Nukleinstoffwechsel. Lehrb. path. Physiol. (Heilmeyer u. a.) 6. Aufl. S. 355—363. Jena 1945. — [16] Chrometzka, F.: Chemistry and metabolism of the nucleic acids, purines, and pyrimidines. Ann. Rev. **6**, 211—224 (1937). — [17] Starkenstein, E.: Purinstoffwechsel und Purinhaushalt. Lehrbuch der Pharmakologie, Toxikologie und Arzneiverordnung. S. 605—613. Leipzig, Wien 1938. — [18] Allen, F. W.: The biochemistry of the nucleic acids, purines, and pyrimidines. Ann. Rev. **10**, 221 (1941). — [19] Loring, H. S.: The biochemistry of nucleic acids, purines, and pyrimidines. Ann. Rev. **13**, 295 (1944). — [20] Gulland, J. M., G. R. Barker and D. O. Jordan: The chemistry of the nucleic acids and nucleoproteins. Ann. Rev. **14**, 175 (1945). — [21] Chargaff, E., and E. Vischer: Nucleoproteins, nucleic acids, and related substances. Ann. Rev. **17**, 201 (1948). — [22] Davidson, J. N.: Nucleoproteins, nucleic acids, and derived substances. Ann. Rev. **18**, 155 (1949). — [23] Schmidt, G.: Nucleic acids, purines, and pyrimidines. Ann. Rev. **19**, 149 (1950). — [24] Baddiley, J.: Nucleic acids, purines, and pyrimidines. Ann. Rev. **20**, 149 (1951). — [25] Jordan, D. O.: Nucleic acids, purines, and pyrimidines. Ann. Rev. **21**, 209 (1952). — [26] Brown, G. B: Nucleic acids, purines, and pyrimidines. Ann. Rev. **22**, 141 (1953). — [27] Bredereck, H.: Nucleinsäuren, Fortschr. Chem. org. Naturstoffe **1**, 121—158 (1938). Angew. Chem. **47**, 290 (1934). — [28] Klein, W.: Nukleinsäuren und ihre Spaltprodukte. Bamann-Myrbäck **1**, 313—348. — [29] Barrenscheen, H. K.: Purinkörper des Muskels. Handb. Biochem. Erg.-W. **2**, 230—238 (1934). — [30] Polonovski, M.: Medizinische Biochemie. 5. Aufl. S. 165, 545. Berlin, Saulgau (Württbg.) 1951. — [31] Chemie der Purine vgl. Bd. **1**, S. 796. — [32] Kenner, G. W.: Die Chemie der Nucleotide. Fortschr. Chem. org. Naturstoffe **8**, 96 (1951).

a) Allgemeines.

α) Wesen und allgemeine biologische Bedeutung des Purinstoffwechsels.

Der Purinstoffwechsel ist ein Teil des Nucleoproteidstoffwechsels und damit eng verbunden mit dem Eiweißstoffwechsel. Auch sonstige Beziehungen, wie Abhängigkeit des Purinumsatzes vom Eiweißumsatz, Harnstoff als gemeinsames Stoffwechselendprodukt bei manchen Tierklassen und Aminosäuren als Ausgangsstoffe für die Eiweiß- und Purinsynthese verknüpfen beide miteinander.

Der Purinstoffwechsel umfaßt die Gesamtheit aller aufbauenden und abbauenden Stoffwechselvorgänge, an denen „Purinkörper" oder besser Purinstoffe beteiligt sind.

Neben den Nucleoproteiden — Verbindungen von Nucleinsäuren mit basischen Eiweißkörpern — gehören hierher die vielgliedrigen Nucleinsäuren (Polynucleotide), die einfachen Nucleinsäuren (Nucleotide), die phosphorsäurefreien Nucleoside, die freien Purin- und Pyrimidinbasen, die Harnsäure, das Allantoin und ihre Abbauprodukte[1].

Im Gegensatz zum Kohlenhydrat-, Fett- und Eiweißstoffwechsel dient der Purinstoffwechsel *weniger unmittelbar der Energiegewinnung als vor allem dem Aufbau und der Erhaltung der Wirkstoffe* (*Coenzyme*), *insbesondere der Zellkernsubstanzen* als Träger wichtiger Lebensfunktionen. Damit gewinnt er besondere Bedeutung für den Zellkernstoffwechsel, vor allem für die Vorgänge der Zellteilung, Befruchtung, embryonalen Entwicklung und Vererbung. In tierischen und pflanzlichen Zellen nehmen Purinstoffe als charakteristische Bestandteile gewisser Fermente — Codehydrogenase I und II, gelbe Atmungsfermente[2] u. a. — am intermediären Stoffwechsel teil. Die Adenosintriphosphorsäure und ihre nächsten Abbauprodukte Adenosindiphosphorsäure, Adenylsäure und Adenosin sind wichtige Stoffe für den Tätigkeitsstoffwechsel des Muskels und wahrscheinlich für die lokale Kreislaufregulation bedeutsam. Kreislaufaktive Adenosinabkömmlinge sind in wechselnder Menge regelmäßige Bestandteile von Extrakten aus frischen Organen und Blut[3]. Enge Beziehungen bestehen auch

[1] Bd. **1**, S. 796. — [2] Bd. **1**, S. 1171ff. — [3] Zipf, K.: Kli. Wo. **1931 II**, 1521.

zwischen Purinstoffen und Vitaminen. Vitamin B_1 (Aneurin) enthält den Pyrimidinring, und Vitamin B_2 kommt als Alloxazin-adenin-dinucleotid in gelben Fermenten vor.

Pseudo-Vitamin B_{12} und Pseudo-Vitamin B_{12b} enthalten Adenylsäure an Stelle des phosphorylierten Ribosids von 5, 6-Dimethylbenzimidazol in den entsprechenden Vitaminen B_{12} und B_{12b}. Wahrscheinlich sind die beiden Pseudo-Vitamine Zwischenprodukte bei der Biosynthese von Vitamin B_{12}[1, 2].

Der Hauptteil der *Kernmasse* tierischer und pflanzlicher Zellen besteht, wie MIESCHER[3] erstmalig nachwies, aus Nucleoproteiden.

Nucleoproteide sind vor allem im Chromatin der Zellkerne nachweisbar, kommen aber auch verstreut im Cytoplasma vor. Sie sind wesentlicher Bestandteil der Chromosomen bzw. der Gene. — In Bakterien, Bakteriophagen und Viren spielen Nucleoproteide eine wichtige Rolle. — Der für das Wachstum von Gewebsexplantaten unentbehrliche Wirkstoff des Embryonalextraktes, das *Embryosin,* ist ebenfalls ein Nucleoproteid[4]. Auch die Galle enthält Nucleoproteide[5].

Selbst bei völligem Nahrungsmangel, z. B. Spermabildung beim hungernden Rheinlachs[6], bei purinfreier Nahrung[7] und bei der Entwicklung des Embryos im purinfreien Seidenspinner- und Hühnerei[8, 9], werden die Kernsubstanzen neu gebildet. *Purin- und Pyrimidinbasen, sowie Nucleinsäuren und Nucleoproteide können von Tier und Pflanze aus einfachen Verbindungen aufgebaut werden.* Der *Abbau der Nucleoproteide* erfolgt durch peptische und tryptische Fermente.

Vorkommen: Purine finden sich weit verbreitet im Tier- und Pflanzenreich[10].

In *gebundener Form* sind sie als Polynucleotide, Mononucleotide und Nucleoside in niederen und höheren Pflanzen anzutreffen. In der Tierwelt und beim Menschen bilden die Nucleinsäuren als Nucleoproteide salzartige Verbindungen mit basischen Eiweißverbindungen. Zusammen mit Nucleosiden kommen sie auch in der übrigen Zellsubstanz und in gewissen Körperflüssigkeiten vor.

Freie Purinbasen sind überall zu finden, wo gebundene Purine zum Abbau gelangen. Bei *Mensch und Tier* kommen sie in zahlreichen Geweben, Körperflüssigkeiten und Ausscheidungen vor. Auch Tumorgewebe kann freie Purinbasen enthalten. Ihre Abbauprodukte Harnsäure und Allantoin sind typische Endprodukte des Purinstoffwechsels in Gewebe, Blut und Harn.

Im *pflanzlichen* Purinstoffwechsel stehen die Methylpurine im Vordergrund. In zahlreichen *pflanzlichen Geweben* sind freie Purinbasen enthalten. Manche Pflanzen sind besonders reich an gewissen Methylpurinen — Coffein, Theobromin, Theophyllin —, welche in Form von Kaffee, Tee, Kakao und anderen Zubereitungen als Genußmittel ausgedehnte Verwendung finden. Gewöhnlich sind die Methylpurine in bestimmten Pflanzenteilen — Kaffee- und Kakaobohne, Kolanuß, junge Kolablätter — angereichert.

---

[1] PFIFFNER, J. J., D. G. CALKINS, R. C. PETERSON, O. D. BIRD, V. MCGLOHON and R. W. STIPEK: Abstr. amer. chem. Soc. **120**, 22C (1951). — [2] DION, H. W., D. G. CALKINS and J. J. PFIFFNER: Am. Soc. **74**, 1108 (1952). — [3] MIESCHER, F.: Verh. naturforsch. Ges. Basel **6**, 138 (1873). Hoppe-Seylers med.-chem. Untersuch. 441, 1866/71. Histochemische und physiologische Arbeiten B. 2, S. 3. Leipzig (1897). — MIESCHER, F., u. O. SCHMIEDEBERG: A. e. P. P. **37**, 100 (1896). — [4] FISCHER, A., u. T. ASTRUP: Pflügers Arch. **247**, 34 (1944). Skand. Arch. Physiol. **3**, 54 (1941). — [5] CARNOT, P., et Z. GRUZEWSKA: C. R. Soc. Biol. **99**, 598, 600 (1928). — [6] MIESCHER, F., u. F. W. GLASER jr: Statistische und biologische Beiträge zur Kenntnis vom Leben des Rheinlachses im Süßwasser. Histochem. u. physiol. Arb. Bd. 2, S. 116. Leipzig 1897. — Vgl. Bd. **1**, S. 709. — [7] MACCOLLUM, E. V.: Amer. J. Physiol. **25**, 120 (1909). — [8] TICHOMIROFF, A.: H. **9**, 518 (1885). — [9] KOSSEL, A.: H. **10**, 248 (1886). — [10] Chemie der Purine vgl. Bd. **1**, S. 797.

Im Gegensatz zu den Purinbasen werden die Pyrimidinbasen bei Tier und Pflanze gewöhnlich nicht in freier Form gefunden. Sie entstehen jedoch vorübergehend beim Abbau von Kernsubstanzen und Nucleinsäuren. Bei Krankheiten kann es zu Vermehrung und *Ablagerung freier Purine* kommen. Die Harnsäuregicht des Menschen, die Harnsäureinfarkte des Neugeborenen, die Guaningicht der Schweine, die Hühnergicht, die Bildung purinhaltiger Harnsteine und die Purinvermehrung in Blut und Harn bei Leukämie vor und nach Behandlung (Röntgenbestrahlung, Urethan, Stickstofflost, Triäthylenmelamin = 2, 4, 6-Triäthylenimino-sym-triazin), bei der Lysis pneumonischer Infiltrate, bei Sepsis, nach Röntgenbestrahlung und bei überreicher Purinnahrung sind Beispiele dafür. Retention von Harnsäure im Blut ist nicht selten ein Frühsymptom einer renalen Ausscheidungsstörung.

Im *tierischen Stoffwechsel* spielen die Amino- und Oxypurine die Hauptrolle. Dabei zeigen sich innerhalb der Tierreihe gewisse Besonderheiten. Eine scharfe Trennung von Eiweiß- und Purinstoffwechsel ist bisher nicht möglich. *Kaltblüter* (Fische und Amphibien) scheiden als Hauptendprodukte des N-Stoffwechsels *Harnstoff und Ammoniak* aus. Die im Mittelpunkt des Purinstoffwechsels stehende Harnsäure wird bei ihnen durch besondere Fermente über Allantoin zu Harnstoff abgebaut. Für *Vögel und Reptilien* ist das entsprechende Endprodukt des gesamten N-Umsatzes die *Harnsäure*. Bei den *Säugetieren* ist das Allantoin allein das Endprodukt des Purinstoffwechsels. Es entsteht durch Einwirkung des uricolytischen Fermentes aus Harnsäure (Allantoinoteliker). Der *Mensch, die anthropoiden Affen und der Dalmatinerhund* machen eine Ausnahme. Hier fehlt das uricolytische Ferment oder wird nicht wirksam. Das Endprodukt des Purinstoffwechsels ist daher die Harnsäure (Uricoteliker).

β) Aufnahme und Transport der Purinstoffe.

Tier und Mensch decken den Hauptteil ihres Purinbedarfes durch die Nahrung. Aus den Nucleoproteiden der Nahrungsmittel werden im Magen und Dünndarm die Polynucleotide abgespalten. Diese werden durch spezifische Fermente zum größeren Teil in Nucleoside, zum kleineren Teil in Mononucleotide und wohl auch in Purinbasen, wie z. B. Adenin und Guanin, zerlegt. Die Resorption der löslichen Mononucleotide und Nucleoside[1] erfolgt fast quantitativ im Dünndarm. Ein Teil der Nucleotide und Nucleoside wird im Darm durch Bakterien (Bact. coli) zu Purinbasen und weiter aufgespalten. Geringe Mengen von Purinbasen können schon in freiem Zustande in purinhaltiger Nahrung vorkommen. Da die Purinbasen sehr schwer wasserlöslich sind, ist eine nennenswerte Resorption aus dem Darm kaum zu erwarten. Unter normalen Bedingungen sind die Verdauungssäfte, einschließlich Galle, praktisch frei von Purinbasen[2]. Die Purinbasen der Faeces sind demnach wohl im wesentlichen alimentären Ursprungs oder stammen aus abgestoßenen und verdauten Darmepithelien oder aus dem Stoffwechsel der Darmbakterien.

Der Transport der resorbierten Purine zu den Organen geschieht in der Hauptsache auf dem Blutwege. In der Gefäßlymphe aus der Lgl. poplitea des Kaninchens werden nur geringe Mengen von Xanthin-N (0,209 mg%) gefunden[3], während in der Lymphe des Ductus thoracicus weder bei purinfreier Nahrung noch nach Einnahme von Nucleinsäuren Purinbasen enthalten sind[4]. Da die Resorption mit einer Leukocytose im Blut einhergeht[5], sind möglicherweise die Leukocyten am Transport der Purinkörper beteiligt.

[1] Schittenhelm, A., u. K. Harpuder: Z. ges. exp. Med. **27**, 29 (1922). — [2] Schittenhelm, A., u. K. Harpuder: Handb. Biochem. **8**, 580—626 (1925). — [3] Hôjô, G.: Acta Scholae med. Kioto **19**, 132 (1936). — [4] Biberfeld, J., u. J. Schmid: H. **60**, 292 (1909). — [5] Schittenhelm, A., u. E. Bendix: Z. exp. Path. Therap. **2**, 166 (1905).

b) Intermediärer Purin- und Pyrimidinstoffwechsel.

α) Wege der Purinstoffwechselforschung.

Zur Erforschung des Purinstoffwechsels[1–4] sind methodisch verschiedene Wege gangbar. Schon die Isolierung und quantitative Bestimmung im Stoffwechsel gebildeter Verbindungen aus Organen, Blut, Lymphe, Harn und anderen Körperflüssigkeiten gibt wertvolle Aufschlüsse. Hierfür stehen ausgezeichnete Feinmethoden zur Verfügung, von denen nur die enzymatische Analyse, die mikrobiologische Bestimmung, der spektrophotometrische (UV) Nachweis, die chromatographischen und elektrophoretischen Methoden und die kontinuierliche Gegenstromverteilung besonders genannt seien. Eine wesentliche Erweiterung bringen solche Untersuchungen, welche nicht nur auf den normalen Stoffwechsel beschränkt bleiben, sondern auch auf den krankhaft oder experimentell veränderten, z.B. bei Gicht, Organausschaltung, Blockierung des reticulo-endothelialen Systems, pharmakologischer und sonstiger Beeinflussung, ausgedehnt werden. Stoffwechselversuche bei Belastungsproben mit körpereigenen und körperfremden Purinen oder deren Vorstufen, Organausschaltung am lebenden Tier, die Durchströmung isolierter Organe, Versuche mit überlebendem Gewebe (Organbrei, Gewebsschnitte, Zellkulturen), mit Organextrakten und Preßsäften geben Aufschluß über den Purinstoffwechsel am Gesamttier oder einzelner Organe und die beteiligten Fermente. Morphologische Veränderungen können durch histologische und histochemische Methoden erforscht werden. Vergleichende Untersuchungen an verschiedenen Tierklassen und an Bakterien und Pilzen haben unsere Kenntnisse über den Purinstoffwechsel wesentlich bereichert. Besondere Bedeutung haben in neuerer Zeit vor allem die Versuche mit radioaktiv markierten Purinstoffen, ihren Vorstufen und Derivaten gewonnen.

β) Nucleinsäuren[5–8].

1. Vorkommen der Nucleinsäuren.

Die nativen *Polynucleotide* sind ausschließlich hochpolymere Nucleinsäuren, wobei die Verknüpfung der einzelnen Bausteine durch P-O-Bindungen erfolgt. Man unterscheidet Desoxyribonucleinsäuren (DNS) und Ribonucleinsäuren (RNS). *Desoxyribonucleinsäure* mit D-2-Desoxyribose als Zuckerkomponente kommt nur in tierischen und pflanzlichen Zellkernen vor. Die *Ribonucleinsäure* enthält D-Ribose als Zuckerbestandteil. Sie findet sich bei Pflanze und Tier im Cytoplasma, in den Nucleolen und in den Mitochondrien. Die einzelnen Zellbestandteile — Mitochondrien, Mikrosomen, Zellsaft — scheinen nach Versuchen mit ^{15}N-Glykokoll an der partiell hepatektomierten Ratte dieselben Ribonucleinsäuren zu enthalten[9]. Da außer Desoxyribose und Ribose möglicherweise auch noch andere Pentosen in Nucleinsäuren vorkommen, spricht man auch von *Desoxypentosenucleinsäuren* und *Pentosenucleinsäuren*.

Thymonucleinsäure, Pankreasnucleinsäure und Chromatinnucleinsäure sind Desoxyribonucleinsäuren. Die Hefenucleinsäure und die Triticonucleinsäure sind Ribonuclein-

[1] SCHITTENHELM, A., u. K. HARPUDER: Handb. biol. Arb.-Meth. Abt. IV, Teil 9, 895 bis 914 (1925). — [2] CHARGAFF, E., and E. VISCHER: Nucleoproteins, nucleic acids, and related substances. Ann. Rev. **17**, 216 (1948). — [3] POLONOVSKI, M.: Medizinische Biochemie. 5. Aufl. S. 545. Berlin, Saulgau (Württbg.) 1951. — [4] MARTIN, A. J. P.: Ann. Rev. **19**, 530 (1950). — [5] HERBRAND, W., u. K. H. JAEGER: Das Adenylsäuresystem. Berlin 1943. — [6] HEVESY, G.: Nucleic metabolism. Adv. biol. med. Physics **1**, 409 (1948). — [7] Bericht vom 2. Int. Congr. Biochem. Paris 1952. Angew. Chem. **64**, 653 (1952). — [8] HAUROWITZ, F.: Fortschritte der Biochemie. 1938—1947. S. 209. Basel 1948. — [9] REICHARD, P.: Acta chem. scand. **4**, 861 (1950).

säuren. Hefenucleinsäure wird bei Pflanzen- und Hefezellen nur im Cytoplasma, nicht aber in den Zellkernen gefunden[1].

Desoxyribonucleinsäure und Ribonucleinsäure lassen sich leicht durch Ultraviolettphotometrie nachweisen[2]. Die Unterscheidung beider gelingt mittels der Farbreaktionen von FEULGEN[3] und DISCHE[4] und mit Hilfe des BRACHET-Testes[5]. Bei letzterem wird die Ribonucleinsäure durch Behandlung mit Ribonuclease aus der Zelle herausgelöst; durch Färbung mit basischen Farbstoffen läßt sich die gegen Ribonuclease resistente Desoxyribonucleinsäure sichtbar machen. Ohne Fermentvorbehandlung wird auch die Ribonucleinsäure durch basische Farbstoffe dargestellt.

Desoxyribonucleinsäure bildet als Nucleoproteid der Chromosomen den funktionell wichtigsten Bestandteil der Gene. Diploide Körperzellen enthalten doppelt soviel Desoxyribonucleinsäure wie eine haploide Ei- oder Spermazelle. In Eizellen und Spermatozoen ist der Gehalt an Desoxyribonucleinsäure gleich groß und hinsichtlich seines absoluten Wertes wie bei somatischen Zellen von der Zahl der Chromosomensätze abhängig. Primitivere Invertebraten enthalten weniger Desoxyribonucleinsäure als differentere Organismen[6]. Desoxyribonucleinsäure ist identisch mit dem „transformierenden Prinzip“ der Influenzabacillen. Man versteht darunter eine genartige Substanz, deren Zusatz zu Glattformen der Pneumokokken diese vererblich in Rauhformen, d. h. kapseltragende Stämme umwandelt und auch andere Änderungen von bestimmten Eigenschaften bewirken. Durch ein entsprechendes Prinzip konnte die Resistenz von gegen Penicillin resistenten Pneumokokkenstämmen auf penicillinempfindliche Formen übertragen werden. Ribonucleinsäure ist unentbehrlich für die Stoffwechselvorgänge bei der Eiweißsynthese. Aus sezernierenden Zellen werden die Ribonucleinsäure enthaltenden Nucleolen in der Endphase zusammen mit dem gebildeten Sekret aus dem Zellkern herausgeschleudert[7]. Die Nucleoproteide, Nucleotide und ihnen nahestehende Derivate dienen anscheinend als Energieüberträger und sind deshalb von großer Bedeutung für die Protein- und Enzymsynthese und andere energetische Umsetzungen[8—10].

Die als *Oligonucleotide* bezeichneten Nucleinsäuren, die vor allem als Tetranucleotide beschrieben wurden, scheinen erst bei der Isolierung zu entstehen. Aus Hydrolyseversuchen mit gereinigter Desoxyribonuclease ist geschlossen worden, daß die Spaltprodukte hochmolekularer Desoxyribonucleinsäure Tetranucleotide sind und die enolischen OH-Gruppen an den vom Ferment gelösten Bindungen beteiligt sind[11].

Auch bei den *Mononucleotiden* unterscheidet man wieder Desoxyribonucleotide und Ribonucleotide.

Ob *Desoxyribonucleotide* in freier Form vorkommen und eine physiologische oder pathologische Rolle spielen, ist bisher nicht bekannt[12]. Von den *Ribonucleotiden* sind die am $C_{(3)}$-Atom der Ribose mit Phosphorsäure veresterten Vertreter — Guanylsäure, Hefeadenylsäure, Cytidylsäure, Uridylsäure — Bausteine von Polynucleotiden. Guanylsäure und Hefeadenylsäure kommen auch frei vor. Dagegen sind die am $C_{(5)}$-Atom veresterten Ribonucleotide bisher nicht in Polynucleotidbindung nachgewiesen worden. Muskeladenylsäure (Adenosin-5-phosphorsäure), Adenosindiphosphorsäure, Adenosintriphosphorsäure und Inosin-

---

[1] FEULGEN, R.: Chemie und Physiologie der Nucleinstoffe. Berlin 1923. — [2] CASPERSSON, T.: Naturwiss. **28**, 514 (1940). — [3] FEULGEN, R., u. K. IMHÄUSER: H. **148**, 1 (1925). — [4] DISCHE, Z.: Mikrochemie 8, 4 (1930). — [5] BRACHET, J.: Arch. Biol., Paris **51**, 151, 167 (1940). — [6] MIRSKY, A. E., and H. RIS: J. gen. Physiol. **34**, 451 (1951). — [7] Vgl. a. Bd. **1**, S. 824. — [8] SPIEGELMAN, S.: Cold Spring Harbor Symp. quant. Biol. **11**, 256 (1946). — [9] SPIEGELMAN, S., and M. D. KAMEN: Science, N. Y. **104**, 581 (1946). — [10] MÜLLER, H. J.: Proc. R. Soc. London (B) **134**, 1 (1947). — [11] LITTLE, J. A., and G. C. BUTLER: J. biol. Ch. **188**, 695 (1951). — [12] vgl. Bd. **1**, S. 836.

säure finden sich frei im Muskel und in anderen Organen. Beachtliche Mengen von Adenylsäure **enthält** auch die Galle[1].

Den *Adenylsäuren* — Adenyltriphosphorsäure, Adenosindiphosphorsäure, Muskeladenylsäure — kommt wie bereits angedeutet (S. 1179) unter den Ribonucleotiden eine besondere physiologische Bedeutung zu. Im intermediären Stoffwechsel der Kohlenhydrate und wahrscheinlich auch der Fette und Eiweißkörper spielt die *Adenosintriphosphorsäure* die wichtige Rolle des Phosphatüberträgers. Die meisten Phosphorylierungen erfolgen nur bei Gegenwart von Adenosintriphosphorsäure. Gewisse Fermente und Aktivatoren lassen die Phosphorylierung des Substrates durch Adenosintriphosphorsäure spontan ablaufen; in solchen Fällen kann bei der Spaltung von Adenosintriphosphorsäure Energie frei werden für biologische Synthesen, wie etwa die von Glutamin aus Glutaminsäure und Ammoniak[2,3] oder von Acetylcholin aus Cholin und Acetat durch Cholinacetylase[4]. Die Beteiligung der Adenosintriphosphorsäure am intermediären Stoffwechsel (s. z. B. S. 786 u. 1040) und bei der Muskelkontraktion ist hinreichend bekannt (s. Bd. 2/2). Adenosintriphosphorsäure ist wahrscheinlich die prosthetische Gruppe des Actins[5]. Adenosintriphosphorsäure, Adenylsäure und Adenosins nehmen an den Aufgaben der chemischen Kreislaufregulation teil. Adenosin-5-phosphorsäure kommt in frischer Hefe auch als *Di-(adenosin-5-phosphorsäure)* vor. Unter geeigneten Bedingungen läßt sich außerdem aus dem Trichloressigsäurefiltrat der frischen Bierhefe ein *Di-(adenosin-5-phosphorsäure)-pyrophosphat* isolieren[6].

Aus Haferkeimlingen wurde ein Adenin-pentose-pyrophosphat isoliert, das nicht identisch ist mit Adenosintriphosphat aus Muskel. Es wird durch HCl bei 100° C in 7 min zu etwa 50% und ebenso durch Kartoffelpyrophosphatase gespalten. Die Verbindung enthält keine Ribose-5-phosphorsäure, sondern wahrscheinlich Arabinose-5-phosphorsäure. Adenin-pentose-pyrophosphat ist physiologisch wirksam und im Pflanzenreich anscheinend weit verbreitet[7].

Nicht weniger wichtig ist, wie bereits erwähnt (S. 1179), der Einbau von Adeninnucleotiden in zahlreichen Fermenten[8—10]: Codehydrogenase I, ein Dinucleotid aus Adenylsäure und Nicotinsäureamid-ribosephosphorsäure[11]; Codehydrogenase II, ein ähnlich gebautes Nucleotid, das ein Molekül Phosphorsäure mehr enthält[12]; Alloxazin-adenin-dinucleotid[13], die wirksame Gruppe der L- und D-Aminooxydase[14], der Cytochrom c-reductase[15,16], der Xanthinoxydase[17], der Fumarathydrase[18], der Diaphorase I und II[19,20], der Glycinoxydase[21], Luciferase[22]

[1] ROTHMANN, H.: Z. ges. exp. Med. **77**, 22 (1931). Verh. dtsch. Ges. inn. Med. **42**, 159 (1930). — [2] ELLIOTT, W. H.: Nature **161**, 128 (1948). — [3] SPECK, J. F.: J. biol. Ch. **179**, 1387, 1405 (1949). — s. a. Bd. **1**, S. 1085. — [4] NACHMANSOHN, D., and H. M. JOHN: J. biol. Ch. **158**, 157 (1945). — [5] STRAUB, F. B., and G. FEUER: Biochim. biophysica Acta, N. Y. **4**, 455 (1950). — [6] KIESSLING, W., u. O. MEYERHOF: Naturwiss. **26**, 13 (1938). B. Z. **296**, 410 (1938). — [7] ALBAUM, H. G., and M. OGUR: Arch. Biochem. **15**, 158 (1947). — [8] BAUMANN, C. A., and F. J. STARE: Coenzymes. Physiol. Rev. **19**, 353 (1939). — [9] PFIFFNER, J. J., D. G. CALKINS, R. C. PETERSON, O. D. BIRD, V. MCGLOHON and R. W. STIPEK: Abstr. amer. chem. Soc. **120**, 22C (1951). — [10] DION, H. W., D. G. CALKINS and J. J. PFIFFNER: Am. Soc. **74**, 1108 (1952). — [11] SCHLENK, F., u. H. v. EULER: Cozymase. Fortschr. Chem. org. Naturstoffe **1**, 99 (1938). — [12] WARBURG, O., u. W. CHRISTIAN: B. Z. **242**, 206 (1931). — [13] WARBURG, O., u. W. CHRISTIAN: Naturwiss. **26**, 201 (1938). B. Z. **295**, 261; **296**, 294; **298**, 150 (1938). — [14] STRAUB, F. B., H. S. CORRAN and D. E. GREEN: Nature **143**, 119 (1939). — [15] HAAS, E., B. L. HORECKER and T. R. HOGNESS: J. biol. Ch. **136**, 747 (1940). — [16] HAAS, E., C. J. HARRER and T. R. HOGNESS: J. biol. Ch. **143**, 341 (1942). — [17] BALL, E. G.: J. biol. Ch. **128**, 51 (1939). — [18] FISCHER, F. G., A. ROEDIG u. K. RAUCH: Naturwiss. **27**, 197 (1939). — [19] EULER, H. v., u. K. HASSE: Naturwiss. **26**, 187 (1938). — [20] EULER, H. v., u. G. GÜNTHER: Naturwiss. **26**, 676 (1938). — [21] RATNER, S., V. NOCITO and D. E. GREEN: J. biol. Ch. **152**, 119 (1944). — s. Bd. **1**, S. 522. — [22] JOHNSON, F. H., and H. EYRING: Am. Soc. **66**, 848 (1944).

und des Notatins (Glucoseoxydase)[1—3]. Außerdem enthält das Coenzym A (Co-Transacetylase)[4,5] Adenosinphosphorsäure als Baustein.

Hingegen ist Cocarboxylase (Thiamin-pyrophosphat) zu den Pyrimidinderivaten zu rechnen. Die Pyrimidinkomponente ist 2,5-Dimethyl-6-amino-pyrimidin[6].

Im ruhenden quergestreiften Muskel ist die Adenylpyrophosphorsäure vor allem in den I-Scheiben lokalisiert[7]. Bei durch Arbeit ermüdeten Muskeln findet sie sich in den A-Scheiben[7,8]. Der Zusatz von Adenylpyrophosphorsäure zu künstlichen Actomyosinfäden in n/100-Kaliumchloridlösung bewirkt Kontraktion der Fäden[9—11]. Der ruhende Muskel enthält Actomyosin und Adenylpyrophosphorsäure nebeneinander, ohne daß eine Reaktion eintritt; wird jedoch Adenylpyrophosphorsäure von außen zugesetzt, so kontrahiert sich der Muskel. Man hat deshalb eine inaktive Form der Adenylpyrophosphorsäure im Muskel — Bindung an einen Eiweißkörper — angenommen[12] (s. a. Bd. **2**/2, Muskel).

Freie Nucleoside finden sich in der Natur nur selten. Adenosin [Adenin (9)-ribosid] wird in geringer Menge im Harn ausgeschieden[13]. Auch in Extrakten aus Herz- und Skeletmuskel ist Adenosin enthalten. Guanosin [Guanin-(9)-ribosid] findet sich im Pankreas, in jungen Pflanzen, in Samen, im Blütenstaub und im Mutterkorn. Inosin kann in Muskelextrakten vorkommen. Desoxyribonucleoside sind bisher nicht in freiem Zustande aufgefunden worden[14]. Lediglich in einem enzymatischen Hydrolysat von Sperma-Desoxyribosidnucleotiden wurde neben freiem Uracil auch Uracildesoxyribosid gefunden. Seine Herkunft ist jedoch nicht ganz klar[15]. Aus Rinderblut wurde ein Harnsäureribosid isoliert[16].

Im embryonalen Entwicklungsstadium scheint das Gewebe einen größeren Nucleinsäuregehalt zu besitzen als beim Erwachsenen. Embryonales Gewebe hat vor allem einen höheren Gehalt an säurelöslichen Purinnucleotiden[17]. Der Puringehalt verschiedener Gewebe — Muskel, Leber, Milz, Pankreas, Niere, Gehirn, Thymus — in Nucleotidform ist geringer als der Gesamtpuringehalt. Er schwankt zwischen 10% im quergestreiften Muskel und etwa 25% in Niere, Gehirn, Leber, Milz und Pankreas. Der weitaus größere Teil der Gesamtpurine besteht aus Nucleotiden und Nucleosiden. Der frische Muskel enthält nur eine unbedeutende Menge freier Purine[18].

2. Nucleinsäureabbau.

Die aus endogenen und exogenen Quellen stammenden Polynucleotide, Nucleotide und Nucleoside werden im Tierkörper und im menschlichen Organismus entweder wiederverwertet oder zu Purinen und anderen Produkten abgebaut und hauptsächlich im Harn ausgeschieden. Selbst bei enteraler oder

[1] KEILIN, D., and E. F. HARTREE: Nature **157**, 801 (1946). — [2] ROBERTS, E. C., C. K. CAIN, R. D. MUIR, F. J. REITHEL, W. L. GABY, J. T. VAN BROGGEN, D. M. HOMAN, P. A. KATZMAN, L. R. JONES and E. A. DOISY: J. biol. Ch. **147**, 47 (1943). — [3] BIRKINSHAW, J. H., and H. RAISTRICK: J. biol. Ch. **148**, 459 (1943). — [4] LIPMANN, F., N. O. KAPLAN, G. D. NOVELLI and L. C. TUTTLE: J. biol. Ch. **186**, 235 (1950). — [5] BADDILEY, J., and E. M. THAIN: Soc. **1951**, 2253, 3421, 3425; **1952**, 800. Chem. & Indust. **1951**, 337. — [6] LOHMANN, K., u. P. SCHUSTER: Naturwiss. **25**, 26 (1937). B. Z. **294**, 188 (1937). — [7] CASPERSSON, T., u. B. THORELL: Acta physiol. scand. **4**, 97 (1942). — [8] BAILEY, K.: Adv. Protein Chem. **1**, 312 (1944). — [9] ARDENNE, M. v., u. H. H. WEBER: Kolloid-Z. **97**, 322 (1941). — [10] KALCKAR, H.: Chem. Rev. **28**, 71 (1941). — [11] SZENT-GYÖRGYI, A.; I. BANGA; W. F. H. M. MOMMAERTS; F. B. STRAUB; M. GERENDÁS; T. ERDÖS: Stud. Inst. med. Chem. Szeged **1** (1941/42). — [12] BUCHTHAL, F., A. DEUTSCH and G. G. KNAPPEIS: Nature **153**, 774 (1944). — [13] CALVERY, H. O.: J. biol. Ch. **86**, 263 (1930). — [14] vgl. Bd. **1**, S. 827. — [15] DEKKER, C. A., and A. R. TODD: Nature **166**, 557 (1950). — [16] DAVIS, A. R., E. B. NEWTON and S. R. BENEDICT: J. biol. Ch. **54**, 595 (1922). — [17] DAVIDSON, J. N., and C. WAYMOUTH: Biochem. J. **38**, 39 (1944). — [18] BARRENSCHEEN, H. K., u. A. PEHAM: H. **272**, 87 (1942).

parenteraler Zufuhr erscheinen Nucleinsäuren nicht als solche im Harn. Die in der adialysablen Fraktion des Harnes gefundene Nucleinsäure[1, 2] dürfte wohl aus abgestoßenen Zellelementen der ableitenden Harnwege stammen.

Pflanzliche und tierische Gewebe haben die Fähigkeit, Polynucleotide mittels „*Nucleasen*" in die einfachen Bausteine, Purine oder Pyrimidine, D-Ribose bzw. 2-Desoxyribose und Phosphorsäure, zu spalten. Unter „Nucleasen" faßt man alle Fermente zusammen, welche an diesem Abbau beteiligt sind[3]. Durch *Polynucleotidasen* werden die hochpolymeren Polynucleotide in niedere Nucleotide gespalten. Die *Ribonucleotidase*, wahrscheinlich identisch mit Ribonuclease, Ribonucleinase und Ribonucleodepolymerase, ist ein thermostabiles, krystallisierbares Enzym, das bei einem p_H-Optimum von etwa 8,5 Ribonucleinsäure in Mononucleotide zerlegt. Ob das Ferment auf Ribonucleinsäure spezifisch wirkt, bedarf noch der Klärung. *Desoxyribonucleotidase* (früher „Nucleogelase" genannt)[4,5], ein thermolabiles, bei p_H 6,9 bis 8,4 optimal wirkendes Ferment depolymerisiert nur Desoxyribonucleinsäure. Eine *unspezifische* Polynucleotidase pflanzlicher Herkunft baut bei dem p_H-Optimum von 4,5 bis 5,5 sowohl Ribonucleinsäure als auch Desoxyribonucleinsäure ab.

„Ribonuclease" war ursprünglich der Name für das Enzym, welches Ribonucleinsäure in Mononucleotide spaltet[6]. Das Enzym wird auch, vor allem in hochaktiver, krystallisierter Form, als „Ribonucleinase" bezeichnet[7—11]. Ribonucleotidase (Ribonuclease, Ribonucleinase Ribonucleodepolymerase) ist aus zahlreichen Organen — Darm, Leber, Milz, Pankreas, Lunge — gewonnen worden. Auch nekrotisches Carcinomgewebe enthält eine Ribodepolymerase[12]. Desoxyribonucleotidase kommt in Pankreas und Pankreatin[4, 5, 13] und in anderen Organen vor. Ein hochaktives, krystallines Enzym, das Desoxyribonucleinsäure depolymerisiert, ist aus Rinderpankreas dargestellt worden[14]. Eine Desoxyribonucleotidase kommt auch in Kulturfiltraten von Streptokokken[15], Cl. welchii und Cl. septicum[16] und in der Hefe[17] vor. Die nach McCarty aus Pankreas gewonnene Desoxyribodepolymerase spaltet nicht nur hochpolymere Desoxyribonucleinsäuren, sondern auch Desoxyribonucleoproteide[18]. Über die Natur der Ribonucleotidasewirkung herrscht noch keine völlige Klarheit. Man sieht in dem Ferment in erster Linie eine Depolymerase für hochmolekulare Polynucleotide[8, 9]. Das krystallisierte Enzym soll jedoch gleichzeitig als Depolymerase und als Phosphatase wirken[19]. Der Pyrimidinnucleotid-Anteil der Ribonucleinsäure scheint von dem Enzym bevorzugt zu werden[20, 21]. Die Polynucleotidasen der einzelnen Organe haben verschiedene p_H-Wirkungsoptima[22]. Krystallisierte Ribonucleotidase ist unter den für Ribonucleinsäure aus Leber und Hefe optimalen Bedingungen gegen Pankreas-Ribonucleinsäure unwirksam[23]. Wahrscheinlich enthält Pankreasgewebe noch eine zweite Ribonucleo-

---

[1] Mörner, K. A. H.: Skand. Arch. Physiol. **6**, 332 (1895). — [2] Sasaki, K.: Hofmeisters Beitr. **9**, 386 (1907). — [3] Bd. **1**, S. 840. — [4] Feulgen, R.: H. **237**, 261 (1935). — [5] Fischer, F. G., H. Lehmann-Echternacht u. I. Böttger: J. prakt. Chem. **158**, 79 (1941). — Fischer, F. G., I. Böttger u. H. Lehmann-Echternacht: H. **271**, 246 (1941). — [6] Kunitz, M.: J. gen. Physiol. **24**, 15 (1940). — [7] Jones, W.: Amer. J. Physiol. **52**, 203 (1920). — [8] Jones, W., and M. E. Perkins: J. biol. Ch. **55**, 557 (1923). — [9] Schmidt, G., and P. A. Levene: J. biol. Ch. **126**, 423 (1938). — [10] Loring, H. S., and F. H. Carpenter: J. biol. Ch. **150**, 381 (1943). — [11] Levene, P. A., and F. Medigreceanu: J. biol. Ch. **9**, 389 (1911). — [12] Khouvine, Y., et J. Grégoire: Cr. **231**, 424 (1950). — [13] Chargaff, E., and E. Vischer: Ann. Rev. **17**, 213 (1948). — [14] Kunitz, M.: Science, N. Y. **108**, 19 (1948). — [15] Sherry, S., and J. P. Goeller: J. clin. Invest. **29**, 1588 (1950). — [16] Warrack, G. H., E. Bidwell and C. L. Oakley: J. Path. Bacteriology **63**, 293 (1951). — [17] Zamenhof, S., and E. Chargaff: J. biol. Ch. **180**, 727 (1949). — [18] Nemčinskaja, V. L.: Biochimija, Moskau **15**, 478 (1950) [Ber. Physiol. **151**, 244]. — [19] Chantrenne, H., K. Lindenstrøm-Lang and L. Vandendriessche: Nature **159**, 877 (1947). — [20] Loring, H. S., F. H. Carpenter and P. M. Roll: J. biol. Ch. **169**, 601 (1947). — [21] Schmidt, G., R. Cubiles, B. H. Swartz and S. J. Thannhauser: J. biol. Ch. **170**, 759 (1947). — [22] Siebert, G., K. Lang u. A. Corbet: B. Z. **320**, 418 (1949/50). — [23] Kerr, S. E., K. Seraidarian and M. Wargon: J. biol. Ch. **181**, 773 (1949).

tidase, welche Pankreas-Ribonucleinsäure hydrolysiert[1—3]. Auch die Desoxyribonucleotidasen aus Kalbsthymus (p_H-Optimum 5, Mg hemmt) und aus Kalbspankreas (p_H-Optimum 7, Mg aktiviert) scheinen nicht identisch zu sein [2, 3]. Ribonucleotidase wird durch Röntgenstrahlen inaktiviert[4]. Durch Penicillin wird Ribonucleotidase ebenfalls gehemmt[5]. Penicillin scheint in die Dissimilation der cellulären Ribonucleinsäure einzugreifen[6]. Es wurde ferner beobachtet, daß kupferhaltige Nucleinsäuren von Ribonucleotidase langsamer angegriffen werden als kupferfreie Polynucleotide[7]. Eine reversible Hemmung der Ribonucleotidase des Pankreas erfolgt schließlich durch Heparin. Andere hochpolymere Polysaccharide wie Chondroitinsäure, Hyaluronsäure und Alginsäure sind ohne Einfluß[8]. Lang dauernde Einwirkung von Ultraschallwellen führt in einer Lösung des Natriumsalzes von Desoxyribonucleinsäure zu ausgeprägter Depolymerisation ohne Änderung des p_H der Lösung und ohne Freiwerden von Monosacchariden, Phosphorsäure, Pyrimidin- und Purinbasen. Lediglich eine schwache Ammoniakreaktion trat nach achtstündiger Beschallung ein[9].

In der Darmschleimhaut sind spezifische *Oligonucleotidasen* gefunden worden. Als Phosphodiesterasen machen sie aus Oligonucleotiden Mononucleotide frei[10].

Extrakte aus Rattenniere, Kälberdünndarm, Hundefaeces und Schlangengift aus Russel-Vipern spalten Oligonucleotide. Befriedigend, d. h. ohne gleichzeitige Nucleosidbildung verläuft diese Spaltung nur mit Schlangengift[11].

Die Mononucleotide können durch *Nucleotidasen* unter Abspaltung von Phosphorsäure in Nucleoside zerlegt werden. Nucleotidasen wirken nicht spezifisch; sie sind identisch mit den gewöhnlichen *Phosphatasen* („alkalische" Phosphatase, p_H 8,6 bis 8,7; „saure" Phosphatase, p_H 4,5 bis 5,5). Nucleotidasen spalten Ribo- und Desoxyribonucleotide, ebenso Adenosin-3-phosphorsäure und Adenosin-5-phosphorsäure[12]. Nucleotidasen sind neben Nucleosidasen in Lymphocyten enthalten; sie spalten Ribo- und Desoxyribonucleinsäuren[13].

Nucleotide, welche wie die Muskeladenylsäure die Phosphorsäure am C-Atom 5 der Ribose besitzen, werden spezifisch durch eine *5-Nucleotidase* gespalten. Hefeadenylsäure wird als Adenosin-3-phosphorsäure durch dieses Ferment nicht angegriffen. Inosinsäure wird nicht nur von der 5-Nucleotidase, sondern auch von der allgemeinen *Phosphomonoesterase* zerlegt. 5-Nucleotidase ist in zahlreichen Geweben von Mensch, Kalb, Schwein, Kaninchen, Ratte, Huhn und Taube nachgewiesen worden. Besonders reich sind Herzmuskel, Lunge, Nerven, Netzhaut, Aderhaut, Decidua und Sperma[14]. Aus der Samenflüssigkeit des Stieres wurde mit 4% Ausbeute durch mehrfache Reinigung ein Ferment erhalten, welches bei p_H 8,5 Ribose-5-phosphat und seine Ester 4000mal schneller spaltete als Ribose-3-phosphatverbindungen. Die relative Aktivität[15] betrug für Adenosin-5-phospat 100, Inosin-5-phosphat 113, Uridin-5-phosphat 220, Cytidin-5-phosphat 268, Nicotinsäureamidribose-5 phosphat 67 und Ribose-5-phosphat 0,8. Extrakte aus Ratten- und Kaninchenleber bauen Adenosin-5-phosphorsäure ab, enthalten demnach ebenfalls eine 5-Nucleotidase[16]. Auch Schlangengift enthält eine 5-Nucleotidase, welche spezifisch Adenosin-5-phosphorsäure dephosphoryliert[17, 18]. Die spezifische 5-Nucleotidase dephosphoryliert außerdem Desoxyadenylsäure, Desoxyguanylsäure, Desoxycytidylsäure und Desoxythymidylsäure. Ribonucleotide werden nicht angegriffen[19]. Das Fehlen von 5-Nucleotidase im Skeletmuskel hat an-

[1] Schmidt, G., R. Cubiles, L. Hecht and S. J. Thannhauser: Abstr. amer. chem. Soc. **115**, 28C (1949). — [2] Brown, K. D., G. Jacobs and M. Laskowski: J. biol. Ch. **194**, 445 (1952). — [3] Maver, M. E., and A. E. Greco: J. biol. Ch. **181**, 853, 861 (1949). — [4] Lea, D., K. M. Smith, B. Holmes and R. Markham: Parasitology **36**, 110 (1944). — [5] Massart, L., G. Peeters and A. van Houcke: Exper. **3**, 494 (1947). — [6] Krampitz, L. O., and C. H. Werkman: Arch. Biochem. **12**, 57 (1947). — [7] Zittle, C. A., and E. H. Reading: J. biol. Ch. **160**, 519 (1945). — [8] Zöllner, N., u. J. Fellig: Naturwiss. **39**, 523 (1952). — [9] Zbarskij, I. B., I. E. El'Piner u. V. N. Charlamova: Dokl. Akad. Nauk (N. S.) **77**, 439 (1951) [Ber. Physiol. **151**, 2]. — [10] Lehmann-Echternacht, H.: H. **269**, 201 (1941). — [11] Hurst, R. O., J. A. Little and G. C. Butler: J. biol. Ch. **188**, 705 (1951). — [12] Klein, W., u. A. Rossi: H. **231**, 104 (1935). — [13] Reding, R.: C. R. Soc. Biol. **126**, 95 (1937). — [14] Reis, J.: Enzymologia **2**, 110 (1937/38). Bull. Soc. Chim. biol. **16**, 385 (1934). — [15] Heppel, L. A., and R. J. Hilmoe: J. biol. Ch. **188**, 665 (1951). — [16] Euler, H. v., u. B. Skarżyński: H. **263**, 259 (1940). — [17] Carter, C. E.: Am. Soc. **73**, 1537 (1951). — [18] Gulland, J. M., and E. M. Jackson: Biochem. J. **32**, 597 (1938). — [19] Reis, J.: Enzymologia **2**, 183 (1937/38). Acta biol. exp., Warszawa **11**, 122 (1934).

scheinend zur Folge, daß hier im Gegensatz zum Herzmuskel aus Muskeladenylsäure kein Phosphat abgespalten wird[1]. Eine gewisse Sonderstellung nehmen Adenylpyrophosphorsäure (Adenosintriphosphorsäure, ATP) und Inosintriphosphorsäure ein. Sie werden durch spezifisch auf Triphosphate eingestellte Fermente, die *Adenylpyrophosphatase* und die *Adenosintriphosphatase*[2,3] dephosphoryliert. Bei Abspaltung von einem Phosphorsäurerest entsteht Adenosindiphosphorsäure; das daran beteiligte Ferment ist die *ATPase*. Beide Pyrophosphatbindungen werden durch die *Apyrase* gelöst, wobei Adenylsäure entsteht[4—10]. Inosintriphosphorsäure wird durch Adenylpyrophosphatase langsam zu Inosinsäure gespalten. Adenosindiphosphorsäure entsteht auch aus Adenosintriphosphorsäure bei der durch die *Hexokinase* katalysierten Reaktion[11]:

$$\text{Hexose} + \text{Adenosintriphosphat} \rightleftharpoons \text{Hexose-6-phosphat} + \text{Adenosindiphosphat}.$$

Eine Diphosphoadenosintriphosphatase ist in der Kartoffel nachgewiesen worden[10].

Die fermentative Spaltung der Mononucleotide kann anscheinend auch in der Weise erfolgen, daß der Purin- bzw. Pyrimidinkern abgetrennt wird und *Zuckerphosphorsäuren* entstehen. Die in tierischem Gewebe vorkommende *Nucleotid-N-ribosidase* spaltet Ribomononucleotide in Ribosephosphorsäure und freie Purinbase[12,13]. Der *weitere Abbau der Nucleoside* geschieht mittels *Nucleosidasen* durch Lösung der Glykosidbindung zwischen Zucker und Purin- bzw. Pyrimidinbase. Die Nucleosidasen sind spezifische Glykosidasen und in zahlreichen Organen und zellfreien Bakterienextrakten zu finden[14,15]. Die *Purinnucleosidase* spaltet Purinnucleoside, während die *Pyrimidinnucleosidase* nur Pyrimidinnucleoside zerlegt. Ribo- und Desoxyribonucleoside werden von der Purinnucleosidase in etwa gleicher Weise angegriffen.

Eine Spaltung von Purinnucleosiden kann auch durch eine *Purinnucleosid-phosphorylase* erfolgen. Hypoxanthin-desoxyribosid wird durch ein solches Enzym aus Rattenleber und Kalbsthymus gespalten, wobei Desoxyribose-1-phosphat und Hypoxanthin entstehen. Desoxyribose-1-phosphat wird durch andere Enzyme zu Triosephosphat zerlegt, kann aber auch durch Phosphodesoxyribonuclease (aus Rattenleber und Kalbsthymus) in Desoxyribose-5-phosphat umgewandelt werden[16].

Über die Pyrimidinnucleosidase ist in dieser Hinsicht noch wenig bekannt[17,18]. Aus Hefeplasmolysat wurde durch Fraktionieren mit Ammoniumsulfat eine Uridinnucleosidase gewonnen, welche nur Uridin spezifisch in Uracil und Ribose spaltet, während andere Riboside (Adenosin, Inosin, Guanosin, Cytidin, Thymidin) nicht angegriffen werden[19]. Auch in zellfreien Extrakten von Lactobacillus pentosus 124–2 hat man Pyrimidin-nucleosidasen gefunden[20]. Bereits auf der Mononucleotid- und Nucleosidstufe werden Aminopurine und Aminopyrimidine durch streng spezifische *Nucleindesaminasen*[21—26] desaminiert. Die Mononucleotid- und Nucleosidstruktur kann dabei erhalten bleiben. Adenylsäure beispielsweise geht in Inosinsäure, Adenosin in Inosin über. Es kann aber auch

[1] ENGELHARDT, V. A.: Adv. Enzymol. **6**, 147 (1946). — [2] KIELLEY, W. W., and O. MEYERHOF: J. biol. Ch. **174**, 387 (1948). — s. a. Bd. **1**, S. 1094. — [3] MEYERHOF, O.: J. biol. Ch. **157**, 105 (1945). — [4] JACOBSEN, E.: Skand. Arch. Physiol. **63**, 90 (1932). B. Z. **242**, 292 (1931). — [5] BARRENSCHEEN, H. K., u. S. LÁNG: B. Z. **253**, 395 (1932). — [6] HAASE, A.: H. **239**, 1 (1936). — [7] LOHMANN, K., u. P. SCHUSTER: B. Z. **272**, 24 (1934). — [8] KALCKAR, H. M.: J. biol. Ch. **148**, 127 (1943). — [9] KRISHNAN, P. S.: Arch. Biochem. **16**, 474 (1948). — s. a. Bd. **1**, S. 1094. — [10] Bd. **1**, S. 1091, 1094. — [11] NGUYEN-VAN-THOAI, J. ROCHE and P. SALTMAN: C. R. Soc. Biol. **144**, 1588 (1950). — [12] ISHIKAWA, H., u. Y. KOMITA: J. Biochem. **23**, 351 (1936). — [13] KOMITA, Y.: J. Biochem. **25**, 405 (1937); **27**, 23 (1938). — [14] Bd. **1**, S. 844. — [15] WANG, T. P., and J. O. LAMPEN: J. biol. Ch. **192**, 339 (1951). — [16] MANSON, L. A., and J. O. LAMPEN: J. biol. Ch. **191**, 95 (1951). — [17] DEUTSCH, W., u. R. LASER: H. **186**, 1 (1930). — [18] KLEIN, W.: H. **231**, 125 (1935). — [19] CARTER, C. E.: Am. Soc. **73**, 1508 (1951). — [20] Bd. **1**, S. 1107. — [21] JONES, W.: J. biol. Ch. **9**, 169 (1911). — [22] SCHMIDT, G.: H. **208**, 185 (1932). — [23] MAKINO, K.: H. **225**, 147 (1934). — [24] KLEIN, W.: Bamann-Myrbäck **2**, 1955. — [25] KRAUT, H., u. E. KOFRANYI: Handb. Katalyse (SCHWAB) **3**, 287 (1941). — [26] THANNHAUSER, S. J., u. M. ANGERMANN: H. **186**, 13 (1930).

gleichzeitig eine Abspaltung der Purin- und Pyrimidinkerne stattfinden, wobei freie Oxypurine bzw. Oxypyrimidine und freie Zucker- oder Zuckerphosphorsäuren auftreten[1, 2]. Die Spaltung der desaminierten Mononucleotide und Nucleoside erfolgt wahrscheinlich durch besondere Fermente.

Die Nucleindesaminasen sind für den Zellkernstoffwechsel von großer Wichtigkeit. Sie sind deshalb in tierischen Organen — Darmschleimhaut, Gehirn, Herzmuskel, Leber, Milz, Muskel, Niere, Nervengewebe, Pankreas — weit verbreitet[3—9].

Im Säugetiermuskel wird Muskeladenylsäure durch *Muskeladenylsäuredesaminase* in Inosinsäure und Ammoniak zerlegt. Die Adenylsäure wird damit zur Quelle des Muskelammoniaks. Der größte Teil der 5-Adenylsäure-desaminase im Muskel ist an Myosin gebunden[10]. *Hefeadenylsäuredesaminase* soll in Leber, Milz und Niere des Kaninchens und der Katze vorkommen und Hefeadenylsäure desaminieren[11]. Guanylsäure und Cytidin werden durch *Guanylsäuredesaminase* bzw. *Cytidindesaminase* spezifisch desaminiert. Aus Guanosin entsteht bei Einwirkung von Guanosindesaminase Xanthinribosid oder Xanthosin, aus Adenosin durch Adenosindesaminase Hypoxanthin. Dagegen werden Adenosinthiomethylpentosid und Isoguanosin (2-Oxy-6-aminopurin-D-ribosid) durch Adenosindesaminase nicht desaminiert[12]. Ebenso ist nicht sicher, ob auch Adenylpyrophosphorsäure direkt desaminiert wird[13]. Wahrscheinlich ist im Säugetiermuskel kein Ferment enthalten, das aus Adenylpyrophosphorsäure Ammoniak abspaltet. Ihre Desaminierung geht nie der Dephosphorylierung voraus und läuft nur über die Adenylsäure[14—16]. (Abbau bei Fütterungsversuchen S. 217.)

Neben den genannten Fermenten sollen in Darm, Leber, Muskulatur und Blut *Dehydrogenasen* vorkommen, welche Hefenucleinsäure ohne vorherige hydrolytische Spaltung dehydrieren[15].

Die wichtigsten Abbauwege der Nucleinsäuren lassen sich etwa in folgendem Schema zusammenfassen:

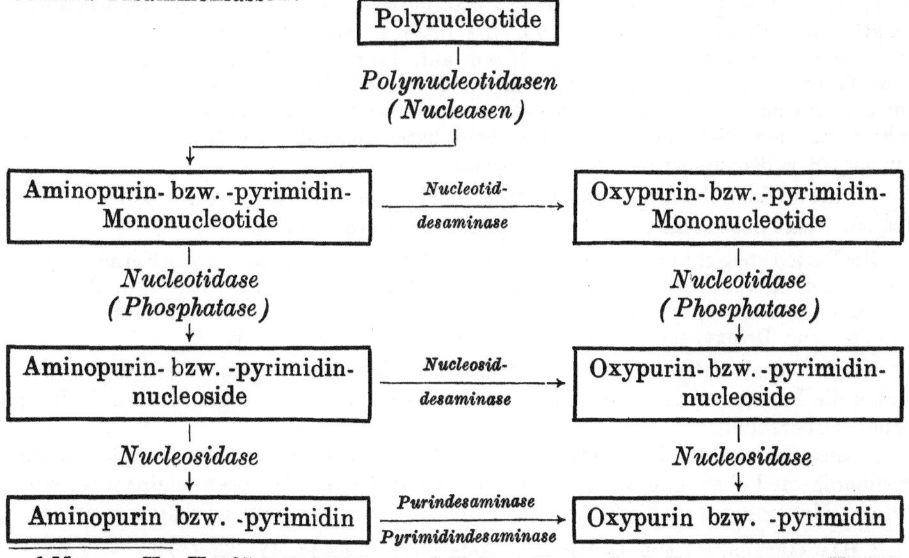

1 MAKINO, K.: H. 225, 147 (1934). — 2 KLEIN, W., u. S. J. THANNHAUSER: H. 224, 252 (1934). — 3 KRAUT, H., u. E. KOFRANYI: Handb. Katalyse (SCHWAB) 3, 287 (1941). — 4 KLEIN, W.: H. 224, 244 (1934). — 5 ABDERHALDEN, E., u. A. SCHITTENHELM: H. 47, 452 (1906). — 6 SCHMIDT, G.: H. 179, 243 (1928). — 7 CONWAY, E. J., and R. COOKE: Biochem. J. 33, 479 (1939). — 8 WAKABAYASI, Y.: J. Biochem. 28, 185 (1938); 29, 247 (1939). — 9 GYÖRGY, P., u. H. RÖTHLER: B. Z. 187, 194 (1927). — 10 HERMANN, V. S., and G. JOSEPOVITS: Nature 164, 845 (1949). — 11 WAKABAYASI, Y.: J. Biochem. 29, 247 (1939). — 12 SCHAEDEL, M. L., M. J. WALDVOGEL and F. SCHLENK: J. biol. Ch. 171, 135 (1947). — 13 LOHMANN, K.: B. Z. 254, 390 (1932). — 14 MOZOŁOWSKI, W., u. B. SOBCZUK: B. Z. 265, 41 (1933). — 15 BARRENSCHEEN, H. K., u. W. FILZ: B. Z. 250, 281 (1932). — 16 PARNAS, I. K.: Kli. Wo. 1935 II, 1017.

3. Nucleinsäurebildung.

Die Pentose- und Desoxypentose-nucleinsäuren sind im Organismus fortwährend dem Abbau und der Synthese unterworfen. Pentosenucleinsäuren werden mit erheblicher Geschwindigkeit, Desoxypentosenucleinsäuren dagegen nur relativ langsam neu gebildet.

Vor allem im ruhenden Gewebe, welches wenige in Teilung befindliche Zellen enthält, ist die Neubildung von Pentosenucleinsäuren wesentlich geringer als die von Desoxypentosenucleinsäuren. Nach Versuchen mit radioaktivem Phosphat (^{32}P) erneuert Rattenleber in 2 Std 3,3% Pentosenucleinsäure, dagegen nur 0,1% Desoxynucleinsäure[1]. 2 Std nach Injektion von ^{32}P-markierter depolymerisierter Desoxypentosenucleinsäure kann ein großer Teil von ^{32}P in der säurelöslichen Fraktion der Leber nachgewiesen werden[2]. Bei ausgewachsenen weißen Ratten betrug die Neubildung von Desoxypentosenucleinsäure in 3 Std für den Thymus 5 bis 6%, für Lymphknoten und Milz 1 bis 2% und für die meisten anderen Organe, mit Ausnahme der Darmschleimhaut, noch wesentlich weniger[3, 4].

Auch von isolierten Zellkernen können Nucleinsäuren aufgebaut werden. Es findet dabei eine Totalsynthese des Purinringes statt[5]. Mäuseleber-Zellkerne synthetisieren Desoxypentosenucleinsäure, wobei Adenosintriphosphorsäure als Phosphatquelle dient[6]. Isolierte Zellkerne aus Schweineniere haben die Fähigkeit, radioaktives anorganisches Phosphat (^{32}P) auf fermentativem Wege in Ribo- und Desoxyribonucleinsäure einzubauen[7]. Diese Synthese ist unabhängig von der Adenosintriphosphorsäure; sie erfolgt ohne Mitwirkung einer Phosphorylase und ohne Phosphatübertragung von Phospholipoiden. Auch Glykokoll-2-^{14}C wird von isolierten Zellkernen in Nucleotide eingebaut[5].

Nach Verfütterung von radioaktivem ^{15}N-Ammoniumcitrat fanden sich bei Tauben und Ratten bemerkenswerte Mengen von ^{15}N nur in der Pentosenucleinsäure der Leber. Die Desoxypentosenucleinsäure enthielt hingegen nur minimale ^{15}N-Mengen[8]. Ähnliches wurde beobachtet bei oraler Zufuhr von markiertem Adenin. Die Pentosenucleinsäure-Fraktion der Eingeweide nahm 15,9% des Adenins und 0,1% des Guanins aus mit dem Futter zugeführten Adenin bzw. Guanin auf, während in die Desoxypentosenucleinsäure-Fraktion nur 0,55 bzw. 0,32% eingebaut wurden. Das Umsatzverhältnis Pentosenucleinsäure zu Desoxypentosenucleinsäure war dabei höher als das entsprechende Verhältnis für den Phosphatumsatz. Die Phosphatkomponente der Nucleinsäuren kann demnach ohne Beteiligung der Purine ausgetauscht werde[9].

Während der Schwangerschaft nimmt die Pentosenucleinsäure der Leber zu[10, 11]; ebenso steigt der Gehalt der Desoxypentosenucleinsäure an[11, 12].

Bei Ratten steigen in der zweiten Woche der Trächtigkeit die Menge des Kernmaterials und dessen Phosphatumsatz an. In der dritten Woche nimmt der Gehalt an Pentosenucleinsäure markant zu. Schon in der ersten Lactationswoche erreicht der Gehalt an Pentose- und Desoxypentosenucleinsäure wieder seinen normalen Wert.

Nach *Leberschädigung* durch Tetrachlorkohlenstoff nimmt in der Leber der Ratte die Pentosenucleinsäure zu[13], wohl bedingt durch die regenerative Bildung neuer Leberzellen.

Ebenso bringt die Regenerationstätigkeit der durch partielle Hepatektomie geschädigten Leber eine Vermehrung des Gehaltes an Pentosenucleinsäure, wobei das Maximum, $1^1/_2$ bis 3 Tage post operationem mit dem stärksten regenera-

[1] HAMMARSTEN, E., and G. HEVESY: Acta physiol. scand. **11**, 335 (1946). — [2] AHLSTRÖM, L., H. v. EULER, G. HEVESY u. K. ZERAHN: Arkiv Kemi, Mineral. Geol. **22** A, Nr. 7, 5 (1946). — [3] ANDREASEN, E., and J. OTTESEN: Acta physiol. scand. **10**, 258 (1945). — [4] HEVESY, G., and J. OTTESEN: Acta physiol. scand. **5**, 237 (1943). — [5] LANG, K., H. LANG, G. SIEBERT u. S. LUCIUS: B. Z. **324**, 217 (1953). — [6] HOGEBOOM, G. H., and W. C. SCHNEIDER: J. biol. Ch. **197**, 611 (1952). — [7] SIEBERT, G., K. LANG, S. LUCIUS u. G. ROSSMÜLLER: B. Z. **324**, 311 (1953). — [8] DAVIDSON, J. N., and W. RAYMOND: Biochem. J. **42**, XIV (1948). — [9] BROWN, G. B., M. L. PETERMANN and S. S. FURST: J. biol. Ch. **174**, 1043 (1948). — [10] DAVIDSON, J. N.: Cold Spring Harbor Symp. quant. Biol. **12**, 50 (1947). — [11] KOSTERLITZ, H. W., and R. M. CAMPBELL: Nature **160**, 676 (1947). — [12] CAMPBELL, R. M., and H. W. KOSTERLITZ: J. Physiol., London **108**, 18 P (1949). — [13] CAMPBELL, R. M., and H. W. KOSTERLITZ: Brit. J. exp. Path. **29**, 149 (1948).

tiven Wachstum zusammenfällt[1, 2]. Zwischen dem Gehalt an Desoxypentosenucleinsäure und der Wachstumsgeschwindigkeit konnte keine sichere Beziehung ermittelt werden. Für eine Synthese von Nucleinsäure durch Bildung neuer Zellen spricht auch die vermehrte Aufnahme von radioaktivem Phosphor (^{32}P) und ^{15}N (^{15}N-Glykokoll)[3] in die Nucleinsäurefraktion bzw. in die Zellkerne der regenerierenden Leber[4]. Ähnliche Befunde wurden bei Hühnern in Knochenmark und Leber nach Phenylhydrazinschädigung auf Injektion von ^{15}N-Glykokoll beobachtet. Das Maximum der Purinsynthese fiel auf den Zeitpunkt der stärksten Zellteilung, die 10% gegenüber 0,05% in der Norm beträgt[3].

Von *malignem Tumorgewebe* wird radioaktiver Phosphor schneller aufgenommen und langsamer abgegeben als von anderem Gewebe, ausgenommen Leber und Blinddarm. Auch hieran ist die Nucleoproteidfraktion besonders beteiligt. Im allgemeinen gilt, daß schnellwachsendes Gewebe größere Mengen an radioaktivem Phosphat aufnimmt als normales Gewebe[5].

Die Desoxypentosenucleinsäure ruhender Zellen nimmt nicht gern radioaktives Phosphat (^{32}P) auf. In rasch sich teilenden Zellen und in Zellen von regenerierender Leber kann jedoch die Aufnahme von ^{32}P sehr hoch sein, und — wie bei embryonalem Gewebe — sogar die Speicherung durch Pentosenucleinsäure übertreffen[5—7].

In welcher Weise bei Pflanze und Tier die Nucleinsäure und ihre Zwischenstufen aus freien Purin- bzw. Pyrimidinbasen, Pentose, Phosphorsäure oder anderen Vorstufen entstehen, ist im einzelnen noch nicht hinreichend bekannt.

In den frühen Stadien der embryonalen Entwicklung erfolgt die Synthese der Desoxypentosenucleinsäure des Zellkerns auf Kosten der Pentosenucleinsäure des Cytoplasmas. Erst in späteren Entwicklungsstadien werden beide Nucleinsäuren aus unbekannten Vorstufen total synthetisiert[8—10].

Der Gehalt an Desoxypentosenucleinsäure des in der Entwicklung befindlichen Seeigeleies steigt an[8, 11], der an Pentosenucleinsäure nimmt ab[8] oder bleibt unverändert[11].

Nur in der Meta- und Anaphase enthalten Chromosomen histologisch nachweisbares Ribonucleoproteid[12]. Im Blastulastadium wird aus 1-^{14}C-Glykokoll von den Desoxyribonucleotiden etwa 10 mal stärker aufgenommen als von den Ribonucleotiden. Letztere können deshalb kaum die Vorstufe der Desoxyribonucleotide sein[13].

Für die Synthese von Desoxypentosenucleinsäure scheint ein genügender Vorrat von Pentosenucleinsäure im Cytoplasma Voraussetzung zu sein. Das Cytoplasma sich rasch teilender Zellen enthält in der Tat viel Pentosenucleinsäure.

Fibroblasten von Hühnerherzen zeigen in einem entsprechenden Kulturmedium eine Zunahme an Pentosenucleinsäure, welche dem Anstieg der Desoxypentosenucleinsäure mehrere Tage vorausgeht[14]. In einer Kultur von E. coli B, welche mit Bacteriophagen (T 2) infiziert ist, findet eine konstante meßbare Synthese von Protein und Desoxypentosenucleinsäure statt, während normale Bakterienzellen etwa dreimal soviel Pentosenucleinsäure wie Desoxypentosenucleinsäure bilden. Die Synthese der Desoxypentosenucleinsäure beginnt nicht sofort, sondern 7 bis 10 min nach der Proteinsynthese. Nach Versuchen mit radio-

[1] Novikoff, A. B., and V. R. Potter: Fed. Proc. **6**, 281 (1947). J. biol. Ch. **173**, 223 (1948). — [2] Drabkin, D. L.: J. biol. Ch. **171**, 395 (1947). — [3] Eliasson, N. A., E. Hammarsten, P. Reichard, S. Åqvist, B. Thorell and G. Ehrensvärd: Acta chem. scand. **5**, 431 (1951). — [4] Marshak, A., and A. C. Walker: Amer. J. Physiol. **143**, 235 (1945). — [5] Brues, A. M., M. M. Tracy and W. E. Cohn: J. biol. Ch. **155**, 619 (1944). — [6] Davidson, J. N.: Cold Spring Harbor Symp. quant. Biol. **12**, 50 (1947). — [7] Davidson, J. N., and W. Raymond: Biochem. J. **42**, XIV (1948). — [8] Brachet, J.: Arch. Biol., Paris **48**, 529 (1937). — [9] Brachet, J.: Symp. Soc. exp. Biol. **1**, 207 (1947). — [10] Brachet, J.: Cold Spring Harbor Symp. quant. Biol. **12**, 18 (1947). — [11] Schmidt, G., L. Hecht and S. J. Thannhauser: J. gen. Physiol. **31**, 203 (1948). — [12] Jacobson, W., and M. Webb: J. Physiol., London **112**, 2 P (1951). — [13] Abrams, R.: Exp. Cell. Res. **2**, 235 (1951). — [14] Davidson, J. N., I. Leslie and C. Waymouth: Biochem. J. **42**, XV (1948).

aktivem Phosphor stammt die Phosphorsäure der Desoxypentosenucleinsäure hauptsächlich aus anorganischem Phosphat. Die Pentosenucleinsäure verändert sich in der infizierten Kultur nicht; sie scheint also keine Vorstufe für die Synthese von Desoxypentosenucleinsäure zu sein[1, 2].

In Lymphknotenzellen wurde ein meßbarer Anstieg von Pentosenucleinsäure gefunden, welcher zeitlich mit dem Maximum der Bildung von Antikörpern zusammenfiel; die Desoxypentosenucleinsäure nahm nicht zu[3, 4].

Der Organismus kann sich für die Synthese der Nucleinsäuren relativ einfacher Bausteine bedienen. Nach Versuchen mit radioaktiv markierten Verbindungen werden vom Warmblüter (Ratte, Taube, Küken) oder von Hefezellen ^{15}N-Ammoniumsalze, ^{14}C-Formiat-, 2-^{14}C-Glykokoll, ^{15}N-Glykokoll, ^{13}C-Serin, ^{32}P-Phosphat u. a. zur Synthese von Pentose- und Desoxypentosenucleinsäuren verwendet[5—12]. ^{15}N-Ammoniumcitrat wurde auch zur Neubildung von Muskeladenylsäure im Rattenmuskel verwertet[13].

Die mit der Nahrung aufgenommenen Nucleoside und niederen Nucleotide werden im Gewebe vollständig hydrolysiert. Nur einige Nucleoside und Oligonucleotide werden direkt zur Synthese der Nucleinsäuren ausgenutzt[14]. Auch die freien Purin- und Pyrimidinbasen der Nahrung gehen, wie Versuche mit Markierung durch radioaktiven Stickstoff (^{15}N) zeigen, nicht ohne weiteres in die Nucleinsäuremoleküle über. Dagegen werden nach Injektion von ^{15}N-Pyrimidinnucleosiden erhebliche Mengen von ^{15}N in der Pyrimidingruppe der Ribonucleinsäure gefunden[15].

^{15}N-Guanin, ^{15}N-Uracil, ^{15}N-Thymin und ^{15}N-Guanosin werden von Ratte oder Taube nicht zur Nucleoproteid- bzw. Nucleinsäuresynthese herangezogen[16—20]. Dagegen nimmt ^{15}N-(1, 3)-Adenin bei der Ratte an der Synthese von Adeninpolynucleotid teil. Ebenso wird ^{14}C-(8)-Adenin bei der Ratte in die Lebernucleinsäuren eingebaut[20, 21]. Der Purinring wird dabei als Ganzes verwertet; denn in dem ebenfalls entstehenden Guaninpolynucleotid behält ^{15}N seine Stellung. Adenin kann demnach ohne Sprengung des Purinringes auch Vorstufe des Guanins von Nucleinsäuren sein. Der ^{15}N-Gehalt ist im Adeninpolynucleotid doppelt so hoch wie im Guaninpolynucleotid. Die Pentosenucleinsäuren enthalten wesentlich mehr ^{15}N als die Desoxypentosenucleinsäuren. Mononucleotide können als Pyrimidinquelle dienen. Ihre gebundenen Purinbasen werden jedoch schlechter verwertet als äquivalente Mengen von freiem Adenin[21]. 8-^{14}C-Adenin und 8-^{14}C-Guanin werden durch Knochenmarkschnitte von Kaninchen mit Phenylhydrazinanämie in etwa gleichem Ausmaß in Polynucleotide eingebaut. Die täglich erneuerte Menge beträgt 8 bis 10% Pentosenucleotide und 1,5 bis 3% Desoxypentosenucleotide[22]. Diese Ergebnisse stehen nur in scheinbarem Widerspruch zu den negativen Versuchen mit ^{15}N-Guanin bzw. ^{15}N-Guanosin. Unter

[1] Cohen, S. S.: J. biol. Ch. **174**, 281, 295 (1948). — [2] Cohen, S. S.: Cold Spring Harbor Symp. quant. Biol. **12**, 35 (1947). — [3] Harris, T. N., and S. Harris: J. exp. Med. **90**, 169 (1949). J. Immunol. **61**, 193 (1949). — [4] Ehrich, W. E., D. L. Drabkin and C. Forman: J. exp. Med. **90**, 157 (1949). — [5] Davidson, J. N., and W. Raymond: Biochem. J. **42**, XIV (1948). — [6] Le Page, G. A., and C. Heidelberger: J. biol. Ch. **188**, 593 (1951). — [7] Barnes, F. W. jr., and R. Schoenheimer: J. biol. Ch. **151**, 123 (1943). — [8] Totter, J. R., E. Volkin and C. E. Carter: Am. Soc. **73**, 1521 (1951). — [9] Dimroth, K., L. Jaenicke u. E. W. Becker: Naturwiss. **39**, 134 (1952). — [10] Bergstrand, A., N. A. Eliasson, E. Hammarsten, B. Norberg, P. Reichard and H. v. Ubisch: Cold Spring Harbor Symp. quant. Biol. **13**, 22 (1948). — [11] Lang, K., H. Lang, G. Siebert u. S. Lucius: B. Z. **324**, 217 (1953). — [12] Eliasson, N. A., E. Hammarsten, P. Reichard, S. Åqvist, B. Thorell and G. Ehrensvärd: Acta chem. scand. **5**, 431 (1951). — [13] Kalckar, H. M., and D. Rittenberg: J. biol. Ch. **170**, 455 (1947). — [14] Roll, P. M., G. B. Brown, F. J. di Carlo and A. S. Schultz: J. biol. Ch. **180**, 333 (1949). — [15] Hammarsten, E., P. Reichard and E. Saluste: Acta chem. scand. **3**, 432 (1949). — [16] Plentl, A. A., and R. Schoenheimer: J. biol. Ch. **153**, 203 (1944). — [17] Brown, G. B., P. M. Roll, A. A. Plentl and L. F. Cavalieri: J. biol. Ch. **172**, 469 (1948). — [18] Brown, G. B.: Cold Spring Harbor Symp. quant. Biol. **12**, 43 (1948). — [19] Hammarsten, E., and P. Reichard: Acta chem. scand. **4**, 711 (1950). — [20] Furst, S. S., and G. B. Brown: J. biol. Ch. **191**, 239 (1951). — [21] Brown, G. B.: J. cellul. comp. Physiol. **38**, Suppl. **1**, 121 (1951) [C. **1952**, 3040]. — [22] Abrams, R., and J. M. Goldinger: Arch. Biochem. **30**, 261 (1951).

gleichen Versuchsbedingungen kann Guanin zum Teil in Adenin und umgekehrt übergehen. Mit 8-^{14}C-Guanin und 8-^{14}C-Adenin wurde ebenfalls eine wechselseitige Umwandlung von Guanin in Adenin durch Lactobacillus leishmannii 313 nachgewiesen[1]. Auch Lactobacillus casei kann 8-^{14}C-Guanin in Ribonucleotidpurine einbauen. Der radioaktive Kohlenstoff verteilt sich zu $^3/_5$ auf Guanin und zu $^2/_5$ auf Adenin[2]. Hefe baut Purinnucleotide und -nucleoside leicht aus freien Purinen auf. Adenosin wird nur schlecht, Adenylsäure fast gar nicht verwertet. Guanosin und Guanylsäure werden zu etwa 10 % gegenüber freien Purinen ausgenutzt. 8-^{14}C-Adenin wird von Hefe ohne weiteres in Guanin umgewandelt. Bei genügender Guaninkonzentration findet keine Bildung aus Adenin statt. Aus Guanin vermag Hefe kein Adenin zu bilden. Ebenso findet kein Übergang von 8-^{14}C-Adenin in die Pyrimidinfraktion statt[3].

In gleichem Sinne spricht, daß Spuren von $^{14}CO_2$ nur nach markiertem Adenin, dagegen nicht nach markiertem Guanin in der Atmungsluft erscheinen[4]. In Leberhomogenaten erfolgt die Aufnahme von 8-^{14}C-Adenin in die Nucleotidfraktion. Es ist nachweisbar in Adenosinmonophosphorsäure, Adenosindiphosphorsäure, Adenosintriphosphorsäure und in einem noch unbekannten Adenosinphosphat[5]. Neben Adenin kann 2, 6-Diaminopurin als Vorstufe der Guaningruppe der Nucleinsäuren verwertet werden[6]. Nach Injektion von ^{15}N-Orotsäure (Uracil-4-carbonsäure) speichern Pentose- und Desoxypentosenucleinsäuren significante Mengen von ^{15}N in den Cytosin- und Uracilgruppen[7, 8].

Die Bildung der *Polynucleotide* erfolgt über komplexe Vorstufen, und zwar über Nucleoside und Purin- bzw. Pyrimidin-Oligonucleotide.

Dem Lactobacillus casei dient hierzu ein Oligonucleotid, das er zuvor aus angebotenem Adenin und Ribosephosphat synthetisiert[9]. Injiziertes ^{15}N-Cytidin erscheint bei Ratten in den Pentose- und Desoxypentosenucleinsäuren. In geringerem Ausmaß dient auch Uridin [Uracil-(3)-ribosid] als Baustein der Polynucleotidsynthese[10]. Wahrscheinlich geht dabei Cytosin-ribosid auch zum Teil in Cytosin-desoxyribosid über. ^{15}N-Desoxyhypoxanthin wird von Ratten nicht für die Polynucleotidsynthese verwendet, Desoxycytidin [Cytosin-(3)-desoxyribosid] hingegen wird mit rund 2% der injizierten Menge in den Pyrimidinbasen der Desoxypentosenucleinsäure wiedergefunden. Aus Desoxythymidin kann Thymidin gebildet werden. In die Purin- und Pyrimidinbasen der Pentosenucleotide geht ^{15}N nicht über[11].

Nucleotide entstehen auch auf enzymatischem Wege aus Pentose- bzw. Desoxypentosephosphorsäuren und Purinbasen. Die Ribose- und Desoxyribosephosphate sind damit Schlüsselsubstanzen bei der Biosynthese der Nucleotide.

Unter dem Einfluß eines Fermentes der Rattenleber werden aus Ribose-3-phosphorsäure in Gegenwart von Hypoxanthin, Adenin oder Guanin, dagegen nicht von Xanthin, die entsprechenden Nucleosid-3-phosphate gebildet. Als Nebenprodukt entsteht das Nucleotid Inosin-5-phosphorsäure bei der Reaktion: Inosin + $H_3PO_4 \rightleftharpoons$ Hypoxanthin + Ribose-1-phosphorsäure[12].

Die *Phosphorsäure* kann anscheinend direkt für die Nucleotidsynthese herangezogen werden. Anorganisches radioaktives Phosphat (^{32}P) wird von Zellkernen aus Schweineniere fermentativ in Ribo- und Desoxyribonucleinsäuren inkorporiert[13]. Injiziertes isotopes Phosphat (^{32}P) läßt sich jedenfalls in den Pentose- und Desoxypentosenucleotiden der Leber des Kaninchens, der Ratte und der Maus nachweisen[14, 15]. Der Umsatz des Nucleinsäurephosphors ist ver-

[1] Weygand, F., A. Wacker u. H. Dellweg: Z. Naturforsch. **7** b, 156 (1952). — [2] Balis, M. E., and G. B. Brown: J. biol. Ch. **188**, 217 (1951). — [3] Kerr, S. E., K. Seraidarian and G. B. Brown: J. biol. Ch. **188**, 207 (1951). — [4] Abrams, R., and J. M. Goldinger: Arch. Biochem. **30**, 261 (1951). — [5] Goldwasser, E.: 2. Int. Congr. Biochem. Paris. S. 200 (1952). — [6] Bendich, A., and G. B. Brown: J. biol. Ch. **176**, 1471 (1948). — [7] Bergström, S., A. Arvidson, E. Hammarsten, N. A. Eliasson, P. Reichard and H. v. Ubisch: J. biol. Ch. **177**, 495 (1949). — [8] Reichard, P.: Acta chem. scand. **3**, 422 (1949). — [9] Brown, G. B., M. E. Balis, G. B. Elion and G. H. Hitchings: 2. Int. Congr. Biochem. Paris. S. 75 (1952) — [10] Hammarsten, E., P. Reichard and E. Saluste: J. biol. Ch. **183**, 105 (1950). — [11] Reichard, P., and B. Estborn: J. biol. Ch. **188**, 839 (1951). — [12] Wajzer, J., et F. Baron: Bull. Soc. Chim. biol. **31**, 750 (1949). — [13] Siebert, G., K. Lang, S. Lucius u. G. Rossmüller: B. Z. **324**, 311 (1953). — [14] Volkin, E., and C. E. Carter: Am. Soc. **73**, 1519 (1951). — [15] Kelly, L. S., and H. B. Jones: Proc. Soc. exp. Biol. Med. **74**, 493 (1950).

glichen mit dem raschen Umsatz in anderen organischen Phosphorfraktionen langsam, aber von ansehnlichem Ausmaß. Bei starker Zellneubildung (Leberregeneration, maligne Tumoren) findet eine erhöhte Aufnahme von Phosphor (^{32}P) in die Nucleinsäurefraktion statt[1—5].

Die *Adeninnucleotide* nehmen in mancher Hinsicht eine Sonderstellung ein. *Adenosintriphosphorsäure* kann in Extrakten aus Herz-, Skelet- und glatter Muskulatur von Wirbeltieren aus ihren Spaltstücken Adenylsäure und Adenosindiphosphorsäure durch Umesterung mit Kreatinphosphorsäure wieder aufgebaut werden[6—8]:

Adenylsäure + Kreatinphosphorsäure ⇌ Adenosindiphosphorsäure + Kreatin.

Adenosindiphosphorsäure + Kreatinphosphorsäure ⇌ Adenosintriphosphorsäure + Kreatin.

Bei den Crustaceen und Cephalopoden tritt an Stelle der Kreatinphosphorsäure die Argininphosphorsäure[9]. Adenylsäure wird ferner durch Phosphobrenztraubensäure zu Adenosintriphosphorsäure resphosphoryliert. Aus Adenosindiphosphat entsteht durch Umsetzung mit Acetylphosphat ebenfalls Adenosintriphosphat[10]:

Acetylphosphat + Adenosindiphosphat ⇌ Adenosintriphosphat + Essigsäure.

Auch andere energiereiche Phosphorsäureverbindungen können in analogen Umsetzungen zur Synthese von Nucleotiden beitragen[11].

Durch das Enzym Adenosinkinase, das in Hefemazerationssaft, Nieren- und Leberextrakten vorkommt, wird Phosphat von Adenosintriphosphorsäure auf Adenosin übertragen[12]. Nach Injektion von radioaktivem Phosphat (^{32}P) wird bei der Ratte in Leber und Gehirn das Phosphat von Adenosinmonophosphorsäure ebenso schnell ausgetauscht wie das säurestabile Phosphat von Adenosindiphosphorsäure und Adenosintriphosphorsäure. Dasselbe gilt für Desoxypentosenucleinsäure[13].

Freies Adenin der Nahrung kann direkt zur Synthese von Adenosintriphosphorsäure verwendet werden. Bei Verfütterung von 1,3-^{15}N-Adenin an Ratten werden kleine Mengen von ^{15}N in die Adenosintriphosphorsäure des Muskels eingebaut[14].

Aus Adenosin und Phosphat entsteht unter der Einwirkung von Hefe Adenosin-5-phosphorsäure (Muskeladenylsäure). Dagegen werden Guanosin und D-Ribose nicht phosphoryliert. Der fermentative Vorgang ist demnach spezifisch. Damit ist auch der Weg aufgezeigt, auf dem *Hefeadenylsäure* (Adenosin-3-phosphorsäure) über Adenosin in Muskeladenylsäure übergehen bzw. technisch hergestellt werden kann[15]. Auch aus Inosinsäure kann Adenylsäure wahrscheinlich wieder aufgebaut werden. Die Reaminierung erfolgt dabei nicht durch das bei der Desaminierung entstandene Ammoniak, sondern mit Hilfe einer unbekannten aminogruppenliefernden Substanz[16—18]. Eine rückläufige

---

[1] HAHN, L., and G. HEVESY: Nature **145**, 549 (1940). — [2] BRUES, A. M., M. M. TRACY and W. E. COHN: Science, N. Y. **95**, 558 (1942). J. biol. Ch. **155**, 619 (1944). — [3] MARSHAK, A.: J. gen. Physiol. **25**, 275 (1941). — [4] TUTTLE, L. W., L. A. ERF and J. H. LAWRENCE: J. clin. Invest. **20**, 577 (1941). — [5] KOHMAN, T. P., and H. P. RUSCH: Proc. Soc. exp. Biol. Med. **46**, 403 (1941). — [6] LOHMANN, K.: B. Z. **237**, 445 (1931); **282**, 109 (1935). — [7] MEYERHOF, O., u. K. LOHMANN: B. Z. **253**, 431 (1932). — [8] FERDMAN, D., O. FEINSCHMIDT u. M. OKUHN: Biochimija, Moskau **2**, 168 (1937) [Ber. Physiol. **101**, 61]. — [9] LOHMANN, K.: B. Z. **237**, 445 (1931); **282**, 109 (1935); **286**, 28 (1936). — [10] LIPMANN, F., and L. C. TUTTLE: J. biol. Ch. **153**, 571 (1944) — Bd. **1**, S. 304. — [11] PARNAS, J. K.: Ergebn. Enzymforsch. **6**, 64 (1937) — Bd. **1**, S. 994. — [12] CAPUTTO, R.: J. biol. Ch. **189**, 801 (1951). — [13] ZETTERSTRÖM, R., and M. LJUNGGREN: Acta chem. scand. **5**, 291 (1951). — [14] BROWN, G. B., P. M. ROLL, A. A. PLENTL and L. F. CAVALIERI: J. biol. Ch. **172**, 469 (1948). — [15] OSTERN, P., u. J. TERSZAKOWEĆ: H. **250**, 155 (1937). — [16] PARNAS, I. K: Kli. Wo. **1935 II**, 1017. — [17] OSTERN, P.: B. Z. **228**, 401 (1930). — [18] PARNAS, J. K., u. P. OSTERN: B. Z. **248**, 398 (1932).

Aminierung von Inosinmonophosphat zu Adenosintriphosphat kann auch ohne Zwischenstufen erfolgen[1]. ^{14}C-Formiat wird bei Ratten und Küken in Adenylsäure, Guanylsäure und Thymidylsäure eingebaut[2].

In Ringerphosphatlösung, welche 250 mg % Glucose und 2 % Nicotinsäureamid enthält, vermögen menschliche Erythrocyten bei 37° Pyridinnucleotide zu synthetisieren. Davon entfallen 75 bis 90 % auf Nicotinsäureamid-mononucleotide, der Rest auf Diphosphopyridinnucleotid[3].

Die Leber (Ratte, Kaninchen) enthält eine *Nucleosidphosphorylase*, welche in reversibler Reaktion aus Ribosenucleosiden und anorganischem Phosphat Ribose-1-phosphat bildet und das entsprechende Purin freisetzt. Es entsteht also neben Ribose-1-phosphat aus Inosin (Hypoxanthinribosid) Hypoxanthin, aus Guanosin (Guaninribosid) Guanin[4]. Das Gleichgewicht liegt ziemlich weit auf der Seite der Nucleosid-Synthese[5]. Der umgekehrte Weg führt zur *Synthese* von *Nucleosiden* aus Purin und Ribose-1-phosphat[6]. Auch Desoxyribosephosphat kann in Gegenwart von Nucleosidphosphorylase (aus Kalbsleber, Kalbsthymus oder Rattenleber) mit Hypoxanthin und Guanin die entsprechenden Purindesoxyriboside bilden. Adenin, Xanthin, Uracil, Thymin, Harnsäure, Allantoin, Nicotinsäureamid, Pyridoxin, Xanthopterin, Folsäure und Pteroinsäure werden nicht verwertet[7, 8]. Bei der phosphorolytischen Spaltung von Purindesoxyribosiden entsteht als extrem säurelabiler Phosphorsäureester das Desoxyribose-1-phosphat[9–11]. Es steht jedoch nicht fest, ob die Verknüpfung von Pentose und Purin in der Nucleinsäuresynthese auf diesem Wege erfolgt. Es ist durchaus möglich, daß die Bindung an Pentose vor dem Ringschluß erfolgt.

Ein analoges Beispiel ist die Uridinsynthese durch gewisse Neurospora-Mutanten. Hierbei wird die Kohlenstoffkette des Pyrimidins von der Oxalessigsäure geliefert und die Kupplung mit der Pentose erfolgt vor der Ringbildung[12, 13].

HO–CO–CH_2–CO–COOH → H_2N–CO–CH=CH–NH–Ribose → HN(Ribose)–CH=CH–CO(OH)–NH–CO → Ribose–N–CH=CH–CO–NH–CO

Auch die Synthese und Spaltung von Purin-desoxyribose-nucleosiden ist eine reversible Phosphorolyse, die analog der Reaktion bei den Purinribosiden abläuft[7]. Dasselbe gilt auch für Pyrimidinnucleoside. Denn die Spaltung von Thymidin durch Knochenmark[14, 15] wurde ebenfalls als eine reversible Phosphorolyse erkannt. Pyrimidin-nucleosid-phosphorylase ist ein eigenes Enzym[16]. Durch eine im Muskel (Ratte) vorkommende Phosphorylase wird in Gegenwart von anorganischem Phosphat aus Purinnucleosiden (Guanosin) das Purin

[1] Wajzer, J.: 2. Int. Congr. Biochem. Paris. S. 207 (1952). — [2] Totter, J. R., E. Volkin and C. E. Carter: Am. Soc. **73**, 1521 (1951). — [3] Leder, I. G., and P. Handler: J. biol. Ch. **189**, 889 (1951). — [4] Kalckar, H. M.: Fed. Proc. **4**, 248 (1945). J. biol. Ch. **158**, 723 (1945). — [5] Lipmann, F.: Ann. Rev. **12**, 13 (1943). — [6] Kalckar, H. M., and M. Shafran: J. biol. Ch. **167**, 477 (1947). — [7] Friedkin, M., H. M. Kalckar and E. Hoff-Jørgensen: J. biol. Ch. **178**, 527 (1949). — [8] Manson, L. A., and J. O. Lampen: J. biol. Ch. **191**, 95 (1951). — [9] Friedkin, M., and H. M. Kalckar: J. biol. Ch. **184**, 437 (1950). — [10] Friedkin, M.: J. biol. Ch. **184**, 449 (1950). — [11] Hoff-Jørgensen, E., M. Friedkin and H. M. Kalckar: J. biol. Ch. **184**, 461 (1950). — [12] Mitchell, H. K., and M. B. Houlahan: Fed. Proc. **6**, 506 (1947). — [13] Mitchell, H. K., M. B. Houlahan and J. F. Nyc: J. biol. Ch. **172**, 525 (1948). — [14] Deutsch, W., u. R. Laser: H. **186**, 1 (1930). — [15] Klein, W.: H. **231**, 125 (1935). — [16] Manson, L. A., and J. O. Lampen: Fed. Proc. **8**, 224 (1949).

(Guanin) abgespalten unter gleichzeitiger Bildung von Ribose-1-phosphat. Auch diese Reaktion ist reversibel, d. h. aus Guanin und Ribose-1-phosphat kann unter geeigneten Bedingungen das Nucleosid Guanosin gebildet werden[1]. Neuerdings scheint dieser Befund unsicher geworden zu sein[2]. Durch eine Xanthosinphosphorylase kann in Säugetiergeweben eine enzymatische Synthese von Desoxyxanthosin stattfinden[3]. Die Desoxyribosekomponente der Nucleoside und Nucleotide scheint auf enzymatischem Wege von einem Purin bzw. Pyrimidin auf ein anderes übertragbar zu sein[4]. Zahlreiche, zum Teil vorher unbekannte (Uracil) Desoxyribonucleoside sind auf diesem Wege erhalten worden, wobei etwa 80% der Desoxyribosidgruppen übertragen und nur 20% hydrolysiert wurden. Aus ^{14}C-Adenin und Hypoxanthin-desoxyribosid wurde ohne Abnahme der Isotopenkonzentration ^{14}C-Adenin-desoxyribosid erhalten[5].

Woher die Pentose (Ribose) und die Desoxypentose (Desoxyribose) der Nucleoside und Nucleotide stammen, ist noch nicht klar[6,7]. Desoxyribose-1-phosphat wird durch ein Enzym — *Phosphodesoxyribomutase* —, welches in Rattenleber und Kalbsthymus vorkommt, in Desoxyribose-5-phosphat umgewandelt, das durch andere Enzyme zu Triosephosphat zerlegt wird[8]. Auch Ribose-1-phosphat kann enzymatisch in Ribose-5-phosphat übergeführt werden[9]. Nach Zufuhr von ^{14}C-Formiat entfallen bei Ratten und Küken 25% der Aktivität in den Pyrimydinnucleotiden auf Ribose[10].

Die Ribose des Adenosins kann fermentativ in Triose und Hexosephosphat umgewandelt werden[11—15]. Dabei wird anscheinend durch Phosphorylase zunächst Ribose-1-phosphat gebildet, das mittels einer Mutase in Ribose-5-phosphat übergeht und anschließend in Triosephosphat und eine Zweikohlenstoffverbindung zerfällt[11,12]. In Bakterienextrakten wurde ein Enzym gefunden, welches Ribose-5-phosphat zu Glykolaldehyd umwandelt. Mit einer krystallinen Aldolase aus Kaninchenmuskel wurde durch Kondensation von Triosephosphat und Glykolaldehyd Pentosephosphat erhalten[12], das anscheinend nicht identisch ist mit Ribose-5-phosphat[13]. Weiter wurden beim Abbau von Purinnucleosiden etwa 50% der Ribose als Hexose-6-phosphat entdeckt[14]. Die Zweikohlenstoffverbindung aus Pentose kann durch menschliche Erythrocyten angeblich zu Hexose kondensiert werden[15].

Die Nucleinsäuresynthese wird durch Röntgenstrahlen gehemmt. Wahrscheinlich wird die Synthese der Desoxypentosenucleinsäure gehemmt[16—21] oder die normale Umwandlung von Pentosenucleotiden des Cytoplasmas zu Desoxypentosenucleotiden des Zellkernse blockiert[22]. Die bei Bestrahlung wäßriger Lösungen in Gegenwart von Sauerstoff entstehenden Radikale (HO_2)[19] greifen

[1] COLOWICK, S. P., and W. H. PRICE: J. biol. Ch. **159**, 563 (1945). Fed. Proc. **5**, 130 (1946). — [2] COLOWICK, S. P.: Abstr. amer. chem. Soc. **112**, 56—57 C (1947). — [3] FRIEDKIN, M.: Am. Soc. **74**, 112 (1952). — [4] MACNUTT, W. S.: Biochem. J. **50**, 384 (1952). Nature **166**, 444 (1950). — [5] KALCKAR, H. M., W. S. MACNUTT and E. HOFF-JØRGENSEN: Biochem. J. **50**, 397 (1952). — [6] COHEN, S. S.: J. biol. Ch. **177**, 667 (1949). — [7] GULLAND, J. M.: Soc. **1944**, 208. — [8] MANSON, L. A., and J. O. LAMPEN: J. biol. Ch. **191**, 95 (1951). — [9] WAJZER, J., et F. BARON: Bull. Soc. Chim. biol. **31**, 750 (1949). — [10] TOTTER, J. R., E. VOLKIN and C. E. CARTER: Am. Soc. **73**, 1521 (1951). — [11] DISCHE, Z.: Fed. Proc. **7**, 151 (1948). — [12] RACKER, E.: Fed. Proc. **7**, 180 (1948). — [13] SCHLENK, F., and M. J. WALDVOGEL: Fed. Proc. **6**, 288 (1947). — [14] WALDVOGEL, M. J., and F. SCHLENK: Arch. Biochem. **14**, 484 (1948). — [15] DISCHE, Z.: Naturwiss. **26**, 250 (1938). — [16] AHLSTRÖM, L., H. v. EULER and G. v. HEVESY: Ark. Kemi, Mineral. Geol. **19** A, Nr. 9, 16 (1944/45). — [17] HEVESY, G.: Rev. mod. Physics **17**, 102 (1945) [Chem. Abstr. **40**, 2858 (1946)]. — [18] AHLSTRÖM, L., H. v. EULER and G. v. HEVESY: Ark. Kemi, Mineral. Geol. **19** A, Nr. 13, 16 (1945). — [19] AHLSTRÖM, L., H. v. EULER, G. HEVESY and K. ZERAHN: Ark. Kemi, Mineral. Geol. **23** A, Nr. 10 (1946). — [20] AHLSTRÖM, L., H. v. EULER u. G. HEVESY: Ark. Kemi, Mineral. Geol. **24** A, Nr. 12 (1947). — [21] MITCHELL, J. S.: Brit. J. exp. Path. **23**, 285 (1942). Brit. J. Radiol. (N. S.) **16**, 339 (1943). — [22] NICOLA, M. DE: Exper. **6**, 432 (1950).

möglicherweise die Base oder den Zucker der Desoxyribosenucleinsäure oder beide an, wobei sich instabile Phosphatester bilden, welche zu anorganischem Phosphat hydrolysiert werden[1]. Im Tierversuch wird durch Bestrahlung mit 950 r der Einbau von $^{14}CO_2$ in Stellung 6 des Purinkerns von Desoxyribonucleotiden um etwa 50% vermindert. In den Eingeweiden nahm der ^{14}C-Gehalt gleichzeitig um etwa ein Drittel zu. Für den Einbau von ^{14}C-Formiat in den Stellungen 2 und 8 des Purinringes (Ribo- und Desoxyribonucleotid-Purine) gilt ähnliches. Glutathion beeinflußt diese Vorgänge nicht[2].

Auf eine Hemmung der Umwandlung der Pentosenucleinsäure des Cytoplasmas in die Desoxypentosenucleinsäure des Zellkernes wurde geschlossen aus der Anhäufung von ultraviolett absorbierendem Material im Cytoplasma von Tumorzellen, welche mit Röntgen- und γ-Strahlen bestrahlt wurden[3]. Direkte Hodenbestrahlung mit 250 bis 5000 r bewirkte bei Asellus aquaticus in allen Keimzellen, einschließlich der Spermatozoen und follikulären Sekretionszellen Unterdrückung der Synthese von Desoxyribonucleinsäure[3]. Bei Kaninchen wurde die Synthese von Ribonucleinsäuren und Desoxyribonucleinsäuren durch 5stündige Röntgenbestrahlung um 70 bis 90%, bei Ratten um 49 bzw. 80% verringert. Die Verteilung von Adenin und Guanin in den Ribonucleinsäuren und Desoxyribonucleinsäuren änderte sich nicht[3]. Auch in Carcinom-Transplantaten wird der Gehalt an Desoxypentosenucleinsäure durch Röntgenbestrahlung vermindert[4, 5].

Durch intravenöse Injektion von radioaktiven Kolloiden (Yttriumkolloid ^{90}Y) wird die Nucleinsäuresynthese ebenfalls gehemmt[6]. Gemessen am Einbau von ^{14}C bei Zufuhr von ^{14}C-Formiat verhindern eine Reihe von chemischen Verbindungen, die als Cytostatica bekannt sind, die Nucleinsäuresynthese[7]. Zu ihnen gehören Stickstofflost, Urethan, Colchicin, 2, 6-Diaminopurin, 8-Azaguanin, Kaliumarsenit und Cortison. Colchicin hemmt im besonderen die Adenosintriphosphatase und damit sowohl Abbau als auch Synthese von Adenosintriphosphorsäure[8]. Die Abnahme des Gehaltes an Pentosenucleinsäure im Cytoplasma von kohlenhydratreich ernährten Ratten nach Zufuhr von gereinigtem adrenocorticotropem Extrakt dürfte ebenfalls durch Hemmung der Synthese zu erklären sein[9]. A-Methopterin (4-Amino-N(10)-methylpteroylglutaminsäure) hemmt die Nucleinsäuresynthese in Leber und Milz von Mäusen, welche mit einem gegen A-Methopterin resistenten oder nicht resistenten Leukämiestamm infiziert wurden. Bei Resistenz war die Hemmung geringer als bei Fehlen derselben[10].

Für Bact. coli und Streptococcus haemolyticus besitzt Acriflavin (eine Mischung von 2, 7-Diaminoacridin, Proflavin und Euflavin) eine blockierende Wirkung auf den Stoffwechsel, welche durch Polynucleotide und Nucleotide aufgehoben wird. Danach scheint es sich um eine Hemmung der Nucleinsäurebildung zu handeln. Diese dürfte wesentlich sein für die antibakterielle Wirkung von Acridin[11]. Ähnlich liegen die Verhältnisse bei den Sulfonamiden. Auch sie hemmen die Nucleinsäuresynthese; Nucleinsäuren und Nucleoside können deshalb auch Antagonisten der Sulfonamide sein[12, 13]. Penicillin hat ebenfalls tiefgreifenden Einfluß auf die Bildung der Nucleinsäuren. Wahrscheinlich wird das Enzymsystem gestört, welches am Wasserstofftransport und an der Dephosphorylierung der Ribonucleinsäure beteiligt ist[14, 15]. Auch an ruhenden Zellen von Staphyl. aureus ist gezeigt worden, daß Penicillin den enzymatischen Ablauf des Ribonucleinsäure-Stoffwechsels behindert[16].

---

[1] Weiss, J.: Nature **169**, 460 (1952). — [2] Skipper, H. E., and J. H. Mitchell jr.: Cancer, N. Y. **4**, 363 (1951). — [3] Abrams, R.: Arch. Biochem. **30**, 90 (1951). — [4] Stowell, R. E.: Cancer Res. **6**, 426 (1946). — [5] Gopal-Ayengar, A. R., and E. V. Cowdry: Cancer Res. **7**, 1 (1947). — [6] Kelly, L. S., and H. B. Jones: Proc. Soc. exp. Biol. Med. **74**, 493 (1950). — [7] Skipper, H. E., J. H. Mitchell jr., L. L. Bennett jr., M. A. Newton, L. Simpson and M. Eidson: Cancer Res. **11**, 145 (1951). — [8] Lang, K., G. Siebert u. W. Estelmann: Exper. **7**, 379 (1951). — [9] Baker, B. L., D. S. Ingle, C. H. Li and H. M. Evans: Amer. J. Anat. **82**, 75 (1948). — [10] Skipper, H. E., and J. H. Burchenal: Cancer Res. **11**, 229 (1951). — [11] McIlwain, H.: Biochem. J. **35**, 1311 (1941). — [12] Schopfer, W. H., et M. Guilloud: Helv. physiol. Acta **4**, C 24 (1946). — [13] Schopfer, W. H.: Exper. **2**, 188 (1946). — [14] Mitchell, P.: Nature **164**, 259 (1949). — [15] Pratt, R., and J. Dufrenoy: J. Bacteriology **57**, 9 (1949). — [16] Krampitz, L. O.: Veterin. Student **9**, 9 (1946).

Wahrscheinlich wird die Wirkung der Ribonuclease durch Penicillin[1], Streptomycin und Acridin[2,3] durch Bildung elektroadsorptiver Komplexe mit den Pentosenucleoproteinen gehemmt.

Die biologische Bedeutung der Nucleinsäuren ist eng verknüpft mit der der Endprodukte ihres Stoffwechsels und dem ihrer N-haltigen Bausteine.

γ) Harnsäure[4]

(s. a. Bd. **1**, S. 807ff).

Die im Stoffwechsel durch Abbau der Nucleinsäuren entstehenden Purin- und Pyrimidinbasen werden nur zu einem kleinen Teil unverändert im Harn ausgeschieden. Die Hauptmenge unterliegt weiterer Umwandlung. Im Mittelpunkt dieses Teiles des Purinstoffwechsels steht als weitverbreitetes End- und Zwischenprodukt die Harnsäure. Bei den *Uricotelikern* (s. S. 1181) (Mensch, anthropoide Affen, Dalmatinerhund) führt der Purinstoffwechsel zur Harnsäure. Vorwiegend Uricoteliker sind Pferd, Rind und Meerschweinchen.

1. Vorkommen der Harnsäure.

In allen tierischen Harnen, auch in der Allantoisflüssigkeit von Hühnerembryonen liegt sie im wesentlichen als freie Säure vor[5]. Schon unter normalen Verhältnissen findet sich Harnsäure im menschlichen Blut, wobei das Plasma mehr enthält als die Blutkörperchen[6—8]. Der durchschnittliche Harnsäuregehalt von Plasma und Serum des menschlichen Blutes[9,10] ist beim Erwachsenen 4,0 mg pro 100 cm^3. Auch $4{,}85 \pm 1{,}10$ mg% ist als Normalwert der Serumharnsäure angegeben[11]. Bei 6% aller Erwachsenen soll der Harnsäuregehalt des Serums 6,0 mg% oder mehr betragen. Vom 20. bis 40. Lebensjahr nimmt der Harnsäuregehalt des Serums nicht zu[11]. Im Hochgebirge beträgt der Bluthararnsäurewert 0,7 bis 1,7 mg%[12].

Bei Diabetes mellitus mit Hyperglykämie zeigt der Harnsäuregehalt des Blutes keine von der Norm abweichenden Werte[13]. Dagegen ist der Harnsäurespiegel des Blutes bei Kranken mit Myokardinfarkt häufig (24 bis 57%) erhöht[11, 14], ohne daß der Rest-N damit parallel geht. Infarktträger mit erhöhtem Harnsäurespiegel des Blutes scheinen eine ungünstige Prognose zu haben. Ob der Harnsäureanstieg im Blut auf vermehrte endogene Bildung infolge Kernzerfall oder auf Störungen des Harnsäurestoffwechsels in der Leber beruht, ist noch nicht geklärt. Im Liquor cerebrospinalis kommt ebenfalls Harnsäure vor[15]. Im Liquor toxikosekranker Säuglinge wurde ohne parallelgehende Rest-N-Erhöhung und Zellvermehrung im Liquor ein starker Anstieg des Harnsäurewertes beobachtet[16]. Im Säugetierblut sind nur Spuren oder kleine Mengen[17], im Blut von Hühnern, Enten und Gänsen etwa 5 mg% Harnsäure[18]. Als Harnsäureribosid ist sie Bestandteil der Erythrocyten verschiedener Tierarten und des Menschen[19—22]. In Tumoren ist der Harnsäuregehalt im all-

[1] MASSART, L., G. PEETERS and A. VAN HOUCKE: Exper. **3**, 494 (1947). — [2] MASSART, L., G. PEETERS et A. LAGRAIN: Arch. int. Pharmacodyn. Thérap. **76**, 72 (1948). — [3] MASSART, L., G. PEETERS, J. DE LEY, R. VERCAUTEREN and A. VAN HOUCKE: Exper. **3**, 288 (1947). — [4] Zusammenfassende Darstellungen s. S. 1177f. — [5] NEEDHAM, J.: Nature **128**, 152 (1931). — [6] BATTISTINI, S., e F. QUAGLIA: Arch. Sci. med., Torino **62**, 437 (1936). — [7] HELLER, J.: B. Z. **279**, 149 (1935). — [8] ROSENTHAL, F.: Z. ges. exp. Med. **79**, 528 (1931). — [9] BENSLEY, E. H., S. MITCHELL and P. WOOD: J. Lab. clin. Med. **32**, 1382 (1947). — [10] BULGER, H. A., and H. E. JOHNS: J. biol. Ch. **140**, 427 (1941). — [11] GERTLER, M. M., S. M. GARN and S. A. LEVINE: Ann. internal Med. **34**, 1421 (1951). — [12] BORCHARDT, P.: Z. Tuberk. **50**, 473 (1928). — [13] STOCK, R., and J. CURRENCE: J. clin. Endocrinol. **10**, 313 (1950). — [14] STORTI, R.: Haematol., Napoli **34**, 761 (1950). — [15] SOPER, W. B., u. S. GRANAT: Zbl. inn. Med. **9**, 607 (1914). — [16] FERENCZ, P., u. D. BODA: Ann. paediatr., Basel **175**, 459 (1950). — [17] BYERS, S. O., M. FRIEDMAN and M. M. GARFIELD: Amer. J. Physiol. **150**, 677 (1947). — [18] LEVINE, R., W. Q. WOLFSON and R. LENEL: Amer. J. Physiol. **151**, 186 (1947). — [19] BENEDICT, S. R.: J. biol. Ch. **20**, 633 (1915). — [20] DAVIS, A. R., E. B. NEWTON and S. R. BENEDICT: J. biol. Ch. **54**, 595 (1922). — [21] NEWTON, E. B., and A. R. DAVIS: J. biol. Ch. **54**, 601, 603 (1922). — [22] BORNSTEIN, A., u. W. GRIESBACH: B. Z. **101**, 184; **106**, 190 (1920).

gemeinen höher als in normalem Gewebe[1, 2]. Harnsäure und Urate sind auch in Larven und Puppen von gewissen Insekten und in voll entwickelten Insekten und deren Exkrementen nachgewiesen worden[3].

2. Exogene und endogene Harnsäure bei Mensch und Tier.

Harnsäure kann durch Abbau von Purinbasen oder durch Synthese entstehen. Der größte Teil der vom Menschen und von anthropoiden Affen ausgeschiedenen Harnsäure ist „exogene Harnsäure". Sie stammt aus den freien und gebundenen Purinbasen der Nahrung.

Aufnahme von Nucleinen steigert beim *Menschen* die Harnsäureausscheidung[4]; diese beruht nicht auf dem Zerfall von Leukocyten bei der durch Zufuhr von Nucleinen auftretenden Leukocytose[5—10]. Kalbsthymus z. B. erhöht beim Menschen auch ohne Leukocytose die Harnsäureausscheidung[11]. Zwischen alimentär, sowie durch Adrenalin oder Pilocarpin bedingter Leukocytose und vermehrter Harnsäureausscheidung besteht wohl überhaupt kein unmittelbarer Zusammenhang[12]. Bei Tieren erbrachten ältere Fütterungsversuche mit freien Purinbasen zunächst keine Klarheit, weil Säugetiere die Harnsäure weiter abbauen und freie Purinbasen wegen ihrer schlechten Löslichkeit schwer resorbiert werden. Später gelang jedoch der eindeutige Nachweis, daß Fütterung von Adenin, Xanthin, Hypoxanthin und selbst von schwer resorbierbarem Guanin bei Mensch und Tier die Harnsäureausscheidung vermehrt[13—15]. Purinreiche Nahrung erhöht bei Ratten die Ausscheidung von Harnsäure und Allantoin[16]. Auch bei Injektion von Xanthin (25 mg pro 100 g Ratte) steigt die Harnsäureausscheidung an; sie ist bei gut ernährten Tieren höher als bei „Proteinmangel"-Tieren[17]. Nach Bestimmung mit der spezifischen Uricasemethode steigt die Harnsäureausscheidung nach Einnahme von Coffein, Theophyllin und Theobromin nicht an. Frühere Befunde über eine vermehrte Harnsäureausscheidung wurden bei Coffein, und Theophyllin durch die Bildung und Ausscheidung von Methylharnsäuren vorgetäuscht, welche bei der Phosphorwolframsäure-Reduktions- und der Silberfällungsmethode mitbestimmt werden[18, 19]. Theobrominzufuhr führt ebenfalls nicht zu vermehrter Harnsäureausscheidung; die aus ihr gebildete Methylharnsäure wirkt nicht reduzierend[18, 20].

Die „*endogene*" *Harnsäure* entsteht unabhängig von der Zufuhr der Nahrungspurine im dissimilatorischen Purinstoffwechsel von Zellkern und Cytoplasma.

Nach Burian u. Schur[21] ist der „endogene Harnsäurewert" diejenige Menge Harnsäure, welche von purinfrei- oder purinarm-, aber vollernährten, im Stickstoffgleichgewicht sich befindlichen Menschen ausgeschieden wird.

Der wahre endogene Abnutzungsumsatz beträgt nach Versuchen an Ratten nur etwa 1/5 der Gesamtpurinausscheidung und nur 2% des Gesamtstickstoffumsatzes[22]. Bei purinfreier Ernährung ist der endogene Harnsäurewert weitgehend unabhängig von Diurese, Stickstoffausscheidung und Harnreaktion. Dagegen scheint die Verdauungstätigkeit von einigem Einfluß zu sein. In den

---

[1] Shack, J.: J. nat. Cancer Inst. **3**, 389 (1943). — [2] Jedlicka, V., u. J. Sula: Acta radiol. cancerol. bohemoslov. **2**, 108 (1939). — [3] Schindler, J.: Öst. zool. Z. **2**, 517 (1950). — [4] Horbaczewski, J.: Mh. Chem. **10**, 624 (1889); **12**, 221 (1891). — [5] Schittenhelm, A., u. E. Bendix: Z. exp. Path. Therap. **2**, 166 (1905/06). — [6] Jacob, P.: Z. klin. Med. **30**, 447 (1896). — [7] Hahn, M.: Arch. Hygiene **28**, 312 (1897). — [8] Goldscheider, A., u. R. F. Müller: Fortschr. Med. **13**, 351 (1895). — [9] Milroy, T. H., and J. Malcolm: J. Physiol., London **23**, 217 (1898). — [10] Miyake, H.: Mitt. Grenzgeb. Med. Chir. **13**, 155 (1904). — [11] Weintraud, W.: Berlin. klin. Wschr. **1895 I**, 405. — [12] Shim, H. S.: J. Biochem. **4**, 173 (1924). — [13] Krüger, M., u. J. Schmid: H. **34**, 549 (1901/02). — [14] Brugsch, T., u. A. Schittenhelm: Z. exp. Path. Therap. **5**, 215 (1908). — [15] Schittenhelm, A., u. E. Bendix: H. **43**, 365 (1904/05). — [16] Leone, E.: Boll. Soc. ital. Biol. sperim. **20**, 750 (1945). — [17] Williams, J. N. jr., P. Feigelson and C. A. Elvehjem: J. biol. Ch. **185**, 887 (1950). — [18] Buchanan, O. H., A. A. Christman and W. D. Block: J. biol. Ch. **157**, 189 (1945). — [19] Stern, K. G., and M. Reiner: Yale J. Biol. Med. **19**, 67 (1946). — [20] Myers, V. C., and R. F. Hanzal: J. biol. Ch. **162**, 309 (1946). — [21] Burian, R., u. H. Schur: Pflügers Arch. **80**, 241 (1900). — [22] Terroine, É.-F., et G. Mourot: Cr. **198**, 772 (1934).

ersten Stunden nach der Mahlzeit steigt der endogene Harnsäurewert an[1—3]. Dies ist verständlich, da bei der Sekretion der Verdauungssäfte auch Zellkerne zerfallen und Purinbasen frei werden können[4]. Ebenso mag die spezifisch-dynamische Stoffwechselwirkung der mit der Nahrung aufgenommenen Proteine und Aminosäuren den Kernzerfall erhöhen.

Die endogene Harnsäureausscheidung ist zwar individuell verschieden, bei gleichbleibender Lebensweise jedoch bei ein und demselben Lebewesen eine relativ konstante Größe[5,6]. Als Beispiel mag der Fall[7] dienen, in dem ein Mensch noch nach 25 Jahren denselben endogenen Harnsäurewert aufwies. Die täglich zur Ausscheidung kommende endogene Harnsäuremenge[6] beträgt beim Menschen im Mittel 0,42 g. Aus der Ausscheidung von injizierter 1,3-^{15}N-Harnsäure wurde berechnet[8], daß die im Stoffwechsel befindliche Harnsäure bei normalen Personen etwa 1,2 g beträgt.

Die Bildung endogener Harnsäure ist eng verknüpft mit den Mauserungs- und Abnützungsvorgängen. Eine wesentliche Quelle sollen die Normoblastenkerne sein[9]. Es können jedoch wohl auch andere Zellen und Organe, wie Leukocyten, Muskulatur, Verdauungsdrüsen und Nieren, nach Maßgabe ihrer Tätigkeit daran teilnehmen. Bei erhöhter Organfunktion z. B. im Wachstum, bei durch Pilocarpin gesteigerter Drüsensekretion und bei vermehrtem Zell- und Kernzerfall durch Röntgen- und Radiumbestrahlung, bei Phosphorvergiftung, infektiösen und toxischen Leberschädigungen, bei Folgezuständen nach Eckscher Fistel und im Fieber ist deshalb mit Vermehrung der endogenen Harnsäure zu rechnen. Auch bei Leukämie und bei der Behandlung von Leukämien mit Röntgenstrahlen, Urethan, Stickstofflost und Triäthylenmelamin (2,4,6-Triäthylen-imino-1,3,5-triazin) steigt die Bildung und Ausscheidung von Harnsäure stark an. Bei exsudativ-produktiver Tuberkulose kann die Ausscheidung endogener Harnsäure erhöht sein. Nach mehrwöchiger Behandlung mit TB1 (Acetanilido-thiosemicarbazon) kann sie auf das Doppelte des Normalwertes ansteigen[10]. In der Reticulocytenkrise wurde bei hämorrhagischer und perniziöser Anämie eine vermehrte Ausscheidung endogener Harnsäure beobachtet[11].

Ein kleiner Teil endogener Harnsäure wird beim Menschen möglicherweise synthetisch gebildet[12] (Harnsäuresynthese bei Tieren s. S. 1204).

3. Harnsäurebildung aus Purinbasen.

Aus den Aminopurinen entsteht Harnsäure beim Säugetier durch hydrolytische Desaminierung mit nachfolgender Oxydation. Die Desaminierung erfolgt durch spezifische Fermente — *Purindesaminasen, Purinaminasen* — an den freien Aminopurinen oder, wie bereits erwähnt (S. 1188 f.) auf der Mononucleotidstufe — *Nucleotiddesaminasen* — oder an den Nucleosiden — *Nucleosiddesaminasen.* Beim Menschen herrscht wohl die Desaminierung der gebundenen Aminopurine vor.

Durch die Purindesaminasen werden die Purinbasen hydrolytisch desaminiert zu den Oxypurinen:

$$\underset{\text{(Aminopurin)}}{\text{Purin-NH}_2} + H_2O \rightleftharpoons \underset{\text{(Oxypurin)}}{\text{Purin-OH}} + NH_3$$

[1] Mareš, F.: Pflügers Arch. **134**, 59 (1910). — [2] Smetánka, F.: Pflügers Arch. **138**, 217 (1911). — [3] Höst, H. F.: Norsk Mag. Laegevid. **78**, Suppl. (1917). — [4] Schittenhelm, H., u. K. Harpuder: Handb. Biochem. **8**, 580—626 (1925). — [5] Burian, R., u. H. Schur: Pflügers Arch. **80**, 241 (1900). — [6] Degan, C.: Ann. Physiol. Physicochim. biol. **9**, 451 (1933). — [7] Faustka, O.: Pflügers Arch. **155**, 523 (1914). — [8] Benedict, J. D., P. H. Forsham and D. Stetten jr.: J. biol. Ch. **181**, 183 (1949). — [9] Krafka, J. jr.: J. biol. Ch. **83**, 409 (1929). — [10] Horn, G.: Z. ges. inn. Med. **5**, 621 (1950). — [11] Opsahl, R.: Acta med. scand. **102**, 611 (1939). — [12] Terroine. É.-F., et G. Mourot: Ann. Sci. natur., Paris (Zool.) **17**, 407 (1934).

Auf dieser Reaktion beruht in der Hauptsache die Bildung von Ammoniak bei der Autolyse in Gewebe, Blut und Organextrakten.

Die Ammoniakbildung im Blut (s. S. 343) geschieht zum großen Teil durch Desaminierung von Nucleotiden[1] und Nucleosiden. Sie erfolgt in Stufen und rührt vor allem her von der Gegenwart einer *Adenosindesaminase*. Das Ammoniak der sog. „β"-Stufe, welche sich an die kurze „α"-Stufe oder Sofortstufe anschließt und etwa 3 bis 5 Std dauert, stammt im wesentlichen aus Adenosin. Aber auch Adenosinmonophosphorsäure, Adenosindiphosphorsäure, Adenosintriphosphorsäure und in geringem Ausmaße sogar Desoxyribonucleinsäure liefern im Säugetierblut und in enzymatisch aktiven Gewebsextrakten Ammoniak[2]. Im Katzenblut wird das pharmakologisch wirksame Adenosin unter Freisetzung von Ammoniak rasch inaktiviert. Weniger rasch erfolgt das Unwirksamwerden durch Desaminierung bei Adenosin-5-phosphorsäure (Muskeladenylsäure) und bei Adenosintriphosphorsäure durch Blutplasma[3]. In lackfarbenem Blut wird Adenosintriphosphat innerhalb von 90 min desaminiert[4].

Da ^{15}N bei Zufuhr von ^{15}N-Ammoniumacetat rasch in die Aminogruppe, jedoch nicht in den Purinring eintritt, kann angenommen werden, daß Muskeladenylsäure rasch reversibel desaminiert wird[5].

Spezifische Desaminasen sind nachgewiesen für Adenylsäure (→ Inosinsäure), Guanylsäure (→ Xanthosylsäure), Guanosin (→ Xanthosin), Guanin (→ Xanthin), Adenin (→ Hypoxanthin) und, wie bereits schon erwähnt, für Adenosin (→ Hypoxanthosin, Inosin)[6, 7].

Die oxydative Desaminierung von Adenin, Guanin, Adenosin und Guanosin beruht bei Wirbeltieren auf vier verschiedenen Enzymen. Bei Wirbellosen kommen nur zwei Enzyme vor, welche Purine angreifen. Die Desaminasen der Nucleoside erscheinen phylogenetisch später. Als Ausnahme besitzt der Salamander keine Guanosinoxydase[8]. Stark wirksame Desaminasen für Adenin, Guanin und Cytosin sind in zellfreien Extrakten von Hefe und E. coli enthalten[9].

Die Adenosin-desaminase ist unwirksam gegen Isoguanosin (2-Oxy-6-aminopurin-D-ribosid)[10]. Die 5-Adenylsäure-desaminase des Muskels ist zum größten Teil an Myosin gebunden[11]. Die spezifische Wirkung der Desaminasen beschränkt sich auf die Umwandlung der Konfiguration $C-NH_2$ in $C-OH$ (Lactimform) bzw. $C=O$ (Lactamform): das freiwerdende Ammoniak wird sofort in den Harnstoffcyclus einbezogen.

Freie und gebundene Aminopurine gehen durch Desaminierung in Oxypurine über. Aus Adenin (6-Aminopurin) entsteht durch *Adenase* Hypoxanthin (6-Oxypurin), aus Guanin (2-Amino-6-oxypurin) durch *Guanase* Xanthin (2, 6-Oxypurin).

Eine in Extrakten aus B. coli vorkommende Transaminase katalysiert die Umaminierung von Adenin und Guanin mit α-Ketoglutarsäure, wobei Glutaminsäure gebildet wird. Als Coferment dieser Transaminase fungiert Pyridoxalphosphat[12].

Die *Oxypurine* werden durch eine spezifische Dehydrogenase, die *Xanthinoxydase* oder *Xanthindehydrogenase* zu Harnsäure oxydiert[13]. Die Oxydation der Purine kann der Desaminierung vorausgehen; denn aus Rattenharn wurde nach

---

[1] MOZOŁOWSKI, W.: B. Z. **206**, 150 (1929). — [2] CONWAY, E. J., and R. COOKE: Nature **139**, 627 (1937); **142**, 720 (1938). Biochem. J. **33**, 457, 479 (1939). — [3] DRURY, A. N., C. LUTWAK-MANN and O. M. SOLANDT: Quart. J. exp. Physiol. **27**, 215 (1938). — [4] KERR, S. E., and A. ANTAKI: J. biol. Ch. **121**, 531 (1937). — [5] KALCKAR, H. M., and D. RITTENBERG: J. biol. Ch. **170**, 455 (1947). — [6] BLAUCH, M. B., and F. C. KOCH: J. biol. Ch. **130**, 455 (1939). — [7] BLAUCH, M. B., F. C. KOCH and M. E. HANKE: J. biol. Ch. **130**, 471 (1939). — [8] DUCHATEAU-BOSSON, G., M. FLORKIN et G. FRAPPEZ: Bull. Cl. Sci. Acad. R. Belg. **27**, 169 (1941). — [9] CHARGAFF, E., and J. KREAM: J. biol. Ch. **175**, 993 (1948). — [10] SCHAEDEL, M. L., M. J. WALDVOGEL and F. SCHLENK: J. biol. Ch. **171**, 135 (1947). — [11] HERMANN, V. S., and G. JOSEPOVITS: Nature **164**, 845 (1949). — [12] GUNSALUS, C. F., and J. TONZETICH: Nature **170**, 162 (1952). — [13] BURIAN, R.: H. **43**, 497, 532 (1904/05). — vgl. Bd. **1**, S. 1206.

Injektion von Adenin *6-Amino-2,8-dioxypurin* gewonnen[1]. Der tierische Organismus kann sogar das Aminopurin Adenin wohl unabhängig voneinander sowohl in 2- als auch in 8-Stellung (also ohne Desaminierung) oxydieren, wobei 2,8-Dioxyadenin, 2-Oxyadenin bzw. 8-Oxyadenin entstehen können[2].

Xanthindehydrogenase kommt beim Menschen in der Leber[3—6], beim Rind in Milz, Leber[7—11], Milchdrüse, roher Milch[12,13] und Niere, beim Kaninchen in der Milz, aber nicht in Niere und Muskulatur[14] vor. Von den Organen der Ratte wandeln Leber, Niere und Darmschleimhaut die Purine am stärksten in Harnsäure um. Adenin wird in nenneswertem Umfang nur von der Darmschleimhaut in Harnsäure übergeführt. Quergestreifte und glatte Muskeln vermögen nur wenig Harnsäure zu bilden[15]. Nierenschnitte von weißen Ratten, Meerschweinchen und Katzen enthalten ebenfalls Xanthindehydrogenase[16]. Auch defibriniertes Blut[17] bildet aus unbekannten Vorstufen Harnsäure. In Organen, in denen, wie z. B. in der Rinderleber, neben Xanthindehydrogenase noch uricolytisches Ferment anwesend ist, kann die Wirkung der ersteren verdeckt werden. Die Xanthindehydrogenase der Kuhmilch ist identisch mit dem *Schardingerschen Ferment* (s. Bd. **1**, S. 1206). Neugeborene Ratten enthalten in der Leber keine Xanthindehydrogenase; der normale Gehalt wird jedoch bei gewöhnlicher Ernährung in einigen Wochen erreicht. Bei Fütterung mit künstlichem Futtergemisch — 21% Casein (vitaminfrei) + 68% Glucose + Fett-Salz-Gemisch — wird auch dann keine Xanthindehydrogenase gebildet, wenn das Verhältnis Kohlenhydrat zu Eiweiß zu Fett geändert und Vitamine (einschließlich Vitamin B_{12}) und Spurenelemente (Zn, Mn, Cu, Co) zugesetzt werden. Nur Übergang zu normalem Futter oder Beifütterung von 10% Leber bewirken die Bildung von Xanthinoxydase in der Leber[18].

Bei eiweißarmer Kost (6% Casein) sinkt bei der Ratte die Xanthinoxydaseaktivität in der Leber fast bis auf den Nullwert und in der Niere auf die Hälfte des Kontrollwertes (18% Casein + 0,25% D, L-Methionin im Futter)[19].

Die Xanthindehydrogenase ist ein einheitliches Enzym und enthält als prosthetische Gruppe Alloxazin-adeninnucleotid[20] (s. Bd. **1**, S. 834). Die Xanthindehydrogenase hat eine spezifische Wirkung nur auf Hypoxanthin und Xanthin. Ob die Wirkungen auf Xanthopterin, 2-Amino-4-oxypteridin und 2-Amino-6-oxy-pteridinaldehyd-8 auf ein oder verschiedene Enzyme zurückzuführen sind, ist noch ungeklärt[21].

Überlebende *Nierenschnitte* von Ratten, Meerschweinchen und Katzen vermögen unter anaeroben Bedingungen nur Xanthin, nicht Hypoxanthin in Harnsäure überzuführen. Bei Zusatz eines Wasserstoffacceptors, z. B. Methylenblau, wird jedoch auch Hypoxanthin zu Harnsäure dehydriert. Überlebende *Milzschnitte* zeigen dasselbe Verhalten[16, 21].

Die prosthetische Gruppe der Xanthindehydrogenase wird durch Hypoxanthin, Salicylaldehyd und Xanthopterin in zwei Phasen anaerob reduziert. In der ersten Phase erfolgt innerhalb von weniger als 30 sec die „Sofortreduktion". Die Größe der Sofortreduktion ist ein Maß für die Aktivität des Enzyms. In der 1 Std oder länger dauernden 2. Phase wird die prosthetische Gruppe des inaktiven Enzymproteins durch die prosthetische Gruppe des aktiven Enzymproteins langsam reduziert[22].

---

[1] NICOLAIER, A.: Z. klin. Med. **45**, 359 (1902). — [2] BENDICH, A., G. B. BROWN, F. S. PHILIPS and J. B. THIERSCH: J. biol. Ch. **183**, 267 (1950). — [3] WINTERNITZ, M. C., u. W. JONES: H. **60**, 180 (1909). — [4] SCHITTENHELM, A.: H. **63**, 248 (1909). — [5] MILLER, J. R., u. W. JONES: H. **61**, 400 (1909). — [6] TRUSZKOWSKI, R.: Biochem. J. **24**, 1681 (1930). — [7] BURIAN, R.: H. **43**, 497, 532 (1904/05). — [8] HORBACZEWSKI, J.: Mh. Chem. **10**, 624 (1889); **12**, 221 (1891). — [9] SCHITTENHELM, A., u. K. WIENER: H. **77**, 77 (1912). — [10] SPITZER, W.: Pflügers Arch. **76**, 192 (1899). — [11] WIENER, H.: A. e. P. P. **40**, 313 (1898). — [12] MICHLIN, D., u. A. RYŽOWA: Fermentforsch. **14**, 389 (1934). — [13] MORGAN, E. J.: Biochem. J. **20**, 1282 (1926); **24**, 410 (1930). — [14] TAKEUTI, N.: Okayama-Igakkai-Zasshi **49**, 2357 (1937) [Ber. Physiol. **105**, 318]. — [15] BORSOOK, H., and C. E. P. JEFFREYS: Proc. Soc. exp. Biol. Med. **33**, 1 (1935). — [16] REINDEL, W., u. W. SCHULER: H. **247**, 172 (1937). — [17] ENGELHARDT, W. A.: B. Z. **182**, 121 (1927). — [18] WESTERFELD, W. W., and D. A. RICHERT: J. biol. Ch. **184**, 163 (1950). — [19] WILLIAMS, J. N. jr., P. FEIGELSON and C. A. ELVEHJEM: J. biol. Ch. **185**, 887 (1951). — [20] BALL, E. G.: Science, N. Y. **88**, 131 (1938). — [21] PREISLER, P. W., and F. E. HUNTER jr.: Biological oxydations. Ann. Rev. **18**, 18 (1949). — [22] MORELL, D. B.: Biochem. J. **50**, VI (1952).

Die Xanthindehydrogenase aus der Leber von Hühnern und Truthühnern wird erst aktiv nach Zusatz von Methylenblau, ist also eine Dehydrogenase. Durch Methylenblau wird zwar auch die Xanthindehydrogenase der Säugetiere aktiviert; trotzdem ist sie eine Oxydase, da sie durch 8,5% Antabus [Tetraäthylthiuramdisulfid $(H_5C_2)_2 \cdot N \cdot C(S) \cdot S \cdot S \cdot C(S) \cdot N \cdot (C_2H_5)_2$] zu 40 bis 100% gehemmt wird, was durch Zusatz von Methylenblau verhindert werden kann. Erhitzen auf 56° C verändert die Xanthindehydrogenase der Säugetiere (ausgenommen Maus und Ratte) nicht. Inaktivierung durch Erhitzen oder Antabus betrifft immer nur die Dehydrogenasekomponente[1].

Die Oxypurine werden sowohl aerob als auch *anaerob zu Harnsäure* oxydiert. Die *anaerobe Zersetzung* geht denselben Weg wie die aerobe.

Im *Autolyseversuch* mit keimfreier Rinderleber werden bei Gegenwart von Sauerstoff 97%, von Luft 96% und von Wasserstoff 25 bis 80% der Purine zu Harnsäure und weiter oxydiert. Danach scheint die aerobe Harnsäurebildung schneller vor sich zu gehen als die anaerobe[2]. Diese letztere ist wohl von vorhandenen Wasserstoffacceptoren abhängig; denn unter anderen Versuchsbedingungen mit Nieren- und Milzschnitten von Ratte, Meerschweinchen und Katze erfolgt trotz Sauerstoffgegenwart die „anaerobe" Bildung leichter. Aerobe und anaerobe Harnsäurebildung werden durch Cyankalium gehemmt.

Die fermentative *Dehydrierung des Hypoxanthins* verläuft in zwei Stufen[3—5]. In der ersten Phase wird Hypoxanthin zu Xanthin dehydriert. Erst wenn alles Hypoxanthin in Xanthin umgewandelt ist, folgt die zweite Phase, die *Dehydrierung von Xanthin zu Harnsäure*. Nur die Umwandlung von Xanthin in Harnsäure wird durch Blausäure gehemmt[5, 6].

Die *Xanthindehydrogenase* wirkt optimal bei p_H 8,2, wird gefördert durch Cholsäure[7, 8] und Radiumemanation[9] und gehemmt durch oxydiertes p-Aminophenol (= Chinonimin, O=⟨ ⟩=NH)[10]. Harnsäure[11] hemmt; dagegen beschleunigt sie, wenn wenig Hypoxanthin und Xanthindehydrogenase vorhanden sind. Die Hemmung beruht, sofern Hypoxanthin und Xanthindehydrogenase anwesend sind, zum Teil auf der H-Acceptorfunktion der Harnsäure und deren vorübergehenden Hydrierung zu Xanthin[3].

Durch eine Gruppe von Flavonoiden und verwandten Verbindungen wird Xanthinoxydase ebenfalls gehemmt. Verbindungen mit Chalkonstruktur sollen besonders wirksam sein[12].

Durch geringe Konzentrationen von Folsäure (Pteroylglutaminsäure) (0,06 bis 0,3%) wird die Aktivität der Xanthindehydrogenase in einem System aus katalasehaltiger Milch um 10 bis 40% gefördert; höhere Konzentrationen (über 1,5%) hemmen die Oxydation um mindestens 20%. Die Hemmung erfolgt wahrscheinlich durch kompetitive Verdrängung des Substrates an der katalytisch aktiven Enzymoberfläche[13]. Eine Reihe von Pteridinen — Xanthopterin, 2-Amino-4-oxypteridin, 2-Amino-4-oxy-6-formyl-pteridin und 2-Amino-4-oxy-6-oxymethyl-pteridin — wirken ebenfalls hemmend auf Xanthindehydrogenase[14].

Der Abbau der Aminopurine zu Harnsäure kann durch folgendes Schema veranschaulicht werden:

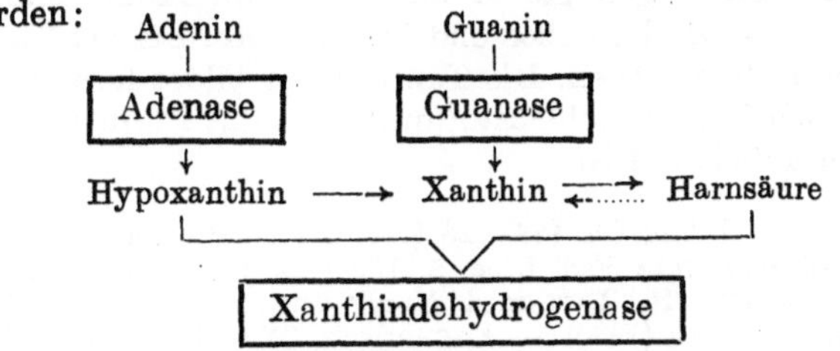

[1] RICHERT, D. A., and W. W. WESTERFELD: Proc. Soc. exp. Biol. Med. **76**, 252 (1951). — [2] ZZUNKIEWICZ, J. M.: Acta Biol. exp., Warszawa **4**, 241 (1930). — [3] REINDEL, W., u. W. SCHULER: H. **247**, 172 (1937). — [4] GREEN, D. E.: Biochem. J. **28**, 1550 (1934). — [5] BIGWOOD, E. J., J. THOMAS et H. HERBO: C. R. Soc. Biol. **126**, 913 (1937). — [6] BIGWOOD, E. J., J. THOMAS et H. HERBO: C. R. Soc. Biol. **123**, 87 (1936). — [7] TAKEUTI, N.: Okayama-Igakkai-Zasshi **49**, 2133 (1937). — [8] KARASAWA, R.: J. Biochem. **7**, 145 (1927). — [9] SCHULZ, A.: B. Z. **48**, 86 (1913). — [10] BERNHEIM, F., and M. L. C. BERNHEIM: J. biol. Ch. **123**, 307 (1938). — [11] HARRISON, D. C.: Biochem. J. **26**, 472 (1932). — [12] BEILER, J. M., and G. J. MARTIN: J. biol. Ch. **192**, 831 (1951). — [13] FATTERPAKER, P., and A. SREENIVASAN: Nature **167**, 149 (1951). — [14] PETERING, H. G., and J. A. SCHMITT: Am. Soc. **72**, 2995 (1950).

Mit diesen Vorgängen kann bei Gegenwart von anorganischem Phosphat und unter dem Einfluß einer Phosphorylase auch die Freisetzung von Amino- und Oxypurinen aus den zugehörigen Nucleosiden unter Bildung von Ribose-1-phosphat oder Desoxyribose-1-phosphat verbunden sein. Für jedes Mol in Reaktion gehendes Phosphat wird dabei ein Mol Harnsäure gebildet. Damit gewinnen Ribose-1-phosphat und Desoxyribose-1-phosphat auch für die Harnsäurebildung aus Purinbasen eine wichtige Bedeutung[1,2].

4. Harnsäuresynthese.

Neben der oxydativen Bildung aus Purinbasen kommt der eigentliche Aufbau der Harnsäure durch Synthese in Betracht. *Er ist für Vögel, Reptilien und einige Wirbellose sichergestellt.* Die Vertreter dieser Tierklassen scheiden den Stickstoff in der Hauptsache als Harnsäure aus. Der weitaus größte Teil dieser Harnsäure stammt jedoch nicht aus dem Purinstoffwechsel, sondern aus dem Eiweißumsatz. Spaltstücke aus dem Eiweißstoffwechsel liefern den Stickstoff für die Harnsäure. Schon frühzeitig vermutete man, im Vogel werde aus Harnstoff oder einer mit der Harnstoffbildung in Verbindung stehenden Stickstoffquelle und einer Dreikohlenstoffverbindung Harnsäure aufgebaut.

Eine Reihe von tierexperimentellen Befunden schien diese Annahme zu stützen. Hühner scheiden den Stickstoff von Glykokoll, Leucin, Asparaginsäure und Asparagin[3], Harnstoff[4,5] und Ammoniumsalzen[6,7] mehr oder minder quantitativ als Harnsäure aus. Der Ort der Harnsäurebildung ist nach MINKOWSKI[8] die Leber (s. S. 1207).

Schaltet man bei *Gänsen und Enten* die Leber durch Exstirpation oder Abbinden der zuführenden Gefäße aus, so scheiden sie im Harn statt Harnsäure Ammoniumlactat aus. Dieser Befund[8] weist gleichzeitig auf die Milchsäure als Dreikohlenstoffquelle hin. Den strengen Beweis brachten Versuche an der Vogelleber. Bei deren Durchströmung mit Ammoniak bzw. Ammoniumcarbonat oder Arginin und Milchsäure bildete sich Harnsäure[9—11]. Mit Harnstoff als Stickstoffquelle beobachtete man[10, 12—16] am überlebenden Organ und am ganzen Tier teils Ausbleiben, teils Auftreten von Harnsäurebildung. Die *Schneckenleber* ist imstande aus Harnstoff und Tartronsäure Harnsäure zu bilden. Der Harnstoff entsteht dabei aus Ornithin mittels Arginase[17] (s. Bd. 1, S. 1102). Ebenso wird im *Saft* und *Preßsaft* des Tintenfisches (Octopus vulgaris) und der Schnecke Aplysia Harnsäure synthetisch gebildet[18].

Die Fähigkeit, Harnsäure zu synthetisieren, kommt auch Gewebsbrei und Gewebsschnitten von Vogelorganen zu[19,20]. Beim Huhn und bei der Gans erfolgt diese Synthese in der Leber und in der Niere. Bei der Taube verläuft sie dagegen in zwei Teilreaktionen. Die Taubenleber bildet fermentativ eine „Vorstufe", die wahrscheinliche Kohlenstoffquelle für das Purinskelett, deren chemische Natur noch unbekannt ist.

---

[1] KALCKAR, H. M.: J. biol. Ch. **158**, 723 (1945). Fed. Proc. **4**, 248 (1945). — [2] COLOWICK, S. P., and W. H. PRICE: Fed. Proc. **5**, 130 (1946). — [3] KNIERIEM, W. v.: Z. Biol. **13**, 36 (1877). — [4] MEYER, H.: Diss. med. Königsberg, Pr. 1877. — [5] PUPILLI, G.: Biochim. Terap. sperim. **17**, 113 (1930). — [6] SCHRÖDER, W.: H. **2**, 228 (1878/79). — [7] HENRIQUES, V., u. A. C. ANDERSEN: H. **92**, 21 (1914). — [8] MINKOWSKI, O.: A. e. P. P. **21**, 41 (1886). — [9] KOWALEWSKI, K., u. S. SALASKIN: H. **33**, 210 (1901). — [10] IZAR, G.: H. **65**, 78 (1910); **73**, 317 (1911). — [11] RUSSO, G.: Arch. Sci. biol., Bologna **19**, 384 (1934). — [12] FRIEDMANN, E., u. H. MANDEL: A. e. P. P. Suppl. **1908**, 199. — [13] CLEMENTI, A.: Arch. Sci. biol., Bologna **14**, 451 (1930). Boll. Soc. ital. Biol. sperim. **4**, 503 (1929). — [14] DMOCHOWSKI, A.: C. R. Soc. Biol. **104**, 782 (1930). — [15] OSTERN P., u. J. K. PARNAS: Acta biol. exp., Warszawa **5**, 19 (1930). — [16] RUSSO, G.: **14**. Int. Congr. Physiol. Rom. S. 223 (1932). Arch. Fisiol. **33**, 124 (1933). — [17] BALDWIN, E.: Biochem. J. **29**, **1538** (1935). — [18] PRZYLECKI, S. J.: Ann. Physiol. Physicochim. biol. **3**, 381 (1927). — [19] SCHULER, W., u. W. REINDEL: H. **221**, 209, 232 (1933). — [20] REINDEL, W., u. W. SCHULER: H. **248**, 197 (1937).

Die „Vorstufe" ist nicht identisch mit einem Mononucleotid, nicht mit Milchsäure, Tartronsäure, Mesoxalsäure, Malonsäure, Glycerin, D-Glucose, D-Ribose, Harnstoff, Carnosin, Glykokoll, Alanin, Serin, Glycylalanin, Glutaminsäure, Ornithin, Arginin, Histidin, Cystin, Aminomalonsäure, β-Oxyglutaminsäure, Oxyglutaminsäurehydantoin, Reducton oder Uracil.

Der *Stickstoff für den Purinkern* wird beim Vogel von Aminosäuren — L-(+)-Alanin, Glykokoll, Glutamin und andere Aminosäuren — über Ammoniak geliefert. Im übrigen wird das Purinskelet bei der Biosynthese der Harnsäure aus anderen kleineren Bausteinen — CO_2, Formiat, Acetat, Lactat — aufgebaut. Die Harnsäure wird nicht durch direkte Synthese gebildet. Es entsteht vielmehr aus Ammoniak und einer „Vorstufe" als Kohlenstoffquelle eine harnsäurebildende Substanz, welche in Harnsäure übergeht.

Die Synthese der Harnsäure erfolgt vollständig in der Leber von Huhn und Gans. Bei der Taube wird in der Leber, welche keine Xanthindehydrogenase enthält, nur die harnsäurebildende Substanz gebildet, welche in der Niere zu Harnsäure umgewandelt wird[1]. Als harnsäurebildende Substanz ist zunächst Xanthin vermutet worden. Es ist jedoch wahrscheinlicher, daß dem Hypoxanthin diese Rolle zukommt.

Nach REINDEL u. SCHULER[2] ist die harnsäurebildende Substanz Xanthin. Taubenleberschnitte können aus Alanin und einer Kohlenstoffquelle Xanthin synthetisieren. Nierenschnitte der Ratte, des Meerschweinchens und der Katze bilden aus Xanthin, dagegen nicht aus Hypoxanthin Harnsäure. Da nur Xanthin bei Zusatz von Aminosäuren in vermehrter Menge auftritt, und die Taubenleber keine Xanthindehydrogenase enthält, erscheint es unwahrscheinlich, daß Hypoxanthin[3] die harnsäurebildende Substanz ist. Aus Hypoxanthin können Taubenleberschnitte kein Xanthin bilden, ebenso nicht aus Adenin, dagegen aus Guanin. Guanin könnte deshalb ein Zwischenprodukt der Synthese sein. Die harnsäurebildende Substanz geht nach neueren Befunden[4] bei Taube, Huhn und Ente quantitativ in Harnsäure über, wobei 1 Mol Sauerstoff verbraucht wird. Die Hypoxanthinsynthese wird dabei durch Glutaminsäure und Oxalessigsäure beschleunigt. Das von REINDEL u. SCHULER[5] gefundene Xanthin soll hydrolytisch aus Guanin entstanden sein. Damit dürfte eher Hypoxanthin als harnsäurebildende Substanz anzusehen sein. Homogenate aus Taubenleber können ^{14}C-Formiat zur Hypoxanthinsynthese verwerten[6,7]. Die Oxydation von Hypoxanthin zu Harnsäure erfolgt in zwei unabhängigen Reaktionen[8,9]. In Hypoxanthin-Xanthin-Systemen wird erst Harnsäure gebildet, wenn alles Hypoxanthin in Xanthin umgewandelt ist. Wenn Harnsäure, Hypoxanthin und Xanthindehydrogenase anwesend sind, nimmt die Harnsäure anfangs aerob und anaerob ab. Oxydation von Hypoxanthin und Reduktion von Harnsäure gehen nebeneinander her.

Die Verwendung radioaktiv markierter Verbindungen hat noch weitere Einblicke in die Biosynthese der Harnsäure gebracht. Ebenso wie bei der Synthese von Guanin und Adenin der Nucleinsäuren wird auch bei der Harnsäuresynthese das Puringerüst aus kleineren Bruchstücken aufgebaut. Ammoniumsalze (^{15}N) liefern bei der Taube[10] die Stickstoffatome 1, 3 und 9 der Harnsäure. Der Stickstoff ^{15}N-markierter Aminosäuren geht ebenfalls in Harnsäure über. Der Aminostickstoff von Glykokoll (^{15}N) findet sich wieder im Stickstoffatom 7 der Harnsäure[11]. Die Kohlenstoffatome 2, 4, 5 und 8 der Harnsäure können ebenfalls vom Glykokoll (^{13}C) geliefert werden[10—12]. Die Methylengruppe des Glykokolls ist nicht nur Vorstufe des Kohlenstoffatoms 5, sondern in bemerkenswertem Umfang auch der Kohlenstoffatome 2, 4 und 8. Die Carboxylgruppe des Glykokolls liefert vor allem das

[1] SCHULER, W., u. W. REINDEL: H. **234**, 63 (1935). — [2] REINDEL, W., u. W. SCHULER: H. **247**, 172; **248**, 197; (1937). — [3] EDSON, N. L., H. A. KREBS u. A. MODEL: Chem. & Industr. **13**, 1027 (1935). Biochem. J. **30**, 1380 (1936). — [4] ÖRSTRÖM, Å., M. ÖRSTRÖM and H. A. KREBS: Biochem. J. **33**, 990 (1939). — [5] REINDEL, W., u. W. SCHULER: H. **248**, 197 (1937). — [6] GREENBERG, G. R.: Fed. Proc. **8**, 202 (1949). — [7] BUCHANAN, J. M.: J. cellul. comp. Physiol. **38**, Suppl. **1**, 143 (1951). — [8] REINDEL, W., u. W. SCHULER: H. **247**, 172 (1937). — [9] BIGWOOD, E. J., J. THOMAS et H. HERBO: C. R. Soc. biol. **126**, 913 (1937). — [10] BUCHANAN, J. M.: J. cellul. comp. Physiol. **38**, Suppl. **1**, 143 (1951). — [11] BUCHANAN, J. M., J. C. SONNE and A. M. DELLUVA: J. biol. Ch. **173**, 81 (1948). — [12] KARLSSON, J. L., and H. A. BARKER: J. biol. Ch. **177**, 597 (1949).

Kohlenstoffatom 4 der Harnsäure. Für den Menschen konnte gezeigt werden, daß Glykokoll (^{15}N) das Stickstoffatom 7 und sein α-Kohlenstoffatom das Kohlenstoffatom 5 der Harnsäure beisteuern. Dagegen entstammen die Stickstoffatome 1, 3 und 9 dem Zerfall von Aminosäuren im allgemeinen[1, 2]. Auch mit ^{14}C-D, L-Serin, ^{14}C-, ^{15}N-L-Serin und ^{14}C-, ^{15}N-D-Serin liegen Versuche an hungernden Tauben vor. Das markierte Kohlenstoffatom (^{14}C) von D, L-Serin und L-Serin wurde vor allem in den Harnsäure-Kohlenstoffatomen 2 und 8, von D-Serin in den Kohlenstoffatomen 1 und 3 wiedergefunden. L-Serin und D-Serin waren in mäßigem Umfang auch Quelle der Kohlenstoffatome 1 und 3 bzw. 2 und 8. Der markierte Stickstoff von L-Serin erschien im Stickstoffatom 7 der Harnsäure[2]. Auch andere ^{13}C-markierte Verbindungen — $\dot{C}O_2$, $H{-}\dot{C}OOH$, $CH_3{-}\dot{C}OOH$, $H_2N{-}CH_2{-}\dot{C}OOH$, $CH_3{-}CHOH{-}\dot{C}OOH$ und $\dot{C}H_3{-}\dot{C}HOH{-}COOH$ — sind bei Taube und Ratte auf ihre Verwertbarkeit zur Harnsäuresynthese geprüft worden[2—5]. Ebenso liegen Untersuchungen über ^{14}C-markiertes Formiat vor[2]. Das markierte Kohlenstoffatom von ^{13}C-Kohlendioxyd erscheint wieder im Kohlenstoffatom 6 der Harnsäure. Das C-Atom 6 scheint nur von CO_2 zu kommen und nicht von Ameisensäure[6].

Mit Methoden, welche die Isolierung der Ureid-Kohlenstoffatome (2 und 8) der Harnsäure für die Isotopenanalyse erlaubten, wurde gefunden, daß bei der Taube die Carboxylgruppe von Acetat und Formiat und das α- (oder β-) Kohlenstoffatom von Lactat am Aufbau der Ureidgruppierung teilnehmen können. Für die genannten C-Atome soll bei der Taube die Harnsäure die biologische Muttersubstanz sein. Die Vorstufen der Harnsäure sind bei Ratten und Tauben verschieden[7]. ^{13}C-Ameisensäure ist zu 72% der Vorläufer der Ureid-Kohlenstoffatome $C_{(2)}$ und $C_{(8)}$.

```
HN1————————6C=O
 |           |
 |           |            H
OC2         5C————————————7N
 |           ||              \
 |           ||               8C=O
 |           ||              /
HN3————————4C—————————————9N
                           H
```

$C_{(6)}$ aus CO_2

$C_{(8)}$ aus $H_3C{-}COOH$ u. $H{-}COOH$

$C_{(8)}$ aus $H_3C{-}COOH$ u. $H{-}COOH$

$C_{(4)}$ aus $H_3C{-}CHOH{-}COOH$

$C_{(6)}$ aus $H_3C{-}CHOH{-}COOH$

$C_{(2)}$, $C_{(4)}$, $C_{(5)}$, $C_{(6)}$, $C_{(8)}$ } aus $H_2N{-}CH_2{-}COOH$

Durch Verbindung seiner Carboxylgruppe mit Stickstoffatomen ist Acetat unter Bildung eines methylsubstituierten Amidins sozusagen die biologische Quelle des Ureidkohlenstoffes.

$$H_3C{-}COOH + 2\,NH_2 \rightarrow \begin{matrix}{-}HN\\{-}N\end{matrix}\!\!>\!C{-}CH_3(+2\,H_2O)$$

$$\begin{matrix}{-}HN\\{-}N\end{matrix}\!\!>\!C{-}CH_3 \xrightarrow{+O} \begin{matrix}{-}NH\\{-}N\end{matrix}\!\!>\!C{-}COOH \xrightarrow{-CO_2} \begin{matrix}{-}NH\\{-}N\end{matrix}\!\!>\!CH \xrightarrow{+O} \begin{matrix}|{-}NH\\{-}NH\end{matrix}\!\!>\!CO$$

$$H{-}COOH + 2\,NH_2 \rightleftarrows \begin{matrix}{-}NH\\{-}N\end{matrix}\!\!>\!CH + (2\,H_2O) \qquad \begin{matrix}{-}NH\\{-}N\end{matrix}\!\!>\!CH \xrightarrow{+O} \begin{matrix}{-}NH\\HN\end{matrix}\!\!>\!CO$$

Von der Ratte kann Ameisensäure — als Spaltprodukt von Aminosäuren oder Milchsäure für die Synthese der Kohlenstoffatome 2 und 8 der Harnsäure verwertet werden[3].

[1] SHEMIN, D., and D. RITTENBERG: J. biol. Ch. **167**, 875 (1947). — [2] ELWYN, D., and D. B. SPRINSON: J. biol. Ch. **184**, 465 (1950). — [3] BUCHANAN, J. M.: J. cellul. comp. Physiol. **38**, Suppl. **1**, 143 (1951). — [4] BUCHANAN, J. M., J. C. SONNE and A. M. DELLUVA: J. biol. Ch. **173**, 81 (1948). — [5] SONNE, J. C., J. M. BUCHANAN and A. M. DELLUVA: J. biol. Ch. **173**, 69 (1948). — [6] BUCHANAN, J. M., and J. C. SONNE: J. biol. Ch. **166**, 781 (1949). — [7] SONNE, J. C., J. M. BUCHANAN and A. M. DELLUVA: J. biol. Ch. **166**, 395 (1946).

Die verwertbare Carboxylgruppe des Acetats leitet sich stoffwechselphysiologisch vom α-Kohlenstoffatom der Milchsäure ab.

Ein anderer Weg zur Harnsäure, der ebenfalls über Hypoxanthin läuft, könnte vom Glutamin ausgehen. Die Synthese soll in der Taubenleber wie folgt verlaufen:

Glutamin → Ureidoglutamin → Glutaminhydantoin → Hypoxanthin → Harnsäure.

Glutaminhydantoin soll zwischen den Kohlenstoffatomen 2 und 3 gespalten werden; die Ring-C-Atome werden als $C_{(4),(5),(7),(8)}$ und $_{(9)}$ in Hypoxanthin übernommen.

Glykokoll und Alanin scheinen ähnlich zu wirken wie Glutamin[1].

In Muskel-, Leber- und Nierenextrakten von Tauben gelingt es durch Aktivierung der Arginase mit Mangansalzen aus zugesetztem Arginin Harnstoff nachzuweisen[2]. Es wurde deshalb für möglich gehalten, daß die Gewebe von Reptilien und Vögeln aus Arginin unter geeigneten Bedingungen Harnstoff bilden, der in statu nascendi mit einer Dreikohlenstoffverbindung zu Harnsäure synthetisiert wird. Die „Harnsäurevorstufe" wäre dann durch das System zu ersetzen:

Aktivierte Arginase + Dreikohlenstoffverbindung + Ornithin ⇌ Arginin.

Gegen diese Theorie, welche eine für Säuger, Vögel und Reptilien befriedigende Erklärung der Harnsäuresynthese gibt, lassen sich folgende Einwände machen[3]: 1. Muskel und Niere der Taube sind zwar reich an aktivierbarer Arginase, spielen aber für die Harnsäuresynthese nur eine untergeordnete oder gar keine Rolle; 2. Taubenleber, das Hauptorgan der Harnsäuresynthese enthält nur wenig Arginase; 3. beim Vogel handelt es sich nicht um eine Harnsäure-, sondern um eine Xanthinsynthese, deren Zustandekommen aus Harnstoff theoretisch schwierig zu erklären ist; 4. Zusatz von Arginin zu Leber- und Nierenschnitten gutgenährter, d. h. mit reichlicher Kohlenstoffquelle versehener Tauben ergibt keine stärkere Purin- bzw. Harnsäurebildung als andere Aminosäuren.

Harnstoff wird nicht unmittelbar zur Harnsäuresynthese verwendet. Weder der Hühnerembryo[4] noch die Taubenleber[3] bilden aus Harnstoff direkt Harnsäure. Nicht nur Harnstoff allein, sondern auch Harnstoff in Kombination mit Wein-, Malon-, Mesoxal- oder Milchsäure ist ohne Einfluß auf die Harnsäurebildung[5].

Nach Verfütterung von ^{15}N-Harnstoff an Tauben enthielt die ausgeschiedene Harnsäure nur kleine Mengen des Isotopen[6]. Auch dieser Befund spricht, ebenso wie andere Untersuchungen[7], gegen die direkte Beteiligung des Harnstoffes an der Harnsäuresynthese. Die Ausgangsstoffe für sie sind vielmehr Aminosäuren und Ammoniak. Damit stimmt überein, daß beim Kapaun Hemmung der Harnsäuresynthese durch Blockierung des reticuloendothelialen Systems mit Tusche die Ausscheidung von Ammoniak und Aminosäuren steigert[8].

5. Ort der Harnsäurebildung.

Orte der Harnsäuresynthese sind bei Vögeln und Reptilien *Leber* und *Niere* (s. Bd. 2/2, Leber und Galle). Huhn und Gans vermögen in beiden Organen Harnsäure zu bilden. Bei der Taube wird in der Leber nur Xanthin bzw. Hypoxanthin gebildet, während in der Niere dieses in Harnsäure umgewandelt wird[9–11]. Auch aus den MINKOWSKIschen Versuchen (S. 1204) an leberlosen

[1] ÖRSTRÖM, Å., and M. ÖRSTRÖM: Acta med. scand. **138**, 108 (1950). — [2] EDLBACHER, S., u. A. ZELLER: H. **242**, 253 (1936). — [3] SCHULER, W., u. W. REINDEL: H. **234**, 63 (1935). — [4] NEEDHAM, J., J. BRACHET and R. K. BROWN: J. exp. Biol. **12**, 321 (1935). — [5] LAZZARO, G.: Arch. Fisiol. **37**, 515 (1937). — [6] BARNES, F. W. jr., and R. SCHOENHEIMER: J. biol. Ch. **151**, 123 (1943). — [7] HEIDERMANNS, C.: Zool. Anz., Suppl. **11**, 55 (1938). Forsch. u. Fortschr. **14**, 370 (1938). — [8] CHROMETZKA, (F.), u. (P.) GOTTLEBE: Kli. Wo. **1935 I**, 457. — [9] SCHULER, W., u. W. REINDEL: H. **234**, 63 (1935). — [10] EDSON, N. L., H. A. KREBS and A. MODEL: Chem. & Industr. **13**, 1027 (1935). Biochem. J. **30**, 1380 (1936). — [11] ÖRSTRÖM, Å., M. ÖRSTRÖM and H. A. KREBS: Biochem. J. **33**, 990 (1939).

Gänsen kann auf die Leber als Syntheseort geschlossen werden. Beim Menschen und Säugetier dürfte ebenfalls die Leber wesentlich beteiligt sein[1]. Über den Ort der Harnsäurebildung aus Purinen ist nichts Sicheres bekannt.

Die *bakteriellen Vorgänge im Darm* sind für die oxydative und synthetische Harnsäurebildung nur von geringer Bedeutung. In den *Faeces* kommt Harnsäure nach den meisten Befunden nicht oder nur in Spuren vor[2, 3] (S. 1213), obwohl in *Bakterienkulturen* durch Abbau von Purinen und durch Synthese wahrscheinlich Harnsäure gebildet wird[4]. Gelöste Harnsäure wird, per os genommen, vom Menschen nur zum kleinsten Teil resorbiert und erscheint nicht vermehrt im Harn[2].

6. Uricolyse (s. Bd. 1, S. 1225 sowie Bd. 2/2, Leber und Galle).

Das Schicksal der Harnsäure im Stoffwechsel ist je nach Tierart verschieden. Bei Vögeln und Reptilien ist sie Endprodukt des Eiweiß- und Purinstoffwechsels. Bei diesen Tieren ist die Purinsynthese „Ausscheidungssynthese" und dient der Beseitigung der Amminogruppen[5—9]. Der Mensch, der Dalmatiner Hund und die anthropoiden Affen scheiden Harnsäure ebenfalls unverändert im Harn aus. Die übrigen Säugetiere, vor allem Nager und Fleischfresser, wandeln Harnsäure in Allantoin um[10, 11]. Vom Pflanzenfresser (Ziege, Kaninchen) wird Harnsäure langsamer abgebaut als vom Fleischfresser (Hund, Katze[12]).

Schon in älteren Untersuchungen beobachtete man bei der Erwärmung von Leberbrei mit harnsauren Salzen[13] und bei der Autolyse von Hundeleber[14] Abbau der Harnsäure. Später gelang der Nachweis, daß Niere, Leber und Muskulatur von Rind und Hund[15—20], dagegen nicht Milz, Lunge und Darmschleimhaut des Rindes[17] Harnsäure in Allantoin überführen. Dasselbe ist auch im Stoffwechselversuch für verschiedene Tierarten gezeigt worden[21—27]. Beim Hund wird intravenös injizierte Harnsäure im Muskel nicht und in Niere und Leber nur in beschränktem Umfange zerstört. Der Hauptabbau erfolgt anscheinend rasch im kreisenden Blut[12]. Nach intravenöser Injektion von 1,3-^{15}N-Harnsäure wird vom gesunden Menschen nur ein Teil als Harnsäure ausgeschieden[28—30]. Der Rest wird abgebaut. Der Abbau der Harnsäure zu Allantoin geht über Oxy-acetylen-diurein-carbonsäure[31—35]. Nach Zufuhr von in Stellung 1 und 3

---

[1] Chrometzka, F.: Kli. Wo. **1936 II**, 1877. — [2] Soetbeer, F., u. J. Ibrahim: H. **35**, 1 (1902). — [3] Lucke, H.: Z. ges. exp. Med. **76**, 180 (1931). — [4] Schlossmann, K.: Zbl. Bakteriol. **110**, 78 (1929). — [5] Schuler, W., u. W. Reindel: H. **234**, 63 (1935). — [6] Schuler, W., u. W. Reindel: Kli. Wo. **1933 II**, 1479, 1838. — [7] Schuler, W.: Kli. Wo. **1933 I**, 736. — [8] Ziebarth, R.: Diss. med. Erlangen 1935. — [9] Reindel, W., u. W. Schuler: H. **248**, 197 (1937). — [10] Hunter, A., M. H. Givens and C. M. Guion: J. biol. Ch. **18**, 387 (1914). — Hunter, A., M. Givens, R. S. Hill and A. Oberle: J. biol. Ch. **18**, 407 (1914). — [11] Wells, G. H.: J. biol. Ch. **35**, 221 (1918). — [12] Folin, O., H. Berglund and C. Derick: J. biol. Ch. **60**, 361 (1924). — [13] Stokvis, B. J.: Ned. T. Geneeskde. **2**, 268 (1860). — [14] Pohl, J.: A. e. P. P. **48**, 367 (1902). — [15] Wiener, H.: A. e. P. P. **42**, 375 (1899). — [16] Ascoli, G.: Pflügers Arch. **72**, 340 (1898). — [17] Schittenhelm, A.: H. **45**, 161 (1905). — [18] Wiechowski, W., u. H. Wiener: Hofmeisters Beitr. **9**, 247 (1907). — [19] Wiechowski, W.: Hofmeisters Beitr. **9**, 295 (1907). — [20] Battelli, F., u. L. Stern: Ergebn. Physiol. **12**, 199 (1912). — [21] Salkowski, E. L.: B. **9**, 719 (1876). — [22] Mendel, L. B., and E. W. Brown: Amer. J. Physiol. **3**, 261 (1900). — [23] Meissner, G.: Z. ration. Med. **31**, 303 (1900). — [24] Salkowski, E.: H. **42**, 213 (1904). — [25] Wiechowski, W.: Hofmeisters Beitr. **11**, 109 (1908). B. Z. **19**, 368 (1909). — [26] Schittenhelm, A.: H. **66**, 53 (1910). — [27] Hirokawa, W.: B. Z. **26**, 441 (1910). — [28] Geren, W., A. Bendich, O. Bodansky and G. B. Brown: J. biol. Ch. **183**, 21 (1950). — [29] Benedict, J. D., P. H. Forsham and D. Stetten jr.: J. biol. Ch. **181**, 183 (1949). — [30] Bendich, A., W. D. Geren, O. Bodansky and G. B. Brown: Fed. Proc. **8**, 183 (1949). — [31] Schuler, W.: Kli. Wo. **1933 II**, 1253. — [32] Kleinmann, H., u. H. Bork: B. Z. **262**, 20 (1933). — [33] Frèrejacque, M.: Cr. **199**, 1432 (1934). — [34] Edson, N. L., H. A. Krebs and A. Model: Biochem. J. **30**, 1380 (1936). — [35] Schuler, W., u. W. Reindel: H. **208**, 248 (1932).

mit ^{15}N markiertem Adenin[1] und Harnsäure[2] wurde das ausgeschiedene Allantoin isoliert und zu Hydantoin abgebaut; es zeigte denselben Isotopengehalt wie Allantoin. Das ursprünglich in den Stellungen 1 und 3 des Purinrings vorhandene Isotope ^{15}N muß demnach gleichmäßig zwischen die Imidazol- und Harnstoffhälfte des Allantoins verteilt worden sein. Auch daraus kann auf die Bildung eines symmetrischen Zwischenprodukts etwa vom Typus der Oxy-acetylen-diurein-carbonsäure geschlossen werden[3] (s. a. Bd. 1, S. 1225/26).

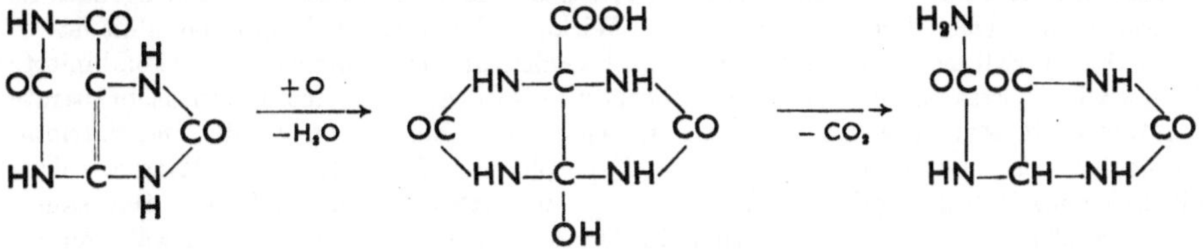

HN—CO, OC C—N(H), CO, HN—C—N(H) $\xrightarrow[-H_2O]{+O}$ OC(HN—C(COOH)—NH)(HN—C(OH)—NH)CO $\xrightarrow{-CO_2}$ H_2N—OC OC—NH, CO, HN—CH—NH

Harnsäure Oxy-acetylen-diurein-carbonsäure Allantoin

Der Abbau der Harnsäure erfolgt auf enzymatischem Wege durch die *Uricase*. Injektion des Fermentes setzt den Harnsäuregehalt des Blutes rasch herab[4]. Durch die Uricase wird die Harnsäure nicht direkt zu Allantoin oxydiert[5—9]. Die Uricolyse verläuft, indem der Pyrimidinring geöffnet wird und der Imidazolring der Harnsäure geschlossen bleibt, vielmehr in zwei Teilreaktionen:

1. Oxydation und Hydratation der Harnsäure zu der labilen Oxy-acetylen-diurein-carbonsäure und
2. nicht enzymatische Decarboxylierung dieser Verbindung zu Allantoin.

Die Reaktion Harnsäure → Allantoin scheint nicht reversibel zu sein[10]: Mit Uricasepräparaten aus Schweine- und Rinderleber konnte wahrscheinlich gemacht werden, daß bei der Oxydation von Harnsäure mehr als ein Endprodukt gebildet wird, nämlich neben Allantoin Uroxamsäure und Oxy-acetylen-diurein-carbonsäure. Keine dieser Verbindungen wird von der Uricase angegriffen. Das primäre Produkt der Uricasewirkung scheint eine sehr labile Verbindung zu sein, welche ohne enzymatische Einwirkung in die genannten drei Verbindungen zerfällt[3].

Die Uricase wirkt sehr spezifisch. Anscheinend wird nur Harnsäure abgebaut. Mono-, Di- und Trimethylderivate, ebenso Äthylderivate der Harnsäure werden nicht angegriffen. Auch Hypoxanthin und Xanthin werden durch Uricase nicht oxydiert. Dagegen sind Harnsäureglykol und 3, 7-Dimethyl-4-oxy-4, 5-dihydroharnsäure Allantoinbildner[11], während aus Harnsäureglykoläther und Spirohydantoin kein Allantoin gebildet wird[12]. Ungeklärt ist die Beobachtung, daß das Endprodukt der Hypoxanthinoxydation durch *gereinigte Xanthinoxydase* kein Substrat für Uricase darstellt, während *Rohextrakte* von Xanthinoxydase ein Endprodukt bilden, welches von Uricase oxydiert wird[13]. Die Oxydation der Harnsäure verläuft nach der Gleichung:

$$\text{Harnsäure} + 2\,H_2O + O_2 \rightarrow \text{Allantoin} + CO_2 + H_2O_2.$$

[1] Brown, G. B., P. M. Roll, A. A. Plentl and L. F. Cavalieri: J. biol. Ch. **172**, 469 (1948). — [2] Brown, G. B., P. M. Roll and L. F. Cavalieri: J. biol. Ch. **171**, 835 (1947). — [3] Klemperer, F. W.: J. biol. Ch. **160**, 111 (1945). — [4] Florence, G.: Expos. ann. Biochim. méd. **2**, 213 (1939). — [5] Felix, K., F. Scheel u. W. Schuler: H. **180**, 90 (1929). — [6] Schuler, W.: H. **208**, 237 (1932). — [7] Ro, K.: J. Biochem. **14**, 361 (1931). — [8] Grynberg, M. Z.: B. Z. **236**, 138 (1931). — [9] Keilin, D., and E. F. Hartree: Proc. R. Soc. London (B) **119**, 114 (1936). — [10] Przylecki, S. J.: Ann. Physiol. Physicochim. biol. **3**, 381 (1927). — [11] Chrometzka, F., u. H. Lubjuhn: Kli. Wo. **1938 II**, 1748. — [12] Brünig, H., F. Einecke, F. Peters, R. Rabl u. K. Viehl: H. **174**, 94 (1928). — [13] Ball, E. G.: Science, N. Y. **88**, 131 (1938). J. biol. Ch. **128**, 51 (1939).

Das entstehende Wasserstoffsuperoxyd wird entweder durch Katalase unter Abgabe von freiem Sauerstoff zerlegt oder zur Oxydation von weiterer Harnsäure verwendet[1].

Uricase (s.a. Bd. **1**, S. 1225). Vielleicht ist die Uricase ein Fermentgemisch, bestehend aus einem oxydierend wirkenden Ferment, das Harnsäure in Oxy-acetylen-diurein-carbonsäure umwandelt, aus einem „decarboxylierenden" und einem Ferment, welches das Zwischenprodukt in Allantoin überführt[2–4]. Reinste Uricasepräparate aus Schweineleber, welche etwa 550mal wirksamer waren als frühere Präparate, zeigten einen extrem niedrigen Eisengehalt. Es ist deshalb unentschieden, ob Eisen an der Wirkung der aktiven Gruppe beteiligt ist[5,6]. Wenn dies der Fall sein sollte, muß noch geklärt werden, ob das mit einem Protein kombinierte Eisen als ionisiertes Eisen oder als Eisenporphyrin vorliegt. Die reinsten Uricasepräparate (DAVIDSON; HOLMBERG) waren hellbraun und wiesen nach Zusatz von Pyridin und Natriumhydrosulfit eine schwache Bande von Eisen(II)-porphyrin auf. Die Leber von Ratten, welche mit zinkfreier Nahrung gefüttert wurden, zeigte normalen Uricasegehalt; der Harnsäuregehalt des Plasmas stieg jedoch deutlich an. Der Zinkgehalt der Uricase nahm während der Reinigung zu[7]. Nach der Methode von DAVIDSON[8] hergestellte reinste Uricasepräparate enthielten große Mengen von Eisen und Zink, während andere Metalle nur in Spuren vorlagen. Die Reaktionsgeschwindigkeit solcher Präparate lag auch bei 100% Sauerstoff weit unter dem Maximum. Unter dem Einfluß von Kaliumthiocyanat, das Zink spezifisch hemmt, trat die Hemmung der Enzymtätigkeit erst nach einer Inkubation von 4 bis 10 min mit dem Substrat auf[8]. Durch BAL (British Anti-Lewisite = 2, 3-Dithiopropanol) kann der Zinkgehalt von Uricasepräparaten stark vermindert werden, ohne daß sich die enzymatische Wirksamkeit nennenswert ändert[9]. — In primären oder transplantierten Ratten-Hepatomen, welche durch Fütterung mit p-Dimethylaminoazobenzol induziert sind, ist der oxydative Abbau der Harnsäure stark vermindert[10]. In einer Lösung, welche $3,3 \cdot 10^{-5}$ m Harnsäure enthält, wird die Harnsäure bei p_H 8,2 zu 25% oxydiert. Beträgt die Harnsäurekonzentration jedoch nur $6,6 \cdot 10^{-5}$ m, so wird sie bei p_H 7,3, 8,3 und 11,0 nicht oxydiert. Unter denselben Reaktionsbedingungen wird sie bei p_H 9,3 deutlich hydriert. Verglichen mit Ascorbinsäure ist die Reduktionswirkung der Harnsäure sehr schwach[11].

Der Abbau der Harnsäure zu Allantoin findet vorwiegend in der *Leber* statt. Jedoch kommt auch anderen Organen, wie Milz, Eingeweiden, Muskulatur und Blut, diese Fähigkeit zu.

Frischer Pferdeleberbrei wandelt Harnsäure quantitativ in Allantoin um[12]. Die durchströmte Säugetierleber liefert bei Zusatz von Harnsäure und Purinbasen 45 bis 70, ja bis 95% der möglichen Allantoinausbeute, wobei Ammoniak die Uricolyse steigert[13]. Andererseits führt Ausschaltung der Leber zu Anhäufung von Harnsäure in Blut und Harn[14–17], zu verstärkter Ausscheidung intravenös zugeführter Harnsäure und zu Abnahme der Allantoinausfuhr[18]. Da nach Leberausschaltung noch Harnsäure zerstört wird, muß deren Abbau auch in anderen Organen möglich sein[19]. Aus Harnsäurebestimmungen in verschiedenen Gefäßgebieten kann derselbe Schluß gezogen werden[20]. Durch Pferdeblut wird Harnsäure bereits in vitro zu Allantoin abgebaut[21].

[1] HOLMBERG, C. G.: Biochem. J. **33**, 1901 (1939). — [2] EDSON, N. L., H. A. KREBS and A. MODEL: Biochem. J. **30**, 1380 (1936). — [3] FELIX, K., F. SCHEEL u. W. SCHULER: H. **180**, 90 (1929). — [4] WIECHOWSKI, W., u. H. WIENER: Hofmeisters Beitr. **9**, 247 (1907). — [5] DAVIDSON, J. N.: Nature **141**, 790 (1938). Biochem. J. **32**, 1386 (1938). — [6] HOLMBERG, C. G.: Nature **143**, 604 (1939). — [7] WACHTEL, L. W., E. HOVE, C. A. ELVEHJEM and E. B. HART: J. biol. Ch. **138**, 361 (1941). — [8] DAVIDSON, J. N.: Biochem. J. **36**, 252 (1942). — [9] PRÆTORIUS, E.: Biochim. biophysica Acta, N. Y. **2**, 590 (1948). — [10] DICKENS, F., and H. WEIL-MALHERBE: Cancer Res. **3**, 73 (1943). — [11] MARGULES, L., and M. GRIFFITHS: Arch. Biochem. **29**, 225 (1950). — [12] FOSSE, R., A. BRUNEL et P. DE GRAEVE: C. R. Soc. Biol. **103**, 67 (1930). — [13] SCHITTENHELM, A., u. F. CHROMETZKA: H. **162**, 188, 203 (1927). — [14] REINDEL, W., u. W. SCHULER: H. **247**, 172 (1937). — [15] BOLLMAN, J. L., F. C. MANN and T. B. MAGATH: Amer. J. Physiol. **72**, 629 (1925). — [16] BOLLMAN, J. L., and F. C. MANN: Proc. Soc. exp. Biol. Med. **23**, 685 (1926). — [17] BOUISSET, L., L. BUGNARD, J.-J. ROUZAUD et C. SOULA: C. R. Soc. Biol. **108**, 611 (1931). — [18] BOLLMAN, J. L., and F. C. MANN: Amer. J. Physiol. **104**, 242 (1933). — [19] GREMELS, H., and R. BODO: Proc. R. Soc. London (B) **100**, 336 (1926). — [20] GAROT, L.: J. Physiol. Path. gén. **24**, 525, 556 (1926). — [21] GOMOLIŃSKA, M.: Biochem. J. **22**, 1307 (1928).

Zwischen Uricolyse und reticuloendothelialem System bestehen gewisse Beziehungen. Blockade der reticuloendothelialen Zellen vermindert anscheinend den oxydativen Abbau von Purinbasen und Harnsäure.

An der durchströmten Hundeleber[1] und am ganzen Tier hemmen Tuscheblockade, Neosalvarsan, Prontosil und Atebrin[2—4] die Allantoinbildung aus Harnsäure. Die Wirkung der letztgenannten Substanzen wird durch Tuscheblockade verstärkt. Trypanblau und Pyridin, welche Karyoklasie im reticuloendothelialen System hervorrufen, können die Allantoinausscheidung beim Hunde wesentlich steigern[5].

Beim *Menschen fehlt das uricolytische Ferment*[6—10]. Der Harnsäureabbau durch Placenta[8—10] scheint normalerweise nur auf den fetalen Stoffwechsel beschränkt zu sein[11]. Im menschlichen Blut und Harn findet sich deshalb nur Harnsäure, welche zum Teil an D-Ribose gebunden ist[12—15], aber kein oder nur geringe Mengen von Allantoin. Letztere stammen wahrscheinlich aus der Nahrung[16, 17].

In zahlreichen Fällen ist beim Menschen nach enteraler bzw. parenteraler Zufuhr von Harnsäure[8, 18—20], Adenosin und Guanosin[21—23], Nucleinsäure[24, 25], und purinhaltiger Nahrung[26—30], ein sog. Harnsäureschwund beobachtet worden. Bei Durchströmung menschlicher Lebern mit harnsäurehaltigem Eigenblut verschwinden 20 bis 25% der Harnsäure[31]. Von intravenös gespritzter Harnsäure (20 mg/kg) werden durchschnittlich 50% zerstört[17].

Dieses Verhalten geht auch aus neueren Versuchen mit intravenöser Injektion von 1, 3-^{15}N-Harnsäure hervor[32, 33]. Eine gesunde Versuchsperson schied bei purinarmer Kost beispielsweise nach intravenöser Injektion von 154 mg ^{15}N-markierter Harnsäure 47% ^{15}N im Harn als Harnstoff und 27% ^{15}N als Harnsäure aus[34].

Unter streng anaeroben Bedingungen kann *Cl. acidi urici* Harnsäure rasch fermentativ zu Ammoniak, CO_2 und Essigsäure abbauen. Nach Versuchen mit radioaktivem Kohlenstoff findet dabei eine Totalsynthese von Essigsäure statt. Der fermentative Abbau durch Cl. acidi urici scheint eine komplette Oxydation von Harnsäure zu CO_2 und Ammoniak darzustellen[35—37]. Als Zwischenprodukt des fermentativen Harnsäureabbaus tritt wahrscheinlich Glykokoll auf[38].

Auch andere Bakterien — B. aerogenes und B. acidi urici Ulpiani — vermögen Harnsäure abzubauen[39].

---

[1] CHROMETZKA, F., E. FINKE u. H. UFFENORDE: Z. ges. exp. Med. **97**, 653 (1936). — [2] CHROMETZKA, F., R. DREYER u. K. DÜMLEIN: A. e. P. P. **183**, 286 (1936). — [3] CHROMETZKA, F., u. H. KÜHL: Z. ges. exp. Med. **95**, 140 (1935). — [4] CHROMETZKA, F.: Z. ges. exp. Med. **97**, 645 (1936). — [5] DOMINI, G.: Boll. Soc. ital. Biol. sperim. **9**, 1297 (1934). Arch. Fisiol. **34**, 239 (1935). — [6] WINTERNITZ, M. C., u. W. JONES: H. **60**, 180 (1909). — [7] TRUSZKOWSKI, R.: Biochem. J. **24**, 1681 (1930). — [8] WIECHOWSKI, W.: A. e. P. P. **60**, 185 (1909). — [9] WELLS, G., and H. J. CORPER: J. biol. Ch. **6**, 321 (1909). — [10] RETTELBACH, R.: Diss. med. Gießen 1936. — [11] PICINELLI, G.: Atti Soc. ital. Ostet. Ginec. **33**, 703 (1907). — [12] BORNSTEIN, A., u. W. GRIESBACH: B. Z. **106**, 190 (1920). — [13] DAVIS, A. R., E. B. NEWTON and S. R. BENEDICT: J. biol. Ch. **54**, 595 (1922). — [14] NEWTON, E. B., and A. R. DAVIS: J. biol. Ch. **54**, 601 (1922). — [15] WEIL, M.-P., et C. O. GUILLAUMIN: C. R. Soc. Biol. **86**, 242, 319, 659 (1922). — [16] WIECHOWSKI, W.: B. Z. **19**, 368 (1909). — [17] SCHITTENHELM, A., u. K. WIENER: H. **63**, 283 (1909). — [18] FOLIN, O., H. BERGLUND and C. DERICK: J. biol. Ch. **60**, 361 (1924). — [19] FEULGEN, R.: Chemie und Physiologie der Nucleinstoffe. S. 390. Berlin 1923. — [20] SCHITTENHELM, A., u. K. HARPUDER: Z. ges. exp. Med. **27**, 34 (1922). — [21] THANNHAUSER, S. J., u. A. BOMMES: H. **91**, 336 (1914). — [22] THANNHAUSER, S. J., u. H. SCHABER: H. **115**, 170 (1921). — [23] SCHITTENHELM, A., u. K. HARPUDER: Z. ges. exp. Med. **27**, 14 (1922). — SCHITTENHELM, A.: Kli. Wo. **1922 I**, 713. — [24] SCHITTENHELM, A.: H. **62**, 80 (1909). — [25] FRANK, F., u. A. SCHITTENHELM: H. **63**, 269 (1909). — [26] BURIAN, R.: H. **43**, 497, 532 (1905). — [27] WEINTRAUD, W.: Berlin. klin. Wschr. **1895**, 405. — [28] ROSENFELD, G., u. A. ORGLER: Zbl. inn. Med. **17**, 42 (1896). — [29] HESS, N., u. E. SCHMOLL: A. e. P. P. **37**, 243 (1896). — [30] UMBER, F.: Z. klin. Med. **29**, 174 (1896). — [31] SCHITTENHELM, A., u. K. HARPUDER: Der Nucleinstoffwechsel. Handb. Biochem. 8, 589, 613. — [32] BENEDICT, J. D., P. H. FORSHAM and D. STETTEN jr.: J. biol. Ch. **181**, 183 (1949). — [33] GEREN, W., A. BENDICH, O. BODANSKY and G. B. BROWN: J. biol. Ch. **183**, 21 (1950). — [34] BECK, J. V.: Thesis Univ. California 1949. — [35] BARKER, H. A., S. RUBEN and J. V. BECK: Proc. nat. Acad. Sci. USA **26**, 477 (1940). — [36] BARKER, H. A.: J. biol. Ch. **137**, 153 (1941). — [37] BARKER, H. A., S. RUBEN and M. D. KAMEN:

7. Harnsäureausscheidung[1].

Bei allen Harnsäureausscheidern wird die Hauptmenge der Harnsäure durch die Nieren abgegeben. Die Ausscheidung erfolgt auch nach intravenöser Injektion bei Hunden und Kaninchen sehr rasch. Vom Dalmatiner Hund werden bis 80% in 24 Std ausgeschieden (s. S. 1213). Der Mensch scheidet 30 bis 90% der intravenös injizierten Harnsäure aus, was durch Versuche mit 1, 3-^{15}N-Harnsäure bestätigt wurde[2, 3]. Die Niere von Hund, Kaninchen und Ente kann vorübergehend Harnsäure speichern[4].

Beim Hund führt künstliche Stenose der V. cava inferior zu Anstieg der Blutharnsäure und zu Urämie. Die Ausscheidung intravenös zugeführter Harnsäure ist bei Stenosetieren stark herabgesetzt[5].

Der Mechanismus der renalen Harnsäureausscheidung ist nur unzureichend bekannt. Die Hauptmenge der Harnsäure wird, wie bei allen harnfähigen Substanzen, in den Glomeruli abgeschieden. In den Harnkanälchen wird die Harnsäure durch Wasserrückresorption und vielleicht auch durch Sekretion konzentriert; ein kleiner Teil gelangt in den Tubuli zur Rückresorption[6—8]. Bei Vögeln findet die Konzentrierung der Harnsäure erst in der Kloake durch Rückresorption von Wasser statt[9].

Die im Urin ausgeschiedene Harnsäuremenge ist bei den einzelnen Tierarten verschieden groß. Am größten ist der Harnsäuregehalt im Harn von Vögeln und Reptilien, bei denen sie als Endprodukt des Stickstoffwechsels auftritt. Der Harn der Säugetiere enthält, vor allem beim Fleischfresser, neben Allantoin auch wechselnde Mengen Harnsäure. Pflanzenfresser scheiden Harnsäure nur in Spuren im Harn aus.

Beim Menschen erscheinen im Mittel 50% des Purin-N als Harnsäure. Bei gemischter Kost werden täglich 0,6 bis 1,2 g ausgeschieden[10]. Der endogene Harnsäurewert schwankt individuell, ist aber bei ein und derselben Person ziemlich konstant. Er beträgt beim Manne 0,3 bis 0,6 g, bei Frauen 0,3 bis 0,5 g pro Tag[11]. Bei Neugeborenen und in den ersten Lebenstagen wird mehr Harnsäure ausgeschieden als bei Erwachsenen (s. S. 1238).

Im Harn der Vögel und Reptilien ist die Harnsäure nur zum kleinen Teil gelöst. Der größte Teil erscheint in Form mikroskopisch nachweisbarer Harnsäurekügelchen. Dagegen sind Harnsäure und ihre Salze im Harn der Säugetiere echt gelöst[12] (vgl. Bd. 2/2, Niere und Harn).

Nach RANGIER[13] soll Harnsäure mit Urochrom eine Molekülverbindung bilden, die bei p_H 6,2 beständig ist, die relativ gute Löslichkeit der Harnsäure im Harn bedingt und die Eigenschaften eines Redoxsystems besitzt[14].

Der menschliche Harn soll neben der gewöhnlichen säureresistenten Harnsäure noch eine hydrolysierbare Form enthalten, welche bei 24stdger Hydrolyse mit 10%iger Säure ge-

---

Proc. nat. Acad. Sci. USA **26**, 426 (1940). — [38] BARKER, H. A., and J. V. BECK: J. Bacteriology **43**, 291 (1942). J. biol. Ch. **141**, 3 (1941). — [39] HANZAL, R. F., and E. E. ECKER: Proc. Soc. exp. Biol. Med. **28**, 815 (1930).

[1] LUCKE, H.: Ergebn. inn. Med. **44**, 499 (1932). — [2] BENEDICT, J. D., P. H. FORSHAM and D. STETTEN jr.: J. biol. Ch. **181**, 183 (1949). — [3] GEREN, W., A. BENDICH, O. BODANSKY and G. B. BROWN: J. biol. Ch. **183**, 21 (1950). — [4] FOLIN, O., H. BERGLUND and C. DERICK: J. biol. Ch. **60**, 361 (1924). — [5] BERGAMI, G.: Boll. Soc. ital. Biol. sperim. **4**, 885, 887, 889, 890 (1929). Biochim. Terap. sperim. **17**, 310 (1930). — [6] ELLINGER, P.: Theorien der Harnabsonderung. Handb. Physiol. **4**, 451—509 (1929). — [7] GERSCH, I.: Anat. Rec. **58**, 369 (1934). — [8] LUCKEN, B.: Pflügers Arch. **229**, 557 (1932). — [9] SCHULZ, F. N.: Die Tätigkeit der Niere. Handb. Biochem. **5**, 611—686, bes. 653. — [10] STURM, A.: Nukleinstoffwechsel. Lehrb. path. Physiol. (HEILMEYER) 6. Aufl. S. 355. Jena 1945. — [11] BURIAN, R., u. H. SCHUR: Pflügers Arch. **80**, 241 (1900). — [12] LICHTWITZ, L.: H. **64**, 144 (1910. — [13] RANGIER, M.: Bull. Soc. Chim. biol. **6**, 935 (1924); **17**, 502 (1935). Cr. **196**, 1441 (1933). — [14] RANGIER, M.: J. Pharmacie Chim. [8] **22**, 357 (1935).

spalten wird. Die tägliche Ausscheidung der hydrolysierbaren Harnsäure beträgt 20 bis 40 mg. Sie soll eine besonders labile Form der Harnsäure sein[1]. Ihre Existenz ist nicht sicher erwiesen.

Außerdem ist im menschlichen Harn eine nicht hydrolysierbare Verbindung (sog. „X-Fraktion") nachgewiesen worden, die als „Oxyharnsäure" bezeichnet wird und wahrscheinlich mit Oxyacetylendiurein identisch ist[1, 2].

Wie bereits erwähnt (S. 1208) soll Harnsäure auch im menschlichen *Kot* ausgeschieden werden[3]. Nach anderen Untersuchungen kommt Harnsäure in den Faeces nicht vor[4, 5]. Im Mekonium ist Harnsäure dagegen fast konstant als Bestandteil nachweisbar[6].

Die *Verdauungssäfte* enthalten normalerweise keine Harnsäure oder nur Spuren davon[7, 8]. Zu einem gewissen Teil gelangt die Harnsäure in den Verdauungssaft durch Sekretion der Darmdrüsen[8, 9], durch die Galle und den Pankreassaft[10–16]. Die „enterotropische Harnsäure"[11] erreicht beim normalen Menschen nur Werte von 30 bis 50 mg pro Tag[8] und geht mit dem Bluthamsäurewert nahezu parallel[9]. Im Darminhalt nimmt der Harnsäuregehalt zunächst bis zum Bereich der Colibesiedlung zu, um dann infolge bakterieller Zerstörung ständig abzunehmen[8, 11]. Bereits in vitro wird der Purinring durch Colibakterien gespalten[17]. Rückresorption der Harnsäure aus dem Darminhalt ist zwar möglich[11, 18], kommt aber normalerweise kaum vor[8]. Unter pathologischen Bedingungen kann vermutlich ein großer Teil der Harnsäure statt durch die Niere mit den Verdauungssäften, vor allem mit der Galle, ausgeschieden werden[11]. Im Schweiß gesunder und kranker Menschen ist verschiedentlich Harnsäure gefunden worden[19, 20] (s. Bd. 2/2, Haut).

Unabhängig von ihrer stoffwechselphysiologischen Bedeutung wird die Harnsäure demnach bei allen Tierarten und beim Menschen hauptsächlich mit dem Harn ausgeschieden. Alle anderen Ausscheidungswege treten zurück. Vögel und Reptilien geben den Purin- und Eiweißstickstoff als Harnsäure ab, Säugetiere ihren Purinstickstoff als Allantoin und zu einem mehr oder minder kleinen Teil als Harnsäure. Nur der Dalmatiner-Zughund scheidet aus unbekannten Gründen neben Allantoin viel Harnsäure aus[21, 22].

Die Ausnahmestellung von Mensch, anthropoiden Affen und Dalmatiner Hund — Hauptendprodukt Harnsäure — kann nicht durch Fehlen von Uricase erklärt werden. Bei jungen Dalmatiner Hunden liegt der uricolytische Index (%-Anteil des Allantoin-N an der Summe von Allantoin-N + Harnsäure-N) zwischen 29 und 90 und wird bestimmt durch Nahrung und individuelle Art des Hundes[23]. Die Leber des Dalmatiner Hundes ist reich an Uricase. Zwischen der

---

[1] Chrometzka, F.: Ergebn. inn. Med. **44**, 538 (1932). — [2] Chrometzka, F., u. H. Lubjuhn: Kli. Wo. **1938 II**, 1748. — [3] Schreuer, M.: Handb. Biochem. **5**, 366. — [4] Milroy, T. H., and J. Malcolm: J. Physiol. London **23**, 217 (1898/99). — [5] Petrén, K.: Skand. Arch. Physiol. **8**, 315 (1898). — [6] Weintraud, W.: Verh. Kongr. inn. Med. **14**, 190 (1896). — [7] Brugsch, T., u. A. Schittenhelm: Z. exp. Path. Therap. **4**, 761 (1907). — [8] Lucke, H.: Z. ges. exp. Med. **70**, 468, 483; **72**, 753 (1930); **76**, 180 (1931). — [9] Schroeder, H., u. B. B. Raginsky: A. e. P. P. **168**, 413 (1932). — [10] Ågren, G.: B. Z. **281**, 363 (1935). — [11] Brugsch, T., u. J. Rother: Kli. Wo. **1922 II**, 1495. H. **143**, 48 (1925). — [12] Lucke, H.: Z. ges. exp. Med. **74**, 329 (1930). Verh. dtsch. Ges. inn. Med. **1930**, 158. — [13] Bergami, G.: Boll. Soc. ital. Biol. sperim. **6**, 718 (1931). — [14] Matsuda, T.: Jap. J. Gastroenterol. **3**, 293 (1931). — [15] Moracchini, R., e O. Maestri: G. R. Accad. Med. Torino (4) **96**, 240 (1933). — [16] Garot, L.: J. Physiol. Path. gén. **24**, 556 (1926). — [17] Sivén, V. O.: Pflügers Arch. **145**, 283 (1912). — [18] Folin, O., H. Berglund and C. Derick: J. biol. Ch. **60**, 361 (1924). — [19] Schulz, F. N.: Handb. Biochem. **5**, 400 (1925). — [20] Alder, A. E.: Dtsch. Arch. klin. Med. **119**, 548 (1916). — [21] Wells, G., and H. J. Corper: J. biol. Ch. **6**, 321 (1909). — [22] Benedict, S. R.: J. Lab. clin. Med. **2**, 1 (1916). Harvey Lect. **11**, 346 (1916). — [23] Young, E. G., C. F. Conway and W. A. Crandall: Biochem. J. **32**, 1138 (1938).

Uricasemenge und dem Harnsäureabbau im Organismus besteht keine Beziehung. Das Nichtwirksamwerden der körpereigenen Uricase beruht vielleicht auf einer unüberwindlichen räumlichen Trennung von Uricase und Urat-ion in der Zelle oder auf einer Inaktivierung der Uricase durch die intakte Zelle[1]. Die vom Dalmatiner Hund ausgeschiedene Harnsäure ist ein endogenes Stoffwechselprodukt. Zusatz von Histidin und Arginin zur Grundkost führt nämlich nur zu leichter Zunahme der Allantoinausscheidung, aber nicht der Harnsäureausscheidung. Ebenso werden Allantoin-, Harnstoff- und Nucleinsäureausscheidung vermehrt, ohne daß sich die konstante Harnsäureausscheidung verändert[2]. Die hohe Harnsäureausscheidung des Dalmatiner Hundes ist als Degenerationserscheinung gedeutet worden[3]. Sie ist ein einfach mendelndes, nicht geschlechtsgebundenes, recessives Merkmal, das sich als nicht gekoppelt mit der Dalmatinerscheckung erwies. Weshalb das Gen[4] für die hohe Harnsäureausscheidung bei den Dalmatiner Hunden so verbreitet ist, bleibt eine offene Frage[5].

Die Wirkung von Coffein, Theophyllin und Theobromin auf die Harnsäureausscheidung war Gegenstand zahlreicher Untersuchungen. Nach älteren Befunden[6–8], denen allerdings ungenaue gravimetrische und titrimetrische Methoden zugrunde liegen, nimmt auf orale Zufuhr der drei Methylxanthine die Harnsäureausscheidung nicht zu. Später wurde mit den direkten und indirekten colorimetrischen Methoden[9–12] beim Menschen eine vermehrte Ausscheidung von Harnsäure und ein Anstieg der Blutharnsäure nach Einnahme von Coffein, Kaffee, Tee und Theophyllin festgestellt[13–17]. Am Dalmatiner Hund wurde beobachtet, daß nach oraler Zufuhr von Coffein oder Theophyllin ebenfalls eine Vermehrung der im Harn ausgeschiedenen Harnsäure auftrat[18,19]. Nach oraler Zufuhr von Theobromin war jedoch die Harnsäureausscheidung nicht vermehrt oder sogar vermindert[15,18,19]. Neuerdings wurde festgestellt:

1. daß bei Anwendung der spezifischen Uricasemethode keine Vermehrung der Harnsäureausscheidung im Harn nachweisbar ist[20];

2. daß mit den direkten und indirekten colorimetrischen Methoden zur Bestimmung der Harnsäure gewisse Methylharnsäuren, welche durch Oxydation und gegebenenfalls partielle Demethylierung aus Coffein und Theophyllin entstehen, mitbestimmt werden und echte Harnsäure vortäuschen[16–21];

3. daß Theobromin die Ausscheidung echter Harnsäure nicht vermehrt und auch nicht vortäuscht, weil die durch Oxydation und partielle Demethylierung möglicherweise entstehenden 3, 7-Dimethylharnsäure und 7-Methylharnsäure colorimetrisch nicht nachweisbar sind.

---

[1] Klemperer, F. W., H. C. Trimble and A. B. Hastings: J. biol. Ch. **125**, 445 (1938). — [2] Young, E. G., C. F. Conway and W. A. Crandall: Biochem. J. **32**, 1138 (1938). — [3] Starkenstein, E.: Fiziol. Ž. SSSR **22**, 593 (1937). — [4] Trimble, H. C., and C. E. Keeler: J. Heredity **29**, 281 (1938). — [5] Nachtsheim, H.: Fortschr. Erbpath. Rassenhyg. **4**, 88 (1940). — [6] Minkowski, O.: A. e. P. P. **41**, 375 (1898). — [7] Burian, R., u. H. Schur: Pflügers Arch. **80**, 241 (1900). — [8] Krüger, M., u. J. Schmid: H. **32**, 104 (1901). — [9] Folin, O., and A. B. Macallum: J. biol. Ch. **11**, 265 (1912). — [10] Folin, O., and A. B. Macallum: J. biol. Ch. **13**, 363 (1912/13). — [11] Benedict, S. R., and E. H. Hitchcock: J. biol. Ch. **20**, 619 (1915). — [12] Benedict, S. R., and E. Franke: J. biol. Ch. **52**, 387 (1922). — [13] Benedict, S. R.: J. Lab. clin. Med. **2**, 1 (1916). — [14] Mendel, L. B., and E. L. Wardell: J. amer. med. Ass. **69**, 1805 (1917). — [15] Clark, G. W., and A. A. de Lorimier: Amer. J. Physiol. **77**, 491 (1926). — [16] Wardell, E. L., and V. C. Myers: Proc. Soc. exp. Biol. Med. **23**, 828 (1926). — [17] Myers, V. C., and E. L. Wardell: Skand. Arch. Physiol. **49**, 189 (1926). J. biol. Ch. **77**, 697 (1928). — [18] Myers, V. C., and R. F. Hanzal: Amer. J. Physiol. **90**, 458 (1929). — [19] Hanzal, R. F., and V. C. Myers: J. biol. Ch. **97**, LXIX (1932). — [20] Buchanan, O. H., A. A. Christman and W. D. Block: J. biol. Ch. **157**, 189 (1945). — [21] Buchanan, O. H., W. D. Block and A. A. Christman: J. biol. Ch. **157**, 181 (1945).

Die Ergebnisse zeigen ganz allgemein, daß ältere Versuche über die Harnsäureausscheidung im Urin mit einer gewissen Vorsicht zu bewerten sind.

Bei normalen Erwachsenen steigert *adrenocorticotropes Hormon* unter gleichzeitigem Verlust der Glucosetoleranz und Auftreten einer Hyperglykämie die Harnsäureausscheidung[1].

δ) Allantoin

(Chemie s. Bd. 1, S. 812).

1. Vorkommen und Bedeutung des Allantoins.

Allantoin, das Oxydationsprodukt der Harnsäure, ist das charakteristische Purinausscheidungsprodukt der Säugetiere (s. S. 1208). Die Amphibien und von den Fischen die Selachier bilden ebenfalls aus Harnsäure Allantoin. Beim Menschen tritt es weder im Fruchtwasser noch im Harn des Neugeborenen, jedoch regelmäßig in kleinen Mengen im Harn des Erwachsenen auf[2]. Die endogene Allantoinbildung beträgt beim Menschen 12 bis 14 mg. Ebenso ist es im Harn gravider Frauen gefunden worden[3]. Allantoin ist im *Blut* verschiedener Säugetiere und entgegen älteren Befunden auch im Menschenblut nachweisbar[4–7]. Der Allantoingehalt des Hundeblutes beträgt 0,8 bis 2,3 mg pro 100 cm^3; bei reinrassigen Dalmatinerhunden[5] im Durchschnitt 0,4 mg pro 100 cm^3. Im Schweineblut wurden 0,33 mg, im Blut der Kuh 2,61 mg pro 100 cm^3 gefunden. In der Reihenfolge Kalb → Schaf → Kaninchen → Hund → Ratte → Pferd nimmt der Allantoingehalt des Blutes ab. Schwarze Kaninchen haben doppelt soviel Allantoin im Blut wie Albinotiere[6]. Normales menschliches Nüchternplasma zeigte einen Allantoingehalt[7] von 0,3 bis 0,6 mg pro 100 cm^3.

Allantoin findet sich in kleiner Menge im Harn zahlreicher Säugetiere. Reine Allantoinausscheider sind Nager und Fleischfresser. In erhöhtem Maße wird Allantoin ausgeschieden nach Zufuhr großer Mengen von Harnsäure, Hypoxanthin und purinreicher Nahrung[8–12]. Ebenso ist Allantoin in der Allantoisflüssigkeit der Kuh enthalten. Vom Hund wird zugeführtes Allantoin nahezu quantitativ unverändert ausgeschieden[11,13,14]. Für diese Tierart kann Allantoin als Endstoff des Purinstoffwechsels angesehen werden. Am stärksten ist die Allantoinbildung entwickelt bei Fleischfressern und Nagern, während Huftiere weniger Allantoin ausscheiden[15]. Von Menschen, anthropoiden Affen und vom Oppossum wird Allantoin in geringerer Menge ausgeschieden als Harnsäure. Injiziertes Allantoin wird nicht zerstört und ist unschädlich[14]. Durch starke Nucleinsäurebelastung steigt beim Menschen die Allantoinbildung wesentlich an. Für den Menschen ist Allantoin deshalb als ein körpereigener Zwischenstoff zu noch unbekannten Produkten angesehen worden[16].

Bei den sog. Allantoinpflanzen (z. B. Acer und Symphytum) wird in der Wurzel aus dem anorganischen Stickstoff des Bodens Allantoin synthetisiert. In den Blutungssäften dieser Pflanzen kann Allantoin bis zu 100% des organischen Stickstoffs ausmachen. Ähnlich wie Asparagin und Glutamin ist Allantoin hier eine Substanz, welche die bei der

---

[1] CONN, J. W., L. H. LOUIS and C. E. WHEELER: J. Lab. clin. Med. **33**, 651 (1948). — [2] WIECHOWSKI, W.: A. e. P. P. **60**, 185 (1909). B. Z. **19**, 368 (1909). — [3] GUSSEROW, A.: Arch. Gynäk. **3**, 269 (1872). — [4] HUNTER, A.: J. biol. Ch. **28**, 372 (1917). — [5] YOUNG, E. G., C. C. MACPHERSON, H. P. WENTWORTH and W. W. HAWKINS: J. biol. Ch. **152**, 245 (1944). — [6] CHRISTMAN, A. A., P. W. FOSTER and M. B. ESTERER: J. biol. Ch. **155**, 161 (1944). — [7] ARCHIBALD, R. M.: J. biol. Ch. **156**, 121 (1944). — [8] SALKOWSKI, E. L.: B. **9**, 719 (1876). — [9] MENDEL, L. B., and E. W. BROWN: Amer. J. Physiol. **3**, 261 (1900). — [10] MENDEL, L. B., and B. WHITE: Amer. J. Physiol. **12**, 85 (1904). — [11] COHN, T.: H. **25**, 507 (1898). — [12] LEONE, E.: Boll. Soc. ital. Biol. sperim. **20**, 750 (1945). — [13] MINKOWSKI, O.: A. e. P. P. **41**, 375 (1898). — [14] YOUNG, E. G., H. P. WENTWORTH and W. W. HAWKINS: J. Pharmacol. exp. Therap. **81**, 1 (1944). — [15] PODUSCHKA, H.: A. e. P. P. **44**, 59 (1900). — [16] CHROMETZKA, F.: Z. ges. exp. Med. **86**, 483 (1933).

Desaminierung der Aminosäuren frei werdenden Aminogruppen übernimmt, um ihr Auftreten als freies Ammoniak zu verhindern. Das Allantoin steigt bei Bedarf — Stickstoffumbau durch den Sproß — meist in Form von Allantoinsäure zu den Wachstumsorten auf und wird dort rasch in Protein und andere Verbindungen umgeformt[1].

2. Allantoinbildung.

Allantoin wird bei Tieren wohl in den meisten Organen durch das *uricolytische Ferment* gebildet (S. 1209). Entsprechend ihrer Größe und Bedeutung im Stoffwechsel hat die *Leber* daran einen besonderen Anteil. Nach Zufuhr von Harnsäure in das Blut ist z. B. nur im Lebervenenblut eine starke Abnahme der Harnsäure festzustellen[2]. Wird ^{15}N-markiertes Ammoniak an Ratten verfüttert, so erscheint ^{15}N im Allantoin etwa in derselben Konzentration wie in den Purinen[3, 4].

Die Allantoinkonzentration des Blutes der normalen Ratte bei eiweißreicher Nahrung (etwa 2 mg%) steigt nach Entfernung der Nieren innerhalb von 72 Std auf etwa 50 mg% an. Die Harnsäurewerte ändern sich nicht wesentlich. Zusätzliche Hepatektomie läßt den Allantoinspiegel nicht weiter ansteigen. Dagegen erhöhen sich die Bluthamsäurewerte um ein Vielfaches auf 13 mg%. Auch daraus läßt sich auf die Leber als Ort der Umwandlung der Bluthamsäure in Allantoin schließen[5].

Bei Hunden, jedoch nicht bei Ratten, führt Injektion von Histidin in die Pfortader zu einer starken Vermehrung des Allantoingehaltes der Leber[6].

Die auf Xanthininjektion (25 mg Xanthin pro 100 g) bei der Ratte erfolgende Allantoinausscheidung verdoppelt sich bei proteinarmer Kost. Gleichzeitig nimmt die Aktivität der Uricase um etwa ein Drittel ab, ist aber, bezogen auf den O_2-Verbrauch pro g Gewebe noch sehr viel größer als die Aktivität der Xanthinoxydase. Die Uricaseaktivität ist danach nicht der begrenzende Faktor der Allantoinbildung bei der Ratte[7].

3. Allantoinabbau.

Allantoin zerfällt in vitro durch Alkalihydrolyse leicht in Allantoinsäure und diese Diureidoessigsäure durch Säurehydrolyse in Glyoxylsäure und Harnstoff. Kaninchen hydrolysieren Allantoin über Allantoinsäure in Harnstoff und Glyoxylsäure[8]. Bei Amphibien und Fischen geht der Allantoinzerfall ebenfalls über Allantoinsäure zu Harnstoff und Ammoniak[9—11]. Glyoxylsäure ist dabei nur in vitro, aber nicht im lebenden Tier nachweisbar[11]. Allantoinsäure ist demnach Zwischenprodukt beim Allantoinabbau. Gewisse Bakterien des menschlichen Darmes haben die Fähigkeit, Allantoin abzubauen[12].

Am Allantoinabbau sind zwei Fermente, *Allantoinase* (Bd. 1, S. 1227) und *Allantoicase* (Bd. 1, S. 1116), beteiligt. Beide Enzyme sind in Pflanzen, Pilzarten, bei Fischen und in der Leber von Amphibien nachgewiesen worden[11, 13—16]. Allantoinase spaltet Allantoin zu Allantoinsäure; Allantoicase bewirkt die weitere Hydrolyse zu zwei Molekülen Harnstoff und einem Molekül Glyoxylsäure.

[1] Mothes, K.: Mitt. dtsch. pharmaz. Ges. **24**, 1 (1954). — [2] Rabinowitsch, S. J.: Pflügers Arch. **219**, 402 (1928). — [3] Schoenheimer, R.: The Dynamic State of Body Constituents. Cambridge, Mass. 1942. — [4] Barnes, F. W. jr., and R. Schoenheimer: J. biol. Ch. **151**, 123 (1943). — [5] Byers, S. O., M. Friedman and M. M. Garfield: Amer. J. Physiol. **150**, 677 (1947). — [6] Popel, L. V.: J. Physiol. USSR **29**, 362 (1940). — [7] Williams, J. N. jr., P. Feigelson and C. A. Elvehjem: J. biol. Ch. **185**, 887 (1950). — [8] Mourot, G.: Cr. **207**, 407 (1938). — [9] Przylecki, S. J.: Arch. int. Physiol. **24**, 238, 317 (1925); **26**, 33 (1926); **27**, 159 (1926). — [10] Przylecki, S. J. v., u. E. Mystkowski: B. Z. **236**, 122 (1931). — [11] Brunel, A.: Bull. Soc. Chim. biol. **19**, 1683 (1937). — [12] Young, E. G., and W. W. Hawkins: J. Bacteriology **47**, 351 (1944). — [13] Brunel, A.: Bull. Soc. Chim. biol. **19**, 747, 805, 1027 (1937). — [14] Brunel, A.: C. R. Soc. Biol. **204**, 380 (1937). — [15] Fosse, R., A. Brunel et P. de Graeve: Cr. **189**, 213 (1929); **190**, 79 (1930). — [16] Echevin, R., et A. Brunel: Cr. **205**, 294 (1937).

ε) Amino- und Oxypurine (außer Harnsäure).

1. Vorkommen der Amino- und Oxypurine.

Neben Harnsäure und Allantoin kommen bei Mensch und Tier und in deren Ausscheidungen eine Reihe von Purinverbindungen vor, die als Purin- oder Alloxurbasen bezeichnet werden. Dazu gehören Adenin, Guanin, Hypoxanthin, Xanthin, Heteroxanthin, Paraxanthin und 1-Methylxanthin (s. Bd. **1**, S. 804). Unter den Säugetieren ist das Schwein vorwiegend Purinausscheider.

In 10000 *l* Menschenharn wurden 10,11 g Xanthin, 8,5 g Hypoxanthin, 3,54 g Adenin, 22,35 g Heteroxanthin, 31,29 g 1-Methylxanthin, 15,31 g Paraxanthin und 3,4 g Epiguanin gefunden[1].

Der Gehalt an freien Purinbasen ist in den verschiedenen Geweben wesentlich geringer als der Gesamtpuringehalt[2]. Guanin und Hypoxanthin finden sich frei in reifen Oocyten von Froschembryonen[3]. In Spuren wurde freies Guanin gefunden im Fettkörper von Apterygoten (Collembola, Diplura, Thysanura), in Larven und Puppen von Dipteraarten und in Larven von Coleoptera (Melolontha vulgaris). Große Mengen kommen vor in Milben[4]. Die Polynucleotide von Carcinomgewebe enthalten etwa ebensoviel Adenin wie normale Gewebsnucleotide, aber kein Guanin[5].

In der Pflanze treten Purine als Abfallstoffe auf[6]. Adenin, Hypoxanthin, Guanin und Xanthin nehmen als Bau- und Spaltstücke der Nucleinsäuren eine besondere Stellung ein.

2. Purinbildung durch Abbau.

Adenin und Guanin werden frei durch Hydrolyse der Nucleoside Adenosin und Guanosin. Eine spezifische Desaminase — *Adenase*[7] — wandelt Adenin in Hypoxanthin um, das fermentativ zu Xanthin oxydiert wird. Guanin wird durch die *Guanase*[8] zu Xanthin desaminiert, das durch die Xanthindehydrogenase weiter in Harnsäure übergeht. Purindesaminasen (Purinaminasen) kommen in zahlreichen menschlichen und tierischen Organen vor[9—11]. Meist geht die Desaminierung der Aminopurine im Organismus nicht an den freien Purinbasen, sondern schon am Nucleotid und Nucleosid durch spezifische Desaminasen vor sich (s. Bd. **1**, S. 1107). Adenin und Guanin können auch in der Weise desaminiert werden, daß ihre NH_2-Gruppe durch eine *Transaminase* auf die α-Ketoglutarsäure übertragen wird, wobei Glutaminsäure entsteht. Pyridoxalphosphat wirkt dabei als Coferment[12]. In reversibler Reaktion können durch Phosphorylasen in Gegenwart von anorganischem Phosphat Guanin aus Ribonucleinsäure oder Guanosin und Hypoxanthin aus Inosin gebildet werden; außerdem entsteht Ribose-1-phosphat[13, 14] (s. S. 1204).

Nach Fütterungsversuchen werden *Guanosin und Guanin beim Hund* wahrscheinlich in anderer Weise umgesetzt als Adenosin und Adenin. Vom Guanosin-N werden 30% als Harnstoff und 62 bis 67% als Allantoin ausgeschieden. Je $^1/_3$ des Guanin-N wird im Harn als Harnstoff und als Allantoin wiedergefunden. Da vom Stickstoff des Guanosins im Urin mehr als Harnstoff erscheint, als in der

[1] Krüger, M., u. G. Salomon: H. **24**, 364 (1898); **26**, 350 (1898/99). — [2] Barrenscheen, H. K., u. A. Peham: H. **272**, 87 (1942). — [3] Steinert, M.: Exper. **7**, 342 (1951). — [4] Schindler, J.: Öst. zool. Z. **2**, 517 (1950). — [5] Graff, S., M. Engelman, H. B. Gillespie and A. M. Graff: Cancer Res. **11**, 388 (1951). — [6] Tonzig, S.: Ann. Bot., Roma **19**, 217 (1931). — [7] Jones, W., u. M. C. Winternitz: H. **44**, 1 (1905). — [8] Jones, W., u. C. L. Partridge: H. **42**, 343 (1904). — [9] Michlin, D., u. A. Ryžowa: Fermentforsch. **14**, 389 (1934). — [10] Schittenhelm, A.: H. **42**, 251 (1904); **46**, 354 (1905). — [11] Schittenhelm, A., u. J. Schmid: H. **50**, 30 (1906/07). — [12] Gunsalus, C. F., and J. Tonzetich: Nature **170**, 162 (1952). — [13] Kalckar, H. M.: Fed. Proc. **4**, 248 (1945). J. biol. Ch. **158**, 723 (1945). — [14] Colowick, S. P., and W. H. Price: Fed. Proc. **5**, 130 (1946).

NH_2-Gruppe vorgebildet ist, wird der Purinring wahrscheinlich zum Teil über Allantoin hinaus zu Harnstoff abgebaut, wobei vermutlich intermediär Oxalursäure, $H_2N—CO—NH—CO—COOH$, entsteht[1; 2].

3. Purinsynthese.

Außer durch Abbau der Nucleinstoffe der Nahrung und der körpereigenen Gewebe und Purinverbindungen entstehen Purinbasen bei Pflanze und Tier durch Synthese. Der Aufbau des Spermas aus der einschmelzenden Seitenmuskulatur des hungernden Lachses[3], die Purinbildung im purinfreien Seidenraupenei[4] und Hühnerei[5—8] bei der embryonalen Entwicklung lassen daran keinen Zweifel aufkommen. Auch für das Säugetier und den Menschen ist dieser Tatbestand durch experimentelle und klinische Beobachtungen sichergestellt[9—16].

Über den *Mechanismus der Purinsynthese* sind verschiedene Vermutungen geäußert worden. KNOOP u. WINDAUS[17] erörterten die Bildung von Methylimidazol aus Ammoniak, Methylglyoxal und Formaldehyd, von denen die beiden letzteren wahrscheinlich aus abgebautem Traubenzucker stammen sollten. Aus denselben Bausteinen könnte unter Beteiligung von Harnstoff Xanthin entstehen. Mit Guanidin wäre die Entstehung von Guanin und Hypoxanthin denkbar; auch Kreatinin käme als Partner in Frage.

In der Pflanze sollen Purine durch Anschluß des Imidazolrings an den Pyrimidinring gebildet werden[18].

Die Entstehung des Purinkernes hat man von den Aminosäuren Arginin und Histidin abzuleiten versucht. Vor allem ist Histidin, die einzige Aminosäure mit dem Imidazolring, als Muttersubstanz der Purinbasen angesehen worden[19].

Fütterungsversuche mit Histidin lieferten jedoch widersprechende Ergebnisse[20—28]. In der durchströmten Katzenleber wird Histidin nicht in Allantoin umgewandelt[28]. Stoffwechselversuche und Untersuchungen an Gewebsschnitten ließen auch an Glykokoll, Alanin, Glutaminsäure, Asparaginsäure, Asparagin[29—32], Ammoniak und Proteine[29—41] als Vorstufen der Purinsynthese denken.

---

[1] ALLEN, F. W., and L. R. CERECEDO: J. biol. Ch. **102**, 313 (1933). — [2] CERECEDO, L. R., and F. W. ALLEN: J. biol. Ch. **107**, 421 (1934). — [3] MIESCHER, F., u. F. W. GLASER jr.: Statistische und biologische Beiträge zur Kenntnis des Rheinlachses im Süßwasser; in: MIESCHER, F.: Histochem. u. biol. Arb. Bd. **2**, S. 116. Leipzig 1897. — [4] TICHOMIROFF, A.: H. **9**, 518 (1885). — [5] KOSSEL, A.: H. **10**, 248 (1886). — [6] SAGARA, J.: H. **178**, 298 (1928). — [7] TAKAHASHI, M.: J. Biochem. **10**, 451 (1929). — [8] TOMITA, M., u. M. TAKAHASHI: H. **184**, 272 (1929). — [9] MCCOLLUM, E. V.: Amer. J. Physiol. **25**, 120 (1909/10). — [10] BURIÁN, R., u. H. SCHUR: H. **23**, 55 (1897). — [11] MENDEL, L. B., and C. S. LEAVENWORTH: Amer. J. Physiol. **21**, 77 (1908). — [12] OSBORNE, T. B., L. B. MENDEL u. E. L. FERRY: H. **80**, 307 (1912). — [13] MÜLLER, E., H. STEUDEL u. J. ELLINGHAUS: Arch. Kinderheilkde. **78**, 41 (1926). — [14] KOLLMANN, G.: B. Z. **123**, 235 (1921). — [15] BENEDICT, S. R.: J. Lab. clin. Med. **2**, 1 (1916). — [16] KAPELLER-ADLER, R., E. LAUDA u. K. v. MÉGAY: B. Z. **269**, 254 (1934). — [17] KNOOP, F., u. A. WINDAUS: Hofmeisters Beitr. **6**, 392 (1905). — [18] JOHNSON, T. B.: Am. Soc. **36**, 337 (1914). — [19] ABDERHALDEN, E., u. H. EINBECK: H. **62**, 322 (1909). — [20] ROSE, W. C., and K. G. COOK: J. biol. Ch. **63**, XVII; **64**, 325 (1925). — [21] STEWART, C. P.: Biochem. J. **19**, 1101 (1925). — [22] GYÖRGY, P., u. S. J. THANNHAUSER: H. **180**, 286 (1929). — [23] ACKROYD, H., and F. G. HOPKINS: Biochem. J. **10**, 551 (1916). — [24] LEWIS, H. B., and E. A. DOISY: J. biol. Ch. **36**, 1 (1918). — [25] PERRINI, F.: Boll. Atti R. Accad. lancis. Roma **6**, 336 (1933). — [26] RUSSO, G.: Arch. Sci. biol., Bologna **10**, 128 (1927). — [27] YOUNG, E. G., C. F. CONWAY and W. A. CRANDALL: Biochem. J. **32**, 1138 (1938). — [28] STEWART, C. P.: Biochem. J. **19**, 266 (1925). — [29] LEWIS, H. B., M. S. DUNN and E. A. DOISY: J. biol. Ch. **36**, 9 (1918). — [30] BORSOOK, H., and G. L. KEIGHLEY: Proc. R. Soc. London (B) **118**, 488 (1935). — [31] EDSON, N. L., H. A. KREBS and A. MODEL: Biochem. J. **30**, 1380 (1936). — [32] REINDEL, W., u. W. SCHULER: H. **248**, 197 (1937). — [33] SCHRÖDER, W.: H. **2**, 228 (1878/79). — [34] MINKOWSKI, O.: A. e. P. P. **21**, 41 (1886). — [35] LAMBLING, E., and F. DUBOIS: C. R. Soc. Biol. **76**, 614 (1914). — [36] MAUREL, E.: C. R. Soc. Biol. **77**, 190 (1914). —

Neuere Untersuchungen, vor allem mit radioaktiv markierten Verbindungen, haben den Weg des Purinaufbaues weitgehend aufgeklärt. Sicher findet die Synthese der Purinbasen — Adenin, Guanin, Xanthin, Hypoxanthin — innerhalb des Organismus statt. Analog dem Harnsäureaufbau, der ja eine Purinsynthese einschließt, kann diese aus einfachen Bausteinen erfolgen. Bei Ratte und Taube verläuft die Synthese von Purinen nach Verfütterung von ^{15}N-Ammoniumcitrat relativ schnell. Das Isotope ^{15}N erscheint im Purinkern und in den Aminogruppen bei Adenin, Guanin, Harnsäure und Allantoin etwa in gleicher Konzentration. Die Aminogruppen des Guanins unterliegen dabei einem stärkeren Ersatz durch ^{15}N als diejenige des Adenins. Bei Tauben scheint der Übergang des Stickstoffs vom Ammoniumsalz zur Harnsäure mindestens zum Teil über die Purinsynthese zu gehen. Das Säugetier (Ratte) wandelt einen kleineren Teil des Stickstoffs über Purine in das Endprodukt Allantoin um[1]. Diese und ältere Befunde[2—5] weisen dem Ammoniak oder einer nahe verwandten Verbindung die Rolle eines normalen Intermediärproduktes bei der Purinsynthese der Vögel und Säugetiere zu[1].

Da der Ammoniakstickstoff zum erheblichen Teil aus dem Proteinstoffwechsel stammt oder in ihn eingeht, ist es verständlich, daß der Proteinstickstoff fortlaufend auch in der Purinsynthese Verwendung findet. So erklärt sich, daß fast der gesamte Stickstoff bei der Taube als Harnsäure zur Ausscheidung kommt und bei den darauf untersuchten Tieren die Ausscheidung von Purinen nicht herabgesetzt wird, wenn der Nahrungsstickstoff nur aus Proteinen besteht.

Beim Vogel ist der Stickstoff von Arginin und Histidin nicht an der Purinsynthese beteiligt[1].

Von den körpereigenen Aminosäuren können bei Mensch und Säugetier alle mit Ausnahme des Lysins[6] an der Purinsynthese teilnehmen[1]. Arginin und Histidin sind keine spezifischen Vorstufen der Purine. Vor allem nimmt der *Guanidinstickstoff* des Arginins nicht teil an der Purinsynthese[7—9]. Beim Hund ist Histidin vielleicht Vorstufe des Allantoins.

Wie bei der Harnsäuresynthese ist Harnstoff bei Ratte und Taube kein normales Intermediärprodukt bei der Bildung von Purinbasen. Zwischen dem Kreatincyclus und dem Purinstoffwechsel scheinen nach Fütterungsversuchen mit ^{15}N-markiertem Kreatin keine direkten Beziehungen zu bestehen. Auch Guanidinoessigsäure ist keine Vorstufe der Purinbasen, obwohl aus ihr bei Vögeln Kreatin entstehen kann[10].

Aminosäuren dienen bei der Purinsynthese auch als Kohlenstoffquelle. Radioaktiv markierte Aminosäuren (2-^{14}C-Glykokoll, 1, 2-^{14}C-Glykokoll, ^{13}C-Serin) liefern in weitgehendem Maße den Kohlenstoff für das Puringerüst. Wie die Zusammenstellung S. 1206 zeigt, kann Glykokoll die Kohlenstoffatome 2, 4, 5, 6 und 8 des Purinkerns zur Verfügung stellen.

---

[37] MENDEL, L. B., and R. L. STEHLE: J. biol. Ch. **22**, 215 (1915). — [38] HÖST, H. F.: J. biol. Ch. **38**, 17 (1919). — [39] ROSE, W. C.: J. biol. Ch. **48**, 563, 575 (1921). — [40] CRANDALL, W. A., and E. G. YOUNG: Biochem. J. **32**, 1133 (1938). — [41] HAWKS, J. E., and G. EVERSON: Amer. J. Dis. Children **62**, 955 (1941).

[1] BARNES, F. W. jr., and R. SCHOENHEIMER: J. biol. Ch. **151**, 123 (1943). — [2] SCHRÖDER, W.: H. **2**, 228 (1878/79). — [3] HENRIQUES, V., u. A. C. ANDERSEN: H. **92**, 21 (1914). — [4] KOWALEWSKI, K., u. S. SALASKIN: H. **33**, 210 (1901). — [5] IZAR, G.: H. **73**, 317 (1911). — [6] WEISSMAN, N., and R. SCHOENHEIMER: J. biol. Ch. **140**, 779 (1941). — [7] SCHOENHEIMER, R., D. RITTENBERG and A. S. KESTON: J. biol. Ch. **127**, 385 (1939). — [8] FOSTER, G. L., R. SCHOENHEIMER and D. RITTENBERG: J. biol. Ch. **127**, 319 (1939). — [9] BLOCH, K., and R. SCHOENHEIMER: J. biol. Ch. **138**, 167 (1941). — [10] PLENTL, A. A., and R. SCHOENHEIMER: J. biol. Ch. **153**, 203 (1944).

Der Einbau des Kohlenstoffes der Aminosäuren könnte durch Einbeziehung des intakten Moleküls in die Purinsynthese erfolgen.

Kulturen von Aerobacter aerogenes in ammoniumsulfathaltiger Glucoselösung mit 0,04% ^{15}N-1-^{13}C-Glykokoll bauen das ganze Glykokollmolekül in Adenin und Guanin ein. Da die Bildung der Purinbasen auch ohne Zusatz von Glykokoll vor sich geht, muß dieses ein Intermediärprodukt der Purinsynthese sein, das seinen Kohlenstoff in diesem Falle aus Glucose bezieht[1]. In Hefe- (Torula-) kulturen, welche Glucose als C-Quelle, Ammoniumsalze als N-Quelle und die erforderlichen Mineralsalze enthalten, wird vermutlich Serin (^{13}C im β-C-Atom) als ganzes Molekül in das Purinskelet (Adenin, Guanin) eingebaut[2]. Bei der Hypoxanthin- (Harnsäure-) bildung aus Glutamin über Ureidoglutamin und Glutaminhydantoin wird ebenfalls das ganze Molekül zur Oxypurinsynthese verwendet[3]. Auch Zellkerne bauen in vitro 2-^{14}C-Glykokoll in den Purinring ein[4]. Wahrscheinlich bilden sie aus Glykokoll Serin. Seeigeleier incorporieren mit Leichtigkeit den Kohlenstoff aus 1-^{14}C-Glykokoll in die Purine der Desoxyribonucleotide[5].

Auch in Form ihrer Spaltstücke können Aminosäuren den Kohlenstoff für die Purinbasen bereitstellen. ^{14}C-Formiat wird in Taubenleberhomogenaten für die Synthese von Hypoxanthin verwendet[6]. Der Einbau von ^{14}C-Formiat und ^{14}C-$NaHCO_3$ in Nucleinsäuren und Purine wird durch die Folsäureantagonisten Aminopterin und A-Methopterin gehemmt. Normalerweise scheint Formyl-folsäure das C-Atom 2 für die Umwandlung von 4-Amino-(5-carbonsäureamid)-imidazol in den Purinring zu liefern[7]. Die Kohlenstoffatome 2 und 8 werden von Ameisensäure und Essigsäure, die Atome 4 und 6 von Milchsäure und das C-Atom 6 von Kohlendioxyd geliefert (s. S. 1206). Trotz weitgehender Kenntnis der Quellen für den Kohlenstoff und Stickstoff der Purine ist der eigentliche Syntheseweg, vor allem die Bildung des Purinringes nur unzureichend bekannt. Bei der Harnsäuresynthese ist die Bildung der harnsäurebildenden Substanz, des Hypoxanthins, eine echte Purinsynthese. Sie erfolgt aus Ammoniak und der „Vorstufe" als Kohlenstoffquelle (s. S. 1205).

Durch Xanthindehydrogenase wird Hypoxanthin zu Harnsäure oxydiert.

Umgekehrt kann in dem System Hypoxanthin + Harnsäure + xanthindehydrogenasehaltiges Gewebe unter aeroben und anaeroben Bedingungen bei gleichzeitiger Dehydrierung von Hypoxanthin zu Xanthin durch Reduktion der Harnsäure Xanthin gebildet werden[8]. Da Guanin, im Gegensatz zu Adenin und Hypoxanthin, von Taubenleberschnitten leicht zu Xanthin desaminiert wird, besteht die Möglichkeit einer primären Guaninsynthese[8], die auch experimentell nachgewiesen wurde[9].

Hypoxanthin könnte formal gesehen demnach für Harnsäure und Purinbasen das zentrale Intermediärprodukt sein.

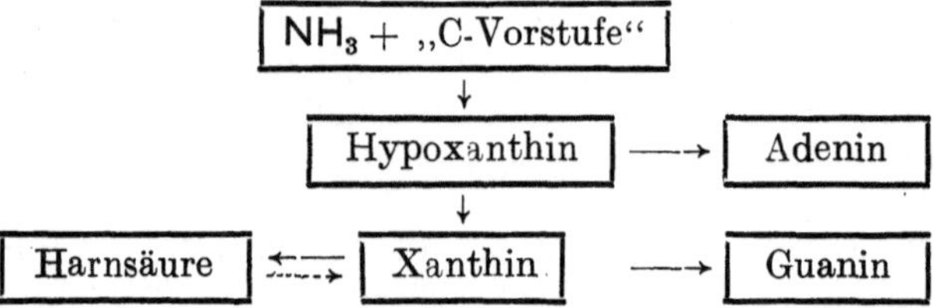

Für die Bildung des Purinringes fehlt vorläufig eine erschöpfende Erklärung.

[1] SUTTON, W. B., F. SCHLENK and C. H. WERKMAN: Arch. Biochem. **32**, 85 (1951). — [2] DIMROTH, K., L. JAENICKE u. E. W. BECKER: Naturwiss. **39**, 134 (1952). — [3] ÖSTRÖM, Å., and M. ÖRSTRÖM: Acta med. scand. **138**, 108 (1950). — [4] LANG, K., H. LANG, G. SIEBERT u. S. LUCIUS: B. Z. **324**, 217 (1953). — [5] ABRAMS, R.: Exp. Cell Res. **2**, 235 (1951). — [6] GREENBERG, G. R.: Fed. Proc. **8**, 202 (1949). — [7] SKIPPER, H. E., J. H. MITCHELL jr. and L. L. BENNETT jr.: Cancer Res. **10**, 510 (1950). — [8] REINDEL, W., u. W. SCHULER: H. **248**, 197 (1937). — [9] PESCHEN, K. E.: Zool. Jb. (III) **59**, 429 (1939).

Nach subcutaner Injektion von 920 mg ^{14}C-markiertem 4(5)-Amino-5(4)-imidazolcarboxamid schieden Ratten 33% davon im Harn teils unverändert teils als Allantoin aus. Im Adenin und Guanin der Gewebsnucleotide fand sich ebenfalls das radioaktive ^{14}C-Isotop. Injiziertes und ausgeschiedenes 4(5)-Amino-5(4)-imidazolcarboxamid waren gleich stark radioaktiv; diese Verbindung kann deshalb kein normales Stoffwechselprodukt sein[1]. Taubenleberschnitte verwenden dieselbe Verbindung zur Synthese von Hypoxanthin[2]. Wahrscheinlich liefert Formyl-folsäure das C-Atom 2 für die Umwandlung von 4-Amino-(5-carbonsäureamid-)-imidazol in den Purinring. Damit würde auch die spezifische Hemmung der Nucleinsäure- und Purinsynthese durch die Folsäure-Antagonisten Aminopterin und A-Methopterin verständlich[3]. Auch gewisse Coli-Mutanten verwerten 5(4)-Amino-4(5)-imidazolcarboxamid wahrscheinlich als Vorstufe für die Purinsynthese[4,5], deren Teilverlauf etwa nach folgendem Schema vorstellbar wäre[5]:

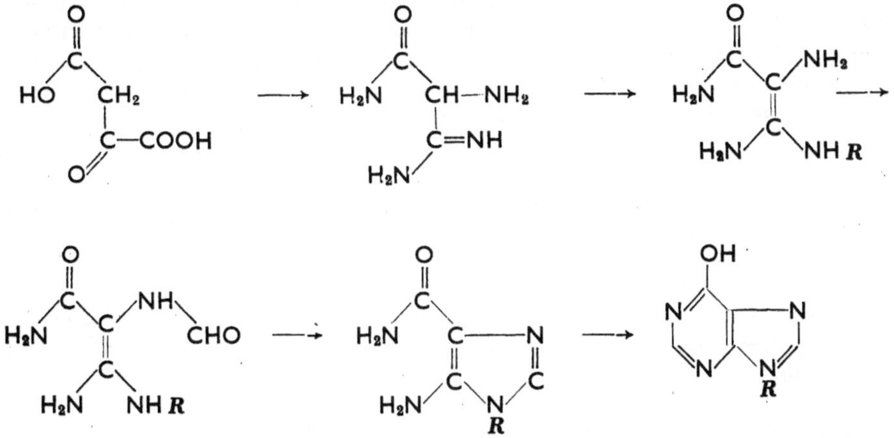

Gewisse Colistämme scheinen auch die Fähigkeit zu haben, Pentose- und Phosphatderivate von Carboxamid aufzubauen[6]. Der Einbau von Carboxamid in die Desoxyribosidbindung wurde ebenfalls wahrscheinlich gemacht[7]. Methionin hemmt die Anreicherung von Carboxamid[8,9]. Ob Methionin das C-Atom 2 des Purinringes liefert oder nur katalytisch wirkt, steht noch offen[6,8,10]. Unter den Bedingungen des anaeroben Glucosestoffwechsels wird Carboxamid angereichert; Luftzufuhr hemmt[11].

Nach Versuchen an künstlich erzeugten Neurospora-Mutanten leitet sich die Kohlenstoffkette der Pyrimidine ebenfalls von der Oxalessigsäure ab[12,13].

Die Bildung von Purinen aus 5(4)-Amino-4(5)-imidazolcarboxamid wird in Coli-Kulturen durch p-Aminobenzoesäure katalysiert und durch Sulfonamide gehemmt[14]. Für Lactobacillus casei konnte die Beteiligung von Folsäure[15] nachgewiesen werden. Auf die Möglichkeit der Hypoxanthinsynthese aus Glutamin (Glykokoll, Alanin) über das Ureid und Hydantoin (Ringbildung) wurde schon

[1] Miller, C. S., S. Gurin and D. W. Wilson: Science, N. Y. **112**, 654 (1950). — [2] Buchanan, J. M.: J. cellul. comp. Physiol. **38**, Suppl. **1**, 143 (1951). — [3] Skipper, H. E., J. H. Mitchell jr. and L. L. Bennett jr.: Cancer Res. **10**, 510 (1950). — [4] Shive, W., W. W. Ackermann, M. Gordon, M. E. Getzendaner and R. E. Eakin: Am. Soc. **69**, 725 (1947). — [5] Nimmo-Smith, R.: 2. Int. Congr. Biochem. Paris. 1952 [Angew. Chem. **64**, 654 (1952)]. — [6] Greenberg, G. R.: Fed. Proc. **11**, 534 (1952). — [7] Ben-Ishai, R., E. D. Bergmann and B. E. Volcani: Nature **168**, 1124 (1951). — [8] Bergmann, E. D., B. E. Volcani and R. Ben-Ishai: J. biol. Ch. **194**, 521, 531 (1952). — [9] Gots, J. S., and E. C. Chu: J. Bacteriology **64**, 537 (1952). — [10] Cantoni, G. L.: Fed. Proc. **11**, 330 (1952). — [11] Stewart, R. C., and M. G. Sevag: Fed. Proc. **11**, 293 (1952). — [12] Mitchell, H. K., and M. B. Houlahan: Fed. Proc. **6**, 506 (1947). — [13] Mitchell, H. K., M. B. Houlahan and J. F. Nyc: J. biol. Ch. **172**, 525 (1948). — [14] Shive, W.: J. cellul. comp. Physiol. **38**, Suppl. **1**, 203 (1951). — [15] Rogers, L. L., and W. Shive: J. biol. Ch. **172**, 751 (1948).

hingewiesen[1]. Auch mag in diesem Zusammenhang die Beschleunigung der Hypoxanthinsynthese durch Glutamin noch einmal erwähnt werden[2].

Adenin kann von der Ratte in Guanin umgewandelt und als solches in Nucleotide eingebaut werden[3,4]. Die Umwandlung verläuft vielleicht über Isoguanin (2-Oxyguanin) und 2, 6-Diaminopurin[5]; vor allem letzteres kann als Vorstufe des Guanins dienen[6]. Von Knochenmarksschnitten anämischer Kaninchen wird 8-^{14}C-Adenin in 8-^{14}C-Guanin und umgekehrt umgewandelt[7]. Dies ist jedoch nicht der einzige Weg der Guaninsynthese. In der sich regenerierenden Leber der Ratte und bei den Desoxyribonucleotiden des Darmtraktus verläuft die Guaninsynthese nach Versuchen mit ^{15}N-Glykokoll nicht über Adenin[4, 5].

In Hefekulturen wird 8-^{14}C-Adenin leicht in Guanin übergeführt, während aus Adenosin und Adenylsäure nur geringfügige Guaninmengen gebildet werden. Guanin geht nicht in Adenin über, wird aber wie Adenin von Hefezellen verwertet. Wenn Guanin in ausreichendem Maße vorhanden ist, wird kein Adenin in Guanin umgewandelt[8]. Durch Lactobacillus casei kann zugesetztes 8-^{14}C-Adenin zu 40% in Guanin umgewandelt werden[9].

In Gegenwart von Thymin, aber bei Fehlen von Folsäure, aktiviertem Adenin, Hypoxanthin, Guanin und Xanthin jeweils allein ist das Wachstum von Lactobacillus casei etwa gleich stark. Danach scheint die Synthese aller Purinbasen aus einer einzigen Vorstufe möglich zu sein. 1-Methyl-guanin, 1-Methyl-xanthin, 8-Methyl-guanin und 6-Methylamino-purin hatten eine purinähnliche Wirkung. Acht verschiedene Aminopyrimidine und Formamidopyrimidine, Zwischenprodukte der Purinsynthese nach TRAUBE, waren unwirksam[10].

Pyrimidine gehen nicht in Purine über. Auch der Vorläufer der Pyrimidine bei Säugetieren und Mikroorganismen, die ringförmige Orotsäure (= Uracil-4-carbonsäure, s. Bd. 1, S. 817), welche aus Ureidobernsteinsäure entstehen kann, dient nicht zum Aufbau der Purine[11, 12]. Umgekehrt wird 1, 3-^{15}N-Adenin von der Ratte nicht zur Pyrimidinsynthese verwendet[13].

4. Purinabbau.

Amino- und Oxypurine werden im Stoffwechsel zu Harnsäure bzw. Allantoin abgebaut und im Harn ausgeschieden (s. 1200 u. S. 1217). Allantoin zerfällt gegebenenfalls zu Harnstoff und Ammoniak (s. 1216).

Die Fähigkeit, Purinbasen abzubauen, ist an bestimmte Fermentsysteme gebunden, deren Vorkommen bei den verschiedenen Tierarten und in den einzelnen Organen unterschiedlich ist. Extrakte aus Ratten- und Kaninchenorganen bauen beispielsweise Hypoxanthin, aber nicht Adenin ab[14] (s. a. S. 1217). Beim fermentativen Abbau der Purine tritt Glykokoll wahrscheinlich als Zwischenprodukt auf[15]. Guanin, Xanthin, Hypoxanthin (und Harnsäure) werden von Cl. acidi urici, einem hochspezialisierten Mikroorganismus unter streng anaeroben Bedingungen rasch zu Ammoniak, Kohlensäure und Essigsäure abgebaut. In Versuchen mit radioaktivem Kohlenstoff konnte nachgewiesen werden, daß der CO_2-Kohlenstoff in die

[1] ÖRSTRÖM, Å., and M. ÖRSTRÖM: Acta med. scand. **138**, 108 (1950). — [2] ÖRSTRÖM, Å., M. ÖRSTRÖM and H. A. KREBS: Biochem. J. **33**, 990 (1939). — [3] BROWN, G. B.: Cold Spring Harbor Symp. quant. Biol. **13**, 43 (1948). — [4] REICHARD, P.: J. biol. Ch. **179**, 773 (1949). — [5] BENDICH, A., G. B. BROWN, F. S. PHILIPS and J. B. THIERSCH: J. biol. Ch. **183**, 267 (1950). — [6] BENDICH, A., and G. B. BROWN: J. biol. Ch. **176**, 1471 (1948). — [7] ABRAMS, R., and J. M. GOLDINGER: Arch. Biochem. **30**, 261 (1951). — [8] KERR, S. E., K. SERAIDARIAN and G. B. BROWN: J. biol. Ch. **188**, 207 (1951). — [9] BALIS, M. E., and G. B. BROWN: J. biol. Ch. **188**, 217 (1951). — [10] ELION, G. B., and G. H. HITCHINGS: J. biol. Ch. **185**, 651 (1950). — [11] BERGSTRAND, A., N. A. ELIASSON, E. HAMMARSTEN, B. NORBERG, P. REICHARD and H. v. UBISCH: Cold Spring Harbor Symp. quant. Biol. **13**, 22 (1948). — [12] WRIGHT, L. D., C. S. MILLER, H. R. SKEGGS, J. W. HUFF, L. L. WEED and D. W. WILSON: Am. Soc. **73**, 1898 (1951). — [13] BROWN, G. B., P. M. ROLL, A. A. PLENTL and L. F. CAVALIERI: J. biol. Ch. **172**, 469 (1948). — [14] EULER, H. v., u. B. SKARŻYŃSKI: H. **263**, 259 (1940). — [15] BARKER, H. A., and J. V. BECK: J. Bacteriology **43**, 291 (1942). J. biol. Ch. **141**, 3 (1941).

Carboxyl- und Methylgruppe der Essigsäure aufgenommen wurde, also eine Totalsynthese von Essigsäure aus der gebildeten Kohlensäure stattfand. Cl. acidi urici scheint demnach imstande zu sein, Guanin, Xanthin, Hypoxanthin und Harnsäure zu Ammoniak und CO_2 abzubauen[1–4]. Der Warmblüterorganismus kann, wie bereits erwähnt (S. 1222), Adenin zu Isoguanin (2-Oxyadenin), 8-Oxyadenin und zu 2, 8-Dioxyadenin oxydieren; die Oxydation zu 2, 8-Dioxyadenin überwiegt[5].

ζ) Methylpurine.

Die übrigen beim Wirbeltier, insbesondere beim Menschen und in ihren Exkreten vorkommenden Purinbasen treten an Bedeutung zurück. *Heteroxanthin* (7-Methylxanthin) und *Paraxanthin* (1, 7-Dimethylxanthin), Epiguanin (7-Methylguanin) kommen im menschlichen Harn vor[6–8]. Außerdem werden andere Methylpurine im Harn ausgeschieden (s. 1214). In 1000 *l* Harn fand KRÜGER[9] 15,3 g 1,7-Dimethylxanthin, 31,3 g l-Methylxanthin und 22,3 g 7-Methylxanthin. Die Methylpurine des Harnes stammen im wesentlichen aus den zugeführten Nahrungs-, Genuß- und Arzneimitteln. Vor allem aus Coffein (1, 3, 7-Trimethylxanthin), Theobromin (3, 7-Dimethylxanthin) und Theophyllin (1, 3-Dimethylxanthin). Bei Nichtzufuhr der genannten Stoffe sollen die Methylpurine im menschlichen Harn fehlen[10].

Per os oder parenteral zugeführte Methylpurine werden von Mensch und Tier rasch resorbiert und nur zu einem kleinen Bruchteil unverändert in den Exkreten ausgeschieden[11, 12].

Etwa 1 Std nach oraler Zufuhr von Coffein ist die Blutkonzentration beim Menschen dieselbe wie nach intravenöser Injektion[13]. Beim Pferd können bis zu 8 Std vergehen, ehe die maximale Coffeinkonzentration im Blut erreicht ist. Die Verteilung des resorbierten Coffeins erfolgt in allen Geweben etwa gleichmäßig. Bei einer Gebirgsziege, welche 20 g Coffein pro 25 kg Körpergewicht erhalten hatte, betrug die Coffeinkonzentration in den Organen 0,02 bis 0,04%[14]. Auch im Gehirn (Kaninchen) wurde Coffein nachgewiesen[15, 16]. Aus dem Blut verschwindet das Coffein anfangs sehr rasch; nach 6 Std findet sich noch etwa 20% der Anfangskonzentration[13].

Die Elimination der Methylpurine, insbesondere des Coffeins, erfolgt beim Menschen und bei den Säugetieren nur zu einem kleinen Teil durch Ausscheidung mit dem Harn und durch den Kot. Der größte Teil wird im Organismus umgewandelt oder abgebaut.

Die Gesamtausscheidung an Coffein beträgt beim *Menschen* nur 1,2 bis 2,5% der Zufuhr[17]. Davon entfallen auf den Kot 0,2 bis 0,3%; der Rest wird im Harn ausgeschieden[17, 18]. Während der Ausscheidung beträgt die Coffeinkonzentration im Harn das 1- bis 3fache der Blutkonzentration. Coffeingehalt im Blut und Diurese gehen, auch in ihren Schwankungen, weitgehend parallel[17]. Nach oraler Zufuhr von Coffein (187 bzw. 150 mg) setzte beim Menschen die Ausscheidung im Harn sofort ein. Nach etwa 1 Std war das Maximum erreicht, auf das ein rascher Abfall folgte. In der 6. Std wurde parallelgehend mit der Diurese, ein zweites flaches Maximum beobachtet. Nach 12 Std war die Coffeinausscheidung praktisch beendet.

---

[1] BECK, J. V.: Thesis Univ. California 1949. — [2] BARKER, H. A., S. RUBEN and J. V. BECK: Proc. nat. Acad. Sci. USA **26**, 477 (1940). — [3] BARKER, H. A.: J. biol. Ch. **137**, 153 (1941). — [4] BARKER, H. A., S. RUBEN and M. D. KAMEN: Proc. nat. Acad. Sci. USA **26**, 426 (1940). — [5] BENDICH, A., G. B. BROWN, F. S. PHILIPS and J. B. THIERSCH: J. biol. Ch. **183**, 267 (1950). — [6] THUDICHUM, L. L. W.: Ann. chem. Med., London **1**, 160 (1879). — [7] PODUSCHKA, R.: A. e. P. P. **44**, 59 (1900). — [8] SALOMON, G.: B. **18**, 3406 (1885). — [9] KRÜGER, M., u. G. SALOMON: H. **24**, 364 (1898); **26**, 367 (1898/99). — [10] KRÜGER, M.: B. Z. **15**, 361 (1909). — [11] ALBANESE, M.: A. e. P. P. **35**, 449 (1895). — [12] ROST, E.: A. e. P. P. **36**, 56 (1895). — [13] HATCHER, R. A., and N. T. KWIT: J. Pharmacol. exp. Therap. **52**, 430 (1934). — [14] KRUPSKI, A., A. KUNZ u. F. ALMASY: B. Z. **273**, 317 (1934). — [15] GOUREWITSCH, D.: A. e. P. P. **57**, 214 (1907). — [16] KEESER, E., u. J. KEESER: A. e. P. P. **127**, 230 (1928). — [17] KRUPSKI, A., A. F. KUNZ u. F. ALMASY: Schweiz. med. Wschr. **66**, 246 (1936). — [18] KRÜGER, M.: B. **32**, 2818, 3336 (1899).

Spuren wurden jedoch noch 2 bis 3 Tage lang ausgeschieden[1–3]. Vom *Meerschweinchen* werden 20% des zugeführten Coffeins im Harn und 10% im Kot unverändert ausgeschieden[4, 5]. Die Ausscheidung im Harn hält drei Tage an, nach 47 Std waren noch 10% im Körper nachweisbar. Kaninchen[6, 7] scheiden 21,3 bis 30%, Hunde[5] 8%, Katzen[5] 2,4 und Pferde[8] 7 bis 10% des zugeführten Coffeins im Harn aus. Beim Pferd hält unabhängig von der zugeführten Dosis die Coffeinausscheidung etwa fünf Tage an.

Coffein passiert die Placenta und gelangt in den Fetus[9, 10]. Ebenso geht Coffein in die Milch stillender Frauen über.

Nach Zufuhr von 110 bis 330 mg Coffein wurden in der Frauenmilch 0,58 bis 3,26% Coffein gefunden[11]. Nach anderen Untersuchungen geht 1% des zugeführten Coffeins in die Frauenmilch über[12]. Bei zwei Tassen starkem Bohnenkaffee dürften maximal 3 mg Coffein im Verlauf eines Tages einem Säugling zugeführt werden; eine Menge, die gesundheitlich unbedenklich ist.

Die Methylpurine werden im tierischen Organismus und im menschlichen Körper in mehr oder minder großem Ausmaß demethyliert[13–16].

Beim Menschen wird die Methylgruppe des Coffeins in Stellung 3 und 1 am leichtesten und die Methylgruppe in Position 7 am schwersten abgespalten. Die Mono- und Dimethylxanthine im normalen menschlichen Harn verdanken ihre Entstehung wahrscheinlich der Abspaltung der Methylgruppe in Position 3 aus den Methylxanthinen der Nahrung[17–19]. Auch beim Kaninchen wird die Methylgruppe des Coffeins in Stellung 3 zuerst abgespalten, während beim Hunde in erster Linie die Methylgruppe in Stellung 7 abgebaut wird[18, 20]. Beim Dalmatiner Hund[21] erfolgt keine Demethylierung in Position 7.

Nach älteren Untersuchungen erscheint der größte Teil des *Coffeins* beim Menschen und Kaninchen im Harn als Paraxanthin, Heteroxanthin und 1-Methylxanthin[6]. Hunde scheiden nach Coffeinzufuhr Heteroxanthin, Theophyllin und 3-Methylxanthin aus[5]. Theobromin wird in Heteroxanthin und 3-Methylxanthin umgebaut und ausgeschieden. Bei Kaninchen und Mensch überwiegt Heteroxanthin, beim Hund 3-Methylxanthin[13, 22, 23]. *Theophyllin* wird vom Hunde in 3-Methylxanthin und 1-Methylxanthin umgewandelt[24].

Verhältnismäßig große Mengen *Paraxanthin* werden bei Personen mit gastrischen Krisen, schwerer Migräne und gewissen Krampfzuständen während der Anfallszeiten im Harn beobachtet. Da Paraxanthin im Tierversuch stark toxisch wirkt und Krämpfe erzeugt, wurden die genannten Zustände auf Autointoxikation mit Paraxanthin zurückgeführt[25].

Nach neueren Befunden gehen Coffein und Theophyllin durch Oxydation in Position 8 in Methylharnsäuren über. Aus dem Harn des Menschen bei normaler Ernährung wurden in 1-, 7- und 1,7-Stellung substituierte Methylharnsäuren isoliert. Diese stammen aus den mit der Nahrung zugeführten Methylxanthinen Coffein, Theobromin und Theophyllin. Im Stoffwechsel kann eine Demethylie-

[1] Okushima, K.: B. Z. **129**, 563 (1922). — [2] Friedberg, E.: B. Z. **118**, 164 (1921). — [3] Fisher, R. S., E. J. Algeri and J. T. Walker: J. biol. Ch. **179**, 71 (1949). — [4] Krupski, A., A. F. Kunz u. F. Almasy: Schweiz. med. Wschr. **66**, 246 (1936). — [5] Krüger, M.: B. **32**, 2818, 3336 (1899). — [6] Rost, E.: A. e. P. P. **36**, 56 (1895). — [7] Farmer Loeb, L.: B. Z. **129**, 570 (1922). — [8] Krupski, A., A. F. Kunz u. F. Almasy: Schweiz. med. Wschr. **64**, 191 (1934). — [9] Fabre, R.: Chem. Ztg. **1937 II**, 3624. — [10] Fabre, R., et M.-T. Régnier: J. Pharmacie **20**, 193 (1934). C. R. Soc. Biol. **115**, 155 (1934). — [11] Schumacher, H. M.: Med. Welt **1936 I**, 408. — [12] Schilf, E., u. R. Wohinz: Arch. Gynäk. **134**, 201 (1928). Kli. Wo. **1928 I**, 1186. — [13] Albanese, M.: A. e. P. P. **35**, 449 (1895). — [14] Bondzyński, S., u. R. Gottlieb: B. **28**, 1113 (1895). A. e. P. P. **36**, 45 (1895); **37**, 385 (1896). — [15] Krüger, M., u. P. Schmidt: B. **32**, 2677 (1899). — [16] Krüger, M., u. G. Salomon: H. **24**, 364 (1898); **26**, 367 (1898/99). — [17] Krüger, M.: B. **32**, 3336 (1899). — [18] Krüger, M., u. J. Schmid: H. **36**, 1 (1902). — [19] Johnson, E. A.: Biochem. J. **51**, 133 (1952). — [20] Bock, J.: Handb. Heffter **2**/1 515. — [21] Hanzal, R. F., and V. C. Myers: J. biol. Ch. **97**, LXIX (1932). — [22] Bondzyński, S., u. R. Gottlieb: A. e. P. P. **37**, 385 (1896). — [23] Krüger, M., u. J. Schmidt: A. e. P. P. **45**, 259 (1901). — [24] Salomon, G., u. C. Neuberg: Festschrift Salkowski. Berlin 1904. — [25] Backford, B. M.: N. Y. med. News **1894**, May 26, Nov. 3. Med. J. Rec. **1895**, June 22.

rung in 1-, 3- und 7-Stellung erfolgen[1]. Aus Theophyllin (1, 3-Dimethylxanthin) wird zunächst 1, 3-Dimethylharnsäure, welche in Position 3 nur in geringem Maße demethyliert wird. Theophyllin wird deshalb auch zum größten Teil als 1, 3-Dimethylharnsäure ausgeschieden. Coffein (1, 3, 7-Trimethylxanthin) wird zu 1, 3, 7-Trimethylharnsäure oxydiert. Diese wird in Position 7 partiell demethyliert, so daß auch Coffein großenteils als 1, 3-Dimethylharnsäure zur Ausscheidung kommt[2]. Durch Leberschnitte von Ratte, Meerschweinchen und Kaninchen werden Coffein und Theophyllin auch in vitro oxydiert. Nierenschnitte besitzen diese Eigenschaft nicht. Ebenso findet anscheinend eine partielle Demethylierung in Stellung 3 statt[3].

Die Ausscheidung von Harnsäure (bestimmt mit der Uricasemethode) im Urin steigt nach oraler Zufuhr von Coffein, Theophyllin oder Theobromin nicht significant an[2]. Die in älteren Untersuchungen festgestellte Steigerung der Harnsäureausscheidung kann auf die Bildung von Methylharnsäuren zurückgeführt werden, welche bei Anwendung der colorimetrischen Phosphorwolframsäure-Reduktionsmethode und Silberfällungsmethode[4–8] mitbestimmt werden[9]. Theobromin (3, 7-Dimethylxanthin) vermehrt die Menge der Phosphorwolframsäure reduzierenden Stoffe im Harn nicht, weil die gebildete Methylharnsäure durch die Oxydation in Stellung 8 oder durch Oxydation und zusätzliche Demethylierung sich bildende Methylharnsäuren — 3, 7-Dimethylharnsäure und 7-Methylharnsäure — nicht reduzierend wirken. 3-Methylharnsäure und echte Harnsäure können dabei nicht entstanden sein, weil beide Phosphorwolframsäure reduzieren[10,11]. Aufnahme von Methylpurinen verstärkt die Purinbasenausfuhr. An dieser sind jedoch nur Methylpurine, keine Amino- und Oxypurine beteiligt. Die Harnsäure- und Allantoinausscheidung wird meist nur in geringem Grade, wahrscheinlich durch Einwirkung auf den Gesamtstoffwechsel, vermehrt[10,12]. In Verdauungsversuchen mit Rinderleber und Coffein wurde die Bildung von Xanthin und Hypoxanthin beobachtet[13]; ihre Herkunft aus Coffein ist jedoch nicht sichergestellt. Versuche mit Coffein und Extrakten aus Rindermilz und Pferdelunge ließen keine Harnsäurebildung erkennen[14].

η) Pyrimidinbasen.

1. Vorkommen der Pyrimidinbasen.

In enger Beziehung zu den Purinbasen stehen die Pyrimidinbasen. Als Bestandteile gewisser Nucleinsäuren kommen sie in gebundener Form in den Nucleoproteiden und Polynucleotiden tierischer und pflanzlicher Zellen vor.

Pankreasnucleinsäure (Bd. **1**, S. 840) enthält z. B. als Bausteine die Mononucleotide Guanyl-, Adenyl-, Cytidyl- und Uridylsäure; *Hefenucleinsäure* (Bd. **1**, S. 838) Guanyl-, Adenyl-, Cytidyl- und Uridylsäure. *Thymonucleinsäure* (Bd. **1**, S. 839) ergibt nach Säurehydrolyse Guanin, Adenin, Cytosin (2-Oxy-6-aminopyrimidin) (Bd. **1**, S. 814) und Thymin

[1] Johnson, E. A.: Biochem. J. **51**, 133 (1952). — [2] Buchanan, O. H., A. A. Christman and W. D. Block: J. biol. Ch. **157**, 189 (1945). — [3] Bernheim, F., and M. L. C. Bernheim: Arch. Biochem. **12**, 249 (1947). — [4] Folin, O., and A. B. Macallum: J. biol. Ch. **11**, 265 (1912). — [5] Folin, O., and A. B. Macallum: J. biol. Ch. **13**, 363 (1912/1913). — [6] Folin, O., and W. Denis: J. biol. Ch. **12**, 239 (1912); **13**, 469 (1912/13). — [7] Benedict, S. R., and E. H. Hitchcock: J. biol. Ch. **20**, 619 (1915). — [8] Benedict, S. R., and E. Franke: J. biol. Ch. **52**, 387 (1922). — [9] Stern, K. G., and M. Reiner: Yale J. Biol. Med. **19**, 67 (1946). — [10] Buchanan, O. H., A. A. Christman and W. D. Block: J. biol. Ch. **157**, 189 (1945). — [11] Myers, V. C., and R. F. Hanzal: J. biol. Ch. **162**, 309 (1946). — [12] Schittenhelm, A., u. K. Harpuder: Der Nucleinstoffwechsel. Handb. Biochem. **8**, 580. — [13] Kotake, Y.: H. **57**, 378 (1908). — [14] Schittenhelm, A., T. Brugsch u. L. Pincussen: Zbl. Physiol. Path. Stoffw. **1908**, Nr. 8.

(2, 6-Dioxy-5-methylpyrimidin) (s. Bd. **1**, S. 816). Die Bildung einer Di-desoxycytidylsäure ist bei der Spaltung von Desoxyribonucleinsäure durch eine Desoxyribonuclease aus Kälberthymus beobachtet worden[1]. Uracil (2, 6-Dioxypyrimidin) kommt in der Pentosenucleinsäure der Hefe, der Leber, des Tabakmosaikvirus, der Reiskleie, in autolysierten Organen (Bd. **1**, S. 815) und bei der enzymatischen Hydrolyse von Desoxyribonucleotiden aus Sperma vor[2—5]. In Desoxyribonucleinsäuren tierischer und pflanzlicher, nicht aber mikrobieller Herkunft wies WYATT auch 5-Methylcytosin nach[6].

Die Desaminierung der Pyrimidinderivate findet im Organismus ähnlich wie bei den Purinkörpern im wesentlichen am intakten Nucleosid statt. Durch lebende Hefe (Hefeextrakte) kann auch freies Cytosin zu Uracil desaminiert werden[7].

Durch eine in Extrakten von E. coli vorkommende *Transaminase* wird Cytosin mit α-Ketoglutarsäure umaminiert, wobei Glutaminsäure entsteht. Pyridoxal wirkt als Coferment der Transaminase[8].

Die Pyrimidine sind im allgemeinen nicht in freiem Zustand nachweisbar. Der normale und pathologische menschliche Urin, ebenso der Harn von Rind, Pferd, Schwein und Schaf enthält gewöhnlich weder Pyrimidine noch Pyrimidinnucleoside[9]. Dagegen können nach Zufuhr von Pyrimidinverbindungen freie Pyrimidinbasen im Harn auftreten.

2. Herkunft der Pyrimidinbasen.

Über die Herkunft der Pyrimidinverbindungen der *Pflanze* ist nichts bekannt. Sie scheinen hier gegenüber den Purinen eine untergeordnete Rolle zu spielen und Zwischenstoffe beim Auf- und Abbau der Purine darzustellen[10]. Beim *Tier* entstammen sie zum Teil der Nahrung. Bei der Verdauung werden die Pyrimidinbasen, ähnlich wie die Purinbasen, als leichtlösliche Nucleotide und Nucleoside resorbiert und entweder zum Aufbau verwendet oder intermediär abgebaut. Aus Pyrimidinnucleosiden können ähnlich wie bei den Purinen freie Pyrimidinbasen durch die Einwirkung von Nucleosidasen entstehen.

Eine spezifische *Uridinnucleosidase* ist aus Hefeplasmolysat durch fraktionierte Ammonsulfat-Fällung darstellbar. Sie spaltet nur Uridin in Uracil und Ribose. Andere Riboside, wie Adenosin, Inosin, Guanosin, Cytidin und Thymidin, werden nicht hydrolysiert[11].

Aus den gleichen Gründen wie bei den Purinen (S. 1204) muß auch eine Neubildung von Pyrimidinbasen bei Pflanze und Tier durch Synthese angenommen werden. Die Vorstufen für die Pyrimidinsynthese sind von den Purinvorstufen grundverschieden[12]. Beiden gemeinsam ist nur, daß die Synthese wie bei der Harnsäure aus ganz einfachen Bausteinen erfolgen kann. Der Stickstoff wird geliefert von Ammoniumsalzen oder von den physiologischen Ammoniaklieferanten, also in erster Linie von den Aminosäuren und Proteinen.

An Tauben oder Ratten verfüttertes ^{15}N-Ammoniumcitrat geht in die Pyrimidinbasen Cytosin und Thymin ein[13]. Der Gehalt an isotopem Stickstoff (^{15}N) ist im Thymin (ohne NH_2-Gruppe) ebenso groß wie im Cytosin (mit NH_2-Gruppe). Harnstoff, Glykokoll, Arginin, Histidin und Brenztraubensäure ($HOOC—^{15}CO—^{13}CH_3$) sind bei Taube und Ratte keine

[1] SINSHEIMER, R. L., and J. F. KOERNER: Am. Soc. **74**, 283 (1952). — [2] WOOLLEY, D. W.: Science, N. Y. **88**, 239 (1938). — [3] DAVIDSON, J. N., and W. RAYMOND: Biochem. J. **43**, XXIX (1948). — [4] SCHWERDT, C. E., and H. S. LORING: J. biol. Ch. **167**, 593 (1947). — [5] DEKKER, C. A., and A. R. TODD: Nature **166**, 557 (1950). — [6] WYATT, G. R.: Nature **166**, 237 (1950). Biochem. J. **48**, 581 (1951). — [7] HAHN, A.: S.-B. Ges. Morphol. Physiol. München **37**, 1 (1927). — [8] GUNSALUS, C. F., and J. TONZETICH: Nature **170**, 162 (1952). — [9] BOIVIN, A.: C. R. Soc. Biol. **104**, 99 (1930). — [10] TONZIG, S.: Ann. Bot., Roma **20**, 124 (1933). — [11] HOFFMANN, H. A., and P. L. PAVCEK: Am. Soc. **74**, 344 (1952). — [12] BUCHANAN, J. M.: J. cellul. comp. Physiol. **38**, Suppl. **1**, 143 (1951). — [13] BARNES, F. W. jr., and R. SCHOENHEIMER: J. biol. Ch. **151**, 123 (1943).

spezifischen Vorstufen der Pyrimidinsynthese[1,2]. ^{15}N-Glykokoll wird von Leberschnitten (24 Std nach Hepatektomie entnommen) nicht zur Pyrimidinsynthese ausgenützt[3]. Doch scheint es unter gewissen Bedingungen in Cytidin und Uridin eingebaut zu werden[4]. Leberschnitte bilden Pyrimidine aus ^{15}N-Orotsäure (Uracil-4-carbonsäure) in bemerkenswertem Ausmaß[3]. Wie Orotsäure verhält sich bei Lactobacillus bulgaricus ^{15}N-Ureidobernsteinsäure, aus der Orotsäure durch Ringschluß entstehen kann[5].

$$H_2N-CO-NH-CO-CH_2-CH_2-COOH \rightarrow \begin{array}{l} HN-CO \\ \;|\quad\;\;| \\ OC\;\;\; CH \\ \;|\quad\;\;\| \\ HN-C-COOH \end{array}$$

Ureidobernsteinsäure — Uracil-4-carbonsäure Orotsäure

Nach Versuchen mit markierter Asparaginsäure ($HOOC-CH-NH_2-{}^{13}CH_2-{}^{14}COOH$ und $HOOC-CH-{}^{15}NH_2-CH_2-COOH$) wird diese von Schnitten regenerierender Leber nach Abspaltung der NH_2-Gruppe direkt zur Uracilsynthese verwendet[2].

Für die Thyminsynthese aus Uracil dienen Cholin und Methionin als Methyldonatoren und Folsäure als Katalysator[6].

Guanin und Guanosin werden nach Versuchen mit ^{15}N-markierten Verbindungen nicht in Pyrimidine umgewandelt[7]. Zwischen Kreatincyclus und Pyrimidinstoffwechsel bestehen keine direkten Beziehungen. Guanidinoessigsäure ist keine Vorstufe für Pyrimidine[8]. Auch 1,3-^{15}N-Adenin wird bei der Nucleotidsynthese nicht zur Bildung *von Pyrimidinen verwendet*[9]. Nach Injektion von ^{15}N-Desoxycytidin findet sich der isotope Stickstoff (^{15}N) zu etwa 2% in den beiden Pyrimidinbasen Cytosin und Thymin. ^{15}N-Desoxythymidin wird lediglich zur Thyminbildung verwendet. Die Pyrimidinbasen der Ribonucleotide nehmen keinen isotopen Stickstoff aus den zugeführten ^{15}N-Pyrimidinnucleosiden auf[10]. Freie Pyrimidine verhalten sich wie freie Purine; sie werden in Gegensatz zu den gebundenen Pyrimidinen nicht zum Aufbau von Nucleosiden, Nucleotiden und Nucleoproteiden verwendet, sondern rasch abgebaut[11].

Bei Verfütterung von $^{15}NH_4$-Citrat an Tauben nehmen Thymin und Cytosin etwa gleichviel ^{15}N auf wie Purine. Der Pyrimidin-N wird also durch ^{15}N etwa in gleichem Ausmaße ersetzt wie bei den Purinen. Auch bei der Ratte nehmen Pyrimidine und Purine ungefähr gleich große ^{15}N-Mengen auf. Mindestens zum Teil scheint bei Taube und Ratte der Stickstoff auf seinem Weg vom Ammoniak zur Harnsäure durch Purine und Pyrimidine zu gehen. Es liegt deshalb nahe anzunehmen, daß die Pyrimidine an denselben Stoffwechselvorgängen beteiligt sind wie die Purine. Da Pyrimidine für die Ausscheidung in ein Purin umgewandelt werden können, muß auch mit der Möglichkeit gerechnet werden, daß Pyrimidine in Nucleotid-Purine umgewandelt werden[12].

Orotsäure und Ureidobernsteinsäure werden als ganze Moleküle für die Pyrimidinsynthese verwertet und liefern demnach außer dem Stickstoff auch den Kohlenstoff für das Pyrimidingerüst. Für künstlich erzeugte Neurospora-

[1] SCHULER, W., u. W. REINDEL: H. **234**, 63 (1935). — [2] LAGERKVIST, U., P. REICHARD and G. EHRENSVÄRD: Acta chem. scand. **5**, 1212 (1951). — [3] REICHARD, P., and S. BERGSTRÖM: Acta chem. scand. **5**, 190 (1951). — [4] REICHARD, P.: Acta chem. scand. **4**, 861 (1950). — [5] WRIGHT, L. D., C. S. MILLER, H. R. SKEGGS, J. W. HUFF, L. L. WEED and D. W. WILSON: Am. Soc. **73**, 1898 (1951). — [6] VILTER, R. W., D. HORRIGAN, J. F. MUELLER, T. JARROLD, C. F. VILTER, V. HAWKINS and A. SEAMAN: Blood **5**, 695 (1950). — [7] HAMMARSTEN, E., P. REICHARD and E. SALUSTE: J. biol. Ch. **183**, 105 (1950). — [8] PLENTL, A. A., and R. SCHOENHEIMER: J. biol. Ch. **153**, 203 (1944). — [9] BROWN, G. B., P. M. ROLL, A. A. PLENTL and L. F. CAVALIERI: J. biol. Ch. **172**, 469 (1948). — [10] REICHARD, P., and B. ESTBORN: J. biol. Ch. **188**, 839 (1951). — [11] MITCHELL, H. K., and M. B. HOULAHAN: Fed. Proc. **6**, 506 (1947). — [12] BARNES, F. W. jr., and R. SCHOENHEIMER: J. biol. Ch. **151**, 123 (1943).

Mutanten kann Oxalessigsäure als Vorstufe der Pyrimidine dienen. Uridin wird aus intermediären aliphatischen Derivaten, etwa nach folgendem Schema abgeleitet:

```
HO                H2N                     H                      H
  \                  \                   /N\                    /N\
   CO                 CO               OC   CO                OC   CO
   |                  |                |    |                 |    |
   CH2    →           CH      →        HO   CH      →  Ribose-N    CH
  /                 //                     //                  \C//
CO          Ribose-N—C             Ribose-N—CH                  H
|                 H  |                   H
COOH                 COOH

Oxalessigsäure                                                 Uridin
```

In Versuchen mit markierten Verbindungen wurde für die wachsende Ratte gefunden, daß das Kohlenstoffatom 2 des Pyrimidinringes von $^{14}CO_2$, ($NaH^{14}CO_3$), $CH_3{}^{14}COOH$ und $H^{14}COOH$ geliefert werden kann[1]. Auch bei der erwachsenen Ratte und beim Küken wird ^{14}C-Formiat in Pyrimidinnucleotide eingebaut[2]. Vor allem dient ^{14}C-Formiat zum Aufbau der Ribose und der Methylgruppe des Thymidylsäuremoleküls. Die sehr geringe Aktivität der Desoxycytidylsäure beruhte wahrscheinlich auf geringer Beimengung von 5-Methyldesoxycytidylsäure mit markierter Methylgruppe. Wie schon erwähnt (S. 1190) können bei der Polynucleotidsynthese intakte Mononucleotide und Pyrimidinnucleoside als Pyrimidinquellen dienen[3,4]. Es ist unwahrscheinlich, daß Purinbasen in Pyrimidinbasen übergehen. Markiertes Cytosin erwies sich nicht als Vorstufe von Purinbasen[5]; für Uridin trifft anscheinend dasselbe zu[6].

Dies scheint jedoch bei Mikroorganismen grundsätzlich möglich zu sein, denn bei der Vergärung von Purinen durch Micrococcus aerogenes (Stamm 228) entstehen kleine chromatographisch nachgewiesene Mengen von Pyrimidinen, welche weiter abgebaut werden. Aus Adenin und Hypoxanthin können Thymin und Uracil, aus Guanin und Xanthin jedoch nur Uracil gebildet werden[7].

Die Biosynthese von Thymin durch E. coli und Lactobacillus arabinosus wird durch p-Aminobenzoesäure gefördert[8]. Ebenso wird bei Lactobacillus casei die Thyminsynthese durch Folsäure katalysiert[9].

3. Pyrimidinabbau.

Der menschliche und tierische Organismus vermag die Pyrimidinbasen unter Ringsprengung vollständig abzubauen. Als Endprodukte entstehen Harnstoff und Ammoniak[10–13].

Bei Abbau von Pyrimidinen in vitro entsteht Harnstoff neben Acetol ($H_3C-CO-CH_2OH$) und Brenztraubensäure[14]. Daraus ergibt sich grundsätzlich auch die Möglichkeit einer Harnstoffbildung beim Pyrimidinabbau im Organismus. Schon ältere Untersuchungen weisen darauf hin. Beim Abbau des Thymins tritt intermediär wahrscheinlich Thyminglykol (4, 5-Dioxyhydro-thymin) auf, das im Fütterungsversuch zu Harnstoff zerlegt wird[13].

[1] Heinrich, M. R., and D. W. Wilson: J. biol. Ch. **186**, 447 (1950). — [2] Totter, J. R., E. Volker and C. E. Carter: Am. Soc. **73**, 1521 (1951). — [3] Brown, G. B.: J. cellul. comp. Physiol. **38**, Suppl. **1**, 121 (1951). — [4] Hammarsten, E., P. Reichard and E. Saluste: J. biol. Ch. **183**, 105 (1950). — [5] Bendich, A., H. Getler and G. B. Brown: J. biol. Ch. **177**, 565 (1949). — [6] Bergstrand, A., N. A. Eliasson, E. Hammarsten, B. Norberg, P. Reichard and H. v. Ubisch: Cold Spring Harbor Symp. quant. Biol. **13**, 22 (1948). — [7] Whiteley, H. R.: J. Bacteriology **63**, 163 (1952). — [8] Shive, W.: J. cellul. comp. Physiol. **38**, Suppl. **1**, 203 (1951). — [9] Rogers, L. L., and W. Shive: J. biol. Ch. **172**, 751 (1948). — [10] Deuel, H. J. jr.: J. biol. Ch. **60**, 749 (1924). — [11] Emerson, O. H., and L. R. Cerecedo: J. biol. Ch. **87**, 453 (1930). Proc. Soc. exp. Biol. Med. **27**, 203 (1929). — [12] Deuel, H. J. jr., and L. B. Mendel: Proc. Soc. exp. Biol. Med. **20**, 237 (1923). — [13] Cerecedo, L. R.: J. biol. Ch. **75**, 661 (1927). — [14] Baudisch, O., and D. Davidson: J. biol. Ch. **64**, 233 (1925). B. **58**, 1680 (1925).

Uracil scheint in vitro[1] und in vivo über Isobarbitursäure (5-Oxyuracil) und Isodialursäure abgebaut zu werden. Beide Substanzen werden von erwachsenen Hunden zum Teil in Harnstoff übergeführt. Daneben entsteht eine noch unbekannte Verbindung mit drei C-Atomen[2, 3]. Auch beim wachsenden Hund, beim Kaninchen und Menschen geht Isobarbitursäure teilweise in Harnstoff über[4, 5].

```
HN—CO              HN—CO           HN—CO
|   | ,CH3         |   |           |   |
OC  C<             OC  C—OH        OC  C(OH)2
|   | `OH          |   ||          |   |
HN—CHOH            HN—CH           HN—CHOH
Thyminglykol       Isobarbitursäure   Isodialursäure
                   (5-Oxyuracil)
```

```
HN——CO
|    |  ,OH
OC   C<————NH        HN—CO      HN—CO  NH2
|    |      \        |   |      |   |    \
|    |       CO      OC  CO     OC  |     CO
|    |      /        |   |      |   |    /
HN——C———————NH       HN—CO      HN—CH—NH
     \
      OH
Harnsäureglykol      Alloxan    Allantoin
```

Bei der Oxydation von Isobarbitursäure mit Permanganat treten Formyloxalursäure und Oxalsäure auf. Die gleichen Verbindungen entstehen bei der Oxydation von Harnsäureglykol, Alloxan und Allantoin durch H_2O_2. Es wurde deshalb vermutet, daß beide Substanzen auch bei der biologischen Oxydation der Purin- und Pyrimidinbasen entstehen. Nach Fütterung an Hunde werden Oxalursäure und Formyloxalursäure teilweise zu Harnstoff abgebaut. Auch nach intravenöser Injektion von Oxalursäure wird Harnstoff gebildet, während Formyloxalursäure toxisch wirkt. Da Oxalursäure vielleicht auch bei der biologischen Harnsäureoxydation entsteht, stellt diese Substanz möglicherweise die Brücke zwischen Purin- und Pyrimidinstoffwechsel her[6].

Der mutmaßliche Abbau der Pyrimidinbasen kann durch folgendes Schema dargestellt werden:

```
HN—CO
|   |
OC  C—CH3
|   ||         HN—CO      HN—CO      HN—CO          HN—CO           Harn-
HN—CH     ↘    |   |      |   |      |   |          |   |           stoff
Thymin         OC  CH  →  OC  COH →  OC  COOH    →  OC  COOH     →    +
               |   ||     |   ||     |      O       |                Oxal-
N=C—NH2        HN—CH      HN—CH      HN—C<          N2H              säure
|  |      ↗                                 H
OC CH          Uracil     Isobarbitur-  Formyl-     Oxalursäure
|  ||                     säure         oxalursäure
HN—CH
Cytosin
```

[1] SCHWOB, C. R., and L. R. CERECEDO: Am. Soc. **56**, 2771 (1934). — [2] CERECEDO, L. R.: J. biol. Ch. **88**, 695 (1930). Proc. Soc. exp. Biol. Med. **27**, 109 (1929). — [3] STEKOL, J. A., and L. R. CERECEDO: J. biol. Ch. **93**, 275 (1931). — [4] CONWAY, W. J., and L. R. CERECEDO: Proc. Soc. exp. Biol. Med. **32**, 1600 (1935). — [5] STEKOL, J. A., and L. R. CERECEDO: J. biol. Ch. **100**, 653, XC (1933). — [6] CERECEDO, L. R.: J. biol. Ch. **93**, 269 (1931). Proc. Soc. exp. Biol. Med. **29**, 77 (1931).

In neueren Versuchen mit markierten Verbindungen wurde bestätigt, daß ^{15}N-Uracil und ^{15}N-Thymin in kleinen Mengen verfüttert, von der Ratte vollständig zu Harnstoff und Ammoniak abgebaut werden[1,2].

Suspensionen ruhender Zellen von Micrococcus aerogenes (Stamm 228) bauen freie Pyrimidine — Thymin, Uracil, Cytosin — nur langsam und unvollständig ab. Es entstehen dabei dieselben Endprodukte wie aus Purinen, nämlich CO_2, H_2, NH_3, Essigsäure, Propionsäure und Milchsäure. Cytosin kann durch Bakterien zu Uracil desaminiert werden[3]. Durch E. coli wird die Übertragung der NH_2-Gruppe von Cytosin auf α-Ketoglutarsäure (Transaminierung) katalytisch beschleunigt[4].

c) Regulation des Purinstoffwechsels.

α) Nervöse Einflüsse.

Wie der Stoffwechsel der übrigen Substanzen steht auch derjenige der Purine unter nervösem Einfluß.

Bei Muskelatrophie nach Durchschneidung des N. ischiadicus (Kaninchen) nimmt der Gehalt des Muskels an Adenosintriphosphorsäure ab. Adenosintriphosphorsaures Calcium verlangsamt die atrophischen Prozesse im entnervten Muskel[5]. In Muskeln, die durch Nervendurchschneidung gelähmt sind, sinkt auch der Puringehalt ab[6]. In atrophischen Muskeln (nach Ischiadicusdurchschneidung) nimmt der Gehalt an Ribonucleinsäure sehr stark ab, während der Gehalt an Desoxyribonucleinsäure unverändert bleibt[7].

Bei Kaninchen und Hunden führt *das sympathicomimetisch wirkende Adrenalin* zu vermehrter Ausscheidung von Allantoin, Harnsäure und Purinbasen[8—16]. Die Wirkung ist unabhängig von der Blutdrucksteigerung[14] und der Adrenalinleukocytose[12]. Nach doppelseitiger Splanchnicusdurchschneidung bleibt die Adrenalinwirkung aus[12]. Auch beim normalen Tier (Kaninchen) nimmt die Harnsäurekonzentration in Blut und Harn nach doppelseitiger Splanchnicotomie zu. Auf intravenöse Harnsäureinjektion reagieren splanchnicotomierte Tiere mit einem stärkeren Harnsäureanstieg in Blut und Harn als normale Tiere[17]. Bei Gänsen wirkt Adrenalin zweiphasisch: erst die Harnsäurewerte vermindernd, dann sie beträchtlich steigernd[18]. Auf die Harnsäureausscheidung des Huhnes ist Adrenalin ohne deutlichen Einfluß[19]. Dagegen steigt beim Kaninchen die prozentuale Harnsäureausscheidung in der Galle unter Abnahme der Gallenmenge[20]. Auch beim Menschen erhöht Adrenalin die Uricämie und Uricurie[21—23]. *Ergotamin* führt zu Verminderung der Harnsäurewerte[22]. *Coffein* und *Diuretin* vermehren beim Kaninchen die Allantoinausscheidung, welche nach beiderseitiger Splanchnicusdurchschneidung ausbleibt[24]. Auch bei der Gans tritt auf Coffein Harnsäurevermehrung im Blut auf[18].

Die Wirkung der *parasympathischen Endgifte* ist nicht einheitlich und unsicher. Pilocarpin, Physostigmin, Cholin und Neurin sollen beim Menschen eine Vermehrung, Atropin

[1] Plentl, A. A., and R. Schoenheimer: J. biol. Ch. **153**, 203 (1944). — [2] Whiteley, H. R.: J. Bacteriology **63**, 163 (1952). — [3] Kream, J., and E. Chargaff: Am. Soc. **74**, 4274, 5157 (1952). — [4] Gunsalus, C. F., and J. Tonzetich: Nature **170**, 162 (1962). — [5] Ferdman, D. L., A. J. Mestečkina u. N. V. Semenov: Dokl. Akad. Nauk (N. S.) **75**, 757 (1951) [Ber. Physiol. **150**, 69). — [6] Avellone, L., e G. di Macco: Arch. Sci. biol., Bologna **7**, 150 (1925). — [7] Mandel, P., L. Mandel and M. Jacob: 1. Int. Congr. Biochem. Cambridge. S. 271. 1949. — [8] Falta, W.: Z. exp. Path. Therap. **15**, 356 (1914). — [9] Stransky, E.: B. Z. **133**, 434 (1922). — [10] Fleischmann u. Salecker: Z. klin. Med. **80**, 456 (1914). — [11] Pohl, J.: B. Z. **78**, 200 (1917). — [12] Taubmann, G.: A. e. P. P. **129**, 43 (1928). — [13] Ogawa, T.: Folia endocrinol. jap. **7**, dtsch. Zus.-Fassg. S. 6 (1931). — [14] Chaikoff, I. L., P. S. Larson and L. S. Read: J. biol. Ch. **109**, 395 (1935). — [15] Miyahara, T.: J. Biochem. **20**, 383 (1934). — [16] Miller, S. P., and A. C. Kuyper: Amer. J. Physiol. **123**, 625 (1938). — [17] Yamagami, M.: Folia pharmacol. jap. **22**, 85 (1936) [Ber. Physiol. **96**, 57]. — [18] Tashiro, K.: Tohoku J. exp. Med. **7**, 482 (1926). — [19] Gibbs, O. S.: J. Pharmacol. exp. Therap. **35**, 49 (1929). — [20] Matsuda, T.: Jap. J. Gastroenterol. **2**, 308 (1931). — [21] Franchini, R.: Arch. Stud. Fisiopat. **4**, 247 (1936). — [22] Harpuder, K.: Z. ges. exp. Med. **42**, 1 (1924). — [23] D'Ignazio, C., e G. Sotgiu: G. Clin. med. **16**, 1449 (1935). — [24] Dresel, K., u. H. Ullmann: Z. ges. exp. Med. **24**, 214 (1921).

eine Abnahme der Harnsäureausscheidung hervorrufen[1-3]. In anderen Untersuchungen wurde keine eindeutige Wirkung beobachtet[4,5]. Zum gleichen Ergebnis führte der Tierversuch[6]. Bei der Gans nimmt auf Pilocarpin die Blutharnsäure ab, auf Atropin zu, während Cholin nur manchmal vermindernd wirkt. Vagusreizversuche machen es wahrscheinlich, daß die Pilocarpinwirkung auf Vaguserregung beruht[3]. Nach doppelseitiger *Vagotomie* nimmt bei Kaninchen die Harnsäuremenge in Blut und Harn ab. Nach intravenöser Injektion von Harnsäure steigt deren Konzentration in Blut und Harn vagotomierter Tiere weniger stark an als bei normalen[7]. Die Harnsäureausscheidung durch die Kaninchengalle wird durch Pilocarpin gesteigert, durch Atropin nicht beeinflußt[8].

Der Pentosenucleinsäuregehalt des Pankreas (Maus) wird durch Pilocarpin nicht verändert[9]. Steigerung der Sekretion durch Pilocarpin fördert die Incorporation von ^{32}P in die Pentosenucleinsäuren von Parotis, Leber und Pankreas[10]. Die Aufnahme von ^{32}P durch Pankreasschnitte der Taube steigt an, wenn die Amylasesekretion durch Carbamylcholin gefördert wird[11].

Aus diesen Beobachtungen ist geschlossen worden, daß der Purinstoffwechsel durch das vegetative Nervensystem gesteuert wird. In besonderem Maße hängt die Harnsäureausscheidung von der regulatorischen Tätigkeit vegetativer Zentren ab, welche Impulsen von seiten der Hypophyse und der Nebenniere unterliegen[12]. Vor allem soll der Sympathicus die Harnsäure- und Allantoinausscheidung fördern. Man nimmt an, daß beim Tier ein „Harnsäurezentrum" oder „Purinstoffwechselzentrum" im Tuber cinereum besteht[12], das durch Piqûre[13], Coffein und Diuretin[14] erregt wird. Wahrscheinlich werden durch Erregung der sympathischen Nervenelemente Purin- und Harnsäuredepots in der Leber und in anderen Organen mobilisiert. Man hat aber auch an eine Steigerung der Nierendurchlässigkeit, Erhöhung des Nucleoproteidstoffwechsels[4] und Förderung der Harnsäurebildung[15] gedacht.

Die Anwesenheit eines Regulationszentrums im Tuber cinereum für den Nucleoproteid- und Purinstoffwechsel wird von anderer Seite abgelehnt[16]. Die beim Kaninchen nach Piqûre auftretende Vermehrung der Allantoinausscheidung um 100 bis 600% soll durch die parallelgehende Polyurie bedingt sein[17].

β) Hormonale Einflüsse.

Außer nervösen können auch hormonale Einwirkungen den Purinstoffwechsel beeinflussen.

1. Schilddrüse.

Das Schilddrüsenhormon erhöht beim Hund die Purin-, Harnsäure- und Allantoinausscheidung, während Thyreoidektomie zu Abnahme führt[18,19]. Die

[1] Thannhauser, S. J.: Handb. Physiol. Bd. 5, S. 1083. — [2] Lindberg, K.: Finska Läk.-Sällsk. Handl. **69**, 899 (dtsch. Zus.-Fassg. S. 934) (1927). — [3] Abl, R.: A. e. P. P. **74**, 119 (1913). — [4] Franchini, R.: Arch. Stud. Fisiopat. **4**, 247 (1936). — [5] Harpuder, K.: Z. ges. exp. Med. **42**, 1 (1924). — [6] Stransky, E.: B. Z. **133**, 434 (1922). — [7] Yamagami, M.: Folia pharmacol. jap. **22**, 85 (1936) [Ber. Physiol. **96**, 57]. — [8] Matsuda, T.: Jap. J. Gastroenterol. **2**, 308 (1931). — [9] Rabinovitch, M., V. Valeri, H. A. Rothschild, S. Camara, A. Sesso and L. C. U. Junqueira: J. biol. Ch. **198**, 815 (1952). — [10] Guberniev, M. A., u. L. I. Il'ina: Dokl. Akad. Nauk **71**, 351 (1950) [Chem. Abstr. **44**, 8453[b]]. — [11] Hokin, L. E.: Biochim. biophysica Acta, N. Y. **8**, 225 (1952). Biochem. J. **48**, 320 (1951). — [12] Schittenhelm, A., u. K. Harpuder: Der Nucleinstoffwechsel. Handb. Biochem. Bd. 8, S. 580. — [13] Michaelis, E.: Z. exp. Path. Therap. **14**, 255 (1913). — [14] Dresel, K., u. H. Ullmann: Z. ges. exp. Med. **24**, 214 (1921). — [15] Tashiro, K.: Tohoku J. exp. Med. **7**, 482 (1926). — [16] Kayser, C., et A. Establier y Costa: Ann. Physiol. Physicochim. biol. **4**, 642 (1928) [Ber. Physiol. **50**, 67]. — [17] Kayser, C., et A. Establier y Costa: Ann. Physiol. Physicochim. biol. **5**, 370 (1929). — [18] Ogawa, T.: Folia endocrinol. jap. **6**, dtsch. Zus.-Fassg. S. 112 (1931). — [19] Wakabayashi, R.: Folia endocrinol. jap. **2**, 415, dtsch. Zus.-Fassg. S. 17 (1926).

durchströmte Leber mit Thyroxin vorbehandelter Kaninchen zeigt verstärkten Harnsäureabbau und gesteigerte Allantoinbildung[1]. Bei der Hyperthyreose des Menschen, vor allem bei BASEDOWscher Krankheit, nimmt die Ausscheidung von Harnsäure und Purinbasen im Harn ebenfalls zu, während bei Hypothyreoidismus eher Harnsäure im Gewebe zurückgehalten wird[2,3]. Bei Hyperthyreose des Menschen ist die Purinbasenmenge, vor allem der Adeningehalt im Harn beträchtlich erhöht. Thyroxin beseitigt die Störung[4].

2. Pankreas.

Der magere *Diabetiker* mit Acidose und der fette Diabetiker ohne Acidose zeigen vermehrte Harnsäureausscheidung, während der magere Diabetiker ohne Acidose einen normalen Purinstoffwechsel aufweist[3]. Bei diabetischen Hunden ist die Harnsäureoxydation vermindert[5]. *Insulin* verzögert bei Menschen mit normaler Ausscheidung der Harnsäure in kleinen Gaben die der exogenen Harnsäure. Die Uricämie nach Belastung mit nucleinsaurem Natrium wird durch Insulin verstärkt[6,7]. Beim Diabetiker kann Insulin zu vermehrter Harnsäureausscheidung führen[3]. Bei Tieren sind verschiedene Wirkungen des Insulins beobachtet worden. Hunde zeigten teils Abnahme der Allantoinausscheidung ohne Verminderung der Purinbasen- und Harnsäureausscheidung[8], teils Steigerung der Allantoinsausscheidung ohne vermehrte Diurese[9,10]. Nach partieller Nebennierenexstirpation — Entfernung des Nebennierenmarks unter Zurücklassen eines schmalen, marklosen Segments beiderseits — sind Insulingaben, welche beim normalen Hund die Allantoinausscheidung steigern, ohne Wirkung. Da Adrenalin dabei den Purinstoffwechsel steigert, wird angenommen, daß die durch Insulin bewirkte Erhöhung der Purinausscheidung abhängig ist von einer durch die Insulinhypoglykämie bedingten Adrenalinausschüttung[11]. Dalmatiner Hunde reagieren auf Insulin mit Steigerung der Harnsäurewerte in Blut und Harn. Dem Harnsäureanstieg im Blut geht die Hypoglykämie parallel. Die Allantoinausscheidung erfährt keine Vermehrung[12,13]. Auch das Kaninchen antwortet auf Insulininjektion mit vermehrter Harnsäureausscheidung, die ausbleibt, wenn die Insulinhypoglykämie durch Zuckerinjektion verhindert wird. Die Steigerung der Harnsäureausscheidung tritt nach einer Latenzzeit auf und beruht auf Adrenalinausschüttung durch Insulin. Bei der Gans führt Insulin zu Abnahme der Blutharnsäure, unabhängig von der Hypoglykämie[14].

Wenn durch eine an Methionin und Cystein arme Diät der Glutathiongehalt des Blutes und der Insulingehalt des Pankreas niedrig geworden sind, erzeugt Harnsäure beim australischen Wildkaninchen Diabetes mellitus. Andere verwandte Purine sind unwirksam[15]. Beim Alloxandiabetes findet sich eine Hyperuricämie durch vermehrten endogenen Purinzerfall[16].

---

[1] MORI, C.: J. Biochem. **26**, 97 (1937). — [2] WAKABAYASHI, R.: Folia endocrinol. jap. **2**, 478, dtsch. Zus.-Fassg. S. 20 (1926). — [3] KLAF, L. L.: Z. ges. exp. Med. **69**, 763 (1930). — [4] FLÖSSNER, O., F. KUTSCHER u. W. WITTNEBEN: H. **220**, 13 (1933). — [5] LANGFELDT, E., and J. HOLMSEN: Skand. Arch. Physiol. **46**, 322 (1925). — [6] D'IGNAZIO, C., e G. SOTGIU: G. Clin. med. **16**, 1449 (1935). — [7] KÜRTI, L., u. G. GYÖRGYI: Kli. Wo. **1927 II**, 1426. — [8] OGAWA, T.: Folia endocrinol. jap. **7**, dtsch. Zus.-Fassg. S. 7 (1931) [Ber. Physiol. **63**, 308]. — [9] LARSON, P. S., and I. L. CHAIKOFF: J. biol. Ch. **108**, 457 (1935). — [10] TAUBMANN, G.: A. e. P. P. **132**, 124 (1928). — [11] LARSON, P. S., and G. BREWER: J. biol. Ch. **115**, 279 (1936). — [12] CHAIKOFF, I. L., and P. S. LARSON: J. biol. Ch. **109**, 85 (1935). — [13] CHAIKOFF, I. L., P. S. LARSON and L. S. READ: J. biol. Ch. **109**, 395 (1935). — [14] TASHIRO, K.: Tohoku J. exp. Med. **7**, 482 (1926). — [15] GRIFFITHS, M.: J. biol. Ch. **184**, 289 (1950). — [16] STURM, A.: Lehrb. path. Physiol. (HEILMEYER) 8. Aufl. S. 425.

3. Hypophyse.

Häufig kommen Störungen des Purinstoffwechsels bei hypophysären Erkrankungen vor.

Für *Akromegalie* ist eine enorme Erhöhung der endogenen Harnsäureausscheidung charakteristisch[1–3]. Nach Röntgenbestrahlung wird der endogene Harnsäurewert wieder normal[4]. Die vermehrte Harnsäureausscheidung soll im Hinblick auf die vergrößerte Zellkernsubstanzmenge nicht unbedingt etwas Abnormes darstellen[5].

Bei *hypophysärer Fettsucht* sprechen erhöhte Harnsäure- und Purinbasenausscheidung für Purinstoffwechselverlangsamung wegen Unterfunktion der Hypophyse[3].

Hypophysärer Diabetes mellitus geht mit Hyperuricämie infolge Steigerung des endogenen Purinzerfalls einher[6].

Etwas widersprechend sind die Beobachtungen bei *Diabetes insipidus*. In einem Teil der Fälle wurden sichere Veränderungen des Purinstoffwechsels vermißt[7, 8]. In anderen Fällen war die Purinbasenausscheidung stark vermehrt und die Harnsäureausfuhr gleichzeitig vermindert[8, 9, 10]. Zwischen Purinausscheidung und Polyurie scheint ein strenger Parallelismus nicht zu bestehen. Die Oxydation der Purinbasen zu Harnsäure ist bei Diabetes insipidus wahrscheinlich gehemmt[11]. Das Aufhören des Wachstums bei hypophysektomierten Ratten geht parallel einer Abnahme des Stoffwechselumsatzes der Nucleinsäuren in Thymus und Leber[12].

Die Hypophyse, vor allem der Hinterlappen, soll nach diesen Beobachtungen einen regulierenden Einfluß auf den Purinstoffwechsel ausüben. *Hypophysentransplantation* und Injektion von *Hypophysin* und *Tonephin* führen beim Hund zu Steigerung der Harnsäureausscheidung[3]. Diese wird auch beim Huhn[13] und Menschen[3] durch Hypophysenhinterlappenextrakt vermehrt. Der Hinterlappen soll ein Hormon enthalten, das wahrscheinlich mit β-Hypophamin identisch ist und den Purinstoffwechsel maßgeblich beeinflußt. Dieser Einfluß kann, falls die Harnsäure beim Menschen als Endprodukt des Purinstoffwechsels angesehen wird, als Beschleunigung des intermediären Purinstoffwechsels gedeutet werden. Sieht man die Harnsäure jedoch nur als Durchgangsprodukt zu Allantoin und Harnstoff an, so würde es sich um eine Hemmung des Purinstoffwechsels handeln. Die letztere Deutung würde die Hinterlappenwirkung bei Mensch und Tier einheitlich erklären[3].

Hypophysenvorderlappenextrakte wirken bei Mensch und Hund im allgemeinen beschleunigend auf den Purinumsatz[3, 14]. Eine spezifische Beeinflussung des intermediären Purinstoffwechsels tritt nicht ein. In Rahmen einer Steigerung, des Gesamtstoffwechsels wird auch der Purinstoffwechsel über Schilddrüse und Nebenniere gesteigert. *Adrenocorticotropes Hormon* (ACTH) steigert beim Gesunden und Gichtkranken die Harnsäureausscheidung im Urin. Außerdem treten Hyperglykämie und Verminderung der Glucosetoleranz auf; die Stickstoffbilanz wird negativ. Verlust der Glucosetoleranz und Steigerung der Harnsäureausscheidung stehen zueinander in naher zeitlicher Beziehung[15]. Der Harnsäurespiegel des

---

[1] FALTA, W., u. J. NOWACZYŃSKI: Berlin. klin. Wschr. **1912 II**, 1781. — [2] SCHITTENHELM, A., u. K. HARPUDER: Z. ges. exp. Med. **27**, 50 (1922). — [3] CHROMETZKA, F.: Kli. Wo. **1939 I**, 701. — [4] THANNHAUSER, S. J., u. F. CURTIUS: Dtsch. Arch. klin. Med. **143**, 287 (1924). — [5] KRAUSS, E.: Kli. Wo. **1926 I**, 700. — [6] STURM, A.: Lehrb. path. Physiol. (HEILMEYER) S. 425. 8. Aufl. — [7] LORANT, J. S.: Verh. dtsch. Ges. inn. Med. **34**, 335 (1922). — [8] CASSANO, C.: Riforma med. **1929 I**, 555. — [9] BORGHETTI, U.: Biochim. Terap. sperim. **21**, 409 (1934). — [10] LE BRETON, E., et C. KAYSER: Cr. **179**, 1218 (1924). C. R. Soc. Biol. **91**, 1135 (1924). — [11] CIPRIANI, C., e R. MORACCHINI: Folia clin. chim. microscop., Bologna **1**, 289 (1926) [Ber.Physiol. **40**, 234]. — [12] FRAENKEL-CONRAT, J., and C. H. LI: Endocrinology **44**, 487 (1949). — [13] GIBBS, O. S.: J. Pharmacol. exp. Therap. **35**, 49 (1929). — [14] ALEXIANU BUTTU, G. D., e G. DE FLORA: Festschr. MARINESCO S. 147 (1933) [Ber. Physiol. **75**, 135]. — [15] CONN, J. W., L. H. LOUIS and C. E. WHEELER: J. Lab. clin. Med. **33**, 651 (1948).

Serums sinkt gleichzeitig ab. Eine Vermehrung der Harnsäurebildung findet anscheinend nicht statt[1–4]. Bei kohlenhydratreich ernährten Ratten bewirkt adrenocorticotropes Hormon Abnahme der Pentosenucleinsäure im Cytoplasma[5].

Die Versuche mit Ausschaltung der Hypophyse geben kein einheitliches Bild. Nach Hypophysektomie nehmen beim Hund in der 3. bis 4. Woche Harnsäure- und Allantoinausscheidung ab. Hypophysenextrakte verstärken diese Wirkung[6]. Nach anderen Untersuchungen soll die ausgeschiedene Purinmenge bei normalen und hypophysenlosen Hunden fast gleich sein. Letztere scheiden nur pro kg Körpergewicht und Tag mehr Allantoin und weniger Purinbasen und Harnsäure aus als Kontrolltiere[7].

4. Keimdrüsen.

Der Einfluß der Sexualhormone auf den Purinstoffwechsel scheint nur gering zu sein. Hypofunktion des Ovariums kann mit harnsaurer Diathese einhergehen. Durch Injektion von wäßrigen und alkoholischen Extrakten aus Rinderhoden wird der Purinstoffwechsel des Hundes nicht deutlich verändert. Hodenentfernung hemmt anscheinend den Purinstoffwechsel[8]. Durch Injektion von Oestradiol kommt es bei Tauben in der Leber zu significantem Anstieg der Desoxyribonucleinsäure und zu starker Zunahme der Ribosenucleinsäure[9]. Ähnlich verhalten sich die Nucleinsäuren in der Leber trächtiger Ratten[10]. Der Umsatz der Desoxyribonucleinsäure des Gewebes ist bei trächtigen Tieren erhöht[11].

5. Nebenschilddrüse.

Parathormon verändert beim Kaninchen den Harnsäuregehalt des Serums nicht[12].

6. Nebennieren.

Die Entfernung der Nebennieren war bei der Ratte ohne Einfluß auf den Gehalt an Adenosintriphosphorsäure im Muskel; freie Adenylsäure und Adenosindiphosphorsäure wurden nicht gefunden. Cortisonbehandlung bewirkt keine nachweisbaren Veränderungen[13].

Nebennierenrindenpulver vermindert bei Hunden die Ausscheidung von Harnsäure und Purinbasen[14]. *Cortison* hemmt bei der Maus nach Versuchen mit ^{14}C-Formiat die Nucleinsäuresynthese[15]. Cortison steigert auch die Ausscheidung der Purine im Harn[16] und erhöht in der Kaninchen-[17] und Meerschweinchenleber[18] das Verhältnis Pentosenucleinsäure : Desoxypentosenucleinsäure. Auch beim gesunden und gichtkranken Menschen ist Cortison wirksam[2].

7. Thymus.

Thymektomie beeinflußt den Nucleinsäuregehalt der Leber nicht[19].

Aus den, wenn auch noch lückenhaften Beobachtungen ergibt sich mit Sicherheit, daß der Purinstoffwechsel hormonalen Einflüssen unterliegt.

---

[1] Benedict, J. D., P. H. Forsham, M. Roche, S. Soloway and D. Stetten jr.: J. clin. Invest. **29**, 1104 (1950). — [2] Talbott, J. H., C. Bishop and W. Garner: Trans. Ass. amer. Physicians **63**, 201 (1950). — [3] Gutman, A. B., and T. F. Yü: Amer. J. Med. **9**, 24 (1950). — [4] Norn, M. S.: Nord. Med. **46**, 1413, engl. Zus.-Fassg. S. 1414 (1951). — [5] Baker, B. L., D. S. Ingle, C. H. Li and H. M. Evans: Amer. J. Anat. **82**, 75 (1948). — [6] Yokoyama, E.: Jap. J. med. Sci. (A IV) **8**, 98 (1935). — [7] Braier, B.: C. R. Soc. Biol. **114**, 1209 (1933). — [8] Ogawa, T.: Folia endocrinol. jap. **7**, 34 (1931) (jap.). — [9] Mandel, P., et L. Mandel: C. R. Soc. Biol. **142**, 706 (1942). — [10] Campbell, R. M., and H. W. Kosterlitz: J. Physiol., London **108**, 18 P (1949). — [11] Kelly, L. S., A. H. Payne, M. R. White and H. B. Jones: Cancer Res. **11**, 694 (1951). — [12] Hajós, K., u. R. Mazgon: Z. ges. exp. Med. **70**, 459 (1930). — [13] Albaum, H. G., A. I. Hirshfeld, N. E. Tonhazy and W. W. Umbreit: Proc. Soc. exp. Biol. Med. **76**, 546 (1951). — [14] Ogawa, T.: Folia endocrinol. jap. **7**, dtsch. Zus.-Fassg. S. 5 (1931). — [15] Skipper, H. E., J. H. Mitchell jr., L. L. Bennett jr., M. A. Newton, L. Simpson and M. Eidson: Cancer Res. **11**, 145 (1951). — [16] Thorn, G. W., F. T. G. Prunty and P. H. Forsham: Science, N. Y. **105**, 528 (1947). — [17] Lowe, C. U., W. L. Williams and L. Thomas: Proc. Soc. exp. Biol. Med. **78**, 818 (1951). — [18] Atlas, L. T., and K. Benirshke: J. clin. Endocrinol. **12**, 932 (1952). — [19] Stutz, V., and F. Verzár: Helv. physiol. Acta **5**, C 52 (1947).

d) Sonderaufgaben des Purinstoffwechsels.

Der Purinstoffwechsel umfaßt zwar in erster Linie alle aufbauenden Vorgänge, an denen Nucleoproteide, Nucleotide, Nucleoside, Purin- und Pyrimidinbasen beteiligt sind; daneben erfüllt er aber noch wichtige Sonderaufgaben.

Die für den Vogel nachgewiesene Harnsäuresynthese dient auch der Entgiftung des Ammoniaks und ist, wie die Harnstoffbildung der Säugetiere, eine „Ausscheidungssynthese"[1]. In ähnlichem Sinne kann die Umwandlung pharmakologisch wirksamer Methylpurine (Coffein, Theobromin, Theophyllin) in weniger oder nicht giftige Abkömmlinge gedeutet werden.

Eine besondere Stellung nehmen die *Adenosinverbindungen* (Adenosin, Adenylsäure, Adenylpyrophosphorsäure) ein, welche in freier und gebundener Form in allen Geweben als normale Zellbestandteile vorkommen[2]. Die Adenosintriphosphorsäure ist der wichtigste Energieüberträger in biologischen Systemen.

Zahlreiche Reaktionen wie die Bildung von Arginin aus Citrullin und Glutaminsäure, von Pyridoxalphosphat, von Aneurinpyrophosphat, von Triosephosphopyridinnucleotid aus der Diphosphoverbindung, die Methylierung der Guanidinoessigsäure zu Kreatin, die Hippursäure- und Peptidsynthese, die Rückresorption der Glucose in der Niere, die Energielieferung für die Aufrechterhaltung von Konzentrationsdifferenzen zwischen Zelle und Außenmedium und andere celluläre Vorgänge sind von ihr abhängig. Im Kohlenhydratstoffwechsel ist das System

$$\text{Adenosindiphosporsäue} \rightleftharpoons \text{Adenosintriphosphorsäure}$$

beteiligt an der Wirkung von Hexokinase, Phosphorylase, Diphosphoglycerinsäuredephosphorylase und Pyruvatkinase. Bei der Muskelkonzentration wirken Actomyosin und Adenosintriphosphorsäure zusammen. Die Spaltung der Adenosintriphosphorsäure folgt der Muskelkontraktion zeitlich als erste energieliefernde Reaktion (s. Bd. 2/2, Muskel).

Bei der Synthese von Desoxypentosenucleinsäure durch Mäuseleberkerne kann Adenosintriphosphorsäure als Phosphatquelle dienen[3].

Adenylpyrophosphorsäure geht bei der Phosphorsäureabspaltung zunächst in Adenosindiphosphat über und dann in Adenylsäure[4,5]; diese wird rephosphoriliert durch Phosphobrenztraubensäure, Phosphoglycerinsäure und Kreatinphosphorsäure[6–11]. Die Phosphorylierung der Glucose durch Adenylpyrophosphorsäure erfordert Magnesiumionen und Cozymase. Wahrscheinlich wirkt ATP nur als Magnesiumsalz[12–15].

Cozymase oder Codehydrogenase I ist ein Adeninpyridinnucleotid, das bei der Spaltung Adenin, Nicotinsäureamid, D-Ribose und 2 Mol Phosphorsäure liefert[16,17] (s. Bd. 1, S. 832). Sie ist das Coferment der alkoholischen Gärung, welches im Zusammenwirken mit seinen Apodehydrogenasen Alkohol, Milchsäure, Äpfelsäure, Glycerinphosphorsäure, β-Oxybuttersäure, Glutaminsäure und Glucose dehydriert (s. S. 738 sowie Bd. 2/2, Muskel).

Codehydrogenase II[18], welche die Dehydrierung von Glucose und Hexosemonophosphor-

---

[1] SCHULER, W., u. W. REINDEL: H. **234**, 63 (1935). Kli. Wo. **1933 II**, 1479. — REINDEL, W., u. W. SCHULER: H. **248**, 197 (1937). — [2] HERBRAND, W., u. K. H. JAEGER: Das Adenylsäuresystem. Berlin 1943. — [3] HOGEBOOM, G. H., and W. C. SCHNEIDER: J. biol. Ch. **197**, 611 (1952). — [4] NEEDHAM, D. M., and W. E. VAN HEYNINGEN: Biochem. J. **29**, 2040 (1935). — [5] LEHMANN, H.: B. Z. **286**, 336 (1936). — Vgl. Bd. 2/2, Muskel. — [6] EGGLETON, P.: Ann. Rev. **4**, 413—434 (1935). — [7] PARNAS, J. K., et B. UMSCHWEIF: Bull. Soc. Chim. biol. **19**, 325 (1937). — [8] PARNAS, J. K., et P. OSTERN: Bull. Soc. Chim. biol. **18**, 1471 (1936). — [9] MANN, T.: B. Z. **279**, 82 (1935). — [10] OSTERN, P., T. BARANOWSKI u. J. REIS: B. Z. **279**, 85 (1935). — [11] PARNAS, J. K., u. P. OSTERN: B. Z. **279**, 94 (1935). — [12] LOHMANN, K.: Naturwiss. **17**, 624 (1929); **22**, 409 (1934). — [13] OSTERN, P., u. T. MANN: B. Z. **276**, 408 (1935). — [14] SCHÄFFNER, A., u. H. BERL: H. **238**, 111 (1936). — [15] OSTERN, P., T. BARANOWSKI u. J. TERSZAKOWEĆ: H. **251**, 258 (1938). — [16] WARBURG, O., u. W. CHRISTIAN: B. Z. **275**, 464 (1935); **285**, 156; **287**, 291 (1936). — [17] WARBURG, O., W. CHRISTIAN u. A. GRIESE: B. Z. **282**, 157 (1935). — [18] EULER, H. v., u. K. MYRBÄCK: H. **190**, 93 (1930); **199**, 189 (1931).

säureestern katalysiert[1—10] ist ebenfalls ein Adeninpyridinnucleotid, bei dessen Spaltung Adenin, Nicotinsäureamid, D-Ribose und 3 Mol Phosphorsäure entstehen (s. Bd. 1, S. 833 u. 1037).

Adeninnucleotide sind wesentliche Bestandteile der *gelben Fermente* und der *Xanthinoxydase*[11—14] (s. a. S. 1202 sowie Bd. 1, S. 1036, 1183, 1206).

Adenylsäure ist in den beiden Pseudovitaminen B_{12} und B_{12b} enthalten, welche wahrscheinlich Zwischenprodukte bei der Biosynthese von Vitamin B_{12} darstellen. In den Pseudovitaminen nimmt Adenylsäure die Stelle des phosphorylierten Ribosids von 5,6-Dimethylbenzimidazol in Vitamin B_{12} ein[15,16].

Die Aufspaltung der Argininphosphorsäure durch dialysierten Krebsmuskelsaft geschieht ebenfalls nur in Gegenwart von Adenylpyrophosphorsäure oder Adenosindiphosphorsäure, nicht dagegen von Adenylsäure. Diese kann im Gegensatz zu Adenosindiphosphorsäure durch Krebsmuskel in Gegenwart von Argininphosphorsäure nicht zu Adenylpyrophosphorsäure rephosphoryliert werden[17].

Adenylpyrophosphorsäure, Adenosindiphosphorsäure, Adenylsäure und Adenosin zeigen starke *pharmakologische Wirksamkeit.* Sie erweitern die Hautmuskel- und Coronargefäße und wirken deshalb blutdrucksenkend. Am Herzen erzeugen adenosinartige Stoffe Überleitungsstörungen bis zum Herzblock. Die glatten Muskeln des Darms werden gehemmt, die Uterusmuskulatur wird erregt[18—25]. Die Cozymase erweitert ebenfalls die Gefäße[26, 27].

Den adenosinartigen Stoffen kommt neben ihrer stoffwechselphysiologischen auch eine kreislaufregulierende Bedeutung zu. Sehr wahrscheinlich sind Stoffe dieser Gruppe an der Arbeitshyperämie, reaktiven Hyperämie und ähnlichen örtlichen vasomotorischen Vorgängen beteiligt. Es ist auch vermutet worden, daß solche Stoffe beim Schock (traumatischen, Verbrennungsschock) zeitweise im Blute kreisen[23, 25, 28—32]. Adenylsäure wird auch im Arbeitsstoffwechsel des Herzmuskels ständig freigesetzt. Während sie im Skeletmuskel durch die reichlich vorhandene Adenylsäuredesaminase sehr schnell abgebaut und damit unwirksam gemacht wird, erfolgt dies im Herzmuskel, dem dieses Ferment fehlt, nicht. Da außerdem die coronargefäßerweiternde Wirkung schon bei Konzentrationen auftritt, welche noch ohne Einfluß auf Reizleitung und Blutdruck sind, ist die Adenylsäure als körpereigenes coronarerweiterndes Prinzip angesprochen worden[33].

[1] GREEN, D. E., J. G. DEWAN and L. F. LELOIR: Biochem. J. **31**, 934 (1937). — [2] GREEN, D. E., D. M. NEEDHAM and J. G. DEWAN: Biochem. J. **31**, 2327 (1937). — [3] GREEN, D. E., and J. G. DEWAN: Biochem. J. **31**, 1069 (1937). — [4] ADLER, E., H. v. EULER u. W. HUGHES: H. **252**, 1 (1938). — [5] EULER, H. v.: Angew. Chem. **50**, 831 (1937). — [6] WARBURG, O., u. W. CHRISTIAN: B. Z. **292**, 287 (1937). — [7] ANDERSSON, B.: H. **225**, 57 (1934). — [8] HARRISON, D. C.: Biochem. J. **27**, 382 (1933). — [9] EULER, H. v., u. E. ADLER: H. **238**, 233 (1936). — [10] EULER, H. v., E. ADLER u. G. GÜNTHER: H. **249**, 1 (1937). [11] BALL, E. G.: Science, N. Y. **88**, 131 (1938). — [12] WARBURG, O., u. W. CHRISTIAN: Naturwiss. **26**, 201, 235 (1938). B. Z. **296**, 294; **298**, 150, 368 (1938). — [13] WARBURG, O., W. CHRISTIAN u. A. GRIESE: B. Z. **297**, 417 (1938). — [14] HAAS, E.: B. Z. **298**, 378 (1938). — [15] PFIFFNER, J. J., D. G. CALKINS, R. C. PETERSON, O. D. BIRD, V. MCGLOHON and R. W. STIPEK: Abstr. amer. chem. Soc. **120**, 22 C (1951). — [16] DION, H. W., D. G. CALKINS and J. J. PFIFFNER: Am. Soc. **74**, 1108 (1952). — [17] LOHMANN, K.: B. Z. **282**, 109 (1935). — [18] DRURY, A. N., and A. SZENT-GYÖRGYI: J. Physiol., London **68**, 213 (1929). — [19] ZIPF, K.: Kli. Wo. **1931 II**, 1521. A. e. P. P. **160**, 579 (1931). — [20] LINDNER, F., u. R. RIGLER: Pflügers Arch. **226**, 697 (1931). — [21] FLEISCH, A., u. P. WEGER: Pflügers Arch. **239**, 362 (1938). — [22] RIGLER, R.: Kreislaufwirksame Gewebsprodukte. Handb. Heffter Bd. **7**, S. 63—94 (1938). — [23] RIGLER, R.: Über körpereigene Wirkstoffe. Ergebn. Hyg. **16**, 74—98 (1934). — [24] SCHMIDT, R.: Darstellung und chemischer Nachweis einiger kreislaufwirksamer Stoffe. Ergebn. Hyg. **16**, 99—120 (1934). — [25] GADDUM, J. H.: Gefäßerweiternde Stoffe der Gewebe. Leipzig 1936. — [26] STEWART, E. D.: J. amer. pharmaceut. Ass. **38**, 3 (1949). — [27] SHERROD, T. R., and J. LOUIS: J. Pharmacol. exp. Therap. **98**, 29 (1950). — [28] GARD, S.: H. **196**, 65 (1931). — [29] HILDEBRANDT, F., u. H. MÜGGE: Kli. Wo. **1931 I**, 1131. — [30] RIGLER, R.: A. e. P. P. **167**, 54 (1932). — [31] BOLLMAN, J. L., and E. V. FLOCK: Amer. J. Physiol. **142**, 290 (1944). — [32] KALCKAR, H. M.: Science, N.Y. **99**, 131 (194)4. — [33] KUTSCHER, W., u. W. SARREITHER: Kli. Wo. **1948**, 698.

Die Freisetzung von Wirkstoffen der Adenosingruppe erfolgt im menschlichen Plasma anscheinend mittels der komplexen „Ribonucleoproteidase". Ein ähnlicher Enzymkomplex soll im menschlichen Harn vorkommen. Die enzymatische Hydrolyse von Nucleoproteiden scheint auch eine Eigenschaft des Kallikreins zu sein[1].

Nucleotide und Nucleoside erzeugen bei parenteraler Zufuhr Leukócytose[2–7]. Auf dieser Wirkung beruht die therapeutische Anwendung von Nucleotidpräparaten bei Leukopenie und Agranulocytose.

Die Nucleinsäuren sollen ferner hochempfindliche Gewebspuffer sein[8].

In enger Beziehung zu den Pyrimidinen stehen das *Vitamin* B_1, das einen Amino-methyl-pyrimidin-Kern und einen Thiazolring enthält (s. Bd. **1**, S. 817), die *Co-Carboxylase*, eine Aneurinpyrophosphorsäure (**Bd. 1**, S. **834**) und das *Vitamin* B_2, das Uracil in seinen Isoalloxazinring eingebaut enthält und über eine Phosphorsäure mit Eiweiß zum „alten" gelben Atmungsferment (**Bd. 1, S. 272, 1183**) zusammentritt.

Alloxazin-adenin-dinucleotid ist die prosthetische Gruppe eines zweiten Fermentes, der D-Alanindehydrogenase oder D-Aminosäureoxydase[9], das die Spiegelbildisomeren der natürlichen Aminosäuren zu Ketonsäure oxydiert[10].

Alloxazin-adenin-dinucleotid kann entstanden gedacht werden durch Vereinigung von Riboflavinphosphorsäure mit Muskeladenylsäure unter Wasseraustritt[11]. (Näheres s. Bd. **1**, S. 834).

Auch ein drittes gelbes Ferment, das aus Hefe isoliert wurde[12, 13], enthält dasselbe Dinucleotid. Schließlich ist, wie bereits erwähnt, Alloxazin-adenin-dinucleotid die prosthetische Gruppe der *Xanthinoxydase*[14]. Mit dem Proteinanteil des 1. gelben Fermentes gibt das Dinucleotid ein fünftes gelbes Ferment, das im Dihydropyridintest wirksam ist[11].

Weit verbreitet im Pflanzen- und Tierreich sind einige Pigmente, welche den Purinen und Pyrimidinen nahestehen dürften. Hierher gehören u. a. das Uropterin des Harns, das Leukopterin des Kohlweißlings und Xanthopterin des Citronenfalters und der Wespe (s. Bd. **1**, S. 821).

Bei Drosophilalarven wird Thymin wahrscheinlich in den Pigmentstoffwechsel einbezogen[14].

Die Purine und Methylpurine spielen nach älteren Untersuchungen eine bedeutsame Rolle bei der Kreatinbildung. Sie sollen zusammen mit Kernmaterial, Harnsäure, Hydantoin und Methylhydantoin Vorläufer des Kreatins sein[15–18]. Die Bildung von Kreatin im Rattenmuskel und die Kreatinausscheidung im Harn sind direkt proportional der Zahl der Methylgruppen (bis zu drei) in den zugeführten Methylxanthinen. Mit jeder Methylgruppe nimmt die Kreatinausscheidung um etwa 20% zu. Die Bildung und Ausscheidung von Kreatin wird

---

[1] LAVES, W.: Naturwiss. **38**, 261 (1951). B. Z. **322**, 292, 1951/52). Z. Orthop. **81**, 254 (1951). — [2] HOFFMANN, K.: Diss. med. Leipzig 1936. — [3] DOAN, C. A., L. G. ZERFAS, S. WARREN and O. AMES: J. exp. Med. **47**, 403 (1928). — [4] DOAN, C. A.: J. amer. med. Ass. **99**, 194 (1932). — [5] JACKSON, H. jr., F. PARKER jr., G. P. ROBB u. H. CURTIS: Folia haematol., Leipzig **44**, 30 (1931). — [6] JACKSON, H. jr., F. PARKER jr., J. F. RINEHART and F. H. L. TAYLOR: J. amer. med. Ass. **97**, 1436 (1931). — [7] JACKSON, H. jr., F. PARKER jr. and F. H. L. TAYLOR: Amer. J. med. Sci. **184**, 297 (1932). — [8] THANNHAUSER, S. J.: Handb. Physiol. Bd. 5, S. 1047—1094. — [9] WARBURG, O., u. W. CHRISTIAN: B. Z. **295**, 211; **296**, 294; **298**, 150 (1938). Naturwiss. **26**, 201, 235 (1938). — NIELSEN, N., u. V. HARTELIUS: B. Z. **295**, 211 (1938). — [10] KREBS, H. A.: H. **217**, 191; **218**, 157 (1933). Biochem. J. **29**, 1620, 1951 (1935). — [11] WARBURG, O., u. W. CHRISTIAN: B. Z. **298**, 150, 368 (1938). — [12] HAAS, E., B. L. HORRECKER and T. R. HOGNESS: J. biol. Ch. **136**, 747 (1940). — [13] HAAS, E., C. J. HARRER and T. R. HOGNESS: J. biol. Ch. **143**, 341 (1942). — [14] BALL, E. G.: J. biol. Ch. **128**, 51 (1939). — [15] WILSON, L. P.: Growth **8**, 117 (1944). — [16] ABDERHALDEN, E., u. S. BUADZE: Z. ges. exp. Med. **65**, 1; **66**, 635 (1929); **69**, 561 (1930). — [17] CHROMETZKA, F.: Z. ges. exp. Med. **86**, 483 (1933). — [18] ZWARENSTEIN, H.: Biochem. J. **20**, **743** (1926).

auch durch andere Purine und durch Harnsäure gesteigert[1, 2]. Vor allem kommt dem Coffein und anderen Purinen mit einer Methylgruppe am Stickstoff diese Wirkung zu[3] (zur Kreatinbildung s. im übrigen S. 945ff.).

e) Purinstoffwechsel und Gesamtstoffwechsel.

Die Größe des Purinstoffwechsels ist beim gesunden Erwachsenen individuell verschieden. Bei gleichbleibenden äußeren Lebensbedingungen zeigt jedoch der einzelne Mensch selbst innerhalb größerer Zeiträume auffallend konstante Werte[4, 5]. In der normalen Schwangerschaft und bei der nicht schwangeren Frau verhält sich der Purinstoffwechsel gleich[6].

α) Einfluß des Alters.

Neugeborene weisen eine relativ starke Harnsäureausscheidung auf. Im Harnsäureinfarkt der Neugeborenen wird ontogenetisch ein Hinweis auf die bei den übrigen Säugern beobachtete Unfähigkeit zur Harnsäureausscheidung gesehen[7]. Das Ausscheidungsvermögen für Harnsäure nimmt im Verlaufe der menschlichen Entwicklung mit geringen Schwankungen bis zur Pubertät zu[7, 8].

Beim normalen Säugling liegt der Harnsäurewert des Urins etwa bei 0,26 ‰. Zwischen dem 8. und 12. Lebensjahr werden bei purinfreier Kost etwa 0,30 ‰ ausgeschieden[9].

Im Tagesverlauf unterliegt der Purinstoffwechsel regelmäßigen Schwankungen.

Der Erwachsene scheidet bei purinfreier Nahrung am Tage mehr aus als in den Nachtstunden. Das Maximum der Ausscheidung wurde in den Nachmittagsstunden gefunden[10–12]. Im Gegensatz hierzu zeigen Kinder bei Tag und Nacht eine auffallend gleichmäßige Harnsäureausscheidung[13].

β) Muskelarbeit und Purinstoffwechsel.

Die Beziehungen des Purinstoffwechsels zur Muskelarbeit sind noch nicht restlos geklärt. Bei schwerer Muskelarbeit sind teils Steigerung[4, 14, 15], teils Hemmung der Harnsäureausscheidung[16–18], teils Fehlen einer Wirkung[19] beobachtet worden. Leichte Muskelarbeit soll die Purinausscheidung im Harn nur wenig beeinflussen. Nach neueren Befunden setzt jedoch selbst kurze und wenig schwere Arbeit die Harnsäure-Clearance beim Menschen um 70 bis 80% des Ruhewertes für mindestens eine Stunde herab. Damit geht eine Abnahme der Glomerulus-Filtrationsgeschwindigkeit parallel. Die tubuläre Rückresorption der Harnsäure wird vergrößert und steht in Beziehung zur Hyperlactacidämie durch die Arbeit. Tritt bei Arbeit keine Hyperlactacidämie auf, so wird die tubuläre Rückresorption nicht wesentlich verändert. Orale Zufuhr von gepufferter Natriumlactatlösung führt ebenfalls zu Abnahme der Harnsäure-Clearance. Eine Acidosis ist demnach nicht mit im Spiele[19]. Bei Gicht werden Purin- und Harnsäureausscheidung durch körperliche Arbeit vermehrt[20].

---

[1] Beard, H. H., and P. Pizzolato: J. Pharmacol. exp. Therap. **63**, 306 (1938). — [2] Koven, A. L., and H. H. Beard: J. Pharmacol. exp. Therap. **68**, 80 (1940). — [3] Kelly, C. J., and H. H. Beard: J. Biochem. **29**, 155 (1938). — [4] Burian, R.: H. **43**, 497, 532 (1904/05). — [5] Faustka, O.: Pflügers Arch. **155**, 523 (1914). — [6] Picinelli, G.: Atti Soc. ital. Ostet. Ginec. **33**, 703 (1907). — [7] Starkenstein, E.: Fiziol. Ž., SSSR **22**, 593 (1937). — [8] Daniels, A. L., and L. M. Hejinian: Amer. J. Dis. Children **38**, 507 (1929). — [9] Stefanini, S.: Clin. pediatr., Milano **18**, 253 (1936). — [10] Lindberg, K.: Finska Läk.-Sällsk. Handl. **69**, 899, dtsch. Zus.-Fassg. S. 934 (1927). — [11] Lucke, H.: Z. ges. exp. Med. **56**, 251 (1927). — [12] Galinowski, Z.: Bull. int. Acad. pol., Cl. Méd. (A) Nr. **7/10**, 641 (1935). — [13] Rougichitsch, O. S.: Amer. J. Dis. Children **32**, 530 (1926). — [14] Pfeil, P.: H. **40**, 1 (1903/04). — [15] Garry, R. C.: J. Physiol., London **62**, 364 (1927). — [16] Quick, A. J.: J. biol. Ch. **105**, LXIX (1934); **110**, 107 (1935). — [17] Hartmann, C.: Pflügers Arch. **204**, 613 (1924). — [18] Gradwohl, M.: Z. ges. exp. Med. **71**, 778 (1930). — [19] Nichols, J., A. T. Miller jr. and E. P. Hiatt: J. appl. Physiol. **3**, 501 (1951). — [20] Jenke, M., R. Laser u. R. Linde: H. **189**, 162 (1930).

Möglicherweise hängt die fehlende Mehrausscheidung von Purinen im Harn nach starker Muskelarbeit mit resynthetischen Vorgängen im Muskelstoffwechsel zusammen. Eine andere Erklärung[1] ist die, daß während schwerer Muskelarbeit die Niere Zirkulationsstörungen erleidet und deshalb Harnsäure retiniert. In zwei Versuchen wurde 3 bis 4 Std nach beendeter Muskelarbeit eine der vorhergehenden Minderausscheidung entsprechende Mehrausscheidung gefunden.

γ) Abhängigkeit des Purinstoffwechsels von der Nahrungszufuhr.

Der Purinstoffwechsel ist naturgemäß stark abhängig von Menge und Art der Nahrung, vor allem von ihrem Puringehalt. Bei Übergang von gemischter zu sehr purinarmer Nahrung tritt rasch eine Abnahme der Harnsäureausscheidung ein[2].

1. Purinstoffwechsel im Hunger.

Durch Hungern nimmt der Gehalt des Cytoplasmas an Pentosenucleinsäure ohne Änderung des Desoxypentosenucleinsäuregehaltes ab. Gleichzeitig verschwinden die basophilen Granula des Cytoplasmas[3,4]. In den Leberchromosomen ist der Desoxyribonucleinsäuregehalt pro Gewichtseinheit bei hungernden Tieren größer als bei gut genährten[5]. Die Gesamtmenge an Ribonucleinsäure bleibt unverändert[6]. Beide Polynucleotide nehmen im Knochenmark der Ratte bei Futterbeschränkung um etwa 15% ab[7]. Im atrophischen Muskel zeigen nur die P-Werte Veränderungen, welche mit der Desoxypentosenucleinsäure in Beziehung gebracht werden können[8].

Im Hungerzustand sinkt beim Menschen die endogene Harnsäureausscheidung im Harn, während der Bluthaxnsäurewert ansteigt. Während einer Hungerperiode von 2 bis 36 Tagen nahm beispielsweise bei 8 Personen die Harnsäureausfuhr um durchschnittlich 17% ab. Nach Rückkehr zu purinarmer Nahrung stieg sie wieder an. Die Abnahme ist wahrscheinlich bedingt durch Verminderung der Harnsäurebildung und Retention im Gewebe durch Störung der Nierenfunktion oder gesteigerte Harnsäurespeicherung im Gewebe. Während des Hungers ist der Purinstoffwechsel starken individuellen Schwankungen unterworfen. Die größte Harnsäureausscheidung scheint in die Morgenstunden zu fallen[9,10].

Die Harnsäure-Tageswerte sind bei völligem Hunger von Mensch zu Mensch verschieden, sie betragen im Durchschnitt etwa 0,2 g[11]. Bei dem Hungerkünstler LUCCI wurden am 18. und 20. Hungertage 0,256 bzw. 0,244 g gefunden[12]. Zwölf Jahre später schied dieselbe Person am 22. bis 29. Hungertag 0,3 bis 0,35 g Harnsäure aus[13].

Bei allantoinausscheidenden Tieren nimmt die Allantoinausscheidung im Hunger etwas ab[14]. Beim Hunde soll durch Hunger die Uricolyse abgeschwächt werden[15]. Bei hungernden Ratten ändert sich das Verhältnis Purin-N: Gesamt-N in den Organen (Muskel, Leber, Niere, Milz) nicht[16].

---

[1] HARTMANN, C.: Pflügers Arch. **204**, 613 (1924). — [2] MĚLKA, J.: Pflügers Arch. **232**, 61 (1933). — [3] DAVIDSON, J. N.: Biochem. J. **39**, LIX (1945). Cold Spring Harbor Symp. quant. Biol. **12**, 50 (1947). — [4] DAVIDSON, J. N., and C. WAYMOUTH: Biochem. J. **38**, 379 (1944). — [5] MIRSKY, A. E., and H. RIS: Nature **163**, 666 (1949). — [6] MANDEL, P., L. MANDEL and M. JACOB: 1. Int. Congr. Biochem. Cambridge. S. 271. **1951**. — [7] LUTWAK-MANN, C.: Biochem. J. **48**, XXV (1951). — [8] MANDEL, P., u. M. JACOB: Ber. Physiol. **162**, 365 (1954). — [9] GALINOWSKI, Z.: Arch. Verd.-Krankh. **60**, 241 (1936). Pol. Arch. Med. wewn. **14**, 770, franz. Zus.-Fassg. S. 883 (1936). Bull. int. Acad. pol., Cl. med. (B) Nr. 7/10, 655 (1935). — [10] LENNOX, W. G.: J. biol. Ch. **66**, 521 (1925). — [11] SCHREIBER u. WALDVOGEL: A. e. P. P. **42**, 69 (1899). — [12] LO MONACO, D.: Boll. Soc. lancis. Osped. Roma **14**, (2), 102 (1894). — [13] BRUGSCH, T.: Z. exp. Path. Therap. **1**, 419 (1905). — [14] SCHITTENHELM, A., u. K. HARPUDER: Der Nucleinstoffwechsel. Handb. Biochemie Bd. 8, S. 580. — [15] TSUTSUI, T.: Nagasaki Igakkai Zasshi **14**, 305 (1936). — [16] EDLBACHER, S.: Festschrift E. C. Barell. S. 35. Basel 1936.

2. Einfluß purinreicher Kost auf den Purinstoffwechsel.

Die Harnsäure- bzw. Allantoin- und Purinbasenausscheidung wird besonders durch Nahrungsmittel gesteigert, welche reich an Nucleoproteiden und Nucleinsäuren sind.

Nach oraler oder intravenöser Zufuhr von reiner Hefenucleinsäure steigt beim Kaninchen die Allantoin- und Harnsäureausscheidung bedeutend an[1]. Die Regeneration der Rattenleber nach partieller Hepatektomie, welche an die Neubildung von Kernmaterial und an die Synthese von Nucleinsäuren gebunden ist, wurde durch Beifütterung von 1% Hefenucleinsäure oder Desoxyribonucleinsäure aus Fischsperma gefördert. Uracil (1%) war ohne Einfluß[2].

Beim Menschen wurde nach Nucleinsäurezufuhr verminderte Harnsäureausscheidung, veranlaßt durch Retention im Gewebe, beobachtet; der Bluthamsäurewert war dabei herabgesetzt[3]. Auch bei reiner Fleischkost kann es zu Retention der endogenen und exogenen Harnsäure kommen[4]. Von anderer Seite wurde nach Zufuhr von 20 g Hefenucleinsäure bereits in der ersten Std ein Ansteigen des Bluthamsäurespiegels gefunden. Nach 3 bis 8 bis 24 Std war das Maximum erreicht und nach 48 bis 72 Std trat Rückkehr zur Norm ein[5]. Orale Zufuhr von Nucleoproteiden führt in den ersten 2 Std zu Vermehrung der freien Purine und Nucleoside im Blut. Die Bluthamsäure steigt langsamer. Der Abbau zu den Nucleosiden im Darm und in der Leber scheint demnach schneller vor sich zu gehen als der weitere Abbau zu Harnsäure[6]. Purinhaltige Nahrung wirkt gewissermaßen als Reiz und führt zum Teil durch Diuresesteigerung zu vermehrter Harnsäureausscheidung.

Der Harnsäurewert des Urins besteht nach Zufuhr von Purinkost aus der Grundumsatzharnsäure (endogene Harnsäure), aus der Nahrungsharnsäure (exogene Harnsäure) und aus der sog. „Reiz-Harnsäure". Letztere stammt aus endogenen Quellen.

Bei wiederholter Zufuhr von Purinnahrung wird die Reizwirkung immer geringer und kann durch eine Verminderung der endogenen Purinausscheidung abgelöst werden[7].

3. Wirkung von Eiweiß, Aminosäuren und Harnstoff auf den Purinstoffwechsel.

Purinhaltige Eiweißnahrung führt zu Vermehrung der Harnsäure- bzw. Allantoinausscheidung. Auch purinfreies Eiweiß scheint meist Steigerung der Purinausfuhr zu bewirken[8–18]. Nur vereinzelt wurde keine Beeinflussung gefunden[19–22]. Nach neueren Versuchen an Ratten ist die Bildung von Pentose-

[1] MIYAHARA, T.: J. Biochem. **20**, 387 (1934). — [2] NEWMAN, E. A., and M. I. GROSSMAN: Amer. J. Physiol. **164**, 251 (1951). — [3] MORACZEWSKI, W. v., S. GRZYCKI, H. JANKOWSKI u. R. SLIWINSKI: Kli. Wo. **1933 I**, 738. — [4] GANASSINI, D.: Arch. Ist. biochim. ital. **1**, 167 (1929). — [5] GALINOWSKI, Z.: Arch. Verd.-Krankh. **60**, 241 (1936). Bull. int. Acad. pol., Cl. Méd. Nr. 9/10, 783 (1937). — [6] WEBER, J., u. W. SCHULER: Z. ges. exp. Med. **102**, 45 (1938). — [7] STURM, A.: Nukleinstoffwechsel. Lehrb. path. Physiol. (HEILMEYER) 6. Aufl. S. 355—362. — [8] SCHITTENHELM, A., u. K. HARPUDER: Z. ges. exp. Med. **27**, 50 (1922). — [9] SMETÁNKA, F.: Pflügers Arch. **138**, 217 (1911). — [10] TERROINE, É.-F., et G. MOUROT: Cr. **198**, 772 (1934). — [11] LEWIS, H. B., M. S. DUNN and E. A. DOISY: J. biol. Ch. **36**, 9 (1918). — [12] LEOPOLD, J. S., A. BERNHARD and H. G. JACOBI: Amer. J. Dis. Children **29**, 191 (1925). — [13] MENDEL, L. B., and R. L. STEHLE: J. biol. Ch. **22**, 215 (1915). — [14] HÖST, H. F.: J. biol. Ch. **38**, 17 (1919). — [15] HIRSCHSTEIN, L.: A. e. P. P. **57**, 229 (1907). — [16] TAYLOR, A. E., and W. C. ROSE: J. biol. Ch. **18**, 519 (1914). — [17] ABDERHALDEN, E., u. S. BUADZE: Z. ges. exp. Med. **69**, 561 (1930). — [18] MORACZEWSKI, W. v., S. GRZYCKI, H. JANKOWSKI u. R. SLIWINSKI: A. e. P. P. **165**, 482 (1932). Pol. Arch. Med. wewn. **11**, 232 franz. Zus.-Fassg. S. 342 (1933). Kli. Wo. **1933 I**, 738. — [19] HESS, N., u. E. SCHMOLL: A. e. P. P. **37**, 243 (1896). — [20] PERRINI, F.: Boll. Atti R. Accad. lancis. Roma **6**, 336 (1933). — [21] SIVÉN, V. O.: Pflügers Arch. **146**, 499 (1912). — [22] ZWARENSTEIN, H.: Biochem. J. **22**, 307 (1928).

nucleinsäure in der sich regenerierenden Leber relativ unabhängig vom Eiweißgehalt der Nahrung. Bei proteinfreier Kost scheint sie größer zu sein als bei proteinreicher Nahrung[1,2]. Bei Veränderung des Eiweißgehaltes der Nahrung blieben die Protein- und Nucleinsäurewerte des Lebercytoplasmas der Ratte bemerkenswert konstant. Ein leichter Anstieg der Nucleinsäurefraktion mit abnehmender Proteinzufuhr beruhte auf einer relativen Zunahme des Kernmaterials[3]. Die Blutharnsäure steigt nach Eiweißzufuhr an[4].

Auch eine Abnahme des Ribonucleinsäuregehaltes der Leber, begleitet von erhöhter Aufnahme von anorganischem Phosphat in die Ribonucleinsäurefraktion wurde bei proteinfreier Kost beobachtet[5].

Eiweißarme Ernährung (8% Casein) bringt bei Ratten die Xanthinoxydase in der Leber zum vollständigen Verschwinden. Nach Übergang auf proteinreiches Futter (21% Casein) erreicht der Xanthinoxydasegehalt der Leber nur bis 75% des ursprünglichen Wertes[6].

Auch gewisse Aminosäuren vermehren die Harnsäureausscheidung[7–10]. Nicht selten aber fehlt jeder Einfluß[11–13]. Für die erhöhte Harnsäureausscheidung nach purinfreier Eiweißkost ist die verstärkte Tätigkeit der Verdauungsdrüsen verantwortlich gemacht worden[8–18]. In Wirklichkeit spielt die Funktion der Verdauungsdrüsen dabei keine Rolle[18]. Die Mehrausscheidung der Harnsäure nach Zufuhr von Eiweiß und Aminosäuren hängt wahrscheinlich teilweise mit ihrer spezifisch-dynamischen Wirkung auf den Gesamtstoffwechsel zusammen[19]. Außerdem können Aminosäuren im kurzfristigen Versuch bei Hund und Ferkel durch vorübergehende Wirkung auf die Nieren erhöhte Purinausscheidung vortäuschen[20]. Nur Arginin und Histidin und vielleicht auch Leucin bewirken bei diesen Tieren Purinneubildung. Nach Zufuhr dieser Aminosäuren, rein oder als Eiweiß, wird die Purinausscheidung vermehrt[20–22].

Neben Eiweiß und Aminosäuren bewirkt auch Harnstoff beim Menschen eine Vermehrung der Harnsäureausscheidung. Letztere wird bei Gesunden um etwa 14% gesteigert, wobei der Blutharnsäurewert unverändert bleibt[12,23].

Eine Einschränkung des Stickstoffumsatzes durch verminderte Eiweißzufuhr führt zu Abnahme der Harnsäureausscheidung[24].

Aus dem Verhalten der Purinkörperausscheidung gegenüber Zufuhr von Eiweiß, Aminosäuren, Harnstoff und Beschränkung des Eiweißumsatzes ist auf eine engere Verknüpfung zwischen Eiweiß- und Purinstoffwechsel geschlossen worden.

---

[1] DRABKIN, D. L.: J. biol. Ch. **171**, 395 (1947). — [2] CAMPBELL, R. M.. and H. W. KOSTERLITZ: Brit. J. exp. Path. **29**, 149 (1948). J. Physiol., London **106**, 12 P (1947). — [3] KOSTERLITZ, H. W.: Nature **154**, 207 (1944). Biochem. J. **38**, XIV (1944). — [4] MORACZEWSKI, W. v., S. GRZYCKI, H. JANKOWSKI u. R. SLIWINSKI: A. e. P. P **165**, 482 (1932). Pol. Arch. Med. wewn. **11**, 232, franz. Zus.-Fassg. S. 342 (1933). Kli. Wo. **1933 I**, 738. — [5] CAMPBELL, R. M., and H. W. KOSTERLITZ: J. biol. Ch. **175**, 989 (1948). — [6] MEIKLEHAM, V., I. C. WELLS, D. A. RICHERT and W. W. WESTERFELD: J. biol. Ch. **192**, 651 (1951). — [7] SCHITTENHELM, A., u. K. HARPUDER: Z. ges. exp. Med. **27**, 50 (1922). — [8] CHRISTMAN, A. A., and E. C. MOSIER: J. biol. Ch. **83**, 11 (1929). — [9] LEWIS, H. B., M. S. DUNN and E. A. DOISY: J. biol. Ch. **36**, 9 (1918). — [10] DEGAN, C.: Ann. Physiol. Physicochim. biol. **9**, 495 (1933). — [11] ZWARENSTEIN, H.: Biochem. J. **22**, 307 (1928). — [12] DEGAN, C.: Bull. Soc. Chim. biol. **19**, 1325 (1937). — [13] MARTIN, M. F., and R. C. CORLEY: J. biol. Ch. **105**, LVII (1934). — [14] SMETÁNKA, F.: Pflügers Arch. **138**, 217 (1911). — [15] MENDEL, L. B., and R. L. STEHLE: J. biol. Ch. **22**, 215 (1915). — [16] HÖST, H. F.: J. biol. Ch. **38**, 17 (1919). — [17] HIRSCHSTEIN, L.: A. e. P. P. **57**, 229 (1907). — [18] MAREŠ, F.: Pflügers Arch. **134**, 59 (1910). — [19] BRUGSCH, T.: Z. exp. Path. Therap. **1**, 419 (1905). — [20] DEGAN, C.: Bull. Soc. Chim. biol. **20**, 373 (1938). — [21] YOUNG, E. G., C. F. CONWAY and W. A. CRANDALL: Biochem. J. **32**. 1138 (1938). — [22] CRANDALL, W. A., and E. G. YOUNG: Biochem. J. **32**, 1133 (1938). — [23] KÜRTI, L.: Orvosképzés **15**, Sonderh. 289 (1925) [Ber. Physiol. **34**, 511]. — [24] BIERNACKI, E.: Z. exp. Path. Therap. **7**, 134 (1910).

4. Purinstoffwechsel bei Kohlenhydrat- und Fettkost.

Reine Kohlenhydrat- und Fettkost können die Harnsäureausscheidung ebenfalls steigern[1–7]. Die Steigerung ist aber, vielleicht entsprechend der viel kleineren spezifisch-dynamischen Wirkung dieser Kostformen, wesentlich geringer, unsicher und kann ganz fehlen[3, 8–10].

Durch Röntgenbestrahlung wird bei Kaninchen und Ratten, gemessen an dem Einbau von ^{14}C-Glykokoll, die Synthese von Ribonucleinsäuren und Desoyxribonucleinsäuren gehemmt, ohne daß die Proteinsynthese eingeschränkt wird. Dieser Befund spricht nicht für die Beteiligung der Nucleinsäuren an der Proteinsynthese[11].

Bei Hunden wird durch Eiweiß-Fett-Kost die Uricolyse stark gesteigert[12].

Durch Glucosezufuhr wird die Harnsäureausscheidung meist vermehrt[13]. Die Abgabe der Gesamtpurine und der Harnsäure wird bei normalen und arthritischen Personen durch Aufnahme von Xylose und Arabinose wesentlich erhöht[14].

Unter einer eiweißfreien Stärkekost nahmen bei Ratten die Ribonucleotide der Leber und Niere nach 50 bis 75 Tagen ebenso wie Körpergewicht, Organgewicht und Proteinstickstoff um 40 bis 50% ab; der Gehalt an Desoxyribonucleotiden änderte sich nicht. Im Gehirn und in der Zahl der Zellkerne der Leber traten unter Eiweißmangel keine signifikanten Veränderungen auf[15].

Alkohol in großen Gaben erhöht den Abbau der Purine und vermehrt die Ausscheidung der Endprodukte im Harn. Bei mittleren und kleineren Dosen kann die Harnsäureausscheidung vermindert oder vermehrt sein[16, 17].

Ketonstoffe, Milchsäure und aromatische Säuren hemmen die Harnsäurebildung, während antiketogene Substanzen, besonders Brenztraubensäure, dieselbe fördern.

Fehlen des lipotrop wirksamen Cholins in der Nahrung ist ohne Einfluß auf den Gehalt und die Umsatzgröße der Nucleinsäuren der tierischen Leber[18].

Beim gesunden Menschen wurde durch intravenöse Injektion von 3 cm^3 Aceton (in 20 cm^3 physiol. NaCl-Lösung) die Blutharnsäure in der 1. Std mäßig erniedrigt, wobei bis zur 4. Std der Normalwert wieder erreicht wurde. Die Harnsäureausscheidung im Urin erfuhr nach etwa 1 Std eine mäßige Erniedrigung, die einige Std anhielt[19]. Kranke mit mittelschwerem Diabetes reagierten auf intravenöse Zufuhr von 10 g β-oxybuttersaurem Natrium mit einer Abnahme der Blutharnsäure und Harnsäureausscheidung im Urin. Wurde gleichzeitig 1,5 g Dextrose pro kg Körpergewicht per os gegeben, stieg der Harnsäuregehalt in Blut und Harn an[20].

5. Einfluß anderer Nahrungsfaktoren auf den Purinstoffwechsel.

„Alkalische" Nahrung in Form von Kartoffelkost oder Alkalizufuhr in mäßigen Mengen erhöhen die Harnsäure in Urin und Blut[21, 22]. Nach Wasser-

---

[1] Smetánka, F.: Pflügers Arch. **138**, 217 (1911). — [2] Mendel, L. B., and R. L. Stehle: J. biol. Ch. **22**, 215 (1915). — [3] Hirschstein, L.: A. e. P. P. **57**, 229 (1907). — [4] Moraczewski, W. v., S. Grzycki, H. Jankowski u. R. Sliwinski: A. e. P. P. **165**, 482 (1932). Pol. Arch. Med. wewn. **11**, 232, franz. Zus.-Fassg. S. 342 (1933). Kli. Wo. **1933 I**, 738. — [5] Lewis, H. B., and R. C. Corley: J. biol. Ch. **55**, 373 (1923). — [6] Harding, V. J., K. D. Allin, B. A. Eagles and H. B. van Wyck: J. biol. Ch. **63**, 37 (1925). — [7] Harding, V. J., K. D. Allin and B. A. Eagles: J. biol. Ch. **74**, 631 (1927). — [8] Rosenfeld, G., u. A. Orgler: Zbl. inn. Med. **17**, 42 (1896). — [9] Herrmann, A.: Dtsch. Arch. klin. Med. **43**, 273 (1888). — [10] Umeda, N.: Biochem. J. **9**, 38 (1915). — [11] Abrams, R.: Arch. Biochem. **30**, 90 (1951). — [12] Tsutsui, T.: Nagasaki Igakkai Zasshi **14**, 305 (1936). — [13] D'Ignazio, C., e G. Sotgiu: G. clin. Med. **16**, 1449 (1935). — [14] Thomas, P., u. R. Imas: 12. Int. Congr. Physiol. Stockholm. S. 158. 1926. — [15] Mandel, P., M. Jacob et L. Mandel: Bull. Soc. Chim. biol. **32**, 80 (1950). — [16] La Grutta, L.: Riv. Pat. sperim. **2**, 185 (1927). — [17] Casolo, G.: Arch. ital. Mal. Appar. diger. **1**, 612 (1932). — [18] Campbell, R. M., and H. W. Kosterlitz: J. biol. Ch. **175**, 989 (1948). 1. Int. Congr. Biochem. Cambridge. S. 24. 1949. — [19] Morgano, G., e G. Alcozer: Arch. Maragliano **5**, 87

aufnahme, die ebenfalls zu alkalischem Harn führt, wird noch mehr Harnsäure ausgeschieden, allerdings unter gleichzeitiger Abnahme der Blutharnsäure. Große Alkaligaben vermindern die Harnsäureausscheidung[1]. Die Harnsäurevermehrung in Blut und Harn nach Alkalizufuhr ist mit Retention und Mehrbildung von Harnsäure aus Eiweiß erklärt worden.

Hunde scheiden nach Alkalizufuhr ebenfalls Harnsäure vermehrt aus, was man als Ausdruck einer gewissen Verlangsamung des Stoffwechsels deutete. Bei stärkerer Alkalisierung kann intravenös gegebene Harnsäure überhaupt nicht oder nur unvollständig oxydiert werden[2]. Wahrscheinlich werden durch Alkali die Leberzellen direkt beeinflußt[2].

Kochsalzentzug verändert die Harnsäureausfuhr nicht[1]. Durch Kochsalzgaben nimmt der Blutharnsäurewert infolge Hydrämie ab[3].

Für die Purinbasenausscheidung im Harn ist die Reaktion der Nahrung ohne erkennbare Bedeutung. Kochsalzmangel steigert die Ausscheidung der freien Purinbasen und hemmt die Oxydation der gebundenen Purinbasen.

Die „hydrolysierbare" Harnsäure (S. 1212) wird durch die Reaktion der Kost nicht und durch Kochsalzentzug nicht gleichsinnig beeinflußt[1]. Der Urin wurde täglich auf Gesamt-N, Harnsäure, Purinbasen und Allantoin untersucht. Intravenös angebotene Harnsäure kann bei stärkerer Alkalisierung des Stoffwechsels vom Tier überhaupt nicht bzw. nur unvollständig oxydiert werden. Alkali beeinflußt also den Purinstoffwechsel in seinem intermediären Ablauf.

Gallensäuren: Durch Zufuhr von Cholsäure, Desoxycholsäure und durch experimentellen Stauungsikterus wird der Purinstoffwechsel des Kaninchens gesteigert. Es wird der Harnsäuregehalt von Leber und Milz, dagegen nicht von Muskel und Niere vermehrt. Gallensäuren sollen die Wirkung von Xanthinoxydase fördern[4, 5].

6. Vitamine und Purinstoffwechsel.

Über den Einfluß der Vitamine auf den Purinstoffwechsel ist wenig bekannt.

Überschuß an *Vitamin A* soll bei Ratten den Puringehalt von Leber, Niere, Milz und Muskeln steigern, während bei Vitamin A-Mangel der Puringehalt unter die Norm sinkt[6]. Von anderer Seite wurden jedoch keine weitgehenden Abweichungen vom Normalwert gefunden[7].

Vitamin B-Komplex: Wenn sämtliche B-Vitamine oder auch nur Vitamin B_1 in der Nahrung fehlen, kann im Knochenmark der Ratte der Gehalt an Ribonucleinsäure und Desoxyribonucleinsäure bis zu 50% abnehmen[8].

Vitamin B_1 (Aneurin): Bei der biologischen Synthese von Aneurinpyrophosphat spielt die Adenylpyrophosphorsäure eine wichtige Rolle:

Aneurin + ATP = Aneurinpyrophorsäure + Adenylsäure.

Es ist deshalb verständlich, daß bei der B_1-Avitaminose auch der Adenylsäurestoffwechsel gestört ist, indem infolge mangelhafter Verwertung sich Adenosintriphosphorsäure im Organismus anhäuft. Zufuhr von Aneurin soll die Adenylsäureausscheidung verstärken. Aneurinpyrophosphat ist demnach für den normalen Ablauf des Adenylsäurestoffwechsels unentbehrlich. Mangel an Vitamin B_1 führt zu Störung der Phosphorylierungsvorgänge, also auch zu einer Hemmung der Adenylpyrophosphorsäure-Synthese. Die Bildung von Adenylsäure und durch deren oxydativen Abbau die Produktion von Harnsäure werden dadurch gefördert. Da Aneurin- bzw. Acetylaneurinpyrophosphat maßgeblich an der

---

(1950) [Kongr.-Zbl. inn. Med. **134**, 31]. — [20] MORGANO, G.: Arch. Maragliano **5**, 95 (1950) [Kongr.-Zbl. inn. Med. **134**, 31.] — [21] MORACZEWSKI, W., S. GRZYCKI, T. SADOWSKI u. W. GUOWA: Kli. Wo. **1935 I**, 557. — [22] TIMM, H.: Diss. med. Kiel 1935.

[1] QUICK, A. J.: J. biol. Ch. **101**, 475 (1933). — [2] CHROMETZKA, F., R. DREYER u. K. DÜMLEIN: A. e. P. P. **183**, 286 (1936). — [3] HARDING, V. J., K. D. ALLIN and H. B. VAN WYCK: J. biol. Ch. **62**, 61 (1924/25). — [4] TAKEUTI, N.: Okayama-Igakkai-Zasshi **49**, 2133 (1937). — [5] KARASAWA, R.: J. Biochem. **7**, 145 (1927). — [6] EULER, H. v., u. G. SCHMIDT: H. **223**, 215 (1934). — [7] EDLBACHER, S., u. P. JUCKER: H. **240**, 78 (1936). — [8] LUTWAK-MANN, C.: Biochem. J. **48**, XXV (1951).

biologischen Synthese des Acetylcholins beteiligt sind, ergeben sich daraus auch Beziehungen zwischen Adenylsäurestoffwechsel und Vitamin B_1-Wirkung.

Bei der Gicht ist wie bei Beri-Beri der Adenylsäuregehalt des Blutes erhöht. Beri-Beri-ähnliche (cardiale und neuritische) Symptome kommen auch bei der Gicht vor.

Ob ein relativer Vitamin B_1-Mangel bei der Gicht besteht, ist noch ungeklärt. Therapeutische Versuche mit Aneurin sprechen in diesem Sinne. Durch intravenöse Dosen von Vitamin B_1 können die Erscheinungen des akuten Gichtanfalles (Schmerz, Schwellung, Rötung) rasch, ja oft schlagartig beseitigt werden. Auch die chronische Knochen- und Gelenkgicht wird durch parenterale Dauerbehandlung mit Aneurin günstig beeinflußt werden[1].

Vitamin B_2 (Lactoflavin, Riboflavin): Unabhängig vom Wachstum fördern Adenin, Guanin, Xanthin, Harnsäure und vielleicht auch Hypoxanthin die Riboflavinbildung durch Eremothecium ashbyii. Bei Xanthin betrug die Förderung etwa 39%; wahrscheinlich wird Xanthin direkt in das Riboflavinmolekül eingebaut.

Uracil hemmt die Riboflavinbildung, wohl konkurrierend, um maximal 83%[2].

Bei *Vitamin B_6*-Mangel scheiden junge männliche Ratten weniger Purinkörper — Allantoin, Purinbasen, Harnsäure — aus als Normaltiere. Durch tägliche Zufuhr von 500 γ Pyridoxin wurde bei Mangel- und Normaltieren die Purinausscheidung gesteigert[3].

Wenn bei Pyridoxinmangel gleichzeitig Desoxypyridoxin zugeführt wird, nimmt die Desoxypentosenucleinsäure in der Milz, aber nicht in anderen Organe ab[4]. Dabei handelt es sich aber nicht um eine spezifische Wirkung des Vitamin B_6 auf die Nucleinsäuresynthese, sondern wahrscheinlich um eine Störung des Proteinstoffwechsels. Eiweißverarmung kann nämlich schon allein zu einer 50%igen Abnahme der Pentose- und Desoxypentosenucleinsäuren in der Milz führen[5].

Vitamin B_{12} (s. a. Bd. 2/2, Vitamine), das identisch ist mit dem extrinsic factor von CASTLE hat schon bei seiner Entstehung enge Beziehungen zum Purinstoffwechsel. Seine Biosynthese verläuft wahrscheinlich über die Pseudo-Vitamine B_{12}. Von zwei dieser Verbindungen, den krystallisierten Pseudovitaminen B_{12} und B_{12b} ist bekannt, daß sie Adenylsäure an Stelle des phosphorylierten Ribosids von 5,6-Dimethylbenzimidazol enthalten. Lactobazillen können anscheinend die Pseudovitamine in normale B_{12}-Vitamine umwandeln[6,7]. Vitamin B_{12} spielt aber auch eine bedeutsame Rolle für die Nucleinsäure- bzw. Purinsynthese. Das Vitamin ist für Lactobazillen (L. acidophilus, L. casei, L. leichmanii) ein wichtiger Wuchsstoff, der durch Desoxyribonucleinsäure, die Desoxyribosenucleoside von Adenin, Guanin, Hypoxanthin und Thymin und durch Adenin, Guanin, Thymidin und Uracil ersetzt werden kann[8—10]. Durch Adenylsäure wird die wachstumsfördernde Wirkung von Vitamin B_{12} leicht gehemmt[8]. Vitamin B_{12} verstärkt die Bildung von Desoxyribonucleinsäure durch L. casei[10]. Die Bildung von 4-Amino-imidazol-5-carboxamid, das selbst oder als Formylderivat von E. coli-Mutanten, welche Purine zum Wachstum benötigen, zur Purinsynthese verwertet wird, erfährt durch Vitamin B_{12} eine starke Verminderung[11,12].

---

[1] Stepp-Kühnau-Schroeder, Vitamine 6. Aufl. S. 107, 143. — [2] MACLAREN, J. A.: J. Bacteriology **63**, 233 (1952). — [3] TERROINE, T.: Arch. Sci. physiol. **4**, 91 (1950). — [4] CERECEDO, L. R., M. E. LOMBARDO, D. V. N. REDDY and J. J. TRAVERS: Proc. Soc. exp. Biol. Med. **80**, 648 (1952). — [5] JACOB, M., L. MANDEL et P. MANDEL: Exper. **7**, 269 (1951). — [6] PFIFFNER, J. J., D. G. CALKINS, R. C. PETERSON, O. D. BIRD, V. McGLOHON and R. W. STIPEK: Abstr. amer. chem. Soc. **120**, 22 C (1951). — [7] DION, H. W., D. G. CALKINS and J. J. PFIFFNER: Am. Soc. **74**, 1108 (1952). — [8] SKEGGS, H. R., H. M. NEPPLE, J. SPIZIZEN and L. D. WRIGHT: J. Bacteriology **61**, 41 (1951). — [9] DOWNING, M., I. A. ROSE and B. S. SCHWEIGERT: J. Bacteriology **64**, 141 (1952). — [10] REGE, D. V., and A. SREENIVASAN: Nature **166**, 1117 (1950). — [11] BERGMANN, E. D., B. E. VOLCANI and R. BEN-ISHAI: J. biol. Ch. **194**, 521 (1952). — [12] BERGMANN, E. D., R. BEN-ISHAI and B. E. VOLCANI: J. biol. Ch. **194**, 531 (1952).

Mangel an Vitamin B_{12} vermindert bei Ratten den Gehalt der Leber an Ribo- und Desoxyribonucleinsäuren[1]. Die Regeneration von Nucleinsäuren in der Leber erwachsener Ratten wird durch Vitamin B_{12} gefördert. Der Desoxyribonucleinsäuregehalt nahm ohne Vitamin B_{12} überhaupt nicht, mit Vitamin B_{12} um etwa 30% zu. Der Gehalt an Ribonucleinsäure wurde durch Vitamin B_{12} um etwa 40%, ohne Vitamin B_{12} nur unwesentlich gesteigert[2]. Nach einer Hungerperiode nahm der Nucleinsäuregehalt der Rattenleber unter Vitamin B_{12}-Einfluß stärker zu als ohne Vitaminzufuhr[2]. Durch direkte Injektion von Vitamin B_{12} (1 γ) in das Knochenmark von Kranken mit perniziöser Anämie werden die histochemischen Nucleinsäurereaktionen in den Markzellen normalisiert[3].

Folsäure (s. a. Bd. **2**/2, Vitamine) greift anscheinend wesentlich in die Vorgänge bei der Biosynthese der Purine, Pyrimidine und Nucleinsäuren ein. Der Mechanismus ihrer Wirkung — Ferment- oder Cofermentwirkung bei der Thyminsynthese, Katalysator bei der Methylierung von Uracil zu Thymin[4] oder primäres Intermediärprodukt — ist noch wenig geklärt[5—9].

Jedoch gaben Versuche über die Wachstumshemmung von Lactobacillus casei in Folsäure oder Thymin enthaltenden Kulturmedien durch 2-Aminopurin, 2,6-Diaminopurin und andere Purinderivate gewisse Einblicke. Diese Verbindungen stören die Biosynthese von Nucleinsäuren und Nucleoproteiden, wobei die Verwertung von Purinribosiden und Ribonucleotiden stärker gehemmt wird als die freier Purine. Die Hemmungswirkung von 2-Aminopurin wird durch Folsäure und freie Purine aufgehoben. Xanthin ist nahezu unwirksam. Auch die Wirkung von 2,6-Diaminopurin kann durch Folsäure unter gewissen Bedingungen aufgehoben werden[10—12]. Aminopterin und A-Methopterin, zwei Folsäure-Antagonisten hemmen den Einbau von ^{14}C-Formiat und $NaH^{14}CO_3$ in Nucleinsäuren und Purine und beeinflussen damit anscheinend die Purinsynthese in spezifischer Weise. Es kann vermutet werden, daß normalerweise Formylfolsäure das C-Atom 2 für die Umwandlung von 4-Amino-(5-carbonsäureamid-)imidazol in den Purinring liefert[13]. Die Bildung von Desoxyribonucleinsäure durch L. casei wird durch Folsäure verstärkt[14]. Parenterale Injektion von Folsäure normalisiert die histochemischen Nucleinsäurereaktionen in den Knochenmarkszellen von Kranken mit perniziöser Anämie[3].

Folsäuremangel führt nach Versuchen mit intraperitonealer Zufuhr von ^{14}C-Formiat bei Ratten zu starkem Abfall des Puringehaltes der Leber, während in Niere, Gehirn, Pankreas, Herz und Darm keine auffallenden Veränderungen auftreten[15]. Ungewöhnlich hohe Mengen von Xanthindehydrogenase wurden bei Küken gefunden, welche unter Folinsäuremangel litten und gleichzeitig eiweißreiches Futter erhielten. In vitro wird die gereinigte Xanthindehydrogenase durch große Gaben von Folsäure (vermutlich durch 6-Pteridylaldehyd) gehemmt[16].

Auch die *Folininsäure* (Citrovorum-Faktor) ist an der Purinsynthese beteiligt. In einem dialysierten Extrakt von Taubenleber wird bei Anwesenheit von Ribose-1-phosphat durch den Citrovorum-Faktor der Einbau von ^{14}C-Formiat in Inosin-5-phosphat gefördert, wobei Adenosintriphosphat als Energiequelle fungiert[17].

Vitamin C — 150 mg intravenös bei konstantem Vitamin C-Gehalt der Nahrung — führte bei Gesunden, Gichtkranken und bei Polyarthritis chronica meist zu leichtem

---

[1] ROSE, I. A., and B. S. SCHWEIGERT: Proc. Soc. exp. Biol. Med. **79**, 541 (1952). — [2] SAHASRABUDHE, M. R., and M. V. L. RAO: Nature **168**, 605 (1951). — [3] HORRIGAN, D., T. JARROLD and R. W. VILTER: J. clin. Invest. **30**, 31 (1951). — [4] VILTER, R. W., D. HORRIGAN, J. F. MUELLER, T. JARROLD, C. F. VILTER, V. HAWKINS and A. SEAMAN: Blood **5**, 695 (1950). — [5] ROGERS, L. L., and W. SHIVE: J. biol. Ch. **172**, 751 (1948). — [6] HENRY, R. J.: The Mode of Action of Sulfonamides. S. 72. New York 1944. — [7] SHIVE, W.: J. cellul. comp. Physiol. **38**, Suppl. **1**, 203 (1951). — [8] HITCHINGS, G. H., E. A. FALCO and M. B. SHERWOOD: Science, N. Y. **102**, 251 (1945). — [9] STRANDSKOV, F., and O. WYSS: J. Bacteriology **52**, 575 (1946). — [10] ELION, G. B., and G. H. HITCHINGS: J. biol. Ch. **185**, 651; **187**, 511 (1950); **188**, 611 (1951). — [11] HITCHINGS, G. H., G. B. ELION and E. A. FALCO: J. biol. Ch. **185**, 643 (1950). — [12] ELION, G. B., G. H. HITCHINGS and H. VANDERWERFF: J. biol. Ch. **192**, 505 (1951). — [13] SKIPPER, H. E., J. H. MITCHELL jr. and L. L. BENNETT jr.: Cancer Res. **10**, 510 (1950). — [14] REGE, D. V., and A. SREENIVASAN: Nature **166**, 1117 (1950). — [15] DRYSDALE, G. R., G. W. E. PLAUT and H. A. LARDY: J. biol. Ch. **193**, 533 (1951). — [16] REMY, C., and W. W. WESTERFELD: J. biol. Ch. **193**, 659 (1951). — [17] GREENBERG, G. R.: J. biol. Ch. **190**, 611 (1951). Fed. Proc. **10**, 192 (1951).

Anstieg der Bluthamsäure, vermehrter Diurese und Harnsäureausscheidung im Harn[1]. Neuerdings hat man Vitamin C mit der Bildung von Desoxypentosenucleinsäure in Verbindung gebracht[2].

Vitamin D: Bei florider Rachitis ist die Harnsäureausscheidung, wahrscheinlich infolge Verminderung des Stoffwechsels, herabgesetzt. „Antirachitische" Therapie stellt wieder normale Verhältnisse her[3].

Vitamin E: Beim Kaninchen steigt unter Vitamin E-Mangel der Gehalt des Muskels an Pentosenucleinsäure und Desoxypentosenucleinsäure an. Außerdem wird die Allantoinausscheidung vermehrt. Durch α-Tocopherol können die Störungen behoben werden[4].

Auch *p-Aminobenzoesäure* spielt wohl bei der Synthese von Purinen und Pyrimidinen eine wichtige Rolle[5—9].

Die Bildung von Purinen aus 5(4)-Imidazolcarboxamid durch E. coli und Lactobacillus arabinosus wird durch p-Aminobenzoesäure beschleunigt. Sulfonamide heben die Wirkung auf. Auch die Thyminsynthese erfährt durch p-Aminobenzoesäure eine Förderung[9].

Adenin soll für die Beseitigung neuromuskulärer Störungen durch totale B-Avitaminose notwendig und damit ein unentbehrlicher Faktor des Vitamin B-Komplexes sein[10]. Dem steht entgegen, daß Beifütterung von täglich 400 bis 500 mg Adenin bei Hunden eine multiple Avitaminose mit allen Symptomen der experimentellen Pellagra auslöst[11].

Bei gewissen Störungen, welche auf mangelhafter Ernährung beruhen, kann Adenylsäure ausgesprochene klinische Besserung herbeiführen. Durch intravenöse Injektion von 50 mg Adenylsäure konnten pellagraähnliche Erscheinungen, Pellagra-Glossitis und Ulcera im Munde zum Verschwinden gebracht werden. In manchen Fällen, in denen Bierhefe oder Thiaminhydrochlorid unwirksam waren, trat Besserung auf Zufuhr von Hefenucleinsäure ein[12].

Biotin: Der Einbau von ^{14}C-Formiat in Inosin-5-phosphat bei der Hypoxanthinsynthese wird im dialysierten Taubenleberextrakt bei Gegenwart von Ribose-1-phosphat und mit Adenosintriphosphat als Energiespender durch Biotin beschleunigt[13].

7. Purinstoffwechsel bei Erkrankungen und Vergiftungen.

Alle Vorgänge, welche mit verstärkter Zellmauserung und vermehrtem Zellzerfall einhergehen, führen zu gesteigerter Bildung und Ausscheidung des endogenen Purinanteils im Harn. Eine Reihe von fieberhaften Erkrankungen und Infektionskrankheiten gehen deshalb mit Vermehrung der Harnsäure in Blut und Harn einher[14—17].

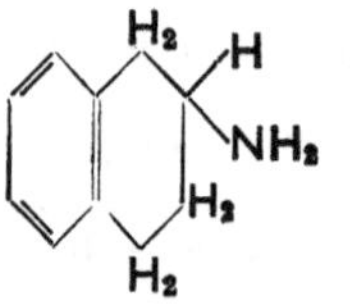

Auch bei künstlichem Fieber können die Harnsäurewerte in Blut und Harn erhöht sein[18]. Bei Temperatursteigerung durch intravenöse Einspritzung von Typhusvaccine und durch subcutane Einspritzung von Tetrahydro-β-naphthylamin nimmt der Bluthamsäurewert zu. Ebenso bei Temperatursenkung durch künstliche Abkühlung von außen. Nach Wärmestich dagegen kommt es zu Abnahme der Bluthamsäure[19]. Bei toxischem Eiweißzerfall durch hohes Fieber liefert die Harnsäure einen wesentlichen Anteil der ver-

[1] PESCARMONA, M., e F. QUAGLIA: Arch. Stud. Fisiopat. **5**, 247 (1937). — [2] GOLDSTEIN, B. I., L. G. KONDRATJEWA and W. W. GERASSIMOWA: Biochimija, Moskau **17**, 359 (1952). — [3] CABITTO, A.: Riv. Clin. pediatr. **29**, 106 (1931). — [4] YOUNG, J. M., and J. S. DINNING: J. biol. Ch. **193**, 743 (1951). — [5] SHIVE, W., and E. C. ROBERTS: J. biol. Ch. **162**, 463 (1946). — [6] SNELL, E. E., and H. K. MITCHELL: Arch. Biochem. **1**, 93 (1943). — [7] STOKSTAD, E. L. R., M. REGAN, A. L. FRANKLIN and T. H. JUKES: Fed. Proc. **7**, 193 (1948). — [8] HENRY, R. J.: The Mode of Action of Sulfonamides. S. 72. New York 1944. — [9] SHIVE, W.: J. cellul. comp. Physiol. **38**, Suppl. **1**, 203 (1951). — [10] LECOQ, R., P. CHAUCHARD et H. MAZOUÉ: C. R. Soc. Biol. **139**, 623 (1945). — [11] RASKA, S. B.: Science, N. Y. **105**, 27 (1947). — [12] VILTER, R. W., W. B. BEAN and T. D. SPIES: J. Lab. clin. Med. **27**, 527 (1942). — [13] GREENBERG, G. R.: J. biol. Ch. **190**, 611 (1951). Fed. Proc. **10**, 192 (1951).— [14] FÜRTH, O.: Pathologie des Purinstoffwechsels. Lehrbuch der physiol. u. path. Chemie. 2. Aufl. Bd. II, S. 166—183. Leipzig 1927. — [15] STEFANINI, S.: Clin. pediatr., Milano **18**, 253 (1936). — [16] GANASSINI, D.: Arch. Ist. biochem. ital. **1**, 167 (1929). — [17] ADACHI, K.: Tohoku J. exp. Med. **20**, 107 (1932/33). — [18] OKAUE, S.: Jap. J. med. Sci. (A IV) **8**, 5 (1934). — [19] KRAUSS, E.: Dtsch. Arch. klin. Med. **150**, 13 (1926).

mehrten Stickstoffausscheidung[1]. Bei Tuberkulose ist der Blutharnsäurewert nur zu Beginn der Erkrankung und bei Rückfällen gesteigert. Nach Ausbruch der Erkrankung ist die Blutharnsäure selbst bei hohen Temperaturen und in schweren Fällen vermindert. Es wird dabei eine Störung der Purinoxydation durch frühzeitige Beteiligung der Leber an der Tuberkulose angenommen[2,3]. Bei günstigem Heilungsverlauf der Tuberkulose werden normale Blutharnsäurewerte gefunden.

Die vermehrte Purinausscheidung bei Leukämie, Pneumonie, BASEDOWscher Krankheit und nach Resorption von entzündlichen Exsudaten beruht auf dem gesteigerten Kern- und Zellzerfall[4–7]. Bei hämorrhagischer und perniziöser Anämie ist die Harnsäureausscheidung im Urin während der Reticulocytenkrise vermehrt. Die Mehrbildung endogener Harnsäure steht in enger Beziehung zur Regeneration der geformten Elemente des Blutes[8]. Bei exsudativer Diathese mit starken Erscheinungen, Akrodynie[9], malignen Tumoren[6,7], Krankheiten mit gesteigertem Muskeltonus und bei mechanischer Asphyxie[10,11] sind ebenfalls erhöhte Purinwerte in Harn, Blut und Leber gefunden worden. Im Harn von Kranken mit progressiver Muskeldystrophie wurden neben leicht hydrolysierbaren Phosphatestern Ribonucleotide nachgewiesen[12]. In der ischämischen Leber (Ligatur des Gefäßstammes eines Leberlappens) nimmt der Gehalt an Pentosenucleinsäure ab, während der Desoxypentosenucleinsäuregehalt gleichbleibt. Gleichzeitig verschwindet die Basophilie[13].

In Neoplasmen — Rattenepitheliom[14], ROUS-Sarkom[15], chemisch induziertem Geflügeltumor[15] — wurde ein relativ hoher Gehalt an Nucleinsäuren festgestellt. Das Verhältnis Pentosenucleinsäure zu Desoxypentosenucleinsäure war 4 : 6 für Sarkom und Geflügeltumor, während beim Rattenepitheliom das Verhältnis umgekehrt lag[16]. Der Umsatz der Desoxyribonucleinsäure im normalen Gewebe wird durch Neoplasmen gesteigert[17]. Bei Ratten mit Hepatomen durch den Azofarbstoff 3′-Methyl-4-dimethylaminoazobenzol zeigen die Ribonucleotide des Zellkernes eine hohe Umsatzrate für ^{32}P. Der Umsatz des Desoxyribosenucleotidphosphors steigt schon im präcancerösen Fütterungsstadium stark an[18]. In der leukämischen Milz (Akm-Stamm) von Mäusen ist der Gehalt an Ribonucleinsäure beträchtlich erhöht, während der Gehalt an Desoxyribonucleinsäure keine Zunahme erfährt[19].

Bei Erkrankungen und Schädigungen der Leber — Icterus catarrhalis, mechanischem Ikterus, Lebercirrhose, Angiocholitis, akuter gelber Leberdystrophie, Parenchymschädigungen durch Phosphor, Chloroform und Tetrachlorkohlenstoff — scheint die Harnsäurebildung nicht gestört zu sein. Nicht selten finden sich dabei jedoch stark erhöhte Purin- und Harnsäurewerte im Blut und Harn[5, 20–22]. Leberveränderungen durch Tetrachlorkohlenstoff

---

[1] KRAUSS, E.: Dtsch. Arch. klin. Med. **150**, 13 (1926). — [2] BORCHARDT, P.: Z. Tuberk. **50**, 473 (1928). — [3] MESSINA, R.: Folia med., Napoli **21**, 128 (1935). — [4] FÜRTH, O.: Pathologie des Purinstoffwechsels. Lehrbuch d. physiol. u. path. Chemie. Bd. II, S. 166 bis 183. Leipzig 1927. — [5] GANASSINI, D.: Arch. Ist. biochim. ital. **1**, 167 (1929). — [6] WEBER, J., u. W. SCHULER: Z. ges. exp. Med. **102**, 45 (1938). — [7] EDLBACHER, S., u. P. JUCKER: H. **240**, 78 (1936). — [8] OPSAHL, R.: Acta med. scand. **102**, 611 (1939). — [9] STEFANINI, S.: Clin. pediatr., Milano **18**, 253 (1936). — [10] KATO, Y.: Fukuoka-Ikwadaigaku-Zasshi **20**, 245, dtsch. Zus.-Fassg. S. 19 (1927). — [11] BINET, L., et R. FABRE: Cr. **186**, 973 (1928). — [12] MINOT, A. S., H. FRANK and D. DZIEWIATKOWSKI: Arch. Biochem. **20**, 394 (1949). — [13] DROCHMANS, P.: Exper. **3**, 421 (1947). — [14] KHOUVINE, Y., et J. GRÉGOIRE: C. R. Soc. Biol. **139**, 142 (1945). — [15] DAVIDSON, J. N., and C. WAYMOUTH: Brit. J. exp. Path. **25**, 164 (1944). — [16] KHOUVINE, Y.: Helv. **29**, 1348 (1946). — [17] KELLY, L. S., A. H. PAYNE, M. R. WHITE and H. B. JONES: Cancer Res. **11**, 694 (1951). — [18] GRIFFIN, A. C., L. CUNNINGHAM, E. L. BRANDT and D. W. KUPKE: Cancer, N.Y. **4**, 410 (1951). — [19] PETERMANN, M. L., R. B. ALFIN-SLATER and A. M. LARACK: Cancer, N.Y. **2**, 510 (1949). — [20] GALINOWSKI, Z.: Arch. Verd.-Krankh. **60**, 241 (1936). Bull. int. Acad. pol., Cl. Méd. Nr. 9/10, 783 (1937). — [21] FAWITZSKY, A. P.: Dtsch. Arch. klin. Med. **45**, 429 (1889). — [22] NOORDEN, C. v.: Lehrbuch der Pathologie des Stoffwechsels. S. 291. Berlin 1893.

sollen bei Ratten durch Xanthin und Guanin enthaltende Schweineleberextrakte verhindert werden[1]. Durch seine lipotropen Eigenschaften übt Theobromin bei der experimentellen Tetrachlorkohlenstoffvergiftung der Ratte eine Schutzwirkung auf die Leber aus[2]. Die diabetogene Wirkung des Alloxans wird bei derselben Tierart durch intravenöse Injektion von Harnsäure aufgehoben[3].

Nach orthostatischem Kollaps (Kaninchen) steigt die Ausscheidung der Harnsäure im Urin am 1. Tage auf ein Maximum an, um bereits am 2. Tage wieder auf den Normalwert abzusinken[4].

Die Eklampsie geht nur in ihren schweren Formen und kurz nach den Anfällen mit einer Vermehrung der Blut- und Urinharnsäure einher. Eine schwere Leber- und Nierenstörung scheint dafür nicht verantwortlich zu sein[5—7].

Röntgenbestrahlung der Leber bewirkt erhöhte Harnsäureausscheidung[8]. Die gleiche Wirkung ist auch bei Röntgen- und Radiumbestrahlung anderer Organe beobachtet worden[9, 10] sowie ganz allgemein nach Röntgen-, Radiumbestrahlung und Einwirkung von Radiumemanation und Thorium. Beim Kaninchen führte subcutane Injektion von 4 cm^3 Radiumemanation nach 24 Std zu Abnahme der Blutharnsäure und geringer Vermehrung der Harnsäureausscheidung im Harn. Einige Tage später kam es in Harn und Blut zu wesentlicher Zunahme der Harnsäurewerte[11]. Gemessen an der Verwertung von ^{14}C-Glykokoll wird beim Kaninchen und bei der Ratte die Synthese von Ribonucleinsäuren und Desoxyribonucleinsäuren durch Röntgenbestrahlung[12] um 70 bis 90% bzw. um 49 und 80% vermindert (s. S. 1197). Nach Versuchen mit ^{14}C-Formiat hemmen bei der Maus auch Stickstofflost [Methyl-bis-(β-chloräthyl)-amin], Urethan, Colchicin, 2,6-Diaminopurin, 8-Azaguanin, Kaliumarsenit und Cortison die Nucleinsäuresynthese (s. S. 1197)[13].

Nach Bestrahlung von Kindern mit ultraviolettem Licht wurde zunächst eine Senkung, dann eine deutliche Steigerung der Harnsäureausscheidung gefunden[14].

Flavonoide und verwandte Verbindungen, vor allem von Chalconstruktur, hemmen die Aktivität der Xanthinoxydase. Sie sind vielleicht für die Therapie der Gicht verwertbar[15].

Eine Reihe von Erkrankungen — Chlorose, perniziöse Anämie — geht mit einer *Verminderung der Harnsäureausscheidung* einher[16]. Bei Krankheiten mit vermindertem Muskeltonus nimmt die endogene Purinbasenausscheidung ab[17].

Eines der frühesten Zeichen der Niereninsuffizienz ist die Abnahme des Konzentrationsvermögens für Harnsäure[18]. Gewisse Nephritisformen — Glomerulonephritis, Lipoidnephrose — sind daher von einer Verminderung der Harnsäureausscheidung begleitet[19, 20].

Auch die Harnsäureretention bei Anacidität beruht wahrscheinlich auf einer teilweisen Funktionsstörung der Niere[21]. Hemmung der Harnsäureausscheidung mit Anstieg der Blutharnsäurewerte wurde bei Blockade des tubulären Apparates von Hunden durch Wasserblau und ebenso bei Chromnephritis beobachtet[22]. Anstieg der Blutharnsäure beim Hund nach Bleivergiftung beruht entweder ebenfalls auf Nierenschädigung oder Hemmung der Uricase[23].

---

[1] Neale, R. C.: Science, N. Y. **86**, 83 (1937). — [2] Sforzini, P.: Sperimentale **99**, 577 (1949). — [3] Martinez, C.: C. R. Soc. Biol. **144**, 1233 (1950). — [4] Kreuziger, H., H. Asteroth, J. Hillebrecht u. M. Heisel: Z. Kreislaufforsch. **42**, 694 (1953). — [5] Bokelmann, O., u. J. Rother: Z. Geburtsh. **89**, 72 (1925). — [6] Bernardi, O. M.: Boll. Soc. ital. Biol. sperim. **3**, 1261 (1928). — [7] Wetterdal, P.: Acta obstet. scand. **7**, 275 (1928). — [8] Borak, J.: Fortschr. Röntgenstr. **31**, 298 (1923). — [9] Francesco, S. di: Actinoterapia, Napoli **4**, 193 (1924) [Ber. Physiol. **29**, 410]. — [10] Okaue, S.: Folia pharmacol. jap. **19**, 259 (1934). — [11] Okaue, S.: Jap. J. med. Sci. (A IV) **8**, 4 (1934). — [12] Abrams, R.: Arch. Biochem. **30**, 90 (1951). — [13] Skipper, H. E., J. H. Mitchell jr., L. L. Bennett jr., M. A. Newton, L. Simpson and M. Eidson: Cancer Res. **11**, 145 (1951). — [14] Cabitto, A.: Riv. Clin. pediatr. **29**, 106 (1931). — [15] Beiler, J. M., and G. J. Martin: J. biol. Ch. **192**, 831 (1951). — [16] Biernacki, E.: Z. exp. Path. Therap. **7**, 134 (1910). — [17] Stransky, E.: B. Z. **133**, 434 (1922). — [18] Lucke, H.: Z. ges. exp. Med. **56**, 721 (1927). — [19] Stransky, E.: B. Z. **133**, 446 (1922); **143**, 433 (1923). — [20] Ganassini, D.: Arch. Ist. biochim. ital. **1**, 167 (1929). — [21] Kürti, L., u. G. Györgyi: Z. ges. exp. Med. **55**, 475 (1927); **58**, 399 (1928). — [22] Kürti, L.: Z. ges. exp. Med. **86**, 709 (1933). — [23] Pavlov, M., u. A. Goldobina: Tr. Mater. ukrain. gosad. Inst. Pat. **6**, 274, dtsch. Zus.-Fassg. S. 281 (1928) [Ber. Physiol. **49**, 133].

f) Pharmakologie des Purinstoffwechsels.

Der normale und der gestörte Purinstoffwechsel können durch eine Reihe von Arzneistoffen beeinflußt werden[1].

Große Gaben von Calciumchlorid setzen die Harnsäureausscheidung beim Menschen und die Allantoinausscheidung beim Tier herab[2]. In ähnlichem Sinne wirkt der Oeynhausener Wittekindbrunnen, eine Calciumchloridquelle[3]. Diese Wirkung beruht nach Versuchen an überlebenden Organen auf einer Hemmung der Purinbildung und Purinoxydation durch Calciumsalze[4]. Das uricolytische Ferment wird durch Calciumionen jedoch nicht beeinflußt; ebenso bleibt der Blutharnsäurewert unverändert.

Chinin[5] und *Atophan*[6] (2-Phenylchinolin-4-carbonsäure), welche allgemein den oxydativen Stoffwechsel hemmen, bewirken in ähnlicher Weise eine Verminderung der Harnsäurebildung[7].

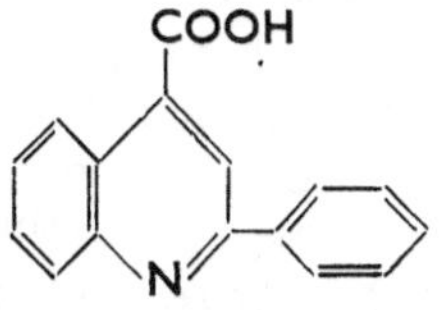

COOH

N

Atophan

Chinolincarbonsäuren *steigern* außerdem bei Gesunden und Gichtkranken die Harnsäureausscheidung und vermindern den Harnsäuregehalt des Blutplasmas. Besonders wirksam sind Atophan und der Äthylester des p-Methylatophans, das *Novatophan*[8, 9]. Anscheinend werden im Gewebe abgelagerte Purine durch Atophan mobilisiert und durch die Nieren beschleunigt ausgeschieden[10, 11].

Atophan besitzt ähnlich wie Chinin und Calciumsalze, entzündungshemmende Wirkung, wodurch die durch gichtische Ablagerungen erzeugten sekundären Symptome gemildert und beseitigt werden können. Beim Kaninchen wurde festgestellt, daß Atophan in hohen Dosen die Harnsäureausscheidung vermehrt, in kleinen Dosen dagegen vermindert. Da der Calciumgehalt des Blutes sich in umgekehrter Weise verändert, wurde die Atophanwirkung damit in Verbindung gebracht[12].

Auch das *Colchicin*, ein Alkaloid aus Semen Colchici, scheint primär die Entzündungsvorgänge bei der Gicht, aber weniger den Purinstoffwechsel selbst zu beeinflussen[13–15]. Eine Erniedrigung des Harnsäuregehaltes des Plasmas und eine Vermehrung der Harnsäureausscheidung im Urin wurde jedoch bei den meisten Gichtkranken nicht beobachtet[9]. Da Colchicin die Mitose der Chromosomen hemmt, kann seine Wirkung bei der primären Gicht auch in einer Drosselung des Kernumsatzes und damit der endogenen Harnsäurebildung bestehen. Daneben soll Colchicin auch an einem nervösen Zentrum der Blutregeneration oder am Knochenmark angreifen[16].

Durch *Salicylsäure*[17] wird die Ausscheidung von Harnsäure und Allantoin ebenfalls gesteigert[18–23] und der Harnsäurewert des Blutplasmas vermindert[9]. Die Salicylate scheinen über die Nieren zu wirken[23]. Außerdem sollen sie die Löslichkeit der Harnsäure erhöhen[24].

Nach intravenöser Injektion von ^{15}N-Harnsäure stieg bei einem Kranken mit schwerer chronischer Gicht der austauschbare Anteil des Harnsäurebestandes auf etwa das 30fache der

[1] Bock, J.: Die Purinderivate. Handb. Heffter Bd. 2/1, S. 508—598. — [2] Lubieniecki, H.: A. e. P. P. **68**, 394 (1912). — [3] Rumpf, K.: Balneologe **1**, 539 (1934). — [4] Starkenstein, E.: B. Z. **106**, 139 (1920). — [5] Rhode, E.: Handb. Heffter Bd. 2/1, S. 23. — [6] Rhode, E.: Handb. Heffter Bd. 2/1, S. 16 (1920). — [7] Starkenstein, E.: Lehrbuch der Pharmakologie, Toxikologie und Arzneiverordnung. Leipzig, Wien 1938. B. Z. **106**, 139 (1920). — [8] Nicolaier, A., u. M. Dohrn: Dtsch. Arch. klin. Med. **93**, 331 (1908). — [9] Kersley, G. D., L. Mandel and E. Bene: Ann. rheumatic Dis. **10**, 353 (1951). — [10] Schittenhelm, A., u. R. Ullmann: Z. exp. Path. Therap. **12**, 360 (1913). — [11] Retzlaff, K.: Z. exp. Path. Therap. **12**, 307 (1913). — [12] Quevauviller, A.: Ann. pharmaceut. franç. **8**, 111 (1950). — [13] Fühner, H.: Handb. Heffter Bd. 2/1, S. 493. — [14] Benedict, J. D., P. H. Forsham, M. Roche, S. Soloway and D. W. Stetten jr.: J. clin. Invest. **29**, 1104 (1950). — [15] Talbott, J. H., C. Bishop and W. Garner: Trans. Ass. amer. Physicians **63**, 201 (1950). — [16] Sturm, A.: Lehrb. path. Physiol. (Heilmeyer) 8. Aufl. S. 396 bis 405. — [17] Ellinger, A.: Handb. Heffter Bd. 1, S. 981 (1923). — [18] Schroeder, H. O.: J. Pharmacol. exp. Therap. **45**, 273 (1932). — [19] Minkowski, O.: Verh. dtsch. Ges. inn. Med. **30**, 209 (1913). — [20] Ulrici, H.: A. e. P. P. **46**, 321 (1901). — [21] Loewi, O.: Handb. Path. Stoffw. (v. Noorden) 2. Aufl. Bd. 2, S. 799. — [22] Quick, A. J.: J. biol. Ch. **101**, 475 (1933). — [23] Gray, M. G., and G. P. Grabfield: J. Pharmacol. exp. Therap. **52**, 383 (1934). — [24] Yamaguchi, I.: Keijo J. Med. **2**, 543 (1931).

Norm (etwa 31 mg%) an. Große Dosen von *Acetylsalicylsäure* (2,6 bis 4 g täglich, länger als 3 Monate) senkten den austauschbaren Anteil auf 2 mg%, ohne daß der Harnsäuregehalt des Serums und die Größe der Tophi sich änderten. Auf die gesamte Gewebsflüssigkeit berechnet war die Harnsäurekonzentration, wie beim Gesunden, niedriger als die Serumkonzentration[1].

Durch relativ hohe Dosen von *Glykokoll* (2mal täglich 7,2 g) wird bei Gichtkranken die Harnsäurekonzentration im Plasma vermindert und die Harnsäureausscheidung stark vermehrt[2].

Die *Oxalsäure* vermehrt die Harnsäurebildung; durch Entionisierung der Calciumionen soll die Hemmung der Purinoxydasen wegfallen[3].

Nach *Seebädern* kommt es zunächst zu Retention und anschließend zu Mehrausscheidung der endogenen Harnsäure[4]. Fangokuren können Harnsäuredepots in den Geweben mobilisieren[5].

Zur Beseitigung von Harnsäureablagerungen bei der Gicht sind eine Reihe von „*harnsäurelösenden*" *Mitteln* empfohlen worden. In vitro gelingt es zwar, durch Lithiumsalze und Piperazin Harnsäure in Lösung zu bringen; im Körper werden Harnsäureablagerungen durch diese Stoffe jedoch nicht gelöst; ebenso wird der Purinstoffwechsel nicht beeinflußt.

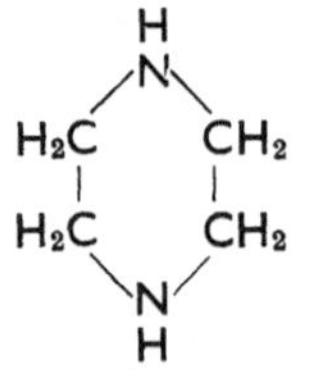

H
N
H_2C CH_2
H_2C CH_2
N
H

Piperazin

Auch die bei Gicht häufig angewandten Alkalien wirken nicht direkt auf den Purinstoffwechsel[6]. Ihre „Heilwirkung" beruht wahrscheinlich auf Beeinflussung der bei Gicht häufigen Störungen des Verdauungsapparates[7, 8].

Beim Kaninchen soll Karlsbader Wasser auf den Purinstoffwechsel durch Verbesserung der Calciumbilanz hemmend wirken, beim Menschen die Ausscheidung von Harnsäuredepots steigern[9]. Salzbrunner Kronenquelle, ein alkalischer Säuerling, vermehrt die Allantoin- und Harnsäureausscheidung des Hundes[10].

Unter den Diuretica haben die Methylpurine Coffein und Theophyllin meist eine steigernde Wirkung auf die Harnsäure- und Allantoinausscheidung. Theobromin ist unwirksam[11–14]. Durch das Gewebsdiureticum Novasurol (Molekülverbindung von Mercuri-

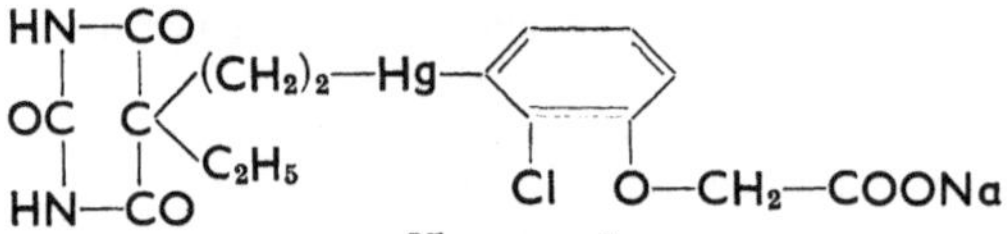

HN—CO
OC C $(CH_2)_2$—Hg—
C_2H_5
HN—CO
Cl O—CH_2—COONa

Novasurol

o-chlorphenoxyl-essigsaurem Natrium mit Diäthylbarbitursäure) gelingt es, die von purinfrei ernährten Personen nach Injektion retinierte Harnsäure vollständig zur Ausscheidung zu bringen[15].

Einer Reihe von Purinen kommen selbst pharmakologische Wirkungen zu, die teils toxikologisches Interesse haben, teils therapeutisch nutzbar sind. Bereits erwähnt wurden

[1] Benedict, J. D., P. H. Forsham, M. Roche, S. Soloway and D. Stetten jr.: J. clin. Invest. **29**, 1104 (1950). — [2] Kersley, G. D., L. Mandel and E. Bene: Ann. rheumatic Dis. **10**, 353 (1951). — [3] Starkenstein, E.: Lehrbuch der Pharmakologie, Toxikologie und Arzneiverordnung. Leipzig, Wien 1938. B. Z. **106**, 139 (1920). — [4] Chiatellino, A., e E. Sapegno: Arch. Sci. biol., Bologna **18**, 426 (1933). — [5] Comel, M., e A. Bich: Biochim. Therap. sperim. **17**, 51 (1930). — [6] Meyer, H. H., u. R. Gottlieb: Lehrbuch der Experimentellen Pharmakologie. 9. Aufl. S. 544. Berlin, Wien 1936. — [7] Noorden, C. v.: Samml. klin. Abh. Stoffw. H. 7 u. 8 (1909). — [8] Umber, F.: Die Gicht. Ernährung und Stoffwechselkrankheiten. 2. Aufl. S. 335—433. Berlin, Wien 1914. — [9] Stransky, E.: B. Z. **133**, 446 (1922); **143**, 438 (1923). — [10] Hesse, E., u. K. Nawrath: Kli. Wo. **1932 II**, 1538. — [11] Schroeder, H. O.: J. Pharmacol. exp. Therap. **45**, 273 (1932). — [12] Myers, V. C., and E. L. Wardell: J. biol. Ch. **77**, 697 (1928). — [13] Myers, V. C., and R. F. Hanzal: Amer. J. Physiol. **90**, 458 (1929). — [14] Hanzal, R. F., and V. C. Myers: J. biol. Ch. **97**, LXIX (1932). — [15] Harpuder, K., u. W. Heymann: Z. ges. exp. Med. **44**, 186 (1925).

die Leukocytose und Fieber erzeugende Wirkung gewisser Nucleotide und Nucleoside und die Kreislaufwirkung der Adenosinsubstanzen. Bei Mäusen wurden nach Behandlung mit Pentosenucleotiden gewisse Gewebsveränderungen festgestellt. Bei normalen Tieren waren die Veränderungen derart, wie sie durch carcinogene Substanzen, durch wachsende Sarkome und durch Röntgenbestrahlung hervorgerufen werden. Adenylsäure und Cytidylsäure verminderten Größe und Gewicht der Milz; Guanylsäure und Uridylsäure wirkten im entgegengesetzten Sinne. Bei tumortragenden Mäusen hemmten Adenylsäure und Guanylsäure das Tumorwachstum, während Uridylsäure das Wachstum förderte und Cytidylsäure von nur geringem Einfluß war [1,2]. Von den Methylxanthinen fördert Coffein [3] direkt und indirekt die Herzleistung, verengert die Splanchnicusgefäße und erweitert die Coronar-, Nieren- und andere periphere Gefäße. Die Reflexerregbarkeit des Zentralnervensystems wird erhöht, die psychomotorischen Zentren, das Atem- und Vasomotorenzentrum werden erregt. Coffein wirkt diuresefördernd, steigert die Kontraktion der quergestreiften Muskeln und führt in hoher Konzentration zu maximaler Kontraktion und Starre der Skeletmuskeln. Die meisten dieser Wirkungen kommen auch dem Theobromin und Theophyllin zu.

In höheren Gaben zeigen Coffein, Theobromin, Theophyllin und harnsaures Lithium sympathicolytische Wirkungen [4–7]. Durch intravenöse Injektion von 250 mg pro kg Körpergewicht wird die Erregbarkeit des oberen Halssympathicus oder des N. hypogastricus der Katze vermindert.

Die Erregung der Erfolgsorgane auf Reizung der sympathischen Nerven wird stärker antagonistisch beeinflußt als die Adrenalinwirkungen. Wahrscheinlich wirken die Methylxanthine der Freisetzung des Sympathicusstoffes entgegen; der glatte Muskel scheint durch Coffein nicht weniger empfindlich zu werden [8–10].

Die Methylxanthine sind Kaliumsensibilisatoren. Das Phrenicus-Zwerchfellpräparat der Ratte und das Ischiadicus-Sartorius-Nerv-Muskelpräparat des Frosches werden durch Coffein, Theobromin und Theophyllin für die Kaliumwirkung sensibilisiert [11–14]. Die Gerinnungszeit des Blutes wird durch die methylierten Xanthine nicht beeinflußt [15]. Im Blutplasma des Kaninchens wird durch orale Zufuhr von Adenin und Xanthin der Fibrinogenspiegel erhöht [16].

Thymin regt in großen Dosen per os gegeben, die Blutbildung bei Kranken mit perniziöser Anämie stark an [17,18]. Guanin und Adenin zusammen mit Pyridoxin (je 5 mg per os pro die) waren unwirksam [19]. Uracil (10 mg per os pro die) wirkte allein nicht, kombiniert mit Lactobacillus casei-Faktor jedoch antianämisch [18,19].

Cytosin (2-Oxy-6-aminopyrimidin) läßt bei parenteraler Zufuhr den Agglutinationstiter bei Kaninchen nach Vaccination mit Paratyphus B schneller und höher ansteigen und auf seinem Niveau länger beharren [20].

2, 6-Diaminopurin wirkt bei Mäusen mit infektiöser lymphatischer Leukämie (Stamm AK 4) günstig durch Verlängerung der Überlebenszeit [21].

---

[1] Barker, G. R., J. M. Gulland and L. D. Parsons: Nature **157**, 482 (1946). — [2] Parsons, L. D., J. M. Gulland and G. R. Barker: Sympos. Soc. exp. Biol. **1**, 179 (1947). — [3] Eichler, O.: Kaffee und Coffein. Berlin 1938. — [4] Frédericq, H.: Arch. int. Physiol. **13**, 115 (1913); **40**, 227 (1934). — [5] Frédericq, H., et A. Descamps: C. R. Soc. Biol. **85**, 13 (1921). — [6] Frédericq, H., et L. Mélon: C. R. Soc. Biol. **86**, 506 (1922); **86**, 963 (1922); **87**, 92 (1922). — [7] Frédericq, H., et A. Radelet: C. R. Soc. Biol. **88**, 623; **89**, 100 (1923). — [8] Sollmann, T., and J. D. Pilcher: J. Pharmacol. exp. Therap. **3**, 19 (1911/12). — [9] Junkmann, K., u. W. Stross: A. e. P. P. **114**, 288 (1926). — [10] Frederiq, H., et Z. M. Bacq: Arch. int. Pharmacodyn. Thérap. **60**, 423 (1938). — [11] Goutier, R.: C. R. Soc. Biol. **141**, 535 (1947). — [12] Goutier, R.: C. R. Soc. Biol. **142**, 711 (1948). — [13] Goffart, M., et R. Goutier: Arch. int. Physiol. **57**, 297 (1949/50). — [14] Goutier, R.: Arch. int. Physiol. **57**, 154, 185 (1949/50). — [15] Gilbert, N. C., F. Dey and R. Trump: J. Lab. clin. Med. **32**, 28 (1947). — [16] Field, J. B., A. Sveinbjornsson and K. P. Link: J. biol. Ch. **159**, 525 (1945). — [17] Frommeyer, W. B. jr., T. D. Spies, C. F. Vilter and A. English: J. Lab. clin. Med. **31**, 643 (1946). — [18] Vilter, R. W., D. Horrigan, J. F. Mueller, T. Jarrold, C. F. Vilter, V. Hawkins and A. Seaman: Blood **5**, 695 (1950). — [19] Spies, T. D.: Ann. Rev. **16**, 398 (1947). — [20] Graul, E. H., u. K. Patzschke: Arzneim.-Forsch. **3**, 121 (1953). — [21] Burchenal, J. H., A. Bendich, G. B. Brown, G. B. Elion, G. H. Hitchings, C. P. Rhoads and C. C. Stock: Cancer, N. Y. **2**, 119 (1949).

Das Wachstum von Lactobacillus casei wird in Folsäure bzw. Thymin enthaltenden Medien durch 2-Aminopurin, 2,6-Diaminopurin und zahlreiche andere Purinderivate gehemmt. Der wachstumshemmenden Wirkung liegt eine Hemmung der Biosynthese von Nucleinsäuren und Nucleoproteinen zugrunde. Die Verwertung von Purinribosiden und Ribonucleotiden wird stärker blockiert als die freier Purine. Folsäure und freie Purine — Adenin, Guanin, Hypoxanthin — heben die hemmende Wirkung von 2-Aminopurin auf. Xanthin ist fast unwirksam. Auch die Wirkung von 2,6-Diaminopurin kann unter bestimmten Bedingungen von Folsäure aufgehoben werden. Verbindungen, welche die Biosynthese der Nucleinsäuren oder Nucleoproteide hemmen, können chemotherapeutisch wertvoll sein[1—3].

Der Purinstoffwechsel maligner lymphoider Tumoren von Ratte und Maus wird durch Guanazol (5-Amino-7-oxy-1-γ-triazolo-(δ)-pyrimidin) unterbunden. Als Folge davon treten Hemmung des Geschwulstwachstums, Gewichtsverlust und Leukopenie auf. Guanin und Guanylsäure heben die Wirkung kompetitiv auf[4].

g) Pathologie des Purinstoffwechsels. Gicht.

α) Primäre Gicht.

Der physiologische Ablauf des Purinstoffwechsels kann bei einer Reihe von Erkrankungen gestört sein. Dies ist besonders der Fall bei der primären Gicht.

Die menschliche Gicht[5—11] geht einher mit 1. niedriger endogener Harnsäureausscheidung, 2. verlangsamter und ungenügender Ausscheidung der exogenen Harnsäure, 3. erhöhtem Blutharnsäuregehalt und 4. Ablagerung von primärem Natriumurat in Geweben, die meist in Gichtanfällen vor sich geht, aber auch mehr chronisch (torpide Gicht) erfolgen kann.

Zur Diagnose bedarf es also des Nachweises sowohl eines erhöhten Blutharnsäurespiegels als auch einer „Konzentrationsschwäche" der Nieren, gemessen an der Harnsäurekonzentration im Harn. Bei Gichtkranken steigt die Harnsäurekonzentration im Harn selten über 50 mg%, während bei Gesunden Werte von über 100 bis 150 mg% geläufig sind.

Die Uratkrystalle lagern sich als Gichtknoten oder Tophi vor allem in den Gelenkknorpeln — z. B. Großzehengrundgelenk —, in den Ohrknorpeln, am Olecranon, in Sehnen, Muskelbindegewebe und in den Nieren ab.

Röntgenographisch und krystalloptisch untersucht[12], erwies sich ein Gichttophus als Ablagerung von Mononatriumuratmonohydrat $Na(C_5H_3O_3N_4) \cdot H_2O$.

Meist erfolgt die Uratablagerung schubweise in Form von Gichtanfällen — akut rezidivierende Gicht —, welche mit heftigen Schmerzattacken und entzündlichen Reaktionen in den Gelenken, im periartikulären Gewebe und an anderen Prädilektionsstellen verbunden sind.

Bei Gichtkranken ist der Harnsäurebestand des Körpers 2- bis 3mal größer als bei Gesunden. Nach intravenöser Injektion von ^{15}N-Harnsäure stellt sich für 24 bis 30 Std rasch ein Gleichgewicht ein, das von einer mehr stabilen Phase gefolgt wird[13, 14]. Durch Glykokoll wurde die Harnsäureausscheidung im Urin von Gichtkranken um 71% und die durchschnitt-

[1] ELION, G. B., and G. H. HITCHINGS: J. biol. Ch. **185**, 651 (1950); **187**, 511 (1950); **188**, 611 (1951). — [2] HITCHINGS, G. H., G. B. ELION and E. A. FALCO: J. biol. Ch. **185**, 643 (1950). — [3] ELION, G. B., G. H. HITCHINGS and H. VANDERWERFF: J. biol. Ch. **192**, 505 (1951). — [4] HITCHINGS, G. H., G. B. ELION, E. A. FALCO, P. B. RUSSELL and H. VANDERWERFF: Ann. N. Y. Acad. Sci. **52**, 1318 (1950). — [5] BRUGSCH, T., u. A. SCHITTENHELM: Der Nucleinstoffwechsel und seine Störungen. Jena 1910. — [6] LICHTWITZ, L., u. E. STEINITZ: Gicht. Handb. inn. Med. (BERGMANN-STAEHELIN) 2. Aufl. Bd. 4, S. 1. — [7] GUDZENT, F.: Gicht und Rheumatismus. Berlin 1928. — [8] LICHTWITZ, L., Klinische Chemie. 2. Aufl. Berlin 1930. — [9] GRAFE, E.: Die Gicht. Lehrb. inn. Med. (ASSMANN u. a.) 6./7. Aufl. Bd. 2, S. 181 (1949). — [10] SCHITTENHELM, A.: Die Gicht. Stuttgart 1936. — [11] LÖFFLER, W., u. F. KOLLER: Die Gicht. Handb. inn. Med. (BERGMANN-STAEHELIN) 3. Aufl. Bd. 6, S. 2. — [12] BRANDENBERGER, E., F. DE QUERVAIN u. H. R. SCHINZ: Exper. **3**, 185 (1947). — [13] TALBOTT, J. H., C. BISHOP and W. GARNER: Trans. Ass. amer. Physicians **63**, 201 (1950). — [14] WRIGLEY, F.: Ann. rheumatic Dis. **9**, 38 (1950) [Kongr.-Zbl. inn. Med. **136**, 187].

liche Harnclearance um 47% erhöht. (Über Clearance s. Bd. 2/2, Niere u. Harn). Urinmenge und durchschnittliche Kreatininclearance wurden vermindert; der Blutharnsäurewert veränderte sich wenig oder gar nicht. In Versuchen mit intravenöser Injektion von ^{15}N-Harnsäure wurden an Gesunden und Gichtkranken für die austauschbare Harnsäuremenge, für die Erneuerungsrate und für die Harnsäureausscheidung im Urin folgende Werte festgestellt:

Tabelle 363. Harnsäureumsatz.

	A Austauschbare Harnsäure mg	B Erneuerungsrate		C Harnsäureausscheidung im Urin	
		mg/Tag	% von A	mg	% von A
Gesunde	1100—1300	690—870	61—67	560—620	51—48
Leicht Gichtkranke ohne Tophi	4800	2500	52	>500	>10
Schwer Gichtkranke mit Tophi	18500	8500	46	400	22

Am Austausch nimmt wahrscheinlich auch die in den Tophi abgelagerte Harnsäure teil[1]. Jüngere Gichtkranke (24 bis 42 Jahre) mit einem Harnsäuregehalt im Blutplasma von 6,0 mg% und höher, aber ohne Organveränderungen zeigten durchschnittlich dieselbe Uratclearance (13,6) wie Gesunde (14,4). Die mittlere Harnsäureausscheidung betrug 567 mg in 24 Std (bei Gesunden 390 mg). Ältere Gichtkranke (66 bis 70 Jahre) hatten eine Uratclearance von nur 11,6, wobei gleichzeitig auch die Allantoinclearance vermindert war[2].

Beim Zustandekommen der Gicht spielen konstitutionelle und hereditäre Ursachen eine Rolle. Der Gichtanfall ist begleitet von Erregungsschwankungen des vegetativen Nervensystems, an denen vor allem der Sympathicus beteiligt ist. („Gewitter im vegetativen System"). In seinen Erscheinungsformen hat der Gichtanfall Ähnlichkeit mit allergischen Symptomen. Man hat ihn deshalb auch als allergische Reaktion auf artfremde Proteine und Bakteriengifte aufgefaßt.

Die Gicht tritt besonders bei Männern im mittleren Lebensalter auf. Der Anfall kann endogen-nervös, z. B. durch Trauma und starke seelische Erregung oder durch exogene Einflüsse, wie Purinüberschwemmung durch reichlichen Fleischgenuß und alkoholische Exzesse, ausgelöst werden[3]. Alkohol setzt die Konzentrationsfähigkeit der Niere weiter herab und führt dadurch zum Anfall.

Den vegetativ-nervösen Krisen entsprechen im Gichtanfall typische Veränderungen der Harnsäureausscheidung: 1 bis 4 Tage vor dem Gichtanfall sinkt die endogene Harnsäureausscheidung unter die an sich niedrigen Werte der anfallsfreien Zeit ab — 1. Depressionsstadium. Mit dem Anfall kommt es für die Dauer von 1 bis 3 Tagen zu einer Steigerung der Harnsäureausscheidung im Harn. Dieser schließt sich ein 2. Depressionsstadium an, in dem die Harnsäureausscheidung wieder absinkt, ohne jedoch die niedrigen Werte des 1. Depressionsstadiums zu erreichen[4—7].

Über die Ursache der Gicht ist wenig bekannt, um so zahlreicher sind die Gichthypothesen, von denen bisher keine voll befriedigt.

[1] BENEDICT, J. D., P. H. FORSHAM and D. STETTEN jr.: J. biol. Ch. **181**, 183 (1949). — [2] FRIEDMAN, M., and S. O. BYERS: Amer. J. Med. **9**, 31 (1950). — [3] STURM, A.: Nukleinstoffwechsel. Lehrb. pathol. Physiol. (HEILMEYER), 6. Aufl. S. 355—362. — [4] PFEIFFER, E.: Verh. Kongr. inn. Med. **7**, 183 (1889). — [5] MAGNUS-LEVY, A.: Z. klin. Med. **36**, 353 (1899). — [6] HIS, W.: Dtsch. Arch. klin. Med. **65**, 156 (1900). — [7] BRUGSCH, T.: Z. exp. Path. Therap. **2**, 619 (1905/06).

1. Manche sehen die Ursache in einer Gewebserkrankung, so daß die Harnsäure in die Gewebe zwangsläufig abfließt oder dort festgehalten wird[1,2]. Beide Theorien erklären nicht die niedrige endogene Uricurie bei gleichzeitiger Hyperuricämie und sind bisher experimentell wenig gestützt.

2. Nach anderen soll die Harnsäure in kolloidalem Zustand im Blute kreisen und deshalb schwer ausscheidbar, aber leicht ausflockbar sein[3–6]. Auch eine nicht harnfähige Form der Harnsäure[7,8] ist angenommen worden. Diese Erklärungsversuche werden den Tatsachen ebenfalls nicht gerecht.

3. Dasselbe gilt für die Annahme, durch Hemmung der bakteriellen Purinolyse im menschlichen Darm käme eine vermehrte Resorption, eine Überschwemmung im Blut und allmähliche Ausscheidung von Harnsäure in den Geweben zustande[9–11].

4. Nach der Kreatintheorie[12] ist die Gicht eine echte Stoffwechselkrankheit, bei der zuviel Harnsäure gebildet wird. Da der Abbau von Nucleinsäuren aus Purinen auch zu Kreatin führt[12] und die Kreatinausscheidung der Harnsäureausscheidung beim Menschen parallel geht, könnte bei der Gicht der Weg zum Kreatin zugunsten der Harnsäure verlegt sein.

5. BRUGSCH u. SCHITTENHELM[9,13] sehen das Wesentliche der Gicht in einer Unregelmäßigkeit der fermentativen Bildung und vielleicht auch Zerstörung der Harnsäure. Diese führen zwar zu geringerer, aber länger dauernder Erhöhung der Blut- und Gewebsharnsäure als beim Gesunden. Folgen der Hyperuricämie sollen Erhöhung der renalen Ausscheidungsschwelle für Harnsäure (ähnlich wie beim Diabetes für Zucker und bei Hyperbilirubinämie für Bilirubin) und Überfüllung der Gewebe mit Harnsäure sein. Die Fermenttheorie erklärte die meisten gichtischen Erscheinungen. Zum endgültigen Beweis fehlt jedoch der Nachweis des harnsäureabbauenden Fermentes beim Menschen und seine Hemmung bei der Gicht. Gegen die Fermenttheorie ist eingewendet worden, daß die Harnsäurebildung aus Harnsäurevorstufen bei der Gicht nicht gestört ist[14,15].

6. Die primäre, konstitutionelle Gicht wird von THANNHAUSER[16–18], in Anlehnung an die alte GARRODsche Erklärung, als renale Ausscheidungshemmung für Harnsäure gedeutet. Die Hemmung soll nicht auf einer organischen, sondern einer isolierten funktionellen Störung der Nierenzellen oder des die Nierenfunktion steuernden vegetativen Nervenapparates beruhen. Dem Gewebe wird nur eine sekundäre Bedeutung beigemessen, indem bestimmte Gewebe (Knorpel, Sehnen) wie auch beim Gesunden, die gestaute Harnsäure speichern. Die renale Gichttheorie entspricht ebenfalls nicht allen Anforderungen. Sie erklärt z. B. nicht das Fehlen gichtischer Erscheinungen bei organischen Nierenerkrankungen mit Harnsäureretention und die Entstehung des Gichtanfalls.

Die primäre Gicht könnte vielleicht auch auf einer vermehrten endogenen Harnsäurebildung infolge erhöhten Zellkernumsatzes beruhen. Die therapeutische Wirkung des Colchicins, welches bekanntlich die Mitose der Chromosomen hemmt, läßt jedenfalls daran denken[19]. Andererseits zeigen Bilanzversuche, daß bei der Gicht die endogene Harnsäurebildung meist vermindert ist[20].

Gicht als Symptom. Echte Gichtanfälle können auch bei Nichtgichtkranken auftreten, wenn besonders viel Harnsäure in der Zeiteinheit anfällt, z. B. nach

---

[1] GUDZENT, F.: Med. Klinik **1920 I**, 747. — [2] GUDZENT, (F.), WILLE u. (E.) KEESER: Z. klin. Med. **90**, 147 (1920). — [3] BECHHOLD, H., u. J. ZIEGLER: B. Z. **64**, 471 (1914). — [4] SCHADE, H., u. E. BODEN: H. **83**, 347 (1913). — [5] THANNHAUSER, S. J.: med. Hab.-Schr. München 1917. — [6] SCHADE, H.: Z. klin. Med. **93**, 1 (1922). — [7] PFEIFFER, E.: Verh. Kongr. inn. Med. **7**, 183 (1889). — [8] MINKOWSKI, O.: Handb. spez. Path. Therap. (NOTHNAGEL) 2. Aufl. Wien 1903. — [9] SCHITTENHELM, A., u. K. HARPUDER: Handb. Biochem. Bd. 8, S. 580. — [10] STEUDEL, H.: H. **124**, 267 (1923). — [11] STEUDEL, H., u. J. ELLINGHAUS: H. **127**, 291 (1923). — [12] ABDERHALDEN, E., u. S. BUADZE: Med. Klinik **1929 I**, 11. — [13] BRUGSCH, T., u. A. SCHITTENHELM: Der Nucleinstoffwechsel und seine Störungen. S. 98. Jena 1910. — [14] THANNHAUSER, S. J., u. A. BOMMES: H. **91**, 336 (1914). — [15] THANNHAUSER, S. J., u. G. CZONICZER: Dtsch. Arch. klin. Med. **135**, 224 (1921). — [16] THANNHAUSER, S. J., u. W. HEMKE: Kli. Wo. **1923 I**, 65. — [17] THANNHAUSER, S. J.: Handb. Physiol. Bd. 5, S. 1047. — [18] THANNHAUSER, S. J.: Stoffwechselprobleme. Berlin 1934. — [19] STURM, A.: Lehrb. path. Physiol. (HEILMEYER) 8. Aufl. S. 404. — [20] VOGT, H.: Grundzüge der pathologischen Physiologie. S. 277. München, Berlin 1953.

Röntgenbestrahlung myeloischer Leukämien und nach Rohleberaufnahme (1 kg Rohleber täglich) bei der Perniciosabehandlung. Die Niere kommt hier mit der Ausscheidung nicht nach. Die primäre Gicht wird heute am besten als Folge einer „Konzentrationsschwäche“ der Nieren verstanden. Es gilt daher die Ursachen dieser Schwäche zur Harnsäurekonzentrierung aufzufinden. Es mag noch hervorgehoben werden, daß sich bei der echten primären Gicht sehr häufig auch anatomisch faßbare Nierenveränderungen bis zur Schrumpfniere entwickeln.

Die Ablagerungen von Mononatriumurat werden, wie bereits erwähnt, bei der echten Gicht in ganz bestimmten Geweben gefunden. Ihre Entstehung kann heute allerdings aus der Anreicherung allein nicht immer geklärt werden (vgl. sekundäre Gicht S. 1256). In den von der Gicht bevorzugten Geweben müssen deshalb noch besondere fermentative Bedingungen vorherrschen.

Unter diesen haben die Einflüsse auf die Löslichkeit der Harnsäure eine besondere Beachtung gefunden.

In Blut und Gewebe kommt Harnsäure im wesentlichen als Mononatriumurat vor. Ihre Löslichkeit ist stark abhängig von der Reaktion des Lösungsmittels[1—3]. Durch Gegenwart anderer Natriumsalze, also Überschuß an Natriumionen, wird die Löslichkeit des Urats herabgesetzt. In carbonathaltigen Lösungen wird die Harnsäurelöslichkeit durch Gegenwart freier Kohlensäure gehemmt[4]. Freie Harnsäure wird durch Alkali gelöst und kann dabei übersättigte Lösungen bilden. Letztere entstehen auch beim Schütteln von Harnsäure mit Serum, wobei wohl entsprechend der Alkalireserve des Serums Natriumionen zur Bildung von Natriumurat zur Verfügung gestellt werden.

Die Bildung übersättigter Lösungen ist mit dem Vorkommen zweier tautomerer Harnsäureformen (s. Bd. **1**, S. 808) von verschiedener Löslichkeit erklärt worden. Durch intramolekulare Umlagerung soll die zunächst entstehende, aber leichter lösliche Lactamform in die schlechter lösliche Lactimform übergehen[5].

In Wirklichkeit scheint es sich um echte metastabile, übersättigte Lösungen zu handeln[1]. Die relative Beständigkeit der übersättigten Harnsäurelösungen hat man auf die Gegenwart von Natriumurat[5], von Schutzkolloiden, wie Serumeiweiß, nucleinsaurem Natrium, Glykogen[6], von lösungsfördernden Elektrolyten, wie Essigsäure, Milchsäure, von Nichtelektrolyten, wie Zucker, Harnstoff[3, 7], auf Adsorption an positiv geladene hydrophobe und hydrophile Kolloide[8] und auf die vorübergehende Entstehung kolloider Harnsäure[9, 10] zurückzuführen versucht.

Durch alle diese Befunde wird zwar mehr oder weniger die Möglichkeit, aber nicht die Lokalisation der Harnsäureablagerung verständlich. Letztere beruht wahrscheinlich auf besonderen physikalisch-chemischen Gewebsveränderungen, welche eine ausgewählte Affinität der Anfallsorte zur Harnsäure bedingen. Durch Versuche ist nachgewiesen worden, daß Knorpelstücke vom Pferd aus sehr verdünnten Natriumuratlösungen Harnsäure aufnehmen und im Knorpelgewebe als Krystalle ablagern[11]. Durch die Abgabe von Natrium- und Calciumionen soll dabei die Löslichkeit der Harnsäure herabgesetzt werden[12]. Am isolierten menschlichen Knorpel ließ sich jedoch keine besondere Affinität gegenüber Harnsäure feststellen[13]. Schließlich mag erwähnt sein, daß Harnsäure die Durchlässigkeit der Blut-Liquorschranke für semikolloidale Stoffe (Trypanblau, Neosalvarsan) erhöht[14]. Welche Vorgänge bei der Harnsäureablagerung an den Prädilektions-

---

[1] Kohler, R.: Ergebn. inn. Med. **17**, 473 (1919). — [2] Jung, A.: Helv. **5**, 688 (1922); **6**, 562 (1923). — [3] Harpuder, K., u. H. Erbsen: B. Z. **148**, 344 (1924). — [4] Lang, S., u. H. Lang: B. Z. **185**, 88 (1927). — [5] Gudzent, F.: H. **56**, 150 (1908); **60**, 25, 38 (1909). — [6] Lichtwitz, L.: H. **64**, 144 (1910). — [7] Ascoli, R.: Boll. Soc. ital. Biol. sperim. **3**, 547 (1928). B. Z. **200**, 95 (1928). — [8] Harpuder, K.: Z. ges. exp. Med. **29**, 208 (1922). — [9] Schade, H., u. E. Boden: H. **83**, 347 (1913). — [10] Schade, H.: Z. klin. Med. **93**, 1 (1922). — [11] Almagia, M.: Hofmeisters Beitr. **7**, 466 (1906). — [12] Schittenhelm, A., u. K. Harpuder: Der Nucleinstoffwechsel. Handb. Biochem. Bd. 8, S. 580. — [13] Rosenthal, F.: Z. ges. exp. Med. **79**, 528 (1931). — [14] Brunelli, B.: Arch. Farmacol. sperim. **58**, 60 (1934).

stellen im einzelnen ablaufen, steht noch nicht fest. Einfluß von Membranpotentialen, Reaktionsunterschiede, Dialysestörungen und Verschiebungen im elektrostatischen Gleichgewicht sind genannt worden. Im ganzen steht die Frage noch offen.

β) Sekundäre Gicht.

Von der primären Gicht ist zu trennen die sekundäre Gicht. Sie beruht auf Harnsäureretention durch chronische Nierenerkrankung und geht mit pathologisch-anatomischen Nierenveränderungen — entzündliche oder gefäßsklerotische Schrumpfniere — einher. Mit der echten Gicht hat die sekundäre Gicht Hypouricurie und Hyperuricämie gemeinsam.

γ) Harnsäurekonkremente.

Nicht selten kommen bei Gichtkranken Uratsteine in den ableitenden Harnwegen vor. Diese Uratsteindiathese hat jedoch nichts mit der Gicht zu tun, sondern beruht auf der Ausfällung von Harnsäure, Mononatriumurat oder Ammoniumurat in Form von Sedimenten und Konkrementen. Die Steinbildung hängt von verschiedenen Ursachen ab, unter denen die abnorme Säuerung des Harns und die Ausflockung von Schutzkolloiden besonders wichtig sind (s. Bd. 2/2, Niere und Harn). Zwischen vegetativem Nervensystem, das die Abscheidung von Säuren in der Niere reguliert, und Steinbildung sind ursächliche Beziehungen vermutet worden.

Zu den Konkrementbildungen gehören auch die Harnsäureinfarkte der Neugeborenen, welche durch Ausfällung von Harnsäure in den Harnsammelröhrchen infolge Harnstagnation und Ausflockung der Harnkolloide entstehen können.

Wie schon lange bekannt, werden nach oraler oder intraperitonealer Zufuhr hoher Dosen von *Adenin* krystalline Substanzen in den Nieren abgelagert. Diese bestehen nicht, wie früher angenommen wurde, aus Harnsäure, sondern aus 2, 8-Dioxyadenin, dessen Wasserlöslichkeit nur $^1/_{27}$ der von Harnsäure beträgt. Zufuhr von 2, 8-Dioxyadenin (per os oder intraperitoneal) führt nicht zu Ablagerungen in den Nieren. Dagegen bewirken Isoguanin (2-Oxyadenin) und 8-Oxyadenin Ablagerung von 2, 8-Dioxyadenin in den Nieren[1,2]. Nach Versuchen mit ^{15}N-Adenin sind wahrscheinlich endogenes Adenin und Isoguanin an der Bildung von 2, 8-Dioxyadenin beteiligt[3].

δ) Hühnergicht.

In nur lockerer Beziehung zur menschlichen Gicht steht die sog. Hühnergicht. Es handelt sich dabei um Harnsäureablagerungen in Nierengewebe, Leber, Herzmuskel und serösen Häuten von zahmem und wildem Geflügel. Durch fortgesetzte Fleischfütterung[4] und durch Nierenschädigung[5] — Ureterunterbindung und Gifte — läßt sie sich auch experimentell erzeugen.

ε) Guaningicht.

Eine isolierte Störung des Purinstoffwechsels stellt die Guaningicht der Schweine dar, bei der in Muskeln und Gelenken Guanin abgelagert[6,7] und im Harn[8] ausgeschieden wird.

ζ) Perniziöse Anämie.

Für die perniziöse Anämie und verwandte megaloblastische Anämien gilt heute als charakteristisch eine stark verlangsamte Blutbildung. Ihre Ursache liegt wahrscheinlich im Fehlen von bestimmten Stoffen, welche für die Zellkern-

---

[1] BENDICH, A., G. B. BROWN, F. S. PHILIPS and J. B. THIERSCH: J. biol. Ch. **183**, 267 (1950). — [2] PHILIPS, F. S., J. B. THIERSCH and A. BENDICH: J. Pharmacol. exp. Therap. **104**, 20 (1952). — [3] BOOTH, V. H.: Biochem. J. **32**, 494 (1938). — [4] KIONKA, H.: A. e. P. P. **44**, 186 (1900). — [5] EBSTEIN, W.: Die Natur und Behandlung der Gicht. Wiesbaden 1882. — [6] VIRCHOW, R.: Virchows Arch. **35**, 358; **36**, 147 (1866). — [7] SALOMON, G.: Virchows Arch. **97**, 360 (1884). — [8] PECILE, D.: A. **183**, 141 (1876).

bildung erforderlich sind. Diese sind die Folsäure, Folininsäure bzw. der Citrovorumfaktor und das Vitamin B_{12} (s. Bd. 2/2, Vitamine). Wie in dem Schema angedeutet, greifen diese Stoffe in die Nucleinsäuresynthese ein.

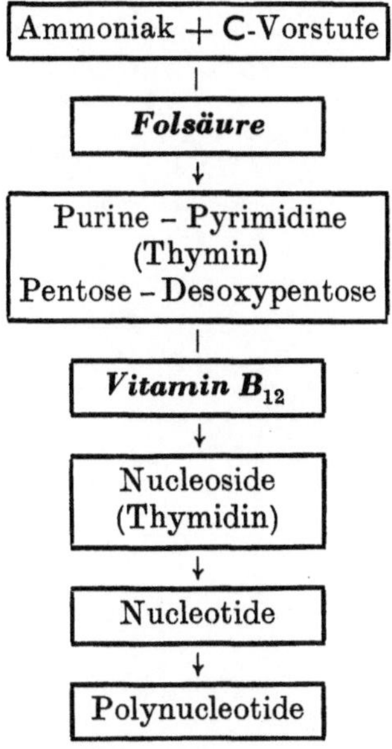

Wirkung und Wirkungsmodus von Folsäure, Vitamin B_{12}, Thymin und Uracil werden durch die Nucleinsäurehypothese der perniziösen Anämie weitgehend erklärt[1–7].

η) Die juvenile Poikilocyten-Anämie mit Arthritis urica.

Ein neues Krankheitsbild, das durch eine hypochrome Anämie mit generalisierter Arthritis urica gekennzeichnet ist, beruht wahrscheinlich auf einer noch unbekannten Störung des Eiweißstoffwechsels[8].

---

[1] VILTER, R. W., D. HORRIGAN, J. F. MUELLER, T. JARROLD, C. F. VILTER, V. HAWKINS and A. SEAMAN: Blood **5**, 695 (1950). — [2] ROGERS, L. L., and W. SHIVE: J. biol. Ch. **172**, 751 (1948). — [3] HENRY, R. J.: The Mode of Action of Sulfonamides. S. 72. New York 1944. — [4] SHIVE, W.: J. cellul. comp. Physiol. **38**, Suppl. **1**, 203 (1951). — [5] HITCHINGS, G. H., E. A. FALCO and M. B. SHERWOOD: Science, N. Y **102**, 251 (1945). — [6] STRANDSKOV, F., and O. WYSS: J. Bacteriology **52**, 575 (1946). — [7] SCHULTEN, H.: Verh. dtsch. Ges. inn. Med. **58**, 609 (1952). — [8] NORDMANN, M., u. K. H. HÖHNE: Fol. haematol., Leipzig **71**, 98 (1951/53).